磁控管与微波加热技术

张兆镗　著

电子科技大学出版社
University of Electronic Science and Technology of China Press

图书在版编目(CIP)数据

磁控管与微波加热技术 / 张兆镗著. —— 成都 : 电子科技大学出版社, 2018.5

ISBN 978-7-5647-6116-5

Ⅰ. ①磁… Ⅱ. ①张… Ⅲ. ①磁控管②微波加热 Ⅳ. ①TN123②TM924.76

中国版本图书馆 CIP 数据核(2018)第 079283 号

磁控管与微波加热技术

CIKONGGUAN YU WEIBOJIAREJISHU

张兆镗 著

策划编辑 张 鹏
责任编辑 兰 凯 刘 凡
责任校对 魏 彬 汤云辉

出版发行 电子科技大学出版社
成都市一环路东一段 159 号电子信息产业大厦九楼 邮编 610051
主 页 www.uestcp.com.cn
服务电话 028-83203399
邮购电话 028-83201495

印 刷 成都蜀通印务有限责任公司
成品尺寸 185mm×260mm
印 张 69
字 数 1900 千字
版 次 2018 年 5 月第 1 版
印 次 2018 年 5 月第 1 次印刷
书 号 ISBN 978-7-5647-6116-5
定 价 298.00 元

作者简介

张兆镗，1935 年 11 月出生于浙江省台州市，1953 年考入上海交通大学电讯系通讯专业，1956 年 9 月转入成都电讯工程学院电真空技术系学习，1957 年 7 月成为成都电讯工程学院首届毕业生，毕业后留校分配至五系微波教研室任教，直至 1996 年退休。毕业后立即赴南京电子管厂设计所参与我国首部雷达发射机中微波磁控管的研发工作，历时一年，制成我国第一只脉冲磁控管后返校。接着参与部分 3 厘米波段波导元件的设计试制工作，填补了国产微波波导元件的空白。在校曾担任微波技术、微波电子管、微波测量、微波天线、模拟电路、微波能应用、微波电子学基础、电介质的微波测量、非电量微波检测技术等多门课程的本科生与研究生的讲授与实验指导工作。先后独编与合编出版《微波电子管原理》《微波器件原理》《微波管高频系统的测量》《磁控管设计手册》《微波加热技术基础》《微波、激光的神奇应用》《从电子学到光子学》等教材与专著共 8 本，校内编印研究生讲义 3 本，申报了 16 个专利(其中一半为发明专利)，发表了 60 余篇学术论文。

★1993 年起享受国务院专家特殊津贴。

★曾获得电子部科技进步奖、电子部优秀教材奖、四川省优秀教学成果奖、教育部科技奖、四川省科协铜牛奖、电子科技大学优秀教学成果奖、研究生培养奖等十余项。

★1985—2007 年担任中国电子学会微波能应用专委会副主任，后改任顾问至今。

★1985 年起任电子部物理电子学教材编委会委员，后任物理电子学教学指导委员会顾问等。

★1987 年率考察团前往波兰执行中波科技合作协定的微波应用考察。

★1994 年受聘为西安交通大学“电子物理与器件”国家开放研究实验室学术委员会委员。

★1994 年受聘为东南大学《电子器件》杂志编委会编委。

★1997 年随考察团前往乌克兰和俄罗斯有关科研生产联合体及高校考察微波管的生产研发动态和科技合作事宜。

★2004 年起受聘为美的集团微波电器事业部特聘专家。

★2006 年起受聘为长沙隆泰微波热工有限公司技术顾问。

内容简介

本书是作者根据60年来从事微波磁控管和微波加热技术领域的工作，包括发表的论文、申报的专利、出版的教材与著作等方面的内容编著而成，内容包括磁控管的工作原理、磁控管的工程设计方法、磁控管的测试技术，以及微波加热技术基础及应用、微波等离子体技术及应用、家用微波炉等；同时，专门用一章介绍材料的物电特性特别是材料的介电特性的各种微波测试方法，这对从事微波加热技术的人来说是必需的。第11、12章收录了作者在上述两个技术领域中曾发表过的论文，在各种学术会议上的报告，给有关单位撰写的技术咨询报告，以及申报的各种专利，大部分均已授权，有些尚在审查中。

本书的最大特点是理论联系实际，可读性强，能将磁控管与微波炉及微波加热技术等领域中在设计、测试及应用上出现的问题提高到理论上加以分析，从而得出合理的解释，反过来指导生产实践，或提出改进意见或措施，完善设备技术性能。书末附录还提供了大量难得的技术资料供读者查阅。

本书的读者对象是微波磁控管和微波加热技术领域中的工程技术人员及管理人员，对大专院校相关专业(物理电子学、微波技术与工程、微波功率应用、微波测量与应用、无线电物理等)的大学生及研究生亦可作为教材或参考读物。

序　言

从 1981 年编写出版第一本全国统编教材《微波电子管原理》以来，作者先后主编与参编出版了 4 本统编教材、1 本设计手册、1 本科技专著及 3 本科普著作，近 20 年来，每年都到全国各地讲授有关“磁控管”“微波技术基础”“微波炉”“微波功率应用”“微波等离子体及其应用” “微波测量”等相关内容，留下了大量手稿与资料；此外，在从教 50 年及 55 年间，先后内部出版了两部《微波功率应用文集》，在文集中将在历届有关微波能应用学术会议上的报告及论文汇集其中。

1957 年秋，作者有幸参加了南京电子管厂设计所的微波磁控管的研发工作，历时一年，试制成功我国第一只雷达发射机用的脉冲磁控管(МИ－26)，从此与磁控管结下了不解之缘，先后对脉冲磁控管、连续波磁控管、捷变频磁控管及同轴磁控管等在设计、试制、测试及应用等领域投入了毕生的精力，在从事研究与开发的过程中取得了宝贵的经验。20 世纪 70 年代初以来，在我国蓬勃开展的微波功率应用中，磁控管是必不可少的微波功率源，由于磁控管品种及质量的不足，特别是可靠性及寿命的缺陷与问题，我国的微波功率应用与推广事业受到了极大的限制。近几十年来，我国在大功率连续波磁控管技术的开发中采取了“两条腿走路”的措施：一方面从国外引进整条微波炉用磁控管生产线，在消化吸收的基础上不断改进与提高，并逐年扩容，目前仅美的集团下属的磁控管公司就具有生产 4 000 万只磁控管的规模，几乎占了全球炉用磁控管产量的一半以上；另一方面，立足国内，自力更生，研发不同波段不同功率电平的大功率工业微波加热及微波医学应用的 CW 磁控管与脉冲磁控管，均取得了长足的进展，填补了国内的空白。因此，大大推动了我国微波功率应用事业的发展。在该领域内，目前涉及的交叉学科与行业，如轻工、食品、橡胶、木材加工、印染、烟草、陶瓷、建材、冶金、化工、治污、石油、家具、医疗、杀虫、灭菌、育种、农业、交通运输等均在正常的发展之中，而有些应用如微波烟梗膨梗技术、微波烟叶松包技术、大米微波杀虫技术、家具甲醛消除技术等还是世界首创。

纵观40多年来我国微波功率应用的几次反复就很能说明问题，七十年代第一次高潮风起云涌，可以说是遍地开花，光上海、南京等华东沿海地区，几十家工厂都尝试采用微波功率来作为加热、干燥、脱水、烘干、固化、固色、煮白、灭菌、保鲜等手段来提高效能、降低成本、改善环保、减轻劳动强度……但由于当时的微波工业基础薄弱，CW磁控管的生产刚刚起步，质量和可靠性得不到保证，微波测量手段落后，测试仪表不配套，加上微波功率应用部门都是例如轻纺、化工、烟草、食品、农林等非电子技术领域，相互了解和配合也成问题，这样的热闹场面没有维持多久就纷纷下马，能坚持下来的没有几家！改革开放后，凭借国外的先进技术，首先在橡胶硫化技术中充分利用微波加热的特点和优势，从国外引进了几十条微波硫化生产线，一时间，这一技术得到了前所未有的肯定和推广，国内的生产线也开始研发，形势一片大好，但微波源磁控管及环行器价格昂贵，寿命不长，致使微波设备的生产成本和维护成本居高难下，这就给微波功率的应用和推广无形中设置了重重障碍，无法超越。90年代中期，我国的家用微波炉工业取得了突破性飞跃。近20年来，微波炉的产量从80年代年产不足100万台一下跳跃到6 000多万台，估计几年后国产微波炉会年产8 000多万台，成为世界上产能第一的大国。也正因为如此，由于廉价微波炉充斥市场，这就给微波设备制造厂商提供了廉价的磁控管及附属设备的机会。所以近几年来，我国的微波公司如雨后春笋般地出现，据不完全统计，总数已达一百多家，微波公司形成了微波功率应用的第三次高潮。但愿这次高潮能够持久地发展下去，做到技术上精益求精，售后服务上好上加好，并能在各行各业中推广应用开来，创制出具有我国特色的微波产品(包括微波加热设备，微波化学设备，微波烧结设备，微波等离子体设备及微波诊断设备和微波医疗设备等)，使微波功率成为真正高效节能、无环境污染、绿色环保的高新技术，为我国的社会主义现代化服务。

由此可见，半个世纪以来，无论在磁控管生产领域，还是在微波功率应用领域，我国已取得的成就是巨大的，也是具有中国特色的。

本书中还收集了近20年来发表的论文及在学术会议上的报告，以及历年来申报的部分专利，其中绝大部分都是对科研生产领域中发现并提出的问题，有针对性地从理论上加以分析，回头解决生产实际中存在的困惑，借以总结经验并加以推广。

本书中还收集了作者首次提出的“微波电子学”理论中的“双模磁控管及多基频特性”的学术新观点，以及“微波炉动态阻抗的测量”“多馈口微波炉动态阻抗的测量”“分布参数电感线圈的多谐振回路”“磁控管中工作电流与非工作电流”等的新概念与新测量方法及新技术，解决了生产与实际应用中久未解决的难题。

现将上述有关内容编著成《磁控管与微波加热技术》一书，以飨读者。

本书共分12章，其中第1章“微波技术基础”的最大特点是尽量回避电磁理论及微波技术中高深烦琐的理论分析与推演，而用极为通俗易懂的科普语言对微波技术基础知识加以叙述与介绍，使微波工业界的非微波专业的工程技术人员对微波有一个入门的认识，并配有大量的图形与实物照片，使人一目了然，印象深刻。对微波技术有进一步深入了解需求的读者，也可从书末参考文献中选择自己喜欢的专著中寻找答案。第2至第5章分别对磁控管的工作原理，工程设计与方法，磁控管的测试，磁控管中若干理论与实际问题等做了较为全面的介绍与讨论。第6章论述了微波加热的物理基础及许多具体加热应用器的分析与设计。第7章中介绍了40多年来国内外特别是国内具有中国特色，并具有自主知识产权的很多实施案例，突出了我国在微波加热技术领域中的出色成就。第8章中详细回顾了微波炉从国外到国内再到国外的历史性突破的光辉历史，我国已成为当前执世界微波炉牛耳的产能大国，傲立于东方。第9章简要介绍微波等离子技术的情况及应用领域。第10章对材料的微波特性尤其是介电特性的测量做了重点的叙述，因为任何材料的介电特性都直接影响微波加热技术的成功应用与否。第11章将作者在不同场合的报告、论文并以论文形式集合成章。第12章摘选了作者多年以来申报的发明专利和实用新型专利，这些专利都直接与微波加热技术有关。书末还有许多具有实用价值的附录及参考文献可供读者查找相应资料。

在本书写作过程中，美的集团威特真空电子制造有限公司、长沙隆泰微波热工有限公司、四川宏图普新微波科技有限公司、南京三乐微波技术发展有限公司、成都国光电气总公司、湖南中晟热能科技有限公司、成都纽曼和瑞微波技术有限公司、深圳麦格米特公司等单位提供了大量的设备照片及磁控管特性、参数等详细资料，在此谨向他们致以真挚的感谢！

作者对电子科技大学物理电子学院院长蒙林教授在本书出版过程中所给予的支持与帮助深表感谢！同时也感谢“电子科技大学美的集团微波管技术与微波能应用联合实验室”主任曾葆青教授和副主任黎晓云高工多年来在上述领域内的合作与帮助，书中很多测试数据、曲线与结果都跟他们的协同实验有关，也曾多次与他们联合发表论文与申报专利或讨论问题。

书中采用了王文祥教授的《微波工程技术》一书中的一些图片、数据与特性，并就表面电阻与电阻率等问题进行过有益的讨论，获益良多。十多年前，还曾与王文祥教授等人联合申报了5个发明与实用新型专利，后来均已获得了授权。在本书出版过程中，得到了王文祥教授的关心、支持与帮助，在此一并致谢！

本书在出版过程中，得到电子科技大学出版社理工科教材分社社长张鹏，编辑兰凯、刘凡，封面设计姚德志，迪艺排版工作室张雪梅、唐琴琴等的大力支持与帮助；电子科大（威海）数字出版有限公司王洁、刘雅文精心绘制了本书中的大部分插图，没有他（她）们的辛勤劳动与努力，本书将无法高质量地呈献给读者，在此谨向他（她）们致以崇高的敬意和衷心的感谢。

作者于成都寓所逊敏斋

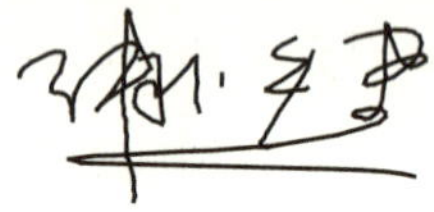

2016年10月

目 录

第1章 微波技术基础

1.1 微波及其特点

1.1.1 从微波炉说起

说起微波，人们马上就会想起家中的微波炉。20余年来，国内市场上，微波炉的价格大幅度地下降，甚至比高档的电饭煲或电磁炉还要便宜！这种高技术含量的环保型新型炉具是继彩电、冰箱、洗衣机和空调之后的又一个家庭新宠，目前在城市中的家庭普及率不断上升，它已进入了千家万户普通百姓的厨房之中。尽管大家对什么是微波并不十分了解，甚至一点常识都没有，但对利用微波炉进行食物的烹饪加工却能得心应手，有的还在实践中不断钻研和总结，最终可以烹调出许许多多的美味佳肴来。

早在20世纪30年代末，随着科学技术的发展，特别是第二次世界大战前夕军事装备上的需求，科学家们发明了一种能够产生微波的特殊电子管，人们称之为“磁控管”。这种电子管产生的输出功率很大，满足了远距离探测飞机的基本要求，这就是微波雷达发明的必然结果，正是这种威力强大的新型雷达装备了英军地面的防空体系，给占优势的德国法西斯空军以致命的打击，为第二次世界大战的胜利奠定了基础。这种装备在雷达中的新型电子管即磁控管是1939年由英国两位科学家发明的，由于战争时期恶劣的工作条件，他们无法继续在英国进行研发工作，在不得已的情况下，两人携带了全部图纸和部分零件西渡大西洋，抵达当时还未曾参战的美国，进入新泽西州的贝尔电话实验室，继续进行磁控管的研究。不久之后，终于制成了能够实用的磁控管，并在美国生产，产品运抵英国后装备了新一代微波雷达。这种雷达的最大特点是其作用距离可超过一二百公里，而且方向性也由于采用了新型天线而大大提高了，直接可以观察到德军在欧洲几个主要的空军基地，只要德军飞机一起飞，英国本土上的雷达即能判知从哪个方向将飞来多少架飞机。于是做好了防空火力和空战的准备，在德军几次空袭中都击落了数百架战机，使德军蒙受重大损失。正如战后英国首相丘吉尔所说："雷达是战胜法西斯的一件法宝"。这也是一个信号，微波从此登上了应用的舞台，特别是军事领域中的应用舞台。

第二次世界大战后的一个秋冬时节，美国人斯潘塞（Spencer）在雷达站周围走动时，无意中发现口袋中的巧克力软化了，他无法解释这么低的气温下为什么会使巧克力软化。他不断思索，不断试验，终于找到了这一现象的物理解释，那就是从雷达站发出的电磁波（微波）是导致巧克力软化的直接原因。于是他在实验室中专门设计了一个称为"雷达腔"的密闭的金属容器，将鸡蛋放入其中，一开微波就会观察到鸡蛋的爆炸；放入玉米即能爆出玉米花……后来他把这个新装置改称为"微波炉"，并向美国联邦通信委员会（FCC）申报了产生微波的工作频率（即目前家用微波炉中的使用频率 f 为2 450兆赫），他后来成为美国雷声（Raytheon）公司的技术负责人。与此同时，美国另一家大公司即通用电气公司（GE）也开发了另一种类似的微波炉，不同的是它的工作频率为 915 兆赫。它也向联邦通信委员会申报了这一新频率，而两家公司的申报都同时得到了批准，1966 年在加拿大成立的国际微波功率协会（IMPI）提出了工业、科学和医疗（ISM）中使用的推荐频率就采用上述两个频率，这样就使最早在美国提出的这两个微波频率在国际上合法化了，直到 1979 年世界无线电大会上正式确认了这两个频率。

1.1.2 何谓微波

大家知道，在 19 世纪 60 年代，英国物理学家麦克斯韦（Maxwell）从理论上预测到电磁波的存在，直到 1888 年，一个名叫赫兹（Hertz）的德国青年才在实验室中用实验的方法证实了 24 年前麦克斯韦提出的预言。为此，后来人们就把"赫兹"作为频率的计量单位。1895 年，意大利的马可尼（Marconi）和俄国的波波夫（Попов）用电磁波首次实现了短距离的点对点的无线电通信。从此以后，人们对电磁波产生了浓厚的兴趣。其实，电磁波早就客观地存在于宇宙空间，从太阳照射到地球表面上的可见光和不可见的红外线和紫外线不就是电磁波的一种形式吗？遗憾的是当时人们并不知道这一点，后来人们明白了电磁波的波谱是非常广阔和丰富的，而且是人类现代文明不可多得的一种特殊资源。现在已经非常清楚，电磁波谱的组成是由低频、中频、高频、微波、红外线、可见光、紫外线、X 射线和宇宙线这样一个频率从低到高的极其宽广的波谱组成的。而且发现微波仅仅是一种频率介于普通无线电波与红外线之间的特殊频段，也就是说其频率从 300 MHz 至 300 GHz 的一个频率范围。在微波波段，如果用频率来书写，那么就显得很长，例如上述的 2 450 MHz 就应写成 2 450 000 000 Hz，这样不仅写起来不方便，读起来也很不方便，容易弄错。于是就采用了两种不同的方法使其简便些。一种是将后面的 6 个 0 缩写成兆，即一百万的意思，于是我们称为兆赫兹（MHz）；另一种就是将频率换算成波长，例如 2 450 MHz，其相应的波长为 12.24 cm，这样就不会因为 0 的个数太多而弄错。（频率与波长的乘积应等于光在真空中传播的速度，即 $f\lambda = c$，c=300 000 km/s）换句话说，微波是指波长从 1 mm 至 1 m 的一个特殊波段。实际上，“微波”一词是从英语 Microwave 直接翻译过来的，该词中 Micro 是微小或微细的意思，而 wave 是波的意思，合起来就是“微波”一词。

微波属于电磁辐射之一，它在整个电磁波谱中的位置如表 1-1 所示。

表 1-1 电磁波谱中各种波长或频率范围的名称

电磁辐射	波长 λ（m）	频率 f（Hz）
X 射线	$<10^{-9}$	$>3\times10^{17}$
紫外线	$10^{-9}\sim4\times10^{-7}$	$3\times10^{17}\sim\frac{3}{4}\times10^{15}$
可见光	$4\times10^{-7}\sim7\times10^{-7}$	$\frac{3}{4}\times10^{15}\sim\frac{3}{7}\times10^{15}$
红外线	$7\times10^{-7}\sim10^{-3}$	$\frac{3}{7}\times10^{15}\sim3\times10^{11}$
微波	$10^{-3}\sim1.0$	$3\times10^{11}\sim3\times10^{8}$
无线电波	$1.0\sim3\times10^{4}$	$3\times10^{8}\sim10^{4}$
低频波	$>3\times10^{4}$	$<10^{4}$

1.1.3 微波的特点

既然微波是一种电磁波，那么它与其他电磁波相比又有哪些特点呢？

（1）它的第一个特点是它的波长可以与人们日常生活中的许多物体具有可相互比较的长度。例如钢笔、手表、书本、碗筷、水果、香烟和手提箱等。这就是说，在微波的厘米波段，其微波波长为几厘米至几十厘米，在毫米波段的波长约为几毫米的数量级，它们与普通无线电广播中的波长（约为数百米）相比要短得多，即使是调频广播（超短波）的电磁波相比也要短一些。因此，这时传输微波的传输线已不再是低频时的两根金属导线，也不是传输电视节目的普通视频电缆了（即具有外导体圆筒和内导体芯线的同轴电缆或同轴线），而是一种被称为“波导”的空心金属导管（矩形或圆形截面），矩形截面的称为“矩形波导或方波导”，圆形截面的称为“圆波导”，见图 1.1。

微波可在一根空心的金属管中传播，是不是不可思议？因为在人们心目中，总是认为必须要有两根导线才能构成回路，实际上这只是在频率较低情况下才是正确的，一旦当频率进入到微波波段，上述概念就存在问题了，这时不能再采用双线传输线来传输微波能量，而应以空心的金属波导管来传输。

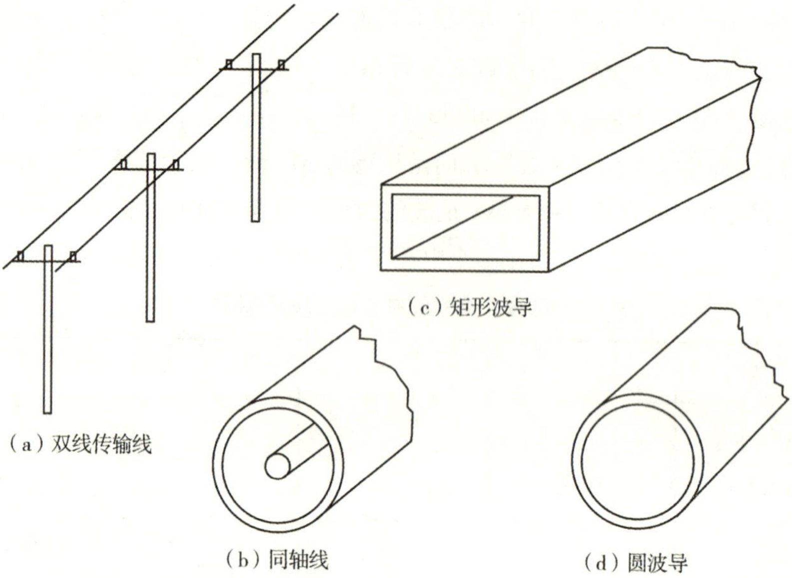

图 1.1　各种传输线

(2) 它的第二个特点是它与光线相似，以每秒 300 000km/s 的速度沿直线传播，遇到金属物体时会产生反射或散射，遇到绝缘介质时会穿透进去并继续向前传播，而同时会产生部分反射，不同材料对微波的穿透和反射是不一样的，见图 1.2。也正因为如此，所以用金属板形成一个封闭的空间就能使内部的微波不会泄漏出来。同样，外面的微波也无法进入被金属板屏蔽起来的内部空间，当把微波炉的炉门关好后，启动微波炉，这时微波只存在于炉内供烹饪食物，而不会泄漏出来。由此可见，微波炉的炉体一定是用金属板制成的，目前较流行的材料是不锈钢板，尽管它的导电性能在金属中不算很好（与铜、铝等相比），但其性能稳定，不易氧化和腐蚀，作为食品加工设备是很好的材料。

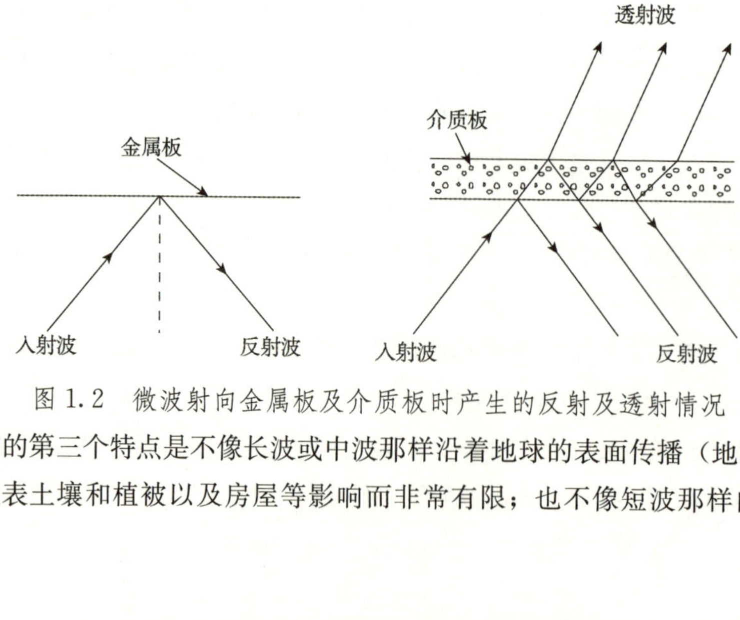

图 1.2　微波射向金属板及介质板时产生的反射及透射情况

(3) 它的第三个特点是不像长波或中波那样沿着地球的表面传播（地波），其传播距离也因地表土壤和植被以及房屋等影响而非常有限；也不像短波那样向天空辐射，遇到大气层外的电离层会产生反射（天波），从而将电波传播至地球上很远的地方，但由于电离层的性质千变万化，它会随着季节，白天还是黑夜，甚至一天内的不同时段，太阳的磁暴或黑子的出现等天文或气象因素的变化而变化，相当不稳定；而微波却能容易穿透电离层而不会产生强烈的反射，沿着直线向前传播，因此有时也称微波为“空间波”。但微波在沿地面传播时却只能沿直线传播，通常为几十千米的视距范围，因为地球是圆形的，所以即使架设 100 米高的天线，也会在不到 50 千米以内与地平线相切。各种无线电波的传播途径见图 1.3。正是微波的这一特点，解决了人造卫星、宇宙飞船上的信号可以顺利地传到地球上来，从而实现人类与太空之间的通信和控制。互联网、卫星定位系统（GPS、北斗等）、卫星直播电视等无一不是利用微波的这一特点的，否则很难想象人类能登上月球，能够从火星上发回信号，微波的这一特点是人们始料未及的。

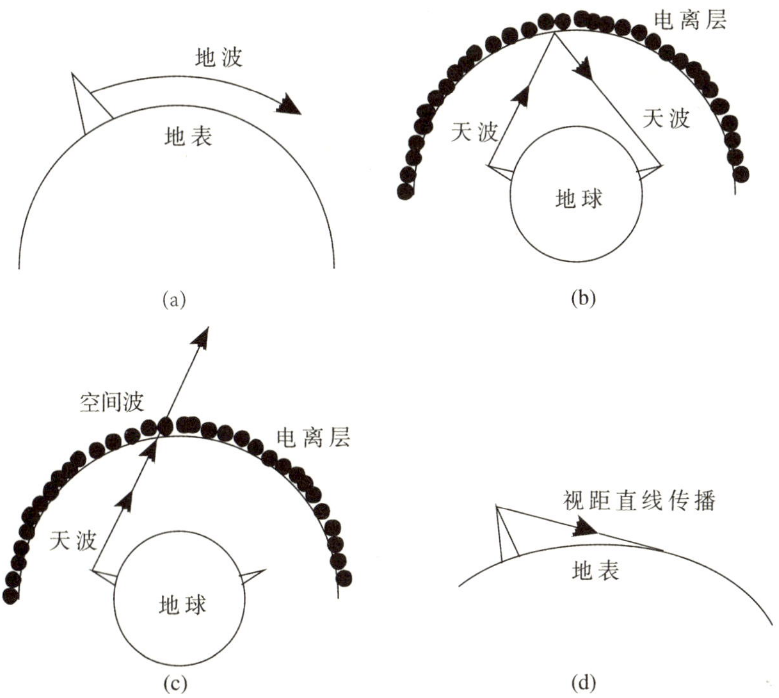

图 1.3　各种无线电波的传播途径

（4）它的第四个特点是微波与物质相互作用时的选择性，这就是说，它与各种物质相互作用时将视该物质的材料性能不同而不同。对某些物质如像水这种强极性介质，微波的作用要强烈得多，而对像陶瓷、玻璃、云母和一些非极性或弱极性介质作用要小得多，这种选择性就是目前微波加热的重要依据与原理。

（5）它的第五个特点就是量子能级较低，尚不足以破坏化合物的化学键和分子结构，这就是近年来微波化学领域中被广泛用于催化、萃取、消解、合成等应用的根据。

1.2 微波传输线

在 1.1 节中，我们已经介绍了适用于微波波段的几种常用的传输线，例如同轴线和波导管，也许大家会提出这样一个问题，那就是为什么普通的两根双线传输线不能传输微波？当微波在其中传输时又会发生什么情况呢？下面我们就来谈谈这个问题。

大家都知道，在日常家用电器，例如彩电、冰箱、空调、洗衣机、抽油烟机、微波炉等的电源线都是两根由塑料包裹着的导线构成的（其中一根为带电的火线，另一根为不带电的中线或地线），这是因为在家庭中用的是频率为 50 Hz 的工频交流电，这是频率极低的由交流发电机发出的工业用电，在我国采用的是 220 V 的单相（家庭用）或 380 V 的三相（工业或实验室用）两种，但频率都是 50 Hz；而美国等一些国家则采用 110 V /60 Hz 的标准。当频率提高到微波波段相应的频率后，仍然采用双线输电就会发生许多在低频时不会发生的情况，它们有：

（1）随着工作频率的提高，功率沿线传输时会产生严重的辐射现象，这时双线传输线就像天线一样，边传输边向横向空间辐射，这样沿纵向传输的功率就会愈来愈小了，因此传输线也就丧失了它应有的本领。

（2）随着工作频率的提高，由于高频电流的集肤效应（又称趋表效应），沿传输线传输功率或信号时，将产生很大的传输损耗，大大降低了传输效率。

（3）随着工作频率的提高，在传输线周围的介质，包括传输线的绝缘包皮，绝缘支撑物等的介质损耗不断增大，从而增加了信号沿线传输时的衰减，不利于信号的正常传送。

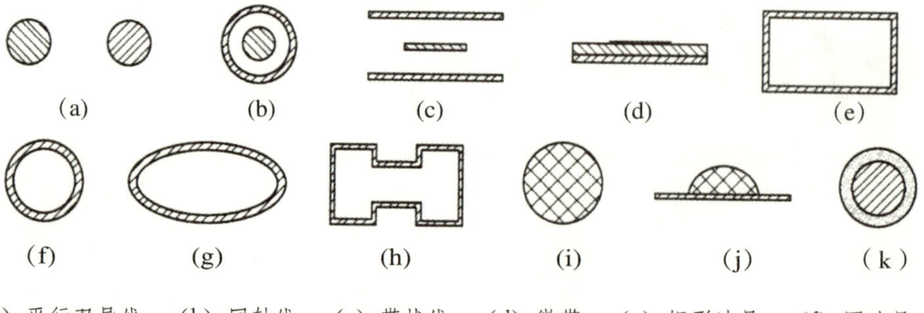

(a) 平行双导线 (b) 同轴线 (c) 带状线 (d) 微带 (e) 矩形波导 (f) 圆波导
(g) 椭圆波导 (h) 双脊波导 (i) 介质波导 (j) 镜像线 (k) 单根表面波导传输线

图 1.4 各种微波传输线

因为这些原因，所以在微波波段，就只好放弃这种在低频时使用得很好的双线传输线。下面我们来看一下，在微波波段应采用哪些传输线？在图 1.4 中示出在微波波段所使用的各种微波传输线，但在微波功率应用中，因为均属大功率传输，所以大多数情况下只能采用同轴线及波导这两类传输线，只有在小功率的微波固态器件中有时会采用带状线、微带等小功率传输线。因此在本章中只限于讨论上述两类大功率传输线，即同轴线与各种波导。

1.2.1 同轴线

为了克服上述的缺点，人们想到的是将图 1.1（a）中的双线传输线改为如图 1.1（b）中的同轴线来传输微波信号。同轴线也是两根互相绝缘的金属导体，只不过是两根不对称的导体而已，其中一根为空心的外导体，另一根则为实心的内导体，并且内外导体是同轴的，“同轴线”一词即由此而来。这种同轴线不仅可以传输微波，也可传输低频甚至直流信号。同轴线外导体的内径 D 和内导体的外径 d 的比值决定了同轴线一个非常重要的参数，即同轴线的特性阻抗。通常它有多种规格，例如根据传输时衰减最小设计的为 75 Ω，和传输功率容量最大综合设计的为 50 Ω 等几种。因为用金属制成的同轴线不能弯曲，使用不便，所以人们就根据同一原理制成了一种可以任意弯曲的电缆。只不过这种电缆只有一根芯线，而外导体则由细金属丝编织而成网状圆筒，在内外导体之间填充有低介质损耗的绝缘材料，而且柔软可弯，在外导体外再包裹一层绝缘外套，这样就形成了目前在闭路电视信号分配和传输系统中经常使用的视频电缆，以及在各种微波传输和测试系统中常用的微波电缆。前者多用 75Ω，而后者则用 50Ω，见图 1.5（a）。但在高功率（百瓦级及更大时）传输时，通常采用空气填充而相隔一段长度处设置一个低耗介质垫圈以保证内外导体的同心度，见图 1.5（b）。考虑到工作频率和传输功率大小的差别，同轴线即使在相同特性阻抗时也存在不同大小的截面尺寸。一般来说，频率越高，同轴线的截面尺寸越小，反之越大。例如在 3 000 MHz 时采用 D/d 为 16/6.95（mm）的 L27（50Ω）同轴线，当频率提高到 10 000 MHz 时，仍采用上述尺寸的同轴线时，就不能保证电磁波能在线中单模传输了。换句话说，如要单模传输 10 000 MHz 的微波，就必须采用截面尺寸较小的同轴线，例如 D/d 为7/3（mm)的 L16（50Ω）同轴线，由于截面尺寸的减小，相应的功率容量也降低了。至于同轴电缆，由于结构上和材料上的关系，它只能作为实验室中连接或测试之用，像视频电缆，也只作为近距离（数十至一百米）传输之用，否则由于衰减过大将使传输信号损失严重，不利于用户的接收。

同轴线中传输的是横电磁模式，即 TEM 模式，其中电力线均在半径方向，如图 1.5（c）中的实线所示，而磁力线均环绕内导体呈圆环分布，如图 1.5（c）中的虚线所示。

像上面介绍的同轴线，它的工作频带很宽，低端可从直流开始，无论是低频、中频、高频直至微波，都可以应用。那么，为什么在低频、中频甚至高频时都很少采用同轴线或同轴电缆呢？那是因为在这些频段采用两根双线系统要方便而且便宜得多。因此没有必要采用价格昂贵的同轴线。但在微波波段，双线系统已丧失了传输功能，这时就不得不采用同轴传输系统了。随着微波频率进一步提高，特别是传输功率的大幅度增大，这种情况下，同轴线也显示出它的不足了。

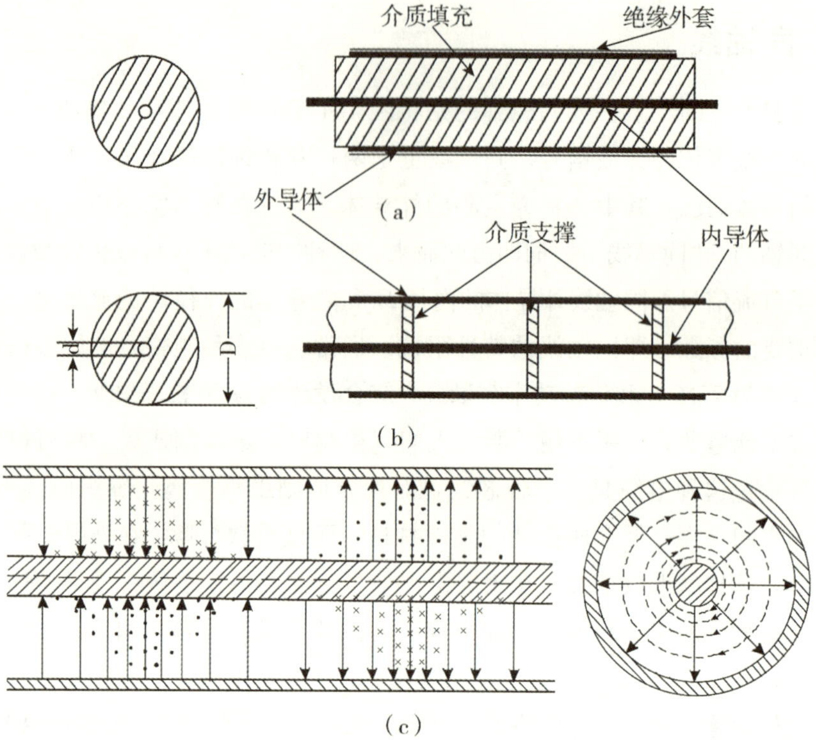

图 1.5　同轴电缆和同轴线

1.2.2　波导管

其实早在一百多年前就有人从理论上讨论过电磁波在空心金属管中的传播问题，尽管当时还没有发明微波，客观上并无实用需求，但波导理论的超前存在就像麦克斯韦预测电磁波存在的理论一样，后来被完全证实了。科学技术发展历史过程中的类似例子还有不少，如爱因斯坦的相对论和量子理论也是在原子弹发明以前早就预见到了原子中潜藏着巨大的能量。麦克斯韦的理论和赫兹的实验证实相隔了 24 个年头，而爱因斯坦的理论和原子弹的制成整整花去了近 40 年的光阴。

在 20 世纪 30 年代末，各国科学家相继发明了实用的微波电子管，即磁控管和另一种称为速（度）调（制）管的几种，有了这几种特殊的电子管，就使得微波振荡得以产生和放大，微波功率产生了突破性的进展，也使得微波波段这一电磁频谱资源的处女地得到了充分的开发。

说来也巧，当时全世界正经历了一场空前的经济大萧条，后来慢慢开始复苏，就在这时，第二次世界大战即将拉开序幕，在欧洲战场，德军正以神奇的速度席卷东欧和法国等地，英国正处在全面封锁和连日遭受轰炸的战争恐怖之中，正是在这样的战争环境下，磁控管就诞生在英国的大学实验室中（也在同一年代，两名苏联科学家阿列克西耶夫和马良罗夫同时发明了极其类似的多腔磁控管）。而在隔洋的美国，瓦利恩兄弟发明了双腔速调管，这种管子可以放大微波信号。由于磁控管能够产生数十至数百千瓦的脉冲振荡功率，这相对于当时使用的米波雷达来说，无疑是对军方的一针强心剂，指挥家们意识到这一发明的重大战略、战术意义，于是尽快以磁控管作为新一代雷达发射机的“心脏”来设计雷达，这么大的微波功率如何从磁控管传输到天线中去？采用同轴线会产生射频击穿，而且同轴线由于内导体的存在，相互连接也存在很多技术问题，于是人们自然而然地想到，早已在理论上证明可以传输微波的波导传输线，这种没有内导体的空心金属管——波导管——经试用，效果非常满意。于是世界上一些著名的实验大力开展关于波导的各种理论的实验，最典型的是美国麻省理工学院（MIT）中的林肯辐射实验室，它集中了全世界最优秀的科学家 2 000 多人，重点开展微波雷达、微波电子管、微波波导和传输、微波天线、微波开关、脉冲电路、调制器、阴极射线显示管（CRT）、伺服电机等环绕和配合雷达技术领域的全面研究工作，取得了惊人的科研成果。在 20 世纪 40 年代末，他们把这些科研成果以实验室系列丛书的形式出版了整整 28 册，堪称一绝。这套称为“雷达丛书”出版一年以后，苏联立即全部译成俄文并在苏联出版，可见他们对这一知识宝库的高度重视和评价。我国在“文革”前也曾规划将这套丛书译成中文再出版，但因“文革”而流产了。

说到这里，我们再次体会到社会、经济、军事等方面的需求对科学技术的促进作用，波导管的实用首先是在雷达技术中取得突破的，在几种截面的波导管中，矩形波导是用得最为普遍的一种，见图 1.1（c）。现在来谈谈为什么电磁波能在一根空心的金属管中传输呢？很多人无法想象这究竟是怎么一回事。

也许正是人们长期习惯于低频传输线概念的思维模式和习惯，总是想到家中的各种电器包括电脑在内，它们不都是用两根线去连接电源，电话机不也是用两根线连接到插座上去的吗？只不过是将两根线压在一起，从外形上看，好像只有一根线，实际上内有两根金属导线，用橡胶或塑料等绝缘体将它们隔开一定距离，防止短路。上述设备确实都是用两根线来传送信号或电源供电用的，那是因为这些信号的频率很低，采用双线非常有效，而且便宜。

如果读者家中安装了光纤电视或光纤互联网络的话，这种光纤或光缆中实际上就是既非导体、更无回路的一根由极细的玻璃纤维制成的特殊的传输线。当然，这种光纤或光缆在到达你家中以前通过专用的设备早已把光纤中传输的光信号变换成电信号了，因此在你家的插座上已经是视频或其他信号了。也就是说在光纤内传输的光信号（光波是一种比微波频率更高的电磁波）就是单线传输的。后来人们知道光纤就像波导一样是电磁波传输的一种导波系统，只是适应于不同的波段而已，因为光波也是一种波长更短的电磁波。

大家都知道，低频时，人们习惯喜欢采用电路的概念来分析问题，例如串联电路和并联电路等，而常用的元件像电阻、电容、电感、变压器、线圈等可以组成各种振荡电路、放大电路、变频电路、检波电路等，而用电压表、电流表、欧姆表等常用的仪表，就能非常方便、直观地测量出相应电路中的电压、电流和电阻值的大小。

当频率高达数百兆赫以上进入微波波段以后，由于这些集总参数的元件已无法继续使用，同样的，电压、电流等电路概念也无法继续使用，这种情况下，必须采用电场和磁场的概念来替代低频下的电路分析方法。换句话说，应采用电场代替电压，磁场代替电流来分析波导管中的传输问题，这种场与路的概念转换是至关重要的，见图 1.6。

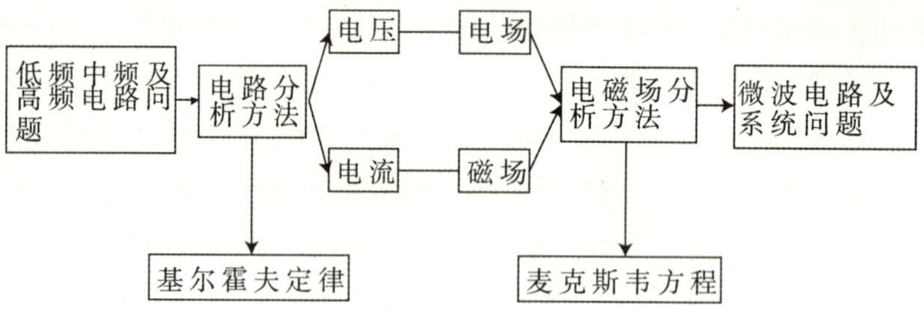

图 1.6　电路方法与电磁场方法的转换

在波导管中，如果还想用电压表来企图测量其中的电压值，那肯定是徒劳无功的，因为波导中只有一根空心的金属管，根本找不到独立的、相互绝缘的两个待测点；同样，要想在波导中测量电流也是不可能的。由此可见，波导是一种单线传输线，不可能再用电路、电压、电流等概念，而应采用场和阻抗、驻波、功率等新概念。

这里，我们不准备详细分析电磁波如何能在空心的波导中传播，但应了解到，也不是任何截面尺寸的波导都能传输一定频率的微波信号的，换句话说，对于一定频段的微波信号，都有一定尺寸的波导标准，在表 1-2 中给出了常用波段的波导管截面尺寸，表中 a 为矩形波导宽边大小，b 为波导管窄边的高度。

表 1-2　各种波导管尺寸和相应的微波频率范围

频率范围	内　部	尺　寸	波导型号				
GHz	$a\times b(\text{in}^2)$	$a\times b(\text{mm}^2)$	IEC	中国	RCSC 英　国	EIA 国际标准	JAN 美　国
0.32～0.49	23.0×11.0	584×292	R3	BJ3	WG00	WR2300	
0.64～0.98	11.5×5.75	292×146	R8	BJ8	WG3	WR1150	
0.75～1.12	9.76×4.88	248×124	R9	BJ9	WG4	WR975	RG204/U
1.12～1.70	6.5×3.25	165×83	R14	BJ14	WG6	WR650	RG69/U
1.7～2.6	4.3×2.15	109×54.6	R22	BJ22	WG8	WR430	RG104/U

续表

频率范围	内　部	尺　寸	波导型号				
GHz	$a\times b(\text{in}^2)$	$a\times b(\text{mm}^2)$	IEC	中国	RCSC 英　国	EIA 国际标准	JAN 美　国
2.2～3.3	3.4×1.7	86.4×43.2	R26	BJ26	WG9A	WR340	RG112/U
2.6～3.95	2.84×1.34	72×34	R32	BJ32	WG10	WR284	RG48/U
3.95～5.83	1.87×0.87	48×22	R48	BJ48	WG12	WR187	RG49/U
5.85～8.2	1.37×0.62	35×16	R70	BJ70	WG14	WR137	RG50/U
8.2～12.4	0.9×0.4	23×10	R100	BJ100	WG16	WR90	RG52/U
12.4～18.0	0.62×0.31	16×7.9	R140	BJ140	WG18	WR62	RG91/U

注：IEC 为国际电工委员会。

从表 1-2 可以清楚地看出，波导管的截面尺寸随着工作频率的提高而相应地缩小，当频率进入毫米波段时，波导截面尺寸只有数毫米的大小，这样小的波导，加工时的精度和表面光洁度都难以保证，当频率更高时，很难想象比火柴杆还小的波导如何加工。于是就发明了在毫米波段适用的新型传输线，如鳍线、介质波导等，因为本书不介绍毫米波段的微波应用，所以不准备讨论这些新型的毫米波传输线，有兴趣的读者可以在书末参考文献中找到相应的参考书籍。

为了使读者对波导传输微波有一个浅显的了解，我们不妨看一看如图 1.7 所示的传播途径，假设我们暂且把波导管的顶面和底面拿开，那么就可以清楚地看到电磁波是在波导管的两个平行的侧面间来回反射迂回前进的。从能量的传播速度上来看，由于传播路径的曲折，致使沿着波导轴线方向上的速度减慢了。当然，这一减慢程度取决于电磁波投射角的大小，但其相位速度则不然，因为相位速度是指单位时间内相位的变化速度，如果假设电磁波的传播速度仍然是光速 c 的话，那么沿着波导轴的方向上相位变化肯定要超过光速 c 了。从图 1.8 中可以清楚地看到，当沿着黑线箭头方向的传播速度为 c 时，沿波导轴线 z 向的相速就是 $v_p=\frac{c}{\sin\theta}$，由于 $\sin\theta<1$，所以 $v_p>c$；同理，如果沿传播方向上两黑线（波峰或波谷）之间的距离为 $pn=\lambda_0$，即自由空间波长，那么沿波导轴线 z 方向的等相位点之间的距离就称为“波导波长”，即 $mn=\lambda_g$，于是有

$\lambda_g = \frac{\lambda_0}{\sin\theta}$，同样因为 $\sin\theta < 1$，所以 $\lambda_g > \lambda_0$；显然，当 $\theta = 0°$时，$\lambda_g = \infty$；而当 $\theta = 90°$时，$\lambda_g = \lambda_0$；这就是说当 $\theta = 0°$时，电磁波将在波导两个侧壁之间来回反射，能量无法沿 z 向传播。

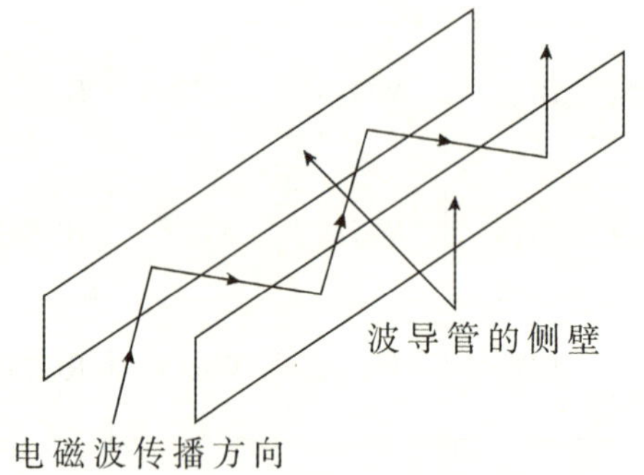

图 1.7 电磁波在波导中的传播

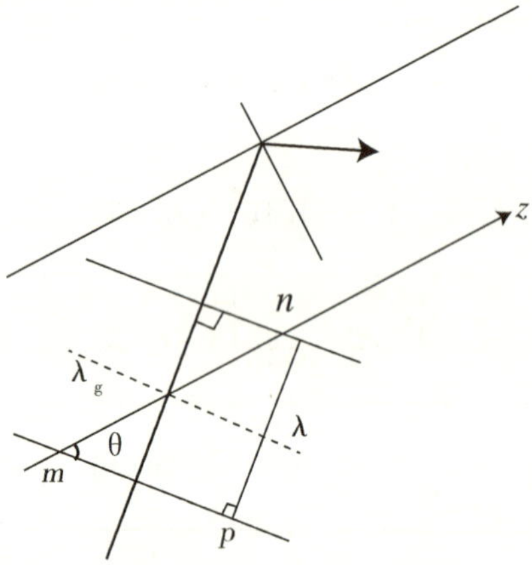

图 1.8 波导波长与自由空间波长的关系图

这种物理现象称为波在“横向谐振”，虽然沿 z 轴的相速为无穷大，但其能速却为零。有时又把这种状态称为“截止”状态，其相应频率对应的波长则称为“截止波长”，并用 λ_c 表示。而这一截止波长只与波导的宽边长度 a 有关，对于最低模式来说，$\lambda_c = 2a$；当 $\lambda \geq \lambda_c$ 时，波导中波将被截止，无法传播，只有当 $\lambda < \lambda_c$ 时才能传播。这是与同轴线中波的传播规律不相同的地方。在同轴线中，不存在截止波长，因而对任何频率的波都能在其中传播，同轴线中没有波导波长这个参数，当然也存在为保证单模传输条件而选择相应的直径 D 和 d 的问题，这里不打算细谈。

在图 1.8 中可以看到这个更直观的形象，当光波以与墙体法线成 θ 角向墙体推进时，假设其传播速度为 c，而这时两个波峰之间为一个波长，如在墙体处沿着墙体方向的两个波峰之间的距离增大了，于是波速沿墙体方向也增大了，由于这是波峰前进的速度，即代表相位前进的速度，故取其名为相速，显然，相速大于光速。增大程度取决于投射角 θ，其关系如前所述。

矩形波导中的最低模式即主模式为 TE_{10}（H_{10}）模式，这一模式的电磁场结构非常简单，如图 1.9 所示。从图中可以看出电场是线极化的，而且只有垂直（y 方向）分量，在 x 及 z 方向均无电场存在，因此又将此模式称为“横电模”，同时其电场幅值沿 x 方向是中间最大，然后向两侧减小，直到两个金属侧壁处减小到 0，而其在 y 方向上，幅值大小不变，变化量为 0，这就是 TE_{10} 下标 10 的含义。而高频磁场则无 y 向分量，而只有 x 和 z 向分量，在 xz 平面上构成闭合回路。而 TE_{10} 及 TE_{20} 两个模式的瞬时电场分布如图 1.9（c）所示，从图中可看出两者的差别，图中只表示电场强度在 x 和 z 方向上变化规律，而在 y 方向上，场强大小是不变的，图中无法表示。

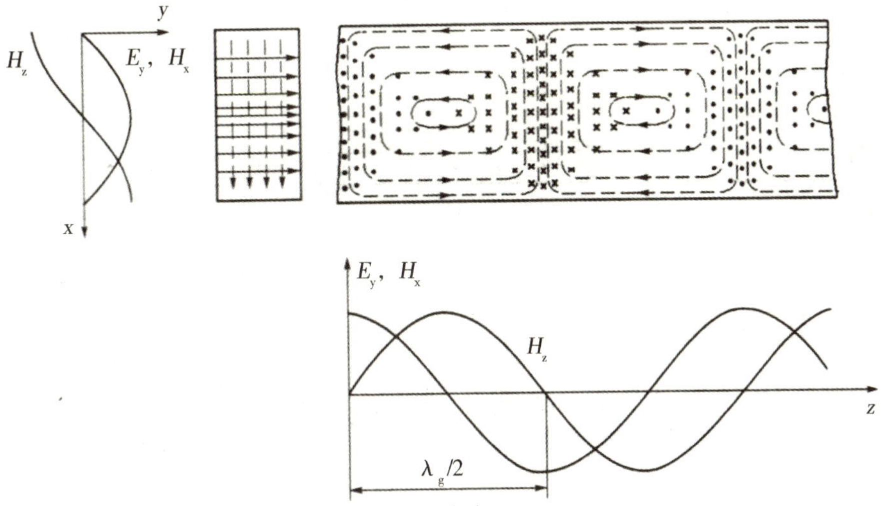

(a)

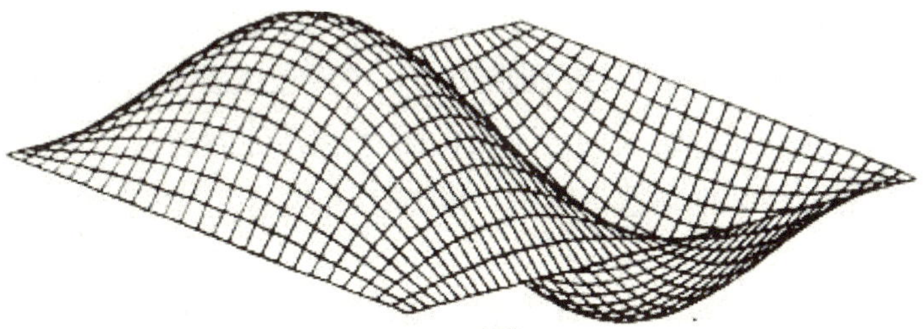

(b)

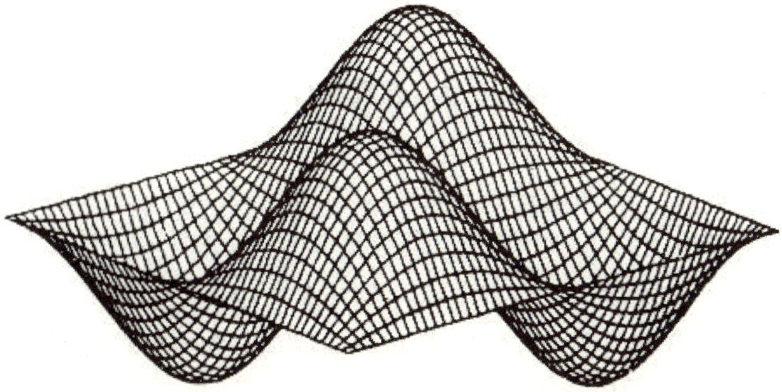

(c)

图 1.9 矩形波导 TE_{10}模 (a)(b) 与 TE_{20}模 (c) 时的场结构

实用上为了方便两根波导之间的连接，常常在波导管的两端焊上一个法兰盘，盘上打一些连接用的螺孔，以便相互连接时用螺栓和螺母固定。法兰盘的形状见图 1.10，法兰盘我国都有国家标准，不得任意设计。图 (a) 为方形法兰盘，图 (b) 为圆形法兰盘，图 (c) 为矩形法兰盘。盘中的小孔为螺钉连接孔。

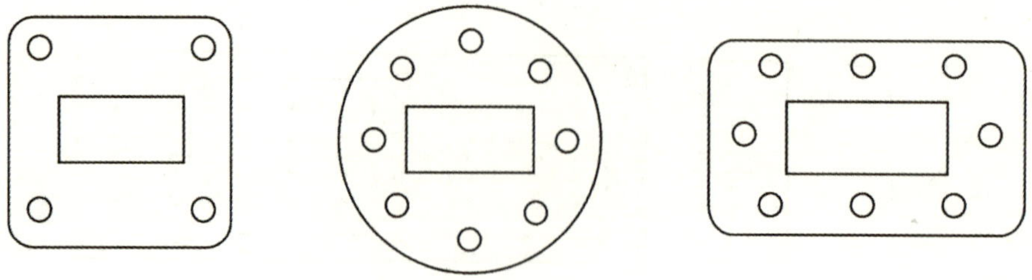

(a)　　　　(b)　　　　(c)

图 1.10　各种波导法兰盘

1.3　微波谐振系统（谐振腔）

1.3.1　谐振腔的形成过程

在低频时，任何谐振系统都采用集总参数的元件来构成，通常采用电感 L 和电容 C，像收音机、电视机中的振荡回路或调谐回路，中频放大器中的选频回路，高频电路中的槽路等都是采用这些元件组成的，不同的是这些元件的参数不同，L 和 C 值的大小取决于谐振回路的谐振频率，这一频率与电感 L 和电容 C 之间的关系是由大家熟知的公式联系着的，即

$$f_0=\frac{1}{2\pi\sqrt{LC}}$$

换句话说，它与 LC 乘积的平方根成反比，也就是说当 LC 的值越小时，其谐振频率 f_0 就越高，反之越低。所以我们在收音机天线棒的谐振回路中可以清楚地看到中波段天线磁棒上有很多圈纱包线绕成的电感线圈，而同一磁棒上的短波段的天线线圈却只有几圈镀银的裸线，两者相差甚多。这是因为广播收音机中的中波广播频率为 535～1 605 kHz，而短波段则为 2～27 MHz，两者频率相差几倍至十几倍。由此类推至调频广播时频率高达 88～108 MHz，这时的 LC 值还会更小。……到了数百、数千兆赫的微波波段，如果仍然采用集总参数的电感 L 和电容 C，就会出现找不到如此小的电感线圈和小电容了，怎么办呢？大家知道，一个线圈的电感量是和线圈的圈数成正比的，圈数越多，电感量 L 就越大，反之越小。为了尽量减小电感，一方面是减少圈数，但当减小到只有一圈时若仍嫌 L 太大时，下一步就只好采取并联的方法来减小电感量 L 了（因为电感像电阻一样，互相并联后其总值是减小的），这样 3 根、4 根、5 根……一直并联下去，电感 L 就会越来越小，直到满足要求为止；另一方面，对电容也做同样的要求：不断减小 C 以满足频率不断提高的需要，大家知道，任何一个元件都有一个引线或接头，这些引线都存在很小的寄生或杂散的分布电容，即使一根在低频时的短导线，到了微波波段，其分布电容 C 的大小都是一个不可忽视的因素，就像上面所

讲的，用很多根短导线相互并联以降低电感 L 时，在上下两个并联端接点已经形成了谐振回路所必需的电容了。从图 1.11 中可以清楚地看到这时的谐振回路已不是低频时的 LC 并联回路（见图（a）），而逐渐演变成为一个由金属导体围成的完全封闭的圆柱形金属盒，它具有一定的直径 D 和高度 h，频率越高，金属盒的体积就越小，这种金属盒称之为“谐振腔”或“空腔谐振器”。

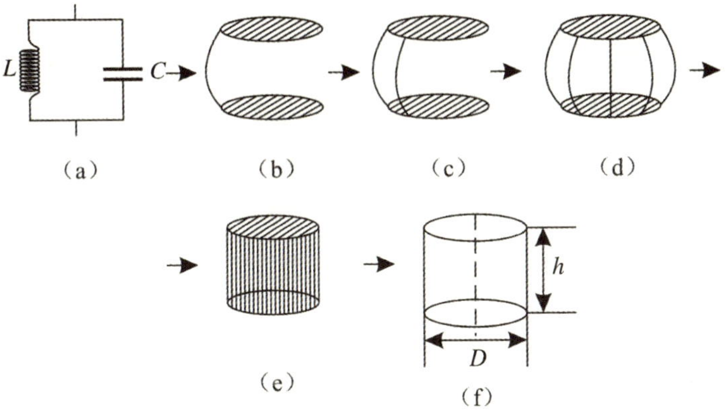

图 1.11　LC 谐振回路演变成谐振腔

除了圆柱腔外，还有矩形腔、多边形腔等。各种形状见图 1.12。

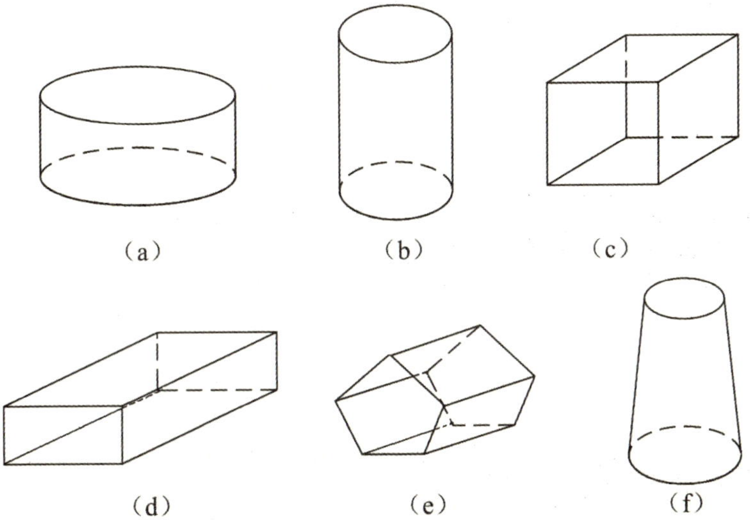

图 1.12　各种形状的谐振腔

1.3.2　谐振腔的工作模式

从上面谐振腔的形成过程和结果来看，这里已找不到电感 L 和电容 C 这些元件了，从外表上看，只不过是一个金属盒而已，家用微波炉就是一只典型的矩形谐振腔。因为它的宽、深、高尺寸都不相同，通常它是由不锈钢板或镀锌铁皮冲压而成，再配上带有观察窗的门形成一个 2 450 MHz 谐振的谐振腔。将食物放入腔中后，关上炉门，开启电源，炉内食物即被微波功率加热。也许读者会提出这样一个问题：为什么一定要将食物放在一个微波谐振腔中加热？在没有谐振腔的情况下，微波能否将食物加热？要回答这个问题，还得从谐振与否谈起。大家一定记得在低频的谐振回路中，不管是串联谐振回路，还是并联谐振回路，谐振时每个谐振元件上的电压（对于串联谐振回路）或电流（对于并联谐振回路）都要比整个回路上的电压或电流大很多倍，这个倍数称为谐振回路的“品质因数”，又称为Q值。例如有一并联的LC谐振回路，当$Q=100$时，电感L支路或电容C支路中流过的交变电流I_L、I_C要比流过并联回路中的电流I大100倍；同样地，对于一个串联的LC谐振回路来说，当$Q=100$时，在电感L或电容C上的交变电压U_L、U_C要比整个串联电路的电压U大100倍，Q值越高，这一比值越大，可见谐振能提高效率。串联及并联谐振回路如图1.13所示。

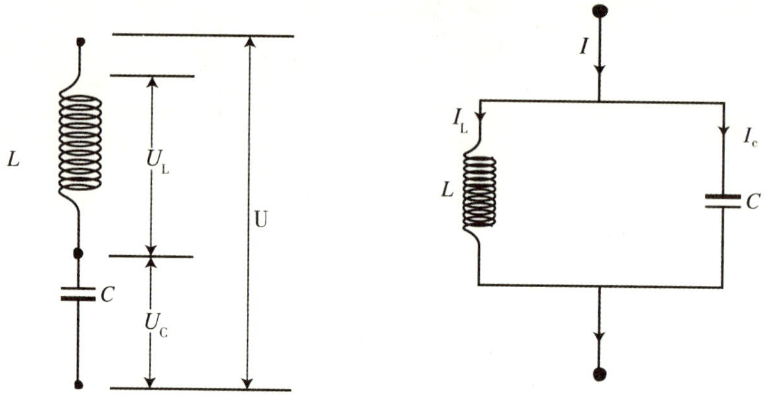

图1.13　串联及并联谐振回路上的电压与电流

同样，在微波波段，虽然找不到这种由L和C组成的谐振回路，但谐振腔的功能和作用仍然与低频的谐振回路相似，为了分析方便起见，人们常常用上述谐振回路来等效微波谐振腔，这时Q值的定义改为

$$Q=2\pi\left(\frac{\text{谐振腔中的储藏能量}}{\text{一个周期内腔内的损耗能量}}\right)\propto\frac{V}{S}$$

由此可见，在微波波段，由于失去了电流和电压的概念，所以电场和磁场的概念取代它们，因此上述定义中的分子代表了腔内电能和磁能的总和，而分母中的损耗是由腔壁上的高频电流引起的，这个比值说明，采用体积较大的腔体，同时选用导电性能优良的导体，并且加工时尽量提高表面的光洁度，都将有助于提高腔体的Q值。同时还可看到Q值与体积V成正比，与表面积S成反比，因此为了提高谐振腔的Q值，应尽量选用V/S值大的形状来设计。

在谐振腔里，也像在微波传输线（包括同轴线和波导）中一样有一个所谓的模式问题，模式来自英语“mode”一词。按照原意是：微波传输线横截面两个坐标方向上的电磁场分布规律，或微波谐振腔中3个坐标方向上的电磁场分布规律，或者说是电磁场的一种确定的结构形式或状态，不同的模式代表不同的场分布和结构。在微波传输线中，不同的模式具有不同的截止波长，对于相同的截面尺寸，却具有不同的传输特性。而在微波谐振腔中，不同的模式具有不同的 Q 值，并且在谐振腔中，既可以只存在一种模式，这时称为“单模腔”，也可以同时存在多于一个以上的模式，这种谐振腔就称为“多模腔”。微波炉就是一个典型的多模腔。下面来看这种单模与多模的区别和优缺点，对于微波传输线来说，人们总是希望在线中只存在一种模式，这样就没有其他模式的干扰，传输效率就高；反之会产生相互干扰，会使一些有用的功率分配到其他模式中去，从而降低了传输效率。而在微波谐振腔中，情况就不一样了，对于有些应用场合，例如制作波长测量用的波长计时，就希望其工作在单一工作模式上，并且希望其 Q 值尽可能地高，以获得足够高的测量分辨率，保证测量的准确性，因此作为波长计，就一定在单模工作状态上，无一例外。再如家用微波炉，通常都工作在多模工作状态下，这是因为在微波炉中希望其电场分布比较均匀，以便使被加热的食物能够得到均匀地加热，不会由于炉内电场分布不均匀导致加热的不均匀。对于单模腔来说，炉内电场分布肯定是很不均匀的，有些位置上电场较强，而某些位置上则电场较弱，这种强弱交替分布是由腔内的模式和侧壁的边界条件决定的。如果同一个腔内，在同一个频率时有许多不同的模式存在，那么对某一模式的场最强处可能是另一个模式的较弱处，而在某一位置上，可能正是几个模式的弱弱相叠加的结果，这样就避免了单模时的强弱分离状态，因此从炉内场分布的均匀性角度出发，就希望炉内能建立的模式数愈多愈好。但模式的多少是由腔体的几个边长决定的，一般来说，尺寸越大，可能建立的模式数也就越多。但这只是问题的一个方面，腔体尺寸越大，在相同微波功率下，腔内的微波功率密度就会减小，这就降低了加热效率，因此设计时应综合考虑而选择合适的腔体尺寸，兼顾了模式数目和功率密度这两个互相矛盾的因素。

那么，如何来命名和区别模式呢？对于微波传输线和微波谐振腔来说是有区别的，对传输线通常以与传输方向相垂直的横截面上两个坐标方向，例如 x 和 y 方向电磁场变化的周期数 mn 来命名，如果在 x 方向场的大小变化一次，写作 $m=1$，变化两次时 $m=2$，…；在 y 方向上变化一次时 $n=1$，没有变化时 $n=0$，…。见图 1.14（a），图中就是一个 $m=1$，$n=0$ 的传输模式，从图上可以清楚地看到，场沿横向(x 向)从波导的左侧壁到右侧壁正好变化一次，也就是说，场的幅值从 0 变至最大值后又逐渐减小到 0，这就是 $m=1$ 的物理意义，而场沿垂直（y 向）则不发生变化，处处都是一样的大小，这就是 $n=0$ 的意义；对于微波谐振腔来说，因为在 3 个坐标轴方向上均不存在波的传播，因此它与传输线相比就增加了一个 z 方向的模式号码 p，即对腔体来说，应以 mnp 来命名，见图 1.14（b），对于圆柱腔来说，采用极坐标更方便些，这就是沿半径 r 方向为 m，沿圆周角向 θ 方向为 n，沿轴线 z 方向为 p，见图 1.14（c）。再如微波炉中的多模腔来说，它是一个矩形腔，见图 1.15。

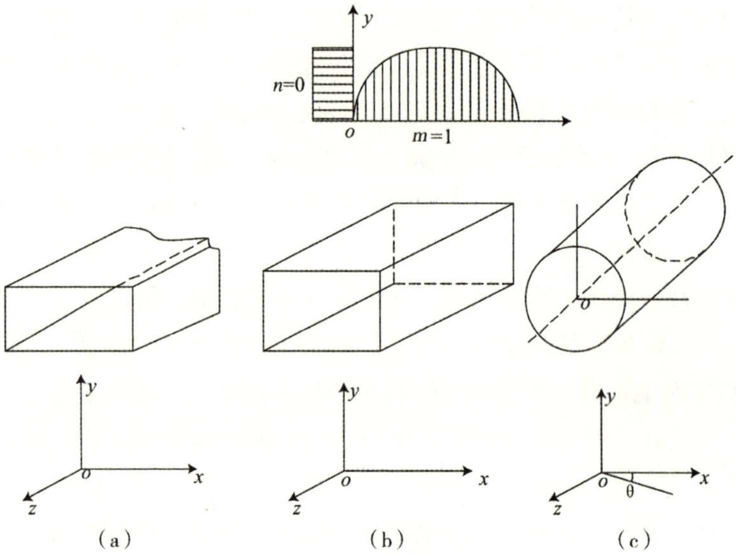

图 1.14　波导和谐振腔的坐标系

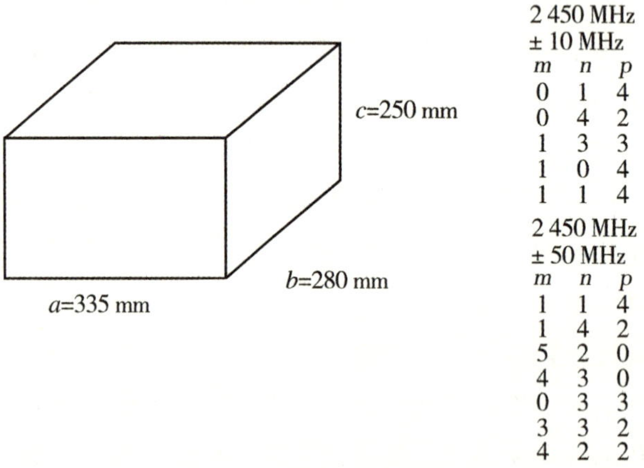

图 1.15　微波炉中的模式数

如果微波炉工作在 f=2 450 MHz±10 MHz 的频率上，根据计算可有 5 个模式存在，即 mnp 为（014），（042），（133），（104），（114），共 5 个；如果 f=2 450 MHz±50 MHz，那么除上述 5 个模式外，还有 7 个新模式出现，即共有 12 个模式，见图中列表。这里，读者也许会问，微波炉中的频率怎么会有一定的变化呢？是的，这些模式的出现是在腔内工作频率发生小范围内改变时才产生的，振荡管（磁控管）的频率的改变是由负载变动引起的，这种现象称为“频率牵引”（见第 2 章）。人们从微波炉门窗中可看到加热食物时炉内转盘上的东西在旋转，正是这种旋转运动，才使负载（盘上的食物）发生周期性的变化，最终导致了磁控管振荡频率的改变。由此可见，炉中的转盘有两个功能：其一是改善角向加热的均匀性；其二是提供负载的变化以产生足够的频率牵引，从而增多模式数目以改善整体的均匀性，后者是一般人所不熟悉的专业问题。现在市场上出现了一种新型的“无转盘微波炉”，表面上看，确实看不到转盘，但在其底部却安装了一个类似风扇的能旋转的有源天线，工作时，该天线边旋转边发射微波，供绝缘板上的食物加热，因此，这时食物虽然不动，但微波却在旋转，这也是一种相对运动，同样会产生频率牵引，从而增加了腔内的模式数，大大改善了加热的均匀性，同时也增大了炉内有效地使用体积。到这里，读者一定要弄清楚什么叫模式、模式数目以及传输线中的模式和谐振腔中的模式是如何联系和区别的，有了这些概念，以后在介绍微波的各种应用时就有了一定的基础。

1.4 驻波与匹配

1.4.1 驻波的形成

大家都知道，将一根弦或一根细线的两端固定在两个支点上，如图 1.16（a）所示；然后用力在其中间部位往上拉，当放手后就会观察到这根弦在上下快速地振动，见图 1.16（b），并发出一定频率的声音，这就是弦的振动，在弦的整个长度上可以看到弦的正中部位振幅最大，在两个支点上振幅为 0，这种振幅大小的分布就称为“驻波”，而正中部最大处称为“波腹”，而边缘支点最小处则称为“波节”，再如将一块薄金属簧片的右端固定在一个支点上，见图 1.16（c），使端部向上拨动一个距离，然后放开，这时即可看到簧片端部会做上下振动（如图 1.16（d）），同时发出声音，像上述弦的振动一样，两者都是一种机械振动，但后者的波腹位于端部，而波节则仍位于尾部支点处，两者都存在驻波分布，前者两端对称，后者则不对称。对于微波在传输线中传播时如遇到某处存在不均匀时，部分电磁波即会在该处产生反射，由于反射波与入射波的传播方向正好相反，于是这两个向相反方向传播的波就会产生相互叠加或相互抵消，于是沿着传输线的方向上就会产生类似上述机械振动形成的驻波现象，所不同的是微波传输线上形成的驻波的波节不一定是 0。

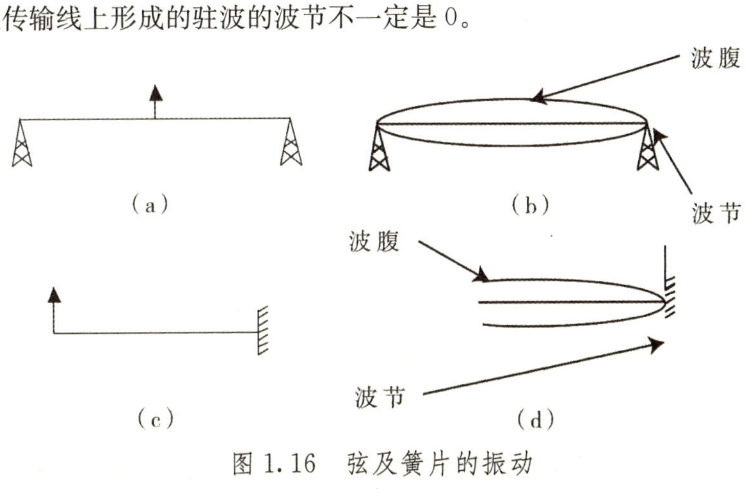

图 1.16 弦及簧片的振动

如图 1.17（a）所示，除非终端产生全反射，也就是说反射波的波幅与入射波的波幅相等，这时形成的驻波非常类似于弦的振动，但其波腹和波节是沿传输线长度方向周期性重复出现的，见图 1.17（b），两个波腹之间或两个波节之间的长度正好等于半个波导波长，即 $L=\lambda_g/2$，也就是说 $\lambda_g=2L$。这里是对波导而言，如果是同轴线中产生驻波，那么两个波节或两个波腹之间的长度应等于自由空间波长的一半，即 $L=\lambda/2$，于是 $\lambda=2L$。

为了将驻波现象量化，于是微波科技工作者对驻波采用了下述的定义，即

$$S=\frac{E_{max}}{E_{min}} \tag{1.1}$$

式中 S——驻波系数或驻波比（Voltage Standing Wave Ratio，VSWR）；

E_{max}——驻波电场最大值（即波腹处的电场值）；

E_{min}——驻波电场最小值（即波节处的电场值）。

由此可见，当不存在反射波时，线上没有形成驻波，因此没有波腹和波节之分，沿线的电场幅值处处相等，这时的驻波系数 $S=1$；而当驻波的波节幅值为 0 时即 $E_{min}=0$时，不管 E_{max}为多少，这时的驻波比 $S\to\infty$，这就是说驻波比的变化范围为 $1\leqslant S<\infty$。

$S=1$ 时为纯行波（即无反射），而 $S\to\infty$时则为全驻波（即全反射）。这样，我们即建立起来关于微波传输线上有关驻波的概念。

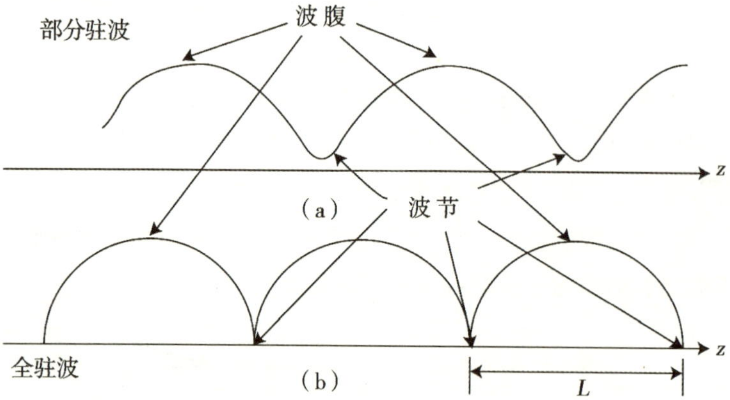

图 1.17 传输线上的驻波

1.4.2 阻抗与匹配

上面我们讨论了驻波是怎样形成的，并定义了驻波比的表达式，在本小节里，我们进一步深入了解为什么线上会产生反射，从而形成驻波。

1. 特性阻抗

特性阻抗在介绍微波传输线时曾提到传输线有一个非常重要的参数，这就是传输

线的特性阻抗 Z_c，这一参数是由传输线横断面上的几何尺寸及线中或线间填充的绝缘介质材料决定的，例如双线传输线是由线径、线距及线间的介质决定的，而同轴线则由内外导体的直径 d、D 及填充物决定的，而波导则由截面尺寸 a、b 及管内填充介质决定的，这一阻抗决定了传输线的传播特性。如果一根传输线的特性阻抗沿着传输方向永远是不变的，那么电磁波沿线传播时就不会在线上产生任何反射，直至终端。如果在传播过程中在某处遇到特性阻抗的变化（无论是突变还是渐变），那么就会在阻抗变化处产生一定的反射波，从这里开始反其道向始端传播，这一反射波的强弱是由特性阻抗的变化多少决定的，改变越大，反射越大；反之越小。这是产生反射的一个原因。另一个是传输线的终端接有什么样的负载。如果终端负载的阻抗 Z_L正好等于传输线的特性阻抗，即 $Z_L=Z_c$，那么，线上就不会产生反射。这种情况下，只有入射波沿传输线向负载传送功率，这一功率抵达终端后全部被负载所吸收，线上呈现纯行波状态，因此驻波比 $S=1$。这样的终端负载，我们就称为“匹配负载”，换句话说，负载匹配时，线中无驻波；反之，当 $Z_L\neq Z_c$时，就会产生反射形成驻波。这就是人们为什么总是希望终端负载尽可能地与传输线匹配，以便减小反射提高传输效率的理由所在。

2. 反射系数

讲到这里，我们不得不介绍另一个重要参数，尽管它也是反映传输线与终端负载的匹配程度的，但它描述的是另一个直接与阻抗相关的现象，这就是传输线上的反射系数，它定义为

$$\Gamma=\frac{Z_L-Z_c}{Z_L+Z_c} \tag{1.2}$$

例如，当特性阻抗 $Z_0=50\Omega$，$Z_L=60\Omega$ 时，根据上式可求得 $|\Gamma|=0.090\,9$。

那么这个反射系数与驻波比怎样联系起来呢？下面这个公式就把两者联系在一起了，它就是

$$S=\frac{1+|\Gamma|}{1-|\Gamma|} \tag{1.3}$$

代入 $|\Gamma|=0.090\,9$ 后，得 $S\approx1.199\,9$。

如果知道 S，那么利用下面的公式则能很快求得相应的反射系数 Γ。

$$|\Gamma|=\frac{S-1}{S+1} \tag{1.4}$$

例如，当 $S=1.5$ 时，根据上式可求得 $|\Gamma|=0.2$。

因为 $1\leqslant S<\infty$，所以 $0\leqslant|\Gamma|\leqslant1$；

这就是说，$|\Gamma|=0$ 时，$S=1$；而 $|\Gamma|=1$ 时，$S\to\infty$。也就是说，$|\Gamma|=0$ 时，无反射，纯行波，驻波比为1；而 $|\Gamma|=1$ 时，全反射，全驻波，驻波比为无穷大。

这么说仍然有些抽象，特别是 $|\Gamma|=1$ 时的全反射是指什么状态呢？从公式中可以看出，只有当 Z_L 为 0 或∞时才会有 $|\Gamma|=1$ 的全反射情况出现，这就是说当$Z_L=0$

时，即负载短路时会出现 $|\Gamma|=1$ 的全反射情况；当 $Z_L=\infty$ 时，即负载开路时又会出现全反射的另一种情况。不论是短路，还是开路，负载上都不可能吸收传输过来的功率，因而在终端就会发生全反射现象，这从能量守恒定律出发也是完全正确的。而对于那些既非短路又非开路的任意负载，就会产生一定大小的反射，从而出现驻波比 $S>1$ 的情况。

3. 阻抗

那么阻抗又是什么东西呢？在低频电路里，在收音机或电视机中，到处都可看到电阻，它分碳膜电阻、金属膜电阻、水泥电阻和线绕电阻等，既可看得到，又可用三用表直接进行阻值大小的测量，概念十分清楚。但到了微波波段，路的概念让位于场的概念，电阻也看不到具体东西了，这里提到的阻抗概念应做些说明才是。原来在电磁场理论中，凡能消耗功率的物质都是电阻性的东西，不论是电介质还是磁介质，只要这些材料具有损耗性质，那么它们在电场中就会消耗电能，在磁场中就会消耗磁能，这种损耗是不可逆的，一旦消耗后就转变成为热能向周围散逸，这就是微波频率下的等效电阻或磁阻的概念；另一种在低频时也存在的电抗效应，这就是在微波频率时的电磁储能现象，在微波电场中就有电能的储存，在微波磁场中就有磁能的储存。储存电能处就如低频电路中的电容器，而储存磁能处就如电路中的电感线圈。这些电磁储能是可逆的，只要电容和电感本身不消耗能量即可，因此在电磁理论中的阻抗概念即由此而生。那就是一个阻抗一般情况下是既有消耗能量的电阻分量，即有功实部；又有储存能量的电抗分量，即无功虚部，但在特殊情况下，这个阻抗却只有实部的电阻分量，而没有无功分量，例如同轴线的特性阻抗就只有实部而没有虚部。

另一个问题是阻抗 Z 如何测量？显然用三用表或欧姆表是无法进行测量的，在微波波段里，一切电路的概念都没有了，而代之以电磁场和电磁波的概念，这里就用到了上面介绍的驻波和反射的新概念，需要补充一点就是上面提到的反射系数的定义公式右边中的负载阻抗 Z_L，通常它是一个既有实部 R_L，又有虚部 jX_L 的复数量，即 $Z_L=R_L+jX_L$，因此即使特性阻抗 Z_C 是纯实数，而计算后的反射系数 Γ 应是一个复数值。既具有模（绝对值），又有幅角（相位），由此可知，若要测量终端负载的阻抗 Z_L，只要测量传输线上的反射系数 Γ 的复数值即可。换句话说，只要测量传输线上的驻波比 S 及其相应的相位值就可以了。目前，测量这些量的仪器或设备是很多的，早期用驻波测量线或槽线来完成，而目前则用微波矢量网络分析仪即可立即快速地测出，十分方便和简单。

1.4.3 阻抗圆图（史密斯 Smith 圆图）

（1）在传输线理论中，阻抗圆图是非常重要的基础知识，也是极其重要的表达微波阻抗的方法，不仅用于阻抗的匹配与失配等状态的描述，更能表明阻抗的调配过程，与网络分析仪使用测量微波网络 S 参数时，可直接在矢量网络分析仪的显示屏上显示被测阻抗在圆图上的位置，以及阻抗随频率而变化时的轨迹。

设 z 为归一化阻抗，

$$z=r+\mathrm{j}x, \tag{1.5}$$

$$\Gamma=u+\mathrm{j}v \tag{1.6}$$

而

$$z=\frac{1+\Gamma}{1-\Gamma} \tag{1.7}$$

$r=\dfrac{R}{Z_C}$ 归一化电阻，$x=\dfrac{X}{Z_C}$ 归一化电抗

将式（1.5）和式（1.6）代入式（1.7）后，可得两组正交圆簇，它们的特性如下：

①等 r 圆簇，$r=$常数，表示一簇共切圆，其圆心在$\left(\dfrac{r}{1+r},\ 0\right)$，半径为 $\dfrac{1}{1+r}$，共切点在（1，0）；

$r=0$ 时，圆心在原点，半径为 1，对应于纯电抗 x。$r\to\infty$时，圆心在（1，0），即收缩到点（1，0），这时半径为 0，此为开路点。

②等 x 圆簇，$x=$常数，也表示一个共切圆，其圆心在$\left(1,\ \dfrac{1}{x}\right)$，半径为 $\dfrac{1}{x}$，共切点也在（1，0），$x=0$ 时圆心在（1，∞），半径为∞，即成一条直线，就是实轴，代表纯电阻线。$x>0$ 的圆在上半平面，对应于电感性电抗；$x<0$ 的圆在下半平面，对应于电容性电抗。$x\to\pm\infty$时，圆心在（1，0），半径为 0，都收缩成点（1，0）。以上两个圆簇如图 1.18 所示。

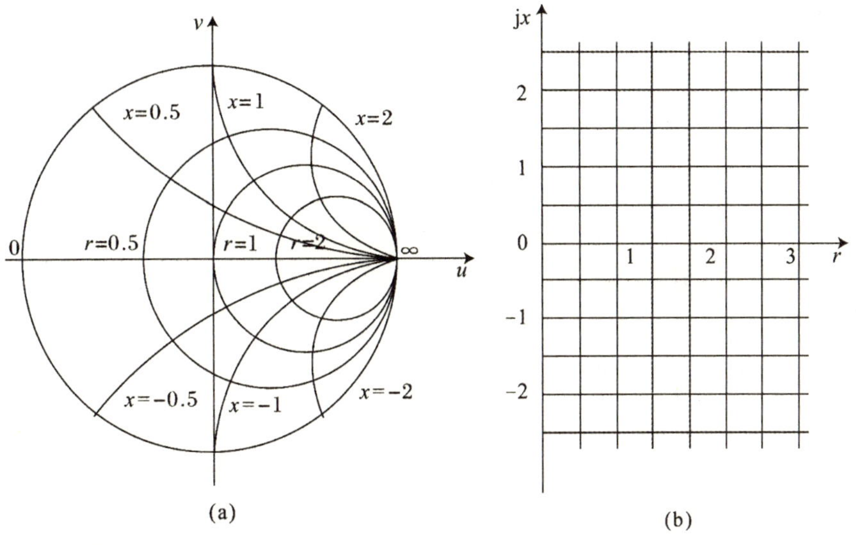

图 1.18 归一化正交圆簇

如前所述，$|\Gamma|\leqslant 1$，所以等 x 圆簇只有在 $|\Gamma|=1$ 的圆内才有意义，所以它是

一簇圆弧段。$x=0$ 对应于从（-1，0）到（1，0）的直线段，其中从（-1，0）到（0，0）的左半段相应于 $r<1$，Γ 为负实数，即相角为 180°，这时反射波与入射波反相，对应于驻波最小点，即该线段上均为驻波最小点轨迹。点（-1，0）的 $r=0$，$x=0$ 对应于终端短路点，$\Gamma=-1$。从（0，0）到（1，0）的直线段相应于 $r>1$，Γ 为正实数，即相角为 0°，这时反射波与入射波同相，对应于驻波电压最大点。点（1，0）的 $r=\infty$，$x=\infty$，对应于开路点，$\Gamma=1$。原点（0，0）对应于 $r=1$，$x=0$，这时的负载阻抗等于传输线的特性阻抗，即归一化阻抗为 1，$\Gamma=0$，即没有产生反射，它代表传输线的匹配状态，故称原点为匹配点。

（2）圆图上的反射系数。在圆图上等反射系数的模通常并不画出，因为它们是等间隔的同心圆。反射系数的相角 φ 标在 $|\Gamma|=1$ 的圆上，开路点（1，0）对应于 $\varphi=0°$，沿逆时针方向增大，短路点（-1，0）对应于 $\varphi=180°$，0°～180°在上半圆，180°～360°在下半圆。

反射系数的相角变化与传输线上两点间的电长度 $\frac{L}{\lambda_g}$ 有关，即

$$\varphi=-2\beta L=-4\pi\frac{L}{\lambda_g} \tag{1.8}$$

$$\frac{L}{\lambda_g}=-\varphi/4\pi \tag{1.9}$$

式中，“$-$”表示 φ 和 L 定义的正方向是相反的。因此可用电长度表示相角，通常标注在外面一个圆上。通常把短路点即驻波最小点的相位定为电长度的零点，因为驻波最小点易于测量。逆时针方向代表从电源端指向负载端的电长度，L 为负值；顺时针方向代表从负载端指向电源端的电长度，L 为正值。等 $|\Gamma|$ 半圆相当于 $0.25\lambda_g$，即四分之一波长，整个圆周相当于 $0.5\lambda_g$，即半个波长。完整的史密斯阻抗圆见图 1.19。

1.4.4 导纳圆图

1. 导纳圆图

众所周知，导纳与阻抗的乘积等于一，即导纳是阻抗的倒数，因此，阻抗圆图很方便地可转换成导纳圆图，由于归一化导纳为

$$y=g+\mathrm{j}b \tag{1.10}$$

于是等 g 圆和等 b 圆也是两组正交共切圆簇，形状与等 r 线和等 x 线完全相同。但两者相差 180°，在阻抗圆图上，$r=0$，$x=0$ 的点在（-1，0），对应于 $\Gamma=-1$，是短路点；而在导纳圆图上，$g=0$，$b=0$ 的点在（-1，0），对应于 $\Gamma=1$，是开路点，仅此相反而已。因此两者的关系如图 1.20 所示。

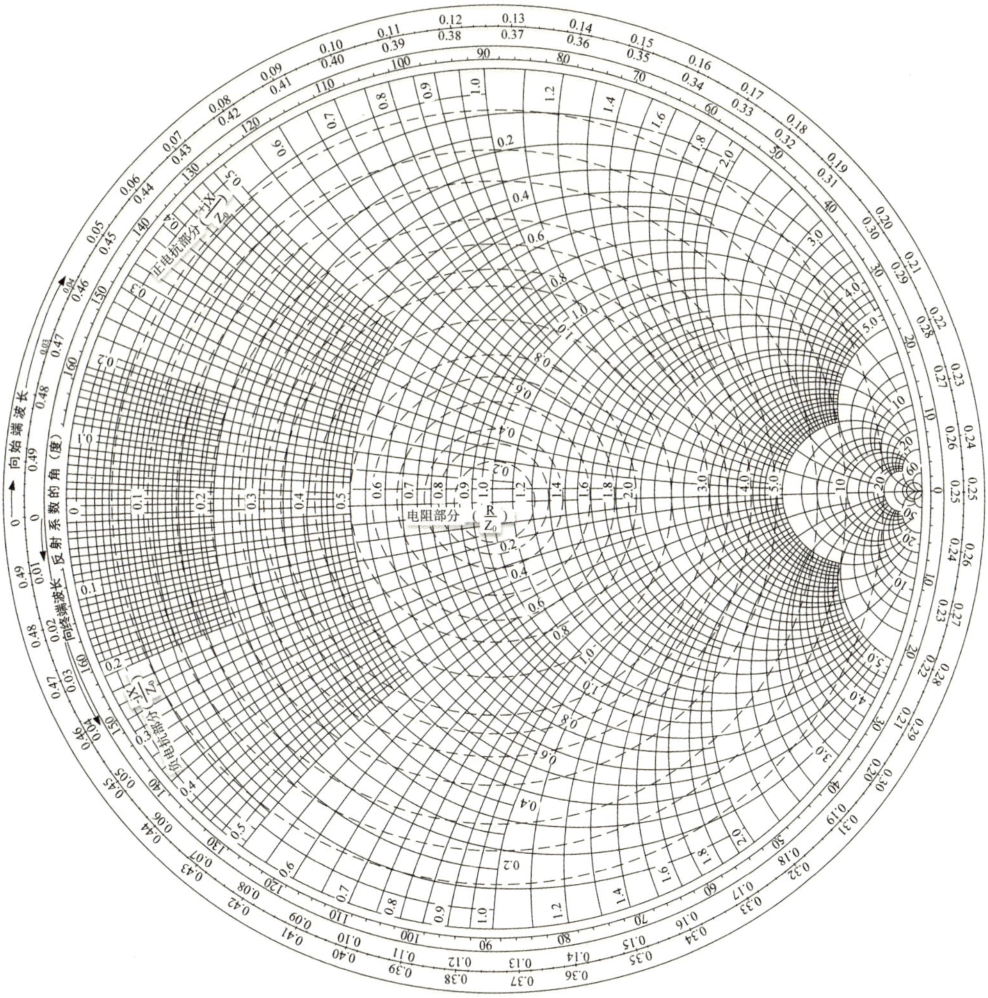

图 1.19 史密斯（Smith）阻抗圆图

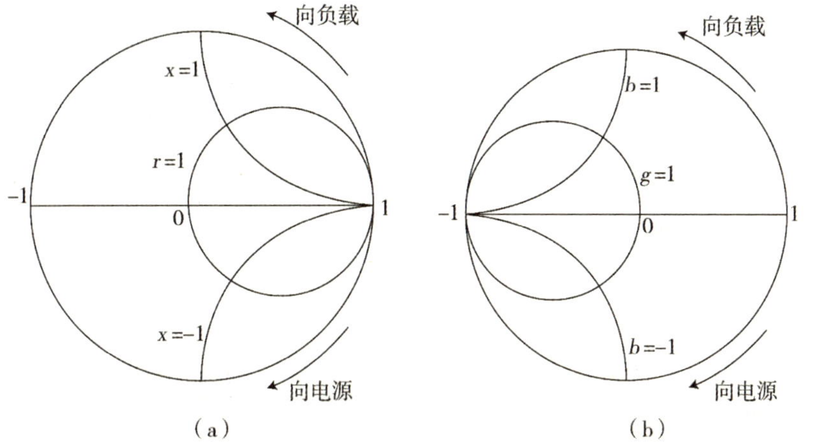

（a） （b）

图 1.20

(a) 阻抗圆图 (b) 导纳圆图

2. 圆图上的驻波系数

在圆图上等驻波系数也是一个以原点为圆心的同心圆簇，但其间距并非线性，通常把等 r 线用虚线表示。在驻波电压最大处 $r>1$，此时

$$S=r \tag{1.11}$$

在驻波电压最小处 $r<1$，此时

$$S=\frac{1}{r} \tag{1.12}$$

因此，等 S 圆的半径就是阻抗圆图正实轴上的 r 值，圆图上任一点的 S 值等于通过该点的等 S 圆和正实轴交点的 r 值。对于导纳圆图有类似的关系，在驻波电压最小值处 $g>1$，这时 $S=g$；在驻波电压最大值处 $g<1$，这时 $S=\frac{1}{g}$ 。

关于微波技术的更详细知识可参阅参考文献 [1] [2] [3] [6] [7] [20]。

1.5 微波天线

在微波波段，目前使用着各种各样的微波天线，作为军用和民用电子装备的千里眼。其实，任何一种天线都像昆虫的鞭状触须一样，极其灵敏地感知周围的状况及动静，并决定自己的行动方向以逃避敌人，保存自己。而天线的感知距离和范围则要宽广得多：有的几米、几十米，如家中无绳电话上的鞭状天线；有的几公里、十几公里乃至几十公里，如手机中的微型天线或收音机中的磁棒天线、电视用接收天线等。有的几十公里、几百公里乃至上万公里，如雷达中的各种定向天线，卫星地面站中的发送或接收天线，电视转播车上的定向天线，微波中继传送系统中的收发天线等。有些天线还可接收来自极其遥远的天体及宇宙间的星球，如各种射电天文望远镜。还有与昆虫触须不同的是，各种天线不仅可作为接收外界或远距离的微弱信号之用，同时它还可用来向外面发射无线电信号，也就是说，天线是互易的、可逆的，作为发送和作为接收时，其性能是相同的，这是天线的一个很大特点。在本书中我们只对适用于微波波段中的一些天线做些简单介绍。

1.5.1 天线的基本参数

1. 辐射功率

天线的辐射功率是指天线向空间辐射的电磁功率 P_r，它包括由振荡源向天线馈入的功率 P_{in}，减去天线中损耗的功率 P_1，即

$$P_r=P_{in}-P_1 \tag{1.13}$$

2. 天线效率

天线效率 η 是指辐射功率与输入到天线的总功率之比，即

$$\eta=\frac{P_r}{P_{in}} \tag{1.14}$$

3. 天线的方向特性

天线向一定方向辐射电磁能的能力，天线的方向特性是按方向图和其他一系列参数来判断的，例如方向图主瓣的宽度、方向性系数和天线的增益系数等。

（1）表示场强与方向的关系图称为方向图；

（2）主瓣宽度为在最大辐射方向的电磁功率变化至一半时的夹角；

（3）方向性系数 g 定义为定向天线的最大辐射方向的通量密度与各向均匀辐射的天线在此方向辐射功率通量密度之比，即

$$G=\frac{P_{max}}{P_{in}}=\frac{E_{max}^2}{E_m^2} \tag{1.15}$$

（4）天线增益系数 G 等于天线方向性系数 g 和天线效率 η 的乘积，即

$$G=g\cdot\eta \tag{1.16}$$

这一参量是从电磁性能上说明天线性能的优劣，由于在实际天线中，$\eta=1$，故增益 G 就等于方向性系数 g，即

$$G=g \tag{1.17}$$

G 可达几千甚至上万或更大。

各类天线均应满足下列共同要求：

（1）机械强度及使用可靠性必须很高；

（2）天线尺寸和重量应为最小；

（3）天线与馈线的匹配应当简单，成本最低。

1.5.2 喇叭天线

一根普通的矩形波导管，若某一端口敞开，不接任何东西，这一开口波导即成为最简单的微波天线，如图 1.21（a）所示。理论分析和实验表明，这种开口波导的输入驻波比 $S\leqslant 1.5$，换句话说，若将微波功率从开口波导的另一端馈入，则绝大部分功率都经由开口波导天线向外面辐射至外部空间，而只有约 4%的功率被反射回去，辐射效率高达 96%（如果略去波导中本身的损耗），但这种天线的方向性不好，在这里我们简单介绍一下什么是天线的方向性。

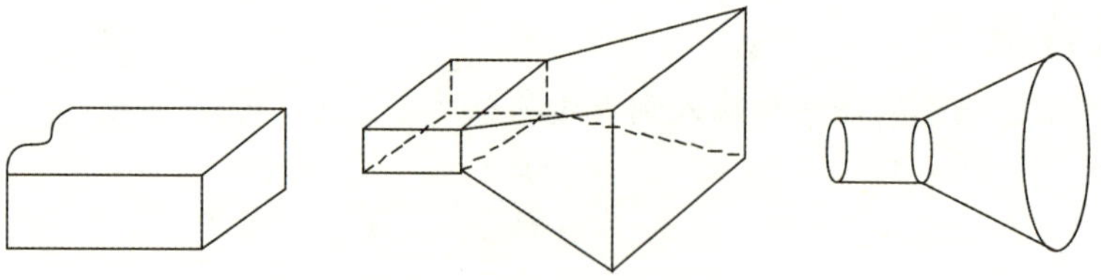

(a)　　(b)　　(c)

图 1.21　喇叭天线

天线的方向性是指天线向一定方向辐射电磁波的能力，通常它由方向图、方向系数和天线增益等许多参数一起决定的，我们不打算在这里详细地分析天线，只是想让读者建立起必要的天线概念，以便了解天线的一般功能和特点。

由此可见图 1.21（a）中的开口波导若作为定向辐射天线时，其方向性是很差的，所以目前很少有人直接将开口波导作为定向天线使用，而在微波加热的民用领域里，这种开口波导却随处可见，因为这种情况下，人们追求的不是方向性。若要提高方向性，则可将波导的截面尺寸 a 及 b 同时扩大，形成一个喇叭一样的所谓“角锥形喇叭天线”见图 1.21（b），这种角锥形喇叭天线的方向性随着宽边 a 及窄边 b 扩大的程度而变化，a 和 b 扩大得越大，其两个方向上（水平方向和垂直方向）的方向性就越好。假设天线的中心轴在 z 轴方向，也就是天线辐射功率的最大方向，如果旋转一个角度后，功率减小到半功率水平，那么这时的偏转角即为主瓣宽度的一半，方向性越好，这一角度 θ 就越小。这个角的两倍即 2θ 就称为方向图主瓣的宽度，见图 1.22 所示。

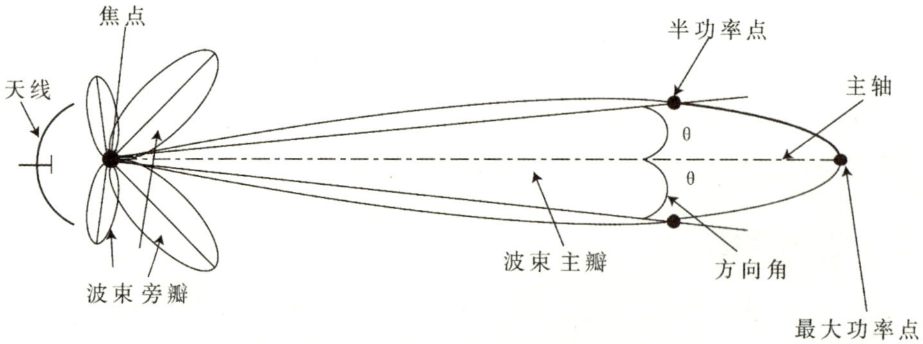

图 1.22　天线波束的主瓣及旁瓣

图 1.21（c）所示为由圆波导扩张而成的圆锥形喇叭，我们称为“圆锥形喇叭天线”，这种天线的方向性及主瓣宽度显然是与喇叭口的口径有关，当口径越大时，其方向性就越好，波束就越尖锐，2θ 就越小。当然，随着喇叭口径的增大，也必须相应地增加喇叭的长度。

喇叭天线的主要优点：

(1) 只要喇叭的尺寸选择得合适，可以获得较为尖锐的波束，而且旁瓣较小（旁瓣即除在主轴方向上辐射最大功率形成主瓣外，还在其他方向上形成多个小波束，这

些小波束称为旁瓣);

(2)喇叭的频率特性好，工作频带宽;

(3)结构简单，调整容易;

(4)长度较短，损耗小。

喇叭天线的主要缺点是当微波频率较低时随着方向系数的提高，喇叭长度显得过长，体积较大。为了克服这一缺点，在这种情况下，可将喇叭天线垂直放置，喇叭口朝上，而在出口端安装一个45°的金属反射板，将水平方向的入射电磁波反射至喇叭天线口内供尾端接收，如图1.23所示。该图左右安装有两个相同的喇叭天线，左边为接收天线，右边为发送天线。这是微波中继通信系统中的某一微波站上的收发天线，作为微波信号接力传输之用(见后面所述)。

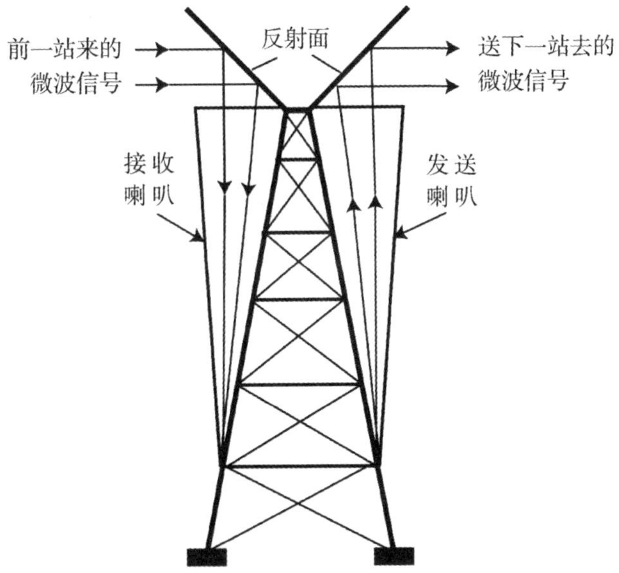

图1.23 中继站上的喇叭天线

1.5.3 抛物面天线

抛物面天线是目前使用较为广泛的一种微波天线，大家经常可以在大厦的屋顶或铁塔上，电视转播车上，农村及偏僻山村的居民屋顶上，在气象台站的大楼上看到这种竖立起来的锅盖似的天线，由于它的曲面是符合数学上的抛物面方程，因此得名为“抛物面天线”，实际上，它是由辐射器和抛物面反射镜两部分组成的。在抛物面反射镜的焦点位置上安置一个辐射器，辐射器产生方向性较差的电磁辐射，使其向后对准抛物面反射镜，这种方向性较差的辐射遇到反射镜反射后会改变辐射器的方向图。反射镜一般采用导电性能很好的金属板制成，它几乎可以把入射到它面上的电磁波全部反射出去，如图1.24所示。

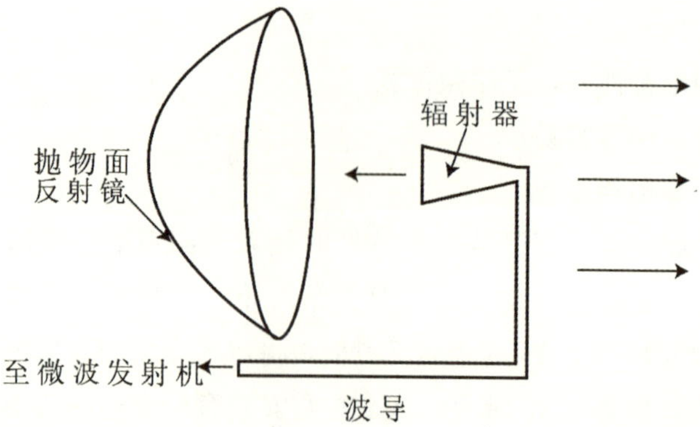

图 1.24　微波由辐射器至反射镜反射后再向前方辐射

抛物面天线最常用的结构有两种，如图 1.25 所示。

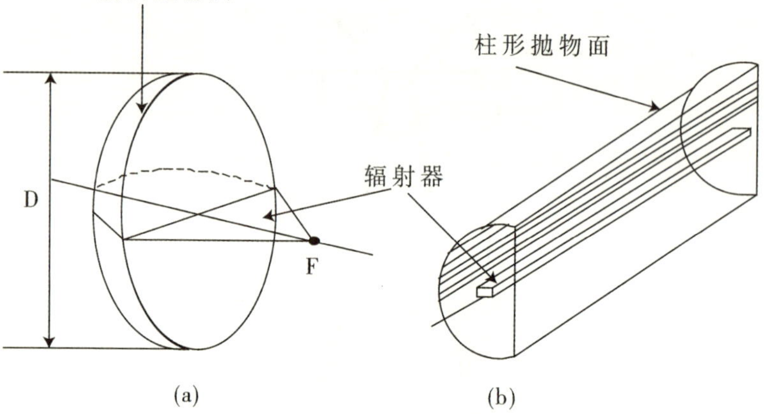

图 1.25　抛物面天线

(a) 旋转抛物面　　(b) 柱形抛物面。

旋转抛物面实际上是将一定焦距的抛物线环绕其水平轴作 360°旋转，从而形成的一个曲面，而柱形抛物面则是将一定焦距的抛物线沿着其轴线平行移动而形成的一个柱形面。如果我们将一开口波导或其他辐射器放在旋转抛物面的焦点上，并将辐射口对着抛物面，于是即可构成抛物面天线。尺寸较小的卫星电视天线俗称“锅盖天线”就是常见的一种，有时我们会看到一些高楼屋顶上架有直径 D 为数米的卫星接收天线，有时也可看到直径更大的卫星地面站的上行发射天线，这是供广播电视信号发送往人造地球卫星方向用的，这些天线安装好后必须仔细调节，以确保对准卫星方位，而且固定不动。而军用或民用气象雷达中使用的抛物面天线，因为需要做全方位扫描，所以必须将其固定在一个不仅可以做 360°旋转，而且其仰角也同时可以改变的动作，这就需要做专门的设计，由高精度的伺服电机驱动，从而做俯仰和旋转的运动。对于一些大口径的抛物面天线，为了减轻自身重量和旋转时的风阻，往往将抛物面上钻有大量的小孔，有时甚至用导电金属丝编织而成网状的抛物面。

抛物面天线根据其焦点的位置不同可分为长焦距、短焦距和中等焦距，如图 1.26 所示。

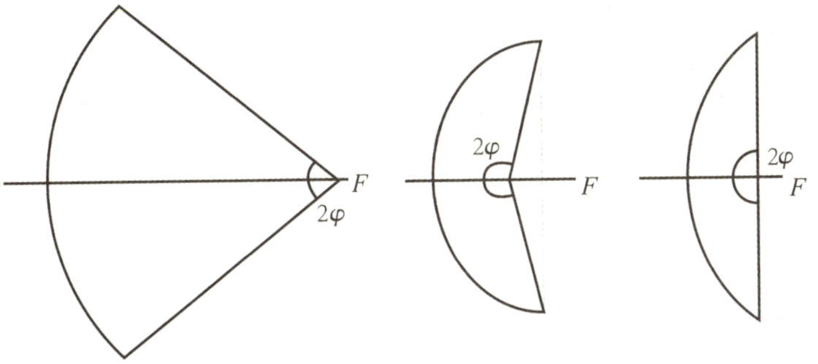

(a) (b) (c)

图 1.26 各种焦距的抛物面

(a) 长焦距 (b) 短焦距 (c) 中等焦距

其中图（a）中 $2\varphi<180°$，图（b）中 $2\varphi>180°$，图（c）中 $2\varphi=180°$。它们的焦点均为轴线上的 F 点。实际的抛物面天线如图 1.27 所示。从图上可以看到整个抛物面是一个横向椭圆形的金属条焊接而成，而且在其焦点位置上有一个角锥形喇叭辐射器。

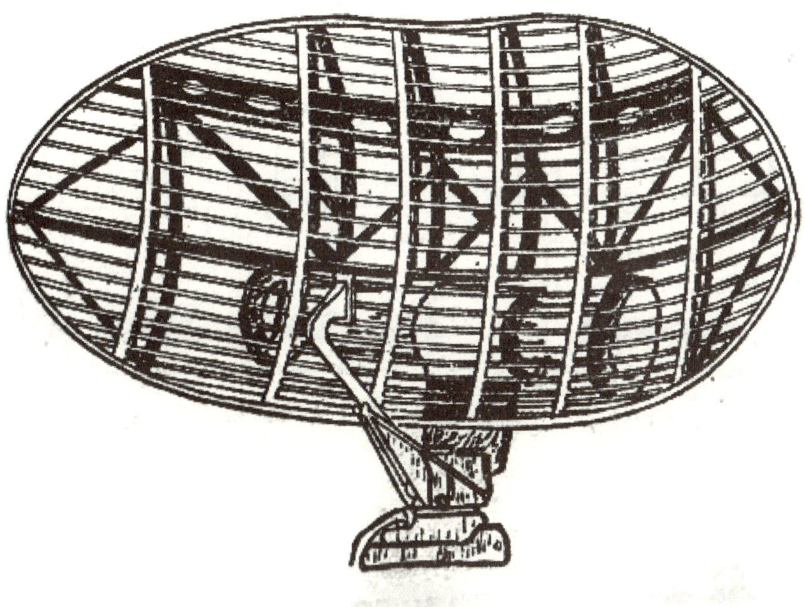

图 1.27 能旋转的椭圆抛物面天线

1.5.4 裂缝天线

在波导的宽边或窄边按一定方向开有多条裂缝时，该波导中传输的电磁波即通过这些裂缝向某一方向辐射具有一定方向性的波束，或接收某一方向的信号，通常用得较多的是如图 1.28 所示的各种裂缝天线。其中：图（a）为矩形波导顶面上开有两排平行的纵向裂缝，但一排在中轴线的左侧，而另一排则在其右侧，每一裂缝的长度为半个波长，两裂缝中心间的距离为一个波导波长；图（b）为矩形波导顶面上开有横向裂缝；图（c）为圆波导上开有一系列横向裂缝，这些裂缝天线都可以构成定向辐射，并具有一定的方向图。目前无论在军用或民用设备中都可见到多裂缝天线应用的场所，如工业微波炉中作为微波的馈能装置如图 1.29 所示。这种微波炉与家用微波炉不同，它采用两根或多根波导裂缝天线，置于炉腔的顶部或底部，向腔内传送带上的物料辐射微波功率，对这种天线的要求是产生尽可能均匀的微波场分布特别是横向的分布，以便使物料加热效果良好，均匀一致。

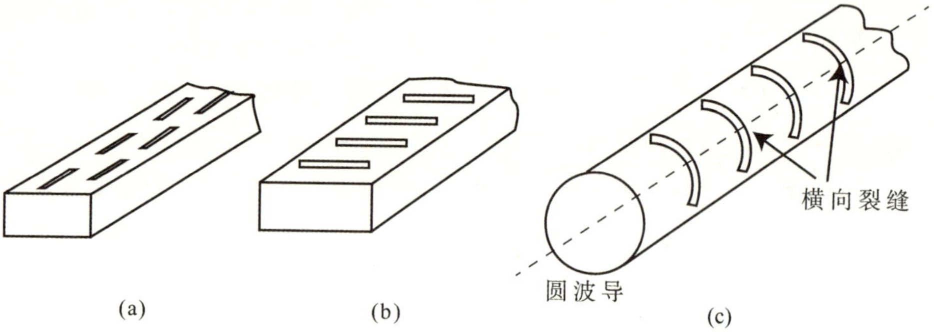

图 1.28　各种裂缝天线

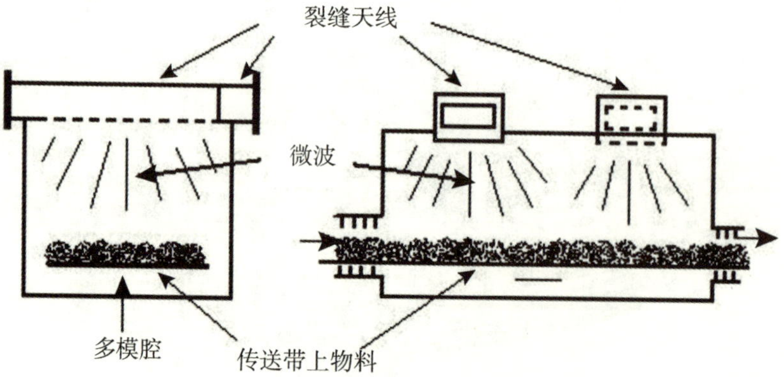

图 1.29　工业微波炉中的裂缝天线

裂缝天线可用作单独的天线，亦可作为其他天线的辐射器，例如图 1.25（b）中柱形抛物面的直线形辐射器。在现代快速飞机上所用的雷达广泛地采用了裂缝天线，因为裂缝天线没有凸出部分，不带来附加的空气阻力，这对机载天线来说，无疑是非常适宜的，多裂缝天线可使天线方向图的主瓣变得更窄。而在微波加热应用中，却与形成方向性波束的军用天线不同，这时人们追求的是每一裂缝的等功率辐射，以便形成炉腔内功率均匀地分布，提高加热的均匀性。

1.5.5 介质天线

介质天线是由微波波段中损耗很小的绝缘介质材料制成的，一般常用的材料有聚苯乙烯、聚四氟乙烯等，其形状可做成棒状或管状。介质天线可用同轴线或波导来馈电，如图1.30所示。图1.30（a）为介质棒天线，图中1为介质棒，2为同轴线内导体的延伸部分，3为同轴馈线，4为金属套筒，微波经同轴电缆的内导体延伸部分激励圆形介质棒。因为介质棒材料的介电常数（等效于折射率）大于1，所以在介质棒和空气交界处，传播的电磁波会产生强烈的反射，这样，电磁波就将被部分限制在介质棒内传播，类似于电磁波在金属波导内的传播，但两者也存在一些差别，如电磁波在波导内被完全与外界隔离，而介质棒除了一部分在介质与空气分界面处产生反射外，另一部分则将从介质棒的表面向外辐射，因而在空间有电磁场的存在，这样就可以把它用作天线来辐射电磁波。图1.30（b）为介质管天线，图中1为介质管，其他与图（a）同。图1.30（c）为波导激励的介质棒天线，1为圆形介质棒，2为圆波导，3为矩形波导，微波从矩形波导一端进入，经方圆转换接头变成圆形截面的圆波导，再传至圆波导相接的圆介质棒辐射至外部空间。电磁波的最大辐射方向是和天线轴线方向一致的，为了提高辐射效率减小反射，可将介质棒做成如图1.31所示的锥形，图（a）为全锥形介质棒，图（b）为部分锥形介质棒。有时可将介质棒天线做成复式介质天线，如图1.32所示，图中1为介质棒；2、3为功率分配器，它可将输入功率平均分配给后面的两个支路；4为输入波导。

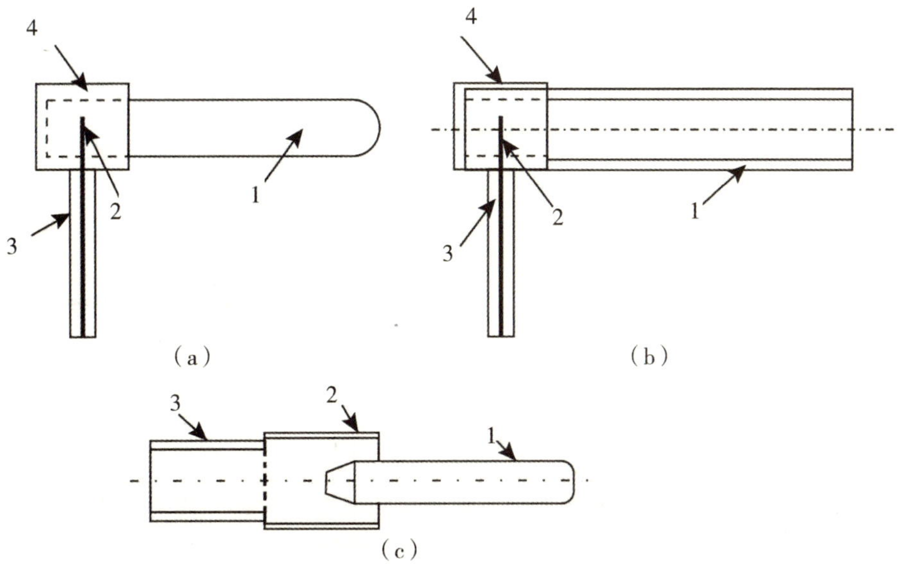

图1.30 各种介质天线

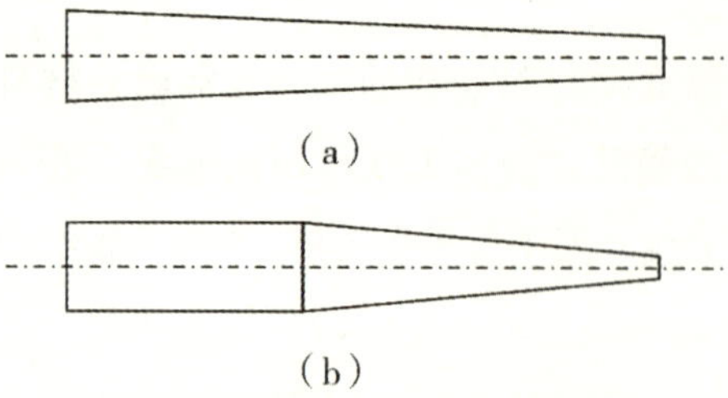

图 1.31　圆锥形介质棒

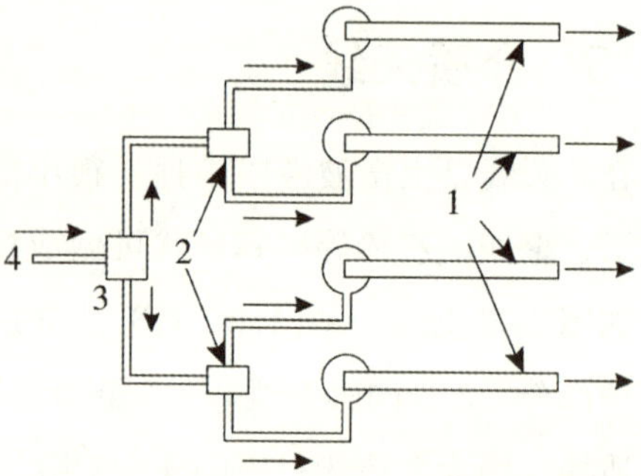

图 1.32　复式介质天线简图

这种天线的频带与单根介质天线一样宽。介质天线在一定的几何尺寸下，具有较好的方向性，而且工作频带宽、重量轻、受空气的阻力小；它的缺点是介质具有的高频损耗要比金属大，对于复式天线来说，结构比较复杂。

1.5.6　螺旋天线

螺旋天线是用导电性良好的金属丝做成的螺旋形导线，通常将这种螺旋天线与同轴线的内导体直接相连，同时把同轴线的外导体做成特定形状的接地板，如图 1.33 所示。图 1.34 中示出了一种螺旋天线的实际结构简图，图中 1 为螺旋天线，2 为圆形接地板，3 为螺旋支撑杆（由绝缘介质制成），4 为同轴电缆馈线，5 为天线支架，6 为平台。

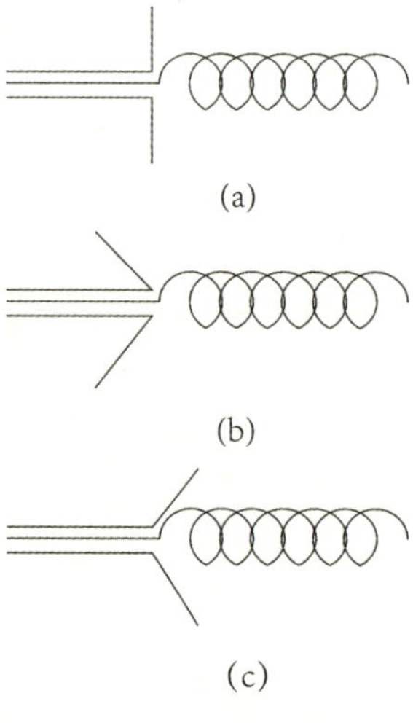

图 1.33　几种螺旋天线

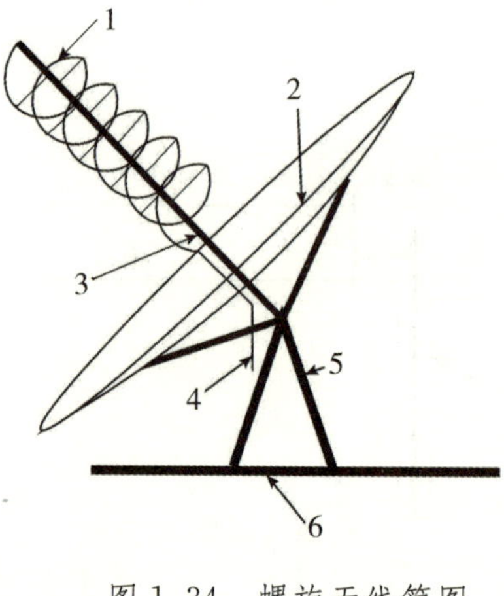

图 1.34　螺旋天线简图

螺旋天线的辐射特性和方向图取决于螺旋的直径 D 与波长 λ 的比值范围：当螺旋直径较小时$\left(\frac{D}{\lambda}<0.18\right)$，天线在垂直于螺旋线的平面上将得到最大的辐射，并可得圆形对称的方向图；若螺旋直径增大至一定范围$\left(0.25<\frac{D}{\lambda}<0.46\right)$，这时天线沿轴线方

向具有最大的辐射；当进一步增大直径$\left(\frac{D}{\lambda}>0.5\right)$时，螺旋天线的方向图变成圆锥形，其最大辐射方向偏离螺旋轴线一个角度。不同直径的螺旋天线方向图如图 1.35 所示。在微波波段，直径中等大小的天线用得最多，这种轴向辐射的主要优点为

（1）沿轴向有最大的辐射；

（2）辐射场是圆极化的，就是说空间任一点上的微波场不仅随时间快速变化，而且电场方向也是快速旋转的，这种圆极化场有时是非常有用的；

（3）天线的输入阻抗近似为一个纯电阻，易与同轴线相匹配；

（4）工作频带较宽。

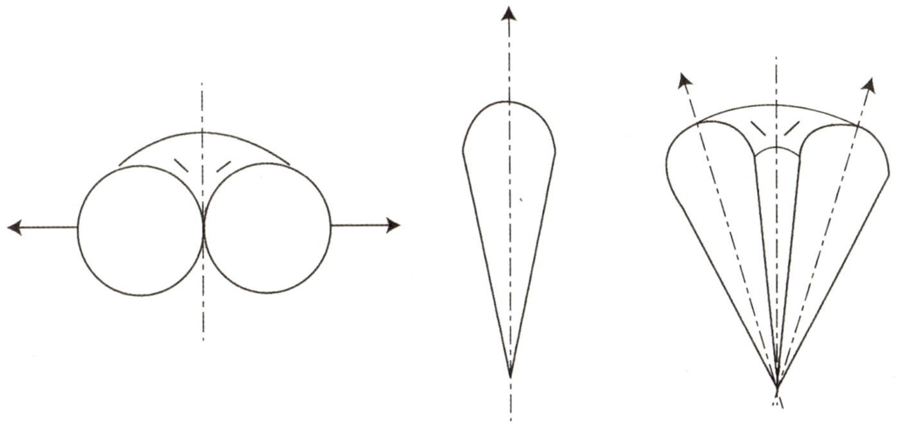

图 1.35　螺旋天线的方向图

为了提高天线的方向系数，可以采用与多介质天线相类似的方法，将几个螺旋天线组合成同相天线如图 1.36 所示，图中 1 为螺旋天线，2 为同轴线，3 为接地板，4 为同轴馈线。

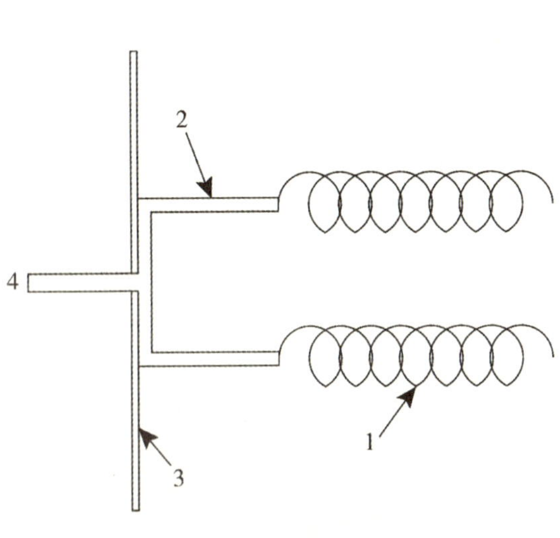

图 1.36　同相螺旋天线

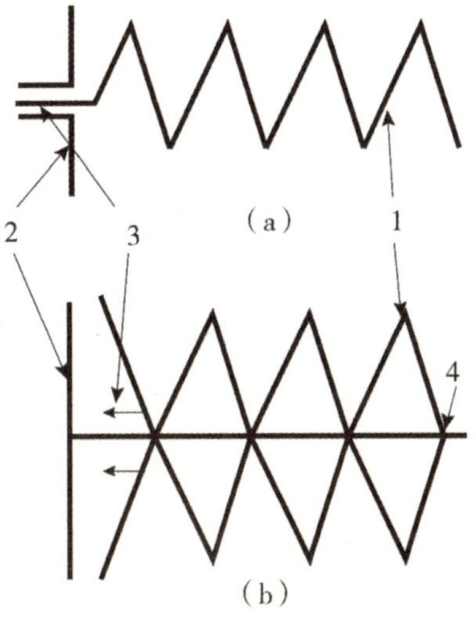

图 1.37　锯齿形天线

此外，还有一种锯齿形天线，它实际上是螺旋天线的变种，它也具有轴向辐射的特性，但它却是一种线极化的天线（即电场方向始终不会改变的），并且其旁瓣及后瓣较小，频带较宽，适用于宽频带的电视接收机和射电天文望远镜，其形状如图 1.37 所示，图（a）为不对称的锯齿形天线，图（b）为对称的锯齿形天线。其中 1 为天线，2 为接地板，3 为同轴或双线馈线，4 为介质棒。

此外，还有偶极天线、八木天线、透镜天线、表面波天线、微带天线等，由于篇幅所限，这里就不再做介绍。

关于微波天线还可参阅参考文献［7］［8］［9］［10］。

1.6 微波元件

在微波的各种应用中，不仅需要传送功率的各种传输线，如同轴线、波导（包括矩形波导和圆波导等），还有一系列的微波元件与其配套，在同轴线系列中有各种同轴元件，如同轴接头、同轴定向耦合器、同轴晶体检波器、同轴功率检测头、同轴移相器、同轴衰减器、同轴负载、同轴短路活塞、同轴阻抗调配器、同轴波长计、同轴波导转换器等。在波导系列中有与同轴元件相应的各种波导元件。由于在大功率微波应用中主要采用波导系统，所以在本小节中将重点介绍各类最常见的波导元件。

1.6.1 波导激励头

波导激励头实际上是一种同轴波导转换过渡装置，它的功能是把同轴天线插入波导管的宽边中心位置处的一个圆孔内，并使插入的天线具有一定的深度 h（这种天线实际上就是下章中将要介绍的磁控管的输出天线），天线的一端有一金属短路板，另一端是开口的波导法兰盘，如图 1.38 所示。在微波功率的各类应用中，都需要这个元件（在雷达、通信等领域中的应用除外）。图中的内导体实际上有两种情况，一种是一般的同轴线或同轴电缆中，将其外导体剥离或除去后的内导体插入波导圆孔中；另一种是将磁控管的输出天线直接插入波导圆孔内。从图中可见，同轴线内导体可做成各种形状，如图（a）为内导体悬空型，图（b）为门钮型，图（c）为内导体端接金属小球型。设计时应以获得宽频小驻波比作为主要指标。

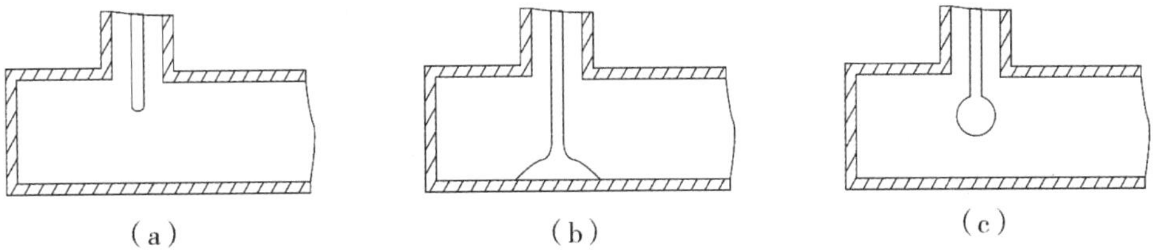

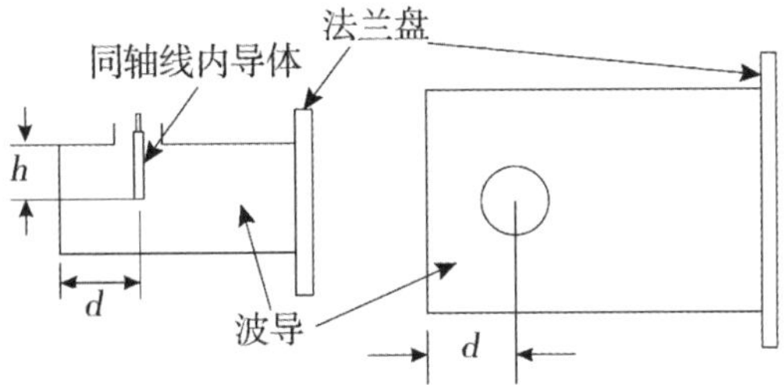

图 1.38 波导激励头（同轴波导转换）

1.6.2 波导定向耦合器

定向耦合器，顾名思义是一种具有方向性的功率耦合器件，它的功能是从波导主线中按需要取出一定比例大小的微波功率来作为监测之用，这一比例通常用分贝（dB）做单位，如 30 dB 即千分之一，40 dB 即万分之一，50 dB 即十万分之一，60 dB 即百万分之一等。也称它为“耦合度”，与此同时，不希望在相反方向耦合出功率来，但实际上不能做到十分理想，也就是说，在反方向或多或少地会耦合出一些微小的功率，人们把希望方向上耦合出来的功率与不希望方向上耦合出来的功率比称之为“方向性”，同时也用分贝（dB）来做单位。例如方向性为 30 dB 时，两者相差一千倍；26 dB 时两者相差四百倍。由此可见，方向性是越高越好，越理想，所以通常希望定向耦合器的方向性应在 25～30 dB 以上。图 1.39 中示出了两种定向耦合器，即图（a）为波导一波导型，图（b）为波导一同轴型。在图（a）中主线为一段矩形波导，而相互耦合的辅线也是一段波导，在波导宽边的公共面上开有小孔或长槽以实现两波导间的功率耦合，而小孔的孔径大小或长槽的槽宽则决定了耦合度的大小（dB），孔愈小则耦合度愈小（即 dB 数愈大）；在图（b）中主线是一段波导，而耦合出来后是通过一小段同轴线输出的，这种定向耦合器体积较小，但方向性做不到很高，一般在 18～25 dB，从图上可以看到，如果微波从 1 端输入，那么主要功率将从 2 端输出，与此同时，将有一小部分功率（取决于耦合度的大小）从 3 端输出，而从 4 端输出的功率接近于 0（取决于方向性的好坏）。因此如果在一波导系统中同时接入两只相反方向连接的定向耦合器，如图 1.40 所示，这样，定向耦合器 1 可监测入射波的功率 P_i，而定向耦合器 2 则可监测从负载反射回来的反射波功率 P_r。

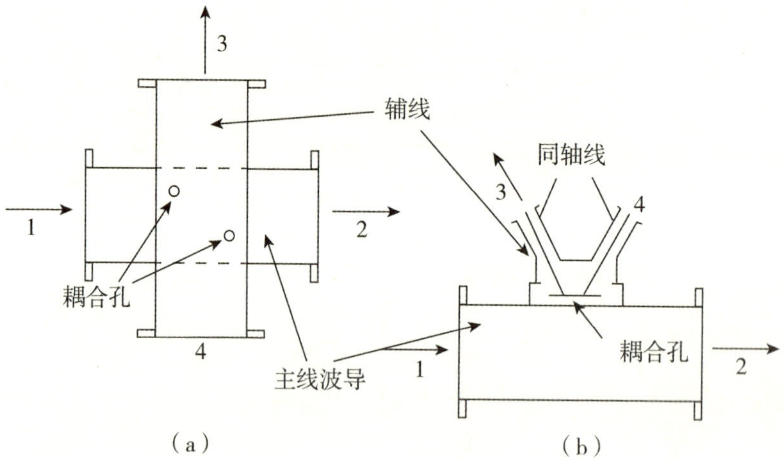

图 1.39　定向耦合器

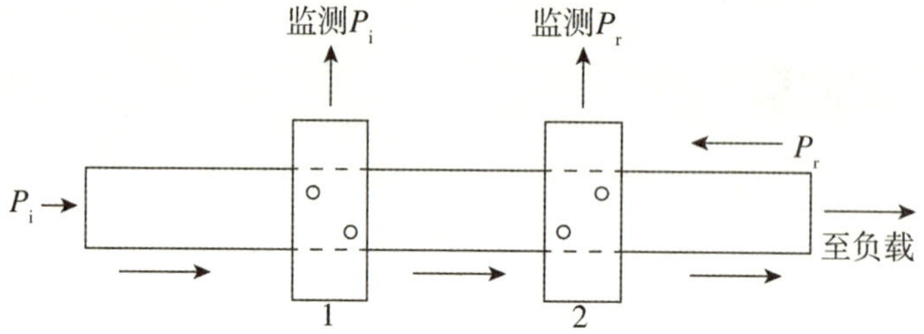

图 1.40　波导系统输入功率及反射功率监测方法

1.6.3　环行器

环行器是一种利用微波铁氧体材料做成的特殊器件，可以做成同轴结构，也可以做成波导结构，这里我们只介绍波导结环行器。图 1.41 是环形器的工作原理简要说明，实际上 环形器是一种使电磁波绕着某个方向环行的不可逆器件，例如微波功率从 1 端口输入，那么它只能按既定方向从 2 端口输出，而不会反其道从 3 端口输出；如果波从 2 端口输入时，那么它只能从 3 端口输出，而不会从 1 端口输出；如此循环。因此，有时又称环形器为“环流器”。环行器有一个好处，那就是可将微波振荡源与不匹配的负载隔离开来，例如微波功率从环行器 1 端口输入经 2 端口接到一个负载上，如果负载不匹配甚至是严重的不匹配时，将会从负载上反射回很大的功率，如果没有环行器，这些功率全部进入微波源，这种较大的反射功率 P_r 会使振荡管损坏；用了环行器后，情况就不同了，因为这一反射功率 P_r 从 2 端口进入时，它从 3 端口输出，而不会从 1 端口输出而返回振荡源，如果我们这时在 3 端口上接上一个不会产生反射的全匹配负载（例如水负载），那么这一反射回来的功率 P_r 就全部被负载所吸收，因此保护了微波振荡源。不管接的是什么样的负载，从振荡器看到的好像永远是没有反射的匹配负载，环行器在这里起到了振荡器与负载之间良好的隔离作用。

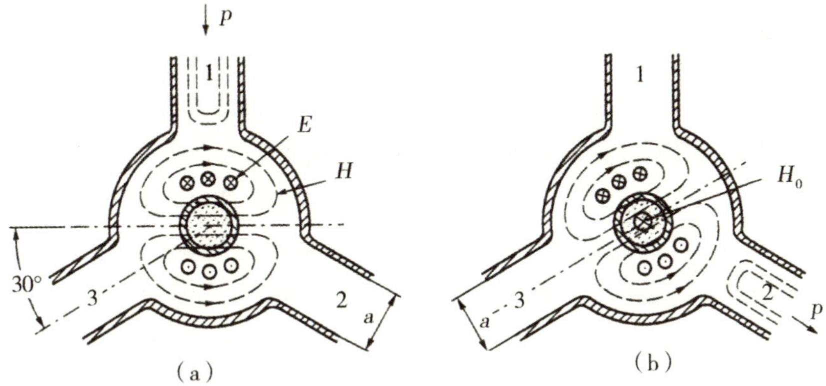

(a) 未加外加磁场时　　　　(b) 加有外加磁场后

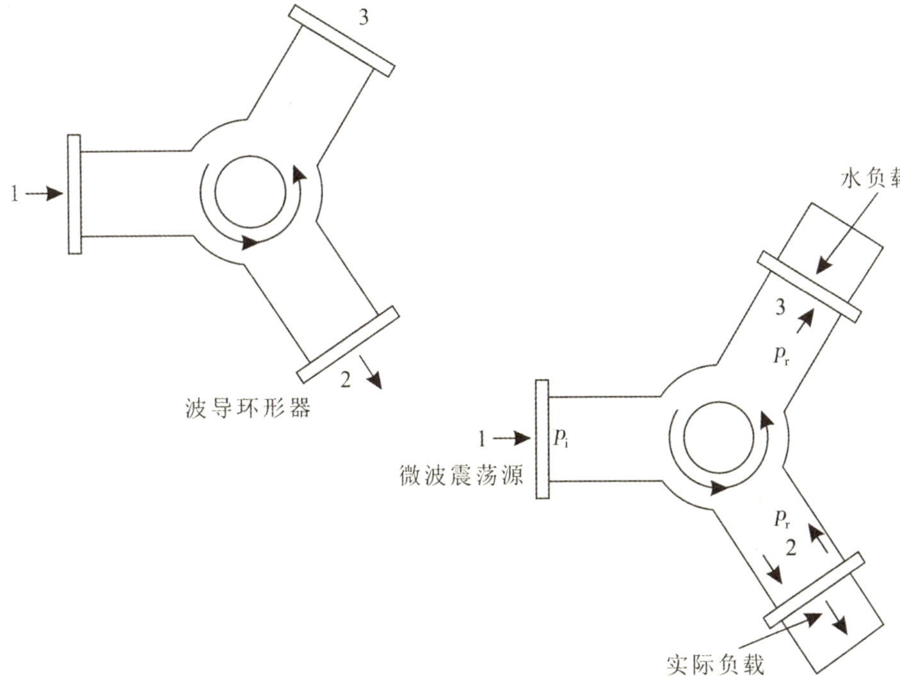

图 1.41　环行器的工作原理

从图 1.41 所示两个原理图中可以看出环行器中的关键核心元件是具有法拉第旋转效应的铁氧体磁片，它置于波导结中的中心圆柱腔中，该腔分别与三根互成 120°的矩形波导相连接。当圆柱腔中未加轴向恒定磁场时，腔中被激励起 TM_{11} 波而非 TM_{01} 波，当微波从 1 端口输入时，在环行器结中的电磁场分布如图（a）所示，这时端口 2 与 3 位置处的场分布是对称的，所以无法形成单向环行能力；当结中铁氧体被外加轴向磁场磁化后，腔中的极化就会发生 30°的旋转，如图（b）所示，这时，2 端口将接近 TM_{11} 波角向磁场 H_{φ} 的最大值处，微波信号会从 2 端口输出，而 3 端口刚好处在 H_{φ} 的 0 值处，所以不会有信号从此端口输出，由此形成了顺时针方向的环行性能。如信号从 2 端口输入，经此环行器后，必然从 3 端口输出，而不会反其道而向 1 端口输出。

1.6.4 匹配负载

匹配负载实际上是一种假负载，意思是它并非真正的微波负载，只是在实验室或特定场合下，用来代替真正的负载而已。它通常有两种形式，一种是耗散功率较小的（几十毫瓦量级）匹配负载，如图 1.42（a）所示，在波导管内安置有一至数片由吸波材料制成的吸收片，并放在波导宽边中心部位。功率为几瓦至几百瓦，甚至几千瓦，则用高损耗的吸波材料如石墨和水泥的混合物，或高损耗的铁氧体材料做成楔形尖劈状的固体物，填充于波导管内，在波导外则焊上许多散热片，采用自然或强迫风冷方法使其散热，其结构如图 1.42（b）所示。这种负载体积较大，功率大时还需配备风机使用；在图 1.42(c)(d)中示出了两种用水作为损耗材料的水负载，图1.42（c)中水管横卧于波导管内，水流方向与波导管的宽边平行，体积很小；图1.42（d)中水管斜放在波导管的长度方向上，而且进水口靠近波导的底部，而出水口则位于波导的顶部，这样做是为了达到匹配的目的。

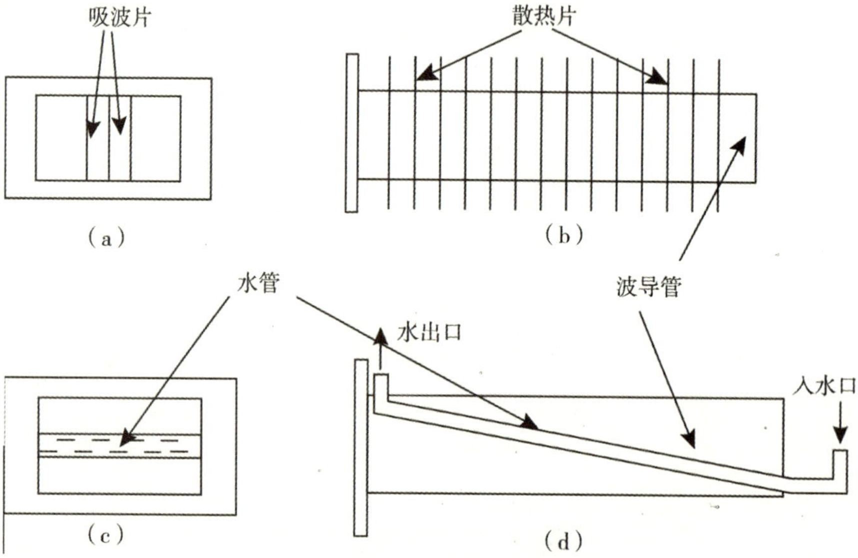

图 1.42　几种不同结构的匹配负载

近年来，出现了几种新型的大功率水负载，图 1.43（a）为一种背负式水负载，在波导的尾端切成斜面，做成一个圆法兰盘，在法兰盘上覆盖上一块聚四氟乙烯制成的介质薄板，并采用橡胶 *O* 形圈保持密封。斜口波导的斜率对驻波系数的影响是决定性的，斜率愈大，驻波系数愈小，这种背负式水负载可承受几十千瓦或更大的平均功率，并且没有玻璃管位于波导内，经得起机械振动或冲击，具有很高的使用寿命和可靠性。图 1.43（b）为炮弹头型大功率水负载，在这种负载内，将矩形波导转换成圆柱波导，后者垂直地接入矩形波导顶面宽边的中心，并在矩形波导终端焊上短路板，此时，矩

形波导中的 TE_{10} 模就变换成圆柱波导中的 TM_{01} 模，在圆柱波导中，从上向下插入一炮弹头形的石英玻璃水负载，弹头为圆锥形状，主要是为了匹配，锥度愈小，匹配愈好，这种负载能承受 100kw 的特大功率。图中还画出了在工作频带 915±40 MHz 内的驻波系数不大于 1.3 的优良性能。

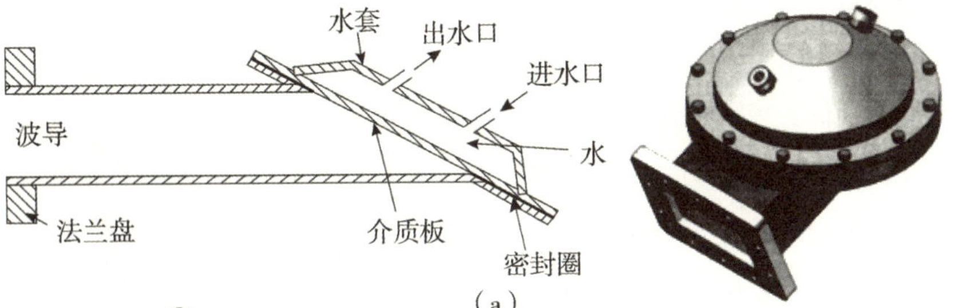

(a)

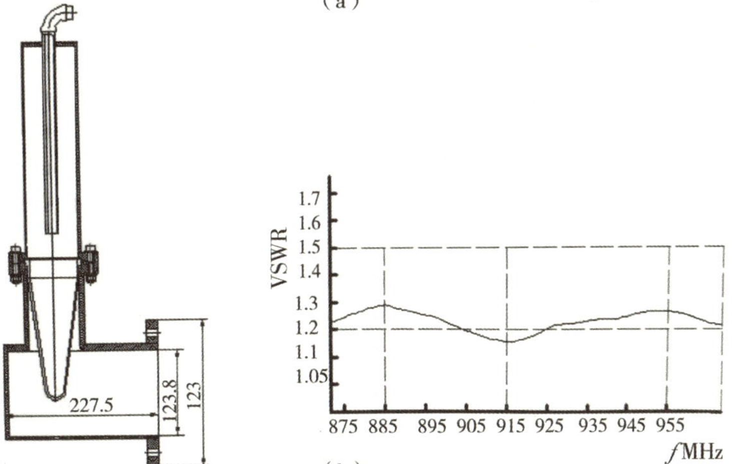

(b)

图 1.43　几种新型的大功率水负载

不管是哪种负载，对它们的共同要求是：

(1) 能耗散与其容量相符的微波功率，愈大愈好；

(2) 其入口的驻波系数必须很小，通常要求 $S<1.05$，甚至 1.03，当然这是不易做到的，有时不得不放宽要求，改为 $S<1.10$。

目前在大功率应用中，用得最多是图 1.42 (c)、图 1.43 (a) 和图 1.43 (b) 所示的结构，因为它的尺寸最小，功率容量也不错，可达几千瓦至上百千瓦（连续波微波功率）。

1.6.5 阻抗调配器

阻抗调配器是专门用来调节不匹配负载使其从调配器前看进去的驻波系数接近于 1，即接近匹配的程度（尽管负载本身是不匹配的）的一种专用元件。所以在实际的微波系统中，不论是工业微波炉，还是各种谐振腔，它们总的来说是不匹配的，因此在与振荡源连接时，不匹配负载的后果如下：

(1) 负载上不能吸收从微波源经波导传输过来的全部功率，造成效率下降；

(2) 不匹配情况下，必然产生部分功率反射，这一反射功率反向传送回微波源，如果在微波源输出端不接上一个环行器，那么微波源工作就会不稳定，甚至会造成损坏，接了环行器，反射功率不到微波源一端，而到了水负载的另一端，这时虽然保护了振荡源，但这部分功率却被水负载中的水白白地浪费掉了，对负载来说，一点好处都没有。如果在负载的前面接上一个调配器，那么效果就完全不同了，由于调配的结果，它使得全部功率将被负载所吸收。

调配器的结构如图 1.44 所示。从图中可以看到，波导调配器是一种在波导管宽边中心部位，从上向下伸入波导中的 3 根具有一定粗细的金属销钉组成的，每根金属销钉的插入深度都可单独调节（既可手调，也可用小马达自动调节），3 根销钉互相配合调节，使调配器前的驻波调至最小为止。这时，为了配合调节，在调配器前必须加接一个可取样反射波信号的定向耦合器，以便指示反射功率的大小。

这种调配器调节的不匹配负载的范围有限，例如 $S<20$，更严重的不匹配负载就无能为力了，为了能使调配的范围更大，就必须采用其他的调配器，如双 T 调配器，这里就不再详细介绍。关于各种调配器的调配原理可以在书末的参考文献中找到相应的答案。

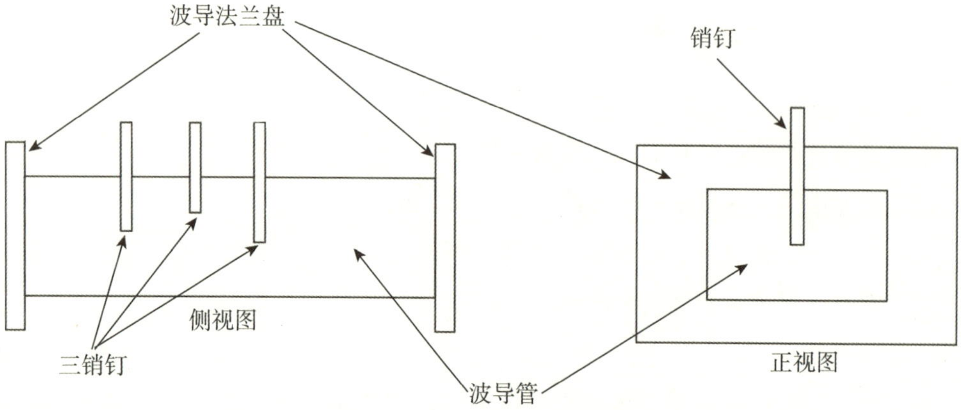

图 1.44 波导 3 销钉阻抗调配器

1.6.6 各种弯波导

在连接实际波导系统时，经常遇到需要转弯的问题，本来波导也是一种传输线，与低频时的导线一样，但波导是由金属管制成的，具有刚性，需要转弯时就不是那么容易和简单。为此，专门制作了各种供转弯用的弯曲波导，通称“弯波导”，弯波导用得最多的是90°转弯的弯波导，如图1.45所示。其中图（a)、（b）为波导窄边弯曲90°的“E面弯波导”；而图（c)、（d）为波导宽边弯曲90°的“H面弯波导”。还有前后两个法兰盘旋转90°的渐变的扭波导。

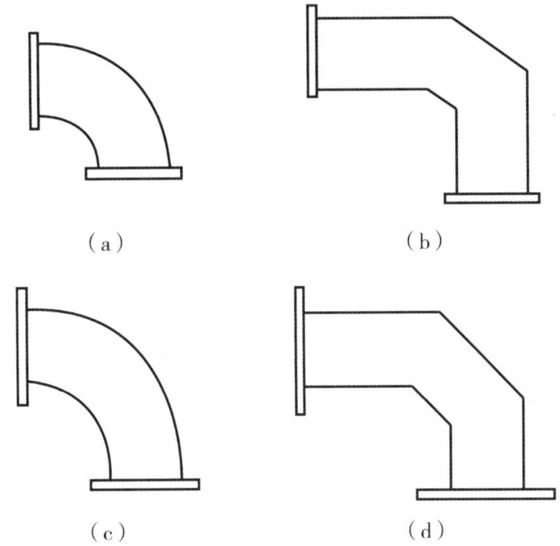

图1.45 两种90度弯波导

1.6.7 过渡波导

在波导系统中，有时需要将两种不同规格的波导连接起来，如BJ-22与BJ-26之间的连接是经常碰到的，由于这两种波导都可传输2 450 MHz的微波信号，但两个波导的尺寸 a 和 b 都不相同，为此，必须在这两个波导之间加接一段过渡波导，换句话说，这个波导一端为BJ-22的尺寸，而另一端则为BJ-26的大小，如图1.46（a）所示，中间一段波导的截面尺寸 a 和 b 从一个标准逐渐变化至另一标准。图1.46（b）中示出一种一端为矩形波导，而另一端为圆波导时的特制的方圆过渡波导。即一端为圆截面的波导，而另一端为矩形波导，这种过渡波导通常用电铸法制造。其截面由圆形逐渐变换成矩形，图1.46（c）为另一种方圆过渡波导，与上述不同的是这一变换不仅是截面形状之间的过渡，而另外还有传输模式的变换，即从 TE_{10} 模式变换成圆波导中的 TE_{01} 模式，因此外形是很复杂的一种过渡。

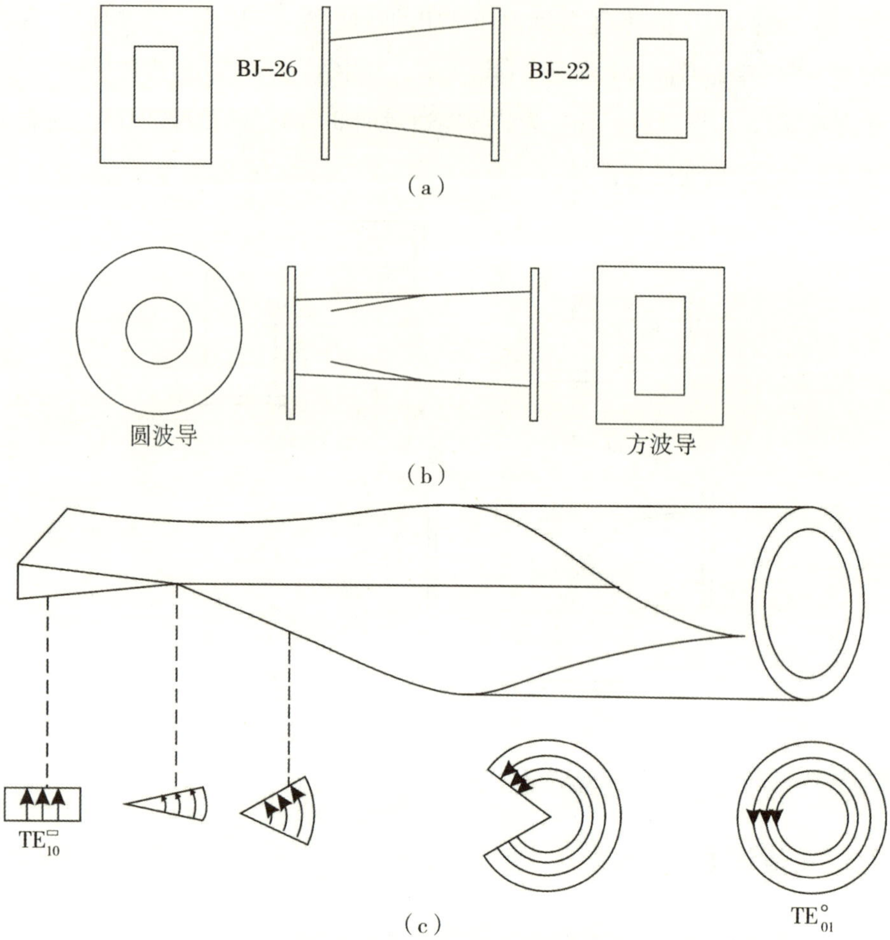

图 1.46　三种过渡波导

1.6.8　常用的波导法兰盘

目前在微波波导系统中，广泛使用各种规格的法兰盘，最常用的波导法兰盘如图 1.47 所示。在有些法兰盘中，一个法兰盘内有抗流槽，另一个法兰盘内则是平的；在有些法兰盘中，两个法兰盘都是平面结构，内无抗流槽；而有些法兰盘中，一个法兰盘内有环形 *O* 形槽，以便安放橡胶 *O* 形圈，用于密封。在采用密封法兰盘的波导内，可以充高压空气或六氟化硫 SF_6，借以提高波导的击穿强度。常用波导元件实物（包括各个常用波段的激励头、直波导、定向耦合器、短路活塞、匹配负载、短路板等）如图 1.48 所示。

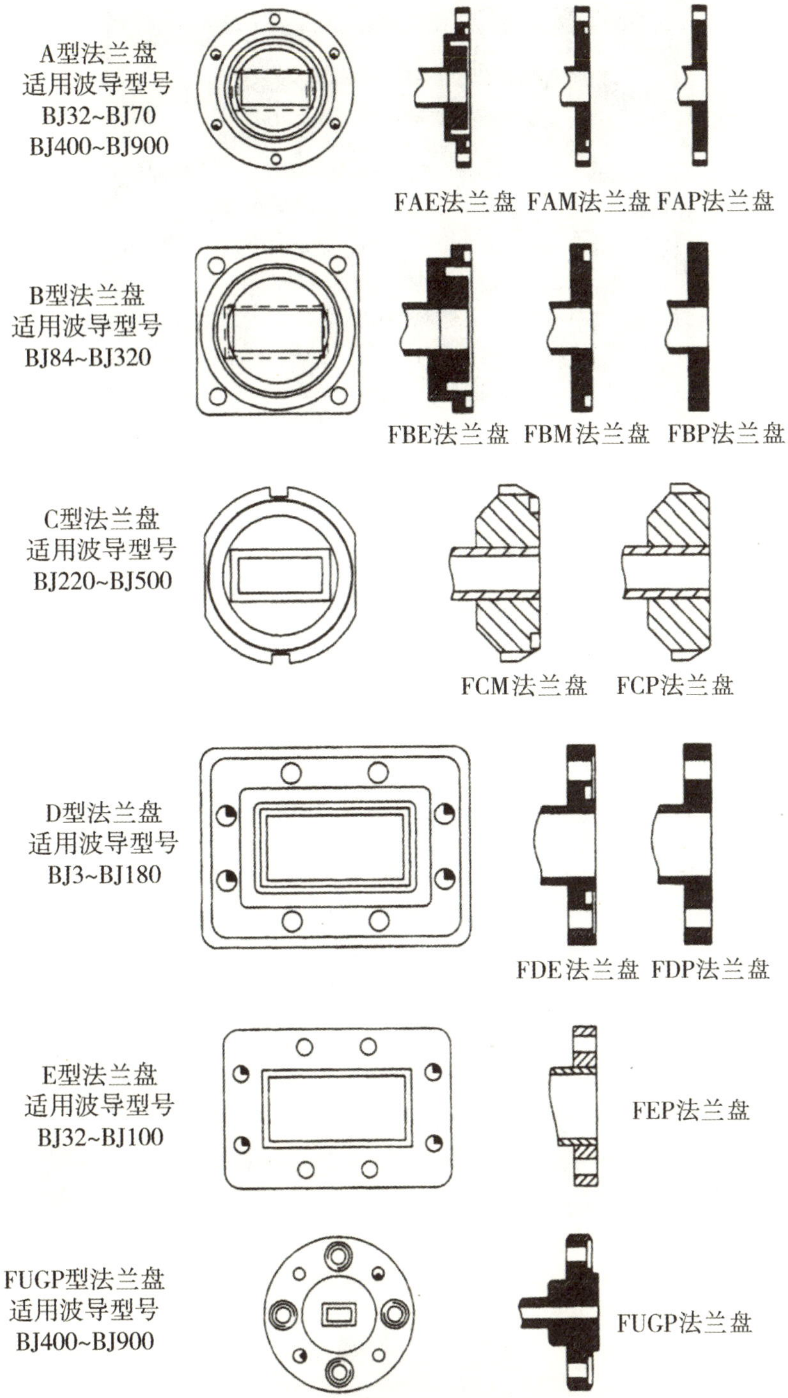

图 1.47 常用几种波导法兰盘

图 1.48 部分波导元件实物图

1.6.9 几种常用的同轴元件

同轴元件很多，这里不准备详细介绍，而只简单地对几种最常用的与波导元件配合使用的像同轴晶体检波器，同轴匹配负载，同轴衰减器等做些说明。

1. 同轴晶体检波器

它是一种同轴线元件，在同轴线内导体上串接一个半导体二极管，构成用作检波用途的一种信号检测元件，如图 1.49 (a) 所示，进入检波器的微波经此二极管检波后变成直流（当微波信号是连续波时）或视频脉冲包络（当微波信号是脉冲调制时）在末端的接头上输出。若接上电流表，就会有电流读数；若接上电压表，就会有电压输出。因此，它常与上述的波导同轴定向耦合器配合使用。作为入射波或反射波的输出指示之用，如图 1.40 (b) 所示。同轴晶体检波器具体结构如图 1.50 所示。

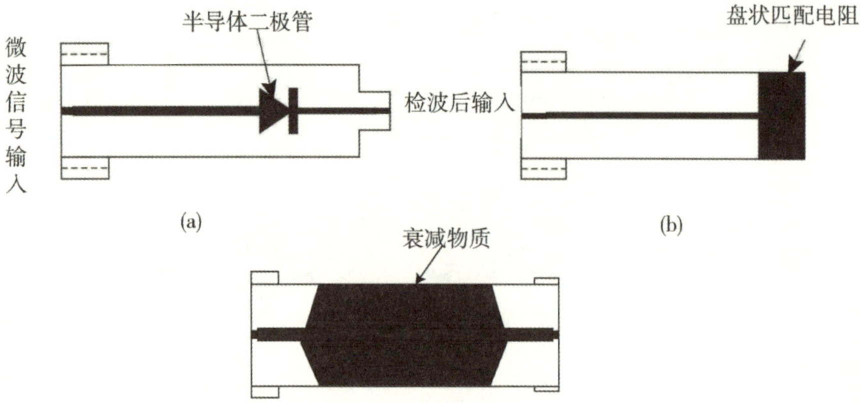

图 1.49 几种同轴元件

2. 同轴匹配负载

它是一种小功率的同轴元件，其输入驻波比很小，几乎没有反射，而且频带极宽。它通常接在波导同轴定向耦合器辅线上的另一个隔离端（辅线上的一个同轴晶体检波器见图 1.50）作为负载，以消除由于定向耦合器方向性不好产生的干扰，如图 1.49 (b) 所示。

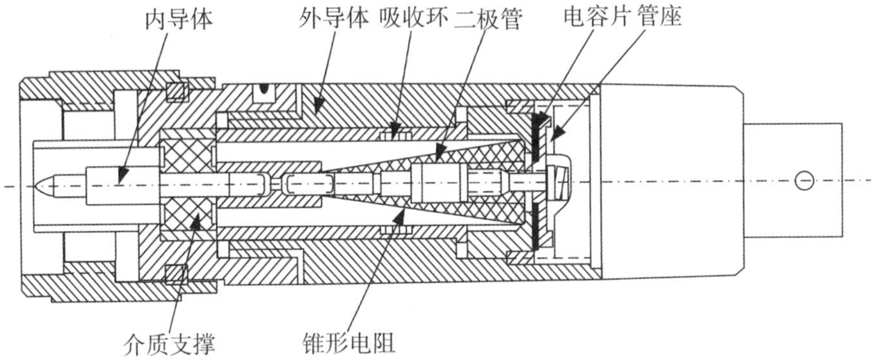

图 1.50　同轴晶体检波器

3. 同轴衰减器

它是提供一定衰减量（如 10dB，20dB，30dB……）能使微波信号幅值减弱的一种元件，通常作为电平衰减之用，有的可制成可变衰减器。既可以步进式的按一定级差（如 2 dB，5 dB……）跳变，也可以连续调节，有一定的衰减分辨率（如 0.5 dB，0.1 dB……），使用起来十分方便，如图 1.49 (c) 所示，就是一种固定衰减器，通常它是一种宽频带元件。

关于波导及同轴线元件的更多详细知识可参阅参考文献 [1] [2] [3] [4] [11] [12] [20] 等。

1.7　微波测量及仪器

微波测量及仪器涉及的面很广，需要很多的专业知识，在本书里，我们不打算去进行探讨，而只想给出哪些量是属于微波测量的范畴，而又应采用哪些测量仪器可以对它们进行测量。

在微波技术广阔的应用领域中，涉及微波振荡的产生、放大、变频、调制、检波、合成、传输、发射、接收、变换、天线、谐振腔（包括单模腔、多模腔）、微波元件、微波材料（包括介电材料、磁性材料、生物材料……）等的谐振特性（包括谐振频率、品质因数 Q 值、耦合度）、反射特性、驻波特性、插入损耗、微波阻抗、传输特性、天线增益、天线方向图、天线效率、振荡器的输出功率、振荡频率、放大器增益、噪声系数、调制波射频频谱、相位噪声、振荡器的工作特性、负载特性（即雷基图）、频宽特性、延迟特性、晶体检波特性、接收机的灵敏度、环行器插损、环行器反向隔离、微波等离子体中的电子密度、碰撞频率、衰减特性、定向耦合器的耦合度和方向性等。

要对上述这么多特性和电磁参数进行通用和专门的测量又会涉及许多通用和专用的微波仪器，下面介绍一些常用的微波仪器。

1.7.1 微波网络分析仪

微波网络分析仪分为微波标量网络分析仪（简称标网）和微波矢量网络分析仪（简称矢网），前者可测驻波系数、插入损耗、传输衰减、谐振特性、反射特性、检波特性、环行器插损和隔离等，总之，凡不涉及相位和复数的参量，都可用标网进行测量；而矢网可测微波阻抗、微波相位、负载特性（雷基图）、群延时、网络相移、微波管的相位特性（包括相位灵敏度、相位线性度、调幅调相转换……）、网络散射特性等，当然，也可替代标网进行上述标网能够测量的一切参数和特性。图 1.51 示出了一台宽带（10 MHz～40 GHz）的矢量网络分析仪。它能方便地测量 [S] 参数，S_{11}，S_{12}，S_{21}，S_{22}。

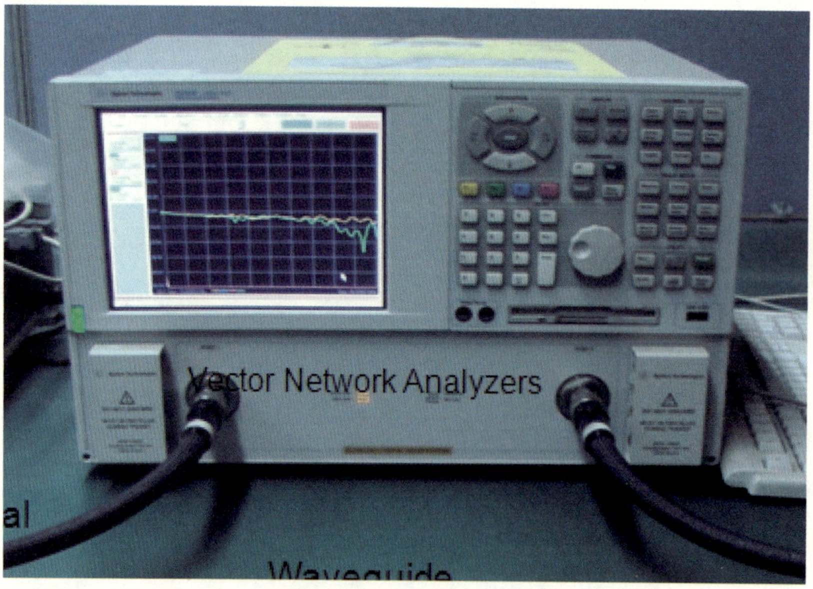

图 1.51　矢量网络分析仪（中电集团 41 所）

最近，一种便携式小巧的矢量网络分析仪（又称矢量电压表）已经研发出来（俄罗斯产品），体积只有一包香烟大小，如图 1.52 所示。只要将微波元件接入射频接头，并将矢网上的 USB 接上手提电脑的 USB 接口，即能在电脑屏幕上显示所测的 S 参数

(阻抗圆图)，全套设备连接包括一个矢网，一个待测元件（波导同轴转换接头)，一台笔记本电脑，两根连接电缆。如图 1.53 所示。

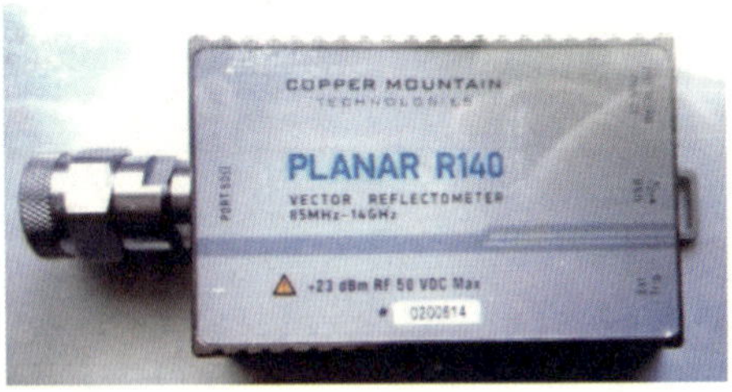

图 1.52　便携式矢量网络分析仪

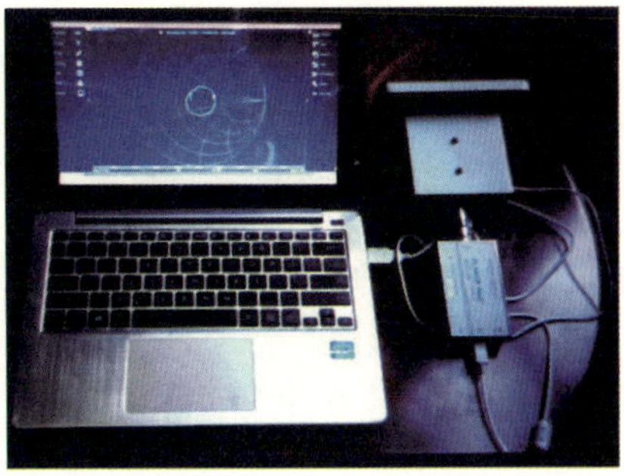

图 1.53　矢网正在测量中

1.7.2　微波频谱分析仪

微波频谱分析仪是专门用来测量各种电磁振荡的频谱的，不管是连续波的等幅振荡，还是各种调制状态，例如调幅波、调频波、调相波、脉冲调制波、脉冲编码波……都可用这种频谱仪测出它们的不同频谱和谱线分布波形。例如，等幅的连续波振荡的频谱就是频率为 f_0 的一根垂直谱线，如图 1.54（a）所示。将微波信号经低频（频率为 Ω）调幅后的输出频谱就变成三根谱线，而且中间长、两边短。中间一根就是原来的载波频率 f_0，右边的一根相应的频率为（$f_0+\Omega$)，而左边的一根相应的频率为（$f_0-\Omega$)，两边是完全对称分布的。如图 1.54（b）所示。再如采用脉冲（脉冲宽度为 τ，重复周期为 T）对微波振荡调制后的输出频谱如图 1.54（c）所示。

由此可见，脉冲调制后输出的频谱最为复杂，从图 1.54（c）可以看出，主瓣中心的频率就是微波这一载波的频率，其他任何两根谱线之间的频差为 $\frac{1}{T}$（这里 T 为调制脉冲的周期)，而主瓣与相邻旁瓣之间的交点处的频率为 $\frac{1}{\tau}$（这里 τ 为脉冲的宽度，例如 $\tau=1\mu s$ 时，其倒数为 1MHz)，也就是说这一相邻交点的频率比中心频率高 1MHz。同样，左边相邻交点的频率比中心频率低 1MHz，也就是说，这个频谱的主瓣宽度为 2MHz。由此可见，脉冲愈窄，主瓣愈宽，反之愈窄。微波频谱仪见图 1.55 所示。该频谱分析仪具有自测试、自诊断、自校准、自适应、自动搜索、最大保持、数字存储/调用、频标读出、调幅的傅里叶变换、自动计算、人机对话、图文显示、自动打印、绘图输出等 100 多种功能，使用起来十分方便。

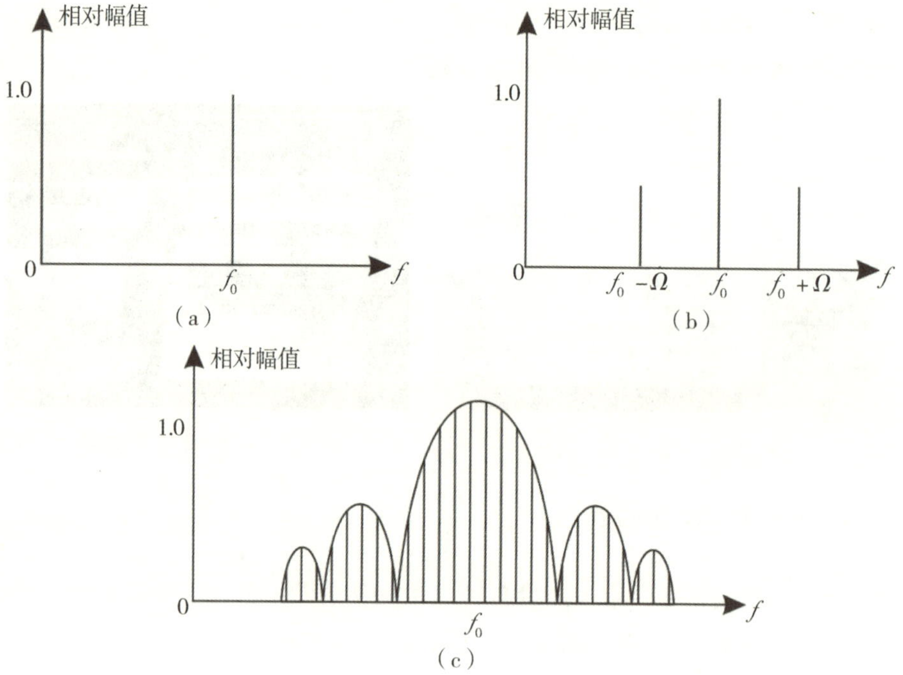

图 1.54　各种振荡的频谱波形

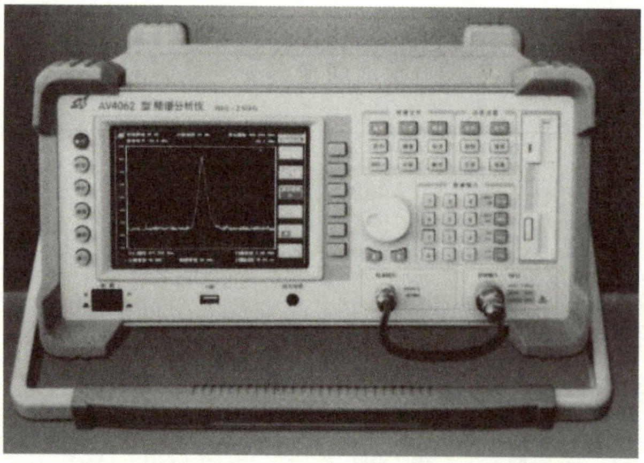

图 1.55　微波频谱分析仪（AV4032）（中电 41 所）

1.7.3　微波功率计

显然，这是一种测量微波功率的仪器，它根据所测功率的大小又可分为以下几种。

1. 微波大功率计

微波大功率计通常用来测量千瓦级至数十千瓦级的微波大功率。采用水负载作为终端匹配负载，利用量热计原理，根据水负载中流动的水的温度变化和水的比热及流速等计算出负载所吸收的微波功率。

$$P=4.187vc_{p}d\Delta T \tag{1.18}$$

式中 v——水的容积流速（cm^3/s）；

c_p——水的比热（cal/（g·℃））；

d——水的密度（g/cm^3）；

$\Delta T=T_{out}-T_{in}$——出入口水的温度差（℃）。

或

$$P=70\frac{V}{t}\Delta T \tag{1.19}$$

式中 V——水的质量或容积（kg/或 1000 mL）；

t——测量时间（min）；

$\Delta T=T_{out}-T_{in}$——出入口温差（℃）。 (1.20)

例如，当水的流速恒定为 1L/min 时，如测得的温差 $\Delta T=10$℃时，这时测得的微波功率为 700W，如 $\Delta T=15$℃时，$P=1050$W。

目前有根据上述原理采用数字流量计及数字温度计而制成的直读式微波大功率计。其原理框图及实物如图 1.56 和图 1.57 所示。

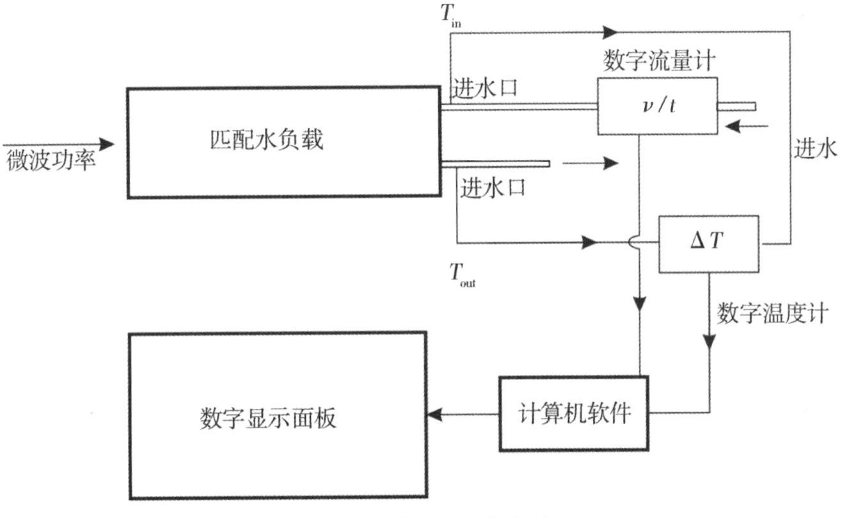

图 1.56 数字微波大功率计原理图

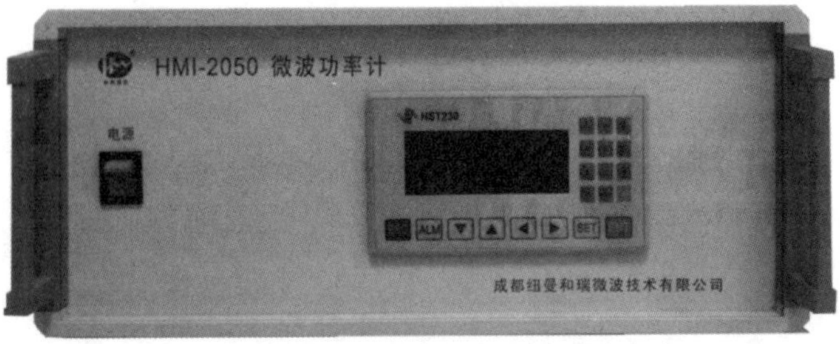

图 1.57 数字微波大功率计（成都纽曼和瑞公司）

2. 微波小功率计

微波小功率计通常用来测量微瓦至毫瓦级的微波功率。常用热敏电阻、微波热电偶等热敏元件构成一个电桥电路的一个臂，与其他 3 个非热敏元件一起形成一个惠斯顿电桥，如图 1.58 所示。

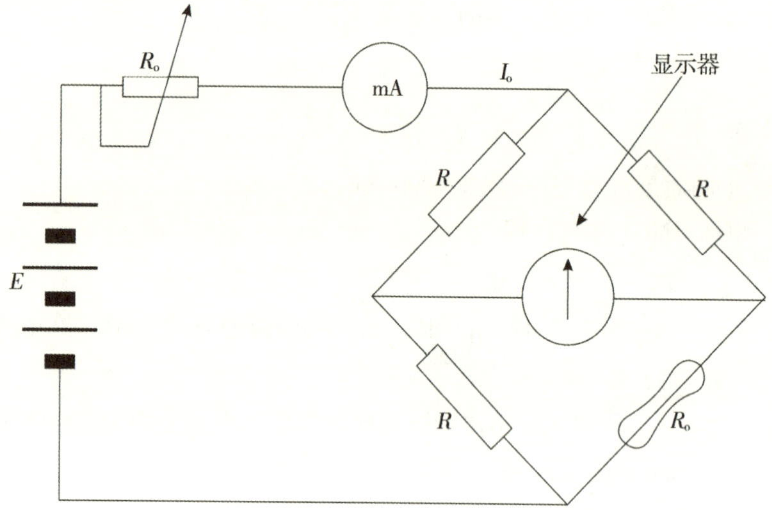

图 1.58　小功率计电桥（R_b 为热敏电阻）

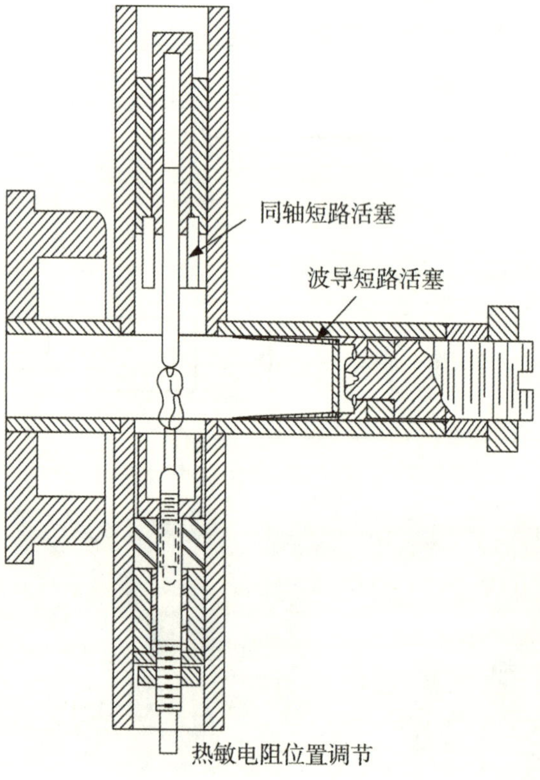

图 1.59　热敏电阻座

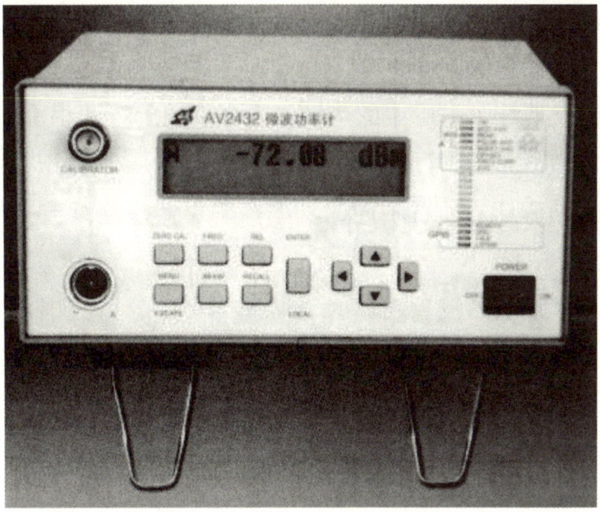

图 1.60 微波小功率计（AV2432）（中电 41 所）

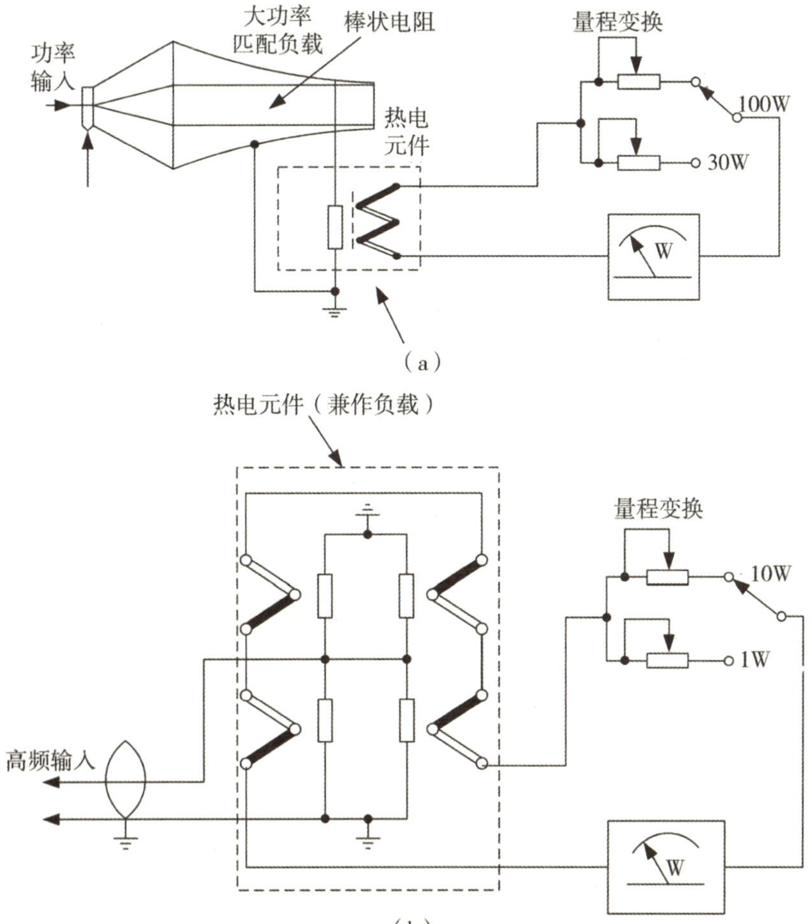

图 1.61 微波中功率计电原理图

热敏电阻座如图 1.59 所示，该热敏电阻位于波导窄边的中心部位，在上、下两端分别设置同轴短路活塞和位置调节装置，波导一端为连接用法兰盘，另一端为波导短路活塞，用以调节阻抗匹配。波导中的热敏电阻分别用上下两根引线连接到图 1.58 的电桥电路中。数字式微波小功率计如图 1.60 所示，这是一种基于数字信号处理技术的新一代检波二极管式功率计，配置不同的功率探头可实现连续波平均功率和峰值功率的精确测量。

利用微波小功率计测量微波大功率时就必须与一定分贝数耦合度的定向耦合器一起使用，测量结果的准确度就由定向耦合器的耦合度与小功率计的精确度共同决定，而且耦合度的误差是主要的。

3. 微波中功率计

微波中功率计通常用来测量数十至数百瓦级的微波功率。通常用于测量 1—10 瓦的功率，以他热式热偶作为敏感元件，配以适当功率容量的同轴匹配负载电阻构成的终端式瓦特计，很早就用来测量分米波以下频段的中等甚至更大功率。例如，图 1.61（a）所示为带有指数曲线锥形外壳的匹配负载电阻的终端接入热偶式安培表，以构成频率从直流至1 000 MHz，满度值为 30 W 及 100 W 两种量程的大功率计的电路略图。热偶式中功率计如图 1.61（b）所示，其量程为 1 W 至 10 W，它将四只不接触式热偶的热丝相并联以充当 50Ω 同轴线的负载电阻，而将四只热偶所输出之热电动势顺向串联，一并加于直流毫伏表头，而表头则按负载吸收功率定度。此中功率计能从直流工作到12.4 GHz，驻波比小于 1.2，误差小于 8%。

目前还有可测脉冲功率的脉冲功率计。

1.7.4 微波数字频率计

这种仪表可直接用来测量微波信号的振荡频率，目前都做成数字直读式的仪表，称为“微波数字频率计”，它的分辨率很高，可达 1 赫兹至零点几赫兹，过去只能测量连续波（CW）的频率，现在还可测量脉冲调制波的载频频率，脉宽在几十纳秒至微秒之间均可，使用起来十分方便。

1.7.5 微波介质特性测试仪

这种仪器过去都是根据测试对象自行设计制作的，近几年来，有专门的商品仪器出售，它可用来测量各种电介质（包括固体和液体电介质）的介电常数、介质损耗角等。微波在工农业加工处理的材料、医疗卫生学中的生物学材料、人体各种器官组织、家用微波炉中烹饪的各种食品、微波化工材料、土壤、各种矿物、各种有机溶剂、绝缘材料等，都可在这种测试仪中测量出准确的介质特性，如介质频率特性、介质温度特性等，通常它往往与矢量网络分析仪一起使用，只要接上一只专用的测量探头即可，如图 1.62 所示。实际上这个测量探头是一段细小的同轴线，其中一端与网络仪用电缆相连接，另一端呈开路状态，测量时将此开路端插入待测的介质（液态介质）中，由于介质对同轴线开路端的加载，改变了同轴线的端部电容，同时由于介质特性的复数性质，其介电常数的实部影响了电容量的大小，其虚部则影响了相应的品质因数，通过预先安装在网络仪中的计算软件，就可以很快地读出被测介质的复介电常数。对于测量随温度及频率变化的材料特性时尤为方便、快速。测试探头与网络仪的连接如图 1.63 所示。

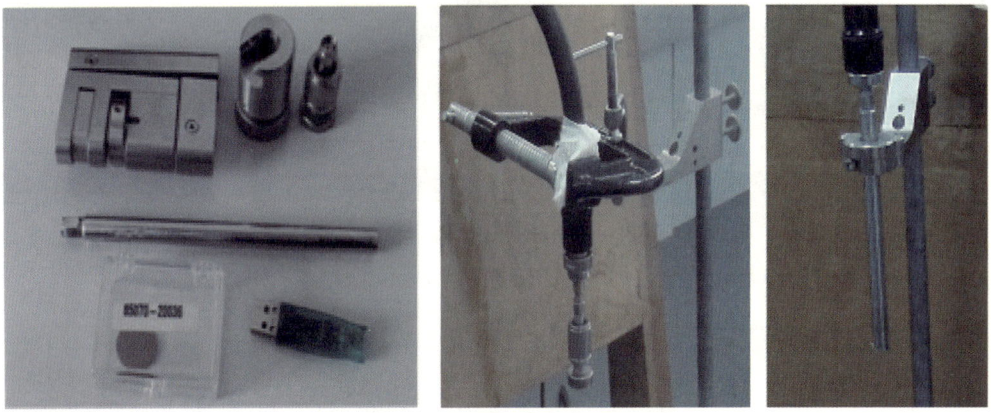

图 1.62　普通同轴探头与高温探头

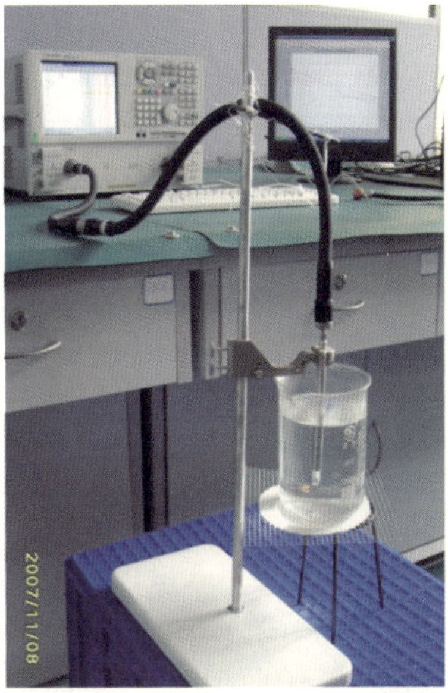

图 1.63　同轴探头与矢网连接图

1.7.6 微波综合测试仪

该测试仪集频谱仪、合成源、功率计、频率计等多种仪器于一身，设计结构紧凑、性能先进、可靠性高，图 1.64 示出了这种多功能的综合测试仪。频谱分析的频率范围为 9 kHz～18 GHz，剩余响应：优于−90 dB；合成源的频率范围为 10 MHz～18 GHz，频率分辨率：1 Hz；功率测量的频率范围为 10 MHz～18 GHz，功率范围：+20 dBm～−6 dBm；频率测量的频率范围为 10 MHz～18 GHz，灵敏度：−40 dBm。

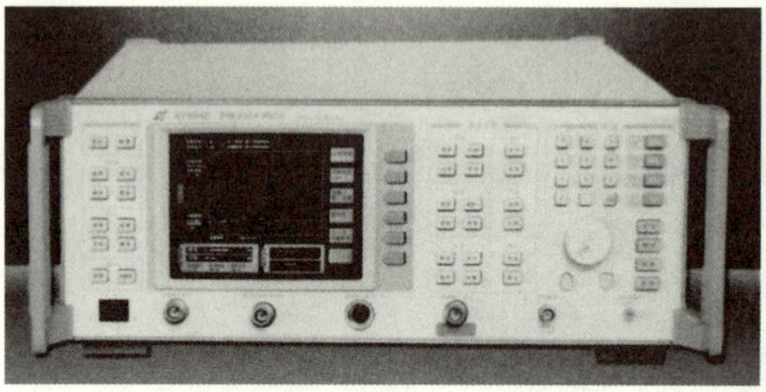

图 1.64 微波综合测试仪（AV4932）（中电 41 所）

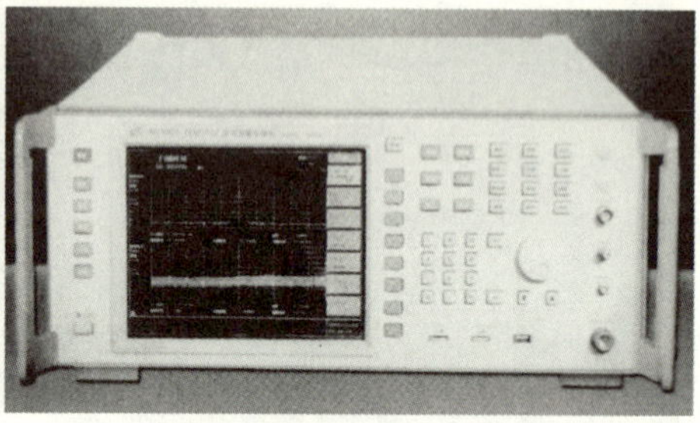

图 1.65 宽带合成扫频信号发生器（AV1488）（中电 41 所）

1.7.7 宽带合成扫频信号发生器

宽带合成扫频信号发生器以同轴方式实现从射频一直到 60 GHz 的超宽带频率覆盖，高精度，快速连续可调的测试信号、具有优良的相位噪声且频率范围广、频率分辨率和准确度高、输出功率大、动态范围大，另外还具有程控扩频功能。它既可以输出点频信号，又可进行快速的连续扫频输出，精度可达扫宽的万分之一以上。这种信号发生器如图 1.65 所示。

除此以外，还有噪声测试仪、相位噪声测试仪、EMC 预检测系统/EMI 接收机、微波接收机、天线综合测试台、雷达综合测试仪、微波示波器、微波功率泄漏仪及场强仪等，这里就不做一一介绍了，有兴趣的读者可参阅有关微波测量或有关厂商的产品手册［23］及专业书籍［15］［16］［17］［18］［19］。

1.8 小　结

在本章中，我们用极其简单和通俗的科普语言向读者介绍了什么是微波，微波有哪些特点，以及微波传输系统、微波谐振系统、微波的阻抗与匹配、反射与驻波、微波天线、微波元件、微波测量仪器等有关知识。这里没有引入电磁场和导波理论中任何一个繁杂的数理方程，而只想让读者在短短的篇幅中能建立起一个关于微波技术的清晰的物理图像，能理解这些物理现象的本质，以便为下面各章的阅读打下一个良好的基础。

第2章　磁控管的工作原理

2.1　磁控管的发展历史

1921年，美国通用电气公司的贺尔（A. W. Hull）第一个在美国的爱迪生（Addison）及英国的弗莱明（Fleming）发明的二极管的基础上，加上一个与管轴平行的直流磁场，从而观察到了一种电磁振荡。这种振荡机理与1919年德国的巴克豪生与库茨在正栅三极管中发现的振荡现象完全不同，于是他把这种特殊的二极管第一次命名为“磁控管”（Magnetron），即受磁场控制的电子管。这一称呼一直沿用了近百年的历史，由于这种管子的振荡频率与电子在阴阳极间的回旋运动的频率相等，所以又被称为“回旋频率型磁控管”。

1935年，英国的玻斯茅斯（Posthumous）在四阳极磁控管中观察到行波型振荡，这与以后的多腔磁控管中的原理是相同的。

1936年，苏联施鲁茨金（СЛУЦКИН）及美国的哈班（Habann）发明了负阻型磁控管，这又是一种在磁场控制下的二极管，但它与回旋频率型磁控管不同的是管内阳极被分成两个或四个，因此，这种管子又被称为分阳极磁控管。

1938—1940年，英国的兰达尔（Randal）和布特（Boot），苏联的阿列克谢耶夫（Алексеев）和马良罗夫（Маляров）几乎同时发明了多腔磁控管（行波型）；此外，尚有美国专利（2063341，1936），英国专利（509104，1938）等同时提出类似的结构。

1941年，英国的兰达尔（Randal ）和赛耶斯（Sayers）发明了世界上第一只带隔模带的磁控管。

1947年，美国雷声公司（Raytheon）发明了2450 MHz CW微波炉用磁控管；同年，美国通用电气公司（GE）发明了另一频段915 MHz的CW炉用磁控管。

20世纪50年代，英国的布特（Boot）发明了长阳极磁控管。

1955年，美国的菲斯坦（Feinstein）和柯里尔（Collier）发明了同轴磁控管（圆电模磁控管）。

1955年，美国的威尔堡（Wilbur）和彼德（Peter）发明了电压调谐磁控管（VTM）。

20世纪50年代后期，美国的另一个贺尔（J. F. Hull）发明了反装磁控管（阴阳极反装）。

1964年，荷兰菲利浦公司（Philips）发明了捷变频磁控管。

经历了70多年的发展，磁控管家族除正交场管（包括注入型正交场管和分布发射型正交场管）外基本形成，尽管初看起来种类繁多，但真正具有生命力和经得起各种应用场合考验的磁控管并不太多。就目前世界各国生产和使用情况来看，只有多腔磁控管、同轴磁控管、捷变频磁控管和少量的长阳极磁控管等几个种类仍在批量生产。

2.1.1 回旋频率型磁控管

1921年Hull发明的磁控管就是回旋频率型磁控管，它的最大特点就是

$$\omega_0=\omega_c \tag{2.1}$$

式中 ω_0——管子振荡的角频率；

ω_c——电子在磁场中运动时的回旋频率。

而

$$\omega_c=\frac{2\pi}{T}=\frac{eB}{m} \tag{2.2}$$

式中 B——工作磁场；

m——电子质量。

由此可得

$$\lambda\cdot B\cong 10\ 700=\text{常数} \tag{2.3}$$

式中 λ——振荡波长。

由此可以看到振荡波长与工作磁场成反比，磁场愈强，波长愈短，即振荡频率愈高。

回旋频率磁控管的电源连接图如图2.1所示，平板二极管模型中的电子回旋运动轨迹图如图2.2所示。

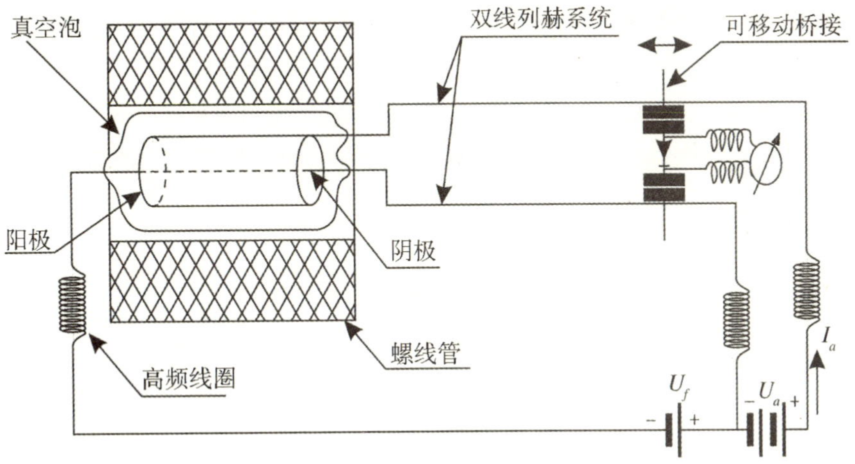

图 2.1 回旋频率磁控管的电源连接图

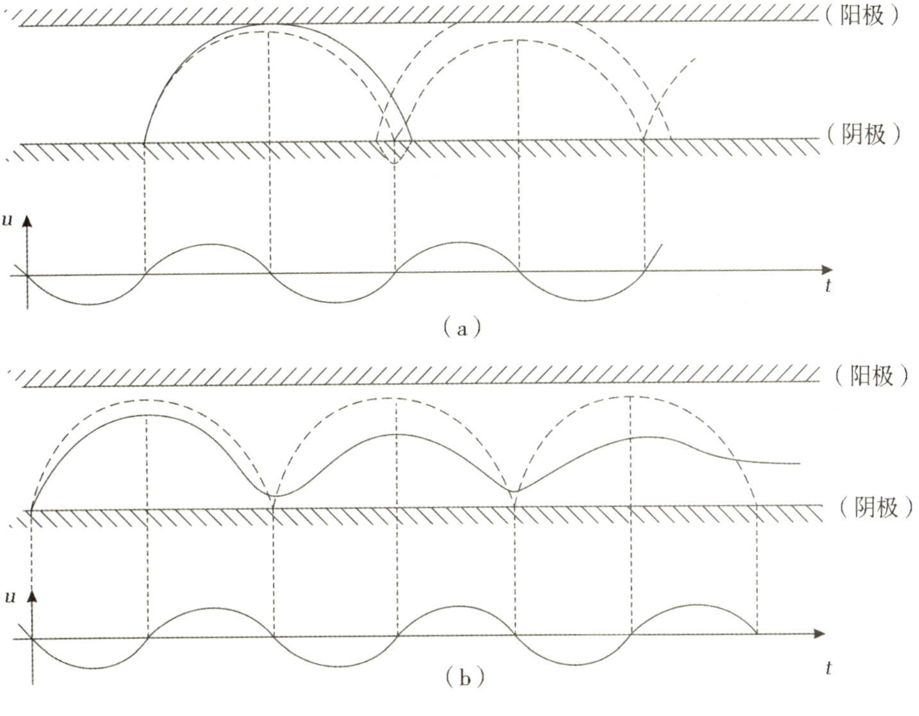

图 2.2 电子运动轨迹图

1. 研究两个典型电子的运动状况

(1) 处于高频场从负半周到正半周的过渡点 0 相位点出发的电子，它离开阴极后即在加速场中运动，不断被加速，从而使动能增大，其回旋半径将大于静态半径 R，即 $r>R$。因此，不是打到阳极上，而是打到阴极上，终止了运动，故称这类电子为“不利电子”，如图 2.2 (a) 所示 。

(2) 处于高频场从正半周到负半周的过渡点 0 相位点出发的电子，它离开阴极后即在减速场中运动，不断被减速，其减小的动能就交给了高频场，从而维持了高频振荡，产生了微波输出。这类电子被称为“有利电子”。由于其动能的不断丧失，因而其回旋半径将不断减小，因而 $r<R$，其运动情况如图 2.2（b）所示。

由此可见，振荡产生与维持的必要条件是，电子的回旋周期 τ 必须等于高频振荡的周期 T，即

$$\tau=T \tag{2.4}$$

也就是说，电子回旋角频率应等于高频振荡的角频率，即

$$\omega_0=\omega_c$$

这就是“回旋频率振荡型磁控管”名字的来源。

2. 回旋频率型磁控管的特点

（1）振荡频率决定于工作磁场 B，而与振荡回路无关，但回路必须调谐到与振荡频率相应的频率上。

（2）由于有利电子总数与不利电子总数相等，而不利电子很快打到阳极上或阴极上，而有利电子虽可较长时间停留在互作用空间内，不断交出能量，但最后退出时，它还带有一些剩余能量打到电极上。因此，理论上的最大电子效率为 50%，实际上只有 5%～10%。

（3）频率极限受工作磁场 B 及阳极半径尺寸的限制。

因此，此类磁控管只停留在理论上研究而无实用价值。但其电子回旋运动，电子挑选，不利电子、有利电子和截止磁场等概念却在后述的磁控管中得到了广泛的应用。

2.1.2 负阻型磁控管

负阻型磁控管又称分阳极磁控管，它的工作条件与回旋频率型磁控管不同，它工作在

$$\omega_0\ll\omega_c \tag{2.5}$$

条件下，是由阳极电流与电压间的负阻特性决定的。

当两个阳极上的电压

$$U_{a1}=U_{a2}\text{时，}I_a=0 \tag{2.6}$$

而当

$$U_{a2}-U_{a1}\neq0\text{ 时，}I_{a2}-I_{a1}\neq0 \tag{2.7}$$

且有一段负斜率的负阻特性曲线。由此负阻就可激励跨接于两个阳极上的振荡回路，使其产生并维持振荡。

但负阻型振荡所需的工作磁场 B 要比回旋型大得多。

负阻型磁控管的电源连接图如图 2.4 所示。

图 2.3 中（a）为回旋频率型磁控管，（b）（c）（d）（e）均为负阻型磁控管。

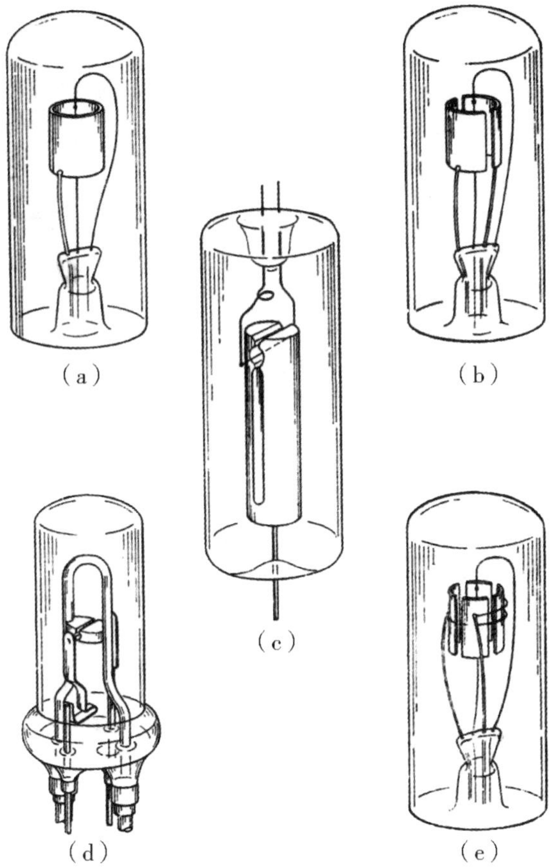

(a) 单阳极　(b) 分阳极　(c)，(d) 分阳极，内振荡系统　(e) 4 阳极行波型，外振荡系统

图 2.3　各种磁控管中的振荡系统

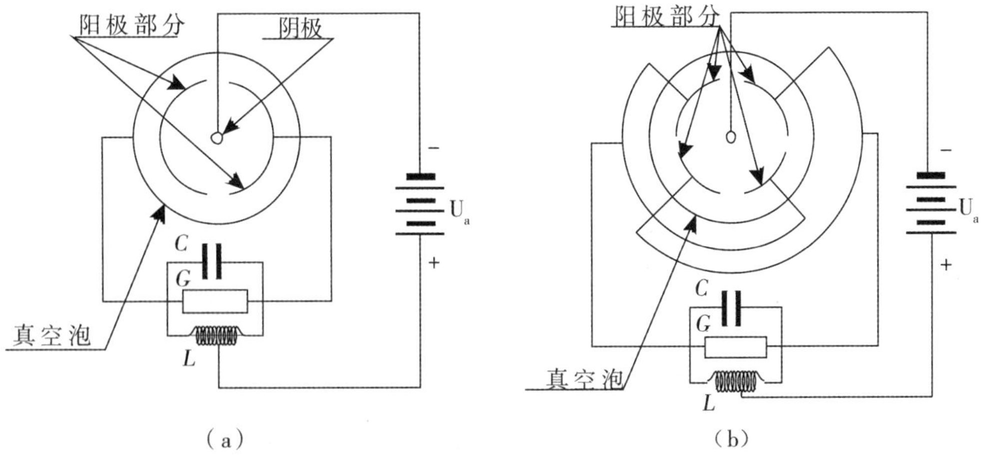

图 2.4　负阻型磁控管的电源连接图

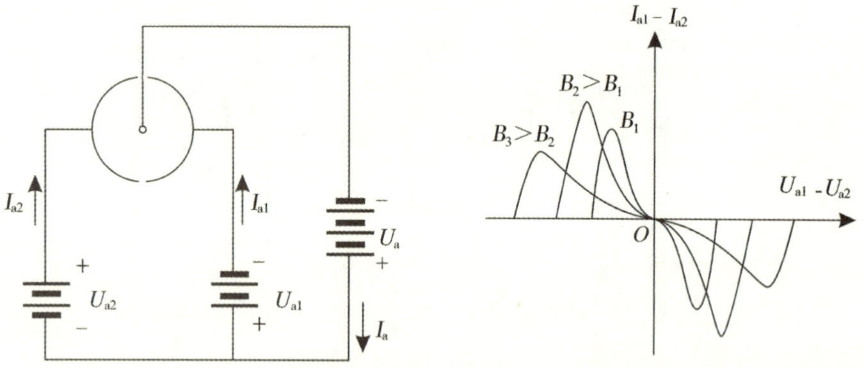

图 2.5 负阻型磁控管的静态伏安特性

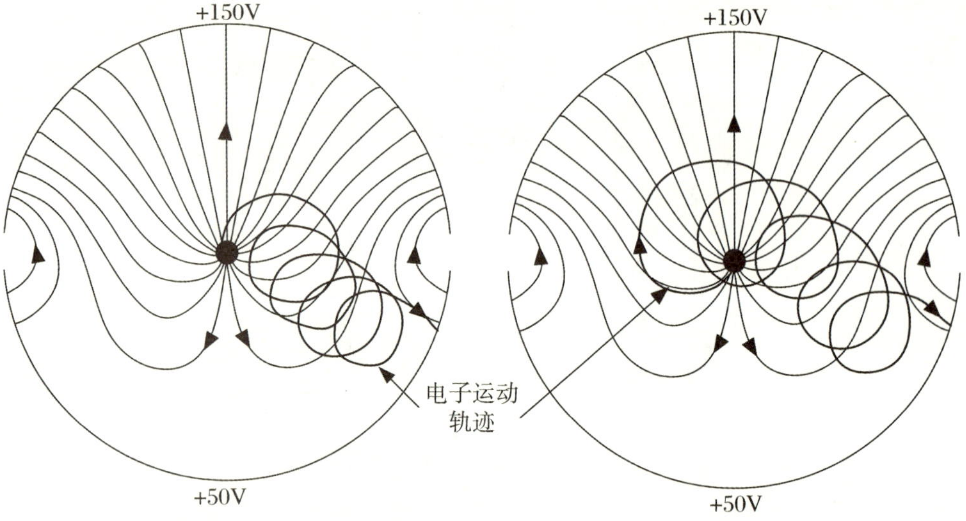

图 2.6 静态时的电子运动轨迹，不同方向出发的电子均打到下半阳极

从图 2.5 中的静态伏安特性可以看出不同磁场时均具有负斜率的负阻特性；而在图 2.6 中可以看出，从阴极不同角度出发的电子最终都打到下半阳极上，这也正是负阻型磁控管的一个特点。由此可见，尽管负阻型磁控管的效率要比回旋频率型磁控管高得多，可达 50%～70%，都工作在几百兆赫的范围内，但如果工作在厘米波段，其工作磁场 B 就很难在工程上实现了，至于毫米波段，就更不行了。

因此，负阻型磁控管通常适用于分米波段。此外，负阻型磁控管只提供负阻，即电磁能量，而振荡频率则完全由外接或内接于分阳极上的振荡回路所决定。

2.1.3 行波型磁控管

1938 年发明的多腔磁控管是一种行波型磁控管，它与上述两种磁控管不同，它在阳极上配置了为数众多的小微波谐振腔，俗称“多腔系统”，这些小腔数目在4～52 个，且与频率及工作电压有关。

行波型磁控管的工作特征：

$$\frac{U_a}{B}=常数 \tag{2.8}$$

该值与行波沿阳极表面旋转的速度有关。

多腔磁控管的原型管（四腔型）如图 2.7（a）、图 2.7（b）所示，从图上可以看出该管具有内腔结构，即在阳极上配置有 4 个孔槽形小谐振腔，轴线上有阴极，阳极是水冷的，这是苏联发明的多腔磁控管（$N=4$）的原型。图 2.7（c）是另一八腔磁控管（$N=8$）的阳极断面，谐振腔具有非常特殊的形状，这种腔型至今未在实际磁控管中得到应用。

而同期英国发明的多腔磁控管的原型如图 2.8 所示，由图（a）可见，该管内具有六个孔槽形谐振腔，而另一为八腔磁控管，其外观及内部结构见图 2.8（b）及图 2.8（c）。

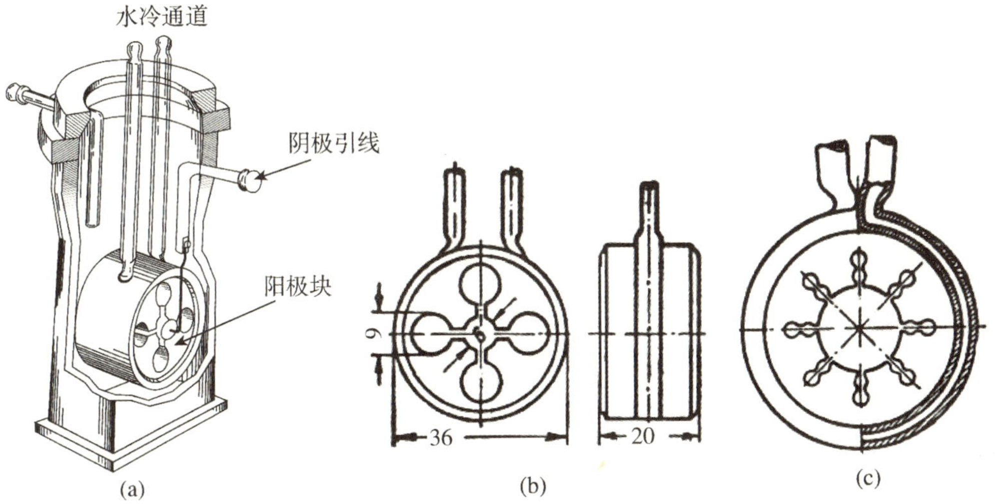

图 2.7 苏联发明的多腔磁控管的原型

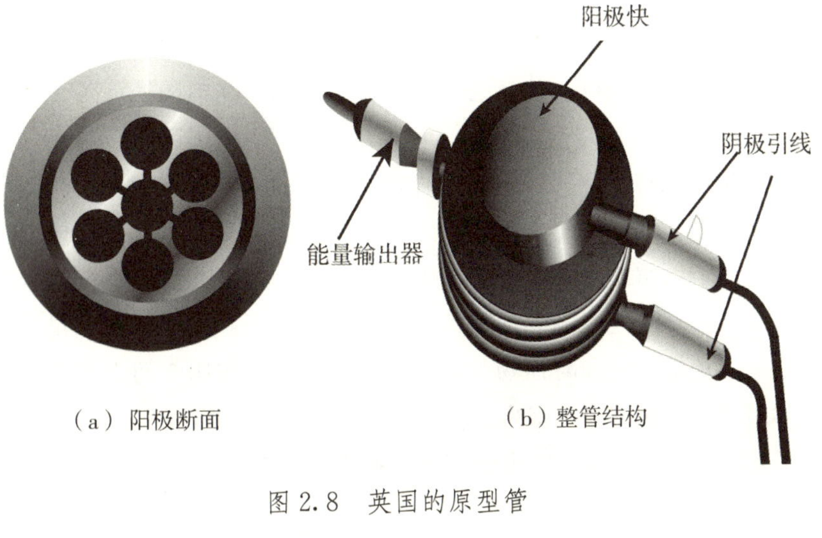

图 2.8 英国的原型管

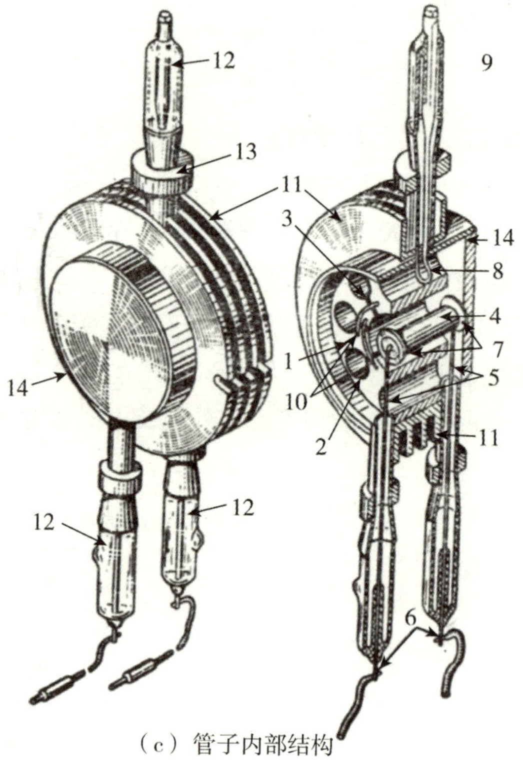

(c) 管子内部结构

1—阳极块；2—谐振孔；3—谐振槽；4—阴极；5—灯丝引线；6—高压线端；7—阴极端帽
8—耦合环；9—能量输出器；10—隔模带；11—散热片；12—玻璃密封；13—连接法兰；14—极靴

图 2.8 英国的原型管（续）

2.1.4 磁控管的分类

多腔磁控管的特点是输出功率大、效率高、工作电压低（相对于线形注微波管来说）、体积小、重量轻。早期它主要用在雷达发射机中作为振荡管。目前，磁控管的应用范围已从雷达、导航等军事部门逐渐扩展至通信、制导、工业加热、医疗、食品工业乃至家庭炉灶等民用领域。并且这一趋势有增无减，在国民经济各个领域中正在被更多的人所了解和使用。

从早期的单阳极磁控管到目前的各种类型磁控管，原理上大同小异，但在具体结构和应用方面却存在着很大的差别。虽然它们的结构简单，但其工作机理却长期以来仍未能完全为人们所掌握。因而即使知道其相互作用空间、谐振系统的全部尺寸以及它们的工作条件，却不能严格地计算其工作特性和电子导纳等重要参量。主要困难在于：在正交的直流电磁场和高频场共同作用之下，相互作用空间内的电子运动状态极其复杂，以致采用分析的方法很难求得磁控管中自洽场方程的解。

磁控管阳极块可以分成同腔系统和异腔系统，如图 2.9 所示。

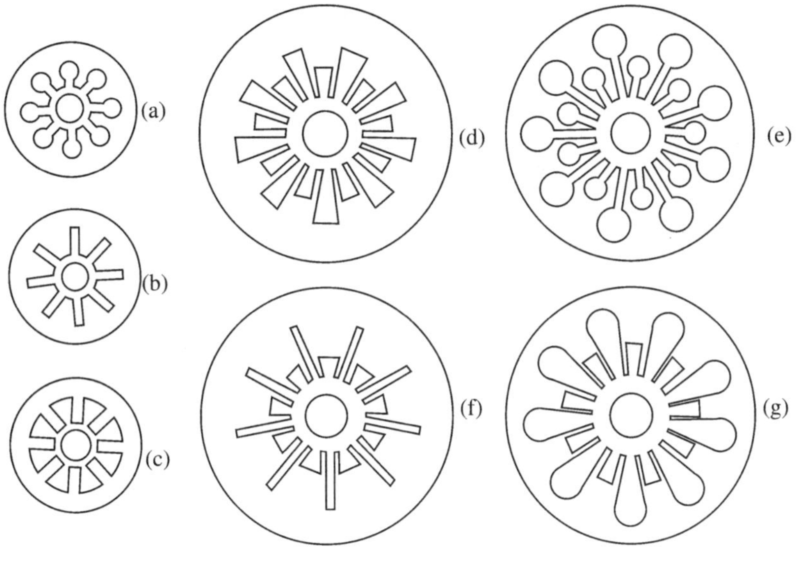

图 2.9 阳极块的类型

(a)(b)(c)同腔系统 (d)(e)(f)(g)异腔系统

近年来，由于大容量高速数字电子计算机的推广应用，才逐步对这些未能获得解决的问题有些了解并取得了一些结果。可以预期，利用电子计算机这个有力的工具，在不久的将来，磁控管中的许多老大难问题必将得到圆满的解决，因而也将快速地推动磁控管的设计和研制工作。

按工作状态，磁控管分为连续波磁控管和脉冲磁控管两大类；按频率可调性，磁控管又分为固定频率磁控管和可调磁控管（包括机械调谐和电磁调谐等）。

2.2 静态磁控管中的电子运动

2.2.1 电子在平板系统复合场中的运动

为了使问题简化起见，我们先来研究一下在平板系统中只存在正交的直流电磁场时的电子运动特性。这样的磁控管称为静态磁控管，这种系统如图 2.10 所示。

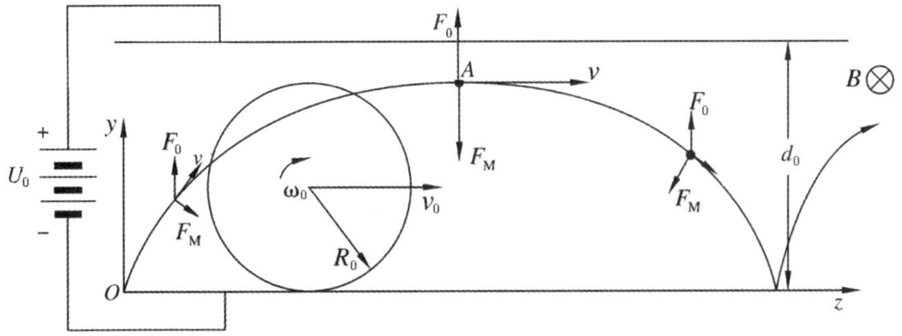

图 2.10 平板系统复合场中的电子运动

假设两个无限大的相互平行的平板电极（阳极和阴极）间的距离为 d_0 ，两极之间的直流电压为 U_a ，这时，极间的直流电场为 $E=\dfrac{U_a}{d_0}$ 。在两极之间还同时存在一个与图面垂直的直流磁场，其磁通密度为 B。同时假定极间无空间电荷，电子的初速为 0。我们选用直角坐标系统，并将坐标系统的原点 O 选在阴极的某一位置上。在图 2.10 中给出了从原点 O 出发的某个电子在不同瞬时的位置、所受的外力及其速度的方向。由图可知，当电子从 O 点向 A 点运动时，因为电场对电子是加速的，所以速度逐渐增加。在电子运动过程中，磁场力总是和速度相垂直，而且其大小与速度成比例，但它并不影响电子速度的大小，而只决定轨迹的曲率。

通过 A 点之后，电子就开始反向并向阴极运动。这时的电场力成为推斥力，在它的作用下，电子速度逐渐减小，到达阴极时为 0。然后又重复上述运动过程，周而复始。

下面以解析形式求上述情况下电子运动的轨迹。在正交的复合场作用下，单个电子所受的力为

$$\boldsymbol{F}=\boldsymbol{F}_e+\boldsymbol{F}_m=-e(\boldsymbol{E}+\boldsymbol{v}\times\boldsymbol{B}) \tag{2.9}$$

以矢量表示的电子运动方程为

$$m\frac{d^2\boldsymbol{r}}{dt^2}=\boldsymbol{F}=-e(\boldsymbol{E}+\boldsymbol{v}\times\boldsymbol{B}) \tag{2.10}$$

式中　$\boldsymbol{r}$——决定电子在空间位置的矢径；

$\boldsymbol{F}_e$——电场力；

$\boldsymbol{F}_m$——磁场力（洛伦兹力）。

在直角坐标系统中，式（2.10）可以写成三个标量方程

$$m\frac{d^2x}{dt^2}=-e\left[E_x+\left(\frac{dy}{dt}B_z-\frac{dz}{dt}B_y\right)\right] \tag{2.11}$$

$$m\frac{d^2y}{dt^2}=-e\left[E_y+\left(\frac{dz}{dt}B_x-\frac{dx}{dt}B_z\right)\right] \tag{2.12}$$

$$m\frac{d^2z}{dt^2}=-e\left[E_z+\left(\frac{dx}{dt}B_y-\frac{dy}{dt}B_x\right)\right] \tag{2.13}$$

式中　x，y，z——矢径 $\boldsymbol{r}$ 在坐标轴上的投影；

E_x，E_y，E_z——电场 $\boldsymbol{E}$ 在坐标轴上的投影；

B_x，B_y，B_z——磁通密度矢量 $\boldsymbol{B}$ 在坐标轴上的投影。

在如图 2.10 所示的系统中，

$$\left.\begin{aligned}&B_y=B_z=0, B_x=B\\&E_x=E_z=0, E_y=-E_0=\frac{U_a}{d_0}\end{aligned}\right\} \tag{2.14}$$

将这个条件代入上面三个方程式，可得

$$m\frac{d^2x}{dt^2}=0 \tag{2.15}$$

$$m\frac{d^2y}{dt^2}=-e\left(-E_0+B\frac{dz}{dt}\right) \tag{2.16}$$

$$m\frac{d^2z}{dt^2}=eB\frac{dz}{dt} \tag{2.17}$$

如果在 $t=0$ 时，$x=y=z=0$，$\frac{dx}{dt}=\frac{dy}{dt}=\frac{dz}{dt}=0$，那么，就不难看出电子在 x 方向没有速度分量$\left(即\frac{dx}{dt}=0\right)$，电子始终在 yoz 坐标平面上运动。

求解式（2.16）和式（2.17），就可以得到电子在平面上坐标位置的关系式，即

$$\left.\begin{aligned} y&=R_c(1-\cos\omega_c t)\\ z&=R_c(\omega_c t-\sin\omega_c t)\end{aligned}\right\} \tag{2.18}$$

式中 ω_c——回旋角频率

$$\omega_c=\frac{e}{m}B \tag{2.19}$$

R_c——回旋半径

$$R_c=\frac{m}{e}\frac{E_0}{B^2} \tag{2.20}$$

式（2.18）在数学上是一个摆线方程的解析式，它表示半径为 R_c 的圆以角速度 ω_c 做没有滑动的滚动时，圆周上某一点所描绘出来的空间轨迹。

这就是说，在上述特定条件下，电子运动轨迹是一条圆摆线，而电子的 z 向漂移速度 v_e 与形成摆线的圆的圆心速度相等。由式（2.19）及式（2.20）可以求得这一速度为

$$v_e=\frac{E_0}{B} \tag{2.21}$$

由式（2.18）可以得到

$$v_y=\frac{dy}{dt}=R_c\omega_c\sin\omega_c t=v_e\sin\omega_c t \tag{2.22}$$

$$v_z=\frac{dz}{dt}=R_c\omega_c-R_c\omega_c\cos\omega_c t=v_e(1-\cos\omega_c t) \tag{2.23}$$

从这两个式子可以看到，电子在 y 方向的速度是从 0 慢慢增加直至最大值 v_e，然后又逐渐下降至 0。而在 z 方向的变化则是从 0 直至 $2v_e$，然后又减小到 0。最大的速度发生在电子轨迹的最高点 A 处，这时 $v_y=0$，$v_z=2v_e$。

摆线完成一周，电子在阴极面上移动的距离为 $2\pi R_c$。电子在任一位置时的切向速度相对于滚动圆来说是 $R_c\omega_c=v_e=\frac{E_0}{B}$，这是一种回旋运动。因此，电子做的摆线运动可以看成是两种运动的合成，即在 z 方向以平均漂移速度 $v_e=\frac{E_0}{B}$ 所做的直线运动和以角速度 ω_c 环绕圆心所做的回旋运动。

在电场一定的条件下，磁场愈大，轮摆圆的半径就愈小。当磁场为 0 时，电子的

回旋半径趋于无穷大，这正是不存在磁场时平板二极管中的电子运动情况。当磁场由 0 逐渐增大时，回旋半径由无穷大逐渐变小，直到某一磁场值使电子的回旋直径 $2R_c$ 正好等于极间距离 d_0 时，电子刚好擦阳极而过，显然这是一种临界状态。由于电子未打上阳极，所以阳极与阴极的外直流回路中这时将不会有电流通过。也就是说，

$$B = B_c \tag{2.24}$$

$$y = y_{max} = 2R_c = d_0 \tag{2.25}$$

则 $I_a = 0$。

将式（2.20）代入式（2.25），可得

$$B = B_c = \sqrt{\frac{2mE_0}{ed_0}} = \frac{1}{d_0}\sqrt{\frac{2m}{e}U_a} \tag{2.26}$$

式中　B_c——临界磁场或截止磁场。

如果把式（2.26）画在 $B-U_a$ 平面上，就有如图 2.11 所示的形状。我们称这一曲线为临界抛物线或截止抛物线或贺尔抛物线。

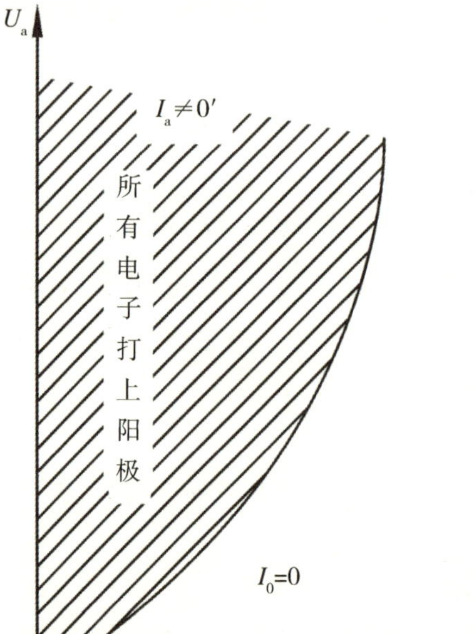

图 2.11　平板系统中的临界抛物线

如果继续增大磁场使其超过临界值即 $B > B_c$ 时，由于 $2R_c < d_0$，所以电子不可能到达阳极平面就开始返回阴极。这就相当于图 2.11 中在临界抛物线以下的区域。不同磁场时的电子运动特性如图 2.12 所示。

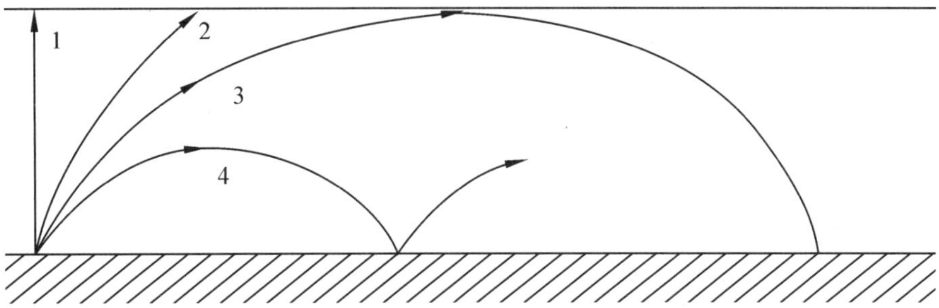

1—$B=0$；2—$B<B_c$；3—$B=B_c$；4—$B>B_c$

图 2.12 平板二极管中的电子运动特性

2.2.2 电子在圆柱系统复合场中的运动

在实际的磁控管中，阳极和阴极都是同轴的圆柱电极系统。下面我们就来分析这种系统中电子运动的特性。

圆柱电极系统如图 2.13 所示，阳极半径为 r_a，阴极半径为 r_k。在圆柱坐标系统中，电子运动方程的普遍形式如下：

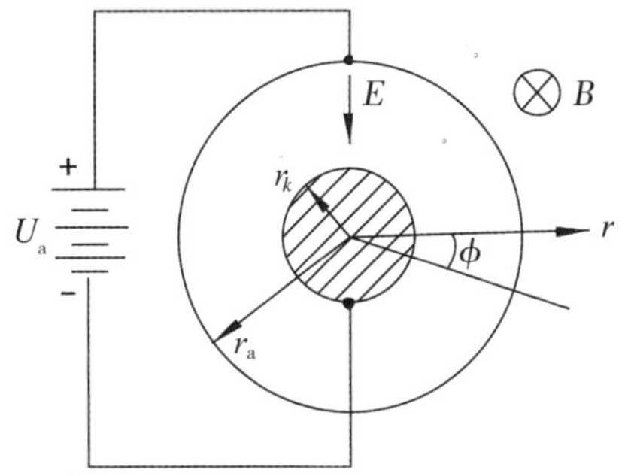

图 2.13 圆柱电极系统

$$\frac{d^2 r}{dv\,t^2}-r\left(\frac{d\varphi}{dt}\right)^2=-\frac{e}{m}\left[E_r+\left(r\frac{d\varphi}{dt}B_z-\frac{dz}{dt}B_\varphi\right)\right] \tag{2.27}$$

$$2\frac{dr}{dt}\cdot\frac{d\varphi}{dt}+r\frac{d^2\varphi}{dt^2}=-\frac{e}{m}\left[E_\varphi+\left(r\frac{dz}{dt}B_r-\frac{dr}{dt}B_z\right)\right] \tag{2.28}$$

$$\frac{d^2 z}{dt^2}=-\frac{e}{m}\left[E_v+\left(\frac{dr}{dt}B_\varphi-r\frac{d\varphi}{dt}B_r\right)\right] \tag{2.29}$$

如果讨论限于下述情况：

$$\left.\begin{aligned}E_\varphi=E_z=0,E_r=-E=f(r)\\B_r=B_\varphi=0,B_z=B\end{aligned}\right\} \tag{2.30}$$

那么，电子运动方程就具有较为简单的形式：

$$\frac{d^2 r}{dt^2}-r\left(\frac{d\varphi}{dt}\right)^2=-\frac{e}{m}\left(-E+r\frac{d\varphi}{dt}B\right) \tag{2.31}$$

$$2\frac{dr}{dt}\cdot\frac{d\varphi}{dt}+r\frac{d^2\varphi}{dt^2}=\frac{e}{m}B\frac{dr}{dt} \tag{2.32}$$

$$\frac{d^2z}{dt^2}=0 \tag{2.33}$$

如果不考虑电子从阴极发射时的初速 v_{z0}，那么式（2.33）表明，电子运动的轨迹位于 $r\varphi$ 平面上。

现在着重讨论式（2.31）及式（2.32）。

先将式（2.32）改写成

$$\frac{1}{r}\cdot\frac{d}{dt}\left(r^2\frac{d\varphi}{dt}\right)=\frac{eB}{m}\cdot\frac{dr}{dt}$$

或

$$\frac{d}{dt}\left(r^2\frac{d\varphi}{dt}\right)=\frac{eB}{2m}\cdot\frac{d}{dt}(r^2) \tag{2.34}$$

这一方程积分后得

$$r^2\frac{d\varphi}{dt}=\frac{eB}{2m}r^2+C \tag{2.35}$$

或

$$r^2\left(\frac{d\varphi}{dt}-\frac{eB}{2m}\right)=C \tag{2.36}$$

代入初始条件

$$t=0\,,\ r=r_k\,,\ \frac{d\varphi}{dt}=0$$

于是，可以求出

$$C=-r_k^2\frac{eB}{2m} \tag{2.37}$$

代入式（2.36）后得

$$r^2\left(\frac{d\varphi}{dt}-\frac{eB}{2m}\right)+r_k^2\frac{eB}{2m}=0 \tag{2.38}$$

即

$$\frac{d\varphi}{dt}=\frac{eB}{2m}\left(1-\frac{r_k^2}{r^2}\right)=\frac{\omega_c}{2}\left(1-\frac{r_k^2}{r^2}\right) \tag{2.39}$$

由此可见，电子离开阴极后的角速度 $\frac{d\varphi}{dt}$ 是距离 r 的函数。由式（2.39）可知：

$$r=r_k\,,\ \frac{d\varphi}{dt}=0$$

$$r=r_a\,,\ \frac{d\varphi}{dt}=\frac{\omega_c}{2}\left(1-\frac{r_k^2}{r^2}\right) \tag{2.40}$$

其相应的切向速度为

$$v_t = r_a \frac{d\varphi}{dt} = \frac{\omega_c}{2}\left(\frac{r_a^2 - r_k^2}{r_a}\right) \tag{2.41}$$

把式（2.39）代入式（2.31）中，即得

$$\frac{d^2 r}{dt^2} - r\frac{\omega_c^2}{4}\left(1-\frac{r_k^2}{r^2}\right)^2 + r\frac{\omega_c^2}{2}\left(1-\frac{r_k^2}{r^2}\right)^2 = \frac{e}{m}E \tag{2.42a}$$

即

$$\frac{d^2 r}{dt^2} + r\frac{\omega_c^2}{4}\left(1-\frac{r_k^4}{r^4}\right) = \frac{e}{m}E = -\frac{e}{m}\frac{dU}{dr} \tag{2.42b}$$

即使略去空间电荷及给定的 $\frac{dU}{dr}$ 时，要严格求解这一方程也是相当困难的。因此，圆柱系统中的电子运动方程就不可能得到像平板系统中那样明显的结果。

这种差异主要是由于圆柱系统中的电子在从阴极到阳极的运动过程中，各点电场并非保持不变。然而，电子运动的一般性质仍与平板系统相似。近似的分析表明，电子按外摆线轨迹运动，即也可用沿阴极表面无滑动的滚动圆周上某一点所描绘的轨迹来描述。

下面我们从能量守恒观点出发，来推导圆柱系统中与平板系统类似的截止条件，从而求得磁控管中的重要参量——临界磁场。

由式（2.39）可知，电子运动的角速度只与距离 r 有关，而与电子的具体运动轨迹无关。

在临界状态下，电子轨迹应该正好与阳极表面相切。换句话说，这时的阳极电流正好为0。由能量观点看，电子到达阳极时具有的能量为 $\frac{1}{2}mv_a^2$，显然，这一能量是由电源获得的，电源给出的能量为 eU_a，因此

$$\frac{1}{2}mv_a^2 = eU_a \tag{2.43}$$

而
$$v_a^2 = v_r^2 + v_t^2 \tag{2.44}$$

式中 v_r——径向速度分量；

v_t——角向（切向）速度分量。

在临界状态下，$v_r = 0$，而

$$v_t = r_a \frac{d\varphi}{dr} = r_a \frac{\omega_c}{2}\left(1-\frac{r_k^2}{r_a^2}\right)$$

代入式（2.43）后可得

$$\frac{1}{2}m\left[r_a \frac{\omega_c}{2}\left(1-\frac{r_k^2}{r_a^2}\right)\right]^2 = eU_a \tag{2.45}$$

因此可以求得

$$B = B_c = \frac{\sqrt{\frac{8m}{e}U_a}}{r_a\left(1-\frac{r_k^2}{r_a^2}\right)} \tag{2.46}$$

当 r_k 与 r_a 相近时，并令 $r_a - r_k = d_0$，则

$$B_c \approx \frac{1}{d_0}\sqrt{\frac{2m}{e}U_a} \tag{2.47}$$

显然这就是平板系统中的临界磁场值，即式（2.26）。可见式（2.46）是适用于一般情况的，因此 B_c 与 U_a 的关系与图 2.11 相同。

当磁场 B 不同时，圆柱系统中的电子运动轨迹如图 2.14 所示。

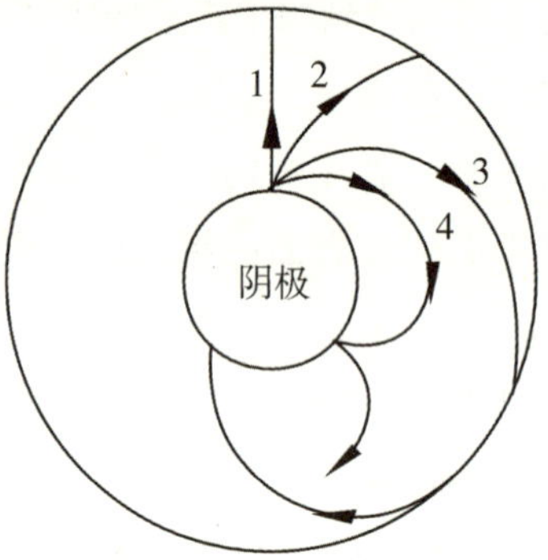

1—$B=0$；2—$B<B_c$；3—$B=B_c$；4—$B>B_c$

图 2.14 圆柱二极管中的电子运动轨迹

以上讨论的截止磁场值都是在阳极电压为某一固定值下得到的，因此在式（2.26）或式（2.46）两式中相应的阳极电压称为临界电压或截止电压：

$$U_a = U_c = \frac{e}{2m}d_0^2B^2 \text{（平板系统）} \tag{2.48}$$

$$U_a = U_c = \frac{e}{8m}r_a^2\left(1-\frac{r_k^2}{r_a^2}\right)B^2 \text{（圆柱系统）} \tag{2.49}$$

由临界磁场或临界电压的表示式可以看出，临界抛物线的形状完全取决于电极系统的几何尺寸。

2.2.3 静态磁控管中的阳极电流

从上面关于电子运动特性的讨论中，我们已经清楚地看到，无论是平板系统或圆柱系统，阳极电压和直流磁场共同决定了电子到达阳极的临界条件。这就是说，在阳极电压一定时，电子到达阳极的条件是 $B<B_c$；而当 $B \geqslant B_c$ 时，$I_a=0$。如果直流磁场一定，那么电子到达阳极的条件是 $U_a>U_c$，$U_a \leqslant U_c$ 时，$I_a=0$。

理想截止情况下的阳极电流 I_a 与 U_a 及 B 的关系如图 2.15 所示。

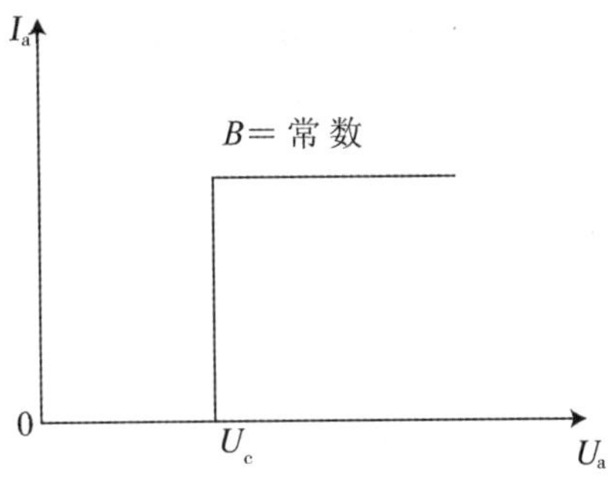

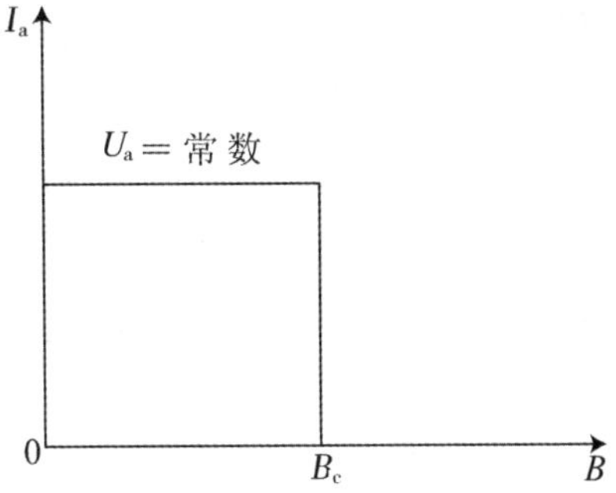

图 2.15　理想截止特性

然而，在实际的磁控管中，当还未激励起高频振荡时，即在所谓静态磁控管中，也存在少量的阳极电流。实际的截止特性如图 2.16 所示。图中虚线为无直流磁场时二极管中空间电荷限制下的伏安特性，即符合“$\frac{3}{2}$次方定律”。实线为存在磁场时，静态磁控管中阳极电流与阳极电压的实验曲线。这一曲线大致可以分为三个具有代表性的区域：a 段是阳极电压较高（即 $U_a > U_c$）的区域，在这一区域内，电场力比磁场力要大得多，电子运动与无磁场情况下差别不大，因而电流变化也与无磁场的二极管相同，即先是空间电荷限制状态，然后转为温度限制状态（饱和状态）；c 段是阳极电压较低的区域（即 $U_a < U_c$），在这个区域内，存在着较小的阳极电流，这一电流随阳极电压缓慢上升；b 段是临界电压附近的区域，当电压接近 U_c 时，阳极电流急剧升高，达到最大值后跌落到 a 段上。

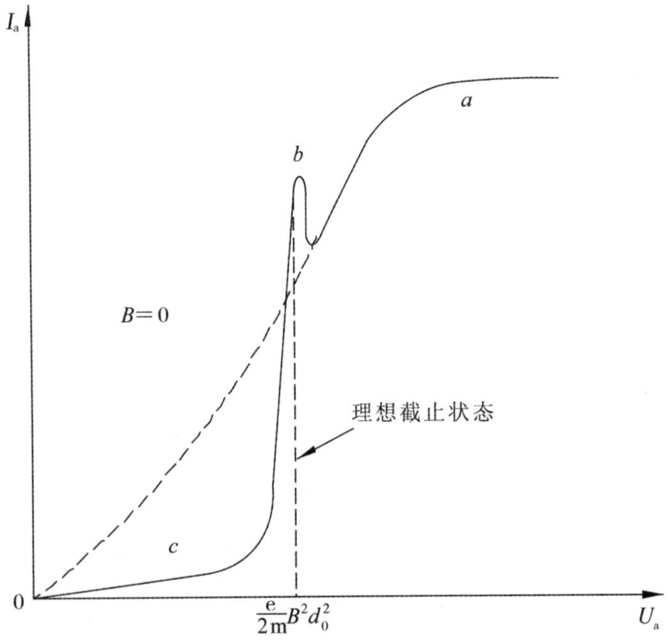

图 2.16　实际截止特性

不仅如此，在静态磁控管的实验中还发现，在理论截止状态下，除了出现阳极电流之外，还有部分电子回轰到阴极表面上，造成了阴极温度升高并打出二次电子。当阳极电压很低时，电子回轰阴极的功率可达直流输入功率的百分之几十；随着阳极电压的提高，回轰功率减小到百分之几。

从这些实验现象可以看出，所谓静态磁控管中的电子流并非真正的静态，电子流中必然存在着强烈的高频扰动。来源于阴极发射中的噪声扰动电子流后，就在其中产生角向的空间电荷场，从而使得有些电子返回阴极，出现了电子回轰现象。由于在圆柱电极系统中电子流是重入的，即电子流是环绕阴极闭合成环的，在某些频率上可以满足正反馈条件。在这些频率上的高频扰动就更为强烈，最终使得电子到达阳极，出现了阳极电流。在临界电压附近，在阳极与阴极间旋转的空间电荷量达到最大值，因此，电子流中这种不稳定性也就最为显著，从而出现了阳极电流的峰值，就像管子出现了强烈的自激振荡一样。当阳极电压超过临界电压时，电子从阴极直接打上阳极，旋转的空间电荷流不再存在，高频扰动减弱，阳极电流也就相应地下降了。

2.2.4 磁控管中的层流模型

为了分析上的方便，我们不妨将圆柱形磁控管展开成平板形二极管（只要 $\frac{r_k}{r_a}$ 不是太小，这种处理是完全可以的)。在这种具有正交场的平板二极管中，如果忽略空间电荷的影响，那么从阴极出发的电子都将做圆摆线运动（假设电子的初速为零)。在截止状态下，这些电子组成了一个平行于阴极面（z 向）的电子流，电子的漂移速度是 $v_e = \frac{E_0}{B}$ 。由于磁场的作用，电子达不到阳极，电子流中的空间电荷密度很大，这就与忽略空间电荷影响来分析电子运动规律的假定有了矛盾。如果考虑空间电荷影响，在截止状态下，静态磁控管中的电子流究竟按什么规律运动呢？

设二极管在纵向①z 和横向 y 具有足够的长度，阳极电压在极间形成的直流电场只具有 y 方向的分量 E_y ，并设所有电子都只做纵向运动，其速度为 v_z ，电子速度的其他分量 v_x 、v_y 都等于 0。这就是人们提出的“层流”模型。

为了保证电子在纵向做直线运动，电子在横向所受的电场力与磁场力必须相互抵消，求得平衡。这就要求电子流中任意位置上的电子都满足下述关系式：

$$v_z = -\frac{E_y}{B} \tag{2.50}$$

由于空间电荷的存在，在电子流中的横向电场随坐标 y 而变化，电子的纵向速度

① 这里所指的纵向是指与阴极表面平行的方向，即 z 向；横向则指与阴极表面垂直的方向，即 y 方向。

也是如此。

下面分析电子流中的电荷密度 ρ_0 、速度 v_z 及电场 E_y，随 y 的变化规律，以及阳极电压 U_a 与电子流厚度 y_0 的关系。

从能量守恒定律出发，以初速为 0 离开阴极的电子，到达某一位置时所具有的动能与它失去的直流位能应该相等，即

$$\frac{1}{2}mv_z^2 = eU \tag{2.51}$$

式中　U——电子所在位置上的直流电位。

将式（2.51）两边各对 U 进行微分，

$$v_z\frac{dv_z}{dy} = \frac{e}{m}\cdot\frac{dU}{dy} \tag{2.52}$$

或

$$v_z\frac{dv_z}{dy} = -\frac{e}{m}E_y \tag{2.53}$$

将式（2.50）代入式（2.53），得

$$\frac{dv_z}{dy} = \frac{e}{m}B \tag{2.54}$$

由此可以看出，电子在纵向的速度 v_z 随坐标 y 线性增加。将式（2.54）对 y 积分，并考虑到阴极表面上的速度为 0，可得

$$v_z = \frac{e}{m}By \tag{2.55}$$

由式（2.50）即可得到电子流中的直流电场

$$E_y = -Bv_z = -\frac{e}{m}B^2y \quad (0 \leqslant y \leqslant y_0) \tag{2.56}$$

在电子流中，电场与空间电荷密度 ρ_0 的关系由泊松方程所决定，即

$$\frac{dE_y}{dy} = \frac{\rho_0}{\varepsilon_0} \tag{2.57}$$

将式（2.56）代入式（2.57）后即得

$$\rho_0 = \varepsilon_0\frac{dE_y}{dy} = -\frac{e}{m}B^2\varepsilon_0 \tag{2.58}$$

电子速度 v_z 、电场 E_y 及电荷密度 ρ_0 与坐标 y 的关系如图 2.17 所示。在电子流上边缘 $y = y_0$ 处的电场为 $E_y = -\frac{e}{m}B^2y_0$ ，从这一边缘直至阳极这一空间内无空间电荷存在，而在电子流边缘上的电场必须是连续的，因此有

$$E_y = -\frac{e}{m}B^2y_0 \quad (y_0 \leqslant y \leqslant d_0) \tag{2.59}$$

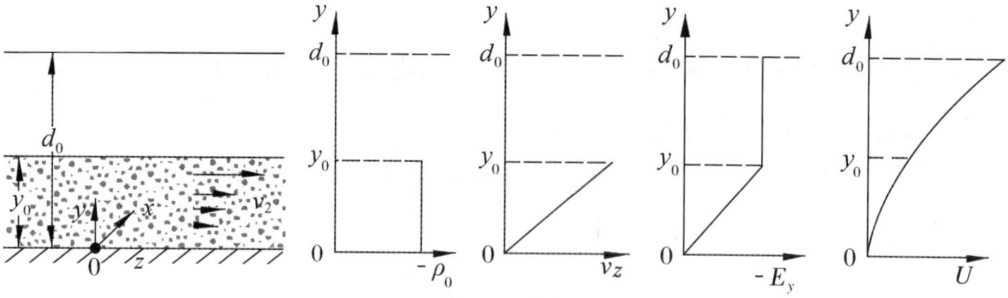

图 2.17　平板二极管中的层流特性

电子流中的电位分布由下式确定：

$$U=-\int_0^y E_y\mathrm{d}y=\frac{1}{2}\frac{\mathrm{e}}{m}B^2y^2\quad (y_0\leqslant y\leqslant d_0) \tag{2.60}$$

阳极上的电位是

$$U_{\mathrm{a}}=-\int_0^{d_0}E_y\mathrm{d}y=-\int_0^{y_0}E_y\mathrm{d}y-\int_{y_0}^{d_0}E_y\mathrm{d}y$$

右边第一项中的 E_y 以式（2.56）代入，第二项中的 E_y 以式（2.59）代入，于是有

$$U_{\mathrm{a}}=\frac{1}{2}\frac{\mathrm{e}}{m}B^2y_0^2+\frac{\mathrm{e}}{m}B^2y_0(d_0-y_0)=\frac{\mathrm{e}}{m}B^2y_0\left(d_0-\frac{y_0}{2}\right) \tag{2.61}$$

这一公式给出了阳极电压 U_{a} 与电子流厚度 y_0 的关系。在给定阳极电压 U_{a} 及磁场 B 的条件下，静态电子流的厚度为

$$y_0=d_0\left[1-\sqrt{1-\frac{2mU_{\mathrm{a}}}{\mathrm{e}d_0^2B^2}}\right] \tag{2.62}$$

若将平板二极管中的临界电压或临界磁场 B_{c} 代入式（2.62）后，则可得到另一形式的表示式。

$$y_0=d_0\left[1-\sqrt{1-\frac{U_{\mathrm{a}}}{U_{\mathrm{c}}}}\right] \tag{2.63}$$

或

$$y_0=d_0\left[1-\sqrt{1-\left(\frac{B_{\mathrm{c}}}{B}\right)^2}\right] \tag{2.64}$$

由此可知，在临界状态下可以得到 $y_0=d_0$ 的电子流厚度。换句话说，这时极间充满了层流，速度最大的电子刚好到达阳极表面，这与以前的运动学分析的结论是一致的。

截止状态下（$B>B_{\mathrm{c}}$ 或 $U_{\mathrm{a}}<U_{\mathrm{c}}$），电子流上边缘位置上的电子速度最大，以 $(v_z)_{y_0}$ 表示，这一速度为

$$(v_z)_{y_0}=\frac{\mathrm{e}}{m}Bd_0\left[1-\sqrt{1-\frac{2mU_{\mathrm{a}}}{\mathrm{e}d_0^2B^2}}\right] \tag{2.65}$$

或

$$(v_z)_{y_0}=\frac{e}{m}Bd_0\left[1-\sqrt{1-\frac{U_a}{U_c}}\right]=\frac{e}{m}Bd_0\left[1-\sqrt{1-\left(\frac{B_c}{B}\right)^2}\right] \tag{2.66}$$

在临界状态下，$B=B_c$ 或 $U_a=U_c$，式（2.66）变为

$$(v_z)_{d_0}=\frac{e}{m}Bd_0=-2\frac{E_y}{B} \tag{2.67}$$

这也是与前面的分析结果一致的。

尽管如此，长期以来关于磁控管（静态）中的空间电荷分布及电子运动特性问题仍然众说纷纭。不少人在静态磁控管的实验与理论方面进行了大量的研究工作，例如有人精心设计了专门观测管内空间电荷分布的实验装置，得到了许多有意义的结果。有人曾观测到在截止状态下，空间电荷没有明显的边界，与上述层流模型有很大的差别。然而从理论的观点来看，这些问题远未获得圆满的解决。直到采用大容量的电子计算机以后，静态磁控管中的有关问题才有了一些初步的解决，这就为进一步了解磁控管中的基本物理现象打下了良好的基础。

2.3 磁控管中的谐振系统

磁控管中的高频系统是一个由许多个小谐振腔组成的谐振系统如图 2.9 所示，这些小谐振腔的数目，在厘米波段的管子中，一般可有 8～32 个，毫米波段的管子则更多些。这些谐振腔均匀地分布在阳极圆周上，而且每一个腔的隙缝口与相互作用空间相通。每个小腔不是孤立存在的，它们通过相互作用空间和管子顶部空间相互耦合在一起，从而形成了一个复杂的多腔谐振系统。这个系统可以看成一个由复杂边界围成的谐振腔，也可以看成是一个首尾相接的闭合的慢波线。

与此相应的分析方法也有两种：（1）将整个系统看成为一个谐振腔，直接求解其谐振频率、场分布和品质因数等参量；（2）先求作为慢波线的阳极块的色散特性，再由此求解慢波线首尾闭合后的谐振特性。这两者只是处理方法上的不同，其结果必然是一致的。本节我们将从前一途径着手分析，并在适当的时候与慢波线的有关概念相联系。

2.3.1 磁控管谐振系统的谐振模式

从微波技术课程中我们知道，一个同轴线或波导谐振腔，可以在其中激励起许多不同的谐振模式。这些谐振模式各有不同的谐振频率和电磁场的结构，但它们都满足相同的边界条件，所以都有存在的可能性。磁控管的谐振系统由许多小谐振腔组成，可以想象，即使每一小腔都工作在它的最低模式上，而整个谐振系统却可能存在许多场结构和谐振频率各不相同的谐振模式。

下面我们来分析由 N 个相同谐振腔组成的多腔系统，例如图 2.9（a）、（b）、（c）中的同腔系统。这个系统中单个谐振腔的具体型式可以暂且不加考虑。当磁控管正常运用时，各个小腔一般都被激励在它的最低谐振模式上，即接近于四分之一波长短路线的谐振模式。因此，可以不考虑单个谐振腔的高次模式。在各单腔最低模式的谐振频率附近，就可以用一个并联的谐振回路来等效。设该最低模式谐振角频率为 ω_0，如果忽略腔体的高频损耗，这个等效回路就是一个等效电感和一个等效电容的并联。其参量与谐振角频率的关系如下：

$$\omega_0 = \frac{1}{\sqrt{LC}}$$

式中　L——等效电感；

　　　C——等效电容。

一个由 8 个相同谐振腔组成的磁控管谐振系统的等效电路如图 2.18 所示。每个单腔之间存在着复杂的电耦合和磁耦合。电耦合主要是由于每个阳极片（位于相邻隙缝之间）的端面与阴极之间的电容引起的，这个电容在等效电路上用 C' 表示。每一单腔的磁场通过顶部空间穿入相邻或不相邻的谐振腔，这样就引起了腔与腔之间的磁耦合，在等效电路中以谐振回路之间的互感 M 来表示。

2.3.2　磁控管谐振系统的谐振频率

从谐振的基本概念出发，在这样一个闭合的系统之中，谐振时必须满足的相位条件是：沿着整个阳极圆周，高频振荡的相位变化应是 2π 的整数倍。设相邻谐振腔中高频振荡信号的相位差是 φ，因为这些谐振腔是均匀分布的，所以相邻谐振腔之间的高频相位差应该相同。如果有 N 个谐振腔，那么每个谐振腔隙缝口的高频振荡可以写成下列形式：

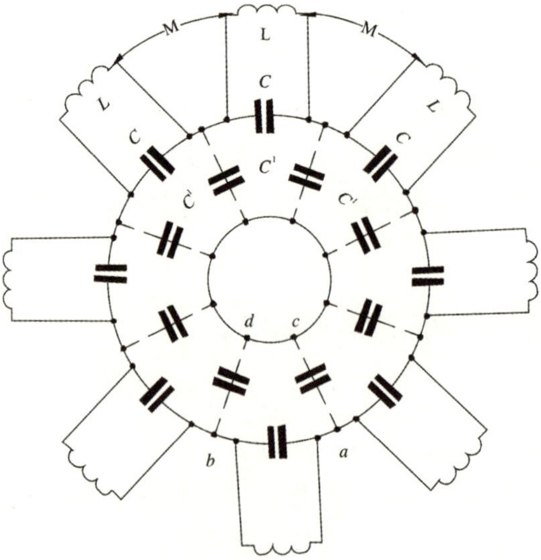

图 2.18　磁控管谐振系统的等效电路

$$u_1 = U_m \sin\omega_0 t \tag{2.68}$$

$$u_2 = U_m \sin(\omega_0 t - \varphi)$$

$$u_3 = U_m \sin(\omega_0 t - 2\varphi)$$

$$\cdots$$

$$u_N = U_m \sin[\omega_0 t - (N-1)\varphi] \tag{2.69}$$

$$u_{N+1} = U_m \sin(\omega_0 t - N\varphi) \tag{2.70}$$

式中　u_i ——隙缝口高频电压的瞬时值；

U_m ——隙缝口高频电压的幅值。

因为磁控管是一个闭合系统，所以产生谐振时 $u_{N+1} = u_1$ 。由式（2.68）及式（2.70）可得谐振时所必要的相位条件为

$$N\varphi = 2\pi n \quad n=0,\ 1,\ 2,\ \cdots \tag{2.71}$$

因此有

$$\varphi = \frac{n2\pi}{N} \tag{2.72}$$

这就是说，当谐振腔数目 N 确定以后，可以有许多个不同的相位差 φ 同时满足这一闭合回路所需的谐振条件。显然，这个所要求的相位差 φ 是一些分离的数值，由式（2.72）决定。于是，相应于不同的 n 就有不同的谐振模式，它们一般有不同的谐振频率和场结构。

现以一个八腔（$N=8$）磁控管为例，列出不同谐振模式上相位差的关系，见表 2-1。

表 2-1　不同模式对应的相位差值

模式编号 n	0	1	2	3	4	5	6	7	8
相位差值 φ	0	$\frac{\pi}{4}$	$\frac{\pi}{2}$	$\frac{3\pi}{4}$	π	$\frac{5\pi}{4}$	$\frac{3\pi}{2}$	$\frac{7\pi}{4}$	2π

由此可见，在这个八腔系统之中，$n=0$ 和 $n=8$ 两个模式的相位差分别为 $\varphi=0$ 和 $\varphi=2\pi$。在这两种情况下，所有谐振腔内的高频振荡都是同向的。因此，激励起来的电磁谐振状态相同，这在实际上就是一个谐振模式。同样，可以理解 $n=1$ 和 $n=9$ 也是相应于同一个谐振状态和谐振模式，以此类推。由此可以得出一个结论：在八腔磁控管中，谐振模式从 $n=0$ 到 $n=7$，共有 8 个。在一般情况下，由 N 个腔组成的磁控管阳极块就应有 N 个谐振模式，即从 $n=0$ 到 $n=N-1$ 。

$n=0$ 的谐振模式称为“零模”，其场结构的特征是相互作用空间各个谐振腔隙缝口的高频电场都是同相的。在 $n=\frac{N}{2}$ 的谐振模式中，相邻谐振腔中的振荡相位差为 $\varphi=\pi$，即都是反相的。也就是说，当某个隙缝口的切向电场为最大值时，与其相邻的两个隙缝口的切向电场也同时达到最大值，但其方向正好与前者相反，这种模式称为“π 模”，这是磁控管正常工作时的模式。

除了 $n=0$ 和 $n=\frac{N}{2}$ 两个模式之外，其他所有的模式都是双重简并的，因此称为“简并模式”。（注：关于简并的定义可参阅微波技术课程有关章节）

由后面的讨论可知，$n=\frac{N}{2}-1$ 和 $n=\frac{N}{2}+1$ 是一对简并模式；$n=\frac{N}{2}-2$ 和 $n=\frac{N}{2}+2$，$n=\frac{N}{2}-3$ 和 $n=\frac{N}{2}+3$ 等都是如此。它们都具有相同的谐振频率和场结构。

八腔磁控管相互作用空间内 $n=1$，2，3，4（即 π 模式）模式的高频电场的瞬时分布如图 2.19（a）所示。从这里可以看到，n 表征了沿着整个阳极圆周高频场变化的周期数；或者说，n 表征了沿阳极圆周所具有的电长度（如果我们采用慢波线的概念来分析阳极块谐振系统）。从阴极看向阳极时的高频磁场磁力线及电荷的相应分布如图 2.19（b）所示。磁力线沿着阳极块高度方向环绕各相邻的腔孔中，并以数字代表磁场的强弱，不同模式（$n=1$，2，3，4）的分布是不同的，同一数字也代表这一瞬时的电荷的相对分布，并且有正负之分。例如，$n=1$ 时，有 2 根磁力线环绕 4 个腔而闭合，有 3 根则环绕 2 个腔而闭合；在 $n=2$ 时，3 根磁力线均环绕 2 个腔而闭合；$n=3$ 时，有的是 5 根磁力线环绕相邻腔闭合，有的是 2 根磁力线环绕 2 个腔而闭合；当 $n=4$ 即 π 模式时，每 5 根磁力线均环绕相邻腔而闭合，完全对称。图 2.19（b）中左边四个图与右边四个图在时间上相差四分之一个周期。从这些场分布图中可以清楚地看出模式编号 n 与场结构之间的对应关系。

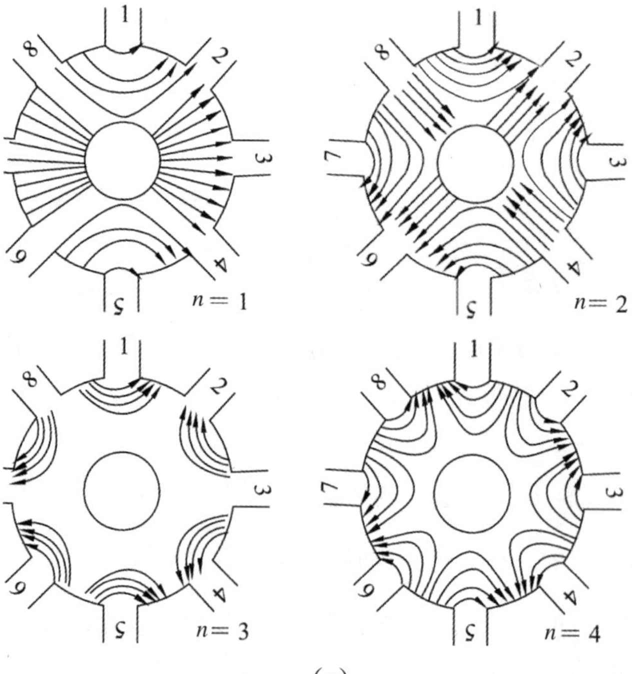

(a)

图 2.19

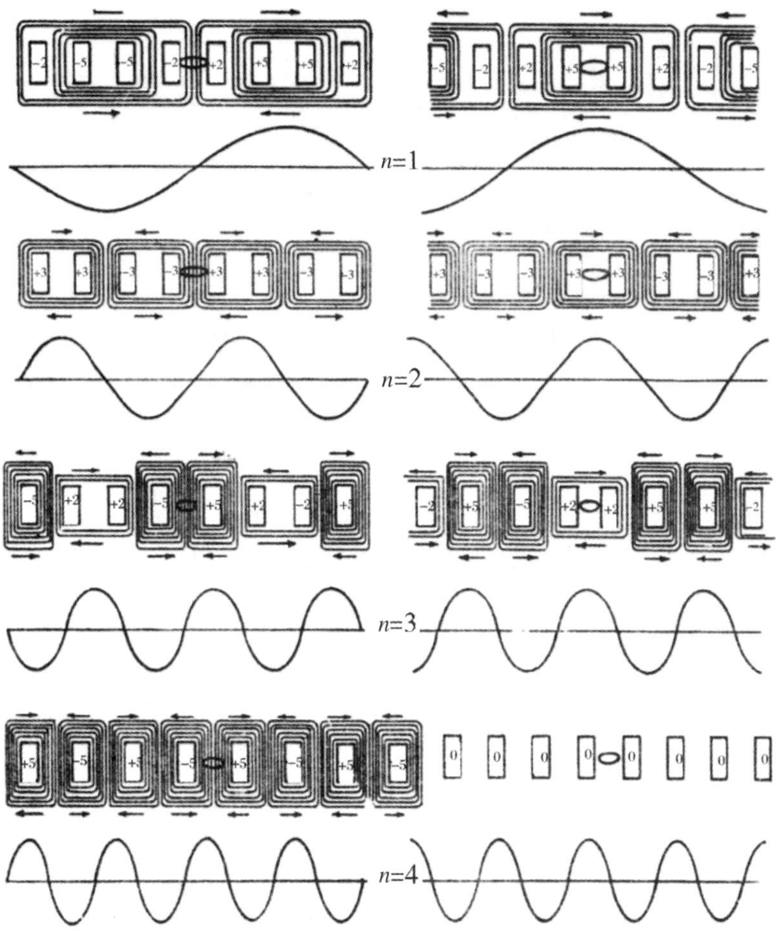

(b)

图 2.19（续）

(a) 磁控管相互作用空间内的高频电场的瞬时分布　(b) 谐振腔内高频磁场及电荷的分布

现在讨论由 N 个相同谐振腔组成的谐振系统的特性。

这种系统的等效电路如 2.20 所示。假设单独一个小腔的最低模式的谐振角频率为 ω_0。于是，在整个系统谐振时各个小腔之间的高频振荡只存在相位上的差别。为了求得整个系统的谐振频率，我们只需分析图 2.18 中闭合回路中的一个环节。取图 2.18 中的 a，b，c，d 作为我们分析的对象，如图 2.20 所示。这是磁控管阳极块上第 i 段的等效电路。腔体之间的磁耦合与腔体在轴向上的长度（即阳极块高度）有关。较长的阳极块，磁耦合较弱，这时阳极块以容性的电耦合为主，较短的阳极块则相反。在这里我们暂时忽略磁耦合，所以就得到一个简单的等效电路，如图 2.20 所示。

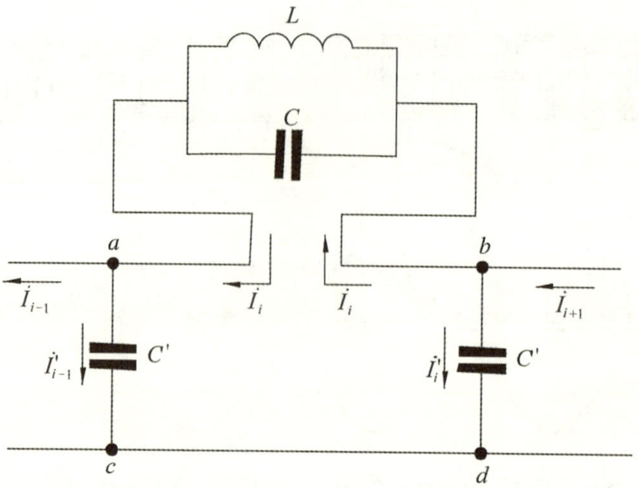

图 2.20 磁控管谐振系统第 i 段的等效电路

图中的 L 和 C 是单个谐振腔反映到相互作用空间隙缝口处的等效电感和电容。C' 是阳极与阴极之间的电容（也即腔与腔之间的耦合电容）。

图上 a、b 两点之间跨接的总导纳由两部分组成：一是第 i 个谐振腔的等效导纳；二是相互作用空间的输入导纳。当这两个导纳之和为 0 时，整个系统处于谐振状态，由此可以确定整个系统的谐振频率。

第 i 个谐振腔的等效导纳是

$$Y_1 = \mathrm{j}\left(\omega C - \frac{1}{\omega L}\right) = \mathrm{j}\omega C\left(1 - \frac{\omega_0^2}{\omega^2}\right) \tag{2.73}$$

下面我们用复数电压和复数电流的概念来求由两点向相互作用空间看入的输入导纳。以第 i 段的高频振荡相位作为参考，第（$i+1$）段中的高频振荡落后或超前于第 i 段一个相位差 φ，第（$i-1$）段中的高频振荡则相应超前或落后于第 i 段一个相位差 φ。于是，在第 i 段中流通的电流 $\dot{I}_{i+1}$ 和第（$i-1$）段中流通的电流 $\dot{I}_{i-1}$ 与第 i 段中流通的电流 $\dot{I}_i$ 有如下的关系：

$$\dot{I}_{i+1} = \dot{I}_i \mathrm{e}^{\pm \mathrm{j}\varphi} \tag{2.74}$$

$$\dot{I}_{i-1} = \dot{I}_i \mathrm{e}^{\mp \mathrm{j}\varphi} \tag{2.75}$$

相位差决定于式（2.72）。

根据电路分析中的克希荷夫定律，有

$$\dot{I}_{i+1} = \dot{I}_i + \dot{I}'_i \tag{2.76}$$

和

$$\dot{I}_i = \dot{I}_{i-1} + \dot{I}'_{i-1} \tag{2.77}$$

式中，$\dot{I}'_{i-1}$ 和 $\dot{I}'_i$ 是流过两个电容的电流，如图 2.20 所示。如令 bd 间和 ac 间的高频电

压分别为 $\dot{V}_{bd}$ 和 $\dot{V}_{ac}$，则有

$$\dot{U}_{bd}=\frac{\dot{I}'_i}{j\omega C'} \tag{2.78}$$

$$\dot{U}_{ac}=\frac{\dot{I}'_{i-1}}{j\omega C'} \tag{2.79}$$

而两端间的高频电压 $\dot{U}_i$ 为

$$\dot{U}_i=\dot{U}_{ab}=\dot{U}_{ac}-\dot{U}_{bd} \tag{2.80}$$

将式（2.76）～（2.79）代入式（2.80），可得

$$\dot{U}_i=\frac{\dot{I}'_{i-1}-\dot{I}'_i}{j\omega C'}=\frac{2\dot{I}_i-(\dot{I}'_{i+1}+\dot{I}'_{i-1})}{j\omega C'}$$

再将式（2.74）及（2.75）代入，于是得到

$$\dot{U}_i=\frac{2\dot{I}_i-\dot{I}_i(e^{\pm j\varphi}+e^{\mp j\varphi})}{j\omega C'}=\frac{2\dot{I}_i(1-\cos\varphi)}{j\omega C'} \tag{2.81}$$

因此，从 a、b 两点向相互作用空间看入的输入导纳①为

$$Y_2=\frac{\dot{I}_i}{\dot{U}_i}=\frac{j\omega C'}{2(1-\cos\varphi)} \tag{2.82}$$

跨接在 a、b 两点的总导纳为

$$Y_i=Y_1+Y_2$$

显然，谐振条件是

$$B_i=\mathrm{Im}(Y_i)=\mathrm{Im}(Y_1+Y_2)=0$$

以式（2.73）及式（2.82）代入上式，得

$$\omega C\left(1-\frac{\omega_0^2}{\omega^2}\right)+\frac{j\omega C'}{2(1-\cos\varphi)}=0 \tag{2.83}$$

满足此条件的角频率 ω 即为整个系统的谐振角频率，并以 ω_{0n} 表示。在式（2.83）中以 ω_{0n} 代替，于是，相应于不同模式时的谐振角频率为

$$\omega_{0n}=\frac{\omega_0}{\sqrt{1+\frac{C'}{2C}\left(\frac{1}{1-\cos\varphi}\right)}} \tag{2.84a}$$

以 $\varphi=\frac{n2\pi}{N}$ 代入后，则有

$$\omega_{0n}=\frac{\omega_0}{\sqrt{1+\frac{C'}{2C}\left(\frac{1}{1-\cos\frac{2\pi n}{N}}\right)}} \tag{2.84b}$$

① 由于忽略了腔体损耗，所以输入导纳为纯电纳。

由此可见，这些谐振角频率与单腔的谐振角频率 ω_0 及电容比值 $\frac{C'}{C}$ 有关。

图 2.21 所示是一个八腔磁控管各个模式谐振角频率与模式编号 n 及相位差 φ 之间的关系。图中将不同 n 值的谐振角频率连成线，以显示其变化趋向。

由式（2.84b）或图 2.29 可见，除了 $n=0$ 的零模式和 $n=\frac{N}{2}$ 的 π 模式之外，在其他的模式中，总有两个模式的谐振频率是相同的，如 $n=\frac{N}{2}-1$ 与 $n=\frac{N}{2}+1$ 模式；$n=\frac{N}{2}-2$ 与 $n=\frac{N}{2}+2$ 模式……谐振角频率相同。此外，可以观察一下，在两个相同谐振角频率的模式中，相邻腔的高频相位差 φ 有什么关系。以八腔系统为例，我们将 n 与 φ 的关系列于表 2-2 中。

（在这里 $n=0$ 模式的谐振角频率为 0，这是一个临界状态，实际上并不存在。但在更高频率范围之内，相互作用空间可能存在高次波导波型的谐振，模式出现在其截止频率上。此外，零模式可能随同其他模式同时存在，详见后面的叙述）。

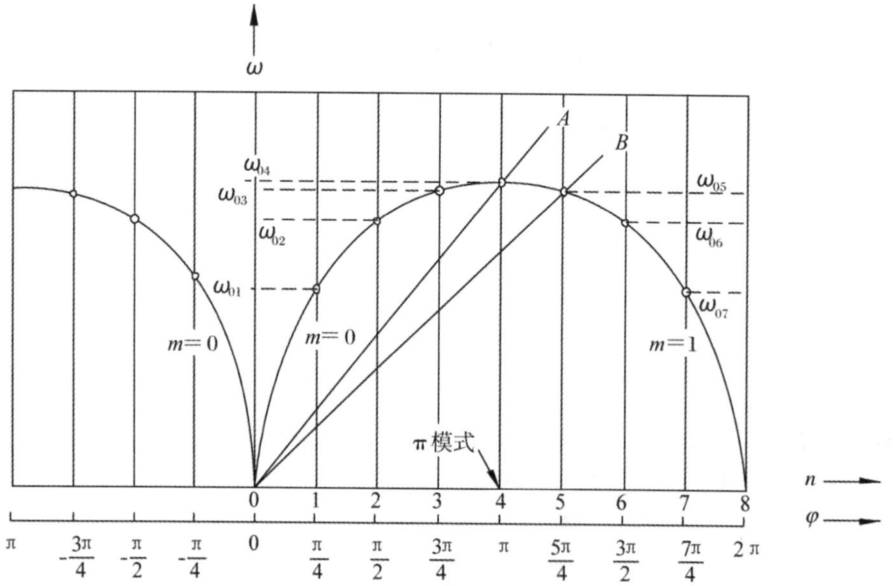

图 2.21　八腔磁控管的模谱图

表 2-2　模式编号与相位差的关系

n	$\frac{N}{2}-3=1$	$\frac{N}{2}-2=2$	$\frac{N}{2}-1=3$	$\frac{N}{2}=4$	$\frac{N}{2}+1=5$	$\frac{N}{2}+2=6$	$\frac{N}{2}+3=7$
φ	$\frac{\pi}{4}$	$\frac{\pi}{2}$	$\frac{3\pi}{4}$	π	$\frac{5\pi}{4}$	$\frac{3\pi}{2}$	$\frac{7\pi}{4}$
					$2\pi-\frac{3\pi}{4}$	$2\pi-\frac{\pi}{2}$	$2\pi-\frac{\pi}{4}$

从高频振荡的相位关系来说，两个相位差为2π的振荡与同相并无差别，例如$-\frac{5\pi}{4}$等同于$-\frac{3\pi}{4}$。由表2-2可见，在一个八腔系统中，$n=3$与$n=5$两个模式的相位差只有正负之分，即只有落后与超前之分。$n=2$与$n=6$，$n=1$与$n=7$等几对模式也是如此。

由此推广到一般，在N个（偶数）腔体的系统中，$n=\frac{N}{2}-1$与$n=\frac{N}{2}+1$，$n=\frac{N}{2}-2$与$n=\frac{N}{2}+2$等模式的相位差也只有正负的不同。因此，在这些成对的谐振模式中，相互作用空间内的高频场结构是完全相同的。

由此可见，除了$n=0$和$n=\frac{N}{2}$两个模式之外，其他谐振模式都是成对的简并模①。每对模式具有相同的谐振频率和高频场结构。如果以不同的谐振频率和不同的场结构来区别各个谐振模式，那么在有N个小腔的磁控管中，实际上只有$\left(\frac{N}{2}+1\right)$个模式，即从$n=0$，1，2……直至$n=\frac{N}{2}$（$\pi$模式）。

以上的讨论只涉及相邻腔之间存在电耦合时的情况。实际上，腔体之间既有电的耦合，也有磁的耦合。这种情况同样可以采用类似的等效电路分析方法求出相应的谐振频率。只是等效电路较为复杂，在这里我们将不做更多的分析，而只给出一个实例，供作讨论和比较。图2.22中的曲线a是存在磁耦合时的模谱分布的实验曲线。当阳极块高度h_a较长时，例如$\frac{h_a}{\lambda}=0.6$时，腔体间以电耦合为主，这时的模谱分布如曲线b所示。

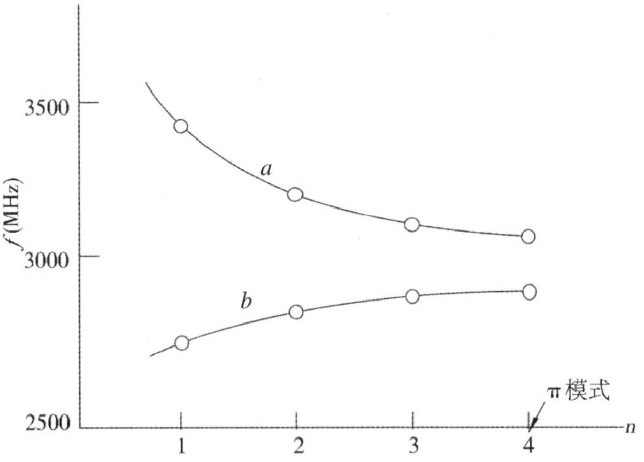

图2.22　S波段八腔磁控管的模式频谱图

$a-\frac{h_a}{\lambda}=0.2$；$b-\frac{h_a}{\lambda}=0.6$

① 关于简并模式的定义可参看微波技术的相关章节。

2.3.3 相互作用空间内的高频场结构

从多腔谐振系统的概念来讲，当各个谐振腔内激励起高频振荡以后，电磁场就从谐振腔的隙缝口渗透到阳极与阴极之间（即相互作用空间）。在某一瞬时，单腔内外的高频电场结构如图 2.23 所示。在相互作用空间内的电场结构类似于前面讨论过的放大管中的情况。因为磁控管的 $\frac{r_k}{r_a}$ 比值较小，所以应按圆柱坐标系统分解场的分量。高频电场 E 可以分解成切向（或角向）分量 E_t 和径向分量 E_r，这两个电场分量对电子的作用分别如同平板系统中的纵向分量 E_z 和横向分量 E_y。

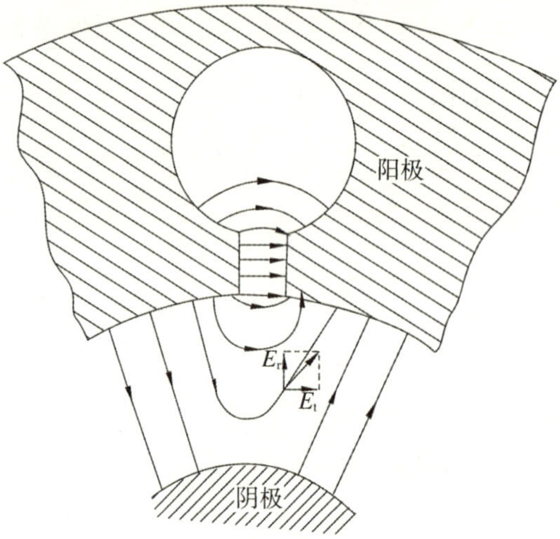

图 2.23　谐振腔内外的高频电场结构

因为各个谐振腔的高频振荡存在着相位上的差异，所以在给定的瞬时，各个隙缝口的高频场就有一定规律的变化。图 2.24 表示一个八腔磁控管中沿着阳极内表面相应于不同模式时的高频电场切向分量的变化规律。

由图 2.23 可见，在阳极片表面上的电场切向分量为 0，只有在隙缝口才有切向电场。图 2.24 中的虚线是各个隙缝口切向电场的包络线，它表明了沿着整个闭合圆周高频场变化了几个周期，如前所述，这应该与模式编号 n 相等。

在这样一个首尾相接的谐振系统中，相邻腔中高频振荡的相位差可以是 $+\varphi$，也可以 $-\varphi$。现以图 2.24 中 $n=1$ 模式为例说明这个问题。

如果相位差为 $+\varphi$，图中的包络线随时间向右推进。在经过八分之一时间周期以后，负的和正的最大切向电场将分别从第 1 腔和第 5 腔的隙缝口移至第 2 腔和第 6 腔的隙缝口。再经过八分之一周期，则最大值分别出现在第 3 腔和第 7 腔的隙缝口。这种情况相当于在相互作用空间内存在着一个顺时针方向传播的行波。如果相邻腔间的相位差是 $-\varphi$，那么，图中的包络线将随时间向左移动，这就相当于相互作用空间内存在着一个反时针方向传播的行波。

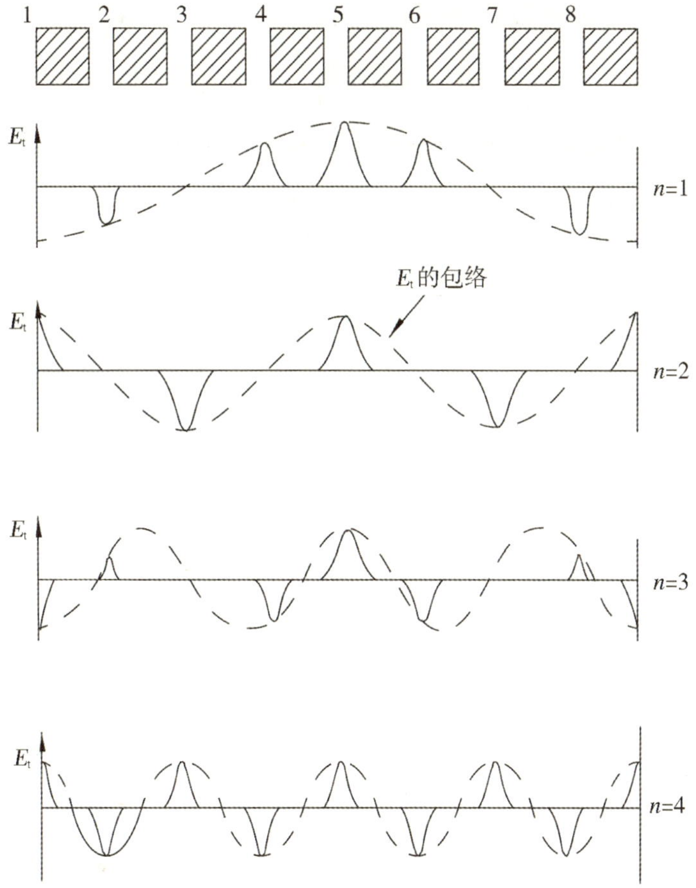

图 2.24 高频电场切向分量的分布示意

原则上，这两种振荡可以单独存在，也可以同时存在。如果将上述情况与系统的谐振模式联系起来，这就是两个谐振频率相同的简并模式。在上述例子中，如果相位差为 $+\varphi$ 的是 $n=1$ 模式，那么相位差为 $-\varphi$ 的就是 $n=7$ 模式，以此类推。

如果在相互作用空间内这两个相反方向传播的行波同时存在，而且幅值相等，这样就会在此空间内形成全驻波。如果 $n=1$ 和 $n=7$ 模式形成全驻波，那么，图中的高频电场变化的包络线就不再随时间而移动；第 3 腔与第 7 腔隙缝口的切向电场恒为 0，而第 1 腔与第 5 腔隙缝口的切向电场幅值永远是最大。这种情况完全类同于传输线上的驻波波节与驻波波腹。

π 模式是非简并模式，相邻腔间高频振荡的相位差等于 $+\pi$（或 $-\pi$），因而相邻腔隙缝口的切向电场总是幅值相等而方向相反，如图中的 $n=4$ 模式。

当管内激励起 π 模式的高频振荡时，各个谐振腔内外的电磁场结构如图 2.25 所示。图中给出了四个不同瞬时的场结构（设 $t=0$ 时高频电场达最大值）。（1）如图 2.25 (a)所示，根据谐振的概念，各个腔内高频磁场和电场在相位上总是相差 $\frac{\pi}{2}$，所以这时腔内外的高频磁场和流过导体表面的高频电流均为 0；(2) 经过四分之一周期之后，即当 $t=\frac{\pi}{4}$ 时，腔内外高频磁场和表面高频电流达最大值，而电场却为 0，如图 2.25 (b) 所示；(3) 磁场主要集中在腔内孔的部位，也有一部分渗透到相互作用空间内。再经过四分之一周期，即当 $t=\frac{\pi}{2}$ 时，高频电场又达最大值，而高频磁场和电流为 0，各个腔内外高频电场的方向与 $t=0$ 时正好相反，如图 2.25 (c) 所示；当 $t=\frac{3}{4}T$ 时，高频电场为 0，高频磁场又达最大值，而这时的方向与 $t=\frac{T}{4}$ 时正好相反，如图 2.25 (d) 所示。

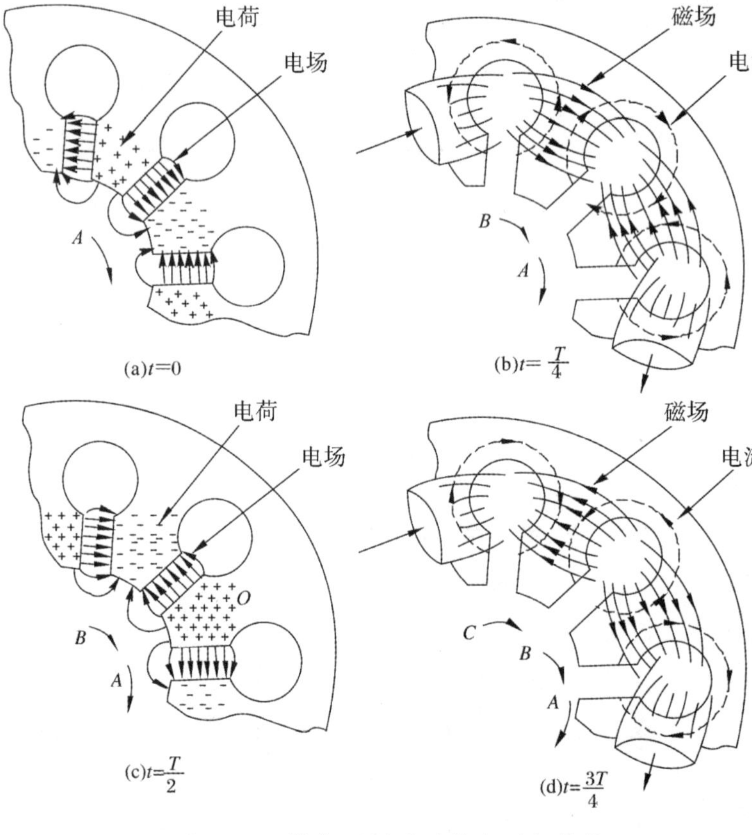

图 2.25　模式不同瞬时的电磁场结构

π 模式振荡在相互作用空间内形成的场具有全驻波的性质，所以总可以把它分解成幅值相同但传播方向相反的两个行波。而 π 模式以外的简并模式，原则上讲可以单独存在，在相互作用空间激励起顺时针或反时针方向的旋转行波。但实际上系统内总有某些不均匀性存在（例如与某一腔耦合的能量输出器的存在），这种不均匀性会对行波造成反射，于是在相互作用空间内也将产生传播方向相反的两个行波，最终形成了驻波场的结构，详见后述。

2.3.4 相互作用空间内电子与行波的同步

从上面的讨论可知，磁控管相互作用空间内的高频场具有驻波的特性，而驻波场总是可以分解成两个传播方向相反的行波场。因此，可用电子与其中一个行波场（视电子的运动方向而定）同步的概念来分析高频场与电子的相互作用。

现以 π 模式为例，其场结构及其随时间的变化规律如图 2.25 所示。如果群聚后的电子经过每个隙缝口时都处于高频切向减速电场之中，那么就有利于建立和维持高频振荡，图 2.25 表示的正是这种情况。在 $t=0$ 时，电子 A 到达隙缝口中央，正处于切向减速电场达最大值。半个周期后，电子 A 到达下一个隙缝口中央，这时，这个隙缝口的切向电场又正好达到最大值，对这个电子来说，仍然是切向减速电场。这样，电子每经过一个隙缝口时，都将遇到高频切向减速电场，因此它将不断地失去直流位能，在环绕阴极做旋转运动的过程中，不断地移向阳极，真到打上阳极为止。

下面求 π 模式振荡沿着阳极内表面行波的相速 $(v_p)_\pi$。设两隙缝间的距离为 d_L，行波经过这段距离所需时间是 $\dfrac{T}{2}$，于是

$$(v_{\rm p})_\pi=\frac{d_{\rm L}}{\dfrac{T}{2}}=2f_{0\pi}d_{\rm L}=\frac{\omega_{0\pi}}{\pi}d_{\rm L} \tag{2.85}$$

式中 $f_{0\pi}$、$\omega_{0\pi}$——π 模式的谐振频率和角频率。

而 $d_{\rm L}=\dfrac{2\pi r_{\rm a}}{N}$，因此

$$(v_{\rm p})_\pi=2\left(\frac{\omega_{0\pi}}{\pi}\right)r_{\rm a} \tag{2.86}$$

电子在阳极内表面附近的切向速度如与此值相等，就达到了同步状态。

应用同样的概念，我们不难求得其他模式的行波相速 $(v_p)_n$，即

$$(v_{\rm p})_n=\frac{\omega_{0n}}{\varphi}d_{\rm L}$$

而 $\varphi=\dfrac{n2\pi}{N}$，$d_L=\dfrac{2\pi r_{\rm a}}{N}$，代入上式后可得

$$(v_{\rm p})_n=\left(\frac{\omega_{0n}}{n}\right)r_{\rm a} \tag{2.87}$$

与此相应，行波有一个旋转的角速度

$$\Omega_n=\frac{(v_{\rm p})_n}{r_{\rm a}}=\frac{\omega_{0n}}{n} \tag{2.88}$$

由此可见，n 愈大，行波相速和角速度就愈小。若以 $n=\dfrac{N}{2}$ 代入式（2.87）即得 π 模式的行波相速，即式（2.86）。

2.3.5 谐振模式与空间谐波

前文已指出，磁控管的阳极块谐振系统可以看作是首尾相接的慢波线。因为沿阳极内表面均匀分布着小谐振腔，所以这种慢波线是一种周期性不均匀的慢波线（其形式类同于梳形慢波线）。根据周期性不均匀慢波线的特性，在这种系统中，除了传播的基波之外，还同时存在无穷多个空间谐波。当其中的电子与某一次空间谐波同步时，电子与高频场就有相互作用和能量交换。谐波次数愈高，它的场就愈弱，耦合阻抗愈小，因而相互作用程度愈差。

下面让我们从空间谐波的概念讨论图 2.21 中的色散特性，从中可以得出谐振模式与空间谐波之间的联系。

我们知道，在慢波线中，$\varphi=0$ 至 $\varphi=\pm\pi$ 的范围内是基波的色散特性。如果基波的相移以 φ_0 表示，那么高次空间谐波的相移为

$$\varphi=\varphi_0+m2\pi \qquad m=0,\pm1,\pm2,\cdots$$

按图 2.21 所示，这一慢波线的基波是正色散。在 $\varphi_0=0$ 至 $\varphi_0=\pi$ 范围内的色散特性表明电磁能量传播方向为正，与电子运动方向相同，称为正向波。$\varphi_0=0$ 至 $\varphi_0=-\pi$ 范围内的色散特性表明电磁能量传播方向为负，与电子运动方向相反，称为反向波。

当管子工作在 π 模式振荡状态下，图 2.21 中直线 A 的斜率表示其行波相速。由此可见，电子既与正向波同步，也与反向波的正一次空间谐波（$m=1$）同步。因此，电子流将同时激励起正向波与反向波。

π 模式之外的 $n=\frac{N}{2}+1$ 模式，其行波相速由直线 B 的斜率表示。由图可见，它低于 π 模式行波的相速，因此要求电子的同步速度也较低。这时电子是与反向波中的正一次空间谐波同步，激励起来的实际上是一个反向波。$n=\frac{N}{2}-1$ 模式是个正向波，振荡频率与 $n=\frac{N}{2}+1$ 模式相同。当电子流激励起反向波之后，谐振系统的不均匀元件将引起反射，从而激励起正向波，也即 $n=\frac{N}{2}-1$ 模式。于是，这一对简并模式就同时出现。因此，从慢波线的色散特性来看，$n=\frac{N}{2}+1$，$n=\frac{N}{2}+2$，…，$n=N-1$ 等模式实际是一次空间谐波，而 $n=\frac{N}{2}-1$，$n=\frac{N}{2}-2$，…，$n=1$ 等模式则是基波。$n=\frac{N}{2}-1$ 和 $n=\frac{N}{2}+1$ 是基波和一次空间谐波的关系。系统对于基波是谐振状态，对于高次空间谐波当然也是谐振状态。这两个模式应该有相同的谐振频率，构成了一对简并模式。

如果提高电子速度，使其与 $n=\frac{N}{2}-1$ 模式同步，则由于电子是与正向波的基波同

步，因而激励起的将是正向波。同样由于系统内不均匀元件的存在，它会引起反射，从而产生反向波，即 $n=\frac{N}{2}+1$ 模式。当工作在其他的简并模式时，情况与此相同。

在基波各个模式中，模式要求的电子同步速度最低，在一定的磁场下，要求的阳极电压也最低。管子工作在 π 模式时，由于阳极电压较低，并可避免在，$n=\frac{N}{2}-1$，$n=\frac{N}{2}-2$……要求更高阳极电压的模式激励起振荡，这是 π 模式振荡的优点之一。

2.4 磁控管中振荡的自激

2.4.1 自激的产生

通过上面的讨论，我们已经知道了磁控管中电子运动和谐振系统的基本特性，现在就会提出这样一个问题：这两个方面的问题是如何统一起来的呢？也就是说，谐振系统是怎样被电子流激励起来从而产生稳定的电磁振荡的呢？在讨论这个问题以前，让我们先来看一个为大家所熟知的例子。

拿一个一端封闭的音响谐振管，在靠近开口的一端扰动空气，当空气流的速度不太大时，则除去一个不太大的旋流之外，将不会产生什么显著变化。若增大空气流的速度，当达到某一数值时，则音响谐振管将会受到外界的激发而自激发声（见图2.26）。这时，谐振管中的空气开始剧烈运动，在空气流中就形成了疏密交替的区域，也就是激发出声波；声波向前传播，便可听到某一频率的声音。但是应该指出，空气流与音响谐振管的相互作用过程纯粹是“机械”性的，而在磁控管中所发生的过程则完全是“电磁”性的。

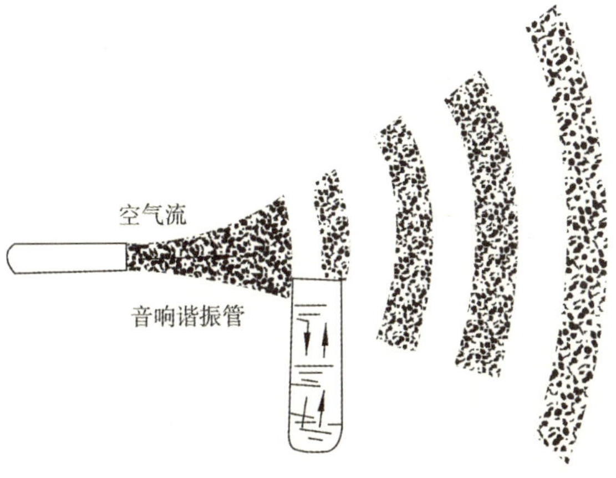

图 2.26 用空气流激发音响谐振管

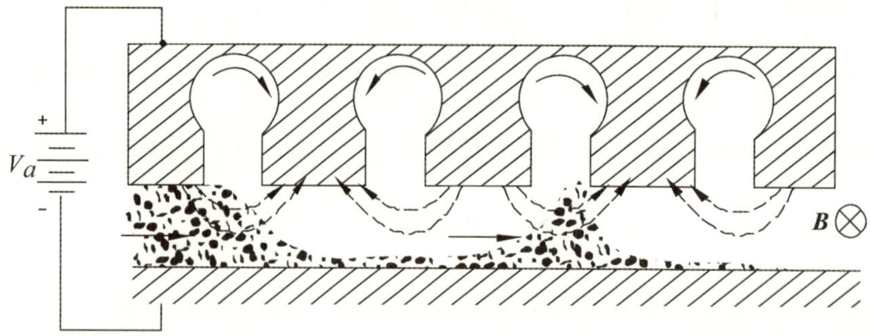

图 2.27　电子流激励谐振腔

现在我们设想一种展开的平板形磁控管，组成阳极块的谐振腔不像往常那样排列在圆周上，而是排成一条直线，如图 2.27 所示。在阳极与阴极之间加有直流电压，磁场方向与图面垂直。在磁控管中，电子流与空气流相似，电子流在直流电场和磁场作用下“吹过”谐振腔口。若选取工作磁场高于临界磁场，则由阴极发射的全部电子以 $\frac{E_0}{B}$ 所决定的平均漂移速度沿阴极移动（自左向右）。电子流的漂移速度达到某一数值时，就像空气流一样，开始激发谐振腔，于是，谐振腔就开始“发声”，即在腔内激励起电磁振荡，而经过谐振腔附近的电子流则形成了疏密不均的空间电荷云。

磁控管既然是一个自激振荡管，也就不需要任何外部反馈回路，便可在管内产生自激。要产生振荡，即从微弱的噪声或扰动中产生特定的高频信号，首先要有一个自发展过程，否则振荡就建立不起来。但是，这种自发展过程也要适可而止，不然就会产生不稳定现象。这里就必然受到某些非线性现象的限制和调节。这样，起振自激过程就从自发展阶段过渡到自调节和自限制的阶段，直到一个稳定的状态为止。

磁控管一旦自激，其振荡频率就必然是（或十分接近于）某一振荡模式的谐振频率。因为只有在这个频率上，电子流与高频场的相互作用才有正反馈现象。

电子流是磁控管起振过程中最活跃的因素，稳定状态的建立也依赖于电子流所呈现的非线性特性。此外，磁控管的工作稳定性在很大程度上也取决于管内的电子流，因此，必须予以充分的重视和注意。

2.4.2　磁控管的等效电路

磁控管中的自激问题也可像其他自激振荡器那样用等效电路来分析。如图 2.28 所示是磁控管的等效电路，图中谐振系统用导纳 $G_R + jB_R$ 来等效，高频负载用 $G_L + jB_L$ 来等效，电子流则用电子导纳来 $G_e + jB_e$ 等效。

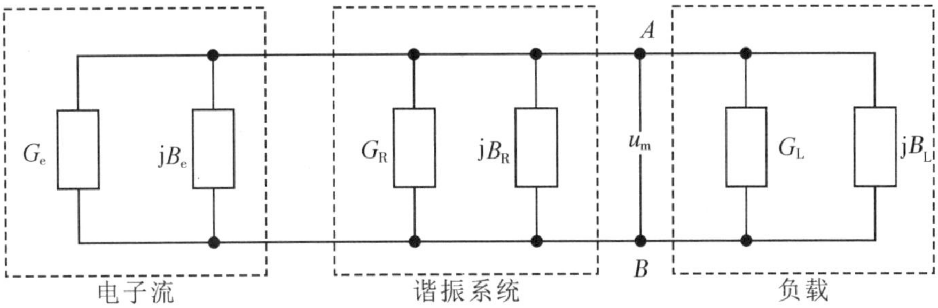

图 2.28 磁控管振荡器的等效电路

令等效电路两个端点 AB 之间的高频电压幅值为 U_m，则损耗于腔体内的高频功率为

$$P_R = \frac{1}{2}G_R U_m^2$$

负载所吸收的高频功率为

$$P_L = \frac{1}{2}G_L U_m^2$$

在高频场作用下的电子流也可看成一个负载，但这个负载不是吸收功率，而是向电路提供功率，所以它的有功分量 G_e 应为负值（$G_e < 0$）。反之，如果电子流从高频场中吸取功率，那么 $G_e > 0$ 。当 $G_e < 0$，电子流向电路提供的功率为

$$P_e = -\frac{1}{2}G_e U_m^2$$

应当指出，电子电导将随 U_m 变化而变化，而不是一个常量。由于 P_e 是有限的，因此，总的变化趋向是随 U_m 的增大而下降。电子电纳 B_e 反映了电子流中的交变分量与高频电压在相位上的差异。

管子能够起振的条件是：当 $U_m \to 0$ 时，电子流向电路提供的高频功率必须大于电路中消耗①的总功率（$P_R + P_L$）。也就是说，必须满足下述不等式：

$$P_e > P_R + P_L$$

这就要求

$$-G_e|_{u_m \to 0} > G_R + G_L$$

或写成

$$G_e|_{u_m \to 0} + G_R + G_L < 0 \tag{2.89}$$

式中 $G_e|_{u_m \to 0}$——高频振荡甚为微弱时的电子电导。

管子产生自激以后，高频电压幅值 U_m 由小到大，最后稳定在某一量值上。由能量守恒定律可知，这时应有 $P_e = P_R + P_L$ 。从等效电路的概念来讲，即要求

$$-G_e = G_R + G_L$$

① 各个导纳的量值与所选定的参考平面有关。譬如说，一般都选择腔体隙缝口作为参考平面来建立等效电路，各个等效参量必须确定或转换到这个平面上。

或

$$G_e + G_R + G_L = 0 \tag{2.90}$$

另一方面，振荡稳定时，包括高频负载在内的整个系统的电纳为0，即

$$B_e + B_R + B_L = 0 \tag{2.91}$$

式（2.89）是磁控管的起振条件，而式（2.90）和式（2.91）则是振荡稳定的必要条件。

谐振系统和负载的等效导纳决定于冷系统，而与振荡幅值无关。电子导纳则决定于电子流与高频场的相互作用状态，所以与阳极电压、电流、高频电压幅值、工作磁场和振荡频率等因素有关，并且是这些参量的复杂函数。

即

$$G_e = f_1(U_a, I_a, B, \omega, U_m)$$

$$B_e = f_2(U_a, I_a, B, \omega, U_m)$$

要确切分析磁控管中电子导纳与这些参量的关系是相当困难的。我们将撇开这个问题，但这并不妨碍我们根据等效电路得到的一些概念，借以理解磁控管中的某些特性。

从上面的讨论可知以下两点。

（1）稳态振荡的电压幅值和功率决定于式（2.90）。在这个条件中，只有电子电导 G_e 与 U_m 有关；当有功电导（$G_R + G_L$）给定后，就可以从该式确定 G_e 和 U_m，以及负载所吸收的高频功率 P_L。

（2）稳态振荡的频率决定于式（2.91）。当工作条件给定后，电子电纳 B_e 主要决定于 U_m，而系统的无功分量（$B_R + B_L$）则随频率而变。因此，当由式（2.90）确定了 U_m 之后，式（2.90）就确定了振荡的频率。相应于 $B_R = 0$ 的频率是谐振系统固有的谐振频率 f_{0n}，负载导纳和电子导纳的引入将影响管子实有的振荡频率，使其有别于谐振系统的固有谐振频率 f_{0n}。因为磁控管的品质因数一般都比较高，所以实际上这两者的差别是很小的。

此外，从起振条件还可以看到，负载电导 G_L 愈大，管子起振的可能性就愈小。如果负载过重，管子甚至不可能起振。

2.4.3 磁控管中的相位聚焦和电子挑选

在分析静态磁控管中的电子运动时，我们没有考虑到相互作用空间内有高频场的存在。然而在振荡建立后的磁控管中，除了所加的直流电场和磁场以外，同时还存在着激励起来的高频电磁场，这个电磁场会对电子运动产生什么样的影响？受此影响后的电子运动规律与静态下的特性又有什么差别呢？

因为磁控管中电子的运动速度比光速小得很多，所以高频磁场对电子的作用力就可略去不计。这样，我们只需考虑其余三个场即直流电场、直流磁场和高频电场对电

子的作用。

为了方便起见，我们首先研究平板形磁控管中的情况。

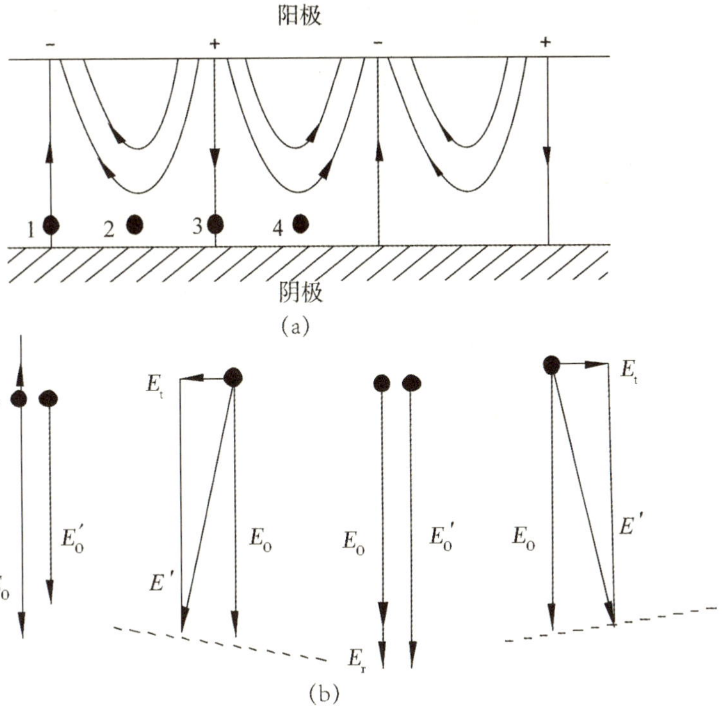

图 2.29 运动坐标系统中的高频电场分布

假设相互作用空间内的高频场分布如图 2.29 所示。应当指出，这种分布是在以静态磁控管中电子平均速度运动的坐标系统中看到的，这个运动坐标的移动速度 $v_e = \dfrac{E_0}{B}$ 。现在我们在运动坐标系统中选择四个典型电子作为考察对象来观察它们的运动情况。

如图 2.29（a）中画出了相互作用空间内高频电场的分布和四个典型电子所处的位置，在图 2.29（b）中画出了四个典型电子初始位置上的直流电场和高频电场的矢量和。

作用在“1”类电子上的合成电场方向不变，但比原来的直流电场变小了。电子相对于静止坐标系统运动的滚动圆心的速度

$$v_1 = \frac{E'_0}{B}$$

因为 $E'_0 < E_0$ ，所以 $v_1 < v_e$ 。这就使得“1”类电子在动坐标中具有负的相对速度。因此，随着时间的推移，“1”类电子的位置将逐渐偏离原来所处的位置而向左偏移。“3”类电子的情况正好与此相反，因为 $E'_0 > E_0$ ，所以 $v_1 > v_e$ ，在这个运动坐标系统中就具有正的相对速度，使得电子偏离原来的位置而向右偏移。

作用在“4”类电子上的合成电场在幅值上与直流电场差别不大，但其方向稍有倾

斜，即电场不再与阴极或阳极表面垂直，因此与合成电场相垂直的基线（轮摆轨迹滚动圆的基线）就要发生相应的倾斜。这个“4”类电子在静止坐标系统中的运动轨迹将如图 2.30（a）所示。下面将要谈到，这种类型的电子在其运动过程中始终处在有利的相位上，继续不断地将能量交给高频场。因此，我们称它为有利电子，它在动坐标中的轨迹如图 2.30（d）所示。

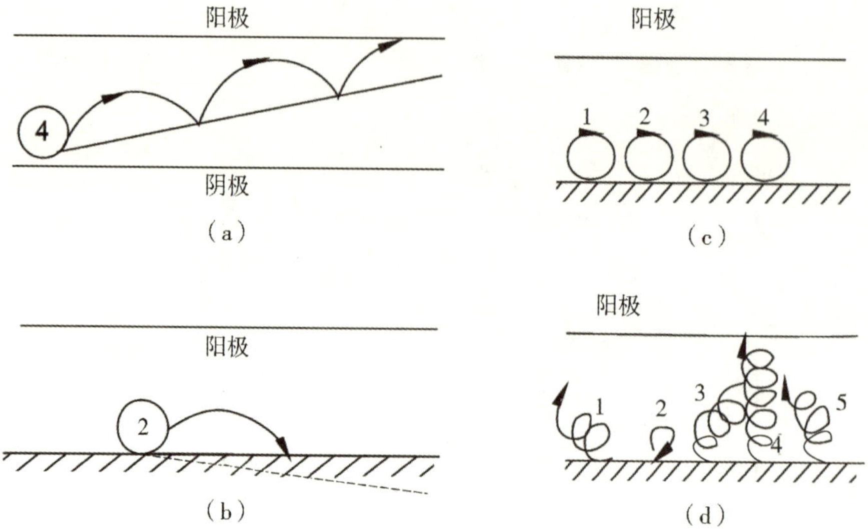

图 2.30　典型电子的运动特性

“2”类电子位置上的合成电场与“4”类电子位置上的电场正好相反，它的基线是向阴极方面倾斜的。这类电子在不到一个轮摆圆周期内就打上了阴极而终止了运动，如图 2.29（b）所示。下面将要指出，这类电子非但不能贡献能量给高频场，相反地却要从高频场中吸取一部分能量。因为对振荡来说是不利的，所以称为不利电子。这种向阴极的轰击称为“电子回轰”。电子回轰是磁控管中（也包括一些其他的正交场微波管）所固有的物理现象。

“2”类电子在动坐标中的运动轨迹如图 2.30（d）所示。图中还同时画出了“1”类电子和“3”类电子的运动轨迹。图 2.30（c）所示是相应于无高频场（即静态）时四个典型电子在动坐标中的运动轨迹。

综上所述，我们可以得出下列结论：高频电场的作用有两种不同的效应。一种效应是对电子的挑选作用，例如使“2”类电子返回阴极，使“4”类电子移向阳极，并且可以看到，这种挑选作用是由高频电场的切向（纵向）分量所完成的。另一种效应是“1”类电子和“3”类电子逐步向“4”类电子靠拢，换句话说，这些电子逐渐改善自己在高频场中的相位而变成有利电子。这个过程和作用称为“相位聚焦”。相位聚焦是高频电场的径向（横向）分量作用的结果。

上述四个典型电子以外的其他电子，可以根据类似的分析得出它们相应的运动规律。

磁控管一旦起振，有利电子在环绕阴极运动过程中，逐步移向阳极，并且由于相位聚焦的作用而群聚；不利电子则回轰阴极，很快退出相互作用空间。达到稳定状态时，相互作用空间内就形成了所谓的“电子轮辐”，如图 2.31 所示。因为阳极块各个隙缝口的高频场相等，所以每个轮辐的形状也相同。图中实线所描绘的是在运动坐标系统中的电子运动轨迹。这个运动坐标系统是旋转的，其旋转角速度与式（2.88）相同。在静止坐标系统中，整个电子轮辐也以这个角速度旋转，如图 2.31 中箭头所示的方向。

如果把磁控管中的旋转行波场比作交流电机“定子”中的旋转磁场，那么磁控管中的旋转空间电荷（电子轮辐）就可以与“转子”相比拟了，因为它与定子中的场同步旋转。

电子轮辐的数目与振荡模式的编号 n 相等，即 $n=1$ 模式只有一个轮辐，$n=2$ 模式有两个轮辐，依此类推。图 2.31 中给出的是 $n=4$（π 模，当 $N=8$ 时）模式的电子轮辐。

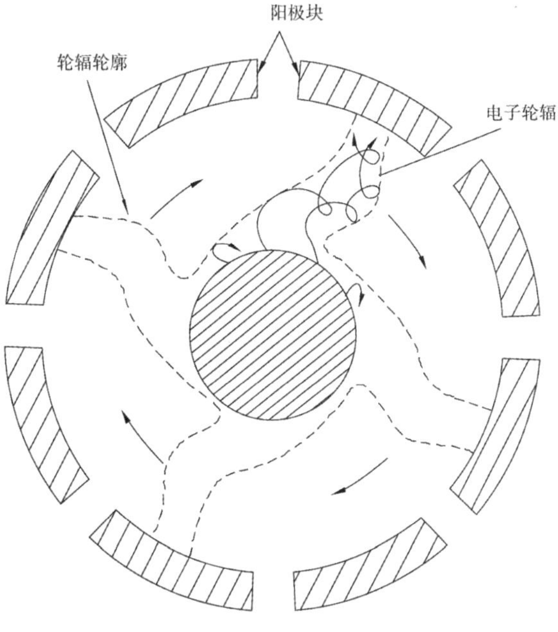

图 2.31　八腔磁控管中的 π 模式振荡时电子轮辐的图形

2.4.4　磁控管的同步电压

为了下面的叙述方便，我们将对前面出现过的许多符号做些简化，以免过于烦琐。例如各个模式的振荡角频率，将以 ω 代替前述的 ω_{0n}，一般在式子中 ω 与 n 同时出现，这里的 ω_{on} 即相应于 n 模式的谐振角频率。与 ω 相应的自由空间波长则以 λ 表示，沿阳极内表面的慢波波长和相速则以 λ_p 和 v_p 表示，行波的旋转角速度以 Ω 表示。

为了保证在阳极内表面（$r=r_a$）处的电子与行波同步，电子的切向速度 v_t 和行波的相速应该相等。由式（2.87）可知

$$v_t=v_p=\frac{\omega}{n}r_a \tag{2.92}$$

电子达到这一速度时的动能是 $\frac{1}{2}mv_t^2$，相应的直流电位为

$$U_0=\frac{1}{2}\frac{m}{e}v_t^2=\frac{1}{2}\frac{m}{e}\left(\frac{\omega}{n}r_a\right)^2 \tag{2.93}$$

我们称这个电压 U_0 为“同步电压”。如果磁控管的阳极电压 U_a 小于这个电压，即 $U_a<U_0$，那么磁控管就不能工作。因为这时即使电子的直流位能全部转变成电子的动能，也不足以使电子达到同步所要求的切向速度。所以 U_0 是能使电子与行波同步的最低阳极电压。有时也称这个电压为“特征电压”。

当 $U_a=U_0$ 时，电子恰好能够到达阳极块表面，这正是正交场二极管中的临界状态。这时的工作磁场 B_0 与电压 U_0。应该符合截止抛物线关系式，即

$$B_0=\frac{r_a}{r_a^2-r_k^2}\sqrt{\frac{8m}{e}U_0} \tag{2.94}$$

这一磁场 B_0 称为“特征磁场”。将式（2.93）代入式（2.94）中，可得

$$B_0=2\frac{m}{e}\left(\frac{r_a^2}{r_a^2-r_k^2}\right)\frac{\omega}{n} \tag{2.95}$$

如果将电子的 $\frac{e}{m}$ 比值代入式（2.93）和式（2.95）中，特征电压和特征磁场可写成下列便于计算的公式：

$$U_0=10.1\times10^3\left(\frac{r_a}{n\lambda}\right)^2 \quad (\text{kV}) \tag{2.96}$$

$$B_0=\frac{21.4\times10^3}{n\lambda\left[1-\left(\frac{r_k}{r_a}\right)^2\right]} \quad (\text{Gs}) \tag{2.97}$$

式中　λ、r_a、r_k 都以厘米计算。

2.4.5 磁控管的门槛电压

如果磁控管在特征电压 U_0 和特征磁场 B_0 下工作，电子效率将为 0。因此，磁控管的实际工作磁场 B 要比特征磁场 B_0 大得多。

在一定的工作磁场下，逐渐提高阳极电压到达一定值时，磁控管中就出现阳极电流，并在某一模式上产生自激振荡。如果继续提高阳极电压，那么阳极电流和振荡功率随之急剧上升。在这一过程中，开始出现自激振荡的阳极电压称之为“门槛电压”。这个电压犹如门槛，跨过这个门槛，就进入了管子的自激状态。

振荡建立的标志之一是磁控管阳极回路中有电流流通。事实上，前面已经指出，当管内存在高频振荡时，有利电子必然被阳极所挑选，因此，阳极电流就是由这些有利电子构成的。

下面将采用前述的空间电荷层流概念来分析这个自激条件。

根据平板二极管中层流的概念，在截止状态下，电子纵向速度 v_z 是坐标 y 的函数。在阴极表面（$y=0$），$v_z=0$。其后，随线性增大。在层流上边缘（$y=y_0$）处电子速度为最大。这个最大速度与电压及磁场的关系由式（2.64）表示。当磁场给定后，阳极电压很低时，电子流的厚度很薄，上边缘的电子速度也很小，这时，电子的速度小于行波的相速（假设管内已经存在着微弱的高频行波场），因此无法与其同步并产生相互作用。当提高阳极电压直到上边缘的电子速度增大到接近行波相速时，就出现了动态的临界状态。这时，由于层流上边缘电子已能与行波同步，因而，相互作用也随之开始。与此相应的阳极电压 U_a 就是磁控管开始自激的最低工作电压，并以 U_t 表示，通常称 U_t 为“门槛电压”。令式（2.64）中上边缘的电子速度与行波的相速相等，于是有

$$(v_z)_{y_0}=\frac{e}{m}Bd_0\left[1-\sqrt{1-\frac{2mU_t}{ed_0^2B^2}}\right]=v_p \tag{2.98}$$

由此可以求得

$$U_t=Bd_0v_p-\frac{m}{2e}v_p^2=Bd_0\frac{\omega}{\beta}-\frac{m}{2e}\left(\frac{\omega}{\beta}\right)^2 \tag{2.99}$$

在平板系统中的同步电压（特征电压）为

$$U_0=\frac{1}{2}\cdot\frac{m}{e}v_z^2=\frac{1}{2}\cdot\frac{m}{e}\left(\frac{\omega}{\beta}\right)^2=\frac{1}{2}\cdot\frac{m}{e}v_p^2 \tag{2.100}$$

相应的特征磁场为

$$B_0=\frac{1}{d_0}\sqrt{\frac{2m}{e}U_0}=\frac{1}{d_0}\cdot\frac{m}{e}v_p=\frac{1}{d_0}\cdot\frac{m}{e}\cdot\frac{\omega}{\beta} \tag{2.101}$$

式中 β——行波的相位常数，$\beta=\dfrac{\omega}{v_p}$。

将式（2.100）、（2.101）代入式（2.99），不难得出平板磁控管中的门槛电压为

$$\frac{U_t}{U_0}=2\frac{B}{B_0}-1 \tag{2.102}$$

这一结果同样适用于圆柱形磁控管中。如果将式（2.102）画在 U_a-B 平面上（图2.35），可以看到它是一条与截止抛物线相切的直线。这条直线的斜率为 $2\dfrac{U_0}{B_0}$，切点的坐标为（B_0，U_0）。图中介于阴影区之间的三角形区域就是磁控管的工作区。a、b、c、d 四个小图表示在一定磁场下相应于不同阳极电压时的电子轨迹。这里的 B_0 及 U_0 正是磁控管的特征磁场和特征电压。如果把 B_0、U_0 的表示式（2.101）、式（2.100）代入

式（2.102），则可得

$$U_{t}=\frac{r_{a}^{2}}{2}\left(1-\frac{r_{k}^{2}}{r_{a}^{2}}\right)\frac{\omega}{n}B-\frac{r_{a}^{2}}{2}\cdot\frac{m}{e}\left(\frac{\omega}{n}\right)^{2} \tag{2.103}$$

式中各个参量都是 MKS 实用单位。为了计算方便起见，我们采用 kV 作为 U_t 的单位，Gs 作为 B 的单位，r_a、r_k 都以 cm 作单位。这样，式（2.103）可以写成

$$U_{t}=10.1\times10^{3}\left(\frac{r_{a}}{n\lambda}\right)^{2}\left[\frac{n\lambda}{10.7\times10^{3}}\left(1-\frac{r_{k}^{2}}{r_{a}^{2}}\right)B-1\right] \tag{2.104}$$

式中　λ——工作波长（cm）。

对于 π 模式来说，式（2.104）中 $n=\frac{N}{2}$。对于一个给定尺寸的磁控管，按式（2.104），即圆柱磁控管中的表示式（2.94）及式（2.92）。可以计算出门槛电压线。图 2.33 是一个八腔磁控管的门槛电压线图。在这里，我们计算了 5 个振荡模式的门槛电压线。它们与截止抛物线分别相切于不同的点上，这些切点处的电压和磁场值分别为相应模式的特征电压和特征磁场。在基波模式中（这里是 $n=1$，2，3，4），$n=4$（即 π 模式）模式的门槛电压最低。$n=5$ 模式是一次空间谐波模式，它的门槛电压一般与 π 模式比较接近，可能低于或高于模式的门槛电压。图中的虚线段表示管子的典型工作区。

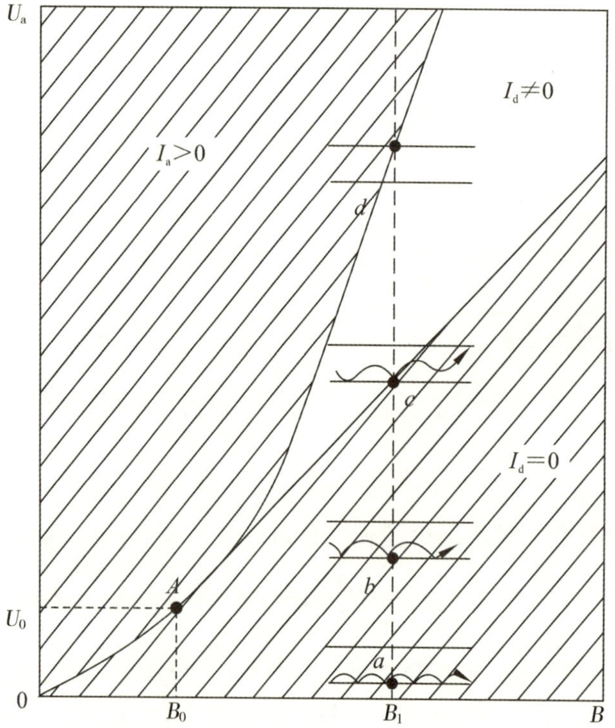

图 2.32　磁控管中的门槛电压线

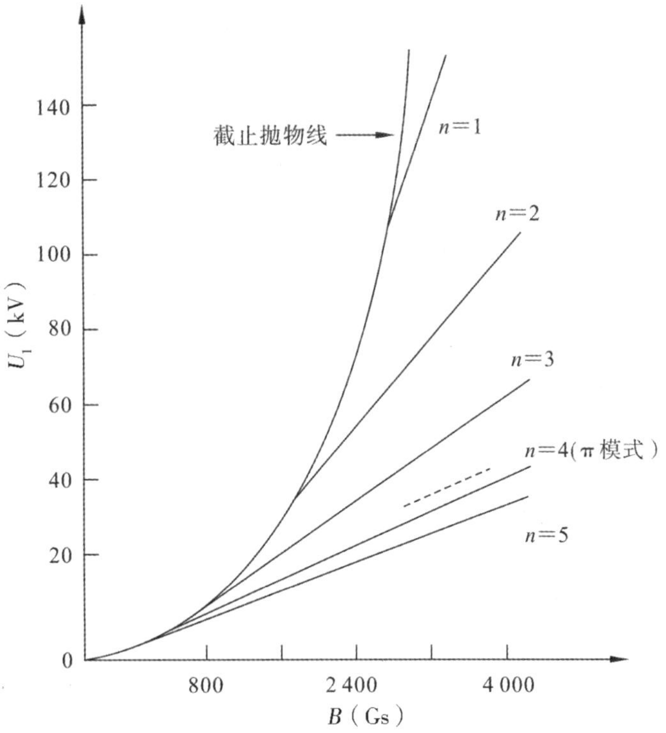

图 2.33 八腔磁控管中各个模式的门槛电压线

门槛电压的物理意义在于，当阳极电压低于此值时，相互作用空间微小的高频场尚不足以使有利电子到达阳极，因而也就无法使得高频振荡增长并达到稳定状态。当 U_a 接近 U_t 时，管子开始自激。

显然，上面关于门槛电压的推导方法并不是唯一的，我们还可以从能量观点等其他途径推导出相同的结果。

2.4.6 磁控管的工作电压

上面曾经指出，当阳极电压接近门槛电压时，电子流上边缘的电子开始与行波同步，相互作用过程也随之开始。与此同时，出现阳极电流。实验表明，在磁场不变的情况下，存在一个阳极电压范围，为阳极平均电压的 10%～20%，在这个范围内，磁控管都能稳定地工作。当阳极电压提高到临界电压时，由于电子直接打上阳极，所以，虽有阳极电流，但无能量交换过程。这就说明，磁控管可能工作的区域在门槛电压线之上、临界抛物线之下的三角形地带内，如图 2.34（a）所示。如果我们选择三个不同的工作磁场 B_1 、B_2 和 B_3 ，那么与之对应的工作电压范围如图（b）所示。图中的阴影区是管子实际工作的范围。

为什么磁控管能在如此宽广的电压范围内稳定地工作呢？为了说明这个问题，不妨回顾一下磁控管中电子运动的特性。当阳极电压增大时（在磁场不变的情况下），电

子轮摆半径 R_e 也要相应增大，并且经过一个轮摆周期之后的电位差 ΔU 也相应增大如图 2.34 所示，这就说明电子运动的平均速度 v_e（沿着基线的速度）也增大了；另一方面，随着阳极电压的提高，磁控管的直流输入功率相应增加，所以也增大了高频振荡的幅值。这些因素作用的结果，使得电子沿着较陡的基线向阳极移动。虽然总的平均速度增大了，但其纵向（与阴极、阳极面平行的方向）移动的速度却保持不变。因此，同步条件仍然保持。这样，阳极电压的增大仅仅使得电子的径向速度增加，而角向速度及同步条件却维持不变。径向速度分量的增大反映了阳极电流的增加。

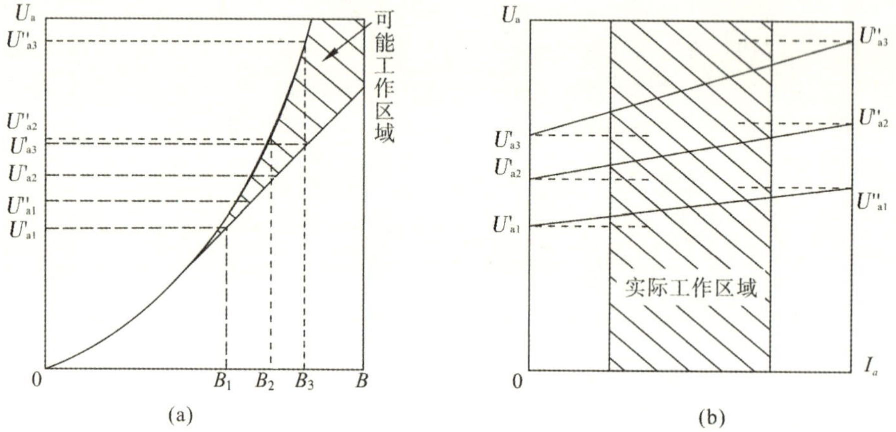

图 2.34　磁控管的工作电压范围

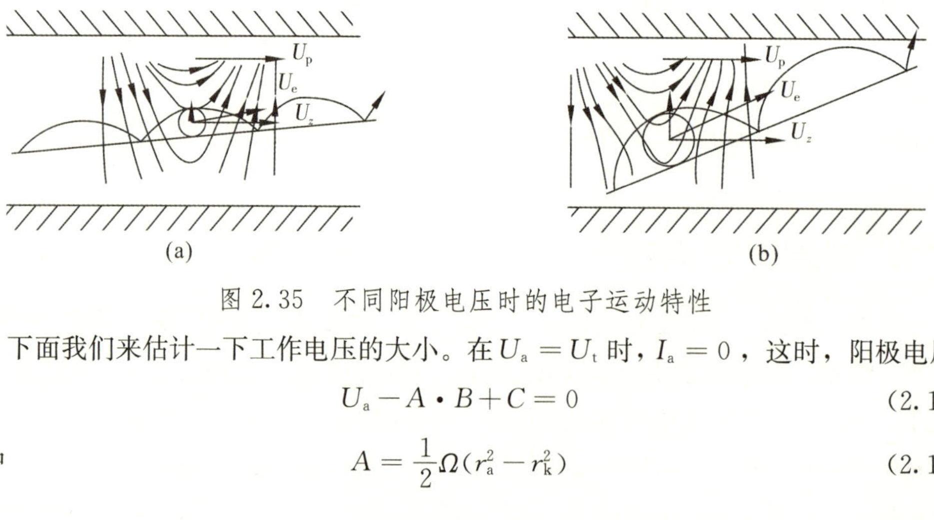

图 2.35　不同阳极电压时的电子运动特性

下面我们来估计一下工作电压的大小。在 $U_a = U_t$ 时，$I_a = 0$，这时，阳极电压

$$U_a - A \cdot B + C = 0 \tag{2.105}$$

式中

$$A = \frac{1}{2}\Omega(r_a^2 - r_k^2) \tag{2.106}$$

$$C = \frac{m}{2e}(r_a\Omega)^2 \tag{2.107}$$

B——工作磁场。

当 $U_a > U_t$ 时，$I_a > 0$。实验表明，随着阳极电压的提高，阳极电流迅速增大。因此，工作电压可以近似地写成下列形式：

$$U_a - A \cdot B + C - KI_a = 0 \tag{2.108}$$

显然，式中的比例系数 $K=\dfrac{\mathrm{d}U_a}{\mathrm{d}I_a}$，$K$ 的大小一般由实验给出，并且发现在工作区域内，它基本上是一个常量。如果我们在磁控管的工作图上画出式（2.108）表示的关系，就有如图 2.36 所示的形式。每一个 KI_a 值对应的是一条基本上与门槛电压线相平行且位于它上面的直线。我们感兴趣的是，这个系数 K 能否从理论上计算出来？回答是肯定的。这里，我们不去进行烦琐的推导，而只指出工作电压与门槛电压的主要区别①在于前者与存在电子速度的径向分量有关。换句话说，在工作电压下，将有电子打上阳极并形成阳极电流。阳极电压的增加是与电子动能的增加相联系的。也就是

$$\Delta U_a=\frac{m}{2\mathrm{e}}\left(\frac{\mathrm{d}r}{\mathrm{d}t}\right)_{r_a}^2 \tag{2.109}$$

所以

$$U_a=U_t+\Delta U_a=A\cdot B-C+\frac{m}{2\mathrm{e}}\left(\frac{\mathrm{d}r}{\mathrm{d}t}\right)_{r_a}^2 \tag{2.110}$$

现在的问题就归结为，如何计算上式中的最后一项。从动态磁控管中近似的轮摆特性出发，可以计算出到达阳极时的电子速度径向分量 $\left(\dfrac{\mathrm{d}r}{\mathrm{d}t}\right)_{r_a}$。限于篇幅，这里不做专门介绍，有兴趣的读者可参阅参考书目。

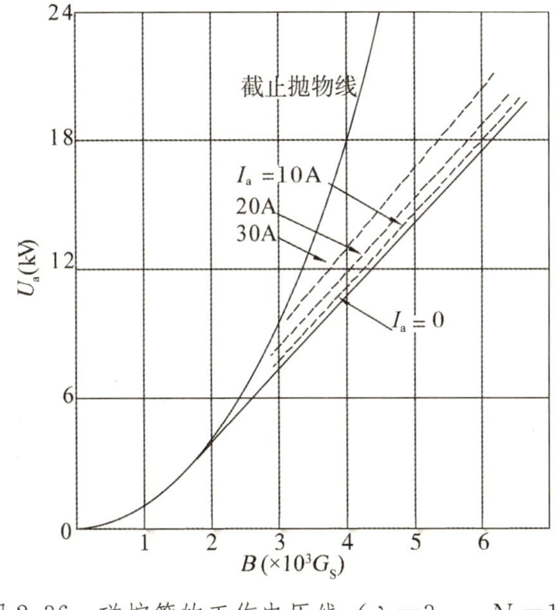

图 2.36　磁控管的工作电压线（$\lambda=3\text{cm}$，$N=16$）

① 这里指的是圆柱形磁控管中的情况。

2.5 磁控管振荡的稳定性

通常人们都选择 π 模式作为磁控管的工作模式，因为 π 模式与其他模式相比具有下列优点：

(1) 在相同的工作磁场下，π 模式振荡要求的工作电压最低；

(2) π 模式是非简并模式，工作稳定；

(3) 在相同的工作磁场下，π 模式振荡的电子效率最高（见下节）。

在这一节里，我们着重讨论振荡的稳定性问题。这个问题有两个方面的含义：一是非 π 模式振荡为何不稳定；二是如何防止管子振荡在非 π 模式上，以确保振荡的稳定性。所谓振荡的稳定性，有如下两层含义：

(1) 不发生停振和阻塞现象，并且要求管子的输出功率经常维持不低于某一额定值；

(2) 振荡频率维持稳定，不会由于某种原因而产生频率跳变现象。

一般说来，引起磁控管振荡不稳定的因素很多。

(1) 来自管子内部（例如阴极的质量，管内的真空度等）；

(2) 来自管子外部（例如负载的变化，电源电压的波动，脉冲电压波形不符合要求等）；

(3) 取决于阳极谐振系统的结构和特性。

下面就第三个问题进行详细的讨论。

2.5.1 非 π 模式振荡的不稳定性

如果磁控管的阳极谐振系统除了在圆周方向存在着周期不均匀性（这种不均匀性是由均匀地分布着 N 个谐振腔而形成的）外，没有任何额外的不连续性（如略去能量耦合元件的影响不计），那么这样的系统就有完全的对称性。如果在这种系统内激励起简并模式的振荡 $\left(例如\ n=\frac{N}{2}-1\ 或\ n=\frac{N}{2}+1\ 模式\right)$，那么，具有相同谐振频率的简并模式就可能同时成对地存在。在相互作用空间内，它们是两个旋转方向相反的行波，两者合成的结果就是一个驻波。在这样一个首尾闭合的传输系统中，这两个行波之间的相位关系是任意的，所以驻波场的腹点或节点的位置也不是固定的，可以出现在任意一个位置上。如图 2.24 中，$n=3$ 模式的场如为驻波场结构，图中切向电场的腹点出现在隙缝口 1 和 5 处，但也可能出现在圆周的其他位置上。

但在实际情况下，谐振腔系统内总有不连续性存在，最常见的不连续性就是能量耦合元件（例如耦合环），它的存在破坏了系统的对称性，并使行波在该处产生反射。即使系统内原来只存在一个旋转的行波，但是这个不连续性的存在，也会在系统内形成驻波。这个驻波具有下列特点。

（1）传输线中出现任何不连续性必然导致产生全驻波。我们将这一不连续性等效成一集中导纳 Y_L，跨接在闭合传输线的某处，如图 2.37 所示。设这一导纳引起的附加相移为 $\Delta\varphi$，则闭合系统谐振必须满足的相位条件是，环绕阳极一周包括 $\Delta\varphi$ 在内的总相移应为 2π 的整数倍，即 $2\pi n$。

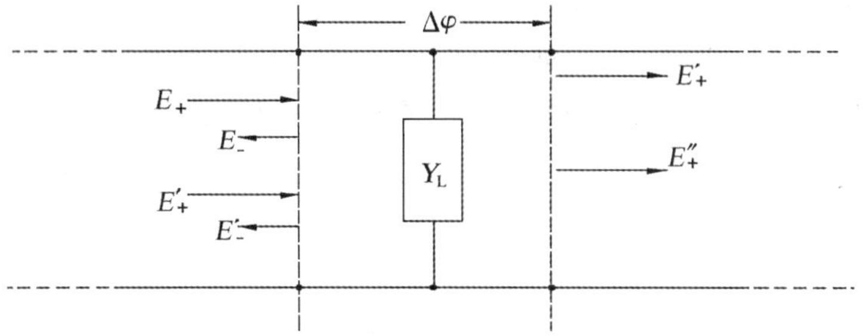

图 2.37　首尾闭合传输线中的不连续性

如果有行波出现在线上，如图中的 E_+，在不连续性处有一定的反射，那么会产生一个相反方向旋转的行波，如图中的 E_-。此外，还有通过不连续性继续在正方向传播的行波 E'_+，这个波环绕阳极一周后再次到达不连续性处时，又产生另一个反方向的行波 E'_- 和正方向的行波 E''_+。因为行波环绕阳极一周的总相移是 $2\pi n$，所以不连续性激励起的反向波 E_- 与 E'_- 同相，正向波 E'_+ 与 E''_+ 也同相。这个过程将继续下去，直到正向波与反向波幅值相等并形成全驻波达到稳态时为止。

（2）当振荡达到稳态时，这个不连续性必然处在电压驻波的腹点或节点上（这里不作证明）。如果处在电压驻波的节点处，那么这个不连续性的存在将不影响系统原有的场结构和谐振状态，犹如不存在不连续性时一样，因而振荡频率维持不变。如果它处在电压驻波的腹点处，也就是高频电场的最强处，那么就必然会对原有的场结构和谐振状态产生一定的影响，从而使振荡频率发生相应的变化。

相应于这两种可能出现的驻波分布情况，就是两个振荡模式，它们有不相同但比较接近的振荡频率。不连续性的存在使得正、反方向传播的两个行波在相位上有了固定的关系，这时，出现在不连续性位置上不是驻波的节点就是驻波的腹点。

如果这个不连续性渐渐消失，那么两个模式的振荡频率渐趋接近。当不连续性完全消失时，两个模式就简并成为一个模式。换句话说，不连续性的存在使得简并模式分裂成为两个模式。

多腔磁控管中的能量耦合元件，一般只与一个谐振腔直接连接（在微波加热用的大功率连续波磁控管中，能量耦合元件有与几个腔（例如 3 个）连接的）。这就使得整个谐振系统引入了一些连续性。如果振荡在非 π 模式上$\left(例如 N=8，n=\frac{N}{2}-1=3\right)$，实际上可能出现两种振荡状态，如图 2.38 所示。在图 2.38（a）中，耦合环所在的谐振腔的隙缝口位于（或接近于）驻波切向电场的节点，这时，即使管内产生强烈的自激振荡，但因为这种场分布，所以只有很少或没有高频功率能被耦合出去。这就相当于上述等效传输线中不连续性出现在驻波波节位置上的情况。在图 2.38（b）中，耦合环所在的谐振腔隙缝口位于切向电场的腹点，这个腔内的高频场最强，所以耦合环能耦合出高频振荡功率并送至负载上。在等效传输线中，这种情况相当于不连续性出现在驻波波腹的位置上，这时，由于耦合元件和负载的影响，振荡频率与前者稍有差别。

如果磁控管工作在这类简并的模式上，那么管子既可能振荡在图 2.38（a）相应的模式上，也可能振荡在图 2.38（b）相应的模式上，也可能在这两个模式上不连续地跳变。所以时而输出功率，时而不输出功率，振荡频率也相应地产生跳变，管子的工作极不稳定。

由简并模式分裂成的这两个振荡模式，一个与负载耦合很紧，如图 2.38（b）所示，另一个则耦合很轻，如图 2.38（a）所示。反映到前述的等效电路（图 2.28）上，前者相当于$\frac{G_L}{G_R}$较大，后者相当于$\frac{G_L}{G_R}$较小。而 G_L 愈小，自激条件式（2.89）愈易满足。所以自激在与图 2.38（a）相应的模式上的可能性较大，这就是管内有强烈的自激振荡但基本上又无高频功率输出时的情况。

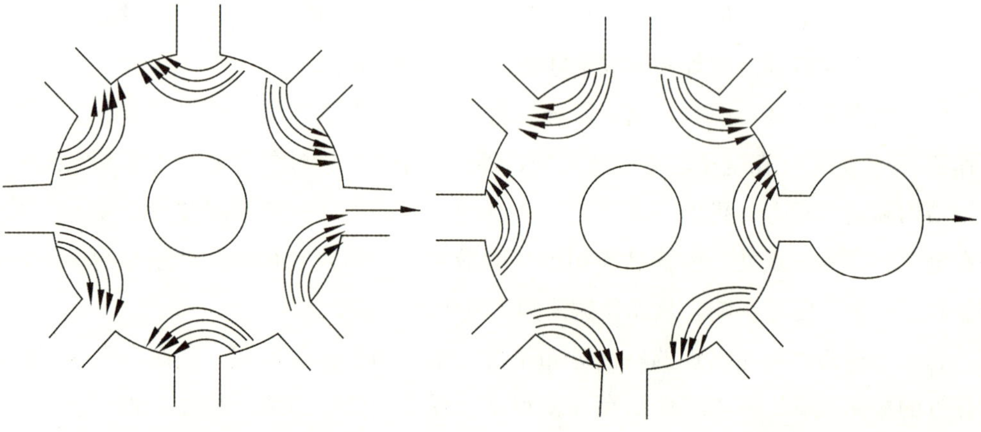

(a) 输出腔处为驻波波节　　　　(b) 输出腔处为驻波波腹

图 2.38　振荡在 $n=\frac{N}{2}-1=3$ 模式上可能出现的两种驻波电场结构

由此可见，从振荡稳定性的角度来讲，这些简并模式显然不宜于选作磁控管的工作模式。

至于 $n=\frac{N}{2}$ 的 π 模式，情况就不同了。如果电子流激励起高频振荡，那么电子轮辐既与正向传播的行波同步，也与反向传播的行波中的一次空间谐波同步。即使在完全对称的谐振系统中，正向波与反向波相对于电子轮辐都有固定的相位关系。在 π 模式中，相邻隙缝口的高频场是反相的，并且驻波切向电场的腹点总是出现在每个腔的隙缝口，而切向电场的节点则位于两个相邻隙缝口之间的中心截面上。所以驻波场的腹点对于能量耦合元件的位置来说没有任意性。只要管子产生自激振荡，总有高频功率耦合至管外的负载上，并且管子与负载的耦合程度也固定不变。

如果耦合元件处在高频电场的节点位置，那么每个隙缝口的电场将处处是 0，这就相当于管子没有自激时的情况。换句话说，只要管子自激，耦合元件就必然处在电场的腹点处。因此，π 模式是一个单一的（非简并的）振荡模式，耦合元件的存在不会使其分裂成为两个模式，这样就保证了振荡的稳定性。

2.5.2 振荡在非 π 模式上的可能性

上面的讨论告诉我们，π 模式本身是可以稳定地工作的。进一步的问题是如何保证磁控管只振荡在 π 模式而不振荡在非 π 模式上。为此，需要讨论振荡在非 π 模式上的可能性。

（1）π 模式与非 π 模式的谐振频率十分接近是可能遇到的第一种情况。这样，当管子振荡在 π 模式上时，也可能在频率十分接近的这个非 π 模式$\left(\text{一般是最邻近的}n=\frac{N}{2}-1\text{ 模式}\right)$上同时激励起振荡。如图 2.22 所示，$n=4$ 的 π 模式与 $n=3$ 的邻近模式谐振频率十分接近。一旦 $n=3$ 模式也被激励起来，相互作用空间原来的 π 模式的高频场结构就要受到干扰和影响，所以使得电子流与 π 模式的相互作用程度减弱，输出功率和效率都将下降。

为了使磁控管稳定地工作在 π 模式上，而不致同时激励起非 π 模式的振荡，这就要求这两个模式的谐振频率有较大的差别。这个频率差别一般用“模式分隔度”来表示，它的定义如下：

$$Y=\frac{\Delta\omega}{\omega_\pi}=\frac{\omega_{\frac{N}{2}-1}-\omega_\pi}{\omega_\pi}\times 100\%=\left(\frac{\omega_{\frac{N}{2}-1}}{\omega_\pi}-1\right)\times 100\% \tag{2.111a}$$

或

$$\frac{\Delta\omega}{\omega_\pi}=\left(\frac{\lambda_\pi}{\lambda_{\frac{N}{2}-1}}-1\right)\times 100\% \tag{2.111b}$$

式中 ω_π、$\omega_{\frac{N}{2}-1}$、λ_π、$\lambda_{\frac{N}{2}-1}$ 分别为 π 模式与 $n=\frac{N}{2}-1$ 模式的谐振角频率和谐振波长。

除了防止振荡在非 π 模式上之外，还有下面即将讨论的一些原因，这个模式分隔度一般要求不小于 20%。

(2) 尽管 π 模式与邻近模式间的频率差别不是太小，但当这两个模式的 $n\lambda$ 值接近或相同时，管子就可能激励在 π 模式或非 π 模式上，因此，同样会导致管子工作的不稳定性。

我们知道，沿着阳极内表面行波的相速是

$$v_p = \frac{\omega}{n} r_a = \frac{2\pi c}{n\lambda} r_a$$

式中　c——光速。

因此，不同模式的 $n\lambda$ 值接近时即表明它们具有接近的相速 v_p 。由式 (2.104) 可知，在相同的工作磁场下，如果两个模式的 $n\lambda$ 相同，那么它们就有相同的门槛电压。另一方面，由于非 π 模式是简并模式，它可以振荡在与负载耦合很松的状态下；而 π 模式与负载的耦合总是比较重的，在前者的竞争之下，就难以激励起 π 模式的振荡。在这种情况下，管子的输出功率很小，或者时而振荡在 π 模式，时而振荡在非 π 模式，因此，振荡频率和输出功率均将发生跳跃式的变化，这种现象称为“跳模”。

跳模最可能发生在与 π 模式相邻近的模式上，例如 $n = \frac{N}{2} - 1$ 或 $n = \frac{N}{2} + 1$ 模式。下面举例说明这个问题。

有一个 X 波段的磁控管，阳极块由 16 个谐振腔组成，π 模式的振荡波长为 $\lambda_\pi = 3.2\text{cm}$; $n = \frac{N}{2} - 1 = 7$ 模式的振荡波长为 $\lambda_7 = 2.85$ cm。表 2-3 列出了该管的 π 模及其邻近模式的 $n\lambda$ 值。

表 2-3　不同模式的 $n\lambda$ 值

n	$\frac{N}{2} = 8$	$\frac{N}{2} - 1 = 7$	$\frac{N}{2} + 1 = 9$
λ (cm)	$\lambda_\pi = 3.2$	$\lambda_7 = 2.85$	$\lambda_9 = 2.85$
$n\lambda$ (cm)	25.6	19.5	25.65

由此可见，表中的 π 模式与 $n = \frac{N}{2} + 1 = 9$ 模式的 $n\lambda$ 值甚为接近，这两个模式几乎有相同的门槛电压。这就难以保证管子稳定地工作在 π 模式上（尽管模式分隔度具有不太小的数值）。如果改变谐振腔的结构，使 λ_7 减小一些，而维持 λ_π 不变，那么就可以提高 $n=9$模式的门槛电压，从而减少其自激的可能性。

(3) π 模式与非 π 模式的 $n\lambda$ 值虽然相差较大，但仍可能在一定的电压范围内激励起非 π 模式的振荡。例如一个脉冲磁控管的门槛电压线如图 2.33 所示，$n = 5$ 模式的门槛电压比 $n = 4$（即 π 模式）模式稍低。于是，当脉冲调制的阳极电压上升到额定值之前，可

能先激励起 $n=5$ 模式（当然也可能激励起 $n>5$ 的其他模式，但这些模式的高频场更弱，激励的可能性更小）。此外，如果脉冲电压峰值过高，则有可能激励起与 π 模式邻近的 $n=3$模式。

为了克服上述情况对 π 模式的干扰，也要求谐振系统有较高的模式分隔度。例如要使 $n=\frac{N}{2}+1$ 的门槛电压高于 π 模式的门槛电压时，就要求

$$\lambda_\pi\left(\frac{N}{2}\right)>\lambda_{\frac{N}{2}-1}\cdot\left(\frac{N}{2}+1\right)$$

或

$$\frac{\lambda_\pi}{\lambda_{\frac{N}{2}-1}}>1+\frac{2}{N} \tag{2.112}$$

(4) 与阴极发射有关的跳模现象是工作不稳定的另一个重要因素。在正常情况下，当磁控管在 π 模式上起振以后，随着电压的提高，阴极发射能够提供足够的电子流，使得阳极电能够维持在额定的范围内。如果阴极发射衰落，磁控管内阻增大，调制器负载减轻，那么就有可能使阳极电压峰值升高到额定值之上，从而导致 $n=\frac{N}{2}-1$ 模式的激励。

综上所述，我们可以清楚地看到，为了防止磁控管振荡在非 π 模式上，就要求谐振系统有足够的模式分隔度。但是，如果不采取相应的特殊措施，一般来说，磁控管的模式分隔度是不大的（例如小于百分之几）。为此，必须在阳极结构上加以考虑，提高模式分隔能力。在阳极块上加置“隔模带”或采用所谓“异腔式”阳极结构便是目前最常用的两种主要措施。

2.5.3 隔模带的应用

在波长大于 3cm 的磁控管中，增大模式分隔度的普遍措施是采用具有“隔模带”的阳极谐振系统，这种隔模带有时又称为“交连环”或“耦合子”。实际上，它是一些矩形（或圆形）截面的圆金属环，安置在阳极块的两个顶部。隔模带与阳极块的连接方法如图 2.39 所示。其中图 2.39（a）为双端单环结构，在阳极块的顶部和底部各有金属圆环。如果将各个阳极片编以号码，那么上下两个隔模带分别与双数和单数的阳极片相连接。图 2.39（b）是双端双环结构，上下各有两个隔模带，它们与阳极片的连接方法如同单环形结构，即一个环与单数的阳极片相连，另一个与双数的阳极片相连，并且两端交错连接。

这些隔模带实际上都安放在阳极块上下两个端部的凹槽内，如图 2.40 所示。这样就可以减弱隔模带对相互作用空间内高频场结构的影响，不致破坏原有的场结构而降低电子效率。

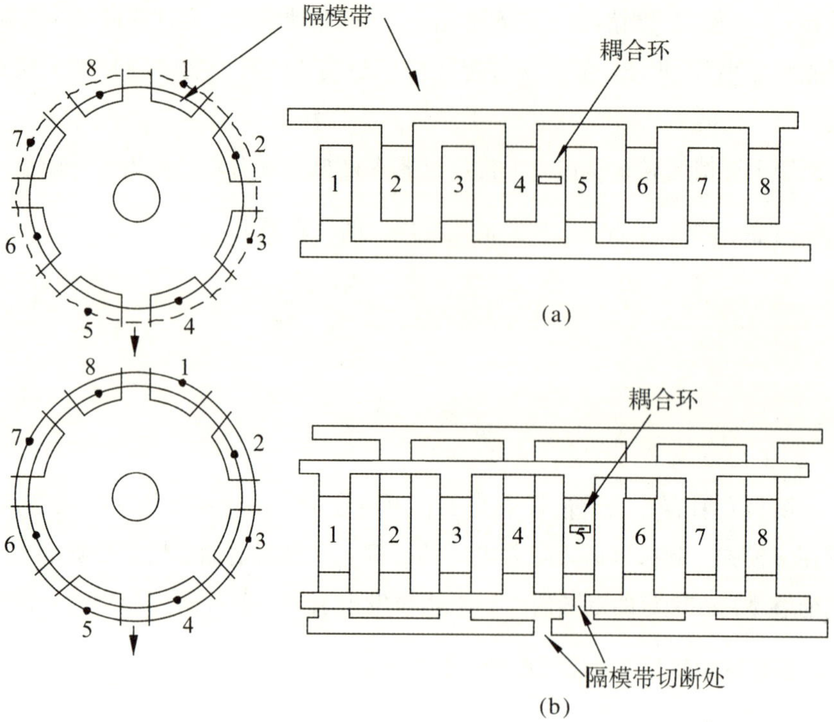

图 2.39 具有隔模带的阳极块结构（圆点表示隔模带与阳极块连接点）

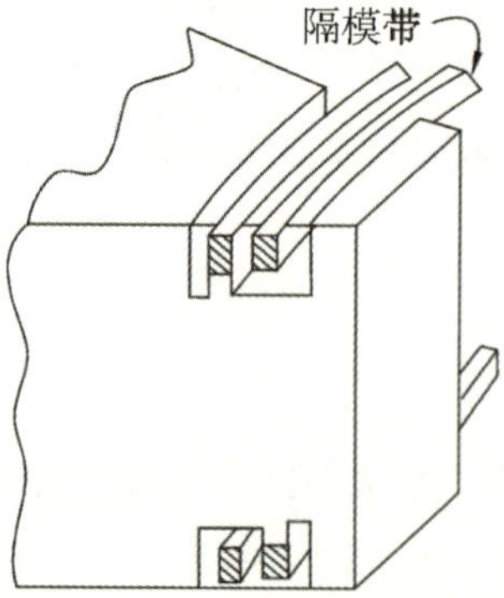

图 2.40 隔模带的安置方法

下面我们就来讨论隔模带是如何起到模式分隔作用的。

如果管子振荡在π模式上，那么阳极块表面各个隙缝口处的高频切向电场结构和沿着阳极块圆周上的高频电位分布（瞬时状态）如图 2.41（b）所示。每隔一个阳极片都具有相同的高频电位，两个相邻的阳极片之间以及两个隔模带上的高频电位则相差 180°。于是，两个隔模带之间以及每个隔模带与阳极片之间都将有容性电流 i_c 流通。因此，两个隔模带之间以及每个隔模带与阳极片之间都形成了电容。这就使得原有的谐振系统增加了容性电流，增加了电场中的储能。同时，由于每个隔模带与阳极片的连接点都处在相同的电位上，所以，没有电流在隔模带上流动。于是在π模式上，隔模带的主要作用是给原系统增加了容性分量。如果考虑到隔模带上有一定的高频损耗，可将隔模带等效成为并联的电容 C_s 和损耗电导 G_s ，如图 2.42（a）所示。

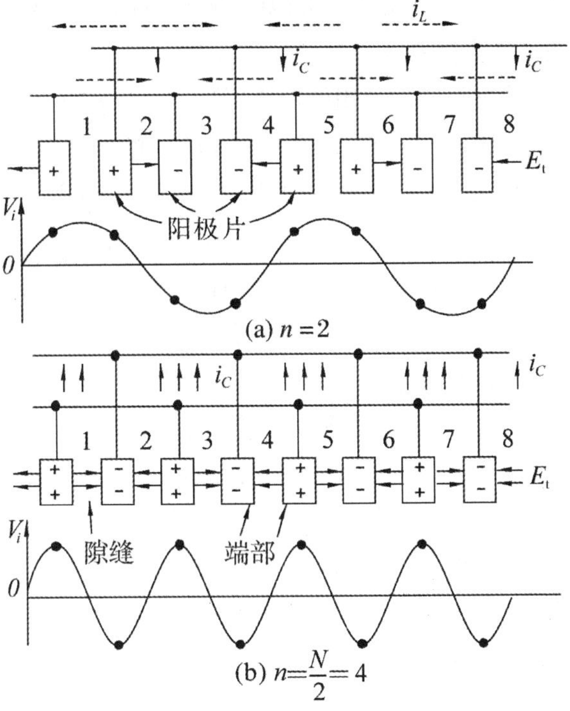

图 2.41　阳极片上的电位及隔模带上电流分布

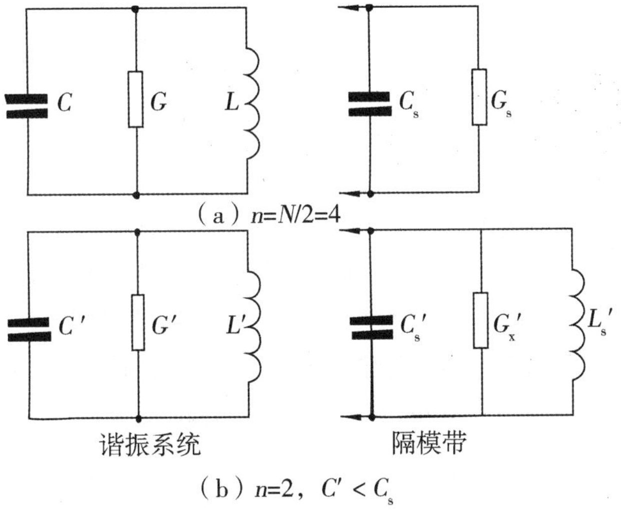

图 2.42　隔模带阳极块的等效电路

无隔模带时谐振系统在 π 模上的等效电路是图中的 LCG 的并联回路，其谐振角频率为

$$\omega_\pi = \frac{1}{\sqrt{LC}}$$

隔模带的引入使得这个频率降低为

$$\omega'_{\pi}=\frac{1}{\sqrt{L(C+C_s)}}$$

隔模带的容性作用愈大（例如增大隔模带的横截面积、缩小隔模带之间的距离等），π 模式的振荡频率就降得愈低。

同一个隔模带对于非 π 模式的作用就显著不同了。下面以 $n=2$ 模式为例说明之，如图 2.41（a）所示。从图中可以看出，两个相邻的阳极片上高频电位差不再是 180°，有些相邻的阳极片处于相同的电位，如图中的 1 与 2，3 与 4 等。有些相邻的阳极片则处于不同的电位上，但它们在相位上只相差 90° 而不是 180°。于是，与阳极片 1 和 2 相连的那两节隔模带之间就没有容性电流，而与阳极块 2 与 3 相连的那两节隔模带之间的容性电流则有所减小。总的说来，隔模带引入后增加的容性电流比 π 模式要小得多，所以隔模带的等效电容 C'_s 将小于 π 模式时的等效电容 C_s。

此外，在 $n=2$ 模式上，隔模带与阳极片连接处不再有相同的高频电位，因而隔模带上就出现了沿带流动的电流，隔模带的每一段就相当于跨接在谐振腔上的一个等效电感。也就是说，隔模带使原有的谐振系统增加了感性电流，因此，可以等效成一个电感 L'_s，它并联在原有的等效电路上。

无隔模带时，谐振系统在 $n=2$ 模式上的等效电路是 $L'C'G'$ 的并联，而隔模带则等效为并联的 $L'_sC'_sG'_s$，如图 2.42（b）所示。实际上，在非 π 模式上，隔模带所起的感性作用大于容性作用，因而使得原有系统的谐振频率不是降低而是提高。对于 $n=3$模式也是如此，隔模带的作用主要是感性的。

由此可见，隔模带的作用是使得 π 模式的谐振频率降低，而使非 π 模式的谐振频率升高，因而增大了模式分隔度。

图 2.43 所示是一个八腔磁控管阳极系统在有无隔模带时各个模式的谐振波长分布曲线。曲线 a 是无隔模带时的各个模式的波长分布，可以看到，$n=3$ 模式的波长十分接近于 π 模式的波长 λ_π，这时的模式分隔度是很低的。曲线 b，c 分别是这个阳极块安置了单环形和双环形隔模带后的波长分布。可以看出隔模带的作用是使 π 模式的谐振频率降低，使 $n=3$ 等非 π 模式的谐振频率升高，从而提高了模式分隔能力。在这两种结构中，双环形结构的作用要显著得多。按式（2.111a）计算它们的模式分隔度，双环形为 59%，单环形为 19%，由此可以看出两种结构的优劣。

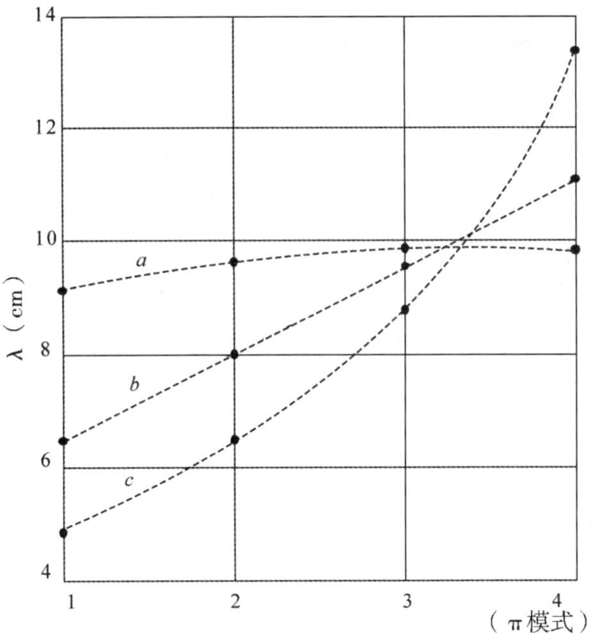

图 2.43 隔模带的模式分隔作用

随着隔模带每一节长度（隔模带与阳极块相邻两个连接点之间的距离）的增加，隔模带的等效电感量增大，模式分隔作用将减弱。因此，当需要使用很高的阳极电压而增大阳极块半径时，隔模带的分隔作用就要变差。此外，随着阳极块高度的增加（例如大于半个波长），隔模带的模式分隔作用也要减弱。

隔模带的引入将使阳极块的高频损耗增加。原因是：一方面是由于增加了容性电流和流过腔体表面的电流；另一方面是由于增大了有损耗的导体表面积。系统内的储能虽然有所增加，但导体表面的高频损耗却增加得更多。因此，隔模带的存在总是要降低磁控管的固有品质因数。特别是在波长较短的管子中（例如波长小于 3cm 时），由于隔模带的引入使高频损耗显著增加，所以使得管子的线路效率和总效率下降。随着波长的进一步缩短，磁控管的几何尺寸相应缩小，而谐振腔数目则有所增加。这时，隔模带的制造和装配都十分困难。由于这些原因，在波长小于 3cm 的磁控管中，一般都避免采用隔模带结构，而采用另一种方法即所谓“异腔式”阳极块结构来提高模式分隔度。

如果在隔模带的适当位置上使其断开（即存在裂口），这样就能进一步提高工作在 π 模式上的稳定性。因为对 π 模式来说，隔模带是一个等位体，在其上面本无高频电流流通，所以裂口的存在并不影响 π 模式的振荡状态。相反，对其他非 π 模式来说，这个裂口却中断了隔模带中流通的高频电流，从而破坏了非 π 模式的高频场结构，并增加了损耗，使得简并模式的负载加重，因而难以激励。隔模带的裂口通常位于与能量输出器相耦合的谐振腔的两侧，并且在一节的中央（即位于阳极片的上部）如图 2.39 (b)所示。

2.5.4 异腔式阳极块谐振系统

提高π模式工作稳定性的措施之二，就是采用“异腔式”阳极块谐振系统，如图 2.9（d）（e）（f）（g）所示；由于阳极块的横截面具有旭日形状，故又名“旭日型”阳极块。这种结构一般应用于工作波长小于 3cm 的磁控管中，这就避免了加工微小的隔模带时所遇到的困难，而且由于损耗的减小，谐振腔的品质因数将会提高。然而，在某些情况下，虽然工作波长较长，但由于功率大而需要将阳极块的高度增加到半个波长以上，采用隔模带的效果是不好的，因而采用异腔式反而有利。

异腔式结构是由两组尺寸不同的谐振腔交替排列而成的阳极块，图 2.44 所示就是最常见的一种。大谐振腔（或称长腔）的谐振频率较低，小谐振腔（或称短腔）的谐振频率较高。这两种腔相间排列，组成了整个谐振系统。

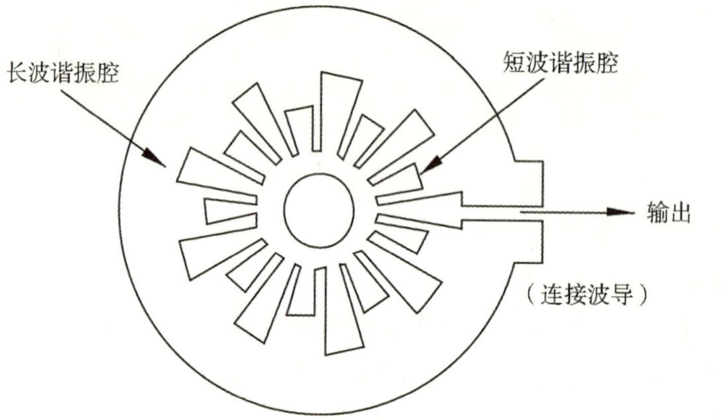

图 2.44 具有 18 腔的异腔式阳极块结构

实际上，这种阳极块从慢波线的观点看来属于一种双阶系统，其色散特性曲线分裂成为两组，即有两个通带，一组频率较高，另一组频率较低。

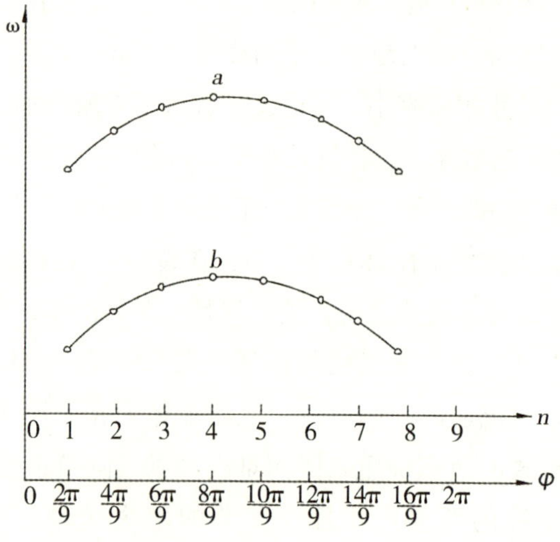

图 2.45 具有 9 个谐振腔的短波和长波谐振系统的模谱图

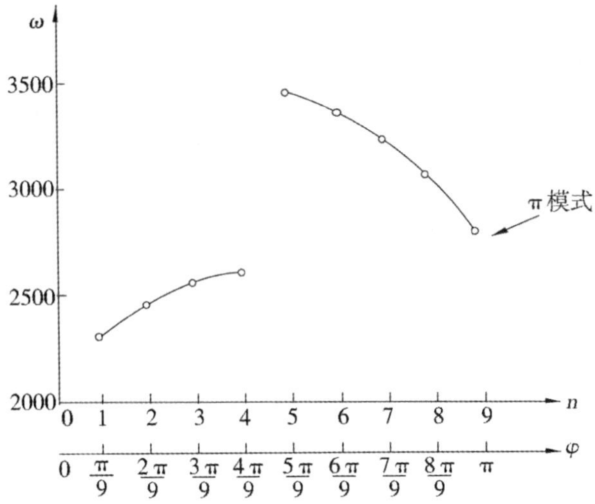

图 2.46 具有 18 腔的异腔式阳极块的模谱图

现以图 2.44 中的 18 腔磁控管为例来说明模式分隔的作用。在这样一个系统中，如果大腔（或长腔）不存在，其谐振模式分布（即模谱图）如图 2.45 中的曲线 a 所示。由于只有 9 个小腔，因此共有 9 个振荡模式，即四对简并模式和一个零模式；并且由于腔体是奇数，所以不存在 π 模式。同理，如果只存在大腔，这时的模式分布将如图 2.45 中的曲线 b 所示，也是由四对简并模式和一个零模式组成的。

实际上，大小腔是同时存在的，这时的模式分布将如图 2.46 所示。

如果谐振系统激励起的振荡在较低频率范围之内（接近于单个大腔的谐振频率），从相互作用空间来看，可以近似地认为小腔并不存在。这时，在大腔口处的高频电场较强，而在小腔口处的高频电场甚弱，耦合主要存在于大腔之间，如不考虑简并模式，则只有 $n=1$，2，3，4 四个振荡模式（如图所示），当激励起的振荡在接近于小腔谐振频率的范围内时，可以近似地认为大腔并不存在，同样略去简并模式，则有 $n=5$，6，7，8 四个振荡模式。如果激励起的振荡的频率范围落在大腔与小腔的谐振频率之间，大腔与小腔将同时起作用。这时，在大、小腔口处的高频电场强度相差不大，是大、小腔间耦合最强的状态，因而就有 $n=\frac{N}{2}=9$ 的 π 模式。在这里，π 模式同样是非简并模式，而且可以看到 π 模式与邻近模式的模式分隔度较大。大、小腔的频率差别愈大；模式分隔度也就愈大。

下面让我们看一下异腔式阳极块中的场结构的特点。在图 2.47 及图 2.48 中分别画出了同腔式和异腔式阳极块中 π 模式的管壁电流和高频电场的瞬时状态，箭头表示电流方向，其长短表示电流大小。在同腔式结构中，π 模式的谐振频率接近于单腔最低模式的谐振频率，如果是缝形谐振腔，其径向长度略小于谐振波长的四分之一。高频电场的最大值位于每个腔的隙缝口，管壁电流为零的截面位于图 2.47 中的 A 处。由于是同腔系统，所以，每个隙缝口的高频电场幅值以及腔内的管壁电流结构都相同。

在异腔式结构中，π模式的振荡频率高于大腔和低于小腔的谐振频率，大腔和小腔的径向长度分别大于和小于四分之一波长。因此，高频电场最大值和管壁电流的节点位于大腔口之内，即图2.48中的截面A处。这就导致在相互作用空间大小腔口处电场幅值的差异。换句话说，大腔口处的电场较强，小腔口处的电场则较弱。这样的电场分布可以分解成两个分量，其中一个是与图2.47一样的π模式的电场分量，另一个则是沿着圆周方向都是同向的零模式的场分量。此外，从图2.48可见，在每个阳极片表面流通的管壁电流只有同一方向的分量，对应与此同向的管壁电流，相互作用空间就有同向的轴向高频磁场和角向的高频电场。这些同向的高频电磁场结构就在相互作用空间构成了完整的零模式场。

也就是说，在异腔式结构中，伴随着π模式同时出现的还有零模式场分量，这一分量在一定的条件下将对磁控管的工作产生严重的影响，详见后述。

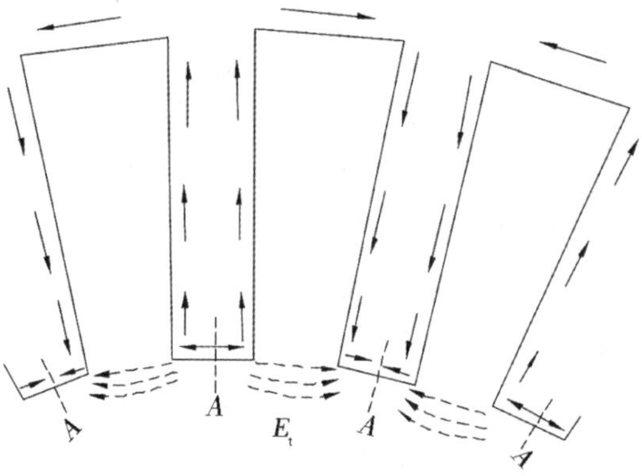

A—电流最小、径向电场最大截面

图2.47　同腔式阳极块中π模式的管壁电流和腔口电场结构

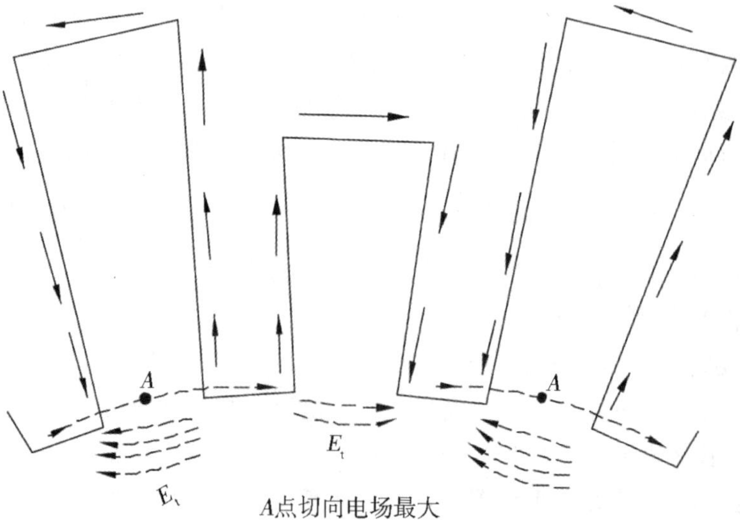

图2.48　异腔式阳极块中π模式的管壁电流和电场结构

2.5.5 提高 π 模式工作稳定性的其他措施

为了提高磁控管工作在 π 模式上的稳定性，除了采用隔模带和异腔式谐振腔以增加模式分隔度以外，还可以考虑和采取其他的措施。

（1）采用选择性阻尼的方法来抑制寄生模式。也就是在阳极谐振系统中引入高损耗材料制成的阻尼物体，放置在寄生模式场较强的地方，但又不应使 π 模式场受到影响。这种方法在原则上是可行的，但实际上并不实用。除非设计出某种特殊的阳极谐振系统，才能使选择性阻尼方法产生预期的抑制效果。在后面将要讨论的同轴磁控管中，这一方法获得了应用。

（2）磁控管阴极的发射性能也是极为重要的因素之一。通常，良好的一次发射能促使磁控管有效地工作在 π 模式上；阴极亦应具有合适的二次发射系数，太小时不易起振，太大则易产生不稳定现象。此外，还要求这一系数在寿命期间保持稳定。因此，阴极类型的选择以及与阴极有关的工艺过程中必须采取相应的措施，以利于 π 模式的起振和稳定。例如要求阴极发射均匀对称，表面光滑，与阳极孔同心，阴极端帽的合理设计等。

（3）在设计结构时，应选择合适的半径比 $\sigma=\dfrac{r_k}{r_a}$。通常 σ 有一最佳的比值。σ 过大会使电子效率降低，太小则会导致工作的不稳定。

（4）在阴极表面上某一位置处，例如中间部分，使阴极直径适当增大，这就是所谓“加筋阴极”，见图 2.49（a）。采用这种结构的阴极可以改善磁控管的起振特性。筋的高度为阴极直径的 5%～10%。由于加筋部分的直流电场较强，所以，由这一部分发射的电子，在较低的阳极电压下就能与高频场产生同步，随后，这部分先行同步的电子云将阴极其余部分发射的电子迅速带进旋转的电子轮辐中去，并形成稳定同步的电子云。这样就使得 π 模式易于起振和稳定。然而，实践中发现加筋部分易受电子回轰，因而产生过热及电子效率下降现象。于是，后来又采用纯镍或铂制成的“筋肋”加置于阴极之上（高度与位置均与上述的加筋阴极相同，见图 2.49（b）），效果有所改进。除此以外，还可将阴极发射表面分成两段，中间隔开一段发射不良的区域（该区域约占阴极面积的 15%），实践表明，这种结构的阴极效果最好，见图 2.49（c）。

（5）要求提供磁控管阳极脉冲电压的调制器具有较低的内阻，这样就不会在磁控管工作于小电流或无电流区域时，使调制器电压上升到寄生模式的激励电压范围之内（如果寄生模式与 π 模式按电压的分隔度不够的话）。

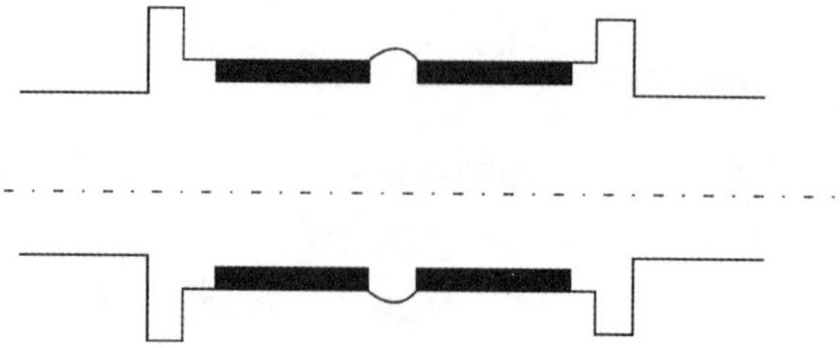

(a)

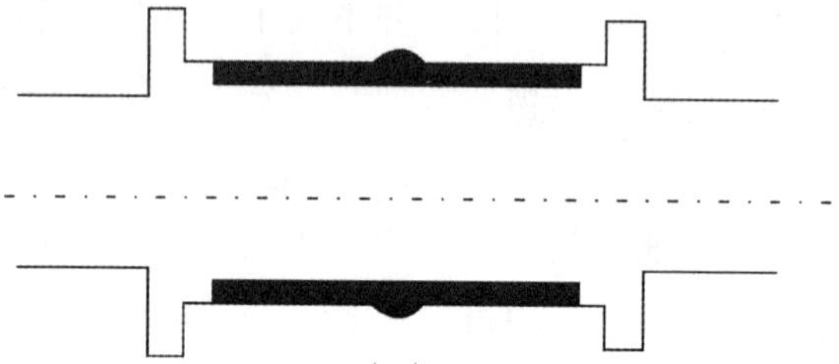

(b)

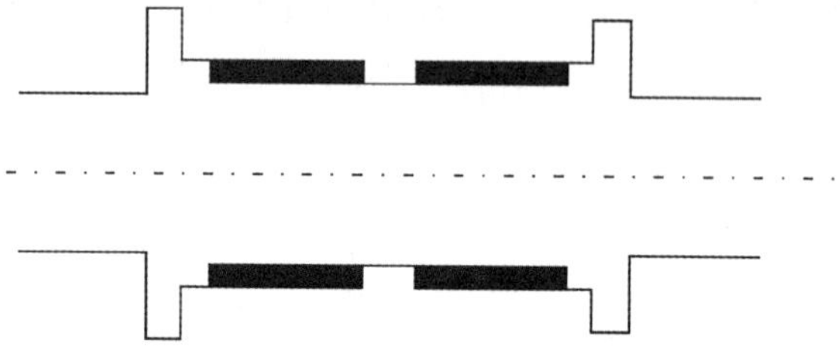

(c)

图 2.49　各种阴极结构

2.6　磁控管的效率

2.6.1　磁控管的最大电子效率

要直接计算磁控管的电子效率是很困难的，下面我们将从能量观点出发来估计电子效率的大小。如果略去电子打上阳极时所具有的径向速度，并略去电子回轰阴极时所损失的功率，那么，对单个电子来说，电子效率的最大值为

$$(\eta_e)_{max}=\frac{eU_a-eU_0}{eU_a}=1-\frac{U_0}{U_a} \tag{2.113}$$

式中　U_0——磁控管的特征电压；

U_a——磁控管的工作电压。

将式（2.94）代入式（2.113），即得

$$(\eta_e)_{max}=1-\frac{1}{2}\cdot\frac{m}{eU_a}\left(\frac{\omega}{n}r_a\right)^2 \tag{2.114}$$

当管子工作在门槛电压上，即$U_a=U_t$时，将式（2.102）代入式（2.113）后，有

$$(\eta_e)_{max}=1-\frac{1}{\left(2\frac{B}{B_0}-1\right)} \tag{2.115}$$

式中 $$B_0=\frac{21.4\times10^3}{n\lambda\left[1-\left(\frac{r_k}{r_a}\right)^2\right]}(GS)$$

λ——工作波长（cm）。

当振荡在某一确定的模式上时，电子效率随磁场的增大而提高，如图2.50所示。

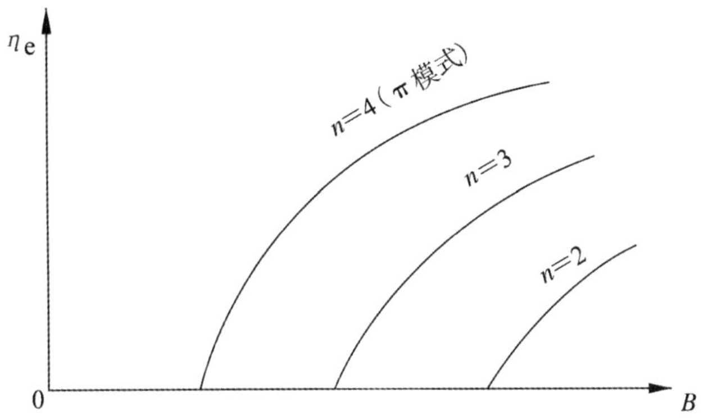

图2.50 8腔磁控管各个模式电子效率的比较

这个变化规律的物理意义是明确的。因为电子速度近似地正比于$\frac{U_a}{B}$，而阳极电压必须随着磁场的增加而增加，以保持同步条件；与此同时，直流电源通过电子提供的直流位能相应地增加，从而使得电子效率提高。

对于不同的振荡模式，有不同的特征磁场。由式（2.95）可知，模式号n愈小，相应的特征磁场B_0就愈高。因此，在相同的磁场下，π模式的电子效率最高。如前所述，这是我们为什么总希望磁控管工作在π模式上的另一个重要原因。

我们不去进行详细的推导，而只给出用一种近似方法得出计及电子径向动能的电子效率表示式：

$$\eta_e=\frac{1-\frac{m}{2eU_a}\left(\frac{\omega}{n}r_a\right)^2}{1+\frac{I_a}{B}\cdot\frac{m}{e}\left(\frac{M}{d_L}\right)^2\frac{Q_L}{N\omega C_R}} \tag{2.116}$$

式中 $M=\frac{\sin\frac{\beta s}{2}}{\frac{\beta s}{2}}$——耦合系数；

β——沿阳极块内表面行波的相位常数；

s——谐振腔隙缝口宽度；

d_L——阳极片中心间距离；

Q_L——磁控管的有载品质因数；

C_R——谐振腔的等效电容；

I_a——工作电流；

U_a——工作电压；

B——工作磁场；

N——谐振腔数目；

r_a——阳极半径。

与式（2.114）相比较，可见式（2.116）分母中的第二项反映了电子径向速度分量所引起的影响。由于电子动能的增加，电子效率将要下降。当阳极电压接近于门槛电压时，阳极电流 I_a 很小，电子效率将因高频振荡微弱以及相位聚焦作用减弱而下降，这种变化关系如图 2.51 所示。

对于 π 模式来说，$n=\dfrac{N}{2}$，式（2.116）中

$$\left(\frac{\omega}{n}r_a\right)^2=\left(\frac{\omega d_L}{\pi}\right)^2$$

$$M=\frac{\sin\dfrac{\beta s}{2}}{\dfrac{\beta s}{2}}=\frac{\sin\left(\dfrac{\pi s}{2d_L}\right)}{\left(\dfrac{\pi s}{2d_L}\right)}$$

代入式（2.116）后，可得

$$\eta_e=\frac{1-\dfrac{m}{2eU_a}\left(\dfrac{\omega d_L}{\pi}\right)^2}{1+\dfrac{I_a}{B^2}\dfrac{m}{e}\left(\dfrac{M}{d_L}\right)^2\dfrac{Q_L}{\omega NC_R}} \tag{2.117}$$

从这里可以进一步看到，提高工作磁场 B 有两个方面的含义：一方面由于相应提高了阳极电压 U_a，使得电子效率提高；另一方面，则由于工作磁场 B 的提高，使得电子的径向动能减小，所以电子效率有更多的提高。

磁控管中的电子回轰阴极所耗散的功率也是相当可观的，一般约占输入直流功率的 3%～10%。如从式（2.117）中减去这一数值，将更接近于管子实有的电子效率。现有的厘米波段磁控管的电子效率实际上在 40%～70%之间。

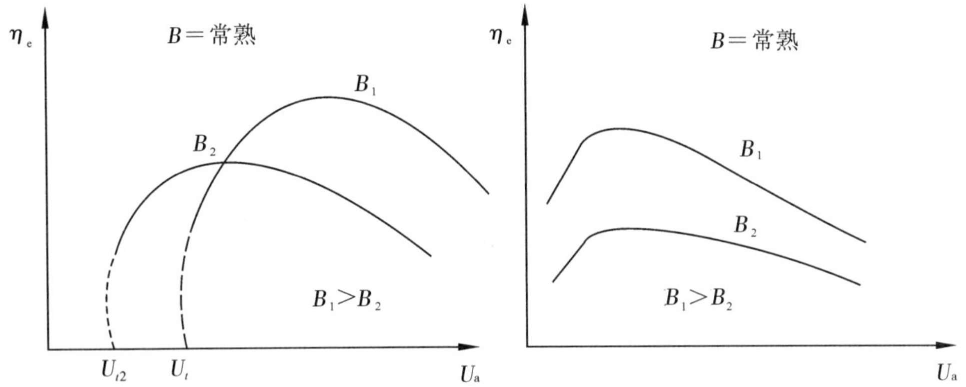

图 2.51 电子效率与 U_a、I_a 的关系

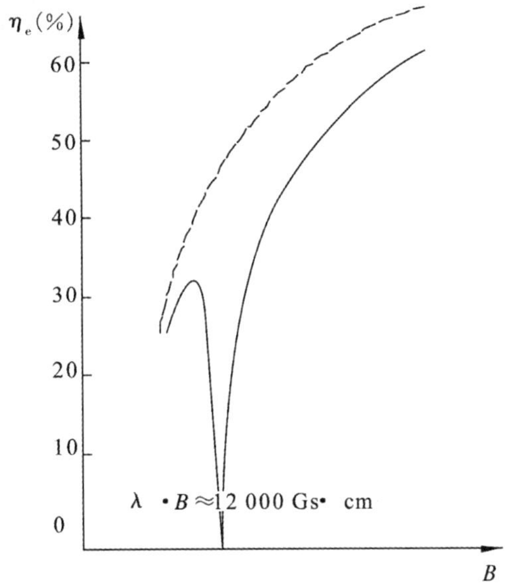

图 2.52 异腔式磁控管效率与磁场的关系

需要指出的是，在异腔式磁控管中，电子效率与磁场的关系会出现如图 2.52 所示的"下沉"现象（图中虚线表示同腔式磁控管的特性）。在这一区域内，电子效率急剧下降，然后又再次上升。实验中发现，这个区域的磁场 B 与工作波长 λ 的乘积，对于各种磁控管来说都具有大致相同的数值，即

$$\lambda \cdot B \approx 12\,000\ (\mathrm{Gs \cdot cm}) \tag{2.118}$$

这一经验数值表明，异腔式磁控管 π 模式振荡的电子效率显著降低发生在下述条件下：

$$\omega \approx \omega_c$$

式中 ω_c ——电子回旋角频率；

ω ——磁控管振荡角频率。

由于

$$\omega_c = \frac{e}{m}B$$

所以

$$\lambda \cdot B \approx 10\ 700\ (\text{Gs} \cdot \text{cm}) \tag{2.119}$$

$\omega \approx \omega_c$ 这个条件的实际含义是，电子在向阳极运动过程中，每做一个轮摆所需的时间 $\left(\tau = \frac{2\pi}{\omega_c}\right)$ 恰好与高频振荡周期 $\left(T = \frac{2\pi}{\omega}\right)$ 相等。在这种情况下，异腔结构中的零模式场分量将起着决定性的作用。电子流与零模式场作用的结果，使得电子不断受到该场的加速，从而从电场中吸取能量；同时，这种相互作用又使得电子云的形状改变，从而使得它与 π 模式场的相互作用减弱，导致了输出功率和电子效率的降低。当工作磁场不满足上述条件时，零模式场对电子的作用就不是累积的，因而对管子的效率影响很小。为此，在设计异腔式磁控管时，必须选择工作磁场不使其落在上述范围之内。例如当波长为 3cm 或更长些时，工作磁场一般选择在

$$\lambda \cdot B > 12\ 000\ (\text{Gs} \cdot \text{cm})$$

对于波长更短的管子，由于难以获得极强的磁场，所以一般选用

$$\lambda \cdot B < 12\ 000\ (\text{Gs} \cdot \text{cm})$$

大腔与小腔的谐振频率相差愈大，模式分隔愈好，但零模式分量也相应增加，从而不利于管子电子效率的提升。因此，实际上常常采用大、小腔谐振频率比不大于 2.0 的异腔式结构。

2.6.2 磁控管的线路效率与总效率

磁控管的总效率由下式确定

$$\eta = \eta_e \cdot \eta_c \tag{2.120}$$

式中　η_c——线路效率。

线路效率等于磁控管负载所得到的高频功率 P_L 与电子流所产生的高频功率 P_e 之比

$$\eta_c = \frac{P_L}{P_e} \tag{2.121}$$

由等效电路的概念知

$$\eta_c = \frac{G_L}{G_L + G_R} = 1 - \frac{G_R}{G_L + G_R} \tag{2.122}$$

式中，G_R 正比于腔内的高频损耗，G_L 正比于负载所得到的高频功率。G_R 愈小，G_L 愈大，从电子流产生的功率中分配到负载上的比例就愈大，线路效率也就愈高。

由于

$$Q_0 = \frac{\omega C_R}{G_R}\ (\text{固有品质因数}) \tag{2.123}$$

$$Q_E = \frac{\omega C_R}{G_L}\text{（外观品质因数）} \tag{2.124}$$

$$Q_L = \frac{\omega C_R}{(G_R + G_L)}\text{（负载品质因数）} \tag{2.125}$$

所以

$$\eta_c = \frac{Q_L}{Q_E} = 1 - \frac{Q_L}{Q_0} \tag{2.126}$$

由微波技术课程，我们知道

$$\frac{1}{Q_L} = \frac{1}{Q_0} + \frac{1}{Q_E} \tag{2.127}$$

因此，η_c 也可以写成

$$\eta_c = \frac{1}{1 + \dfrac{Q_E}{Q_0}} \tag{2.128}$$

$\frac{Q_E}{Q_0}$ 反映了管内损耗的高频功率和管子输出功率之比，而 $\frac{Q_L}{Q_0}$ 则反映了管内损耗功率和电子流产生的功率之比。

$\frac{Q_E}{Q_0}\left(\text{或}\frac{Q_L}{Q_0}\right)$愈低，表明负载与管子的耦合愈紧，从而分配到负载上的功率比例愈大。反之，则表明负载与管子的耦合愈松，从而分配到负载上的功率比例就愈小。

单从线路效率观点来看，显然是希望磁控管有尽可能高的固有品质因数和尽可能低的外观品质因数（或负载品质因数）。但从管子的电子效率和振荡的稳定性来看，情况并非如此简单。

图 2.53 所示是磁控管线路效率、电子效率和总效率与负载的关系举例。在这里，谐振腔的等效电导 G_R 和固有品质因数 Q_0 是固定的。线路效率曲线是按式（2.128）做出的。随着负载的加重，线路效率增加，但当 $\frac{G_L}{G_R} = 5$ 时，这种增大开始缓慢。

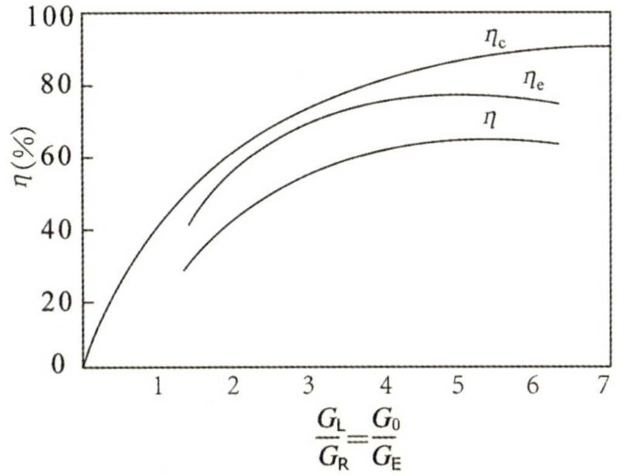

图 2.53 效率与负载的关系

由图 2.53 可见，当负载在一定的范围内变化时，对电子效率的影响并不显著，但如果负载过重或过轻，电子效率都要下降。这种效率下降的原因是与相互作用空间内高频场的强弱相联系的。过强的场将使电子很快地打上阳极，并且具有很大的径向动能；过弱的场将使电子的相位聚焦作用变差，大大影响能量的转换过程。

磁控管一般都设计在负载较重的前提下，以得到较高的线路效率，从而保证较高的总效率。由图 2.53 可见，总效率随负载的加重而提高。当然，过重的负载也将使总效率下降，甚至会使得管子停振。然而，在许多实际情况下，限制负载加重的因素往往不是总效率的下降，而是振荡稳定性的变差。

综上所述，可以指出下面几点：

(1) 磁控管的外观品质因数 Q_E 的下限取决于频率稳定性的要求。

(2) 磁控管等效电路中的总电导 (G_R+G_L) 和 $\frac{G_L}{G_R}$ 应尽可能高些，以保证较高的电子效率和线路效率。

(3) 磁控管的固有品质因数 Q_0 应尽可能地高，以保证较高的线路效率，同时还允许采用较高的外观品质因数 Q_E，以提高频率的稳定性。

(4) 从等效电路来看，外观品质因数还可写成

$$Q_E=\sqrt{\frac{C_R}{L_R}}\cdot\frac{1}{G_R}$$

式中 $\sqrt{\frac{C_R}{L_R}}$ ——磁控管谐振腔的“特性导纳”。

如前所述，为了得到较高的效率和较高的频率稳定性，既要求有较高的负载电导 G_L，又要求有较高的外观品质因数 Q_E。由上面的表示式可见，这一矛盾可以通过适当地提高管子谐振腔的特性导纳而得到合理的解决。

应当指出，在设法提高谐振腔特性导纳的同时，应该尽可能少增加损耗电导，否则将引起线路效率的下降。在实际的磁控管中，要实现这一点不是非常容易。一般来说，随着特性导纳的提高，损耗电导 G_R 都会有显著的增大，因而，固有品质因数 Q_0 反而下降。这样就限制了特性导纳允许提高的程度。因此，前述的效率和频率稳定性之间的矛盾实际上只能得到一定程度的克服。

磁控管效率和频率稳定性的矛盾，在后来出现的“同轴磁控管”中得到了进一步的解决，两者都得到了较大的提高。

在表 2-4 中列出了几个不同波段磁控管的品质因数和效率的数据。

表 2-4 不同波段磁控管的若干数据

型号	工作波长 (cm)	Q_0	Q_E	Q_L	$\frac{Q_0}{Q_E}$	η_c (%)	η_e (%)	η (%)	B (Gs)
728	32.1	4 500	170	164	25.5	96	65	62	1 100
4J26	24	2 800	180	170	15.5	94	60	56	1 400
720	10.7	1500	130	120	11.5	93	68	63	2 900
725A	3.2	680	280	200	2.4	71	52	37	5 650
4J50	3.2	850	350	250	2.4	71	66	47	6 900
3J21	1.25	1 400	580	410	2.4	70	37	26	8 000
WE—7208 B (同轴磁控管)	1.7～1.9	4 000	1 380	1 025	2.9	74	58	43	7 400

2.7 磁控管的工作特性和负载特性

表征一个磁控管的基本特性很多，其中最重要的是它的工作特性和负载特性。无论对磁控管的设计制造者还是对使用者来说，了解这些基本特性都是非常有必要的。

工作特性就是指在高频负载匹配的状态下，磁控管的阳极电压、输出功率、效率、振荡频率等参量与阳极电流及磁场的关系。

负载特性就是指在磁场和阳极电流不变时，磁控管的输出功率及振荡频率与外负载的关系。这种关系一般都绘于极坐标圆图上，因此有时称之为“雷基图”（Rieke Diagram）。

2.7.1 磁控管的工作特性

磁控管的工作特性就是 $U_a - I_a$ 坐标平面上画出的 P、η、B、f 等函数曲线（令外负载不变且与传输线相匹配，即 $Y_L = Y_C$），即等功率线（P = 常数）、等效率线（η=常数）、等磁场线（B = 常数）和等频率线（f = 常数），其中等磁场线又称为伏安特性曲线。

下面让我们定性地讨论一下这些曲线的意义。

如果假设磁控管的效率不变，并与阳极电流无关，这种情况下的等功率线就应具有等边双曲线的形状。因为

$$P = \eta U_a I_a \tag{2.129}$$

所以

$$U_a = \frac{P}{\eta I_a} \tag{2.130}$$

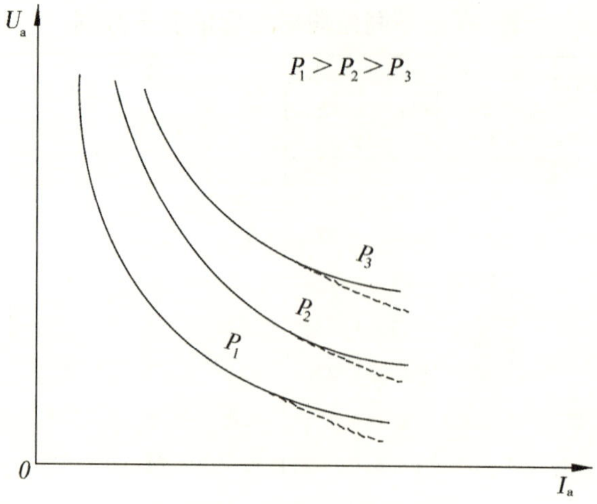

图 2.54　磁控管的等功率线

当 P =常数时，U_a 与 I_a 的关系如图 2.54 中虚线所示。然而，如前所述，除了在很小的电流范围内，随着电流的增加，电子效率将要下降。因此，实际情况下的等功率线就与等边双曲线有所偏离，下部略为提高一些，如图 2.54 中的实线所示。功率愈大，等功率线愈向右上方移动。

等效率线可以从 $\eta=f(B, I_a)$ 的关系曲线转换过来，考虑到 η_e 随 I_a 的变化关系，就不难理解这些曲线的形状（见图 2.55）。

在磁控管工作特性曲线中，通常以阳极电流 I_a 作为横坐标轴，这与一般低频电子管或晶体管的特性曲线以阳极电压 V_a 作为横坐标轴正好相反。

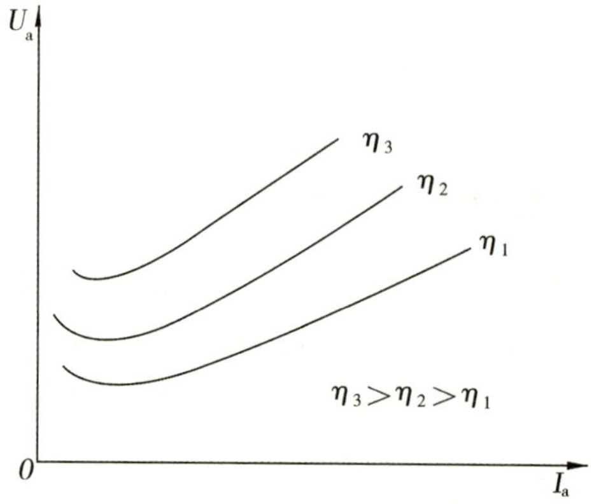

图 2.55　磁控管的等效率线

从电子流与行波场同步的条件出发，我们可以预想到等磁场线是一些平行于横坐标轴的直线。然而，实际的等磁场线却是一些稍有倾斜的直线。显然，这是与阳极电流增加时要求空间电荷的形状有所改变，因而产生了一个与阳极电流有关的电压增量相联系的。一方面如果把等磁场线延长，并与纵坐标轴相交，就可以足够准确地决定磁控管在相应磁场下的门槛电压 U_t 。另一方面，当我们等间隔地增大工作磁场时，实验所得的等磁场线彼此之间几乎也是等间隔的（见图 2.56）。

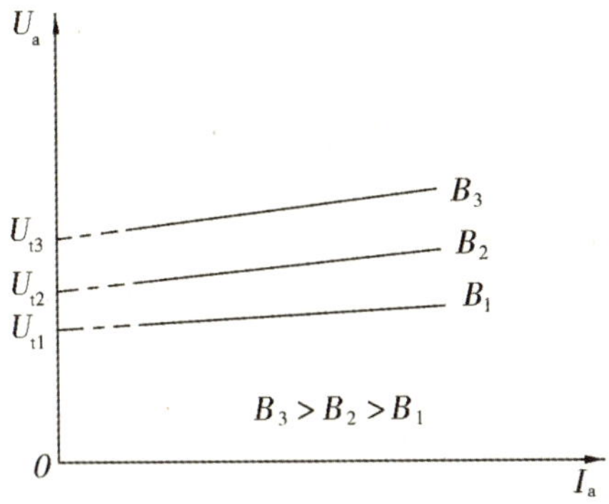

图 2.56 磁控管的等磁场线

工作特性中的等频率线一般说来具有比较复杂的形状，即使是同一类型的磁控管，这些曲线的形状也是不相同的。这是由磁控管中的电子导纳的复杂性造成的。

完整的工作特性曲线如图 2.57 所示。对于某些磁控管，永久磁铁是管子不可分割的组成部分（即所谓包装式结构）。这时，工作特性就十分简单，如图 2.58 所示。这种情况即为某一固定磁场下测得的相互关系。

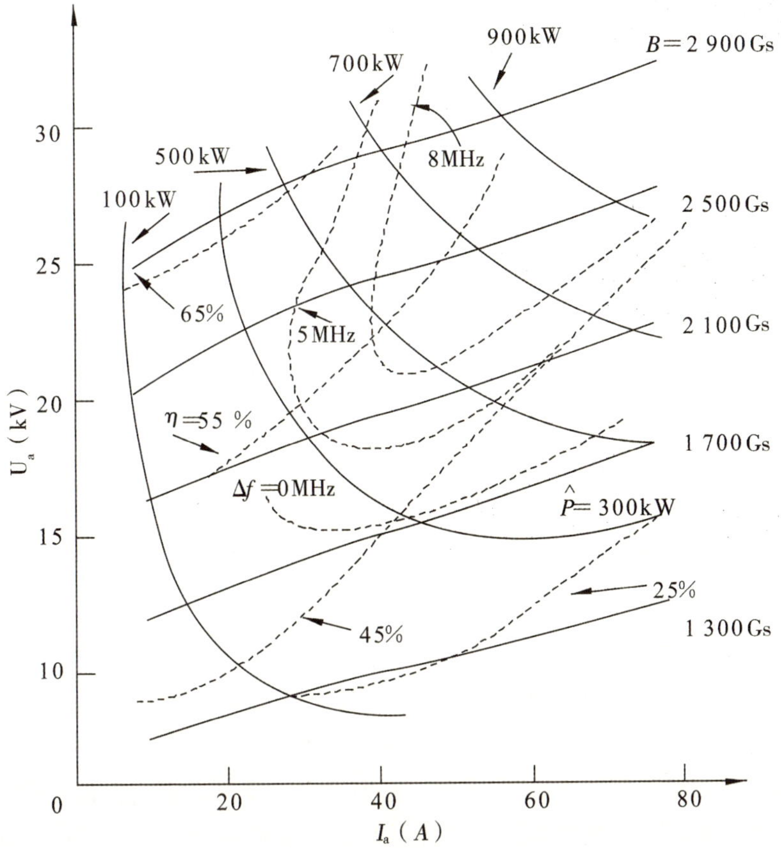

图 2.57 磁控管的工作特性曲线

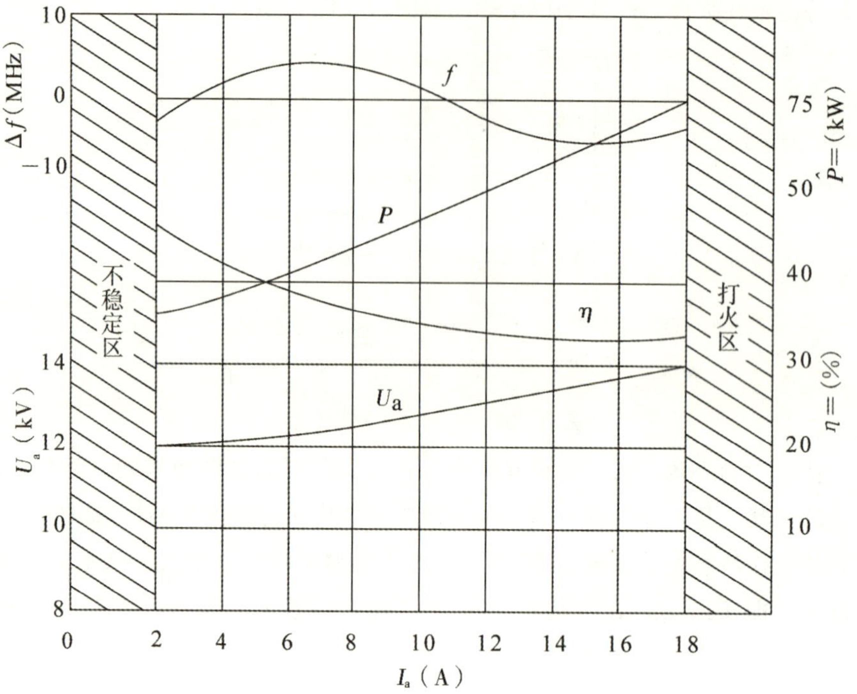

图 2.58 包装式磁控管的工作特性曲线

2.7.2 磁控管的电子频率偏移

磁控管中的电子频率偏移（或简称电子频移）是极为复杂的电子现象之一。产生电子频移的主要原因是电子导纳的复数性质，也就是说，在相互作用空间内同步旋转的电子轮辐中心与谐振腔隙缝中高频电场出现负的最大值处并不重合，或者说两者之间存在着一定的相位差。如果这个相位差为零，电子轮辐中心转至隙缝中心平面时正好遇上最大的切向推斥场，因此，电子流呈现了一个纯电子电导 ——G_e 。在这种情况下，电子流对谐振系统的频率没有影响，实际上，这个相位差一般不为零，电子流除呈现一定的电子电导外，还呈现一定大小的电子电纳 jB_e ，使得谐振系统的频率受到一定的影响。

我们先来看一下电子导纳的性质与上述相位差的关系。

图 2.59（a）中画出了磁控管阳极块谐振腔隙缝口的高频场及相应的电位分布，图 2.59（b）中画出了对应于离开腔口某一距离处的分布（假设为简谐分布），图 2.59（c）中画出了电子轮辐的一部分。在这一例子中，当电子轮辐中心经过阳极片中心平面（M 平面）时，在隙缝中心平面（N 平面）出现了最大的切向推斥场 ——E_{tm} ；过了一段时间，当电子轮辐转至 N 平面时，电场已变为零。由感应电流定律知道，一个密度调制的电子流以一定的速度经过谐振腔口时，在腔中将产生相应的感应电流，这个电流流经外负载，就会产生一定的功率耗散。从能量平衡的观点出发，可以认为电

子流作为一个负的功率耗散者（亦即功率供给者）跨接在谐振腔两端。这时，如果从谐振腔口向相互作用空间内看入，电子流相当于一个等效的电子导纳 $Y_e = G_e + jB_e$ 。这里不去进行定量的计算，而只给出有关的定性概念，以便说明电子频移现象的实质。

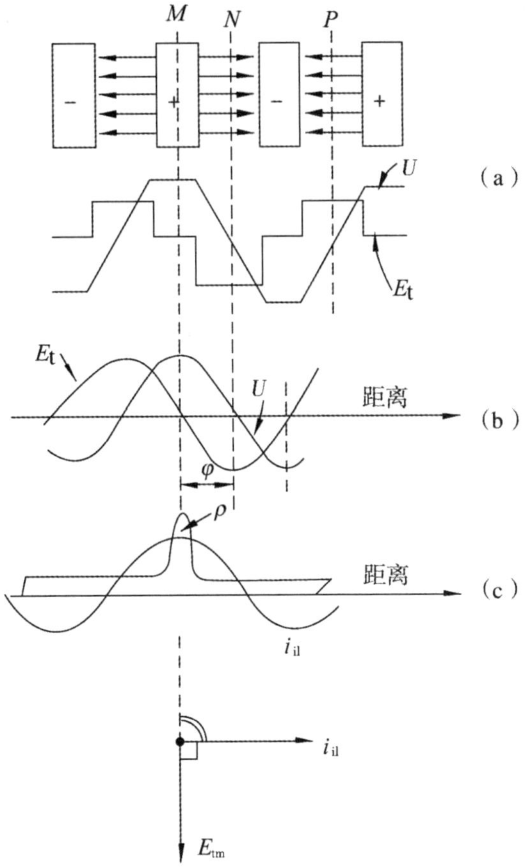

图 2.59 电子轮辐与高频电场的相位关系

对应于上述情况，我们把相应的各个矢量（复振幅）画在图 2.59（d）中。由此不难看出，感应电流的基波分量超前于高频电场$\frac{\pi}{2}$，因此，电子流呈现的是一个纯电纳（容性电纳），即 $B_e > 0$ 。

如果电子轮辐中心与 N 平面间相差一个任意角度 φ_1 时，在圆柱系统中，这一角度 φ_1 可以换算成电角度 φ_e 。由于两个隙缝中心平面之间的几何角度为 $\frac{2\pi}{N}$ ，在 π 模式下，电角度只相差 π，所以

$$\frac{\varphi_e}{\pi} = \frac{\varphi_1}{\frac{2\pi}{N}}$$

$$\varphi_e = \frac{N}{2}\varphi_1 = 0.5N\varphi_1$$

这种情况下相应的矢量关系如图 2.60 所示。由此可见，这时感应电流的基波分量超前于电场大于$\frac{\pi}{2}$的相位，因此不仅出现了电纳分量，同时还出现了电导分量，这个电导为负值。这是能量交换的前提，如果没有这个电子电导的存在，振荡是难于维持的。当 $\varphi_1 = 0$ 时，$|G_e| = |(G_e)_{max}|$，$B_e = 0$。由此可见，$Y_e = f(\varphi_1)$ 或 $Y_e = f(\varphi_e)$，并且可以看到，φ_e 愈大，无功分量 jB_e 的作用愈显著。

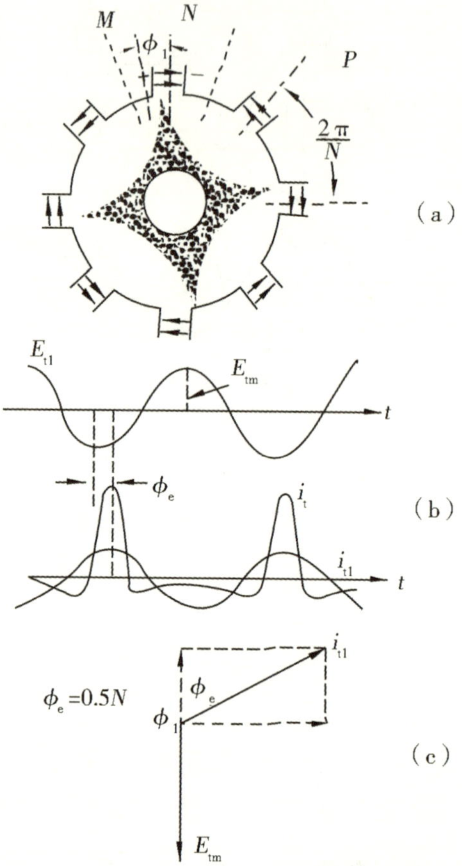

图 2.60　相差任意角度 φ_1 时的相位关系

下面让我们再来看看 φ_e 与工作电流的关系。为了方便起见，我们讨论平板电极磁控管中的情况，并假定振荡幅值与阳极电压及阳极电流无关。这种人为的条件就相当于采用一个外部信号源使磁控管激励在已知的振荡模式频率上（例如 π 模式）。图 2.61 中画出了平板系统中与电子大致同步的场的横向分量（实线）及纵向分量（虚线）相应的分布。图 2.61 中同时画出了电子轮辐的大致轮廓，并且也画出了门槛电压、阳极电压及高频电压的相互关系。因此，作用在电子上的总电压就等于直流电压 U_a 与高频电压（幅值为 U_m）的和，即

$$U_a + U_m \sin\omega t$$

(1) 当总电压低于门槛电压 U_t 时（即 $U_a+U_m<U_t$），$I_a=0$；空间电荷没有形成电子轮辐，如图 2.61（a）所示。然而由于空间电荷的存在，对系统的谐振频率将会产生一定的影响。实验及有关的分析表明，空间电荷的作用相当于存在着一种特殊的电介质，其等效介电常数将随工作条件而变。

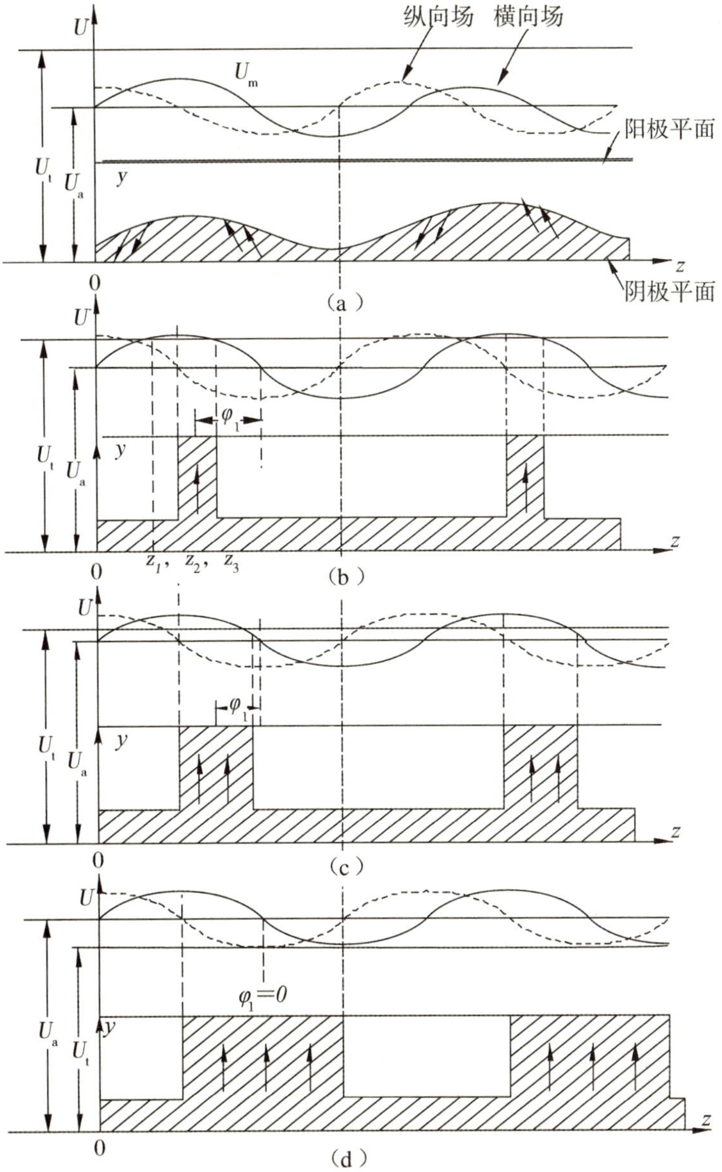

图 2.61 平板系统中电子轮辐与高频电压相位关系

(2) 当逐渐提高直流电压 U_a 时，总电压线将向上平行移动，一旦总电压越过门槛电压线时，如图 2.61（b）所示，就会出现阳极电流。由图可见，在 z_1z_3 范围内，总电压超过了门槛电压 U_t；但在 z_1z_2 范围内，由于纵向（即圆柱系统中的切向电场）加速场的存在，这个范围内的电子将被阴极所挑选而朝向阴极运动。因此，实际上空间电荷轮辐的轮廓将限于 z_2z_3 这一段范围内。这时，轮辐中心位置与纵向拒斥场最大值之间相差一个角度 φ_1 。当轮辐很窄时，$\varphi_e \to -\frac{\pi}{2}$，$\varphi_1$ 与 φ_e 的关系同前。

(3) 当 U_a 进一步提高时，轮辐增宽，z_2z_3 范围增大，可以近似地认为，轮辐的宽度大致正比于管内的阳极电流。由于这时 $|\varphi_1|$ 减小，$|\varphi_e| < \frac{\pi}{2}$，且随着 I_a 的增大而进一步减小。当 U_a 很大时，如图 2.61 (d) 所示，这时 φ_1 及 φ_e 均趋于 0。在通常的工作范围内

$$0 \leqslant |\varphi_e| \leqslant \frac{\pi}{2}$$

由此我们可以得到磁控管中关于电子导纳的定性概念：随着阳极电压的提高，阳极电流相应增大，与此同时，由于轮辐的增宽，使得 φ_e 逐渐减小，导致容性电纳分量的减小，因而使得磁控管的振荡频率随着阳极电流的增大而提高。这种频率随电流而变化的现象即是磁控管中的电子频移，如图 2.62 所示。

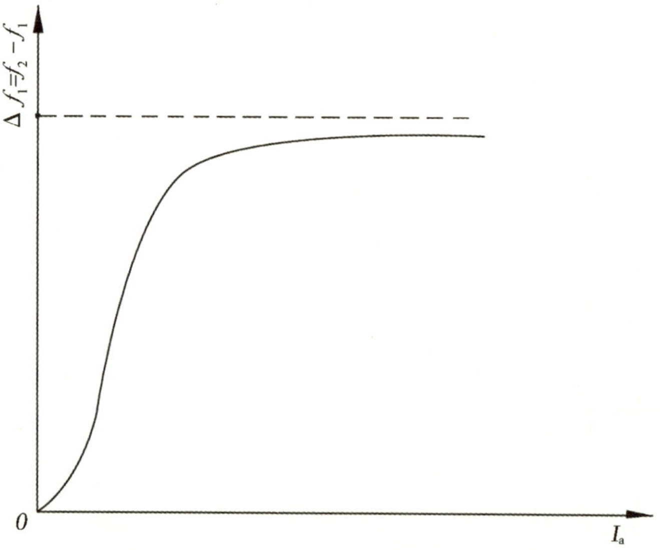

图 2.62 电子频移与阳极电流的关系

动态情况下 ($I_a \neq 0$) 实际磁控管的振荡频率往往由于阳极块的温升而下降，一次近似下可以认为，这一频率下降与阳极电流成线性关系，如图 2.63 中曲线 b 所示；如果再考虑到管内的电子频移现象（曲线 a），磁控管中的振荡频率随阳极电流 I_a 的变化将如图 2.63 中的曲线 c 所示。这是一条非单调的变化曲线。当电流从零开始增加时，频率先是迅速地提高，到达某一最大值后又随电流的增大而下降。

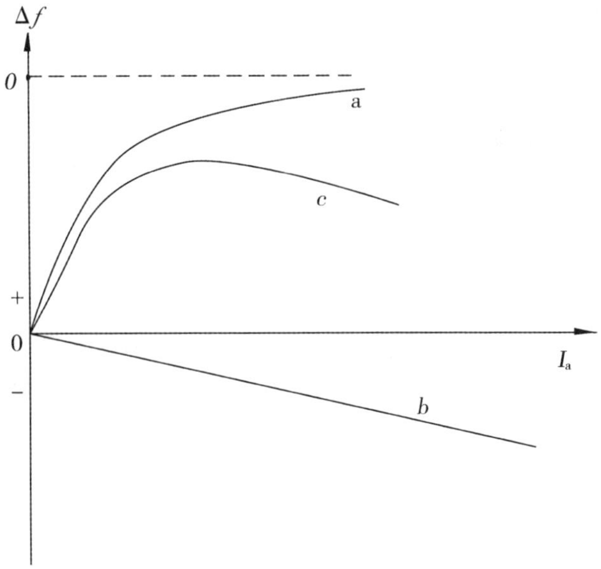

图 2.63 实际磁控管中的电子频移曲线

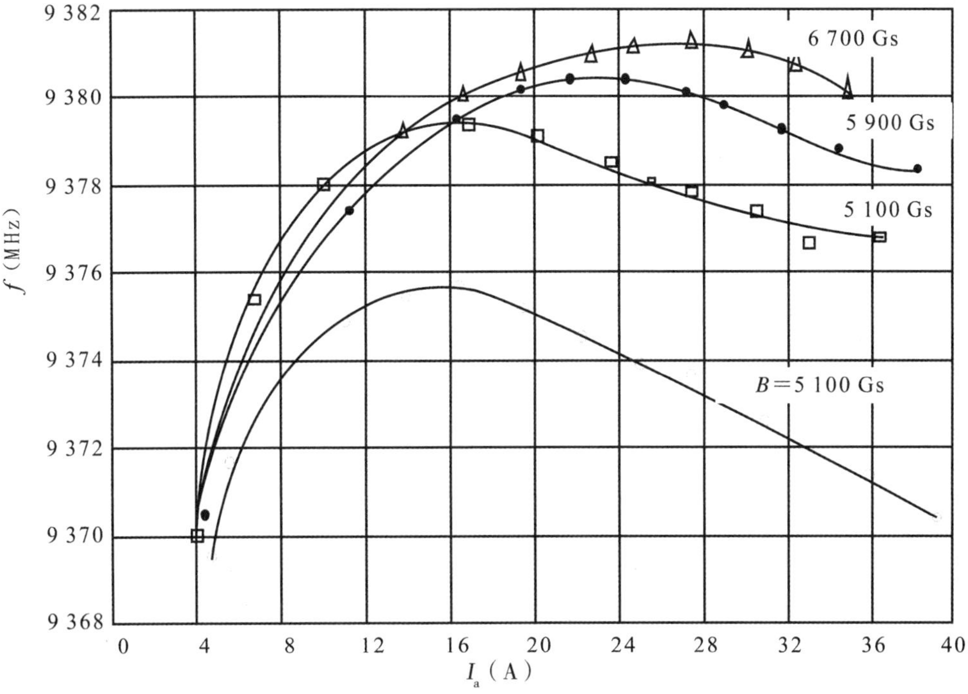

图 2.64 ZD—85 磁控管的电子频移曲线

在磁控管中一般以阳极电流变化 1A 时振荡频率变化的多少作为电子频移的量度，有时称为“电子频移系数”，以 MHz/A 为单位。例如 X 波段磁控管中，电子频移的平均值约为 0.5MHz/A，而频率稳定性良好的同一波段的同轴磁控管，电子频移却只有 0.08MHz/A。图 2.64 中画出了一个 X 波段磁控管的实测电子频移曲线。实验表明，电子频移曲线的形状与负载品质因数 Q_L 、谐振腔的特性导纳 Y_c 、工作磁场 B 、阴极与阳极的同心度、阴极端帽的形状及材料等许多因素有关。

2.7.3 磁控管的负载特性

任何一种自激振荡管，当其负载发生变化时（例如当管外传输线上出现程度不同的不匹配现象），必然会在一定程度上影响到振荡管的工作状态。磁控管当然也不例外，这种表征输出功率和振荡频率随负载而变化的特性，称为磁控管的负载特性。

图 2.65 是一个 X 波段磁控管的负载特性图。这是在导纳圆图（或阻抗圆图）上作出的一簇等功率线和等频率线。而导纳圆图本身是由等驻波系数圆及等相位线所组成的，实际上，这个圆图表明了传输线终端负载的相对量值，或是转换至磁控管输出端截面上的相对量值。

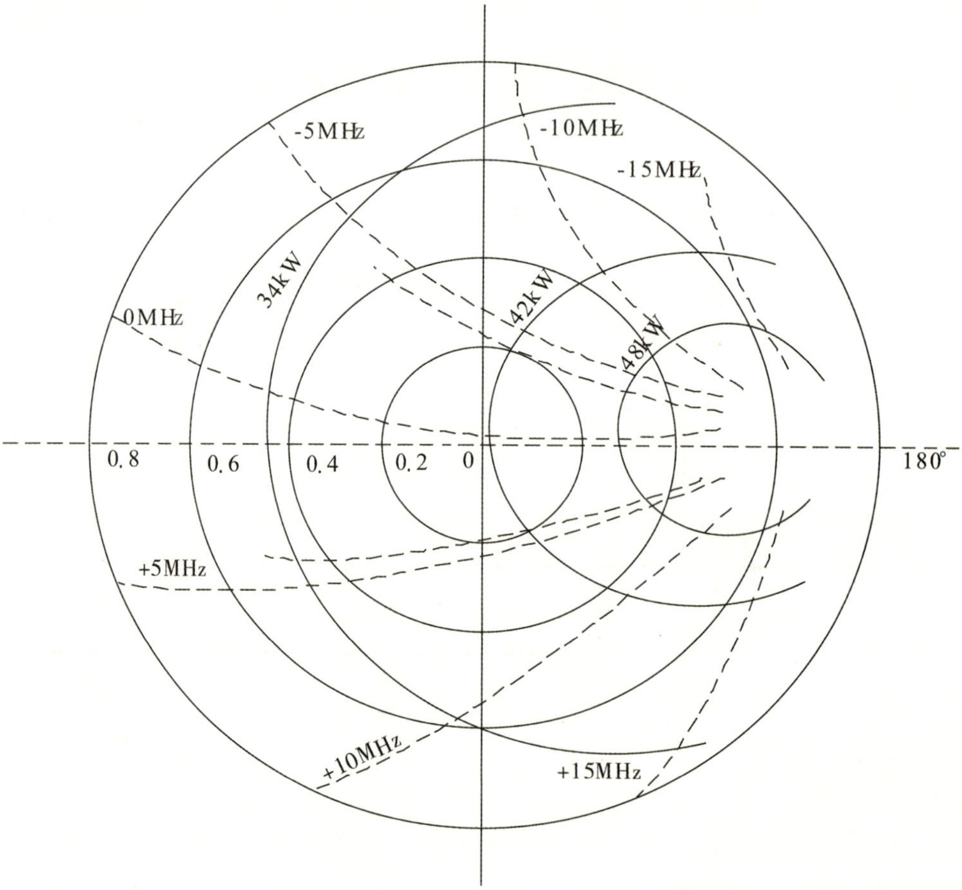

图 2.65 X 波段磁控管的负载特性曲线

通常，磁控管的负载特性是在固定工作条件下（即 B =常数，I_a =常数）通过改变负载而直接测量出来的。在圆图上画有一簇等功率线和一簇等频率线的负载特性又称为“雷基图”。

从磁控管的负载特性可以看到，当负载在某一个范围内改变时，管子振荡功率与频率在多大的范围内变化。因此，负载特性也描述了管子的工作稳定性。从磁控管的等效电路就不难理解功率、频率和负载的关系。如前所述，决定磁控管高频振荡幅值和频率的条件分别是

$$G_e + G_L + G_R = 0$$

$$B_e + B_L + B_R = 0$$

在这里，由于工作磁场和阳极电流保持不变，所以，电子导纳仅与振荡电压幅值、阳极电压 U_a 和角频率 ω 有关，即

$$G_e = f_1(U_m, U_a, \omega)$$

$$B_e = f_2(U_m, U_a, \omega)$$

由于磁控管的阳极谐振系统具有较高的品质因数，所以，负载电纳的改变引起振荡频率的改变在量值上是较小的；当负载改变时，若要使阳极电流维持不变，需要改变的阳极电压也是很小的。因此，在这样小的频率范围内，可以近似地认为电子导纳只与 U_m 有关，于是有

$$G_e(U_m) + G_L + G_R = 0 \tag{2.131}$$

$$B_e(U_m) + B_L + B_R = 0 \tag{2.132}$$

由这两个条件就完全确定了负载改变时磁控管的振荡幅值（即功率）和频率。

由此可见，如果负载改变，但其中有功分量 G_L 保持不变，那么，由式（2.131）可知，这种情况下的振荡幅值和输出功率不会产生变化。因此，在负载特性图上，等功率线应与导纳圆图上的等电导圆重合。当改变负载中的 G_L 而使其中的无功分量 B_L 保持不变时，振荡幅值和输出功率将随着变化。如果 B_e 不随 U_m 变化，那么，振荡频率将是不变的，这时，等频率线应与圆图上的等电纳线重合。实际上，G_L 的改变引起 U_m 变化时，电子电纳 B_e 也将发生变化，这就使得振荡频率也要发生一定的改变，加上另外一些因素，使得实际测得的负载特性曲线具有比较复杂的形状。

2.7.4 磁控管的频率牵引

前面已经指出，当磁控管的负载改变时，管子的输出功率和振荡频率都将发生相应的变化。由于负载变化引起管子振荡频率的变化称为负载对频率的牵引，或简称“频率牵引”。显然，负载变化范围愈大，频率牵引也愈大。下面我们来分析这种影响。

根据外观品质因数的定义

$$Q_E = \frac{\omega_0}{2}\left(\frac{\mathrm{d}b_R}{\mathrm{d}\omega}\right)_{\omega_0} \tag{2.133}$$

式中 $b_R = \frac{B_R}{Y_c}$ ——谐振腔的归一化电纳。

而在 $\omega \approx \omega_0$ 时，电纳 b_R 随频率的变化近似于线性关系，于是式（2.133）可以写

成

$$\Delta b_{\mathrm{R}} = 2Q_{\mathrm{E}} \frac{\Delta\omega}{\omega_0} \tag{2.134}$$

当频率改变不大时，且 $B_{\mathrm{e}} \neq f(G_{\mathrm{e}})$ ，可近似地认为 $B_{\mathrm{e}} \approx$ 常数。因此，磁控管工作在匹配负载状态下（即 $g_{\mathrm{L}} = \frac{G_{\mathrm{L}}}{Y_{\mathrm{c}}} = 1$, $b_{\mathrm{L}} = \frac{B_{\mathrm{L}}}{Y_{\mathrm{c}}} = 0$ ）的谐振条件为

$$b_{\mathrm{R}} + b_{\mathrm{e}} = 0 \tag{2.135}$$

于是，工作在失配负载状态下的条件变为

$$b_{\mathrm{R}} + \Delta b_{\mathrm{R}} + b_{\mathrm{e}} + b_{\mathrm{L}} = 0 \tag{2.136}$$

由式（2.135）及式（2.136）可知，这时

$$\Delta b_{\mathrm{R}} + b_{\mathrm{L}} = 0 \tag{2.137}$$

这就是说，当磁控管的负载出现电纳 b_{L} 时，磁控管的振荡频率会自动地改变到一个新的频率上去，在这个新频率下，谐振腔的电纳会出现一个增量 Δb_{R} ，它与 b_{L} 一起重新满足谐振条件 $\sum b = 0$ 。因此，这个增量的大小完全取决于负载电纳的大小，即

$$\Delta b_{\mathrm{R}} = -b_{\mathrm{L}}$$

代入式（2.135）后，可得

$$\Delta\omega = -\omega_0 \frac{b_{\mathrm{L}}}{2Q_{\mathrm{E}}}$$

或

$$\Delta f = -f_0 \frac{b_{\mathrm{L}}}{2Q_{\mathrm{E}}} \tag{2.138}$$

到此为止，我们可以清楚地看到，负载电纳 b_{L} 的性质和大小直接决定了振荡管的频率变化范围。

当负载的电压驻波系数为 S_{L} 时，则离负载距离为 $\theta = \frac{L}{\lambda_{\mathrm{g}}}$ 处的输入导纳（归一化值）可以写成

$$y = g + \mathrm{j}b = \frac{1 + \mathrm{j}S_{\mathrm{L}}\tan\theta}{S_{\mathrm{L}} + \mathrm{j}\tan\theta} \tag{2.139}$$

因此

$$g = \frac{S_{\mathrm{L}}(1 + \tan^2\theta)}{S_{\mathrm{L}}^2 + \tan^2\theta} \tag{2.140}$$

$$b = \frac{(S_{\mathrm{L}}^2 - 1)\tan\theta}{S_{\mathrm{L}}^2 + \tan^2\theta} \tag{2.141}$$

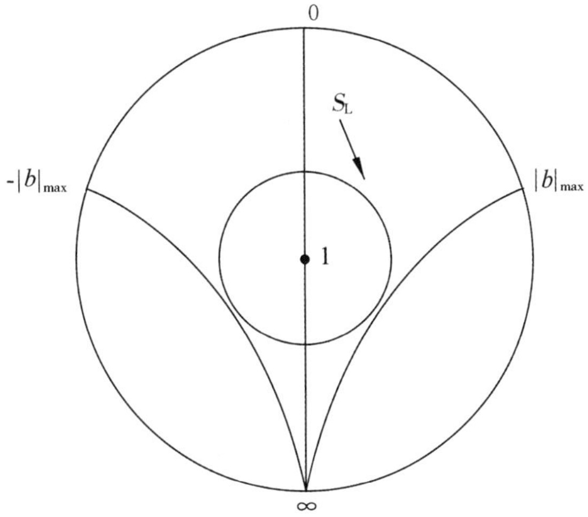

图 2.66　负载电纳与驻波系数的关系

当 S_L = 常数时，可以求得与等 S_L 圆相切的最大电纳 $|b|_{max}$（见图 2.66）。只要令

$$\frac{db}{d\theta}=0$$

即可得到

$$\tan\theta = S_L \tag{2.142}$$

代入式（2.141）后，可得

$$|b|_{max}=\frac{S_L^2-1}{2S_L} \tag{2.143}$$

式（2.143）表明，当负载驻波系数为 S_L 并保持不变时，而只改变负载与磁控管间的距离（即改变电长度 θ），在磁控管输出端平面呈现出来的负载电纳的变化范围为 $-|b|_{max}$ 至 $+|b|_{max}$。与此变化相应的磁控管振荡频率的变化将是式（2.138）的两倍，即

$$\Delta f=\frac{f_0}{Q_E}\cdot\frac{(S_L^2-1)}{2S_L} \tag{2.144}$$

由此可知，S_L 愈大，Δf 也就愈大。因此，在技术条件和测试标准中常做如下定义：当负载驻波系数为 1.5 时，相位改变 2π，磁控管振荡频率的改变称为“频率牵引系数”，并以 MHz 作为单位。

如将 $S_L=1.5$ 代入式（2.144），可得熟知的表示式

$$\Delta f=0.417\frac{f_0}{Q_E}\ (\text{MHz}) \tag{2.145}$$

式中　f_0 ——磁控管的振荡频率（MHz）；

　　Q_E ——磁控管的外观品质因数。

由此可见，频率牵引与外观品质因数成反比。在前面讨论效率时就曾指出，提高效率的要求是与振荡稳定性的要求相矛盾的。换句话说，在选择外观品质因数 Q_E 时，

必须兼顾两者，根据使用要求有所侧重。

图 2.65 中相应的频率牵引系数为 9MHz。

通常在设计管子时，往往提出频率牵引的上限作为频率稳定性的要求，这时，Q_E 必须满足下述不等式：

$$Q_E > 0.417 \frac{f_0}{\Delta f} \tag{2.146}$$

例如一个磁控管的振荡频率为 10kMHz，当要求频率牵引小于 5kMHz 时，则由式（2.146）可知，Q_E 的下限为 834。

图 2.67 中画出了沿等驻波系数圆改变相位时，磁控管（S 波段）的频率变化曲线。

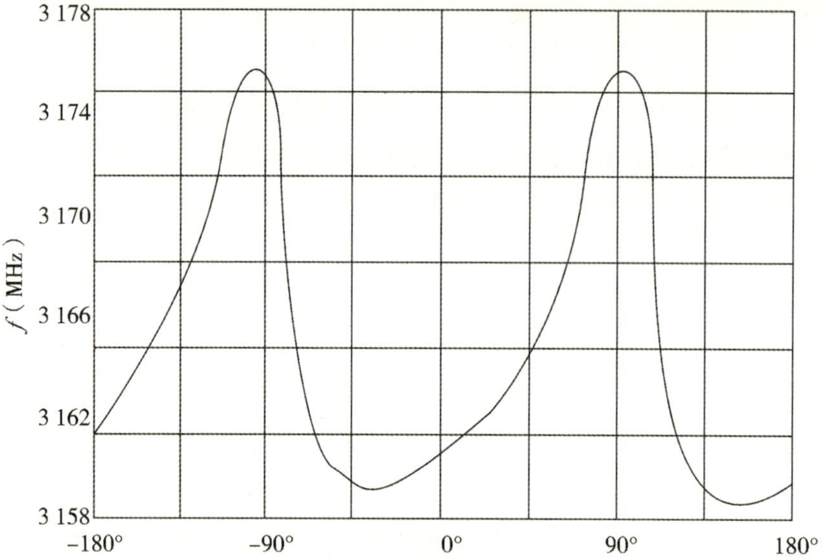

图 2.67　S 波段磁控管的频率牵引特性

2.8　磁控管的频率调谐

早期的磁控管主要设计和应用在固定的振荡频率上，后来因雷达反干扰的需要，促进了振荡频率可变的磁控管的迅速发展。特别是近年来，由于电子对抗技术的蓬勃发展，频率可调磁控管占有极为重要的地位。在应用中，不仅提出了频率可调的要求，而且还提出调谐范围大、调谐速率快等一系列新的要求，以满足近代电子战的需要。

像其他微波电子管一样，磁控管的频率调谐一般说来有以下几种方法。

（1）机械调谐：用机械的方法改变磁控管谐振系统的等效参量（例如电容或电感），从而达到频率调谐的目的。

（2）电气调谐：用电气方法改变谐振系统中填充的介质（铁电体或铁氧体）的参量，从而达到调谐的目的。

(3) 电子调谐：用改变磁控管或附加的电极上的工作电压或电流的方法来达到调频的目的。

在上述几类调谐方法中，机械调谐磁控管发展得较早，应用得也较普遍；电气调谐磁控管近年来发展较快，应用也逐渐增多；电子调谐磁控管除“电压调谐磁控管”外，其他形式的结构目前较少应用。

在本节中主要讨论机械调谐磁控管的基本原理。电压调谐磁控管将在后面章节中讨论。

对于机械调谐磁控管来说，一般有下列几点基本要求：

(1) 在调谐范围内，必须维持足够的模式分隔度，不致产生跳模现象；固有品质因数的变化应尽量小。

(2) 调谐机构的引入不致产生寄生振荡或发生跳模等现象。

(3) 在调谐范围内，振荡功率和效率不产生显著的波动和跌落。调谐元件的引入不破坏相互作用空间内高频场的对称性，以保证高的电子效率。

(4) 调谐机构必须可靠，具有一定的寿命，频率的重调一致性好等。

由于上述要求的限制，目前机械调谐磁控管所能达到的调谐范围一般在5%～15%。

2.8.1 容性调谐

在容性调谐中，最简单的调谐元件是一个置于谐振腔隙缝顶部的金属薄环，如图2.68 (a) 所示。由于这一薄环处于高频电场较强的空间内，所以当它靠近阳极块时，就会使谐振系统中的电场储能增加，这就相当于谐振腔增大了等效电容。图2.68 (b) 中的等效电路定性地示出了环的各段与每个阳极片顶部表面形成的电容，环的每一段则相当于一个小电感。在π模式上，相邻电容（如图中的C）通过一段金属环而串联，然后并联在每个隙缝之上。这样就为每个谐振腔增加了约$\frac{C}{2}$的电容，从而使得谐振系统的谐振频率降低。金属环愈靠近阳极块，增加的电容愈大，磁控管的频率下降得就愈多。

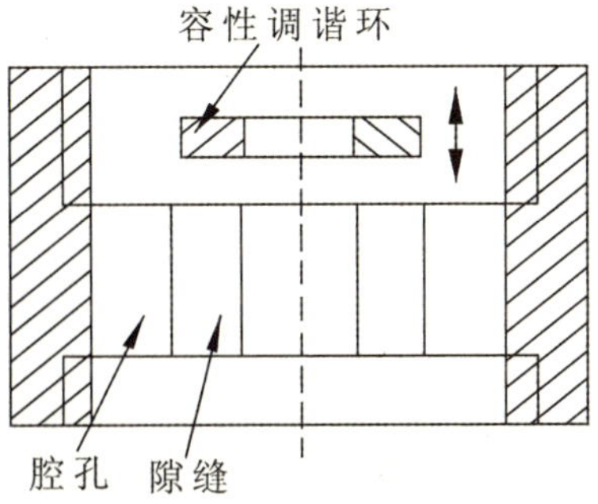

(a) 结构示意图

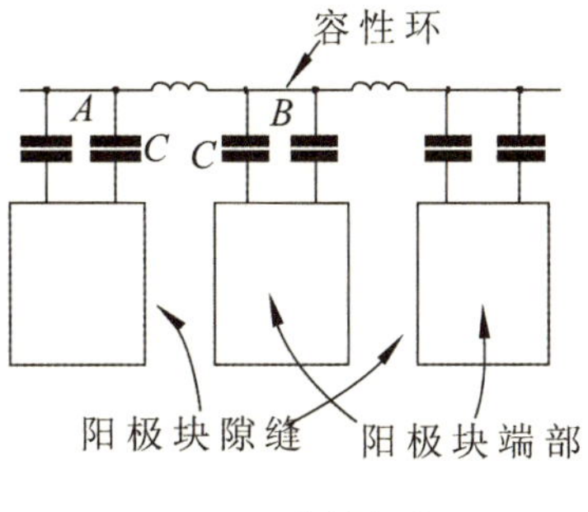

(b) 等效电路

图2.68 电容环调谐的磁控管

非π模式的谐振频率原来高于π模式，这个调谐环对非π模式所起的容性影响，

比起 π 模式来，其作用要大些。这样就会在调谐范围的低频端导致模式分隔度减小，从而增大了跳模的可能性。正是这个缺点限制了这种结构的调谐范围。

电容调谐的另一种结构是在两隔模带之间插入一个可动的金属环，如图 2.69 所示。显然，调谐环的作用是增大隔模带的电容，因而随着调谐环向下移动，π 模式的频率就逐渐下降。这种调谐方法目前已很少使用。

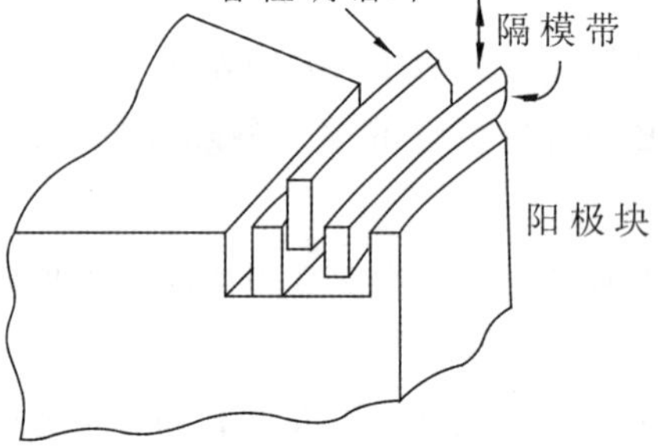

图 2.69　隔模带电容调谐机构

在电容调谐的频率范围内，谐振系统的电容量随着频率的降低而增大。如果近似地认为电感量不变，那么电容与频率的平方成反比。由于容性电流增大，腔壁电流和高频损耗相应增大。与此同时，调谐元件的引入也增加了高频损耗。这些因素导致磁控管固有品质因数降低。图 2.70 中给出了电容调谐频率特性和品质因数 Q_0 的变化。显然，Q_0 下降过多是不能允许的，因为这将导致管子线路效率和输出功率在低频端显著下降。事实上，这是容性调谐的一般规律，因而调谐范围受到了进一步的限制。

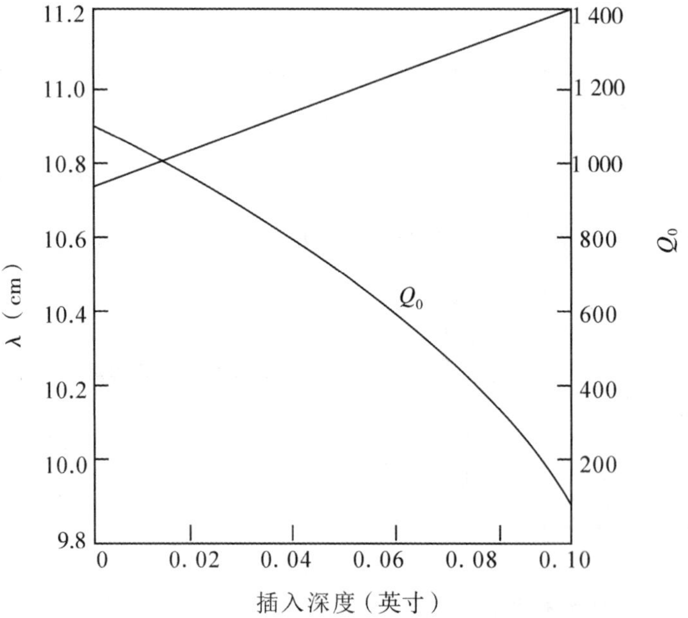

图 2.70　电容调谐频率特性和 Q_0 值的变化曲线

除此以外，调谐元件与阳极块间的打火或击穿也是一个限制的因素。

基于上述原因，容性调谐一般不适用于脉冲功率很高和工作波长较短的磁控管中。它的优点是：调谐元件相对于阳极块只需做较小的位移，即可得到一定范围的调谐；采用柔性膜片作为真空密封一般就可以满足这个位移的要求。

2.8.2 感性调谐

调谐的另一种基本方法是改变谐振系统的等效电感，在磁控管中实现这一方法的基本结构如图 2.71～图 2.73 所示。

在电容或电感调谐的磁控管中，为了获得足够的调谐频宽，都希望谐振腔具有较高的特性阻抗，即希望阳极块高度不宜过高，因而其模谱图将如图 2.22 中的曲线 a 所示，这时，π 模式的谐振频率最低。

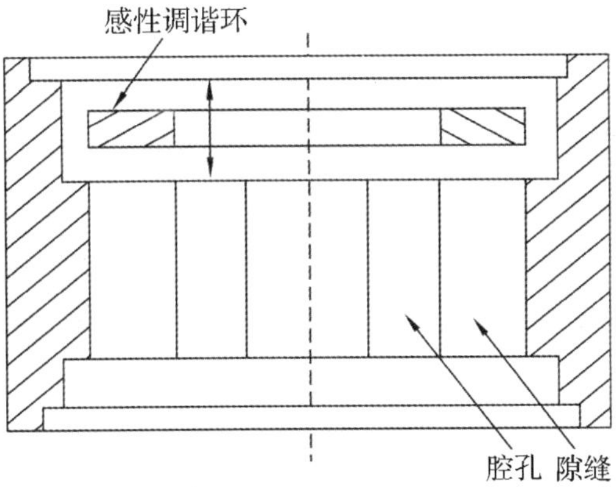

图2.71 电感环调谐磁控管

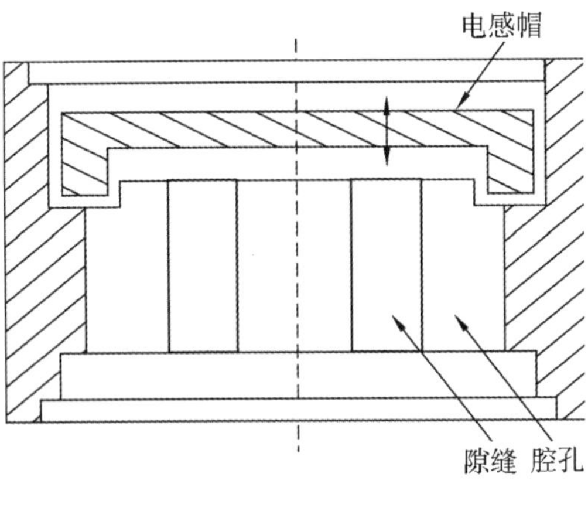

图 2.72 电感销调谐磁控管

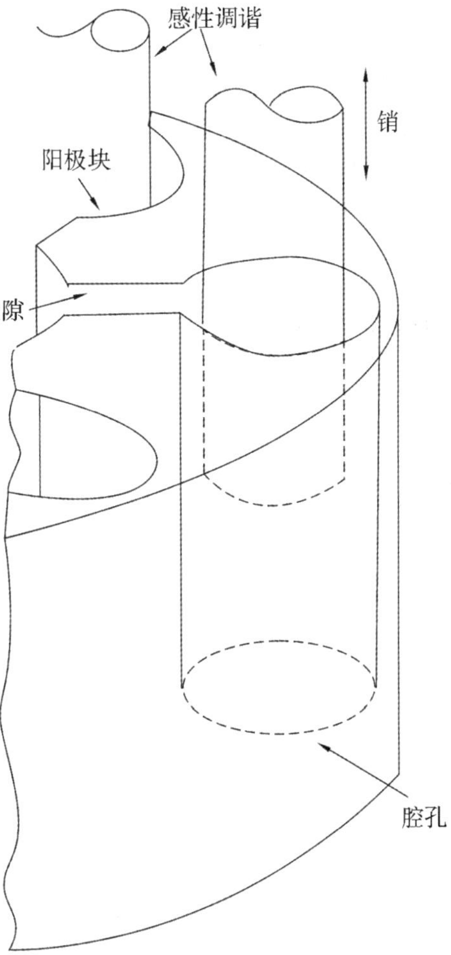

图 2.73 电感帽调谐磁控管

(1) 电感环调谐装置像电容环一样，位于阳极块顶部的金属薄环起着调谐元件的作用。但不同的是圆环的平均直径比电容环大，并且环的面积正好覆盖住孔缝型谐振腔的圆孔部分，或者说这一薄环位于谐振腔高频磁场集中的区域。

(2) 而在电感销调谐机构中，由一些金属插销分别插入磁场集中的谐振腔圆孔中，起着调节电感的作用。在电感帽调谐机构中，可以看到帽状的金属杯插入谐振腔根部高频磁场集中的区域。

(3) 无论是哪一种电感调谐元件，它们所起的作用都是使高频磁场限制在比较小的空间内，因而随着这些元件接近或深入程度的增加，谐振腔的等效电感减小，谐振频率提高。

金属销插入孔内引起振荡波长的变化以及固有品质因数 Q_0 的变化规律如图 2.74 所 示。这是一个 X 波段的管子，采用了 12 个孔缝型谐振腔，腔体高度为 $\frac{1}{4}$ 英寸，电感销的直径为腔孔直径的 0.7 英寸左右。由图（2.74）可见，当金属销插入 $\frac{1}{10}$ 英寸后，调谐频宽可达 10%左右。而固有品质因数 Q_0 将因销上损耗的增加、腔内体积与表面积之比值的下降而减小。金属销插入愈深，这些影响就愈显著。因而在感性调谐的管子中，固有品质因数总是随着频率的提高而下降。相应地，管子的线路效率和总效率以及输出功率总有随着频率提高而降低的趋向。

感性调谐的模式分隔问题发生在调谐范围的高频端。这时，谐振腔等效电感减小较多，而由于频率的提高，隔模带的电感作用则有所增加，所以谐振腔所起的感性作用相对减弱，模式分隔状况变差。

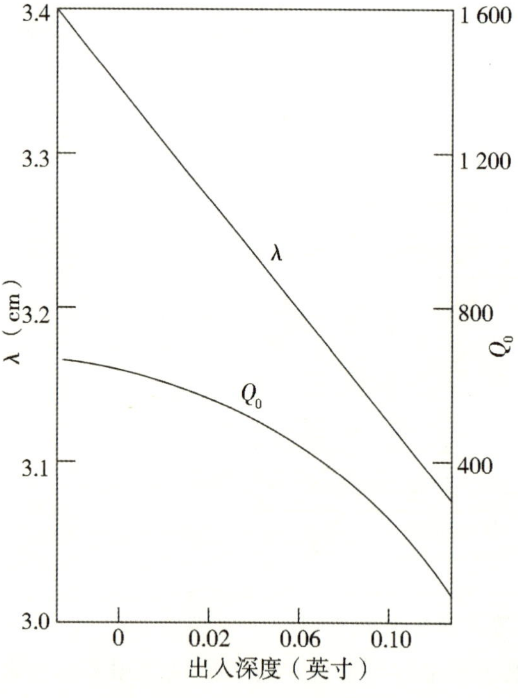

图 2.74 电感销调谐特性

感性调谐为磁控管提供的调谐范围可达 14%左右，一般情况下在 5%～10%之间。

感性调谐元件所要求的位移比容性调谐元件大些。如果调谐范围相同的话，一般在工作波长较短的磁控管中采用感性调谐结构比较方便。

为了扩展机械调谐的范围，有时也利用容性调谐和感性调谐的组合，旋转同一手柄就可以同时使位于阳极块某一顶部的电容块接近，而使位于另一顶部的电感块离开，从而同时起着容性和感性调谐的作用。据实验，采用这种组合调谐的磁控管，在S波段的调谐范围可达50%左右，效率不低于50%。

2.8.3 旋转调谐

在上述两种调谐方法中，调谐元件的位移都是轴向的。为了提高调谐速度、降低调谐周期，出现了调谐元件做角向运动的“旋转调谐”。旋转调谐仍然是容性调谐和感性调谐的原理，不同的是调谐元件的运动方式和具体结构。通常，调谐元件由称为调谐盘的金属叶片组成，叶片数一般与谐振腔数相同。调谐盘和叶片的结构种类繁多，图2.75和图2.76给出了其中的一例。调谐盘置于阳极块的顶部空间内。叶片与谐振腔比较靠近，以影响其电场和磁场。

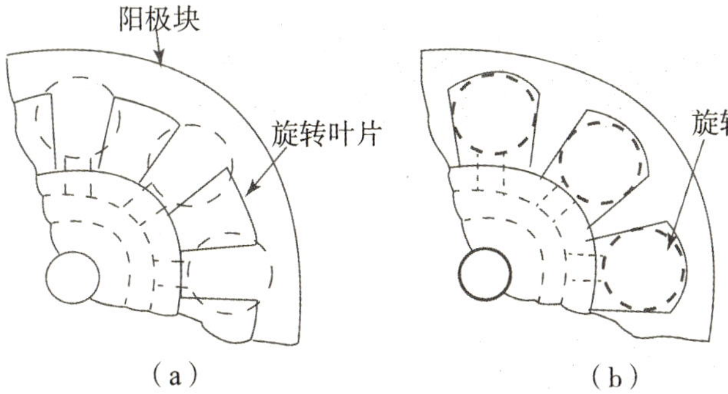

图2.75 旋转调谐叶片与阳极块的相对位置

当调谐盘转动时，叶片相对于谐振腔的位置就发生周期性变化。如图2.75（a）所示，叶片位于两谐振腔之间，为谐振腔增加了一些容性分量。这时谐振频率最低，低于系统原有的频率。当调谐盘转动$\frac{180^\circ}{N}$时，所有叶片都位于谐振腔孔的顶部，如图2.75（b）所示，谐振系统的感性分量减小，这时的谐振频率最高，高于系统原有的频率。因此，实际上这也是一种组合调谐。容性作用和感性作用的强弱取决于叶片的径向长度和形状。旋转调谐的典型特性如图2.77所示。

采用旋转调谐可以提高调谐速度，得到快速调谐的信号。这个速度取决于调谐盘的转动速度及谐振腔的数目。这种旋转调谐的频宽，在L波段可达10%，在S和X波段则有5%左右。

近年来，在雷达技术中，为了减少目标闪烁、地波干扰和提高抗干扰能力，普遍采用了频率捷变技术。在这一技术中，要求每个脉冲的载频发生改变。这就不仅对磁控管提出了频宽的要求，而且提出了高调谐速度的要求。为了适应上述要求，发展出液压调谐和快速旋转调谐等多种方法。这些方法的特点是利用液压或快速旋转机构与调谐元件（例如金属销或调谐盘）相结合，并以极高的速度带动调谐元件做往复或旋转运动，从而达到快速调谐的目的。

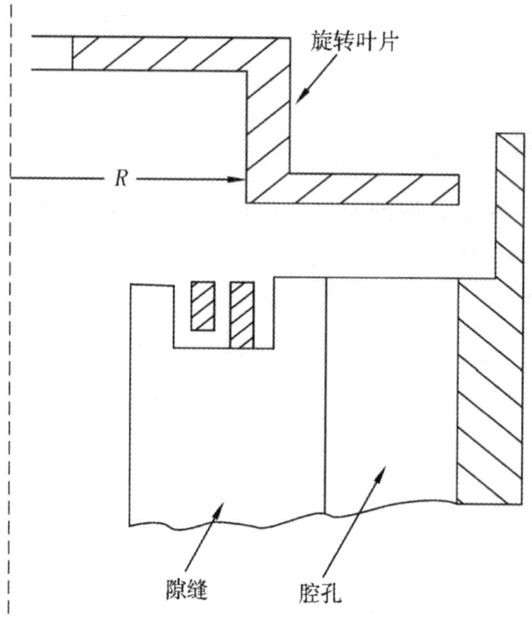

图 2.76　调谐叶片与谐振腔的相对位置

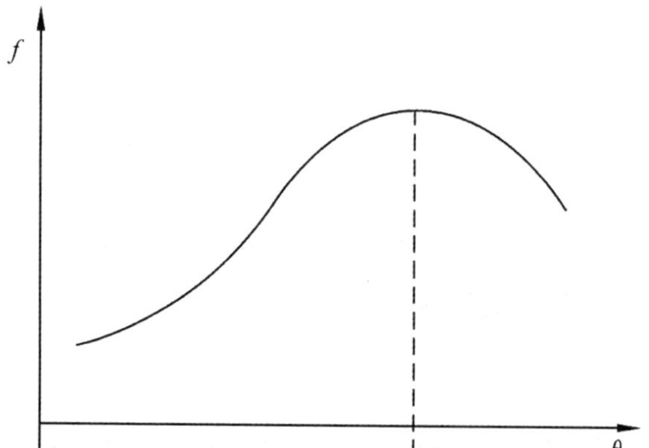

图 2.77　旋转调谐的调谐曲线

2.8.4　耦合腔调谐

在以上讨论的几种调谐方法中，都是基于直接改变谐振系统中的等效电容或等效电感（或同时改变两者）的方法来实现调频的。在这些方法中，由于调谐元件的引入，一方面使得高频损耗增加，另一方面还会引起高频打火，产生寄生振荡等意外麻烦，致使磁控管的工作稳定性和可靠性降低，调谐范围也不很宽。

如果调谐元件不直接引入阳极谐振系统中，而使其处在另一个（或几个）与阳极块相耦合的辅助腔中，就可以避免上述缺点，从而大大改进磁控管的工作性能。

利用调谐辅助腔的参量来达到改变磁控管振荡频率的目的，这方法称为“耦合腔调谐”。耦合腔调谐一般有单腔的不对称调谐和多腔对称调谐等几种。前者结构简单，但调频范围小；后者调频范围大，但结构复杂。

图 2.78 所示是一种利用膜片耦合的腔式调谐。它的振荡频率取决于谐振系统、膜片和耦合腔这三个部分的特性。当调谐腔的尺寸改变时，就可以调谐磁控管的振荡频率。然而，由于结构的不对称性，限制了它在高功率宽调谐范围方面的应用。

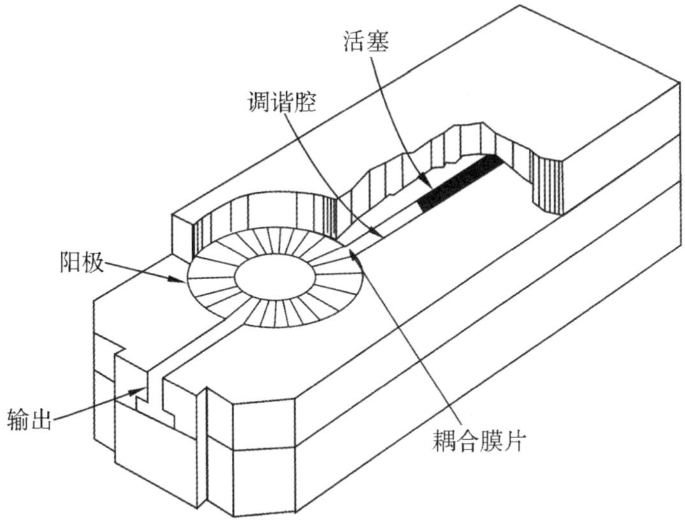

图 2.78　膜片耦合腔式调谐磁控管

在单腔调谐基础上发展起来的四腔对称调谐得到了重视，这种调谐机构如图 2.79 所示。四个脊形波导式调谐腔均匀对称地排列在阳极块（有隔模带）的四周，它们互成 90°，而输出隙缝又在两个调谐腔的中间，与调谐腔成 45°夹角。

耦合腔的这种排列和配置是为了消除单腔调谐磁控管的下述缺陷：在单腔调谐中，非 π 模式有一个简并模式受到调谐时，另一个简并模式就不受调谐，这种情况会导致磁控管振荡在这一不可调的简并模式上，从而代替了正常的 π 模式。

四腔均匀对称分布排列时，它们不但与 π 模式相耦合，而且与 $n=\frac{N}{2}-1$ 模式的两个简并模式也有同等的耦合。同时，由于输出隙缝与调谐腔成 45°，所以 $\frac{N}{2}-1$ 模式的两个简并模式将同等地耦合至负载，且在整个频带内近似相等。这样，两个都被加载的简并模式就难以起振，从而保证磁控管稳定地工作在 π 模式上。

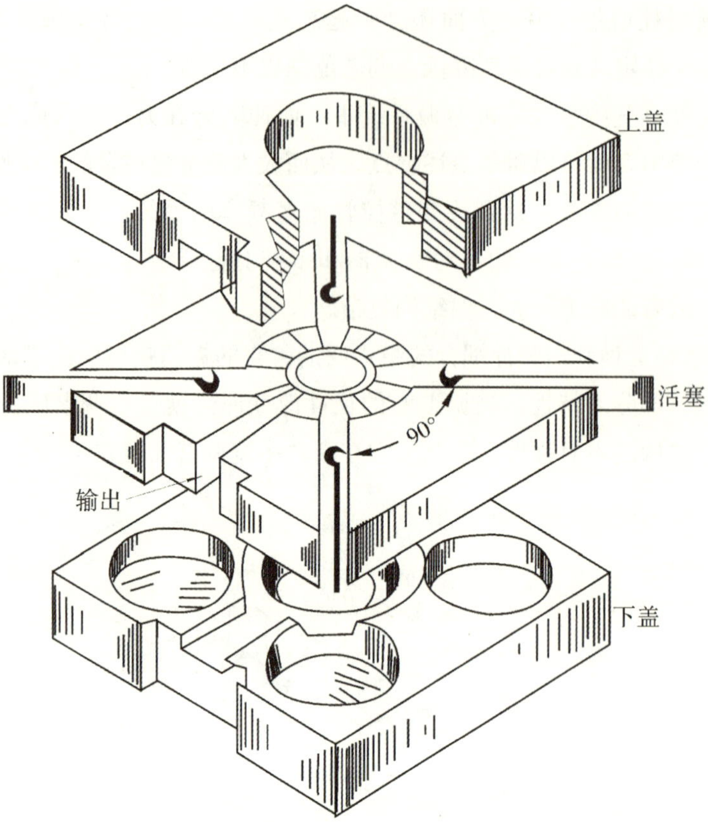

图 2.79　四腔调谐磁控管

另一种外腔调谐磁控管如图 2.80 所示，它是在某一小腔的尾端磁场最强处开一轴向隙缝，然后与外接的一个谐振腔耦合起来，在外腔中利用可动的柔性膜片进行调谐的一种装置。该管为 S 波段脉冲功率可达 1 000 kW ，调谐范围为 5%的大功率外腔调谐磁控管。其解剖外形如图 2.80 所示。

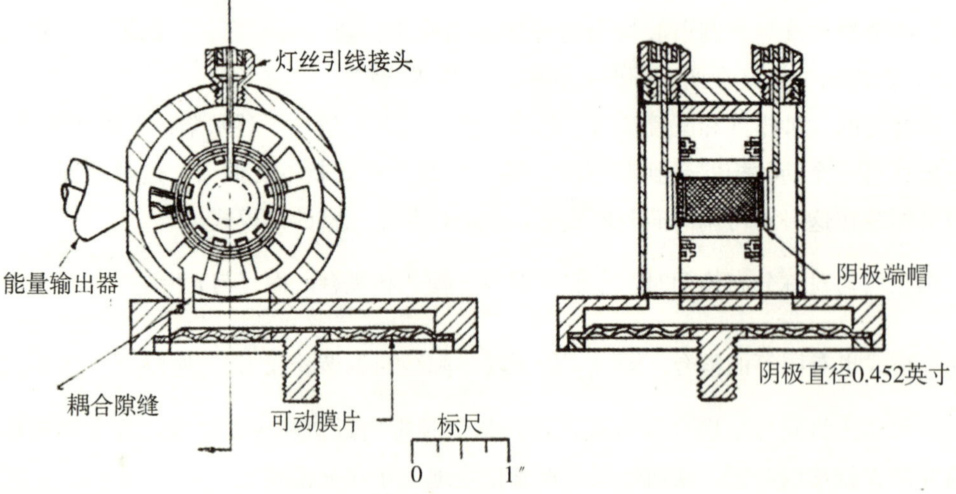

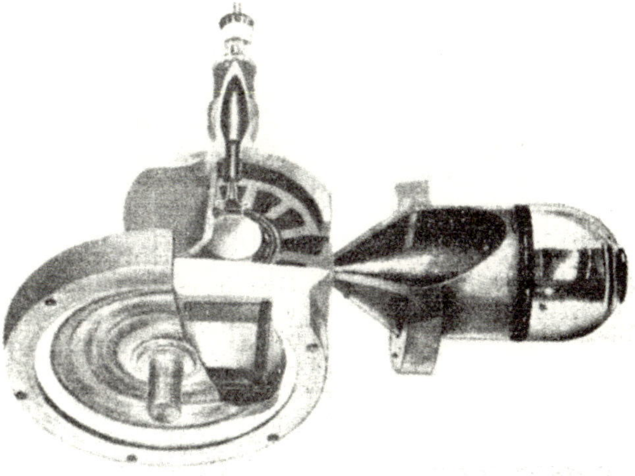

图 2.80 隙缝耦合外腔调谐磁控管

2.9 同轴磁控管（CEM）

同轴磁控管采用了与普通磁控管完全不同的模式控制方法，从而使效率和频率稳定性都获得了提高，较好地解决了它们之间的矛盾。这些优点突出地表现在工作波长较短的管子中。同轴磁控管又称为圆电模式磁控管，即 Circular Electric Mode 磁控管或 CEM。

2.9.1 普通磁控管中存在的问题

（1）前面曾经指出，如果谐振系统的固有品质因数太低，那么磁控管的效率和频率稳定性就要受到限制。

普通磁控管的阳极块是由多个谐振腔组成的，这些谐振腔既储存高频能量，又不断损耗高频能量。随着工作波长的缩短，谐振腔的尺寸相应地缩小，由此就产生了下列一些特点：

①在相同的高频场强下，腔内储能与腔的体积成正比。因此，储能正比于波长的立方（λ^3）。随着波长的缩短，储能将大大下降。

②谐振腔壁上的损耗功率与腔的表面积成正比，并与导体的表面电阻成正比。而表面电阻则与波长的平方根（$\sqrt{\lambda}$）成反比。因而，可以近似地认为损耗功率正比于波长的二分之三次方（$\lambda^{\frac{3}{2}}$）。

③每个周期内腔壁上损耗的高频能量是损耗功率与高频周期的乘积，这个损耗能量正比于波长的二分之五次方（$\lambda^{\frac{5}{2}}$）。

综上所述，可以得出两点结论。

随着波长的缩短，腔内每个周期损耗的高频能量与腔内的储能相比相对地增大了，根据固有品质因数的定义，Q_0 必然下降。可以认为 Q_0 正比于波长的平方根，即

$$Q_0 \propto \sqrt{\lambda}$$

再加上由于尺寸小，加工困难，不易获得很高的光洁度，这就使得损耗功率更加增大，Q_0 下降更多。

按照等效损耗电导的概念

$$G_R = \frac{2P_R}{U_m^2}$$

式中　P_R ——谐振腔中的损耗功率；

　　U_m ——高频电压幅值。

而隙缝间的高频电压是高频电场与隙缝间距的乘积。在相同的场强下进行比较，损耗功率正比于 $\lambda^{\frac{3}{2}}$ ，高频电压正比于波长 λ ，因而有

$$G_R \propto \frac{1}{\sqrt{\lambda}}$$

这就表明谐振腔的等效损耗电导随着波长的缩短而增大。

Q_0 的下降和 G_R 的增大反映了相同的物理内容。

(2) 随着波长的缩短，阳极和阴极的面积相应缩小，阳极的热负载和阴极电流负载显得非常突出，以至于在大功率磁控管中不得不增加谐振腔数量 N 来适当地缓和这一矛盾（增大 N 还有利于阳极电压的降低）。然而，这就给模式的控制带来了困难。因此，必须寻求新的模式控制原理和方法。

(3) 为了保证振荡的稳定性，管子与负载的耦合不宜过紧，这就限制了线路效率的提高。反之，就难以保证频率的稳定。工作波长愈短，磁控管的 Q_0 愈低，这个问题就更为严重。

(4) 为了保证管子振荡的稳定性，通常采用隔模带或异腔式阳极块来提高模式分隔能力。隔模带的引入，在短波段上使高频损耗显著增加，这将使 Q_0 进一步降低。隔模带的存在，还使得高频场沿轴向分布不均匀；异腔式阳极块则引入了零模式场分量。这些因素都使得电子效率降低；波长愈短，影响愈严重。

长期的实践给人们很大的启发，在外耦合腔调谐磁控管的基础上逐步发展成了一种新的模式控制原理，即不用隔模带和异腔式阳极块来分隔模式，而完全建立在一种新概念上的新方法。按照这种原理制成的磁控管称为“同轴磁控管”。

2.9.2 同轴磁控管的基本原理和结构

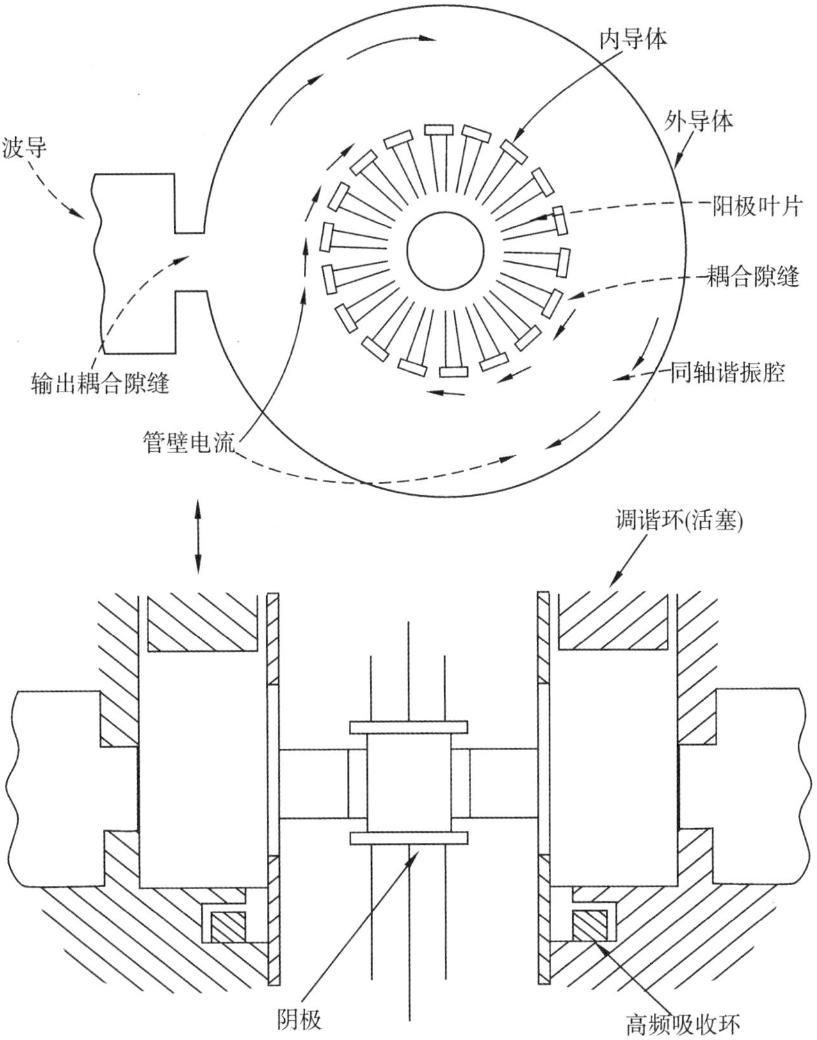

图 2.81 同轴磁控管的基本结构

图 2.81 所示是一个波长 1.8cm 的同轴磁控管的基本结构。阳极块结构由普通磁控管中应用的扇形腔组成，这些谐振腔的圆柱形后壁与半径更大的同轴金属圆筒组成一个同轴谐振腔（外腔）。阳极块是同轴腔的内导体，管子的外壁是同轴腔的外导体。在阳极块的一系列小腔的后壁上，每隔一个腔沿着轴向开有一条细长的隙缝，它们起着小腔与同轴腔耦合的作用。

在振荡频率范围内，小腔叶片的径向长度接近于四分之一波长。从耦合隙缝口向相互作用空间看进去，两个叶片组成的小腔接近于一段终端开路的四分之一波长的传输线，其输入阻抗很低。因此，对同轴腔来说，在满足上述条件的波长上，耦合隙缝的存在与否并不会显著改变同轴腔的谐振频率。因此，也可以将内导体看成是无隙缝的圆筒。

从相互作用空间来看，整个谐振腔系统应该谐振在 π 模式上。这时，每个开有耦合隙缝的小谐振腔内的高频磁场和电流都将是同向的。如果管子激励起振荡，在同轴腔内看，每个耦合隙缝口流出的高频电流和渗透出来的磁场是同向的。因此，反过来说，如果要保证阳极块激励起 π 模式的振荡，同轴腔必须谐振在这样一个模式上，它的场分布沿着角向是没有变化的，并且腔壁电流只有角向分量。只有这样的场结构才能和阳极块内的 π 模式场相吻合。在同轴腔内，具有这种结构的最低模式为 TE_{011}，显然这是圆电模式中的一种。

图 2.82 中画出了同轴磁控管中的阳极叶片和耦合隙缝示意图。图 2.83 中画出了 TE_{011} 模式的高频电场、高频磁场和电流的瞬时分布。

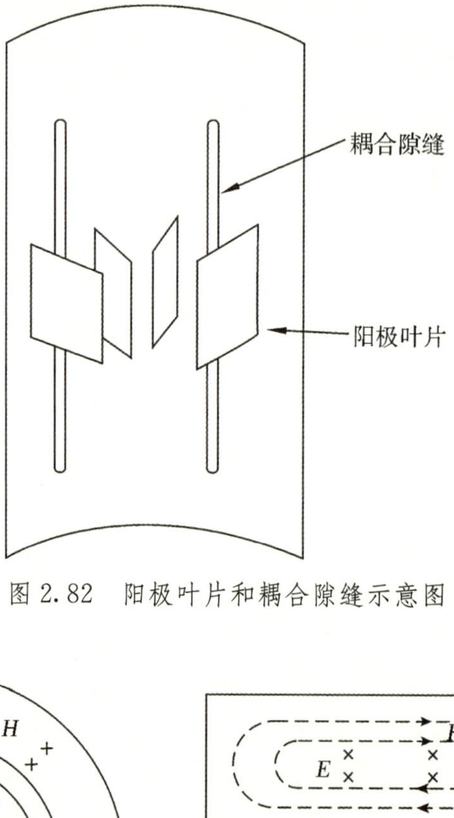

图 2.82　阳极叶片和耦合隙缝示意图

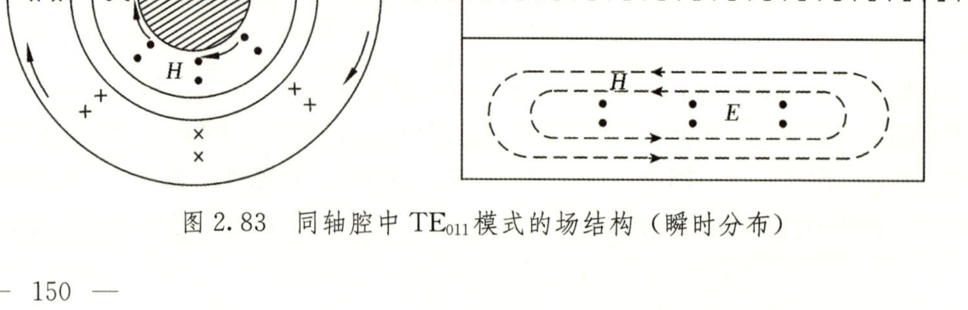

图 2.83　同轴腔中 TE_{011} 模式的场结构（瞬时分布）

根据管子所要求的振荡波长，同轴腔设计在 TE_{011} 谐振模式上。腔的高度等于半个波导波长。整个系统谐振时，有耦合隙缝的小腔与相邻的无隙缝小腔由高频磁场相耦合，因而在阳极块中激励起反相的 π 模式振荡，而外部的同轴腔则振荡在 TE_{011} 的圆电模式上。

在同轴腔中选用 TE_{011} 作为工作模式是基于以下考虑：

(1) 和圆柱形波长计中选用 TE_{011} 模式的理由一样，这个模式的损耗较其他模式为低；而且频率愈高，损耗愈小。因此，激励在 TE_{011} 模式上的同轴腔具有最高的 Q_0 值，而且更适合在短波长时运用。

(2) TE_{011} 模式在同轴腔的内外管壁上没有轴向电流，在两端的端盖上没有径向电流，这就使得端盖与内外壁之间不需要有良好的接触，甚至索性断开，也不会影响该模式的正常工作。特别在利用外腔进行机械调谐时，非接触型活塞结构是最理想的方案。高频电流的这种流向附带的好处是有利于抑制其他干扰模式。

(3) TE_{0mn} 模式的场在角向是没有变化的，而其他的 TE_{pmn} 模式的场在角向就有变化。因此，腔体的椭圆度或结构的不对称会使得 TE_{pmn} 模式分裂成一对简并模式，它们分别具有不同的但极相近的谐振频率。结果使得 $p \neq 0$ 的那些模式的谐振曲线变宽，Q 值下降，因而难于激励和振荡。TE_{011} 模式则不存在这类问题。

体积很大的外同轴腔的存在，改变了磁控管中的储能分配，约有 90%的总能量储存在外腔中，而只有约 10%储存在具有 N 个小腔的阳极块中。因此，我们就可以利用外同轴腔像波长计那样进行机械调谐，从而改变磁控管的振荡频率。

此外，负载对相互作用空间内电子的影响，由于同轴腔的隔离和缓冲而相对减弱，工作条件的变化（如阳极电流 I_a 的跳动）对磁控管频率的影响也较小。这就是同轴磁控管具有较高稳定性的原因。

公共腔壁上的耦合隙缝一般开得比叶片的轴向高度要长，如图 2.81 所示。叶片高度与普通磁控管相仿，约等于工作波长的四分之一，而耦合隙缝的长度则可达波长一半左右。叶片以外的那段隙缝，在同轴腔内管壁电流流通的途径上形成了高阻抗，迫使这个电流中的大部分流入阳极块小腔中。这样就加强了同轴腔与阳极块的耦合，并使得在调谐频宽内耦合程度变化较小。

对于相互作用空间内的非 π 模式，各个有耦合隙缝的小腔的高频场不再同向，相应地，同轴腔内高频场沿着圆周方向的分布就必然有着一个或几个周期的变化。同轴腔内的 TE_{pmn} 模式与相互作用空间内的非 π 模式是相联系的，例如与 TE_{1mn} 模式相对应的是 $n=\frac{N}{2}-1$ 模式；与 TE_{2mn} 模式相对应的是 $n=\frac{N}{2}-2$ 模式等。

在同轴腔中，通常与 TE_{011} 模式最邻近的是 TE_{121} 模式，这一模式正好与阳极块内的 $n=\frac{N}{2}-1$ 模式一致。因此，为了保证稳定地工作在 π 模式上，就必须抑制所有其他高次模式。幸好这些干扰模式都有一个共同的特点，这就是它们的电流都有径向和轴向分量。因此，如果在端盖与腔壁之间留有隙缝，并在端盖后面安置一些高频损耗材料，就可以有效地抑制这些干扰模式。即使非 π 模式的门槛电压落在管子阳极电压的正常工作电压范围内，它们也难于起振。端盖与腔壁间小隙缝的存在对机械调谐来说也提供了方便。抑制干扰模式的措施如图 2.84 所示。

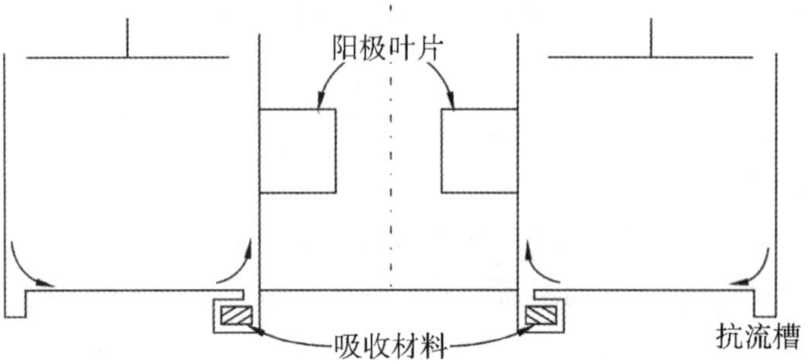

图 2.84 TE 干扰模式的抑制措施

对于横磁模式（TM 模式），由于它们在同轴腔内外管壁上的电流是轴向的，所以这些模式并不与内腔相耦合，也就不会被相互作用空间内旋转的电子云激励起来。

2.9.3 同轴磁控管的特性

如前所述，在同轴磁控管中，无须采用隔模带或异腔式结构就能较好地解决模式干扰问题。不仅如此，由于体积较大的外同轴腔的存在，使得磁控管的固有品质因数 Q_0 大大地提高了。例如 X 波段的管子，其 Q_0 可达 7 000，而同一波段的普通磁控管的 Q_0 却只有 1 000 左右。品质因数 Q_0 的提高是储能增加、损耗降低的必然结果。就相互作用空间隙缝口高频电场相同的情况来看，同轴腔的存在使得整个管子的高频储能增加了，而且其中绝大部分又储存在损耗较低的外同轴腔中。此外，还由于省去了隔模带，从而进一步降低了管内的高频损耗。由于这些原因，同轴磁控管的固有品质因数 Q_0 显著提高。

表 2-5 中列出了两个同轴磁控管与普通磁控管特性的比较，从而可以看出前者的特点。

表 2-5 同轴磁控管与普通磁控管的比较

特性参量	普通磁控管	同轴磁控管		特性参量	普通磁控管	同轴磁控管	
工作频率（GHz）	10	10	16.5	η_e（%）	60	65	58
脉冲功率（kW）	250	250	125	η（%）	42	55	43
Q_0	800	7 000	4 000	调谐范围（%）	15	20	12
Q_E	300	1 200	1 380	频牵系数（MHz）	14	3	6
η_c（%）	70	85	74	电子频移（MHz/A）	0.4	0.08	—

综上所述，同轴磁控管的优点如下。

(1) 由于固有品质因数的提高，所以就可以在较高的外观品质因数下得到高的线路效率。与此同时，较高的 Q_E 又保证了较低的频率牵引。

(2) 由于采用了新的模式控制原理，所以不需要采用隔模带或异腔式结构来消除模式的干扰，从而使得在阳极块中采用较多数目的小谐振腔成为可能。采用较多的腔数必将导致特征磁场 B_0 的减小，因此在相同的工作磁场下，就可获得较高的 $\frac{B}{B_0}$ 值，从而保证有较高的电子效率。

当相互作用空间小腔隙缝口的等效损耗电导 G_R 基本不变时，固有品质因数的提高还意味着谐振系统特性导纳的提高。这就允许在 G_R 较高的前提下，又有较大的负载电导 G_L 。因此总的损耗电导（$G_R + G_L$）有所增大，管子就能工作在接近最大电子效率的状态下。

(3) 由于谐振腔数 N 的增加，所以阳极和阴极的半径可以相应地增大。前者将使阳极块的散热能力提高，后者可以提供更大的发射电流，这样就为产生更大的输出功率创造了条件。在相同的阳极电压下，同轴磁控管比普通磁控管能产生更大的高频功率。

(4) 由于品质因数的提高，同轴磁控管的工作稳定性大大地提高了。从表 2-5 可以看到，无论是频率牵引还是电子频移，都有了明显的改进，减小到原来的 $\frac{1}{5}$ 。

(5) 外同轴腔的存在为机械调谐提供了有利条件，除了结构上的方便以外，空腔调谐时品质因数 Q_0 变化较小，消除了限制调谐范围的一个不利因素。

由于同轴磁控管具有上述一系列的优点，特别在可调磁控管中，它占有相当重要的地位，所以，目前从 C 波段直至毫米波段，同轴磁控管获得了愈来愈广泛的应用。然而，当工作波长进一步缩短时，由于谐振系统尺寸的缩小，管子的性能仍将受到影响而变差。“反同轴磁控管”就是为解决这一问题而创制出来的。它的基本工作原理与同轴磁控管相同，所不同的只是结构上阴极与阳极位置的互换。换句话说，反同轴磁控管中的阴极位于管子的最外部，如图 2.85 所示，图中虚线表示高频电场沿轴向的分布。管子的阳极则位于原来阴极的位置上，阳极叶片由内指外（指向阴极），在阳极的内部则是一个与阳极小腔相耦合的圆波导谐振腔，它工作在 TE_{011} 模式上。由于结构上的特点，它允许在一定程度上增大阳极和阴极的尺寸，从而使管子的性能获得改善。

和在同轴磁控管中一样，在内腔管壁上沿着轴向开有许多长槽作为耦合隙缝。而在内圆柱腔的一端通过输出耦合平面与圆波导相连，圆波导被激励在 TE_{01} 模式上作为输出端。

在毫米波段，反同轴磁控管具有的管子具有较高的效率和频率稳定性。例如波长为 1mm 的管子可产生 200kW 的脉冲功率和 100W 的平均功率，效率可达 30%，而频率牵引只有 10 MHz 左右。即使波长较长时，反同轴磁控管仍有可取之处，因为它可以产生较大的功率。例如在 C 波段和 X 波段上，可以获得 3～5MW 的脉冲功率和 3～5kW 的平均功率。

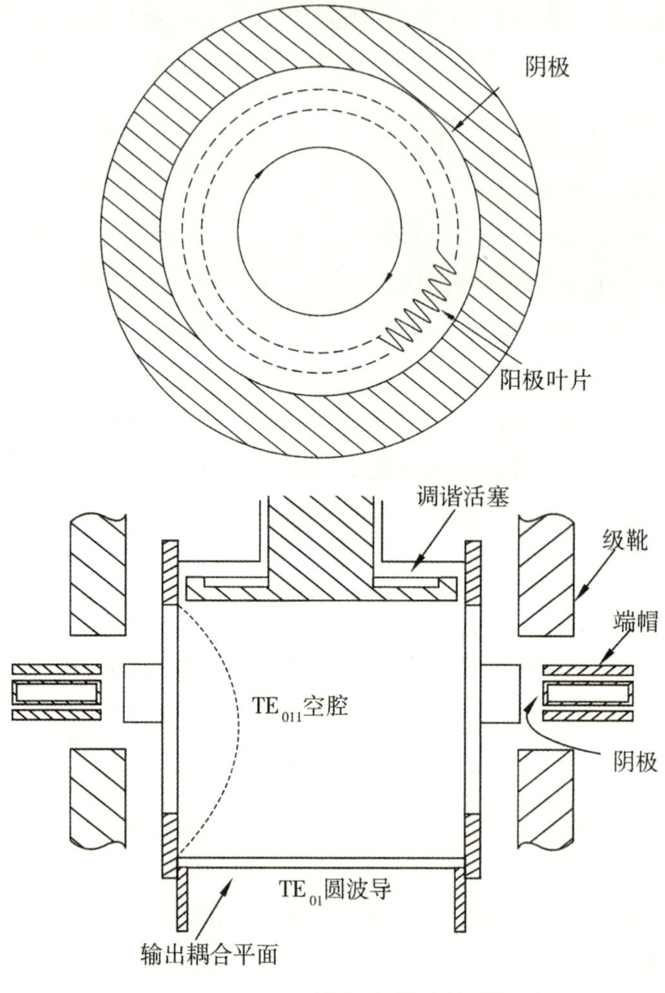

图 2.85　反同轴磁控管的结构示意图

2.10　电压调谐磁控管（VTM）

机械调谐磁控管或同轴磁控管的频率调谐，是依靠改变磁控管中谐振系统的等效参量（电容或电感）或耦合腔的参量来实现的，因此需要一套复杂的机械调谐装置，并且所能获得的调谐频带有限。电压调谐磁控管，以下简称电调管（VTM Voltage Tunable Magnetron，VTM）。

它实际上是一种电子调谐的自激振荡器，不需要任何调谐机构，而频率随阳极电压的变化几乎是线性的，更确切地说，在整个波段内频率正比于阳极电压。输出功率随阳极电压的变化甚小，而主要取决于负载阻抗。总之，电调管的调谐范围大，并且具有体积小、重量轻和输出功率平稳等一系列优点，因而获得了广泛的应用。

2.10.1 电调管的工作原理和结构

电调管的基本结构如图 2.86 所示。图中 1 为阴极，2 为上阳极圆环，3 为阳极叶片，实际上是一条首尾相接的对插销型慢波线，4 为下阳极圆环。在上、下圆环之间，用陶瓷环 6 封接形成真空密封外壳，5 为金属顶盘，它与阴极相连并作为阴极引线之用。外部磁铁的极靴加到顶盘两端，提供一个与阴极轴平行的轴向磁场。在图 2.86（b）中，管子的阴极为钍钨丝直热式阴极，并部分地移到相互作用空间之外。这种结构的电调管直接将上下圆环嵌入高度渐变的矩形波导，这一波导即作为能量输出器，如图 2.87 所示。

电调管与机械调谐磁控管的调谐特性存在着很大的差别。在普通磁控管中，工作电压的变化会引起输出功率的剧烈变化，而其振荡频率的变化则是很小的。可是在电调管中，情况正好相反，随着阳极电压的变化，频率接近于线性地变化，而输出功率却基本上维持不变。图 2.88 定性地示出了这种关系。

产生上述差别的主要原因，在于两种磁控管中采用了完全不同的谐振系统。普通磁控管中的阳极块是由 N 个小腔组成的高 Q 谐振系统，因此，管子的振荡频率主要取决于这一系统的谐振频率，而相互作用空间内的电子电纳的影响是次要的。在电调管中，阳极是由低 Q 的慢波线闭合而成，这种系统储能小，并且允许所有的叶片有较重的均匀加载。因此，振荡频率在很大程度上取决于其中电子电纳的作用。

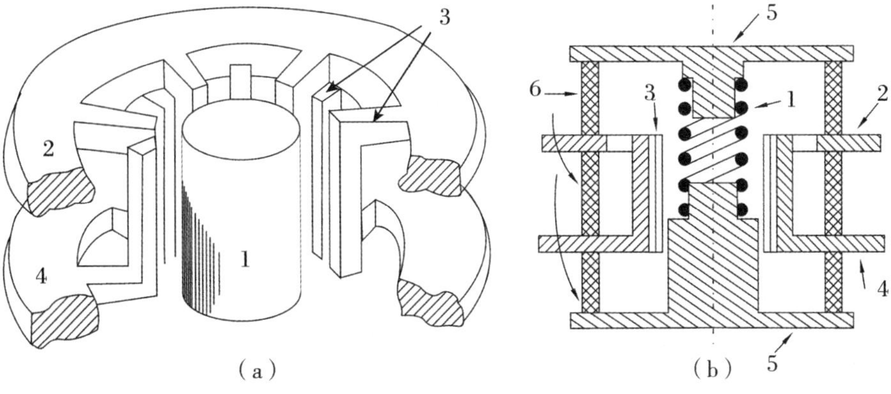

图 2.86 电调管的基本结构

下面我们就来讨论电调管的工作原理。在图 2.89 中画出了电调管的等效电路。电调管中的空间电荷用一负的电子电导（$-G_e$）和电纳（$\pm jB_e$）来代替，它们与谐振腔相并联，并提供给谐振腔有功电流 I_g 和无功电流 jI_b。

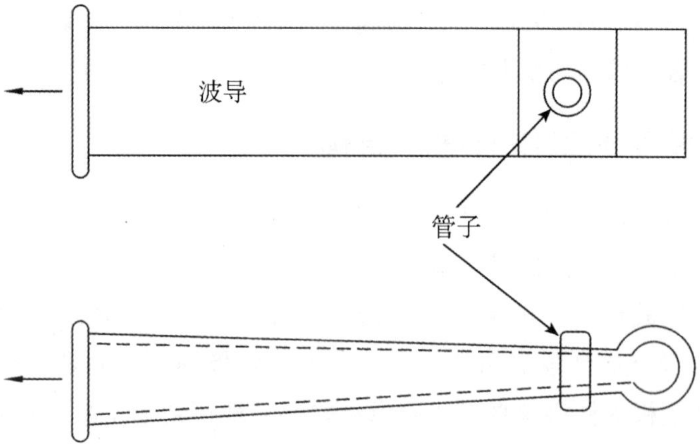

图 2.87　电调管与波导的连接

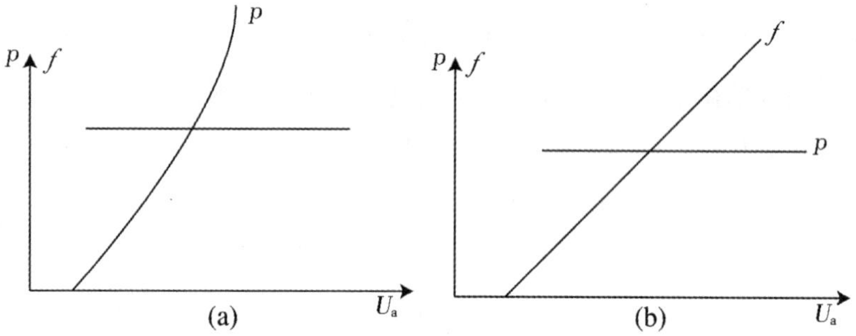

图 2.88　机调与电调磁控管的特性的比较

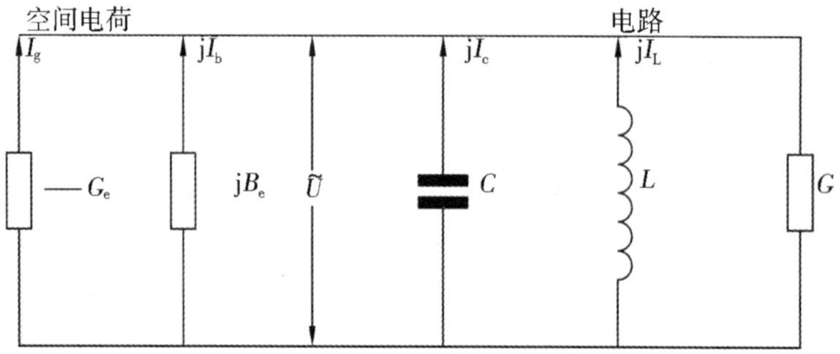

图 2.89　电调管的等效电路

感应电流的有功分量 $-I_g$ 及无功分量 jI_b 与电压增量 $\Delta U_a = U_a - U_t$（U_t 为门槛电压，U_a 为工作电压）之间的关系画在复平面上，如图 2.90 所示。当 $\Delta U_a \geqslant 0$ 时，$jI_b > 0$；当 ΔU_a 增大时，有功分量（$-I_g$）增大，而无功分量 jI_b 开始时增大，到达某一最大值后继而逐渐下降，直到通过零点向负值方向变化。这一曲线是在限定的阳极电流情况下得到的。从这个关系曲线可以看出，在 $I_b = 0$ 附近（曲线左边）是实现电压调谐最适宜的区域；在这个区域内改变阳极电压时，$-I_g$ 的变化甚小，而 jI_b 的变化则很大。这样，就可以做到在调谐时输出功率变化平稳，而调谐范围较宽。

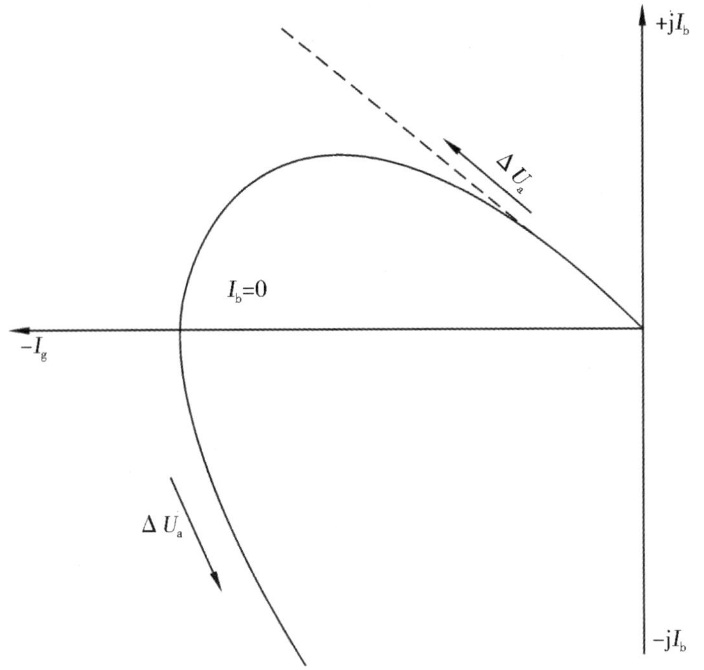

图 2.90 感应电流与电压的关系

在普通磁控管中，由于谐振系统的 Q 值很高，所以谐振腔中的无功电流要比感应电流中的无功分量大得多，所以，感应电流无功分量的变化只能引起振荡频率微小的偏移（即电子频移）；当 ΔU_a 增大时，由于阳极电流的增加，于是伴随着输出功率的急剧增加。

在电调管中，谐振系统的负载品质因数很低（一般 $Q_L < 10$），也就是说，谐振系统的负载电导很大。因此，在电子注电流保持恒定的情况下，谐振系统中的高频电压降低，通过谐振腔的无功电流也将减小。当负载电导足够高时，感应电流中的无功分量与谐振腔中无功电流将具有相同的数量级。这样，电子注电流对整个系统的工作频率便起了极为重要的作用。

为了求得电调管中电子云与高频行波场同步及相互作用的条件，在图 2.91 中画出了对插销型慢波线组成的低 Q 谐振系统的相互作用空间和外电路部分。阳极叶片分别接到谐振腔的两端。当工作在 π 模式时，接到谐振腔一端的叶片具有相同的高频电位，接到谐振腔另一端的叶片也具有相同的高频电位，但两组叶片在任何瞬时都具有相反的相位（$\varphi=\pi$）。外负载用并联的电导 G 来表示，C 表示两组叶片之间的电容，L 表示金属外壳的电感，这一外壳也被用来引入直流电压 U_a。

在振荡产生之前，空间电荷在直流电场 E_0 和直流磁场 B 的共同作用下，以一定的速度环绕着阴极运动。像普通磁控管一样，一旦起振，管内就形成了类似轮辐的空间电荷云，它在相互作用空间内与行波场同步旋转。

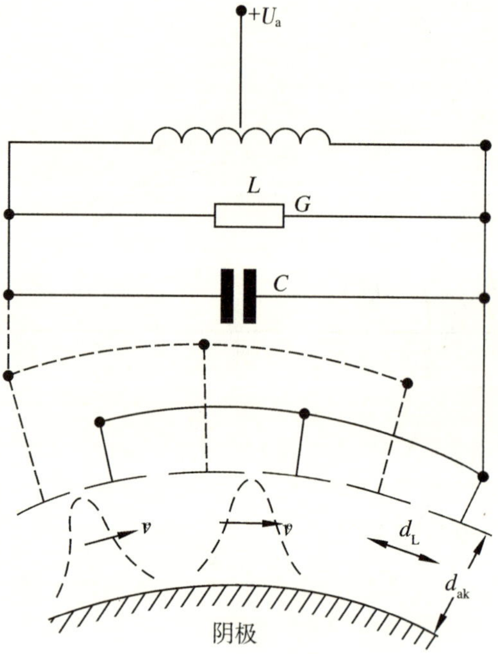

图 2.91　电调管的相互作用空间和谐振系统

假设慢波线的空间周期为 d_L（即两个相邻叶片之间的距离），电子平均漂移速度为 $v_e = \dfrac{E_0}{B}$，当满足同步条件时，电子从一叶片至另一相邻叶片所需的时间应等于高频振荡周期的一半，即

$$\frac{d_L}{v_e} = \frac{d_L B}{E_0} = \frac{T}{2} \tag{2.148}$$

如果阴极具有足够大的直径，以致可以近似地把它们看作平板系统，并取相互作用空间的平均位置作为考察同步条件的地方，那么

$$d_L = \frac{\pi(d_a + d_k)}{2N} \tag{2.149}$$

$$E_0 = \frac{U_a}{\dfrac{(d_a - d_k)}{2}} \tag{2.150}$$

代入式（2.148）后，可得

$$U_a = \frac{\pi B f}{2N} d_a^2 \left(1 - \frac{d_k^2}{d_a^2}\right) = \frac{\pi B f}{2N} d_a^2 (1 - \sigma^2) \tag{2.151}$$

式中　$\sigma = \dfrac{d_k}{d_a}$——阴、阳极直径之比。

显然，在同步条件下求得的这个阳极电压应与磁控管中的门槛电压相当。因此可以写成

$$U_t = \frac{\pi B f}{2N} d_a^2 (1 - \sigma^2) \tag{2.152}$$

工作时，阳极电压 U_a 应超过门槛电压 U_t 一个增量 ΔU_a，即

$$U_a = U_t + \Delta U_a \tag{2.153}$$

在电调管中，一般情况下，ΔU_a 约为 U_t 的 10%。如果我们将式（2.152）改变一下写法，那么有

$$f = \frac{2NU_t}{\pi B d_a^2 (1-\sigma^2)} \tag{2.154}$$

由此可见，振荡频率与阳极电压近似成正比，与磁场成反比。当 d_a、d_k、B、U_t 给定时，频率正比于阳极的叶片数 N。

因为电调管中的频率调谐是依靠调节电子注的参量来实现的，所以阴极发射电流的变化将对调谐特性产生显著的影响。为此，一般都采用直热式阴极，控制灯丝加热电流以保证阴极工作在温度限制状态下。但在工作时由于有回轰电子对阴极的附加加热，这一附加加热是无法控制的，这就使得在这种管子结构中无法采用氧化物阴极。

为了避免上述缺陷，目前已经采用部分移出或全部移出相互作用空间的阴极。相互作用空间内的非发射底极只用来限制空间的大小并构成需要的直流径向电场。为了迅速带走电子回轰所产生的热量，这一假阴极的导热性能应当良好。同时，为了不产生二次电子发射，电极表面应具有小的二次发射系数。这样，引入相互作用空间的电流就可以单独地调整和控制，而与管子的工作状态无关。

例如，可以采用轴向注入的“磁控注入枪”（MIG）来提供注入相互作用空间的电子流。这种电子光学系统具有以下特点：

（1）能建立起有利于电子注与低的高频电压相互作用（如群聚、同步和相位聚焦等）的条件，并提供较大的电子导纳。

（2）使阴极发射表面免受电子回轰，并允许阴极工作在空间电荷限制状态下，这就为采用氧化物阴极提供了可能性。此外，阴极的工作很少受到加热功率波动的影响。

（3）允许对输出功率进行独立的调制，例如将调制电压加到控制极上就能实现振幅调制。

图 2.92 中画出了利用轴向电场注入电子流的电调管结构图。在这种结构中，阴极的发射部分沿轴向移到了相互作用空间的外面，并在阴极的外面加上了一个圆锥形的与阴极同轴的控制极。由于控制极的特殊形状，当在该电极上加有相对于阴极为正的直流电压时，就会在阴极区建立起电场的径向和轴向两个分量 E_r 和 E_z。此外，因为这个区域中仍然存在着轴向磁场 B_z，所以，从阴极上发射出来的电子，在这种复合场中将会产生两种运动，即由径向电场决定的旋转运动和由轴向电场决定的沿轴向的直线运动。两种运动的合成就形成了一个环绕阴极旋转并向相互作用空间前进的薄空心电子注（环形注）。显然，这种空心注取决于：

（1）控制极及阴极表面的几何形状；

（2）各电极的相对位置；

（3）电极上的电压；

（4）注入端端帽的形状和位置；

（5）空间电荷的影响。

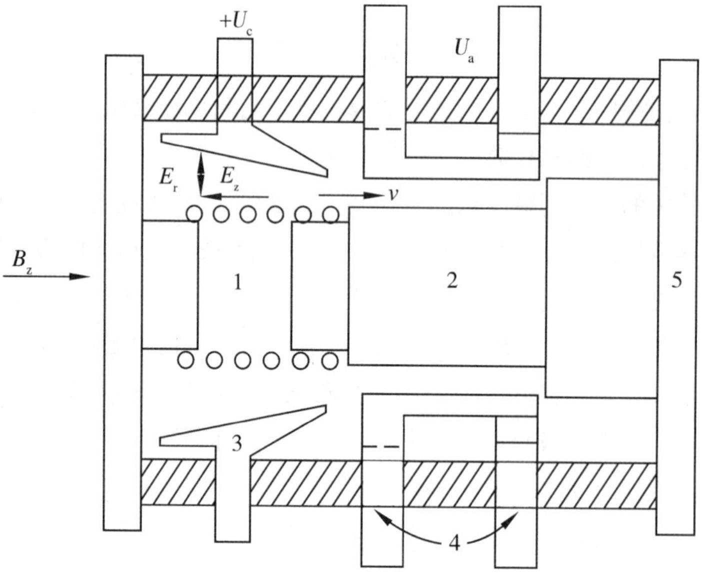

1—发射区；2—非发射区；3—锥形控制极；4—阳极叶片；5—顶盖

图 2.92　轴向电场注入电子流的电调管结构

改变控制极上的电压可以调整注入的电子流及高频输出功率。采用这种方法，注入相互作用空间的电子注电流可达安培的数量级或者更大些。

除了轴向电场注入方法以外，还有利用径向磁场的注入方法。实验表明，即使在微弱的径向磁场 B_r 作用下，可以沿着轴向注入近 1A 的电流。在这种结构中，控制极做成与阴极同轴的圆筒。在上述两种注入方法中，控制极上的电流都很小。

在电调管中，阳极通常都采用对插销型慢波线闭合而成。采用这种结构主要是由于它能向阳极叶片提供足够低的、在很宽范围内对频率变化不敏感的、并且所有叶片都均匀加载的分路电阻。换句话说，这种结构能使阳极系统的负载品质因数做得很低（即与负载有很紧的耦合）。这个负载电阻可以与支撑叶片的两个阳极圆环相连。与此同时，阳极圆环还能很好地将叶片上的热量传递给外电路，例如波导或谐振腔。

为了工作在 π 模式上，叶片应取偶数，并分别将奇数片与偶数片接至上、下圆环上。因此两个阳极圆环犹如普通磁控管中的隔模带，这样就使得叶片之间存在着很强的耦合，这对 π 模式调谐范围的展宽是十分有利的。

2.10.2　电调管的参量与特性

图 2.93 给出了一个典型的 S 波段电调管的调谐特性。当阳极电压从 800V 升至

1 500V 时，可以获得接近一个倍频程 2 200～4 200MHz 的电子调谐频宽。在（2 800～4 200）MHz 范围内，效率平均值为 15%，输出功率不小于 1W。如果让此管工作在±15%的窄频带内，在中心频率上输出功率可增大至 6W。

另一个 S 波段电调管 C8—G 具有表 2-6 所列的参量，特性如图 2.94 所示，该管具有轴向电场控制注入电子枪。

同一型号的电调管（C8—G）在另一工作状态下的调制特性如图 2.95 所示。可以看到，电子频率偏移约为 15MHz/A，并且当控制极电压增大时，阳极电流随之增大，而频率则要降低。可以近似地认为，阳极电流的增加是由于相互作用空间电荷密度增大。与此同时，空间电荷密度的增大却引起了径向电场的减弱，使得电子云旋转的速度略微低于原有的同步速度，最终导致了工作频率的降低。

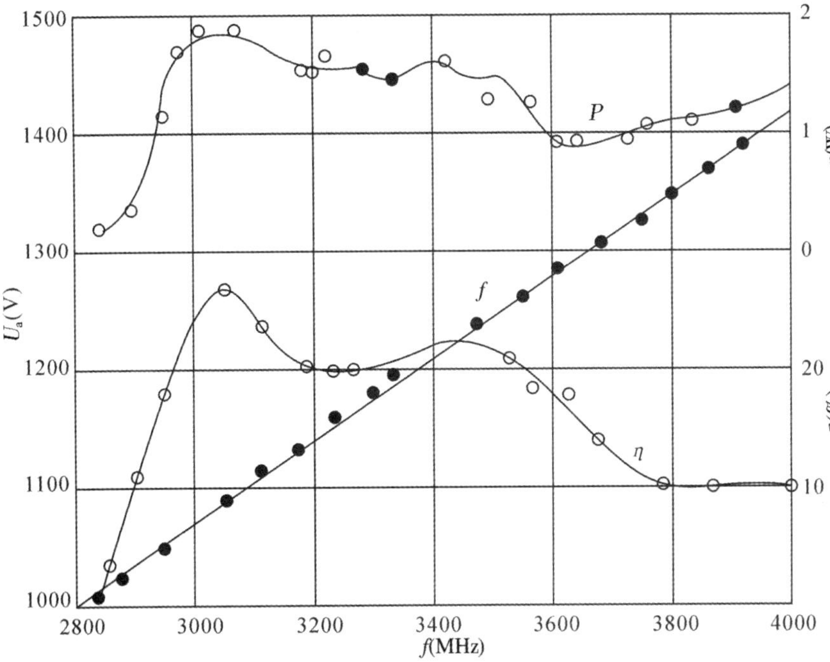

图 2.93 S 波段电调管的特性

表 2-6 C8—G 电调管的参量

调谐范围 f（MHz）	2 500～4 100	阳极电压 U_a（V）	+1 300
磁场（Gs）	2 500	阳极电流 I_a（mA）	<10
调谐斜率 $\Delta f/\Delta U_a$（MHz/V）	2.75	控制极电压 U_c（V）	+500
灯丝电压 U_f（V）	<2.0	控制极电流 I_c（mA）	<0.1
灯丝电流 I_f（A）	<2.8	输出功率 P_{out}（W）	1.5～2.0

金属陶瓷结构的电调管，在体积、重量、耐震、耐高温及高可靠性方面具有明显的优点；如果装配和调整得当，这种电调管的信噪比可达 75dB。

电调管的调谐速度可以很高，调制信号的频率可以接近于振荡频率。调节控制极电压可以调节输出功率，而与阳极电压无关，因此可在控制极上实现振幅调制。

电调管由于其调频范围宽，调频线性好，功率落差小，并且可以做成小巧的包装式结构，所以已经广泛地应用于扫描振荡器、遥测系统、电子对抗系统及军事通信系统中的控制单元等各个领域中。

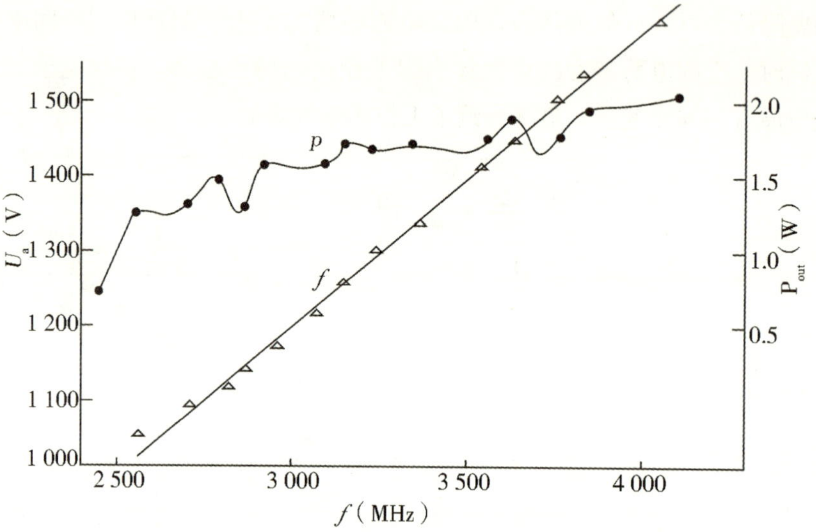

图 2.94　C8—G 电调管的特性

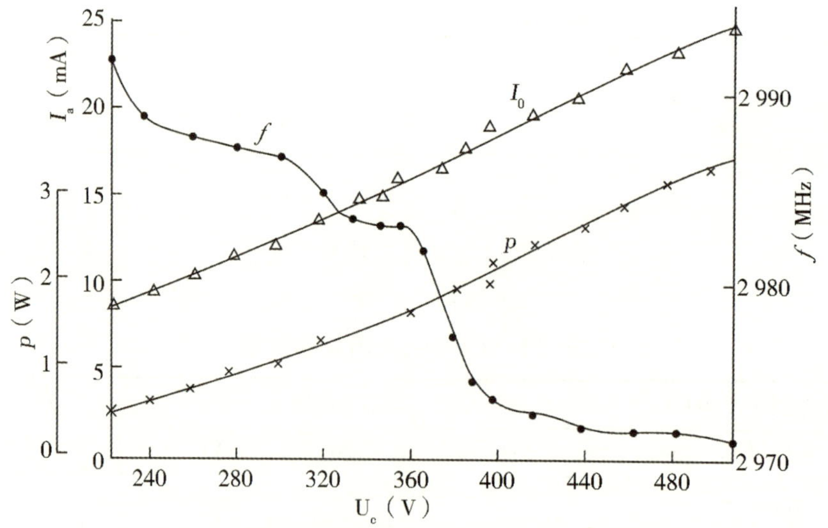

（U_a =1 390V, B =2 700Gs, I_f =2.85A, U_f =2.8V）

图 2.95　C8—G 电调管控制特性

2.11 磁控管的分析与处理方法

迄今为止，数十年来已经有至少四种不同类型的分析与处理方法，现分述如下。

1. 流体力学模型

这种理论的基本要点是取磁控管内布里渊流作为一个未扰状态，然后将电子受高频场作用引起的运动作为一个微扰来处理。因为只考虑了一级近似，所以是一个典型的小信号理论。O. Buneman 的分析是一个典型的代表，因为实际中磁控管是工作在大信号状态下，所以这种早期理论的近似处理不可能得到满意的结果。

2. 离散粒子模型

在这种分析方法中，将管内的电子云分成一定数量的电荷棒，例如每一电荷棒代表 10^7 个电子，这些电荷棒受到直流场及高频场以及空间电荷库仑场的共同作用，因此这是一个反复迭代的过程，余士潘（S. P. Yu）的工作就建立在这个模型的基础上，他取得了利用大容量高速电子计算机计算得到电子轮辐的良好结果。

3. 等效电荷模型

在该模型中，不考虑不同的电子运动，而假定稳态下电子轮辐中电子云都集中在它的几何重心处，成为一个总的等效电荷，然后考虑由这个电荷产生的感应电流、电压、功率以及相位等关系。在该方法中，不管轮辐中的电子运动轨迹的具体形状，因此问题就转化为电路理论问题了。C. И. Бычков 及 J. R. M. Vaughan 两人的分析就采用了这一模型，只是两者假设的具体形状不同，前者采用梯形的电子云的轮廓形状，而后者采用三角形的电子云的轮廓形状，计算结果甚为相似。

4. Magic 软件包计算电子轮辐及其他特性

计算多粒子系统的 Magic 软件包将麦克斯韦方程、洛伦兹方程及电流连续性方程等综合在一起，在一定的边界条件及一定的初始条件下，利用计算机的高速运算能力，求解磁控管中电子轮辐的形成，并能显示从阴极发射电子开始直到形成稳定的轮辐形状为止的整个动态过程，从而可以求得磁控管的起振时间、输出功率、工作效率等一系列基本特性。就像行波管的 CAD 软件能快速方便地进行行波管的工程设计那样，人们能开发出适应磁控管的 CAD 软件，那么只要输入磁控管的工作电气参数等原始要求后就能求得管子的全部结构尺寸，而且进一步还能计算出该管型相应的工作特性和负载特性（雷基图），这一愿望必将于不久后实现。

有关磁控管更详细的知识可参阅参考文献 [24～48]。

2.12 CW 磁控管

2.12.1 CW 磁控管的历史沿革

1947 年，美国联邦通信委员会（FCC）同时批准了由雷声公司（Raytheon）和通用电气公司（G. E）各自发明的两种不同微波炉的工作频率申请：前者磁控管的工作频率为 2 450 MHz；后者磁控管的工作频率为 915 MHz。

1966 年，在加拿大成立了“国际微波功率协会”（IMPI），正式将上述两个频率列为该协会推荐的 ISM（工业、科学、医疗）频率标准，但英国采用 896 MHz 代替 915 MHz，东欧一些国家则采用 2 375 MHz 代替 2 450 MHz。

1979 年，世界无线电大会（WRC）正式批准了上述几个频率作为民用磁控管的频率标准。

目前，我国在民用领域也使用 915 MHz 及 2 450 MHz 两个频率的磁控管及速调管作为微波功率源。新的 ISM 频率 5 800 MHz 磁控管也已开发成功，并可小批量生产。尽管 ISM 标准中有很多可供使用的频率，但目前在全球范围内，用得最为普遍的仍是上述三个频率。

几乎与雷声公司及通用公司发明微波炉用磁控管同时，美国哥伦比亚大学辐射实验室设计出一 2.6cm 波段（11.5 GHz）的 900 W CW 磁控管 XCR。

此外，还有 L 波段 900 MHz/2kW（$\eta=70\%$）的 CW 磁控管（型号为 LCW），以及 S 波段 3 000 MHz/150 W（$\eta=55\%$）可调谐的 CW 磁控管（型号为 CM16B）。除 XCR 管采用直热式纯钨阴极外，其余两管均采用氧化物阴极。

以上三个 CW 磁控管均工作在真正的直流运用状态，谱线纯净，与目前的微波炉用 CW 磁控管完全不同，但发明后一直没有在民用领域中得到广泛应用，原因不详。

20 世纪 50 年代后期，荷兰飞利浦公司（Philips）研发成径向同轴输出，永磁包装的 2 kW 2 450 MHz　CW 磁控管—7091，见图 2.96。

20 世纪 60 年代，雷声公司主宰了美国的微波加热市场，生产从 600 W～1.6 kW 微波炉用的 2 450 MHz 系列磁控管，并提供塔培公司（Tappan）微波炉用各种磁控管。

不久，利顿公司（Litton）推出了新型加热用磁控管，取代了 Tappan 公司家用微波炉中使用的原雷声公司生产的炉用磁控管。

图 2.96　Philips 7 091 CW 磁控管

日本新日电公司生产了一种采用钍钨阴极、同轴输出、风冷的 2 450 MHz/700 W 的新型磁控管。雷声公司又将上述日本磁控管改进后命名为 QKH1381 磁控管。

70 年代中期，日本一些厂商将炉用磁控管中的磁钢改为廉价的铁氧体磁环，并提高了效率，使磁控管的价格大幅下降，促使了家用微波炉的快速发展，从此日本微波炉开始向美国大量倾销。这些公司有东芝（Toshiba)、日立（Hitachi)、夏普（Sharp)、松下（National）等。

70 年代初开始，我国四机部下属的一些电子管厂如南京电子管厂、虹光电子管厂、汉光电工厂、景光电子管厂、国光电子管厂及上海灯泡厂等都开始自行设计或仿制国外样管，在 915MHz 及 2 450MHz 两个波段研发功率从 200 W 至 30 kW 间的系列 CW 磁控管，主要用于医疗及工业加热。微波炉用磁控管的开发要晚于工业加热微波磁控管的研发时间。

目前，我国已能生产系列的 CW 磁控管，大致有以下几种。

1. 915 MHz 系列

CK—147 (5kW)；CK—601（20kW)；CK—602（30kW)；CK—604（10kW)；CK—608（30kW)；CK—609（25kW)；CK—611（30kW)；CK—2031（75kW)；CK—2152（100kW）等。

2. 2 450 MHz 系列

CK — 140（200kW)；CK — 141（200kW)；CK — 144（150kW)；CK — 603（5kW)；CK — 605（800kW)；CK — 612（5kW)；CK — 614（5kW)；CK — 616（1.5kW)；CK—619（10kW)；CK—620（840kW)；CK2121 (2kW)；CK2131 (3kW)；CK2091 (15kW)；CK2091T (15kW)；CK2091CF (15kW)；CK2111（30kW) 等。

2.12.2 CW 磁控管的生产及市场现状

1. 国内现状

近二十多年来，由于家用微波炉的发展，对炉用磁控管的需求与日俱增，加上改革开放的大好形势，使得国外许多生产磁控管的厂家大举向中国转移，以合资或技术转让形式在中国设厂，如松下（Panasonic）在上海浦东、LG在天津、三洋（Sanyo）在广东佛山等地先后开工大量生产2 450 MHz功率从200 W至1.3 kW的各种家用微波炉磁控管，不久，广东格兰仕（Galanz）也开始炉用磁控管的自主生产。国内家用微波炉磁控管的生产历史较早，20世纪70年代后期，南京三乐公司、上海灯泡厂等均已开始仿制及小量生产；稍后，成都国光电子管厂和平凉虹光电子管厂也加入微波炉磁控管生产行列中；虹光电子管厂在90年代初，还引进部分关键设备，想要组建自动连续生产线，但仍然没有形成规模，最后不得不负债下马，造成巨大浪费。其他厂多系手工单件操作，工艺不成熟，无法形成批量生产，致使产品参数零散，质量不稳定，成品率低、成本高，无法满足微波炉的数量和质量要求。炉用磁控管完全服从于国内外不同时期、不同用户对家用微波炉的各种需求，尽管从发明时起，经过几次重大改革，如采用钍钨直热式阴极、铁氧体磁环磁路、滤波盒、多重谐波抑制器等新技术、新设计、新工艺，使得炉用磁控管的质量有极大的提高，成本甚至下降到每瓦不足一美分！从最近十余年的生产情况来看，尽管品种型号繁多，但从每一管型的内部结构来分析，各公司间虽有差异存在，但都不是本质性的、原理性的。而且为了降低生产成本，不同输出功率的管子在一定的功率范围内，都采用同一管芯。

目前国内的磁控管年产量已达5 000万～6 000万只，年产能可达7 000万只，主要厂家为美的、格兰仕和LG三家。除中国外，还有日本东芝在泰国的工厂，以及韩国的三星、大宇等公司，全世界微波炉磁控管的年产能可达8 000万只以上，其中约四分之三以上在中国生产。

915 MHz波段主要集中于南京的三乐公司和昆山的国立公司生产。

2. 国外现状

炉用CW磁控管的生产除东芝在泰国的工厂，韩国的大宇、三星公司在韩本土仍在生产微波炉用磁控管外，其他欧美国家几乎不再生产炉用磁控管了。因此中国目前已成为世界上最大的磁控管生产和供应大国。

工业用CW磁控管的生产在国外的生产厂家有以下几种。

2 450 MHz波段的生产厂商主要有：日本的松下（Panasonic）、东芝（Toshiba）；荷兰的飞利浦（Philips）；韩国的三星、LG等。

915 MHz波段的生产厂商主要有：日本的东芝（Toshiba）；美国的利顿（Litton CTL）；、布洛（Burle）；英国的E2V；俄国的伊斯托克（ISTOK）等。

2.12.3 炉用磁控管的发展动向

1. 低噪声磁控管

因为移动通信、蓝牙技术、高清数字电视、互联网、无绳电话和GPS等技术的快速发展，所以对家用及工业应用中的磁控管提出了极其苛刻的特殊性要求。这些要求包括从 10 MHz 至 14 GHz 甚至 18 GHz 如此广阔频带中的噪声电平的限制。

因此近年来，国外一些大学及研究机构（美国 Michigan 大学、New Mexico 大学、日本京都大学）和企业（Panasonic Co.）重新对磁控管产生噪声的机理及如何降低或消除噪声应采取的措施投入了巨大的人力、财力进行基础性的研究。

有些研究课题还得到美国空军科研办公室的资助，他们多数从管内阴极结构、管外直流磁场的角向分布、三维动态仿真模拟、加速起振速度、减小浪涌电流及电源电路形式等方向着手理论和实验相结合的研究，取得了初步成果。

我们认为：磁控管的噪声主要来源于管内特有的电子轮辐，由于直热式钍钨丝螺旋形结构的特殊性，加上其他如单天线输出，以及轴向磁场分布不均匀性等因素，使炉用磁控管的振荡具有多基频特性。这些基频之间会产生互调，各互调分量的频谱极其宽广，10 MHz～1 000 MHz 之间可能都会出现。

此外，由于微波炉中采用由漏感变压器和储能电容组成的半波倍压脉动形的直流电源，更由于电容器上电压的充放电时间常数的影响，最终导致磁控管上的阳极电压与流经管内的电流波形与众不同，这就是电磁振荡出现多基频及双峰多峰等奇怪谱线的外部原因。

2. 高效率磁控管

研发炉用高效率磁控管是各微波炉公司的迫切需求，相对 915MHz 波段高达 85%～92%的效率而言，2 450MHz 波段的效率应有潜力可挖，在能源短缺的今天，节能显得更为重要。高效率微波炉的关键就在于高效率磁控管的开发。

我们曾对松下 2M291 磁控管的效率进行了测试，发现它可高达 79%，比一般炉用磁控管的效率高出 6%～8%，这是目前发现炉用磁控管中效率最高的管型之一。没过多久，美的威特公司研发出目前世界上 2 450MHz 波段 900 W 炉用磁控管的效率高达 80.1%的高效磁控管 2 M519，目前已经成批量生产，不久将会取代普通磁控管的全部产品。由于高效磁控管的替代，使得相应型号的微波炉的能效等级提高了几个等级，均已达到超一级的 65%。与此同时，主频频带也被压缩到 30 MHz 以内，在低端与高端的 EMI 通过率均达到了 100%，大大优于国外东芝、松下、LG、三星等同类产品。

3. 低压磁控管

早在 1990 年，日本松下公司就曾研发出电压为 400 V 的低压磁控管，可直接采用电源 100 V 四倍压供电，免去了笨重的变压器。但功率仅为 300 W，成本较高，没有得到推广和应用。后来又曾打算制作电压为 2.5 kV 及 1.0 kV 电源的低压磁控管，但至今未见产品问世。低压磁控管对车用、船用、机用等移动设备中的小型微波炉特别适用。

低压磁控管由于阳极电压降为普通磁控管的十分之一，所以阳极电流必须大大增加，能否找到合适的阴极材料是首先遇到的一大难题。在此情况下，还必须采用两个必要的措施来达到低压工作的目的：一个就是增加阴极的轴向高度 h_k，这样才能保证在增大阳极电流的时候不会使阴极的电流密度超过正常的电流密度太多；另一个措施就是增加小腔腔数 N，例如由 $N=8$ 提高到 $N=30$，只有这样才能保证互作用空间内的旋转行波的角速度降低下来，以适应低压条件。低压磁控管的阳极及轴向结构如图 2.97 所示。

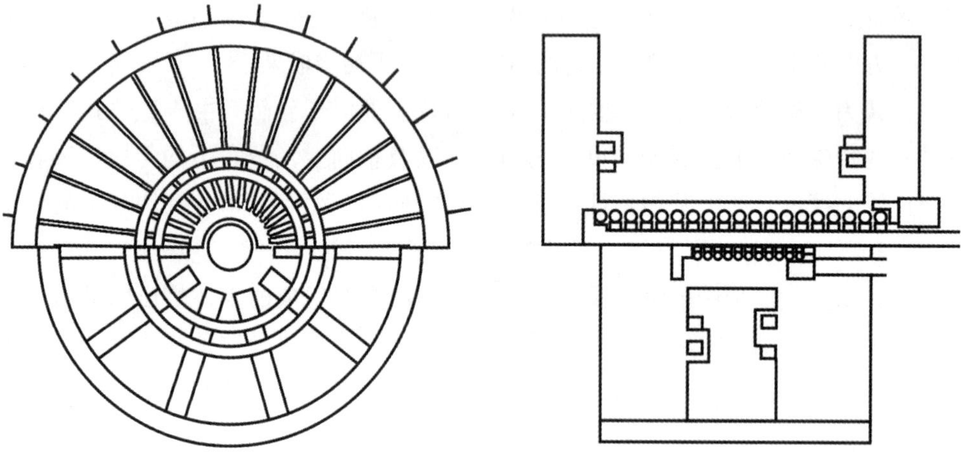

图 2.97　低压磁控管的阳极及轴向结构图

这时相应的直流电源则采用工频电四倍压直接整流后提供，省去了笨重的变压器，电源电路如图 2.98 所示。

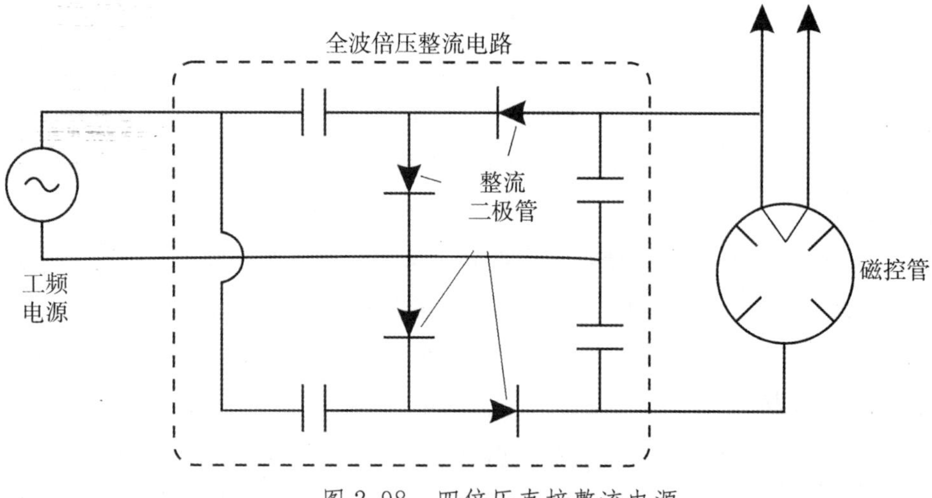

图 2.98　四倍压直接整流电源

低压磁控管与普通磁控管电参数比较如表 2-7 所示。由此可见，在相同效率条件下，低压磁控管的输出功率很难达到普通磁控管的水平，这也许就是至今未曾看到低压磁控管的产品的原因。

表 2-7 低压磁控管与普通磁控管的比较

参数 / 型号	U_a（V）	I_a（mA）	P_m（W）	P_0（W）	η%	f（MHz）
低压管	400	1 250	500	300	60	2 450
普通管 2M218	4 000	300	1 200	720	60	2 450

1980 年，日本东芝公司也开发了一种 2.5 kV/540 W 输出的低压磁控管 2M125，其阳极电流与普通磁控管相近，只增加了 20 mA，灯丝电压电流完全相同，效率也接近相等，具体参数比较如表 2-8 所示。

该管与松下 400 V 低压磁控管相比，结构上改变不大，只将阳极直径从 $d_a=10.0$mm 减小为 $d_a=9.0$mm，阴极直径从 $d_k=5.0$mm 增加到 $d_k=5.2$mm，也就是说只增大了阴阳极半径比 σ，同时将腔数从 $N=10$ 增加到 $N=14$。

表 2-8 低压磁控管与普通磁控管的参量

管 型	2M125（低压管）	2M172（普通管）
输出功率（W）	540	830
阳极电压（V）	2 500	4 000
阳极电流（mA）	320	300
灯丝电压（V）	3.15	3.15
灯丝电流（A）	13	13
小腔数 N	14	10
阳极直径（mm）	9.0	10.0
阴极直径（mm）	5.2	5.0
冷却风量（L/min）	800	800

但该管后来亦未见大量生产，原因不明。从目前车载微波炉、航天微波炉、微波理疗及微波透热消融术等应用领域来看，输出功率在 200～300W 已经足够，这时若能提供电压在 500～1 000 V 之间的低压磁控管，是非常实用的，再配上变频电源，从而形成一种性价比较高的微波功率源，它将大大扩展微波功率的应用领域。

4. 恒流磁控管

在目前的家用微波炉中，输出功率的调节都是依靠改变脉动电流的大工作比的方法实现，因此平均功率虽然得以调整，但脉冲峰值功率仍然维持不变，若需要连续改变输出功率就无法做到。如能采用专门设计的高内阻的恒流输出的直流电源给磁控管供电，就能在连续调节阳极直流电流时改变输出功率，而保持磁控管的工作电压与磁场不变。这一工作方式的另外一个好处是频谱较纯，这也是彻底解决 EMC 的根本途径，但该电源的成本也许很高，有待电路专家去解决。

5. 炉用磁控管的新制造技术

三十多年来，炉用磁控管的结构虽然经过不少改进，如日本东芝曾将 2M172 改型为 2M172A，后来又将 2M172A 改为 2M228，两者对比情况如图 2.99 及图 2.100 所示。可以看出，对阳极高度、天线长度、芯柱高度、磁环厚度、穿心电容等都做了调整和更改，性能有较大提高，例如降低了高次谐波输出、降低了低频噪声等。但总体来说，这种结构上的改变不是本质上的，基本上保留着四十年前的样子，例如十腔阳极块、双端双环隔模带、单扁天线轴向输出装置、铁氧体磁环等基本设计。

目前采用新材料、新技术的途径有如下几方面：

（1）采用新型稀土材料制造新阴极取代脆而易断的钍钨阴极，延长管子工作寿命。

（2）阴极芯柱上加置微波抑制器，从而取消滤波盒。

（3）应用稀土磁钢取代低居里点的铁氧体磁环，提高磁控管工作的稳定性。

（4）阳极散热片采用黑化技术，提高散热能力。

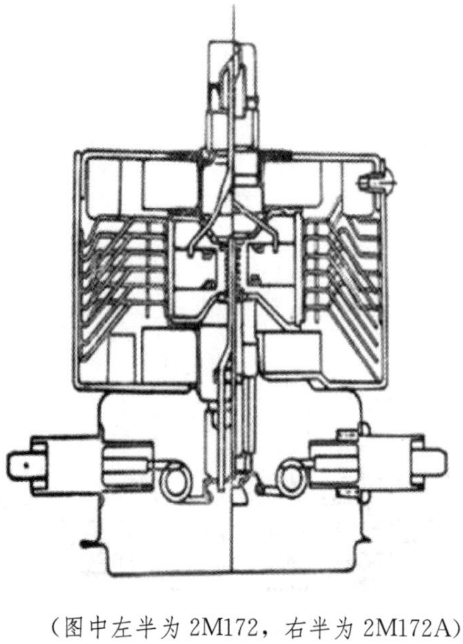

（图中左半为 2M172，右半为 2M172A）

图 2.99　2M172 与 2M172A 的对比图

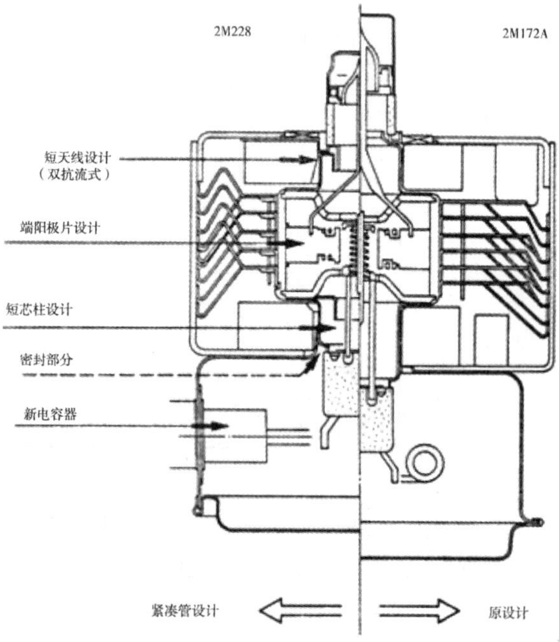

图 2.100　2M172A 与 2M228 对比图

6. 磁控管放大器

近几年来，在 CW 磁控管的注入锁频、锁相工作方面取得了较大进展，国内许多单位都在开展类似的研究，如四川大学、电子科技大学、南京三乐电子公司等，都已取得了可喜的成果，这就为大功率 CW 磁控管的功率合成提供了必要的技术准备。实际上，早在 20 世纪 50 年代末，苏联的列别捷夫就发表了关于磁控管放大器的论文，其原理上是把单端口的磁控管振荡器加上一只三端环行器，从而将磁控管的输入与输出两端相互隔离开来，变成一个双端口的非互易网络，而且其频率和相位均由输入端的频率和相位控制，这时的磁控管只是一只提供负电导的负阻器件，因此振荡器就变成了放大器，其工作原理如图 2.101 所示。其输入端的功率为 P_{in}，频率为 f_0，磁控管的电导为 G（为负值），振荡频率为 f_0，在输出端的功率为 P_{out}，频率仍为 f_0。但 P_{out} 则大于 P_{in}，因此形成了一个受控的具有增益（P_{out}/P_{in}）的放大器。当然，其锁频、锁相的范围与很多条件有关，也与注入的功率电平有关，这里就不详述了。

详情可参阅参考文献［63］［64］［65］［66］。

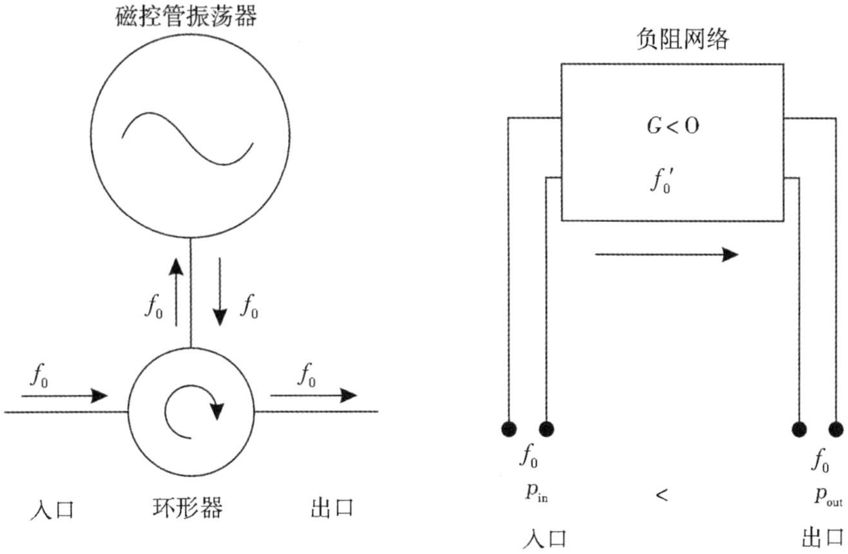

图 2.101　注入锁频磁控管原理图

2.12.4　CW 磁控管的设计与结构特点

CW 磁控管的设计与结构特点如下：

（1）采用扇形或扇槽形谐振腔系统；

（2）采用双端双隔模带模式分隔技术；

（3）采用直热式钍钨阴极或纯钨阴极；

（4）采用轴向单叶片或三叶片耦合输出结构；

（5）在输出天线中采用抗流措施，以抑制谐波输出；

（6）在阴极引线端采用抗流结构，或在管外加装滤波盒以防止微波泄漏；

（7）采用铁氧体永磁磁环，或采用电磁线包的电磁铁作为工作磁场；

（8）采用高耦合度 β 的设计方法以提高回路效率 η_c，在 915MHz 波段，$\beta=18\sim20$，在2 450MHz 波段，$\beta=8\sim12$。

2.12.5 CW 磁控管中存在的主要问题

由于上述一系列独特的设计方法与结构，导致了互作用空间内与众不同的电子轮辐形状。这主要归罪于阴极的螺旋形结构：首先，螺旋的轴向的不对称分布，影响了轮辐在轴向上的变形与扭曲；其次，上单叶片或三叶片的角向不对称输出，导致了场在角向分布的不均匀性；最后，加上非直流的脉动电压的调制。这三个原因导致的结果是，输出频谱呈现出在 CW 磁控管中特有的多基频特性，不仅如此，这些多基频频带不宽，它们之间在一定条件下会相互调制，产生多谐波的广谱干扰频率，从而影响 EMC 效果，于是人们不得不设法花巨大精力去解决这些存在的问题。图 2.102 所示为半波脉动的电流波形，图 2.103 所示为匹配状态下的多基频频谱。

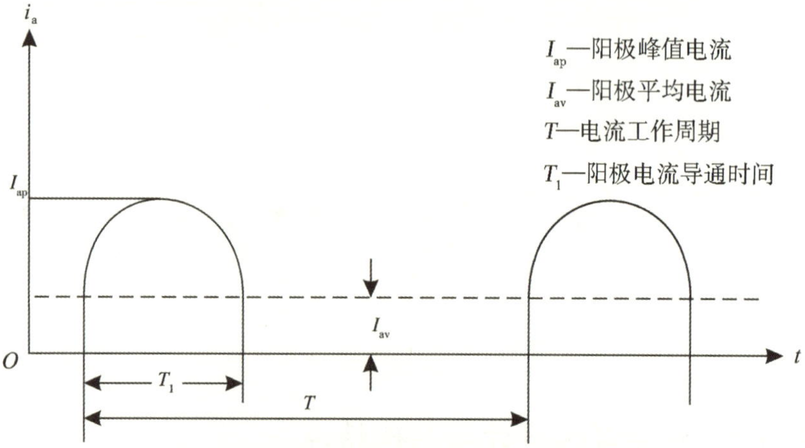

图 2.102 磁控管阳极电流波形

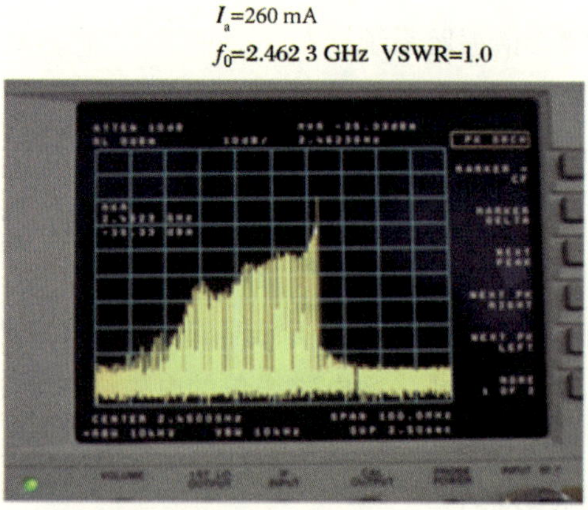

图 2.103 输出的多基频频谱

2.12.6 世界各国微波炉用CW磁控管产量情况

我国美的和格兰仕两家公司CW磁控管的产量在2014年几乎为其他日韩公司的两倍，约占全球产量的70%，而且这两家公司还将进一步扩能，不久后将会达到80%，甚至更高的比例。而2016年，世界总产量下降了2000多万，我国这两大公司下降不多，而日韩等公司下降甚为明显，三星、大宇下降了60%，日本松下下降了74%。这样，我国将成为世界上微波炉用CW磁控管产能及产量最大的国家，各国产量规模变化见图2.104。

世界各国微波炉与工业用CW磁控管及部分医用磁控管的特性参数及产地等见附录Ⅶ。

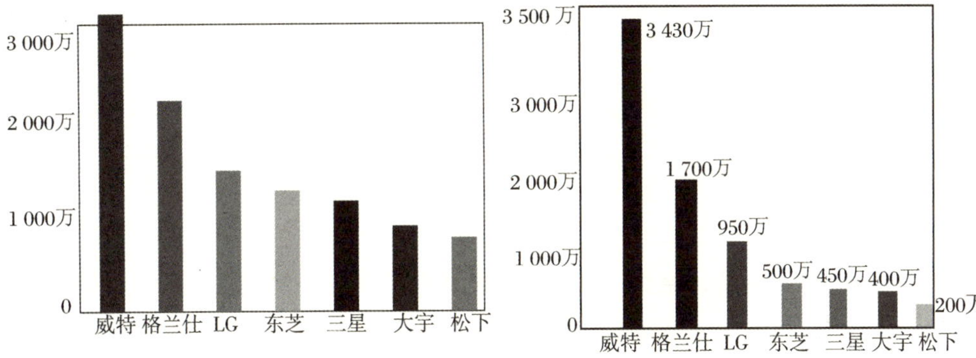

(a) 2014年各公司产量　　(b) 2016年各公司产量

图2.104　世界各国CW磁控管公司的年产量

有关CW磁控管的详情可参阅参考文献[57][58][75]～[81]。

2.13 磁控管的应用与未来发展

磁控管是最早具有实用意义的大功率微波振荡管，七十多年来，磁控管在提高功率（脉冲的和平均的）、效率、频率稳定性及工作寿命等方面都取得了显著的进展。图2.105给出了脉冲磁控管在各个波段上的功率水平。

除普通磁控管外，人们对同轴磁控管及反同轴磁控管给予了很大的重视。这不仅是因为它们在功率、效率和频率稳定性等方面有着明显的优点，而且因为它们在调谐范围的拓宽及采用先进的快速调谐方法使调谐速度大大提高等方面显示出优异的性能。它们现有的功率水平比图中给出的数值已经有了进一步的提高，例如在X波段和K_a波段上，反同轴磁控管已分别达到了3.5MW和200多千瓦的水平。

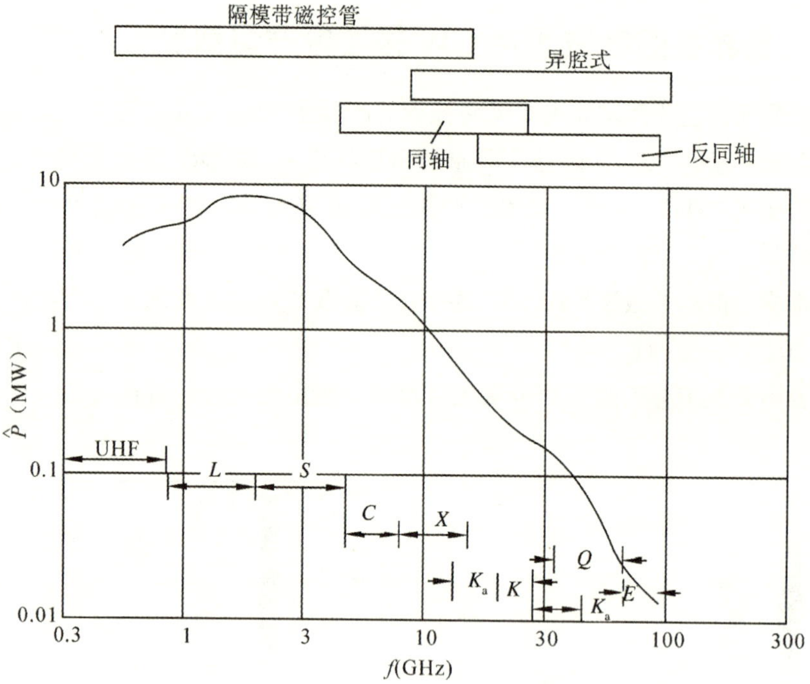

图 2.105　脉冲磁控管的功率水平

除此以外，随着火箭、导弹、人造卫星及其他宇宙航行器的发展，也出现了一些特殊要求的小型磁控管——信标磁控管。这种管子不仅体积轻巧，还能在高温、高速、强烈震动的环境下工作。例如 PK－7578 磁控管（C 波段），其输出功率为 1 000W，耐震 15g（20～2000Hz），耐冲击为 100g（g 为重力加速度）而其重量只有 400g。

在电子对抗技术中，磁控管（连续波）还可作为大功率的干扰源。

磁控管还可作为微波通信系统及无线电遥控遥测系统中的发射管。

在原子能工业中，磁控管可作为电子直线加速器中的微波功率源。

磁控管的未来应用领域如图 2.106 所示，它仍会在国防军事领域中占有一席之地，但主要应用领域却向民用方向转移，从产量及产值方面来看，家用微波炉排在首位，其次是工农业及高新技术产业，医疗行业仍有巨大市场，军工市场进一步压缩。

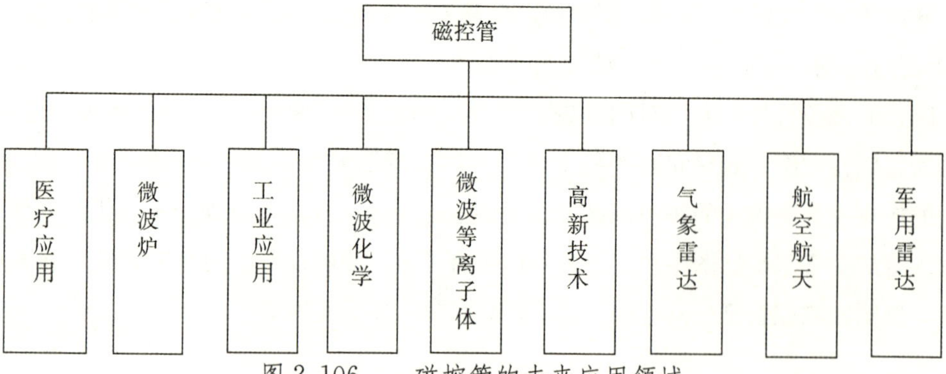

图 2.106　磁控管的未来应用领域

2.13.1 磁控管的类型

磁控管分为以下几种：

(1) 普通脉冲磁控管；
(2) 捷变频磁控管；
(3) 同轴磁控管；
(4) 相对论磁控管 ；
(5) 毫米波磁控管；
(6) 信标磁控管；
(7) CW 磁控管；
(8) 医用磁控管；
(9) 回旋磁控管；
(10) 鱼饵磁控管；
(11) 锁频磁控管；
(12) 磁控管放大器 。

2.13.2 微波炉用磁控管产量的稳健增长

因为磁控管的高效、紧凑、低压、廉价的独特性价比，所以在可预见的未来，看不出有任何微波源可以改变它与微波炉的出于偶然而经得起时间考验的这种绝配。微波炉产量仍将稳健地增长，以满足国内市场的需求。在国外，由于发展中国家的经济发展和社会进步，一些相对贫穷落后的地区和国家对微波炉的需求会提上议事日程，这一潜在市场也是相当诱人的。

2.13.3 微波工业应用领域

微波功率在工业中的应用也将不断开拓新的领域，除了传统的轻工、食品、橡胶、化工、矿物、煤炭、冶金、陶瓷等行业外，还会向环保治污、废物回收、新材料开发、等离子应用等行业深化与拓展。

污水处理、生活垃圾及医疗垃圾处理、恶臭处理、废轮胎处理、秸秆处理等将是急待办理的头等大事。

在美国，微波功率应用主要集中在915 MHz频段，2 450 MHz频段则较少，这与国内正好相反，这主要反映在微波源成本上的重大差异。应用领域集中在微波解冻，木材处理，食品行业中的焙烧、脱水、干燥等工序上。在英国，人造金刚石的微波等离子体制备技术已取得突破，产品已经用于军工领域武器装备上。

2.13.4 微波医疗应用领域

目前，微波功率在医疗领域中的应用主要集中在以下三个方面：

(1) 微波理疗与针灸（包括毫米波治疗），前者较为普遍与流行；

(2) 微波放疗，目前在肿瘤治疗中主要手段之一；

(3) 微波热疗，目前治疗面较窄，无法与放疗及化疗相比，但仍有其独到之处，近年来在我国发展较快，正在大力推广之中。

2.13.5 其他微波应用领域

目前，微波应用的其他领域主要有以下几种。

（1）养路行业（微波养路车），由于种种人为原因，目前处于停产状态，有些遗憾。

（2）石油工业（测井、破乳、降黏、脱蜡、脱硫、开采等）中的应用进展缓慢，三十多年来至今没有重点突破，研究工作仍在进行。

（3）电光源（微波硫灯），由于LED产业的兴起，硫灯在光效、成本、特别是寿命方面无法与之竞争，国内外境况不妙，有的已经停产，有的准备放弃，前景堪忧。

（4）微波输能，在光伏产业蓬勃发展的今天，微波输能看不出有任何可取之处，这不仅有能量多次转换的效率问题，还有从高空收集太阳能的巨型天线，更是很难实现与维护。

（5）化工行业（乙烯工程），虽然在实验室中证明有效，提取率为目前方法的2倍，但作为化工产业，更需要从国家层面通过全面科学的，特别是运行与安全方面的论证与评估，不能贸然行之、轻易上马，但前景应该是看好的。

（6）汽车工业（微波点火与消除尾气），这是一个很有前途的应用领域，在我国成为全球汽车产能大国之际，提高点火与燃烧效率是节能的有效措施。尾气消除涉及环保和减少雾霾和二氧化碳排放的国策，应当尽力开展相应的研究。几十年来，国内有关单位曾做过一些初步研究，但未能持之以恒，断断续续，得不出一个可期望的成果，十分可惜，希望有识之士能继续研究与开发，能达到应用与推广的阶段。

2.14 小　结

（1）磁控管是一种正交场微波振荡器。因为它具有结构简单、功率大、效率高等特点，所以被广泛应用在各种技术领域中，包括军事和民用部门，并已成为微波电子管中的一个主要管种。

（2）磁控管中的电子运动特性十分复杂，即使不考虑空间电荷效应，要严格求解圆柱系统中的电子运动轨迹也是相当困难的。但从能量守恒定律出发，我们可以求得截止条件和临界磁场。

（3）磁控管中的阳极谐振系统具有“多模”特性，可以采用场的匹配法或等效电路法求得系统的谐振特性和相应的谐振频率。

（4）相互作用空间内高频电场的切向分量起着挑选电子和能量交换的作用，径向分量则起着相位聚焦的作用。两个分量共同作用的结果，使得从阴极发射的均匀分布的空间电荷形成了密度调制的电子轮辐。

（5）为了提高π模式的工作稳定性，在磁控管中采取了不同的模式控制技术，这就是：

①隔模带结构；

②异腔式结构；

③同轴腔阳极或反同轴腔阳极结构。

（6）选用π模式的主要理由是：

①在相同的工作磁场下，π模式的工作电压最低；

②π模式是非简并模式，因此工作稳定性高；

③在相同的工作磁场下，π模式的电子效率最高。

（7）磁控管的效率和工作稳定性始终是一对固有的矛盾，要提高效率就必然会降低工作的稳定性，反之亦然。这个矛盾只有在同轴磁控管中才得到较好的解决。

（8）磁控管的工作特性和负载特性是器件使用者用来设计电源或调制器以及高频负载的主要依据。

（9）磁控管在早、中期主要应用于军事领域中，由于宽带O型器件的发展和推广，在逐渐退出军用领域的同时，却在广大的民用领域中找到了发挥自己特长的应用场所，产量与产值仍在微波电子管中独占鳌头。

（10）微波功率技术应用领域中，磁控管是微波源中的核心部件，尽管近年来LDMOS器件发展迅速，但从综合指标来看，仍与磁控管存在着一定的差距，历史与现状证明，磁控管不仅有着辉煌的过去，有健康的现在，更有着璀璨美好的明天。我们期待着它的进一步发展与壮大！

第3章　磁控管的工程设计与方法

3.1　磁控管设计的原则与步骤

3.1.1　磁控管已知的条件与参数

（1）工作频率或波长；
（2）固定频率或可调（带宽）；
（3）输出功率（CW或脉冲）；
（4）脉宽及工作比；
（5）阳极电压；
（6）冷却方式（风冷或液冷）；
（7）磁路结构（包装式或非包装式）；
（8）应用特点；
（9）安装要求；
（10）环境要求；
（11）可靠性及寿命；
（12）其他特殊要求（如冲击、加速度、振动等）。

3.1.2　磁控管的设计要求

1. 保证谐振系统具有足够高的锁频能力

（1）提高谐振系统的固有品质因数 Q_0；
（2）提高谐振系统的特性阻抗 Z_0；
（3）降低系统内部的损耗电阻 R_i；
（4）减弱与外部的耦合度，即减小引入电阻 R_{in}。

2. 具有足够大的导热效率和足够大的热惯性

磁控管的热状态主要是由阳极叶片上所释放出来的单位平均功率和冷却效率确定的。阳极叶片上所承受的单位热负荷的大小，可用无隔模带磁控管为例说明如下：

(1) 对 dm 波段的功率磁控管为：$90W/cm^2$；

(2) 对 10cm 波段的功率磁控管为：$80W/cm^2$；

(3) 对 5cm 波段的功率磁控管为：$200W/cm^2$；

(4) 对 3cm 波段的功率磁控管为：$400W/cm^2$；

(5) 对 mm 波段的功率磁控管为：$2\ 700W/cm^2$。

3. 具有最佳的模式分隔度

通常希望有 15%～20%的模式分隔度，才能保证不产生模变的可能性。

4. 结构工艺上的可实现性

结构工艺要求：结构简单，加工方便，适合于自动化生产。“结构基准”在设计中有很重要的意义，即其工作状态、输出参数和各部件的尺寸和结构尽可能地接近该种类型和用途的磁控管的最佳设计，这样就可大大节约研制磁控管的时间和资金。

5. 磁控管内客观存在的不对称性

(1) 能量输出器与单腔相耦合；

(2) 阴极偏心或倾斜；

(3) 恒定磁场分布的不均匀性；

(4) 隔模带上的人为断口及其分布；

(5) 高频电磁场分布不均匀性；

(6) 调谐机构的不对称性耦合；

(7) 小腔分度误差造成角向的不均匀性等。

3.1.3 磁控管需要设计的部件与系统有如下几类

磁控管需要设计的部件与系统有如下几类：

(1) 互作用空间；

(2) 阳极谐振系统（包括腔型、腔数、隔模带结构）；

(3) 阴极、灯丝及组件；

(4) 能量输出系统及与馈线连接方式；

(5) 磁路系统及结构；

(6) 调谐系统及组件；

(7) 冷却系统；

(8) 安装系统。

3.2 磁控管的一般设计程序

图 3.1 所示为磁控管的设计程序结构图，除图中加粗方框内的内容外，能量输出系统也是需要设计考虑的。此图与前述要求及参数等并不矛盾，只是图中略去了冷却条件、安装要求、环境要求等使用条件。

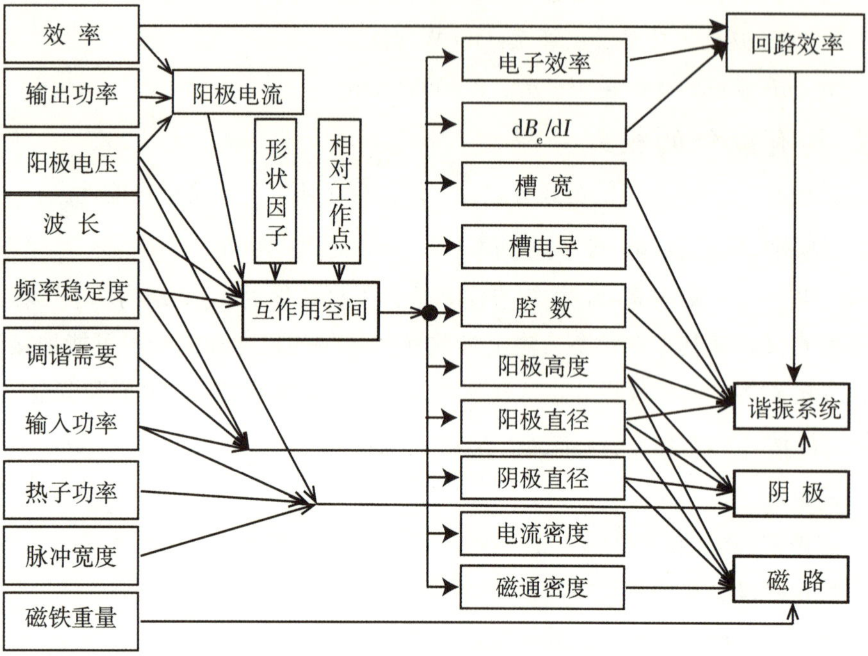

图 3.1 磁控管的设计程序

从图上可清晰地看出，最左边的 10 个参数是由用户提出基本要求后再由磁控管设计师提出该管的具体的初始设计参数，与用户协商后确定。对使用者来说，他只需要知道工作的波长，是固定频率还是频率可调，调谐频带多少，以及最高工作电压，需要的输出功率，是脉冲的还是连续波的，脉宽及重频的高低等，当然还需要知道必不可少的使用与安装条件。

3.2.1 互作用空间的设计

由图 3.1 所示的原始参数中左边前三项，即效率、功率及电压可计算出阳极的工作电流；再根据波长、频率稳定度、形状因子及相对工作点就能进行互作用空间的具体设计与计算。在此设计中，形状因子决定了互作用空间的相对形状，它由 3 个基本参数，即小谐振腔数 N 、阴阳极直径比 σ 及间隙隙缝比 μ 决定。相对工作点则由归一化磁场 b 、归一化电流 i 及归一化电导 g 决定的，它决定了空间内电子运动轨迹的形态，互作用空间如图 3.2 所示。

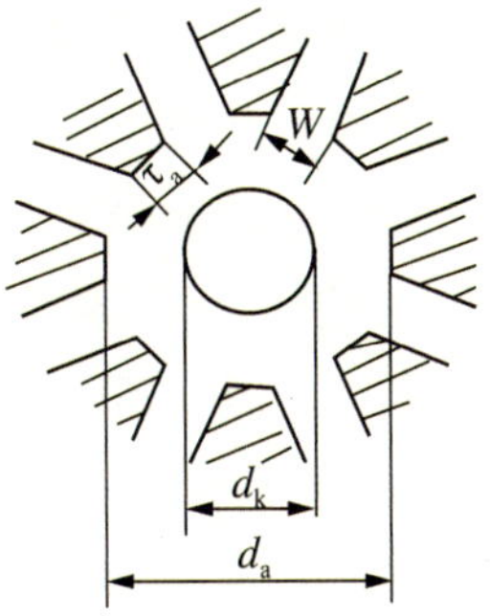

图 3.2 互作用空间结构图

3.2.2 谐振系统的设计

从图 3.1 可以看到由波长、频率稳定度、调谐需求、输入功率和回路效率及由互作用空间衍生出来的参数一起决定阳极谐振系统的设计与计算。

3.2.3 阴极的设计

从图 3.1 可以看到由阳极电压、输入功率、热子功率和脉冲宽度及由互作用空间衍生出来的参数一起决定阴极的设计与计算。

3.2.4 能量输出器的设计

在图 3.1 上未列入能量输出器有关的相应条目，故有关的具体设计详见后述的3.6节。

3.2.5 磁路的设计

从图 3.1 可以看到磁路设计比较简单，它由磁铁重量、阳极直径、阴极直径、阳极高度和磁通密度一起决定。磁路在管内体现了互作用空间两端的极靴尺寸的设计和外配的永久磁铁或电磁铁的磁路设计。

3.3 互作用空间的设计

互作用空间的设计涉及形状因子 N、σ、μ 的选择，现就这 3 个因子分别加以讨论。

3.3.1 谐振腔数目 N 的选择

由理论分析可知，储存在谐振系统中的无功能量以及电子流交给系统的功率都比例于谐振腔的数目 N，因此为了获得较大的输出功率，就应当选择较大的 N。然而，随着 N 的增加，槽缝间的高频电压将下降，从而降低了电子流与高频场之间有效的相互作用，也就是降低了电子效率 η_e 。此外，当 N 增大时，系统的特性阻抗 Z_0 也将降低，因而使得 π 模式振荡增长速度下降，并使寄生的振荡模式出现的可能性提高。除此以外，随着 N 的增加，还会使系统的模式分隔度下降，因此，对 N 的选择就不是任意的，在表 3-1 中列出了根据工作波长选择 N 的参考数据。N 的上限不仅受到输出参量变化限制，特别是降低了工作的稳定性，而且还受机械强度及耐热性变差等因素的限制，下限则受到研制任务书中规定的技术指标中的输出功率及阳极电压的限制。

表 3-1　谐振腔数目 N 与工作波长 λ 的关系

λ (cm)	>40	20～40	10～20	5～10	2～5	1～2	<1
N	4～6	6～8	8～12	8～18	12～22	16～40	18～40

3.3.2　阴阳极半径比 σ 值的确定

在研究磁控管的过程中，我们知道，磁控管的工作与阴阳极半径比 $\sigma = r_k / r_a$ 大小有关。通常，过小的 σ 会引起工作的不稳定，因为这是与同步条件变坏相联系的；而过大的 σ 又会使管子的电子效率下降，因此，这个比值就有一定的范围。

目前关于 σ 的计算已有相当多的经验和半经验公式，并且可以看出，不论哪一个公式都只与谐振腔的数目 N 有关，下面我们将有关的公式及计算结果列表如下，以便比较。

从表 3-2 中可以看出

当 $N<8$ 时，按

$$\sigma = e^{-8/N} \tag{3.1}$$

计算较为准确。

当 $N \geq 8$ 时，则按

$$\sigma = 0.85 - \frac{3.83}{N} \tag{3.2}$$

计算较为准确。

表 3-2　阴阳极半径比 σ 与谐振腔的数目 N 的关系

序号	N 计算公式	4	6	8	10	12	14	16	18	20	26	38	备注
1	$(N-4)/(N+4)$	0	0.200	0.333	0.428	0.500	0.556	0.600	0.636	0.667	0.734	0.810	[1]
2	$(N-3)/(N+5)$	0.111	0.273	0.384	0.466	0.529	0.579	0.619	0.653	0.681	0.742	0.814	
3	$e^{-8/N}$	0.135	0.264	0.368	0.449	0.514	0.581	0.607	0.640	0.670	0.735	0.811	[2]
4	$0.85-3.83/N$	/	0.21	0.370	0.467	0.530	0.576	0.610	0.637	0.651	0.703	0.750	[3]
5	$1-5.34/N$	/	0.11	0.334	0.466	0.555	0.619	0.666	0.704	0.733	0.795	0.860	[4]
6	$1-6.28/N$	/	/	0.215	0.372	0.475	0.55	0.607	0.652	0.686	0.759	0.835	[5]
7	σ_m	0.152	0.26	0.376	0.465	0.517	0.579	0.619	0.610	0.644	0.707	0.765	[2]

[1] J. C Slater, Microwave Electronics, 1950.

[2]B. 柯瓦连科，超高频电子学引论，1957.

[3] G. B Collins, Microwave Magnetrons, 1948.

[4] 索姆索诺夫，多腔磁控管的计算与设计基础，1966.

[5] D. H Sloan, Microwave Tubes Proceeding of the 8th International congress, 1954.

3.3.3 叶片厚度与槽缝宽度比值的确定

阳极叶片厚度 τ 与缝宽 w 的比值 μ，即

$$\mu = \frac{\tau}{w} \tag{3.3}$$

一般在1～2之间变化时对磁控管的工作并无本质上的影响。若增大 μ，保持阳极孔径 d_a 不变，则 π 模式的波长就会增大；若设法保持波长不变(例如减小谐振腔的电感)，则 μ 的增大将会引起系统特性阻抗 Z_0 的降低，同时使得波导能量输出器中的变换系数增加。

在具有隔模带的系统中，若保持 π 模式的谐振频率不变，增大 μ 会导致模式分隔度的下降，同时也降低了互作用空间内场沿轴向分布的不均匀性，这种情况在磁控管阳极块较高时较为显著。

在异腔系统中，若使 d_a＝常数，则增大 μ 尽管会引起模式分隔度的某些增加，但却会使零模式分量沾污 π 模式，以及引起特性阻抗的降低。

一般来说，当 $\mu=1$～2 时，磁控管的工作特性改变很少。实际上，对于波长为 10 cm 或更长时的磁控管可取 $\mu=1.2$～1.8；对于波长为 3 cm 的磁控管可取 $\mu=1.4$；而对于波长为 1 cm 时，可取 $\mu=1.5$。

实际上，μ 的大小也会影响到管子的导热条件及为了冲制阳极块时的冲模的设计。

在确定了 μ 以后，就不难计算出叶片的厚度 τ 和缝宽 w 的大小了。

如果已知阳极孔直径为 d_a 及 $\mu=\frac{\tau}{w}$，那么可以近似地认为

$$\pi d_a \simeq N\left(\tau+\frac{\tau}{\mu}\right)=N\tau\left(1+\frac{1}{\mu}\right)=N\left(\frac{\tau}{\mu}\right)(1+\mu) \tag{3.4}$$

所以

$$\tau=\frac{\pi d_a \mu}{N(1+\mu)} \tag{3.5}$$

如令

$$\mu'=\frac{w}{d_0}=\frac{w}{w+\tau} \tag{3.6}$$

因此

$$\mu'\tau=w-w\mu'=w(1-\mu') \tag{3.7}$$

所以

$$\mu=\frac{\tau}{w}=\frac{1-\mu'}{\mu'} \tag{3.8}$$

通常在磁控管中，称这3个决定互作用空间形状(相对尺寸)的参量为“形状因子”

S,即

(1) N ;

(2) $\sigma = \frac{r_k}{r_a}$;

(3) $\mu = \frac{\tau}{w}$ 。

现将某些已有磁控管的形状因子列于表 3-3 中作为设计时参考。

表 3-3　若干磁控管的形状因子数据表

管　型	波　长(cm)	N	σ	μ	μ'
ZP—676	40	4	0.15	1.86	0.35
2J32	10.7	8	0.38	1.70	0.37
2J39	9.06	8	0.38	0.92	0.52
HP—10V	10.6	10	0.50	1.78	0.36
4J—33	10.7	12	0.59	2.03	0.33
4J—39	8.5	12	0.59	2.03	0.33
725A	3.2	12	0.50	1.50	0.39
725A′	3.2	12	0.50	1.32	0.43
МИ56	3.2	12	0.51	0.904	0.525
4J50	3.2	16	0.66	0.89	0.53
CM—16B	10	16	0.59	1.13	0.47
LCT	33.5	16	0.61	1.27	0.44
QK61	9.42	16	0.60	1.08	0.48
AX93	3.16	18	0.62	1.44	0.41
3J31	1.25	18	0.60	1.56	0.39
SCWC	10	20	0.60	1.0	0.50
BM50	3.2	20	0.61	1.0	0.50
RD11—2	1.25	26	0.71	0.89	0.53
GK—13—1	1.30	38	0.77	1.04	0.49

3.4 阳极谐振系统的设计

阳极谐振系统的设计方法与步骤如图 3.3 所示。

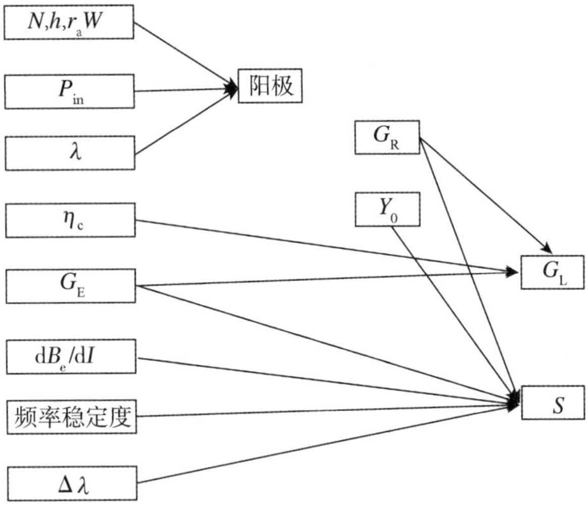

图 3.3 阳极谐振系统的设计

在阳极谐振系统的设计中必须遵循以下关系，即

$$G_E = G_L + G_R \tag{3.9}$$

$$\eta_c = \frac{G_L}{G_L + G_R} \tag{3.10}$$

$$\Delta\lambda = \frac{1}{SY_0}\frac{\lambda}{2}\frac{dB_e}{dI}\Delta I \tag{3.11}$$

$$\Delta\lambda = \frac{1}{S}\alpha\lambda\Delta T \tag{3.12}$$

$$\Delta\lambda = \Delta b\frac{\lambda}{2}\frac{G_L}{SY_0} \tag{3.13}$$

式中 G_E——槽电导(电子电导)；

G_L——负载电导；

G_R——腔损耗电导；

Y_0——特性导纳；

S——稳定因子；

B_e——电子电纳；

T——工作温度；

b——归一化磁场；

α——线膨胀系数。

由以上关系可以看到,工作电流的变化 ΔI、阳极温度的变化 ΔT、归一化磁场的变化 Δb 等的变化均将引起谐振系统工作波长 $\Delta\lambda$ 的改变,这将涉及原始参数频率稳定度的基本要求。在这些基本关系式中还可看到,无论是哪个因素在变化,它们引起波长的改变都与稳定因子 S 有关,而且都是成反比的关系,可见在选取该参数时的重要性。

磁控管的阳极起到三重作用:一是收集工作完毕从阴极上发射出来的电子;二是构成决定管子振荡频率的谐振系统并做到两者完美的统一;三是易于耗散掉由于电子剩余动能撞击阳极时产生的热能,保证阳极合理的温升。

磁控管的阳极需要设计与确定的参数为:

(1)谐振腔数 N 的确定;

(2)阴阳极半径比 σ 的确定;

(3)隙缝宽度比 μ 的确定;

(4)腔型的选择与确定;

(5)隔模带类型的确定;

(6)阳极半径 r_a 的确定;

(7)阳块高度 h_a 的确定;

3.4.1 谐振腔的设计

阳极谐振系统的设计包括分布在阳极圆周上谐振腔形状的选择,最常用的谐振腔形状如图 3.4 所示。

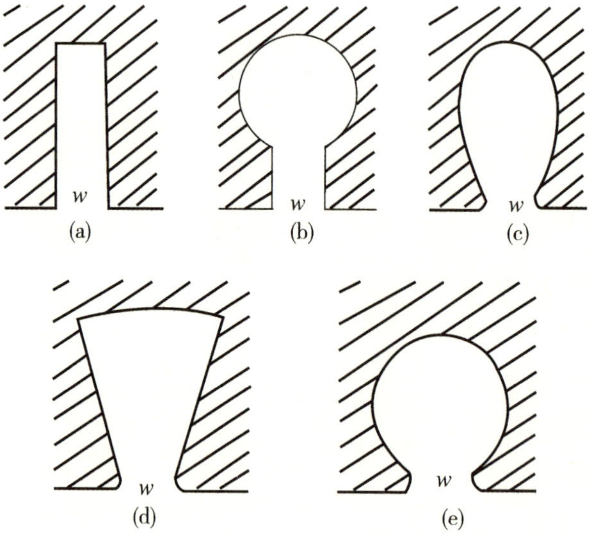

图 3.4 谐振腔的类型(横截面图)

在图 3.4 中可以看到:(a) 为长槽形腔,(b) 为孔槽形腔,(c) 为椭圆形腔,(d) 为扇形腔,(e) 为圆形腔。

谐振腔又可分为如下几种。

(1)同腔型:即分布在阳极圆周上的 N 个小腔的截面形状和几何尺寸都是完全相同的,如图 3.5 所示。

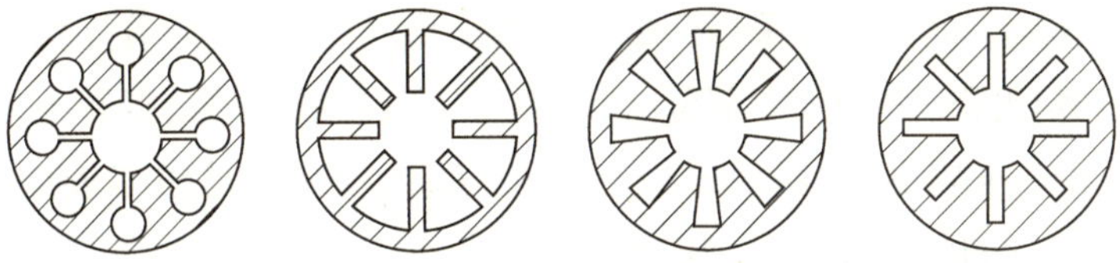

(a) (b) (c) (d)

图 3.5 同腔型谐振腔

(2)异腔型:即分布在阳极圆周上的 N 个小腔的截面形状和几何尺寸并不相同的配置,可能是形状相同但尺寸不同,也可能是相邻的小腔形状各不相同,尺寸也不相同的排列配置,如图 3.6 所示。

如图 3.6(a)所示大小腔都是孔槽形结构,只是它们的尺寸大小不同;图 3.6(b) 都是扇形结构,也是尺寸大小上存在着差异;图 3.6(c) 和(d) 的相邻腔的类型是不相同的,尺寸当然也不同,图 3.6(c) 是大孔槽形和小扇形的组合,而图 3.6(d) 则是大腔为槽形小腔为扇形的组合。

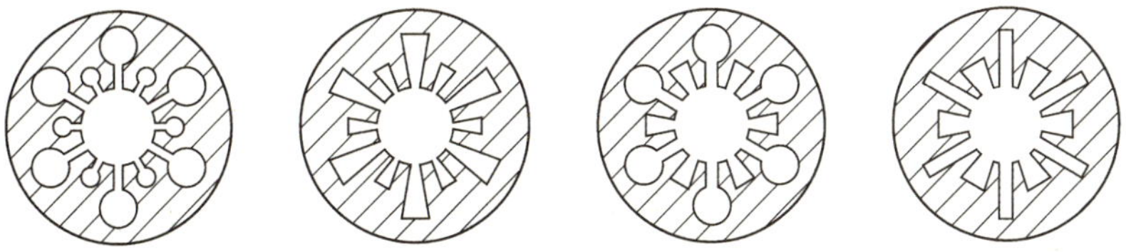

(a) (b) (c) (d)

图 3.6 异腔型谐振腔

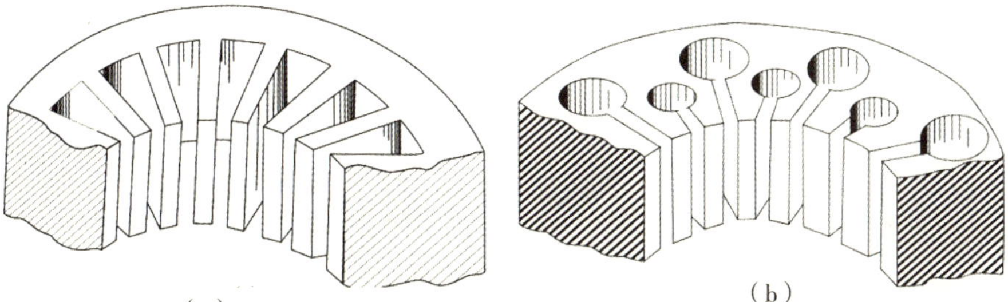

(a) (b)

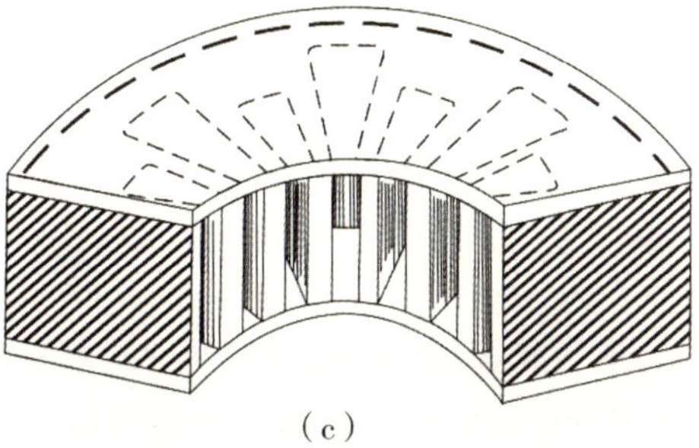

(c)

图 3.7 谐振腔的三维结构

图 3.7 所示为谐振腔的三维结构。其中(a) 为扇形同腔结构;(b) 为孔槽形异腔结构;(c) 为扇形异腔结构。

在大功率连续波磁控管中经常采用如图 3.8 所示的扇槽形结构,在这种截面的管中,由于靠近互作用空间的端部采用两端开口的槽形间隙,一端向着互作用空间,另一端则接着扇形腔,其槽隙部分增加了部分电容,为保持谐振系统的谐振频率不变,扇形腔的等效电感必须相应地减小,这就使阳极直径相应缩小,这就是频率较低的 L 波段 915 MHz 的 CW 磁控管的阳极直径保持较小的原因所在。

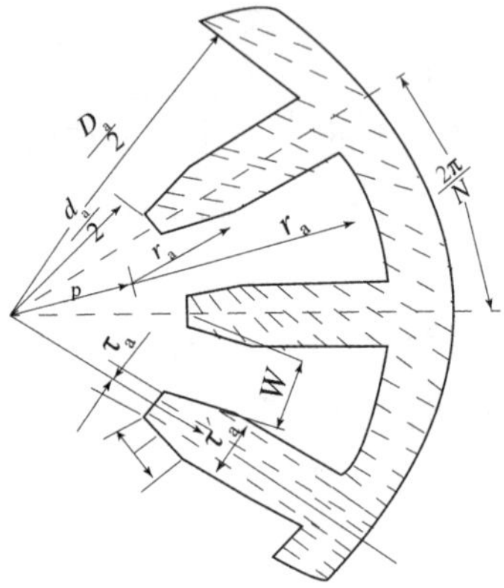

图 3.8　扇槽形谐振腔的截面尺寸

在普通的扇形腔中,阳极叶片厚度是不变的见图 3.9(a),而在扇槽形腔中,扇形部分的叶片要厚得多,这主要是考虑到在大功率状态时,阳极块光靠外部水套难以使阳极叶片端部得到良好的冷却;而在图 3.9(b) 所示结构中,由于叶片厚度的增大,这就有可能在采用水套外部冷却的同时,可将通水管道深入到端部附近,较好地散去叶片端部由于电子轰击产生的高温,从而保证了阳极温度的合理温升。

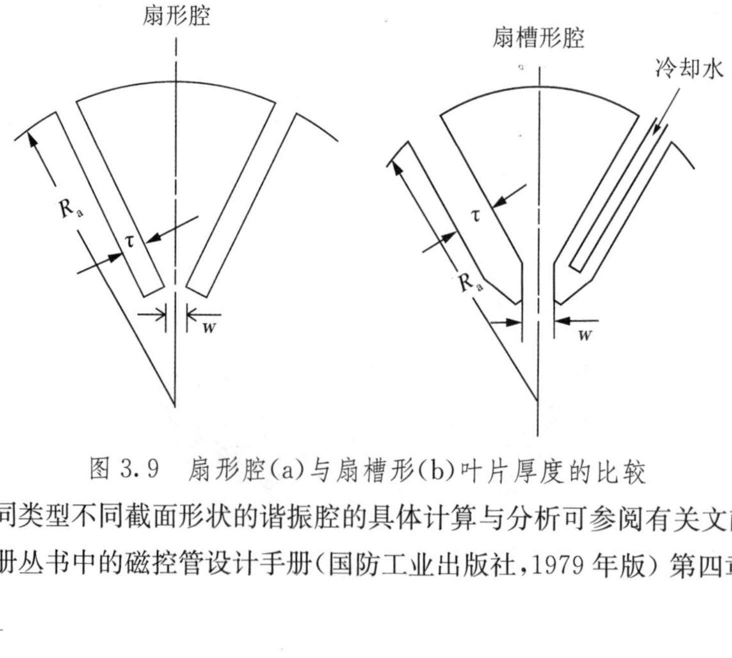

图 3.9　扇形腔(a)与扇槽形(b)叶片厚度的比较

各种不同类型不同截面形状的谐振腔的具体计算与分析可参阅有关文献,特别是微波管设计手册丛书中的磁控管设计手册(国防工业出版社,1979 年版) 第四章内容。

3.4.2 隔模带的设计

谐振系统中的隔模带是提高模式分隔度的有力措施,从 1940 年发明以来一直沿用至今,目前用得较多的是以下几种类型和结构:

①双端单隔模带;

②双端双隔模带;

③多边形双端双隔模带;

④内隔模带;

⑤L 形隔模带。

隔模带电容的计算一般是采用似稳场法,即以静电电容的计算方法,对于 π 模,都近似地把隔模带的电容按隔模带与阳极叶片或隔模带之间的静电电容来处理。一般采用构成电容的隔模带与隔模带槽之间的平均周长 L 以及两者之间的平均间隙 Δ_m 来计算。对于不同类型的隔模带,有不同的部分电容,因此只要分别计算那些形成部分电容的静电电容即可。

下面计算的都是静电电容值,单位是 cm 。

(1)双端单隔模带如图 3.10 所示,它是位于阳极两端靠近互作用空间处一个环状的金属圈,并相隔一个小腔与腔体连接,金属环的断面为方形或矩形,具体尺寸如图所示。

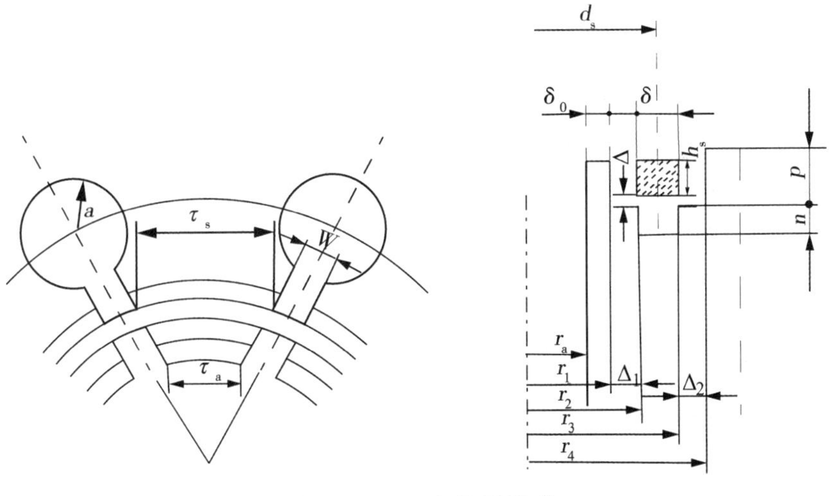

图 3.10 双端单隔模带

对于孔槽形双端单隔模带的电容 C_s,其值为

$$C_s = \frac{\tau_s L}{4\pi\Delta_m} \tag{3.14}$$

式中 τ_s——每个谐振腔叶片上隔模带环的平均长度。

$$\tau_s = \pi\frac{d_s}{N} - W \tag{3.15}$$

式中 d_s——隔模带环的平均直径，$d_s = r_2 + r_3$； (3.16)

Δ_m——隔模带与槽壁之间的平均间隙；

$$\Delta_m = \frac{\Delta_1 + \Delta_2 + \Delta_3 + 2\Delta}{5}; \quad (3.17)$$

L——隔模带与槽壁之间中心平面的平均长度。

$$L = \frac{L_1 + L_2}{2}\ (\mathrm{cm}) \quad (3.18)$$

隔模带周长为

$$L_1 = 2h_s + \delta \quad (3.19)$$

隔模带槽壁周长为

$$L_2 = 2p + \Delta_1 + \Delta_2 + \delta + 2n \quad (3.20)$$

对于扇形腔双端单隔模带的计算，只需将式(3.14)中的 τ_s 换成扇形腔叶片厚度 τ_a 即可。

(2)孔槽形腔双端双隔模带如图 3.11 所示，与双端单隔模带不同的是每一端都有两根金属圆环，其断面可为方形或矩形，具体尺寸如图 3.11 所示。两根金属圆环分为内环与外环，当内环与某一叶片相连接时，此时外环就悬空不与该叶片相连接，并在相邻的叶片上与之连接，而在另一端，这种交替连接方法却相反，彼此上下端交互隔片连接，保证 π 模式的正常工作。

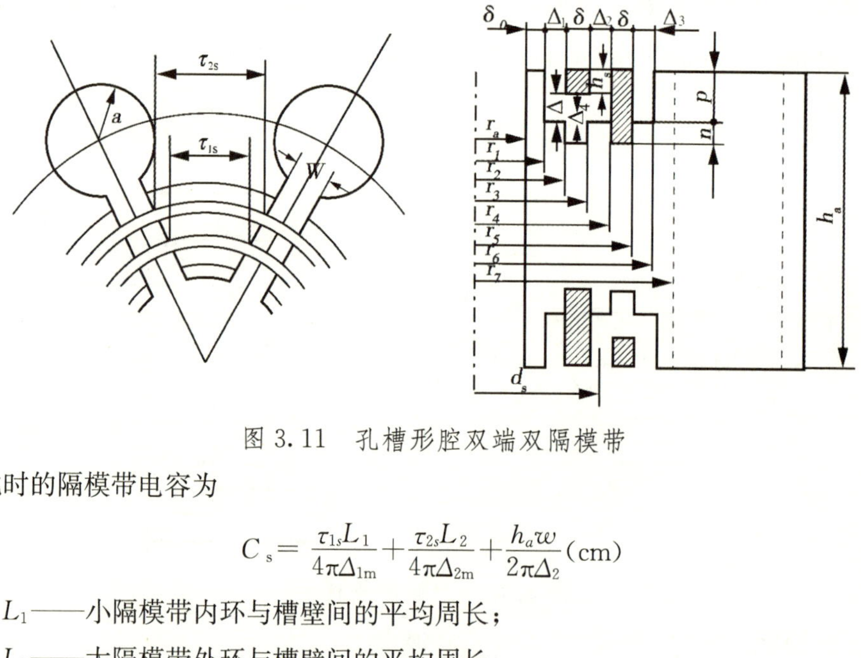

图 3.11 孔槽形腔双端双隔模带

此时的隔模带电容为

$$C_s = \frac{\tau_{1s} L_1}{4\pi\Delta_{1m}} + \frac{\tau_{2s} L_2}{4\pi\Delta_{2m}} + \frac{h_a w}{2\pi\Delta_2}(\mathrm{cm}) \quad (3.21)$$

式中 L_1——小隔模带内环与槽壁间的平均周长；

L_2——大隔模带外环与槽壁间的平均周长；

Δ_{1m}——小隔模带内环与槽壁间的平均间隙；

Δ_{2m}——大隔模带外环与槽壁间的平均间隙；

h_a——阳块高度；

W——间隙宽度。

(3)扇形腔双端双隔模带如图 3.12 所示。

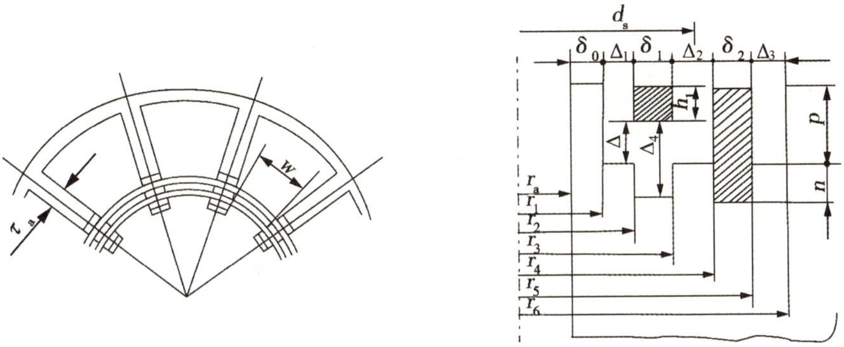

图 3.12　扇形腔双端双隔模带

扇形腔双端双隔模带的电容计算公式同式(3.21)，只需把式中的 τ_{1s} 换成 τ_a，把 τ_{2s} 换成 τ_a，把 W 换成 W_1 即可。

(4)孔槽形腔双端双隔模带但采用圆面的隔模带电容的计算，见图 3.13。

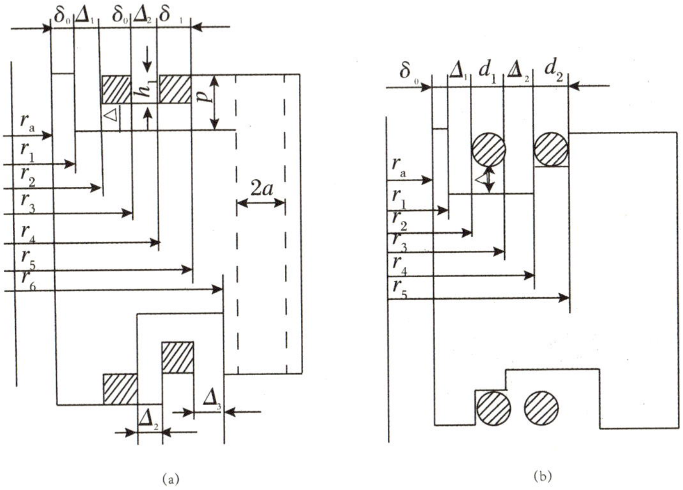

图 3.13　圆截面双端双隔模带

这种情况下，可将圆截面的双端双隔模带系统等效成矩形截面的双端双隔模带系统，并令圆截面的周长等于矩形截面的周长即可。于是

$$\pi d_s = 2(\delta_1 + h_s) \tag{3.22}$$

C_s 的计算公式同式(3.21)。

(5) 叶片中间穿孔隔模带电容的计算，这种结构如图 3.14 所示，它经常用于扇形腔系统中。

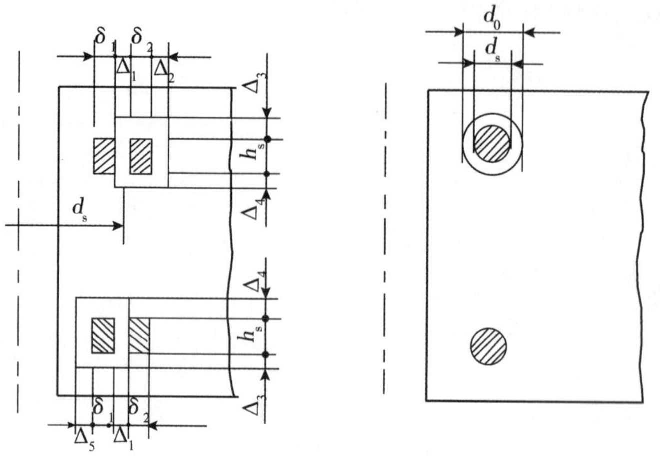

(a) 矩形截面　　　　(b)圆形截面

图 3.14　叶片中间穿孔隔模带

对于矩形截面隔模带可用式(3.21) 进行计算,只要把式中的 w 换成 w_1 即可。而

$$L_1=2h_s+2\delta_1+\Delta_1+\Delta_3+\Delta_4+\Delta_5 \tag{3.23}$$

$$L_2=2h_s+2\delta_2+\Delta_1+\Delta_2+\Delta_3+\Delta_4 \tag{3.24}$$

$$\Delta_{1m}=\frac{\Delta_1+\Delta_2+\Delta_4+\Delta_5}{2} \tag{3.25}$$

$$\Delta_{2m}=\frac{\Delta_1+\Delta_2+\Delta_3+\Delta_4}{2} \tag{3.26}$$

$$W_1=\frac{\pi d_s}{N}-\tau_a \tag{3.27}$$

对于圆截面隔模带,可按圆柱形电容器的公式来计算:

$$C_s=\frac{\tau_a}{2\ln\frac{d_0}{d_s}} \tag{3.28}$$

(6)多边形双端双隔模带的结构如图 3.15 所示。它实际上是两个金属圆环改成多边形的直线连接而已 ,为了避免相互重叠,故将交叉连接条变成一高一低的立交形式。

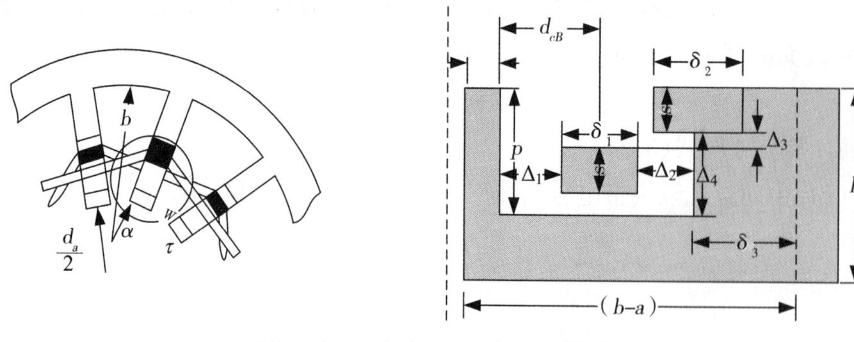

图 3.15　多边形双端双隔模带

这种结构使用较少，这里就不去详细讨论电容的具体计算了，方法是相似的。

(7) L形阶梯式隔模带是英国人Sayers在1940年提出的，它是采用一条圆截面的金属丝，一端与某一奇数叶片相连接，另一端则与相隔一片后的另一奇数叶片相连接，同时将另一条L形金属丝的两端分别与偶数排列的叶片连接。

实际上很像图3.15所示的多边形结构，不同的是隔模带的每段形状，前者为L形，而后者为直线状，前者在阳极块端部，而后者则位于槽内。由于L形隔模带目前仅应用于英国生产的医用脉冲磁控管中(如M5025，M5193等)，范围极其有限，再说这种结构很难精确计算，这里不做介绍。L形双端隔模带如图3.16所示，在相邻两条隔模间存在着一段上下的重叠空间，图3.16为阳极块端部顶视图。

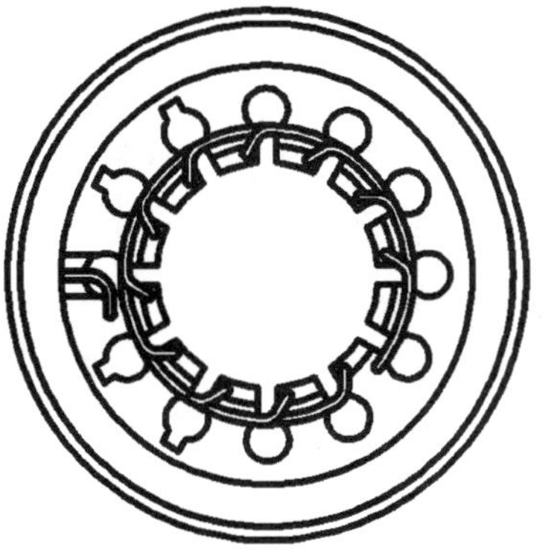

图3.16　L形双端隔模带结构的阳极块顶视图

3.4.3　关于互作用空间形状因子的选择

前面分别讨论了形状因子的选择，现归纳一下，见表3-4。

表3-4　形状因子对管子性能的影响

参数	对管子性能的影响
谐振腔数 N	N↑有利于降低 U_a 和 B，但可能使电子群聚变坏，并使模式分隔变差
阳极电压 U_a	U_a↑，B↑可提高效率，但提得过高会使绝缘要求提高，成本上升
阴阳极半径比 σ	σ↓可以提高效率，σ↑可以提高工作稳定性
阳极半径 r_a	r_a↓，U_a↓
叶缝比 μ	μ↓有利于 π 模起振，有利于叶片散热，μ↑谐振频率会降低
阳极高度 h_a	h_a↑谐振系统特性阻抗 Z_0 会降低，但利于散热，会降低模式分隔度

3.5 阴极的设计

3.5.1 用于磁控管中的阴极应具有的特性

1. 阴极的特性

(1)具有合适稳定的一次发射，也就是在完全或非常接近完全的空间电荷限制下提供规定的电流密度 J_k；

(2)不存在导致产生模式变化及频谱变坏的不稳定性；

(3)具有高的二次发射系数；

(4)具有高的抗中毒能力；

(5)具有高的导热性及导电性，或低的中间层电阻；

(6)抗熔化、升华及溅射的性能优良；

(7)具有高的抗离子及电子回轰的能力；

(8)在不受损坏的条件下，能耗散掉电子回轰阴极时所消耗的能量；

(9)具有快速去气、激活及恢复发射的能力；

(10)不易产生火花及电弧；

(11)发射涂层具有高的附着力；

(12) 能产生很大的脉冲电流；

(13)具有足够长的工作寿命。

2. 一些常用阴极材料的技术特性(见表 3-5)

表 3-5 某些常用阴极材料的技术特性

序号	阴极类型	工作温度 T_k(°K)	电流 J_k (A/cm²) 直流	密度 J_k (A/cm²) 脉冲	逸出功 φ(eV)	二次发射系数 σ	发射效率 H(mA/W)	寿命(小时)	加热比功率 W/cm²
1	W	2 550	0.5	0.7	4.52	1.3	4～8	10 000	70～84
2	Ta	2 370	0.5	0.5	4.12	1.35	2.3～12.7	10 000	55
3	Nb	2 300	0.5	0.5	3.96	1.16		1 000	50
4	Th—W(碳化)	2 000	1～3	<2	2.63	2.5	50～70	5 000	15～25
5	ThO_2	1 860	2	2～5	2.5	2.5	100～450	2 500	25
6	ThO_2(Ta)	1 950	2	10		2.2～2.5	20～80		
7	氧化物	1 100	0.5	>50	1.3～1.5	3～4	250～20 000	3 000	2.8～4.2
8	L 阴极	1 350	1.5	300	2.1	1.4～1.8	100～10 000	8 000	4～10
9	Ba—W 钡钨	1 400	10	>50	1.5～1.7	2.2～2.5	100～1000	4 000	3～6
10	Ba—Ni 镍海绵	1 340	1.5	2.5	1.8	3.5～4.7		9 000	3

显然，获得具有上述所有特性的阴极是最理想的，但实际上却是很难做到的。

3. 常用的阴极类型

磁控管中最常用的阴极是氧化物阴极、镍海绵阴极及钡钨阴极，而在某些大功率管中，因回轰功率较大，也有采用氧化钍阴极或陶瓷阴极。钡钨阴极具有较大的二次发射系数，在长脉冲运用时稳定性好、抗中毒能力强、结构牢固、激活老练时间较短、工作寿命长，是一种较为常用的阴极。

在连续波磁控管中，常使用直热式纯钨阴极或直热式钍钨阴极，在这些管内，回轰阴极的功率通常在输入功率的 2%～10%，这是一个相当大比例的加热功率，因此往往在管子起振后不得不减小原有的灯丝或热子加热功率，以保持阴极正常的工作温度。

4. 磁控管的阴极

磁控管的阴极既不同于普通电子管中的阴极，也不同于线性注微波管（O 型管）中电子枪中的阴极。因为后者并无正交的直流磁场的存在，所以不存在由于回旋电子运动产生电子挑选而产生的电子回轰阴极现象，这就使得磁控管中的阴极具有一定的特殊性。

5. 磁控管阴极的分类

磁控管阴极的分类见图 3.17。

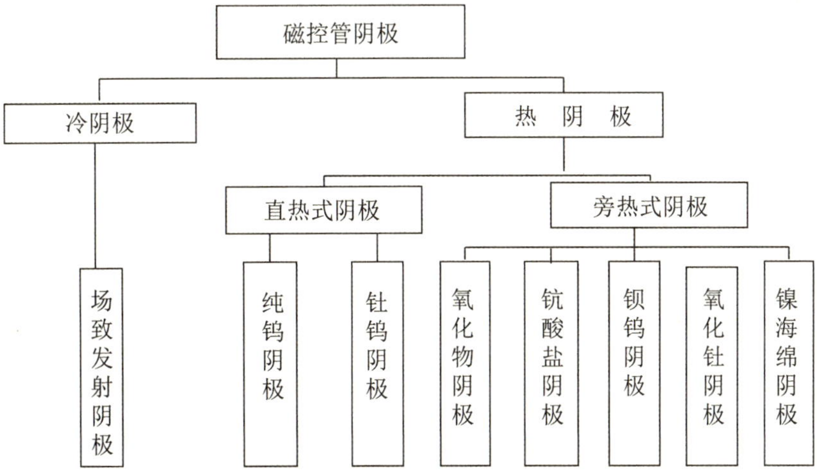

图 3.17 磁控管阴极分类表

3.5.2 阴极设计的原始参数

1. 阴极设计的原始参数

(1)阳极块的高度 h_a；

(2)阳极孔的半径 r_a；

(3)阴极半径 r_k；

(4)阳极电压 U_a；

(5)阴极电流密度 J_k；

(6)平均直流输入功率 P_{in}；

(7)热子功率 P_f；

(8)脉冲宽度 τ。

2. 对阴极的两点基本要求

(1)在空载条件下,管子未起振时,求出的热子给定功率 P_f 必须保持阴极温度高于最低温度 T_1,保证加上阳极电压后能以所需的速度起振,同时不致损伤阴极的活性表面。

(2)起振后,阴极受到电子回轰,阴极温度必须保持在满足正常工作的范围之内,并具有足够的寿命,为此,必须适当降低或完全切断热子的加热功率。

3.5.3 存在电子回轰时的功率平衡

设 P_f 为热子加热功率,P_b 为电子回轰功率。

因此在工作时,阴极的热平衡关系式为

$$P_b + \xi P_f = \beta P_f \tag{3.29}$$

式中 ξ——热子功率降低系数($\xi<1$)。

由此可得

$$P_f = \frac{P_b}{\beta - \xi} \tag{3.30}$$

热子加热功率 P_f 与阴极温度之间存在下述关系

$$P_f = C(T_1^4 - T_0^4) \tag{3.31}$$

式中 C——决定阴极形状的某一常数;

T_1——开始工作时的启动温度(℃);

T_0——环境温度(℃)。

同理

$$\beta P_f = C(T_2^4 - T_0^4) \tag{3.32}$$

式中 T_2——存在回轰时的阴极温度(℃)。

当 $T_0 \ll T_1$ 时

$$\beta = \frac{T_2^4 - T_0^4}{T_1^4 - T_0^4} \simeq \left(\frac{T_2}{T_1}\right)^4 \tag{3.33}$$

例如当 $T_1=700$℃, $T_2=950$℃ 时 ,$\beta=2.1$。

对 W(钨):$\beta=1.2$; Th－W(钍钨):$\beta=1.26$; 氧化物:$\beta=2.1$。

由上述公式确定 P_f 后,这类阴极的设计问题就归结为:在热子加热功率 P_f 一定时,如何找到一种适当的阴极结构来维持 T_1 的温度。

当热子功率 P_f 超过了具有一定激活层尺寸的径向引出阴极所能耗散的能力时,就应采用轴向引出的阴极结构。

另一方面,由公式确定的 P_f 是如此之小,以至于热子功率 P_f 不足以维持温度 T_1 的阴极结构上的耗散，这时，显然只有减小和提高 P_f 才能使 T_1 到 T_2 的温度范围缩小。

如果工作时的热子电压可以降低到零（即 $\xi=0$），这就使得问题大为简化。这时的阴极结构首先只要设计为能在 T_2 时耗散回轰功率 P_b，而 P_f 只是单独地维持管子工作前的温度 T_1 即可。

因为磁控管通常都工作在空间电荷限制的条件下，所以在伏安特性曲线上的等磁场线（等 B 线）为一直线簇，如果阴极的总发射不足以维持空间电荷限制的条件，那么在阴极的表面上将出现电位梯度，这时等磁场线将偏离它的原来位置而向较高电压方向移动，这种移动的结果有增加模式跳跃的趋向，有时会使频谱变坏（对脉冲磁控管来说）。对于连续波磁控管来说，这种偏离空间电荷限制的条件较宽些。然而，如果偏离过大，那么会引起振荡停止。

为了维持正常工作，阴极要能提供空间电荷限制下的电流密度 J_k。在工作的磁控管中，因为回轰电子的存在，J_k 分为两个部分，一部分为一次电子，而另一部分则为二次电子，二次电子发射的电流在给定工作点时，取决于阴极类型和性质，以及它的工作温度，回轰电子的能量分布等。

总的电流密度（包括一次电子和二次电子）J_k 不应超过某一极限值 J_{km}，这一极限值取决于阴极材料的结构，并随脉冲宽度的减小而增加。

阳极与阴极之间的距离也是重要的，阴极表面的电位梯度由于空间电荷限制的不足反比于这一距离（r_a-r_k），所以较小的距离增加了打火的概率。

在脉冲磁控管中，阴极电流密度 J_k 经常可达 100A/cm^2 以上，而在同一磁控管中，如果不加磁场，即工作在脉冲二极管的状态下，在相同的阴极温度时，却只能提供 1A/cm^2 的电流密度数，如果我们定义 ε 为发射增长率，即

$$\varepsilon=\frac{\text{实际上能得到的发射}}{\text{有效的热发射}}=\frac{I_a}{I_t} \tag{3.34}$$

那么在一定的条件下，ε 可达 100，有时甚至可达 1 000。这时，热发射只需在一个脉冲开始时提供一个起振所需的电流即可，之后，二次发射超过了它，并进入稳定状态。

根据大量实验中所观察到的现象，我们可以归纳出有关阴极电流回轰特性的几点结论：

(1)回轰功率 P_b 与直流输入功率 P_0 之比即 P_b/P_0 是磁场 B 及阳极电流 I_a 的函数。

(2)存在着一个有效的回轰电压 U_b，它也是 B、I_a 以及 I_b 的函数，根据某些估计，$\frac{U_b}{U_a}\simeq 0.1$。

(3)存在着一个有效的二次发射系数 σ_{eff}，它与 U_b 及电子回轰时的入射角以及阴极的材料有关。

如果我们略去回轰电子回轰时的能量分布，即以所有回轰的电子都具有相同的回轰能量，这时在工作的磁控管中，有效的发射必须等于或超过所需要的发射，即

$$I_t+I_b\geqslant I_a+I_b \tag{3.35}$$

式中 I_t——热发射电流；

I_b——回轰电流；

I_a——阳极电流。

由于

$$P_0 = I_a U_a \tag{3.36}$$

$$P_b = I_b U_b \tag{3.37}$$

代入式(3.34) 后可得

$$\sigma_{eff} \geqslant 1 + \left(1 - \frac{I_t}{I_a}\right)\frac{P_0 U_b}{P_b U_a} = 1 + \left(1 - \frac{1}{\varepsilon}\right)\frac{P_0 U_b}{P_b U_a} \tag{3.38}$$

例如当 $\varepsilon = 100, \dfrac{P_0}{U_b} = 0.1$ 时，$\sigma_{eff} \geqslant 1.5$。

这就意味着，当所要求 $\dfrac{P_0}{U_b}$ 的电源主要由二次电子发射提供时，就要求阴极的有效二次发射系数至少为 1.5。

在回轰电子作用下，阴极产生的二次电子发射电流为

$$I_s = \sigma_{eff}(I_b)_{eff} \tag{3.39}$$

而阴极的总发射电流为

$$I_e = I_a + I_b \tag{3.40}$$

在稳定状态下

$$I_e = I_t + I_s = I_t + \sigma_{eff}(I_b)_{eff} \tag{3.41}$$

令式(3.40)等于式(3.41) 可得

$$m_i = \frac{I_b}{I_a} \text{——回轰电流比} \tag{3.42}$$

$$\text{令 } \alpha = \frac{I_b}{I_e} \text{——电流回轰系数} \tag{3.43}$$

于是有

$$\alpha = \frac{m_i}{1 + m_i} < 1 \tag{3.44}$$

$$m_i = \frac{\alpha}{1 - \alpha} < 1 \text{ 或} > 1 \tag{3.45}$$

$$m_i = F(U_a, I_a, B, I_t) \tag{3.46}$$

一般情况下

$$m_i = 0.6 \sim 2.0$$

或 $\alpha = 0.3 \sim 0.7$

因此 $$I_e > (1.6 \sim 3.0) I_a \tag{3.47}$$

3.5.4 对阴极二次发射系数的要求

阴极二次发射系数必须满足下述条件

$$\sigma_{\min}\left(e^{-\frac{kU_1}{U_c}}\right)>1 \tag{3.48}$$

或写成

$$\sigma_{\min}>e^{k\frac{U_1}{U_c}} \tag{3.49}$$

若设 $m_i=0.5$，则

$$\sigma_{\text{eff}}\simeq\left(3-\frac{2I_t}{I_a}\right)e^{-\frac{kU_1}{U_c}} \tag{3.50}$$

这里 eU_1 为 $\sigma=1$ 时一次电子所具有的能量，U_c 为截止电压。

这是磁控管能够稳定工作的条件 。阴阳极之间各种电流如图 3.18 所示。

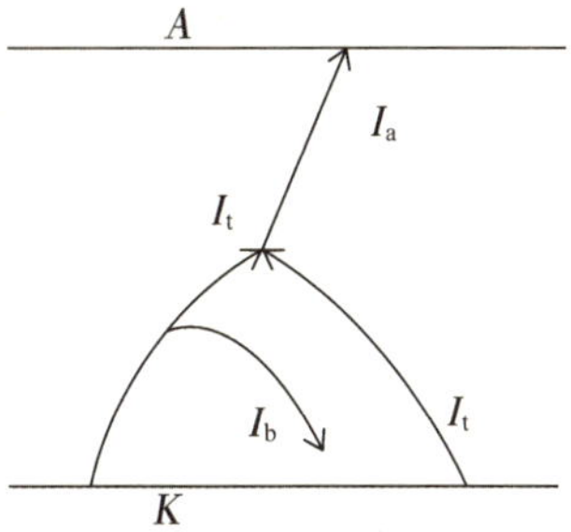

图 3.18 阴极阳极之间的电流

直热式阴极多用在连续波(CW) 大功率磁控管中，而且根据输出功率的大小可以分为两类：当输出功率小于 5kW 时，一般都采用钍钨直热式阴极，而且还要经过碳化处理以提高其发射能力和二次发射系数；当功率等于或大于 5kW 时，基本上都采用纯钨直热式阴极，虽然它的二次发射系数不如钍钨直热式阴极，但在大功率工作时，由于回轰功率较大，可以使其在强回轰状态下有效地工作，有时还要适当地降低灯丝电压以保持阴极的正常工作温度。

关于电子回轰与二次发射的进一步分析与讨论请详见 5.11 节。

3.5.5 热子的设计与结构

1. 热子设计

在磁控管的两类阴极中，直热式阴极无论是钍钨直热式阴极还是纯钨直热式阴极，通常是螺旋形结构，螺旋的外径由相互作用空间内的阴阳极直径比值决定，在设计时根据热子所需的工作温度 T_f、加热功率 P_f、热子电压 U_f、热子电流 I_f 及材料的电阻率 ρ 所决定，这种计算是不复杂的。

至于旁热式阴极的基体套筒中的热子设计与计算与上述直热式阴极的计算是类似的，一般也采用螺旋形结构，不同的是为了与阴极筒体保持绝缘状态，同时为了防止匝间短路，所以在设计好以后还需经过一个“电泳”工艺处理，即将 Al_2O_3 涂敷在热子材料裸钨丝的表面上使热子外层保持绝缘性质。

2. 热子的设计方法

热子电阻

$$R_f = \frac{U_f}{I_f} = \frac{\rho L_f}{\pi \dfrac{d_f^2}{4}} \tag{3.51}$$

热子加热功率

$$P_f = U_f I_f \tag{3.52}$$

式中 L_f——热丝长度；

d_f——热丝直径；

ρ——电阻率。

由此可得热子的总长度及热子的直径为：

$$L_f = \frac{U_f I_f}{\eta \pi d_f} \tag{3.53}$$

$$d_f = \sqrt[3]{\frac{4\rho I_f^2}{\pi^2 \eta}} \tag{3.54}$$

式中 η——单位表面耗散功率(见表 3-6)。

表 3-6 热子单位表面耗散功率与工作温度的关系

热子温度(℃)	1 250	1 300	1 350	1 400	1 450	1 500	1 550
热子表面耗散功率 η (W/cm^2)	2.5	3.0	4.0	5.2	6.5	8.0	10

3. 热子的结构形式

在图 3.19～图 3.28 中可以看到不同的热子结构，但都有相同的螺旋形状，热子的材料除了个别例子(图 3.20) 采用钼丝材料外，几乎都采用钨丝来绕制而成；大部分热子都置于阴极套筒里，如图 3.20～图 3.24、图 3.26～图 3.28 等，热子置于阴极套筒外的有图 3.25；图 3.19 所示是一种特殊的热子结构，在这种结构中，钨螺旋热子与阴极材料钍用粉末冶金的方法烧结成一个套筒整体，它的优点是加热效率高。

3.5.6 阴极端帽设计

1. 端帽作用

端帽的作用主要是阻止电子从互作用空间逸出，这种逸出会干扰磁控管的正常运行，由于逸出互作用空间的电子不再受高频场的控制，而有的会产生轴向运动，从而形成非工作电流，使总阳极电流过载，降低了工作效率。

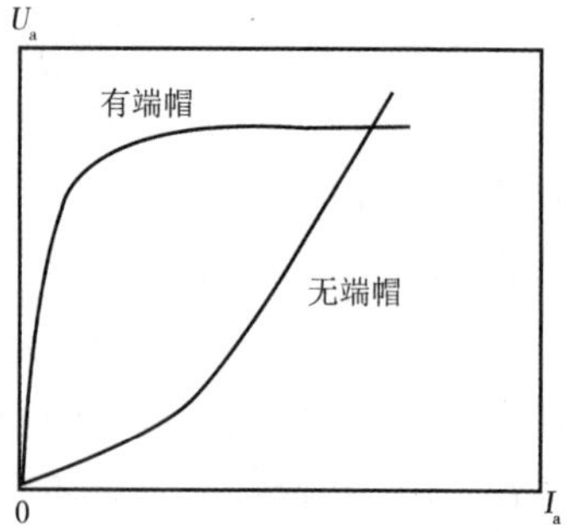

图 3.19 有无端帽时的电流对比

2. 端帽发射

端帽温度可以等于或低于阴极温度。为防止端帽发射，可以采用下列措施：

(1)减小阴极到端帽的热传导;

(2)提高端帽表面的辐射率,以降低端帽温度;

(3)在端帽上涂敷使活性物质中毒的材料,如碳化钛;

(4)采用二次发射系数低的材料,如石墨端帽或表面碳化的端帽;

(5)采用具有一定吸气性能且二次发射系数小的材料如铪等金属。

3. 端帽结构

直径可等于或大于阴极直径,过小的端帽会使大量电子逸出,过大时易于阳极顶端产生打火,通常以实验及经验为设计准则。具体结构见图 3.20～图 3.28。

有无端帽的磁控管的伏安特性见图 3.19,由图可见,在相同的工作电压下,无端帽时的阳极电流要比有端帽时的阳极电流要大得多,这种超过正常工作电流的存在,极大地影响管子的工作,我们将这种阳极电流称为非工作电流,因为它并不参与能量交换,也不形成电子轮辐,实际上并未对输出功率做出任何贡献,因此体现为工作效率的低下,这在实际工作中经常遇到。

3.5.7 热子及阴极引出结构

热子及阴极引出结构通常分为两类:(1)径向引出结构,如图 3.20～图 3.24 所示;(2)轴向引出结构,如图 3.25～图 3.29 所示。在图 3.20 中可以看到螺旋形钨丝热子被埋藏在烧结成形的氧化钍阴极发射材料构成的涂层中,这种结构的旁热式阴极是比较少见的,它的优点是加热效率高,预热时间短,热子结构牢靠。国外的磁控管中亦有类似结构,不同的是热子并不埋藏在阴极涂层中,而是将一螺旋形的裸钨丝未经电泳 Al_2O_3,而用一种传热较好的介质陶瓷粉末制成一个圆柱状的整体,再经高温烧结后成形,然后放入氧化物阴极的镍套管的底金属中,最终成为一个旁热式的氧化物阴极。

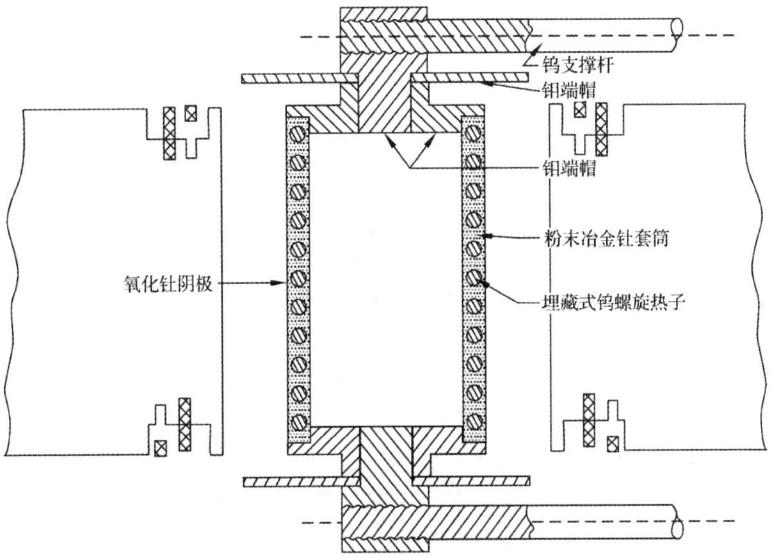

图 3.20 热子结构例 1

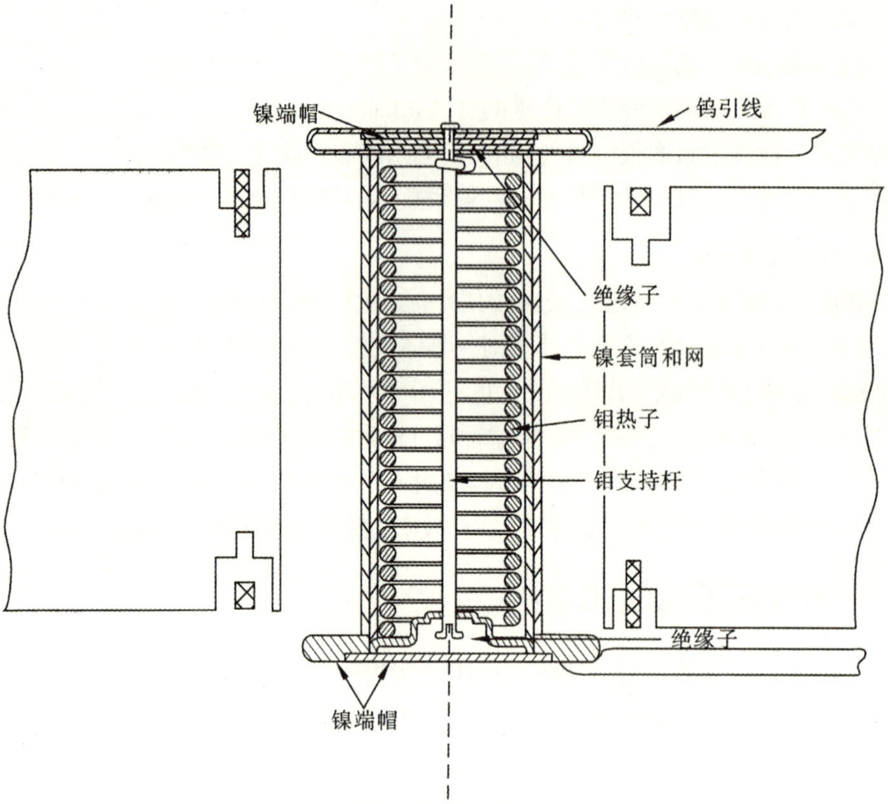

图 3.21　热子结构例 2

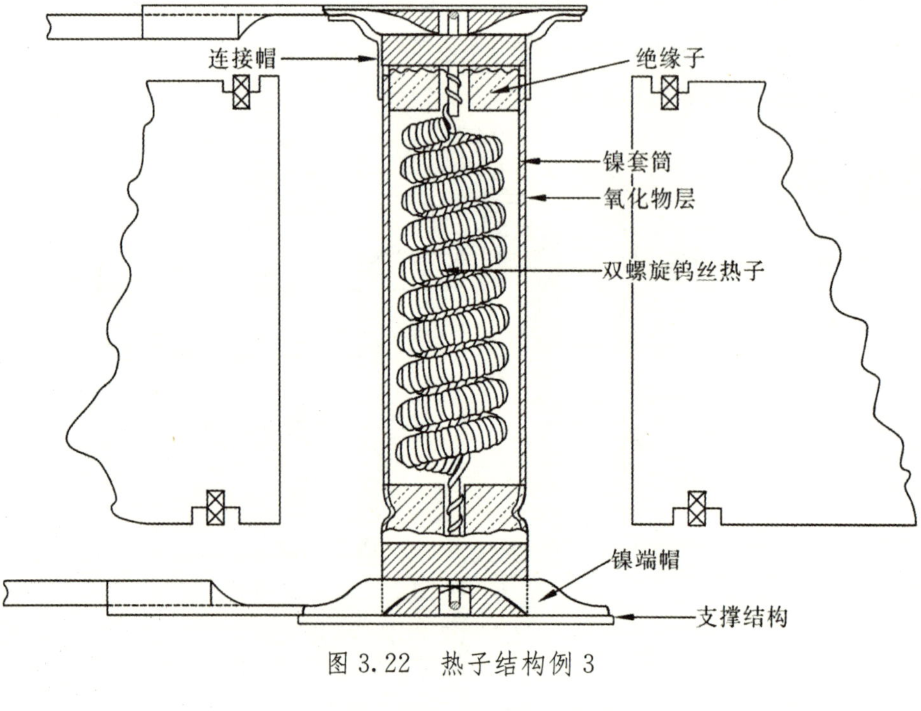

图 3.22　热子结构例 3

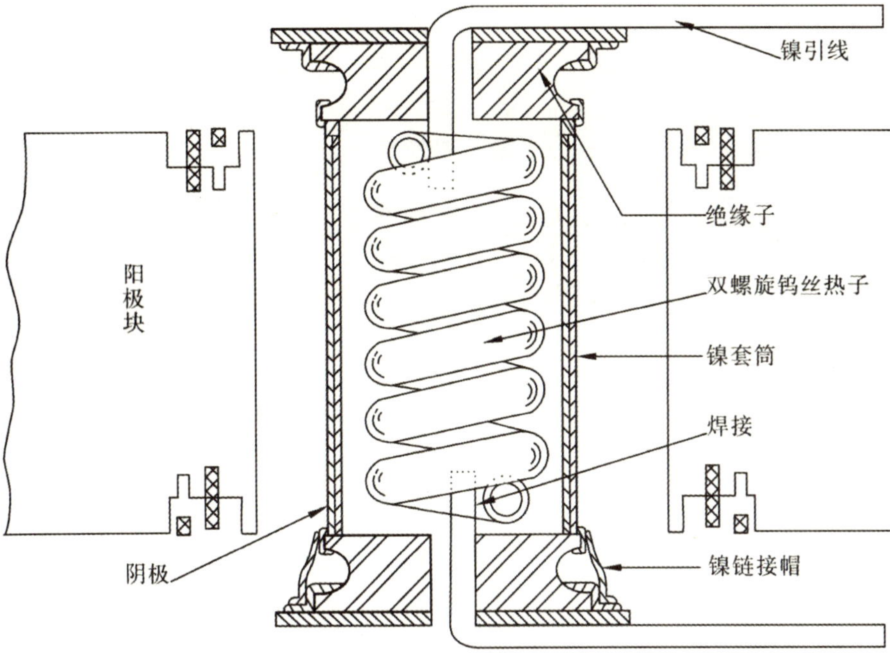

图 3.23 热子结构例 4

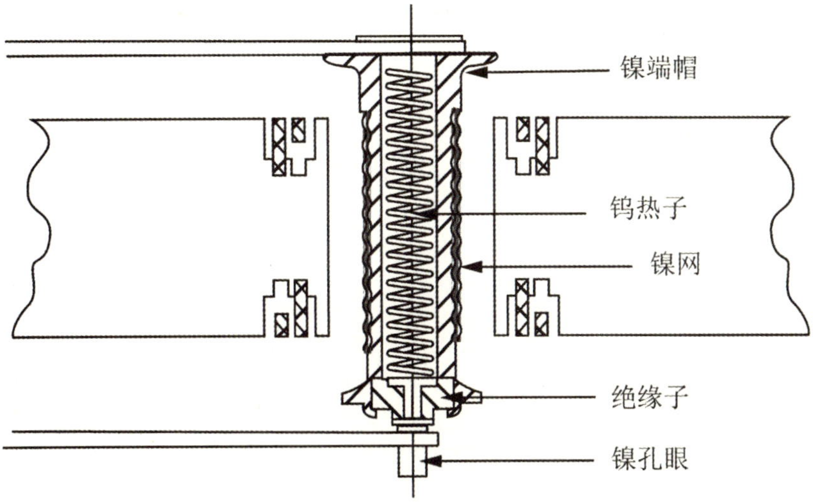

图 3.24 热子结构例 5

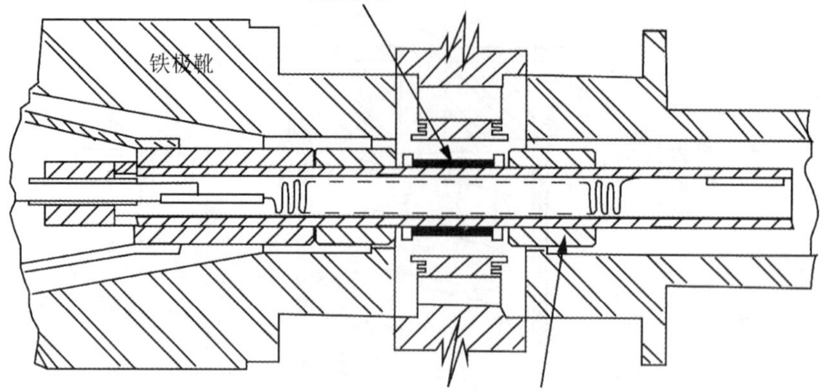

图 3.25　热子结构例 6

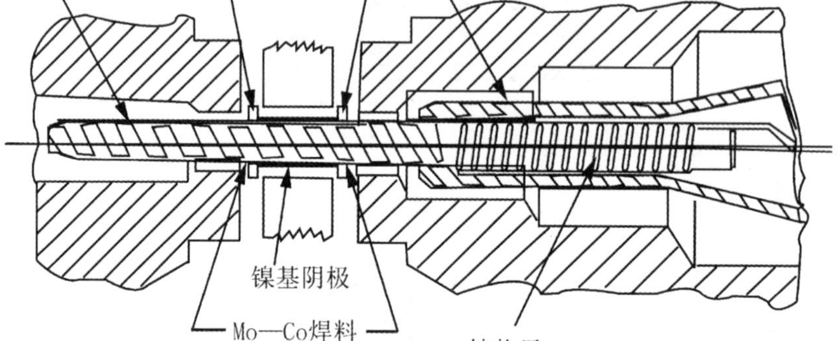

图 3.26　热子结构例 7

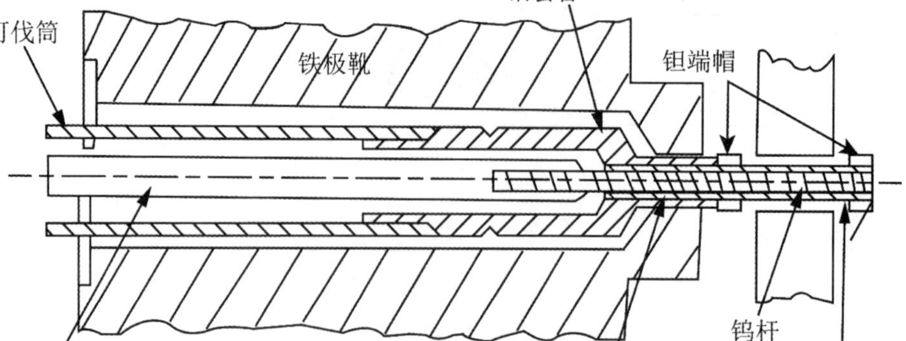

图 3.27　热子结构例 8

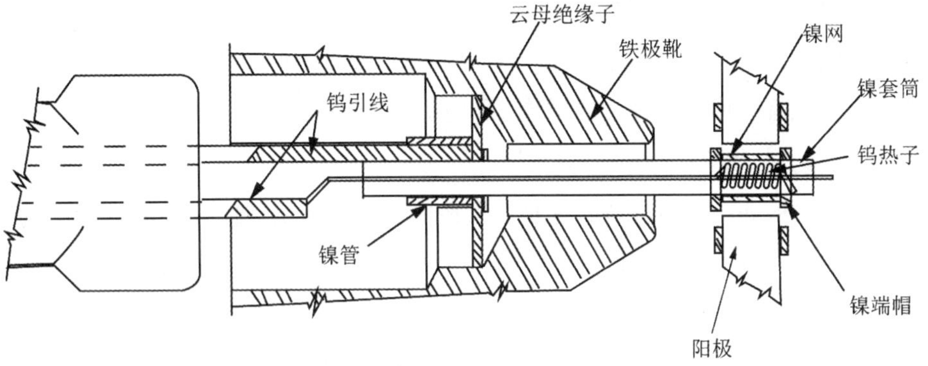

图 3.28 热子结构例 9

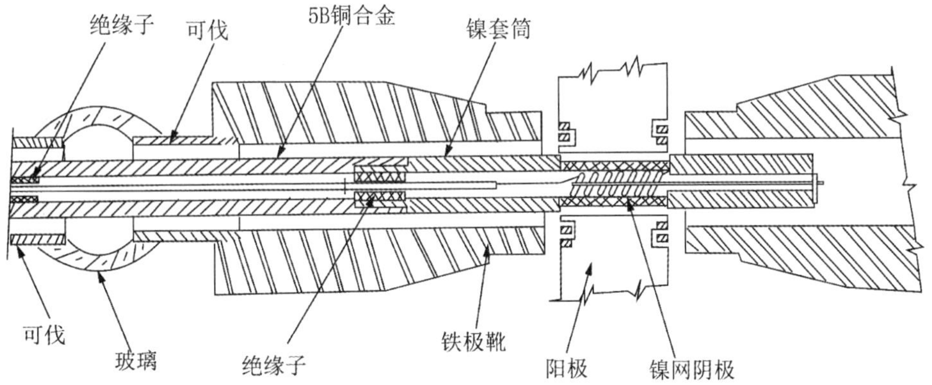

图 3.29 热子结构例 10

在上述这些阴极热子结构中，热子绝大多数采用钨丝制造，也有用钼丝制造的。阴极两端的端帽起着对互作用空间内电子屏蔽的作用，防止电子外逸，产生暗电流，端帽材料非常广泛，有钼(图 3.20)、镍(图 3.21～图 3.24，图 3.28)、可伐(图 3.26)、钽(图 3.27)等。钨热子可制成单螺旋形，也有制成双螺旋线形(如图 3.22、图 3.23 所示)，有的阴极由于尺寸太小，无法将热子装入其中，于是就有如图 3.26 所示的将热子装在阴极延长体上，并位于极靴内的钼支撑管内，阴极套筒则套在一根钨杆上，此钨杆则由另一端的套在钨杆上的钨热子加热，因此是一种间接加热的特例。在图 3.27 上，热子直接通过加热一根细钨杆产生，它产生的热再提供给套在外面的阴极底金属，以使阴极获得发射热电子的足够温度。

对端帽金属材料的基本要求是：热电子及二次电子发射系数足够低，防止端帽发射电子干扰正常的工作，这些杂散发射的电子产生的阳极电流中，构成了非工作电流，对管子振荡和输出功率毫无贡献可言，反而大大降低了工作效率。现在有的磁控管中，在阴极端帽上喷涂锆粉，以降低其二次电子发射系数；同时，锆粉在高温时还能起到吸收残余气体的功效。

3.5.8 热子及阴极引出线的抗流结构

热子及阴极引出线的抗流结构可分为内抗流筒结构、外抗流筒结构、外双重抗流结构及轴向引出抗流结构等多种结构形式，下面分别做简单介绍。

1. 内抗流筒结构

内抗流筒结构如图 3.30 所示，这是一种最简单的热子引线防高频泄漏的结构形式。它是在热子引线靠近阳极一端的某个位置上，焊上一个由无氧铜制成的圆套筒，套筒长度为四分之一波长，如图 3.30(a)所示 。由传输线阻抗变换原理可知，A 点是由热子引线与抗流筒形成的同轴线段的短路点，经四分之一波长变换至 B 点，阻抗为无穷大，然后再经由内抗流筒与外引线圆筒形成的另一同轴线段的四分之一波长变换至 C 点，阻抗再次变为零，与 A 点相同，即为短路点，于是在该处呈现完全封闭状态，电磁波如从热子泄漏至 C 点，将被全部反射回去，不得向外辐射。

2. 外抗流筒结构

外抗流筒结构如图 3.31 所示。其结构主要差别在于抗流圆筒不是焊在热子引线上，而是与外引线筒相焊接，其阻抗变换及抗流防泄漏原理与上述完全相同。

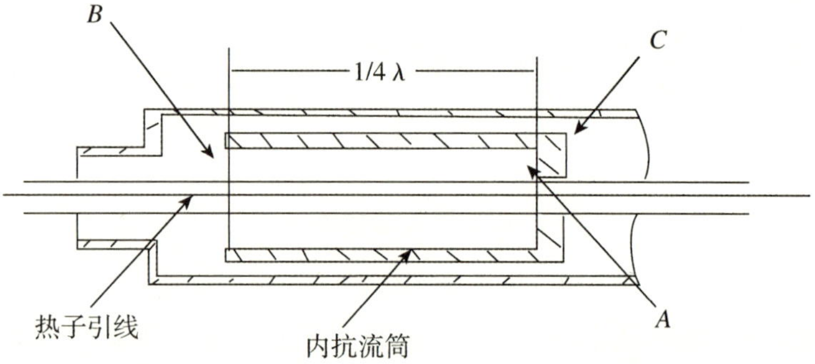

(a)

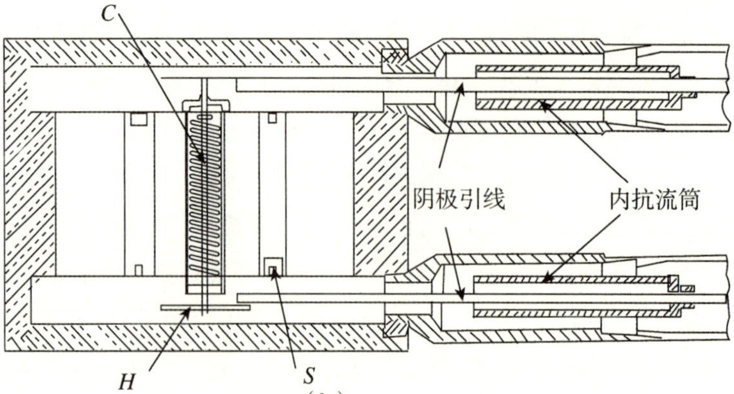

(b)

图 3.30 内抗流筒结构

3. 内外双重抗流筒结构

内外双重抗流筒结构是将两个抗流筒分别焊在热子引线和外引线筒上，从而形成了双抗流筒结构，如图 3.32 所示。

4. 轴向引出抗流结构

轴向引出抗流结构如图 3.33 所示。这是在轴向引出的热子引线上焊上两个抗流筒而形成的，多用于大功率 CW 磁控管的阴极引出结构上。

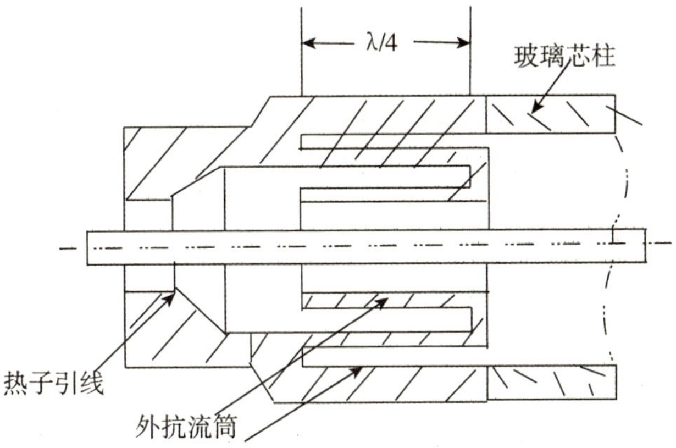

图 3.31 外抗流筒结构

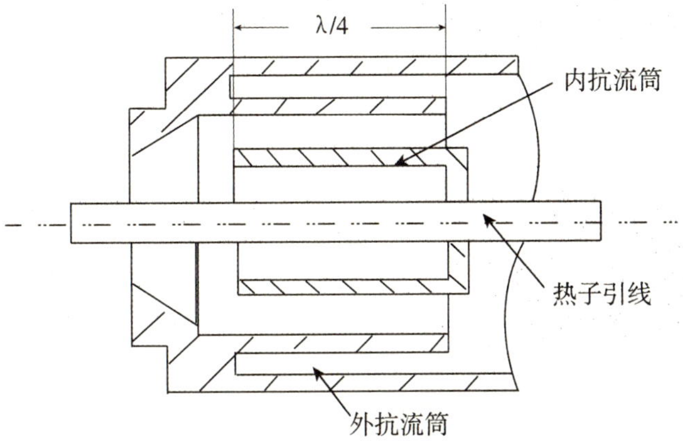

图 3.32 内外双重抗流筒结构

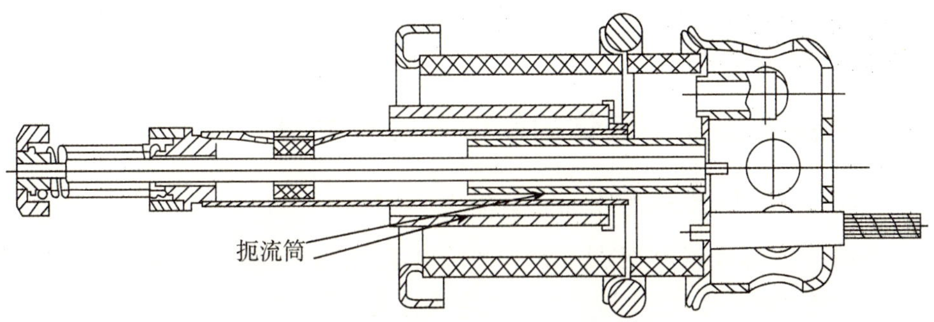

图 3.33 轴向引出抗流结构

一个 L 波段的磁控管有无抗流筒时的性能对比见表 3-7，由此可见，加抗流筒后能有效地防止电磁波的外泄，从而提高了阳极谐振系统的固有品质因数 Q_0，该例说明提高了近 25%，同时可以看到外观品质因数 Q_E 也提高了近 100%，

表 3-7　L 波段磁控管有无抗流筒时的性能对比

参数结构	Q_0	Q_E	Q_L	频牵(MHz)	η_c(%)
无抗流筒	2 020	110	174	2.75	91.5
有抗流筒	2 580	210	194	2.50	92.5

3.6　能量输出器的设计

能量输出器是磁控管的重要组成部分，它担负着将磁控管振荡的能量传输至外接高频负载(如天线或其他微波应用器)上去的功能，如果将它与低频变压器相比，那么变压器初级接的是磁控管振荡器时，变压器次级接的便是高频负载，此时变压器的作用就是将负载与信号源连接起来，并以一定的变比调整两者的相互关系，达到信号传输的最佳状态。磁控管的能量输出器也是如此，目标是低耗地将振荡功率输送至高频负载上去，并使磁控管达到高效率状态。

3.6.1　能量输出器的基本要求

对能量输出器的基本要求如下：

(1)足够的功率容量(脉冲的和平均的)；

(2)低的插入损耗；

(3)足够的频带宽度；

(4)必要的引入电阻 R_{in}；

(5)避免产生高次模式及寄生谐振；

(6)结构简单、尺寸小、机械强度高；

(7)调整容易；

(8)与外馈线易于耦合。

3.6.2　能量输出器与腔体的耦合方式与类型

1. 能量输出器与腔体的耦合方式

(1)电耦合，即探针耦合，它是在谐振系统电场最强处以探针相耦合的一种结构形式，因为耦合处电场较强，往往易产生电击穿或打火现象，所以目前在磁控管中应用极少。

(2)磁耦合,即耦合环耦合,它是将耦合环置于孔槽形谐振腔的圆孔内高频磁场较集中的部分,通过耦合环中磁通量的多少来控制耦合量,如图 3.33 所示。环的截面愈大,则耦合愈强,反之愈弱。还有一种磁耦合是将一金属小圆环置于两个相邻圆孔腔的公共壁的上端,如图 3.34 所示。在阳极块两端各有一小耦合环与阳极叶片耦合,至管外再形成一个有中心杆支撑的大耦合环,其结构如图 3.36 所示,称为双耦合环型。图 3.37 所示是一种腔内有一小耦合环,输出至管外变成一个大耦合环,再经玻璃输出窗输出至外接波导中。还有一种就是将一条金属杆插在两圆孔腔的公共壁上,并以天线形式直接穿出互作用空间向管外辐射功率。目前,CW 磁控管包括微波炉用磁控管基本上都采用这种磁耦合方式,如图 3.42 及图 3.43 所示。

(3)直接耦合,即隔模带耦合,如图 3.35 所示,这是一种直接搭接在隔模带的内外环上的耦合方式,由于隔模带处电场较强,所以它也属电耦合,同轴线内导体直接焊在隔模带内环上,而外隔模带使其断开,并焊于同轴线外导体上。这一输出结构是外腔调谐装置的组成部分。

(4)电流耦合,即腔底隙缝耦合,如图 3.38 所示,它是由某个小腔的底部开缝实现电流耦合的,由于隙缝位于小腔尾端,在此处是高频电流最强处,所以属于电流耦合,耦合出来的功率经指数线展开至输出窗的法兰盘。它的 $A-A$ 截面呈变态工字型Ⅰ波导形状,并如图 3.40 所示。它与如图 3.39 所示的普通工字型波导的主要差别就在于:耦合隙缝两端的横槽截面的形状不同,前者为弯月形,而后者则为长方形,实际上后者用得更多。也有的采用如图 3.41 所示的变态工字型Ⅱ,其横槽形状既不同于弯月形,也不同于长方形,是比较复杂的形状。

2. 能量输出器的类型

(1)同轴型:

①腔中耦合环型,如图 3.34 所示;

②腔顶耦合环型,如图 3.35 所示;

③隔模带直接耦合型,如图 3.36 所示;

④双耦合环型,如图 3.37 所示;

⑤内外耦合环型,如图 3.38 所示。

(2)波导型:

①指数型,如图 3.39 所示;

②工字型,如图 3.40 所示;

③变态工字型,如图 3.41 及图 3.42 所示。

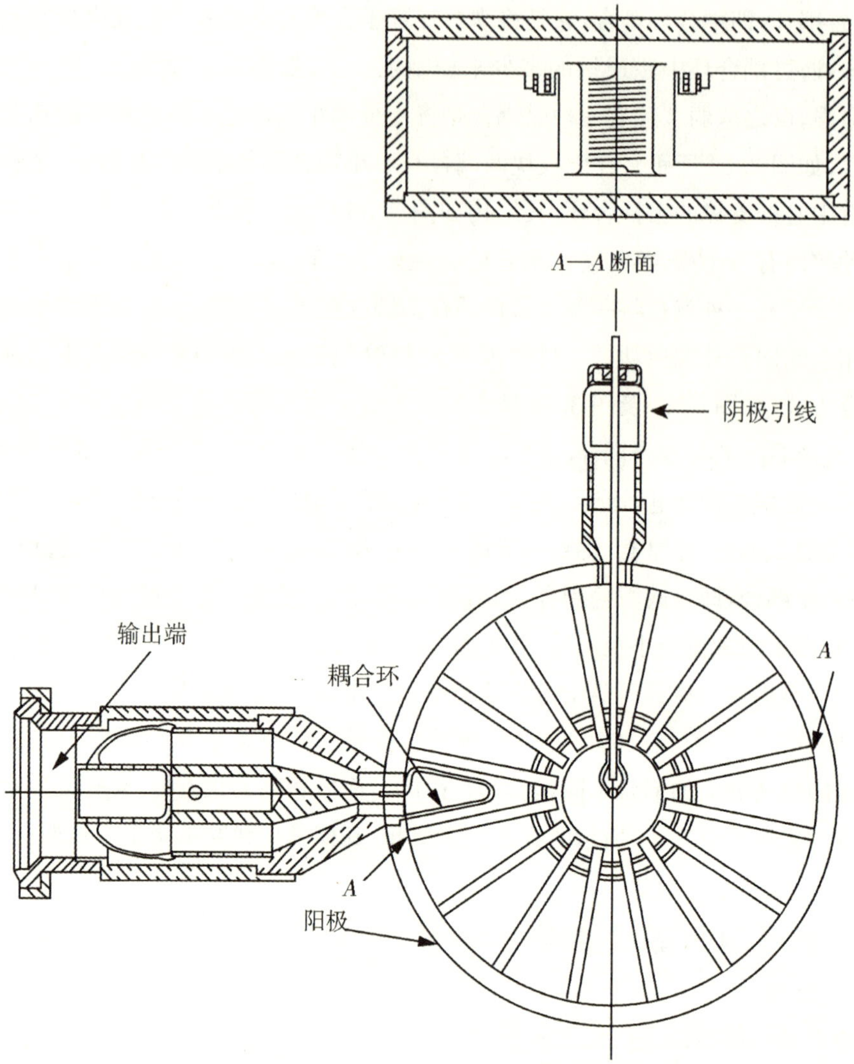

图 3.34　腔中耦合环型

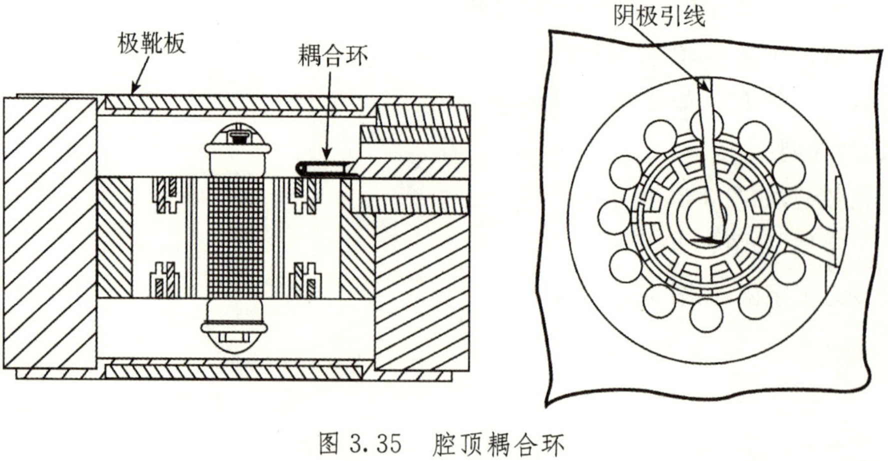

图 3.35　腔顶耦合环

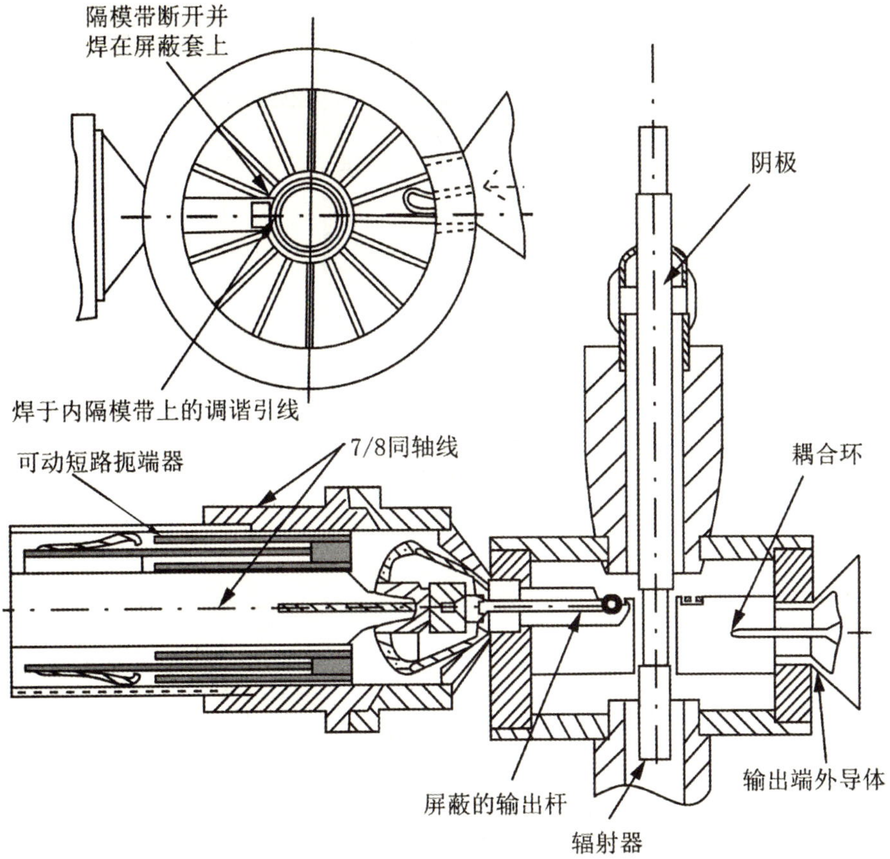

图 3.36 同轴线隔模带耦合型

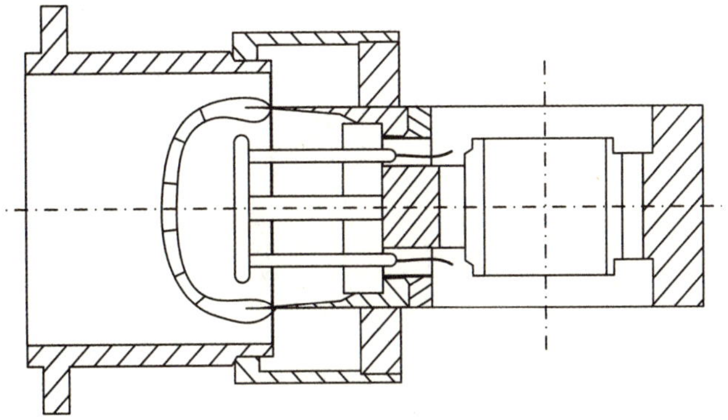

图 3.37 双耦合环型

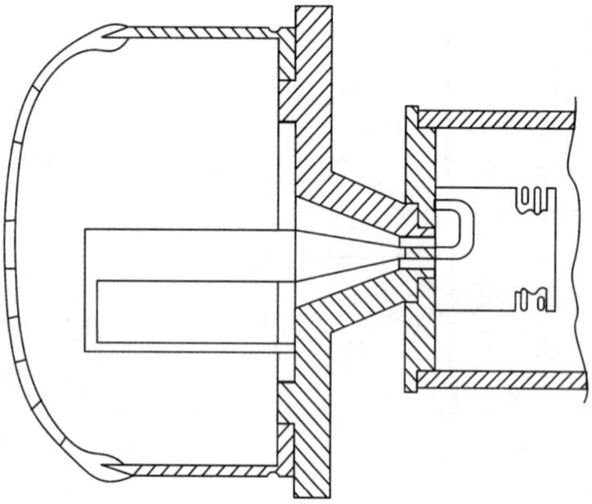

图 3.38　内外耦合环型

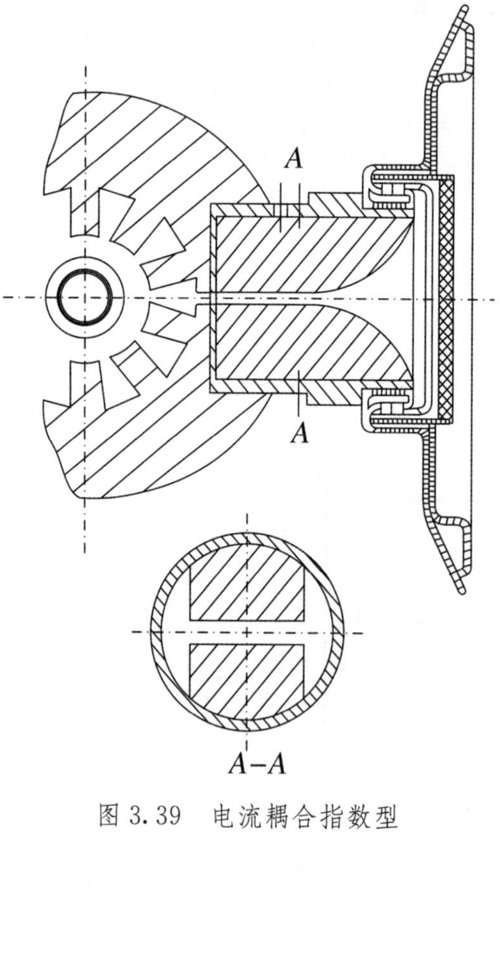

图 3.39　电流耦合指数型

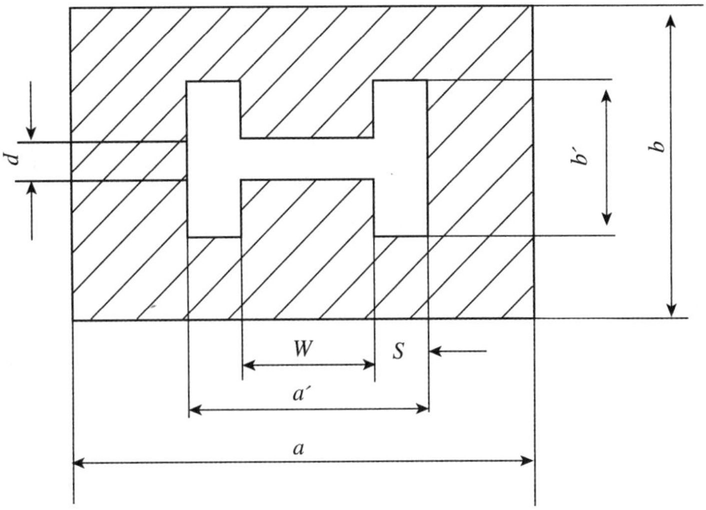

图 3.40 波导工字型输出器

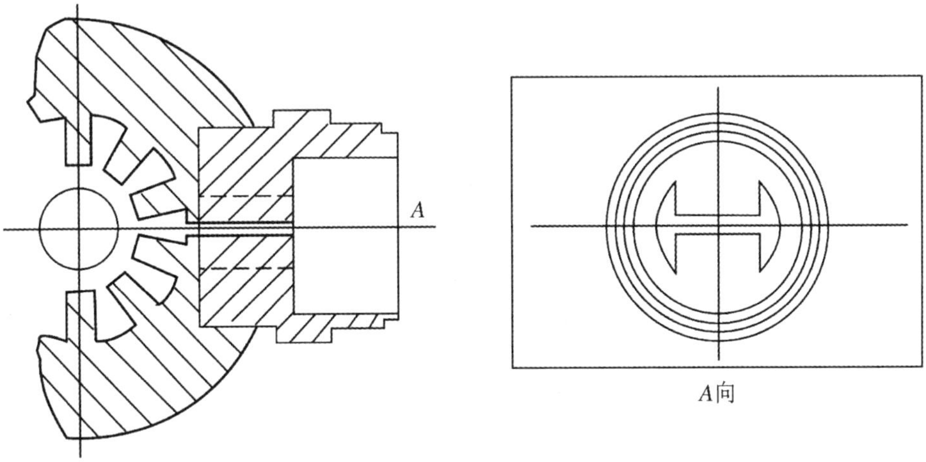

图 3.41 变态工字型Ⅰ

图 3.42 变态工字型Ⅱ

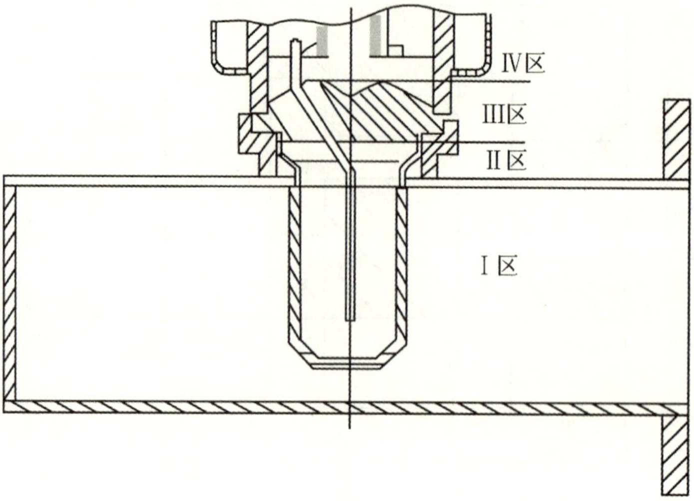

图 3.43　轴向输出型(单腔耦合)

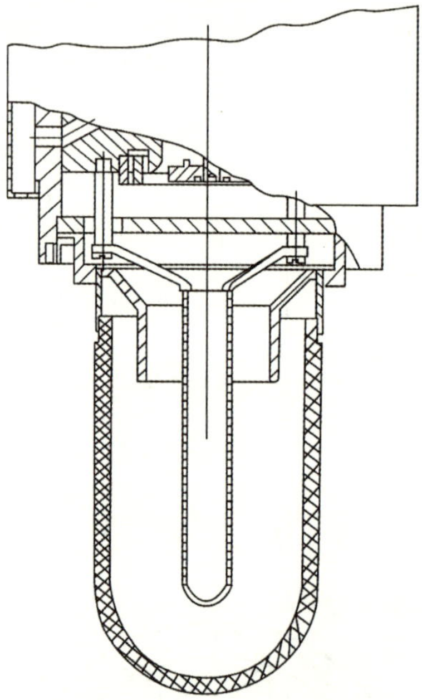

图 3.44　轴向输出型(三腔耦合)

3.6.3　轴向天线能量输出器的设计

轴向天线能量输出器广泛地被用于 CW 磁控管中，特别是微波炉用的 CW 磁控管中，下面对其工程设计做一较为详细的介绍。对于像图 3.44 所示的结构，我们将对其做如下分区：波导激励区、过渡区、极靴小同轴线区、耦合区。

1. 波导激励区的设计

该区为同轴波导转换区，由于插入深度无法调整，但又不能工作在匹配点($S=1$)

上，以保证足够的耦合度，所以该区短路板离天线距离不能设计为 1/4 波长，通常 $d < \lambda_g/4 \simeq 0.13\lambda_g$ 。

2. 过渡区的设计

过渡区的设计的结构是比较复杂的，因为它包括一段斜置的天线棒，严格理论计算是十分困难的，该段设计完全凭经验进行。

3. 极靴小同轴线区

极靴小同轴线区为一段长度极短的异型同轴线，当内导体为圆截面时，其特性阻抗为：

$$Z_0 = 60\ln\frac{D}{d} \quad (\Omega) \tag{3.55}$$

式中 D——同轴线外径；

d——同轴线内径。

4. 耦合区的设计

管子与外负载的耦合度主要由该区决定。耦合区的天线可看作一个变态的耦合环，其等效电路如图 3.45 所示，其耦合区的面积如图 3.46 所示。

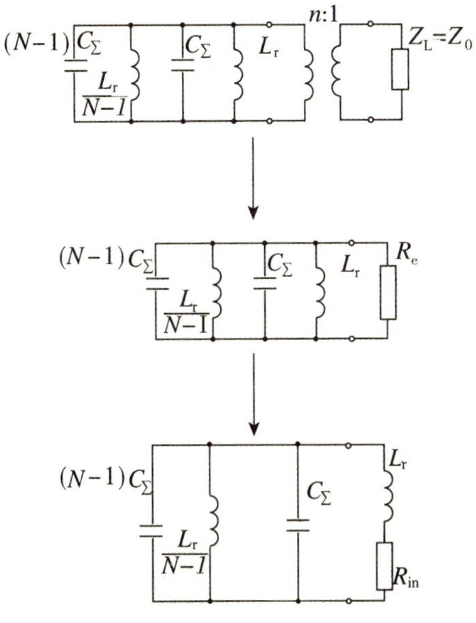

图 3.45 耦合区的等效电路

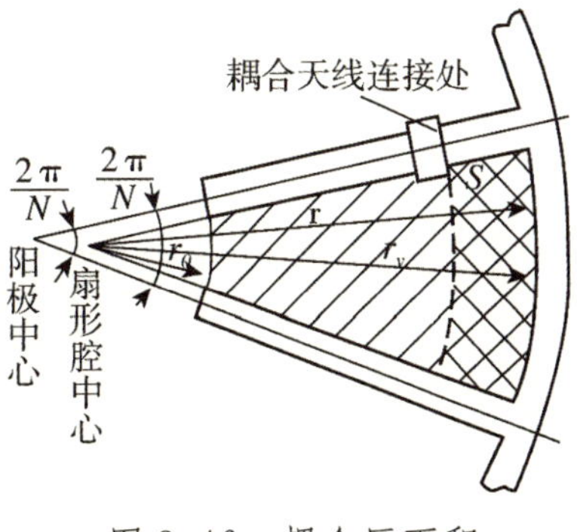

图 3.46 耦合区面积

5. 耦合区的具体计算

归算到谐振腔的并联阻抗 $$R_e = n^2 Z_0 \tag{3.56}$$

归算到腔内的串联阻抗 $$R_{in} = \frac{Z_r^2}{R_e} \tag{3.57}$$

单腔的特性阻抗 $$Z_r = \sqrt{\frac{L_r}{C_\Sigma}} \tag{3.58}$$

$$Q_e = Z_r \frac{N}{R_{in}} = N n^2 \frac{Z_0}{Z_r} \tag{3.59}$$

式中　Z_0——Ⅲ 区的特性阻抗

n——电压变比

$$n = 2\alpha_n \frac{\Psi(r_0)}{\Psi(r)} \tag{3.60}$$

α_n ——考虑到天线自感等因素后的一个修正系数一般取 1.0～1.3；

$\Psi(r_v)$ ——单个腔交链的总磁通；

$\Psi(r)$ ——天线脚所在面到腔壁交链的磁通。

$$\rho = \frac{\tau_a}{2\sin\frac{\pi}{N}} \tag{3.61}$$

$$r_a = \frac{d_a}{2} - \rho\cos\frac{\pi}{N} \tag{3.62}$$

$$r_v = \frac{D_a}{2} - \rho \tag{3.63}$$

$$r = r_v - S \tag{3.64}$$

对于扇形腔，已知 $\frac{r_0}{r_v}$ 在下述曲线上作一垂线与相应的中 $kr_v = 2\pi r_v/\lambda$ 。

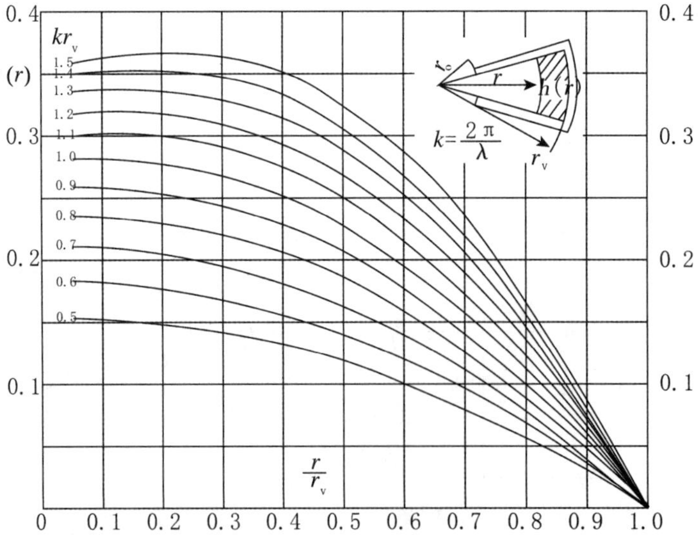

图 3.47　磁通比计算曲线

曲线相交，即可从纵坐标上读出 $\Psi(r)$ 值；再由 $n = 2\alpha_n \frac{\Psi(r_0)}{\Psi(r)}$ 计算出 $\Psi(r)$值，然后由同一曲线上找到 $\frac{r}{r_v}$ 值，这样，就可计算出：

$$S = r_v - r \tag{3.65}$$

磁通比计算曲线如图 3.47 所示。详见《磁控管设计手册》第十二章(国防工业出版社,1979)。

3.7 输出窗的设计

磁控管中的输出窗与能量输出器紧密地结合在一起,有时难分彼此,在同轴型能量输出器中的输出窗既是管子的真空密封介质,又是同轴线内导体的支持介质,需要有很强的击穿强度和绝缘性能,波导型输出窗通常置于能量输出器的外部,并与波导连接法兰紧密相连。

输出窗的类型有同轴窗、波导窗、盒形窗(pill box)及介质阶梯窗等几大类,所用材料有玻璃、云母、陶瓷、蓝宝石、BN、金刚石等。

同轴密封窗有如图 3.48 所示的几种。波导窗如图 3.49 所示。盒形窗如图 3.50 所示,它是在两段矩形波导中间夹着一段长度不长的圆波导段,圆波导的直径等于矩形波导的对角线,在圆波导的中心对称位置上焊上一块介质圆片如陶瓷或蓝宝白等低耗介质圆盘。这种盒形窗不仅使用在磁控管中,也广泛使用在多腔速调管或加速管中。双凹球面介质窗如图 3.51 所示,它能承受极大的微波功率通过,在窗片的中心部位,厚度极薄,而窗片的边缘部分却较厚,在封接圈中可通水进行冷却,四周有抗流槽,在两边的波导中均设有电感膜片,确保窗子的频带宽度与功率容量;阶梯形介质块的输出窗如图 3.52 所示,因为按四分之一波长阻抗变换原理设计,所以具有较宽的工作频带。其优点是结构简单,工艺实现方便;缺点是长度较长。

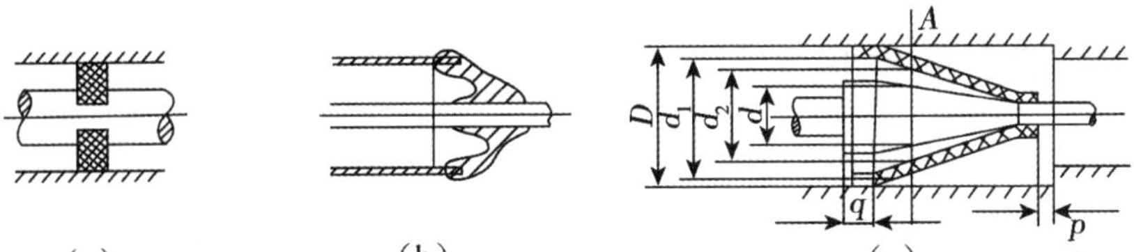

(a) (b) (c)

图 3.48 同轴输出窗

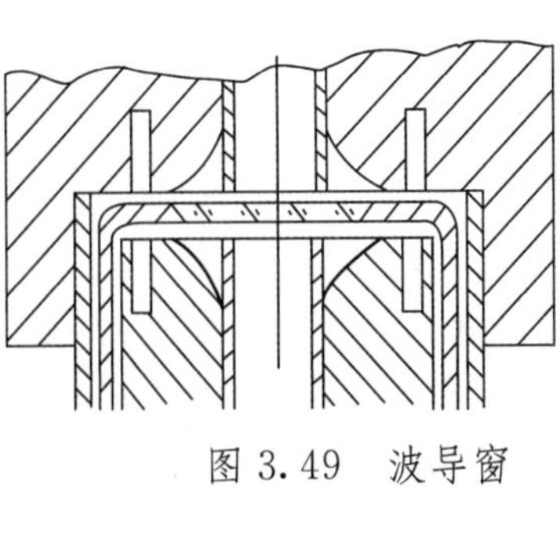

图 3.49 波导窗

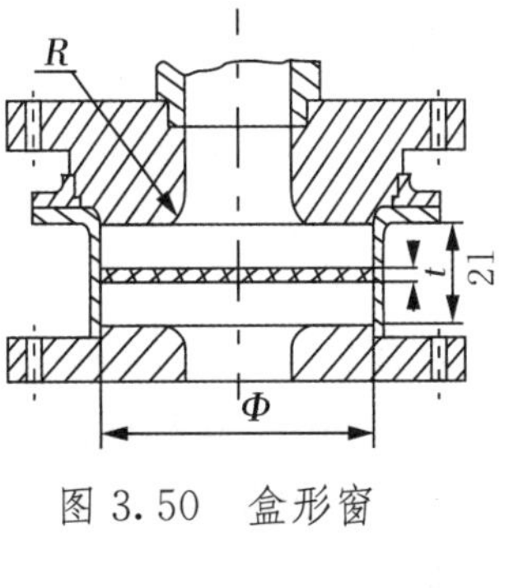

图 3.50 盒形窗

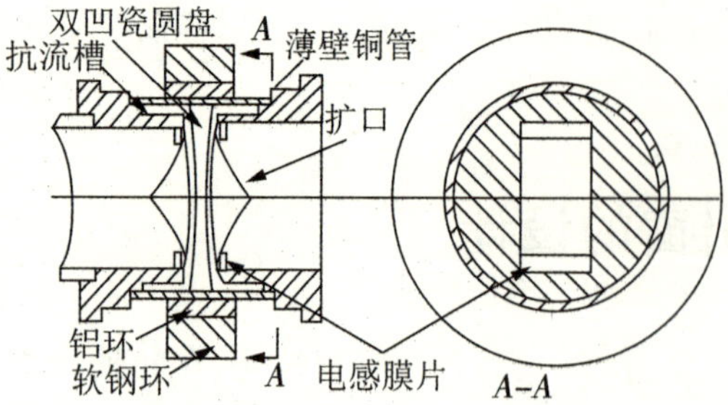

图 3.51　双球面介质窗

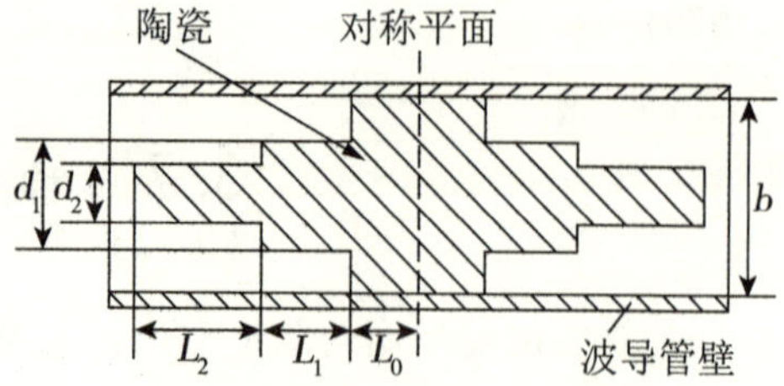

图 3.52　阶梯介质窗

3.8　端部空间的设计

3.8.1　端部空间的形成

端部空间的形成有以下几种原因：

(1)与阴极引线相联系的空间；

(2)与调谐机构相联系的空间；

(3)与能量输出器相联系的空间；

(4)其他结构上的原因存在的空间。

在磁控管中，端部空间是必然存在的，正如上述四种原因所述，空间内有阴极端帽和热子引线，有调谐机构，还有极靴等，端部空间大小的设计将影响管子的振荡特性甚至效率，具体设计主要依靠经验。

3.8.2　端部空间的危害性

端部空间有以下几种危害：

(1)可能产生寄生振荡；

(2)会干扰主模式工作；

(3)降低管子效率；

(4)破坏振荡稳定性，产生模变或停振。

3.8.3　设计时的对策与措施

设计端部空间时的对策与措施如下：

(1)调整端部空间的尺寸，使其谐振频率远离工作模式的工作频率；

(2)在端部空间引入选择性损耗，使其 Q 值降低；

(3)在极靴或端盖内表面上开径向或角向的槽缝，以切断寄生模式的高频电流，增大高频损耗，以阻尼寄生振荡。

3.9 可调磁控管调谐装置及设计

可调磁控管的调谐方式、方法有以下一些。

(1)电感调谐：在谐振系统中高频磁场集中的区域内插入金属棒或销钉的方法进行调谐，例如在孔槽形腔的圆孔部分或扇形腔靠近尾端部分插入楔形金属物等，可见第2章相应章节。

(2)电容调谐：在谐振系统中高频电场集中的区域内，安上一个金属薄环以改变其等效电容的方法来进行调谐，详见第2章相应章节。

(3)隔模带调谐：在两根隔模带之间插入一金属杯状环套，以改变隔模带之间的部分电容来进行调谐，详见第2章相应章节。

(4)旋转调谐：在阳极块某一顶端安装一个特殊形状的可快速旋转的调谐环进行快速调谐，如捷变频磁控管中的调谐机构。

(5)叶片调谐：利用金属叶片的一种不对称的调谐方法。

(6)外腔调谐：(单腔、四腔、多腔、同轴腔)在多腔系统中某个小腔，或四个对称分布的小腔中，采取一定的耦合方式，耦合至外腔，并在外腔中进行调谐，从而实现调节整个谐振系统的谐振频率的目的。

(7)颤抖调谐：这是一种利用微小位移来实现窄带而快速的调谐技术，但需要一个特制的颤抖装置来实现颤抖。

(8)介质调谐：这是采用低损耗的电介质在强电场处进行微扰的一种调谐方法。

(9)铁氧体调谐：这是采用低损耗的铁氧体在强磁场处进行微扰的一种调谐方法，而且该铁氧体还应具备真空材料的性能。

(10)PIN二极管调谐：将能量耦合至腔外并用PIN二极管进行调谐。

(11)电子注调谐：在内腔强电场处如孔槽形腔的槽缝中，从下至上注入带状电子注，以改变电子注参数的方法进行调谐，此电子注由管内辅助电子枪提供，并由专用的收集极收集电子。

每种调谐装置的设计不在本书讨论范围之内，有兴趣的读者可参阅有关文献。

3.10 磁路设计

磁路设计取决于互作用空间所需的磁场 B、磁控管阳极块高度 h_a 及磁铁重量等要求，本书也不做讨论。

3.11 冷却系统的设计

尽管磁控管的工作效率高达50%～90%，但对CW管子来说，直接耗散在阳极上的电功率仍相当可观，由数百瓦至数千瓦，有时甚至高达十余千瓦。对一个体积不大的管体来说，靠自然冷却显然是不可能的，因此在设计磁控管时，就应精心选择制冷方案。选择风冷或水冷、油冷等技术措施，并从传热学原理出发，详细推演热传导方程，还要留有余量，确保磁控管阳极块的温升及阳极叶片上的温度梯度的合理分布，使得管子能长寿命地正常工作。在选择风冷方案时，需要计算出散热片的片数及间隔和合适的形状，以及对风量最小要求的数值。在选择水冷方案时，精确选择阳块外壳的水路路径及冷却水的流量要求，在功率特大的CW磁控管中，有时还不得不在阳极叶片中设置水路，直通片子内部以直接冷却叶片本身，防止叶片尤其是靠近互作用空间的端部温升过高。目前在平均输出功率为30～100kW的管内叶片上的水路设置有如图3.53所示的路径，图3.53(a)为V形水路，多用于30kW及以下的管子中；图3.53(b)为Ⅱ形水路，多用在50～100kW的管子中。

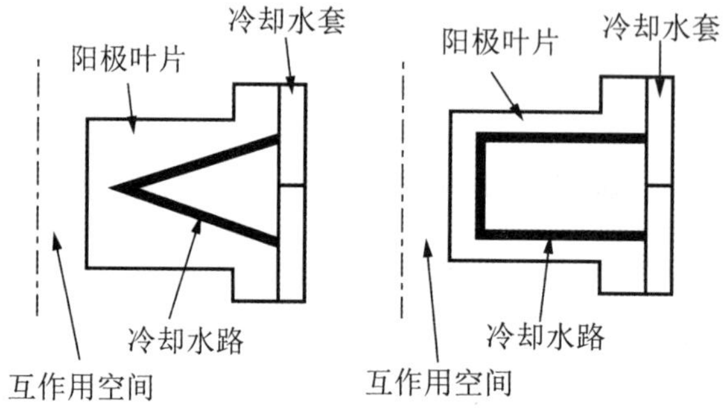

(a) V形水路　　(b) Ⅱ形水路

图3.53　阳极叶片水冷路径图

3.12 磁控管的缩尺设计法

除了按一般设计原理进行磁控管各主要部件的电气和结构设计外，目前磁控管几乎遍及微波频率的所有频段，而且为适应各种不同的用途，即使在同一波段，亦有脉冲的和连续波的、大功率的和中小功率的，在结构上更是种类繁多，因此数十年来的生产经验，完全可以作为我们从事新管型设计时的参考。甚至不必按照一般的步骤进行烦琐冗长的数字计算，而可以采用所谓的“缩尺设计法”，这样可以在很短时间内求得所需要的主要尺寸和参量。

“缩尺法”又称“缩比法”，其根据就是在已有磁控管的基础上，按设计要求转换至不同的电压、不同的波长或不同的功率电平上，但仍保持相同的效率和工作特性，也就是说在保持电子运动状态不变的前提下，而将所需的同步电压，截止磁场及电流等参量按照一定的比例伸缩而磁控管的特性不变。

磁控管的特征电压公式为

$$U_0 = 10.1\times10^3\left(\frac{2r_a}{N\lambda}\right)^2 \quad (\text{kV}) \tag{3.66}$$

而特征磁场为

$$B_0 = \frac{42400}{N\lambda(1-\sigma^2)} \quad (\text{Gs}) \tag{3.67}$$

如令尺寸上的伸缩比(或缩尺因子) 为

$$D = \frac{r_2}{r_1} \tag{3.68}$$

波长上的伸缩比为

$$W = \frac{\lambda_2}{\lambda_1} \tag{3.69}$$

因此，由上述关系式可得

$$\frac{U_{02}}{U_{01}} = \left(\frac{D}{W}\right)^2 \tag{3.70}$$

而

$$\frac{B_{02}}{B_{01}} = \frac{1}{W} \tag{3.71}$$

由这些关系式可以得到电场强度比为

$$\frac{E_2}{E_1} = \frac{D}{W^2} \tag{3.72}$$

电流密度比为

$$\frac{J_2}{J_1} = \frac{D}{W^3} \tag{3.73}$$

在相同的阳极高度下的电流比为

$$\frac{I_2}{I_1} = \frac{D^2}{W^3} \tag{3.74}$$

而功率比为

$$\frac{P_2}{P_1} = \frac{D^4}{W^5} \tag{3.75}$$

电导比为

$$\frac{G_2}{G_1} = \frac{1}{W} \tag{3.76}$$

在表 3-8 中列出了这些参量间的缩尺关系。

表 3-8　各种缩尺关系表

参 量	比 值	普通缩尺	相等缩尺	比例缩尺	波长缩尺
电 压	U_2/U_1	D^2/W^2	1	D^2	$1/W^2$
磁 场	B_2/B_1	$1/W$	$1/W$	1	$1/W$
电流密度	J_2/J_1	D/W^3	$1/W^2$	D	$1/W^3$
电 流	I_2/I_1	D^2/W^3	$1/W$	D^2	$1/W^3$
功 率	P_2/P_1	D^4/W^5	$1/W$	D^4	$1/W^5$
电 导	G_2/G_1	$1/W$	$1/W$	1	$1/W$
电 场	E_2/E_1	D/W^2	$1/W$	D	$1/W^2$

关于磁控管的设计可参阅参考文献[34][38][39][50][53][55][56][62]等。

3.13 小　　结

早在1979年,《磁控管设计手册》就已问世,长期以来,相关技术人员都已习惯于使用该手册作为设计磁控管的主要参考资料。近40年来,由于科学技术的快速发展,在电磁数值计算领域内出现了许多新的计算方法。尤其在电磁仿真方面,像CST和HFSS等软件得到了大量的使用与推广,这就为磁控管的设计方法注入了新的活力。甚至有人推出整套设计程序,只要输入该管的原始设计参数,启动设计程序后,即能得到互作用空间、谐振腔系统、阴极结构及热子、能量输出器等部件的主要尺寸,再利用仿真软件就可以获得互作用空间内的高频场分布,模式分隔特性,能量输出器的主要尺寸。这就可大大节省计算时间,加快研发速度。如再用Magic软件仿真多粒子系统,它较好地将麦克斯韦方程、劳伦兹方程和电流连续性方程有机结合在一起,模拟特定边界条件下的电磁场与空间电荷的相互作用,即可得到互作用空间内电子轮辐的形成过程,直到达到稳定振荡为止的动态过程,求得管子的起振时间等重要参数。如能利用这些先进的计算软件计算出磁控管中电子注的电子导纳的话,那么很多基本特性的测试将可由计算机来实现,如电子效率、工作特性、负载特性、电子频移、频率牵引等将全盘托出,而不必等管子制成后,再由实验取得。

在磁控管设计过程中,经常会遇到一些难以用经典的公式来计算的场合,这时,凭实际经验选择一些过去较为成功管子中的相似或相近参数,便是一种最佳的设计途径。本章中就引入了过去长期以来研发的各种磁控管的形状因子(N,σ,μ)的大量数据,可供设计时参考。

第 4 章 磁控管的测试

4.1 磁控管测试的分类

磁控管的测试通常分为以下四类。

(1) 冷测：磁控管研制过程中及生产过程中的冷参数测试；

(2) 热测：管子制成后在检验中的工作参数测试；

(3) 例行试验：管子制成后的测试，按一定比例抽查；

(4) 寿命试验：管子制成后的测试，选定一些管子作真实的长时间考核试验。

4.2 磁控管的测试参数

4.2.1 冷参数

冷参数有以下几类。

(1) 谐振频率 f：

①无阴极时的谐振频率 f_0 ；

②有阴极时的谐振频率 f_{0c} ；

③有端盖或极靴时频率 f_{0p} 。

$$f_0 > f_{0c} > f_{0p}$$

Δf_0 可达 10～20MHz。

(2) 耦合度 β：

①微波炉用 2 450 MHz 磁控管 $\beta \approx 8 \sim 12$；

②915MHz/ (30～100) kW 工业磁控管 $\beta \approx 16 \sim 20$；

③脉冲磁控管 $\beta \approx 2 \sim 5$；

④回路效率 $\eta_c = \dfrac{\beta}{\beta+1}$。 (4.1)

(3) 品质因数：

①固有品质因数 Q_0；

②有载品质因数 Q_L；

③外观品质因数 Q_E。

$$\frac{1}{Q_L} = \frac{1}{Q_0} + \frac{1}{Q_E} \tag{4.2}$$

$$Q_0 = (1+\beta)Q_L \tag{4.3}$$

$$Q_E = \frac{Q_0}{\beta} \tag{4.4}$$

当 $\beta >> 1$ 时，$Q_0 > Q_E > Q_L$。

● $\beta > 1$ 过耦合（磁控管情况）；

● $\beta < 1$ 欠耦合；

● $\beta = 1$ 临界耦合。

(4) 调谐范围 Δf_0（可调管）。

(5) 互作用空间内的高频场分布：

①径向场的角向分布；

②径向场的轴向分布。

(6) 互作用空间内的直流磁场分布。

(7) 磁控管的模式分布即模谱图。

(8) 磁控管阳极多腔谐振系统模式的判定。

(9) 磁控管阴极腿微波泄漏的检测。

(10) 能量输出器参数的测量。

4.2.2 热参数

热参数有以下几类：

(1) 振荡频率 f_{0s}

(2) 输出功率：

①平均功率 P_0；

②脉冲功率 P_p。

$$P_p = \frac{P_0}{\tau F} \tag{4.5}$$

式中 τ——脉冲宽度；

F——脉冲重复频率，$F=1/T$，如图 4.1 所示。

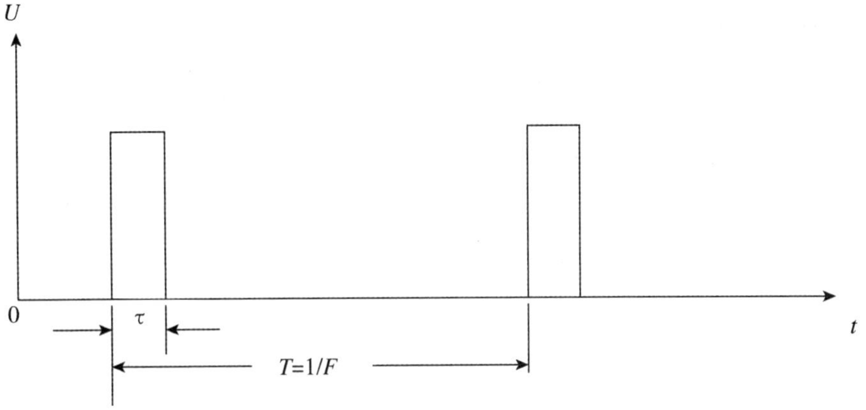

图 4.1 脉冲电压波形

(3) 工作效率 η。

$$\eta = \eta_e \cdot \eta_c \tag{4.6}$$

$$\eta = \frac{P_0}{I_a U_a} \text{(CW 管)} \tag{4.7}$$

$$\eta = \frac{P_p}{I_{ap} U_{ap}} \text{(脉冲管)} \tag{4.8}$$

(4) 调谐范围 Δf_0 。

(5) 脉冲输出频谱。

(6) 频率重调性 Δf_{0s} 。

(7) 脉冲射频包络。

(8) 电子频移特性 $\frac{\Delta f_{0e}}{\Delta I_a}$ (MHz/A)。

(9) 灯丝降压特性。

(10) 工作特性。

(11) 负载特性(雷基图)。

(12) 微波泄漏。

4.2.3 例行试验

例行实验按国家有关标准和条例进行。

4.2.4 寿命试验

寿命实验按国家有关标准和条例进行。

4.3 CW 磁控管电参数测试规范

CW 磁控管电参数测试规范如下。

4.3.1 灯丝测试

1. 灯丝电流（I_f）和灯丝电压（U_f）测试

在磁控管灯丝上加上规定的电压 U_f(电流 I_f)，测量其电流 I_f(电压 U_f)。当规定了预热时间时，测试应在一定的时间内进行。测试时，除了内部和灯丝相连接的阴极以外，其余电极应悬空，不加任何电压，由测量电表内阻引起的测量误差应进行校准。

2. 灯丝浪涌电流（I_{fs}）测试

给灯丝加上规定的电压，测出电流的最大值（以均方根值表示）。通常使用经过校准的电流互感器。

3. 灯丝冷电阻（R_f）的测试

在灯丝和周围环境温度建立起平衡后，用开尔文电桥或其他类似的仪器进行测量。

4.3.2 绝缘电阻（R_{pf}）和击穿电压（BV）测试

将磁控管置于正常气压，相对湿度低于85%的环境中，然后在电极上加上规定的电压，测量电极间的绝缘电阻 R_{pf} 及击穿电压 BV，除特殊说明外，测量时不加灯丝电压。

4.3.3 工作参数测试

测试系统如图 4.2 所示。

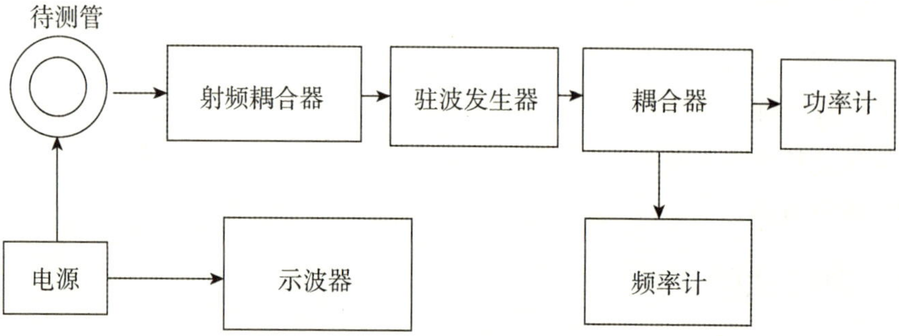

图 4.2 工作参数测试系统方框图

1. 峰值阳极电压（U_{am}）测试

磁控管在规定条件下工作时，加上阳极电压以后，在规定的环境温度建立起热平衡状态时的一段时间（通常为 15 秒）内进行测试，测量时须用峰值电压表进行。

2. 平均输出功率（P_0）测试

管子在规定的条件下工作时，平均输出功率的测试是在阳极电压加上后，在和规定的环境温度建立起热平衡状态时的一段时间（通常为 15 秒）内进行的，测量和温度有关，应当用给出的修正系数把平均输出功率的读数转换成20℃时的值。

(1) 平均输出功率（P_{01}）测试。在负载匹配情况下进行测试，这时的负载驻波比 $S_L \leqslant 1.1$。

(2) 平均输出功率（P_{02}）测试。在负载驻波比为规定值情况下（除特别规定外，通常 $S_L=4$）测试，同时调节驻波电压相位，测量其最小输出功率 P_{02}。

3. 频率（f）测试

管子在规定条件下工作，当阳极电压加上后，在规定的时间间隔（通常为15秒）内用频率计进行测量。

4. 频率漂移（f_{dri}）测试

管子在规定的条件下工作，在两个时刻，即管子开始振荡后和又工作了一段时间之后进行频率测量，然后计算两次测量的差值。除特别规定外，两次的时间间隔分别为15秒钟和15分钟。

5. 频率牵引（f_{pl}）测试

管子在规定条件下工作，负载的驻波系数保持在规定的范围内（除特殊规定外，$S_L=2$），当负载反射系数的相位变化并超过 $\lambda_g/2$ 时，引起振荡频率发生变化。频率牵引的最大值与最小值之差即为频率牵引度 f_{pl}。

6. 峰值阳极电流（I_{am}）测试

管子在规定条件下工作，在磁控管的阳极回路中串联一个电阻（1～10Ω），用示波器并接在电阻两端，即可测出峰值阳极电流 I_{am}，并可在示波器上观察到峰值电流波形。

7. 阴极预热时间（t_{kw}）测试

阴极预热时间的测试是测量从给管子灯丝加上额定电压后到管子达到规定性能时的这一段时间。

8. 稳定时间（t_{s1}）测试

给管子接上灯丝电压后，让它在规定的条件下工作30秒钟以上，然后断开灯丝电压和阳极电压，使管子停止工作一段时间，重新启动管子，即按规定给灯丝预热后再加上阳极电压，测量出管子达到正常工作状态所需的时间（最早建立起稳定阳极电压和阳极电流波形所需的时间）。

9. 稳定时间（t_{s2}）测试

给管子接上灯丝电压后，让它在规定的条件下工作30秒钟以上，然后断开灯丝电压和阳极电压，使管子停止工作一段时间，再同时加上灯丝电压和阳极电压，测量管子建立起正常振荡所需的时间。它与 t_{s1} 的主要区别在于灯丝电压和阳极电压的施加方法。

10. 稳定性测试

管子在规定条件下工作时进行下述稳定性测试：

（1）失控试验。负载驻波比保持在规定的值，调整其相位，使平均输出功率最小，在规定的时间内，看能否观察到阳极电流显著增长或平均输出功率显著下降，就可以确定是否发生了失控。

（2）跳模测试 1。负载驻波比保持在规定的值，调整其相位，使平均输出功率最大，在规定的时间内，若阳极电流、频率或平均输出功率有一个突变，就可证实发生了跳模。

（3）跳模测试 2。灯丝电压低于额定值，在规定的时间内，观察阳极峰值电压、阳极电流频率和平均输出功率是否发生了剧烈变化。

11. 暗电流（I_d）测试

管子在规定条件下工作，然后把阳极电压降到零，使管子停振，由于在这一工作期间，灯丝电压可能有所减小，故应使其增加，并达到原来的数值，就像预热条件时那样。然后，逐渐升高阳极电压，测量出管子刚开始振荡时的阳极电流，即为管子的暗电流 I_d 。测量时，要用功率计来监视振荡的情况。

12. 阳极工作电压（U_{am}）测试

管子在规定条件下工作，然后把阳极电压降到零，使管子停振，因为在这一工作期间，灯丝电压可能有所减小，所以应使其增加，并达到原来的数值，就像预热条件时那样。然后，逐渐升高阳极电压，测量达到额定的平均阳极电流 I_a时的峰值阳极电压，即为阳极工作电压。

4.3.4 微波辐射测试

管子在规定条件下工作，改变负载反射系数的相位，使其超过 $\lambda_g/2$，驻波系数分别保持在规定的数值（若无特别的规定，驻波系数分别调节为 1.1，2.0，3.0，4.0），在距管子表面 5cm 处，用微波泄漏仪或相类似的设备来检测微波辐射的最大功率密度。

除以上电参数测试规范外，尚有温度测试，包括低温（－30±5℃）试验、高温（60±5℃）试验、温度交替试验（＋60℃至－30℃）、湿度（40±3℃，RH 95%～98%）96 小时试验、盐水浸渍试验、机械试验、寿命试验等，上述试验都可在有关国家标准或部颁标准（原电子部）中找到。

4.3.5 磁控管工作特性测试

通常有两种选择，即完整的工作特性及简单的工作特性。前者是在磁控管的伏安特性曲线上同时显示下列特性曲线：

（1）等磁场线即等 B 线；

（2）等功率线即等 P 线；

（3）等效率线即等 η 线；

（4）等频率线即等 f 线。

完整的工作特性曲线如图 4.3 所示，测试系统如图 4.4 所示，关键是必须配备一电磁铁，需事先对电磁铁极靴中的磁场强度进行校准。

大功率计的输入驻波比应小于 1.1，以减小功率测试误差。

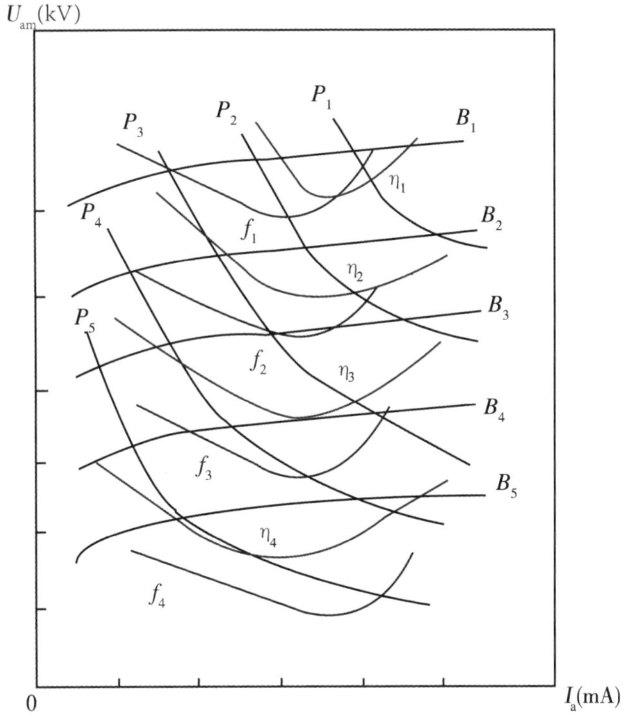

图 4.3 工作特性曲线

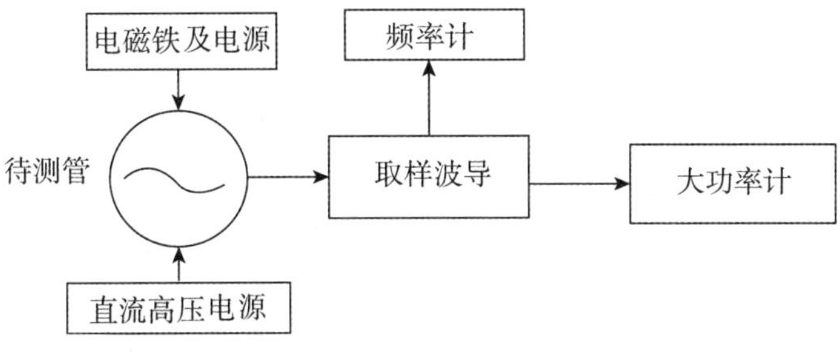

图 4.4 工作特性测试系统方框图

若选择简单的工作特性，则只需在某一工作磁场 B 下，各测试一条曲线如图 4.5 所示。即：$U_{am}=F_1(I_a)$；$P=F_2(I_a)$；$\eta=F_3(I_a)$；$f=F_4(I_a)$。

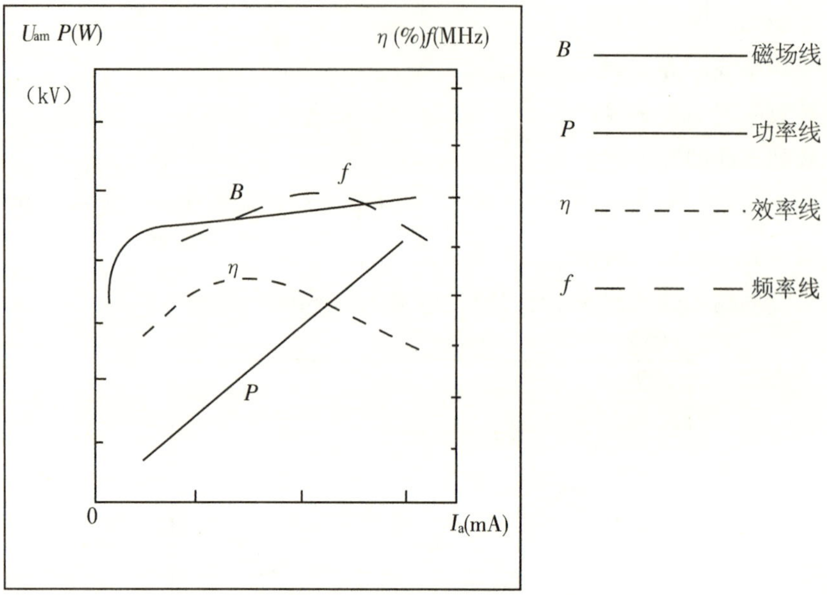

图 4.5 简单的工作特性曲线

4.3.6 磁控管负载特性的测试

磁控管的负载特性是指磁控管工作条件固定不变的情况下，若管子的阳极工作电流和环境温度等保持恒定，改变管子的高频负载的阻抗时，测量管子的输出功率和振荡频率，并以等功率线和等频率线的形式绘制于阻抗圆图上，这种形式的特性曲线被称为“雷基图”。

4.4 磁控管测试系统及方法

4.4.1 磁控管冷测系统及测量方法

磁控管的冷测是指磁控管研制或生产过程中需要知道或要控制频率时的一种测量方法，需要冷测的电参数如 4.2 节中冷参数类型所述。

1. 谐振频率 f_0 的测定

冷测系统如图 4.6 所示。可利用标量网络分析仪进行，将待测磁控管通过高频电缆接到波导桥的输出端，即可在网络分析仪显示屏上观看到一条下凹的谐振曲线，调节频率标志旋钮至曲线的最低点，此标志频率值即为磁控管阳极谐振系统的冷频率。应当指出，该频率与阳极块中是否装入阴极有关，阴极装入前后测得的冷频率是不同的，通常无阴极的阳极块谐振频率要高一些，例如 2M210－M1 炉用磁控管，无阴极时测得的谐振频率为 2 485 MHz，装入阴极后测得的谐振频率为 2 467 MHz，两者相差 18 MHz。

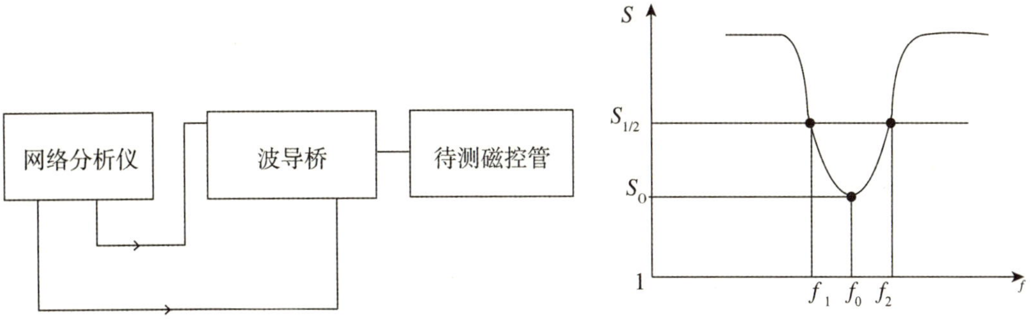

图 4.6 磁控管冷测系统

若利用矢量微波网络分析仪来测量，则在显示屏上显示的不仅有反映谐振的驻波系数（VSWR）曲线，同时还可显示反映谐振性质的相位特性曲线，如图 4.7 所示为一个实例。

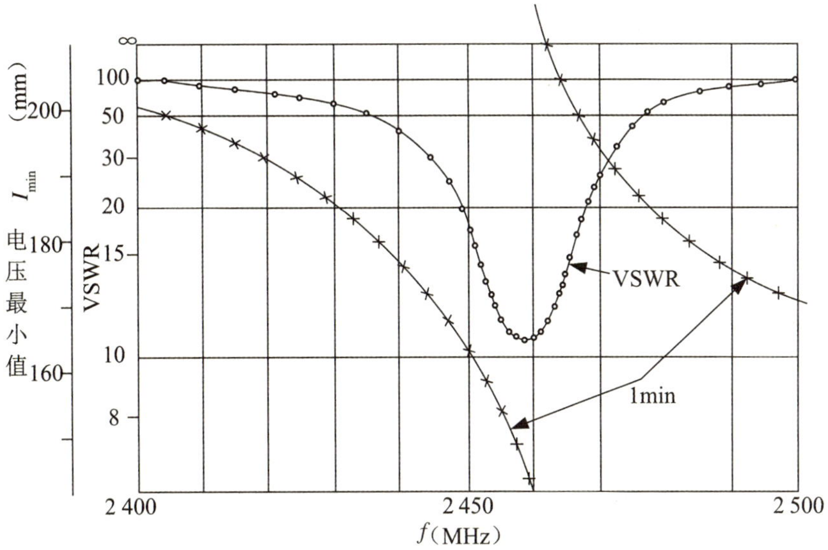

图 4.7 某一磁控管冷测显示的谐振曲线及相位曲线

从图上可以看出，VSWR 曲线（实为 S_{11} 参数的实部）呈谐振特性，而且谐振频率为 2 459 MHz。与此同时，还可看到两条断开的相移频率特性曲线。只是在图上用 I_{min} 表示而已，左右中断的两条，实际上是一条连续的单调下降的负斜率曲线，由谐振系统的理论知道，在谐振点处，相位随频率变化时（由低到高）的斜率是负时，该谐振系统与外界的耦合是“过耦合”。

若遇到是“欠耦合”的谐振系统，则矢网显示屏上将有如图 4.8 所示的 VSWR 及 I_{min} 曲线。

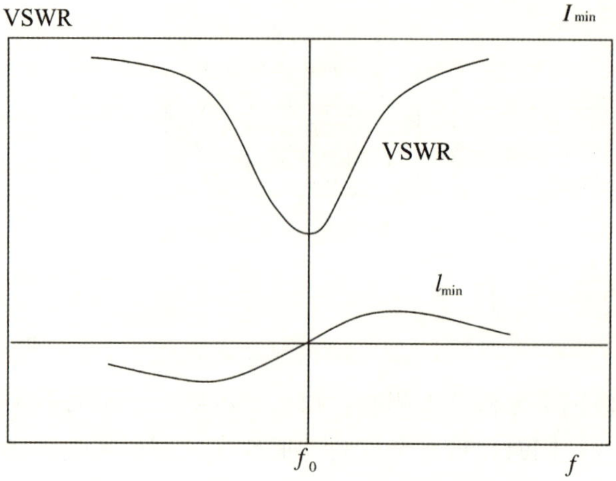

图 4.8 欠耦时的谐振曲线及相位曲线

对比图 4.7 与图 4.8 后就会发现，两者的驻波系数曲线是类似的，但相位曲线存在两个明显的差异：一个是单调下降的，另一个是非单调变化的，随着频率的增大，相位曲线先是缓慢下降，到达最低点后就逐渐增大，并穿过谐振点仍呈上升趋势，到达某一最高点后，开始逐渐下降；第二个差异反映在通过谐振点时曲线的斜率，过耦合时是负斜率，而欠耦合时则是正斜率。

如果在矢网上直接用阻抗圆图来表示，那么两种不同耦合度时的圆图轨迹是明显不同的，这时的圆图轨迹如图 4.9 所示。当阻抗轨迹圆的直径大于圆图半径时即为过耦合；而当轨迹圆直径小于圆图半径时即为欠耦合。

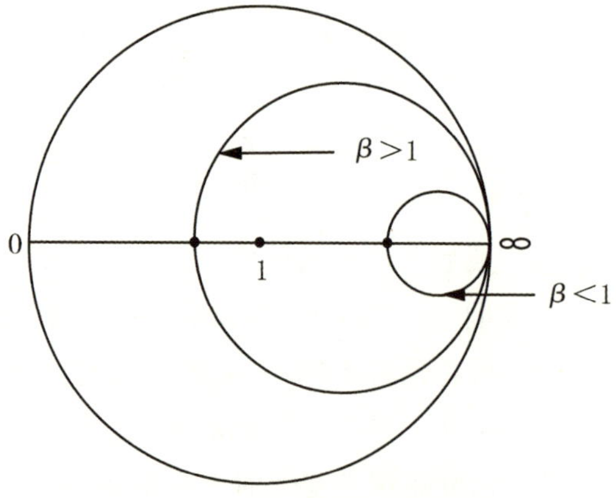

图 4.9 矢网上阻抗圆图轨迹

2. 耦合度β的测量

耦合度的测量可同时进行，无论在标量网络分析仪上还是矢量网络分析仪上都行，在图上 VSWR 曲线的最低端即谐振频率点处读出相应的 VSWR 值 S，当判定该系统为过耦合时，其耦合度 β 就是驻波系数值 S，即

$$\beta = S \tag{4.9}$$

若判定为欠耦合，则

$$\beta=\frac{1}{S} \tag{4.10}$$

谐振频率测试时有下列 3 个冷频率，即

（1）无阴极时的谐振频率 f_0；

（2）有阴极时的谐振频率 f_{0c}；

（3）有端盖或极靴时频率 f_{0p}。

而且

$$f_0>f_{0c}>f_{0p} \tag{4.11}$$

3. 品质因数 Q 值的测定

谐振系统品质因数有 3 个不同含义的表示方法。

（1）固有品质因数 Q_0。它表示谐振系统内的储能与系统内耗能之比，即

$$Q_0=2\pi\frac{\text{谐振系统内的储能}}{\text{系统内耗能}} \tag{4.12}$$

（2）外观品质因数 Q_E。它表示谐振系统内的储能与系统外耗能之比，即

$$Q_E=2\pi\frac{\text{谐振系统内的储能}}{\text{系统外耗能}} \tag{4.13}$$

（3）有载品质因数 Q_L。它表示谐振系统内的储能与系统内耗能与外耗能之和之比，即

$$Q_L=2\pi\frac{\text{谐振系统内的储能}}{\text{系统外耗能和内耗能之和}} \tag{4.14}$$

而在测量时无法直接测量固有品质因数 Q_0，而只能先测量有载品质因数 Q_L然后由前述式（4.3）和式（4.4）来分别计算出 Q_0与 Q_E。

$$Q_0=(1+\beta)Q_L \tag{4.3}$$

$$Q_E=\frac{Q_0}{\beta} \tag{4.4}$$

有载品质因数 Q_L的测量同样可在标网或矢网上进行，在测量时先确定谐振点时的驻波系数值 S_0，然后按下式计算出半功率点处的驻波系数 $S_{1/2}$。

$$S_{1/2}=\frac{1+S_0+\sqrt{1+S_0^2}}{1+S_0-\sqrt{1+S_0^2}} \tag{4.15}$$

再在谐振曲线上（见图 4.10）寻找位于谐振频率点频率两侧的 $S_{1/2}$相对应的频率 f_a和 f_b值，于是

$$Q_L=\frac{f_0}{f_b-f_a} \tag{4.16}$$

Q_L确定后即可按式（4.3）和式（4.4）计算出 Q_0与 Q_E。

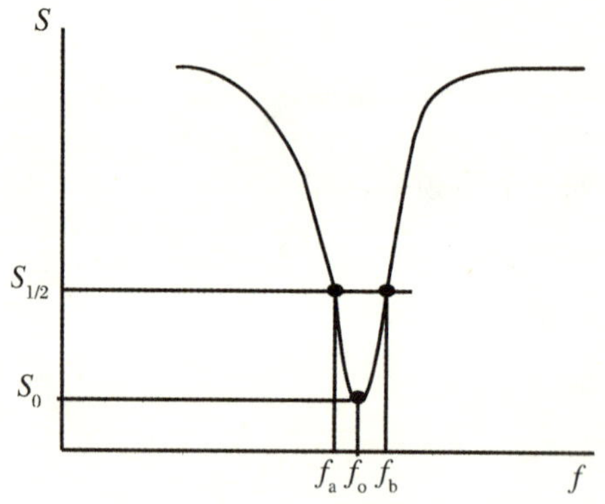

图 4.10　谐振曲线图

$S_{1/2}$与S_0的计算还可直接在图 4.11 上查得。

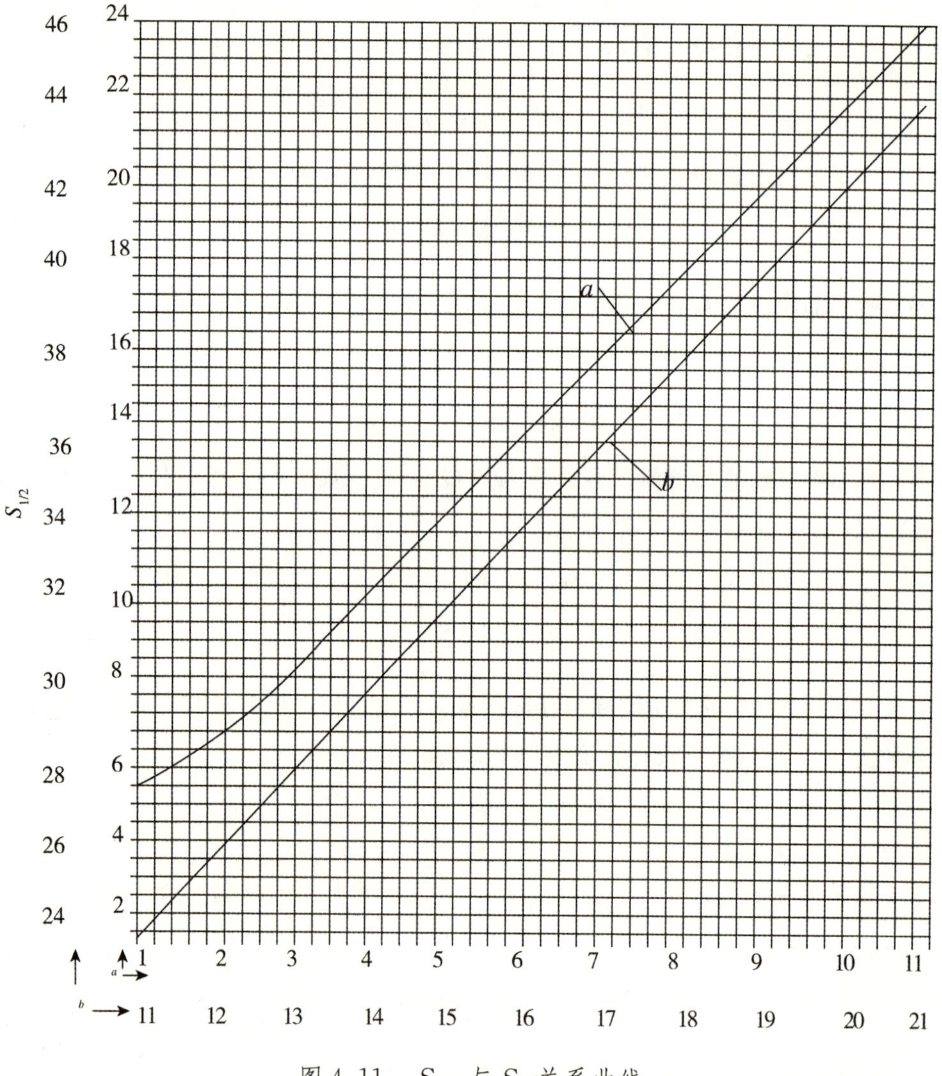

图 4.11　$S_{1/2}$ 与 S_0 关系曲线

4. 调谐范围 Δf_0（可调管）的测定

该项测试比较简单，只需将调谐机构置于不同的位置上，重复测其相应的谐振频率、耦合度及品质因数即可，直至整个调谐范围内全部测试完毕为止，即可求得该管的调谐范围 Δf_0 。

5. 互作用空间内的高频场分布的测试

这包括：①径向场的角向分布；②径向场的轴向分布。

角向场分布通常采用专用的测场仪进行测试，这种测场仪又称“玫瑰仪”，它的测试系统与方法如图 4.12 所示。测场仪的主要部分有旋转探针、驱动电动机、调制信号源及产生圆扫描的显示装置等。在圆扫描示波器中，同时装有调制信号发生器、旋转探针的驱动电动机电源，以及供检波信号放大用的专用放大器。显示装置由旋转变压器中取得相位差为 90°的偏转信号（与驱动电动机同步），加至长余辉示波器的两对偏转板上，从而形成圆扫描的长余辉轨迹。旋转探针检波后输出的信号经放大后重叠在圆扫描的基圆上面，因此荧光屏上就会出现如玫瑰花状的场分布图形。

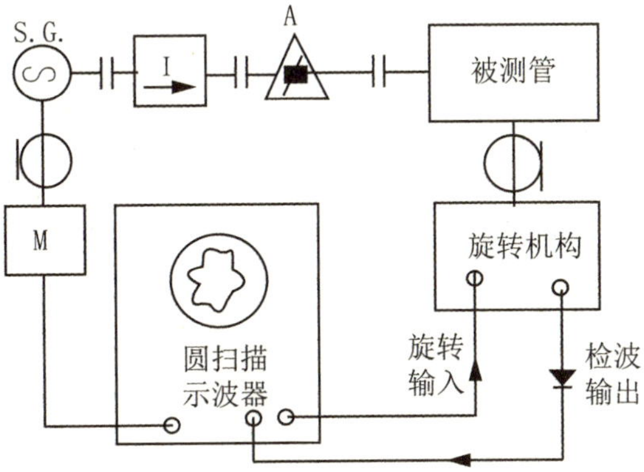

(a)

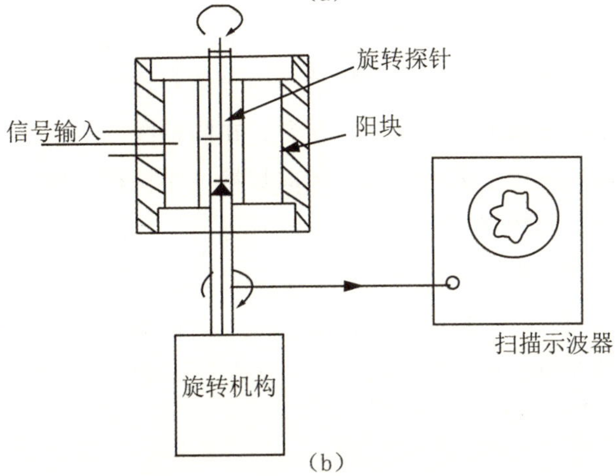

(b)

图 4.12　玫瑰仪测试系统

测场仪实际上是将一根与磁控管阴极直径相同的旋转探针置于管内的阴极位置上取代阴极而构成，其具体结构如图 4.13 所示。

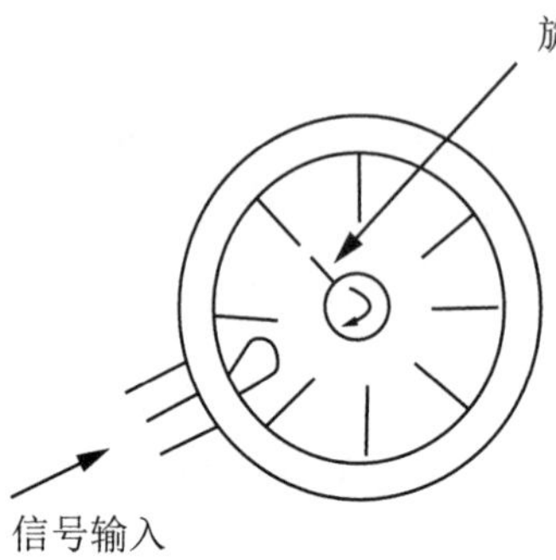

（a）

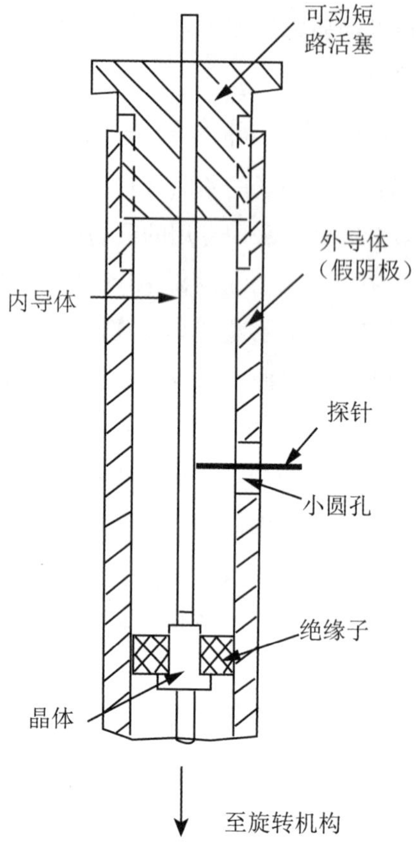

（b）

图 4.13　旋转探针结构

旋转探针由与阴极直径相同的外导体和一根直径更小的内导体组成，是一段同轴线。在同轴线顶端有一可动的短路活塞，可以调节晶体二极管检波器输出信号至最大状态；在同轴线的下端有一晶体检波二极管与内导体相连接，检波二极管的另一端则接至旋转机构并输出检波后的信号至显示装置；在同轴线的一定位置，在外导体上开一小圆孔，同时在相应位置上的内导体上径向焊接一小探针，探针与内导体成 90 度，通常由钨丝镀银制成。旋转探针在阳极中旋转时将与相互作用空间内高频电场的径向分量产生电耦合，旋转过程中不同角向位置上耦合出来的信号强弱，将直接比例于该角向位置上高频电场强。若将角向旋转的信号加至圆扫描的示波器，而圆扫描的角向信息与旋转探针的角向位置相对应，就可在示波器上呈现出一朵像玫瑰花一样的图形，如图 4.14 所示。

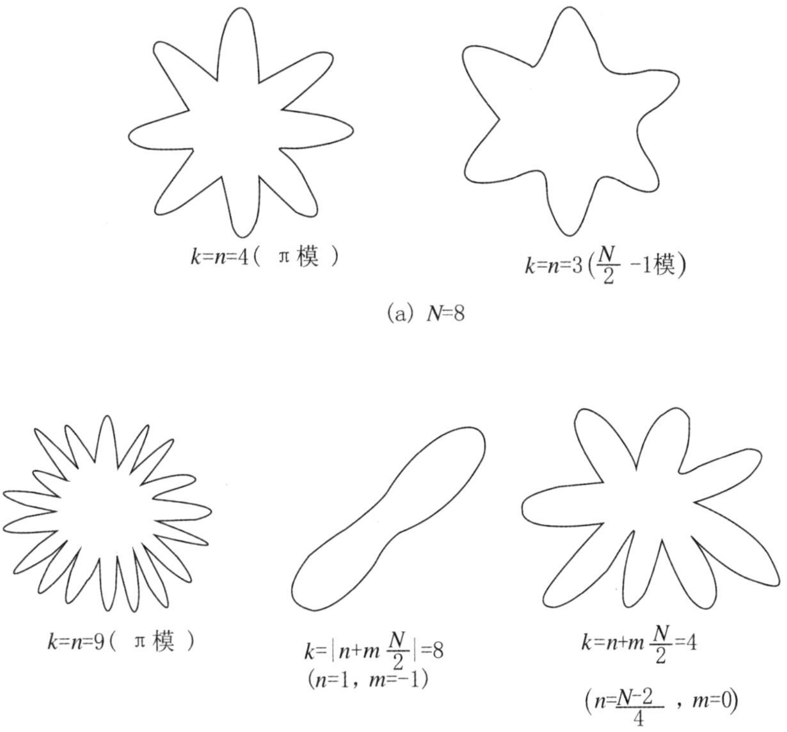

(a) $N=8$

(b) $N=18$（异腔）

图 4.14 相互作用空间内高频电场径向分量分布图形

当阳块中各小谐振腔之间存在着分布不均或尺寸不同等不对称情况时，可以观察到显示图形的严重失真，如图 4.14 所示。

利用测场仪，可以解决以下几个问题。

（1）判别各振荡模式的分布情况。因为测得圆周方向的花瓣数目正好等于振荡模式号数的两倍，即π模为 $2n=2\frac{N}{2}=N$ 个，$\left(\frac{N}{2}-1\right)$模为 $2\left(\frac{N}{2}-1\right)$个，$\left(\frac{N}{2}-2\right)$模为 $2\left(\frac{N}{2}-2\right)$个……所以就可粗略地判别谐振频率及模式分隔度等参量。

（2）由场分布图形可分析互作用空间的对称性和其他元件对场分布的影响（如能量输出器、隔模带断口、外腔调谐装置等）。

（3）可研究互作用空间高频场沿轴向的分布情况。当阳极块过高，隔模带电容过大时，都会引起沿轴向分布的严重不均匀性。

高频场的轴向分布只需将旋转探针固定在某一任意角向位置上，沿管轴上下移动，并将输出信号接到一微安表上，记录输出信号的大小即可，如图 4.15 所示。

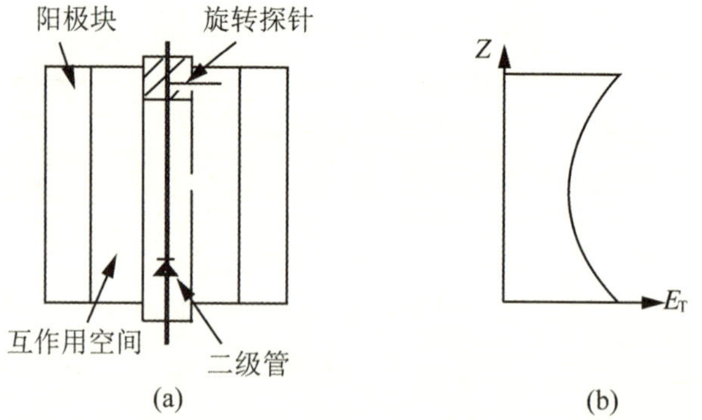

图 4.15　测量高频场径向分量的轴向分布

图 4.15（a）所示为测量装置，4.15（b）所示为测量结果，E_r为径向分量，由图可见其电场径向分量是两端强而中间弱。此外，也可利用一金属小球用尼龙线穿过球体，并将此作为微扰体，置于互作用空间中的轴线位置上，从底端向顶端均匀移动，并同时观察谐振频率的变化大小，这一偏移量的大小就代表了互作用空间内高频场的相对分布，若在测试过程中，频率偏移量不大，无法判断时，可适当地使微扰体偏离轴线位置，再重复上述微扰测量，直到观察到明显的偏移量为止。

又如在同轴磁控管的外腔内该如何测量高频电场沿角向分布的均匀性呢？显然这时无法采用旋转探针的方法，但我们可以利用电磁场的微扰理论来进行，具体测量方法如下：在外腔的顶端盖板上装上一根短细金属杆如图 4.16（a）所示，一旦有金属杆的插入，其中谐振腔中的谐振频率将发生改变，场愈强处受微扰愈大，于是谐振频率就会发生较大的变化，场弱处则变化较小，如将此金属微扰体沿角向旋转一周，就会测得如图 4.16（b）实线所示的频率起伏变化，这种随角向的频率起伏变化就反映了腔中高频电场的角向强弱变化。图中说明，外腔中存在两个低场区和两个高场区，也就是说存在着模式不纯现象，即产生了模式混杂现象。如果微扰结果如图 4.16（b）中虚线所示，那就说明外腔中 TE_{0mn}模式较纯。

6. 互作用空间内的直流磁场分布的测量

互作用空间内的直流磁场分布的测量方法比较简单，将磁通计的测量探头插入磁控管的互作用空间内，然后使探头沿轴向单方向均匀移动，同时记录每一轴向位置上的磁场值，即可得到直流磁场沿轴向的分布曲线。应当指出，进行这一测量时，应确保探头始终处于互作用空间内的轴线上，否则会发生较大的测量误差。

7. 磁控管的模式分布（即模谱图）

多腔磁控管中存在着许多不同的振荡模式，每个模式的频率各不相同，若将这些模式的谐振频率与对应的模式号表示出来，就形成了模谱图，也就是模式分布图，如图 4.17 所示。

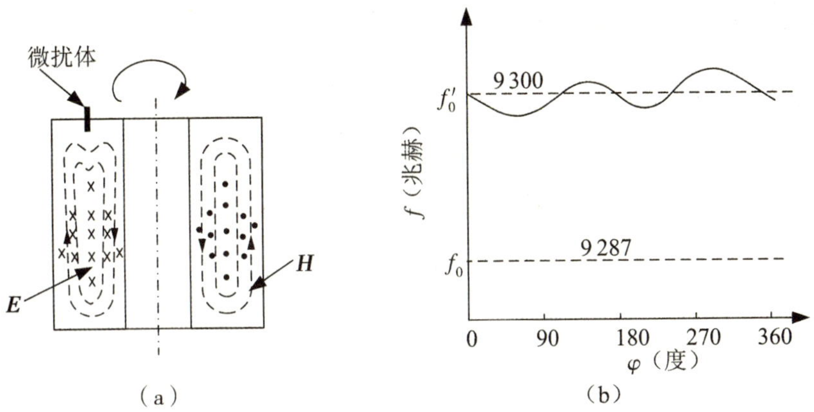

图 4.16　谐振腔的微扰法测量

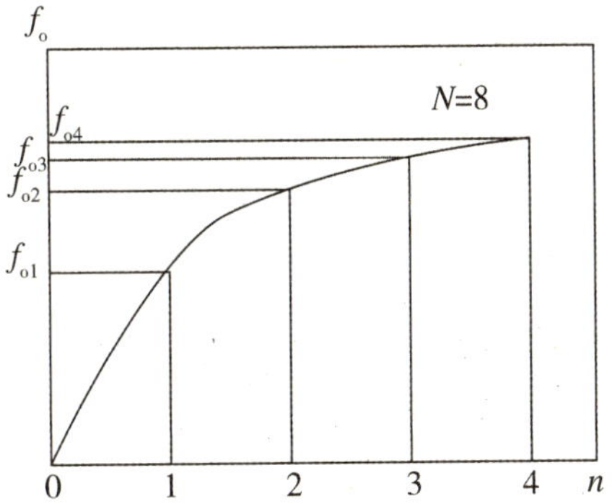

图 4.17　模谱图

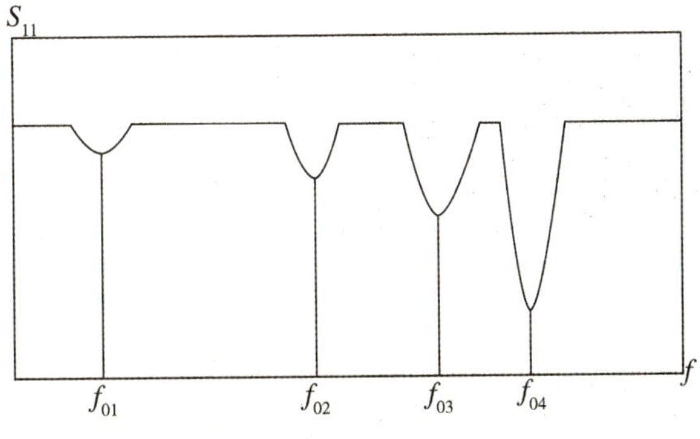

图 4.18　扫频谐振曲线图

（1）用标网对磁控管谐振系统进行宽频带扫频测量时，可获得如图 4.18 所示的谐振曲线图，对应着不同的频率 f 就是相应的模式号 n ，例如 $f=f_{01}$ 的 $n=1$；$f=f_{02}$ 的 $n=2$；f_{03} 的 $n=3$；f_{04} 的 $n=4$（即 8 腔磁控管中的 π 模式），与图 4.17 所示的模谱图相对应。

（2）将同一磁控管的谐振系统进行宽频带矢网扫频测量时，可得到如图 4.19 所示的阻抗圆图中表示的模谱图，在圆图上可以看到有 4 个不同直径的圆分别与外圆在不同相位上相切，每个图代表不同的模式代号 n ，每个圆都有各自的谐振频率 f_0 ，而且还可看出不同模式的耦合度大小。从图上可见，$n=4$ 的模式是过耦合，而其他 3 个模式（$n=1$，2，3）均为欠耦合。同时还可利用模谱图上的频率分布计算出该谐振系统的“模式分隔度”。

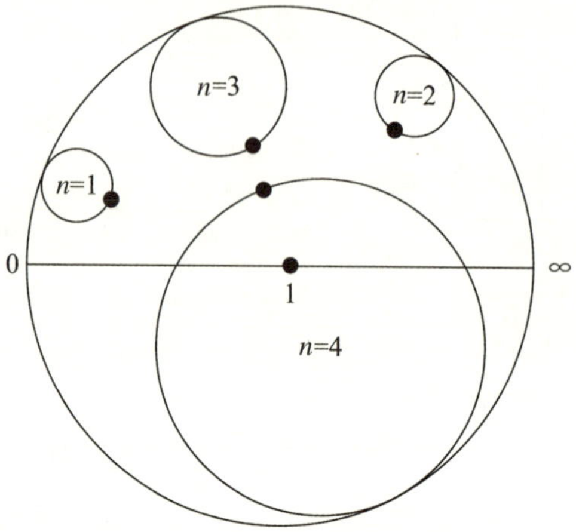

图 4.19　矢网上的模谱图

8. 磁控管阳极多腔谐振系统模式的判定

将金属或介质微扰体插入多腔（N 腔）谐振系统中的电场或磁场较强处，逐个进行微扰，并观察谐振频率的变化，若在 N 个腔中每个腔微扰产生的频率变化都是相同的，则该谐振模式即为主模（π 模），这时 $n=\frac{N}{2}$；若在两个小腔中微扰时，频率基本上没有变化，则就可判定此时的模式为 $n=\frac{N}{2}-1$；若在四个小腔中微扰时，频率基本上没有变化，则就可判定此时的模式为 $n=\frac{N}{2}-2$，以此类推。

9. 磁控管阴极腿的微波泄漏检测

磁控管阴极腿的微波泄漏也可在冷测时加以检测，方法比较简单。只要将待测磁控管接入标网或矢网测量系统中，当用小金属块靠近阴极腿附近时，若观察到谐振频率的偏移，就说明阴极腿处存在微波泄漏，而且还可从微扰时偏移量的大小判断出微波泄漏的相对大小。当此微波泄漏较大时，就应采取技术措施，如在阴极腿内加设扼流筒等方法以消除或减弱这些泄漏。微波泄漏不仅对人体有害，也会引起对电子设备如智能手机、智能电视、蓝牙设备、平板电脑、路由器等产生的电磁干扰及电磁兼容等问题。

10. 能量输出器参数的测量

能量输出器的参数包括输出窗频率特性的测定、耦合环耦合系数的测定和阻抗变换器中截止波长的测量等。读者可参阅《磁控管设计手册》（国防工业出版社，1979 年版）第 10 章。

4.4.2 磁控管的热测系统及测量方法

1. 磁控管的热测系统

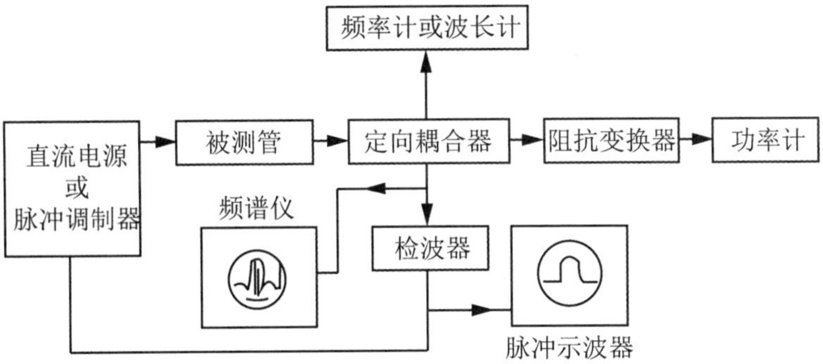

图 4.20 磁控管热测系统图

(1) 振荡频率 f_{0s}的测量。

磁控管起振后振荡频率 f_{0s} 的测量可依赖于热测系统上的频率计或波长计进行。无论是 CW 磁控管还是脉冲磁控管，都可采用数字微波频率计来测量，热频率与冷频率存在一定的频差，通常热频要比冷频低十几兆赫，这主要是由于振荡后，互作用空间内存在有电子轮辐的电子导纳引起的。有时在测量脉冲频率时，用波长计也是十分有用的。无论是用数字频率计，还是用波长计，都要注意耦合器的耦合度大小，必须保证测量仪表的输入电平低于仪表允许的电平，确保仪表的安全性。

(2) 输出功率的测量。

磁控管输出功率的测量主要是测量其平均输出功率 P_0 。对 CW 磁控管来说，平均功率 P_0 就是管子的输出功率 P_0 ，这时可用第 1 章第 7 节中介绍的量热式大功率计来测量。对于脉冲功率 P_p 来说，还是要先通过大功率计对平均功率 P_0 进行测量，然后通过下述公式进行计算来获得。

$$P_p = \frac{P_0}{\tau F} \tag{4.5}$$

式中 τ——脉冲宽度；

F——脉冲重复频率，$F=\frac{1}{T}$ 。

脉冲电压波形如图 4.1 所。

(3) 磁控管工作效率 η 的测定。

对于 CW 磁控管来说，其工作效率 η 由式 (4.7) 决定

$$\eta = \frac{P_0}{I_a U_a} \tag{4.7}$$

式中 P_0——测得的平均功率；

U_a——磁控管的阳极工作电压；

I_a——磁控管的阳极工作电流。

对于脉冲磁控管来说，其工作效率 η 由式（4.8）决定。

$$\eta = \frac{P_p}{I_{ap}U_{ap}} \tag{4.8}$$

式中 P_p——脉冲功率，由式（4.5）确定；

U_{ap}——磁控管的脉冲阳极电压；

I_{ap}——磁控管的脉冲阳极电流。

由此可见，工作效率不是直接测得的，而是通过所测的功率、电压及电流等参数间接计算得来的。

（4）调谐范围 Δf_0 的测量。

可调频磁控管的调谐范围 Δf_0 的测量是将调谐机构先调至最低频率点的相应位置后，测量其振荡频率 f_{01}，然后将调谐机构调到最高频率点的相应位置，再测其此时的振荡频率 f_{02}，这两个振荡频率之差即为调谐范围，显然

$$\Delta f_0 = f_{02} - f_{01} \tag{4.17}$$

（5）脉冲输出频谱的测量。

磁控管脉冲输出频谱的测量是由热测系统上的频谱分析仪来完成的。正常的频谱如图 4.21 所示。理想的频谱的特点如下：

①主瓣高于旁瓣 4 倍以上（理论上为 4.7∶1）；

②主旁瓣间零点明显；

③左右对称；

④无掉线。

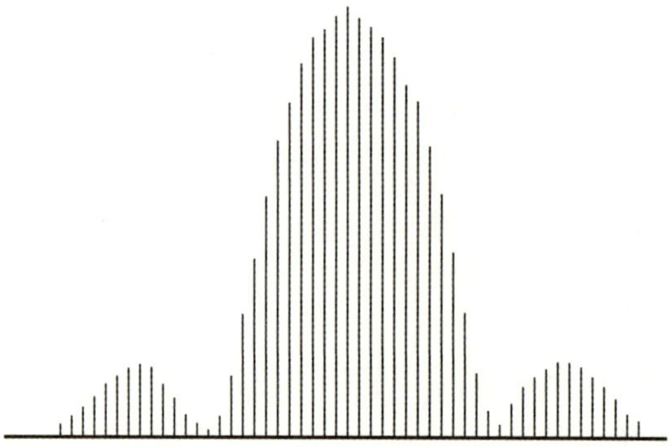

图 4.21 正常的输出频谱图形

不正常的频谱如图 4.22 所示。

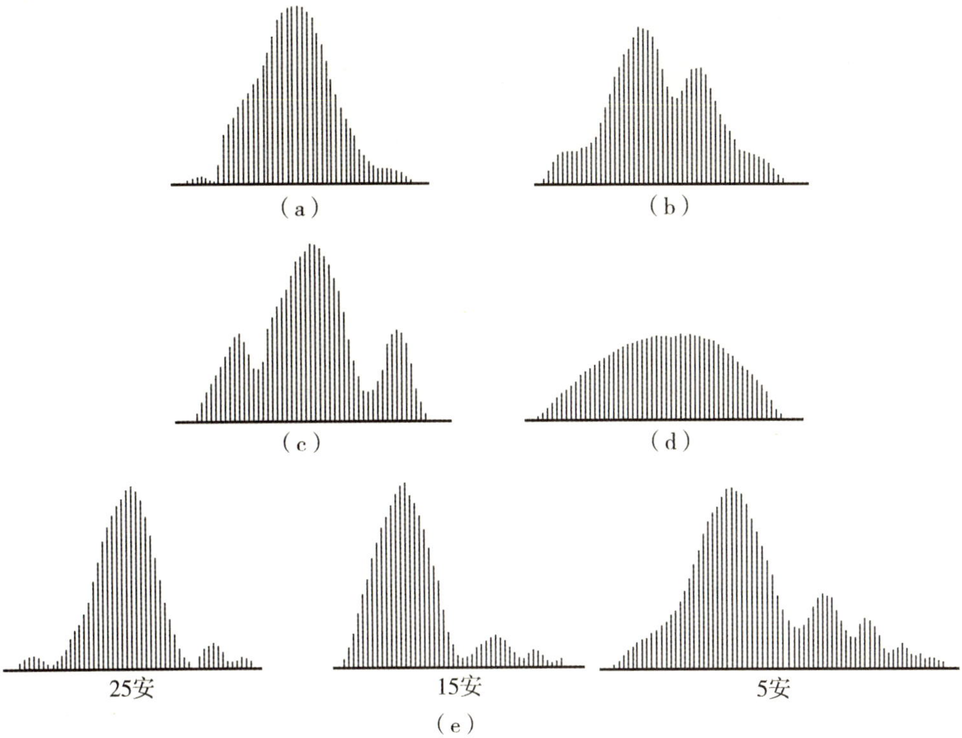

图 4.22 不正常的实测频谱

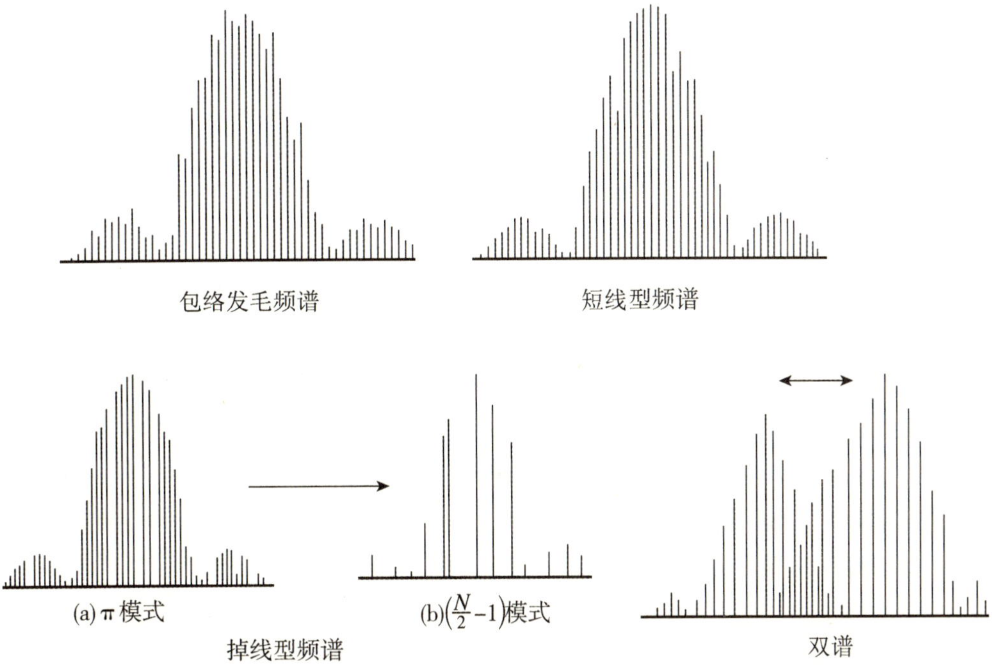

图 4.23 几种特殊的频谱

(6) 频率重调性 Δf_{0s} 。

在电参数、负载及阳极温度保持不变的条件下，测量同一机调刻度下的振荡频率 f_{0s} ，重复测量 10 次以上，再计算其均方根值。

先计算算术平方根 f_0

$$f_0 = \sum f_{0i} / n$$

再计算其重调性 Δf_{0s}

$$\Delta f_{0s} = \sqrt{\sum (f_0 - f_{0i})^2 / n}$$

(7) 脉冲射频包络的测量。

脉冲射频包络的测量需要借助脉冲示波器来测定，从定向耦合器耦合出的脉冲功率信号经晶体检波器检波后到脉冲示波器上即可显示出功率的包络波形，它与从脉冲调制器上经电容分压器后到示波器上显示的波形有所不同。一般来说，功率包络波形的脉宽要窄些，而且脉冲的上升沿与下降沿的陡度也不相同，这主要与磁控管起振存在一个门槛电压有关，可参阅第 2 章有关章节的内容。

(8) 电子频移特性 $\frac{\Delta f_{0e}}{\Delta I_a}$ 的测量。

磁控管的电子频移特性是它所特有的，主要与互作用空间内旋转的电子轮辐有关，当阳极工作电流变化时，电子导纳的电纳分量随之变化，因此形成了这一特殊的电参数，即 $\frac{\Delta f_{0e}}{\Delta I_a}$ (MHz/A)。测量也不复杂，只要改变阳极电流时，随之测得相应的频率变化，即可计算出这个比值。

(9) 灯丝降压特性的测量。

灯丝降压特性也是磁控管特别是大功率 CW 磁控管所要求的，通常在 5kW 功率以上的都要求测量此特性，主要是防止在输出功率较大时产生较大的电子回轰阴极，这会引起阴极工作温度的过大升高，影响阴极的工作寿命。这一测量具有一定难度，通常有两种测量方法：一种是在一定输出功率时，不断记录输出功率的逐步增大，这时调节管子的灯丝电压（往减小方向），直到输出功率稳定不变为止，记下相应的灯丝电压，然后增大输出功率，重复上述步骤，直到满功率输出为止，于是可得到如图 4.24 所示的灯丝降压特性；另一种方法需要制作一只专用的磁控管，测试时在相应输出功率时观测管内阴极的工作温度，当功率不断增大时，降低管子灯丝电压，使阴极工作温保持原有温度不变，记下此时的灯丝电压……以此类推，直到满功率输出时为止，这样即可测得灯丝降压特性。

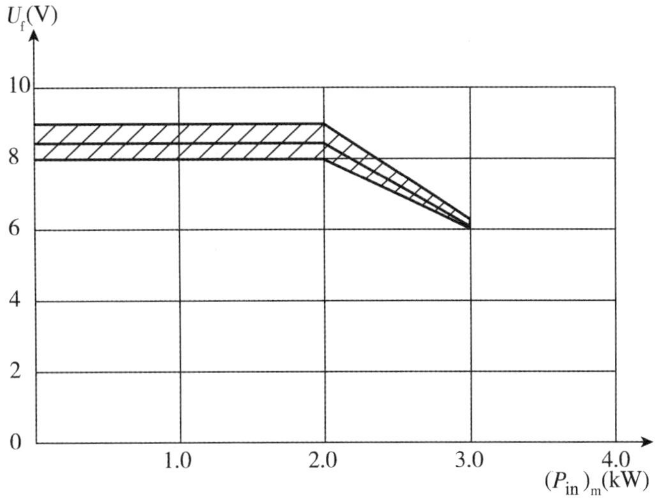

图 4.24 灯丝降压特性

（10）工作特性的测量。

磁控管的工作特性是指在微波负载固定并匹配时，以阳极电流为横坐标、阳极电压为纵坐标的伏安特性坐标平面内的许多等值线的综合曲线图，这些曲线簇包括等磁场曲线簇（等 B 线）、等功率曲线簇（等 P 线）、等效率曲线簇（等 η 线）、等频率曲线簇（等 f 线）等。

测量系统如图 4.4 所示，所得结果如图 4.3 所示。需要指出的是，做此特性测量时，磁控管的工作磁场是可调节的。对于像微波炉用 CW 磁控管那样的管子，因为磁场是固定不变的，它的直流磁场是由一对套在管芯上下两端盖之上的铁氧体磁环提供的，所以不可能存在等曲线簇，这种管子的工作特性只有一根伏安特性曲线、一根功率特性曲线、一根效率特性曲线和一根频率特性曲线，它们都是以阳极电流作为自变量的，如图 4.5 所示。

（11）负载特性的测量。

磁控管负载特性是指与磁控管直接连接的微波负载阻抗改变时，使磁控管的输出功率和振荡频率发生变化，而采用等输出功率线（简称等功率线）和等频率线的形式画在 Smith 圆图上表述的两簇曲线，通常以首先提出者 Rieke 的名字命名，在国内常称为“雷基图”（Rieke diagram）。

磁控管是一种特殊的振荡管，它起振后的振荡状态不仅取决于源本身的工作条件，如工作电压、电流、磁场、温度等，同时还与其连接的负载阻抗有关。因此，在了解磁控管工作特性及其测试规范的同时，也需要了解磁控管的负载特性。

通常负载特性是阻抗圆图上的两簇等值线，即一组为等功率线如 $P = P_1, P = P_2, P = P_3 \cdots\cdots$ 另一组为等频率线，如 $f = f_0, f = f_1, f = f_2 \cdots\cdots$ 加上阻抗圆图上本身的等电阻线 r 及等电抗线 x，于是在雷基图上任何一个位置或坐标上就可读出四个参数，

即 r_i, x_i, P_i, f_i。换句话说，对应于某个特定阻抗值（$r+jx$），就存在磁控管唯一的输出功率 P 及振荡频率 f，反之亦然。

雷基图的测试方案很多，原则上可分为手动测绘和自动测绘。前者测试时间特别是数据处理及绘图时间较长，而后者则相反，测试及绘图时间都较短，通常不超过十分钟，但自动测绘的微波系统及控测软件价格较为昂贵。

两种方案中最关键的微波元件是驻波发生器，不论是哪一种方案，都需自行设计加工并做校准定标。两种测试方案如图 4.25 及图 4.26 所示。

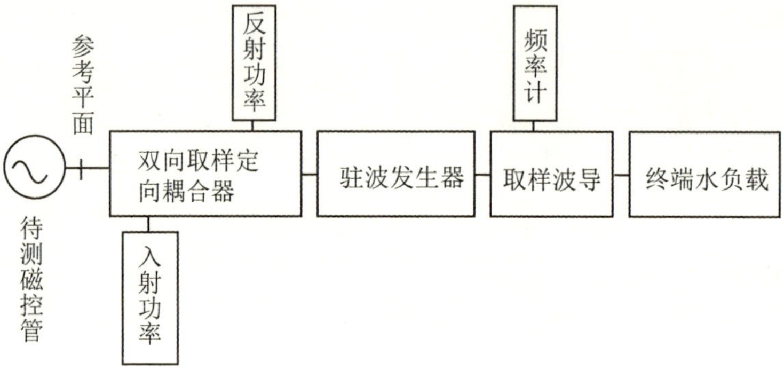

图 4.25　手动测试系统

①手动测试方案。

在这一方案中，完全用手动方法改变终端负载前的驻波发生器中产生的驻波比 S，以及相对于待测磁控管的参考平面上的相位 φ，然后在固定管子阳极电流为某一恒值如 $I_a=200$ mA 时进行逐点测量，在整个测试过程中，必须保持这一条件。根据测试精度要求，选择若干个阻抗即 (S_n, φ_n)，如 $n=1, 2, 3, 4, 5, \cdots, 200, \cdots, 300, \cdots, 400, \cdots, 500$，精度愈高，要求所需的阻抗点愈多，测试工作量愈大，数据处理及绘制曲线的工作量更大。

管子的输出功率为

$$P_{0n}=P_{in}-P_{rn} \tag{4.18}$$

管子的振荡频率由耦合至取样波导中的频率计上读取 f_n，这里角标 n 代表对应于第 n 个阻抗，即 $z_n(S_n, \varphi_n)$ 时，$n=1, 2, 3, 4, 5, \cdots, 100, \cdots, 200, \cdots, 300, \cdots, 500$。

②自动测试方案。

这一方案的微波系统基本上与手动法相同，但测绘工作却有很大的差别，这就是整个测试，数据处理及曲线绘制全部由电脑代替了人工操作并自动完成。

因此，驻波发生器产生的驻波比 S_n 及相位 φ_n 的改变，由电脑发出指令，再通过控制器（例如步进电机或伺服电机）控制并调节，使其达到预先校准的大小供测量之用。而功率及频率的数据均由电脑直接从相应的数字功率计及数字频率计上采样后读入，

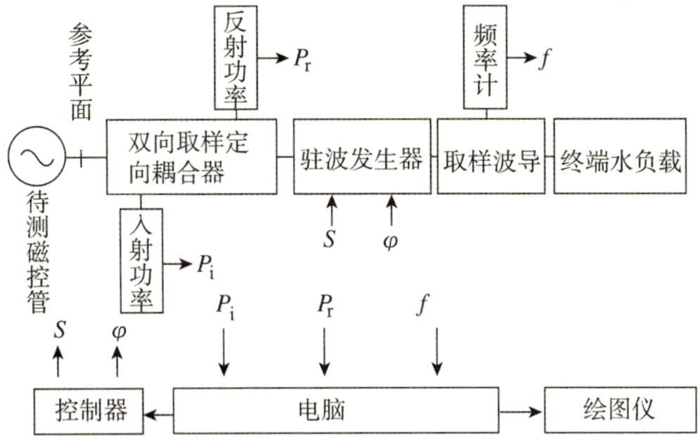

图 4.26 自动测绘系统

当 n 个数据全部读取完成后，电脑转入数据处理阶段，在该阶段中，测试程序已完成，微波系统处于待测状态；而电脑程序进入等值线绘制状态。等值线数量可事先设定，例如等功率线可设为 5 条，即 P_1、P_2、P_3、P_4、P_5；每两条线间的功率差值 ΔP 也可事先设定，如 50W、75W、100W 等。同样等频率线通常设置通过匹配点（即圆图中心点 $r=1$；$x=0$）时为 $f=f_0$，即 $\Delta f=0$ 线，其他则为 $\Delta f>0$ 线若干条，$\Delta f<0$ 线若干条，通常共 5～7 条已足够了。已测绘完成的雷基图类似于图 4.27 所示。

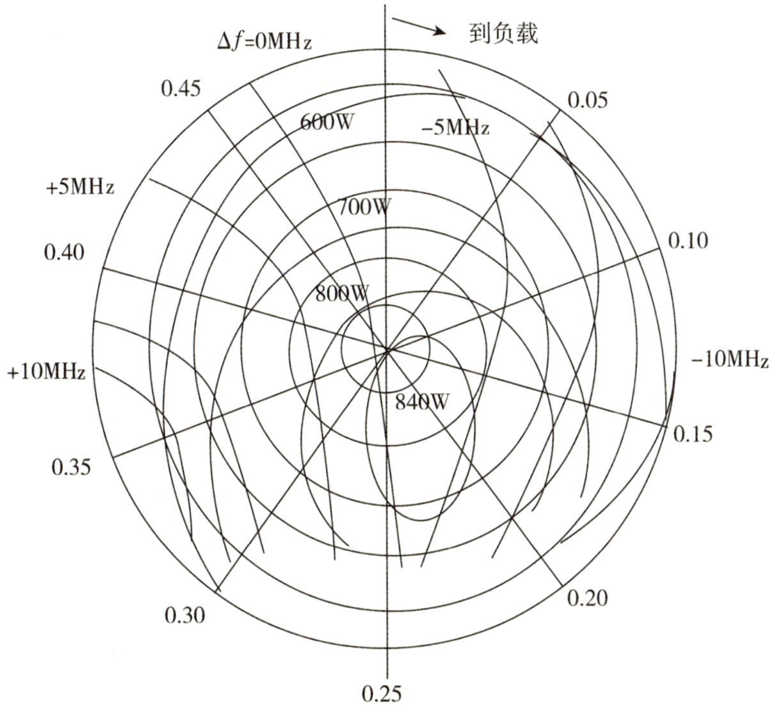

图 4.27 磁控管的雷基图

2. 微波测试系统的构成

（1）取样用双向定向耦合器。

对此取样用的双向定向耦合器的技术要求如下：

①频率与带宽 $f_0\pm100$ MHz；

②过渡衰减为−(45～50) dB 左右；

③方向性不小于 35dB；

④输入驻波比不大于 1.1；

⑤整体长度应等于中心频率相应波导半波长的整数倍，且尽量地短，以减小输入、输出法兰之间等相位面的误差。

(2) 驻波发生器。

驻波发生器是雷基图测试中的关键元件，它的类型很多，通常有以下几种：

①可移插销型；

②双介质块型；

③双金属块型；

④三分贝电桥型；

⑤ET 加短路器外加移相器（如压缩线型）型等。

建议选用可移插销型驻发生器，这一发生器具有结构简单、加工方便、成本不高、能忍受较大的 CW 微波功率和微波泄漏小等优点。我们已成功地将其应用在 2 450 MHz波段微波炉动态阻抗测试台中，在千瓦级电平下工作安全可靠，重复性好。

对其具体技术要求如下：

①工作频带：$f_0\pm100$ MHz；

②最大驻波比应大于 5，如 6～8；

③驻波相位变化应大于 360°，如 380°～400°；

④击穿功率不小于 2kW（CW）；

⑤微波泄漏应符合国家标准。

(3) 终端大功率水负载。

终端大功率水负载的技术要求如下：

①工作频带：$f_0\pm100$ MHz；

②驻波比不大于 1.1，愈小愈好；

③耗散功率不小于 1kW（CW）；

④具有功率读数更好。

(4) 波导频率取样器。

该取样器主要用作输出信号供数字频率计（脉冲式）或频谱仪用来测量频率，其基本要求如下：

①波段相同；

②驻波极小，应在 1.02 以下；

③耦合度在−50dB左右。

(5) 数字功率计。

作为输入功率 P_i 及反射功率 P_r 指示用的数字功率计的技术要求如下：

①工作频段与上述相同；

②测量功率为毫瓦级电平；

③响应时间，手动测量时没有要求，自动测试时，希望响应时间愈短愈好，例如不大于10ms；

④亦可采用恒温晶体检波器经校准后作功率计使用，其响应时间极短。

(6) 数字频率计。

这里应当指出，因为磁控管的直流电源不是真正的直流，而是具有一定脉动系数的脉动型直流电源，所以普通的数字频率计是不适用的，必须购买能测脉冲调制或脉动调制波形的数字频率计。

3. 驻波发生器的校准

以可移插销型驻波发生器为例，校准系统如图4.28所示。

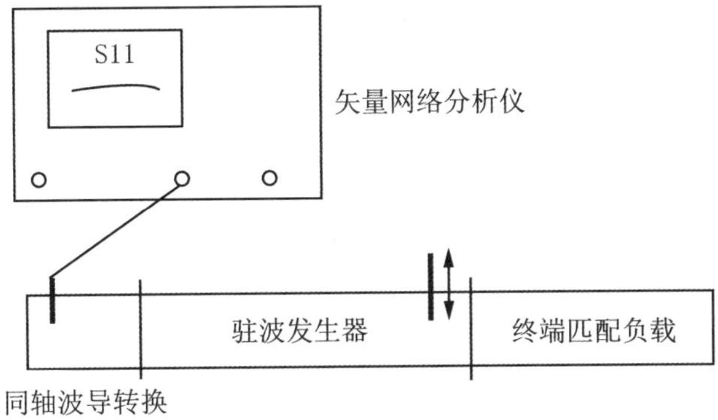

图4.28 驻波比校准系统

校准方法如下：

(1) 以频率 f_0 ±100 MHz设置矢网的频带参数。

(2) 先对波导进行校准。

(3) 以VSWR为函数设置矢网的纵轴。

(4) 将可移插销向负载方向移至尽头。

(5) 在可移插销垂直方向从波导管顶部内壁为0刻度开始，逐一插入一增量深度 ΔY_1，测量矢网上相应的 f_0 时的VSWR值为 S_1；并记录全频段相应的曲线；如此不断增加深度，记录相应的 S_2 及第二条扫频曲线；以此类推，可测得数据 S_3, S_4, S_5……及相应的多条曲线。一直测到 $S=6\sim8$ 时为止，将驻波比VSWR与插入深度 Y 作一关系曲线，这就是校准定标曲线，无论手动还是自动，都需要这条校准曲线。

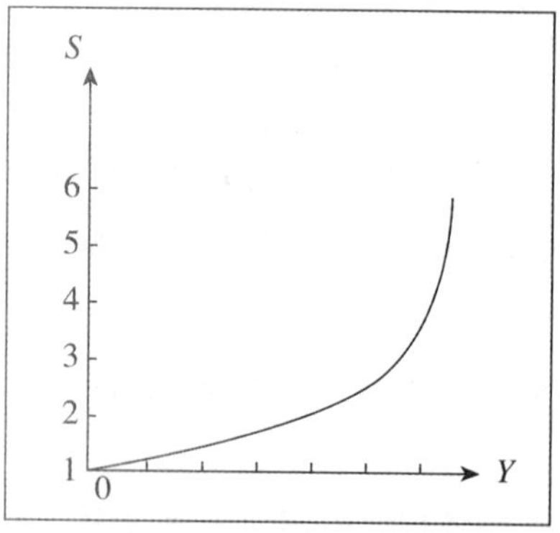

图 4.29 驻波比校准曲线

(6) 在任一插入深度 Y(对应于某一驻波比 S),向左侧法兰平面移动可移插销一个长度 ΔZ 时,其相位变化为 $720^\circ\times\left(\frac{\Delta Z}{\lambda_g}\right)$,当$\left(\frac{\Delta Z}{\lambda_g}\right)$移动超过 0.5 时,相位即可大于 360°,即可在圆图上旋转一圈。

由于加工中的不平度或终端匹配负载不理想情况下,可能会出现移相程中驻波比发生周期性的起伏变化,如图 4.30 中曲线所示,但这对今后的测试无关,因为在数据处理过程中会自动消除这种变动关系,实际上是一种自动还原过程。

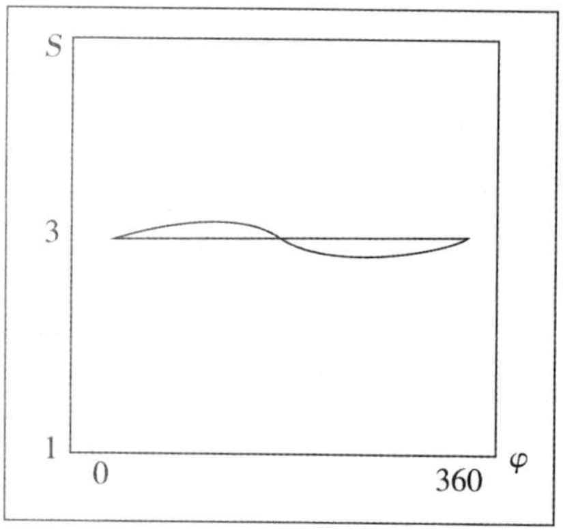

(直线表示正常时,曲线表示非正常时)

图 4.30 驻波比相位曲线

4. 关于磁控管输出参考平面的确定

在雷基图测试及应用中,均可于图中看到参考平面或 0 相位的标注,这意味着其他相位均相对此参考平面为 0 相位而言,而磁控管的天线轴通常作为参考平面,但实际结构又无法以此作为参考平面,所以往往以离开天线轴 $\frac{\lambda_g}{2}$ 整数倍的波导法兰平面作为参考平面,如图 4.31 所示。今后测试时,该平面直接与驻波发生器的法兰相接,这也是为什么在驻波发生器校准时,我们都以这一法兰平面作为参考的原因。

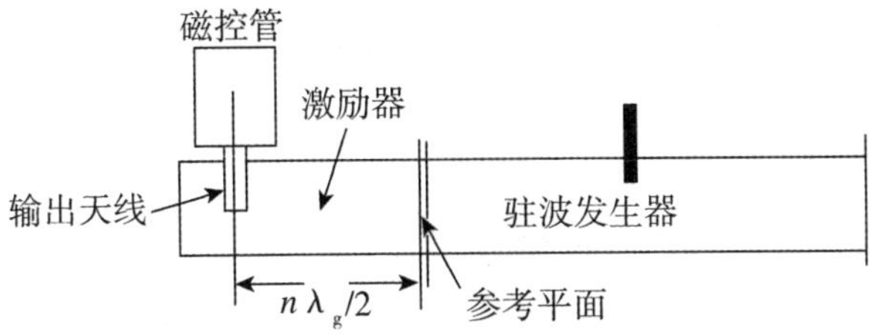

图 4.31 参考平面的确定

5. 测试方法

手动测试方法参阅《磁控管设计手册》第 11 章。

关于自动测试，方法较多，如果以图 4.26 所示系统进行测试，那么应先对驻波发生器进行校准，并将校准数据全部存入电脑相应的数据库中，以便在数据处理作等值线绘制时使用。关于数据采集及处理和控制驻波发生器等系列软件应在方案确定后具体设计与编写。无论是手动还是自动测试方法，测试时都应维持阳极电流不变，即I_a＝常数，例如 I_a＝250mA。

6. 雷基图的测试误差

雷基图的测试误差来源于：

(1) 定向耦合器的耦合度及方向性误差；

(2) 数字功率计及数字频率计的读数误差；

(3) 终端负载的失配误差；

(4) 驻波发生器的校准误差及调节误差；

(5) 数据处理过程中的误差。

①设置等功率线 P_n 时的 ΔP_n 大小带来的误差，如 P_n＝500W 时，$\frac{\Delta P_n}{P_n}$＝1%时即 ΔP_n＝5W，Δ_n 过大时，误差增大，过小时等值线数据量太少，同样会使误差增大，因此，在选择网格时，应尽量增加网格数目，以减小等值线绘制误差。

②设置等频率线 f_n 时的情况同①。

③当测试过程中，驻波发生器的相位改变时，磁控管振荡频率即产生相应的牵引变化，这时的相位就不是原始相位值 φ_n ，而是新频率时相应的 φ'_n，两者有联系又有区别，$\Delta\varphi_n=\varphi_n-\varphi'_n$，而且是自洽的，动态形成的。遗憾的是直到今天，尚未有人做过这一误差的自动修正工作。目前已有大容量超高速电子计算机，完全可以实现这一动态误差的修正工作，只是从工程角度出发，不消除这一误差是允许的。

7. 磁控管雷基图快速自动测绘技术

(1) 引言。

雷基图的测绘不仅对生产单位设计和制管技术人员有重要价值，同时对系统或整机设计人员也具有重大意义。它可使设计者正确地选择磁控管的负载，以达到充分发挥管子的优良性能（如功率、效率、频率稳定度等参数）的目的，遗憾的是我国从1958年开始生产第一只磁控管以来，至今型号已达几百个，但仍无一只磁控管在出厂时由厂方正式提供过相应的雷基图。我们在查阅国外各种微波管手册时就会发现，无论是脉冲磁控管或连续波磁控管，都会有相应的工作特性曲线和雷基图，究其原因是雷基图的测绘技术是一项十分烦琐费时且难度较高的课题，再加上长期以来对该问题在一定的误解和疑惑。

我们曾在20世纪50年代末在成都电讯工程学院首先研制成X波段脉冲磁控管雷基图的实验设备供学生实验，70年代初期（1973年）和中期（1976年）又先后在上海灯泡厂与厂方合作，开展Q波段脉冲磁控管和S波段CW磁控管雷基图的测绘技术研究。这些测绘工作虽然波段不同，所用的失配器等硬件不同，但都采用手工逐点测试和绘图，时间长、效率低、误差大、重复性差。1987年，电子科技大学首先采用计算机进行自动测绘雷基图的研究，但由于只采用单板机，在等值线生成技术中采用了数据网格化的软件方法，致使测绘时间过长（达十多分钟）。1979年，日本东芝公司发表了CW磁控管雷基图的自动测绘方法，但测绘时间仍高达90分钟。

我们提出一种全新的测试原理，使得测试时间大大缩短，达到了当时90年代国际先进水平，使我国磁控管雷基图的测绘技术上了一个新台阶，1996年申报了国家发明专利，后来获得中国知识产权局的发明专利授权，并获得电子工业部的科技进步三等奖。

本技术同样适用于其他微波振荡管，如返波管、速调管、固态器件振荡器等雷基图的测绘。

（2）雷基图的测绘原理。

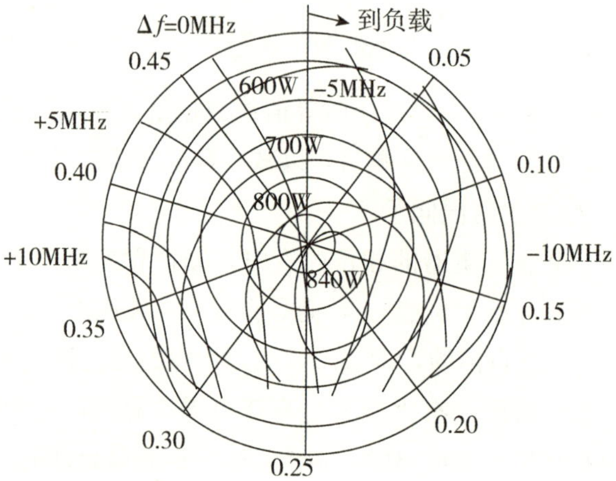

图4.32　磁控管的雷基图

微波磁控管典型的雷基图如图4.32所示，它是以等功率线和等频率线的形式绘于Smith圆图上。从该图上可以看出不同阻抗的负载对管子振荡后输出功率和振荡频率的影响。

快速测绘系统如图4.33所示。

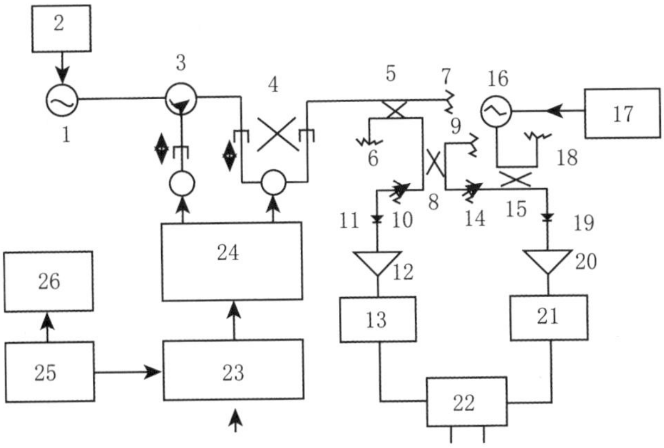

图 4.33 自动测试系统图

图中 1 为待测磁控管；2 为脉冲调制器或直流电源；3 为由一大功率环行器和一短路活塞组成的移相器；4 为由一个三分贝定向耦合器和两个短路活塞构成的失配器即驻波产生器；5、8、15 为定向耦合器；6、9、18 为匹配负载；7 为大功率吸收负载；10、14 为可变衰减器；11 为功率检波器；12 为脉冲放大器；13 为功率门电路组合；16 为本地振荡器；17 为本振及电子调谐电源；19 为混频器；20 为宽带放大器；21 为选频放大器及频率门电路组合；22 为触发延时及门电路；23 为单片机控制系统；24 为步进电机驱动系统；25 为 AT 微机；26 为绘图仪。

①微波负载的自动扫描。

微波负载阻抗的变化是由失配器和移相器共同改变形成的。在失配器中，接在三分贝定向耦合器两个输出端的活塞由步进电机 M_1 控制同步移动，即当一个活塞前进 Δx 时，另一个活塞则相应地后退 Δx，两者的行程相等（见图 4.34）。移相器中的活塞由另一步进电机 M_2 控制，由单片机产生的控制脉冲驱动 M_1 及 M_2，使其按规定的节拍运动。M_1、M_2 中的控制脉冲如图 4.35 所示。

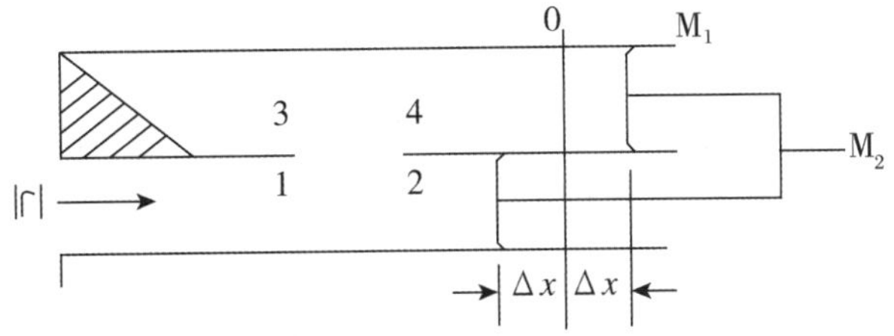

图 4.34 自动移相器

当 M_1 正向步进时，负载从圆图中心 O 点沿半径向边缘 A 点扫描（见图 4.36）。当 $t = T_1$ 到达 A 点，M_1 停止工作，而另一电机 M_2 正好在此时启动，并在 T_2 内完成角向 $\Phi = 4°$ 的扫描至 B 点；当 $t = T_1 + T_2$ 时，反向步进回到圆心 O 点，然后，M_2 又向角向扫描 $\Phi = 4°$，接着 M_1 正向沿又一新半径扫描至 C 点……直至扫描完一个圆周。

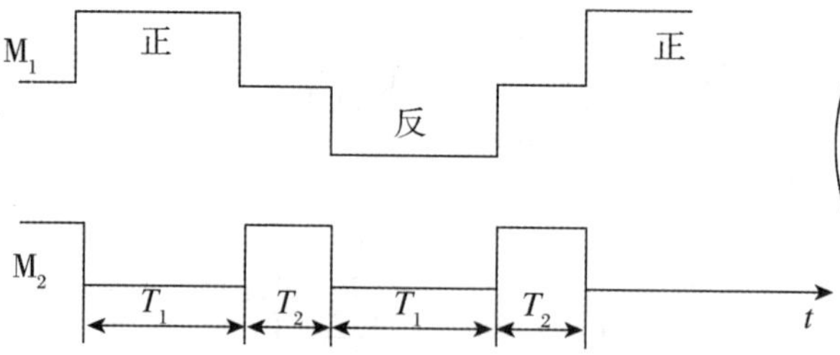

图 4.35 控制脉冲

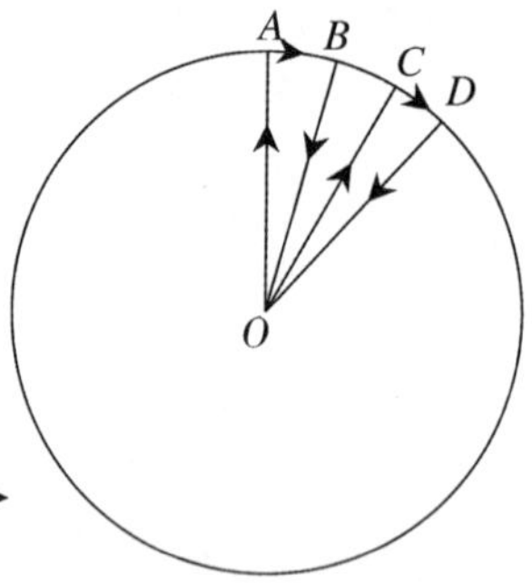

图 4.36 扫描顺序

而数据采集只在径向扫描过程中完成（包括正向和反向扫描），角向扫描不采数据。如果 0 点为匹配点，即驻波比 $S=1$，而 A、B、C、D……各点的 $S=5$，这样即可获得 $1\leqslant S\leqslant 5$ 内凡是扫描经过那些地方的全部负载阻抗。若令角向扫描 $\Phi=2°$，则负载阻抗变化点增加一倍，测试精度提高，但会增加测试时间。

②等功率线和等频率线的生成方法。

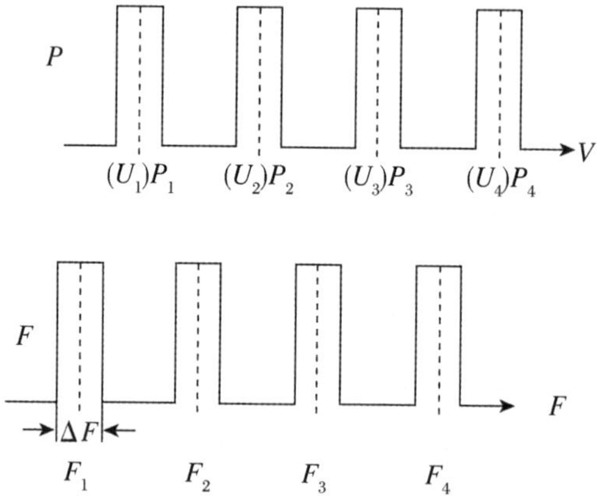

图 4.37 功率门与频率门

先采集大量数据，然后利用数据网格化方法产生等值线。但这种方法软件复杂，运算时间长。我们预先设置若干个功率门电路（视需要可设置 P_1、P_2、…、P_m 个），和若干个频率门电路（如 F_1、F_2、…、F_n 个），每个门对应于一根等值线，这些等值线间存在着一定的比例关系，并有规律地排列，而每个门都有一对应的宽度，如 ΔP 和 ΔF 值，以保证取数的可靠性，但又不能太宽，这样会使测试误差增大。功率门和频率门的设置如图 4.37 所示。图中功率门是将微波功率 P 转换成相应电压 V 设置的，频率门则是将微波频率变频至较低频段设置的。

当微波负载阻抗做径向扫描至一半径位置 r_1 或 r_2 时（见图 4.38），就会与等功率线 P_1 或 P_2 相交，这时相应功率门就会产生一个信号输出，该信号经延时展宽后再经有关电路产生一个中断信号 I_0，并将此中断信号送至单片机。让单片机记下功率门的相应 P_1 点的微波阻抗（即电机 M_1、M_2 的步进状态）。这些阻抗值在以后的自动测绘中有着决定性的意义。

由图 4.38 可见，当径向扫描从 O 点向 A 点行进至 $r=r_1$ 位置与 $P=P_1$ 相交，这时只有 P_1 功率门才有输出，其他任何功率门均无输出；当扫描至 $r=r_2$ 时，与 $P=P_2$ 相交，这时只有 P_2 功率门才有动作，在 $r_1<r<r_2$ 间隔内，尽管负载阻抗在不断变化，但却无任何输出，因此不会采集到任何数据，频率门的动作原理相同。由于采用了这种硬件电路，替代了烦琐的网格化处理过程。在等功率线和等频率线生成过程中，数据利用率高达百分之百，而且不存在数据取舍问题，绘图时间将大大缩短。

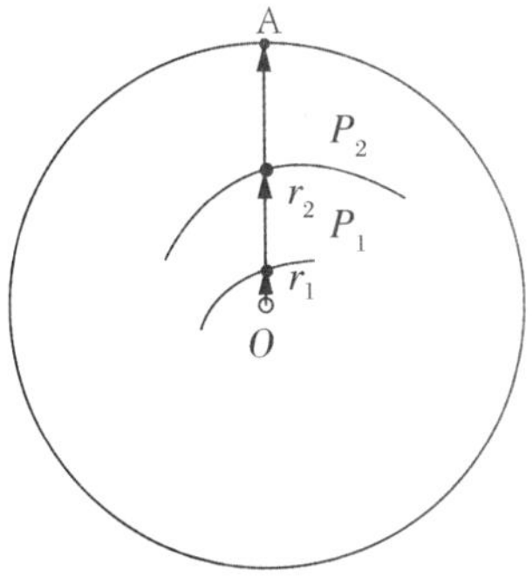

图 4.38 扫描相交点

(3) 测绘系统。

本测绘系统除微波系统外，尚有以下 4 个重要组成部分。

①单片机控制系统。

本系统采用 MCS－51 单片机中的 8031 及其扩展的 RAM、EPROM、I/O 口等，其作用如下：

a. 产生微波阻抗扫描电机 M_1 及 M_2 所需的驱动脉冲输出信号；

b. 收集、存储功率门和频率门的触发阻抗数据；

c. 实时显示系统的工作状态；

d. 完成系统复位、自检、报警等辅助功能；

e. 接收 AT 机命令，传输数据至 AT 机。

②步进电机驱动系统。

驱动系统由缓冲反相器、光电耦合器及达林顿管组成的功率放大器组成。当单片机产生一定频率和一定间隔的电机驱动时序脉冲输入到光电耦合器的输入端时，在电机 M_1 及 M_2 的相应绕组中可产生驱动电流脉冲，使该步进电机按一定节拍（如双相 3 拍和 3 相 6 拍）旋转。

③数据采集系统。

采集系统由功率门和频率门电路及相应的辅助电路组成。由于工作时的脉宽为 $\tau=1\mu S$（对脉冲磁控管来说），单片机无法检测如此窄的脉冲，所以需要延时并展宽到 $400\mu S$，以便使 8031 能从容检测。延时后的信号经与非门和或非门形成一中断信号.

当设置的任何一个门有输出时，中断线产生下降沿，从而中断单片机，单片机在中断服务程序中检测中断门和阻抗值，从而完成所有数据的采集任务。

（4）结论。

按照上述新的测试原理和系统，我们曾对X波段的脉冲磁控管及体效应二极管振荡器进行实测，取得了预期的效果，整个过程为8分钟，实际上若提高步进电机脉冲序列频率，此测绘时间还可进一步缩短。

本方法原则上适用于任何微波波段，不同波段时只要改变相应的微波元件及系统即可。同样，该方法不仅适用于脉冲微波管，也可对CW微波振荡器进行测绘，像目前大量生产的微波炉用CW磁控管的雷基图的测绘，这对微波炉或其他微波加热或应用器的设计都具有重大意义。

关于磁控管雷基图的测试可参阅文献[83][84][85][86][87][88][90][91][92]等。

8. 微波泄漏测试

对CW大功率磁控管来说，在一定负载驻波比下（30kW，$S=2:1$；75kW，$S=1.5:1$），改变驻波相位360°，在离管子5cm处，用微波泄漏仪测量微波泄漏功率密度，看是否符合国家标准（≤5mW/cm^2），特别在磁控管阴极腿附近是重点检测区域。

9. 热测的其余项目本书不介绍

4.5 例行试验（适用于炉用CW磁控管，对其他磁控管也具有参考价值）

4.5.1 环境试验

1. 低温试验

把管子放入规定温度的容器内（除特别规定外，一般为−30±5℃）保持一段时间（一般为12小时），取出管子后在室温下进行观察。当管子工作并达到热平衡状态时，测量出工作特性参数，并对测试先后的数据进行对比。

2. 高温试验

把管子放入规定温度的容器内（除特别规定外，一般为60±5℃）保持一段时间（一般为12小时），取出管子后在室温下进行观察。当管子工作并达到热平衡状态时，测量出工作特性参数，并对测试先后的数据进行对比。

3. 温度交替试验

把管子交替放入保持高温和低温的特定容器中（除特别规定外，一般为50±5℃和

−10±5℃）一段时间（一般为6小时），重复四次后，取出管子后在室温下进行观察。待达到热平衡后，测出管子特性的变化，并对测试先后的数据进行比较。当管子从高温环境置于低温环境，或者相反，都应在室温环境中停留30分钟以上。

4. 湿度试验

把管子置于特定的容器中，在温度为40±3℃，湿度为95%～98%的环境中保持96个小时，然后检查管子电极锈蚀及涂层脱落情况，且看有无其他任何损坏。

5. 盐水浸渍试验

把管子放入盛有浓度为5%±1%的盐水中，在温度为35±2℃的条件下连续保持48小时，然后取出管子并检查有无机械破损和泄漏等情况。

4.5.2 振动试验

1. 低频振动试验

试验是在下述条件下进行的：

（1）频率：25±2Hz。

（2）振幅：1mm±10%（峰到峰的振幅=2mm±10%）相当于2.5g的加速度。

（3）振动时间：除特别规定外，在每个方向各振动一分钟。

2. 高频振动试验

除了频率为50±2Hz外，其余条件与低频振动试验条款相同，此时相当于10 g 的加速度。

振动的频率、振幅和加速度的关系由下式给出：

$$g = A\frac{f^2}{25} \tag{4.19}$$

式中 g——振动加速度（用重力加速度表示9.8m/s²）；

A——振动幅度（cm）；

f——振动频率（Hz）。

3. 扫频振动试验

频率范围为10～2 000Hz，除特别规定外，按下述条件进行：

（1）加速度。

频率在10～50Hz范围内，峰到峰的振幅值保持恒定在0.5mm，频率在50～2 000Hz范围内时，加速度保持恒定在2.5m水平。

（2）扫描时间。

振动频率的变化从10Hz到2 000Hz又到50Hz的时间为6分钟，或者从10Hz到2 000Hz又到10Hz的时间为9分钟。

(3) 扫频周期数。

10Hz 到 50Hz 又到 10Hz 为一个周期，50Hz 到 2 000Hz 又到 50Hz 为一个周期。

4.5.3 冲击试验

1. 碰撞试验

管子不工作并垂直地悬挂在测试机械或相当的装置上，如图 4.39 所示，将锤臂从规定的角度放开，让它撞击在管子某一部位上，如果没有任何摇动，那么管子就做自由摆动。检查管子有无损坏迹象，并紧接着重复测试 8 次，管子应当满足所规定的性能要求。

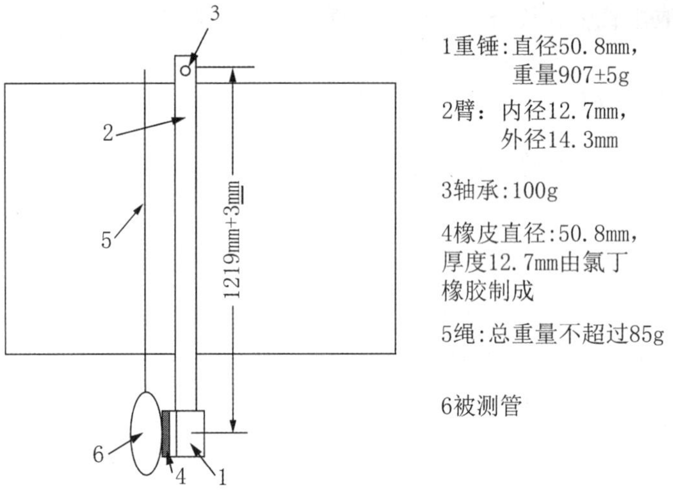

图 4.39 碰撞试验装置

2. 冲击试验

管子不工作并固定在专用的冲击测试台上，使其受到规定的冲击，通常冲击的加速度为 100G×0.5m/s，一般重复冲击 3 次，测试后管子不应受到损伤。

4.5.4 压力试验

1. 低压运行

把管子置于规定的压力环境下，检查管子是否能满意地工作，管子不应起弧或放电，也不应该受到损伤或失效。

2. 高压运行

(1) 密封性能试验。

把管子要测试的部位置于规定的压力环境中一分钟，然后检查管子的密封性能。

(2) 工作测试。

将管子的射频输出部分置于规定的压力环境中，在额定的工作状态下检查管子是否正常。这种测试仅对射频天线是处在高压力环境下工作的管子适用。

4.5.5 冷却液泄漏试验

1. 流动试验

又分为冷态及热态下的冷却液泄漏试验，前者管子不工作，后者管子处在工作状态下测试，检查目的是看冷却系统在两种状态下是否存在泄漏现象。

2. 加压试验

管子的冷却系统充满冷却液后，堵住出口并给系统加上一定的压力，经过一段时间后，检查系统是否存在泄漏。

放掉系统中的冷却液，在系统中注入一定压力的空气，至少维持一分钟，然后用肥皂水检查是否漏气。

4.6 寿命试验

4.6.1 正常寿命试验

这种寿命试验往往是在产品中随机抽取一定数量的管子，在正常负载条件下，加上额定电压对其进行长时间的寿命考核，通常以输出功率下降到一定比例为标准，例如下降到60%，当然要根据国家有关规定进行。

4.6.2 加速寿命试验

应根据有关国家标准进行。

关于磁控管的一般测试可参阅文献［22］［50］［82］［89］［93］等。

4.7 磁控管的自动测试

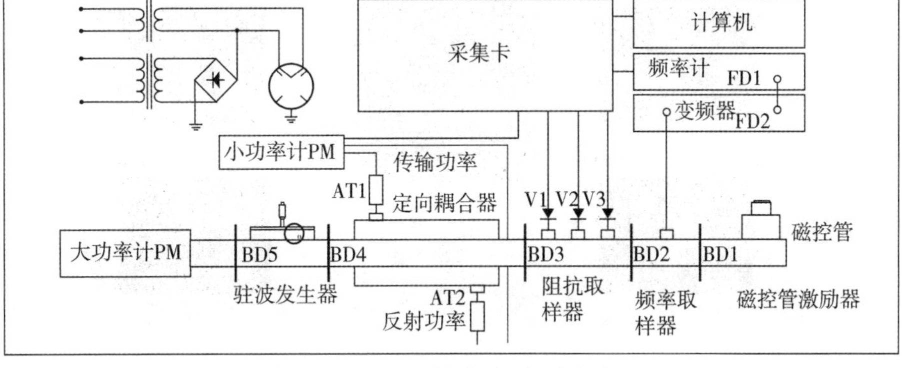

图4.40 磁控管自动测试台

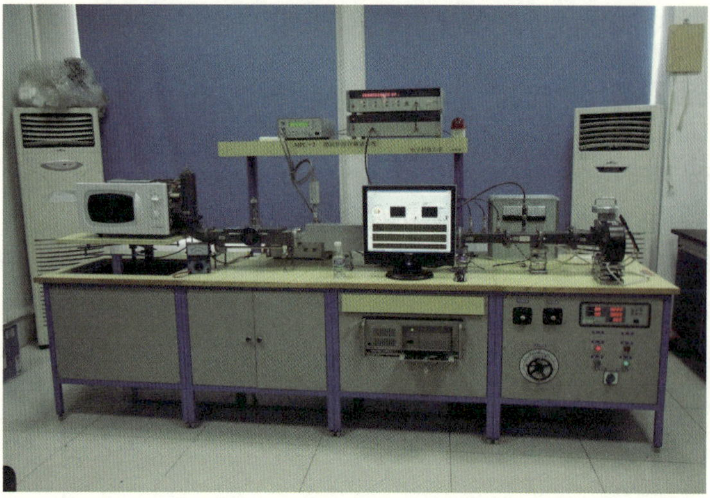

图 4.41　测试台实物照片

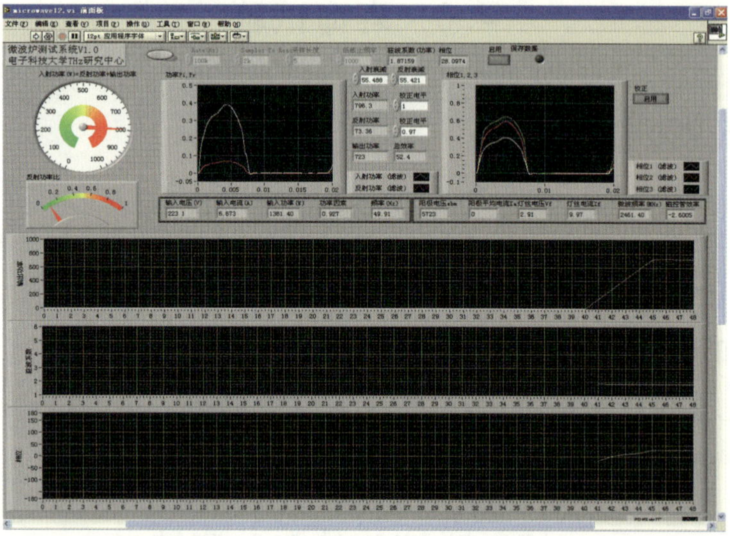

图 4.42　测试台终端主界面

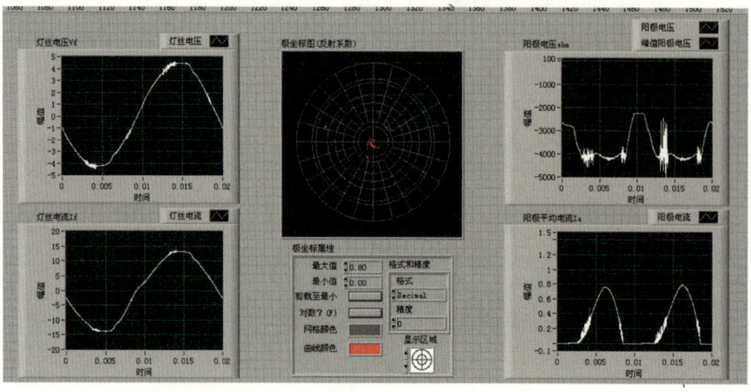

图 4.43　测试台终端辅助界面

磁控管的自动测试系统如图4.40所示，图4.41为实物照片，图4.42及图4.43为测试台终端主界面和辅助界面。

自动测试系统由频率取样器、阻抗取样器、定向耦合器、驻波发生器、小功率计、大功率计及数据采集卡和计算机等部分组成。当磁控管处于正常工作状态时，它的灯丝电压、灯丝电流、阳极电压、阳极电流、管子振荡频率，管子向终端输送的功率，被负载反射回的功率（如果负载不匹配的话），终端实际吸收到的功率，负载的驻波系数等热测参数通过采集卡和计算机及相应软件计算后以每秒读取两次的速度记录在案，必要时可实时打印出来。如果磁控管的直流磁场可以调节，那么分别对不同磁场做上述重复试验后，即可由软件计算整理所有测试数据，最后打印出磁控管的工作特性曲线来。

如果改变驻波发生器的驻波系数及相位，然后做上述的重复测试，再由计算机将这些不同驻波系数和相位（即阻抗）时采集到的频率和功率数据，根据等值线生成方法，将其绘制于阻抗圆图上打印出来，这就是所需的磁控管的负载特性曲线，即雷基图。

此外，该自动测试系统还能列出对应于每时每刻管子的驻波比及相位，也可在主界面的阻抗圆图上呈现出管子的瞬时轨迹。

如果驻波发生器的驻波系教和相位是自动调节时，那么可快速生成雷基图。

辅助界面还能显示实时的阳极电压、电流等波形，功能十分全面。

本章中较为侧重于连续波磁控管电磁参数的测量，是因为当前国内外对磁控管的需求已由原来的脉冲磁控管转变成连续波磁控管了，特别是中国目前的微波炉用磁控管产能已达全球产量的80%以上，因此，对这类管子侧重是理所当然的。

4.8 关于磁控管测试中存在若干问题的分析与解释

4.8.1 关于电源频率不同时造成的影响

当电源频率由50Hz变为60Hz时，其周期由20ms减少到16.6ms，在相同的整流高压下，其脉动电流的导通角相应减小，例如由7ms减少至5ms，于是在相同的脉动峰值电流时，其在一周期内的平均电流相应地减小，这就导致输出功率的下降及效率的降低，阳极损耗的增高和温度的上升。

4.8.2 关于磁控管冷热频差

1. 无负载时冷磁控管的性质

并联谐振系统的导纳（$Y=G+\mathrm{j}B$）特性如图4.44所示。

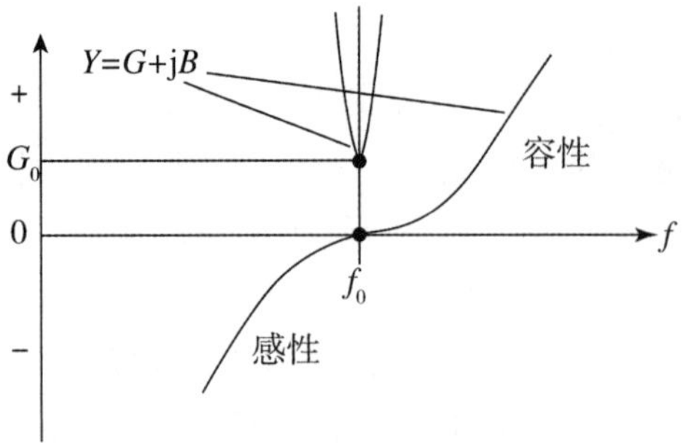

图 4.44　谐振系统的导纳特性

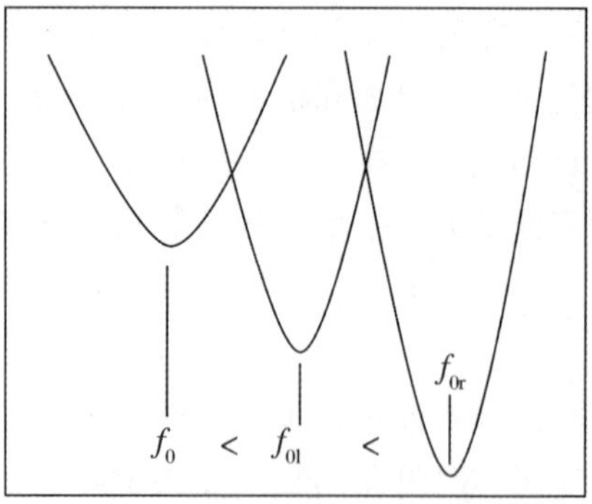

图 4.45　各种状态下的谐振曲线

当磁控管没有负载时冷态谐振条件即相位平衡条件如下：

$$f = f_0 \text{ 时 } B_R = 0, \omega C - \frac{1}{\omega L} = 0$$

这时磁控管呈纯电导性质，ω_0（$2\pi f_0$）即为冷态无载条件下的谐振角频率。

$$Y = G + jB = G_0$$

2. 有负载时冷磁控管的性质

当磁控管与外接负载连接时，谐振的相位平衡条件如下：

$$B_R + B_L = 0$$

其中 B_L 为负载电纳，就是说冷谐振时，磁控管作为电源负载时的总电纳仍为零，这时管子仍呈纯电导性质，即既非感性负载也非融溶性负载。

3. 热态时磁控管的性质

这时谐振的相位平衡条件如下：

$$B_R + B_L + B_E = 0$$

其中 B_E 为电子电纳，起振后总电纳为零，只存在电导，不存在电感或电容。

总结：不管磁控管是冷态还是热态，不管有载还是无载，只要谐振或振荡，此时管子均呈纯电导性质（而且是负值），无功电纳分量永远为零。

既无电感或电容分量，也不存在任何相位差问题。

三种情况下的谐振曲线如图 4.45 所示，$f_0 < f_{01} < f_{0r}$，在各自的谐振点上，$B = 0$，否则电能与磁能不能平衡，谐振或振荡均无法存在。

此外，磁控管还有一静态阻抗（纯电阻型）问题，它的大小取决于工作点的位置，在相同电流情况下，磁场下降导致静态阻抗减小，因而相应高压会变低，这时相应的输出功率及效率也随之减小。

4.8.3 关于测滤波组件和无屏蔽盒时阳极电流不稳定问题

因为炉用磁控管阴极组件结构简单，不像大功率管子那样在阴极引出线上加置抗流筒结构，所以振荡后总有相当一部分功率从阴极引线端输出，如不装滤波组件和屏蔽盒，部分功率形成向阴极端口自由辐射状态。因为周围条件变化，如人员走动，设备或墙壁反射等均可使辐射条件改变，所以造成工作电流不稳定。即使冷测时也存在类似情况。

4.8.4 关于超高效率管子稳定性问题

超高效率管子目前采取的主要措施之一是尽量提高其与负载的耦合度，这时管子起振会遇到困难，在负载驻波比较大时更是如此。

(1) 稳定度与 N 大小无直接关系；

(2) 适当降低耦合度、尽量提高电子效率才是根本办法；

(3) E/B 沿轴向分布应保持一致，否则不能保证工作稳定性及频谱形状。

4.8.5 关于在微波炉工作时的阳极电压跳动问题

这是负载旋转时引起的牵引效应甚至跳模问题，只要负载不转就不会产生牵引，更不会产生跳模，用网络仪做冷测时也可发现相似现象。

如果将水杯直接置于无转盘的炉底上，那么再测试时就会发现电压不会发生跳变现象。

这种情况说明，磁控管与炉腔的匹配未能很好解决，是负载过重的表现。

4.8.6 关于稳定性测试中的问题

三洋的测试方法是测量下沉区的边缘，即在 VSWR＝2.0 时改变相位 360，测 I_{am} 最大值，此值愈大愈好，当 I_{am} 减小时，说明下沉区扩大，它会影响管子的输出功率与效率。测试方法无问题，是管子特性参数变化造成的。

4.8.7 关于充磁方向不同在两种系统中功率差异问题

磁控管充磁方向不同对管子产生的唯一差别是电子轮辐的旋转方向发生了变化，对绝对角对称的管子来说应该不会对电参数与特性产生影响，但实际情况中，无论是阳极块还是阴极，都存在几个方向的不对称性，因此对不同方向旋转的电子云使能量交换产生了一些变化。但在不同电源供电情况下又会有不同的反应。如在导波测试台中，功率差异不十分明显，而在一次性测试台中就产生较为明显的功率差别。

这就得从该电源系统中寻找答案，由于该电源采用电流反馈式自稳流结构，输入电压波形偏离正弦波，也就说明输入电压波形中存在大量的高次谐波，整流后的高压也同样存在大量的高次谐波，这种电压对旋转方向相反的电子云形成的电流波形是有差别的，尤其是对输出频谱产生很大的差异，直接影响多基频分量中各分量与电子间的能量交换，影响电子效率，最终反应在输出功率上，因为电路效率是不会改变的，能量交换则是核心问题。

如果退磁不彻底，那么反向充磁就不可能充到原值，通常会低些，这样工作点就下移了，这就导致输出功率及效率的下降。如图 4.46 所示，$B=B_1$时，$U=U_{a1}$，$B=B_2$ 时，$U=U_{a2}$，工作点从 P_1 点下降到 P_2 点，$U_{a2}<U_{a1}$，$P_2<P_1$ 。静态电阻为 $R_1=\frac{U_{a1}}{I_{a1}}=\tan\alpha_1$，$R_2=\frac{U_{a2}}{I_{a2}}=\tan\alpha_2$，由图可见 $R_2<R_1$，只要工作点变化不大，R_1 与 R_2 变化不大。

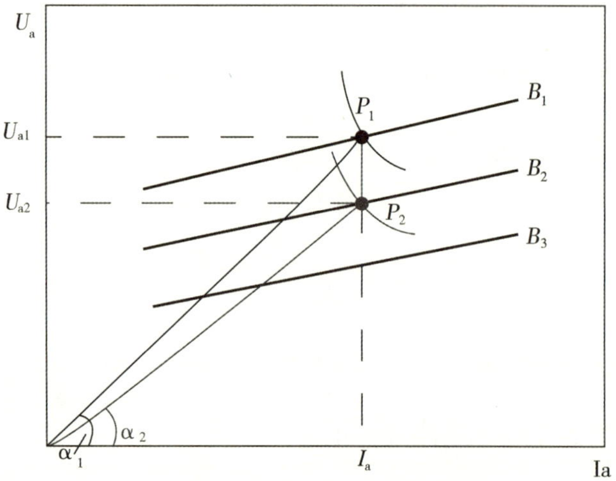

图 4.46　磁控管的工作特性

4.8.8　关于磁控管作为电源负载时的性质

磁控管工作时作为电源（包括直流电源或脉冲电源）的负载性质取决于在工作特性曲线上工作点的位置，如图 4.46 所示，P_1点的静态电阻比 P_2点的静态电阻要大些，但两者均呈纯电阻性质，没有任何电抗属性，因此，对电源来说没有任何相位差问题。

4.8.9　关于功率测量误差问题

微波功率测量主要取决于下列几个因素：

(1) 终端大功率负载的 VSWR;

(2) 定向耦合器耦合度的定时校准;

(3) 小功率计的校准与定标。

在满足上述条件时进行测量，一般是不会出现重大误差的。

4.9 小 结

本章对磁控管的基本特性的冷热测试方法做了全面的介绍，重点放在 CW 磁控管方面，这是因为目前情况下，脉冲磁控管的产量不断萎缩，而 CW 磁控管的产量却逐年增加。因为工业、科学、医疗和家用四个领域对 CW 磁控管的需求有增无减，所以我们把 CW 磁控管的测试为重点讨论是必要的。此外，我们目前无法找到国内有关的测试规范，只能将日本电子工业协会（EIAJ）的“连续波磁控管检验”作为我们的借鉴。在负载特性（雷基图）的测试方面，我们过去所做的工作是有目共睹的，我们曾对脉冲与 CW 磁控管在各个频段（S、X、Q 等频段）做过系统的研究及实际的测试，发表过许多论文，还申报了国家发明专利，并已获得了授权，在雷基图自动测试方面，也获得了电子工业部的科技进步奖。在本章的最后，针对生产实际测试中所遇到的各种问题给出了理论上的解释，理论紧密联系生产实际是本书的最大特点。

第5章 磁控管中的若干理论与实际问题

5.1 引 言

在前几章中讲述了磁控管的工作原理、磁控管的工程设计与方法，以及磁控管的冷热测试方法与技术。在本章中将对磁控管中的其他重要问题做些讨论，虽然它们彼此之间缺乏相互联系，没有前后的逻辑关联，但每个专题又是与磁控管的原理紧密相关，这些出现在生产实际及应用中的问题经常困扰着磁控管的设计师和工艺师，甚至还影响到设备的维护者和管理者，因此有必要另开一章以专题形式予以讨论，以弥补系统理论上的不足。

5.2 “炉用”磁控管的特点和存在的问题

近几年来，由于“微波炉用”（以下简称为“炉用”）磁控管具有价格低廉、寿命长、可靠性高等优点，它不仅使用在各种家用微波炉中，而且在各种功率等级（从数十瓦至数百千瓦）的工业微波加热设备及各种微波医疗仪器中也被大量地采用。实践证明，在这些应用中，尽管存在一些技术上的缺陷和问题，但高的性价比仍得到设备制造厂商和广大用户的首肯，这也是我国在微波应用领域中的一个创举。本文就“炉用”磁控管的特点及存在的一些问题做些探讨。

5.2.1 “炉用”磁控管的特点

1. “炉用”磁控管与普通磁控管在结构上的差异

“炉用”磁控管与普通磁控管在结构上的差异主要表现在以下几个方面：

(1)“炉用”磁控管的阴极采用螺旋状的敷钍钨阴极，而且是直热式的；

(2)“炉用”磁控管的能量输出器采用轴向同轴输出结构，一般需经同轴波导转换装置，然后从波导输出功率；

(3) 管内直流磁场采用低成本的磁环式的铁氧体材料，其居里点较低；

(4) 在灯丝阴极端采用低通滤波器装置以防止微波泄漏。

2. 电源上的差异

“炉用”磁控管的高压直流电源采用自整流式或半波倍压式整流电路。在这种电源供电情况下，磁控管不可能输出连续波的等幅振荡功率，而是脉动式调幅波形即类似大工作比的脉冲输出，但又不具脉冲特性，即使采用开关电源，情况大体相似，只是脉动包络中的频率更高而已。

3. 输出功率及阳极电流波形的差异

在半波倍压高压电源作用下，管内电流的导通角 θ 约为 $\frac{\pi}{2} \sim \frac{2\pi}{3}$，即平均阳极电流 I_{av} 约为阳极峰值电流 I_{ap} 的 1/4 到 1/3，而且波形复杂（见后）。

5.2.2 “炉用”磁控管中存在的问题

从以上一些特点可以看出，“炉用”磁控管既不同于脉冲磁控管，也不同于连续波（CW）磁控管。从检测到的阳极电流波形及功率输出频谱可以清楚地看到其工作的特殊性和差异性。

由此带来了制成微波炉或加热设备后产生的一系列受人瞩目的问题，这些由磁控管产生的问题直接影响到微波炉或工业加热设备的性能和指标，严重时甚至会被国外厂商所拒绝。因此，我们必须认真对待这些由磁控管在特定使用条件下产生的问题。这些问题归纳起来有以下一些。

1. 基频微波泄漏和多基频输出

磁控管起振后，一部分能量会从灯丝阴极引线端产生辐射从而产生微波泄漏，如果在阴极灯丝引线端不安装低通滤波器装置，那么可以测得在不同负载阻抗情况下的基频辐射. 如图 5.1 所示。从图中可以看出，在某些相位上，辐射的功率密度可达 $20mW/cm^2$，由此可见加接滤波电路的必要性。

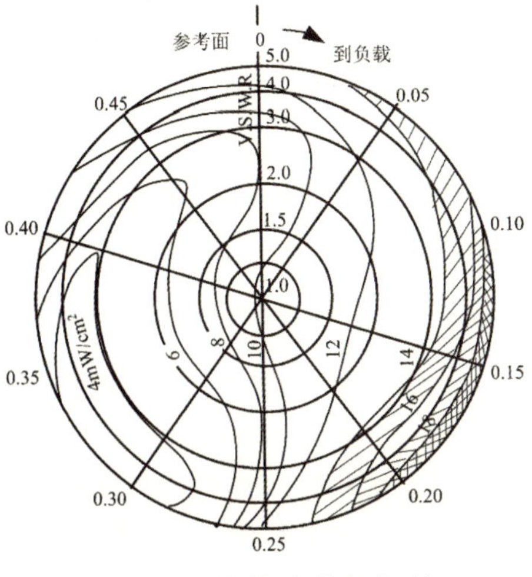

图 5.1 磁控管的基频辐射

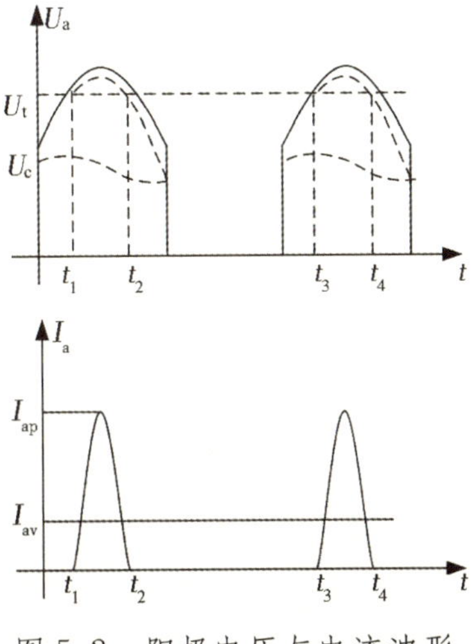

图 5.2 阳极电压与电流波形

此外，因为半波倍压整流电路产生的脉动直流电压的非恒幅调制，磁控管本身的低动态电阻，所以在整流后高压超过其起振的门槛电压 U_t（即 Hartree 电压值）后管子起振，相应于图 5.2 中的时间 t_1，紧接着随直流电压的升高，电流迅速增大，至峰值后开始下降，再次降至 U_t 值后停振，其时间为 t_2。一个周期 T 后在 t_3 至 t_4 重复上述起振过程，由图 5.2 可见。

$t_2 - t_1 = \tau$——导通时间；

$t_3 - t_1 = T$——工作时间；

$\frac{\tau}{T}$——工作比。

$$I_{av}=\frac{\tau}{T}I_{ap}$$

式中 I_{av}——阳极平均电流；

I_{ap}——阳极峰值电流。

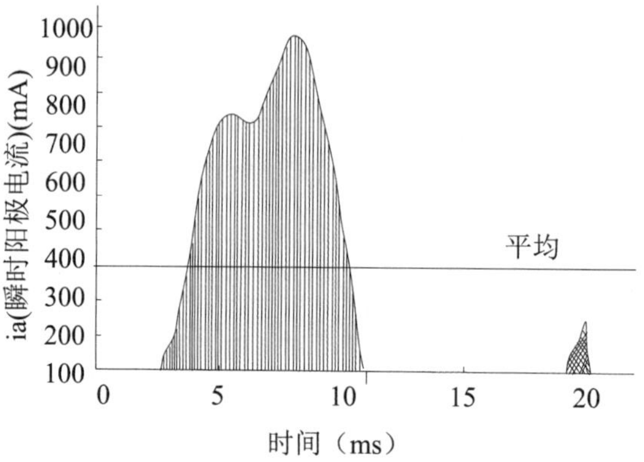

图 5.3 半个周期内脉动电流波形

实际上由于电流导通后倍压电容器上的被充电电压会不断下降（指数律下降），因此造成脉动电流波形的左右不对称性（图 5.2 中未画出）。

实际测量到的电流波形如图 5.3 所示，相应的输出功率谱则如图 5.4 所示。可以看到存在明显的多基频特性，这里存在两个基频振荡。

因为阳极多腔谐振系统中普遍情况下存在有（$N/2+1$）个谐振模式（N 为管内阳极上的小腔数目，例如 $N=10$），但对于 $n=N/2$ 模式即 π 模式来说，f_π 是唯一的，如果不存在跳模，π 模式是不会分裂的，所以对应的只有一个基频振荡即 π 模式振荡。在图 5.5 中画出了磁控管输出频谱随阳极瞬时电流变化的相位关系，可以看到 i_a 不同时输出功率谱从广谱到多谱再到单谱的规律。

起振后磁控管的振荡频率由两大要素决定：一为多腔系统的冷谐振频率（由相应的模式确定）；二为互作用空间内的空间电荷轮辐。第一要素相对比较简单，而第二要素则相当复杂，这主要可归纳为“炉用”磁控管的特殊性造成的。

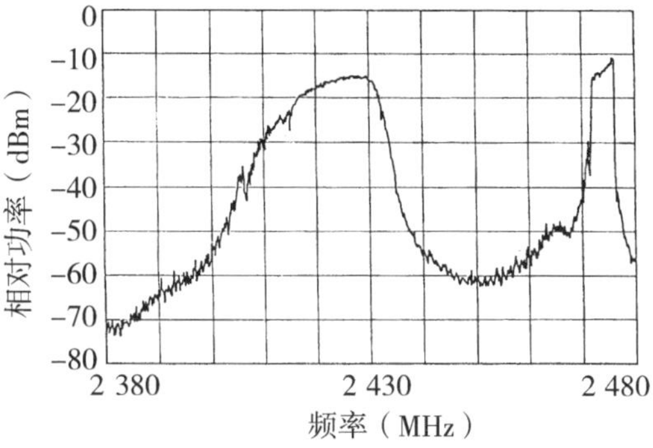

图 5.4　实测的频谱波形

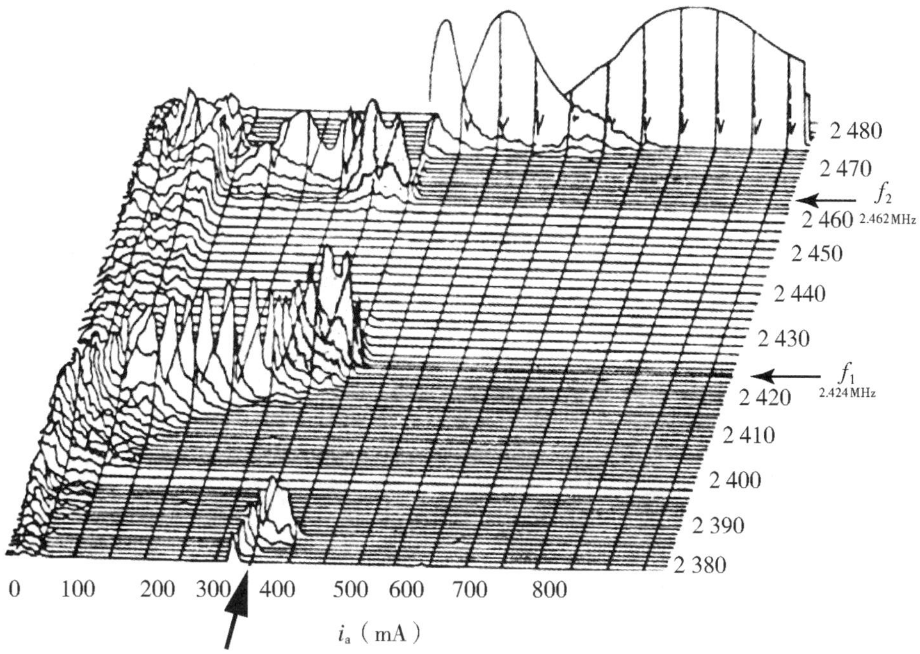

图 5.5　频谱图

半波倍压直流电压波形的特殊性（如图 5.2 所示）及直热式螺旋状阴极产生空间电荷轮辐的特殊性，使得互作用空间内的空间电荷轮辐像一个螺旋形的麻花铣刀，这一轮辐的顶视图与普通磁控管内没有差别，但在轴向却是不连续的分层结构，而且由于灯丝阴极的螺旋状，所以轮辐在角向是沿螺旋角连续分布的，如图 5.6 所示。再因为沿阳极高度方向上两端具有隔膜带，所以高频场沿轴向也是不均匀的，这就是导致轮辐在轴向不仅是不连续地沿螺旋角分布，并且靠近两端的形状与中部形状会产生差异。最后还有一个因素就是在生产过程中为了控制频率必须进行冷调，通常靠改变隔膜带形状及相互位置来调节的，这样就会在两端沿角向使得高频场产生畸变，从而使得轮辐在旋转过程中沿角向产生周期性的变化。这一极其复杂和特殊的高速旋转的轮辐，加上非常复杂的半波倍压电压波形，就使得管子起振后很难得到一个非常纯净的输出频谱。阴极两端端部的电子杂散发射会对电子轮辐产生干扰，所有这些“炉用”磁控管中所特有的情况就使管子起振后产生双频或多基频输出。

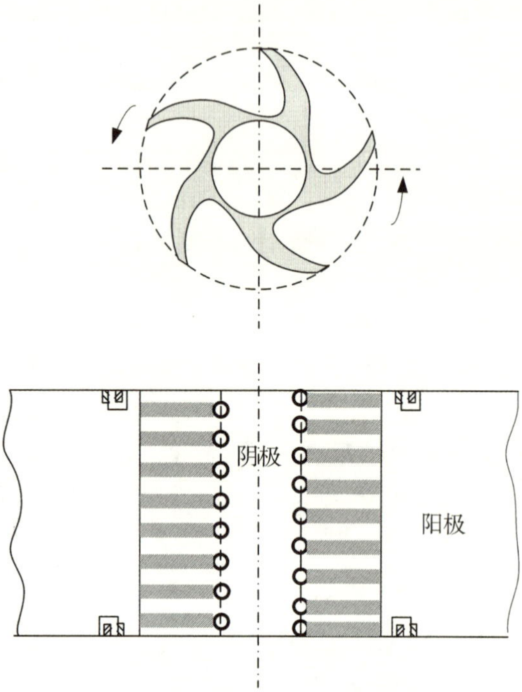

图 5.6 电子轮辐形状

2. 谐波输出

谐波输出与上述多基频输出不同，谐波输出是指腔体基模的倍频输出，如 $f_1=2.45$GHz，则 $f_n=nf_1(n=2,3,4,5\cdots)$，这是任何一个谐振系统都会产生的物理现象，当然随着 n 的增大，谐波功率会随之急剧下降，但这些谐波输出对通信和电视仍会造成电磁干扰，所以，“炉用”磁控管对高次谐波输出都有一定的抑制要求。但解决这个问题比较简单，只要在输能装置中设置谐波抗流装置，并在灯丝端加装低通滤波器即可，但要全部解决谐波输出也存在一定难度。因为能量输出器中空间不大，所以要同时设置多于两至三个抗流装置是非常困难的。

3. 视频噪声输出

视频噪声输出主要通过灯丝引线随电源线辐射，因为其频率远低于微波波段，无法从天线经波导输出，其产生原因也是很复杂的。通常可采用如图 5.7 所示的方法进行测量，测量结果如图 5.8 所示。由图可见，在 Smith 圆图的下方噪声最小，所以电视画面较为清晰。在上部及中间一环带内，噪声严重干扰电视画面。这些视频噪声输出的频率为数十兆赫至数百兆赫之间，正好位于电视的 VHF 及 UHF 几个频段。这种频率远低于微波频率的视频输出究竟怎么产生？怎么传播？一直是人们关心和研究的课题，尽管国内目前只有为了保护人身健康和安全而制定的微波泄漏标准，但还没有对视频噪声输出建立相应的国家标准。但国外却不同，像欧盟成员国中就有相应的检测标准。因此对我国微波炉的出口会产生一定的影响。这种情况下，我们首先要弄清楚视频噪声的频段和功率电平，与国外要求相差多少？然后进一步弄明白这些噪声产生的原因，最后才能对症下药，彻底或部分地解决它。

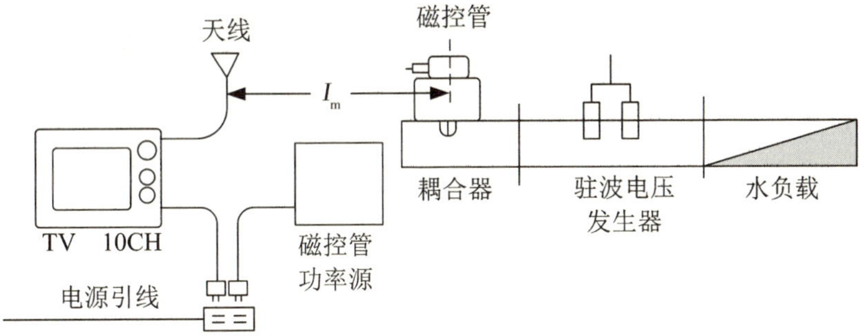

图 5.7 视频噪声输出测量系统

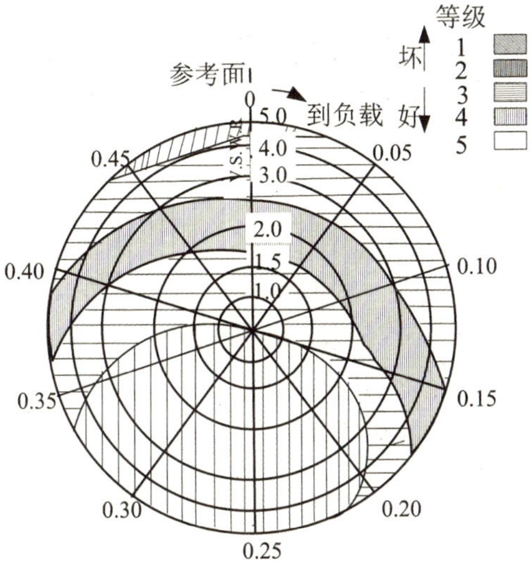

图 5.8 视频噪声测量结果

一种解释是在管子起振后阳极电流从小到大的变化过程中，管子会产生多频振荡，如图 5.8 所示。这些多频振荡会产生频率互调，例如存在双频振荡，其频率分别为 f_1 和 f_2，于是产生互调后的新频率为

$$f_{mn}=mf_1\pm nf_2$$

当 $m=1$, $n=1$ 时，$f_{11}=f_1-f_2$ 。

东芝 Kawaguchi 测得这一互调分量随阳极电流 i_a 变化的输出如图 5.9 所示。

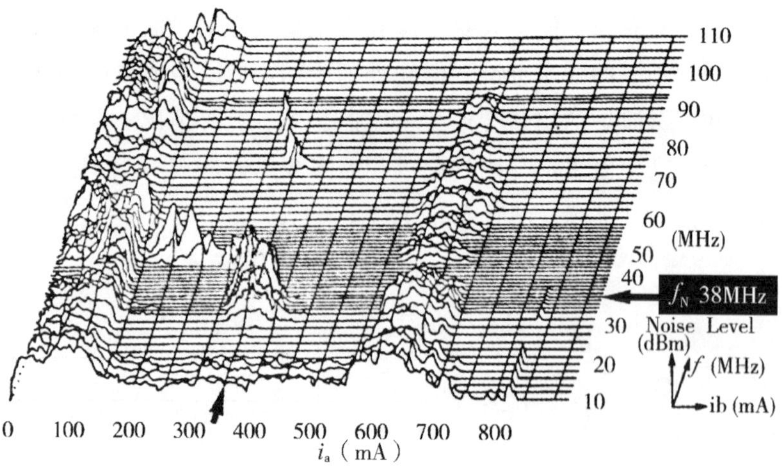

图 5.9　互调分量随阳极电流 i_a 变化的输出

由图 5.5 可以看出，当 i_a＝350mA 时，f_1＝2 424 MHz，f_2＝2 462MHz，而在图 5.9 中当 i_a＝600mA 时的视频噪声输出频率从 10～100MHz 之内，具有广谱特性。

5.2.3 如何解决存在的问题

从以上讨论中可以看出产生多频输出和它们互调后的视频噪声是由“炉用”磁控管的结构特别是直热式螺旋状阴极以及半波倍压整流后的电压和电流波形导致的，因此要彻底解决上述问题也只能从结构上和电源上入手。

(1) 要将直热式螺旋状阴极改为圆柱形旁热式的氧化物阴极是不可取的：其一使阴极结构复杂化，增加成本；其二旁热式阴极需要较长的预热时间，不能与高压同时启动，而直热式阴极通常只需 2 秒左右的预热时间，与高压同时启动完全没有问题。因此必须在其他结构如轴向磁场均匀性，抑制杂散电子的发射等方面寻求办法。

(2) 要将半波倍压整流电源改为全波整流加滤波的真正直流电源也存在许多问题。首先，电路复杂了，增加了许多元器件。其次，管子工作点必须改变，否则会使微波输出功率成数倍增大，若效率不变的话，这就引起了阳极耗散功率的成倍增大，以至于靠风冷都不能满足散热要求；若改为水冷，这对家用微波炉来说是决不可取的，若改用变频电源使高频高压整流后成为准直流电流也许是一个办法，但省掉了笨重的漏感变压器，即使变频电源电路远较半波倍压电源昂贵。

总之，要想彻底解决上述问题还确非易事！

5.3 微波炉用磁控管失效机理的探讨

无论是家用微波炉，还是采用炉用磁控管的大型工业微波加热设备，其中磁控管的失效通常表现在以下几个方面。

（1）阳极损坏：由于阳极端面存在局部烧毁或严重变形，或阳极块两端的隔模带的变形造成相互短接或与阳极的短接导致谐振系统的变态或消失，使管子无法正常起振，这主要是由于阳极散热严重不足而又无合适的保护措施造成的，但这种失效情况属于非正常的寿命终了，所以，只要措施得当是完全可以避免的。

（2）能量输出器即天线的损坏：由于管子工作在雷基图（负载特性曲线）不恰当的相位区中造成高频输出电流过大会造成天线烧断，或输出端陶瓷炸裂，或天线帽局部烧毁等现象。家用微波炉炉腔与管子的严重失配，工业微波炉中的各管位置的配置不当，或空炉运行等都会产生上述失效现象。

（3）阴极损坏：阴极是磁控管的心脏，它的寿命主宰了磁控管的工作极限，正常情况下，只要合理使用，寿命可以达到数千小时，很久以前，原美国 RCA 公司曾使磁控管的寿命高达 20 000 多小时，创下了世界纪录。但目前炉用磁控管的失效，绝大多数表现为阴极寿命的提前终了。本文重点探讨这一失效机理。

近年来，由于微波炉用磁控管价格低廉，使得国内外许多微波设备厂商都采用多管功率合成的方法来代替单管的大功率微波源，但由于功率合成技术需要每个管子的频率和相位一致，并且还需配置相当复杂的微波网络，所以成本高昂，很难为人们所采纳。目前我们看到的都是采用在炉腔的顶部或侧壁上配置为数众多（从几只到百余只甚至更多）的炉用磁控管，虽然在设计时也考虑了各管之间的相对位置、距离和极化面的合理分布，但都无严格的理论分析和计算，也很难通过实验测量的方法来找到这些馈口的最佳配置。于是设备制成后就极有可能产生各管之间的交叉耦合现象，这种现象的后果，轻则降低各管的输出功率和效率，重则损坏管子，使管子产生非寿命终了的失效。这种现象实际上与相控阵天线设计中遇到的各天线元之间的互耦现象是非常类似的。从相控阵天线理论中我们知道，这种在各天线元之间的耦合产生 4 个效应，其中一个就是改变了每一个辐射元的输入阻抗，使其与单独辐射的输入阻抗发生了改变。在多管馈能时与单管馈能时的这一阻抗的改变，就会导致耦合效率的变化。如果我们在设计单管馈能时达到了最佳匹配，那么这种交叉互耦现象的出现只会导致耦合效率的下降，导致输出功率的下降。这一下降程度则取决于交叉耦合的情况，目前尚无非常成功的设计范例和程序，而完全依靠实际经验来摸索。

通常在炉用磁控管中都采用耐轰击性能好、抗载能力强，可以在较宽的温度范围内工作，结构简单的直热式敷钍钨阴极，它与纯钨阴极在性能上有较大的差异，见表 5-1所示。实际上，敷钍钨阴极是在纯钨阴极中加入 0.5%～2%的氧化钍，再经碳化处理后制成的，由表 5-1 可见这种阴极比纯钨阴极发射效率高得多，二次发射系数和发射密度都高出一倍左右，而工作温度却低于纯钨阴极 500～650℃。由此可见钍钨阴极有许多优点。在单管或多管使用中，尤其是后者，往往处在交叉互耦的不利条件下，严重时会造成输出急剧下降，管内微波功率无法正常输出，这些已振荡的微波功率就耗散在管内阳极、阴极及天线三个部件上，特别是阴极吸收微波功率后造成温度过高，最终导致钍原子的大量蒸发，发射性能下降甚至丧失。其外在表现为管子无微波功率输出，而灯丝完好，没有断路现象，阳极高压也能加上，就是没有输出功率。

表 5-1　不同阴极材料的基本特性

阴极材料	工作温度 K	发射密度	辐射功率 W/cm^2	发射效率 mA/W	二次发射系数
W	2 450～2 650	0.3～0.7	70～84	4～8	1.3
Th－W	1 950～2 000	0.7～1.5	14～22	50～70	2.5

从管内钍钨阴极的工作原理中知道，这种阴极的发射电流是由阴极中的活性物质（钍原子）表面的电子蒸发与从内部向表面扩散的电子补充形成，当两者取得平衡时，最终达到稳定。但当灯丝温度过高时，钍原子的电子蒸发超过了电子补充；相反，温度过低时，电子补充减慢，不管那种情况，都会引起电子发射能力的下降，这就成为寿命缩短的主要原因。

因此，在管子工作时对灯丝电压有一个限定的范围，通常在±10％之内，最好工作在额定灯丝电压的标准值下。

另一方面，由于磁控管工作时管子内在固有的电子回轰会导致阴极温度的升高，其温升程度因工作条件而异，通常为 50～100K，但输出功率较高的磁控管可达 100K 以上。在图 5.10 中示出了阴极温升与灯丝电压的关系，并且还可看到静态特性与起振后特性两者的差异，这一差异就是起振后的电子对阴极的回轰造成的。

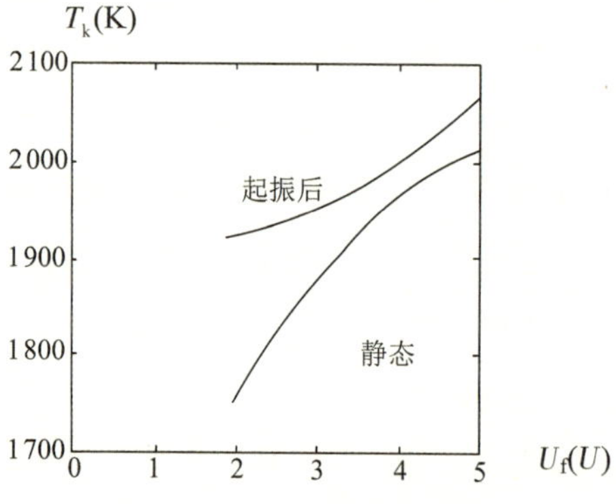

图 5.10　阴极温升与灯丝电压的关系图

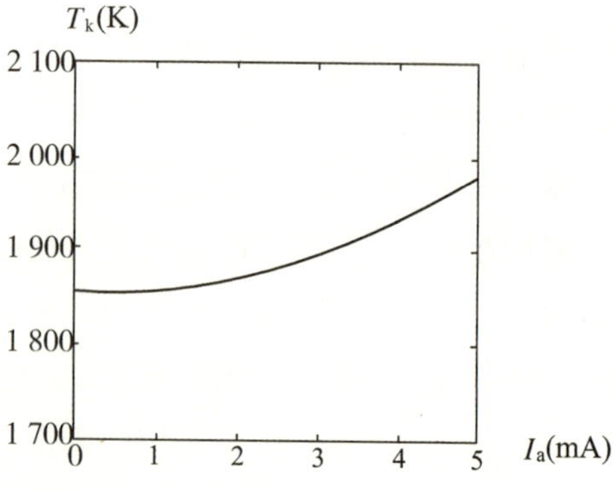

图 5.11　阴极温升与阳极平均工作电流的关系

在图 5.11 中示出了阴极温升与阳极平均工作电流之间的关系，从图中也可间接看到随着电流的增大电子回轰加剧的后果。在图 5.12 中示出了阴极温升与负载驻波比间的相互关系。由图 5.12（a）可见，随着负载失配程度的加剧，阴极温度会逐步升高；

即使在同一驻波比情况下，不同的相位对温升也是不同的，在某些相位时几乎没有影响，而在另一些相位时，却存在相当大的温升，如图 5.12（b）所示。

在采用多管馈能的微波炉腔中，情况要复杂得多。对单管来说，最大的失配就是全反射，这时管内振荡功率无法输出而全部耗散在管内；但在多管系统中，向某一管子耦合进去的是许多管子功率的某种叠加，这一总功率会超过甚至会大大超过单管的输出功率，从而造成某一管内阴极的急剧温升，使得钍原子大量蒸发而变成纯钨阴极。如果仍然采用原有的电源变压器，不变的灯丝电压，那么管子就无法起振，即使起振，也只会激励在非 π 模式上，这就是通常所说的“跳模”现象。

磁控管的正常寿命过程也就是阴极中钍原子的不断蒸发过程，这种钍原子的蒸发减小是不可逆的，但在正常工作过程中，这种蒸发过程是缓慢的，因此期望寿命可达数千小时。但在非正常的失效中，这一蒸发速度随温升增大而迅速增大，可以在短短的时间内使阴极中的钍原子蒸发殆尽，阴极电子发射能力急剧下降，使得“π 模式”无法起振，这就是目前多管馈能的工业微波加热设备中最常见的现象。

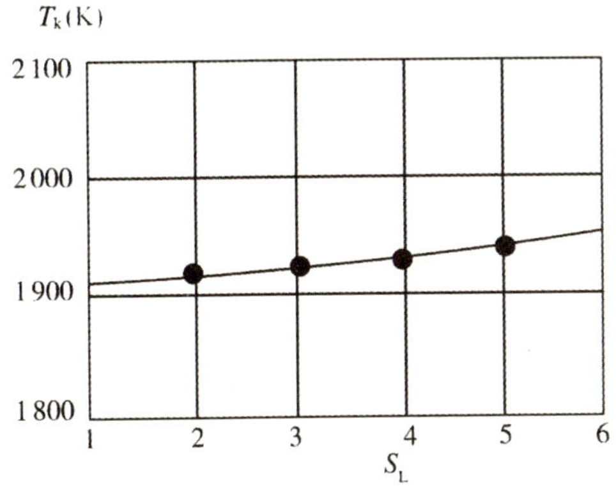

(a) 与驻波比关系

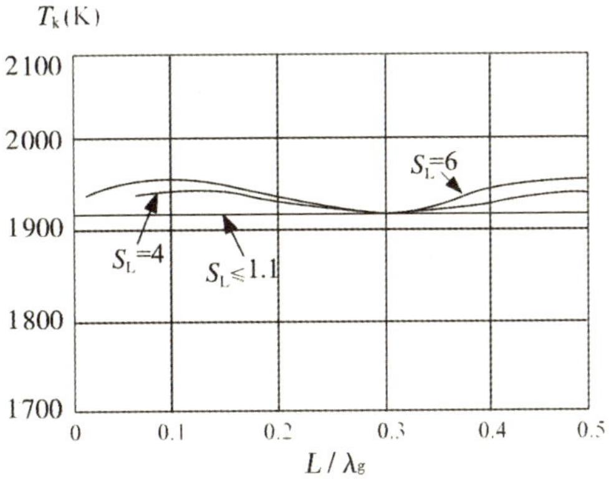

(b) 与相位关系

图 5.12 阴极温升与负载驻波比间的相互关系

如果这时我们适当提高灯丝电压，加大灯丝电流以提高阴极的工作温度，使其工作在纯钨阴极相应的额定温度上，管子还是能够工作于“π 模式”上，但由于阴极辐射功率的提高，阳极端面的温升会比原钍钨阴极时高得多，所以仍然采用阳极风冷的方法显然是不合适的了，这时应改为水冷阳极以保护阳极及隔模带不致因温升过高产生严重变形，但输出功率及效率可能会下降一些，寿命当然也不会太长。

5.4 CW 磁控管与脉冲磁控管效率的差异

5.4.1 概 述

CW 磁控管的效率通常在 50%～92%，而脉冲磁控管的效率则在 8%～52%，相比之下，相差约数倍。究竟是什么原因造成如此巨大的差异？直到目前为止，尚未见到相关的报道。

本文将从磁控管中电子回旋运动、电子挑选、相位聚焦、振荡建立以及与工作条件、结构参数等各个方面出发，定性地初步作些探讨，以后有条件时将进一步做定量的研究。

5.4.2 脉冲磁控管的效率

脉冲磁控管的效率通常表述为

$$\eta=\eta_c\times\eta_e \tag{5.1}$$

式中 η_c为回路效率，它取决于管子与负载间的耦合度β，即

$$\eta_c=\frac{\beta}{\beta+1} \tag{5.2}$$

若磁控管的耦合均为过耦合，则$\beta>1$，而且随着β的增大，η_c不断增大。而

$$\beta=\frac{Q_0}{Q_E} \tag{5.3}$$

式中 Q_0——腔体固有品质因数；

Q_E——外观品质因数。

随着频率的提高，Q_0 及β逐渐下降，各波段磁控管回路效率及耦合度的范围如表 5-2所列：

表 5-2 不同波段的回路效率和耦合度

波段	L	S	C	X	Q
η_c	0.9～0.95	0.85～0.9	0.8～0.85	0.7～0.75	0.6～0.65
β	9～20	6～9	4～6	2.4～3	1.5～2

而磁控管的回路效率 η_c也可用下列的经验公式计算：

当波长$\lambda\leqslant$11.6cm 时，

$$\eta_c=0.5+0.123\sqrt{\lambda} \tag{5.4}$$

当$\lambda>$11.6cm 时，

$$\eta_c\approx0.9\sim0.95 \tag{5.5}$$

在脉冲磁控管中，电子效率与脉冲工作电流间的关系如图 5.13 所示，效率与脉冲输出功率的关系如图 5.14 所示，而效率与脉冲宽度的关系则如图 5.15 所示。

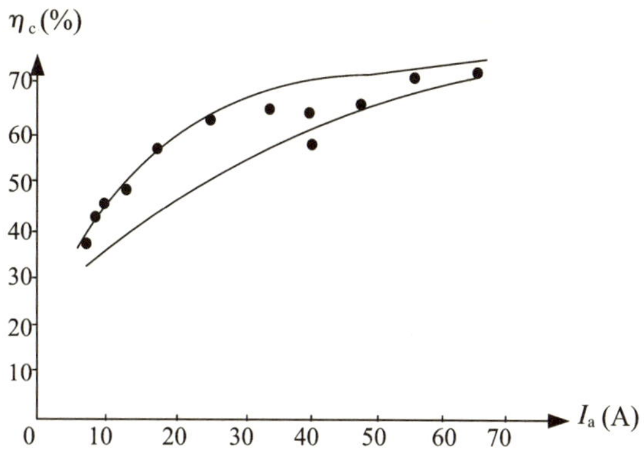

图 5.13 电子效率与脉冲工作电流间的关系

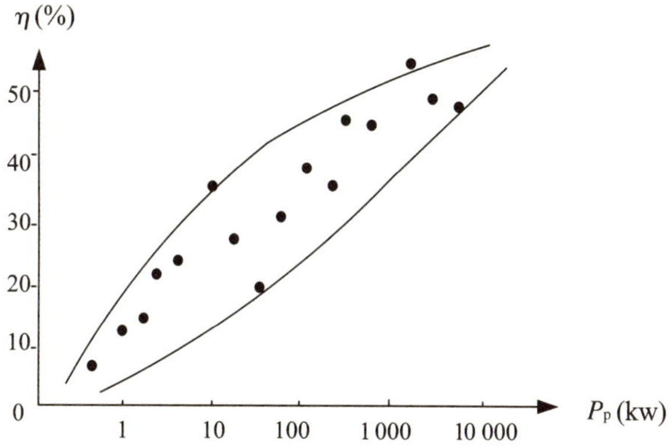

图 5.14 效率与脉冲输出功率的关系

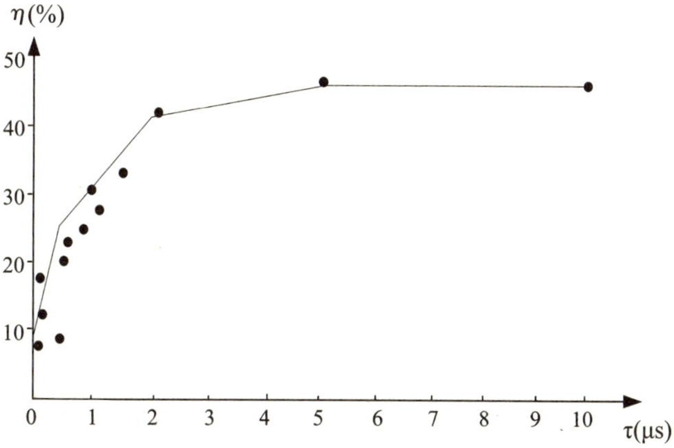

图 5.15 效率与脉冲宽度的关系

5.4.3 CW 磁控管的效率

CW 磁控管的效率计算与式（5.1）相同，但由于目前家用及工业用微波炉使用的两个主要频率为 915 MHz 和 2 450 MHz，所以耦合度β都在 6～20，这样回路效率η_c都在 90%～95%，明显高于脉冲管的效率（如图 5.16 所示）。尽管 CW 磁控管的直流电源并非真正的直流电压，例如家用微波炉中使用的半波倍压整流电路，电压脉动系数较大；而工业用微波炉则采用三相全波非滤波的小脉动整流电路，脉动系数较小。

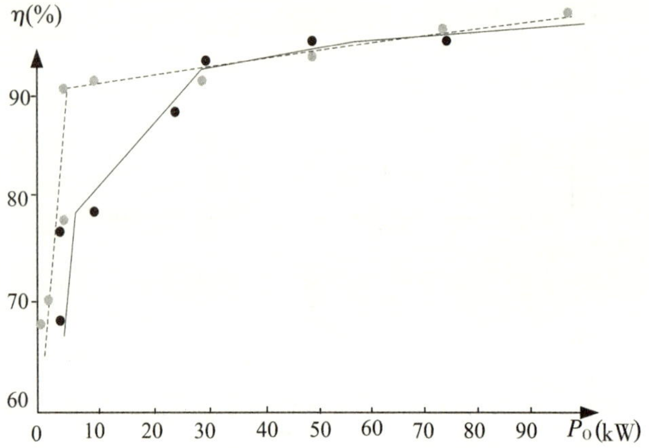

图 5.16　效率与平均输出功率的关系

5.4.4　效率差异初探

（1）脉冲磁控管通常均用于雷达设备中，因为存在大气窗口，所以绝大多数管子都设计在 S、C、X、K 等波段，换句话说其波长均小于 10cm，其电子效率 η_e 只有 35%～68%，而 η_e 与工作磁场 B、阴阳极直径比 σ 等参数有关。即

$$\eta_{eo}=\frac{2b-2(1+\sigma)}{2b-(1-\sigma^2)} \tag{5.6}$$

$$b=\frac{B}{B_0} \tag{5.7}$$

$$\sigma=\frac{d_k}{d_a} \tag{5.8}$$

当 $\lambda>10$cm 时，$b>5$；

当 $\lambda<3$cm 时，$b=2.5\sim3.3$。

由此可见，频率较高的雷达用管，其电子效率较低。而 CW 磁控管则频率较低，因而其 b 值较大，导致电子效率 η_e高。

（2）磁控管内谐振腔的固有品质因数 Q_0 与工作频率有关，通常有

$$Q_0\propto\lambda_0^{3/2} \tag{5.9}$$

因此 CW 磁控管由于波长较长而明显高于脉冲磁控管，从而可以大大提高耦合度 β 而不会增大频牵值，这就使得 CW 管的回路效率大大高于脉冲管。

（3）正是由于耦合较重（$\beta\gg1$），导致 CW 管内互作用空间中高频电场的切向分量和径向分量均小于脉冲管，切向分量决定了电子挑选，即决定了电子打上阳极表面时的径向动能，以及回轰阴极表面时的动能。前者决定电子效率，后者决定回轰功率，

也间接决定了电子总效率，如图 5.17 所示。

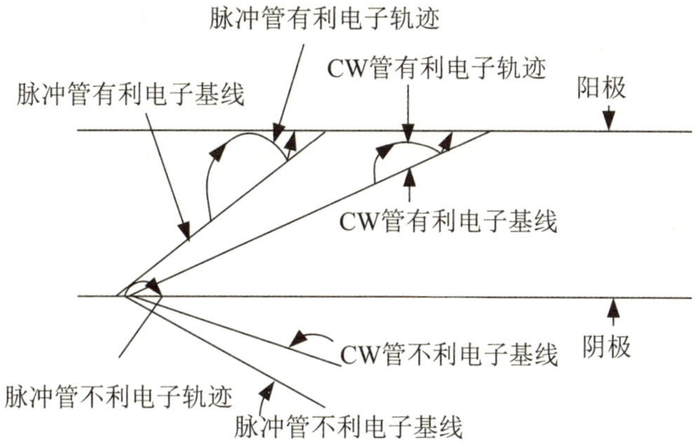

图 5.17 电子挑选与电子回轰图

从图上可见，CW 管基线比脉冲管斜度小，因而有利电子打上阳极时的径向动能小，而不利电子的基线斜度也较脉冲管小，因此不利电子打到阴极时的动能也小。这就是为什么脉冲管的阴极回轰功率约为平均输入功率的 3%～10%，而 CW 管通常则只有平均输入功率的 0.5%～2%，这一回轰功率的减小促使了总电子效率的提高。

(4) 不管是半波倍压整流电路，还是三相全波整流电路，它们的阳极电压持续时间均大大长于脉冲管，前者以 ms 计算，而后者则以 μs 计算，两者相差数千倍甚至更多。这就为电子群聚和相位聚焦提供了更为有利的条件，促使工作稳定和效率的提高。

5.4.5 提高脉冲磁控管效率的可能途径

(1) 适当提高耦合度 β 以提高回路效率 η_c。目前采用高性能的隔离器或环行器，使得负载对磁控管的失配影响减至最小，完全消灭了“长线效应”，过重的耦合会增大的频牵现象已不复存在。

(2) 尽量提高管内腔体的加工光洁度，以提高固有品质因数 Q_0，使得在频牵不变前提下提高 β 值（见式 5.3）。

(3) 适当增大脉冲宽度 τ，但这受到雷达体制电参数的制约，应与总体设计师共同协商讨论后确定。

5.4.6 结 语

以上讨论的脉冲磁控管与 CW 磁控管效率差异，尽管是定性的推测，但与实际情况是符合的。如果利用先进的粒子模拟软件，分别对不同耦合度 β、不同脉冲宽度 τ、不同的功率 P_0。不同的磁场 B 及阳极电压 U_a 等参数进行粒子模拟，甚至计算电子导纳及电子效率 η_e，这样，就能从理论高度上去理解两个不同工作状态下的效率差异，以及真实的原因所在。这一工作是富有意义的，有条件时将继续完成这一工作。

5.5 磁控管中的阳极电压电流与输出频谱波形

5.5.1 半波倍压整流电源磁控管的阳极电压及电流与输出频谱波形

半波倍压整流电源电路如图 5.18 所示，这是微波炉中目前采用最多的电源，结构简单，成本低廉。

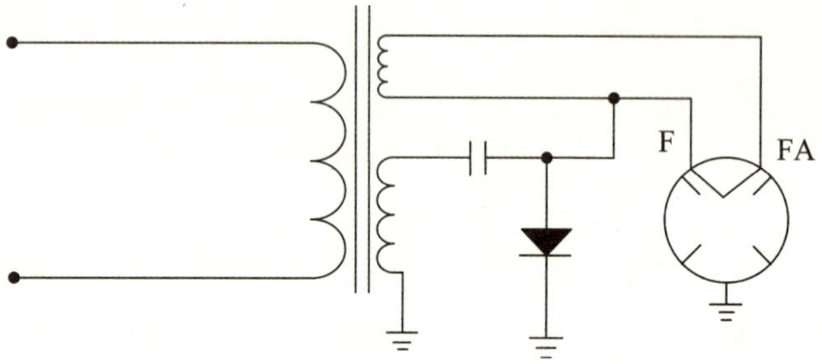

图 5.18 半波倍压整流电路

（1）空载时的几种典型情况的电压波形如图 5.19、图 5.20 及图 5.21 所示。

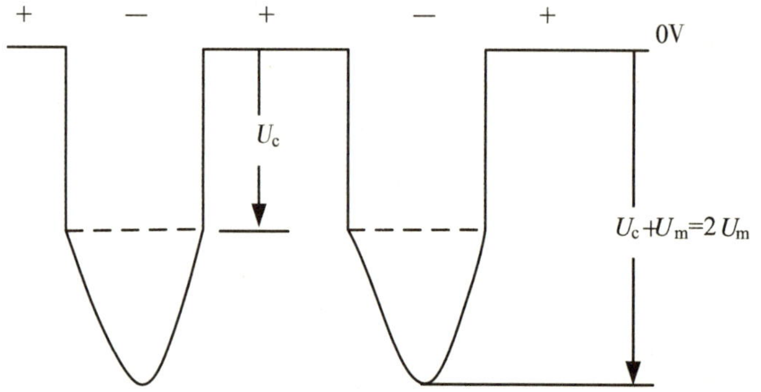

图 5.19 电容器上被充电荷全部泄放时的二极管两端电压波形

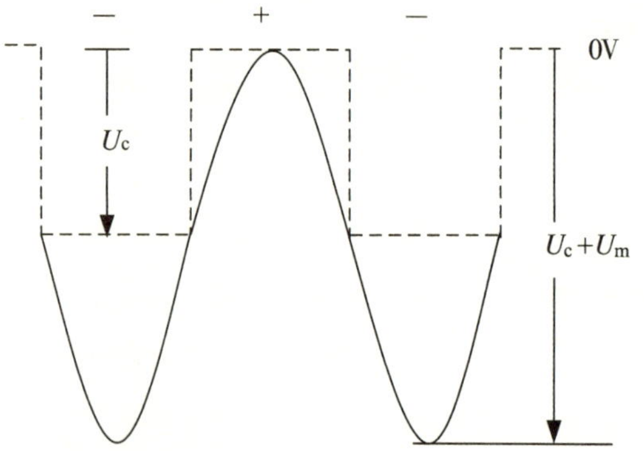

图 5.20 电容器上被充电荷无处泄放时二极管两端电压波形

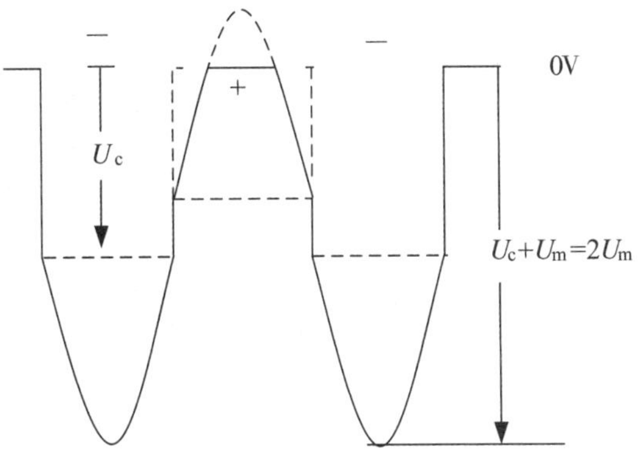

图 5.21 电容器上被充电荷部分泄放时二极管两端电压波形

（2）负载匹配时磁控管阳极电压与电流及频谱波形如图 5.22 及图 5.23 所示。

$U_{\sim}$=220V；I_a=280mA

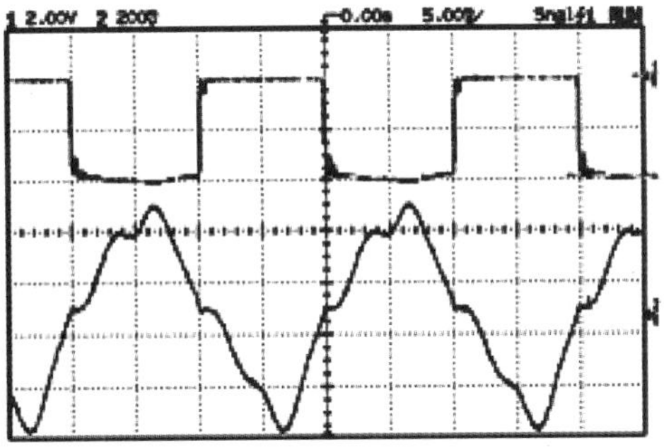

图 5.22 阳极电压及阳极电流波形（VSWR＝1.0 时）电流导通角约为 7ms

U−=220U；I_a=280mA；f_o=2.4623GHz

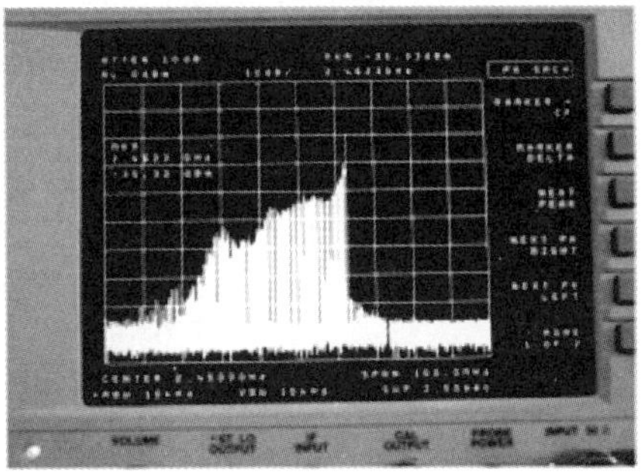

图 5.23 负载匹配时的输出频谱波形频谱呈多基频特性

这种独特的电流波形产生了完全不同于直流或脉冲调制时的输出频谱，再加上电子轮辐在旋转时由于管子结构不对称所造成的动态变化，最终造成了这种多基频的独特形状，其分布有数十兆赫之宽。

（3）负载失配时的阳极电压与电流及频谱波形如图 5.24、图 5.25、图 5.26、图 5.27 所示，这时的频谱具有双峰或多峰的形状。

$U_{\sim}$=220U;I_a=280mA

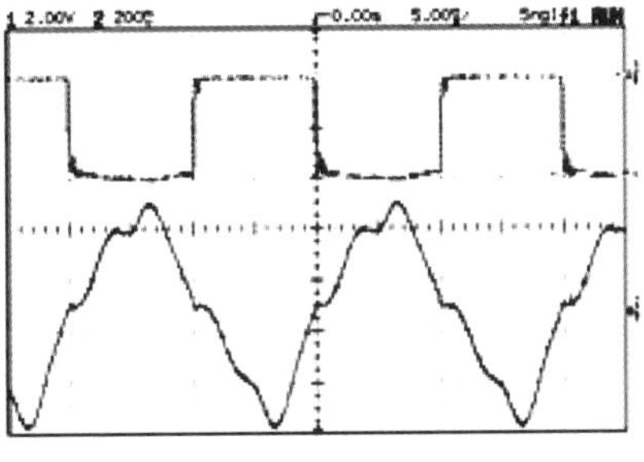

图 5.24 负载失配时（VSWR＝2.0 时）的阳极电压电流波形

VSWR=2.0;I_a=280mA;f_{o1}=2.449GHz;f_{o2}=2.47GHz

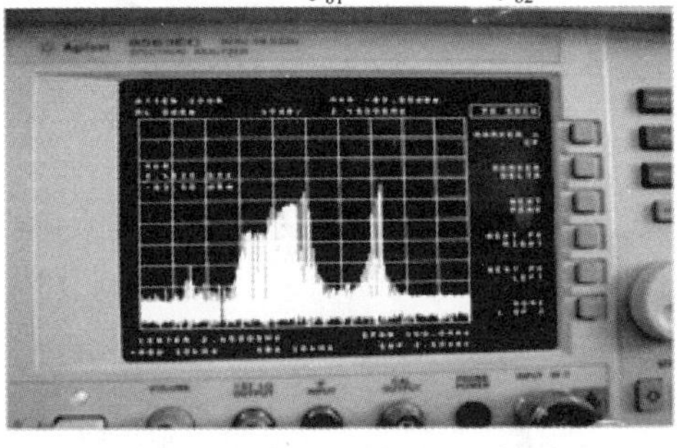

图 5.25 负载失配时（VSWR＝2.0 时）的输出频谱呈双峰多基频特性

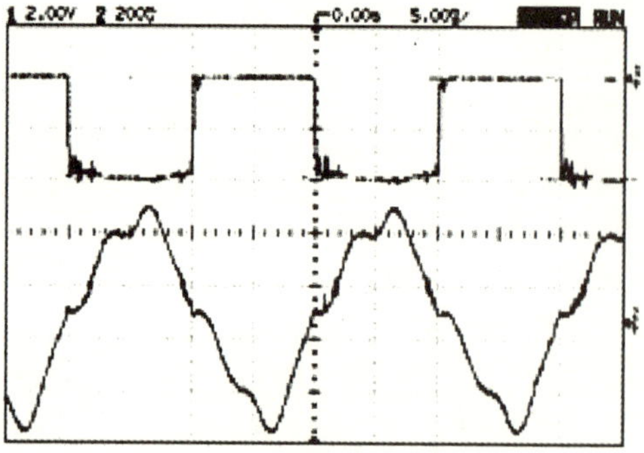

图 5.26 负载失配时（VSWR=3.0）的阳极电压电流波形图

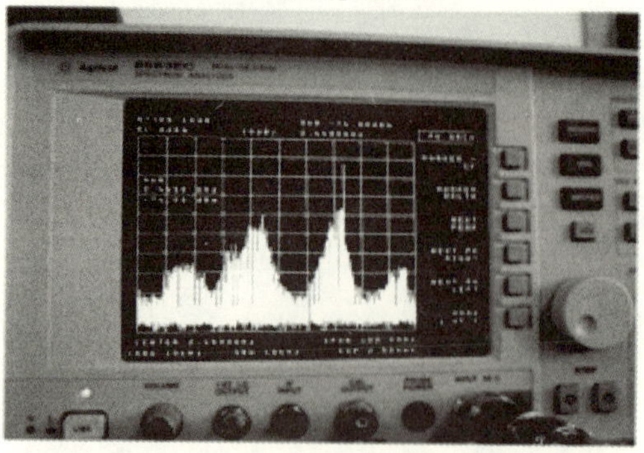

图 5.27 负载失配时（VSWR=3.0）的输出频谱呈多峰多基频特性

5.5.2 全波整流不滤波电源时电压电流及频谱波形

全波整流不滤波电源的电路如图 5.28 所示，这种电源多为实验室及生产车间检验时使用。

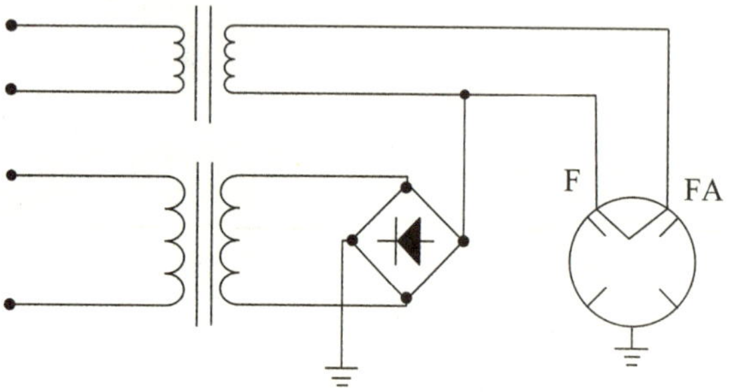

图 5.28 全波整流不滤波电路图

(1) 负载匹时电压电流频谱波形如图 5.29 及图 5.30 所示，这时的频谱与半波电路具有相似的形状。

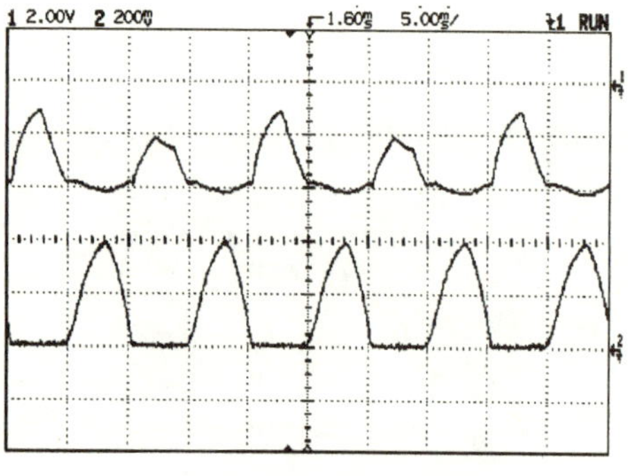

图 5.29 全波整流不滤波时电压电流波形（VSWR=1.0）电流导通角约 5ms

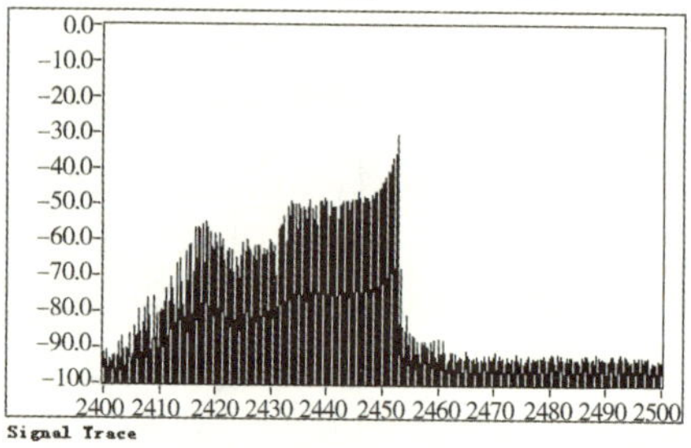

图 5.30 负载匹配时（VSWR=1.0）的输出频谱波形呈现多基频特性

(2) 负载不匹配时电压电流频谱波形如图 5.31 及图 5.32 所示。

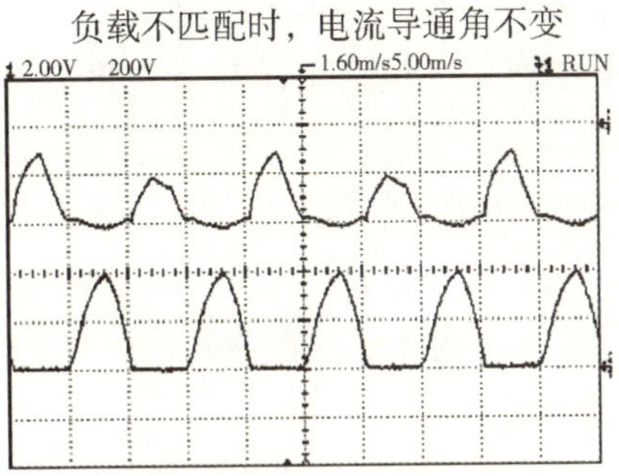

图 5.31 负载不匹配时阳极电压电流波形图

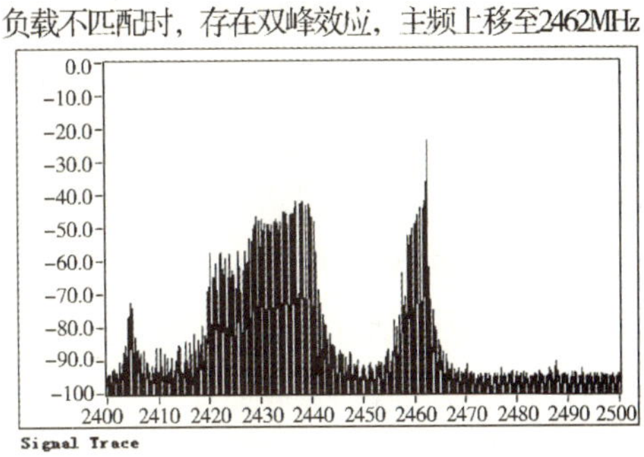

图 5.32 负载不匹配时输出频谱特性呈双峰多基频特性

5.5.3 变频电源时磁控管的频谱特性

采用变频电源时，炉用磁控管的输出频谱特性如图 5.33 所示。

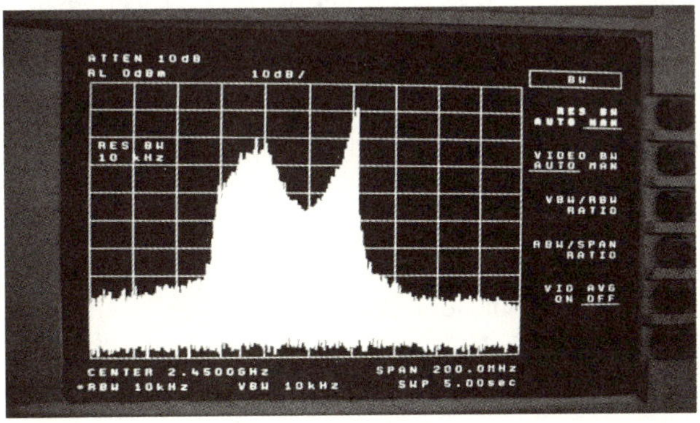

图 5.33 变频电源时的输出频谱呈双峰多基频特性

磁控管几种电源的频谱十分类似，但变频电源的多基频频谱要比半波倍压电源要宽近一倍，多基频频谱中的功率落差在 5～20dB。

由此可见，CW 磁控管的输出频谱的特殊性，即产生了多基频的输出，因此，在负载中接收到的功率应是这些多基频振荡输出的总和。即

$$P_0=\sum P_{0n}\ (n=1,\ 2,\ 3,\ \cdots) \tag{5.10}$$

通常多基频频谱宽度约为 20MHz$\leqslant\Delta f\leqslant$50MHz。

5.5.4 结　论

(1) 尽管输入电压在 200～240V 变化时，空载高压峰值达 6.0～7.5kV，但管子一旦起振，则阳极峰值电压则均在 4.0kV 左右，这一电压同时也与负载驻波比关系不大。同时，阳极平均电流 I_a 也与负载影响不大。

产生上述现象的原因有两个，即

①磁控管的低动态电阻（数十欧姆量级）；

②漏感变压器（非线性电感）与电容组成的自稳定（电压与电流）电路。

（2）小电流时直到振荡稳定前存在模式不稳定现象：包括主模与寄生模的竞争，主模的起振与停振、浪涌电压导致的高模起振等。

这从电压波形中可以清楚地看到，还可从阳极脉动电流波中看到这些毛刺。

（3）两种不同整流电源的电流导通角存在微小差别，在一个周期内，全波总导通角（2×5=10ms）大于半波的导通角（7ms），但由于电流波形存在差异，对整个波形积分后计算平均值时其差异较小，所以其平均电流几乎接近。

（4）负载匹配时（VSWR=1.0），输出频谱主频较为明显，其他基频都小于主频10～20dB以上。但不同 I_a 还是存在一定差别的。

（5）负载失配时（VSWR＞1.0），输出频谱包络出现双峰或多峰现象，两个主峰相差23～35MHz（在本例中）。这就是可从灯丝电源线上输出的低频噪声（Line Conductive Noise），它是多基频互调后的产物。

（6）多基频振荡是微波炉中磁控管管内特殊结构产生的，原则上讲是无法消除的，除非改变管子结构。输出频谱与供电电路形式关系不大，例如半波倍压，全波桥式不滤波电路。而目前采取的对策是：

①输出端设置高次谐波抑制器，以防止高次谐波从天线端送入微波炉中，再通过炉门向外辐射；

②在灯丝引出线处加装低通滤波器，以抑制数十至数百兆赫的低端寄生噪声输出，干扰无绳电话、电视、电脑及其他无线电设备。

5.5.5 磁控管EMC的未来发展方向

（1）改进磁控管设计，提高主瓣频谱纯度，将多基频带宽压缩至最低限度。

（2）抑制高次谐波输出，特别是2，3，4，5等几次谐波。

（3）消除100kz～1GHz的低端电源线噪声，取消滤波盒，降低成本。

（4）采用新型电源，取代漏感变压器构成的倍压电路。

（5）其他降低或消除寄生噪声的措施。

5.6 磁控管的起振稳定及功率输出与负载的关系

5.6.1 磁控管的起振与稳定条件

磁控管的幅值起振条件为

$$\sum G = G_E + G_R + G_L < 0 \tag{5.11}$$

式中 G_E——电子电导，$G_E<0$；

G_R——谐振系统损耗电导；

G_L——负载损耗电导。

其等效电路如图 5.34 所示，其中

$$Y_E = G_E + jB_E;\ Y_R = G_R + jB_R;\ Y_L = G_L + jB_L$$

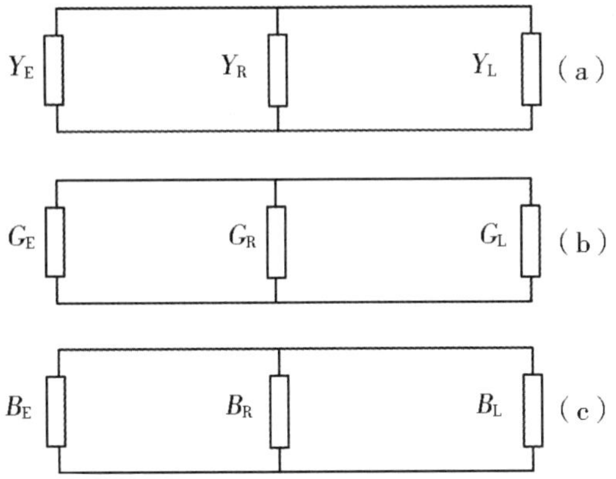

图 5.34 振荡器等效电路

磁控管起振后的幅值稳定与平衡条件为

$$\sum G = G_E + G_R + G_L = 0 \tag{5.12}$$

而
$$G_E = F(U_m, U_a, B, I_a, f) \tag{5.13}$$

它与微波振荡电压幅值 U_m 的关系非常复杂，通常具有单调下降的特性，如图 5.35 所示。

$$G_E = G_0 e^{-\frac{U_m}{k}} \tag{5.14}$$

式中 G_0 ——初始电导；

k ——某一常数。

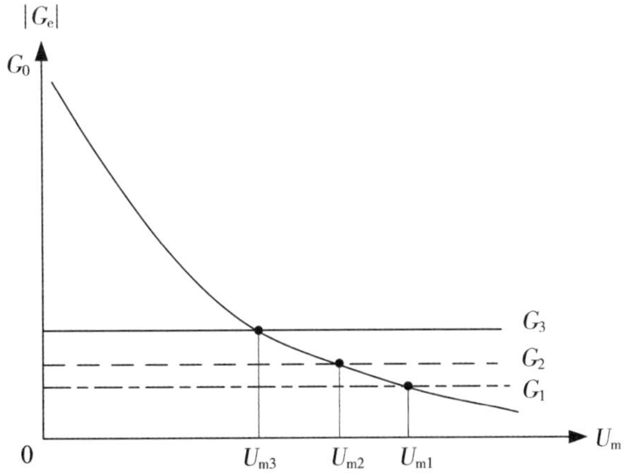

图 5.35 电子电导特性曲线

由此可知，当 G_R 固定不变时，改变负载 G_L 就会引起稳定条件的改变，从而使振

荡幅值 U_m 产生相应的变化。

如 $G_L=G_1$ 时，$U_m=U_{m1}$；

$G_L=G_2$ 时，$U_m=U_{m2}$；

$G_L=G_3$ 时，$U_m=U_{m3}$。

而输出至负载上的功率为

$$P_0=\frac{1}{2}(G_LU_{m2}^2)=\frac{1}{2}\left\{G_L\ln^2\left[\frac{G_0}{G_L+G_R}\right]^k\right\}$$
$$=f(G_L) \tag{5.15}$$

其相应关系如图 5.36 所示

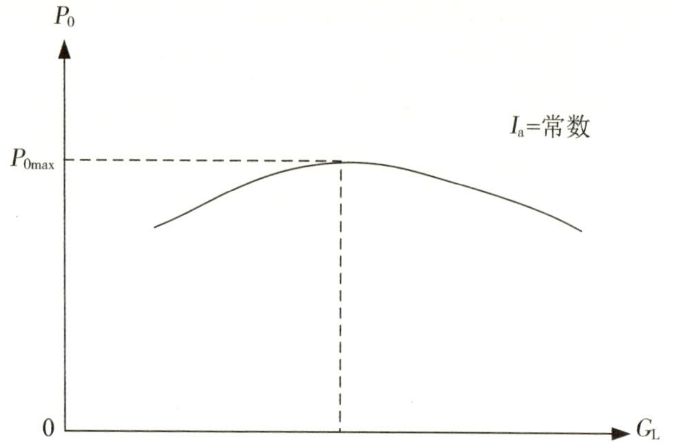

图 5.36 输出功率与负载的关系

5.6.2 振荡功率的分配

幅值稳定后，由电子流交出的微波振荡功率 P_e 将在振荡系统与外接负载之间进行分配。由图 5.34（b）可知，其功率分配比完全由下式决定，即

$$\frac{P_0}{P_R}=\frac{G_L}{G_R} \tag{5.16}$$

式中 P_0——负载上吸收到的功率；

P_R——振荡系统中消耗的功率。

几种分配情况：

(1) $G_L=G_R$，$P_0=P_R$；

(2) $G_L>G_R$，$P_0>P_R$；

(3) $G_L<G_R$，$P_0<P_R$。

由此可见，磁控管的输出功率 P_0 与负载 G_L 大小有关，而绝非一个恒功率源。从图 5.35 中可以看到，在某个负载电导 G_L 值时，输出功率可达最大值 P_{0max}。我们希望处于 $G_L>G_R$ 的工作条件，并希望在最佳负载电导值上。

上述三种功率分配关系相应称为：

(1) $\beta=1$ 临界耦合，这时电路效率 $\eta_c=50\%$；

(2) $\beta>1$ 过耦合，这时 $\eta_c>50\%$；

(3) $\beta<1$ 欠耦合，这时 $\eta_c<50\%$。

这就是为什么磁控管总工作在过耦合状态下的理由。

不同 β 时谐振曲线在圆上的轨迹如图 5.37 所示。

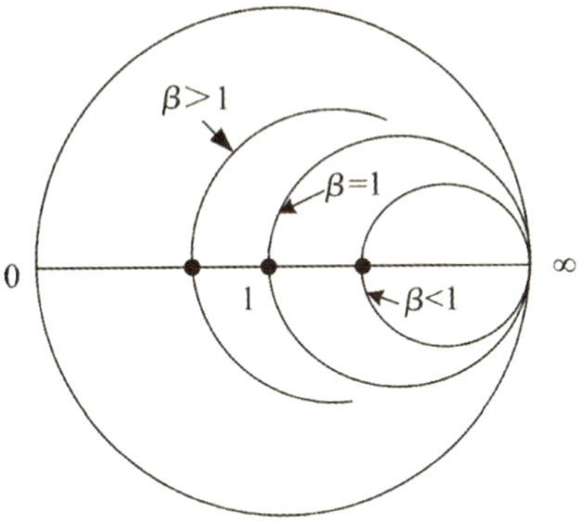

图 5.37　不同耦合度时的谐振曲线轨迹

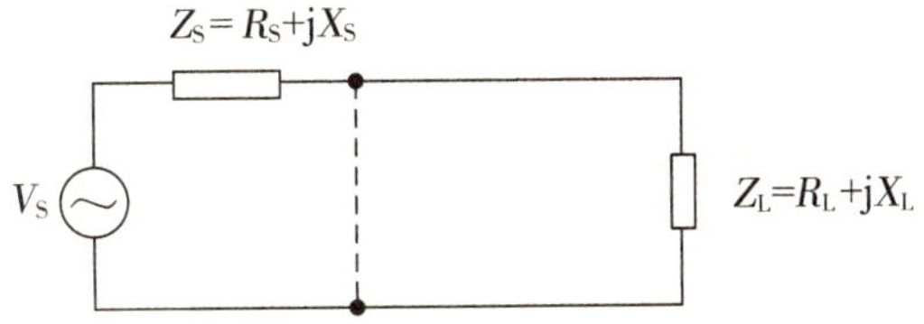

图 5.38　阻抗匹配电路

阻抗匹配电路如图 5.38 所示。

电路分析表明：振荡源内阻抗与负载阻抗共轭匹配时，传输至负载电阻 R_L 上的功率为最大。即

$$Z_S=Z_L^* \tag{5.17}$$

$$R_S=R_L,\ X_S=-X_L \tag{5.18}$$

前提是振荡源为一稳定的恒压源，即

$$U_S=\text{const}\neq f(Z_L)$$

而磁控管振荡器则完全不同，其振荡后的高频等效电压 U_m 不是一个恒定值，其大小完全由负载决定，如图 5.35 所示。

5.6.3 磁控管的效率

磁控管振荡源的效率 η 由下式决定：

$$\eta=\eta_e\times\eta_c \tag{5.19}$$

式中 η_e——电子效率，$\eta_e=P_e/P_{in}$；

η_c——电路耦合效率，$\eta_c=P_0/P_e$。

而

$$\eta_c=\frac{\beta}{\beta+1} \tag{5.20}$$

$$\beta=\frac{Q_0}{Q_E}=\frac{G_L}{G_R} \tag{5.21}$$

由此可知，过耦时，$\beta>1$；欠耦时，$\beta<1$；临界耦合时，$\beta=1$。

电路耦合效率 η_c 只与耦合度有关，表 5-3 中列出它们之间的关系。

表 5-3 回路效率与耦合度的关系

β	2	3	5	8	10	12	16	18	20
η_c%	66.6	75.0	83.3	88.9	91.1	92.3	94.1	94.7	95.2

在磁控管中，耦合度β大小完全取决于能量输出器的类型、结构、尺寸等因素，其中能量输出器分为以下几种类型。

（1）波导型：隙缝指数天线型、工字型、脊波导型……

（2）同轴型：耦合环型（单环、双环）、隔模带型……

（3）同轴波导型。

（4）天线型。

5.6.4 CW 磁控管中的输出结构

微波炉用磁控管中的输出装置多采用直接天线轴向输出结构，有单腔输出及三腔输出等几种。

其耦合度主要由天线与阳极叶片焊接点离腔壁的径向距离决定，距离愈近，β愈小；反之愈大。天线其他几段主要完成阻抗变换功能，将管内功率无反射低耗地传输至输出波导形成的激励头上，然后由波导输出（详见第 3 章）。

耦合度β确定后，电路效率η_c就是一个常数。这时的输出功率与负载的关系（图 5.36）也就是电子效率η_e与负载的关系。当负载较轻时，振荡幅值U_m较大，这时电子轮辐中的电子旋转动能较大，导致阳极耗散功率较高；而当负载较重时，U_m较小，导致了相位聚焦功能变差，轮辐展宽，能量交换有效性降低，最终都将引起电子效率的下降。

5.6.5 磁控管的负载特性曲线

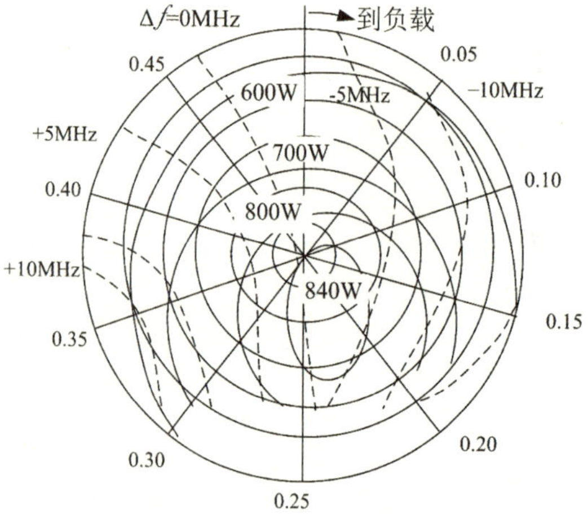

图 5.39 CW2 450 MHz/840 W 磁控管雷基图

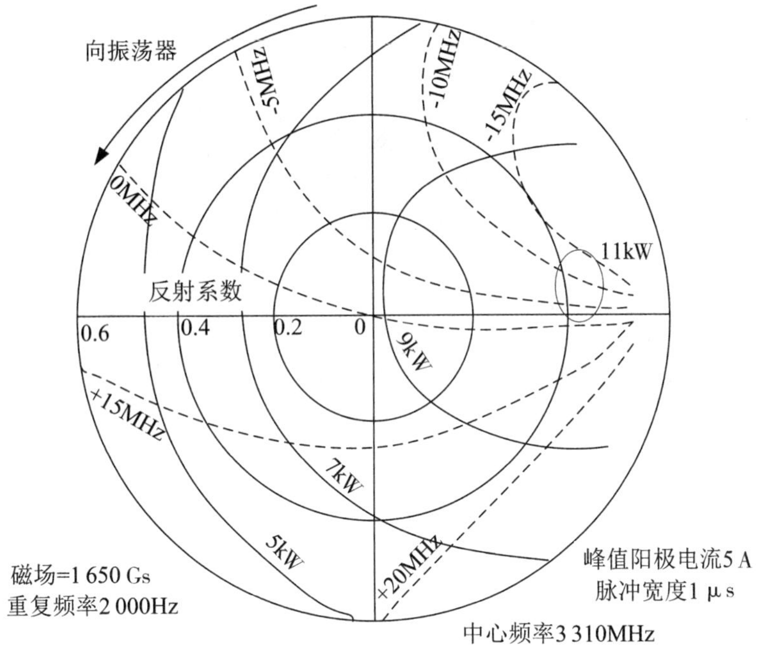

图 5.40 脉冲 S 波段 9kW 磁控管雷基图

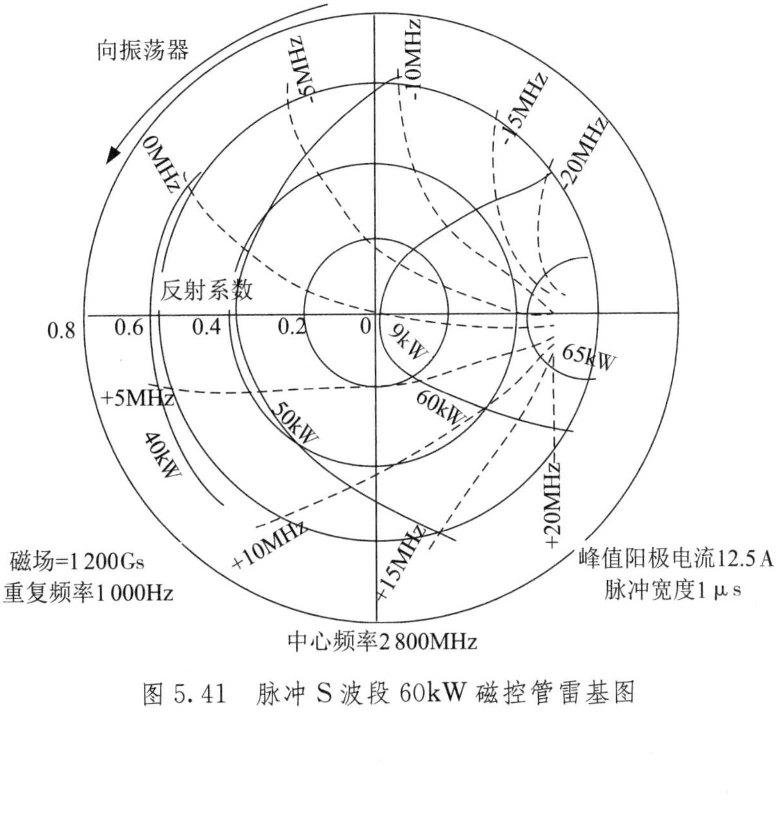

图 5.41 脉冲 S 波段 60kW 磁控管雷基图

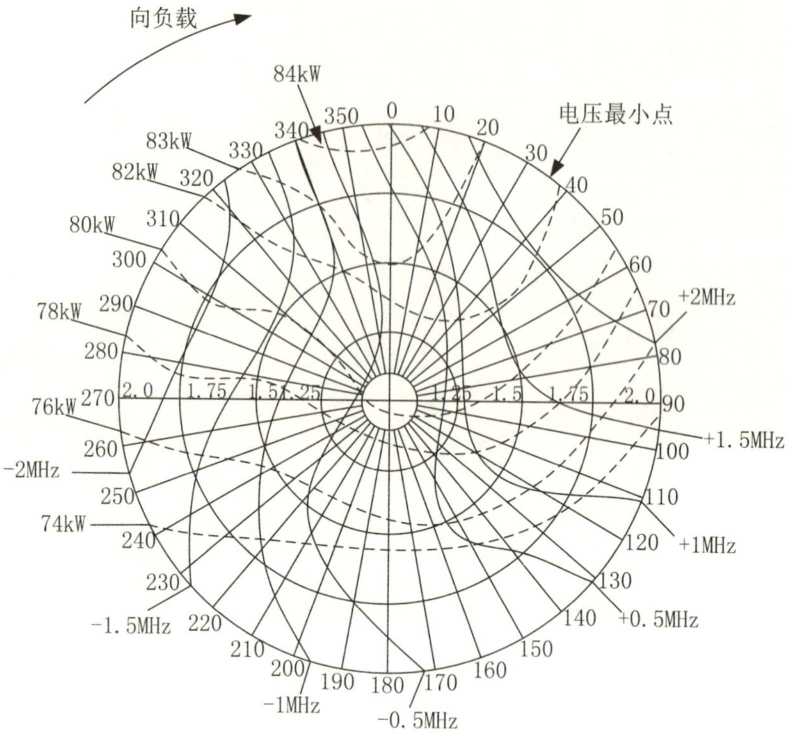

图 5.42　CW915 MHz 75 kW 磁控管雷基图

由图 5.39—图 5.42 可以看出，负载匹配点不一定是输出功率最大点，相反，远离中心匹配点处（即 $S>1$）的功率还要大得多，这就是磁控管并非恒功率源的一个重要证明。这也是磁控管为什么要工作在过耦合状态下的一个原因。

5.6.6　几个问题

1. 既然不匹配时的输出功率比匹配时还要大，那么为什么人们通常总是力求负载匹配？

不匹配时的功率是在一定相位范围内才会出现最大值，在同一驻波系数时，不同相位区呈现的功率是不同的。如例 2 中最大值对面的相位区内功率约为最大值的一半左右。而匹配点上的功率是与相位无关的。

2. 如何使用雷基图？

雷基图实际上是一张描述负载阻抗或导纳变化时，磁控管输出功率及振荡频率相应变化的以极坐标形式显示的负载特性曲线。即图中任一坐标点同时存在两组数据，它们是：

（1）复数阻抗 $Z_L=R_L+jX_L$ 或复数导纳 $Y_L=G_L+jB_L$；

（2）磁控管的输出功率 P_0 及振荡频率 f_0。

3. 负载阻抗的选择

在具体使用雷基图时，要区别对待：

(1) 当磁控管的负载是传输系统时，应选择匹配点附近作为工作点，达不到要求时，可在负载前加调配装置，通过手动或电动来调配负载，以接近 $S=1$；

(2) 当磁控管的负载是多模腔如微波炉时，应先测量该腔的静态阻抗及负载变化时的动态阻抗，看其是否与磁控管的雷基图上的最大功率区的要求阻抗相吻合，若相差甚远时，则应设法调整腔体阻抗，以便与雷基图的要求相符合（详见第 8 章）。

4. 耦合度是否愈大愈好?

单从电路效率来看，β 愈大，效率愈高。但过大的 β 导致 Q_E 的下降（在 Q_0 不变的前提下），这时 Q_L 也跟着下降，说明负载过重，它会使磁控管起振困难。即

$$\frac{1}{Q_L}=\frac{1}{Q_0}+\frac{1}{Q_E} \tag{5.22}$$

所以，耦合度应有一合适的大小。

另一方面，过低的 Q_E 会使管子的牵引效应增大，这不利于管子的稳定工作。即

$$\Delta f=0.417\frac{f_0}{Q_E} \tag{5.23}$$

5.7 双模磁控管

5.7.1 引 言

在工农业、科学研究、医疗卫生事业等民用领域中，经常会遇到需要高功率的脉冲微波源，但这种脉冲微波源又与雷达技术中的脉冲源不同，因为后者都是窄脉冲低重频的千瓦或兆瓦级的电平，以适应远距离的目标探测或跟踪之用，而民用脉冲磁控管却希望在高工作比大平均功率状态下工作，例如在消毒灭菌运用中就是如此。另一个原因是雷达脉冲发射机的脉冲调制器因为电压较高，脉冲较窄，对脉冲波形（特别是上升和下降沿的陡度以及脉冲顶部的平坦度）要求较高，所以造价高昂。这就不是一般民用单位所能接受的，基于这种特殊需求，如何提供廉价但又能满足使用要求的脉冲磁控管，就是微波工业界的义务和责任。

本文就如何利用廉价的微波炉用或工业加热用的“连续波”磁控管作为脉冲微波源的一些看法，以及如何实现磁控管的双模应用。

5.7.2 双模磁控管的概念

在微波电子学领域中，大家只知道“双模行波管”的存在。在该管中，利用复杂结构的电子枪，在其控制栅上加上不同的控制或调制电压，以实现行波管的双模或多模工作（连续波及脉冲两种或多种状态）。至今却无“双模磁控管”的概念，因为在雷达体制中，绝大多数雷达是作为目标的探测、跟踪、定位等方面的应用，所以只需脉冲功率源即可，而连续波雷达则在测高、测速等场合使用，两者由专门设计的脉冲磁控管和连续波磁控管分别担任。而在电子对抗技术中使用的行波管却需要经常改变自己的工作状态，即在脉冲和连续波两种状态甚至在多种脉冲参数状态下工作，为了节省管子和电源，于是研发了一管多用的行波管，即“双模行波管”或“多模行波管”。但至今没有与双模行波管对应的双模磁控管，不过我们可以利用目前微波炉中使用的所谓连续波磁控管来构成脉冲微波源，只要配备适当的脉冲电源即可。

5.7.3 炉用磁控管的非连续波性质

一般，人们都认为在微波炉中使用的磁控管是在连续波状态下工作的，这不但因为商品名称都是如此称呼的，而且磁控管电参数中也标注着平均输出功率，阳极平均电流是多少，但是只要看一下微波炉的工作原理和电路，就会发现，实际上磁控管绝不是工作在直流电源的连续波状态下。而是工作在一种与连续波相差甚远的，但又与脉冲不完全相同的一种特殊的工作状态下。如果与其把它称之为“准连续波”的话，倒不如称之为“准脉冲”状态，这样可能还比较更接近些。

因此我们还应从炉用磁控管的整流电源说起。在微波炉中，磁控管是按图5.43所示的电路工作的，即由单相半波倍压原理提供磁控管高压的，在该电路中，正半周期间，变压器次级电压通过正向偏置二极管向电容器充电，负半周期间，变压器次级反极性电压瞬时值与电容器上已充至峰值的电压叠加一起通过磁控管放电，从而构成磁控管的阳极电流，于是管子产生振荡，产生微波功率输出。由此可见，管子并非工作在真正的连续波状态下，而是一种导通角小于半个周期的宽脉冲、高工作比状态下工作。实验表明，导通角为6～7ms，而电源频率的周期为20ms，所以其“准工作比”约为1/3，而雷达脉冲的典型工作比为1/1 000。可见两者的巨大差异，同时还可看到磁控管中的电流波形与标准脉冲波形也不相像，所以我们可以说它与脉冲更为靠近，而与连续波相差甚远。同时很清楚地看到在大于半个周期内，管子是不工作的。平时我们称输出功率为多少瓦，实际上是上述准脉冲状态下的平均功率，即“准峰值功率”乘“准工作比”所得（这里在峰值功率和工作比前均冠以“准”字是因为两者都不是严格意义上的术语）。

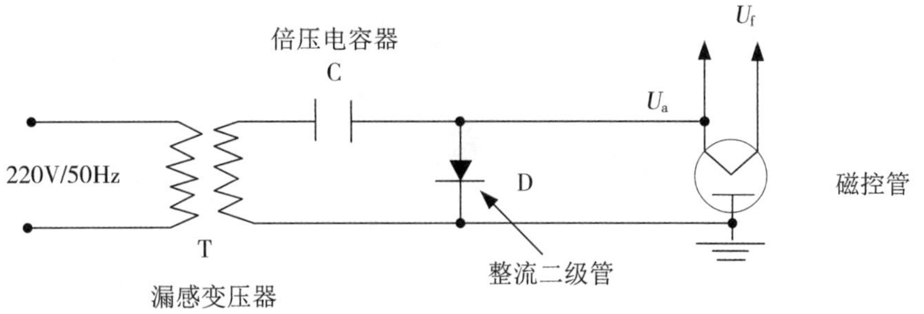

图 5.43 半波倍压电路图

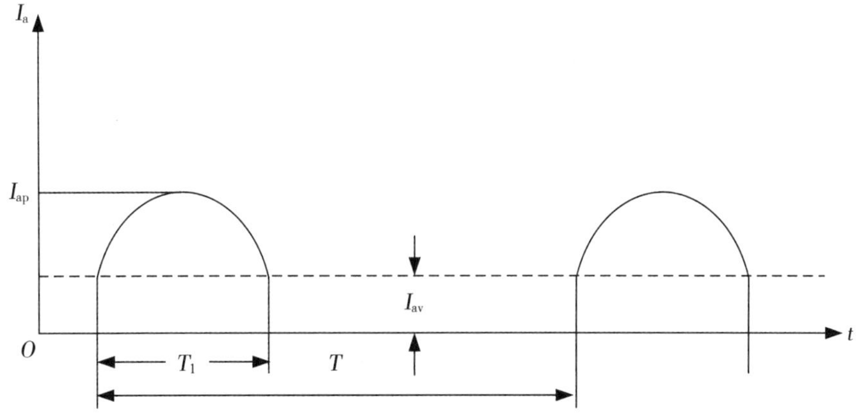

I_{ap}—阳极峰值电流；I_{av}—阳极平均电流；
T—电源工作周期；T_1—阳极电流导通时间

图 5.44 阳极电流波形图

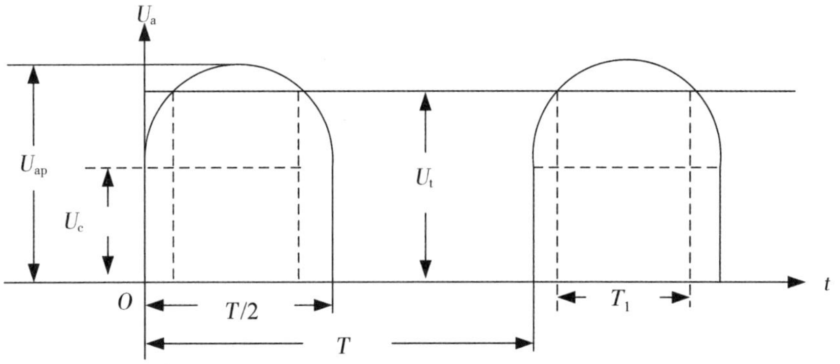

U_c—电容上电压；U_{ap}—峰值电压；U_t—门槛电压

图 5.45 半波倍压电压波形

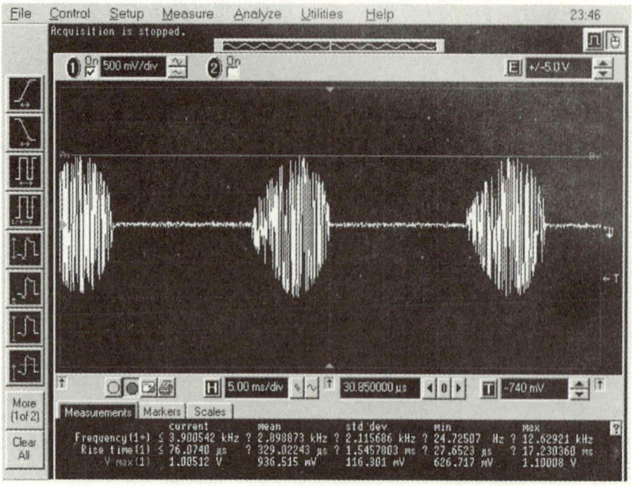

图 5.46 经变频后的微波输出功率包络波形

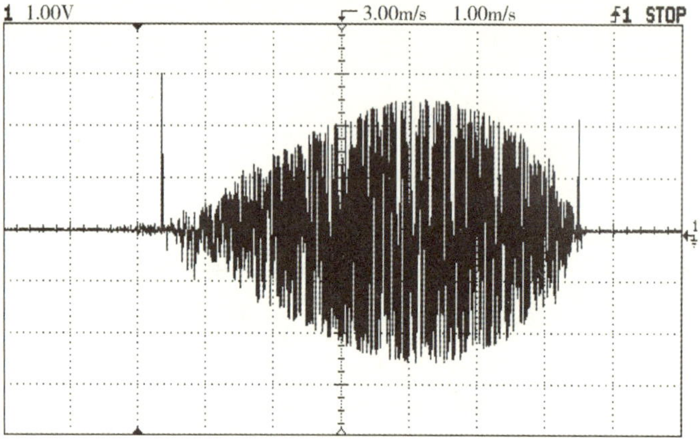

图 5.47 一个周期内的微波输出功率包络波形

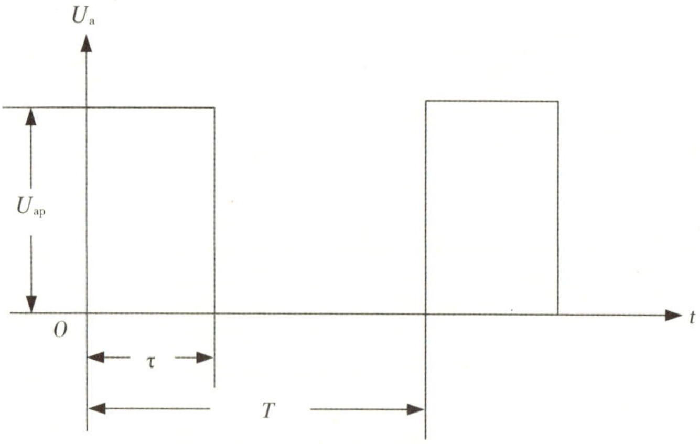

U_{ap}—脉冲峰值电压；t—脉冲宽度；T—脉冲重复周期

图 5.48 脉冲电压波形

在图 5.45 中，当阳极电压 $U_a \geqslant U_t$ 时，管内才有阳极电流流通，由此可见，这一电流的导通时间为 T_1，它小于 $T/2$，即 $T_1 < T/2$，通常在微波炉电路中，$T_1 \leqslant \frac{1}{4}T$，并且可以看到其电流波形与图 5.48 中的标准矩形脉冲电压波形相差甚远，所以我们称它为“准脉冲”。磁控管的平均输出功率是由图 5.44 中阳极电流波形在一个周期中积分后除以周期得到平均电流 I 再乘以阳极电压 U_{am}，再乘效率 η 而得出的，即

$$P_0 = U_{am} \times I \times \eta \tag{5.24}$$

例如，松下 2M210－M1 磁控管的参数为：$U_{am}=4\ 000\text{V}$；$I=300\text{mA}$；$\eta=70\%$，于是得到其平均输出功率 $P_0=840\text{W}$。

实际上，磁控管的峰值阳极电流约为 $I_{am}=1.2\text{A}$，换句话说，该管的准峰值功率约为 4.8kW，乘效率后即为准峰值输出功率约为 3.36kW，若工作比为$\frac{1}{4}$，则平均功率为 $3.36\text{kW}\times\frac{1}{4}=840\text{W}$。

在图 5.46 和图 5.47 中示出了经变频后的半波倍压电源加于某一磁控管时的输出功率包络。从图 5.47 可见，包络内不是纯净的正弦波，而是非常复杂的振荡波形，其频谱也是非常复杂的，见图 5.49 中的（b）。整个振荡包络底部约 6.3ms，而从起振至最大值约 3.7ms，这种特殊的输出包络就决定了微波炉中微波振荡具有与众不同的性质。

5.7.4 炉用磁控管工作于脉冲状态的可行性

由于目前微波炉中采用的直流电源都是半波倍压整流电路，这一方面是因其简便和价格低廉、体积小、重量轻；另一个重要原因是采用了漏感变压器，它与倍压用的电容器构成串联谐振电路，可以起到自稳压的作用。这就决定了炉用磁控管的设计不同于普通的连续波磁控管，特别是管中的阳极、阴极和输出天线的热容量是有一定限制的。例如上述的 2M210-M1 磁控管，其平均输出功率为 840W，我们若将其工作在如图 5.48 的矩形脉冲电压调制状态下，只要平均功率不超过上述数值，工作是完全可行的。这就是说，只要工作比不超过 1/4，任何脉冲宽度 T_1 都是可行的，但其峰值输出功率最高不会超过 3.36kW，这一峰值功率是由电压电流和工作磁场共同决定的，而这三个电参数又是由管内阳极和阴极的结构参数决定的，如两者的半径、阳极内小腔的数目、阳极的高度等，当这些尺寸确定后，管子的电参数就基本上确定了，若要调节，也只有向低磁场低电压方向调整，例如目前医用微波理疗机中的磁控管就是将微波炉用的磁控管的工作磁场先行退磁，然后重新充磁至较低的数值。这样，阳极工作电压就相应降低了，若工作电压降至 2kV，电流约为 150mA 时的相同磁控管，其平均输出功率约为 200W，完全满足了理疗的需求。相反地，若要用提高磁场以提高工作电压，企图增大峰值输出功率的做法是不允许的，因为这样做的后果是大大提高了新参数下

的平均功率，超过了管子的设计极限。

对上述同一磁控管来说，若将其工作在矩形阳极脉冲电压下，作为一个真正的脉冲微波发生器，其峰值输出功率限定为 3.36kW 时，其脉冲宽度 τ 在工作周期 $T=20\text{ms}$（即工频 $f=50\text{Hz}$ 时）时就不应超过 5ms。如果采用其他频率的脉冲调制器，当其工作周期缩短至 1ms 时，其脉冲宽度就应满足下述公式：

$$\tau \leqslant 250\ \mu\text{s}$$

即保持其脉冲工作比仍为原来的 0.25；这与雷达技术中典型工作比为 0.001 相比相差很大。这就是说雷达是在低重频窄脉冲状态下工作的，而磁控管却在超低重频的宽脉冲状态下工作的。

5.7.5 双模及多模运用

从上面的叙述可知，微波炉用磁控管，既可采用半波倍压整流电源供微波炉用，这显然是一种准连续波状态；也可作为真正的脉冲微波源，其脉宽和重频视用度而定，但其工作比不得超过 1/4 即可，还应指出其峰值输出功率约为管子额定平均输出功率的 3～4 倍，例如 2M210-M1 磁控管，最好限定为 3kW，而输出功率为 3kW 的 2M266 可设定为 10kW 等。

由此可见，磁控管可以工作在准连续波及脉冲两种状态下，所以称这种磁控管为“双模磁控管”。若它同时又工作在几种不同脉冲宽度下，这种管子就称为“多模磁控管”。这种“双模磁控管”与“双模行波管”还是有区别的，因为后者的一个状态却是真正连续波，在频谱上只有一根谱线，而看不到连续的频谱，在图 5.49 中画出了连续波（a）、准连续波（b）和脉冲波（c）相应的频谱图。

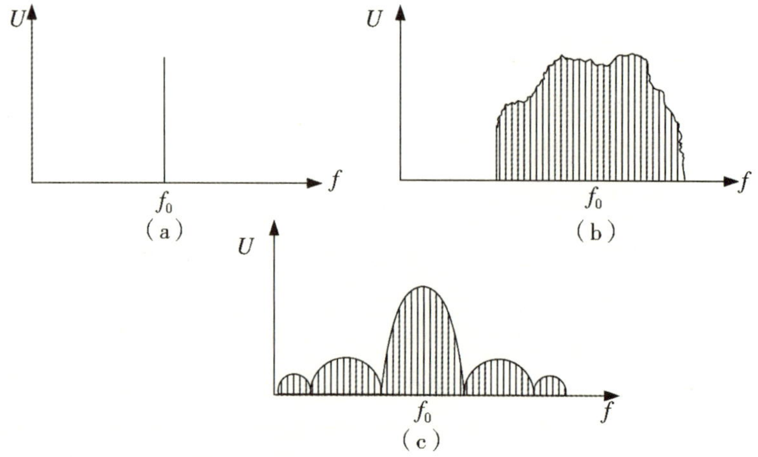

（a）连续波的频谱　（b）准连续波的频谱（微波炉磁控管）　（c）脉冲波的频谱

图 5.49　三种状态下的频谱图形

从图 5.49 可以看到，在微波炉中使用的磁控管，其频谱是极不对称的，其之所以产生如此分布的谱线图形，完全是由其特定的电压及由此电压产生特殊形状的电流波形所决定的；而连续波也好，脉冲波也好，频谱图形是对称的或基本对称的。目前微波炉电参数中有关谐波输出、交叉调制的射频输出等许多电磁兼容问题，其原因都主要来自磁控管中的半波倍压电源。

多基频输出的不对称频谱产生的另一个原因是管内螺旋状直热式灯丝引线中的灯丝电流，沿螺旋丝的电流将产生一个周期性（50Hz）的轴向磁场调制，该磁场调制使得互作用空间内的电子轮辐的转速产生了相应的调制，时快时慢，不能保持恒速旋转；另一方面，沿灯丝中心杆的轴向电流将产生一个角向的磁场调制（50Hz），这一磁场调制使得电子轮辐在旋转过程中会产生微小的上下摆动或扭动，这种靠近阴极表面的一边上下摆动、一边时快时慢的特殊的运动状态也是产生不对称宽频带的多基频输出的一个非常特殊的原因，这在任何其他磁控管中是不可能产生的。

5.7.6 磁控管全波倍压工作的可行性

磁控管在生产工厂的电参数测试中都采用全波整流不滤波的直流电源供电，而不是在微波炉中使用的半波倍压电源供电。这就是说管子是允许工作在全波整流电路条件下，如果我们将全波整流不滤波电路改为全波倍压整流电路，如图 5.50 所示。在该电路中采用了两个变压器，两个电容器和四个整流二极管即可。因为一个周期内正负半周都工作，可见阳极电流的导通角翻了一番，所以阳极平均电流也增大了将近一倍。这样在峰值功率不变的前提下，平均输出功率也将提高近一倍，这时管子的阳极耗散功率也增大了一倍，所以阳极必须改用水冷才能确保管子正常工作，灯丝电压也须做相应地降低，否则由于灯丝过热将烧毁管子，我们的现场试验证明这种电路可使管子输出功率翻番，寿命试验证明也与微波炉用磁控管相同，这一电路已在国内许多微波公司中被广泛采用，效果良好。

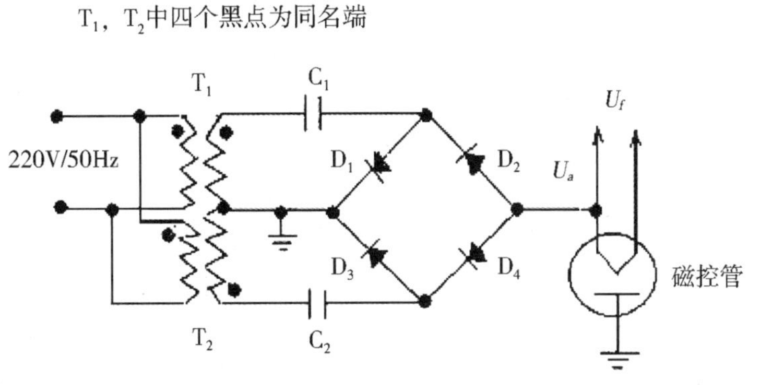

图 5.50 全波倍压整流电路图

5.8 磁控管阳极块加工公差对性能的影响

在磁控管大量生产的过程中，其工作的稳定性及输出参量的重复性取决于许多有关的因素，其中有：

(1) 谐振系统、能量输出器、调谐类型、阴极类型及冷却系统等是否选择得当；

(2) 磁控管的工作状态是否选择得正确与合理；

(3) 取决于磁控管谐振系统及其他部件结构的制造精度，取决于测量及控制电参量及结构参量的方法，以及所采用的电真空材料的质量；

(4) 取决于生产该类型磁控管的复杂性及工艺过程的完善度及真空卫生条件。

像所有电真空器件生产有它自己的规律一样，磁控管也有一些众所周知的简单规则，如果破坏了这些规则，那么将会在生产的质量上反映出来，这些规则有：

(1) 磁控管在结构上应当具有尽可能少的零件及连接部件；

(2) 磁控管的元件、部件应当由与图纸尺寸及公差相适应的良好规格的材料制成；

(3) 在磁控管结构上应当规定具有最少的真空隙缝（即焊缝）数目；

(4) 所有工艺工序应当具有最短的时间间隔，以保证生产的连续性；

(5) 控制工艺和测量次数应尽可能地少，当然为了保证挑出零部件及成品中的废品是需要一定时间的；

(6) 在所有的工艺工序中，均应严格遵守真空卫生规定。

5.8.1 磁控管阳极块制造公差的确定

确定磁控管零部件几何尺寸公差的可能方法：

(1) 根据国家相关标准制定零部件几何尺寸的公差；

(2) 根据谐振频率的零散范围确定谐振系统的公差；

(3) 根据能获得最大的固有品质因数 Q_0 来确定公差；

(4) 根据互作用空间内电磁场分布不对称性标准来确定公差。

阳极叶片制造公差的影响可见图 5.51 所示的玫瑰仪的测试结果。

在谐振腔几何尺寸存在很大零散的系统中，谐振腔之间的耦合有时会出现这样的情况，即阳极块的一部分可以被激励在一个频率上，产生很强的振荡；而另一部分，却振荡在其他频率上，谐振系统好像被分裂成为两个谐振腔组，彼此被激励在耦合的频率上，就如同两个耦合回路固有频率相近时的相互作用一样。

在图 5.51 (b) 上画出了同一阳极块两谐振腔组相互作用的不同情况，即被激励在 f_1=9 872 MHz 及 f_2=9 910 MHz 时的情况，由图可以看出，在两个频率上场的图形是非常不对称的，在 f_1 和 f_2 之间的中间频率，振荡大大地减弱了，π 模式的场图却缩小了，这时的谐振曲线出现了双峰特性如图 5.52 (a) 所示。

显然，当谐振曲线具有双峰特性时，按品质因数控制阳极块的意义就失去了。

当把谐振腔孔的较小尺寸精磨到相应的最大尺寸后，阳极块的几何不对称性就得到了改善，重新拍摄了图形，可以清楚地看到有 20 个花瓣如图 5.51（c）所示，具有单峰特性的谐振曲线，如图 5.52（b）所示，且谐振在 $f_0=9\ 880$ MHz 上，这时系统分裂也消失了。

（1）图 5.51（a）所示为 $N=20$ 腔无隔模带阳极叶片实测的尺寸；

（2）图 5.51（b）所示为测场仪在两个不同频率上 $f_1=9\ 910$ MHz，$f_2=9\ 872$ MHz；测得的场分布，可看到明显的不对称分布，π 模式被分裂了，而且谐振曲线具有双峰效应。

（3）修正公差后，测得的场分布如图 5.51（c）所示，可看到 20 个玫瑰花瓣，谐振曲线具有单峰形状如图 5.52（b）。

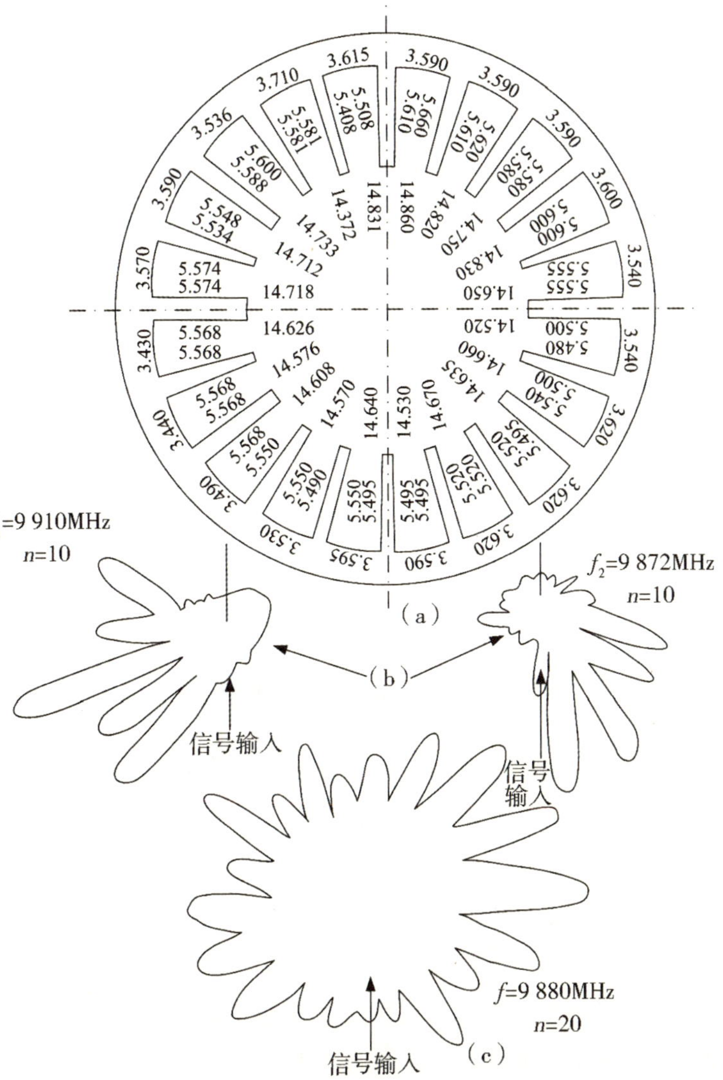

图 5.51 阳极叶片制造公差的影响

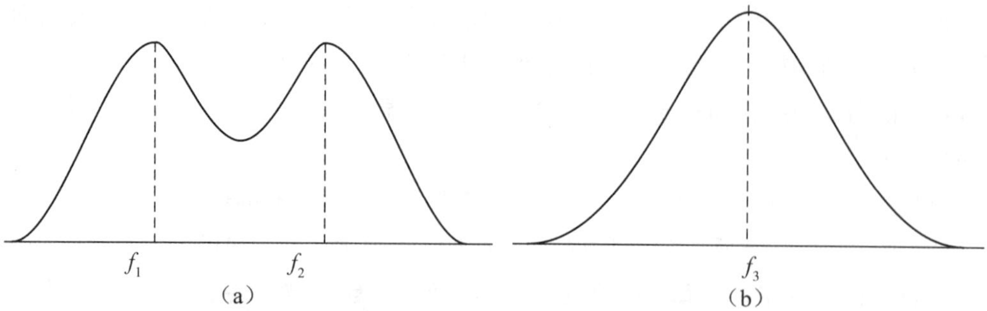

图 5.52　谐振曲线

5.8.2　阳极叶片倒圆的公差

在阳极叶片顶端的尖角（锐角边缘）、谐振腔孔及槽缝表面上的毛刺、调谐元件下的小槽沟、阴极端帽及能量输出器中这些都是产生很强的边缘场（直流的及高频的），是产生电击穿、局部发热及谐振系统和阴极材料的损坏和溅射的源泉。在这种情况下，系统的几何对称性被破坏了，最关键的尺寸（缝宽，片厚）发生了改变，落上金属粉末的阴极也就丧失了自己的发射能力，结果使得磁控管的输出参量变坏，寿命急剧下降。

在任何一种阳极块的加工方法中，所有尖角均应倒圆并去除毛刺，以防止出现上述一些不希望出现的后果。

对于厘米波段的磁控管来说，通过计算方法表明，从阳极叶片边缘尖角倒成 $r_\varphi<0.1$mm 的圆角，对电参量（ρ_s，λ_π，Q_0）的影响是微乎其微的，并与倒圆的侧面形状无关。

但应指出，当 $r_\varphi>0.1$mm 时，这是不允许的，因为这时随着 r_φ 的增大，在互作用空间电场的对称性就急剧地被破坏了，同时，电参量也就超过了所允许的范围。

5.8.3　阳极块表面处理后对性能的影响

磁控管阳极块在制成以后，要经过精加工，去毛刺，倒棱角等工序，然后在汽油中清洗以除去油脂，再采用化学腐蚀、电化学或化学抛光等工艺处理。

在清洗和脱脂时，谐振系统的几何尺寸是不会改变的。

在化学处理时，谐振系统的几何尺寸是要改变的，所以在采用阳极表面化学处理方法时，对于每一个具体细节都应当特别小心。在化学腐蚀工序中，与除去表面不均匀度细毛刺及氧化层的同时，可能会使铜层表面遭到破坏或疏松，从而使得在工作的磁控管中，从阳极叶片上铜的蒸发强度增加了。

在电化学抛光工序中，当过量的电流或阳极块放入不恰当的电解液中时，都可能使谐振腔孔及槽缝的尺寸增加到公差的范围之外，例如在阳极块电化学抛光过程中，它的平均外形尺寸及谐振频率增加了 0.1%～0.3%，这一大小取决于电解电流通过的时间，这个时间一般在 30～90 秒之间。下面举一个 10 厘米波段磁控管为例，说明每道工序后谐振频率的变化大小，如表 5-4 所示。

表 5-4 谐振频率的变化

谐振频率相对变化	脱脂工序后	化学腐蚀工序后	电化学抛光后	谐振频率总变化
$\Delta f/f_0\%$	0	0.085	0.085	0.17

从上表可以看出，在阳极块全部化学处理完毕后，谐振频率上升了 0.17%，它超过了 10 厘米波段阳极块谐振频率的容许值（0.1%）。

5.8.4 关于谐振腔系统的强化方法

前面曾多次强调指出，磁控管的谐振腔系统应具有较高的热机械强度，同时还应具有良好的导热性，换句话说，在对磁控管的谐振腔系统进行设计计算时，应使阳极的热负载具有一定的储备，即具有足够的安全因数。

多年来对磁控管的研究，特别是微小型谐振腔系统磁控管的研究，解决了寻求这种材料（纯金属及合金）的困难问题。用这种新材料后可以制成较坚固的并且不易熔化的阳极叶片，同时具有足够高的导热性和较低的线膨胀系数。

采用嵌镶的方法，即借助于专门的焊料把钼片焊到阳极毛坯上，或在真空炉的石墨模子中，采用铸铜法使两者结合在一起，这时所用的铜料应采用真空中熔炼的无氧铜，由上述方法得到的钼铜结合体就作为阳极块的躯体，然后用电火花法切割出扇形谐振系统。

也可以采用另一种方法来制造扇形谐振系统，为了强化起见，阳极叶片采用具有难熔金属的铜合金制成，并焊在铜基体或阳极块的躯体上。

适合作为阳极叶片的合金或似合金的有：

（1）铜钴合金；

（2）铜铬合金（铜 99.85%～99.99%）；

（3）钼铜似合金；

（4）铜镍铬合金。

在以上几种材料中，哪一种最合适则要看具体情况而定，也只有通过实验方法才能最后确定。

5.9 负载对磁控管振荡稳定性的影响

负载对磁控管振荡器的影响表现在两个方面，即负载导纳中的有功分量吸收了磁控管振荡器产生的部分功率，另一部分则耗散在谐振腔及电路中，而负载导纳中的无功分量则将影响磁控管的固有振荡频率，而当负载由于某种原因产生变化时（例如天线的旋转），这种影响就是大家所熟知的频率牵引。

5.9.1 闭合传输线分析法

下面我们来分析一下这种影响是如何造成的。因为磁控管的谐振腔系统可以看成是具有特性导纳 Y_0 的重入式传输线（即首尾闭合线），如图 5.53 所示，不连续性左右电压波如图 5.54 所示。

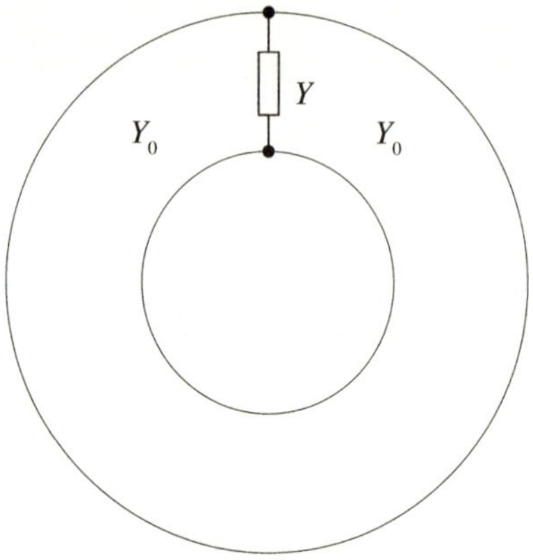

图 5.53 重入式传输线

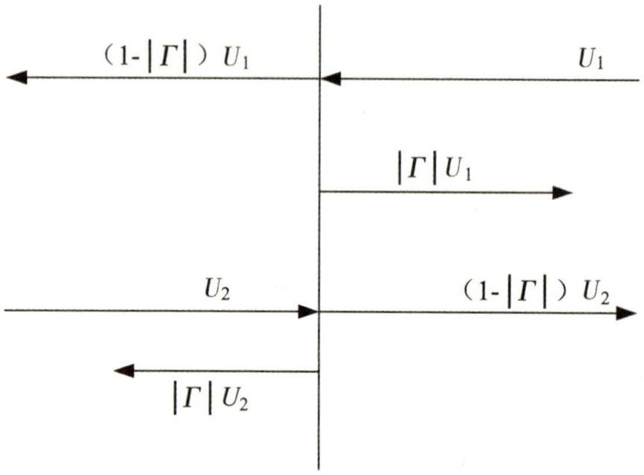

图 5.54 不连续性左右的电压波

为了将能量从管内耦合至负载，通常在 N 个小腔中某一个位置安置耦合环或其他耦合装置（例如工字形波导）作为能量输出器，所以在该处可以将负载 Y 看作为重入线中接入一并联导纳，于是形成了一个不连续性。

设有一电压接近于此不连续性处（无论从那一边接近），由于不连续导纳 Y 的存在，将会产生部分通过和部分反射的现象。若令反射系数 Γ，入射电压 U_1 及 U_2，则反射电压为 ΓU_1 及 ΓU_2；透射电压为 $(1-\Gamma)U_1$ 及 $(1-\Gamma)U_2$；反射系数为

$$\Gamma=\frac{Y_0-Y_t}{Y_0+Y_t} \tag{5.25}$$

式中

$$Y_t=Y+Y_0 \tag{5.26}$$

于是

$$\Gamma=\frac{-\dfrac{Y}{Y_0}}{2+\dfrac{Y}{Y_0}} \tag{5.27}$$

当$Y \leqslant Y_0$时，

$$\Gamma \simeq -\frac{Y}{2Y_0} \tag{5.28}$$

由此可见，反射电压及透射电压近似地为$U\frac{Y}{2Y_0}$及$U\left(1-\frac{Y}{2Y_0}\right)$。

若令U_1为逆时针的入射电压波分量，让U_2为顺时针方向的入射电压波分量。在稳定状态下，$U_1\left(1-\frac{Y}{2Y_0}\right)$和$U_2\frac{Y}{2Y_0}$的矢量和应等于$U_1$，同理$U_2\left(1-\frac{Y}{2Y_0}\right)$和$U_1\frac{Y}{2Y_0}$的和应等于$U_2$，与此同时，在不连续性处产生的附件相移为$\delta_\varphi$。因为系统是闭合的，所以谐振时包括不连续性在内的总相移应等于$2\pi n$，环绕系统一周产生的相移为φ_r，无不连续性时$\varphi_r = 2\pi n$，于是

$$\varphi_r = 2\pi n - \delta_\varphi \tag{5.29}$$

这样，我们就可以写出下述二个方程，

$$\begin{aligned} U_1 &= \left[U_1\left(1-\frac{Y}{2Y_0}\right)+U_2\frac{Y}{2Y_0}\right]e^{j\varphi_r} \\ U_2 &= \left[U_2\left(1-\frac{Y}{2Y_0}\right)+U_1\frac{Y}{2Y_0}\right]e^{j\varphi_r} \end{aligned} \tag{5.30}$$

由于

$$e_r^{j\varphi} = e^{j(2\pi n-\delta_\varphi)} = e^{j2\pi n}\cdot e^{-j\delta_\varphi} = e^{-j\delta_\varphi} = \cos\delta_\varphi - j\sin\delta_\varphi$$

当δ_φ很小时

$$e_r^{j\varphi} \simeq 1 - j\delta_\varphi \tag{5.31}$$

代入式（5.30）后可得

$$\begin{aligned} U_1\left[-\frac{Y}{2Y_0}-j\delta_\varphi\left(1-\frac{Y}{2Y_0}\right)\right]+U_2\left(\frac{Y}{2Y_0}-j\delta_\varphi\frac{Y}{2Y_0}\right)=0 \\ U_2\left[-\frac{Y}{2Y_0}-j\delta_\varphi\left(1-\frac{Y}{2Y_0}\right)\right]+U_1\left(\frac{Y}{2Y_0}-j\delta_\varphi\frac{Y}{2Y_0}\right)=0 \end{aligned} \tag{5.32}$$

消去式（5.32）的U_1及U_2后可得

$$\left[-\frac{Y}{2Y_0}-j\delta_\varphi\left(1-\frac{Y}{2Y_0}\right)\right]^2-\left(\frac{Y}{2Y_0}-j\delta_\varphi\frac{Y}{2Y_0}\right)^2=0 \tag{5.33}$$

将式（5.33）展开后可得

$$j\delta_\varphi\frac{Y}{Y_0}-(\delta_\varphi)^2+\frac{Y}{Y_0}(\delta_\varphi)^2=0 \tag{5.34}$$

于是有

$$j\delta_\varphi\left(j\delta_\varphi\left(1-\frac{Y}{Y_0}\right)+\frac{Y}{Y_0}\right)=0 \tag{5.35}$$

设 $Y=0$ 时系统的振荡频率为 f_n，这时 $\delta_\varphi=0$，$\varphi_r=2\pi n$，$Y\neq 0$，$\delta_\varphi\neq 0$，$\varphi_r=2\pi n-\delta_\varphi$，这时频率如为 f，且当 δ_φ 很小时，则

$$\delta_\varphi=\left(\frac{\partial \varphi_r}{\partial r}\right)_{f_n}(f-f_n) \tag{5.36}$$

由式（5.35）可有两个解，即

$$\delta_\varphi=0 \tag{5.37}$$

$$\delta_\varphi=\mathrm{j}\left[\frac{\dfrac{Y}{Y_0}}{1-\dfrac{Y}{Y_0}}\right] \tag{5.38}$$

将式（5.37）代入式（5.32）及（5.36）可得

$$\left.\begin{aligned}U_1&=-U_2\\ f&=f_n\end{aligned}\right\} \tag{5.39}$$

将式（5.38）代入式（5.32）及（5.36）可得

$$\left.\begin{aligned}U_1&=U_2\\ f&=f_n+\frac{\mathrm{j}\dfrac{\dfrac{Y}{Y_0}}{\left(1-\dfrac{Y}{Y_0}\right)}}{\dfrac{\partial \varphi_r}{\partial f}}\end{aligned}\right\} \tag{5.40}$$

由此可见，当负载 Y 位于重入线中电压波节处（即 $U_1=-U_2$）时，$f=f_n$，负载对系统的振荡频率没有任何影响；相反地，当负载位于波腹（即 $U_1=U_2$）处时，$f\neq f_n$，并且可看出，当负载为容性时，$f<f_n$；感性时，$f>f_n$。

我们也可以采用等效网络的方法来分析负载导纳对振荡的影响。

5.9.2 级联四端网络分析法

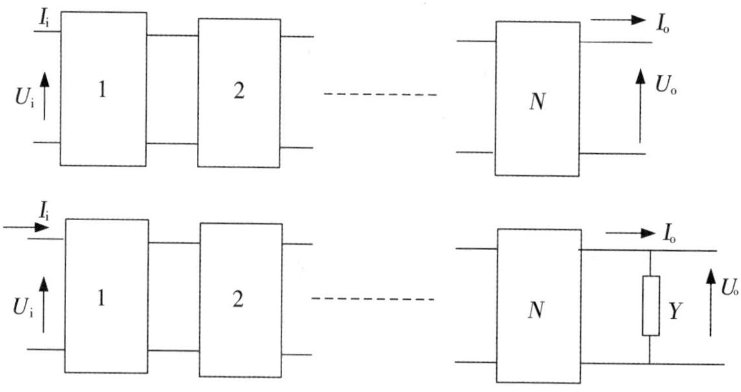

图 5.55 由 N 个相同网络构成的网络链

如果我们把组成阳极块的谐振腔系统中的每一个腔都等效成一节四端网络，并假

设该网络的相移为 φ，特性阻抗为 $Z_0 = \dfrac{1}{Y_0}$，那么就可以写成出网络的输入电压、电流与输出端电压、电流的关系式为

$$\left.\begin{aligned} U_i &= U_0 \cos\varphi + jZ_0 I_0 \sin\varphi \\ I_i &= j\frac{U_0}{Z_0}\sin\varphi + I_0 \cos\varphi \end{aligned}\right\} \tag{5.41}$$

式中 U_i ——输入端电压；

U_0 ——输出端电压；

I_i ——输入端电流；

I_0 ——输出端电流。

或写成矩阵形式，即

$$\begin{bmatrix} U_i \\ I_i \end{bmatrix} = \begin{bmatrix} \cos\varphi & jZ_0 \sin\varphi \\ j\dfrac{1}{Z_0}\sin\varphi & \cos\varphi \end{bmatrix} \begin{bmatrix} U_0 \\ I_0 \end{bmatrix} \tag{5.42}$$

对于两节级联的网络，由于所有参量都是相同的，所以，相应的电压电流表示为

$$\left.\begin{aligned} U_i &= U_0 \cos2\varphi + jZ_0 I_0 \sin2\varphi \\ I_i &= j\frac{U_0}{Z_0}\sin2\varphi + I_0 \cos2\varphi \end{aligned}\right\} \tag{5.43}$$

依此类推，对于由 N 个相同网络构成的网络链，则有

$$\left.\begin{aligned} U_i &= U_0 \cos N\varphi + jZ_0 I_0 \sin N\varphi \\ I_i &= j\frac{U_0}{Z_0}\sin N\varphi + I_0 \cos N\varphi \end{aligned}\right\} \tag{5.44}$$

或

$$\begin{bmatrix} U_i \\ I_i \end{bmatrix} = \begin{bmatrix} \cos N\varphi & jZ_0 \sin N\varphi \\ j\dfrac{1}{Z_0}\sin N\varphi & \cos N\varphi \end{bmatrix} \begin{bmatrix} U_0 \\ I_0 \end{bmatrix} \tag{5.45}$$

将上述网络链首尾相接时，则有

$$U_0 = U_i \text{，} I_0 = I_i \tag{5.46}$$

因此式（5.44）就可以写成

$$\left.\begin{aligned} 0 &= U_0(\cos N\varphi - 1) + jZ_0 I_0 \sin N\varphi \\ 0 &= j\frac{U_0}{Z_0}\sin N\varphi + I_0(\cos N\varphi - 1) \end{aligned}\right\} \tag{5.47}$$

当 $U_0 \neq 0$，$I_0 \neq 0$ 时，解上述方程组

$$I_0 = \frac{U_0 \sin N\varphi}{jZ_0(\cos N\varphi - 1)} \tag{5.48}$$

$$0=U_0(\cos N\varphi-1)+\frac{U_0\sin^2 N\varphi}{\cos N\varphi-1} \tag{5.49}$$

于是可得

$$(\cos N\varphi-1)^2+\sin^2 N\varphi=0 \tag{5.50}$$

或

$$\cos N\varphi=1 \tag{5.51}$$

当

$$\varphi_n=\frac{n}{N}2\pi,n=0,1,2\cdots,\frac{N}{2} \tag{5.52}$$

时，即能满足式（5.50）或式（5.51）要求。实际上，这就是均匀网络链闭合成谐振系统时的情况，φ_n 即为相邻谐振腔间高频振荡的相位差，这时所有 N 个腔间的 φ_n 均相同。

当谐振系统中存在有高频负载时，例如在某一腔中引进负载导纳 Y 时，情况就与上述无载的均匀系统就有所不同了。下面我们就来分析这种情况下对振荡器的影响。

因为负载导纳并联在输出端（系统闭合时也就是输入端），所以这一导纳可以写成：

$$\begin{bmatrix}1 & 0\\ Y & 1\end{bmatrix} \tag{5.53}$$

这样，就可以写出存在 Y 时相应于式（5.45）的形式，即

$$\begin{bmatrix}U_i\\ I_i\end{bmatrix}=\begin{bmatrix}\cos\varphi & jZ_0\sin\varphi\\ j\frac{1}{Z_0}\sin\varphi & \cos\varphi\end{bmatrix}\begin{bmatrix}1 & 0\\ Y & 1\end{bmatrix}\begin{bmatrix}V_0\\ I_0\end{bmatrix} \tag{5.54}$$

于是可得

$$\left.\begin{aligned}U_i&=U_0\cos N\varphi+j(Z_0I_0+Z_0YU_0)\sin N\varphi\\ I_i&=j\frac{U_0}{Z_0}\sin N\varphi+(U_0Y+I_0)\cos N\varphi\end{aligned}\right\} \tag{5.55}$$

对于首尾闭合的网络链，有

$$U_0=U_i\ ,\ I_0=I_i$$

于是

$$\left.\begin{aligned}0&=U_0(\cos N\varphi-1)+j(Z_0I_0+Z_0YU_0)\sin N\varphi\\ 0&=j\frac{U_0}{Z_0}\sin N\varphi+(U_0Y+I_0)(\cos N\varphi-1)\end{aligned}\right\} \tag{5.56}$$

在这种闭合链中加载的情况下，会出现以下两种可能情况。

(1) $U_0=0$，即在负载导纳 Y 处出现电压驻波的节点，这就相当于这些模式与负载没有任何耦合（因为流过 Y 的电流为零，$U_0=U_i=0$），这种情况下，应有 $U_0=0$，

$I_0 \neq 0$，于是式（5.52）变为

$$\left.\begin{aligned} I_0 Z_0 \sin N\varphi &= 0 \\ I_0(\cos N\varphi - 1) &= 0 \end{aligned}\right\} \tag{5.57}$$

这两个方程具有相同的解，即

$$\varphi_n = \frac{n}{N}2\pi\,,\ 0 \leqslant n \leqslant \frac{N}{2} \tag{5.58}$$

由此可知，这时的解与 $Y=0$ 时的解完全相同，所有模式与负载均无耦合，因此，对系统中各个模式的振荡频率不会产生任何影响。

(2) $U_0 \neq 0$，$I_0 \neq 0$，这一情况相当于在 Y 处出现电压驻波的波腹。这时，由式（5.56)可得

$$I_0 = \frac{-\mathrm{j}\dfrac{U_0}{Z_0}\sin N\varphi - U_0 Y \cos N\varphi}{\cos N\varphi - 1} \tag{5.59}$$

$$U_0(\cos N\varphi - 1) + \left[\left(\frac{-\mathrm{j}\dfrac{U_0}{Z_0}\sin N\varphi - U_0 Y\cos N\varphi}{\cos N\varphi - 1}\right) Z_0 + Z_0 Y U_0\right]\sin N\varphi = 0 \tag{5.60}$$

或

$$\cos^2 N\varphi - 2\cos N\varphi + 1 + \sin^2 N\varphi - \mathrm{j} Z_0 Y \sin N\varphi = 0$$

$$2(1 - \cos N\varphi) - \mathrm{j} Z_0 Y \sin N\varphi = 0$$

$$\tan\frac{N}{2}\varphi = \mathrm{j}\,\frac{Z_0 Y}{2} \tag{5.61}$$

或

$$\tan\left(\frac{N}{2}\varphi - n\pi\right) = \mathrm{j}\,\frac{Z_0 Y}{2} \tag{5.61}$$

故

$$\varphi_n = \frac{2}{N}\mathrm{arctanj}\,\frac{Z_0 Y}{2} + \frac{n}{N}2\pi = \frac{n}{N}2\pi + \Delta\varphi\ \left(n = 0,1,2,\cdots,\frac{N}{2}\right) \tag{5.62}$$

式中

$$\Delta\varphi = \frac{2}{N}\mathrm{arctanj}\,\frac{Z_0 Y}{2} \tag{5.63}$$

由此可知：

(1) 当 Y 为实数时，由式（5.63）可知 $\Delta\varphi$ 为纯虚数，所以式（5.62）为一复数，即

$$\varphi_n = \varphi_1 + \mathrm{j}\varphi_2 \tag{5.64}$$

式中

$$\left.\begin{aligned} \varphi_1 &= \frac{n}{N}2\pi \\ \varphi_2 &= -\mathrm{j}\,\frac{2}{N}\mathrm{arctanj}\,\frac{Z_0 Y}{2} = \frac{2}{N}\arctan\frac{Z_0 Y}{2} \\ \Delta\varphi &= \mathrm{j}\varphi_2 \end{aligned}\right\} \tag{5.65}$$

这就说明，在纯电阻负载时，不会对系统的振荡频率产生影响；然而，在相位角中由于出现了复数，因此，传播因子将变为

$$e^{j(\omega t+\varphi z)}=e^{j\omega t+j\varphi_1 z-\varphi_2 z}=e^{-\varphi_2 z}e^{j(\omega t+\varphi_1 z)} \tag{5.66}$$

由此可见，φ_2 实际上相当于一个衰减常数，它表征了对电磁波（或电磁振荡）幅值的影响。在磁控管中即表征了有高频功率的输出（消耗在有功负载电阻上）。

（2）当 Y 为纯虚数时：

①若 $Y=jB$，$B>0$，则 $\Delta\varphi<0$。故

$$\varphi_n=\frac{n}{N}2\pi+\Delta\varphi<\frac{n}{N}2\pi \tag{5.67}$$

②若 $Y=jB$，$B<0$，则 $\Delta\varphi>0$。故

$$\varphi_n=\frac{n}{N}2\pi+\Delta\varphi>\frac{n}{N}2\pi \tag{5.68}$$

在上述情况下，$\Delta\varphi$ 为实数，所以等效的衰减常数为零。也就是说，这种负载对电磁波的幅值没有影响；然而，由于 φ_n 绝对值的变化，将引起系统振荡频率的变化，其变化的大小比例为电纳 B 的绝对值。

（3）当 Y 为复数时，即 $Y=G+jB$ 时，这种情况是上述两种情况的综合，于是实数部分 G 影响振荡的幅值，而虚数部分 jB 将影响系统的振荡频率。

综上所述，可得出如下结论。

负载导纳 $Y=G+jB$ 的存在将使所有谐振模式分裂成为两组，一组对应于式（5.58）的解；另一组则对应于式（5.62）的解。这两组解所对应的频率不同，但它们之间存在的差别是很小的。或者说，每一模式都将是“双重的”，其中一个与负载相耦合，而另一个则与负载无耦合。然而，在所有模式中，只有两个模式例外，这就是 $\varphi=0$ 及 $\varphi=\pi$ 两个模式。

由式（5.55）可知，当 $U_0=0$ 时，$U_i=jZ_cI_0\sin\varphi$，对于 $\varphi=0$ 及 $\varphi=\pi$ 两个模式来说，$I_0\neq0$ 时，$U_i=0$，这就是说这两个模式不可能存在与负载耦合时的简并情况（即存在简并模式）。所以只要振荡产生，就必然与负载相耦合（即 $U_0\neq0$），即能获得输出功率。

这就是为什么人们总是选择 π 模 $\left(n=\frac{N}{2}\right)$ 作为磁控管的工作模式的理由之一（无简并）。π 模的其他两个优点是在工作磁场一定时，阳极工作电压最低，电子效率最高。

5.10 长阳极磁控管的工作机理与设计特点

5.10.1 概 述

长阳极磁控管是英国的波特（Boot）博士从1939年与伯明翰大学的兰达尔（Randal）教授一起发明了世界上第一只多腔（行波）磁控管以后的又一创举，由英国垄断生产近50年，该管起初为高功率脉冲雷达使用设计，70年代初开始广泛应用于大剂量（E>15Mev）的医用放疗机上，至今仍在全球各国推广与应用，产量在1 000只以上，产值约一亿美元。因为该管与普通磁控管存在很多结构与原理上的重大差异，曾困惑了不少设计者，所以本文就长阳极磁控管的工作机理与结构差异和设计特点等方面提出分析与说明，供设计者参考。

5.10.2 长阳极磁控管的由来

1. 大功率脉冲磁控管提高功率时存在的困难和问题

（1）阳极上的热耗散。

（2）阴极上回轰功率的热耗散。

2. 若不采用高温阴极而仍然用普通阴极时，就必须增大阴极面积，增大面积的方法

（1）在长度不变时增大阴极直径 d_k 。

通常，阳极直径 $d_a \approx 2d_k$，采用增大 d_k 方法就导致 d_a 的增大，如果 h_a（2in）和腔数 N 不变，这将导致阳极叶片间角向间隔的增大，这会使阳极工作电压 V_a 提高…，否则只有增加 N，例如 $N=12$ 时，$d_a=1.25$in，当 $d_a=2.5$in 时，就使 $N=24$；$N>18$ 后，隔模带技术效果较差。

（2）在直径不变时增加阴极长度 h_k。

当保持 $N=12$ 不变时，将 h_a 及 h_k 同时增大至4in，形成长阳极管，这时，阳、阴极散热困难基本解决，但出现新问题，模式分隔如何解决？由于 $h_a \approx \lambda$，存在轴向模式，场在轴向呈双曲线函数分布，互作用空间内存在混合模式，结构复杂。若仍采用单腔不对称输出，杂模不易去耦，工作中会降低工作效率，增加阴极回轰功率。采用单端对称轴向输出可解决这个矛盾。

5.10.3 长阳极磁控管的结构

长阳极磁控管与电磁铁波导一起装配时如图 5.56 所示。

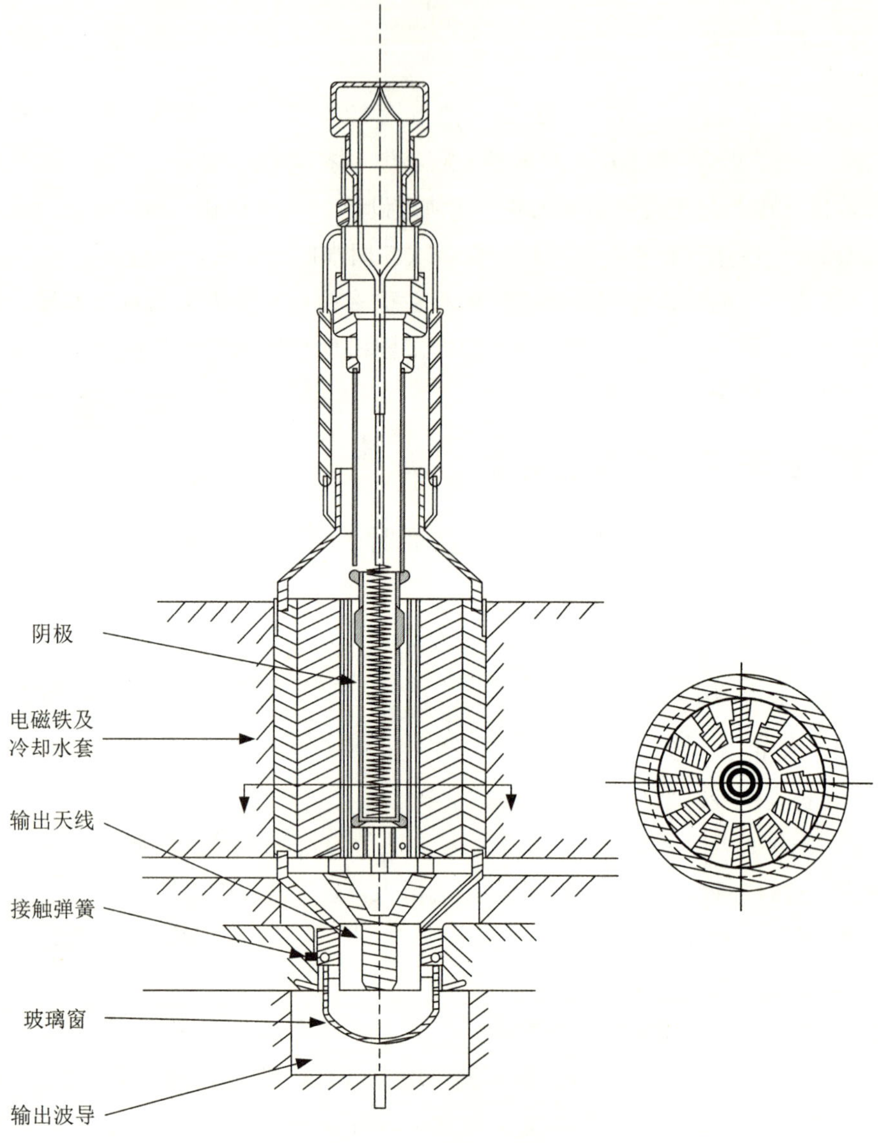

图 5.56 长阳极磁控管与电磁铁波导装配图

其结构特点如下：

(1) 阳极块高度 $h_a \approx \lambda$，如 S 波段 5MW 约为 4 英寸；而普通磁控管 $h_a < \lambda/2$，两者相比大 2～10 倍。

(2) 无隔模带。

(3) 阳极谐振腔为方孔—槽形不同于传统的圆孔—槽腔，如图 5.57 所示。

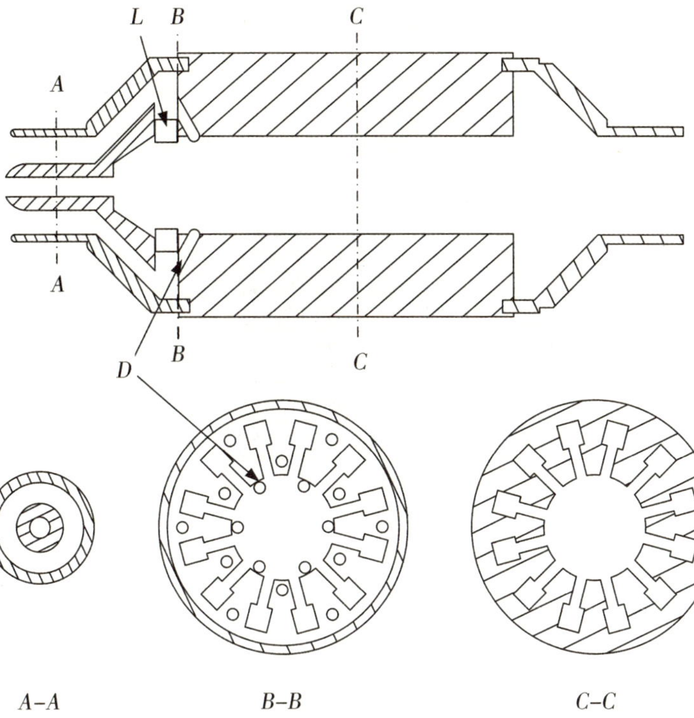

图 5.57 方孔—槽形腔系统

(4) 采用同轴对称单端输出，同相叶片相连过渡至同轴内导体，外导体由阳极圆筒收缩而成。

(5) 阴极下端帽底部直径缩小。

(6) 加入平衡销（见图 5.57），作用为：

①减小天线与阴极的耦合，提高 Q 值；

②减小阴极电子回轰；

③降低阴极轴向位置的敏感性。

(7) 阴极上端帽与铜管焊接，在其外侧有一 $\lambda/4$ 抗流装置，以防微波泄漏如图 5.56 所示。

(8) 阴极与阳极不等高，这有利于减小端帽发射电流对工作电流的影响。

5.10.4 工作原理简介

在普通磁控管中，$h_a<\lambda/2$，所以不易产生轴向模式，而在长阳极管中，h_a 较大，这时采用隔模带效果不好。这时可将阳极看作特殊截面的圆柱波导，而在波导两端加载有隔模带容性阻抗，由于 $\lambda>\lambda_c$（截止波长），截止波导的衰减效应使阳极中部不知道两端隔模带的存在。因此，存在隔模带的必要性丧失了。

在长阳极管中，$(\lambda_c)_\pi<(\lambda_c)_{N/2-1}$。

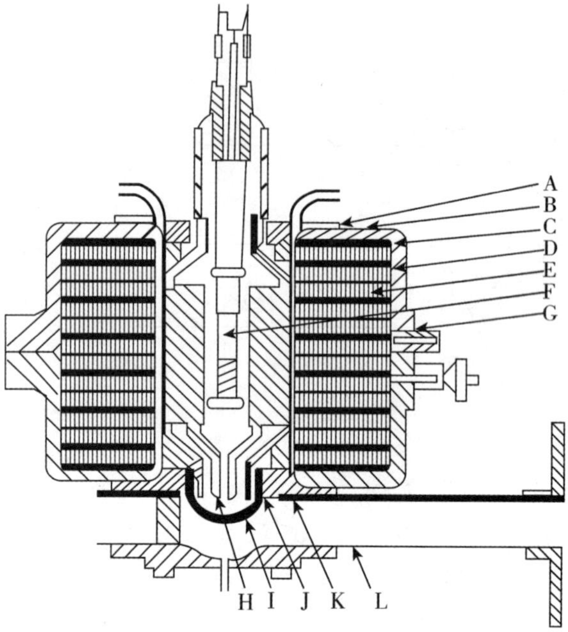

A—顶部极靴；B—冷却水管；C—磁路；D冷却盘片；E—电磁铁绕组；F—阴极；G—阳极
H—同轴输出；I—输出窗；J—接触弹簧；K—底部极靴；L—波导输出

图 5.58　带有电磁线包的管子

由于 $N=12$，所以 $n=5$ 与 $n=7$ 两个模式是兼并的，只有 $n=0$ 和 $n=N/2=6$ 是非兼并的，$n=6$ 即为 π 模（工作模）。此外，由于门槛电压 $U_t \propto 1/N\lambda_n$

$N\lambda_n$ 愈大，U_t 就愈小。因此，激励 π 模的 U_t 最小，易于起振。

非 π 模对 π 模的竞争取决于：

（1）两个模式波长的接近度；

（2）能量输出器及阳极叶片分度公差产生的不对称度；

（3）采用轴向单端对称输出系统可大大降低模式竞争和污染，这种结构无法加隔模带；

（4）阳极中传输的是 TE_n（横电）模式（$n=0$，1，2，…，$N/2$）。其中每一 n 模式都有相应的截止波长（λ_c）$_n$。例如一 S 波段长阳极磁控管，$N=12$，各相应模式的截止波长如表 5-5 所列。

表 5-5　各模式的截止波长

n	0	1	2	3	4	5	6（π）
λ_c（cm）	6.66	15.04	11.57	10.95	10.70	10.59	10.55

此外，由于存在阴极，于是相互作用空间形成一个同轴的 TEM 模，它将与 TE_n 模组成了复杂的混合模。

(1) 设 h_a 为阳极高度，当阳极两端短路时的轴向谐振条件为

$$h_a = p\lambda_g/4 \quad p=2, 4, 6, \cdots$$

$$1/\lambda_g^2 = 1/\lambda^2 - 1/\lambda_c^2$$

式中 λ_g——相应模式的波导波长。

(2) 当阳极两端开路时的谐振条件不变，但这时可存在 $p=0$ 的模式。

(3) 当阳极一端开路或短路而另一端有对称输出结构时，情况变得复杂起来。当 TE_n 波入射至对称端时，反射的不仅有 TE_n 波，同时还存在 $TE_{(N/2-n)}$ 波。例如：$N=12$，$n=6$ 反射波有 $n=6$ 和 $n=0$ 两个波；$n=5$ 时反射波有 $n=5$ 和 $n=1$ 两个波；…。于是在轴向存在一对 TE_n 和 $TE_{(N/2-n)}$ 形成的驻波，它在轴向产生正弦或指数分布的驻波。

非 π 模耦合至输出同轴线中形成高次模，它通常是不传输的，因此 Q_0 值较高，可接近 3 000。

管子输出耦合度 β 取决于同轴内导体上端 $N/2$ 个端点在阳极叶片上的径向位置，愈靠近叶片端部时，由于该处 rf 场大，因此 β 大，反之，端点移向叶片的根部方向，则 β 小，如图 5.59 所示。

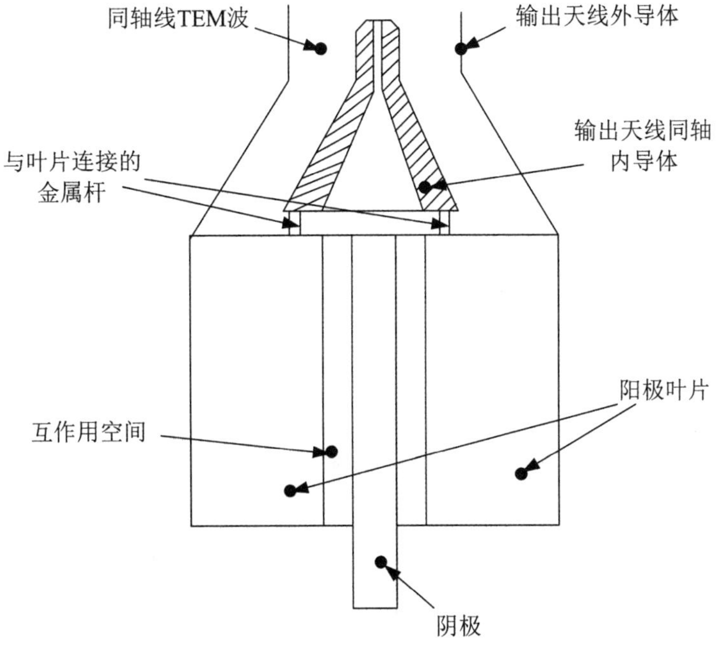

图 5.59 决定 β 大小的金属杆位置

例如一管子，$Q_0=3\ 000$，$Q_E \approx 300$，于是 $\beta = Q_0/Q_E \approx 10$。

5.10.5 实 例

1. S 波段 5.5MW 脉冲长阳极磁控管的参数

$N=12$

$h_a=4$in (10.16cm)

$d_a=1.25$in (3.175cm)

$d_k=0.59$in (1.5cm)(中部发射体)

$d_k=0.9$in (2.286cm)(上端帽)

$d_k=0.5$in (1.27cm)(下端帽)

阴极工作温度:750~840℃

工作磁场:$B=1500$gauss

电磁铁功率:$P_s=750$W

管重:10 磅

连电磁铁总重:127 磅。

2. 阴极制作

(1) Ni 棒或厚管车制阴极套筒及端帽。

(2) Ni 网在 H_2 炉中 1 300℃烧结。

(3) 热子与下端帽用 Ni-Pd 合金焊料在成形气体中 1 250℃焊接,形成 W-Ni 热偶,可兼作阴极温度之用。

(4) 阴极在高真空中 1 100℃,2 小时 950℃,22 小时去气。

5.10.6 结构改进

1. 阳极腔形改变

在图 5.60 中示出了阳极由方孔-槽型腔改为扇形腔,在靠阴极腿一端,阳极腔被短接,扇形腔易于加工与制作,但最初的样管却产生许多问题,如:

(1) 效率不如前者;

(2) 因为扇形叶片端部电容较小,所以导致阳极表面 rf 电压的升高;

(3) 后者在低阳极电流时工作良好,而前者则不能在低电流时工作;

(4) 阴极回轰功率略有增加。

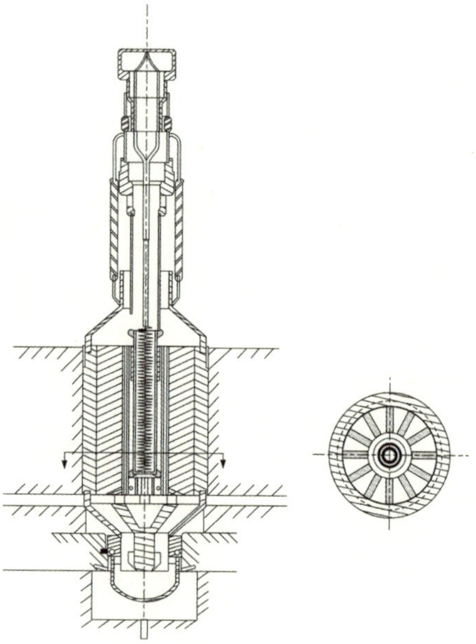

图 5.60 扇形腔系统

2. 输出结构改变

将同轴线改为平板圆盘天线，该天线至矩形波导宽边约一个波长，如图 5.61 及图 5.62 所示。在天线板与圆管中向圆波导激励起 TM_{01} 模式场再通过圆波导向矩形波导转换成 TE_{10} 波由同轴改为圆波导输出，介质窗直径大大扩张了，只要窗外屏蔽筒直径与圆波导之间留有足够的抗流间隙即可，从而大大降低了对输出窗的冷却要求。

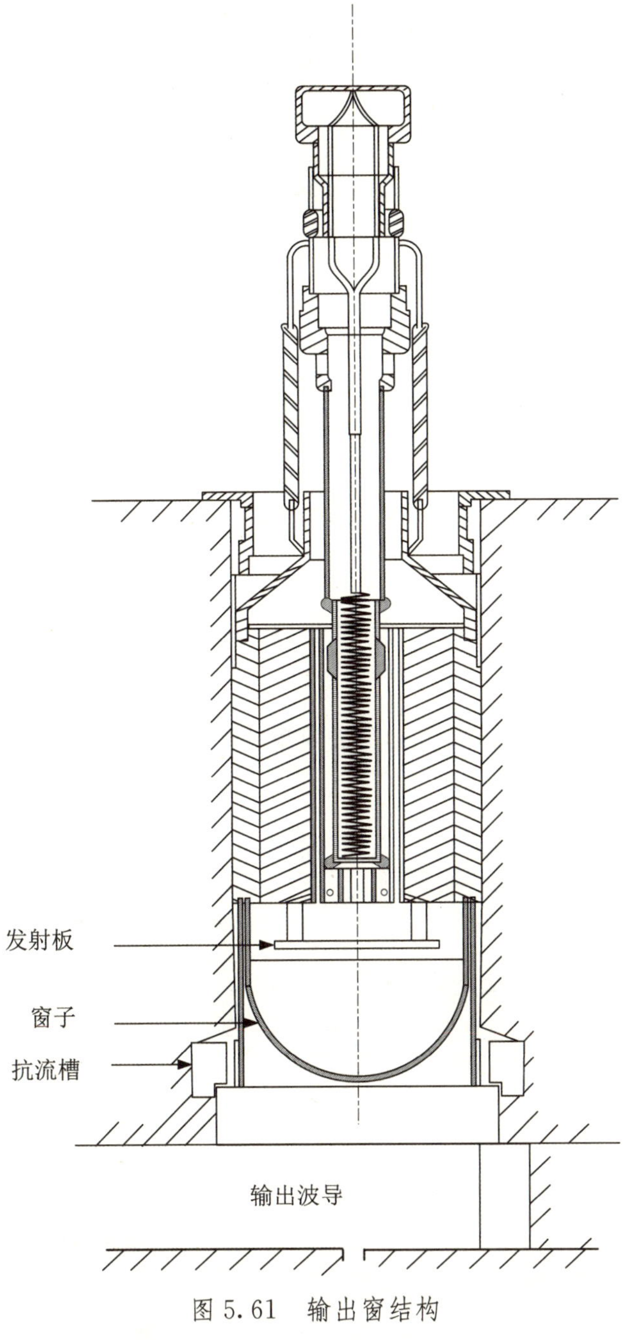

图 5.61　输出窗结构

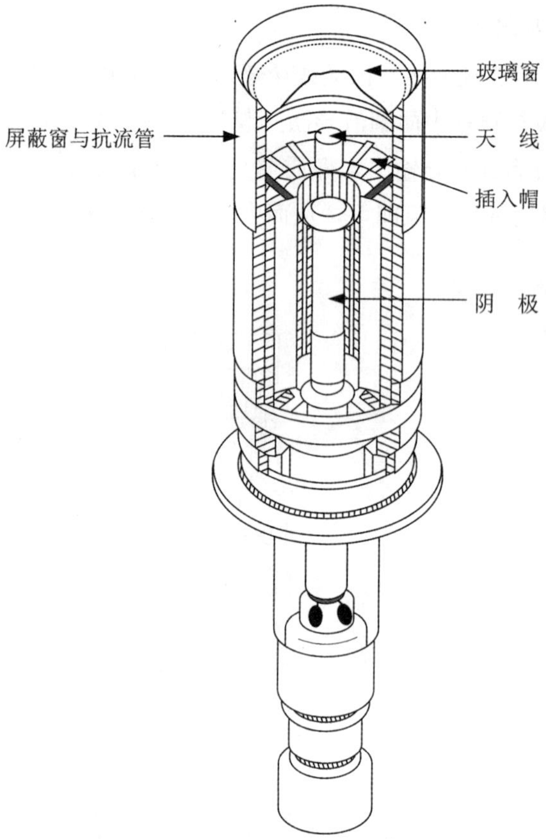

图 5.62　E_{01}模式输出结构磁控管

3. 抗流结构

将弹簧接触改为λ/4抗流结构，免去弹簧接触不良引起的打火或放电，如图5.63所示。

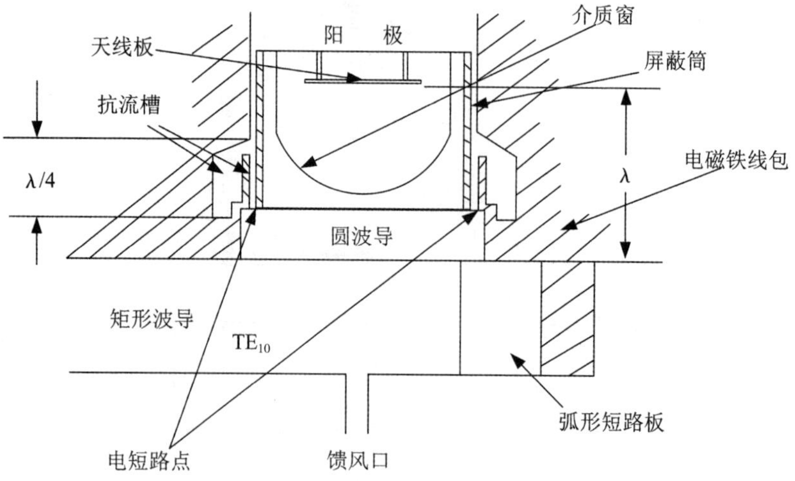

图 5.63　有抗流结构的输出器

4. 进一步完善输出结构

在天线板中部焊一小凸出圆柱，再加上带孔圆盘，如图 5.64 所示。

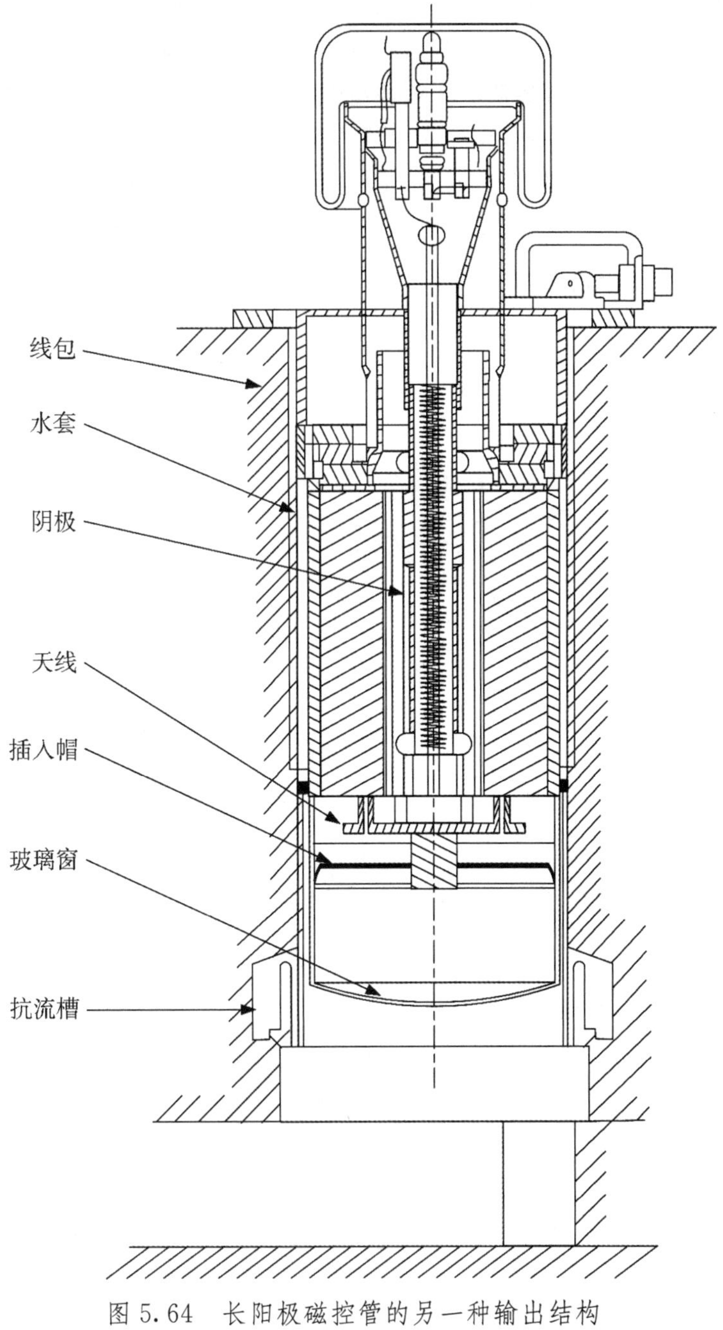

图 5.64　长阳极磁控管的另一种输出结构

由于该圆盘的存在可以屏蔽相互作用空间向输出窗方向辐射过来的热量及 X 射线，从而大大降低了对玻璃窗的冷却风量要求，窗子亦可将半球形改成扁平形或其他只要能耐大气压力差即可。

5.10.7 管子的基本特性

管子的工作特性如图 5.65 所示，负载特性（Rieke Diagram）如图 5.66 所示。由工作特性曲线上可以看出其动态电阻较一般磁控管大，这将有利于工作点的稳定，对脉冲电压变化的敏感度有所降低，从负载特性曲线上可以看出等功率线及等频率线较为对称，与理论分析结果差异较小，这也是长阳极磁控管的一个特点与优点。

该管工作在 2～5μs 的脉宽，工作比约为 0.1%，效率为 40%～50%，回轰阴极的功率约为输入功率的 1.5%，功率更大时下降为 0.75%，而扇形腔时则为 2.2%。

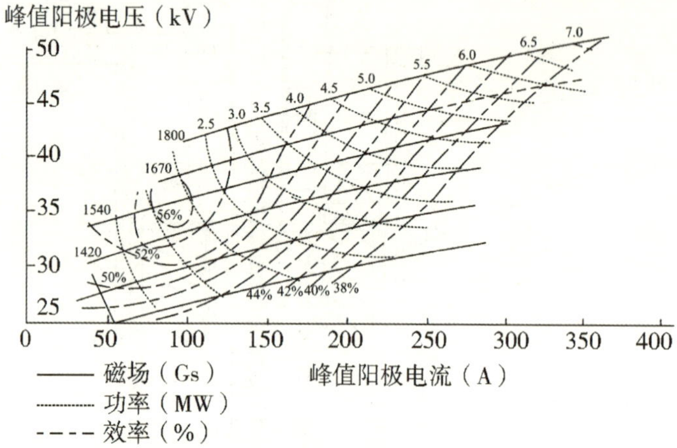

图 5.65 长阳极磁控管的工作特性

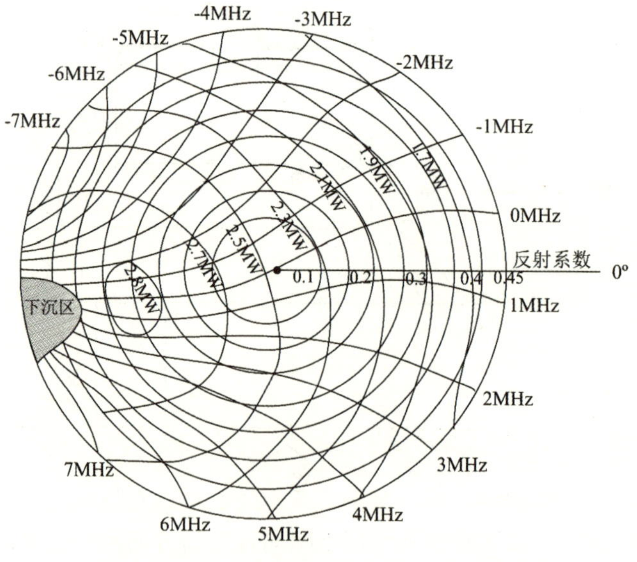

图 5.66 长阳极磁控管的负载特性

5.10.8 主要应用

长阳极磁控管早期（20世纪50年代）主要用于雷达发射机中，目的是解决高功率磁控管阳极热耗散及阴极热平衡问题。到20世纪70年代初开始用于直线加速器中作为微波功率源，并与早期的短阳极磁控管如M5015，M5125P，M5125X，M5193等同时生产。后者为径向耦合环不对称输出，灯丝引线亦为径向结构。但M5349短阳极管为径向不对称输出，但灯丝引线则为轴向同轴输入结构，如图5.67（见彩插）、图5.68及图5.69所示。

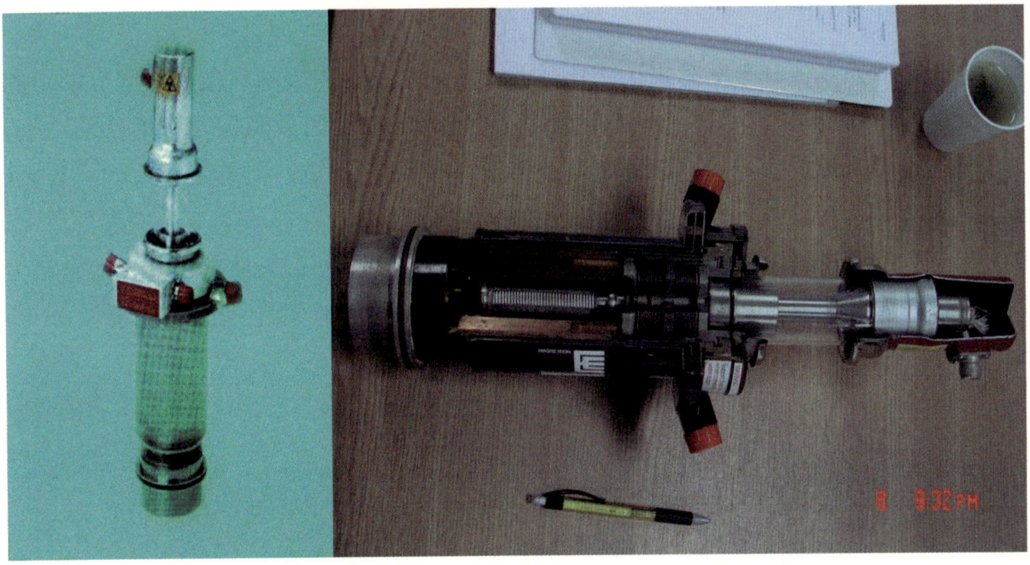

图5.67 长阳极M5028（5.5MW）

图5.68 短阳极M5193（2.6MW）

图5.69 短阳极M5349（3.1MW）

5.10.9 结　语

综上所述，可见长阳极磁控管不仅解决了阳极的热耗散及阴极的电流密度问题，而且省去了隔模带，使结构简化，成本下降。由于采用了轴向对称的天线输出结构，避免了不对称输出窗情况下，高脉冲输出功率时的高频打火问题。这些设计理念为设计其他波段特别是频率较高波段的磁控管提供了宝贵的经验。

5.11 阴极的电子回轰与二次发射

在磁控管及其他分布发射式正交场微波管中，电子对阴极的回轰是其固有的本质现象之一，这就为在管内采用冷阴极提供了可能性。电子回轰阴极时所消耗的功率，对于管子效率来讲往往是一个不可忽略的因素，回轰效应（或称回轰功率比）与阴极的二次发射特性有着密切的关系。

设工作时管子的阳极电流为 I_a，返回阴极的回轰电流为 I_b，阴极的热发射电流为 I_t，阴极材料的二次发射系数为 σ。如果不考虑回轰电子实际上所具有的能量分布，那么在稳定状态下，这些电流必须满足下列平衡条件，即

$$I_a + I_b = I_t + I_s \tag{5.70}$$

式中　$I_s = \sigma I_b$——阴极的二次发射电流。　　(5.71)

二次发射系数 σ 是电子轰击阴极能量的函数，其一般规律如图 5.70 所示。

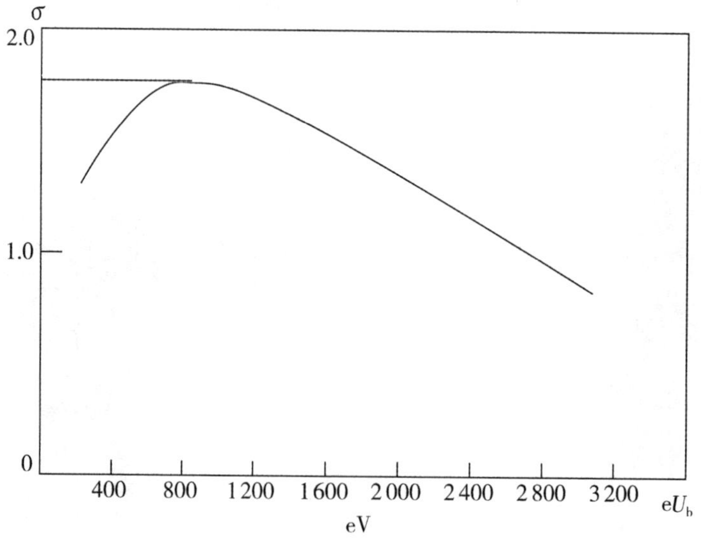

图 5.70　二次发射系数与电子轰击能量的关系

对于不同的材料，σ_{max} 的值差别不大，例如氧化物阴极板的 $\sigma_{max} \approx 6$，甚至更大；钡钨阴极 $\sigma_{max} \approx 2$；纯金属铂 $\sigma_{max} \approx 1.85$；钼 $\sigma_{max} \approx 1.35$；W$\sigma_{max} \approx 1.3$；Th－W$\sigma_{max} \approx$

2.5；一般 σ_{max} 出现在电子回轰能量为 500～1 000 电子伏的范围内。

此外，σ 还与回轰电子的入射角有关，测量表明，σ 随入射角的增大而增大。

另一方面，实验表明，回轰阴极的电子是存在着能量分布的，并发现：

(1) 回轰电子的能量分布不受空间电荷的影响；

(2) 回轰电子的最大能量受工作磁场的影响，并与截止电压成线性关系，这一最大能量约为二极管阳极电压的 12%，即 $(U_b)_{max} \approx 0.12U_a$；

(3) 回轰电子的能量分布（如图 5.71 所示），可以近似地用下式表示，即

$$n(U_b) = n_0 e^{-\frac{K}{U_c}U_b} \tag{5.72}$$

式中 $n(V_b)$ ——能量为 eU_b 电子伏的回轰电流 $n = \left.\dfrac{dI_b}{dU_b}\right|_{U_b}$；

n_0 ——能量为零时的回轰电流 $n = \left.\dfrac{dI_b}{dU_b}\right|_0$；

K ——常数；

U_c ——截止电压。

当 $(U_b)_{max} \simeq 0.12U_a$ 时，

$$\frac{K}{U_c} = \frac{40}{U_a} \tag{5.73}$$

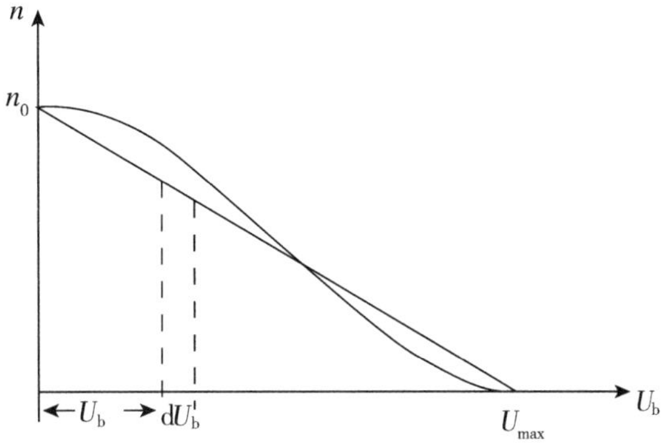

图 5.71 回轰电子的能量分布

由此可见，阴极的二次发射电流 I_s 应由下式进行计，即

$$I_s = \int dI_s = \int \sigma(U_b) n(U_b) dU_b \tag{5.74}$$

实际上，因为 $\sigma(U_b)$ 函数的复杂性，很难写出具体的解析形式，所以我们一般采用"有效的二次发射系数"的概念，等效上述实际上的分布函数 $\sigma(U_b)$，并以 σ_{ef} 表示，这样上式就可写成

$$I_s = \sigma_{ef} \int n(U_b) dU_b = \sigma_{ef} (I_b)_{ef} \tag{5.75}$$

这里应当指出的是式（5.75）与式（5.71）具有相同的形式，但都具有不同的含义。式（5.71）是在忽略回轰电子的能量分布条件下写出的，因此，式中的 σ 和 I_b 都是单值的；而式（5.75）是在计及回轰电子能量分布条件下得出的，因此，σ 和 I_b 都是

多值的分布函数，式中 σ_{ef} 及 $(I_b)_{ef}$ 是一个等效值，换句话说，把本来是一个多速的电子流看成是具有回轰能量为 eU_b 的单速电子流 $(I_b)_{ef}$，这时相应的二次发射系数为 σ_{ef}，于是回轰功率为

$$P_b = (I_b)_{ef} \cdot U_b = \int n(U_b) U_b \mathrm{d}U_b \tag{5.76}$$

而直流输入功率为

$$P_a = I_a U_a \tag{5.77}$$

将式（5.75）（5.76）（5.77）代入（5.70）后可得

$$\eta_b = \frac{P_b}{P_a} = \left(1 - \frac{I_t}{I_a}\right) \frac{\frac{U_b}{U_a}}{\sigma_{ef} - 1} \tag{5.78}$$

如令单位时间内回轰阴极的电子数目与阴极发射电子总数之比为“回轰系数”，并以 γ 表示，则有

$$\gamma = \frac{(I_b)_{ef}}{(I_b)_{ef} + I_a} = \frac{1 - \frac{I_t}{I_a}}{\left(1 - \frac{I_t}{I_a}\right) + \sigma_{ef} - 1} \tag{5.79}$$

当热电子发射比二次发射小很多的情况下，即 $\frac{I_t}{I_a} \leqslant 1$，则可略去上述式中的 $\frac{I_t}{I_a}$ 项，于是

$$\gamma \simeq \frac{1}{\sigma_{ef}} \tag{5.80}$$

$$\eta_b \simeq \frac{\frac{U_b}{U_a}}{\sigma_{ef} - 1} \tag{5.81}$$

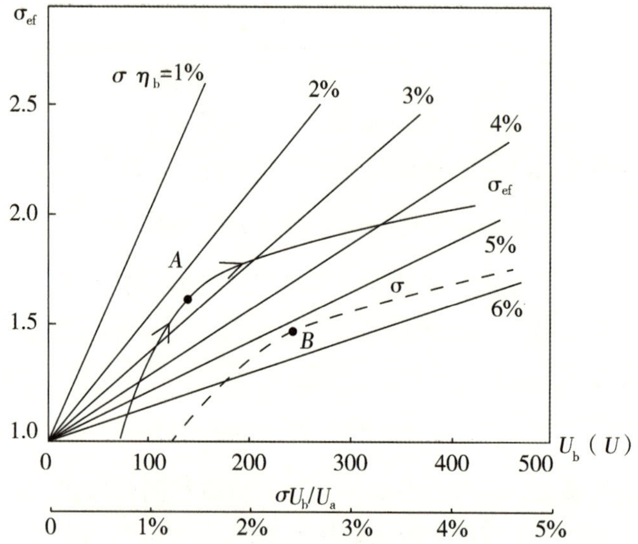

图 5.72 Ba—W 阴极二次发射系数 σ 与 U_b 的关系

如果阴极的二次发射特性 $\sigma_{ef}=f(U_b)$ 为已知，即可由式（5.81）讨论 η_b 与 U_b 的关系。我们所得的 $\sigma_{ef}=f(U_b)$ 特性及由式（5.81）确定的等 η_b 线绘于同一坐标系中，并如图 5.72 所示。图中的 a 是与 U_a 有关的特定系数。在这里，如 $U_a=10$kU，$a=1$，$U_a=20$kV，$a=2$，余类推。

当高频功率较小，高频电场较弱时，电子回轰阴极的能量和相应的电位 U_b 都较低，由图可见，这时的回轰效率 η_b 则较高。随着高频率功率的提高，U_b 相应增大，η_b 则下降较快，当 U_b 增加到某一定值时，η_b 将达到一个最小值，如图上点 A，然而 η_b 将随 U_b 的提高而有十分缓慢地上升现象。举例来说，如果管子的阳极电压 $U_a=10$ kU，这时的 $a=1$，回轰效率最小值 $(\eta_b)_{min}\simeq 2.6\%$。这时二次发射系数的有效值 $\sigma_{ef}=1.6$，回轰系数 $\gamma\simeq 62.5\%$，在低功率小电流工作状态下 U_a 较低，这时 η_b 可能提高到 10% 以上。因此，管子在低功率和低电流状态下工作，总效率会因 η_b 的提高而大大降低。

图 5.72 中实线所示的 $\sigma_{ef}=f(U_b)$ 曲线接近于钡钨阴极的特性。如果二次发射性能减弱，如图 5.72 中的虚线所示的那样，那么可以看出，η_b 将随 σ_{ef} 的下降而显著提高，如图中 B 点，这时 $(\eta_b)_{min}\geqslant 5\%$。由此可见，如果二次发射系数最大值 σ_{max} 较大，σ_{ef} 随 U_b 上升速度较快，相应于 $\sigma_{ef}=1$ 的 U_b 愈小，这三个条件都有利于降低 η_b，这对于提高管子总效率来说是有实际意义的。

在分布发射式正交场管子中潜在的电子回旋倍增现象导致了与直流二极管中相当大的阳极电流，这个倍增过程如下。

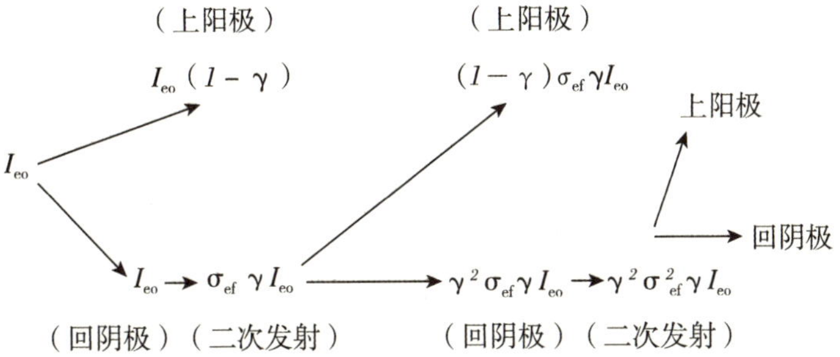

式中　I_{eo}——起始发射电流。

因此到达阳极上的总电流为

$$I_a=I_{eo}(1-\gamma)(1+\gamma\sigma_{ef}+\gamma^2\sigma_{ef}^2+\gamma^3\sigma_{ef}^3+\cdots)$$

$$=I_{eo}\frac{1-\gamma}{1-\gamma\sigma_{ef}}\ (\text{当}\ \gamma\sigma_{ef}<1\ \text{时}) \tag{5.82}$$

$$\to\infty\ (\text{当}\ \gamma\sigma_{ef}=1\ \text{时}) \tag{5.83}$$

当 $\gamma\sigma_{ef}<1$ 时，

$$\varepsilon=\frac{I_a}{I_{eo}}=\frac{1-\gamma}{1-\gamma\sigma_{ef}}\geqslant 1 \tag{5.84}$$

这就是磁控管和正交场二极管中电流剧增现象的主要原因。

在圆柱形二极管中，这个有用电流的最大值为

$$\frac{I_a}{U_a^{\frac{3}{2}}}=\frac{1.61\times10^{-6}(\sigma_{ef}-1)h_a}{\left[1-\left(\frac{r_k}{r_a}\right)^2\right]^2\left(\frac{r_a}{r_k}+1\right)r_a} \tag{5.85}$$

式中 I_a——阳极电流(A)；

U_a——阳极电压(V)；

h_a——阳极高度；

r_a——阳极半径；

r_k——阴极半径。

这一具有 $\frac{3}{2}$ 次方关系的表示式对于鉴定给定的阴极材料的设计极限是非常有用的。

最大有用电流取决于阴极材料的二次发射系数、阴极发射面积、阴阳极间距离和所选择的阳极电压。对于给定的输出功率，假设管子尺寸只受频率等因素的限制，那么工作电压的选择只取决于阴极的二次发射系数，选择低电压时，就需要高的二次发射系数。

磁控管和正交场二极管中电流剧增现象的原因是回旋倍增效应产生的，也是电子回轰阴极与二次电子发射这些现象所导致的，这在速调管与行波管等O型微波器件中是不可能产生的。因此，深入探讨M型微波器件中的电子运动规律与本质，特别是寻找具有高二次发射系数的阴极材料，为在M型微波器件中采用冷阴极的可能性提供可靠保证。采用高温工作的纯金属阴极，如钨、钽、铌等由于其二次发射系数较低（通常在1.16～1.35之间），所以显然不适用于作为冷阴极的材料，而碳化钍钨丝的二次发射系数则在2.5左右，要比前一类高出一倍，正在研发的一些新型稀土阴极等如能取得突破，都有可能作为冷阴极的材料。正在蓬勃发展的碳纤维或石墨烯能否作为冷阴极材料也是人们关注的焦点。早在20世纪七八十年代，国外就有采用冷阴极的正交场器件的产品出现，几年前国内也有采用冷阴极的脉冲磁控管的报道，这就使管内阴极结构得以简化，省去热丝加热功率，并能即时高压启动，使用与维护均十分方便。如果能在直热式阴极的微波炉用磁控管中也采用冷阴极，这样既能节约30W的热丝加热功率，更重要的是无须预热时间即能高压启动，同时也延长了磁控管的使用寿命。由于直热式阴极材料的二次发射系数要比旁热式阴极如氧化物阴极或钡钨阴极低得多，所以，这需要在原理、结构、材料与工艺上做出巨大的努力才行，我们期待着这一天的早日到来。

5.12 炉用磁控管中的浪涌电压与浪涌电流

磁控管在灯丝电压未加或冷启动时，除了会产生跳模外，还会引起浪涌电压的产

生。这种浪涌电压是由于管内在真空排气过程中去气不彻底时，残留的气体分子在阴阳极电压作用下产生电离而形成的不连续离子流造成的，由这种不连续离子流导致高压变压器的自感应产生的，特别是微波炉用的电源使用自感应值较高的漏磁变压器时更易发生。浪涌电压的大小由下式确定，即

$$U_t = L\frac{di}{dt} \tag{5.86}$$

式中 U_t——自感应浪涌电压；

L——自感量；

i——感应电流；

t——时间。

浪涌电压往往在冷启动或灯丝与阳极同时加压后的 1～2 秒后发生，它的脉冲宽度在 200 微秒左右，其特征为再现性非常强，灯丝表面吸附着的气体以氢气居多，浪涌电压及浪涌电流波形如图 5.73 所示。

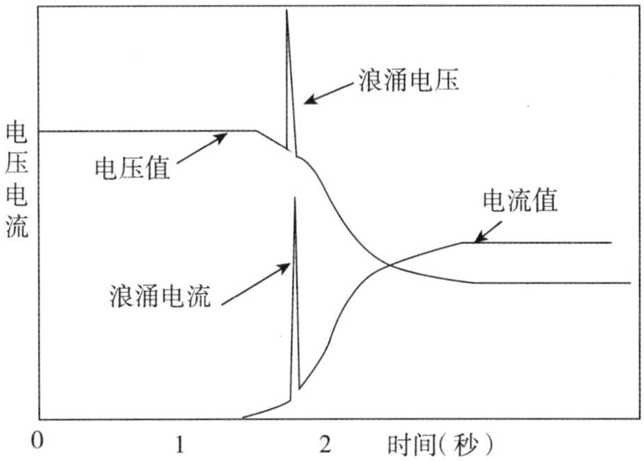

图 5.73 浪涌电压浪涌电流图

1. 管内残余气体是下述原因造成的

(1) 管内零部件的氧化与污染。

(2) 使用焊料的氧化与污染。

(3) 膨胀系数的不一致。

(4) 作业温度的不适合。

(5) 其他导致漏气的原因。

2. 检查残余气体的方法有

(1) 氦气漏气检查机即检漏仪。

被测管经排气后，在可疑漏点喷上氦气，进入磁控管内部的氦气用检漏仪检出，检测灵敏度较高。

(2) 氩气加压试验。

用氩气对被测管加压后在容器中放置数十小时后，检查试验前后的电子发射特性变化。使用氩气的原因是氩气是惰性气体，即使进入管内也不会被吸气剂吸附，这样就残留了下来，如果有氩气进入管内，也会造成电子发射特性的恶化。

由此可见，在起振前，因为管内残留的气体分子在高压及强磁场双重作用下，电子长时间作轮摆线运动过程中产生的电离形成的离子流及电子流的感应导致的。

为了防止浪涌电压的产生，可在灯丝端帽内侧安置吸气剂，锆吸气剂在436℃以下能很好地吸收氢气，但在436℃以上时，则反过来放出所吸收的气体，在大约700℃以上，则完全丧失吸收气体的能力而完全放出气体。

关于浪涌电压的测定，通过适当的取样电阻通常为5～10Ω，用峰值电压表或长余辉示波器测定。

实验发现，灯丝电流或交流磁场也会对浪涌电压有较大的影响，所以在端子的连接方面也应加以注意。

磁控管的灯丝电流非常大，即使是很小的接触不良也会引起发热、金属氧化从而形成导电不良，其结果会导致灯丝温度下降，所以必须引起重视。此外，灯丝一般做成螺旋线状（8～9圈），所以由灯丝电流产生的磁场，而且是交变的轴向磁场也不能忽视。在炉用磁控管中，磁场方向与灯丝电源的交流相位通常是保持一致的。如果不这样做，会因磁场的影响给输出功率带来较大变动。所以规定："由灯丝电流产生的交流磁场的影响，为使其在工作特性中表现出来，规定在阳极电压上升时，阳极电流增大方向的端子用FA标识。"如图5.74所示。

由图可见，在半波倍压整流电路的灯丝变压器次级绕组T3的同名端应与磁控管M的灯丝接头上的FA相连，而异名端则与灯丝接头上的F端相连。这种连接方法可以减小浪涌电压的产生概率。

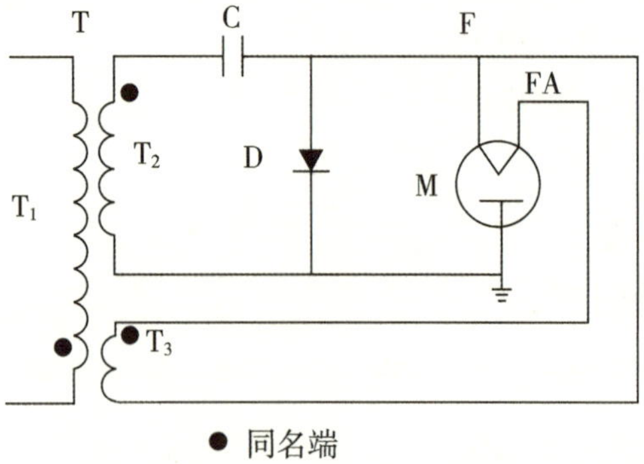

图5.74　灯丝接线图

有必要对灯丝的浪涌电流引起足够的重视，因为灯丝电阻冷热阻值的巨大差异，所以加热开始时的浪涌电流很大，灯丝就容易产生变形（下垂），故希望能设计出变压器阻抗使得浪涌电流在有效电流的 3 倍以下，借以延长灯丝的使用寿命。

采用半波倍压整流电源时的阳极脉动峰值阳极电压可用图 5.75 所示的峰值电压表来测量，该电压表的时间常数大于 0.5 秒。

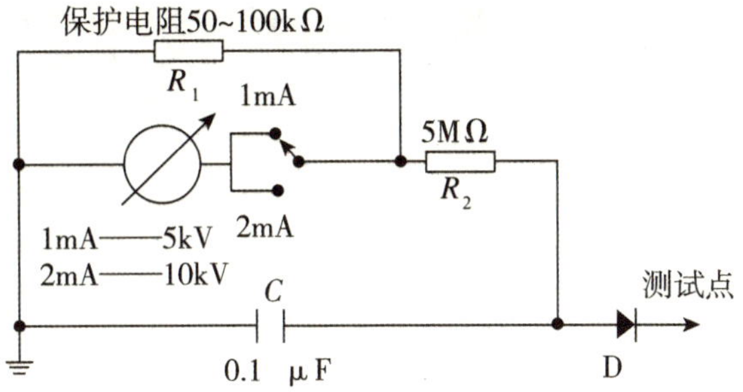

图 5.75 峰值电压表电路构成

5.13 小 结

本章专门讨论了存在于磁控管中的一些基本理论和许多实际问题，例如双模磁控管的概念、长阳极磁控管的工作机理、炉用磁控管的特点、磁控管寿命终了的判断、负载对磁控管振荡稳定性的影响、磁控管中的电子回轰与二次发射、脉冲管与 CW 管的效率差异问题，这些内容都属于磁控管的基本理论和使用中的实际问题，放在第 2 章中讨论显得过深、过宽，但它们又离不开磁控管的基本工作原理，所以单独成章予以分析与讨论，以作为第 2 章的补充与拓展。理论联系实际，无论是对磁控管做进一步的深入理解，还是指导设计者或使用者从理论的高度去解决问题肯定是会有所帮助的。

第6章 微波加热技术基础

6.1 概 述

微波加热作为一种工业上的处理技术早在七十多年前就产生了。在第二次世界大战期间，磁控管的发明引起了工业界、大学、研究机构和政府部门的一些工程师和科学家们的极大的兴趣，他们企图用上述器件产生的微波去开发非军事领域的新用途。然而，由于缺乏合适的设备，特别是缺乏材料介质特性的数据，上述希望迟迟没有得到实现。在20世纪40年代后期和50年代初期，人们致力于得到材料特性的可靠数据，这一工作首推美国麻省理工学院（MIT）的Von Hippel和他的同事们，他们为许多有机和无机材料在频率范围100～10^{10} Hz内的开创性工作及射频及微波功率技术在工业上的应用奠定了基础。此后，他们的工作多次扩展，以填补由于愈来愈多的工业上的应用而出现的空白。随后，在世界范围内，各国科学家和工程师们经过不断努力，将材料的种类从工业原料进一步扩展到农、林、牧、副、渔，甚至人体各种器官和其他生物体组织，直到细胞层面，这就为微波在这些领域内的应用打下了必要的基础。人们对事物的认识也在不断深化，即使对水这样一种人人皆知且人人无法脱离的物质，仍然存在着还未完全掌握的特性，因此各国的许多科学家们仍坚持每年轮流在世界各地召开一次“电磁波与水的相互作用会议”，互相交流水作为一种电介质的基本特性。

近十几年来，微波功率不仅在固态与液态物料领域跨学科地被推广应用，而且逐渐扩大到气态和等离子态领域中的应用，可以明显地看到在一些诱人的潜在应用市场中，具有很大的经济与社会效益，例如：

（1）固体垃圾（包括生活垃圾、医疗垃圾和放射性垃圾）的微波焚烧或处理；

（2）废弃轮胎的微波处理与加工；

（3）微波化工工程的探索（例如天然气制造乙烯）；

（4）废气微波治污（如有毒气体与恶臭气体的消解）；

（5）微波等离子体及火炬（MPT）的应用（微电子及固体器件及其他领域）。

上述领域的应用将直接影响到我们社会的生态和环保，影响到人们的健康和生活。

通常，我们在微波加热应用范围内，接触到的材料可以按如下方式划分。

（1）按形态分：固体、液体、气体、等离子体；

（2）按电导率分：导体、绝缘体（电介质）、半导体；

（3）按结晶分：晶体（单晶、多晶）、非晶体；

（4）按极化率分：极性材料、非极性材料；

（5）按分子量分：低分子物质、高分子物质；

（6）按分子结构分：链状结构、网状结构；

（7）低分子材料分为：晶体与非晶体；

（8）高分子材料分为：结晶结构与无定形结构。

也可分为天然与人工合成两类；前者如纤维素、天然橡胶、纸张等，后者如塑料、合成纤维、人造涂料等。

链状高分子物质特点：具有可溶性，易于加工，可反复使用，具有热塑性。

网状结构物质特点：具有不溶或不熔性，有较大强度和硬度，具有耐热性、耐溶性。

众所周知，任何形态的各种物料的加热方法很多，有传统的蒸汽加热、热风加热和红外辐射加热等，但从20世纪40年代开始，人们发现电磁波也能使物料加热，频率从射频直至微波频段，而且在很多领域，微波加热具有其他加热方法无法比拟的特点与优点，例如：

（1）加热速度快；

（2）加热效率高，省电节能；

（3）加热均匀性好；

（4）选择性加热，这是其他加热方法都无法做到的；

（5）加热过程的即时控制性，无惯性，这是其他加热方法都无法做到的；

（6）提高产品的质量和档次；

（7）微波的物（理）化（学）效应得以产生；

（8）环境保护好；

（9）改善劳动条件，自动化水平高；

（10）占地面积小，设备紧凑，节省投资；

（11）设备维护成本低。

正是由于微波加热所具有诸多优点，目前，不仅在工业领域中受到了各行业的欢迎，而且在农、林、牧、副、渔领域，交通运输领域，甚至医疗卫生领域也获得广泛的应用（详见第7章）。本章将对微波加热技术领域中各种基础问题做一详细的讨论。

6.2 电介质的基本属性

6.2.1 电介质的分类

1. 电介质的分类

(1) 非极性电介质：如氩、碳、四氟化碳（CF_4）、甲烷（CH_4）、四氯化碳（CCl_4）、丙烯（C_8H_8）、聚乙烯、聚四氟乙烯、聚苯乙烯、石蜡、地蜡、矿物油、聚异丁烯、未硫化的橡胶等。

所有碳氢化合物都是非极性或弱极性物质，如其中的氢原子为卤族元素或 OH、NH_2、NO_2 基团所取代时，就变成极性化合物了 。

(2) 极性电介质：与非极性电介质相反，当无外电场时，分子的正负电荷重心不重合，即分子具有偶电矩，由这些分子组成的电介质称为“极性电介质”。

分子结构不对称的为极性材料，如水、甲醇、乙醇、尿素、丙酮、蛋白质、血红蛋白、多乙酸乙烯酯（$C_2H_6O_2$）、丙种血清、拟球蛋白、聚氯乙烯、酚醛树脂等。

2. 区分极性分子和非极性分子的方法

(1) 化合价法：组成为 AB_n 型化合物，若中心原子 A 的化合价等于族的序数，则该化合物为非极性分子。如：CH_4、CCl_4、SO_3、PCl_5。

(2) 受力分析法：若已知键角（或空间结构），则可进行受力分析，合力为零者为非极性分子。如：CO_2、C_2H_4、BF_3。

3. 同种原子组成的双原子分子都是非极性分子

4. 键的极性与分子的极性是两个不同的概念，极性键与极性分子间既有联系又有区别

极性分子一定含有极性键，即极性键是形成极性分子的必要条件，也可能含有非极性键。含有极性键的分子不一定是极性分子，即极性分子内不仅含极性键，而且分子结构不对称。若分子中的键全部是非极性的，这样的分子一般是非极性分子。常见类型有以下几种：

(1) 含有极性键的非极性分子，如 CO_2、CS_2、CH_4 等。

(2) 含有非极性键的非极性分子，如 H_2、Cl_2、N_2、O_2 等。

(3) 既含极性键又含非极性键的极性分子，如 H—O—O—H 等。

(4) 既含极性键又含非极性键的非极性分子，如 H—C≡C—H 等。

一般从结构和溶解性上可以做出判断：有暴露的羟基、暴露的羧基、暴露的氨基

的物质极性可能很大；然后做溶解性实验，溶剂的极性一般与物质极性一致。看点的扩散，如果点很凝聚，那么该物质极性可能比溶剂高；如果随溶剂扩散，那么极性可能低一些。

6.2.2 介质的极化

根据参与极化的微观粒子种类，电介质分子的极化可以分为以下几种。

1. 电子极化

在外电场作用下，构成原子外围的电子云相对于原子核发生位移形成的极化称为电子极化，建立或消除电子极化的时间极短，一般约为 $10^{-16}\sim10^{-15}$秒的量级，这一时间周期正好与光频相当，故又称为光频极化。

2. 原子极化

在外电场作用下，构成分子的原子（或原子团）或离子发生相对移动形成的极化称为原子极化，极化建立或消除的时间也很短，一般为 $10^{-13}\sim10^{-12}$秒的量级。这一时间周期与红外波段相近。

3. 转向极化

无外电场时，就有一定的偶极子产生的偶电矩，但它在各个方向的概率是相等的，因此，宏观地看，其偶电矩为零。当存在外电场时，偶极子与电场的作用就会产生转矩，因此，从整体看，偶电矩不再为零，出现了沿电场方向的宏观偶电矩，这种极化称为转向极化，其弛豫时间正好在射频与微波波段之内。

4. 界面极化

这种极化是由两种不同介质形成的界面上产生的电荷引起的，因此称为界面极化，或夹层极化、电荷极化、MW 极化。电子及原子极化又称为位移极化，或变形极化、光频极化。

电介质分子极化率等于各种极化率之和，即

$$\alpha_t = \alpha_e + \alpha_a + \alpha_d + \alpha_{mw} \tag{6.1}$$

式中 α_e——电子极化率；

α_a——原子极化率；

α_d——转向极化率；

α_{mw}——界面极化率。

6.2.3 材料的复介电常数

电介质的介电常数在微波加热或处理中具有决定性的作用，在有耗的实际介质中，

介电常数具有复数的形式，即

$$\varepsilon^{*}=\varepsilon'-\mathrm{j}\varepsilon'' \tag{6.2}$$

式中　ε'——介电常数的实部，即电容率；

ε''——介电常数的虚部，即介质损耗因子。

定义

$$\tan\delta=\frac{\varepsilon''}{\varepsilon'} \tag{6.3}$$

为介质损耗角正切。

除了介质极化引起的损耗外，在低频段，尚有电导引起的损耗，因此，必须同时考虑介质中存在的所有损耗，于是采用“有效介质损耗因子”的概念，即

$$\varepsilon''_{\mathrm{eff}}=(\sigma/\omega\varepsilon_0)+\varepsilon''_{\mathrm{e}}+\varepsilon''_{\mathrm{a}}+\varepsilon''_{\mathrm{d}}+\varepsilon''_{\mathrm{mw}} \tag{6.4}$$

式中　σ——材料的电导率；

$\varepsilon''_{\mathrm{e}}$——电子极化损耗因子；

$\varepsilon''_{\mathrm{a}}$——原子极化损耗因子；

$\varepsilon''_{\mathrm{d}}$——转向极化损耗因子；

$\varepsilon''_{\mathrm{mw}}$——界面极化损耗因子。

6.2.4　水的介电特性

在微波加热技术应用中，水是最常见的一种介质材料，因为任何物料中都会含有不同比例的水分，各种食品中更是含有相当的水分，即使人体各种器官组织或其他生物组织也都或多或少地含有不同程度的水分。

(1) 水是一种最为常见的电介质，在零摄氏度以上时为液态的流体，在零摄氏度及零下负温度时变为固态的冰。它与许多物质可以结合，结合后可以以下述 3 种形式出现。

①自由水：这是一种以物理机械能结合的水，它的结合能为 100 J/mol，存在于介质内部的间隙、晶态与非晶态的交界面、微晶间的毛细管结构中。

②束缚水：这是一种以物理化学结合的水，它的结合能为 3000 J/mol 以上，与自由水相比，其结合能要大 30 倍以上，它以分子态存在于大分子链间、表面层，结合比较牢固，受分子间作用力的约束。

③结晶水：这是一种化学结合水，存在于化合物结晶体的大分子链间，它的结合能更大，可达 5000 J/mol 以上。

由于这 3 类水结合能存在巨大差别，所以对微波加热来说，去除自由水最为容易，只要在微波电场作用下，水分子达到蒸发或汽化的温度，即可从介质间隙或毛细管中渗出或导出；但要去除束缚水却要困难得多，束缚水与自由水的弛豫时间也不相同，

前者的损耗峰存在于 1GHz 附近，而后者却存在于 18～25GHz 之间，并且与温度有关。要用微波去除结晶水更加困难。

(2) 水的基本介电特性如下。

①水的偶极矩：6.1×10^{-30}C·m；

②水的电离常数 Ka：1.84×10^{-16}；

③水的氢键角：104.5°（冰为 109.3°）；

④水分子键能：$2\times463=926$ kJ/mol；

⑤水分子键长：O—H（0.96Å），H—H（1.54Å）。

(3) 水分子的结构图如图 6.1 所示。

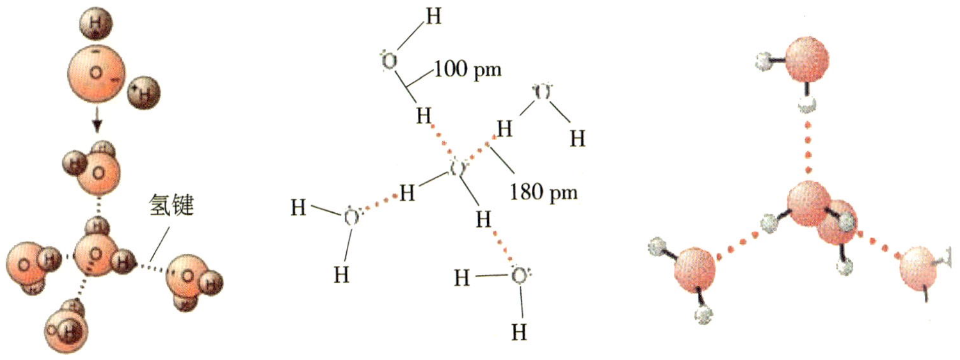

(a)　　(b)

图 6.1　水分子结构图

水分子的中心原子是氧原子，它的杂化方式是 sp3 杂化，空间几何构型本来是正四面体，但是因为这四个方向有两个被孤对电子占据了，而导致整个分子键与键之间形成的夹角不一样，孤对电子—孤对电子 → 孤对电子—成键电子 → 成键电子—成键电子，所以水分子中两个 O—H 键之间的夹角不是 180 度，即水分子是不对称的极性分子。单个水分子结构如图 6.2 所示。

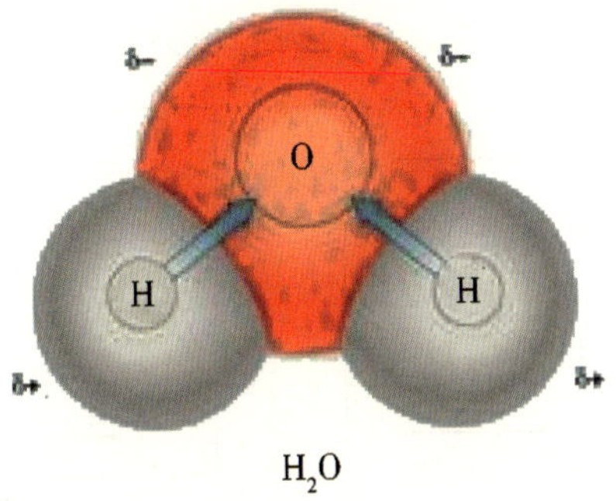

图 6.2　单个水分子结构

(4) 水分子键角与等效偶极子如图 6.3 所示，由于氢键角为 104.5 度，正负电荷重心并不重合，所以可等效成一偶极子。水是典型的强极性分子，呈现出很强的偶电矩。

(5) 水分子的极化。当无外电场存在时，偶极子的运动和分布是随机杂乱的，一旦存在一外建电场，例如在平板电极上加上一个电压时，极间的偶极子就会自动整齐取向并排列成行，形成极性。如果改变电场的方向，偶极子也跟着改变原有排列方向，以便与新电场相适应。这个极化过程如图 6.4 及图 6.5 所示。

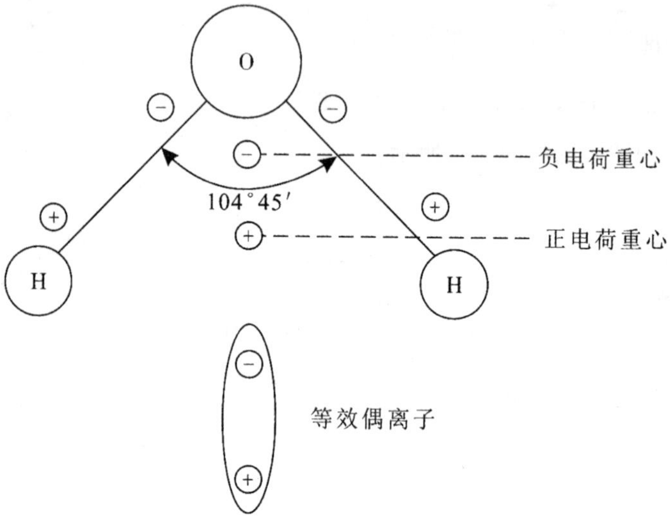

图 6.3 水分子键角与等效偶极子

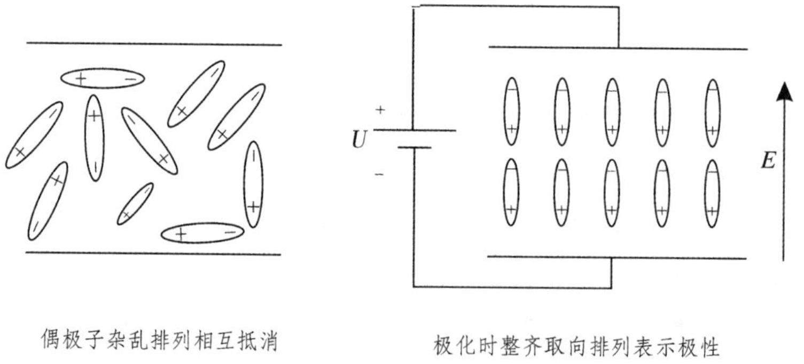

图 6.4 左为常态时，右为加电压时

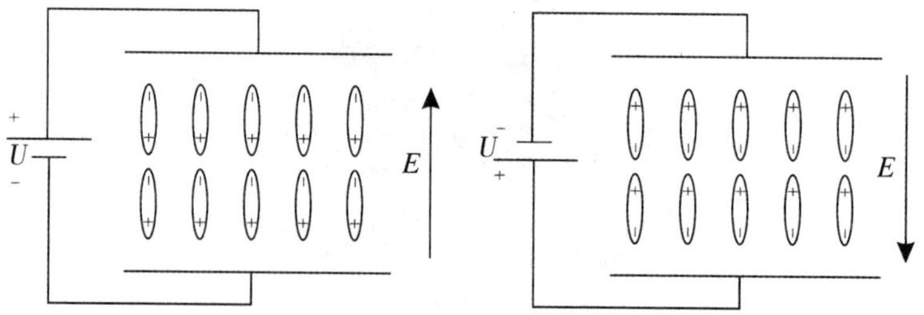

图 6.5 改变电压极性时，偶极子旋转 180°

(6) 含水材料中损耗因子与频率的关系。含水材料中损耗因子与频率的关系如图6.6所示，由图可见，在工业高频加热的频段在 $10^7 \sim 3\times10^9$ Hz 内，这时主要由 b（束缚水的弛豫损耗）、w（自由水的弛豫损耗）、mw（界面极化损耗）决定，而电子与原子极化损耗存在于电磁频谱的红外与可见光部分。

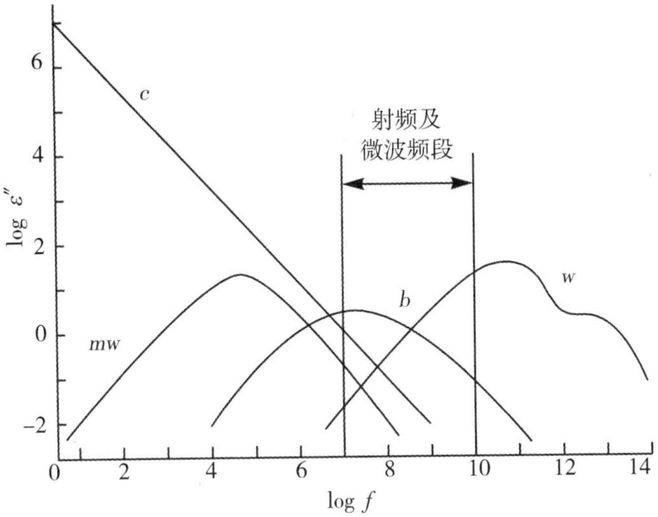

c— 直流电导损耗；b— 束缚水的弛豫损耗；w— 自由水的弛豫损耗；mw— 界面极化损耗

图 6.6 湿材料中损耗因子与频率的关系

损耗因子与频率的关系如图6.6所示。由于工业高频加热的频段在 $10^7 \sim 3\times10^9$ Hz 内，由图上可见，这时主要是 b、w、mw 及直流电导等损耗，而电子与原子极化损耗存在于电磁频谱的红外和可见光部分。

6.2.5 损耗机理

在频率超 1GHz 的工业微波加热应用中，偶极子转向极化引起的损耗也许是所有损耗中最重要的形式了，它也影响到较低的频段，这是因为许多极性材料中建立或消除这种极化的时间可与高频振荡的周期相比。

对极性分子在非极性溶液中的固有偶极子的经典处理方法，就是认为它们在交变场中的特性是由球形偶极子在黏性媒质中旋转时摩擦引起的。在这一基础上 Debye（1929）推导出著名的德拜（Debye）方程，即

$$\varepsilon^* = \varepsilon' - j\varepsilon''_d = \varepsilon_\infty + \frac{\varepsilon_s - \varepsilon_\infty}{1 + j\omega\tau} \tag{6.5}$$

式中 ε_s——直流的介电常数；

ε_∞——频率很高的介电常数；

τ——弛豫时间。

将式（6.5）中的实部和虚部分开后可得

$$\varepsilon' = \varepsilon_\infty + \frac{\varepsilon_s - \varepsilon_\infty}{1 + \omega^2\tau^2} \tag{6.6}$$

$$\varepsilon''_d = \frac{(\varepsilon_s - \varepsilon_\infty)\omega\tau}{1+\omega^2\tau^2} \tag{6.7}$$

这两个量作为频率的函数被画在图 6.7 中。当 $\omega\tau = 1$ 时，损耗因子 ε''_d 最大。由电子和原子极化产生的损耗也在同一图中，画出以供比较。实验指出 ε_∞ 与光频时的折射率平方 n^2 存在着一定差异。

在低频接近直流时，偶极子有充分的时间跟随外加交变场的变化，因此，介电常数取最大值，即束缚电荷达到它的最大值，这时所有的外加能量都储存在材料中。当频率提高后，在场变化时偶极子不能完全地恢复到初始位置，所以，偶极子极化落后于外加电场。当频率进一步提高时，取向极化无法跟随外场的变化，所以使总极化大为减弱，这种有效极化的下降表征了本身介电常数的减小和损耗因子的增大，这时，能量将以热的形式耗散在材料中。

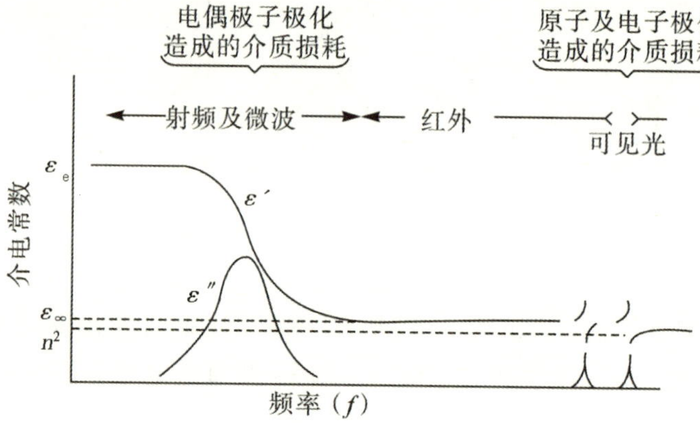

图 6.7　介电常数作为频率的函数

Debye 还给出了极性溶质在非极性溶液中构成的混合物的总损耗因子的简单公式，即

$$\varepsilon''_d(\omega) = C_0 \frac{\varepsilon' + 2}{K_b T}\mu^2 \frac{\omega\tau}{1+\omega^2\tau^2} \tag{6.8}$$

式中　C_0 ——取决于相关的浓度；

K_b ——玻尔兹曼常数；

μ ——偶极矩。

由此可知，损耗因子不仅比例于偶极矩的平方，而且还受到弛豫时间 τ 的强烈影响。

在不同介质构成的复合介质中的界面极化（Maxwell－Wagner 极化）也是非常重要的，在工业高频加热频段的最低端如 $f < 50$ MHz 时，它对总极化的影响是肯定的。基于导电小球分布在整个非导电媒质中的最简单模型，当导电材料的体积比为 v 时，界面极化损耗因子为

$$\varepsilon''_{mw} = \frac{9v\varepsilon' f_{max}}{1.8\times 10^{10}\sigma} \frac{\omega\tau}{(1+\omega^2\tau^2)} \tag{6.9}$$

式中　f_{max} ——最大损耗时的相应频率；

ε′——介电常数实部；

σ——电导率。

界面极化损耗的频率响应类似于偶极子转向极化损耗，它已被人造介质的实验所证实。在界面极化损耗中，直流电导的影响是显著的，在图 6.8 中定性地画出了不同电导时对界面极化损耗的影响。曲线Ⅰ至Ⅳ反映了电导增加时的情况。

从以上的讨论可以看到，许多工业材料当用 10～3 000MHz 频率的电磁波来处理时，主要是由于存在两种不同的吸收机理，即偶极弛豫及界面弛豫。对于含有大量导电媒质的混合物，界面极化损耗主要是电导影响，而 $\varepsilon''_d=\dfrac{\sigma}{\omega\varepsilon_0}$，但对于工业上含有一定量的导电媒质的电介质，人们不能忽略较高频率时的偶极损耗，而射频的低端，损耗的上升应归因于电导的影响。在图 6.9 中定性地画出了不同介质构成的混合物的有效损耗因子的频率特性。

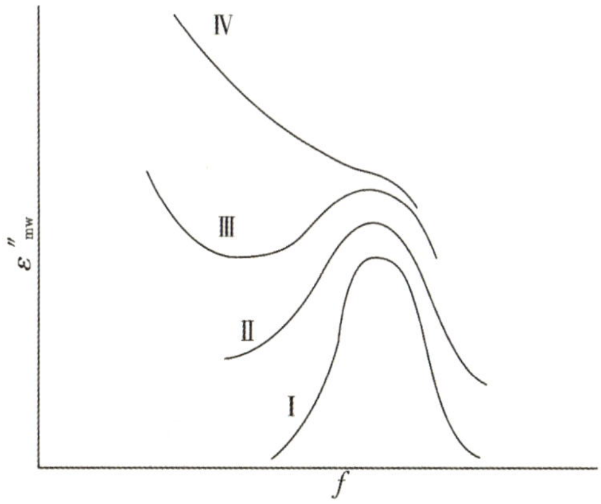

图 6.8　直流电导对界面极化损耗的影响

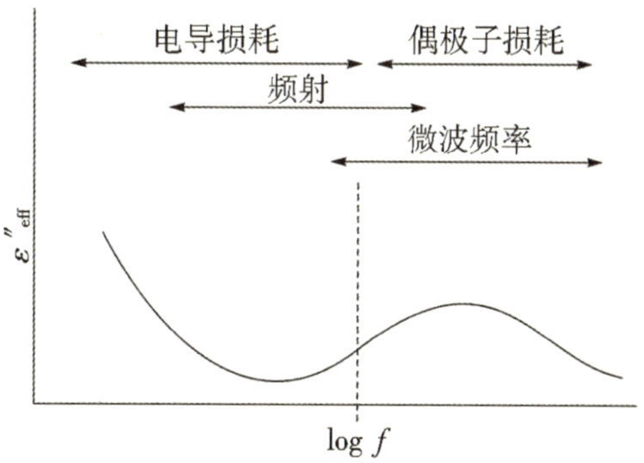

图 6.9　不同介质构成混合物时的有效损耗因子的频率特性

6.2.6　常用材料的介质特性

对微波频段内材料介质特性的了解在正确设计微波应用器时是必要的和基本的，正如以上所述，描述材料介质特性参量是介质的复介电常数 ε^*，即

$$\varepsilon^*=\varepsilon'-j\varepsilon''_{eff} \tag{6.10}$$

式中　ε''_{eff}——包括电导效应在内的有效损耗因子，因为 $\tan\delta_{eff}=\varepsilon''_{eff}/\varepsilon'$ 为损耗角正切。

ε' 及 ε''_{eff} 都是频率 f 及温度 T 函数，Von Hippel 收集了大量无机材料（晶体、陶瓷、玻璃、水等）及有机材料（晶体、简单非晶体、塑料、橡胶、天然树脂、沥青、水泥、蜡、木材等）在 $100<f<10^{10}$ Hz 及 $-12<T<200$℃范围内的数据，并列成表格以供高频加热应用时查阅或参考，Tinga 及 Nelson 也发表了关于食物及生物组织的类似表格。

某些物质在它们的结构中含有固有的偶极矩，其大小取决于相关分子的尺寸和对称性，有电荷对称中心的分子如氩、碳、四氟化碳（CF_4）、甲烷（CH_4）、四氯化碳（CCl_4）、丙烯（C_8H_8）等是非极性分子，所以没有偶极矩；此外，如水、尿素（CH_4N_2O）、丙酮（CH_3COCH_8）、多乙酸乙烯酯（$C_2H_6O_2$），特别是某些蛋白质如动植物胶、血红蛋白、丙种血清拟球蛋白等都是极性分子，它们无电荷对称性，因而呈现出很强的偶极矩。

所有碳氢化合物都是非极性或弱极性物质，其中的氢原子为卤族元素或 OH、NH_2、NO_2 基团所取代时，就成为极性化合物。

常见的有机绝缘材料如聚乙烯、聚四氟乙烯、石蜡、地蜡、聚异丁烯、未硫化的橡皮、矿物绝缘油等为非极性或弱极性材料；而聚氯乙烯、聚氯乙烯醇、纤维、酚醛树脂等则为极性材料。

在表 6-1 中列出了某些常用工业材料及食品的介质特性，尽管从此表中看不出一般的情况，但只要说明一点就足够了，这就是在任何材料中水的存在一定会使有效损耗因子增加，这就为采用微波能来处理提供了良好的依据。

表 6-1　某些常用工业材料及食品的介电特性

名　称	温度 T(℃)	湿度 (干基)%	10^7 Hz		10^9 Hz		3×10^9 Hz	
			ε'	ε''_{eff}	ε'	ε''_{eff}	ε'	ε''_{eff}
牛排（肥的）	25	—	50	1300	50	39	40	12
牛排（瘦的）（冰冻的）	0	—	—	—	4.4	0.72	3.95	0.3
肥腌肉	25		—	—	2.6	0.16	2.5	0.13
生土豆	25	—	80	47.8	65.1	19.6	53.7	15.7
奶油	0	16.5●●	—	—	—	—	4.05	0.39△△
奶油	35		—	—	—	—	4.15	0.44△△
道格拉斯枞木	20	0	—	—	2.05	0.04	2.0	0.02
纸（深灰的）	82	0	—	—	3.0	0.216●	2.94	0.235
纸（白布纹）78g/m^2	22	7.0	3.1	0.25△	—	—	3.2	0.5△△
木板 230g/m^2	22	5.0	2.8	0.3△	—	—	2.7	0.3△△
熔融 SiO_2	25	—	3.78	$<10^{-4}$	3.78	0.0002●	3.780	0.0002
90%SiO_2	25	—	3.85	2.3● 10^{-3}	3.85	2.3● 10^{-3}	3.84	0.0026
云母	25	—	5.4	0.0016	—	—	5.4	0.0016
干大理石	25	—	9.0	0.33	—	—	9.0	0.22
干砂土	25	—	2.55	0.04	2.55	0.026●	2.55	0.016
瓷（Al_2O_8）	25	—	8.95	0.0018	8.93	0.008	8.90	0.01
钛酸钡	25	—	1140	8.55	1100	55.0●	600	180

续表

名称	温度 T(℃)	湿度(干基)%	10^7 Hz		10^9 Hz		3×10^9 Hz	
			ε'	ε''_{eff}	ε'	ε''_{eff}	ε'	ε''_{eff}
油和蜡/电缆油	25	—	2.17	0.009	2.17	0.009●	2.16	0.0043
航空汽油	25	—	—	—	1.94	0.00016●	1.92	0.0027
蜂蜡	25	—	2.36	0.0006	2.31	0.00083	2.31	0.0011
三聚氰胺甲醛混合物	25	—	5.53	0.23	4.37	0.228	4.2	0.219
醋酸纤维素	—	—	3.3	0.07	3.28	0.072●	3.24	0.094
聚酰胺杜邦尼龙 FM10001	25	—	3.24	0.07	3.06	0.043	3.02	0.036
聚乙烯	23	—	—	—	2.26	0.0024●	2.25	0.0026
聚乙烯	24	—	—	—	2.26	0.0024	2.25	0.0024
有机玻璃	27	—	2.71	0.027	2.96	0.017●	2.6	0.015
聚酯胶木	25	—	4.08	0.23	3.53	0.138	3.41	0.106
聚四氟乙烯	22	—	—	—	2.1	0.0003	2.1	0.0003
聚酯薄膜	20	—	2.4	0.0384	2.2	0.0088	—	—
橡胶（天然生胶）	25	—	—	—	—	—	2.15	0.0065
橡胶（合成橡胶）	24	—	—	—	—	—	3.76	0.28
橡胶（硅橡胶）	25	—	—	—	2.85	0.069	2.8	0.05
33%硅氧烷 33%ZnO，33%TiO_2	25	—	—	—	7.9	0.245●	7.8	0.48
未硫化的苯乙烯丁二烯橡胶	40	—	—	—	—	—	8.7	0.09
硫化的	120	—	—	—	—	—	8.4	0.3
水（纯冰）	−12	—	3.7	0.07	—	—	3.2	0.003
蒸馏水	25	—	—	—	77.5	1.2●	76.7	12.00
蒸馏水	95	—	—	—	52.0	0.364●	52.0	2.44
+0.5 摩尔 NaCl	25	—	—	—	69.0	269.0	67.0	41.87
棉花 210kg/m^3	—	7	1.5	0.03△	—	—	—	—
羊毛 66kg/m^3	—	20	1.2	0.01△	—	—	—	—
羊毛纤维	—	7	—	—	—	—	3.9	0.29
奶粉 800kg/m^3	30	3.3●●	—	—	—	—	2.29	0.048△△
乳浆粉 780kg/m^3	30	4.8●●	—	—	—	—	2.04	0.025△△
耐冻油茶叶	23	—	400	900.0	40.0	20.0	40.0	11

●3×10^8 △2.712×10^7 Hz △△2.45×10^9 Hz ●●湿基

6.2.7 介电常数 ε^* 与湿度的关系

在许多应用中，包括从工作负载上除去水分在内，其 ε^* 特别是有效损耗因子 ε''_{eff} 与湿度的关系在微波加热或干燥设备的设计中起着重要的作用。为此，人们为建立许多工业材料如纸、木板、食品、皮革、木材及纤维等的 ε' 及与湿度 M（M 的定义见附录 G）的关系做出了巨大的努力，并说明这些结果能直接为微波应用器的设计师所采用。

1. 吸附水的介质特性

液态水在其结构上因具有固有的偶极矩，所以具有很强的极性，它很容易吸收微波能量然后转化成热能。当它与另一种材料相接触时，液态水可看作吸附水。然而，吸附水的介质特性与液态水有着明显的差异。液态水的主要弛豫（即损耗因子量大时）发生在约 18GHz 的频率上，其他较小的弛豫则发生在红外波段。而吸附水的弛豫峰值则发生在频率远低于 18GHz 的地方。所以，材料上吸附水的性质对其介质特性有明显的影响，同时也影响高频场与该种材料的相互作用。

在湿料中吸附水可以以两种主要形态存在，即存在于毛细管或微隙中的自由水，以及与其他分子一起化学或物理吸附在干材料的表面的所谓束缚水。图 6.10 中定性地示出了损耗因子与一种典型湿料湿度 M 的关系。

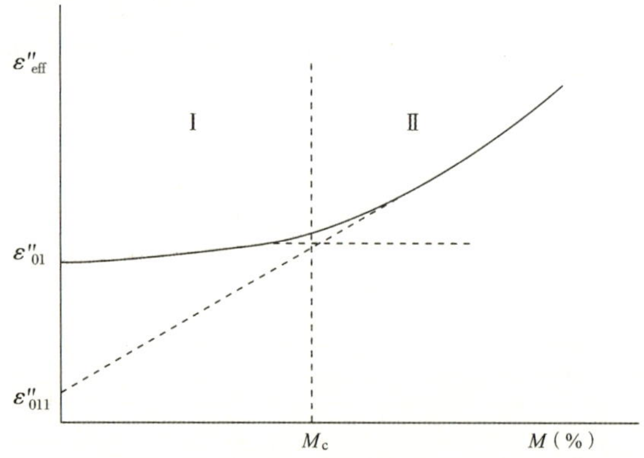

图 6.10　有效损耗因子与湿度的关系

在原材料中水的两种形态可用 ε''_{eff} 与 M 曲线中分成两个不同区域来表征，在不同区域中用斜率 $\frac{d\varepsilon''_{eff}}{dM}$ 表示其特点，在低湿度区域，束缚水的存在（区域Ⅰ）使斜率较小；而当湿度增加时，自由水的存在（区域Ⅱ）使斜率增大。被束缚在材料表面单分子层里的水分子比起存在于毛细管及微隙中的水更不易旋转，所以后者引起更大的介质损耗。由图 6. 10 可见，曲线斜率的变化发生于临界湿度 M_c 处。但是，某些材料却呈现出斜率的渐变特性，这就给两个区域的正确鉴别带来了困难。对于高吸湿性材料，这一临界湿度为 10%～40%（干基）；而对于非吸湿性材料如砂，这一临界湿度约为 1%。

为了优化专用应用器的设计，为了在其他公式中利用 $\varepsilon''_{\text{eff}}$ 与 M 的响应关系，通常需要用数学上的表示式来表达有效损耗因子 $\varepsilon''_{\text{eff}}$ 与湿度 M 的关系。

假设图 6.10 上的响应可以近似地用两条直线来表示，如图中的虚线所示，在区域Ⅰ中有效损耗因子取下述形式

$$\varepsilon''_{\text{eff}}=\varepsilon''_{0\,\text{I}}+\left(\frac{\mathrm{d}\varepsilon''}{\mathrm{d}M}\right)_{\text{I}}\cdot M \tag{6.11}$$

在区域Ⅱ中则取下述形式

$$\varepsilon''_{\text{eff}}=\varepsilon''_{0\,\text{II}}+\left(\frac{\mathrm{d}\varepsilon''}{\mathrm{d}M}\right)_{\text{II}}\cdot M \tag{6.12}$$

式中 $\varepsilon_{0\,\text{I}}$，$\varepsilon_{0\,\text{II}}$ ——常数；

$\dfrac{\mathrm{d}\varepsilon''}{\mathrm{d}M}$ ——两个区域中的斜率。

也可以用下述经验公式来描述与实验数据很好相符的结果，即

$$\varepsilon''_{\text{eff}}=\varepsilon''_0+\frac{AM^2}{M_\infty-M} \tag{6.13}$$

式中常数 $\varepsilon''_{\text{eff}}$、$M_\infty$、$A$ 由实验数据确定。

2. 关于 $\varepsilon''_{\text{eff}}$ 与 M 响应关系的说明

从损耗因子与湿度关系的数据中可以看到有两个重要推论：第一，从高频场相对于纤维不同取向时的 $\varepsilon''_{\text{eff}}$ 与 M 的曲线中可以得出在应用器中有一最佳的场取向，图 6.11（a）中定量地画出了这一关系，当场的方向平行于纤维方向时，损耗较大，这是一些纤维状材料，如纸、木板、羊毛等所具有的特性；第二，$\varepsilon''_{\text{eff}}$ 与 M 关系曲线的斜率对工业应用来说是临界的，这些应用中的片状材料的湿度平衡是基本要求，它们的关系定性地画在图 6.11（b）中，当湿度超过临界值时，湿度平衡是非常有效的，因为高的 $\mathrm{d}\varepsilon''/\mathrm{d}M$ 值使片状材料的较湿部分吸收更多的功率，并使最初不均匀分布的湿度趋向于平衡。此外，低于临界值时的湿度平衡是不明显的，因为这时 $\varepsilon''_{\text{eff}}$ 实际上与湿度无关，所以，材料的不同部分实质上从高频场中吸收相同的能量。在图 6.11（b）中可以看出，曲线Ⅲ比曲线Ⅱ在湿度平衡中是更为有效的，而对于如曲线Ⅰ所示的材料来说，不会产生任何平衡。

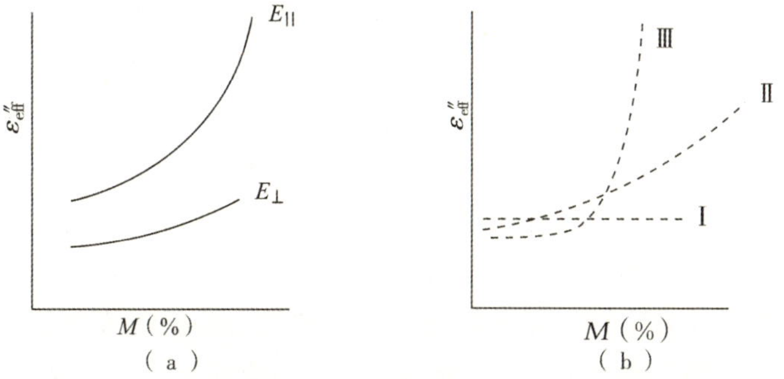

图 6.11 各种不同电场方向时的 $\varepsilon''_{\text{eff}}$ 与 M 的关系曲线

3. 在规定的工业应用频段上的实验数据

下面将给出一些 ε' 及 ε''_{eff} 与湿度 M 的实验结果，除非另作说明，这里的湿度 M 都采用干基定义，在所有工业应用规定的频段中，最常用的似乎是 3GHz 附近（2.45GHz）。

图 6.12 给出了纸和木板在 27.12MHz 及 2.45GHz 时的测量结果。

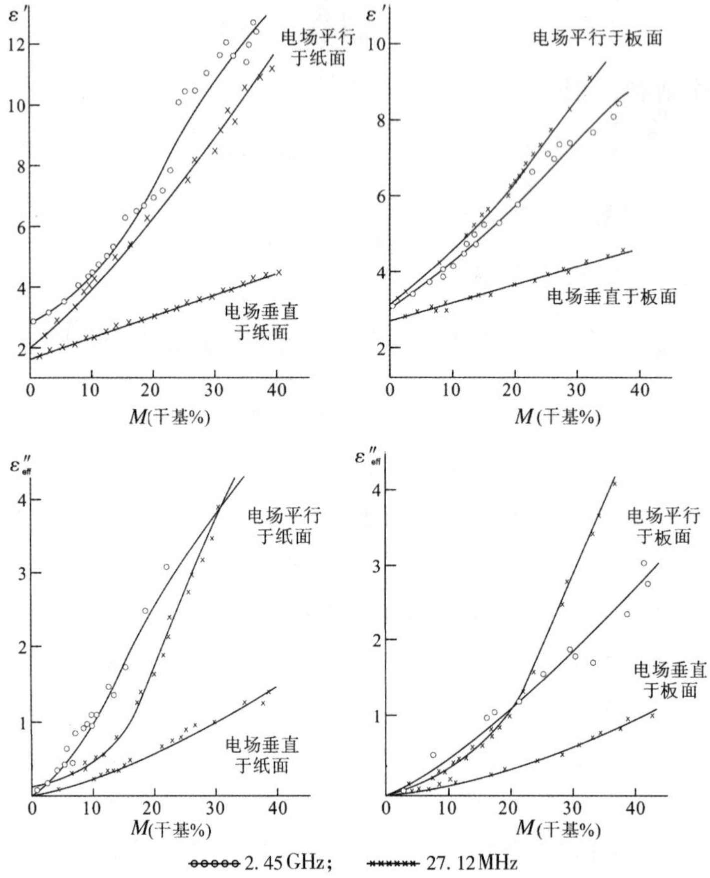

图 6.12　纸与木板的介质特性在二个频率时与湿度的关系

由图 6.12 可见，$\frac{d\varepsilon''}{dM}$ 随 M 的增加是渐变的，这就使得确定 M_c 较为困难；还可看到当电场平行于纸的平面时，ε' 及 ε''_{eff} 较大，垂直时则较小，木板的 ε''_{eff} 在 0.8GHz 附近具有最大值。图 6.13 中示出了道格拉斯枞木的介质特性，即介电常数与湿度 M 及温度 T 的关系；在图 6.14 中则示出了枞木与湿度及木纹方向的关系。电场沿着木纹方向时，ε' 及 ε''_{eff} 较大，与木纹方向垂直时则较小。在 1GHz 到 3GHz 时的损耗因子随湿度增加而迅速上升，而在接近某个纤维饱和湿度时达到最大值。2.45GHz 时皮革的介质特性如图 6.15 所示，在 0～50％的湿度范内可以看到 ε''_{eff} 与温度的渐变关系。图 6.16 中示出了羊毛在 3GHz 到 9.3GHz 时的介质特性，这一结果与根据吸收理论所做分析得出的结论是一致的，这一理论指出羊毛中所吸附的水是由束缚水和自由水组成的。

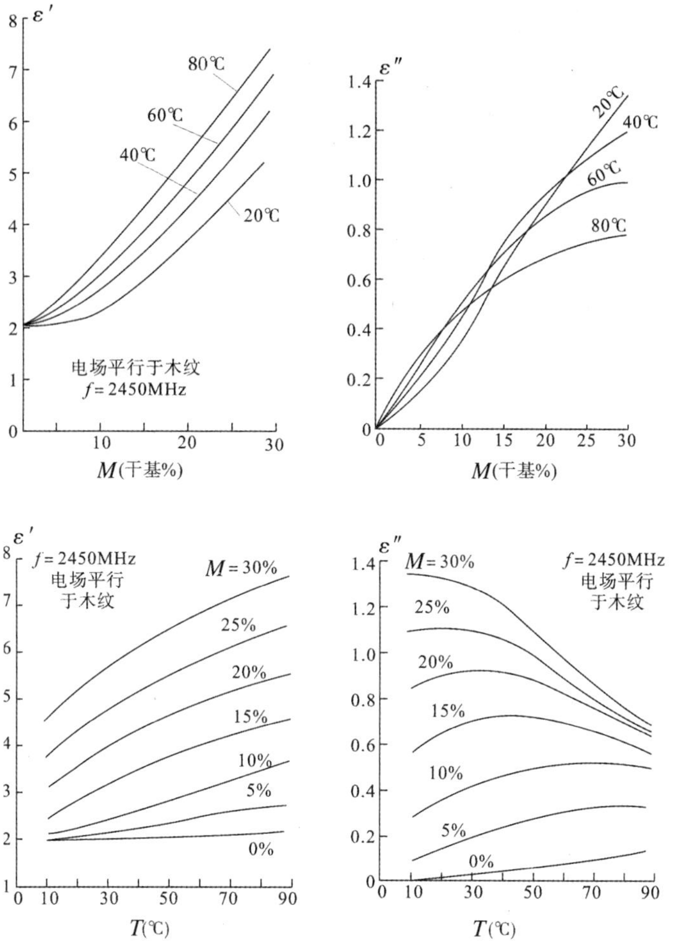

图 6.13 枞木的ε′及ε″与湿度及温度的实验结果

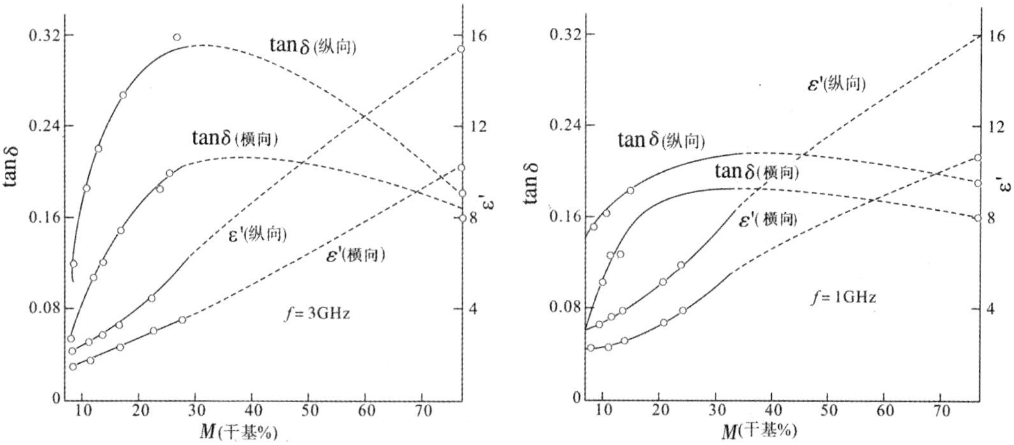

图 6.14 枞木的ε′及 tanδ 与湿度及木纹方向的实验结果

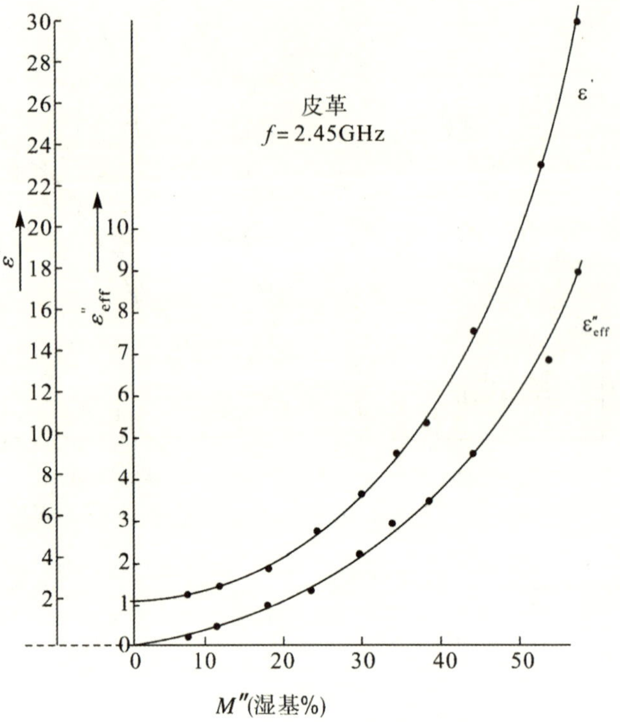

图 6.15 皮革的介质特性

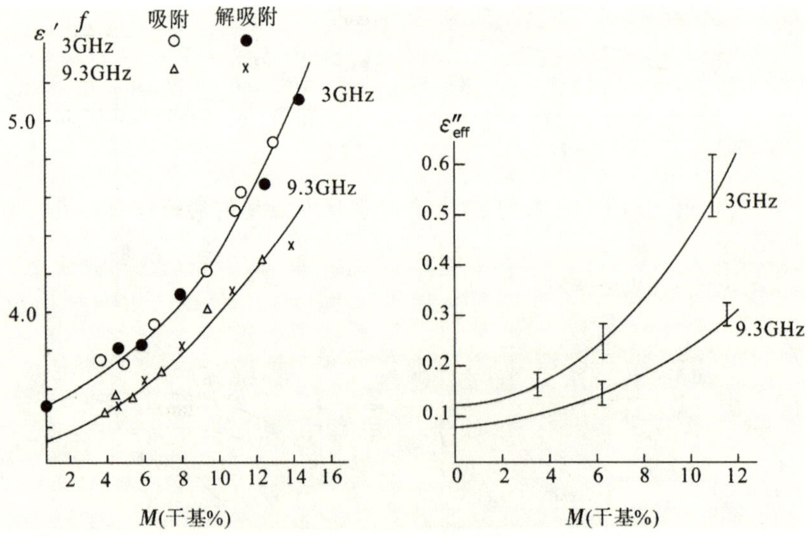

图 6.16 羊毛的介质特性

图 6.17 中示出了脱壳黄玉蜀黍的复介电常数与频率和湿度的关系（50MHz～11GHz），从图中可以看出，介电常数随湿度增加而增加，随频率的增加而下降。

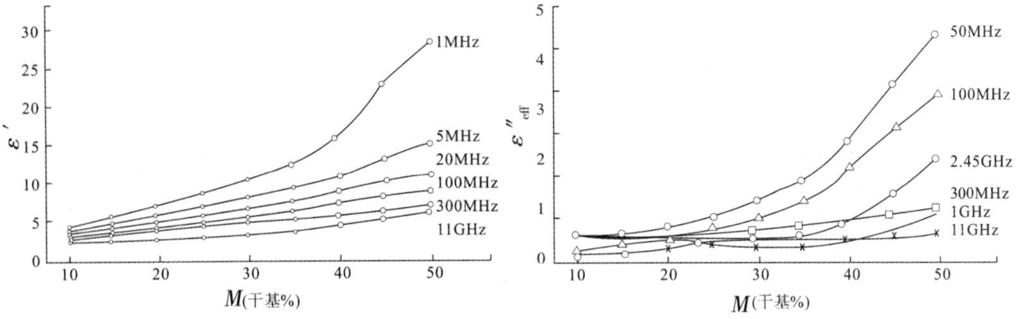

图 6.17 脱壳黄玉蜀黍在 24℃及各种频率时的介质特性

人们对于损耗因子在工业上规定的波段即 1GHz 及 2.45GHz 附近的特性是有兴趣的，例如在 2.45GHz，湿度超过 40%时，ε''_{eff} 上升得很快，这就使它具有较好的湿度平衡特性，而不像在 300MHz 及 11GHz 那样平坦，1GHz 也具有与 2.45GHz 类似的趋向。图 6.18 表示频率为 2.8GHz 时一些食品的介质特性，这些特性数据是利用谐振腔微扰法测得的。从中可以看到极化成分（主要是水）及盐分是起着何等重要的作用。

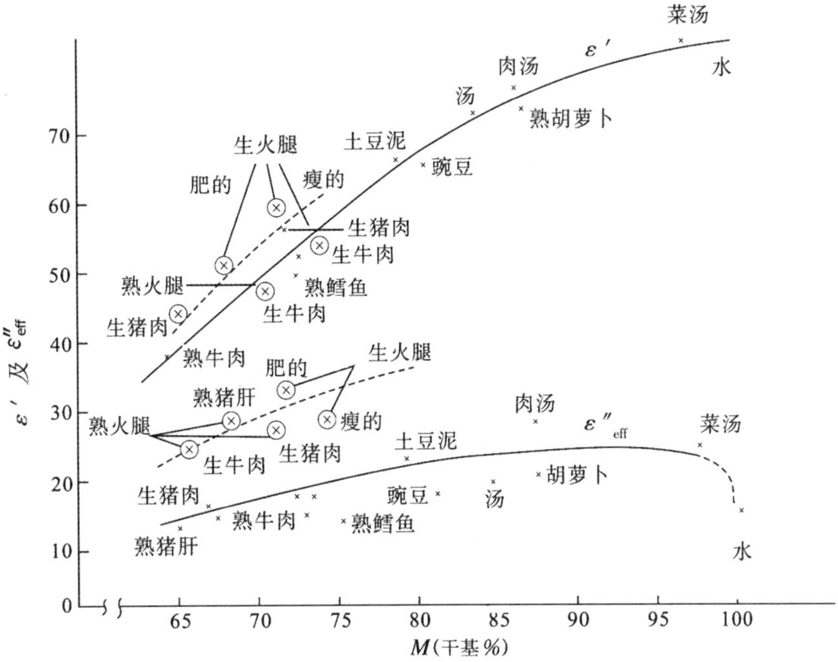

图 6.18 某些食品在 20℃及 2.8GHz 时的介质特性

6.2.8 介电常数 ε^* 与温度的关系

为了解释各种材料的损耗因子与温度的关系，人们进行了大量的工作。从图 6.13 中可以看出，在低湿度时，由于物理上的束缚效应减弱及偶极子易于重新取向，损耗因子随温度上升而增加，当湿度超过 25%时，损耗因子随温度的上升反而减小了。人

们对许多食品的 ε^* 与温度及频率的关系在－20℃至 60℃范围内做了广泛的研究，可以看到 ε' 及 ε''_{eff} 在冰与液态水之间存在着很大的差异。因为多数食品中含有一定量的水分，所以它们的介质特性类似于水，在图 6.19 中画出了一些食品的介质特性，可以看出 ε' 及 ε''_{eff} 当材料溶化时随着温度升高而迅速增大，溶化后除了含盐的食品继续增大外，其他食品则随温度升高而减小，在溶化之后，偶极损耗随温度上升而减小被电导损耗的增大补偿了，所以，实际上 ε''_{eff} 近乎不变。但当频率低于 1GHz 时，电导损耗超过了偶极损耗，所以，有效损耗因子将随温度上升而增大。图 6.20 及图 6.21 中示出了牛肉、火鸡及脱脂奶粉水溶液的介质特性。

最后，在图 6.22 中示出了某些奶制品的介质特性，对于奶粉及乳浆粉来说，其损耗因子在－10℃至 70℃内是逐渐增大的，因为这些材料中含水较少，而在奶油中湿度约为 16.5%（湿基）时，其损耗因子在相同温度范围内变化是较大的，这是由冰与水的差别所引起的。但在 0℃时 ε''_{eff} 无突变现象，这是由于其中的盐分使冰点下降至－20℃所造成的。

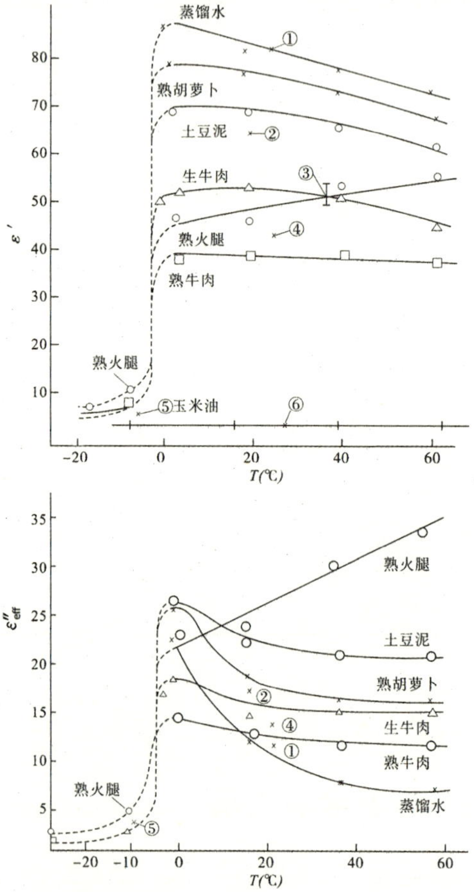

图 6.19　各种食品在 2.8GHz 时介质特性与温度的关系

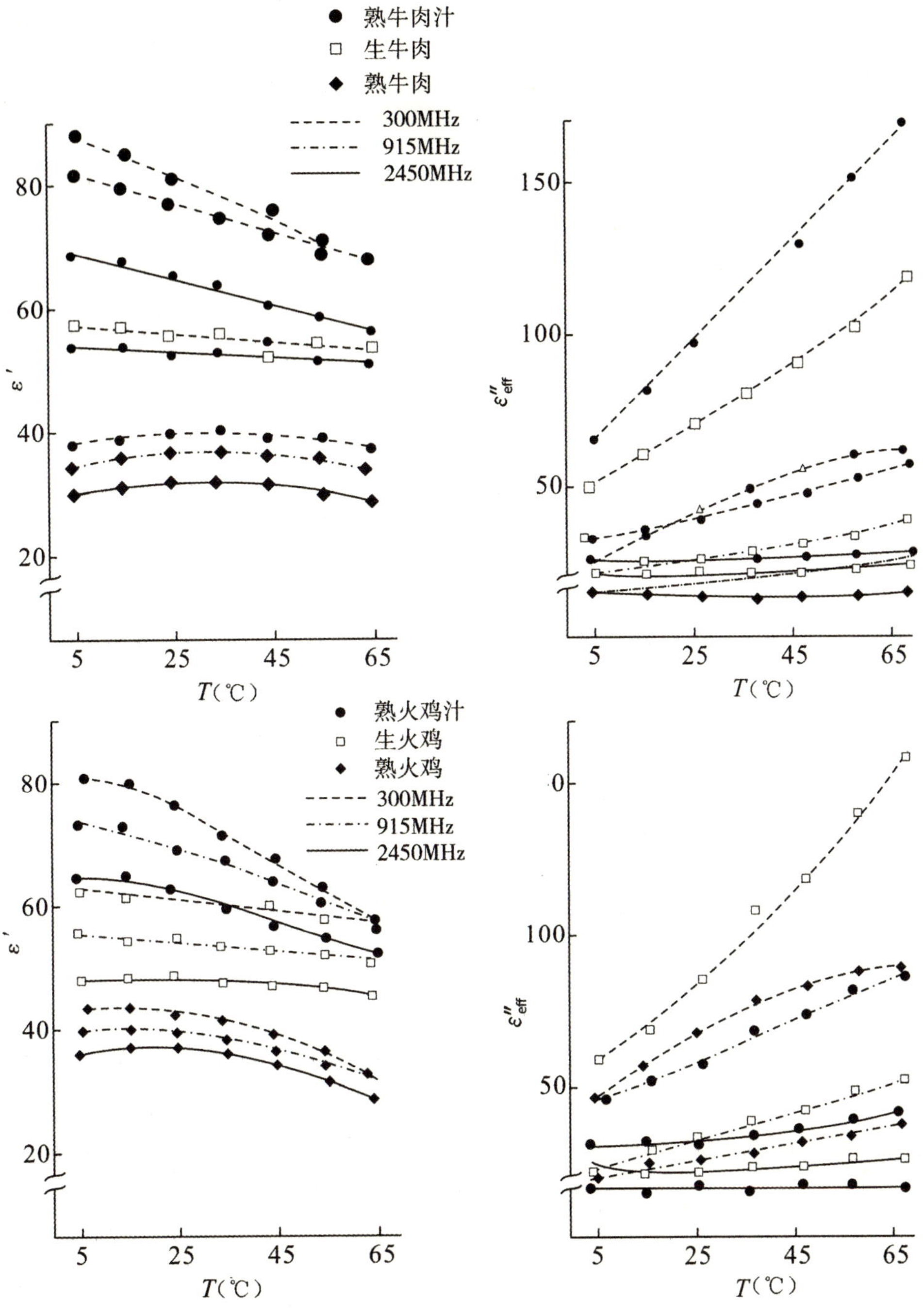

图 6.20 各种频率下牛肉及火鸡的介质特性与温度的关系

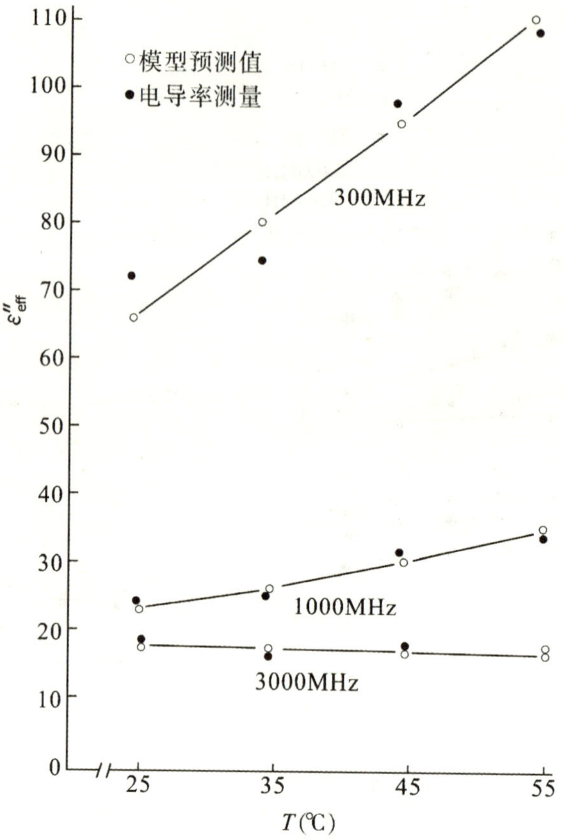

图 6.21 脱脂奶粉水溶液介质损耗因子与温度的关系

在微波加热应用中的所谓“失控效应”是非常重要的，在某些材料中，损耗因子的温度特性具有正的 $\frac{d\varepsilon''}{dT}$，这就会使得材料温度升高后失去控制，从而导致恶性循环。一个典型的例子就是尼龙 66，其特性如图 6.23 所示。当它吸收一部分微波能后温度上升，温度上升又使得 ε''_{eff}增大，它又反过来促使温度上升，如此持续不断，最后导致材料的损坏，除非及时采取措施如切断微波能的供应或将材料从加热区中移走。

从食品的介质特性中可以看到，在水的冰点附近，ε''_{eff}与 T 的关系具有正的斜率，这是微波解冻应用中产生许多困难的原因，只要产生了几滴水，微波能就首先耗散在液态水中，这就会引起具有危险性后果的不均匀性解冻。为了避免这种现象，对于高湿度的食品，通常解冻到约−2℃，这一过程被认为是比较合适的。

合成橡胶的数据如图 6.24 所示，在 130℃附近，ε''_{eff}存在一峰值，偏离这个温度时斜率改变符号，它提供了最好的控制特性。

表 6-2 列出了某些常用材料具有正斜率的例子，典型的定性例子如图 6.25 所示。临界温度指出了在这一值时 ε''_{eff}增加速度很快，在某些材料中 ε''_{eff}与 T 的关系是比较平坦的，因此给确定 T_c 时带来了很大困难。

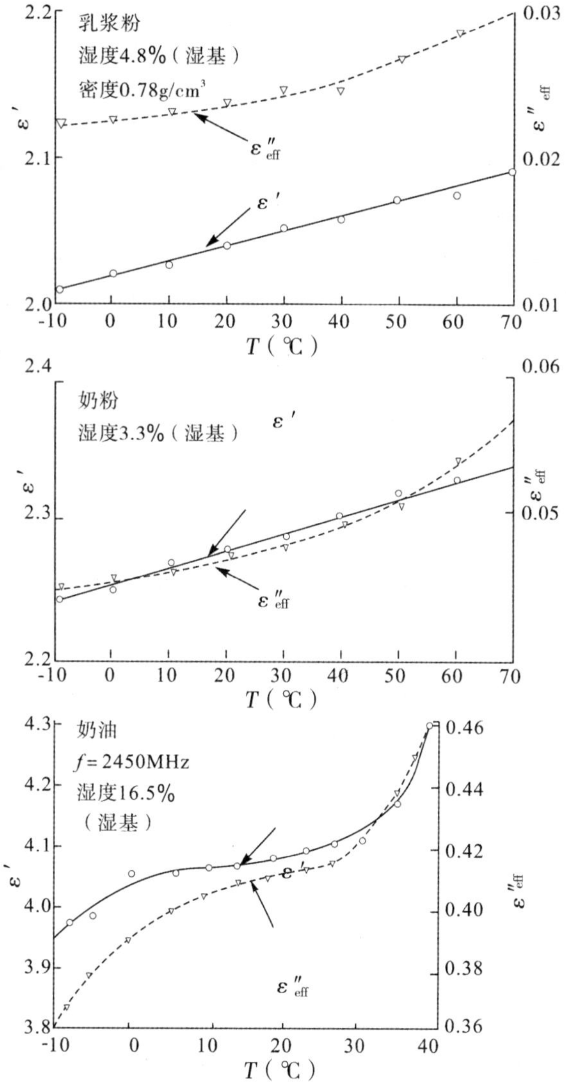

图 6.22 某些奶制品在 2.45GHz 时的介质特性

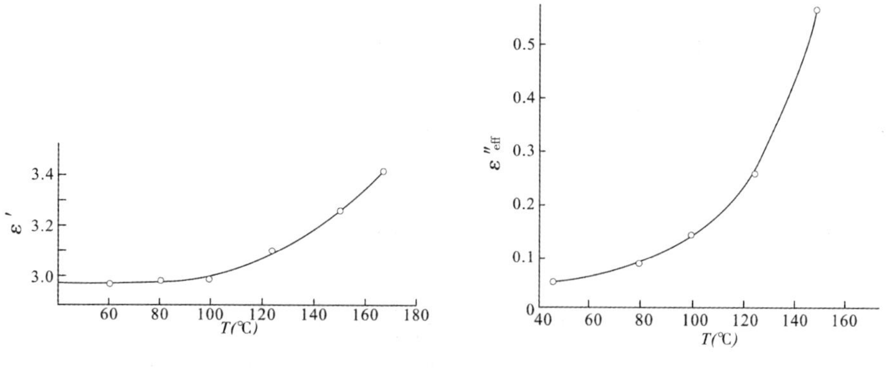

图 6.23 尼龙 66 在 3GHz 时的介质特性

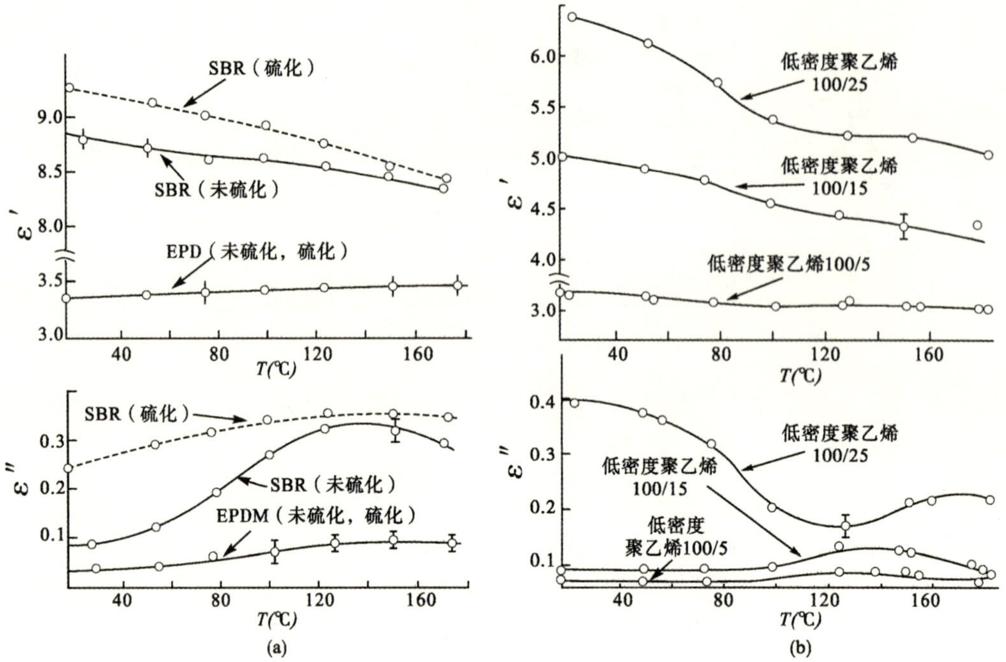

图 6.24 (a) 2.8GHz 时合成橡胶（SBR）及非极性 EPD 化合物的介质特性
(b) 聚乙烯炭黑混合物的介质特性

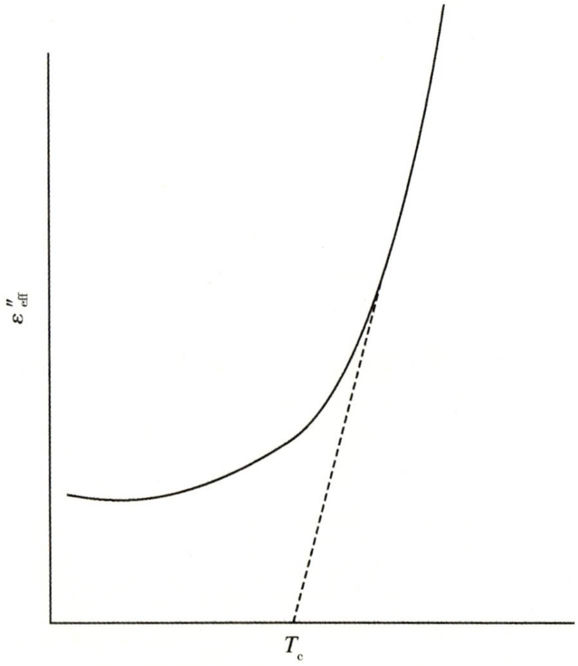

图 6.25 损耗因子与温度的定性关系

在设计微波加热系统时，在技术上应针对防止由于正的 $\frac{\mathrm{d}\varepsilon''}{\mathrm{d}T}$ 引起的热失控现象，通常，在一单元体积内温度的上升率比例于它的热输入 $\varepsilon''_{\text{eff}} fE^2$ ，而从同一体积中热的逸散率则比例于 $\alpha_i \nabla^2 T$ ，这里 α_i 为热扩散率，当 $\varepsilon''_{\text{eff}} fE^2$ 等于热耗散率时则建立起一个平衡的温度。

多模炉加热器由于其固有的驻波特性，所以会产生热失控现象，通常被用来处理大尺寸的不连续的物体或工件，引入物体后产生场的失真导致不均匀的加热。

表 6-2 临界温度 T_c 的近似范围

材料名称	频率 f (GHz)	密度 ($\rho/10^6$ kg/m³)	T_c (℃)
氧化铝	3.89～3.61	3.66	800
氧化铝 (NDS10F2)	3.94～3.71	3.8	650～700
热压氮化硼 (HD0086)	5.17～4.96	1.94	750～800
热解氮化硼	9.21～9.04	1.23	1700
云母块	2.45	—	450
尼龙	3.0	—	140～150
滑石	2.45	—	400～450
陶瓷 (TC302H)	8.52	—	400
玻璃陶瓷	9.37	—	180
合成橡胶 (未硫化)	2.8	—	40

多模炉的特性是它的 Q 值与工件体积填充因子紧密相关。如果不均匀加热就会在工件上产生热斑，它将在此局部地方产生高的 $\tan\delta_{\text{eff}}$ 值，尽管其体积很小，也能使 Q 值大大降低，尤其是当整块材料的 $\tan\delta_{\text{eff}}$ 较低时，这时许多模式都有可能产生，并提供与热斑良好的功率耦合，从而加速热失控效应。

连续生产的应用器因为电场能较好地受到控制，所以导致热失控的趋向要小得多。例如在 900MHz 及 2 450MHz 波段的曲折波导及直波导应用器被广泛地应用在各种橡胶的连续硫化工艺中，这些橡胶都具有正的 $\frac{d\varepsilon''_{\text{eff}}}{dT}$ 特性（在 70℃ $< T <$ 250℃范围内）。奶油在辐射型可控场应用器中（900MHz）得到了成功的解冻（−15℃至 4℃）。

6.2.9 介电常数 ε^* 与频率的关系

前面几节我们讨论了许多工业材料介质特性与湿度和温度的关系，下面将简单地讨论频率的影响。微波的工业应用要求工作在给定的频段内的几个分立的频率上，这些频率应小心地选择，应不至于干扰通信、国防及海事应用中的其他频率。所以对于某些特定材料 ε^* 弛豫响应的测量（如图 6.26 所示）不在于它本身的意义，而是指出在各个规定频率上损耗因子 $\varepsilon''_{\text{eff}}$ 的相对值。表 6-3 列出了某些材料在特定频段内的介质弛豫数据。

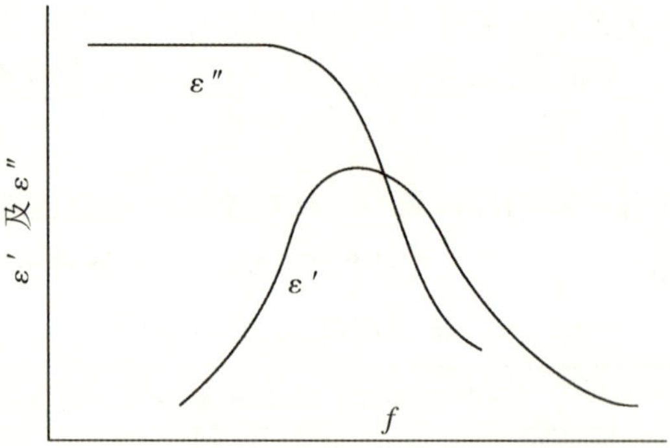

图 6.26　典型极性介质的弛豫效应

表 6-3　介质弛豫

材　料	频段（Hz）	参考文献
烷基醇	$10^7 \sim 5\times10^8$	Iskander et al（1972）
木板	$10^8 \sim 3\times10^9$	Metaxas et al（1974）
玉蜀黍	$10^6 \sim 10^{10}$	Nelson（1978）
玻璃陶瓷	$10^5 \sim 10^{10}$	McMillan et al（1972）
KLIO－5N 乳剂	$10^7 \sim 10^{11}$	LePetit et al（1977）
油菜叶	$6\times10^8 \sim 8\times10^9$	Stuchly et al（1979）
烟草	$10^6 \sim 10^{10}$	Copson（1975）
百合树枝叶	$10^5 \sim 10^{10}$	Broadhurst（1968）
M/2 氨基异戊酸	$10^6 \sim 10^{11}$	Croom et al（1977）
纯水	$5\times10^8 \sim 10^{13}$	Hasted（1973）
纯水	$10^8 \sim 10^{10}$	Suggett（1973）
纯水	$10^5 \sim 10^{10}$	Von Hippel（1954）
NaCl 溶液	$3\times10^8 \sim 10^{10}$	Von Hippel（1954）

关于液态水的介质弛豫效应曾被广泛地研究过了，在工业微波加热中对整体水的介质特性研究没有很大的意义，因为束缚水的弛豫现象是更为重要的。然而，简要地介绍下水及 NaCl 溶液的介质弛豫特性仍然是必要的，因为它们强调了在工业规定加热频率低端电导效应的重要性。在图 6.27（a）中表明 ε''_{eff} 峰值取决于温度并位于 9GHz $< f <$ 30GHz 之间（0℃ $< T <$ 50℃），而 NaCl 溶液的影响也清楚地看到在 900MHz 时 0.3 摩尔溶液 ε''_{eff} 可达 100，纯水的 ε' 及 ε''_{eff} 与温度的关系如图 6.27（b）所示。

当温度升高时，水的 ε''_{eff} 的下降提供了加热速率的稳定影响，而附加的盐分等将会有相反的效应，这就增加了热失控的危险性。

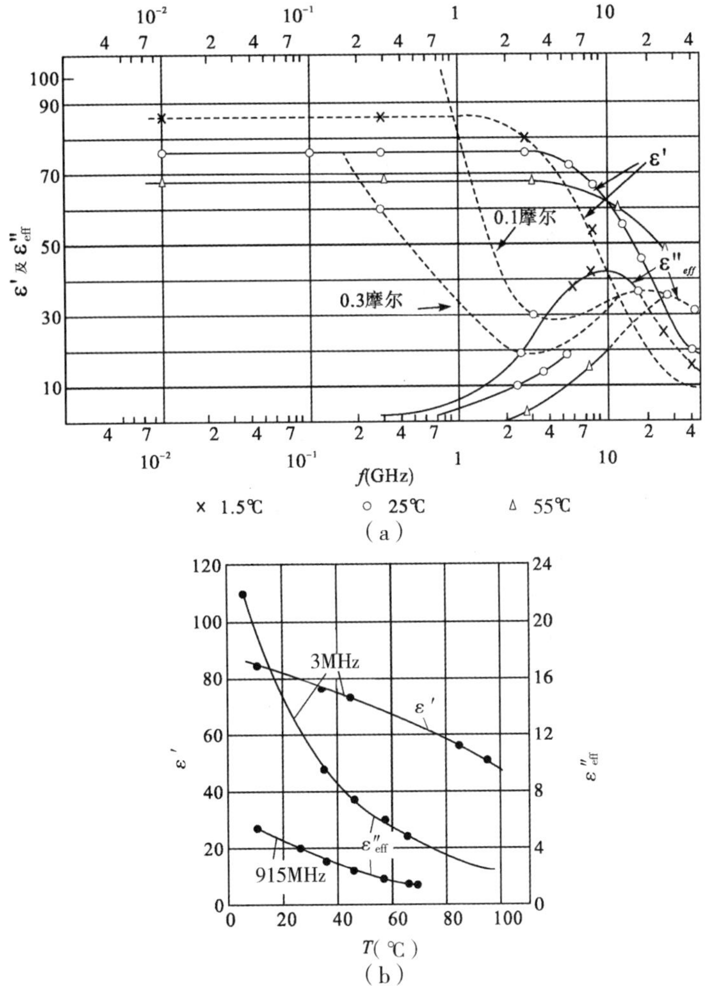

图 6.27 温度及频率对纯水及盐水介质特性的影响

6.2.10 Q 值与湿度的关系

确定材料特性的谐振腔微扰理论适用于当可引入腔内的损耗非常微小时的情况，然而，谐振腔可被用作干燥或加热处理用的应用器。为了评价谐振腔与材料一起用高频进行加热的适用性，说明具有湿度的谐振腔 Q 值的变化是重要的。假设谐振腔完全被均匀介质所填满，在与任何外电路完全隔离的情况下，无载 Q 值 Q_0 的定义为

$$Q_0 = 2\pi \frac{\text{储能}}{\text{每周期内的耗能}} = \frac{\omega W}{P_W + P_S} \tag{6.14}$$

式中 P_W ——耗散在介质中的功率；

P_S ——耗散在腔壁上的功率。

整理式（6.14）后可得

$$\frac{1}{Q_0}=\frac{P_S}{\omega W}+\frac{\int_V \frac{1}{2}\varepsilon_0\varepsilon''_{eff}\hat{E}^2 dV}{\int_V \frac{1}{2}\varepsilon_0\varepsilon'\hat{E}^2 dV} \tag{6.15}$$

或

$$\frac{1}{Q_0}-\frac{1}{Q'_0}=\frac{\varepsilon''_{eff}}{\varepsilon'} \tag{6.16}$$

式中　Q'_0——无介质引入时的 Q_0 值。

通常，$Q_0 \leqslant Q'_0$，于是式（6.16）可简化

$$Q_0 \simeq \frac{\varepsilon'}{\varepsilon''_{eff}} \tag{6.17}$$

因为负载Q值Q_L直接与Q_0有关，所以也变成$\frac{\varepsilon'}{\varepsilon''_{eff}}$的函数，正如本节一开始指出的那样，$\varepsilon'$及$\varepsilon''_{eff}$是与湿度密切相关的，所以$Q_L$也与$M$紧密相关。图6.28中示出了各种地毯结构的$Q_L$与$M$的典型关系。这些数据的优点是它们直接在规定的工业频率上取得的，并可直接用来评价材料进行微波处理的适用性。

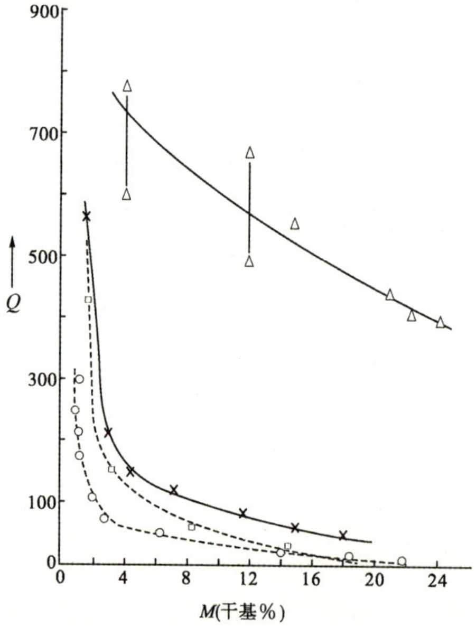

△△△ 化纤地毯——0.5 kg/m²

××× 泡沫衬底（塑化，回潮）——2kg/m²

□□□ 预涂衬底——0.5kg/m²

○○○ 未塑化的泡沫胶乳——1kg/m² 在聚丙烯衬底上

图6.28　各种地毯结构的Q值与湿度的关系（$f=896/915$ MHz）

在频率较低时，Q与M的关系是比较简单，这时可采用图6.29所示的等效电路。其Q值为

$$Q=\omega C_p R'_p \tag{6.18}$$

式中 R'_p——介质电阻 $R'_p = \frac{1}{\sigma A_c}$。

$$C_p = \varepsilon_0 \varepsilon' \frac{A_c}{l}$$

于是
$$Q = \frac{\omega \varepsilon_0 \varepsilon'}{l} \times \frac{l}{\sigma A_c} = \frac{\varepsilon'}{\varepsilon''_{eff}} = \frac{1}{\tan\delta_{eff}} \tag{6.19}$$

当 $f < 50$ MHz 时，损耗主要是电导性损耗，这时，

$$\sigma = \omega \varepsilon_0 \varepsilon''_{eff} \tag{6.20}$$

所以
$$Q_L = g(M)$$

式中 $g(M)$ 是湿度的函数，包括任何负载效应（将射频或微波应用器与外电路相联接时）。

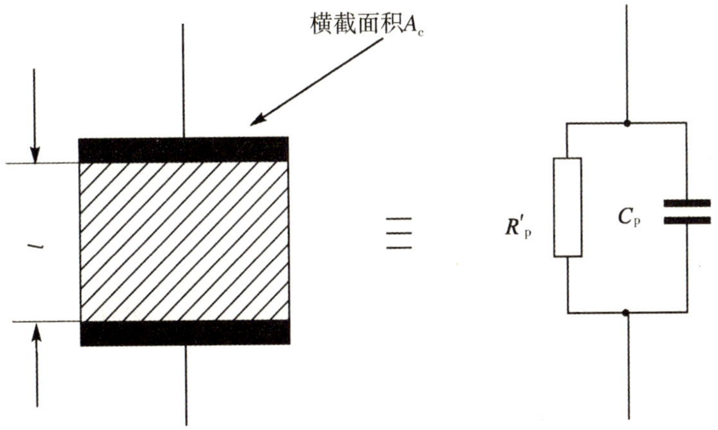

图 6.29 电容负载及其的等效电路

6.2.11 关于介质特性数据的讨论

介质特性数据十分重要，因为它们给出了损耗因子 ε''_{eff} 的大小，它与其他参量如电场及频率一起决定了能被一定体积材料所耗散的功率。对于给定的耗散功率，ε''_{eff} 决定了温度上升的速率。损耗因子愈大，材料愈容易吸收入射的微波能。作为一般的实际规律，损耗因子小于 10^{-2} 时，为了在材料中有合适的温度上升速率，就需要有很高的电场强度，这种情况下，几乎可以肯定需要采用基模的谐振式应用器；当损耗因子大于 5 时，可能会出现渗透密度问题，这时由于材料对微波辐射的强烈吸收，入射能量的大部分被吸收在数 mm 厚的表层里，而其内部则影响甚小，这就造成不均匀的加热后果，所以是不希望的。所以损耗因子被限制在 $10^{-2} < \varepsilon''_{eff} < 5$ 的范围内，但应记住这些限制是灵活的。

当材料中存在确定的纤维或纹理方向时，如纸张、木板、纺织品、木材等，其介质特性与所加电场方向紧密相关。因而，电场相对于纤维方向的取向对介质特性的影响是重要的，对于那些片状或网状的材料干燥时就是如此。

在一般的干燥应用中，确定损耗因子作为湿度的函数是决定性的，它基于以下三个理由：(1) 给出了损耗因子的绝对值；(2) 得到了频率和电场的最佳选择；(3) 它反映了主要成本，我们可以通过这些数据确定临界湿度 M_c 。尽管它标志束缚水和自由水的边界并不明显，但仍能作为高频设备的设计师对所需湿度的一个指示，因为这时采用常规加热方法如热风等包括束缚水的蒸发而显得不十分有效。对于微波设备来说有一个可能的上限，因为超过 M_c 时良好的工作意味着束缚在微隙及毛细管内的蒸发可以有效地采用常规的低成本系统来加以去除。有鉴于干燥应用中的这个重要性，在表 6-4中列出了许多工业材料在接近室温及不同频率时的 M_c 值，从表中可以看出，M_c 在很大的范围内变化，它取决于所用的材料。

介质特性的湿度效应使我们更好地理解解冻等微波过程，因为许多食品中含有超过 90%的水，所以它们的特性非常接近于水的特性，故容易与液态水进行比较。

当频率低于 1GHz 时，许多水电介质（例如食品）的电导损耗增大了；当低于 100MHz 时，它超过了偶极损耗而占主要地位。尽管低频时有效损耗因子较大，但这不是一个优点，因为这时具有正的 $d\varepsilon''/dT$ ，它可以产生热的失控效应。实际上，热失控效应可以在很宽的频段内观察到，所以对解冻材料的设备制造者来说是一个很大的问题。

表 6-4　临界湿度 M_c 的确定

材　料	频率（GHz）	温度（℃）	临界湿度（M_c）
木板 230g/m^2	0.027	22	14%干基
木板 E_{11} 纤维向	2.45	22	14%干基
奶油	2.45	—	9.5%湿基
道格拉斯枞木	2.45	20	10%干基
玉蜀黍	0.05	24	35%干基
玉蜀黍	0.1	24	35%干基
玉蜀黍	2.45	24	40%干基
皮革	2.45	20	20%湿基
土豆粉泥	9.4	20	29%湿基
奶粉	2.45	20	4%湿基
纸张 78.5 g/m^2	0.027	22	12%干基
纸张 E_{11}纤维向	2.45	22	9%干基
聚酰胺	9.4	20	17%湿基
蛋白质 WFM	9.45	23	8%干基
HB	9.45	40	1%～2%干基

续表

材　料	频率 GHz	温度℃	临界湿度 M_c
砂	9.4	20	1%～2%湿基
硅胶	9.4	20	28%湿基
尼龙毯 183 kg/m^3	0.896	22	3%干基
E_{11}纤维向	2.45	22	3%干基
乳浆粉	2.45	—	3%湿基
羊毛	3.0	—	4%干基
羊毛 43.9～78.5 kg/m^3	0.027	23	25%干基
$E_{\perp}$ 纤维向	0.027	40	30%～35%干基
人造丝 128～134kg/m^3 $E_{\perp}$ 纤维向	0.027	21～24	16%干基
棉花 210 kg/m^3 $E_{\perp}$ 纤维向	0.027	22	15%干基
丙烯 92 kg/m^3	0.027	23	1%～2%干基

6.2.12 触媒与媒介

许多材料在它们天然状态下对高频能量实际上是透明的，它呈现出很低的损耗因子，小于 10^{-3}，所以很难用微波进行加热处理。但是，在材料中加入可控的损耗杂质或附加物就能使这些材料吸收更多的微波能。工业上一个应用多年的成功范例就是将炭黑添加物如 ISAF、HAF、FEF 加入到天然、合成、异丁烯或 EPDM 橡胶中去来提高用微波能的预处理能力；将（CH_2）$_2CF_3$ 或（CH_2）C 加入硅橡胶中以及将炭黑或 Fe_2O_3 加入二硅氧烷中会改善用微波能进行材料硫化时的速率和均匀性；将有耗的铁磁粉如 Fe_3O_4 加入石膏模型及铸造型芯中的可能性已有报道，这些粉末在微波频段是有耗的，它被用来作为一种触媒剂以除去混合物中的少量残留水。类似地，微波能也能有效地硬化含有热固性树脂（酚甲醛）二氧化硅及砂和盐酸的材料；在固化硅酸钠连接型芯时加入 ZnO 及 Cr_2O_3 可以改变型芯材料的性质；石墨粉也可用于模型中作为触媒剂。

如果在面粉中加入一些蛋白、酪蛋白浆或发酵剂就可构成一种混合物，它能使微波加热容易而且有效。

在含有 H_3PO_4 的耐火材料入 Al_2O_3 中加入 NiO 或 Cr_2O_3 会改善它对微波能的敏感性。

6.3 微波加热的物理基础

6.3.1 概 述

本节将讨论介质与微波能相互作用时产生热效应的物理基础以及有关的物理参量；推导在介质材料内部的耗散功率和在含有材料的微波应用器中材料内所建立起来的电场的简单表达式。当电磁场穿入介质时，其功率将是衰减的，衰减情况取决于介质的特性。

微波加热不同于一般的由外部热源通过辐射由表及里的传导式加热，而是材料在电磁场中由于介质损耗而引起的体积加热，这种加热的优点是明显的，它与高频介质加热技术类似，不同的是采用较高的工作频率（微波波段）而已。

本节还将介绍控制内部热、质量及总压力的传递过程，然后介绍高频干燥的物理机理，强调在材料中存在体积热源时特别是液相温度到达它的沸点时内部总压力对材料干燥特性的重要性。

最后还将讨论金属材料的集肤深度，这对于应用器内壁材料的选择，以减小损耗和提高效率来说都是十分重要的。

6.3.2 耗散功率

微波加热意味着将微波电磁能转变成为热能，其能量是通过空间或媒质以电磁波形式来传递的。通过一闭合表面的功率流可由积分坡印廷矢量计算得到，即

$$\oint_S \boldsymbol{P}\cdot \mathrm{d}\boldsymbol{S} = Re\oint_S \frac{(\boldsymbol{E}\times\boldsymbol{H}^*)}{2}\mathrm{d}\boldsymbol{S} \tag{6.21}$$

而由麦克斯韦电流方程

$$\nabla\times\boldsymbol{H} = \boldsymbol{J} + \mathrm{j}\omega\varepsilon_0\varepsilon^*\boldsymbol{E} \tag{6.22}$$

代入 $\boldsymbol{J}=\sigma\boldsymbol{E}$ 及 $\varepsilon^*=\varepsilon'-\mathrm{j}\varepsilon''$ 后可得

$$\begin{aligned}\nabla\times\boldsymbol{H} &= \sigma\boldsymbol{E} + (\omega\varepsilon_0\varepsilon'' + \mathrm{j}\omega\varepsilon_0\varepsilon')\boldsymbol{E}\\ &= \omega\varepsilon_0\varepsilon''_{\mathrm{eff}}\boldsymbol{E} + \mathrm{j}\omega\varepsilon_0\varepsilon'\boldsymbol{E}\end{aligned} \tag{6.23}$$

式中

$$\varepsilon''_{\mathrm{eff}} = \varepsilon'' + \frac{\sigma}{\omega\varepsilon_0} \tag{6.24}$$

ε'' 包括了除电导率外的所有损耗。

将式（6.23）取共轭值并乘 $\boldsymbol{E}$ 得

$$(\nabla\times\boldsymbol{H}^*)\cdot\boldsymbol{E} = \omega\varepsilon_0\varepsilon''_{\mathrm{eff}}\boldsymbol{E}\cdot\boldsymbol{E}^* - \mathrm{j}\omega\varepsilon_0\varepsilon'\boldsymbol{E}\cdot\boldsymbol{E}^* \tag{6.25}$$

再利用麦克斯韦方程 $\nabla\times\boldsymbol{E}$ 并乘 $\boldsymbol{H}^*$，于是有

$$(\nabla\times\boldsymbol{E})\cdot\boldsymbol{H}^* = -\mathrm{j}\omega\mu_0\mu'\boldsymbol{H}\cdot\boldsymbol{H}^* \tag{6.26}$$

将式（6.26）减去式（6.25）可得

$$(\nabla\times\boldsymbol{E})\cdot\boldsymbol{H}^{*}-(\nabla\times\boldsymbol{H}^{*})\cdot\boldsymbol{E}=-\mathrm{j}\omega\mu_0\mu'\boldsymbol{H}\cdot\boldsymbol{H}^{*}+\mathrm{j}\omega\varepsilon_0\varepsilon'\boldsymbol{E}\cdot\boldsymbol{E}^{*}-\omega\varepsilon_0\varepsilon''_{\mathrm{eff}}\boldsymbol{E}\cdot\boldsymbol{E}^{*} \tag{6.27}$$

积分式（6.27）并利用散度定理，于是

$$\begin{aligned}\oint_V\nabla\cdot(\boldsymbol{E}\times\boldsymbol{H}^{*})\mathrm{d}V&=\oint_S(\boldsymbol{E}\times\boldsymbol{H}^{*})\cdot\mathrm{d}\boldsymbol{S}\\&=-\mathrm{j}\omega\oint_V(\mu_0\mu'\boldsymbol{H}\cdot\boldsymbol{H}^{*}-\varepsilon_0\varepsilon'\boldsymbol{E}\cdot\boldsymbol{E}^{*})\mathrm{d}V-\oint_V\omega\varepsilon_0\varepsilon''_{\mathrm{eff}}\boldsymbol{E}\cdot\boldsymbol{E}^{*}\mathrm{d}V\end{aligned} \tag{6.28}$$

但由平均功率的定义

$$P_{\mathrm{av}}=-\frac{1}{2}\oint_S\mathrm{Re}(\boldsymbol{E}\times\boldsymbol{H}^{*})\cdot\mathrm{d}\boldsymbol{S} \tag{6.29}$$

所以

$$P_{\mathrm{av}}=\frac{1}{2}\omega\varepsilon_0\varepsilon''_{\mathrm{eff}}\oint_V(\boldsymbol{E}\cdot\boldsymbol{E}^{*})\cdot\mathrm{d}V \tag{6.30}$$

一般情况下，电场不是一个恒量（在应用器中）而是沿着空间变化的，因此，式（6.30）中 E 留在积分符号之内。但在特殊情况下，当电场为一常数时，可利用关系式 $\boldsymbol{E}\cdot\boldsymbol{E}^{*}=\mathrm{E}^2$，于是

$$P_{\mathrm{av}}=\omega\varepsilon_0\varepsilon''_{\mathrm{eff}}E^2_{\mathrm{rms}}V \tag{6.31}$$

式（6.31）还可写成另一种形式，即

$$P_{\mathrm{av}}=0.556\times10^{-10}f\varepsilon''_{\mathrm{eff}}E^2_{\mathrm{rms}}V\quad(\mathrm{W}) \tag{6.32}$$

如果材料同时具有磁损耗，则式（6.32）将变成

$$P_{\mathrm{av}}=\omega\varepsilon_0\varepsilon''_{\mathrm{eff}}E^2_{\mathrm{rms}}V+\omega\mu_0\mu''_{\mathrm{eff}}H^2_{\mathrm{rms}}V \tag{6.33}$$

式中 E_{rms}——电场的有效值；

H_{rms}——磁场的有效值。

关于上述损耗方程的推导，还可用一简单的等效方法来进行，这就是利用图 6.30 所示的当一交变正弦电压加在一个具有损耗的电容器上时的情况。

假设

$$U=\hat{U}\mathrm{e}^{\mathrm{j}\omega t} \tag{6.34}$$

式中 $\hat{U}$——电压峰值。

总电流为

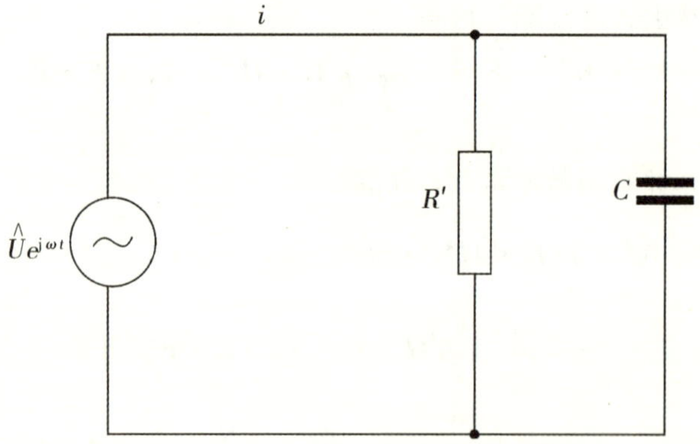

图 6.30 电容负载跨接在正弦电压上

$$i = i_R + i_c = \frac{U}{R'} + C\frac{dU}{dt} \tag{6.35}$$

微分式（6.34）得

$$\frac{dU}{dt} = j\omega U \tag{6.36}$$

代入式（6.35）经整理后有

$$i = j\omega\varepsilon_0 \frac{A_c}{d}\left(\varepsilon' - j\frac{\varepsilon'}{R'\omega C}\right)V \tag{6.37}$$

$$C = \frac{\varepsilon_0 \varepsilon' A_c}{d} \tag{6.38}$$

式中 A_c——电容器极板的横截面积；

d——电容器极板间的距离。

此外，由于 $Q = \omega CR' = \varepsilon'/\varepsilon''_{eff}$，所以通过电容器的最大电流密度为

$$\hat{J} = j\omega\varepsilon_0\varepsilon^* \hat{E} \tag{6.39}$$

式中

$$\hat{E} = \frac{\hat{U}}{d}$$

因此，单位体积内的功率耗散为 $\frac{1}{2}\mathrm{Re}(J^* \cdot E)$，利用式（6.39）可得

$$p = \omega\varepsilon_0\varepsilon''_{eff}\frac{\hat{E}^2}{2} = \omega\varepsilon_0\varepsilon''_{eff}E_{rms}^2 \tag{6.40}$$

它与由麦克斯韦方程推导的方程是一致的。

为了得到微波加热应用中介质内所建立起来的电场与耗散功率密度间的关系，在图 6.31～图 6.34 中画出了在各个工业加热频率下不同 ε''_{eff} 值的上述关系的计算结果，这些频率分别是 27.12MHz、433.9MHz、896/915MHz 和 2 450MHz。

当功率密度为 10^7 W/m^3 及 $\varepsilon''_{eff}=0.1$ 时，27.12MHz 及 2 450MHz 频率下相应的场强为 257kV/m 及 27kV/m。由此可见，频率愈高，对于一定的耗散功率的电场就愈低（假设损耗因子是相同的）

式（6.31）指出 $f\varepsilon''_{eff}$ 乘积在确定材料中建立给定耗散功率密度的电场时是起决定

性作用的。图 6.35 中画出了烟草的介质特性，这种情况下，有效损耗因子由电导及偶极损耗两者组成，在 2 450MHz 时，后者是主要的；而在射频时前者是主要的。温度和密度是非常重要的参量，因为它们控制着 ε''_{eff} 与频率 f 的响应关系及在特定频率下 ε''_{eff} 的绝对值。图 6.35 中指出了密度为 150kg/m^3 时 27.12MHz 及 2 450MHz 两个频率下的有效损耗因子接近相等，而当密度提高到 250kg/m^3 时，2 450MHz 时的损耗增大四倍，这就使得对于一定功率耗散时比低密度所需的电场要大为降低。

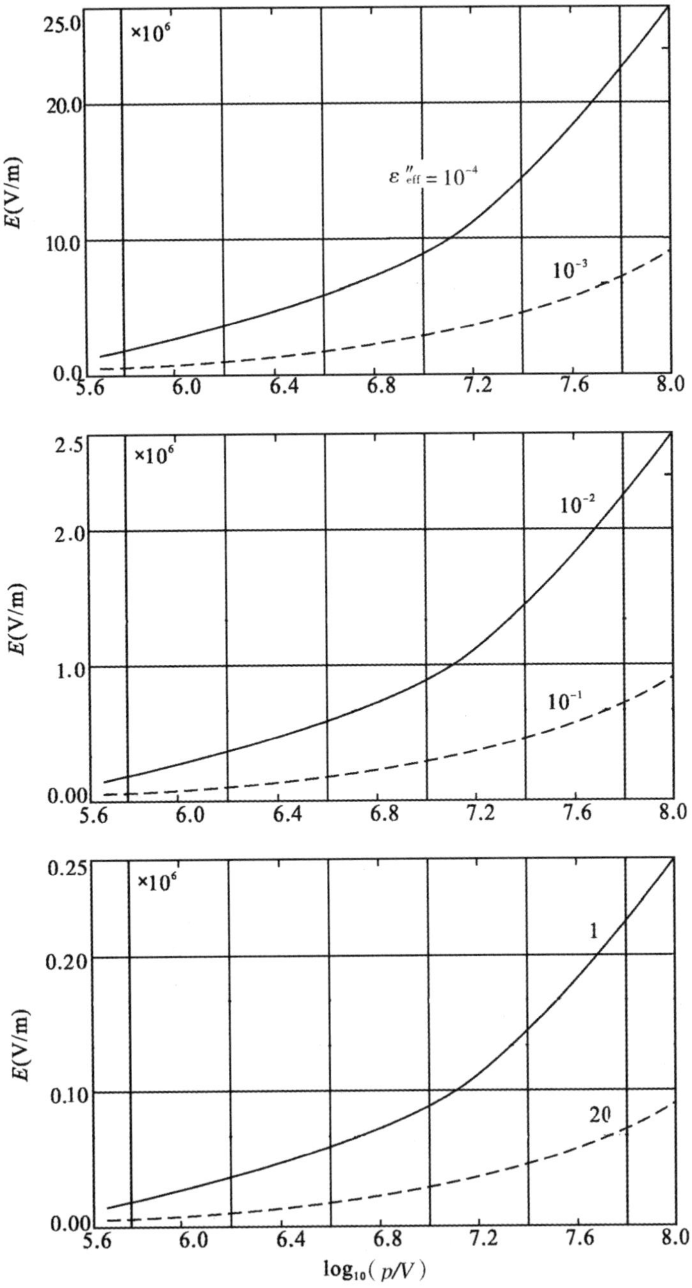

图 6.31 频率为 27.12MHz 时电场有效值作为耗散功率密度的函数

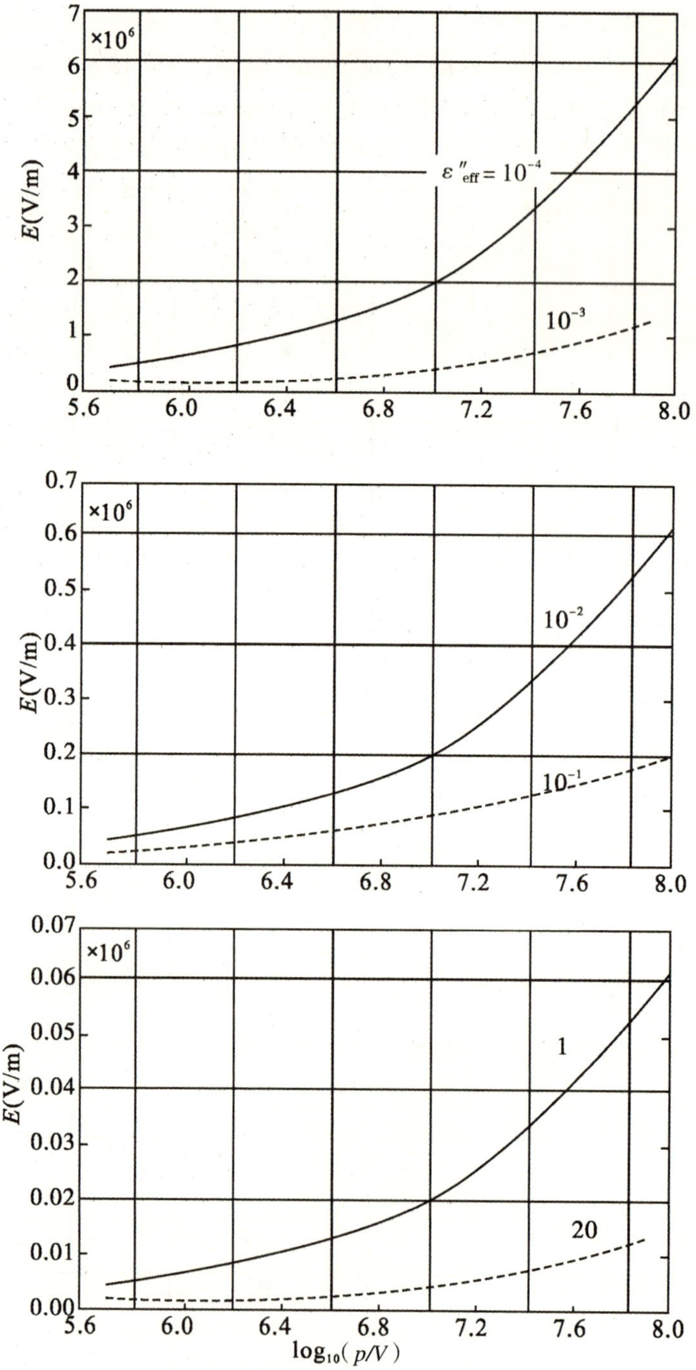

图 6.32　频率为 433.9MHz 时电场有效值作为耗散功率密度的函数

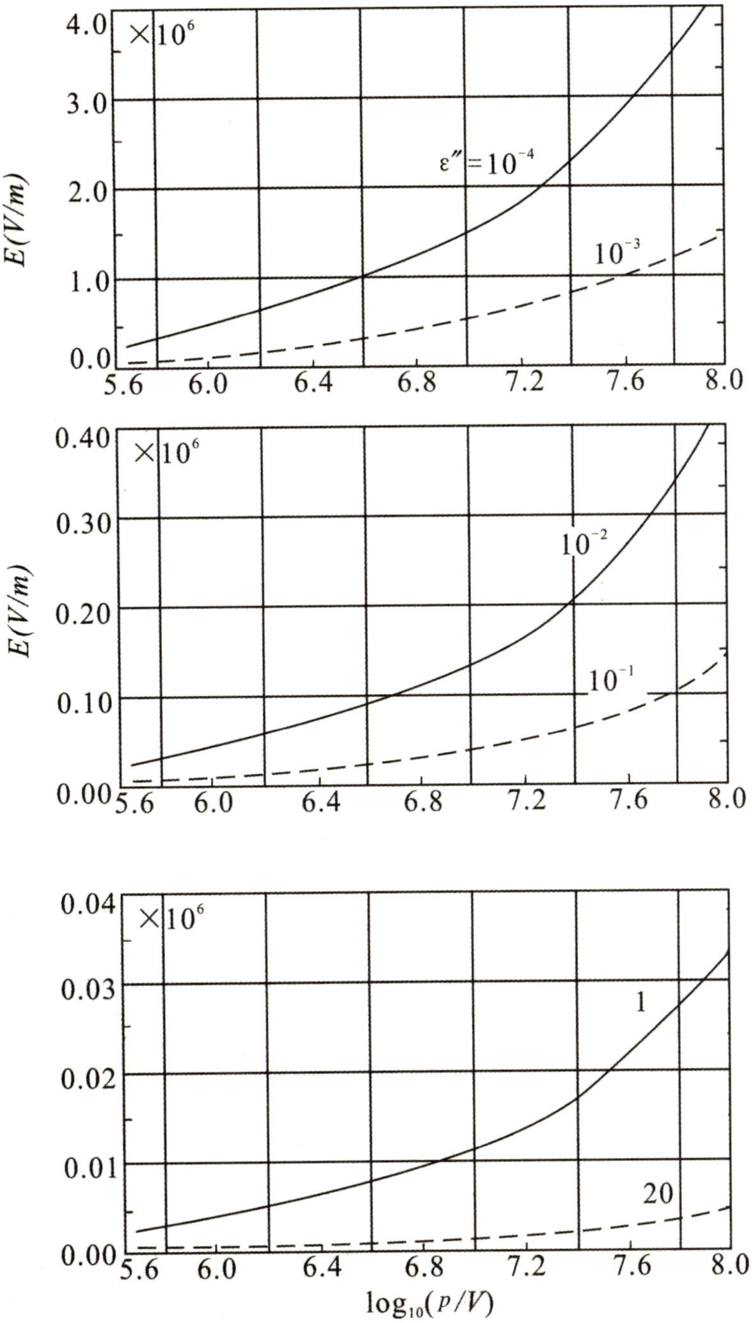

图 6.33　频率为 896/915MHz 时电场有效值作为耗散功率密度的函数

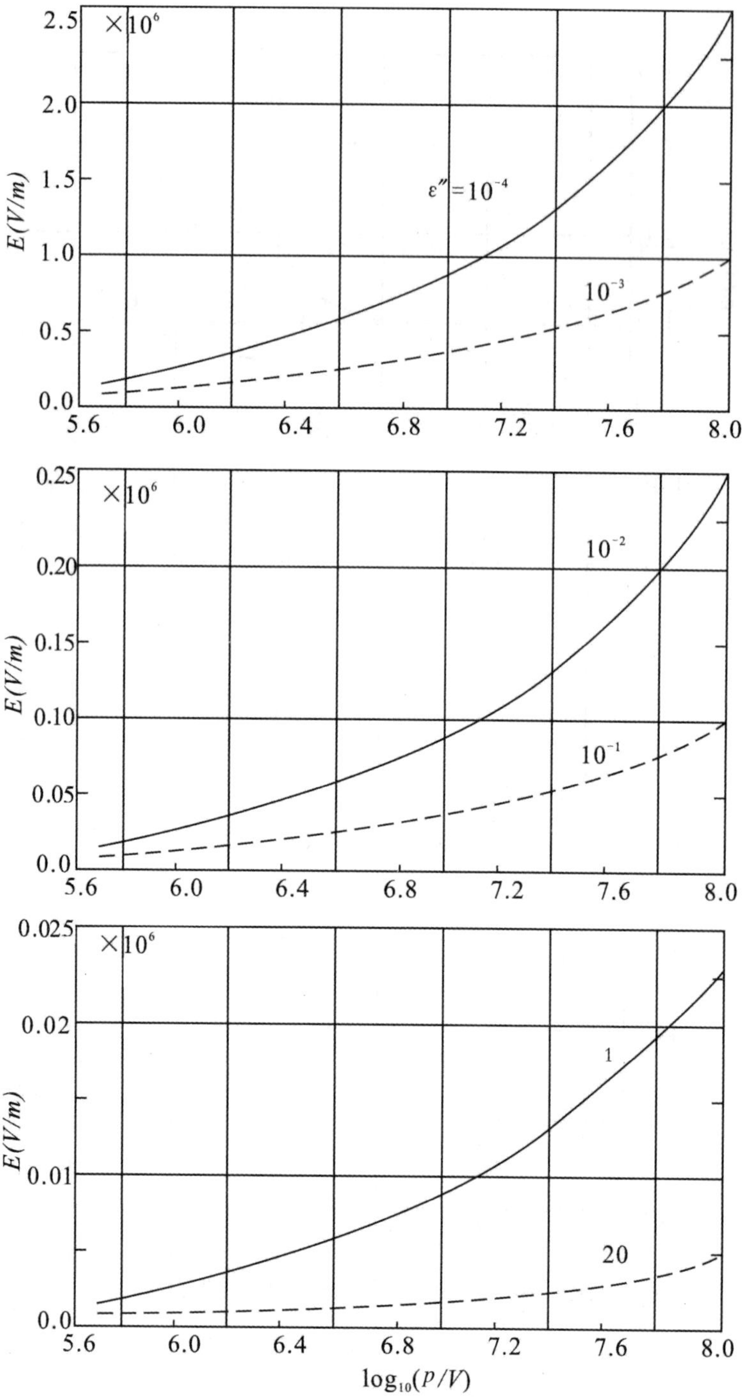

图 6.34　频率为 2 450MHz 时电场有效值作为耗散功率密度的函数

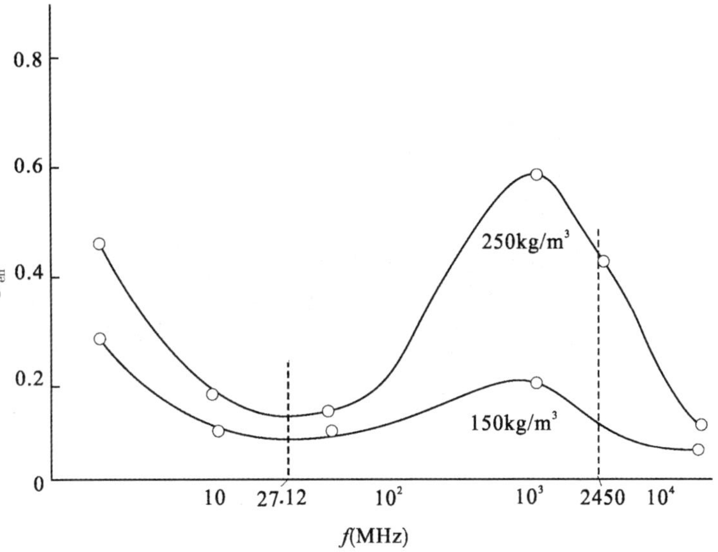

图 6.35 湿度为 13.2%（湿基）时烟草的有效损耗因子作为频率的函数

某些材料例如 NaCl 溶液在射频时由于直流电导的关系而呈现出很高的损耗，如图 6.27 所示，这就使得在射频时材料内部的电场可以大大降低，这一情况正好与图 6.35 所示的相反。在前一情况下，27.12MHz0.1 摩尔溶液的 ε''_{eff} 比 2 450MHz 时的值高出几十倍，这就使得对于一定功率耗散时两个频率下所需的电场几乎相同，从而使得频率的差异消失了。

6.3.3 传播因子和渗透深度

由麦克斯韦方程不难得出沿 z 向的下列波动方程，即

$$\frac{\partial^2 \boldsymbol{E}}{\partial z^2}=\varepsilon_0\varepsilon^*\mu_0\mu^*\frac{\partial^2 \boldsymbol{E}}{\partial t^2} \tag{6.41}$$

及

$$\frac{\partial^2 \boldsymbol{H}}{\partial z^2}=\varepsilon_0\varepsilon^*\mu_0\mu^*\frac{\partial^2 \boldsymbol{H}}{\partial t^2} \tag{6.42}$$

作为平面波的解，其电场具有下述形式

$$\boldsymbol{E}=\boldsymbol{E}_{\max}e^{j\omega t-\gamma z} \tag{6.43}$$

式中

$$\gamma=j\omega(\varepsilon_0\varepsilon^*\mu_0\mu^*)^{\frac{1}{2}}=\alpha+j\beta \tag{6.44}$$

为传播常数，其中 α 为衰减常数，β 为相位常数。图 6.36 示出了这种波的传播特性，波在媒质中传播时是衰减的，产生了功率耗散，这一耗散是 E^2 的函数。为了求得入射波衰减的表示式，可令式（6.44）中的实部和虚部左右相等，并认为$\mu^*=\mu'$，解 α 及β 可得

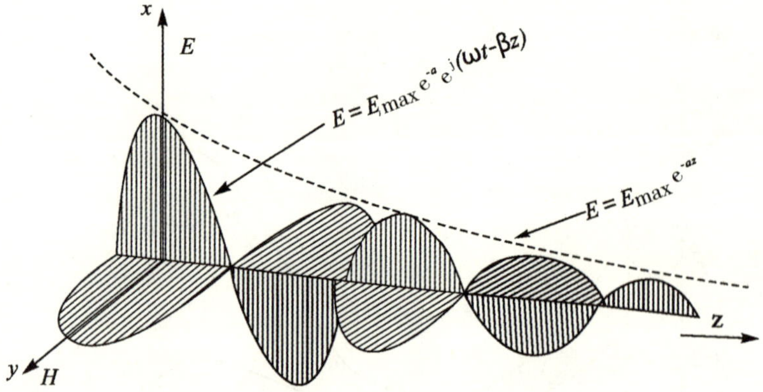

图 6.36 平面波在有耗介质中的传播

$$\alpha=\omega\left(\frac{\mu_0\mu'\varepsilon_0\varepsilon'}{2}\right)^{\frac{1}{2}}\left[\left(1+\left(\frac{\varepsilon''_{eff}}{\varepsilon'}\right)^2\right)^{\frac{1}{2}}-1\right]^{\frac{1}{2}} \quad (\mathrm{Np/m}) \tag{6.45}$$

$$\beta=\omega\left(\frac{\mu_0\mu'\varepsilon_0\varepsilon'}{2}\right)^{\frac{1}{2}}\left[\left(1+\left(\frac{\varepsilon''_{eff}}{\varepsilon'}\right)^2\right)^{\frac{1}{2}}+1\right]^{\frac{1}{2}} \quad (\mathrm{rad/m}) \tag{6.46}$$

其中衰减常数表示式可以简化如下：

(1) 对于高损耗介质 $\frac{\varepsilon''_{eff}}{\varepsilon'}\gg 1$，式（6.45）可简化为

$$\alpha=\left(\frac{\omega^2\mu_0\mu'\varepsilon_0\varepsilon''_{eff}}{2}\right)^{\frac{1}{2}} \quad (\mathrm{Np/m}) \tag{6.47}$$

由 $\varepsilon''=0$，$\sigma=\omega\varepsilon_0\varepsilon''_{eff}$，因此 $\alpha=\frac{1}{\delta_s}$，这里 δ_z 为集肤深度。

(2) 对于低损耗介质，$\frac{\varepsilon''_{eff}}{\varepsilon'}\ll 1$，这时

$$\alpha=\frac{\omega}{2}\left(\frac{\mu'\varepsilon_0\mu_0}{\varepsilon'}\right)^{\frac{1}{2}}\varepsilon''_{eff}=\frac{\pi\varepsilon''_{eff}}{\lambda'_0(\varepsilon')^{\frac{1}{2}}} \quad (\mathrm{Np/m}) \tag{6.48}$$

式中　λ'_0——自由空间波长；

$c=(\mu_0\varepsilon_0)^{-\frac{1}{2}}$——真空中的光速；

$\mu'=1$。

将式（6.44）代入式（6.43）后得

$$\boldsymbol{E}=\boldsymbol{E}_{max}e^{-\alpha z}e^{j(\omega t-\beta z)} \tag{6.49}$$

第一个指数项给出了电场的衰减，所以耗散功率具有下述形式，即

$$P\propto e^{-2\alpha z} \tag{6.50}$$

渗透深度定义为当功率从材料表面衰减至表面值的 $\frac{1}{e}$ 的距离，即

$$D_p=\frac{1}{2\alpha} \tag{6.51}$$

将式（6.45）代入式（6.51）得到渗透深度的一般表示式

$$D_p = \frac{1}{2\omega}\left(\frac{2}{\mu_0\mu'\varepsilon_0\varepsilon'}\right)^{\frac{1}{2}}\left[\left(1+\left(\frac{\varepsilon''_{eff}}{\varepsilon'}\right)^2\right)^{\frac{1}{2}}-1\right]^{-\frac{1}{2}} \tag{6.52}$$

根据自由空间波长及 $\mu'=1$ 时，式（6.52）简化为

$$D_p = \frac{\lambda'_0}{2\pi(2\varepsilon')^{\frac{1}{2}}}\left[(1+(\varepsilon''_{eff}/\varepsilon')^2)^{\frac{1}{2}}-1\right]^{-\frac{1}{2}} \tag{6.53}$$

对于低损耗介质（$\varepsilon''_{eff}/\varepsilon' \ll 1$），渗透深度近似为

$$D_p = \frac{\lambda'_0(\varepsilon')^{\frac{1}{2}}}{2\pi\varepsilon''_{eff}} \tag{6.54}$$

式（6.53）及（6.54）指出，功率渗透深度随着波长的增大而增大，换言之，随着频率的降低而增大。通常，当频率低于 100MHz 时，渗透深度约为米级。所以，除非损耗因子过高，否则功率会渗透至很深。当频率接近微波加热范围时，渗透深度相应地减少，相对于被处理材料的尺寸量级，尤其当材料很湿时，它比 D_p 大许多倍，并且在温度分布方面会产生不能接受的不均匀性。Ohlsson 等曾计算食品在三种频率下渗透深度与温度的关系，结果如图 6.37 所示。一般的趋向正如所期望的那样，在低的温度和低的频率时具有较大的渗透深度。冰的有效损耗因子要比液态水小得多，对于生牛肉接近零度时的渗透深度约为 150mm，而在室温时下降到约为 20mm；肉汁的渗透深度由于有效损耗因子主要是电导率较大因而相应地减小。

也许在 2.45GHz 时，肉汁可以被均匀地加热到温度超过 40℃，而其他两个频率则较困难。相反，在纯水中，渗透深度随着温度升高而增大，显示出含有较多盐分的食品的介质特性的差别。在图 6.38 中示出了各种食品的渗透深度数据，它揭示了当其尺寸可与渗透深度相比甚至超过时处理有耗介质时所存在的限制，而网状材料通常没有这种限制，只要它的厚度不太大时。

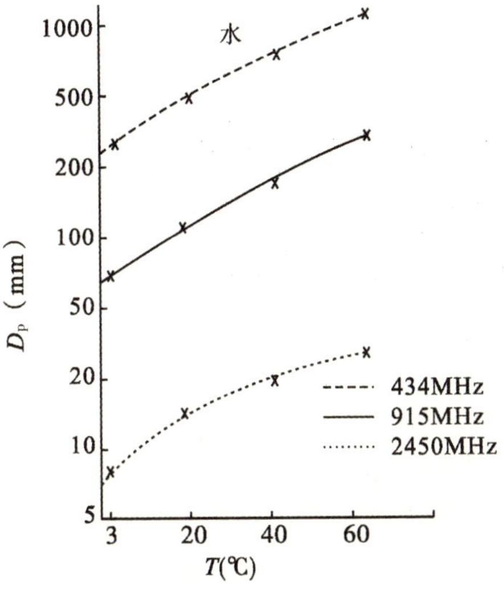

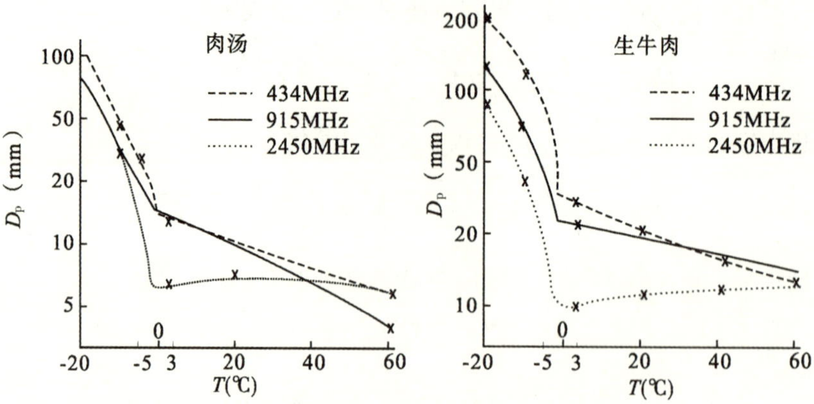

图 6.37 各种频率下渗透深度作为温度的函数

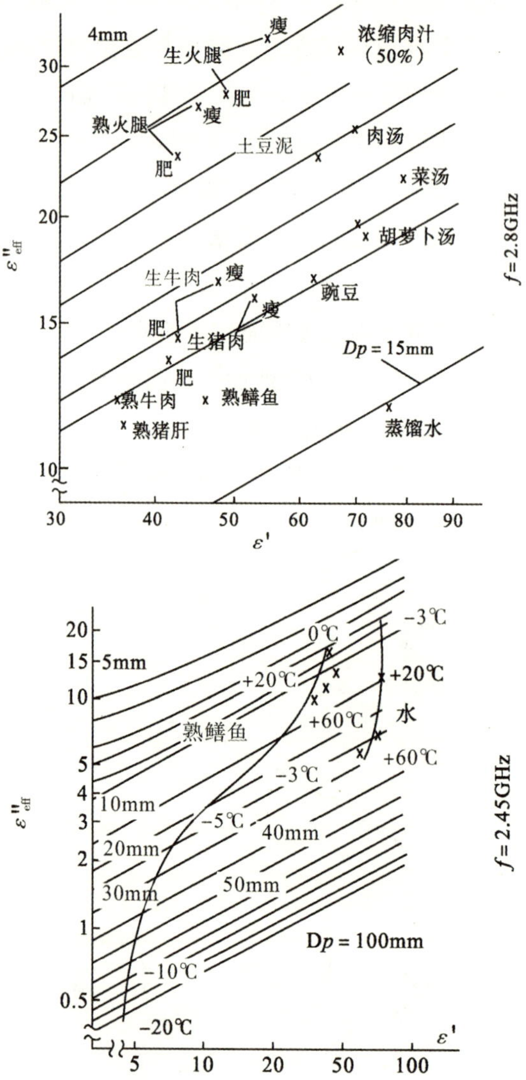

图 6.38 各种食品的渗透深度数据

6.3.4 比热

一个系统的内能 W 可用它的压力 p 、体积 V 及外部供给系统的热量 Q_h 写成下述的微分形式

$$dW = dQ_h - pdV \tag{6.55}$$

而系统的焓为

$$H_h = W + pV \tag{6.56}$$

微分式（6.56）并利用式（6.55）得

$$dH_h = dQ_h + Vdp \tag{6.57}$$

一种材料的比热在国际单位制中定义为使 1kg 材料提高 1℃时所需的热量。从上述两个方程可以看到有两种比热的定义，将式（6.55）在体积不变时对温度微分，得

$$C_V = \left(\frac{\partial W}{\partial T}\right)_V = \left(\frac{\partial Q_h}{\partial T}\right) \tag{6.58}$$

若在压力不变时将式（6.57）对温度微分，可得

$$C_p = \left(\frac{\partial H_h}{\partial T}\right)_p = \frac{\partial Q_h}{\partial T} \tag{6.59}$$

在气体中 C_V 与 C_p 存在很大的差别，但对液体和固体来说这差别是不大的，通常可以略去不计。多数材料的比热可认为与温度无关，直至低于冰点以下时才开始降低，表 6-5 列出了某些常用工业材料的比热 C_p。

表 6-5　某些常用工业材料的比热

材　料	比热 Cal/g℃	比热 kJ/kg℃
丙酮	0.51	2.13
酒精	0.55	2.31
石棉	0.2	0.84
柏油	0.4	1.67
胶木	0.3～0.4	1.26～1.67
蜂蜡	0.82	3.43
普通砖	0.22	0.92
硬砖	0.24	1.0
纤维素（赛璐珞）	0.32	1.34
木炭	0.24	1.0
黏土	0.23	0.96
无烟煤	0.3	1.26

续表

材　料	比热 Cal/g℃	比热 kJ/kg℃
烟煤	0.33	1.38
煤焦油	0.34	1.42
焦炭	0.27	1.13
混凝土	0.17	0.71
软木板	0.45	1.88
干土	0.3	1.26
纤维板	0.6	2.51
纤维硬板	0.5	2.09
光学玻璃	0.16～0.2	0.67～0.84
铅玻璃	0.12	0.5
耐热玻璃	0.2	0.84
硅玻璃	0.19	0.79
玻璃纤维	0.16	0.67
石墨粉	0.16	0.67
石膏板	0.26	1.09
冰（0℃）	0.49	2.05
印度橡胶	0.48	2.0
干皮革	0.36	1.5
石灰石	0.22	0.92
大理石	0.21	0.88
云母	0.11	0.46
矿渣绒	0.2	0.84
油橄榄	0.47	1.97
纸	0.336	1.38
石蜡	0.7	2.89
多孔石膏	0.24	1.0
石膏沙	0.22	0.92
瓷	0.22	0.92
泡沫塑料	0.3	1.25
塑料	0.4	1.67
砂	0.19	0.79

续表

材　料	比热 Cal/g℃	比热 kJ/kg℃
砂石	0.22	0.92
锯屑	0.21	0.88
硅胶	0.2	0.84
海水＋10 分水	0.8	3.34
海水＋200 分水	0.98	4.00
松节油	0.41	1.72
水	1.00	4.18
枞木	0.65	2.12
橡木	0.5	2.09
松木	0.67	2.8
毛毡	0.33	1.38
羊毛	0.3	1.26

6.3.5 温度上升率

当材料中吸收微波能之后，它的温度上升速率取决于一系列参量。要使质量为 $M_a$kg 的材料在时间 t 秒内的温度从 T_0℃上升至 T ℃时所需的功率由式（6.60）确定。

$$P=\frac{Q_h}{t}=M_aC_p(T-T_0)/t \tag{6.60}$$

利用式（6.31）将式（6.60）变为

$$(T-T_0)/t=\frac{0.556\times10^{-10}\varepsilon''_{eff}fE_{rms}^2}{\rho C_p}\quad(℃/s) \tag{6.61}$$

式中　ρ——为材料的密度（kg/m^3）；

C_p——为材料的比热（j/kg·℃）。

对于给定材料在给定频率 f 下加热时的温度上升速率取决于 $\varepsilon''_{eff}E_{rms}^2$ ，而它通常是温度的函数（因为 ε''_{eff} 与 T 有关）。

6.3.6 电场强度

在微波加热中，电场是主要的参量，它提供了微波能与待处理材料间一种无形的联系。但要指出材料中电场的大小通常是比较困难的，因为引入材料后，应用器或腔体中场的绝对值是要发生改变的。微扰技术经常用来确定场的分布，但是为了使理论有效，这种微扰必须很小，而且介质性质在场计算中扮演了非常重要的角色，在给定的试验条件下，这些性质并不总是能容易地得到的。

确定有效电场绝对值的一种方法是通过量热学法，利用式（6.61）可得

$$E_{rms}=\left(\frac{\rho C_p(T-T_0)/t}{0.556\times10^{-10}f\varepsilon''_{eff}}\right)^{\frac{1}{2}}\qquad(V/m)\tag{6.62}$$

如果材料中场分布不是固定的，那么上述方程是不适用的，当把电场分布的形式代入式（6.30）后即可得到类似于式（6.62）的表示式，例如在一个 TM_{010} 腔中轴向电场由贝塞尔函数给出，即

$$E_z(r)=E_{max}J_0(Kr)\tag{6.63}$$

式中　E_{max} ——轴向电场的最大值；

r——半径；

K——常数。

将式（6.63）代入式（6.30），而且，$V=\pi r^2 l_e$（$l_e<h$），如图 6.39 所示，l_e 为腔体有效长度，$dV=2\pi r l_e dr$，于是

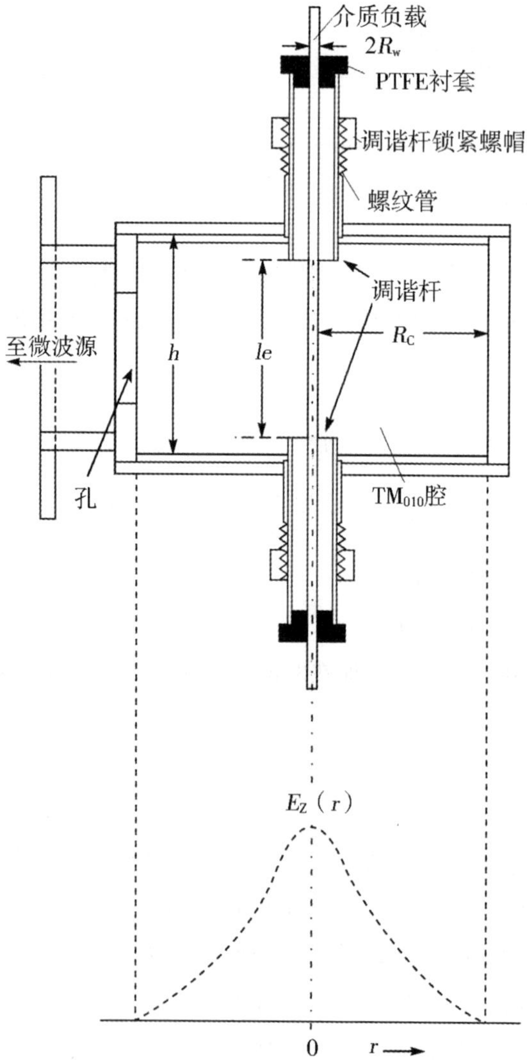

图 6.39 部分加载 TM_{010} 谐振腔中的电场分布（$R_c > R_w$）

$$P = 0.556 \times 10^{-10} f E_{max}^2 \varepsilon''_{eff} V [J_0^2(KR_w) + J'^2_0(KR_w)] \tag{6.64}$$

式中 R_w——介质的半径。

电场最大值 E_{max} 可通过测量温度上升率来进行计算，而后者则取决于将式（6.64）代入相应方程而得到一个类似于式（6.62）的表示式。

在腔体中心电场最大，随着离开中心而下降，如图 6.39 所示。利用上述方程的困难，在于 ε''_{eff} 与 T 的关系需要复杂的计算，例如水的 ε''_{eff} 在 $25 < T < 75$ ℃，$f = 2.45$ GHz 时是按 $320/T$ 变化的，这就使得在各种功率电平时的电场能够估计出来。

圆柱形 TM_{010} 模腔体中的电场分布是基模腔中一种特殊的类型环绕介质的空间内电场一定小于介质中的场强（如果边界条件满足的话）。但是，并不总是这种情况，置于多模腔中的球形水负载情况就是一个例子。通过简单的量热学来计算这种腔体中的电场受到某些限制，因为球形负载内的电场 E_i 与负载外的电场 E_{ext} 是不同的，而它们的值现已找到。

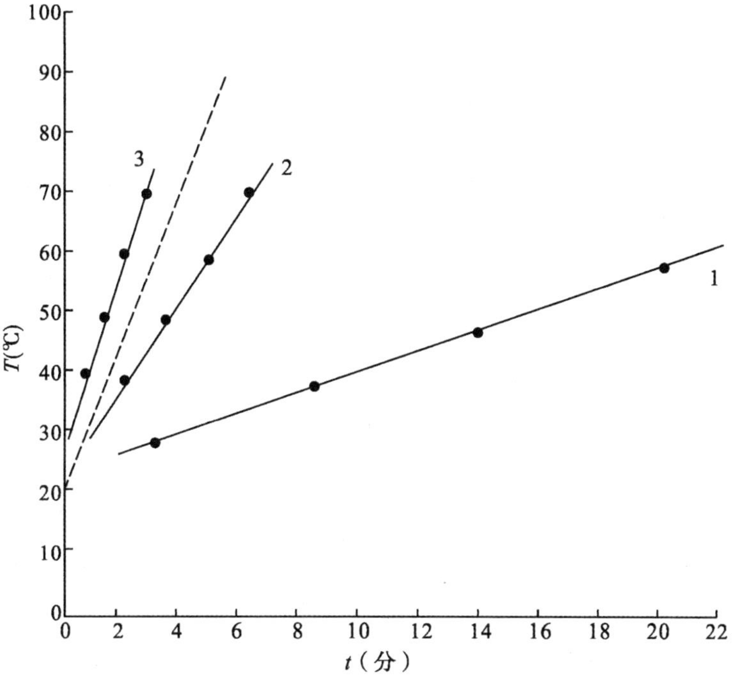

图 6.40 在微波场中的温度上升率

——理论值：(1) $E_{ext} = 10$kV/m；(2) $E_{ext} = 20$kV/m；(3) $E_{ext} = 30$kV/m

……实验值：$M_a = 1.38$kg，$P = 1.5$kW

通过静电学的简单关系，对于球形水负载的内外电场有下述关系，即

$$E_i = E_{ext}\left(\frac{3}{2+\varepsilon'}\right) \tag{6.65}$$

将式（6.65）代入式（6.62）即得到根据温度上升速率的电场强度 E_{ext}，在假设一系列的特定 E_{ext} 值下一定体积的水置于微波场中按上述公式计算出的一簇曲线及实验

结果一并示于图 6.40 中。

6.3.7 热和质量的转移现象

较厚材料的常规干燥是一个很慢的过程，因为它依靠热的传导从外表传至内部，材料愈厚，蒸发过程愈慢。具有很大渗透深度的高频电磁能量提供了增大蒸发速率和优化干燥过程的一个机会。只要液态水和其他溶剂存在，在射频及微波频率下它能吸收大量的电磁能量，而这种能量能容易且有效地转移至湿物中。与通常的干燥方法不同，能量是通过湿物的体积而被吸收的，所以会在材料中产生一体积的热源。高频电磁能的体积吸收在适当的条件下不会导致湿物的温度达到液体的沸点。在物体的微隙内的水分蒸发而产生的蒸汽会引起内部气体压力的增加，它能很快地驱使水分从物体内部向外部扩散。

当蒸发发生在材料表面上时，因为蒸发冷却使得表面温度较低，这种内外温度差别形成了温度梯度，这种梯度帮助水分向外表迁移，但是，过大的能量耗散对干燥高密度、无空隙及易碎介质时是不利的。黏滞阻力阻止了水分向表面迁移，在极端情况下，内部沸腾可以产生很高的内部压力，足以使材料破裂。然而，这一特点却有可能被用来进行矿石粉碎及采掘作业。

当对材料开始加热时，材料温度向其液体体温方向上升，从湿物上的水分蒸发有两个明显的范围，如图 6.41 所示。在“等干燥率范围”内，其湿度是很高的，只要周围的条件不变，从表面上的蒸发以一固定的速率进行。当湿度下降到低于某一临界值时（它取决于材料的类别），蒸发速率随着湿度减少而很快地下降，并受到从物体内部向外表迁移水分减少的限制。这一阶段称为“下降干燥率范围”，在这一范围内，孔隙中水的凹形面低于蒸发面因而阻止了进一步的蒸发，在图 6.42 中定性地画出了两个范围内湿度减小情况，水分通过表面张力从内层向外表的连续补充来代替从热表面上水的蒸发是等干燥率的一个先决条件。最后终于达到某个临界状态，这时由于湿度下降，它不再可能有一个被水饱和的热的表面，这就导致蒸发区进一步移至物体的内部。在下降干燥率范围内，水分由液态及气液的质量流移向外表面。当物体干透后，毛细管网失去了作用，微隙内的气泡阻止了液体移向外表面，这时蒸汽流是主要的流动机理。

图 6.43 中定性地画出了临界值间的关系，低于此值时，蒸发效率开始下降，而湿物中的损耗因子是相当平坦的，它表示了束缚水的吸收效应，图中阴影区表示这种过渡最有可能发生的湿度范围。

如上面如述，射频及微波加热不取决于通过表面的热传递，体积热源的存在提供了通过湿物整体的快速能量传递，从而改变了干燥的物理特性。

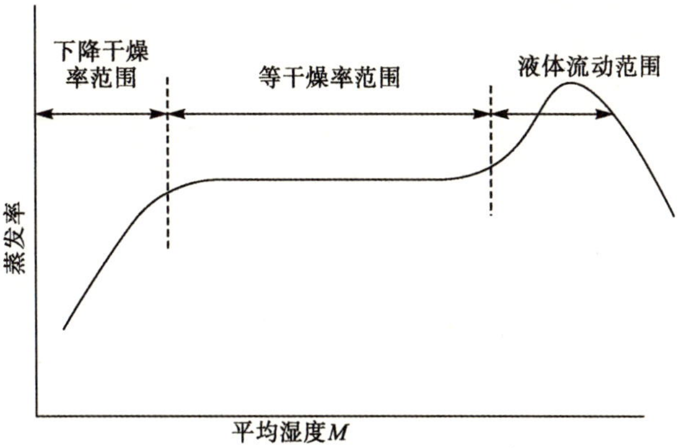

图 6.41 蒸发率作为平均湿度的函数

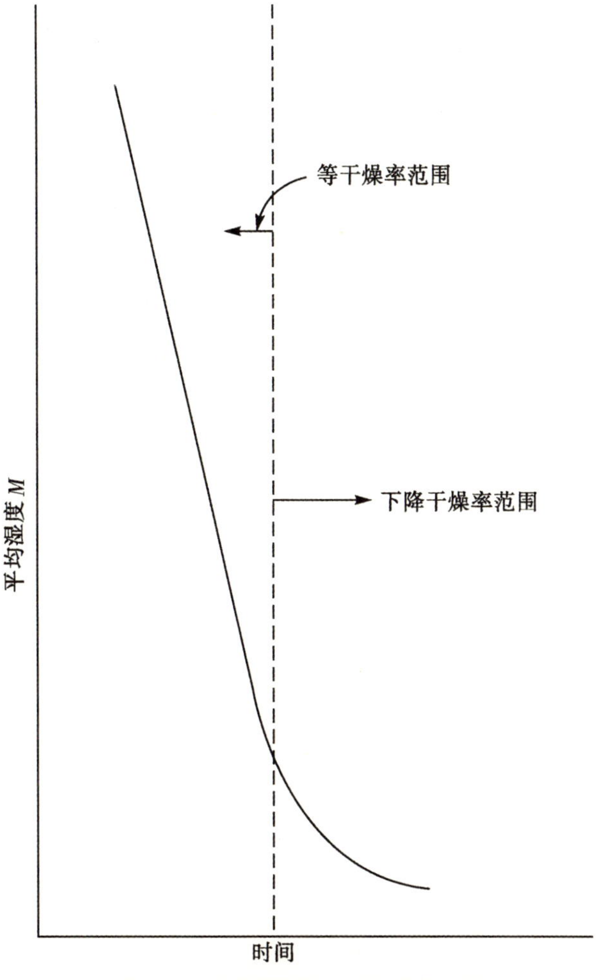

图 6.42 干燥过程中湿度的下降

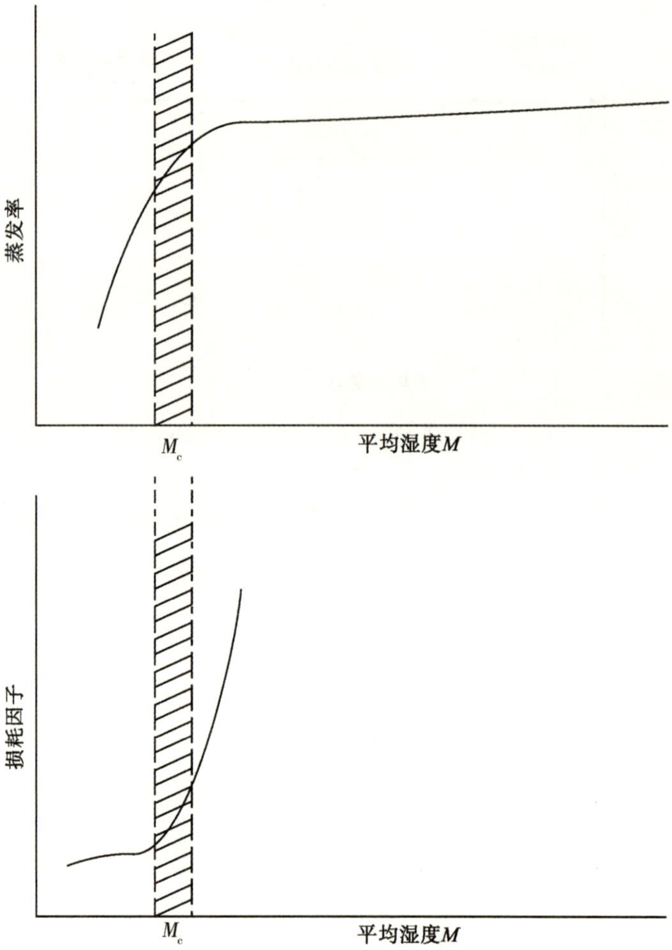

图 6.43　蒸发率及损耗因子作为湿物平均湿度的函数

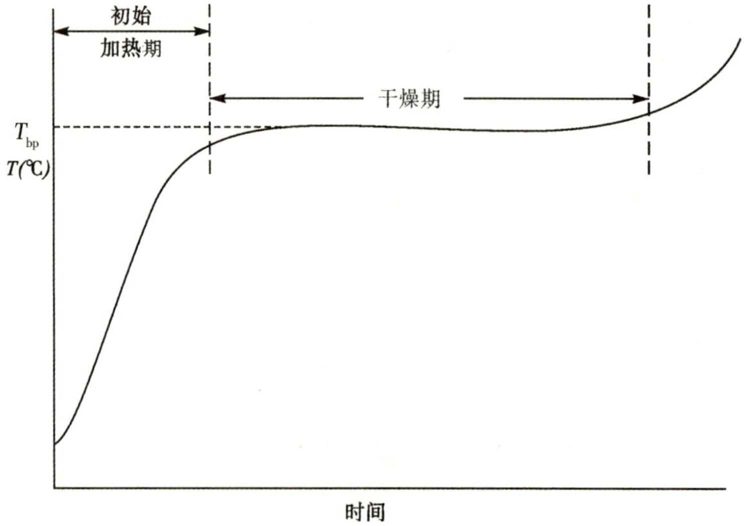

图 6.44　高频干燥过程中的温度上升速率（T_{bp}—沸点温度）

图 6.44 示出了干燥过程中存在的温度变化情况。在射频及微波干燥中有三种情况，即：

(1) 物体被快速地加热到湿气的沸点温度，然后 $\frac{\partial T}{\partial t} \simeq 0$ ，这适用于对温度不敏感材料的预加热或热敏材料在真空中的干燥；

(2) 在干燥中温度升高，这种情况发生在产量很大而液体的沸点来不及达到时；

(3) 物体被加热到某一低于液态沸点温度的临界值，然后被强迫冷却，这适用于热敏感材料。

当物体的温度接近液体的沸点时，微隙内的内部蒸发和总压力将增加，这时由于湿物中蒸汽的快速产生，所以质量转移主要受总压力梯度所支配。当物体中含有很高比例水分时，由于受总压力梯度驱使的过滤流的作用，一些湿气将从物体中被除去。这一干燥状态在等干燥率范围之前，并被命名为“液体移动范围”。在这一范围内，湿气除去率增大到等干燥率之上，如图 6.41 所示。

通常，在初始加热范围内很少采用射频和微波技术。

在下降干燥率范围，采用射频和微波技术是独一无二的，因为这时能量能有效地被转移到残留的自由水和疏松的束缚水中，从而使得物体的温度快速升高，当物体被加热到液体的沸点时，空隙中将被蒸汽所充填，而这时的湿气流动则由总压力所决定。射频及微波加热的限制看来是材料内部所能忍受的最大压力。如果材料不是一种刚体或结实的东西，那么过大的压力会使材料变形，引起空隙尺寸和压力扩散率的增加。

用射频和微波方法来除去结合较紧的束缚水或结晶水在技术上来说是困难的，因为残存在物体中的液态对能量吸收得很少，而且由于含水量低，在高湿度时十分明显的温度稳定作用这时不再存在，且有过热和烧焦物体的危险。

6.3.8 集肤深度

微波加热中用得最多的是由金属围成的应用器以限制电磁辐射不致外泄，能量在壁上的反射是非常重要的，在谐振式应用器中更是如此。电磁波在金属壁上的互作用导致电流的产生及功率耗散的出现，只要导体是有耗的，这一现象是显然的。

假设没有位移电流存在，而传导电流 $\sigma\boldsymbol{E}$ 是主要的，根据导体中的麦克斯韦方程，有

$$\nabla \times \boldsymbol{E}_s = -\mu_a \frac{\partial \boldsymbol{H}_s}{\partial t} \tag{6.66}$$

$$\nabla \times \boldsymbol{H}_s = \sigma \boldsymbol{E}_s \tag{6.67}$$

式中 $\boldsymbol{E}_s$, $\boldsymbol{H}_s$ ——导体中的电场及磁场强度；

μ_a——导体的绝对磁导率。

设

$$\boldsymbol{E}_s = \boldsymbol{E}_t e^{j\omega t - r_c z} \tag{6.68}$$

取式（6.66）的旋度并将式（6.67）代入则有

$$\nabla^2 \boldsymbol{E}_s - r_c^2 \boldsymbol{E}_s = 0 \tag{6.69}$$

式中 $\gamma_c = (j\omega\sigma\mu_a)^{\frac{1}{2}} = \left(\dfrac{\sigma\omega\mu_a}{2}\right)^{\frac{1}{2}}(1+j)$； (6.70)

$\boldsymbol{E}_t$——表面上切向电场。

将 γ_c 代入式（6.69）并定义当场衰减至表面的$\dfrac{1}{e}$的距离为集肤深度 δ_s，于是有

$$\delta_s = \left(\frac{2}{\sigma\omega\mu_a}\right)^{\frac{1}{2}} \tag{6.71}$$

将式（6.71）代入式（6.70）可得

$$\gamma_c = \frac{(1+j)}{\delta_s} \tag{6.72}$$

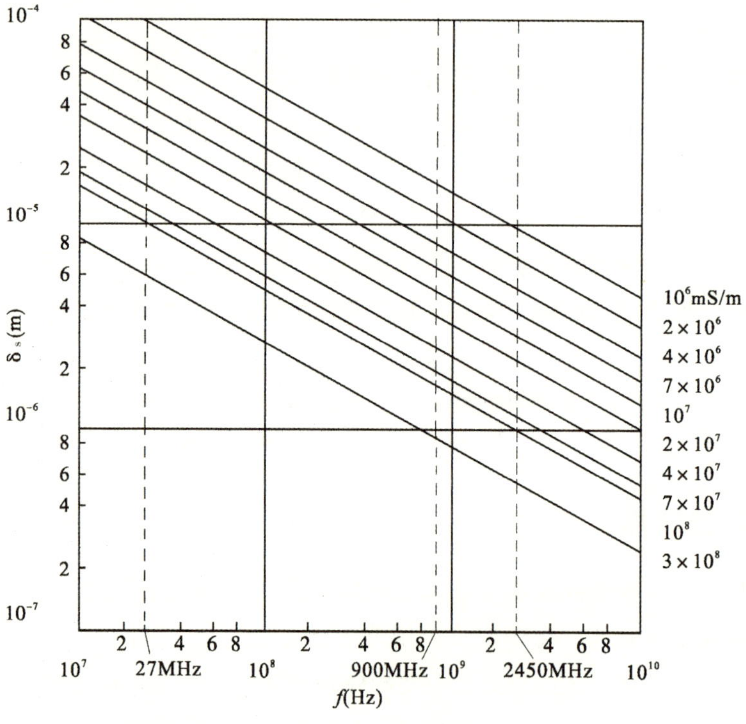

图 6.45 集肤深度 δ_s 在各种电导率 σ 时作为频率 f 的函数

式（6.71）是式（6.47）的倒数，后者是在 $\varepsilon''_{\text{eff}}/\varepsilon' \gg 1$ 条件下推得的，它等效于系统中只存在传导电流时的情况。利用式（6.71）而做出集肤深度与电导率及频率的关系如图 6.45 所示。而集肤深度作为电导率的函数如图 6.46 所示。表 6-6 列出了作为内壁材料常用金属的直流电导率，更多的材料特性参看附录 F。

虽然不锈钢与多数材料相比具有较大的损耗，但在工业应用器中还有特别有用的，因为在这些应用器中当介质引入导致 Q 值下降，所以 Q_0 是比较低的（例如 100 左右）。

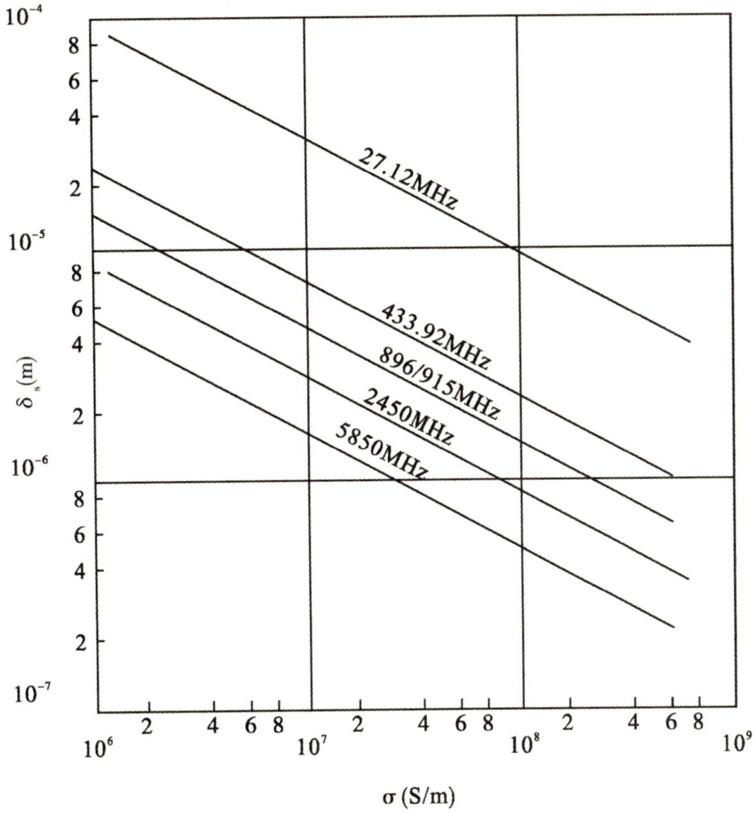

图 6.46 集肤深度 δ_s 在各种工业加热频率下作为电导率 σ 的函数

表 6-6 某些金属的电导率

金 属	电导率（S/m）
铝 100%	34.3×10^6
黄 铜（90%）	24.1×10^6
黄 铜（70%）	14.5×10^6
铜（100%）	58.0×10^6
银（100%）	61.0×10^6
不锈钢* 304	1.39×10^6

这种情况下在被处理的材料中损耗超过了腔壁损耗。家用微波炉采用不锈钢是非常普遍的，较高的损耗产生足够的等效电阻，它能提供足够的“空炉匹配”以避免当没有任何介质负载时电源接通后磁控管的损坏。但不锈钢没有用在高 Q 应用器中，虽然银和金的损耗最小，而铝却在低成本和小的集肤深度方面占有优势。

6.3.9 壁损耗

图 6.47 示出了一个接近理想导体壁上的电磁场分布情况，这种情况下由于涡流而

出现某些损耗。设在导体中的电场和磁场为 E_s 及 H_s，在表面上（$z=0$）有较大的法向分量 E 及切向分量 H_t，忽略位移电流后，导体中的磁场 H_s 按照表面上切向分量 H_t 而且有下述形式。

$$\boldsymbol{H}_s = \boldsymbol{H}_t e^{j\omega t - \gamma_c z} \tag{6.73}$$

将式（6.73）代入式（6.67）可得下述关系

$$\boldsymbol{E}_t = -(\gamma_c/\sigma)\boldsymbol{H}_t \tag{6.74}$$

在导体表面上的功率耗散利用玻印廷矢量可得

$$P_s/\text{单位面积} = \frac{1}{2} \quad \frac{1}{\sigma\delta_s}|\boldsymbol{H}_t|^2 \tag{6.75}$$

再利用式（6.72），乘积 $\frac{1}{\delta_s\sigma}$ 称为集肤电阻，将式（6.71）代入式（6.75）后可得

$$P_s/\text{单位面积} = \frac{1}{2} \quad \left[\frac{\mu_a\omega}{2\sigma}\right]^{\frac{1}{2}}|\boldsymbol{H}_t|^2 = \omega^{\frac{1}{2}}F \tag{6.76}$$

式中　F——与频率无关（在所考虑的频率范围内）；

σ——实质上维持不变。

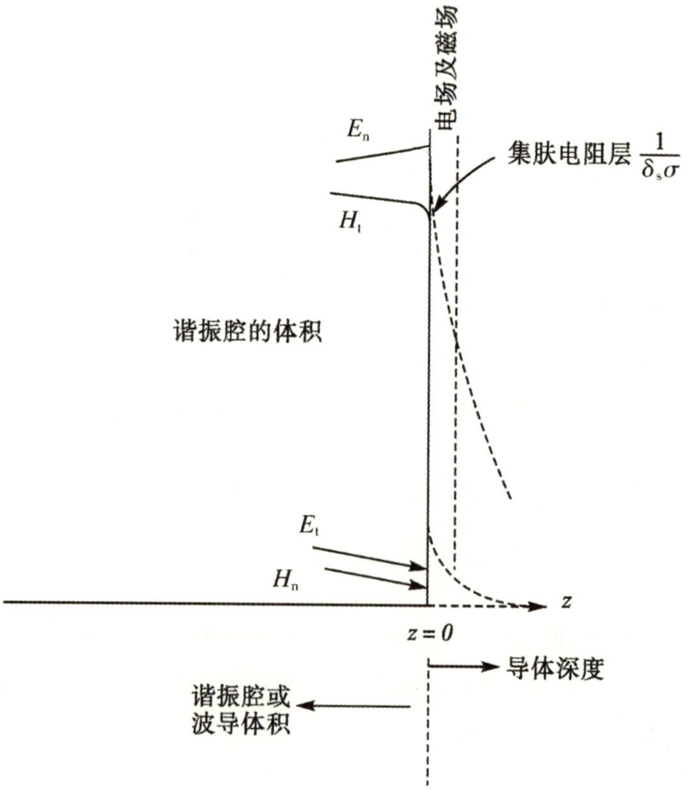

图 6.47　近良导体（有耗）处的电磁场

6.4 行波加热器

6.4.1 概述

在前面几节中，我们讨论了高频加热的机理，本节以及后几节将讨论工业应用中各种加热器的设计原理。最常用的加热器无疑是多模炉，但这种加热器也最难于精确地分析，实际上都靠实验和经验设计。

本节首先讨论行波加热器是因为它们的分析比较简单，其采用的方法都可用一些基本原理来良好地解释。为了今后的叙述方便起见，在本节的前部将定性地描述由两个平面波的叠加导出了反射波，驻波及阻抗匹配的概念，这些术语以后的各节中也会经常遇到，熟悉它们之后对了解所有微波加热设备都是重要的。如果更严格地探讨微波理论，读者可参阅有关这方面的大量理论著作。

6.4.2 平面波

电磁能量在无边界自由空间中以 3×10^8 米/秒与频率无关的速率传播，它有两个重要而不可分割的成分：

(1) 电场 E 以伏/米量度；

(2) 磁场 H 以安/米量度。

两个成分在空间都有一定的大小和方向，所以都是矢量。而且两者在空间总是互相正交的，如图 6.48 所示。它们随时间做正弦振荡，所以可用电气工程师们所熟悉的旋转矢量来表示。传播的功率密度为两者之积（伏/米×安/米）＝瓦/米^2。对所有正弦波的传播存在着熟知的关系式

$$c = f\lambda \tag{6.77}$$

式中 c——光波传播速度；

f——振荡频率；

λ——沿传播方向两个相近同相点间的距离即波长。

电磁能传播的最简单的方式是平面波，这种波由垂直极化随时间做正弦变化的电场矢量 E 及水平极化与电场同相正弦变化的磁场矢量 H 所组成。E 和 H 位于同一平面上，而场的传播方向则与此平面成直角。根据定义，此平面是无限的，所以需要一个无限功率的发生器，实际上只能存在一个近似的平面波。

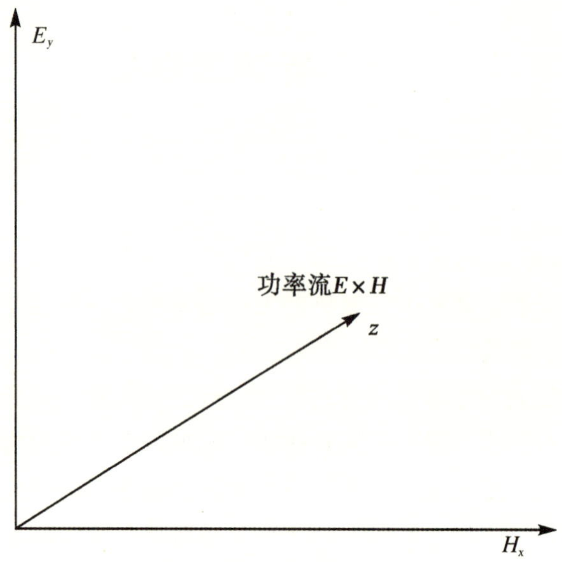

图 6.48　平面波的电场及磁场矢量及功率流

传送电磁场的实际装置使用了金属导体，利用它将电磁场从发生器传送到负载及作为微波加热的隧道或炉中。在这些情况下的电磁场比平面波更为复杂，但总可能用两个或多个不同传播方向的平面波叠加来合成为实际的场。这一技术在说明导波的基本性质时是十分有价值的。这一方法有时称为部分波分析法。

6.4.3 导　波

众所周知，电磁波可以在空心的金属管内传播，并可在金属盒内谐振。在本节中，用一对平面波来合成在矩形截面金属管中电磁波的传播。

先讨论在平面波传播路途上理想导电平面的影响。根据电磁场理论，与导电平面表面相切的电场强度等于零，因为其电阻为零；然而垂直的电场分量却不因有金属平面的存在而受到阻碍。这一性质对所有微波结构来说是最重要的，而与导体表面相切的电场为零，但与表面垂直的分量可达到某一有限值；对于磁场来说情况正好相反，切向磁场会在导电平面内感应出电流来。

图 6.49 示出了一对频率和幅值相等传播方向相交 2θ 角的平面波图形，电场的极化方向与图面垂直。实线表示在某一瞬时电场 E 取正的最大值时的位置，虚线则表示在同一时刻电场 E 取负的最大值时的位置。在这些线之间的电场按正弦律变化。显然，在实线与虚线相交的任一点，其合成电场为零；而在实线与实线的相交点，其合成电场为单个平面波最大电场的两倍。进一步观察图 6.49 可以看出，如果在迟缓一点时间后考察，这两个波的最大值将沿着各自的传播轴线向前移动，而场的合成零点将沿着两波相交角的平分线方向移动。合成零点场的轨迹有好几条，图上给出了相互平行而有一定间隔的两条。因为沿着这些轨迹线的场强为零，所以在其沿线插入与图面垂直

的两个平行导电板不会影响场的分布。在此相邻一对导电板之间的电场，在其横断面上按正弦变化，在中点场强最大，而在与导电板平行的方向上也按正弦变化。

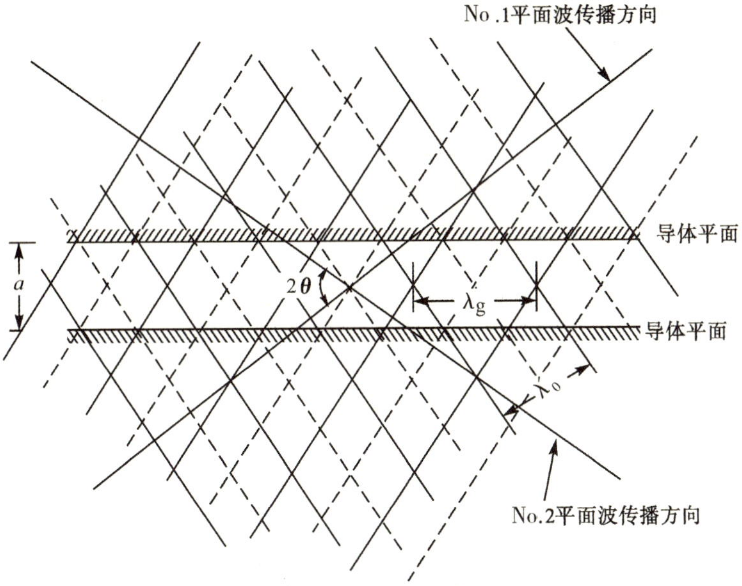

图 6.49 两个相干平面波在两个导电平面间的导波合成

在两导电板以外的场已被消除，最后形成了在一对平行导电板之间由两个平面波合成而成的单一的波，这就是导波。

从图 6.49 可以看出一个重要特性，即导波波长 λ_g 比形成它的平面波波长 λ'_0 要长，从几何学看，此波长应是 $\lambda'_0/\cos\theta$，这一波长称为“波导波长”。注意：如果两平板间的间隔保持不变，当波长增加时，只有相交角 2θ 也增加，零电场的条件才能仍然满足，其结果是 λ_g 比 λ'_0 增加得更快。在 $\theta=90^\circ$ 的极限情况下，λ_g 变成无限大。当自由空间波长 λ'_0 等于平板间隔两倍时，会发生这种情况，这个临界的波长称为“截止波长 λ_c”，当波长大于 λ_c 时，波不能在平板间传播，即波被截止。

现在，在与第一组导电板相垂直方向再引入第二组导电板以形成一个封闭的管子，其轴线与传播方向一致。新引入的导电板与电场矢量相垂直，满足垂直于导体表面的电场有一定值的条件，第二对导电板间隔的大小不影响波的传播能力，因为不管其间隔如何，导电板始终与电场 E 垂直，这样构成的管子是一矩形波导，在管内存在的场如上所述是最简单的传播模式，如图 6.50 所示。

这种传播模式是最简单的，它具有在一矩形波导管中能够自由传播的最低频率，其特征是电场矢量 E 只有一个与波导窄边平行的线性极化分量，在两窄壁之间按半正弦律分布，在中心位置的场强最大。

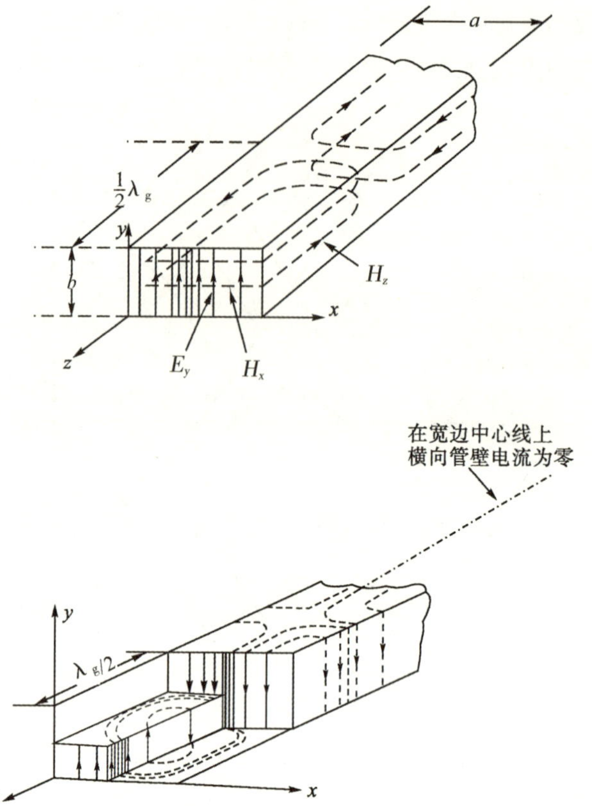

图 6.50 矩形波导中 TE_{10} 模的电场和管壁电流

—— 电场；----- 磁场；······· 管壁电流

在两宽边之间的方向上，电场 E 为一恒定值。相伴随的磁场具有两个形成闭合回路的分量。其中一个分量在波导轴 z 的方向（H_z），另一个分量与轴向垂直面与宽边平行（H_x）。所有分量都随时间做正弦变化，也随沿波导的位置作正弦变化。注意：E_y 和 H_x 的最大值出现在轴线上的同一位置上，并且在时间上同向；而 H_x 的最大值则出现在轴线上与上述场强最大处相隔四分之一波长处。

当波长缩短时，可以存在其他的场的分布图形，这时在两个窄壁之间的电场变化具有超过半正弦的变化。其他模式在垂直于宽边的方向上电场 E 也具有正弦变化。所有这些模式都可用 H_{lm} 或 TE_{lm}（横电）来表示。脚注 l 和 m 分别代表沿 x 轴和 y 轴电场 E 变化的半正弦周期数当 $l=1$，$m=0$ 时，给出了最低模式 H_{10} 模或 TE_{10} 模式。

对微波加热应用来说，波导传播有两个特性显得特别重要：

（1）电场矢量的幅值，因为它与加热有关；

（2）波导管壁的电流分布，由此确定了什么地方可以开槽而不会引起过多的功率泄漏造成能量浪费或发生危害。

矩形波导中工作在 H_{10} 模时的功率流与电场强度峰值之间关系由式（6.78）给出：

$$E = \left[4P\frac{\lambda_g}{\lambda_0}\frac{1}{ab}\left(\frac{\mu_a}{\varepsilon_a}\right)^{\frac{1}{2}}\right]^{\frac{1}{2}} \text{ (V/m)} \tag{6.78}$$

式中 P——功率流（瓦）；

a、b——波导管宽边及窄边的尺寸；

$\mu_a = \mu_0\mu^*$——波导中的绝对磁导率；

$\varepsilon_a = \varepsilon_0\varepsilon^*$——波导中的绝对电容率。

图 6.51 给出了矩形波导管中工作在两个主要微波加热频率上的电场强度与功率流的关系。图 6.51 给出的电场强度值是波导宽边中心位置处的值，并且是当波导内介电常数为 1，即无介质填充时的值。

当有工作负载引入时，电场强度就要下降，其理由如下：

（1）由于工作负载的介电常数大于 1，所以电场被负载电容性地旁路；（2）由于负载阻抗有吸收功率的电阻分量，同样要使电场旁路；（3）因为工作负载对功率的吸收，能量沿离开发生器的波导方向将引起衰减，从而导致电场的下降。所以由于负载引起电场的降低与它的介电性质（ε', $\tan\delta_{eff}$）及其厚度有关。

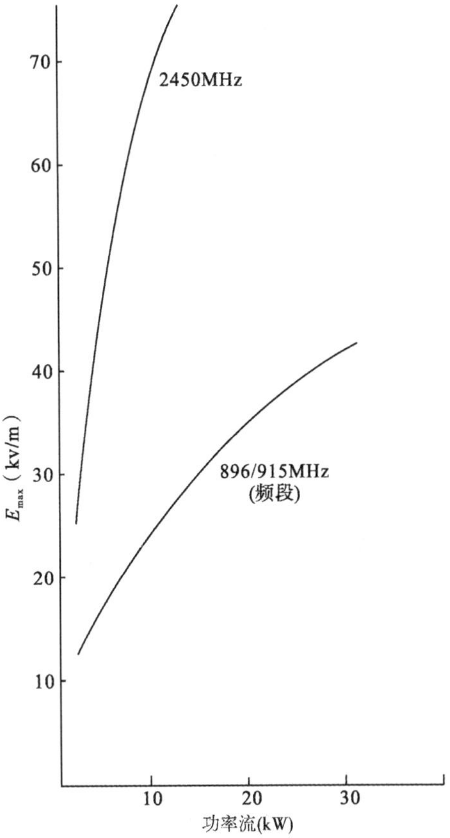

图 6.51 TE_{10}模矩形波导中最大电场强度与功率流间的关系

6.4.4 阻抗匹配

在一个高效的加热系统中，从发生器到工作负载的能量转移必须以最小的损耗方式而获得，微波加热系统的转移效率通常较高，但要受到两个因素的限制：

（1）能量在传输波导管壁中以热的形式 I^2R' 被吸收，但在多数情况下，此值与发送功率相比只占很小的比例，因此可以略去不计。

（2）如果达不到最佳匹配，那么功率就会被负载所反射，对于从功率源到负载的最大功率传输的最佳匹配概念是大家所熟知的，即负载电阻 R'_L 应等于发生器的内阻 R'_G。如果 $R'_L < R'_G$，那么较多的功率将消耗在发生器内部，严重时甚至会引起发生器的损坏；如果 $R'_L > R'_G$，那么流过负载的电流也将减小，所以在负载上耗散的功率也下降（负载上的功率耗散为 $I^2R'_L$，尽管 R'_L 增大，但电流 I 减小的作用大，因为后者是平方的关系）。同样的道理，在阻抗为复数时，为得到最佳的功率传输，负载阻抗应为发生器阻抗的复共轭值。

然而在很高频率时，存在一个附加的复杂性，即微波发生器与负载之间必须用传输线或波导将其连接起来，如图 6.52 所示。这样通过这一电长度将负载的阻抗变换到发生器端口的阻抗。所以在微波频率时，直接去比较负载和发生器阻抗的电阻和电抗分量是不实际的，根据入射波和可以方便地测量的反射波的阻抗匹配概念倒是比较容易的，任何反射波的存在都意味着效率的降低。

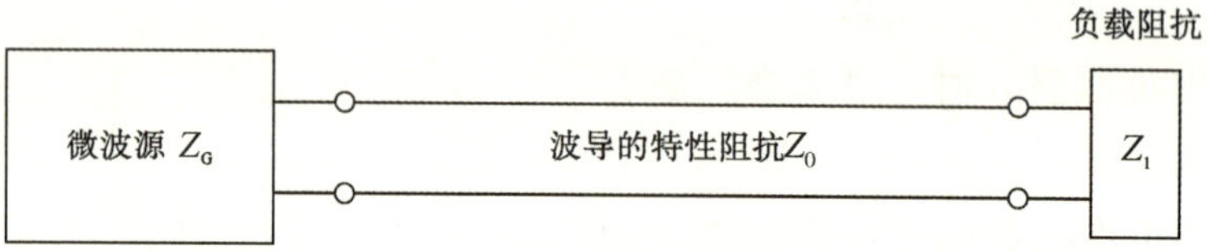

图 6.52　通过波导连接新电源的负载阻抗

6.4.5　电压驻波比

如图 6.52 所示，当 $R'_G = Z_0$ 时，定义为发生器将与波导匹配。类似地，当$Z_L = Z_0$时，负载将与波导匹配。这时从源出来的全部可用功率将传送至负载。但是当 $Z_L \neq Z_0$ 时，就会有一反射波叠加在入射波上，设它们的相应幅值为 V_- 及 V_+，反射系数矢量 Γ 定义为

$$\Gamma = V_- / V_+ \tag{6.79}$$

因为功率正比于电压的平方，所以反射功率就等于 $|\Gamma|^2 P_0$，这里 P_0 为入射向终端的前向功率，于是所传送的功率为 $P_0(1-|\Gamma|^2)$。

因为入射波与反射波沿传输线矢量地相加，使得场强沿线发生周期性的变化，从而形成了驻波，这样，反射系统就能被方便地测量出来。图 6.53（a）示出了离开传输线始端 A 点相隔八分之一波长处在同一瞬时的一组矢量图，在 A 点处驻波为最大值。入射波和反射波的幅值是恒定的，但当观察点沿传输线向负载移动时，入射波的相角是滞后的，而反射波的相角则超前，两者的绝对值是相等的。所以入射波和反射波矢量在相反方向旋转。

当观察点沿线移动时，在线上相隔半波长的一些点上将会出现同相点和反相点。其合成电压从等于两者的算术和的最大值变到等于其算术差的最小值并如图 6.53（b）所示。

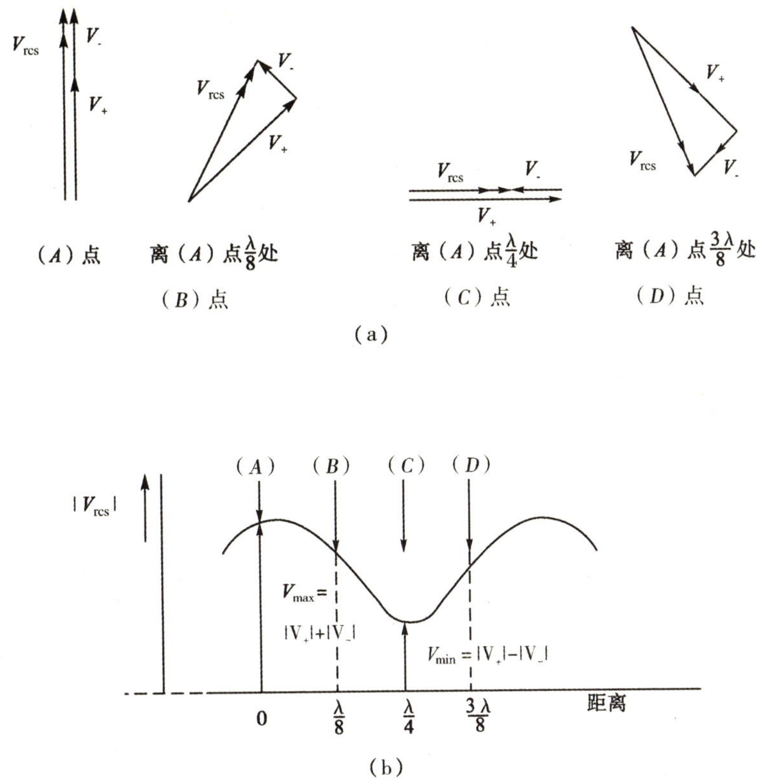

V_{rcs}—合成电压；V_+—入射波电压幅值；V_-—反射波电压幅值。

图 6.53　驻波的合成幅值

最大电压与最小电压之比为驻波比 S，即

$$S=\frac{|V_+|+|V_-|}{|V_+|-|V_-|}=\frac{1+|\Gamma|}{1-|\Gamma|} \tag{6.80}$$

驻波比 S 在从零反射功率时的 1 到百分之百反射功率时的无穷大之间变化。有时取其倒数 $\frac{1}{S}$，其范围为 0～1。测量驻波比 S 可用称为驻波检波器或槽线（测量线）的仪器来方便地进行。也可用定向耦合器把反射波与入射波分开，从波导中取样，测出两者的功率比。图 6.54 给出了反射功率、传输功率以及驻波比与反射系数 $|\Gamma|$ 间的相应关系。

实际上，一个微波发生器的效率将随负载驻波比（及反射系数的相角）的变化而改变，所以在一定的失配负载条件下可能获得较大的入射功率。图 6.54 中的数据尽管是严格准确的，但不能孤立地用它来估计总的传输效率。通常工业用的微波加热器的设计在整个发生器频段上的输入电压驻波比一般小于 2，其最大反射功率约为 10%，并保证发生器稳定地工作。

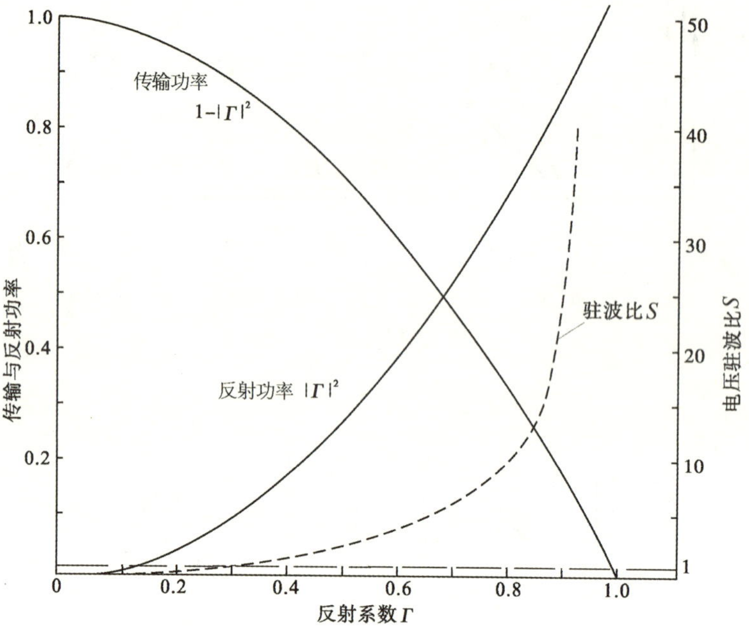

图 6.54　传输功率 $(1-|\Gamma|^2)$、反射功率 $|\Gamma|^2$ 及驻波比 S 作为反射系数 $|\Gamma|$ 的函数

6.4.6　行波加热器

从发生器馈入箱体的功率基本上被工作负载所吸收，而少数剩余的功率被端接负载所吸收的微波加热器称为“行波加热器”。这种加热器的特点是不管加热器中工作负载多少都有一个较好的输入驻波比，即使在空载条件下工作也不会使发生器产生危险。加热器的效率取决于工作负载的 ε'、$\tan\delta$ 值以及它的横截面积。加热器总是用于具有传送带的连续流水作业中。加热器一般具有平衡对称的结构，使工作负载的进出口处于管壁电流最小值的位置，从而使漏能保持在低水平上。

行波加热器不适于处理低耗材料，因为这会使加热器变得很长。然而，所有的行波加热器原则上都可变成谐振加热器（详见 6.6 节），这时只要用一可调的短路器来代替终端匹配负载，并在发生器一端接入一开有窗孔的板子即可。在这些条件下，低耗材料就能被非常有效地加热。

有时，工作负载具有很高的损耗因子，因为只留下很小的剩余功率，所以，行波加热器可用一短路器端接。但是，必须防止工作在没有工作负载的情况下以避免发生器的损坏，这时可在发生器与加热器之间加接一铁氧体环行器及一高功率负载，这一组合称为“隔离环行器”。

实用的一些行波加热器将在 6.7 节中讨论，更多的可在参考文献中找到，本节将概述一些最一般类型的特点。

1. 轴向行波加热器

这是最简单的行波加热器，其基本形式是工作于 TE_{10} 模具有电场横向分量的一根波导管，工作负载一般（但不总是）在与微波能流相反方向轴向地通过。传送带被间隔地撑起来，所以工作负载的中心平面将与波导宽边的中心位置平面相一致，如图 6.55所示。

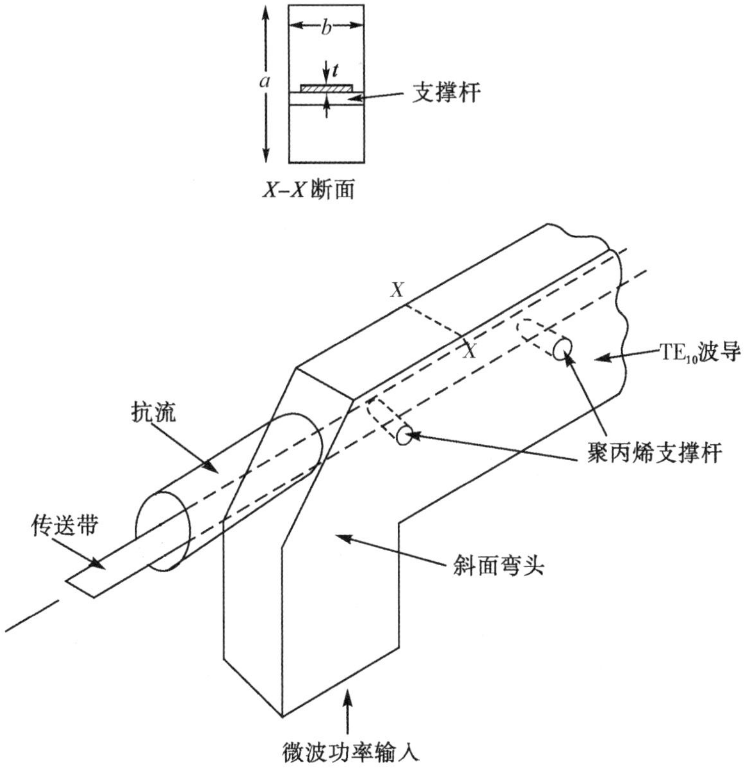

图 6.55 利用弯波导的轴向行波加热器的材料和传送带的入口装置

发生器和终端负载都可以接到具有斜面的弯波导的每一端，弯波导的斜板上具有一个带截止波导抗流器的孔，以便使传送带及工作负载可以出入加热器。

这种加热器的优点是结构简单、成本低廉。它适用于那些单位长度具有足够高的损耗因子及厚度的材料，以便在实际长度内提供所需的微波效率。它的缺点是有工作负载时可利用的带宽太窄，约 $\frac{3}{8}\lambda'_0$，有时可增大到 $\frac{3}{4}\lambda'_0$，但这时有激励起交叉极化 H_{10} 模的风险。这种加热器的最大特点是横向加热均匀性特别良好。

波导加热器的另一种形式是脊形波导，如图 6.56 所示。它被用来提高工作负载附近的电场值。这种加热器常用来作为模压橡皮的连续加热，进一步的讨论详见 6.7 节。所有具有平面极化电场的加热器在加热传送带上移动的离散物体时，由于在物料边界上场的失真使得加热产生不均匀性，如图 6.57 所示，这种不均匀性使得物料端部比起中心部位来更易产生过热现象。如再加一轴向极化的电场，并调节轴向与横向电场的相对大小就能改善加热分布，可以获得好的补偿。将波导宽边弄皱形成一慢波结构可产生轴向电场，如图6.58所示。

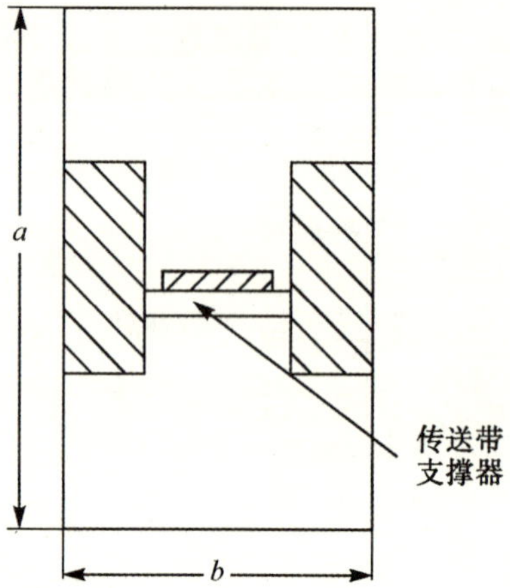

图6.56 带脊的轴向行波加热器

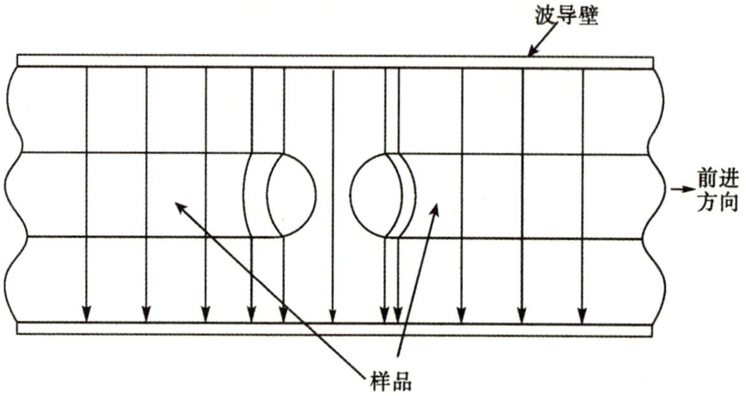

图6.57 由离散物体引起场的失真

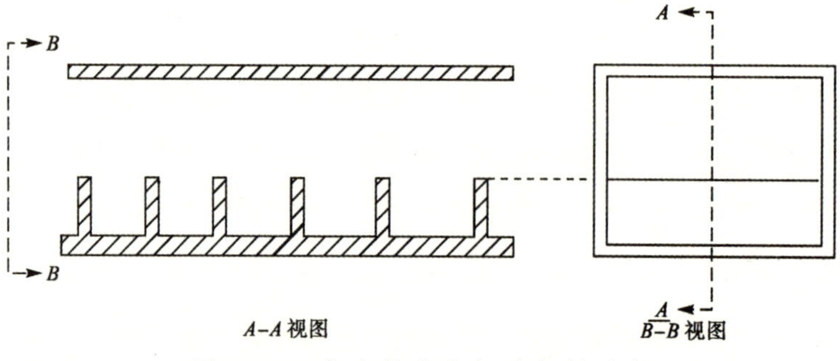

图6.58 产生轴向电场的起皱波导

为了简化加工，这种装置可以有各式各样的结构。在这些结构中，只要能建立起一个有限的非零值的表面阻抗即可，这样就会产生轴向电流和轴向电场。

2. 曲折形（蛇形）行波加热器

为了克服被处理材料在轴向行波加热器中对其宽度的限制，为使平板状材料仍可通过波导的中心，可采用如图 6.59 所示的形式，即物料移动的方向与波导长度方向垂直。

因为波导中的槽是开在两个宽边的中心部位，所以材料位于电场最大值处，这就使得与微波能的耦合十分有效。这种槽在原则上是非辐射型的，如图 6.60 所示，因为它并未切断波导壁上的电流流动。图 6.60 上的各种槽只有 1 及 2 是没有辐射的，而其余的槽都像小天线，依其方向与电流方向的干扰情况辐射一定的能量。

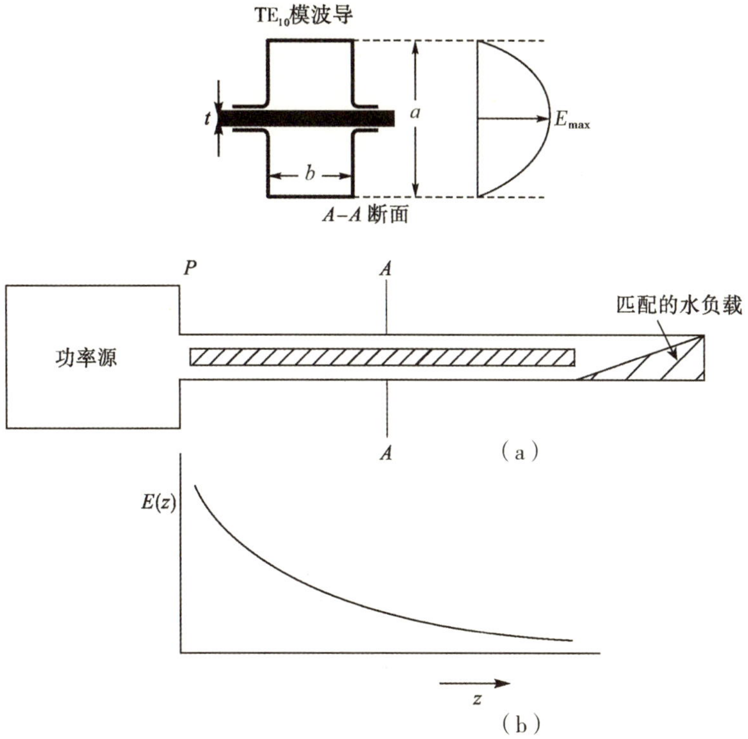

图 6.59 电场沿波导长度的衰减

虽然这种加热器原则上可以适应任意宽度的材料，但这种装置在处理薄片介质时却遇到了新的问题，这时电场在 z 方向按指数规律衰减，即遵守简单的 $e^{-\alpha z}$ 关系，α 为单位长度的衰减，衰减情况如图 6.59（b）所示。其衰减与被处理的平板状材料的有效损耗因子有关。这种单次通过加热器的方式会导致加热的严重不均匀或加热不足，它取决于材料的 $t\varepsilon_{eff}$ 值，这里 t 为材料的厚度。解决这个问题的一个实际方法是让材料通过如图 6.61 所示的曲折型波导行波加热器。它由许多矩形波导按其宽边相邻接而组成，而它们在电性能上是相互串联构成一个整体，这些波导在其宽边中心开槽，工作负载垂直地通过波导。每通过一次波导，工作负载就吸收一部分能量，典型值为 10%～40%，给出的衰减为 0.4～1.5dB；当波导数目足够多时，就会产生相当高的效率（例如 10 个 1dB 的通道可给出 10dB 的总衰减，或 1%的剩余功率，相当于 90%的吸收效率）。

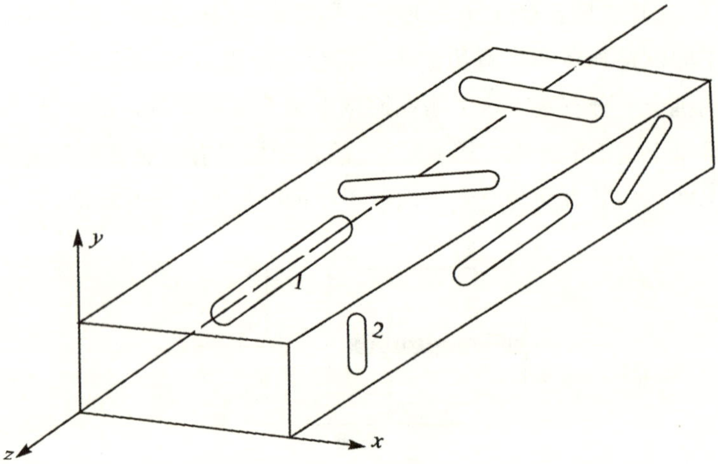

图 6.60　TE_{10}模式矩形波导中的槽缝槽 1 及 2 为无辐射槽缝

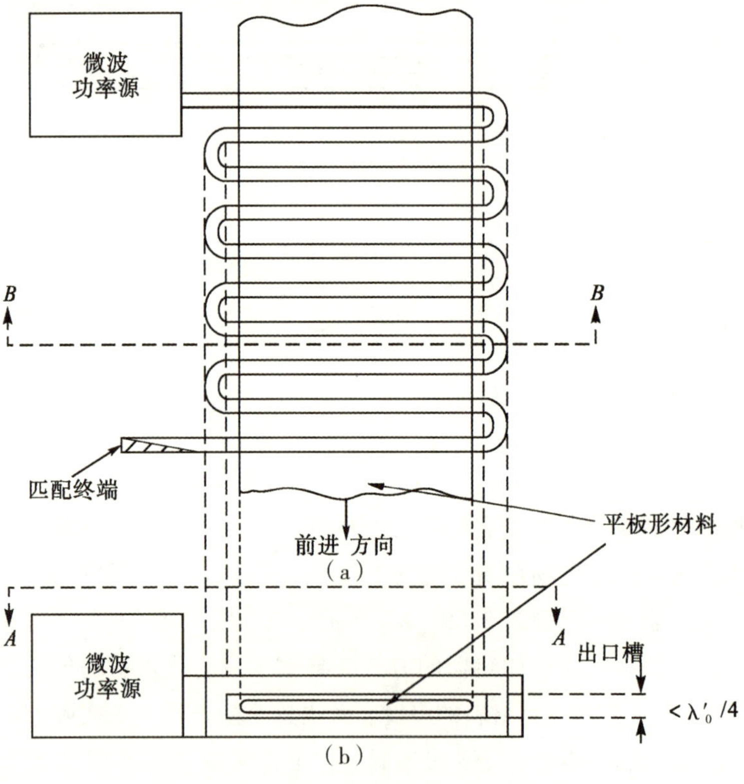

图 6.61　曲折波导加热器

在曲折波导内，电场强度从电源到匹配负载逐渐衰减，如图 6.62 所示（8 个通道)，其结果使得材料在整个宽度内加热均匀。

曲折型加热器（或称蛇形加热器）的限制主要不是处理隙缝的宽度，而是每通过一次的衰减量及结构上的因素。

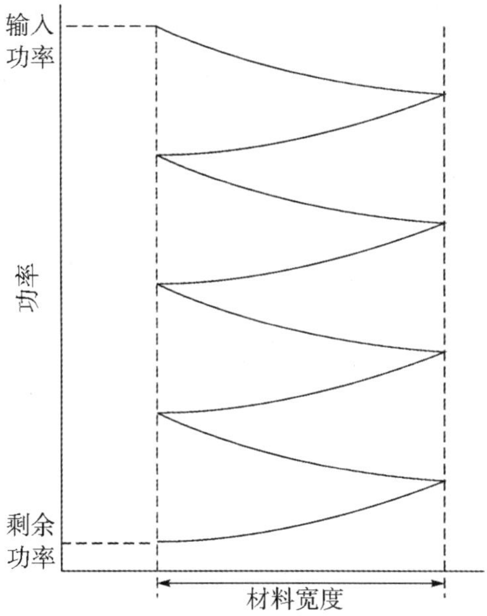

图 6.62 在八通道曲折型加热器中功率按指数衰减情况（$e^{-2\alpha z}$）

因为处理隙缝对于波导的电场对称，所以微波的漏能很小。然而，当工作负载引入时就破坏了这种对称性，从而使漏能增加。在正常使用时在每一处理隙缝的端口都设置了抗流系统及功率吸收装置，以便将漏能降到最低水平。处理隙缝的高度取决于各个波导通道间的交叉耦合的程度及容许的漏能大小。这在很大程度上受负载不对称性及结构公差的影响并且很难估计。经验表明，处理隙缝的高度不要超过 $\frac{1}{4}\lambda'_0$，如图 6.61（a）所示，超过此高度时这一影响会变得严重起来，但这一高度也不是临界的，当高度为 $\frac{1}{4}\lambda'_0$ 时未发现有特殊的问题。

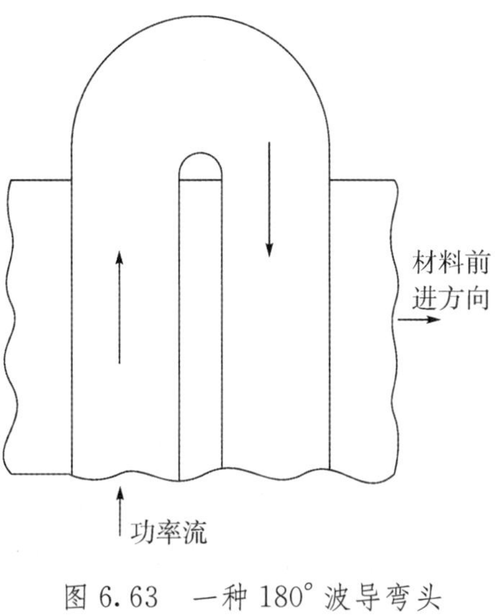

图 6.63 一种 180° 波导弯头

尽管曲折型加热器在概念上相当简单，但在结构上却相当麻烦，特别是要用 180°的波导弯头（如图 6.63 所示）来连接各个通道。图 6.64（b）给出了另一种常用的搭接耦合结构。

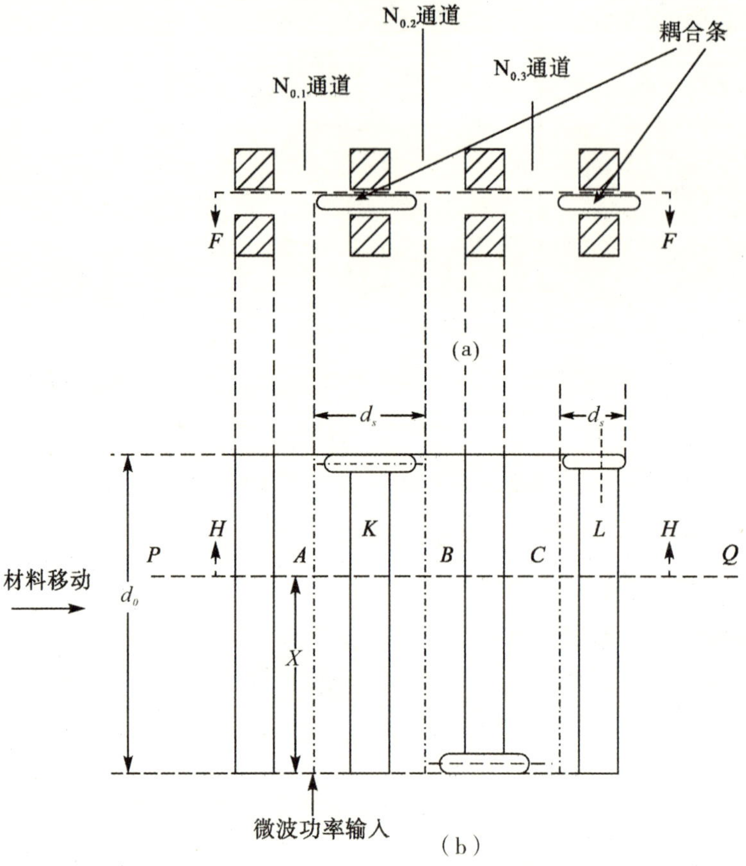

(a) $H-H$ 断面　(b) $F-F$ 断面

图 6.64　搭接耦合曲折型加热器

3. 曲折型加热器中的驻波

加热的均匀性受每次穿过通道时的衰减量及存在驻波的影响，下面先讨论驻波的作用。驻波是由下列因素引起的每一通道中工作负载边缘的许多反射、180°弯头或搭接条的剩余反射及通道间的交叉耦合等因素。所有这些反射在每个通道中矢量地相加就形成了驻波，使跨越处理槽宽度上的加热强度呈正弦变化，其峰值间隔相距半个波导波长$\left(\frac{1}{2}\lambda_g\right)$。

选择加热器的总宽度使其对发生器实现宽频匹配并在加热器工作负载流动方向实行驻波补偿有可能使驻波减至最低程度。现在分析图 6.64 所示的曲折型加热器三个通道的几何图形，每个通道总的电宽度为 d_0，有效搭接的长度为 d_s，被加热的薄板材料通过加热器，图中的 PQ 线表示材料的边缘距加热器一边为 x，由图可见，存在下面一

些关系

$$l_{AB}=d_s+2(d_0-x) \tag{6.81a}$$

$$l_{BC}=d_s+2x \tag{6.81b}$$

$$l_{AC}=2(d_s+d_0) \tag{6.81c}$$

如果我们假设在 PQ 线上的反射很小，那么在 C 点的反射可以使其与 A 点的反射相抵消，只要使

$$l_{AC}=(2m+1)\frac{\lambda}{4}=2(d_s+d_0) \tag{6.82}$$

式中 m——整数。

注意，这一条件与 x 无关，所以只要上述条件满足，所有 PQ 线上的点均将获得匹配。对于更多的通道，也将在整个加热器中相互地自动匹配。实际上，从 A 至 C 的电长度应当是四分之一波长的奇数倍。

类似地，如果 L 及 K（图 6.64）是耦合装置的电气中点，那么只要满足下述条件也将获得匹配，即

$$l_{KL}=2(d_0+d_s)=(2n+1)\frac{\lambda}{4} \tag{6.83}$$

式中 n——整数。

将式（6.83）代入式（6.82）中后，可得

$$d=(n-m)\frac{\lambda}{4} \tag{6.84}$$

尽管如此，衰减使折合至发生器输入端的反射系数的幅值减小。此外，因为工作负载厚度、宽度和 ε'（由于湿度变化）的变化影响到加热器负载区的波长，所以，曲折型加热器的尺寸应仔细地设计才能获得最佳的性能，但是应当看到，即使尺寸不很合适，对于干燥来说仍是可以接受的。

4. 行波加热器的衰减

除了驻波影响以外，对在行波加热器中被处理的平板状介质材料加热的均匀性还取决于单位长度内的衰减 α 。分析图 6.59 所示的装置，图中 P 为由微波源输出给工作于 TE_{10} 模矩形波导的功率，电场强度按指数衰减 $Ee^{-\alpha z}$，距源为 z 处的功率为

$$P(z)=P\,e^{-2\alpha z} \tag{6.85}$$

微分后得

$$\frac{dP(z)}{dz}=-2\alpha P\,e^{-2\alpha z}=-2\alpha P(z) \tag{6.86}$$

于是每米的功率损耗为 $\frac{-1}{P(z)}\cdot\frac{dP(z)}{dz}$，即 2α 。

对于厚度为 t 高度为 h 的介质板偏心地置于矩形波导图 6.65（a）中这样的部分加载波导，其衰减系数 α 可利用腔体微扰公式得出

$$\alpha = \alpha_0 + 2\pi\varepsilon''_{\text{eff}} \frac{th}{ab} \quad \frac{\lambda_g}{(\lambda'_0)^2} \sin\left(\frac{\pi x_1}{a}\right) \qquad (\text{Np/m}) \tag{6.87}$$

式中，α_0 代表由于辐射和管壁损耗引起的微波功率的衰减，x_1 为介质板距波导窄边的距离。在行波加热器中，因为平板负载对称地放置（如图 6.65（b）所示）并忽略了 α_0 项（除非介质损耗极低），这时 α 的计算可以简化，由此代入 $h = b$，$x_1 = \frac{a}{2}$，以及 1 奈培 = 8.686 分贝，式（6.87）简化为

$$\alpha = 17.37\pi\varepsilon''_{\text{eff}} \frac{t}{a} \frac{\lambda_g}{(\lambda'_0)^2} \qquad (\text{dB/m}) \tag{6.88}$$

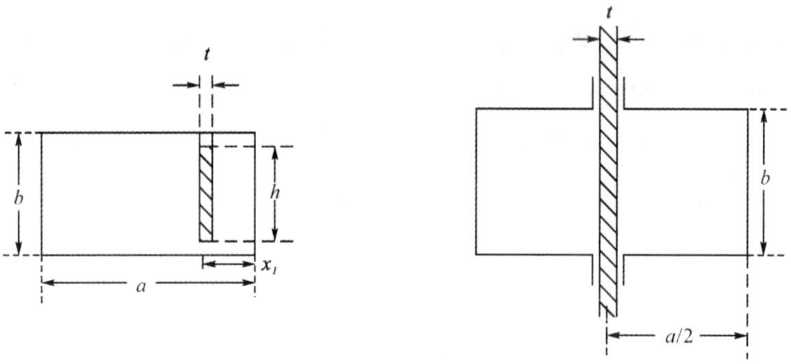

（a）一般情况　　（b）行波加热器

图 6.65　部分介质板加载的 TE_{10} 波导

进一步代入相应于几个主要频率 896MHz、915MHz 及 2 450MHz 的波导尺寸（WG4，RG204U，WR975 247.5×123.8mm 及 WG9A，RG112U，WR340 86.36×43.18mm）式（6.88）变为

对 896MHz，$\alpha = 891t\varepsilon''_{\text{eff}}$　（dB/m）　(6.89a)

对 915MHz，$\alpha = 894t\varepsilon''_{\text{eff}}$　（dB/m）　(6.89b)

对 2 450MHz，$\alpha = 7.35\times10^3 t\varepsilon''_{\text{eff}}$　（dB/m）　(6.89c)

可以看出，对于同样的 $t\varepsilon''_{\text{eff}}$ 值，在 2 450MHz 时的衰减比低频时的衰减约大 8 倍，这主要是因为频率的增加及波导中“填充因子”增加这两个因素造成的。此外，在较高频率时，沿曲折型加热器中负载的轴向机械长度将按频率比的平方而缩短，使得结构更为紧凑。每通过一次的衰减正比于负载行进方向的横截面积。对于颗粒状材料及粉末状材料，其截面积可以调节以便使加热均匀性及加热效率之间取得最佳折中。

上述每单位长度的衰减系数的表示式与介质板的厚度及有效损耗因子有关。对于 1mm 厚的介质板，每通过一次的损耗表示式分别为

在 896 MHz，$2\alpha l = 0.891(2l)\varepsilon''_{\text{eff}}$　（dB）　(6.90a)

在 915 MHz，$2\alpha l = 0.894(2l)\varepsilon''_{\text{eff}}$　（dB）　(6.90b)

在 2 450 MHz，$2\alpha l = 7.35(2l)\varepsilon''_{\text{eff}}$　（dB）　(6.90c)

式中　l——被处理材料的宽度（m）。

例如，当材料的$\varepsilon''_{eff}=1$，$l=\frac{1}{2}$ m时式（6.90b）给出$2\alpha l=0.894$ dB，这相当于每通过一次，输入功率大约衰减19%。这种情况下，若通过6次（6通道），绝大部分功率就可消耗在材料中。但是如果材料的有效损耗因子只有0.1，那么代入式（6.90b）得出每次通过的损耗只有0.089dB，仅能耗散约2%的输入功率。对于这种介质用曲折型加热器就不实际了，而用谐振式加热器就会更适合些。

5. 加热均匀性

本小节将讨论衰减对加热均匀性总的影响。这些影响很容易由式（6.90）算出，表6-7给出了一个10通道加热器每次衰减为1dB时的例证。第n个通道的剩余功率馈送给第（$n+1$）个通道，并假定在每个通道中工作负载吸收的功率占入射功率一固定的比例，即ε''_{eff}在处理过程中保持恒定。把表中各通道每端的功率相加，其总和正比于材料两边缘吸收的功率。

从表中可以看出，因为工作负载的衰减而得到很好的补偿，使加热的均匀性在2.6%以内，在表6-7中进一步给出了达到90%效率时均匀度比及通道数与衰减的关系。

表6-7 曲折型加热器因衰减产生的加热不均匀性，通道数为10，每通道衰减为1dB通道

序号	输入功率/剩余功率	剩余功率/输入功率
1	10.00	7.94
2	6.31	7.94
3	6.31	5.01
4	3.98	5.01
5	3.98	3.16
9	2.51	3.16
7	2.51	1.99
8	1.58	1.99
9	1.58	1.26
10	1.00	1.26
总和	39.76	38.72
比	1.000	0.974

在简单的加热应用中，曲折型加热器一般至少有5个通道，但不超过20个，因为超过20个后每个通道的衰减就小于0.5dB，壁耗在总效率中占的比重太大，并且反射分量过多，难以得到与发生器宽频匹配。在干燥应用中，干燥材料的衰减较小，这时有可能少于5个通道，因为每通道的衰减是湿度的函数并随蒸发而减小。

表 6-7 及 6-8 的数据是在假设被处理的材料的有效损耗因子在承受整个过程中始终保持不变的条件下得到的，在干燥应用中，这一假设并不真实，所以，下面估计损耗因子变化对每次衰减的影响。设被处理的材料的宽度为 0.5m，厚为 1mm，ε''_{eff}与湿度的关系呈线性变化。对于平板材料，这种变化曲线绘于图 6.66 中，图中假定有效损耗因子按（0.05＋0.1M）变化，M 为湿度（干基），再假定 915MHz 和 2 450MHz 之间材料的特性变化很小。利用式（6.90b）及（6.90c）算出每个通道的衰减如图 6.67 所示。如所预料，当材料干燥时，每通道的衰减将降低，这一效应在设计加热器时加以考虑。

表 6-8　曲折型加热器加热均匀性及达到大于 90％效率的通道数与每通道衰减的关系

每通道衰减（dB）	达到 90％效率的通道数	均匀性（功率比）信号馈入端：非馈入端
0.25	40	1∶0.99
0.5	20	1∶0.99
0.75	14	1∶0.985
1.0	10	1∶0.974
2.0	5	1∶0.882
3.0	4	1∶0.800
6.0	2	1∶0.444
10.0	1	1∶0.100

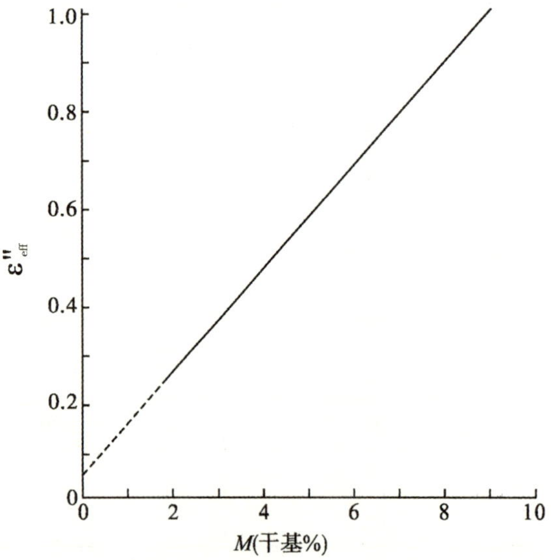

图 6.66　在 $0.9 < f < 3$ GHz 范围内有效损耗因子与湿度的关系

当每通道的衰减如此之高，像图 6.67 中 2 450MHz 频率时那样，使加热很不均匀时，可以使用如图 6.68 所示的那样由传送带两边相对地馈入功率的曲折型加热器。由于对称的关系，如忽略非线性效应时，负载两边应有相等的功率输入，但中线会过热。另外的办法是将经过曲折型加热器的材料流向倒转，使得材料的湿端由终端进入承受低电场；而干燥的一端则在信号源端承受高电场。图 6.69 给出了几种曲折型加热器的组合，用以处理各种平板材料或其他不同介质材料以得到均匀加热。

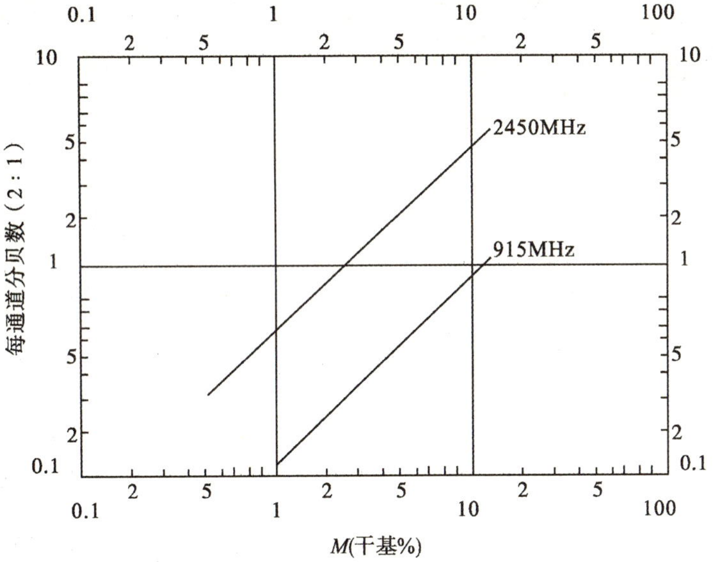

$t=1\text{mm}$, $l=\frac{1}{2}\text{ m}$, $\varepsilon''_{eff}=0.05+0.1M$

图 6.67 在两个频率上每通道衰减与湿度的关系

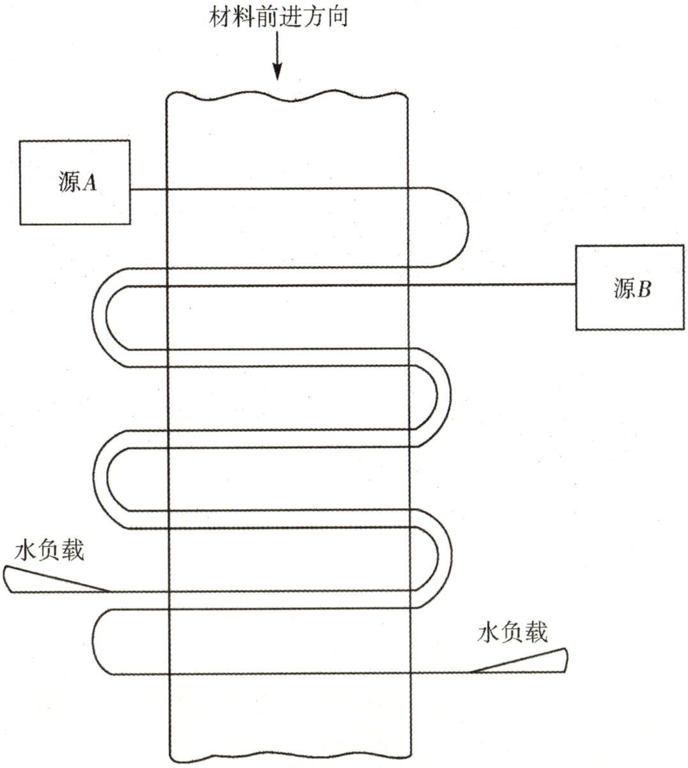

图 6.68 有两个相反馈电电源的均匀加热曲折型加热器

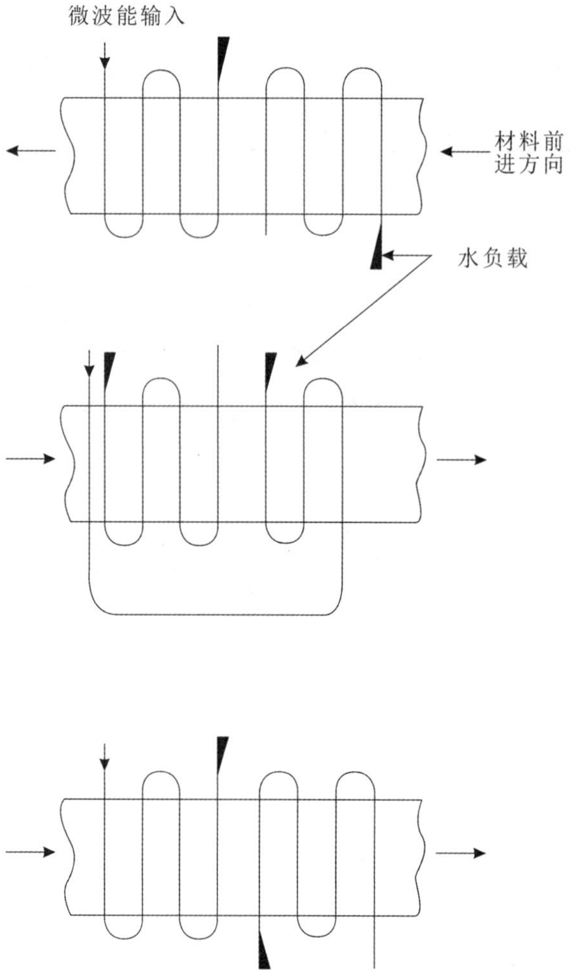

图 6.69　各种曲折型加热器的组合

6. 结构

虽然曲折型加热器的技术性能在 2 450MHz 时比 915/896MHz 时更为优异，但在实际中前者难于制造或者成本过高，因为低频时易于加工（公差为±1mm），而在 2 450MHz 时对蛇形管的加工公差为±0.3mm，这样的精度难于保证。

因为处理隙缝对于波导中心平面的对称性，在此平面上无管壁电流流过，所以蛇形管结构可以此平面做接口由两半组合构成，两半搭接后应使加热器便于拆开。

曲折型加热器的结构材料的选择要折中考虑壁耗、腐蚀、卫生及表面工作温度等因素，表 6-9 概括了一些常用材料的主要特性。

出于安全和效率的考虑，由行波加热器及其他加热器处理孔隙辐射出来的功率必须按总功率密度限制在 7.25 节所指出的安全电平以下。

表 6-9 各种结构材料的比较

	不锈钢	铝	镀铝钢	铜	黄铜
壁耗	高	低	中	低	中
卫生	好	中	差	中	差
抗腐蚀性	好	中	较好	中	中
热传导率	差	高	中	高	中
高温（℃）	600	80	250	300	300
热耗散	中	高	中	高	中
加工方法	焊接，切削加工	焊接，切削加工，铸造	焊接，切削加工	切削加工，铜焊	切削加工，铜焊

6.5 多模炉式加热器

6.5.1 概　述

应用最为广泛的微波加热器是多模炉式加热器，简称“多模加热器”，它通常用于家用微波炉以及多数的工业设备和装置中。尽管在加热均匀性上经常有些问题，但其机械结构简单，可以灵活地适用于各种各样的加热负载。

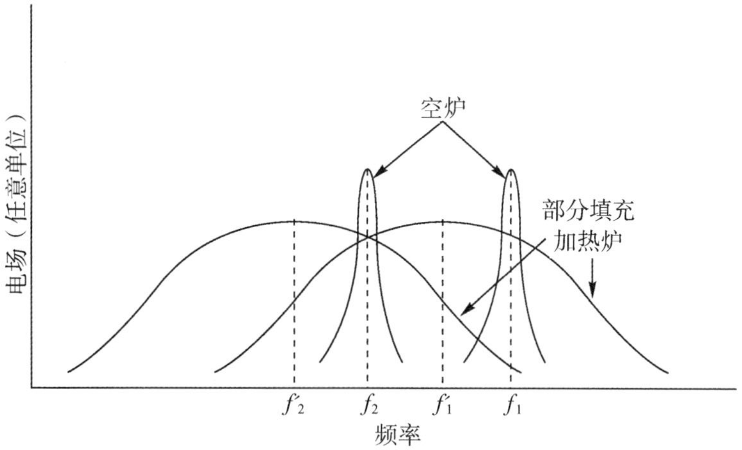

图 6.70　在多模炉中由于介质的负载效应所产生的模式图形的频移和阻尼

原理上，多模加热器是借助于某些方法从振荡源将功率耦合进来的一个密封的金属箱中，箱体的尺寸至少在两个方向上应具有几个波长的长度，这样的箱体将在给定的频段上维持一大群谐振模式。对于空载的加热器来说，每一个模式都以一条在给定频率上的尖锐的谐振响应来表征，如图 6.70 所示。重要的问题是尽可能地安排这些模式靠近于磁控管或速调管振荡源的工作频率上。然而，当这种微波炉被部分地填充吸收负载时，每一种模式的 Q 值都比其在空载时降低，并且如果频谱密度足够高，这些模式的谐振曲线将在频率上重叠，从而连续地耦合到负载上。当工作负载的介电常数比 1 大得多时，模式的频谱密度也将比空载状态时增加，对别的模式给出附加的重叠。这种负载效应也定性地示于图 6.70。图中表明，除了模式阻尼还引起了 Q 值的降低，并且值得注意的是，这些模式在频率上的分布通常不是等间隔的。

还可看到存在模式的频移现象。

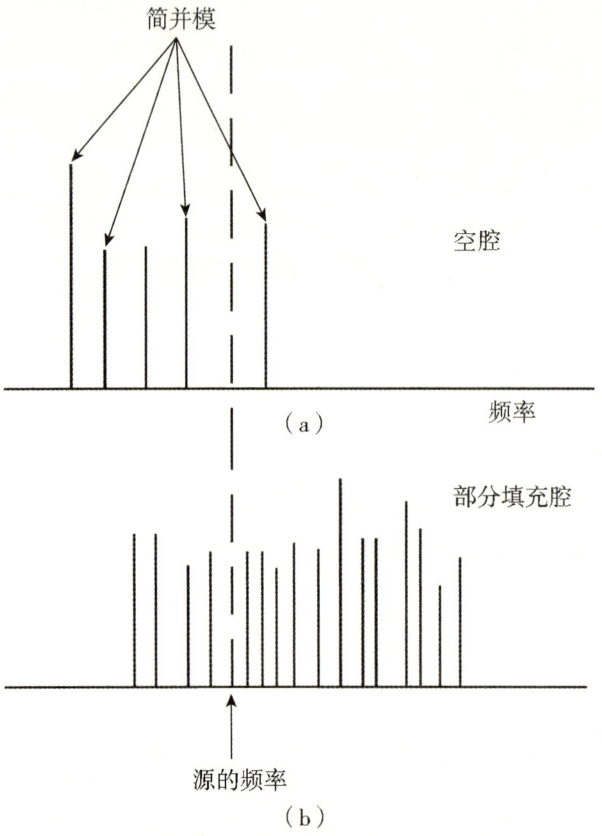

图 6.71　微波炉中一些简并模式的频移和分裂效应

在具有对称平面的规则几何形状（如矩形，立方体等）的微波炉中，明显地存在着一对或一群模式可以工作在同一个频率上，这些模式称为“简并模”，如图6.71（a）所示。所以应尽量避免这种太对称的结构和尺寸，以便把这些模式在频率上分开。匹配的耦合机构也可对简并模产生一定的模式分隔效应，这种效应是人们所期望的，因为这样可以增强加热器内部的加热均匀性。然而，理想的情况应该是在加热器部分加载时，模谱的密度应有所增加，如图 6.71（b）所示。

如果在发生器的工作频段内，谐振曲线能足够地重叠以给出较好的阻抗匹配（驻波比小于 3），这样就能对负载传送较大的功率。例如，在一个腔体中，具有中心频率为 2 450MHz，间隔大致为 10MHz 的五个模式的谱密度，只要这些模式的平均 Q 值不大于 1 000，就可获得满意的匹配。本节后续还将更详细地加以讨论，这样的 Q 值可以从一半填充有 $\varepsilon'=3$ 及 $\tan\delta_{\mathrm{eff}}$ 为 2×10^{-3} 的工作负载的腔体中得到。后者对多数微波加热应用来说是低的。显然，当负载的 $\tan\delta_{\mathrm{eff}}$ 上升时，阻抗的匹配就会改善，并且当渗透深度变得与负载的尺寸可相比拟时，极限性能会得到提高。在加热食品的情况下，直到 $\tan\delta_{\mathrm{eff}}$ 达到近于 1 时，这种性能就不再提高。因此对于 $\tan\delta_{\mathrm{eff}}$ 值变化达 3 个数量级的材料，都可以得到满意的加热性能，这就是多模加热器应用很广的缘由。

6.5.2 多模加热器的理论概述

在定性地讨论多模加热器内部的电场分布和加热均匀性之前，我们先简单地考查一下多模理论的某些方面。

炉式加热器（又称微波炉）在一个较窄的频谱内可以含有大量的谐振模 E_{lmn} 和 H_{lmn}，并且在尺寸为 a，b，d 的矩形箱体情况下，每一种模式都必须满足下述方程

$$\left(\frac{l\pi}{a}\right)^2+\left(\frac{m\pi}{b}\right)^2+\left(\frac{n\pi}{d}\right)^2=\left(\frac{\omega_{lmn}}{c}\right)^2 \tag{6.91}$$

式中 l，m，n——一些整数，它们对应于场强沿主轴上准正弦变化的半波长数；

ω_{lmn}——lmn 模式的谐振角频率；

c——光速。

微波炉的成功运转取决于谐振频率 ω_{lmn} 间的分隔程度，其频率分隔程度与每一模式的带宽（即 ω_{lmn}/Q_L）相比是小的。Maa（1939）和 Bolt（1939）已经求解了方程式(6.91)，其解的形式定性地示于图 6.72 中，此曲线的不连续性（垂直地上升）是由于有些模式在同一频率上简并的结果。对于准确工作在 2 450MHz 的立方腔体来说，图 6.72 中步高 δ_n 的最大值相当于 18 个模。因为多数微波炉的磁控管振荡源工作在一定的带宽内，它必须保持在允许的范围内以避免对通信系统的干扰，所以模式的总数可能很大，为 50～60。

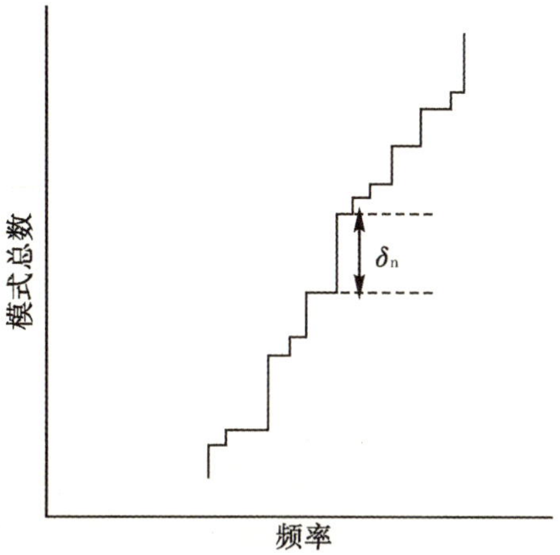

图 6.72 方程（6.91）严格解的一种形式

在一给定腔体内模数的估计可以由式（6.91）得出，对于立方体形的腔体，可以得到下面的式子

$$l^2+m^2+n^2=4(d/\lambda)^2 \tag{6.92}$$

式中

$$\frac{\omega}{c}=\frac{2\pi}{\lambda}$$

通过满足式（6.92）的（l,m,n）各种排列可以得到一幅模谱图，每一组(l，m，n)的各种直接和间接的排列会分别导致一级或二级的简并。合适地选择微波炉的尺寸，对于给定的振荡源频谱，可以得出一个可估计的模谱密度，它会促使能量分布更为均匀。

然而，在具有一定介质损耗的微波炉中，研究频谱、Q值和模图具有同等的重要性。加入工作负载之后，无疑要扰动这些参数，从而改变微波炉内部的能量分布。目前只是研究了微波炉的一些最简单的情况，并和测试数据做了对比。举例来说，可以利用图6.73所示的网络分析仪来研究模图，另外，也可以使用灵活性稍差但费用也更低的装置。

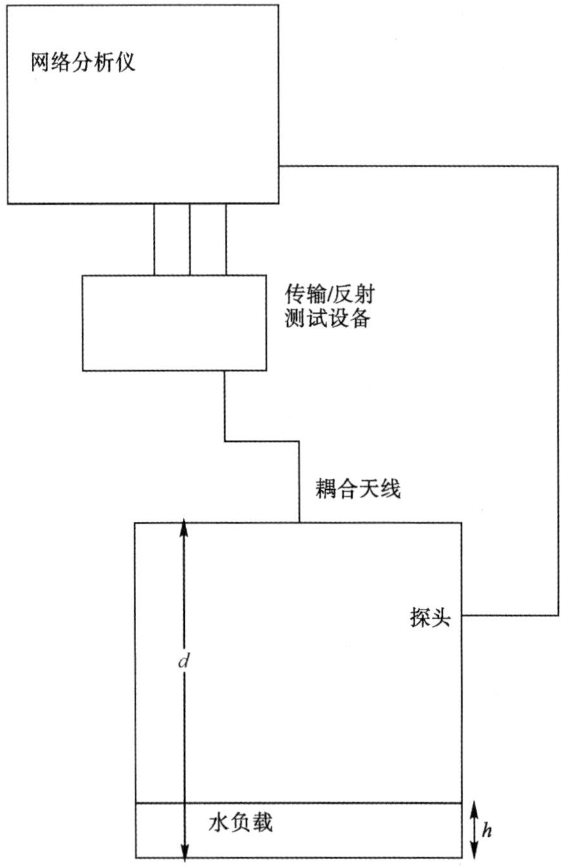

图6.73　利用网络分析仪分析微波炉中的模式

把信号馈入微波炉中，而将传输的功率用探头检出并经晶体二极管检波，在900～

1 100MHz 频段内，对于炉内底部各种不同厚度时的存水体积的传输功率形如图 6.74 所示。为简化起见，许多金属物体如模式搅拌器、烘烤器具、恒温箱等都从炉内移出。对于两种模式的测试数据示于图 6.75（a）中，该图是作为水高与炉高的比值 h/d 的函数画出，从图中可见，在 z 方向传输的两个主模式都被观察到，当水层厚度增加时，每一个模式都显示了不同的频率调谐特性。在 h/d 为 0.24 附近时，较低模的频率变化可高达 50MHz。在图 6.75（b）中示出了含有介质损耗的微波炉中按麦克斯韦方程解得的计算数据，用来和测量数据相比较，可以看出所考虑的 TM_{112}、TM_{011} 及 TM_{180} 模都吻合得相当好，特别是在大负载情况下更是如此；对于较小的负载，由测量所得的频率偏差要比计算值小。

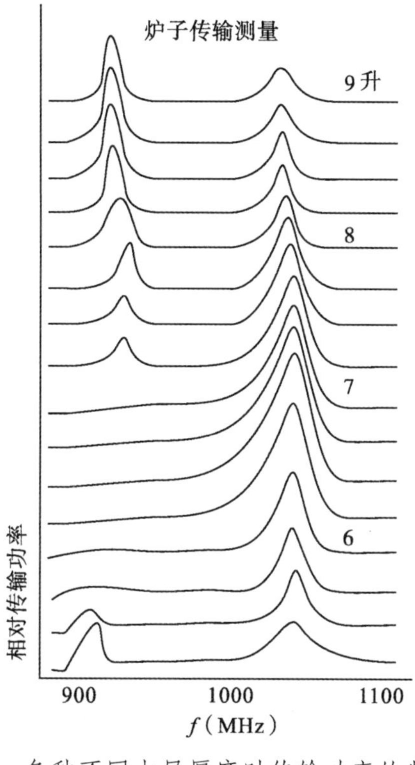

图 6.74　各种不同水层厚度时传输功率的频率响应

为研究模式搅拌器对场分布的影响，Ishii 等人（1979）采用了几何光学的原理，从而得出了模式搅拌器结构设计的缺陷并指出了改进的途径。

虽然模图对估计由 l,m,n 的各种可能排列产生的各种模式有用，但由于负载扰动、模式搅拌器以及能量耦合方式等影响的复杂性，在理论设计中，这种模图与理想情况还相差很远。人们期望能有一种炉体尺寸可变的设备，然而，这种设备尽管在特殊的科研应用中已被采用（Speiegel 1980），但它过于笨重和昂贵，以致难以推广应用到工业加热炉中。因此，第一个示例就是按照上述理论要点和被处理材料的尺寸与特性以及其他的实际情况综合得出微波炉的尺寸。

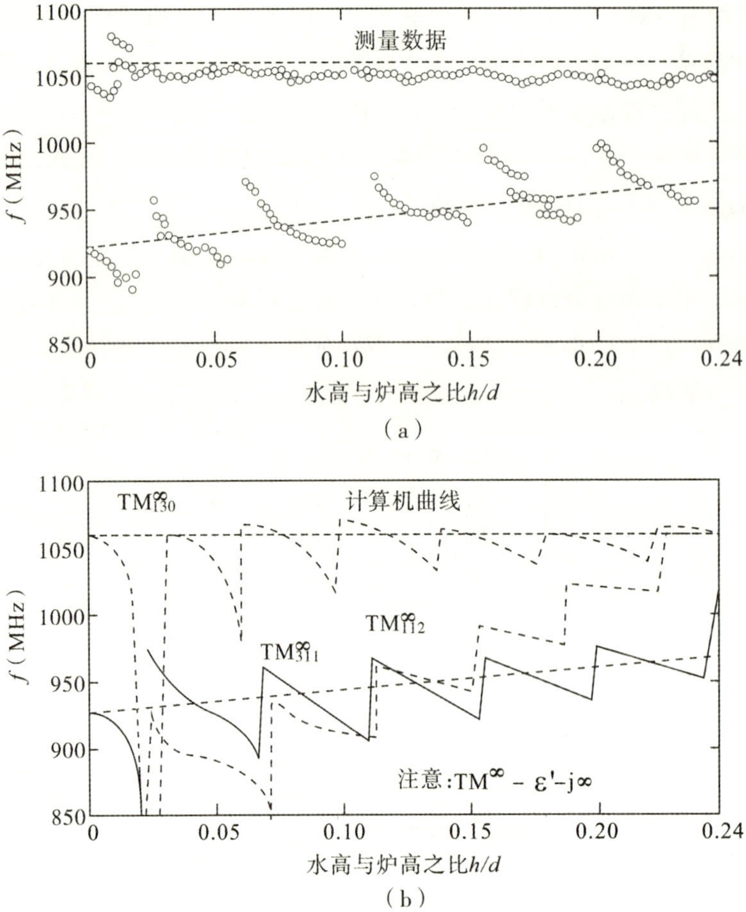

图 6.75　多模炉的实验数据（a）与计算数据（b）的比较

6.5.3　场分布和加热的均匀性

在一封闭的矩形箱体中，场的分布是由激励于某一给定频率上的所有模式的总和决定的，每一个模式的功率变化沿几个主要坐标轴方向上都是正弦变化的，并且都满足熟知的场方程。因此，在多模炉内，热的空间分布是不均匀的，虽然吸收负载的存在会使驻波比降低，但不均匀性仍然是其主要的特点，并且已经提出了许多降低其影响的方法，特别是某些被加热的材料具有损耗因子随温度上升而上升的特性时，这就使不均匀性的效应更为严重。

许多方法都可以有效改善加热均匀性，现讨论如下。

1. 移动工作负载

这是一种最明显和最有效的技术，因为炉内驻波的位置主要是由炉壁决定的，所以在腔体内移动负载使其通过驻波腹点无疑是有益的。

如果沿矩形加热器的一个主轴方向直线移动时，那么这种技术只能补偿在该方向上场的变化，而在其他两个方向上的变化仍基本存在。要补偿这两个分量，一种办法就是在设计加热炉及传送带时，使物料运行方向与炉的主轴倾斜一个角度。

在一些小炉灶中（如家用微波炉）是把负载放在一个旋转的托盘上使其移动（转动）的，这样可以改善其加热的均匀性。但也会由于几何上的不精确性而使加热均匀性受到影响，就像直线移动中遇到的一样。

实际上，在炉内移动负载的影响要比上述情况复杂得多，因为工作负载的特性阻抗与自由空间的大不相同，从而引起材料内部波长的缩短，以及从工作负载表面上的二次反射。在炉内有一个场的扰动，并在负载移动时不断变化，除非此负载对于传送方向上在几何上是连续的（例如连续板料的线性移动，或同心圆盘或圆环的转动)。在上述情况下，当炉内工作负载移动时驻波本身跟着移动。通常，这并没有什么好处，因为驻波趋向于集中在负载的边缘位置。随着介电常数的增大会产生一种称为“场的陷阱”的严重后果。这时电磁场无法进入材料内部。

2. 模式搅拌器

模式搅拌器是一种装在炉内的转动机构，用以连续地搅动场的分布。通常它由一个在微波炉内部的多叶片金属扇面组成。虽然它是一种粗糙的器械，但却对均匀加热起着很重要的作用。只是这一作用太复杂，以致难以精确分析。但是，存在着两种搅拌方法，其工作依赖于工作负载的介质损耗的大小。

当工作负载是高吸收性负载时，搅拌器的叶片通常弯成45°，使从发生器馈入到它上面的能量发生偏转，因为叶片一直在旋转，所以，反射能量的路径也在不停地改变。在许多微波炉中，叶片在靠近振荡源馈口处转过以强化这种作用。在低耗负载的情况下，叶片被调谐到谐振，使其成为旋转的无源天线，当叶片旋转时，将激励起各种模式以改变它们的范围。

有许多模式搅拌器的经验设计方法，它们是综合了上述两种作用后提出的，搅拌器的旋转速度是根据机械设计（轴承及寿命）和处理要求折中选择的。乘积为$\frac{1}{N_0\alpha_r}$（N_0为叶片数，α_r为每秒转数)，与处理时间、负载中热点的时间常数以及磁控管阴极的热时间常数相比应小些。典型的四叶片搅拌器的旋转速度为1～10r/s。

3. 其他的馈能方法

一种处于炉灶顶部的窄波束旋转天线可以起到与旋转托盘相同的效果，对小型微波炉来说具有特殊的价值，因为在这种炉内，介质的引入使Q值大为降低。也可以不用单隙缝或天线来给微波炉馈能，而采用多隙缝馈送一聚束的能量并通过一旋转的搅拌器的方法可以使加热均匀性明显得到改善。这种组合与分布式馈源系统具有相似的效果。最近发表了一种四隙缝的波导馈源，隙缝间隔为λ_g，并设计成相等阻抗及等自由空间辐射，与此馈源相连接，使用了一个辅助的搅拌器，它在加热周期的部分时间内，阻挡住两个隙缝的辐射；而在加热周期的另一部分时间内，则阻挡住另外两个隙缝的辐射。搅拌器的形状和位置起着关键性的作用。这一方案已被人们所证实（Kashyap 及 Wyslouzil 1977），Meredith（1979）用一个平面极化的喇叭给一个加热连续移动的薄片材料的多模腔馈入横向电场，获得了良好的加热均匀性。

4. 圆极化螺旋天线

处于炉腔内底部的一段大直径的圆极化螺旋天线可以向炉内辐射圆极化的微波功率（张兆镗专利 2016），这种螺旋天线只要几圈（3～5），选择合适的螺旋直径螺距比 D/T，就能控制微波的辐射图形，以期得到加热均匀性的效果。因为电磁波是圆极化而非普通微波炉中那种线极化波，电磁场方向是高速旋转的，在被加热负载内的任一点上都是如此，这就导致物料在加热过程中的加热均匀性。只要螺旋天线在波导中处于恰当配置，使磁控管位于雷基图中的合适工作点上，就能保证管子高效地输出微波功率，且稳定可靠地工作。同时因为没有旋转的部件，又省去了提供转动的电动机，所以节省了成本，提高了工作的可靠性。

5. 有源旋转天线

多年以前，市场上出现了采用有源天线的微波炉（日本三洋技术 2002），在这种微波炉中，类似于模式搅拌器的部件，即旋转的有源天线取代了模式搅拌器。两者至少存在着两大区别：其一是在旋转天线的转轴上用金属导体取代了原有的塑料转轴，并且此转轴就作为天线的馈电导体，通过它向旋转的天线馈电；其二是它埋设在炉腔内底部介质板的下面，在炉腔内是看不见的，而不像在早期微波炉内，人们可以明显地看到模式搅拌器位于炉腔内顶部微波馈口或隙缝附近而旋转的小风扇似的。实际上，模式搅拌器只是一个大扰动体，它本身是无源的，在炉腔内只提供一个形状复杂的金属反射体，对辐射到它上面的电磁波产生反射或漫射，起到了扰动腔内电磁场的分布规律而已。而有源的旋转天线则不同，它的叶片就是一个形状复杂的辐射源，同时又在做慢速旋转，所以较好地解决了炉腔内电磁场的均匀分布问题，这是目前一种较好的解决方法。

6.5.4 插入介质时的 Q 值

从上面的叙述中可以明显地看出，分析多模炉内场的分布和加热均匀性是非常复杂的，其结果，除了一些最简单的情况外，作为微波炉设计的一部分，总需要做多次实验性的试验。但是，建立起各种模式 Q 值、炉内电场和磁场强度以及壁电流幅值的近似值的简单算式仍然是可能的。

当炉内具有插入介质时，Q 值可用将在后面详细推导的式（6.109）计算

$$Q_0 = 2\pi \frac{\text{储能}}{\text{每周期内的耗能}}$$

如果腔内全部被介质所填充，那么储存能量的表示式为

$$\int_{V_c} \frac{1}{2}\varepsilon_0\varepsilon' \hat{E}^2 \mathrm{d}V \tag{6.93}$$

式中 $\hat{E}$——腔内某点的峰值电场强度；

V_c——炉体的体积。

在介质中每周期的能量损耗可由式（6.30）导出如下：

$$\frac{2\pi}{\omega}\int_{V_L} \frac{1}{2}\varepsilon_0\varepsilon' \tan\delta_{\mathrm{eff}} \hat{E}^2 \mathrm{d}V \tag{6.94}$$

将式（6.93）及式（6.94）代入式（6.14）中可得

$$Q \approx \frac{1}{\tan\delta_{\mathrm{eff}}} \tag{6.95}$$

这里壁耗被忽略了，因为对中等损耗的介质来说壁耗要比工作负载中的损耗小得多。式（6.95）与介电常数无关，因为储存能量与消耗能量都与介电常数线性相关。但是，由于介质的存在，有效波长缩短而增加了腔体的有效体积，所以相应地增大了模谱密度。

当腔体被部分填充时，分析就更为复杂了。设工作负载的填充因子为 v，体积为 V_L，腔体的体积为 V_c，于是 $v=\dfrac{V_L}{V_c}$；再设 $\hat{E}_i$ 和 $\hat{E}_{\mathrm{ext}}$ 分别为负载内部及外部的场强。再次应用式（6.109）并忽略壁耗，可得

$$Q=\frac{\int_{V_L}\frac{1}{2}\varepsilon'\varepsilon_0 \hat{E}_i^2 \mathrm{d}v+\int_{V'_c}\frac{1}{2}\varepsilon_0 \hat{E}_{\mathrm{ext}}^2 \mathrm{d}V}{\int_{V_L}\frac{1}{2}\omega\varepsilon_0\varepsilon' \hat{E}_i^2 \tan\delta_{\mathrm{eff}}\mathrm{d}V}\omega=\frac{1}{\tan\delta_{\mathrm{eff}}}+\frac{1}{\varepsilon'\tan\delta_{\mathrm{eff}}}\cdot\frac{\int_{V'_c}\hat{E}_{\mathrm{ext}}^2\mathrm{d}V}{\int_{V_L}\hat{E}_i^2\mathrm{d}V} \tag{6.96}$$

式中

$$V'_c=V_c-V_L$$

对于完全填充的腔体，分子项积分为零。式（6.96）变成原来的简单关系式（6.95）；而对于空腔来说，因为分母积分为零，将得到无限大的 Q 值，这是可以预料到的，因为壁耗被忽略了。

实际上，两个积分比值与负载的介电常数、形状、大小以及处于炉内的方向及位置有关，因为这些因素都影响 $\hat{E}_i$ 和 $\hat{E}_{\mathrm{ext}}$，假设负载的尺寸沿主轴方向至少等于 $\lambda'_0/\sqrt{\varepsilon'}$，再假设电场 $\hat{E}_{\mathrm{ext}}$ 和 $\hat{E}_i$ 在空间上为一常数，并且负载为球形结构如图 6.76 所示。两个场之间由式（6.64）相联系，将式（6.64）代入式（6.96）中，得出无载 Q_0 值为

$$Q_0=\frac{1}{\tan\delta_{\mathrm{eff}}}\left(1+\frac{(\varepsilon'+2)^2}{9\varepsilon'}\frac{(1-v)}{v}\right)=\frac{f''}{\tan\delta_{\mathrm{eff}}} \tag{6.97}$$

式中 f''——取决于腔体和介质尺寸的几何因子。

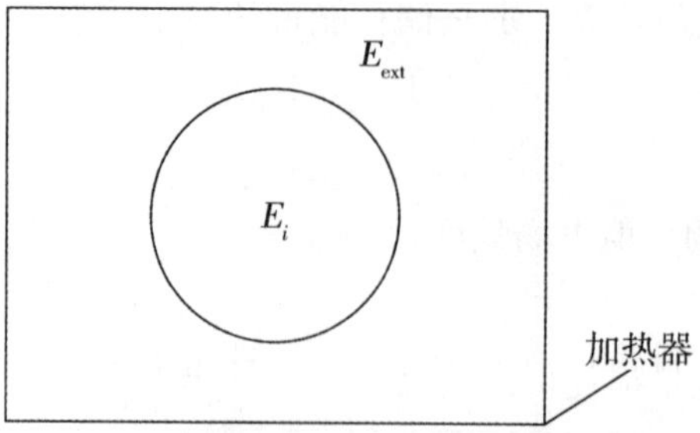

图 6.76　具有球形负载的多模加热器

（＊这一Q_0值与过去常用的无载Q值意义有所差别，这里考虑了介质材料的插入且与外电路无耦合，而空腔（即无介质负载时）的无载Q值采用Q'_0符号，以作区别。）

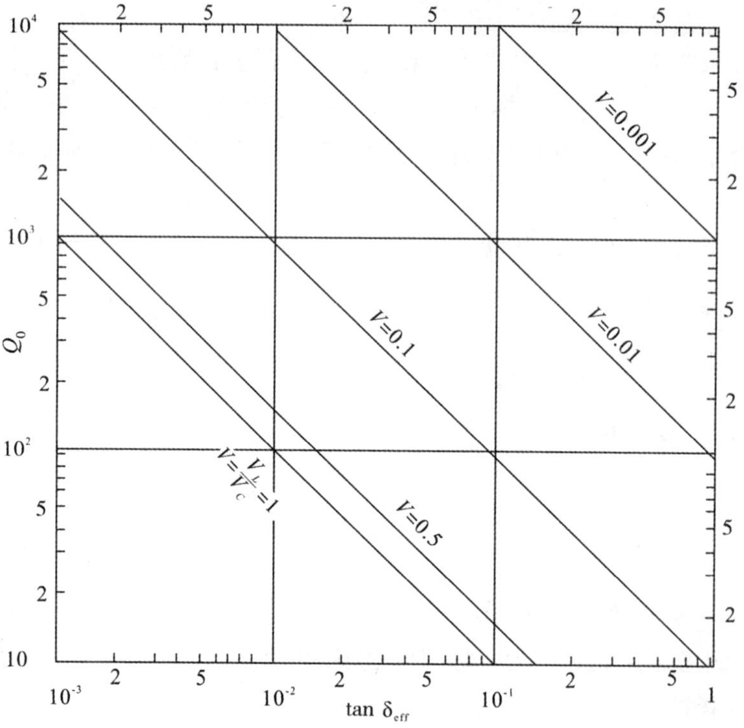

图 6.77　部分填充微波炉时的Q_0值与$\tan\delta_{eff}$的关系曲线（$\varepsilon'=1.5$）

图 6.77、图 6.78 及图 6.79 示出了利用式（6.97）算得的Q_0值与ε'、$\tan\delta_{eff}$及v的关系。当填充因子v及$\tan\delta_{eff}$增加时，Q_0值下降。图 6.80 示出了对于给定的$\tan\delta_{eff}$和v，Q_0值随介电常数ε'的增加而增加。

作为一级近似，当知道了介质特性和全部尺寸以后，式（6.97）为部分填充多模炉的Q值提供了最近似的值。例如，一块天然橡胶（$\varepsilon'=3$，$\tan\delta_{eff}=3\times10^{-3}$）尺寸为 1m×1m×0.7m 插入到尺寸为 1.2m×1.2m×1m 的工业炉中，查图 6.78，v=0.5，得到$Q_0\approx650$，当频率为 2 450MHz 时，由此得出半功率点带宽为 3.8MHz，大于用$\varepsilon'=3$的介质材料填充上述腔体尺寸一半时的平均模谱密度。

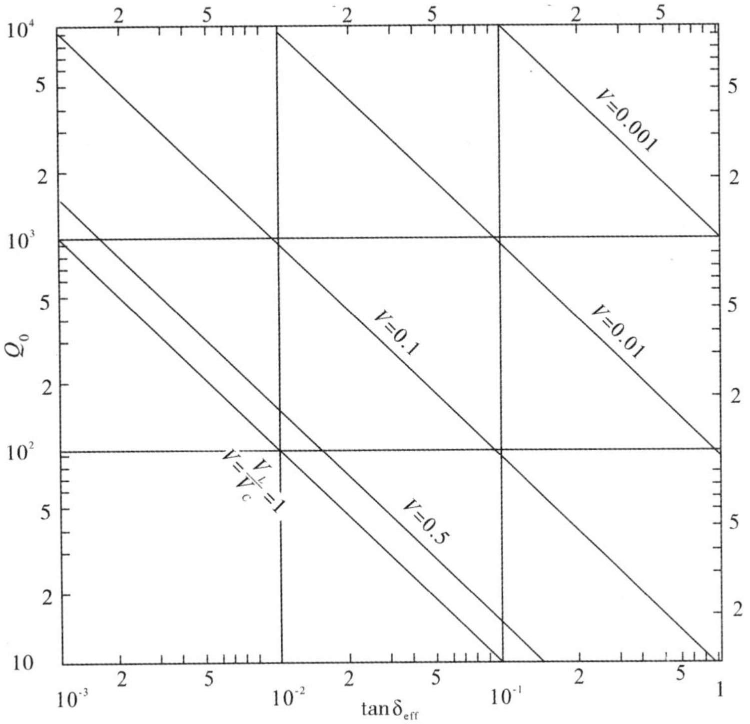

图 6.78 部分填充微波炉的 Q_0 值与 $\tan\delta_{\text{eff}}$ 的关系曲线（$\varepsilon'=3$）

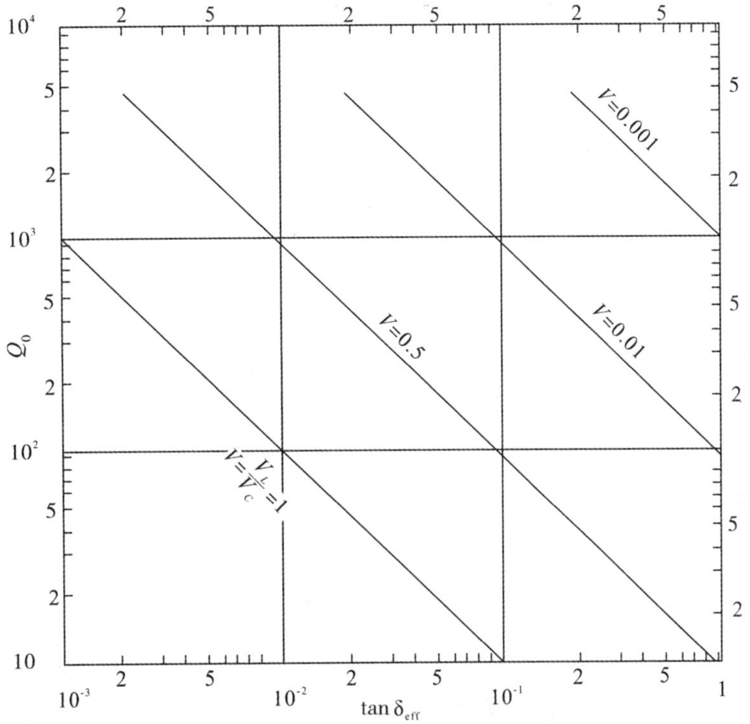

图 6.79 部分填充微波炉的 Q_0 值与 $\tan\delta_{\text{eff}}$ 的关系曲线（$\varepsilon'=80$）

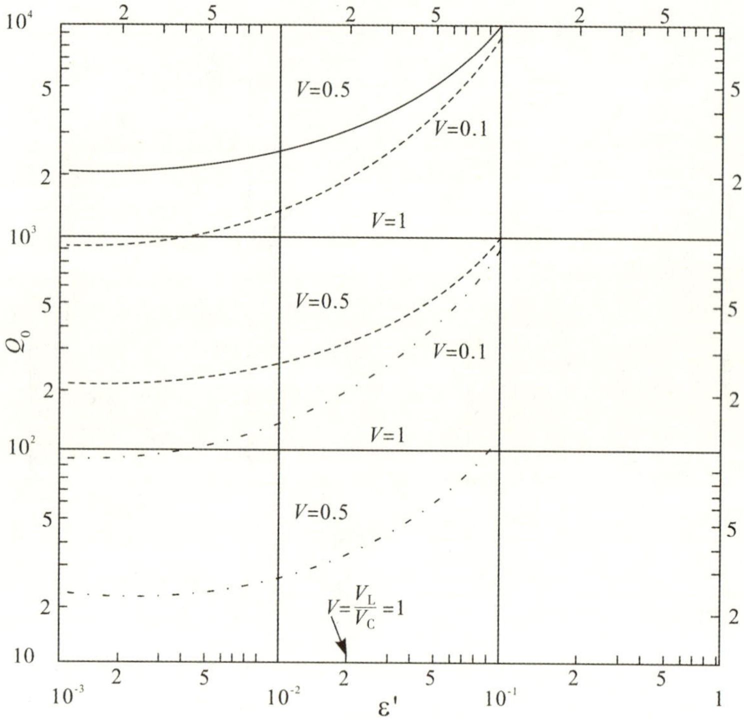

图 6.80 部分填充微波炉的 Q_0 值与 ε′ 的关系曲线

———$\tan\delta_{eff}=10^{-3}$；— — — $\tan\delta_{eff}=10^{-2}$；— · — · —$\tan\delta_{eff}=10^{-1}$

类似的方法对于一个直径为 270mm 湿的球形介质置于尺寸为 0.45m×0.45m×0.5m 的多模腔中，当频率为 2 450MHz 时，并且介质的 $\varepsilon'=10$，$\tan\delta_{eff}=0.1$，则由图 6.80 查出，当 $v=0.1$ 时，Q_0 值约为 155。

式（6.98）是建立在微波场完全透入介质负载的假设基础上求得的，在这种情况下，确有很高的传输效率。但对于一些 $\tan\delta_{eff}$ 很高的负载，其透入深度有限。

需要再次强调的是对于填充因子 v 很小时，式（6.98）是不正确的，因为在忽略壁耗时，式（6.97）将给出不现实的高 Q 值。计及壁耗时，式（6.97）可以修正为

$$\left(\frac{1}{Q_0}-\frac{1}{Q'_0}\right)^{-1}=\frac{f''}{\tan\delta_{eff}} \tag{6.98}$$

式中 Q'_0——空腔的 Q 值。

也就是说这时只有在加热器内壁上产生的一种能量耗散形式。

6.5.5 场强和壁电流

如前所述，场强和壁电流的计算是基于储能和耗能的考虑。提供的数据可用以估计在炉壁、门闩、接触衬垫以及电场集中处所产生的热效应 I^2R'。

根据电场和磁场表示的储能 W 为

$$W=\int_{V_c}\frac{1}{2}\mu_0\mu'\hat{H}^2dV=\int_{V_c}\frac{1}{2}\varepsilon_0\varepsilon'\hat{E}^2dV \tag{6.99}$$

式中 $\hat{E}$ 和 $\hat{H}$——电场和磁场在时间上的最大值，并在空间是变化的。

在谐振腔内，其合成场为相等的两个波即前向波及返向波的矢量和，从而形成了三维的驻波图形。考虑一维坐标上的变化，图 6.81 示出了其合成场 H_{res} 以及前向波 H_+ 和返向波 H_- 的矢量图形，$\theta = 4\pi x/\lambda$ 随坐标轴 x 位置而变，由图 6.81 可得

$$H_{res}^2 = 2H_+^2\left(1+\cos\frac{4\pi x}{\lambda}\right) \tag{6.100}$$

式（6.99）中的磁场 H 为三维坐标上各合成场 H_{res} 的叠加，因而总的储能为

$$W = \frac{1}{2}\mu_0\mu'\int_0^a\int_0^b\int_0^d 2H_+^2\left(1+\cos\frac{4\pi lx}{\lambda}\right)\left(1+\cos\frac{4\pi my}{\lambda}\right)\times\left(1+\cos\frac{4\pi nz}{\lambda}\right)\mathrm{d}x\mathrm{d}y\mathrm{d}z \tag{6.101}$$

式中 abd——炉体三个方向上的尺寸；

$V_c = abd$。

由于场图是由每一坐标方向上半波长整数倍所形成的，所以所有的余弦积分为零，故

$$W = \mu_0\mu' H_+^2 abd \tag{6.102}$$

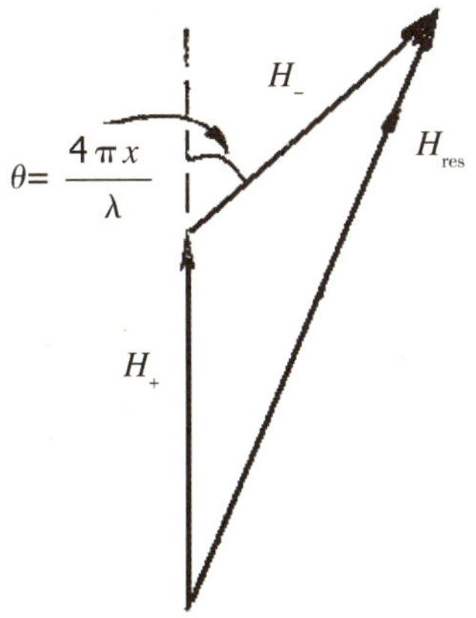

图 6.81 前向磁场 H_+ 和反向磁场 H_- 的叠加

因为空间上 $H_{max} = 2H_+$，所以式（6.102）变成

$$W = \frac{1}{4}\mu_0\mu' H_{max}^2 abd \tag{6.103}$$

现在，可把式（6.14）表示成

$$Q_0 = 2\pi\left(\frac{W}{P}\right)\left(\frac{\omega}{2\pi}\right) = \frac{\omega W}{P} \tag{6.104}$$

式中 P——耗散的功率。

将式（6.103）代入式（6.104）中，得到

$$H_{max} = 2\left(\frac{PQ_0}{\omega\mu_0\mu' abd}\right)^{\frac{1}{2}} = 2\left(\frac{PQ_0}{\omega\mu_0\mu' V_c}\right)^{\frac{1}{2}} \tag{6.105}$$

因为 H_{max} 为空间上的最大值，存在于腔体的表面，它也是用适当单位表示的壁电流密度，所以

$$J = 2\left(\frac{\frac{P}{V_c}Q_0}{\omega\mu_0\mu'}\right)^{\frac{1}{2}} \quad (A/m) \tag{6.106}$$

式（6.106）表明，在给定 ω 下的电流密度 J 正比于炉内功率密度和 Q 值的平方根。

例如，仍考虑前述的多模腔（1m×1m×1m）填充橡胶介质的情况，前面的计算已给出 $Q=650$，$v=0.5$；当耗散在橡胶内的功率为 1KW 时，并设 $\mu_0\mu'=\pi4\times10^{-7}$ H/m，$f=2\,450$ MHz，代入式（6.106），给出壁电流密度为 9.6A/m，即大约为 0.1A/cm，当耗散功率增加到 10KW 时，由式（6.106）给出的壁电流大约增加到 30A/m。此大小的电流密度对炉腔、门闩以及接触衬垫等的设计来说是适中的。

6.5.6 功率密度

在设计多模腔时，功率的体密度是一个重要的参数（kW/m^3），与此有关的问题是，对于给定的炉腔，在其性能变到不满意时，究竟可以送入多大的功率？在实践中，功率密度主要受到两个方面的限制：

（1）炉内空气或气－汽混合物的介质击穿；

（2）因为过大的机械内应力（比如由内部发生的蒸汽而产生的），而造成工作负载的损坏。

在（2）中取决于工作负载的材料、其抗张强度、孔隙度等。对负载功率密度的限制的唯一合适的方法是靠经验设计。

在介质外的空间内，电场强度的平均值可很方便地由式（6.105）得出，把 H_{max} 代入熟知的平面波的关系式中

$$\frac{E_{max}}{H_{max}} = \left(\frac{\mu_0}{\varepsilon_0}\right)^{\frac{1}{2}} \tag{6.107}$$

于是得到

$$E_{max} = 2\left[\frac{\frac{P}{V_c}Q_0}{\omega\varepsilon_0\times10^6}\right]^{\frac{1}{2}} \quad (kV/m) \tag{6.108}$$

在前面的炉腔体积为 $0.1m^3$ 的例子中，工作频率为 2 450MHz，插入介质为直径＝0.27m 的球体，$\varepsilon'=10$，$\tan\delta_{eff}=10^{-1}$，从图 6.80 给出的 $Q_0\simeq1550$，将这些数据代入式（6.108）中，当耗散功率为 10KW 时，得出电场为 21.2KV/m 或 212V/cm，当耗散功率为 30KW 时，在其他条件相同情况下，得出电场强度为 36.7KV/m 或 367V/cm。

上述表示式只能用来得出一些指导性的数字，在炉子和工作负载的拐角、边缘及

一些点上，由于电场强度的集中，局部地可使电场升高；一些具有高介电常数的颗粒形材料，由于颗粒间接触点上的场强集中，特别容易造成介质的击穿，这种局部的场强集中，还可引起内部颗粒接触处的过热，从而引起空气的局部过热，结果导致了介质强度的下降。

从以上的讨论中可以看出，为了获得满意的处理结果，最大的容许功率密度在很大程度上与工作条件有关。但应强调的是，在大多数情况下，不必将设备工作在接近介质击穿的极限附近。在实际情况下，当多模腔工作在900MHz时，与2 450MHz相比，因为频率较低和具有较高的功率密度，所以会产生较高的电场强度。例如，用30KW的功率耗散在处于$\frac{1}{2}$立方米的多模炉内的材料上，这时$(P/V_c)=60\ \mathrm{KW/m^3}$，$f=900\ \mathrm{MHz}$，代入式（6.108）后得出$E=2.2\times10^8(Q_0)^{\frac{1}{2}}$，假定在某特殊应用中最大$Q$值为1 000时，根据式（6.108）算出最大场强为$E\simeq70\ \mathrm{KV/m}$，或700V/cm，而空气的均匀电场击穿强度在正常的环境温度和压力下为3000KV/m或30V/cm，上述最大场强显示出具有一定的安全系数。

6.5.7 炉壁材料的选择

对多模炉式加热器结构的理想要求是该结构在电气上应是封闭的体积，并由电导率为无限大的金属所围成。电流在炉壁流过，若想避免出现局部过热，电弧及效率的下降，就应使电流在任何点上都不受到阻碍。多模炉内所有的接点及接缝都应小心地设计使其数目减到最低程度。

结构材料的选择，受到与被加热产品Q值有关的总效率及其他因素诸如卫生学和耐用性的限制。对于有载Q值小于100的负载，最好的金属是采用非磁性的不锈钢，它的质地坚硬而且不怕腐蚀。然而，当有载Q值超过200时，壁电流会使不锈钢严重地发热，导致效率过度降低或温度过分升高，这时就需要采用低电阻率的材料，如铝或铜。可以采用纯铝板，也可以将铝喷涂在钢板表面上。用纯铝板从电气上考虑是合适的，但从强度上讲，此铝板就得相当厚。表面喷涂铝层的金属板也已被采用，但其表面粗糙度对有效电阻率略有损害，而在卫生学上也不完全令人满意。喷涂铝层的附着力如耐磨性也仍然是个问题。在成本不是主要而效率要求很高的地方，应使用铜材。镀铜也难以令人满意，因为易于氧化、腐蚀和磨损，所以只能用于实验性装置中。

6.5.8 炉门及其密封

在工业设备中，进入微波加热炉的门可以是一个，或者是两个入口，即在隧道每端各有一个门。已经有许多形式的门如铰链式的或滑动式的，精密装置取决于应用时结构上的方便性。铰链式门除了在一些小型的人工加载（送料）的炉子中使用外，一般来说不大方便。对于大型的工业炉，通常推荐使用垂直的滑动门，因为这种门对加载或未加载的区域都不妨碍。

对工业微波加热炉炉门的主要要求如下：

（1）能够关闭，从安全、效率以及射电干扰方面考虑，理想的情况应无微波泄漏，在寿命期内，即使有轻微的损坏及尘土的沾染，都应保持完好的密封；

（2）能够在内部提供与炉体相同的导电表面；

（3）炉体密封处的电纳应尽可能地高；

（4）密封要耐久，应能承受加于其上的壁电流而不怕过热或电弧，并能经受多次（10^5 或 10^6）开关而不致磨损；

（5）具有安全保险闭锁系统，保证在所有的门未被关闭或压紧之前防止微波功率进入微波炉中。

经过精心的设计，上述要求是可以得到满足的。显然，门的最关键部位是高频密封，通常是安置一些四分之一波长的抗流槽阵列，使得在有主要壁电流流过的炉腔与炉门交接处形成实质上的电短路。一种新型的抗流结构已经报导，该结构利用一周期性的波纹形金属片插入到抗流槽中，可把辐射限制在极低的电平上（Ohkawa，1978）。一些早期的设计没有抗流装置，而是利用一些被青铜弹簧片构成平整的金属与金属的界面连续性接触，但这种装置是不能完全令人满意的，密封衬垫承受着主要的壁电流，如果接触不好，哪怕是局部的接触不好，也会由于电弧而导致迅速损坏。

图 6.82 示出了一种典型的抗流密封装置及其等效电路。这种密封装置利用了四分之一波长传输线的阻抗变换特性，该传输线由两部分级联而成。第一部分终端短路（在槽底），根据阻抗变换至第二部分的另一端构成为实际上的短路点。注意在抗流装置电气上的中点，即两个四分之一波长段的连接处，阻抗很高，电流很小，因而在该点上接触不好是可以接受的。在某些设计中，允许电流流经一电容性间隙或由第二抗流系统提供一低阻抗通道来专门消除接触点，虽然这种无接触的抗流装置具有可免除灰尘有害影响的优越性，但它不是一种完全密封，仍有少量属于安全范围内的漏能，使其难以满足大多数对干扰的要求。当要求完全密封时，在高阻抗点即电流较小点处采用金属与金属的接触是基本的结构，在多数情况下，可用不锈钢丝的编织物作为这种密封。

在多模炉式加热器应用于“在线”的情况下，因为进口和出口都需要敞开以便使负载连续地出入炉中，所以没有炉门。图 6.83 示出了类似于那些应用于在线的微波加热器的一种结构（例如曲折型加热器），关于抗流装置的细节详见后述，图 6.83 所示是一种典型的多模隧道式加热器，适合于处理大块物料，它采用多振荡器馈送的方法。

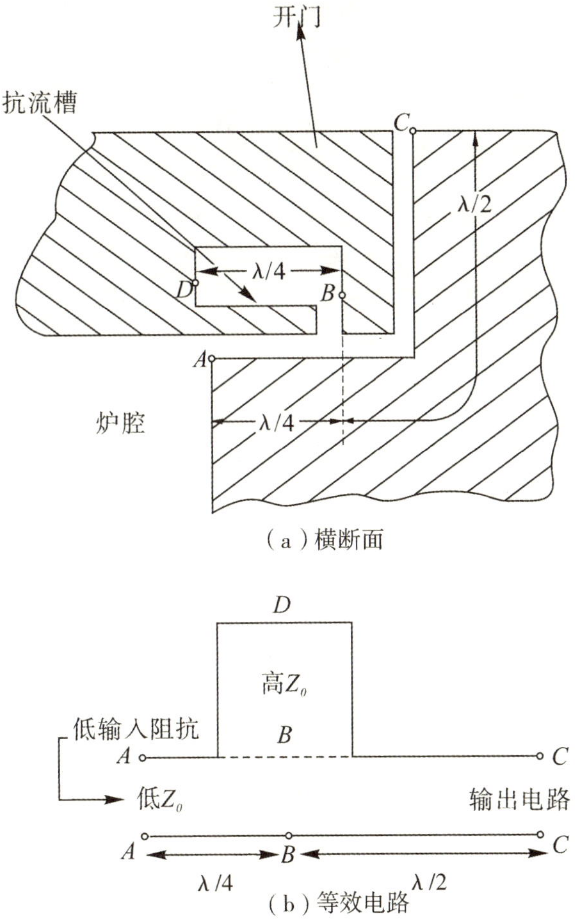

图 6.82　典型的多模炉式加热器中炉门的抗流装置

6.5.9　多振荡器馈源

工业应用中经常遇到需要向炉中馈入的功率超过一个振荡器所能提供的数值的情况，所以必须采用多个馈源。图 6.83 示出了一种由四个磁控管馈能的加热器，这种情况下，需要考虑各振荡器之间的交叉耦合及其对振荡器寿命及加热均匀性的影响。

每一个振荡器都会受到由于匹配不理想而产生的反射以及其他振荡器的部分能量的影响。这些能量的总和必须不超过按振荡器技术规范所能接受的允许的反射能量。根据式（6.106）计算炉内的壁电流并与仅由振荡器单独输出功率时在其馈能口处的壁电流相比较可以估计交叉耦合的影响。由此可得出由该振荡源看到的有效的反射系数值。对给多模腔馈能的振荡器的数目没有基本的限制，其数目由腔内的功率密度和 Q_L 值来控制。在 896/915MHz 上已经使用了 36 个 1.5KW 的磁控管建立起 54KW 的功率。在我国，在 2 450MHz 频段，已经采用了 100～200 个（1～1.5KW）磁控管，总功率在 100～300KW。

采用多个振荡器时，依靠在炉壁内合理地布置馈源点，以及采用不同极化面馈入，有可能在功率分布上使其比用单个馈源时给出更好的模式激励和更均匀的分布。

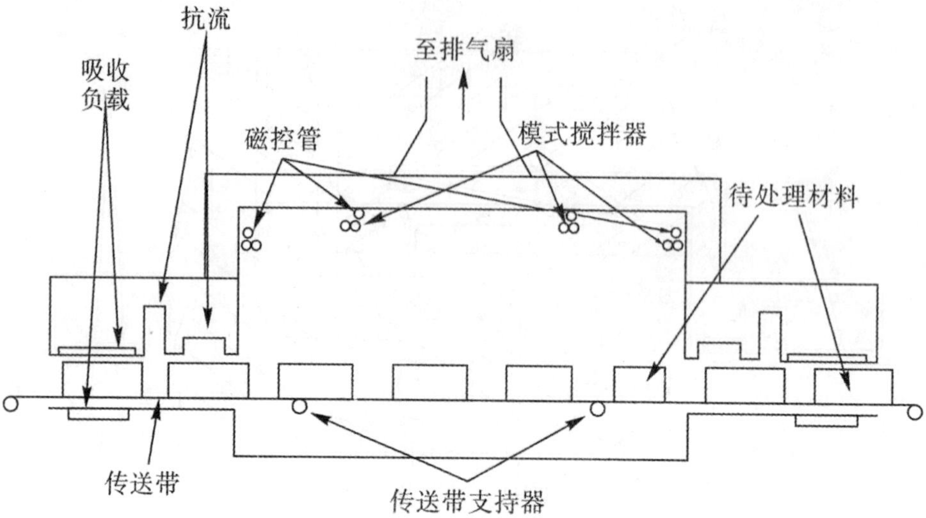

图 6.83　输入及输出端具有安全措施在线多模腔式多馈源加热器

6.6　单模谐振腔加热器

6.6.1　概　述

单模（包括基模和高次模）谐振腔广泛地应用在诸如波长计、干涉仪或滤波器等许多低功率微波工程领域中。本节介绍的谐振腔或加热器，从本质上讲，是一个封闭的金属腔，在这个腔体中，电磁场作为某种极化的微波信号在特定方向之间产生多次反射，入射波和反射波的叠加产生了驻波图形。对于一些简单的结构，这种驻波图在空间的分布可以很好地确定。有关电磁场结构的精确知识使得将待处理的介质材料放在最大电场位置成为可能，以便使电磁能最佳地转移到材料中去。在腔内同样会建立起磁场，其最大点位置与电场最大点位置不同，可用来加热磁性材料。这些谐振腔都储有大量能量，只要介质材料放在加热区中，电磁能量就会通过位移电流和传导电流流经介质材料而转换成热量。入射能量的高度吸收是这些谐振腔的特点之一，但是它必须在窄频带内工作，以维持高的耦合效率。

通常，在加入相同功率时，单模谐振腔加热器会比行波加热器或多模加热器建立起更高的电场强度，所以，前者更适于处理低耗介质，这些基模加热器通常都比较紧凑且具有极高的功率密度（10^7KW/m^3）。在微波加热的早期发展阶段，这种腔体对工业界影响很小，因为它们缺乏多模加热器或非谐振微波加热器所具有的灵活性。此外，由于微波环行器及自动调谐和自动匹配的电子控制系统的发展，所以它们能在落后的工厂中得到应用。但是，有许多专门的工业应用，可从单模微波加热器的独特优点中获益。

6.6.2 谐振腔的模式和 Q 值

一个谐振加热结构是由四壁为金属导体所包围的介质媒质组成的。麦克斯韦方程包含所有需要用来确定在特定情况下建立起来的驻波图形的参量。麦克斯韦方程的解表现为电磁场在时间及空间上的变化，这些解满足给定的边界条件，称为腔体的“正常模”(normal mode)，其数目可以很多。也许人们会认为，除非激励频率精确地与谐振频率匹配，否则就不会通过小孔在腔体中激励起电磁场。实际上并非如此，在谐振频率附近的一个频带内都可以被明显地激励起来，激励频率扩展的原因是由于在腔壁及介质中有能量的损耗。度量腔体对外部激励响应的尖锐程度为品质因数 Q，其定义如下：

$$Q=2\pi\frac{\text{总储存能量}}{\text{每周期内的耗能}}=\frac{\omega W}{P} \tag{6.109}$$

式中 P——腔体中耗散的功率①。

腔内储存的能量 W 与时间无关，可由电场或磁场确定（因为能量在两者之间是平均分配的)，在一周内取平均值。耗散能量包括腔壁损耗和介质损耗。所以，当把腔体看作与外电路隔离时，无载 Q 值可定义为

$$Q_0=2\pi\frac{\text{总储存能量}}{\text{每周消耗在腔壁和介质中的能量}}=\frac{\omega W}{P_s+P_w} \tag{6.110}$$

式中 P_s——消耗在腔壁上的功率；

P_w——消耗在插入介质中的功率。

对于无载的空腔，其 Q 值为

$$Q'_0=\frac{\omega' W}{P_s} \tag{6.111}$$

式中 ω'——没有任何介质插入时，同一腔体的角频率。

假设 $\omega=\omega'$，则式（6.110）及（6.111）经倒置和排列后有

$$\frac{1}{Q_0}=\frac{1}{Q_d}+\frac{1}{Q'_0} \tag{6.112}$$

式中 $Q_d=\dfrac{\omega W}{P_w}$——由介质负载引起的 Q 值。

腔体的特性还必须考虑到与腔体相连的外电路参数，为此，通常还使用了两种 Q 值，其定义为在腔内及外电路所消耗能量

---

① 这与集中参数电路的 Q 为同一值，在电路理论中，更普遍的定义是 $f_0/\Delta f$，这里 f_0 为谐振频率，Δf 为半功率点频率的间隔。

$$Q_{ex}=2\pi\frac{\text{总储存能量}}{\text{每周期在外电路所消耗能量}}=\frac{\omega W}{P_{ex}} \tag{6.113}$$

及

$$Q_{L}=2\pi\frac{\text{总储存能量}}{\text{每周期在腔内及外电路所消耗能量}}=\frac{\omega W}{P_{ex}+P_{s}+P_{w}} \tag{6.114}$$

式中　Q_{ex}——外观品质因数（或外观 Q 值）；

Q_{L}——有载品质因数（或有载 Q 值）；

P_{ex}——外电路消耗的功率。

必须强调指出，术语“有载腔体”是指实际上与外电路相连的腔体；而“无载腔体”则指不与外电路相连的腔体，但考虑了介质的插入。换句话说，这里所指的负载仅就外电路的负载而言，而腔内的插入介质未作为负载。由此可得

$$\frac{1}{Q_{L}}=\frac{1}{Q_{0}}+\frac{1}{Q_{ex}} \tag{6.115}$$

6.6.3　阻抗匹配

传输线中元件的谐振腔的特性可以用等效的并联电路或串联电路来分析，每种电路代表连与其相连的传输线或波导某一特定平面上的腔体阻抗。在电压波节（驻波最小点），腔体偏离谐振状态很远，这时导纳很大，应该用一并联的等效电路来表示，并把在此波导上的波节位置看作失谐的短路点。当腔体失谐很大时，在远离上述位置四分之一波长处阻抗会很大，因而此处（电压波腹）可用串联电路来表示。在以后的分析中，我们将使用图 6.84（a）所示的并联等效电路以及图 6.84（c）所示的在失谐短路位置上由变压器变换至初级时的等效电路。并联电阻 R'_{c} 由介质损耗及腔体损耗组成。如果腔体与特性阻抗为 Z_{0} 的波导相连，那么定义耦合参量 β 为

$$\beta=\frac{R'_{c}}{Z_{0}} \tag{6.116}$$

它表征了腔体电阻与波导特性阻抗之比，可以控制从功率源到加热腔体的能量传输，当

$$R'_{c}=Z_{0} \tag{6.117}$$

时，即说腔体与输入波导完全匹配，因而也是其余的电路匹配，从功率源来的可利用的能量全部传输给腔体，并在腔体内耗散掉。

通常，腔体的阻抗（或谐振时的电阻）是不等于波导特性阻抗的，所以在腔体与波导阻抗之间要加入匹配网络。它是由一耦合孔来完成的，该耦合孔提供了取决于其尺寸的可变阻抗。

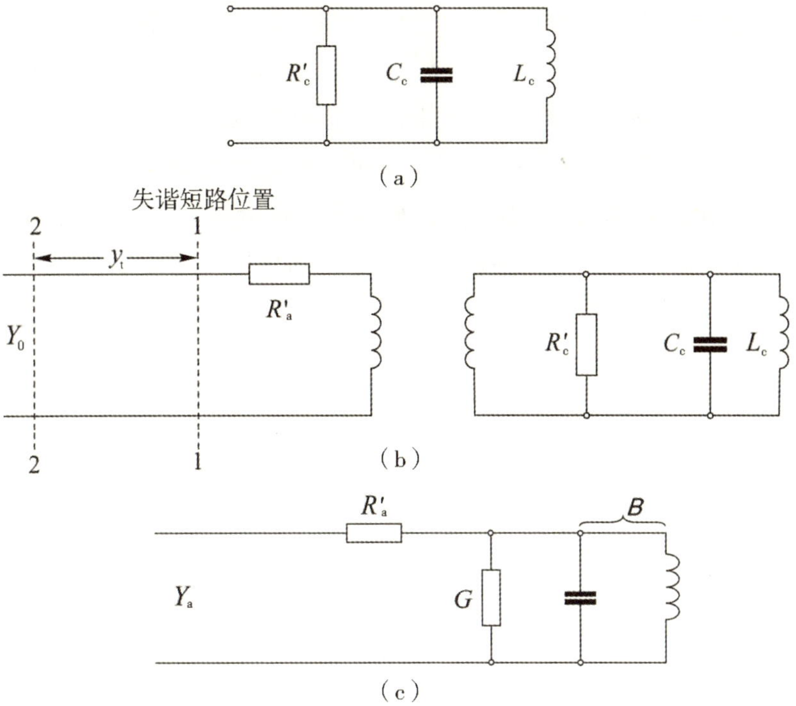

图 6.84 (a) 包括介质时“无载腔体”的等效电路

(b) 谐振腔通过一变压器接至波导时在失谐短路位置上的等效电路

(c) 通过耦合变压器变换至初级后在失谐短路位置上的等效电路

这就意味着腔体的阻抗被变换到与其相连波导的特性阻抗匹配时为止。常用的表示方法是假定此耦合网络相当于一个变比为 N 的变压器，如图 6.84 (b) 所示。串联电阻 R'_a 是计及耦合网络时的任何附加损耗。若忽略 R'_a，则在谐振时，折合到初级的阻抗即耦合阻抗为 $\frac{R'_c}{N^2}$，所以得出有效耦合因子 β' 为

$$\beta' = \frac{R'_c}{N^2 Z_0} \tag{6.118}$$

或用波导的特性导纳 Y_0 表示

$$\beta' = \frac{R'_c Y_0}{N^2} \tag{6.119}$$

当 $\beta' = 1$ 时，得到理想的耦合条件，即

$$N^2 = Y_0 R'_c \tag{6.120}$$

6.6.4 用反射功率测量

1. 谐振腔的输入阻抗

电磁能进入谐振加热腔中的耦合可以借助于许多实验上的方法来进行研究，这些

方法如图6.85所示。在图6.85（a）中微波功率是经由槽线进入腔体的，在槽线上有一可移动的电场探针可在开槽波导中对电场取样，高频信号经检波后送入一调谐的放大器（测量放大器），该放大器的输出通常按电压驻波比读数校刻，信号源中部分输出直接送给频率计以精确监视频率，此外，也可借助于网络分析仪使用扫频技术如图6.85（b）（c）所示。用槽线（测量线）测得的测量数据包括电压驻波比 S 及相角可用于表征谐振式加热器的特性和计算各种 Q 值。在下面的分析中，我们将简单地叙述谐振腔的电特性以及利用槽线所得的驻波比数据，或网络分析仪所得数据对其他参数的计算。

接在槽线末端的电路的输入导纳以及如图6.84（b）所示的变换至耦合网络初级绕组后在失谐短路平面11上的输入导纳为

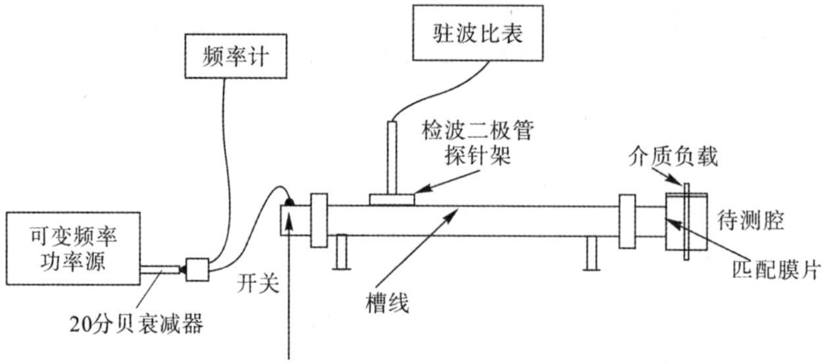

（a）

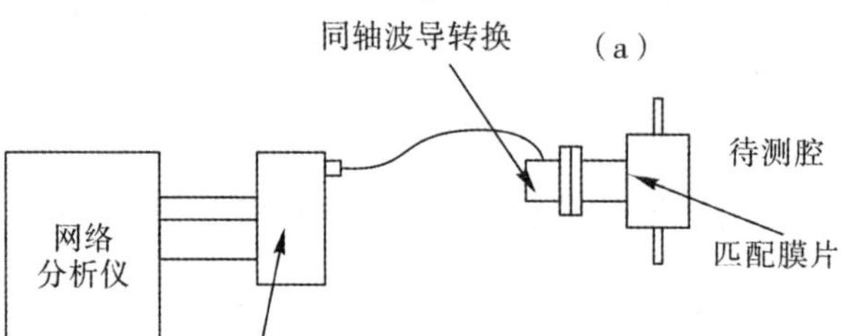

（b）

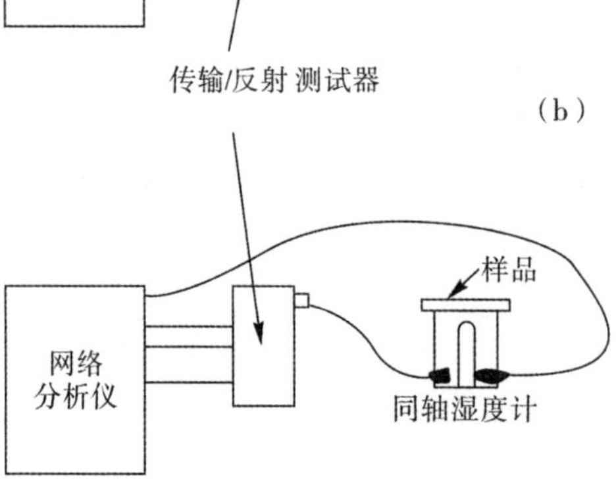

（c）

（a）通过槽线静态测量驻波比特性

（b）（c）利用扫频技术的动态阻抗测量

图6.85 匹配和调谐谐振式加热腔的测量装置

$$Y_{in} = \frac{N^2}{R'_c} + j\omega C_c N^2 \left(\frac{\omega}{\omega_0} - \frac{\omega_0}{\omega}\right) = G + jB \tag{6.121}$$

式中 G——忽略耦合网络损耗时并联电路的电导；

B——忽略耦合网络损耗时并联电路的电纳。

式（6.121）可简化为

$$Y_{in} = \frac{N^2}{R'_c} + jN^2 C_c \omega \frac{2\Delta\omega}{\omega_0} = G + jB \tag{6.122}$$

式中 $\Delta\omega = \omega_0 - \omega$，$\omega + \omega_0 \simeq 2\omega$。

引入耦合因子β'后，式（6.122）变为

$$\frac{Y_{in}}{Y_0} = \frac{1}{\beta'}\left(1 + jQ_0 \frac{2\Delta\omega}{\omega_0}\right) = \frac{G + jB}{Y_0} \tag{6.123}$$

式中 $Q_0 = \omega C_c R'_c$——谐振腔的无载Q值。

将式（6.123）倒转后可得

$$\frac{Y_0}{Y_{in}} = \frac{\beta'}{1 + j2Q_0\left(\frac{\Delta\omega}{\omega_0}\right)} = \frac{\beta'}{1 + \frac{jB}{G}} \tag{6.124}$$

2. Q_L 及 Q_0 值的确定

当腔体匹配时，$\beta' = 1$，$\Delta\omega = 0$。但是，如果腔体与输入波导并不匹配，将会有部分能量被反射回去，入射波与反射波的叠加会形成驻波，这一驻波可用槽线容易地测出。如果合成驻波图形具有最大电压信号V_{max}及最小信号V_{min}，那么驻波比S定义为

$$S = \frac{V_{max}}{V_{min}} \tag{6.125}$$

用入射电压$V^+ e^{j\omega t - \gamma z}$和反射电压$V^- e^{j\omega t + \gamma z}$表示驻波时，则有

$$S = \frac{|V_+| + |V_-|}{|V_+| - |V_-|} = \frac{1 + \frac{|V_-|}{|V_+|}}{1 - \frac{|V_-|}{|V_+|}} = \frac{1 + |\Gamma|}{1 - |\Gamma|} \tag{6.126}$$

式中 Γ——反射系数。

反射系数也可以用特性导纳为Y_0的波导端接一负载导纳Y_{in}来定义，此时

$$\Gamma = \frac{Y_0 - Y_{in}}{Y_0 + Y_{in}} \tag{6.127}$$

将式（6.111）代入式（6.127），则有

$$\Gamma = \frac{Y_0 - G - jB}{Y_0 + G + jB} \tag{6.128}$$

谐振加热腔的电压驻波比随频率变化的典型特性示于图6.86中。此响应曲线可用来计算有载Q_L和无载Q_0值，由相应的半功率点带宽Δf利用下述一般表达式可以确定Q值

$$Q=\frac{f_0}{\Delta f} \tag{6.129}$$

考查式（6.124）可以看出，当$\pm B=G$时；导纳比为$\beta'/(1\pm \mathrm{j})$，并且在谐振时，这一比值等于β'。所以，在$|B|=|G|$的两个频率上，导纳为谐振时导纳的$\left|\frac{1}{1+\mathrm{j}}\right|\left(\frac{1}{\sqrt{2}}\right)$倍，所以腔体中的电场也比其谐振时降低$\frac{1}{\sqrt{2}}$。因为功率正比于电场强度的平方，所以条件$|\pm B|=G$相应于腔中的功率等于谐振时功率的一半。做这种替换，对于无载腔体在半功率点时的反射系数为

$$\Gamma_{\frac{1}{2}0}=\frac{Y_0-G+\mathrm{j}G}{Y_0+G+\mathrm{j}G}=\frac{(\beta'-1)+\mathrm{j}}{(\beta'+1)+\mathrm{j}} \tag{6.130}$$

其绝对值为

$$|\Gamma_{\frac{1}{2}0}|=\frac{[(\beta'-1)^2+1]^{\frac{1}{2}}}{[(\beta'+1)^2+1]^{\frac{1}{2}}} \tag{6.131}$$

将式（6.131）代入式（6.126）得出在三分贝点处的驻波比

$$S_{\frac{1}{2}0}=\frac{1+|\Gamma_{\frac{1}{2}0}|}{1-|\Gamma_{\frac{1}{2}0}|}=\frac{2+\beta'^2+(4+\beta'^2)^{\frac{1}{2}}}{2\beta'} \tag{6.132}$$

类似地，对于接到外电路的腔体，在半功率点的驻波比可以由假定这一电纳等于总电导时求得，即将

$$|B|=|G+Y_0| \tag{6.133}$$

代入式（6.128）可以求得$\Gamma_{\frac{1}{2}L}$，再将$\Gamma_{\frac{1}{2}L}$代入式（6.126）中即得驻波比为

$$S_{\frac{1}{2}\mathrm{L}}=\frac{1+|\Gamma_{\frac{1}{2}\mathrm{L}}|}{1-|\Gamma_{\frac{1}{2}L}|}=\frac{1+\beta'+(1+\beta'^2)^{\frac{1}{2}}}{1+\beta'-(1+\beta'^2)^{\frac{1}{2}}} \tag{6.134}$$

图6.86中所示的驻波比最小值S_0与耦合因子β'的固有关系如下

过耦合 $$\beta'=S_0 \tag{6.135a}$$

欠耦合 $$\beta'=\frac{1}{S_0} \tag{6.135b}$$

在确定谐振腔是过耦合还是欠耦合之后，根据实验数据S_0再利用式（6.135）中找到相应的β'值，从计算$S_{\frac{1}{2}0}$出发即能求得各种Q值。也就是此$S_{\frac{1}{2}}$值被用来在图6.86中确定三分贝点相应的Δf，将Δf代入式（6.129）中后就能算出相应的Q值。简单的考查一下式（6.134）可以看出$S_{\frac{1}{2}\mathrm{L}}(\beta')=S_{\frac{1}{2}\mathrm{L}}\left(\frac{1}{\beta'}\right)$，这表明通过三分贝点带宽求$Q$对与耦合度无关。但是对$S_{\frac{1}{2}0}$不存在类似的等式，必须已知耦合度才能确定无载$Q_0$值。

谐振时的反射系数为

$$\Gamma_0=\frac{Y_0-G}{Y_0+G}=\frac{1-(1/\beta')}{1+(1/\beta')} \tag{6.136}$$

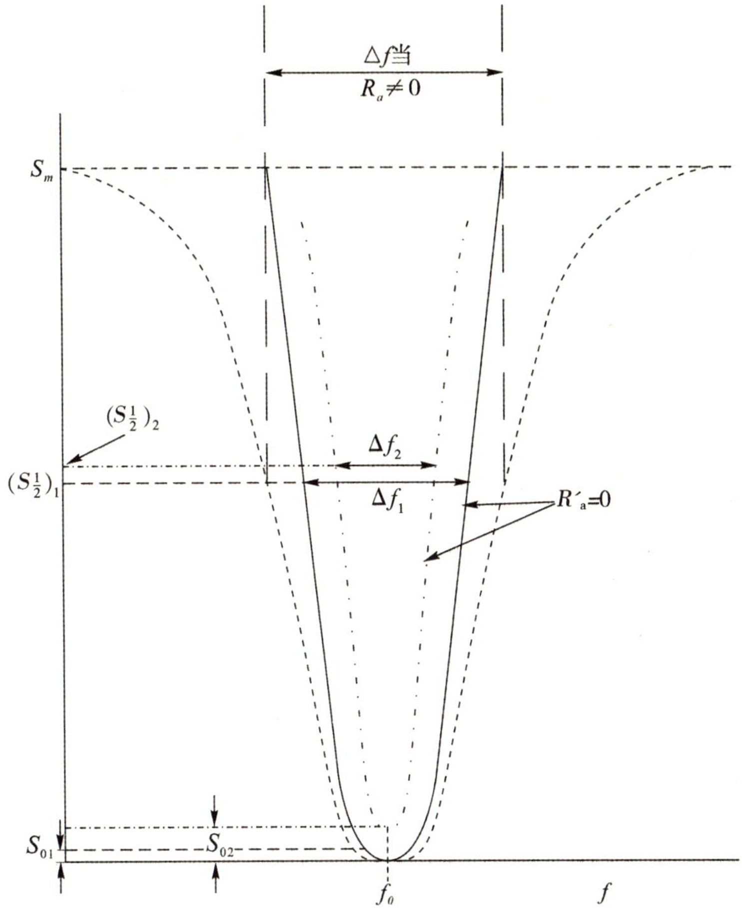

图 6.86 具有插入介质时单模谐振腔典型的驻波比频率特性

在临界耦合时 $\beta' = 1$，$\Gamma_0 = 0$；而当腔体严重过耦合时 $\beta \gg 1$；反射系数趋向于+1；严重欠耦合时趋向于−1，表 6-10 给出了谐振时的各种参数。

表 6-10 谐振时各种参数

耦合度	耦合参量	谐振时反射系数	最小驻波比	电压最小点位置
欠耦合	$\beta' < 1$	$-1 < \Gamma_0 < 0$	$1 < S_0 < \infty$	距耦合平面 $\frac{1}{4}\lambda$ 处
临界耦合	$\beta' = 1$	0	1	无合适位置
过耦合	$\beta' > 1$	$0 < \Gamma_0 < +1$	$1 < S_0 < \infty$	耦合孔平面

3. 耦合网络损耗

Q_L的计算除了式（6.133）应修正为包括耦合网络损耗外，其计算程序与（2）相同。

被修正的方程变为

$$|B|=\left|G+\frac{1}{R'_{a}+\frac{1}{Y_0}}\right|=\left|Y_0\left(\frac{1}{\beta'}+\frac{S_m}{1+S_m}\right)\right|$$

式中

$$S_m=\frac{1}{R'_{a}Y_0}$$

三分贝点的驻波比则变为

$$S_{\frac{1}{2}L}=\frac{(S_m+1)(\beta'+1)+[(S_m-\beta')^2+(S_m\beta'-1)^2]^{\frac{1}{2}}}{(S_m+1)(\beta'+1)-[(S_m-\beta')^2+(S_m\beta'-1)^2]^{\frac{1}{2}}} \tag{6.137}$$

当$R'_{a}=0$时$S_m\to\infty$这时式（6.137）变得与式（6.134）相同，在图6.86中虚线描绘了这种$R'_{a}\neq 0$及耦合网络损耗不容忽视时的情况。

4. 腔体阻抗图示法

有关波导或传输线的复数阻抗问题，采用史密斯图可以很容易地得到解决。在该图中由一系列以极坐标形式绘制的等电阻线及等电抗线和沿波导任意点的反射系数的模及相角所构成。阻抗或导纳与反射系数间的相互变换可通过式（6.127）完成。其中阻抗是以波导特性阻抗来归一化的。除了阻抗和反射系数以外，其他参数如驻波比、传输线行程（以波长计）、导纳等在图中均能清楚地显示出来。

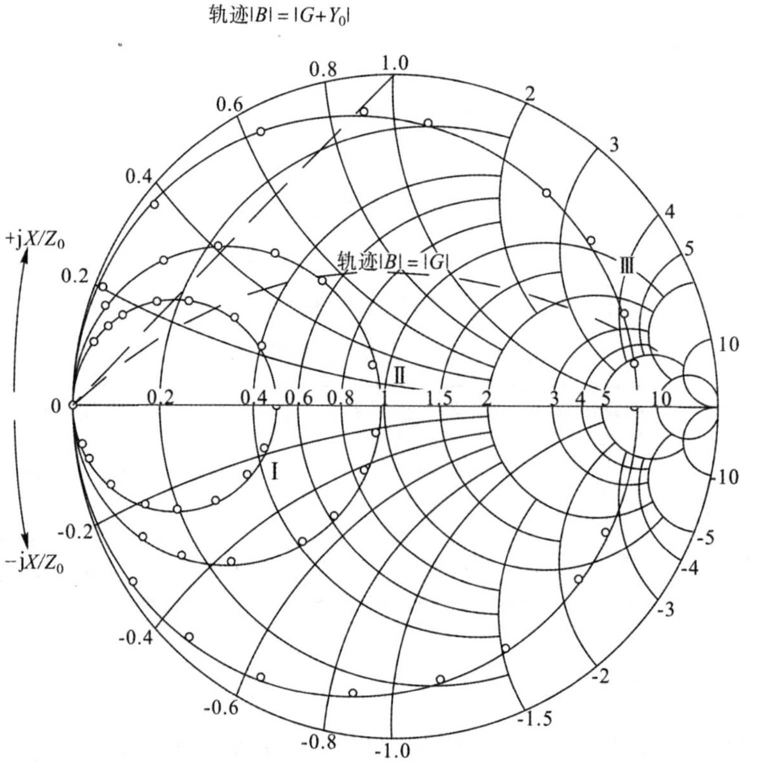

Ⅰ—欠耦合腔体；　Ⅱ—临界耦合腔体；　Ⅲ—过耦合腔体

图6.87　失谐短路位置处谐振腔的阻抗轨迹

式（6.124）表示一个圆，它的谐振阻抗等于$\beta' Z_0=\dfrac{R'_c}{N^2}$。并联谐振腔的典型阻抗轨迹示于图6.87中以简化的史密斯图形式画出。顺时针方向增加的频率用轨迹圆上的许多点表示，当理想耦合时，圆形轨迹通过史密斯圆图的中心，这时变换到初级的腔体并联电阻$\dfrac{R'_c}{N^2}$等于输入波导的特性阻抗。如果$\dfrac{R'_c}{N^2}$小于Z_0，那么$\beta'<1$，腔体属欠耦合，其轨迹在史密斯图中心左边电阻轴上穿过；如果$\dfrac{R'_c}{N^2}$大于Z_0，那么$\beta'>1$，腔体属过耦合，其轨迹从圆图中心右边的电阻轴上穿过。

在史密斯图上，借助于阻抗轨迹（相应于$|B|=|G|$及$|B|=|G+Y_0|$的半功率点的阻抗）可以确定腔体的品质因数Q_L及Q_0，阻抗轨迹与上述曲线的交点给出了用式（6.129）求Q值时所需要的频率（Ginzton 1957）。

上述测量主要利用槽线技术。用槽线技术取得的数据再在史密斯图上建立谐振加热器阻抗轨迹的过程是很慢的。比较快的技术是利用图6.85（b）所示的网络分析仪，这种仪器可以根据要求的范围进行扫频，并在阴极射线管（CRT）屏幕或液晶面板上以极坐标形式显示出复反射系数。因为腔式加热器的输入阻抗与反射系数有式（6.127）的固所示有联系，所以用一张简化的史密斯图重叠在CRT所显示的极坐标反射系数图上，即可提供阻抗数据。

必须着重指出，无论是用网络分析仪还是用槽线技术在史密斯图上显示复数阻抗数据之前，应通过确切的校正程序以建立正确的参考面。否则，显示出的阻抗可能就没有意义。例如，由于被测的谐振腔可能相距甚远，网络分析仪必须通过一附加长度的电缆连接到波导与谐振腔的组合体上，如图6.85（b）所示。在传输线或波导上任一点的阻抗Z_{22}与端接阻抗Z_{in}（即图6.85（b）中的腔体在失谐短路位置的阻抗$Z_{11}=Z_{in}$）的关系如式（6.38）所示

$$Z_{22}=\frac{Z_0[Z_{in}+\text{th}(\gamma l)]}{Z_0+Z_{in}\text{th}(\gamma l)} \tag{6.138}$$

式中　Z_{22}——在网络分析仪端看向腔体的阻抗。

为了消除波导和电缆中间连接的影响，必须调整衰减和相位保证$\text{th}(\gamma l)=0$，使$Z_{22}=Z_{in}$。

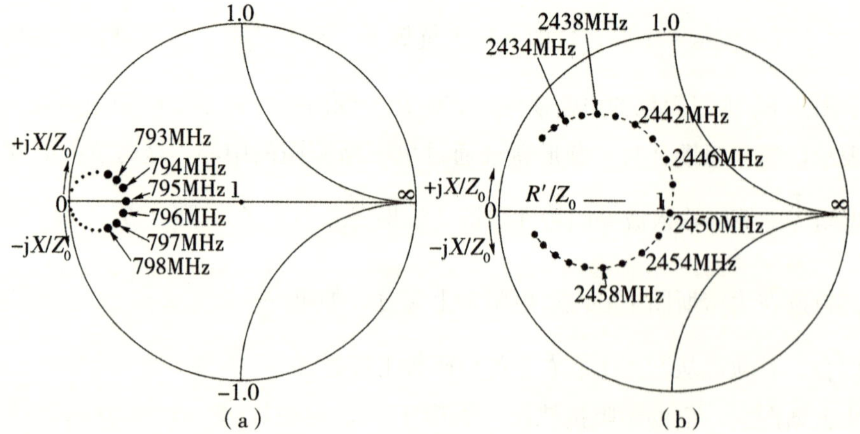

(a) 同轴腔，$f_0 \approx 795$ MHz，用环耦合 (b) TE_{10n} 腔，$f_0 \approx 2\ 450$ MHz，耦合孔尺寸 37×22mm，腔长 0.33 米，$S_0 \approx 1.07$，在其中插入直径为 6mm 的聚四氟乙烯棒

图 6.88 谐振腔的阻抗轨迹

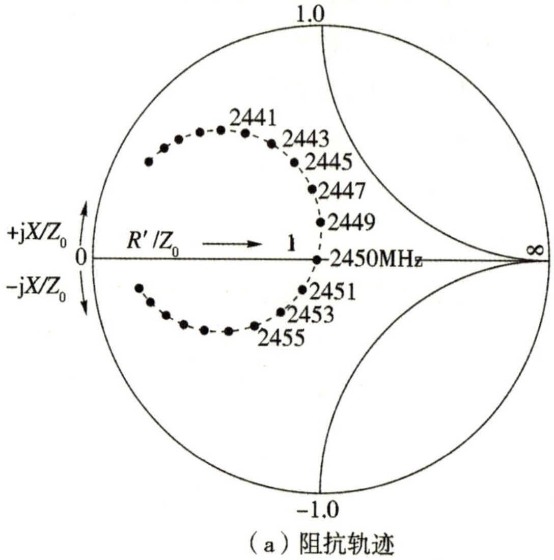

(a) 阻抗轨迹

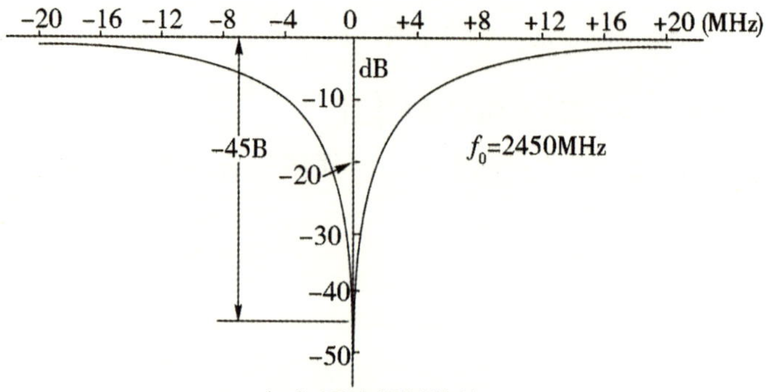

(b) 回波损耗特性

图 6.89 有直径为 2mm 的水管插入的 TE_{10n} 谐振腔的特性

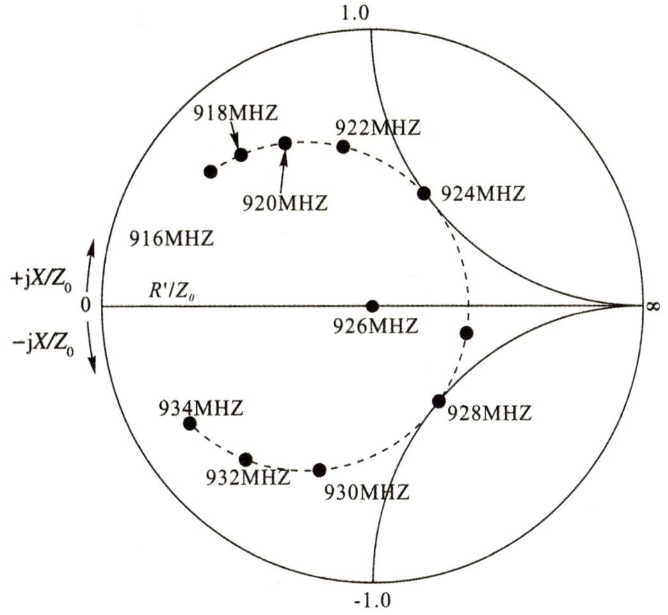

（a）阻抗轨迹

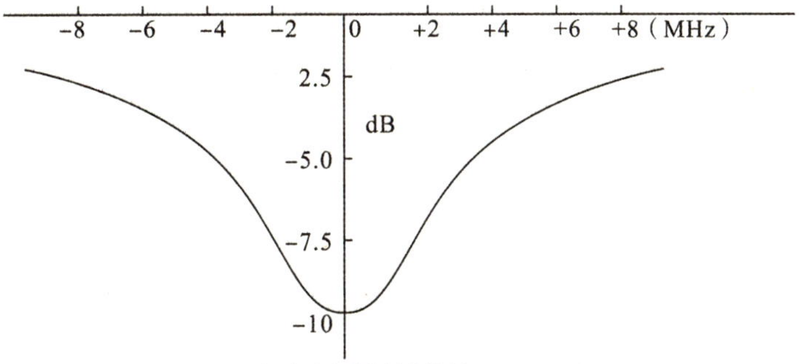

（b）回波损耗特性

图 6.90 轴线上插有直径 7mm 水管的 TM_{010} 谐振腔的特性

腔体直径：200mm；耦合孔：120×30mm

$S_0 \approx 1.8$；$f_0 \approx 926$ MHz。

对一些谐振加热腔通过网络分析仪得到的在失谐短路位置的典型阻抗轨迹如图 6.88、图 6.89 及图 6.90 所示。在后两个图中也包含在网络分析仪上表示的用分贝表示的回波损耗特性，由此可以计算最小驻波比 S_0，此值与阻抗轨迹和（R'/Z_0）轴交点的数值相联系。

5. Q_L 和 Q_0 的解释

我们可以通过低功率谐振腔的经典处理使 Q_L 与 Q_0 联系如下：

$$Q_L = \frac{\omega_0 N^2 C_c}{G + Y_0} = \frac{\dfrac{\omega_0 N^2 C_c}{G}}{1 + \dfrac{Y_0}{G}} = \frac{Q_0}{1+\beta} \tag{6.139}$$

式（6.139）可用在式（6.124）中按照 Q_L 来代替 Q_0 并在史密斯图上确定 Q_L 的轨迹。在临界耦合时（$\beta' = 1$），由式（6.139）得出熟知的关系 $Q_L = \frac{1}{2}Q_0$。由式（6.115）可以看出，这意味着对于匹配的腔体谐振时有 $Q_0 = Q_{ex}$。该式说明了在腔体内的插入介质和外部电路上消耗相等的功率。

在对上述结果做如此解释时必须小心，因为它只适用于振荡器与传输线匹配即 $R'_G = Z_0$ 的情况，而且谐振时腔体也与传输线匹配即 $R'_L = Z_0$（参见图 6.88，假定是电阻元件）。调谐后，在 R'_G 和 R'_L 上消耗相等的功率，系统的效率只有 50%。这一条件通常只有在低功率测试装置中才成立，这时，信号源具有一隔离衰减器提供源阻抗 $R'_G = Z_0$。在磁控管或速调管振荡器的情况下，为了使系统设计在最大效率条件下，这时应使 $R'_G \ll Z_0$（典型 $R'_G = 0.2Z_0$）。因为负载的腔体与传输线匹配，所以线的长度是无关紧要的而可以略去也不会影响腔体从振荡源来的馈能。由于 $R'_G \ll R'_L$，所以 $\beta' \leqslant 1$，Q_L 值处于下述范围

$$\frac{1}{2}Q_0 < Q_L < Q_0 \tag{6.140}$$

于是，由式（6.115）给出的 Q_L 值为一实数值，由此得出腔内损耗半功率点间的频率间隔 $\frac{\omega_0}{Q_L}$。调谐时临界耦合谐振腔中的功率耗散与在宽频匹配负载上消耗的功率相同，而与任何外部耗散功率没有联系。

如果在电路中存在微波环行器，那么情况变得复杂起来，从腔体终端回看振荡源时，其阻抗为 Z_0。腔体调谐时，不存在从腔体的反射，所以没有功率送到环行器的负载，这时的效率与没有环行器时相同。但是，在失谐时，反射的功率比例于失谐量的平方。这时，系统的 Q_{Leff} 与振荡源内阻 R'_G，腔体电阻 $R'_L\left(\frac{1}{G}\right)$ 及环行器负载电阻 Z_0 有关，并存在着复杂的关系，在这一关系中

$$Q_{Leff} \neq Q_L = \frac{Q_0}{2} \tag{6.141}$$

计算谐振式加热器时要求建立起 $\left(1-\frac{Q}{Q'_0}\right)$ 一项，在中等或高损耗介质插入时，Q_L 及 Q_0 均大大小于 Q'_0（没有任何介质插入时腔体的 Q 值），所以在效率项 $\left(1-\frac{Q}{Q'_0}\right)$ 的分子中用 Q_L 或 Q_0 来代替 Q 时，对利用效率产生很小的差别，即使在 $Q_L = \frac{1}{2}Q_0$ 时也是如此。

6.6.5 用传输功率测量

大多数谐振式微波加热器只有一个能量馈入口，所以对这种结构采用传输功率法进行特性的测量通常是不可能的。但是，若在介质到加热器的进口或出口附近插入一

小探头以便对传输信号取样，上述限制就能得到克服。

通过探头的输出信号与频率的关系曲线构成了有用的谐振响应，其峰值在加热器的谐振频率处如图 6.91 所示。虽然此响应曲线可用逐步改变信号源频率并用一电表记录被检测的信号而得到，也可用图 6.85（c）所示的微波网络分析仪在指定频段内得到一完整的响应曲线，三分贝带宽很容易测得，由式（6.129）即能得到腔式加热器的 Q_L 值。此外，信号通过加热器时的相位变化可在 CRT 上显示并准确地确定。

利用网络分析仪除了可以确定 Q 值以外，其最大优点是可以直观地显示腔体的调谐情况。当插入介质时，可以看到谐振频率的偏移，调节腔体和介质的有关尺寸以及使用调配器可容易地把加热器调谐到工业允许的频率上。

在讨论耦合孔，传输到腔内的功率及总效率的某些细节之前，让我们详细地考查一下微波加热中最常用的谐振腔体及简单设计公式和步骤。

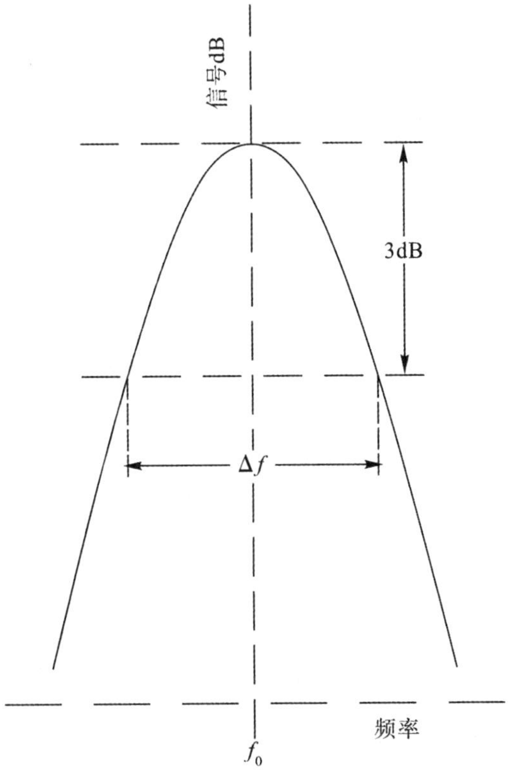

图 6.91 利用传输信号测量谐振加热器的三分贝带宽 Δf

6.6.6 TE_{10n} 矩形腔体

1. 引言

在 TE_{lmn} 矩形腔体中，电场和磁场的分布可从麦克斯韦尔方程在时间和空间上的解导出。从分离变量及假设时变因子 $e^{j\omega t}$ 出发在考虑一定的边界条件后，对基模 TE_{10n} 导

出下列场方程

$$E_y = E_{y0} \sin \frac{\pi x}{a} \sin\beta z \tag{6.142a}$$

$$H_x = H_{x0} \sin \frac{\pi x}{a} \cos\beta z \tag{6.142b}$$

$$H_z = H_{z0} \cos \frac{\pi x}{a} \sin\beta z \tag{6.142c}$$

式中 a——波导横截面宽边的尺寸；

b——波导横截面窄边的尺寸。

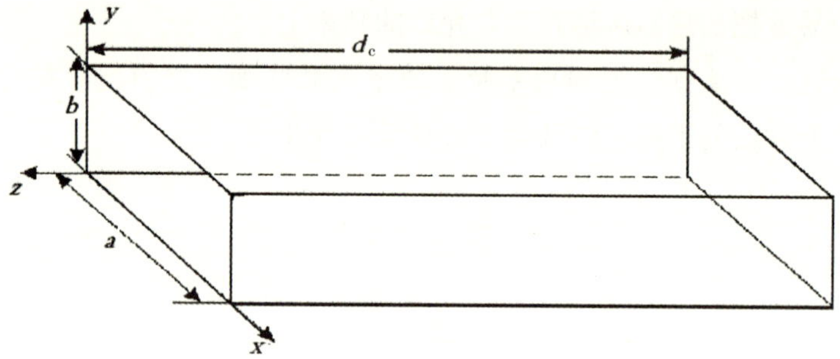

图 6.92 波导腔中的坐标系统

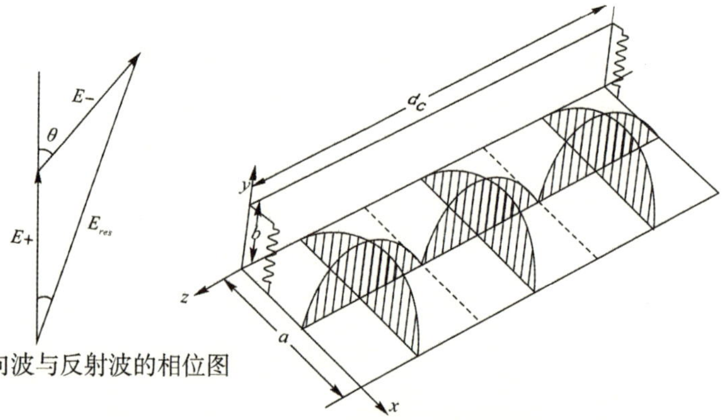

(a) 前向波与反射波的相位图

(b) TE_{103}谐振腔电场分布图

图 6.93 驻波的形成

d_c 表示谐振腔沿 z 向的长度。如图 6.92 所示，在绘制腔内场分布之前，我们先考虑一下入射波与反射波在其最大点即在宽边中心 $x=\frac{a}{2}$ 处的叠加。为此，我们假设一稳态的前向波 E_+ 对垂直轴转了 θ 角的反射波 E_- 的矢量和，如图 6.93 (a) 所示。

合成后的矢量场幅值为

$$E_{res}^2 = (E_+ + E_- \cos\theta)^2 + E_-^2 \sin^2\theta \tag{6.143}$$

展开式 (6.143) 并记住 $E_+ = -E_-$，于是有

$$E_{res} = \sqrt{2} E_+ (1 - \cos\theta)^{\frac{1}{2}} \tag{6.144}$$

由三角关系

$$\sin\beta z=\left(\frac{1-\cos2\beta z}{2}\right)^{\frac{1}{2}} \tag{6.145}$$

将式（6.145）代入式（6.142a）后可得

$$E_{y(x=a/2)}=\frac{\sqrt{2}}{2}E_{y0}(1-\cos2\beta z)^{\frac{1}{2}} \tag{6.146}$$

比较式（6.144）及式（6.146）可以看出，$\theta=2\beta z$，在 TE_{103} 中场的分布也同时计及 x 方向的变化示于图 6.93（b）中。应当指出的是，式（6.146）的平方或式（6.142a）的平方给出了 E_y^2，它比例于在工作负载上耗散的功率。式（6.142c）清楚地指出这个功率耗散沿 z 轴是正弦分布的。

2. 在双 TE_{10n} 腔式加热器中均匀的场分布

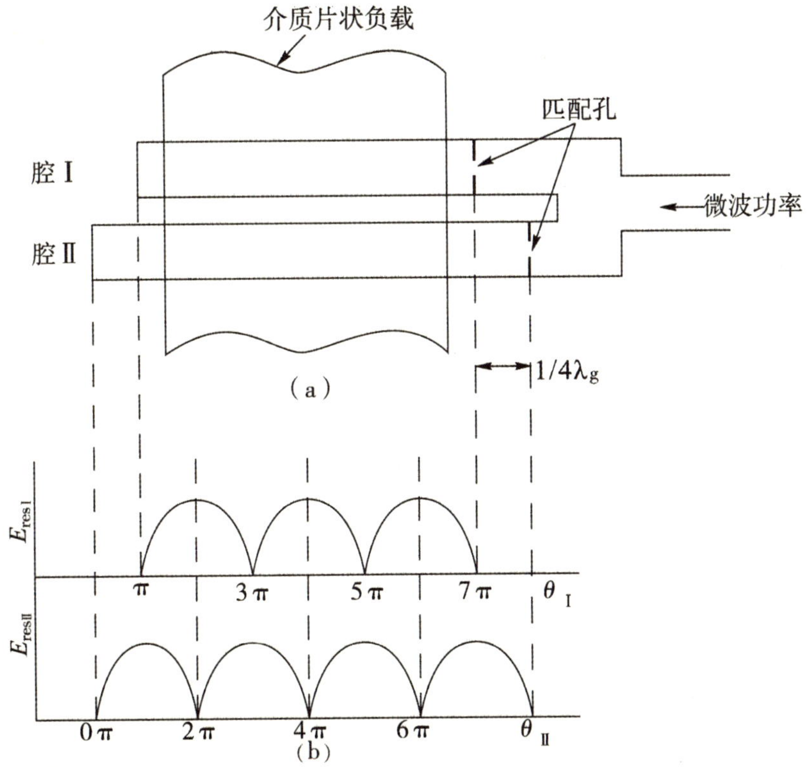

（a）双 TE_{10n} 谐振腔加热器；（b）每一腔中在介质板平面内的电场分布

图 6.94 TE_{10n} 双腔加热器中均匀场的形成

多数加热应用要求在产品宽度方向上有一个均匀的场。然而，在通常放置材料的 z 向上，仔细考查一下场的分布呈余弦形，它导致了在材料中能量吸收的严重不均匀性。为了获得在宽度方向上均匀的场，采用两个并排的这种腔体构成如图 6.94 所示。功率由一个微波电源馈给，分成相等的功率送入两个腔中。

每一个腔中的电场如图 6.94（b）所示，由式（6.144）可得

$$E_{\mathrm{res\,I}} = \sqrt{2}E_{+}(1-\cos\theta_{\mathrm{I}})^{\frac{1}{2}} \tag{6.147}$$

及

$$E_{\mathrm{res\,II}} = \sqrt{2}E_{+}(1-\cos\theta_{\mathrm{II}})^{\frac{1}{2}} \tag{6.148}$$

加热效应与下式成正比，即

热效应 $$\propto [E_{\mathrm{res\,I}}^2 + E_{\mathrm{res\,II}}^2] \tag{6.149}$$

所以

热效应 $$\propto 2E_{+}^2(2-\cos\theta_i-\cos\theta_{\mathrm{II}}) \tag{6.150}$$

但是，在两个腔中，应保证电场之间有四分之一波长的位移，即

$$\theta_{\mathrm{II}} = \theta_{\mathrm{I}} + \pi \tag{6.151}$$

因而

$$\cos\theta_{\mathrm{II}} = -\cos\theta_{\mathrm{I}} \tag{6.152}$$

因此式（6.150）简化为

热效应 $$\propto 4E_{+}^2 \tag{6.153}$$

这表明在忽略由于插入介质后产生的二级效应后沿腔体长度方向得到一恒定的场分布。这种双腔工作可用来加热板形材料，因为其厚度很薄，只是宽度 a 的很小部分，否则，材料将在其厚度方向经受较大的场的波动。

3. TE_{10n}腔式加热器的无载Q值（Q_0）

矩形 TE_{10n}谐振腔的基本形式示于图 6.95 中，这种腔体由一段带有耦合孔的波导构成，耦合孔的作用是提供与微波电路的其余部分匹配。撇开匹配问题，让我们集中研究腔体的谐振特性，特别是介质插入后对 Q_0 的影响，长为 d_c，特性阻抗为 Z_0，衰减常数为 α 的一段短路波导波的输入阻抗为

$$Z_{\mathrm{in}} = Z_0\,\mathrm{th}(\alpha+\mathrm{j}\beta)d_c \tag{6.154}$$

展开后得

$$Z_{\mathrm{in}} = Z_0\frac{\mathrm{th}\alpha d_c + \mathrm{thj}\beta d_c}{1-\mathrm{th}\alpha d_c\,\mathrm{thj}\beta d_c} \tag{6.155}$$

假定腔体的损耗相当小，即 $\alpha d_c \ll 1$，则 $\mathrm{th}\alpha d_c \simeq \alpha d_c$ 代入式（6.155）后得出

$$Z_{\mathrm{in}} = Z_0\frac{\alpha d_c + \mathrm{j}\tan\beta d_c}{1-\mathrm{j}\alpha d_c\tan\beta d_c} \tag{6.156}$$

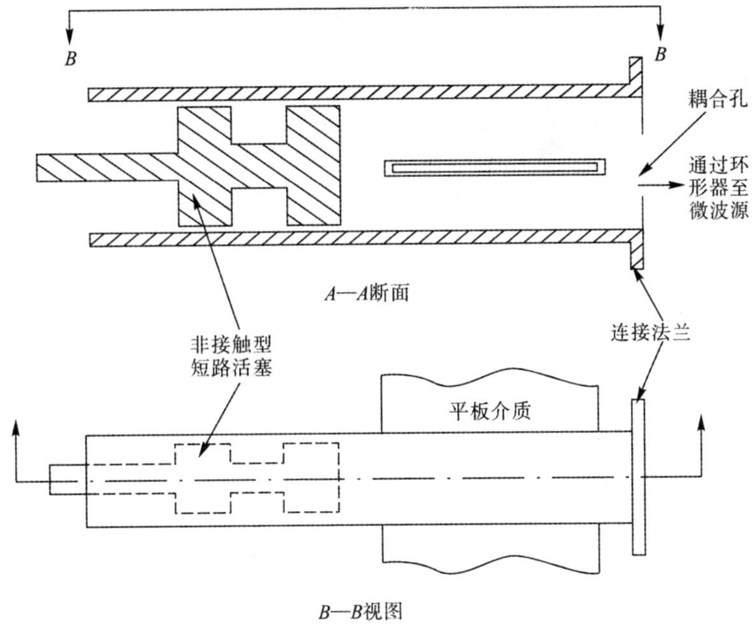

图 6.95 部分平板介质填充矩形腔的基模 TE_{10n}

用耦合孔做适当匹配后，当 $\tan\beta d_c \to 0$ 或 $\beta d_c = n\pi$ 时，产生谐振，然而，因为 $\beta = \frac{2\pi}{\lambda_g}$，所以在谐振时，腔体的长度变为

$$d_c = \frac{1}{2} n\lambda_g \tag{6.157}$$

接近谐振时，λ_g 将变化一微小量 $\Delta\lambda_g$

$$d_c \approx \frac{1}{2} n(\lambda_g + \Delta\lambda_g) \tag{6.158}$$

或

$$\beta d_c \approx \frac{2\pi n}{\lambda_g}\left(\frac{\lambda_g + \Delta\lambda_g}{2}\right) = n\pi\left(1 + \frac{\Delta\lambda_g}{\lambda_g}\right) \tag{6.159}$$

及

$$\tan\beta d_c = \tan\left(n\pi + n\pi\frac{\Delta\lambda_g}{\lambda_g}\right) \approx n\pi\frac{\Delta\lambda_g}{\lambda_g} \tag{6.160}$$

将式（6.160）的 $\tan\beta d_c$ 代入式（6.156）后得

$$Z_{in} \approx Z_0 \frac{\alpha d_c + jn\pi\left(\frac{\Delta\lambda_g}{\lambda_g}\right)}{1 - j\alpha d_c n\pi\left(\frac{\Delta\lambda_g}{\lambda_g}\right)} \tag{6.161}$$

但是在一般情况下，分母中的 $\alpha\Delta\lambda_g$ 乘积很小，因而

$$Z_{in} \simeq Z_0(\alpha d_c + jn\pi\Delta\lambda_g/\lambda_g) \tag{6.162}$$

而截止波长与波导波长的关系为

$$\lambda_g^2[1-(\lambda/\lambda_c)^2]=\lambda^2 \tag{6.163}$$

对 λ 微分得

$$2\lambda_g\frac{d\lambda_g}{d\lambda}[1-(\lambda/\lambda_c)^2]+\lambda_g^2\left(-\frac{2\lambda}{\lambda_c^2}\right)=2\lambda$$

$$\frac{d\lambda_g}{d\lambda}=(\lambda_g/\lambda)^3 \tag{6.164}$$

但是，由于 $\lambda=2\pi c/\omega_0$，微分可得

$$\frac{d\lambda}{d\omega}=-\frac{2\pi c}{\omega_0^2}=\frac{-\lambda}{\omega_0} \tag{6.165}$$

合并式（6.162）及式（6.165）后有

$$\frac{d\lambda_g}{\lambda_g}=\frac{\Delta\lambda_g}{\lambda_g}=-\left(\frac{\lambda_g}{\lambda}\right)^2\left(\frac{d\omega}{\omega_0}\right) \tag{6.166}$$

代入式（6.162）中，输入阻抗变为

$$Z_{in}\simeq Z_0\left[\alpha d_c-jn\left(\frac{\lambda_g}{\lambda}\right)^2\pi\frac{d\omega}{\omega_0}\right] \tag{6.167}$$

这是与电阻 R' 和电抗 $\left(\omega L-\frac{1}{\omega C}\right)$ 的串联谐振电路相等效的，在串联电路中

$$Z_{in}=R'+j\left(\omega L-\frac{1}{\omega C}\right) \tag{6.168}$$

假设 $\omega\simeq\omega_0$，$\omega+\omega_0\simeq2\omega$，考虑上述电抗，有

$$\omega L-\frac{1}{\omega C}=\left(\frac{\omega^2}{\omega_0^2}-1\right)\frac{1}{\omega C}=-2Ld\omega \tag{6.169}$$

式（6.168）变为

$$Z_{in}=R'-j2Ld\omega \tag{6.170}$$

比较式（6.167）及式（6.170），得

$$R'=Z_0\alpha d_c \tag{6.171}$$

及

$$L=\frac{1}{2}\frac{n\pi Z_0}{\omega_0}\left(\frac{\lambda_g}{\lambda}\right)^2 \tag{6.172}$$

所以按定义

$$Q_0=\frac{\omega_0 L}{R'}=\frac{1}{2}\frac{n\pi}{\alpha d_c}\left(\frac{\lambda_g}{\lambda}\right)^2 \tag{6.173}$$

然而，由于 $d_c=\frac{1}{2}n\lambda_g$，式（6.173）简化为

$$Q_0=\frac{\pi}{\alpha}\frac{\lambda_g}{\lambda^2} \tag{6.174}$$

衰减常数包含了材料特性的全部信息，并与损耗因子 ε''_{eff} 密切相关。Altman（1964）推导了一个对于厚度 t 的板材部分填充波导时的表示式（式（6.88）），忽略壁耗并设 $x_1=\frac{a}{2}$，式（6.88）变为

$$\alpha = 2\pi\varepsilon''_{\text{eff}} \frac{t}{a} \frac{\lambda_g}{\lambda^2} \tag{6.175}$$

将式（6.125）代入式（6.174）中得

$$Q_0 = \frac{1}{2} \cdot \frac{a}{t} \cdot \frac{1}{\varepsilon''_{\text{eff}}} \tag{6.176}$$

式（6.176）表明，部分填充腔体的 Q 值与插入介质的 $\varepsilon''_{\text{eff}}$ 有密切关系。在作干燥应用时，这个结论显得更为重要，因为 $\varepsilon''_{\text{eff}}$ 为湿度的函数，随着湿度 M 的变化，结果 Q 值的变化也很大。例如，图 6.96 给出了 Q_0 与湿度的关系曲线，所用材料厚度为 2.5mm，插入 $a=0.25$m 的 WG4 腔体中，$\varepsilon''\simeq 0.050$，两条曲线所用的 $d\varepsilon''_{\text{eff}}/dM$ 分别为 10^{-1} 及 10^{-2}，M 用干基的百分数表示。在 $2\% < M < 18\%$ 的范围内，可以认为非常接近线性关系。

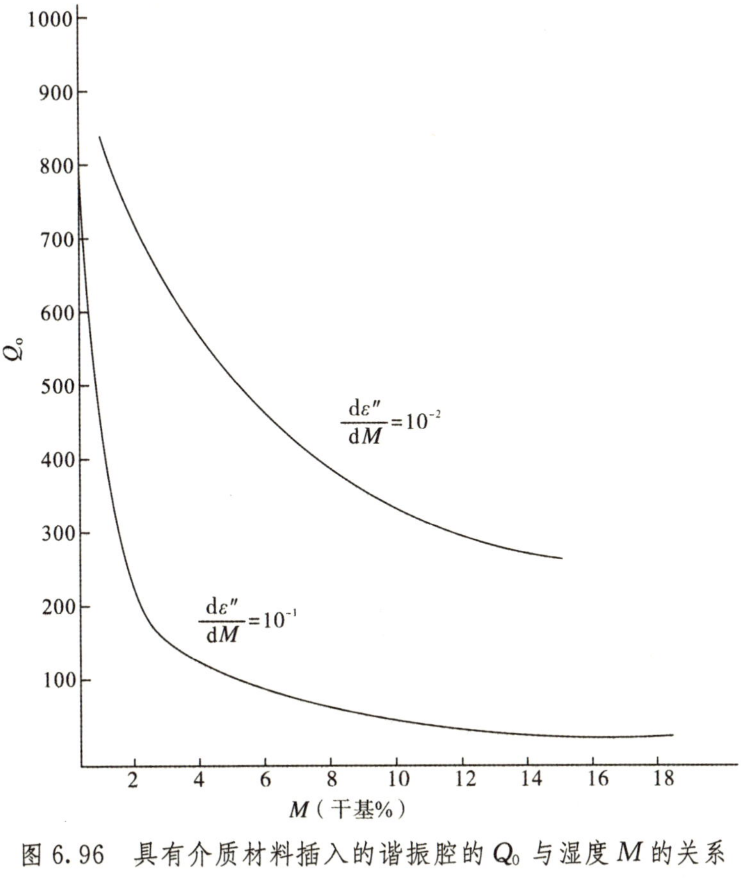

图 6.96 具有介质材料插入的谐振腔的 Q_0 与湿度 M 的关系

4. 阻抗匹配

能量是借助于小孔耦合到谐振腔中的，此小孔根据其形状可以是电感性也可以是电容性的，所以也能谐振，为了更有效地利用功率，小孔应提供合适的阻抗匹配。下面我们将考虑用电感孔作为 TE_{10n} 结构与加热腔电路的耦合方法如图 6.97 所示。

小孔的导纳用 $-jb_iY_0$ 表示，这里 b_i 为归一化电纳，因而总的输入导纳为

$$Y_i = -\mathrm{j}b_i Y_0 + \frac{Y_0}{\mathrm{th}(\alpha + \mathrm{j}\beta)z} \tag{6.177}$$

式中　z——腔体长度，并有

$$z = Z_0 + d_c \tag{6.178}$$

式中　d_c——有介质插入时的谐振长度，Z_0 可大于或小于谐振时的长度。

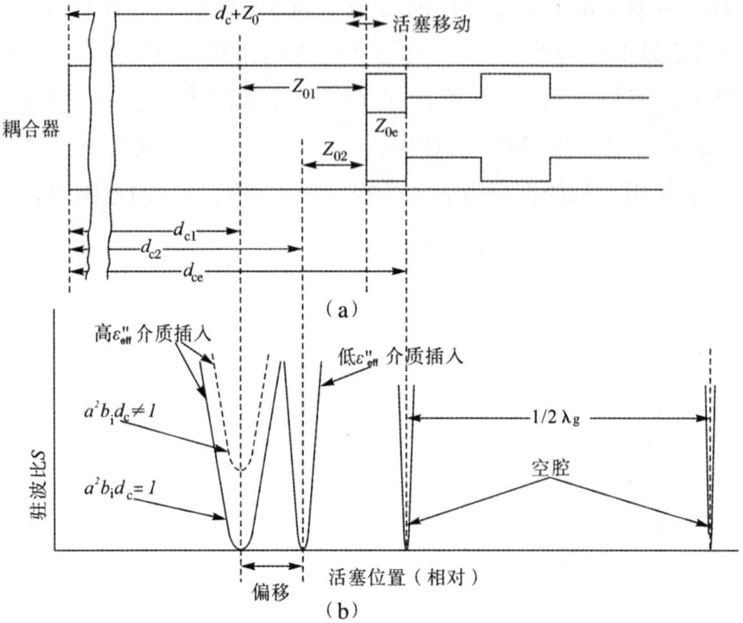

d_{c1} —无介质插入时腔体的谐振长度（高 Q）；

d_{c2} —低耗介质插入时腔体的谐振长度（中 Q）；

d_{c3} —中到高耗介质插入时腔体的谐振长度（低 Q）

图 6.97　TE_{10n} 矩形腔和介质与外电路的匹配

将式（6.177）展开后可得

$$Y_{in}/Y_0 = -\mathrm{j}b_i + \frac{(1 - \mathrm{j}\,\mathrm{th}\alpha z\tan\beta z)(\mathrm{th}\alpha z - \mathrm{j}\tan\beta z)}{(\mathrm{th}\alpha z)^2 + (\tan\beta z)^2} \tag{6.179}$$

谐振时，导纳的虚部为零，即

$$\mathrm{lm}\left(\frac{Y_{in}}{Y_0}\right) = 0 \tag{6.180}$$

所以谐振条件可从令式（6.179）的虚部等于零及 $z = d_c$ 时得到，即

$$\tan^2\beta d_c + \frac{1}{b_i}\tan\beta d_c[1 + (\mathrm{th}\alpha d_c)^2] + (\mathrm{th}\alpha d_c)^2 = 0 \tag{6.181}$$

解式（6.181），得

$$2\tan\beta d_c = -\frac{1}{b_i}(1 + \varphi_0^2)\left\{1 \pm \left[1 - \left(\frac{2\varphi_0 b_i}{1 + \varphi_0^2}\right)^2\right]^{\frac{1}{2}}\right\} \tag{6.182}$$

式中

$$\varphi_0 = \mathrm{th}\alpha d_c \tag{6.183}$$

假设 $\varphi_0^2 \ll 1$，式（6.182）有

$$2\tan\beta d_{c} \simeq -\frac{1}{b_{i}}\{1 \pm [1-(2\varphi_{0} b_{i})^{2}]^{\frac{1}{2}}\} \tag{6.184}$$

进一步假设 $(2\varphi_0 b_i)^2 \ll 1$，则式（6.184）简化为

$$\tan\beta d_{c} \approx -\frac{1}{b_{i}}$$

或

$$\tan\beta d_{c} = 0 \tag{6.185}$$

但是，对于大孔时 $\frac{1}{b_i}$ 趋向一个很小的数值，因此这两个解是等效的。

将式（6.185）代入到式（6.179）中的实部，并再次假设 $\varphi_0^2 \ll 1$ 及 $(\alpha d_c)^2 \ll 1$，则得

$$Y_{in}/Y_{0} \cong \frac{\alpha d_{c}}{(\text{th}\beta d_{c})^{2}} = \alpha d_{c} b_{i}^{2} \tag{6.186}$$

匹配时，$Y_{in}/Y_0 = 1$，当其电纳满足下述谐振条件时

$$\alpha d_{c} b_{i}^{2} = 1 \tag{6.187}$$

小孔将与部分填充的谐振结构匹配。此时，显然，其反射系数为0，从而由式（6.126）定义的驻波比为1。

现在来研究图6.97（a）中的可动活塞从谐振时移开的情况，假设电纳部分远远超过电导部分，式（6.179）简化为

$$\frac{Y_{in}}{Y_{0}} = -\mathrm{j}b_{i} - \mathrm{j}\frac{1}{\tan\beta(d_{c}+Z_{0})} \tag{6.188}$$

这里假设 φ_0^2 很小，以及 $(\alpha z)^2 \ll (\tan\beta z)^2$，式（6.188）展开后得

$$\frac{Y_{in}}{Y_{0}} = -\mathrm{j}\left[b_{i} + \frac{(1/\tan\beta Z_{0}) - \tan\beta d_{c}}{1 + (\tan\beta d_{c}/y\tan\beta Z_{0})}\right] \tag{6.189}$$

当 $Z_0 \to \frac{\lambda_g}{4}$ 时，$\tan\beta Z_0 \to \infty$，式（6.189）变为

$$Y_{in}/Y_{0} = -\mathrm{j}(b_{i} - \tan\beta d_{c}) \tag{6.190}$$

但是 $\tan\beta Z_0 \to 0$，因而

$$Y_{in}/Y_{0} = -\mathrm{j}b_{i} \tag{6.191}$$

这将导致很高的反射系数，引起很高的 S 值。在图6.97（b）中绘制了几种典型的电压驻波比值分别表示可动活塞自谐振位置移进及移出时的情况，图中还示出了谐振腔不匹配即 $\alpha d_c b_i^2 \neq 1$ 时的情况，如果活塞移得足够远，会出现第二个最小点，两个最小点间的距离接近 $\frac{1}{2}\lambda_g$。

5. 电压驻波比对腔体长度响应的偏离

当插入到 TE_{10n} 谐振腔中材料的性能变化时，腔体长度 d_c 也应该变化，以便维持谐振条件。式（6.184）给出了谐振时 $\tan\beta d_c$ 值，由此我们可推导出 βd_c 角如下

$$\beta d_{c} = n\pi + \tan^{-1}\left[-\frac{1}{2b_{i}}(1 \pm [1-(2\varphi_{0} b_{i})^{2}]^{\frac{1}{2}})\right] \tag{6. 192}$$

式中 n——整数。

将$\beta(=2\pi/\lambda_g)$代入式（6.192）后得到

$$d_c=\frac{n\lambda_g}{2}-\frac{\lambda_g}{2\pi}\tan^{-1}\left[\frac{1}{2}\cdot\frac{1}{b_i}\left(1\pm\left[1-(2\varphi_0 b_i)^2\right]^{\frac{1}{2}}\right)\right] \tag{6.193}$$

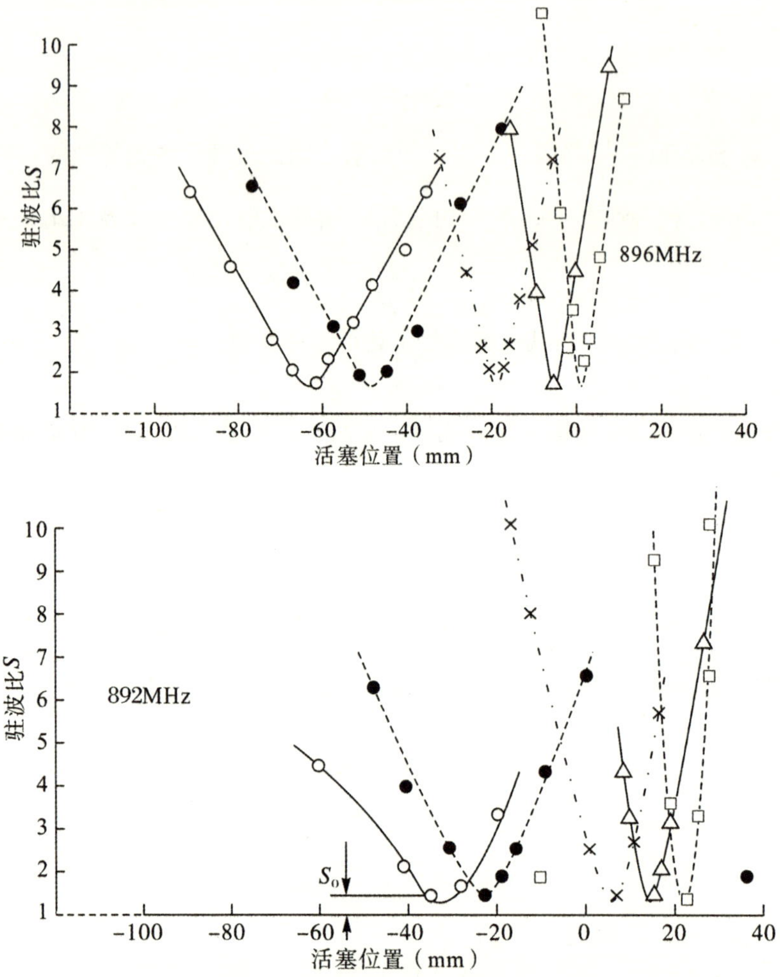

图6.98 两个频率下化纤地毯各种湿度时驻波比与活塞位置及相应孔宽（为有效的匹配）的关系

	湿度	孔宽
—○○○○—	17.5%	130mm
···●···●···●···●···	15%	117mm
···×···×···×···×···	9%	105mm
—△△△△—	5%	9.5mm
—□□□□—	1%	9.2mm

可见，谐振时的腔体长度由两项组成：第一项是无介质插入时的值，它为半波长（波导波长）的整数倍；而第二项完全是由插入介质引起的，介质插入的影响是改变了

有效的波导波长，并使电压驻波比的响应曲线从无任何介质时腔体的响应曲线移动了一小段。第二项是受介质材料特性（由于 $\varphi_0 = \text{th}\alpha d_c$，$\alpha$ 与 $\varepsilon''_{\text{eff}}$ 由式（6.175）相联系）和孔的电纳控制的，而电纳也是受材料特性控制的。

对于干燥的低耗材料，α 是很小的，而 b_i 较大，它可使式（6.193）简化成式（6.157），即使响应曲线的偏移减小至零。图 6.98 示出了中心插有湿塑底化纤地毯的 TE_{10n} 谐振腔的一组典型的驻波比响应曲线与活塞位置的关系。

利用式（6.193）计算这两种响应间的偏移，并与图 6.98 的数据相比较，对于各种尺寸的孔的电纳已由式（6.215）算出其变化曲线如图 6.99 所示。当湿度为 4%，$d_i \approx 33\text{mm}$，得到 b_i 约为 4，当 $\lambda_g \simeq 0.455\ \text{m}$（900MHz 波段在 WG4 波导中）时，式（6.193）的第二项在 $2\varphi_0 b_i^2 < 1$ 时约为 17mm。类似地，当湿度为 9%，式（6.193）第二项约为 26mm，所以在 9%与 5%两个响应偏移之差为 $(26-17)=9\ \text{mm}$，图 6.98 上示出此偏移约为 10mm，对于较高的湿度，假设 $2\varphi_0 b_i^2 < 1$ 不再有效。

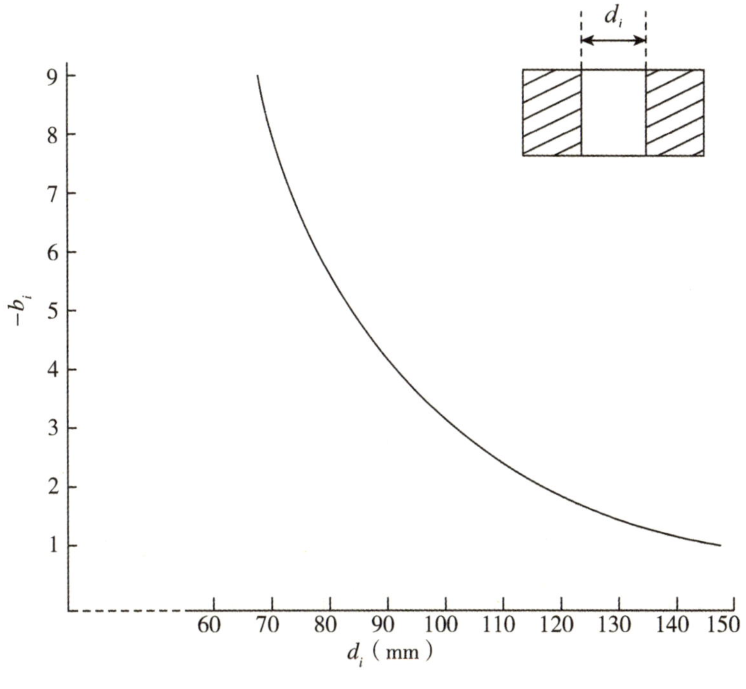

图 6.99　电感孔的归一化电纳 b_i 与其宽度 d_i 的关系 WG4（248×124mm）

6. 从驻波比对频率响应求 Q 值

对于给定的一组条件，正确的活塞位置一旦确定，其驻波比与频率的响应曲线即能测出。对于各种地毯结构和湿度值利用槽线技术测得的数据示于图 6.100 中。在（2）中曾讨论过，从这些曲线的半功率点宽度可求出 Q 值。通常，当湿度增加时，响应变宽，Q 值下降。对于较重的地毯典型的带宽为 2～15MHz，得出 Q 值的范围 60 <

$Q_L < 450$；对于较轻的地毯，驻波比与频率的响应曲线比较尖锐，带宽较小，相应的 Q 值较高。对于四种地毯结构，利用与图 6.100 相类似的数据得出的 Q 值随湿度的变化曲线示于图 6.112 中。

7. TE_{10n} 谐振腔加热器中的电场强度

考虑储存与耗散的能量并利用式（6.109）可以得到无载 TE_{10n} 谐振腔中电场强度的表示式。谐振腔中的电能与磁能是来回振荡的。当磁能为零的瞬时，能量储存在电场中，因为插入介质的填充因子很小，所以能量主要储存在插入介质的外部空间。在腔体体积 V 中的总储能为

$$W_{\max E} = \int_V \frac{1}{2}\varepsilon_0 |E_y|^2 \mathrm{d}V \tag{6.194}$$

式中 E_y ——电场的最大值。

利用式（6.142a）及式（6.194）得到下述的三重积分

$$W_{\max E} = \int_0^a\int_0^b\int_0^{\frac{1}{2}n\lambda_g} \varepsilon_0 E_{y0}^2 \sin^2\left(\frac{\pi x}{a}\right)\times \sin^2\beta z\,\mathrm{d}x\mathrm{d}y\mathrm{d}z \tag{6.195}$$

积分后得

$$W_{\max E} = \frac{1}{16}\varepsilon_0 E_{y0}^2 abn\lambda_g \tag{6.196}$$

由定义

$$Q_0 = \frac{\omega W_{\max E}}{P}$$

将储能代入式（6.109）中并利用式（6.174）（$\lambda = \lambda_0$），当 $\omega = 2\pi f_0 = \left(\frac{2\pi}{\lambda_0}\right)\left(\frac{1}{\sqrt{\mu_0\varepsilon_0}}\right)$，电场最大值变为

$$E_{y0}^2 = \frac{8P}{\alpha\lambda_0 abn}\left(\frac{\mu_0}{\varepsilon_0}\right)^{\frac{1}{2}} \tag{6.197}$$

由式（6.19）可以明显看出，对于一定的功率耗散，电场与衰减常数密切相关，后者当然是与材料的介质特性特别是损耗因子 $\varepsilon''_{\mathrm{eff}}$ 有关。例如，在一特例中，$P=20\mathrm{kW}$，$n=6$，在 900MHz 的 WG4 波导中，$\sqrt{\frac{\mu_0}{\varepsilon_0}} = 377\,\Omega$，当衰减为 0.01Np/m 时所建立的电场约为 375kV/m 或 3.75kV/cm。①。

① 如果考虑是部分填充腔体与波导相连，并假定为临界耦合情况，$Q_L = 1/2\,Q_0$，那么得出电场为 2.65kV/cm。

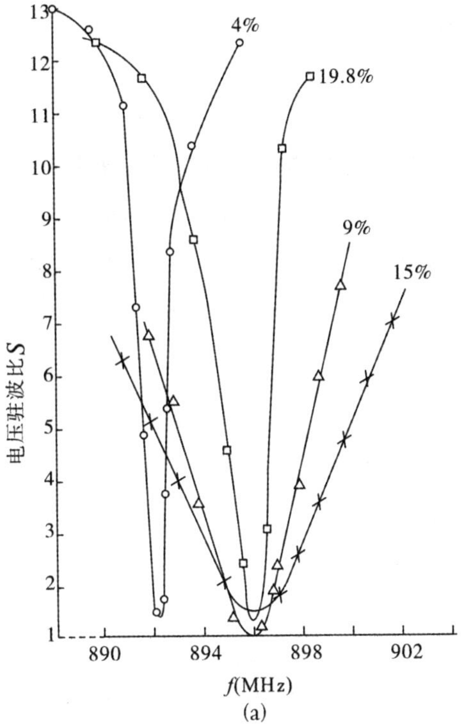

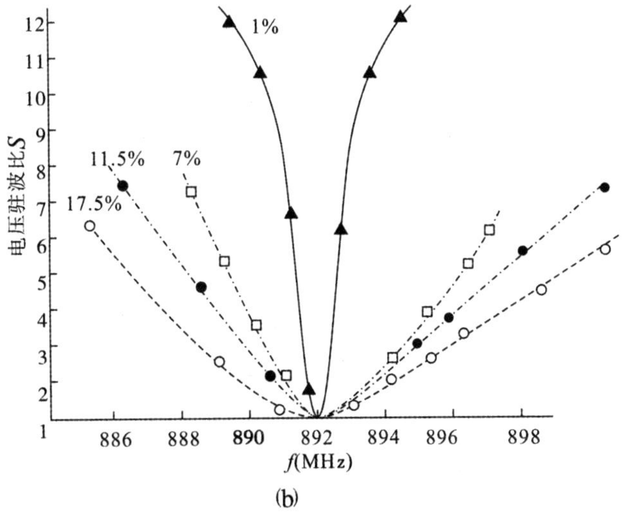

谐振腔的输入驻波比与频率的关系

(a) 4%及 19.8%　　地毯密度 0.52kg/m²

9%及 15%　　地毯密度 1.9kg/m²

(b) 塑底化纤地毯　　地毯密度 2.2kg/m²

图 6.100　各种地毯在不同湿度（干基）时部分填充 TE_{106}

当介质损耗因子及衰减降低时，电场强度提高，在腔体处理很低损耗的材料时，这一强度可达其最大值。

6.6.7 圆柱腔

1. 引言

与前述的 TE_{10n} 模类似，在圆柱腔内所建立的场方程，理论上可以从麦克斯韦方程求得。按 TM 模工作的腔体非常有用，因为电场沿着传播的方向，所以在多数情况下是沿着位于其轴上的介质材料的方向。同样地，TE_{11} 模当其圆极化时将有良好的特性。如果令 l 为电磁场角向变化的周期数，m 为径向变化的周期数，n 为轴向变化半周期数，模式用 TM_{lmn} 表示，那么该模式的谐振波长为

$$\lambda = 2\left[\left(\frac{x_{lm}}{\pi R}\right)^2 + \left(\frac{n}{h}\right)^2\right]^{-\frac{1}{2}} \tag{6.198}$$

式中 x_{lm} ——贝塞尔函数 $J_l(x)=0$ 的 m 次根；

R ——圆柱腔的内半径；

h ——腔体高度。

对于一些低次模的根值列于表 6-11 中。

表 6-11 一些低次模的根值

$J_l(x)$ 的根			
l	m	n	x_{lmn}
0	1	n	2.4048
1	1	n	3.832
2	1	n	5.1356
0	2	n	5.5201
3	1	n	6.3802
1	2	n	7.0156
4	1	n	7.588
2	2	n	8.4172
0	3	n	8.6537

2. TM_{010} 腔式加热器

在所有可能建立在圆柱形波导内的 TM 模中，最引人注目的要算是工作于 TM_{010} 模式的圆柱腔。这种腔的优点可从分析腔内电磁场的分布后看出，最重要的一点是存在轴向电场，使得这种腔体非常适合处理丝状材料，例如纺织物、纤维、纱线、大麻等及放置在轴线上的液体。圆周磁场的存在有助于将微波能耦合到这种腔中，因而有可能用工作于主模 TE_{10} 的矩形波导把功率从振荡源传输到腔体中。通过适合的匹配耦合孔将波导与 TM_{010} 腔连接起来可以得到这种 $H-H$ 耦合，如图 6.101 所示。

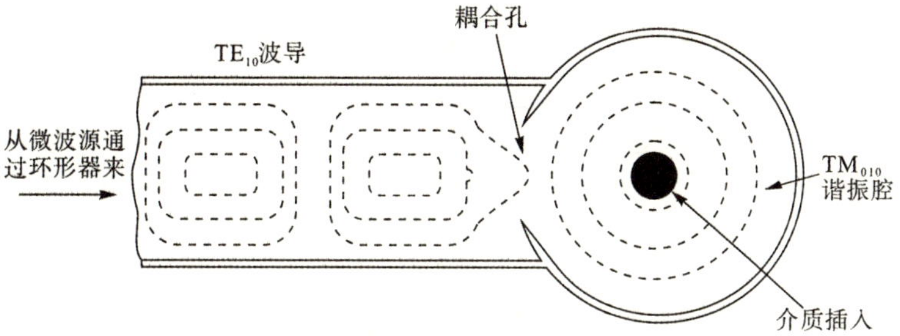

图 6.101 圆柱腔与波导连接的 $H-H$ 耦合

……………磁力线

麦克斯韦方程的解得到一组六个场方程，对 TM_{010} 模来说则简化为两个，轴向电场按零阶贝塞尔函数变化

$$E_z(r)=E_{max}J_0(Kr) \tag{6.199}$$

式中 E_{max}——轴向电场最大值；

r——半径；

K——常数。

角向磁场具有下述形式

$$H_\varphi(r)=jE_{max}\sqrt{\frac{\mu_a}{\varepsilon_a}}J_1(Kr) \tag{6.200}$$

图 6.102 示出了在 TM_{010} 腔内两种场的分布情况，因子 K 由下式给出

$$K=\frac{\omega}{c}(\varepsilon*\mu*)^{\frac{1}{2}}=2.405/R_d \tag{6.201}$$

当无介质插入腔中时，由式（6.201），这时的 K 值为

$$K=\frac{\omega}{c}=\frac{2.405}{R_0} \tag{6.202}$$

式中 R_0——工作在相同频率下空腔的半径。

因此，从式（6.201）及（6.202）消去角频率后可得

$$R_d=\frac{R_0}{\sqrt{\varepsilon^*}} \tag{6.203}$$

图 6.103 示出了上面所述的两种情况，在设计作为加热应用的 TM_{010}腔时，被处理的材料通常只填充沿轴附近的一小部分体积，如图 6.103（c）所示，介质半径只占腔体半径的一小部分以保证在介质横向不致有很大的电场变化。因此，我们在设计腔体半径时使得 $R_0>R_c>R_d$，为了处理介质半径 R_w 的丝状护料，R_w 只是 R_c 的很小部分，通常满足 $R_c\geqslant 10R_w$。

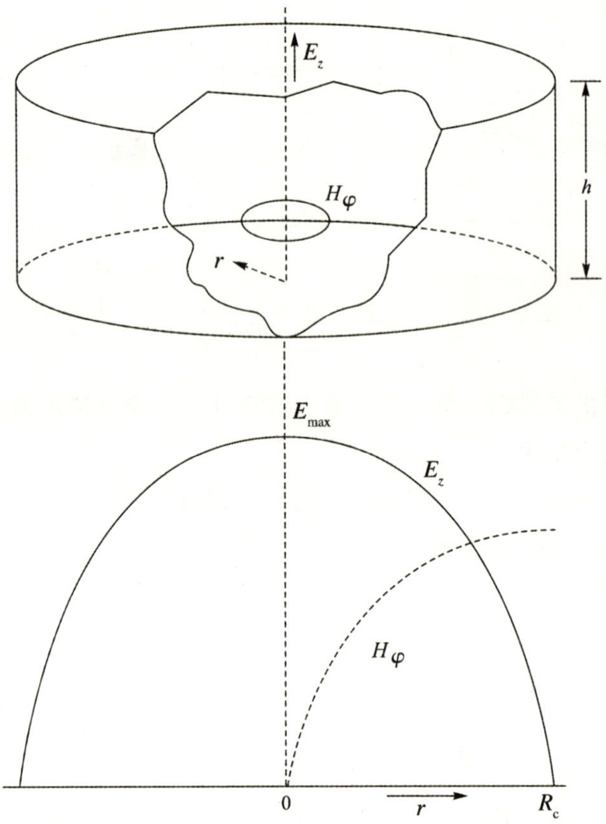

图 6.102　在空的 TM_{010} 腔体中电场和磁场强度的分布

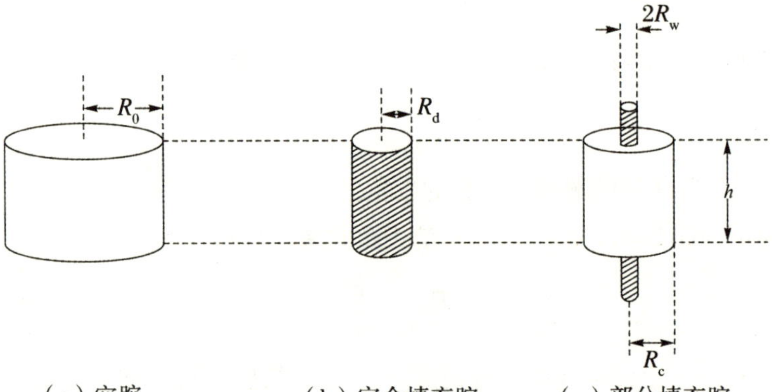

（a）空腔　　（b）完全填充腔　　（c）部分填充腔

$R_0 > R_c > R_d > R_w$

图 6.103　插有轴向介质的圆柱腔（TM_{010} 模）

3. TM_{010} 腔的设计

考虑如图 6.104 所示的腔体和同轴介质，在区域Ⅰ中即在介质内部 $r < R_w$，电磁场由式（6.199）和式（6.200）给出，但在区域Ⅱ中，有关的场方程具有下列形式（Metaxas 1974）

$$E_z(r)=A_2J_0(K_2r)+B_2Y_1(K_2r) \tag{6.204}$$

$$H_\varphi(r)=\mathrm{j}\left(\frac{\varepsilon_{a2}}{\mu_{a2}}\right)^{\frac{1}{2}}[A_2J_1(K_2r)+B_2Y_1(K_2r)] \tag{6.205}$$

式中 J——第一类贝塞尔函数；

Y——第二类贝塞尔函数。

采用在空气介质交界面处切向电场 E 及磁场 H 的连续性条件，并且当 $r=R_c$ 时，$E_z=0$，可以得到控制谐振的条件方程

$$f_1(P_rK_0)=f_2(K_0,R_LK_0/R_w) \tag{6.206}$$

式中 f_1——已知的第一类贝塞尔函数；

f_2——已知的第二类贝塞尔函数；

P_r^2——介质内外介电常数比。

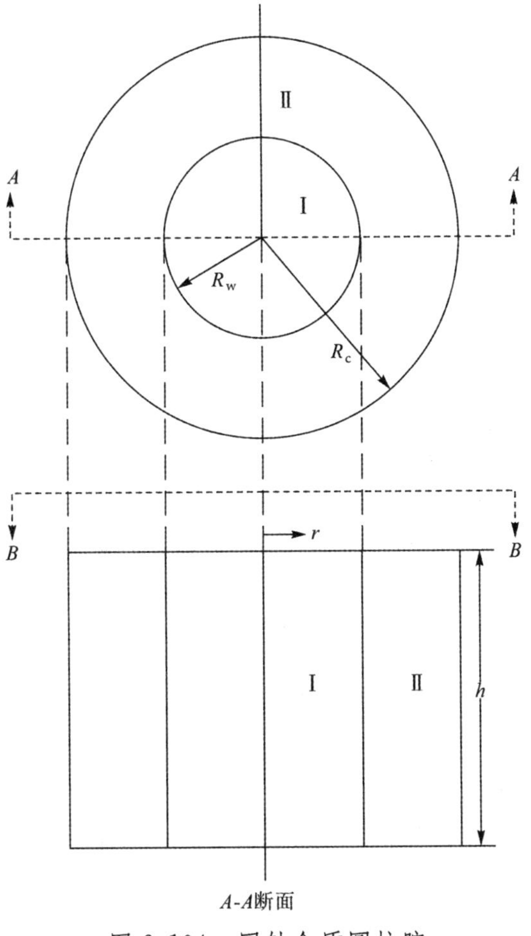

图 6.104 同轴介质圆柱腔

$$K_0=\omega(\varepsilon_2^*)^{\frac{1}{2}}\frac{R_w}{c} \tag{6.207}$$

因为在多数情况下，$|\varepsilon'|\gg|\varepsilon''_{\mathrm{eff}}|$，所以在上述方程中 ε^* 用实部 ε' 替代时其误差

是很小的。当 $\varepsilon'=80$，$\varepsilon''_{eff}=20$ 时，误差只有 3%。

所以，采用这一假设后可使计算简化，式（6.206）可用图解法求解，即在 P_r^2 及 R_c/R_w 一定范围内做出 f_1 及 f_2 随参量 K_0 的变化曲线如图 6.105 所示。两簇曲线的交点就给出了满足上述条件方程的 K_0 值。

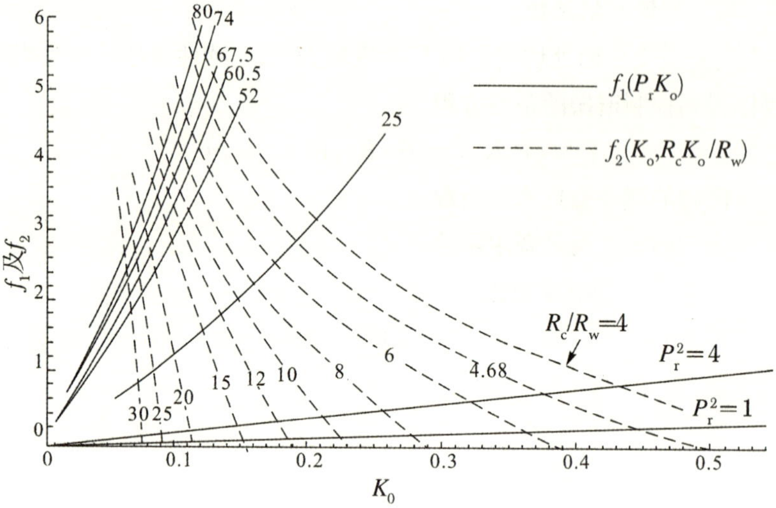

图 6.105　图解法解条件方程

图 6.105 中的曲线是通用的，并适用于工作在任意频率下具有两个同轴介质的腔体。对于只有一个同轴介质的腔体工作在工业应用的两个频率时的具体数据可由此得出。例如，当 $\varepsilon'_2=1$，$\omega=2\pi f$，$f=2\ 450$ MHz 时，R_w 用 mm 作单位时有

$$K_0 = 0.0514R_w \tag{6.208}$$

R_c/R_w 曲线与 $P_r^2=\varepsilon'_1$ 曲线的交点给出了 K_0 值，因此，R_w 可利用式（6.208）求得，而 R_c 则很容易地得到，因为此半径比（R_c/R_w）是已知的。在图 6.106（a）及（b）中分别画出了在 896/915MHz 及 2 450MHz 两个频段，以 ε'_1 为参变量时 R_c 作为 R_w 的函数关系，ε'_1 的范围为 $1<\varepsilon'_1<80$。正如所期望的那样，当介质直径愈大时，腔体直径就愈小。举一个例子来说，对于介电常数为 4、直径为 12mm 的工作负载，由图 6.106（a）可见当工作在 896/915MHz 频段 TM_{010} 腔，其腔体内径约为 245mm。另一个例子为直径 7mm（$\varepsilon'_1\simeq 80$）的轴向水柱，其腔体内径减小到 200mm（当工作在同一频段时）。

TM_{010} 腔体的高度不影响设计，因为它不是一个临界参数。作为一种直接对比，即与前述的 TE_{10n} 腔对比，后者是依靠改变活塞即改变谐振腔的长度来改变调谐的，而在 TM_{010} 腔体中就不得不采用另外的调谐方法。

4. TM_{010} 腔式加热器的阻抗匹配

在指定频率上腔体内径作为介质直径函数的确定，是 TM_{010} 谐振腔用作加热器趋向最终设计的必要步骤。设计是靠优选耦合孔的尺寸来完成的，以便有效地把微波能量

耦合到腔体中并消耗在工作负载上。图 6.106 示出了内径约 2.5mm 充满水的轴向石英管情况下，各种耦合孔尺寸下一组驻波比与频率的关系曲线，在 2 450MHz 时，孔的最佳尺寸为 44×23mm。

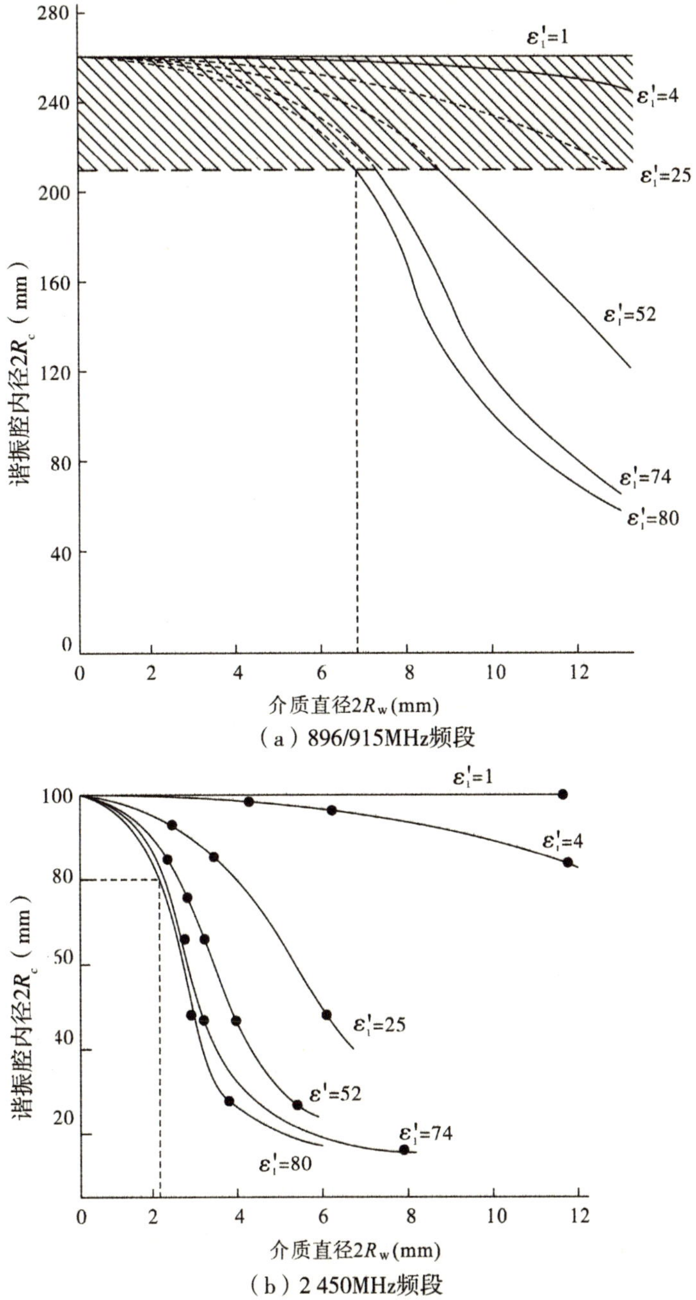

图 6.106 各种 ε'_1 值时谐振腔（TM_{010}）内径与介质直径的关系（设 $\varepsilon' >> \varepsilon''_{eff}$）

工作在 900MHz 频段的 TM_{010} 腔式加热器的类似曲线示于图 6.108 中。

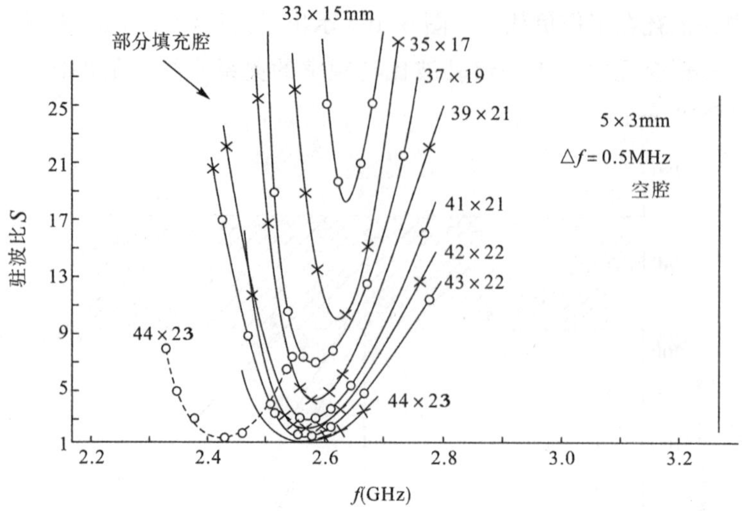

图 6.107　TM_{010}谐振式加热器输入驻波比与各种耦合孔尺寸下频率的关系

根据图 6.107 及 6.108 所示数据计算出接近临界耦合 $\beta' \simeq 1$ 时的负载 Q 值 Q_L 约为 12 和 25，这时可使腔体稳定工作并且不需要自动调谐或匹配控制。但是，当 TM_{010} 腔体在处理低损耗的丝状材料时，Q 值达数千量级，这会使工作很不稳定，并对频率变化敏感，此时就必须采用自动调谐和匹配装置以保证高的总利用效率。如果插入介质的 ε''_{eff} 非常低，那么在其内部建立的电场强度就会很高。

5. TM_{010}腔式加热器介质区中的场强分布

在 TM_{010}谐振腔中，轴向电场的径向变化由式（6.199）给出，从最大值 E_{max} 的下降程度与轴向介质（通过参量 K ）的介质特性有关。

下面给出计算轴向电场平均值的表示式，E_{av} 由加热公式（6.30）及（6.31）定义，即

$$P = \omega\varepsilon_0\varepsilon''_{eff}E_{av}^2 V \tag{6.31}$$

并示于图 6.109 中，由式（6.31）出发并记住 $\boldsymbol{E}\cdot\boldsymbol{E}^* = E^2$，将得到

$$P = \omega\varepsilon''_{eff}\varepsilon_0\int_V E^2 \mathrm{d}V = \omega\varepsilon_0\varepsilon''_{eff}\int_0^{R_w} E^2 2\pi rh\,\mathrm{d}r \tag{6.209}$$

式中　h——谐振腔的轴向长度。

将式（6.199）的电场代入式（6.209）并积分，可得

$$\begin{aligned} P &= \omega\varepsilon_0\varepsilon''_{eff}E_{max}^2\left[\frac{r^2}{2}(J_0^2(Kr)+J'^2_0(Kr))\right]_0^{R_w}(2\pi h) \\ &= \omega\varepsilon_0\varepsilon''_{eff}\pi h R_w^2 E_{max}^2 J_0^2(KR_w)\left[1+\frac{J'^2_0(KR_w)}{J_0^2(KR_w)}\right] \end{aligned} \tag{6.210}$$

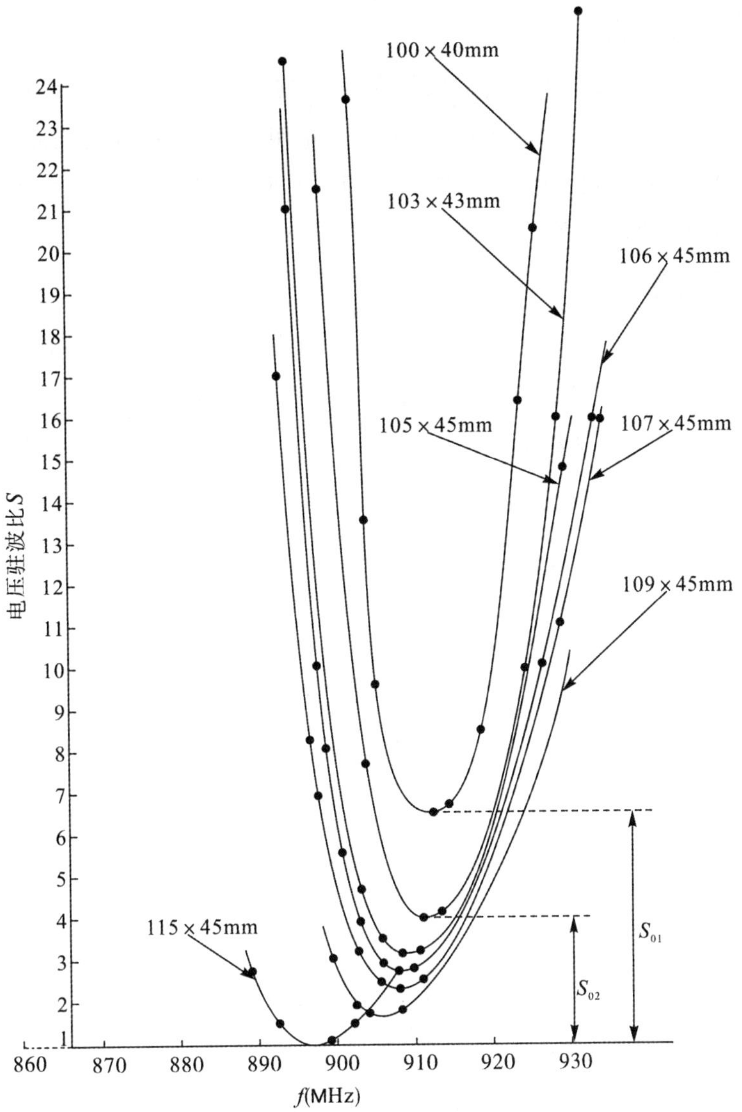

图 6.108 在轴向插入 7mm 水柱时 TM_{010} 谐振加热器的输入驻波比与各种耦合孔尺寸下的频率关系曲线

将式（6.211）与式（6.31）合并并使 $V=\pi R_w^2 h$，则有

$$E_{av}=E_{max}J_0(KR_w)\left[1+\frac{J_0'^2(KR_w)}{J_0^2(KR_w)}\right]^{\frac{1}{2}} \tag{6.211}$$

例如，一半径为 3.5mm 的水柱在轴向插入 TM_{010} 腔体，工作在 896/915MHz 频段，设 $\varepsilon'=80$，$KR_w\approx 0.59$，得出 $J_0=0.915$ 及 $J'_0=0.28$。在这种情况下，用式（6.211）可求出 $E_{av}=0.96E_{max}$，也就是说电场从其腔体中心处的最大值下降 4%。

6. 高次模腔体

TM_{010}谐振腔的主要缺点是它的均匀场区域受到限制，使其不适于处理大体积和大损耗的介质负载。处理这种大负载的方法之一是用工作于高次模的谐振腔和其他方法去均衡由于很大电场变化引起的不均匀的温度分布。例如，在处理大直径的流动液体时可利用它们的湍流特性来产生较均匀的温度分布。

7. TM_{020}谐振腔加热器

Risman 和 Ohlsson（1975）曾设计了一种处理大直径流动液体用的工作于 TM_{020} 模的谐振圆柱腔，为介绍这种腔体，我们先考虑用 $\varepsilon' = 80$ 的损耗介质完全填充 TM_{010} 谐振腔时的极限情况，参数 K 由式（6.201）得出，当 $f = 915$ MHz 时，$K = 0.17$ mm，谐振时腔体直径 $2R_c$ 。

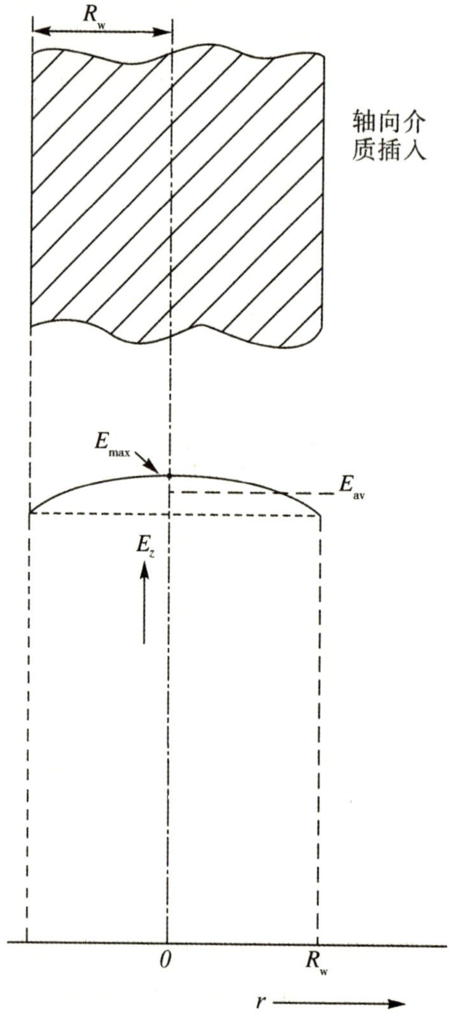

图 6.109　沿介质横截面轴向电场强度 $E_z(r)$ 的变化

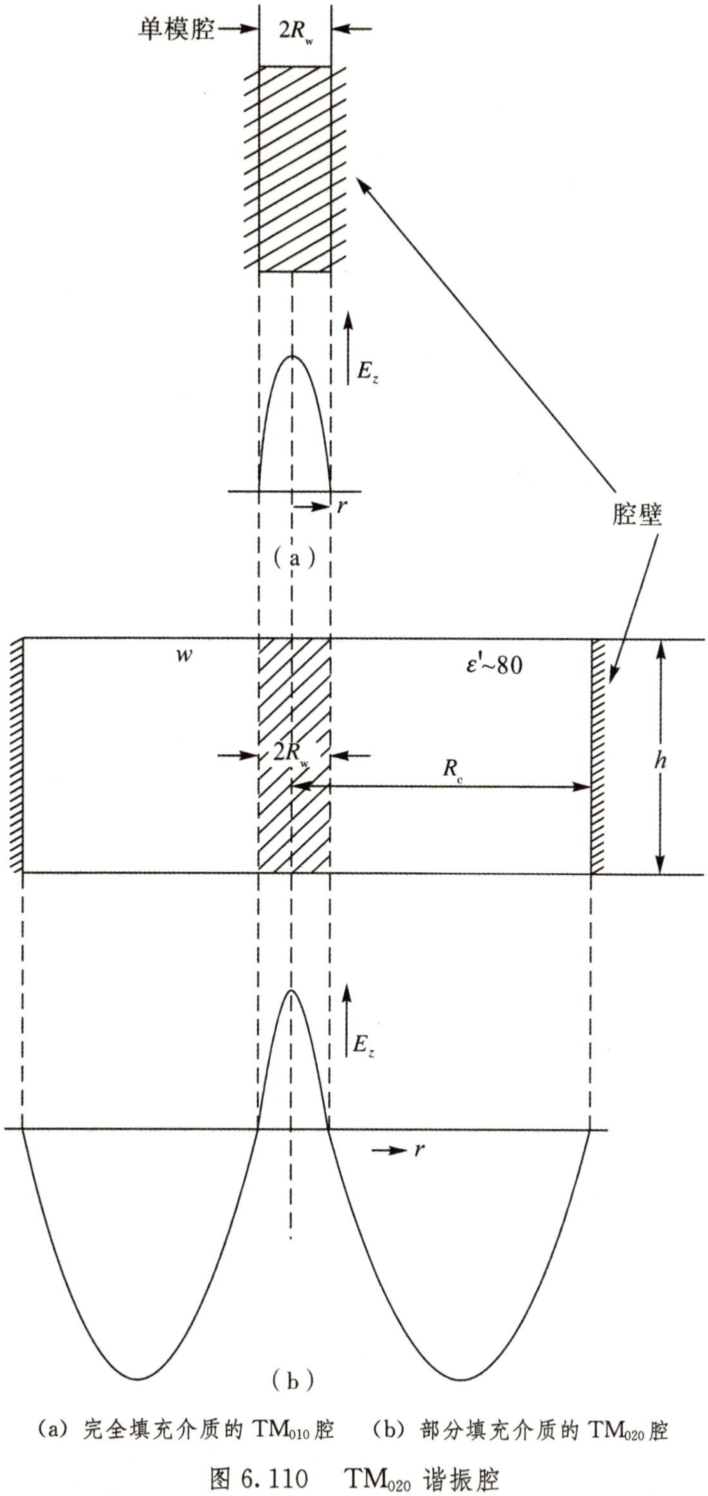

(a) 完全填充介质的 TM_{010} 腔 (b) 部分填充介质的 TM_{020} 腔

图 6.110 TM_{020} 谐振腔

(此处也等于介质直径 $2R_w$) 可由 $KR_w = 2.405$ 得出，$2R_w = 28mm$。但是，现在如果把 $\varepsilon' = 80$ 、直径为 28mm 的介质放入一大直径的圆柱腔中，该腔能激励起 TM_{020}

模，在腔壁处的电场为零（如图 6.110 所示），由表 6-11 可得到相应的根为 5.5021。腔体与介质负载的半径 R_c 及 R_w 由下述控制谐振的表示式联系起来

$$J_0(KR_w)Y_0(KR_c)=J_0(KR_c)Y_0(KR_w) \tag{6.212}$$

利用式（6.212）及式（6.199）在 2 450MHz 频率上，对于各种 $\tan\delta_{eff}$ 的关系如图 6.111 所示。将直径标尺乘 2.68，该图即可用于 915MHz 频段。用各种食品部分填充 TM_{02n} 腔其负载 Q 值约为 25，介质直径达 13.5mm，驻波比达 2 时，得出的利用效率为 95%。

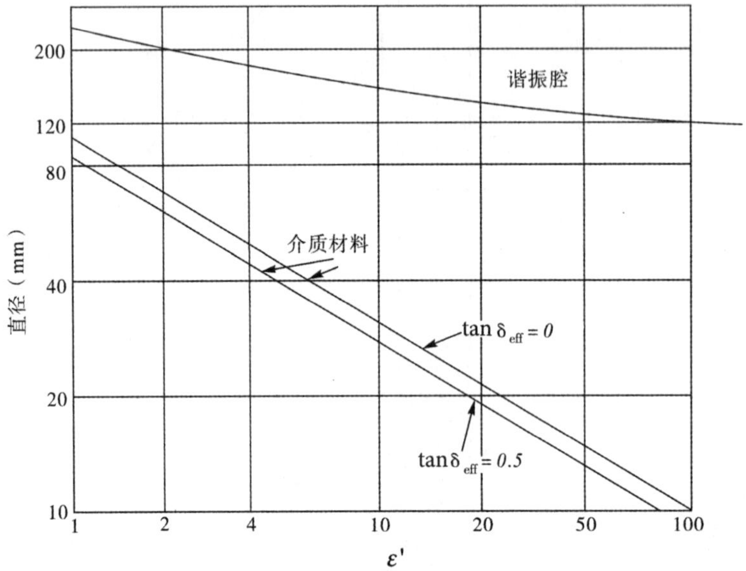

图 6.111 介质材料直径及腔体直径与 ε′ 的关系（2 450MHz）

最后，当负载的损耗正切相当可观时，式（6.199）中的参数 K 变成复数，当 $\mu^*=1$ 时，具有下述形式

$$\begin{aligned} K^* &= \frac{\omega}{c}\sqrt{\varepsilon^*\mu^*} \\ &= \frac{\omega}{c}\sqrt{\frac{\varepsilon'}{2}}\{[(1+\tan^2\delta_{eff})^{\frac{1}{2}}+1]^{\frac{1}{2}}-j[(1+\tan^2\delta_{eff})^{\frac{1}{2}}-1]^{\frac{1}{2}}\} \end{aligned} \tag{6.213}$$

8. TM_{11n} 谐振腔加热器

采用工作于 TM_{11n} 模的圆柱腔可使电场沿介质横截面分布均匀性及加热大体积负载时得到某些改进。为维持这种模式，腔体的总尺寸比前几节所述的工作于低次 TM 模的腔体尺寸要大，电场和磁场沿横截面的分布示于图 6.112 中。沿腔体直径方向，电场和磁场出现两个最大值，不像 TM_{020} 腔体，沿介质横截面其轴向电场变化没有从零到最大值那么大的变化，Bhartia 等（1971）及 Metaxas（1976）用实验研究了 TM_{11n} 圆形腔加热食品，这时介质插入到腔中 E_z 最大的位置。TM_{11n} 模具有下述特性，电场 E_z 和 E_θ 在腔壁上为零，并在反对称面（图 6.112 中的 A—A）E_z 及 E_r 也为零。Hodgkins（1976）曾研究了这种腔体的理论设计，并在 896/915MHz 和 2 450MHz 频率上对不同介电常数的介质插入时推导了临界参数。

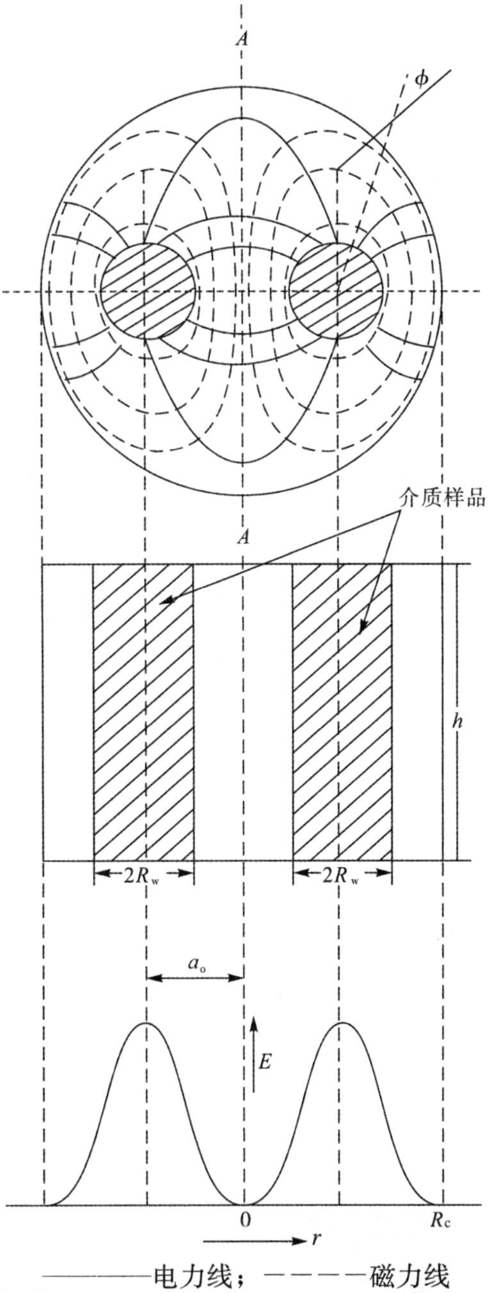

图 6.112 沿 TM_{11n}模腔的直径方向电磁场的分布

图 6.113 给出了传播因子 γ 作为相对介电常数 ε' 的函数关系，这时采用了内径为 178mm 的腔体，并有直径为 50mm 的介质插入。对于 $\varepsilon' = 80$ 的食品，由图中曲线Ⅰ的主模式

$$\gamma = \frac{n\pi}{h} = 70 \tag{6.214}$$

式中 h ——腔体长度（m）。

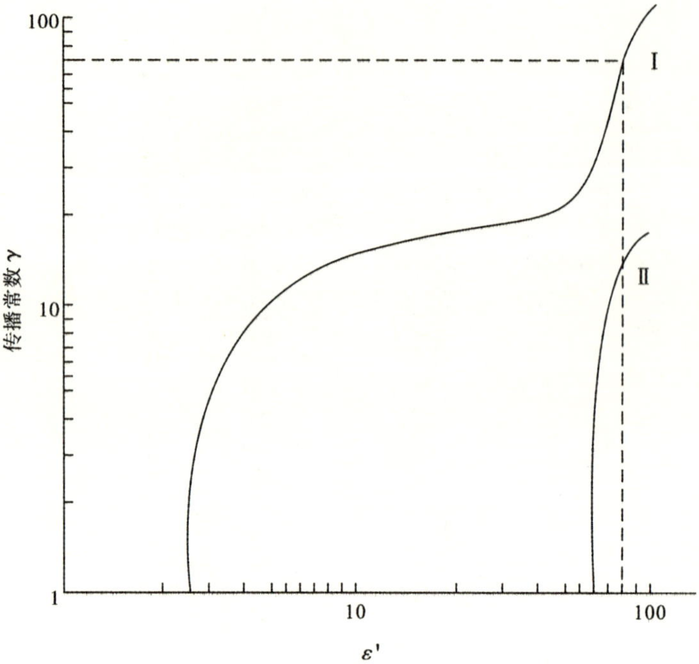

图 6.113　TM_{11n} 模腔体的设计数据

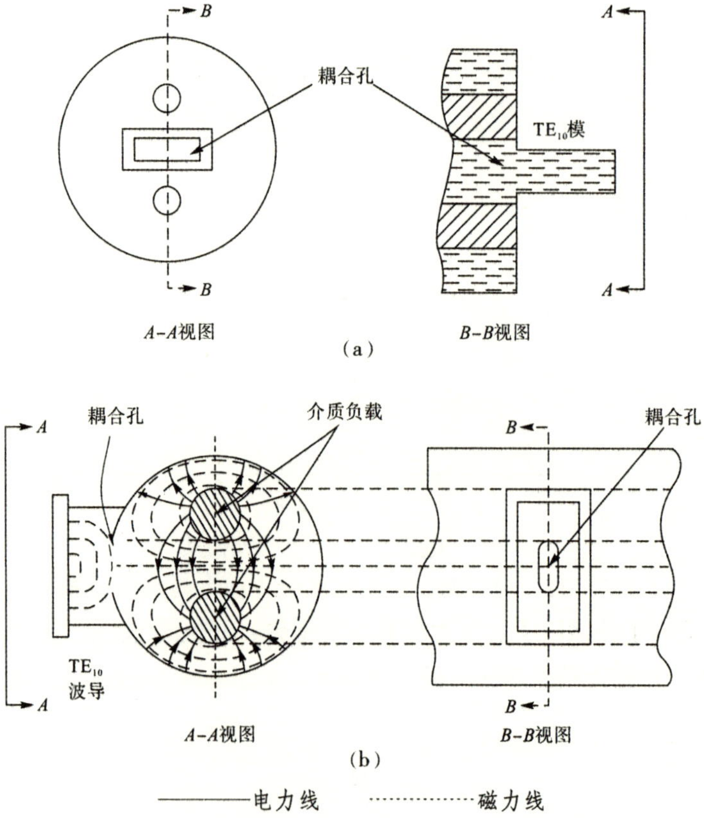

图 6.114　将能量耦合进 TM_{11n}腔的耦合孔

所以 $h=0.045n$，当 $n=10$ 时，$h=0.45$ m，这时工作模式为 $TM_{11(10)}$。图 6.113 中也示出了另一模式的设计数据曲线Ⅱ，根据上述参数得出 TM_{312} 模式，这将是一种干扰模式。TM_{01n} 也是干扰模式，因为它与 TM_{11n} 模简并，具有相同的本征值。Bhartia（1971）等建议采用各种方法来消除这些干扰模式，包括在腔内合适位置插入金属屏等。

没有必要采用特殊的模式变换器将能量耦合进腔内，因为通过工作在 TE_{10} 模的外接波导中的磁场能很容易地建立起 TM_{11n} 模。图 6.114 中示出了两种通过孔将能量耦合到腔内的方法，为了得到正确的匹配，耦合孔可根据实验来优选。

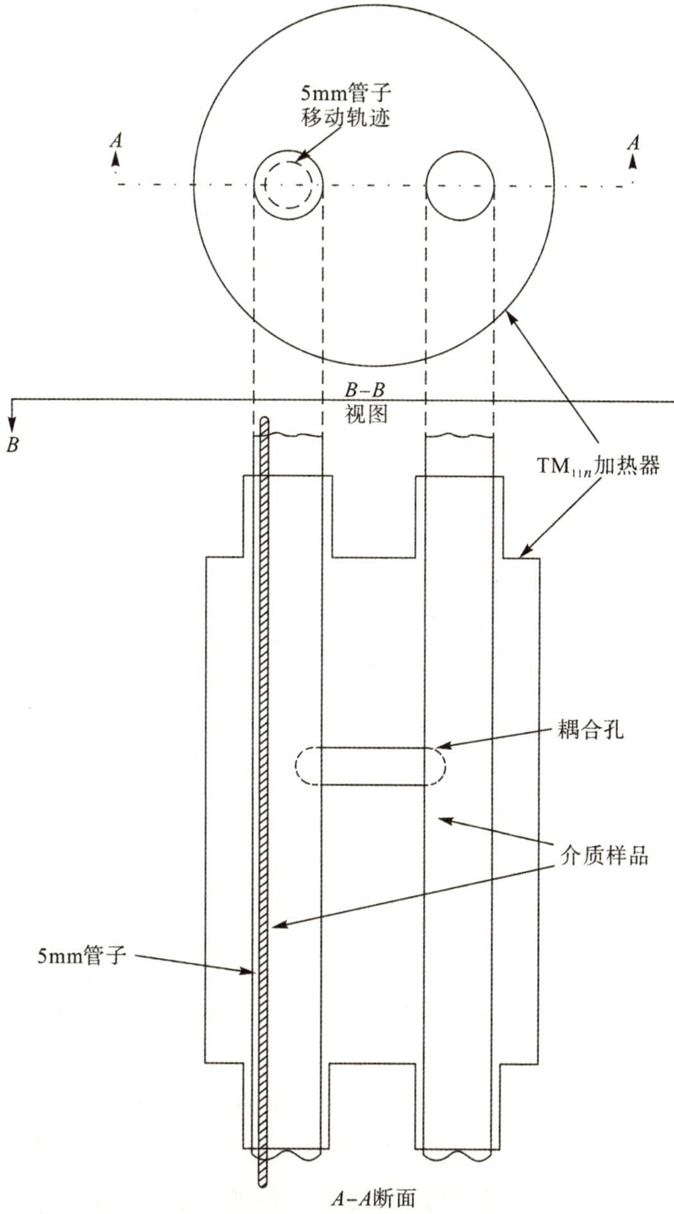

图 6.115 在 TM_{11n} 模中处理液体介质时热斑的研究

在 TM_{11n}模中处理高损耗液体时产生的热斑的起因已由 Metaxas（1976）研究过了。他在如图 6.115（a）所示的直径为 50mm 负载管中插入一个 5mm 的小管子，用单独的水源流过此小空心管并监视其温升，在 TM_{11n}腔中功率耗散一定的情况下，当小管的位置在大负载管中移动时，小管内功率耗散的任何变化都由热斑表示出来。假设任何热斑区都是由于负载电场不对称引起的，重新放置两个负载管，即使在腔内总功率耗散达 20kW 时，此温差也不超过 7%。

6.6.8 耦合孔

1. 引言

下面我们简要地讨论作为谐振加热器与其外接波导之间作为耦合网络的耦合孔的特性。微波能除了可以通过小孔耦合入腔内，也可以用同轴电缆作为馈线，但因为电缆损耗过大，所以只限于小功率的传送。耦合孔可以具有任何形状，例如矩形、圆形、方形等，当有电磁波输入此孔时，在孔的邻近就会建立起高次模的场，以使总的场满足边界条件。在不匹配时，存在主模式的波的反射（在孔处），而一部分入射功率则通过此孔。在加热腔中孔的尺寸常常借助于经验来选择，使得微波能量从微波源能最大地传输到腔中供被处理的材料耗散。

2. 孔作为耦合网络的功能

用在加热或干燥目的微波腔中的孔的功能是作为匹配腔的阻抗（具有介质时）与连接波导的阻抗的耦合网络。为了研究这一阻抗变换，Slater（1950）曾采用电路理论根据三个复数阻抗系数推导了两个被匹配阻抗之间的关系式。此外，当匹配两个不同阻抗的波导比如 TE_{10n}腔体与工作于 TE_{10}模的矩形波导端接时，表征耦合网络（例如孔）的另一种方法就是考虑复数反射系数的变换而不是复数阻抗的变换。在两个波导中可以建立起复反射系数之间的双线性变换，它具有三个独立的变量，所以对阻抗变换来说属于一般的表示，这三个参量可由实验上驻波测量来确定。

表示耦合网络变换比的另一方法是写出包括反射系数和一固定电纳的表达式，此电纳基本上代表在两波导中相应点处的值。例如跨接在左边相应点处的电纳是右边相应点处电纳与一固定并联电纳 jB_a 的并联组合。但是，我们也可以用变比为 N 的理想变压器来表示耦合孔。实际上无论是单独地或组合地表示，两者都是有效的，这取决于图 6.116 中，孔的每一边在波导中参考平面的选择。含有三个复数阻抗的 T 形等效电路表示法示于图 6.116（b），而含有理想变压器、波导段及一并联电纳的两种其他可能表示法如图 6.116（c）及图 6.116（d）。等效电路的电路参数即线长、变比 N 及电纳都与三个复数阻抗 Z_{11} 、Z_{22} 及 Z_{12} 有关。重要的是适当地选择一个耦合网络可以获得谐振加热器与它的连接波导之间任意的阻抗变换，例如可以利用小孔将腔中的匹配负载（$\Gamma_1=0$）变换成波导中的匹配负载（$\Gamma_2=0$）。

3. 孔的电纳

微波能量由波导通过一与工作波长相比甚小的小孔向腔式加热器的散射已在理论上采用一般的微扰理论加以研究（Bathe 1944）。这就需要先计算激励场在小孔中感应起来的电和磁的偶极矩，接着估计由这些偶极矩辐射的电场，激励磁场在小孔中建立起来的磁偶极矩只有当腔内被激励的模式的磁场具有与磁偶极矩平行分量时才能向腔内辐射给定模式的功率，对小孔处建立起来的电偶极矩也可得出类似的推论。Slater（1950）采用似稳近似将波动方程简化成等效的拉普拉斯形式，并解得小孔边缘电场及磁场的分布相应于静态问题的解。通过小孔平面上电场和磁场的切向及法向分量的关系，这些解可用来计算小孔的电纳。当小孔与波长相比愈小时，这一电纳就愈准确。Cohn（1951）曾用这一理论来推导两个相同截面波导耦合小孔的等效电路表示式，对于一个对称小孔（如图 6.116（a）所示）的归一化电纳则有

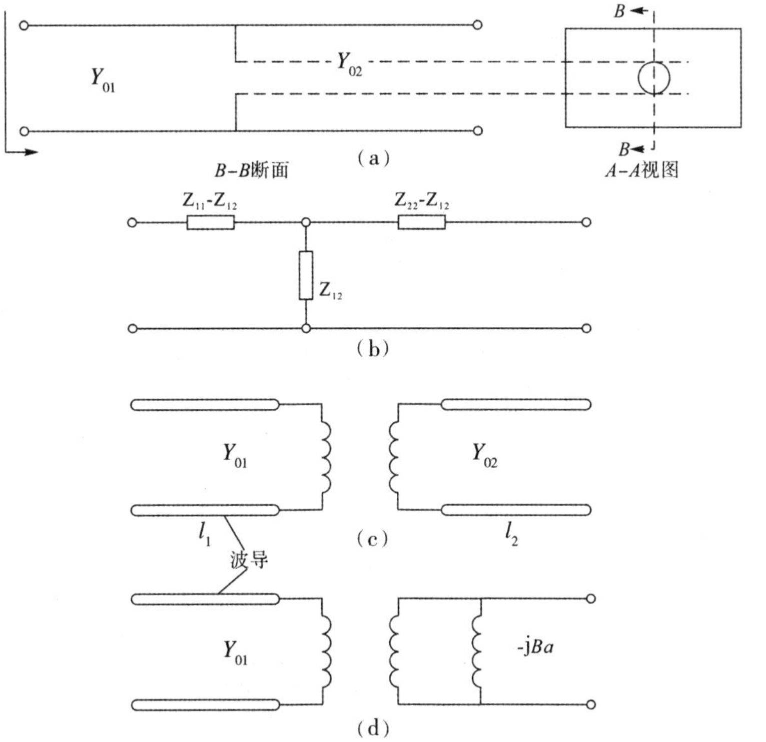

(a) 孔；(b) 双口 T 形等效电路；(c) 根据两根波导及一变压器的等效电路

(d) 根据一个变压器、一段波导及一个并联电纳的等效电路

图 6.116 耦合波导的孔

$$b_i = B_a/Y_0 = \frac{ab\lambda_g}{4\pi M'_p} \tag{6.215}$$

式中 M'_p ——小孔的磁极化率。

提供导纳正虚部的小孔属电容性，提供负虚部的小孔属电感性，如图 6.117（a）

及图 6.117（b）所示。

对称容性孔（如图 6.117（a））的归一化电纳可近似为

$$b_i = \frac{4b}{\lambda_g}\ln\csc\frac{\pi d_i}{2b} \tag{6.216}$$

类似地，感性孔（如图 6.117（b））的归一化电纳近似地等于

$$b_i = -\frac{\lambda_g}{a}\cot^2\frac{\pi d_i}{2a} \tag{6.217}$$

因为小孔可以呈现为电容性或电感性电纳，所以有可能建立一个同时含有电感和电容性元件的小孔如图 6.117（c）所示，该孔具有谐振特性，这种孔的归一化电纳已由 Cohn（1952）通过弗斯脱定理算出为

$$b_i = -ab\lambda_g[1-(f/f_0)^2/4\pi M'_p] \tag{6.218}$$

式中　f_0 ——孔的谐振频率。

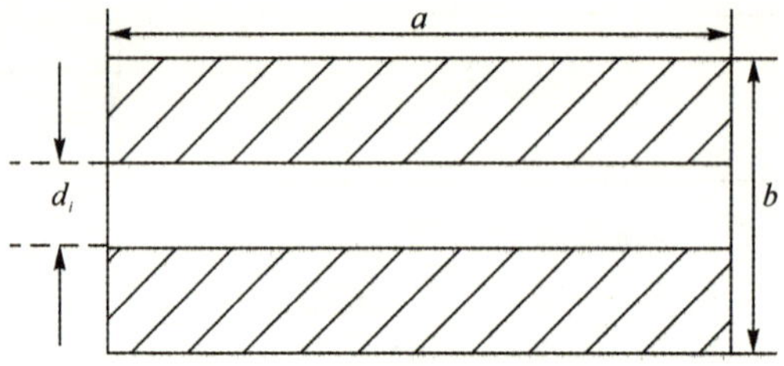

（a）容性孔

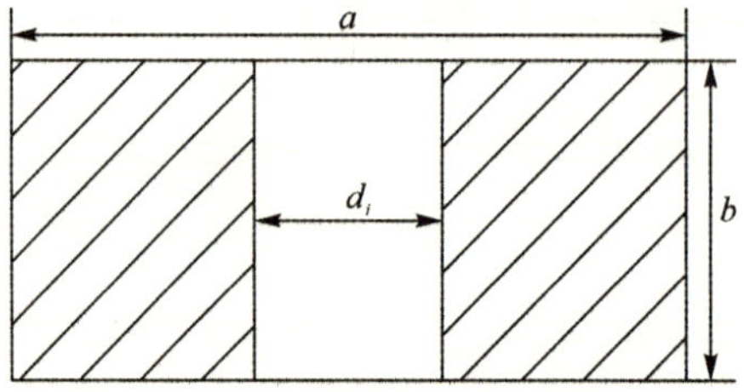

（b）感性孔

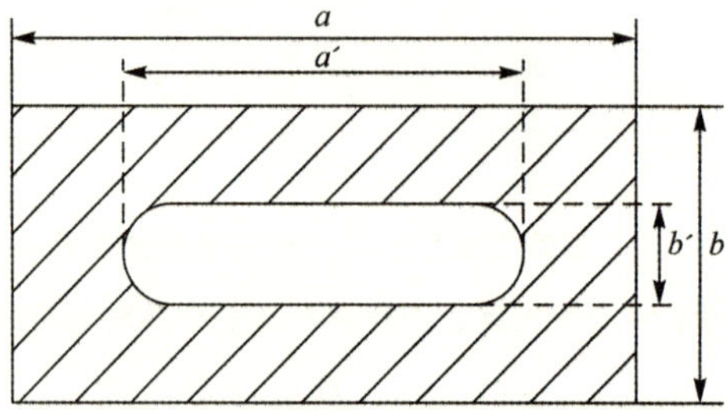

（c）谐振孔

图 6.117　矩形波导中典型的耦合孔

当化 $f \ll f_0$ 时，此电纳变成式（6.215）。谐振时 Slater（1940）建议采用下述经验公式

$$\frac{a}{b}\sqrt{1-\left(\frac{\lambda_0}{2a}\right)^2}=\frac{a'}{b'}\sqrt{1-\left(\frac{\lambda_0}{2a'}\right)^2} \tag{6.219}$$

这种孔对匹配具有高损耗因子 ε''_{eff} 插入介质的腔体（如在微波干燥应用中）来说是必要的。为了得到尽可能接近临界耦合的条件，这种孔通常由实验方法来优选其尺寸。对于两端倒圆的窄孔 $b'/a' \ll 0.1$ ，谐振长度有以下经验关系

$$a'=\frac{\lambda_0}{2}+0.273b' \tag{6.220}$$

当 b'/a' 很小时，式（6.219）简化为 $a'\approx\frac{\lambda_0}{2}$ 。

6.6.9 传入谐振腔加热器中的功率

在任何微波功率应用中，能量的利用都是头等重要的，可用功率的损耗可能会因为孔的失配而增大，根据反射系数 Γ 及其共轭值 Γ^* ，输入到加热器中的功率为

$$P_{in}=P_0(1-\Gamma\Gamma^*) \tag{6.221}$$

式中 P_0 ——在孔平面上的入射功率。

利用式（6.124）及式（6.127），两个反射系数变为

$$\Gamma=\frac{(\beta'-1)-j2Q_0\left(\frac{\Delta\omega}{\omega_0}\right)}{(\beta'+1)+j2Q_0\left(\frac{\Delta\omega}{\omega_0}\right)} \tag{6.222}$$

及

$$\Gamma^*=\frac{(\beta'-1)+j2Q_0\left(\frac{\Delta\omega}{\omega_0}\right)}{(\beta'+1)-j2Q_0\left(\frac{\Delta\omega}{\omega_0}\right)} \tag{6.223}$$

合并式（6.222）及式（6.223）可得

$$\Gamma\Gamma^*=\frac{(\beta'-1)^2+\left[2Q_0\left(\frac{\Delta\omega}{\omega_0}\right)\right]^2}{(\beta'+1)^2+\left[2Q_0\left(\frac{\Delta\omega}{\omega_0}\right)\right]^2} \tag{6.224}$$

将式（6.224）代入式（6.221）中可得

$$P_{in}=\frac{P_o 4\beta'}{(\beta'+1)^2+\left[2Q_0\left(\frac{\Delta\omega}{\omega_0}\right)\right]^2} \tag{6.225}$$

谐振时

$$P_{in}=\frac{4P_0\beta'}{(\beta'+1)^2} \tag{6.226}$$

因为谐振时耦合度不影响功率传输到加热器，这时 $P_{in}(\beta')=P_{in}\left(\frac{1}{\beta'}\right)$ ，所以在欠

耦及过耦两种情况下有

$$P_{in}=\frac{4S_0P_0}{(S_0+1)^2} \tag{6.227}$$

但是当偏谐时，在欠耦情况下，功率传输的表示式为

$$P_{in}=\frac{4S_0P_0}{(S_0+1)^2+\left[2Q_0S_0\left(\frac{\Delta\omega}{\omega_0}\right)\right]^2} \tag{6.228}$$

在过耦情况下有

$$P_{in}=\frac{4S_0P_0}{(S_0+1)^2+\left[2Q_0\left(\frac{\Delta\omega}{\omega_0}\right)\right]^2} \tag{6.229}$$

6.6.10 谐振腔加热器的效率

在图 6.118 中示出了一种典型的利用微波加热器从输入功率 P_{in} 中消耗在介质中的功率 P_w 的加热电路。

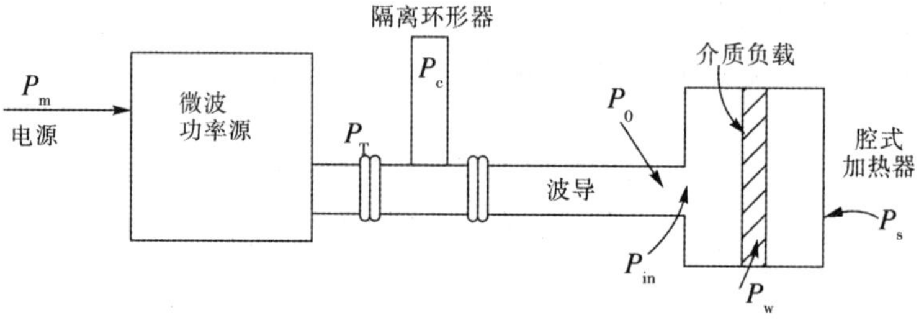

图 6.118 推导效率的功率参量

电源输入功率为 P_m，变成磁控管微波源的输出功率为 P_T，假设外部损耗功率为 P_c，余下的功率 P_0 即是入射到谐振腔匹配孔上的功率。P_c 包括直接耗散在外电路如铁氧体环行器以及由于孔的失配反射的功率（P_0-P_{in}），进入孔内腔中的功率为 P_{in}，耗散在腔内介质负载上的功率 P_w。总电路效率定义为

$$n_0=100\frac{P_w}{P_m}=100\frac{P_T}{P_m}\times\frac{P_0}{P_T}\times\frac{P_{in}}{P_0}\times\frac{P_w}{P_{in}}=100n_g\times n_t\times n_c\times n_a \tag{6.230}$$

式中，脚注 g、t、c 及 a 分别代表源、传输、耦合及加热器，最后三个系数可以归在一起形成总利用效率 n_u，或

$$n_u=n_t\times n_c\times n_a \tag{6.231}$$

式（6.230）中的前两项取决于振荡器的类型及所采用的辅助设备如环行器。比值

$$\frac{P_w}{P_{in}}=\frac{P_w}{P_s+P_w} \tag{6.232}$$

可由下述导出，从式（6.110）及式（6.111）消去U，并记住 $P_s=\sqrt{\omega_0}F$，而 $P'_s=\sqrt{\omega'_0}F$，通过式（6.75）我们有

$$\sqrt{\omega_0}F + P_w = \frac{\omega_0}{\sqrt{\omega'_0}} \cdot \frac{Q'_0}{Q_0}F \tag{6.233}$$

重新整理式（6.233）后得

$$P_w = P_s\left(\frac{\sqrt{\omega_0}Q'_0}{\sqrt{\omega'_0}Q_0} - 1\right) \tag{6.234}$$

利用式（6.234），式（6.232）变为

$$P_w/P_{in} = \left(1 - \sqrt{\frac{\omega'_0}{\omega_0}} \cdot \frac{Q_0}{Q'_0}\right) \tag{6.235}$$

将从式（6.227）得到的 P_{in}/P_0 及从式（6.235）得到的 P_w/P_{in} 代入式（6.230）中，得到谐振时

$$n_0 = \frac{100n_g n_t 4S_0}{(S_0+1)^2}\left(1 - \sqrt{\frac{\omega'_0}{\omega_0}} \cdot \frac{Q_0}{Q'_0}\right) \tag{6.236}$$

理想情况下 $S_0 \to 1$，$\omega_0 \approx \omega'_0$，$Q'_0 \geqslant Q_0$，可得 $n_0 = 100n_g n_t$。然而，在典型的900MHz工业谐振系统中，下列数值可以采用：$n_g = 0.8$，$n_t = 0.95$，$S_0 = 1.5$，$\omega'_0 = 1000$ MHz，$\omega_0 = 915$ MHz，$Q_0 = 50$，$Q'_0 = 10^3$，代入这些数据后可得总效率约70%，对于低效磁控管，更典型的效率约为50%。

6.7 特殊的加热器结构

6.7.1 概　述

在前面的6.4、6.5、6.6三节中，我们已经讨论了常见的几种加热器类型，即分别为行波型、多模谐振腔型及单模谐振腔型。尽管工业微波设备中的大多数都属于上述三种类型之一，但仍存在其他形式，它们在结构上是特殊的，或者是上面讨论过的常见类型的混合体。本节的目的是从许多发表的文献中选择一些，以及少数虽非典型结构，但能在特殊环境条件下在工业中成功应用的加热器以开阔眼界。在以下各小节中，这些加热器的介绍次序无关紧要，因为我们介绍的是单个加热器的专门设计，所以可以分开处理。在介绍各种结构时，我们将列出设计者或使用者的名字，以便读者需要时可在书末的参考文献中查阅他们的原作。

6.7.2 一种改进的 TE_{10n} 双腔谐振型干燥器

在6.6.2节中曾讨论过一种双腔加热器结构，它是基于两个相隔 $\frac{1}{4}\lambda_g$ 的 TE_{10n} 谐振腔将其电场叠加后以产生一接近恒定的场分布的原理。这种双腔装置无论是单个或多个使用，对于处理像纸张、木板、纸板等平板形材料时是有用的。但是，这种系统不

能用来处理像某些纺织纤维或化纤地毯等物品，因为这些物品是靠一种称为限制钉的尖金属钉在其边缘上带着传送的，这些钉子在 TE_{10n}腔中高电场处会引起电弧。这种限制器也保证了干燥的最后阶段纤维尺寸的稳定性。

为了克服在干燥化纤地毯时的电弧问题，Metaxas 等人在 1978 年已对上述双腔加热器做了适当的改进，以适应加热（例如加热地毯时采用限制器）情况下的特殊要求。单腔的输入及输出端已由 T 形接头代替，如图 6.119 所示。在每一腔中，两个 T 形接头的上下两侧等距离地对称配置着两块短路块。在输入端，一块短路板上开有一匹配孔，微波能量即由此馈入腔中，在其对称的平面上则装有一短路板。在 T 形接头的另一端，有一对机械上联动的非接触式活塞相对于 T 形接头对称地安置。开槽的 T 形接头保证限制链及相关的尖钉位于腔体之外，此处的边缘场要比腔内的场微弱得多，所以减弱了电弧的危害。靠近尖钉部分的化纤地毯不可避免地会出现欠干现象，但是这一部分最后会被修整掉以获得所需要的宽度。

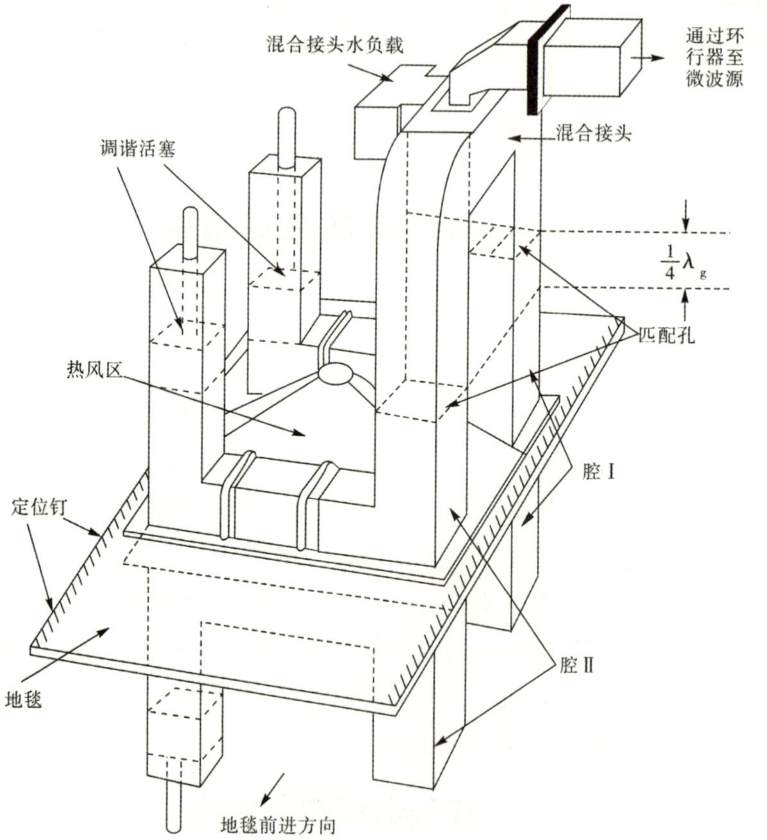

图 6.119　改进后的 TE_{10n}双腔干燥器

测量干燥比重约为 2kg/m² 的塑底地毯时的典型数据如图 6.120 所示，利用这些干燥数据分析了沿地毯横向和纵向微波能在平衡湿度分布时的有效程度。图 6.121 画出了在微波干燥前后湿度差和平均值的百分比的关系，图中直线 *AB* 是一典型情况，*A* 点表示进入微波干燥器时样品上的湿度条件，即具有加 20%的平均湿度而峰值变化为 18%，而 B 点表示通过微波干燥器处理后的湿度条件，即具有 10%的平均湿度而峰值变化为 13%。

若直线 AB 斜率愈陡，则代表平衡程度愈好，当此直线接近水平时则表示微波干燥完全没有平衡，平均湿度在 1%～10%范围内时发现其平衡度最好（Holme 和 Metaxas 在 1979 发表）。

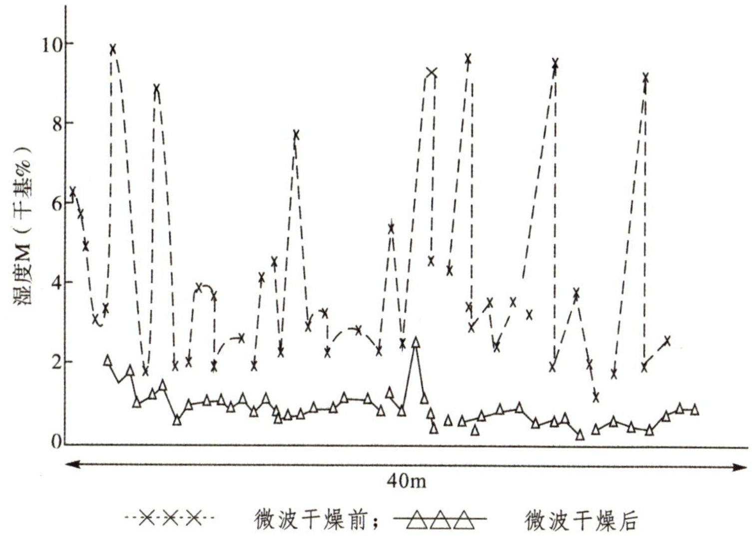

图 6.120　对长 40m、宽 0.9m 以 1m/min 速度用微波干燥处理塑底地毯的结果

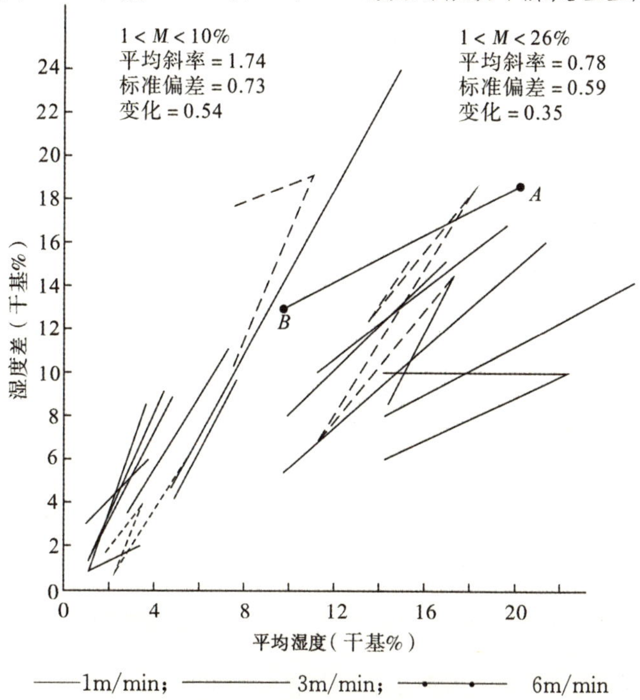

图 6.121　通过双 TE_{10n} 腔干燥器时化纤地毯的湿度平衡

6.7.3 接近截止的 TE_{10n} 加热器

使谐振腔工作在接近截止状态是克服 TE_{10} 谐振腔中沿整个宽度余弦形场分布并产生恒定场分布的一种方法，图 6.122 定性地示出了角频率和相位常数线 β 的关系曲线。O 点代表频率为 1.5 倍截止频率时的典型工作点，该点的角度 $\theta < \frac{\pi}{2}$，而波导波长与截止波长 λ_c 的关系如下

$$\lambda_g = \frac{\lambda'_0}{[1-(\lambda'_0/\lambda_c)^2]^{\frac{1}{2}}} \tag{6.237}$$

这一关系示于图 6.123 中。这里 λ'_0 为自由空间波长。在矩形波导中，截止波长为 $2a$，而 a 为波导宽边尺寸。由图 6.122 及图 6.123 可见，当工作点从 O 点移至 A 点时，$\beta \to 0, \theta \to \frac{\pi}{2}$，$\omega \to \omega_c$，这时波导波长会比正常工作时大很多倍。小心地选择宽边尺寸 a，使得波导波长适当增大，同时使工作点又远离截止值 $\lambda'_0 = 2a$，就能保证稳定地工作。

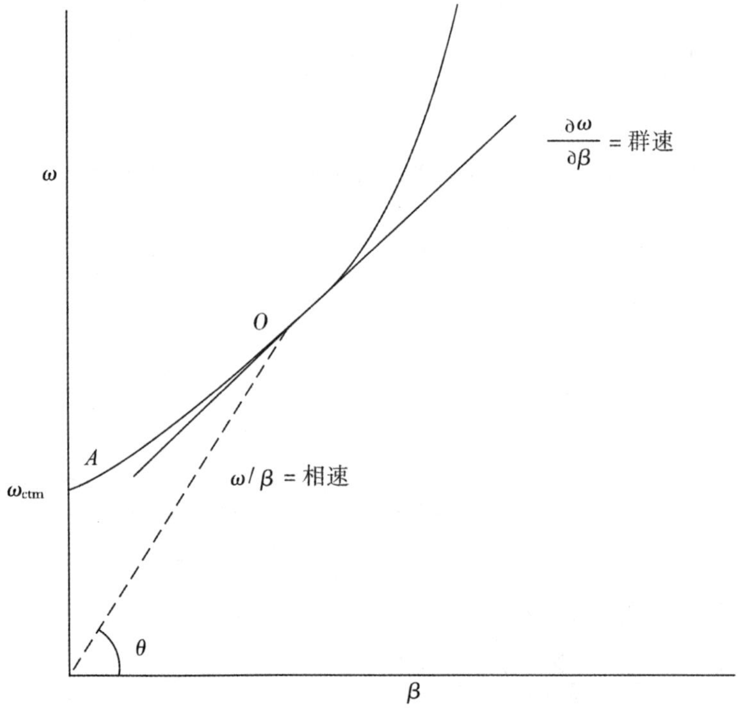

图 6.122　角频率与相位常数的关系

图 6.124 中示出了这种加热器的简图，它包括两边端接的 $\frac{1}{4}\lambda_g$ 短路段，这样可以满足所需的边界条件。向每一短路端看入的输入阻抗为

$$Z_{in} = jZ_0 \tan\beta x = jZ_0 \tan\frac{2\pi x}{\lambda_g} \tag{6.238}$$

式中，x 为短路段的长度，当 $x=\frac{1}{4}\lambda_g$ 时，输入阻抗为无限大，这样就允许沿接近截止波导的长度方向上建立起高的电场值。这种加热器可用来有效地处理塑料薄膜，在偏离波导中心平面的一侧采用介质杆作为频率细调之用。

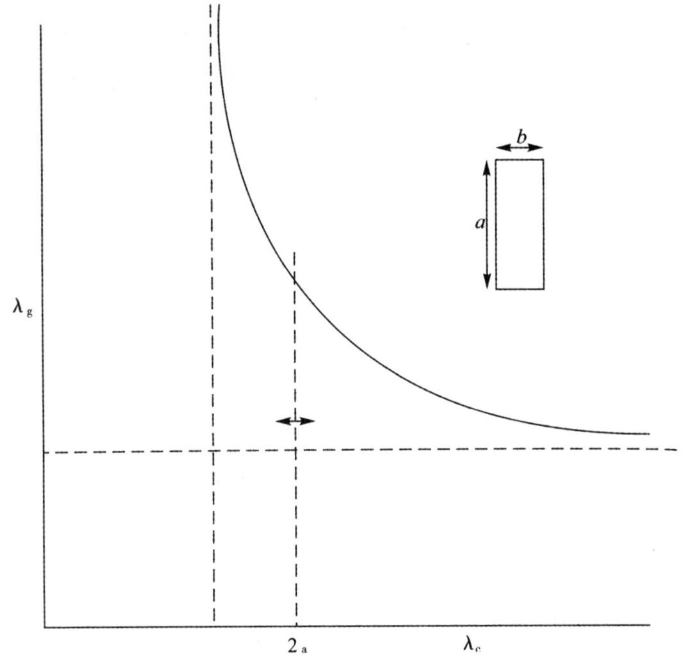

图 6.123 波导波长与截止波长的关系

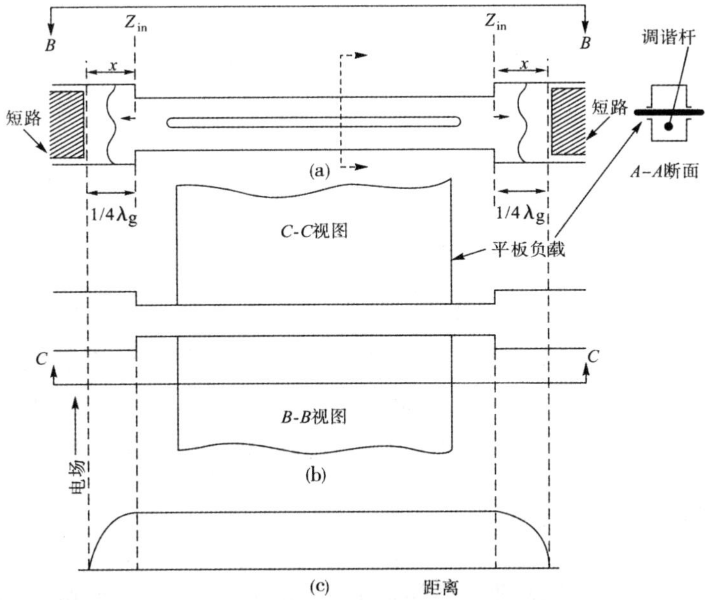

(a) 加热器侧视图；(b) 加热器顶视图；(c) 沿加热器宽度内的电场分布

图 6.124 工作在接近截止条件的波导加热器

6.7.4 周期性结构加热器

当传输线或波导用电感性或电容性电抗周期性地加载时，它们的特性将发生改变，Vankoughnett（1975）等曾介绍过这种结构以干燥低耗的片状材料。电磁波沿这种结构的传播特性与没有周期加载时完全不同。在图 6.125 中示出了沿一平行板整个长度用电感棒加载时的例子。加载结构的传播常数 γ' 与无载结构的传播常数 γ 之间的关系如下

$$\mathrm{ch}(\gamma' x)=\mathrm{ch}(\gamma x)+\mathrm{j}\frac{B}{2Y_0}\mathrm{sh}(\gamma x) \tag{6.239}$$

式中 B——棒的电纳。

波将在不同的方向上传播，而在电感棒之间会建立起一个驻波场，其绝对值取决于电纳的大小。这种电场能够与低耗的薄纸等负载很强地耦合，工作条件是如此选择以保证在频带内存在很强的波衰减。棒的电纳及其周期是从宽频带内使结构与输入波导匹配的观点考虑的。单位长度的衰减要比等效的无棒结构大得多。该结构是采用两节四分之一波长的变换器来实现与输入波导的宽频匹配的。

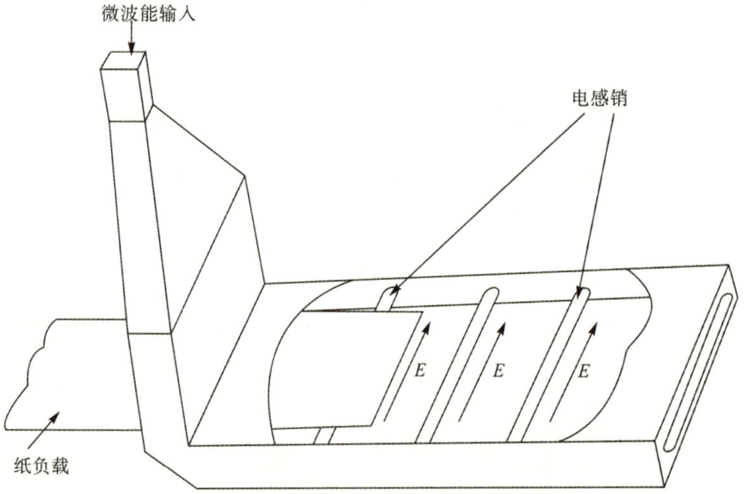

图 6.125 周期性结构加热器

周期性结构的长度是由被处理的工作负载及所需衰减的特性决定的。采用这种周期性结构的加热器，当其工作在谐振状态时，去干燥低耗的工艺纸曾获得极高的利用效率。当输入湿度减小时，效率将大大下降，所以对各种湿度值需要对结构进行调谐。

6.7.5 矩形 TEM 加热器

到此为止，所讨论的多数加热器都是工作在横电（TE）或横磁（TM）模式。然而，工作在 TEM 模式的波导也能有效地用在加热或干燥应用中。在这一模式中，电场和磁场都处在传播的横向。如图 6.126（a）所示，这时壁电流沿纵向流动（即图 6.126

(a) 中流入纸面)，它与传播方向平行。非辐射的纵向槽缝可以用来使平板型材料插入到 TEM 结构中供处理，这种结构也可以像 6.4 节中一样做成曲折型加热器，而且其中心导体对作为通风管道以提高干燥效果改善效率。

Johnston 和 Voss 在 1971 年曾基于上述原理利用矩形同轴波导（工作在 TEM 模式）制成了一种组合形的干燥器，如图 6.126（b）所示。

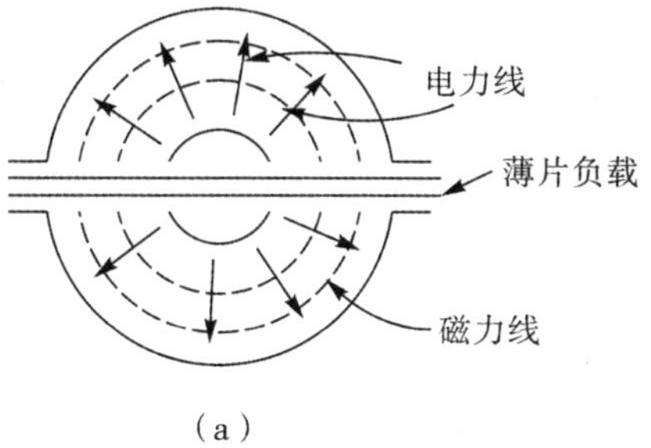

(a)

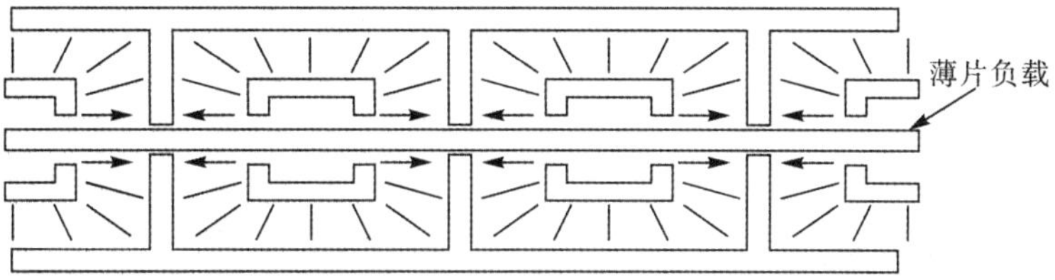

(b)

图 6.126　(a) 同轴圆波导工作在 TEM 模；(b) 同轴矩形曲折加热器（TEM 模）

Altman 在 1964 年提出的微扰理论可用来计算衰减的大小，并发现这一衰减完全取决于矩形内导体相对于外波导的尺寸关系。小心地选择此相对尺寸，可以使单位长度的衰减 α 高于或低于等效波导工作于 TE 模式时的大小。内导体的棱角倒圆可以防止电弧。

6.7.6 脊形波导加热器

波导中的电场分布可用插入金属脊的办法来加以改善。在 6.4 节中讨论曲折型加热器时就曾指出，当处理的材料损耗太大或太小时经常会遇到严重的限制，这是因为损耗太大时，为了使能量沿薄板宽度方向上均匀分布，就会使每一通道的功率耗散太高；而在低损耗情况下，为了合理地吸收有用功率，就要求通道数变得很多，虽然在 6.6、6.7.2 及 6.7.3 节中讨论的谐振结构能够提供可能的解决办法，但在曲折型加热器中引入一定尺寸的脊棱可以拓宽它们的使用范围。

Bleackey 等人在 1972 年介绍了各种脊形结构如图 6.127 所示。在图 6.127（a）中围绕脊棱的电场的增强，它会增加与低耗片状材料的耦合，结果可形成一个比无脊等效结构更紧凑的加热器。间距 a' 必须选择恰当，如果太大，那么耦合不会显著增加；太小则会增大击穿的可能性，当 $1.5b' < a' < 2b'$ 时会产生有效的耦合。

图 6.127（b）示出了因为脊棱引入而产生类似的电场增强现象，为了干燥像窄胶片之类的材料，这种结构能提供好的耦合。如果在离开处理材料处插入两个脊棱，那么可以减弱有效电场，这种情况如图 6.127（c）所示。这种方法可以使有效耦合降低，用于曲折型加热器中适宜处理高损耗的薄片材料，适当地优选参数 b' 及 d 可使耦合降低到任意大小。对于整块材料或在低耗管中流通的液体可以采用图 6.127（d）所示的脊形装置。

为了设计具有特殊性能的加热器，可以在波导中采用不对称的脊棱。

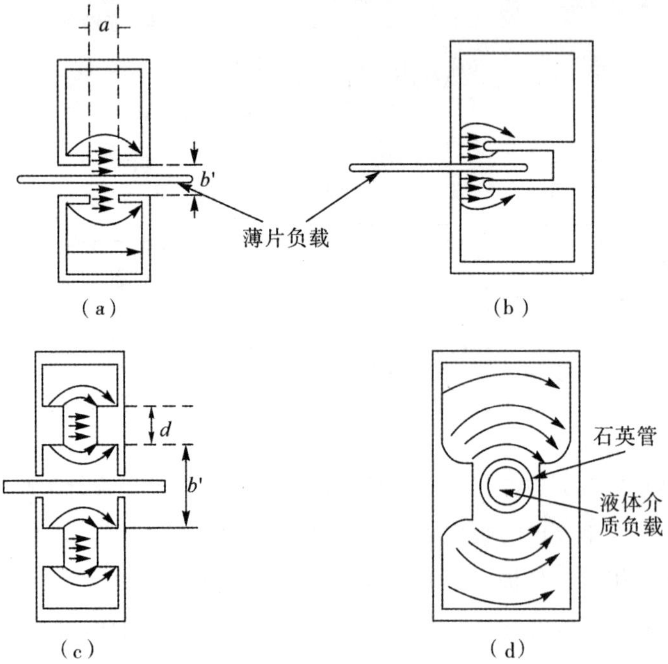

图 6.127　脊形波导加热器

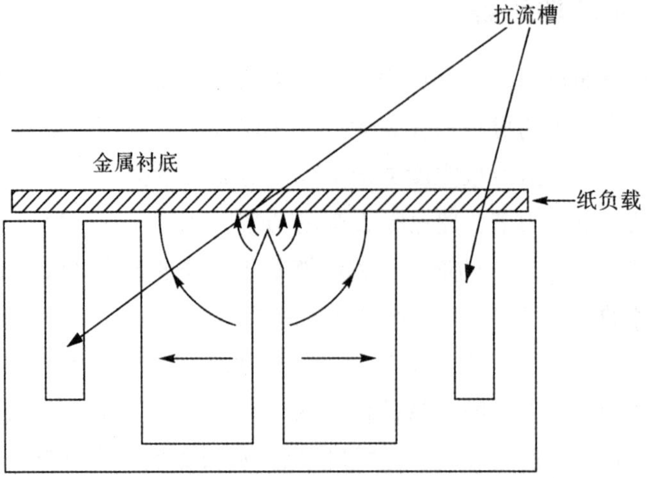

图 6.128　油墨线干燥加热器

如图 6.128 所示的系统是设计用来干燥贴在金属滚筒上的纸上的油墨线（Vankoughett 及 Wyslouzil 1972）的，一个尖锐的单脊使电力线集中到纸上，两边采用抗流槽以限制由于金属衬底和波导壁间建立起 TEM 模式而产生的辐射泄漏。

6.7.7 盘荷波导加热器

用微波处理丝状材料时的困难在于要把功率集中到很窄小的几何尺寸限度内以得到极高的耦合效率。从几何上讲，最明显的加热器是采用工作在 TM_{010} 模式的圆形腔。但是，因为在处理丝状材料时这种腔体的 Q 值通常是十分高的（$>10^3$），所以为了维持谐振有必要采用自动调谐装置。

Vankoughett 等人在 1974 年曾介绍了一种圆盘加载 TM_{010} 腔的加热器，它克服了上述困难，既具有较高的效率，而又无模式控制问题，在谐振模和非谐振模两种模式上均能工作。这种结构的简图示于图 6.129 中，假设有一小的带宽，具有下述的频率色散关系。

$$f \simeq \frac{1}{2}(f_{c2}+f_{c1})-\frac{1}{2}(f_{c2}-f_{c1})\cos(\beta x_d) \tag{6.240}$$

式中 f_{c2}、f_{c1} ——上、下截止频率（通带中）；

βx_d ——结构中每一周期的相移（对基波而言）；

f ——频率；

x_d ——圆盘的间距。

圆盘孔径 $2a'$ 决定了谐振腔的带宽；而直径 $2b'$ 决定了低截止频率 f_{c1}。

当 2 450MHz 的工作频率为 TM_{01} 模通带的中心频率时，这种腔即无其他模式，并在此中心频率上选择每周期的相移为 $\beta x_d=\frac{\pi}{2}$。

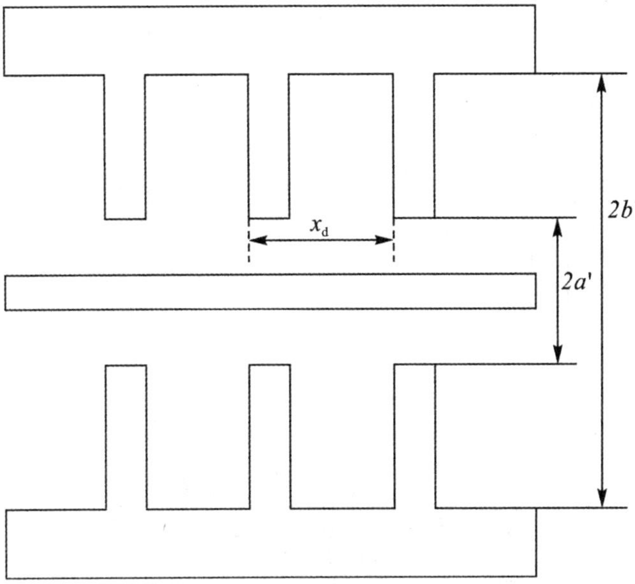

图 6.129 圆盘加载圆波导加热器

当圆盘加截腔体的相速等于自由空间传播速度 c 时，跨越直径 $2a'$ 腔孔的纵向电场基本上是一恒值并为

$$E = \lambda'_0 (480P)^{\frac{1}{2}} / \pi (a')^2 \tag{6.241}$$

式中　P——沿结构传输功率的有效值。

因为内边缘上的边缘场超过 E 时会引起周围空气的击穿，所以在选择尺寸 $2a'$ 时在设计中留有适当的安全裕量。直径 $2b'$ 及带宽是由利用一两端短接的圆盘加载结构的冷测实验所确定的。

能量是通过一个矩形圆形转换接头馈入的，而匹配圆波导与圆盘加载 TM_{01} 腔是靠两节四分之一波长度的变换器来完成的。后者可以匹配高达 50 的由圆盘加载波导端接等于它的特性阻抗的产生的驻波比。完整的加热器如图 6.130 所示，图 6.131 显示了当输出端接匹配负载时的输入驻波比特性。

这种加热器的总体设计增强了它的灵活性，根据所处理丝状材料特性可以采用不同的方法。例如输出端可以短接或端接一匹配负载，或将加热器用作谐振系统，在后一情况下需要在激励源与加热器之间加上自动调谐系统。这种加热器的主要缺点是结构设计复杂及较高的成本。

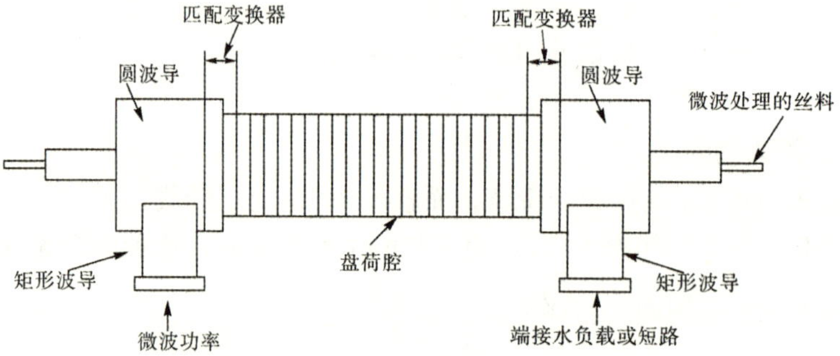

图 6.130　具有输入输出部分的圆盘加载腔式结构的外形图

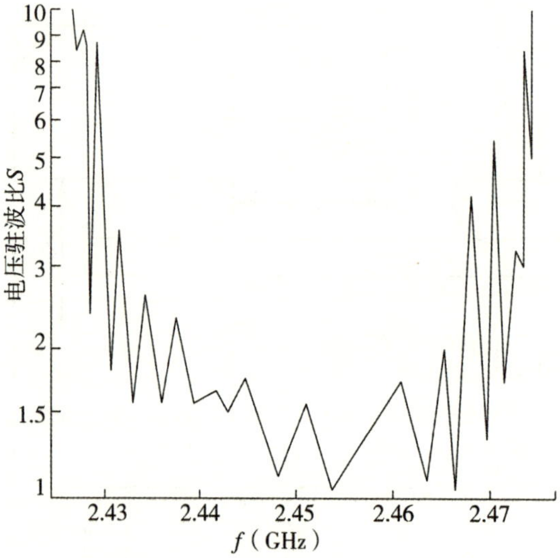

图 6.131　圆盘加载结构输入驻波比的频率特性

6.7.8 介质加载加热器

Vankoughett 在 1972 年提出了另一种为加热丝状材料的更为简单的加热器，如图 6.132 所示。它利用了一根开槽波导在其两端端接一个 E 面弯波导，其开槽波导段部分地填充一种低耗的介质，待处理的丝料置于介质表面中央部位一小槽中，在丝与介质的交界面上会建立起轴向电场，这一电场使能量耦合到材料上。假设矩形波导和低耗介质的损耗可略去不计，则沿丝料表面的功率是按指数衰减的，在长度 l 上的损耗功率 $P=2\alpha l$ ，它等于耗散在丝料中的功率。当丝料中的截面积为 A_c 时，每单位自由空间波长的衰减分贝数由 $\xi A_c\varepsilon''_{eff}$ 决定，这里 ξ 是耦合系数并有

$$\xi=\frac{8.686(E_{rms})^2}{120P} \tag{6.242}$$

式中 P ——波导中传输的总功率；

E_{rms} ——轴向电场的有效值。

为了实现功率向丝料的最佳转移，此耦合系数必须最大，并可从理论上计算出来。已经证明当介质的高度为波导高度的一半时可得到最大的 ξ 值。为了处理低耗丝料，加热器必须工作在谐振模式上，并采用较高介电常数的填充材料。例如在 2 450MHz 时，当介电常数由 2 增加到 4，则耦合系数大约增大 5 倍。

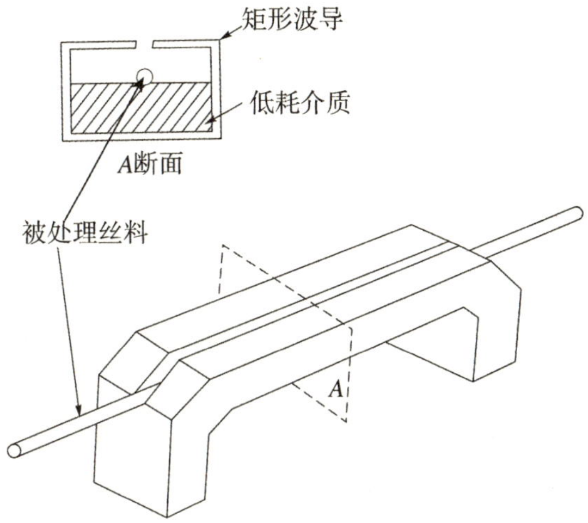

图 6.132 介质加载加热器

低耗介质也已被用在圆波导中以构成具有特殊性能的加热器。图 6.133 示出了两种这样的结构。在图 6.133 (a) 中可以看到在一圆波导管中沿轴向插入一空心的介质管，而微波功率则通过工作于 TE_{11} 模式的另一小圆波导送入（这一小圆波导在图中未画出），被处理的颗粒材料从顶部送入，并由重力作用沿介质管与圆波导壁形成的通道中向下流动，介质管对微波能是透明的，所以微波功率将以混合的 EH_{11} 模式沿由负载

形成的外层空间传输，此功率将由颗粒状材料所吸收。这种混合模式含有轴向的电场和磁场两者的耦合分量。这种加热器被用来处理大豆和其他种子，在105℃以上烘烤两分钟以破坏防腐剂酶的增长。

图6.133 (b) 给出了部分加载圆波导的另一个例子。在这种加热器中，低耗介质层与圆波导管壁相接触，当波导工作在TE_{11}主模式时，这样做可以改善功率流的分布。没有介质层时，在中心部位功率流最大并沿径向单调地下降，这一下降符合$[J'_1(kr)]^2$变化规律。尺寸可与圆波导相比拟的任何介质负载通过波导时，由于功率流的变化会使加热不均匀。

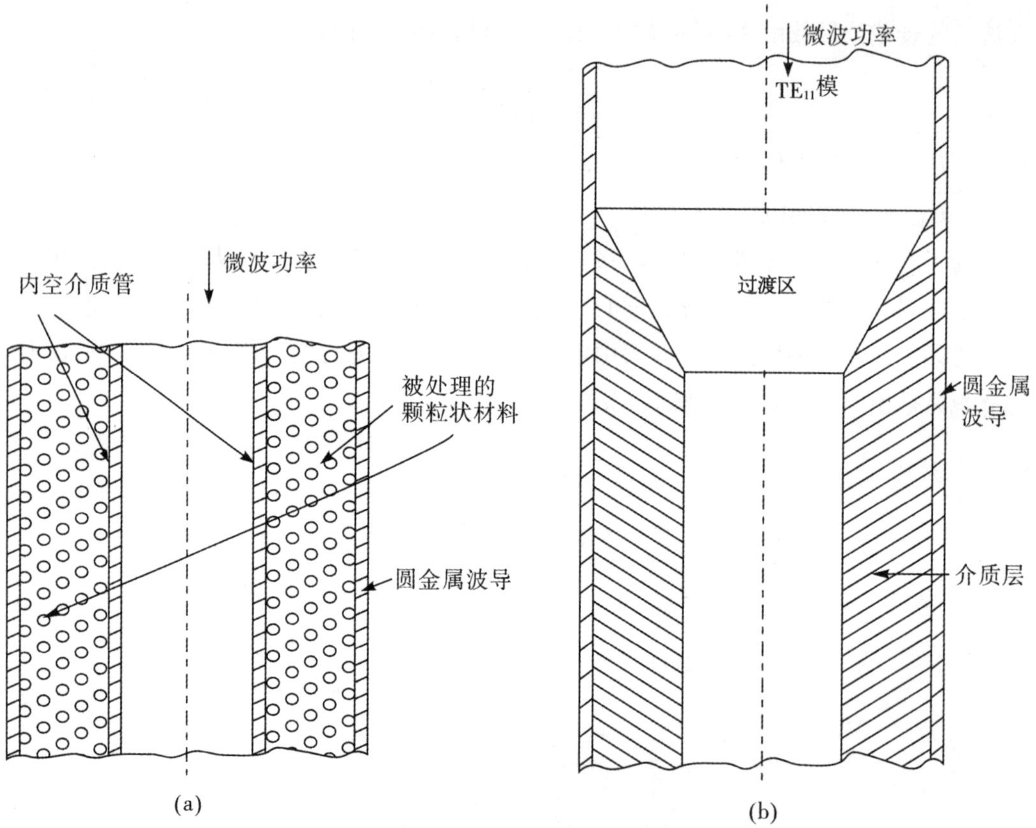

图6.133 部分填充低耗介质的圆波导加热器

为了纠正这个缺点，Gupta在1976年建议插入一介质层，它会改变表面的边界条件，调节介质层厚度时可以避免场的横向衰减。为了使空波导中的TE_{11}模变成介质波导中的最低次混合模，必须将顶部的介质做成渐变段，然而，这将引起功率流在径向、角向及轴向（过渡区内）分布的不均匀。为了克服上述缺点，已经提出了另外的耦合结构。这种具有介质层的波导也能用于工作在对称的TM_{01}模式的圆波导加热器。

6.7.9 行波腔加热器

Suguki等在1975年提出了为微波处理低耗片状及丝状材料以增强电场的一种波循

环的环路。实质上，这种系统由一环形通路组成，微波能通过一定向耦合器馈入此环路中，如图 6.134 所示。材料插入的加热器构成环路的一部分，适当地选择电路参数，在不形成驻波的条件下，可以使环路中环行的功率流比主波导中的入射功率提高许多倍，设 $a_1 \sim a_4$ 及 $b_1 \sim b_4$ 相应为定向耦合器输入/输出的电压，并假定环路中没有反射，则环路中环行波与主波导中入射波之比为

$$b_4/a_1 = \mathrm{j}C_{14}/[1 - T_v(1 - C_{14}^2)^{\frac{1}{2}}\mathrm{e}^{-\mathrm{j}\beta x}] \tag{6.243}$$

式中 C_{14} ——电压耦合系数；

T_v ——电压传输系数；

β——相位常数；

x ——环路的长度。

当 $\beta x = n\pi$ 时，上述比值以及功率比（$(|b_4|/|a_1|)^2$）获最大值。在环路中存在反射的情况下，所需的功率比为 $|b_4 - a_4|^2/|a_1|^2$，将其按相位常数变化绘成曲线有如图 6.134（b）所示的尖锐的双峰响应。用 TE_{10}模的腔作为加热器并构成环路的上半部。在没有任何反射时，功率比将呈现一尖锐的单峰响应，如图中虚线所示。在上述特定情况下，两个峰值相应于谐振在 2 448MHz 及 2 524MHz，其功率比为 1∶4。

为了获得较高的功率比，环绕包括待处理材料在内的整个环路的衰减（定义为 $20\lg T_v$ dB）不应超过取决于耦合系数 C_{14} 的某一极限值。例如当耦合系数分别为 10dB 和 20dB 时，衰减不应超过 0.45dB 及 0.3dB。只有当要求较小的功率比时才允许有较大的损耗。

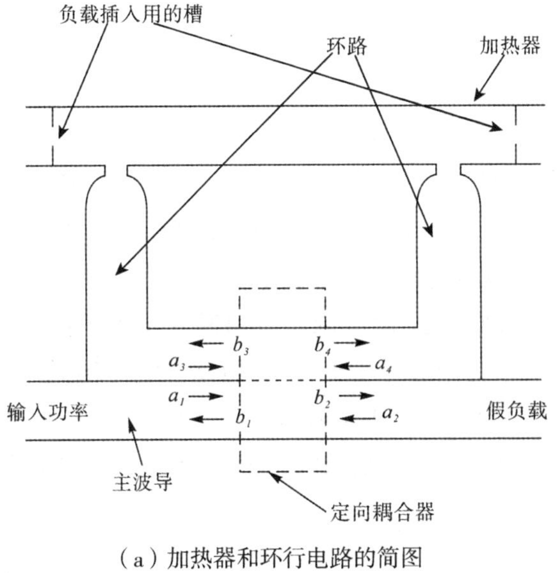

（a）加热器和环行电路的简图

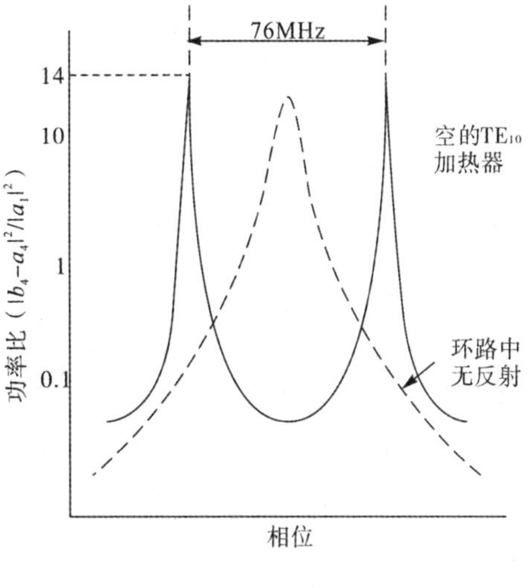

（b）包括环路中反射效应的环流功率比

图 6.134 环行腔的原理

行波谐振腔已经被用来加热尼龙绳，它比等效的非谐振的行波腔更为有效。由驻波引起的加热不均匀性可以忽略。当环路中衰减为 0.5dB 时，采用 1.1kW 入射功率及

一个 10.5dB 的定向耦合器，可得到功率比约等于 9。

6.7.10 螺旋线加热器

根据螺旋线慢波结构制成的加热器已用于橡胶硫化成形（Shute，1971）及加热棉纱或羊毛（Smith 和 Minaee，1976）。这种加热器如图 6.135 所示。一螺旋线慢波结构放在一圆波导中，在圆波导的每一端与一矩形波导直角地相连，作为能量输入及剩余功率送至小负载之用。像行波管一样，其原理是使在输入波导馈入的电磁信号减慢传播速度，并聚集此信号沿螺旋结构行进，这样可以增加在输入/输出波导之间的滞留时间，其结果是使能量与在其中通过的待处理材料有更好的耦合。信号在加热器中的有效速度受螺旋结构的螺距控制，螺旋线输入端的耦合结构通过实验使输入信号的反射达到最小。但是这种结构的主要困难在于不易进行内部清洁。

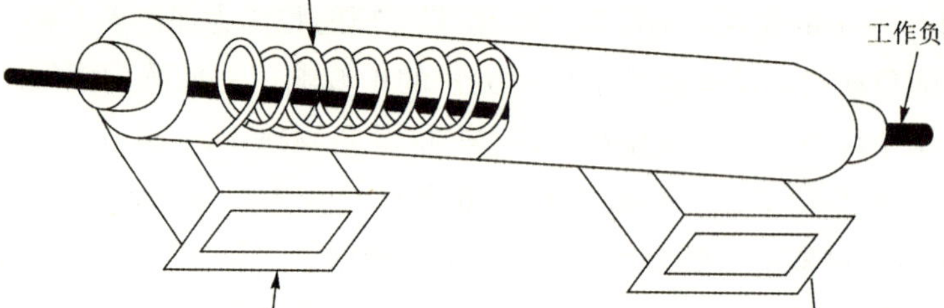

图 6.135 螺旋线加热器

6.7.11 辐射加热器

1. 喇叭加热器

角锥喇叭在衰减型湿度计中广泛地用于潮湿介质样品的发送和接收电磁信号，这种喇叭也能用于微波加热器中。图 6.136 示出了一个由传送带传送负载的隧道式加热器及其相连的单角锥喇叭断面图。严格分析这种系统是相当复杂的，因此这里只指出其相互作用机理。要使这种加热器具有良好的性能，就要求负载和喇叭组合与输出波导即在 $B-B$ 平面上良好地匹配，从电源和环行器来的微波功率通过此平面后最终到达负载。如果匹配不理想，那么将有一部分入射功率 P_0 被反射回去，而进入负载的功率 $P_{in}=P_0(1-|\Gamma|^2)$，这里 Γ 是负载与空气界面上的反射系数。在 $B-B$ 平面上向负载看入的阻抗为

$$Z_{B-B}=Z_{01}\frac{1+\Gamma_e}{1-\Gamma_e} \tag{6.244}$$

式中 Γ_e——BB 平面上有效反射系数。

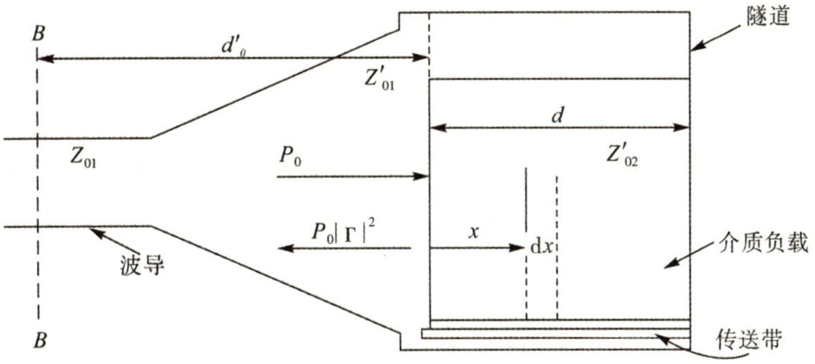

图 6.136 喇叭负载组合体

如果略去喇叭的失配，那么 $\Gamma_e=\Gamma e^{-j2\beta}d'_0$ ，这里 $\beta=2\pi f/c$ ，d'_0 是从 BB 平面至负载空气界面的等效距离。在负载空气界面上的阻抗类似于式（6.244），它等于 $Z_{0z}\mathrm{th}(\gamma 2x)$ ，这里假设负载在远端是短路的。设 $Z'_{01}=Z_{01}$ ，则有

$$\frac{j\beta}{\gamma_2}\mathrm{th}(\gamma_2 d)=\left(\frac{1+\Gamma}{1-\Gamma}\right) \tag{6.245}$$

由式（6.245）可以算出 Γ 。我们可以看到，待处理负载的介质特性（取决于湿度、温度等）在匹配中起着主要作用，因为它们控制着传播常数 γ_2 的大小。

输入功率在介质中按下式衰减

$$P_x=P_0(1-|\Gamma|^2)e^{-2\alpha_2 x} \tag{6.246}$$

式中 P_x——从负载空气界面到距离为 x 处的剩余功率。

在一段小距离 dx 内耗散的功率 $P_x 2\alpha_2 dx$ 应等于式（6.30）值，由此可得在 x 处峰值电场强度的表示式为

$$E_x=\left[\frac{4P_x\alpha_2}{\omega_0\varepsilon_0\varepsilon''_{\mathrm{eff}}A}\right]^{\frac{1}{2}} \tag{6.247}$$

式中 A——负载的截面积。

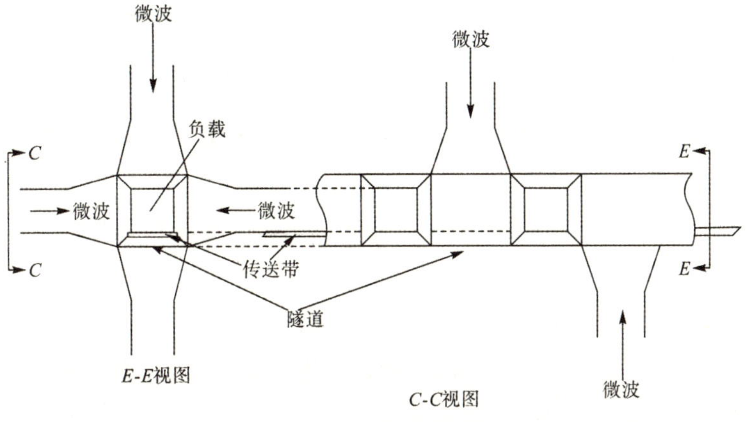

图 6.137 多喇叭加热器

当这种非谐振性组合体用来作为处理厚负载的加热器时，功率必须在负载中消耗

完，以避免第一次通过后从远端短路板上产生大的反射，这将会使负载中产生很不均匀的功率分布。为了补偿这一点，有一类工业处理器不得不将功率从四边交替地送入，如图 6.137 所示。可用功率通过一组三分贝定向耦合器分成相等的四部分，短路板会产生附加的驻波，Meredith 在 1978 年证明了选择短路位置可以补偿这一驻波。

2. 多槽波导加热器

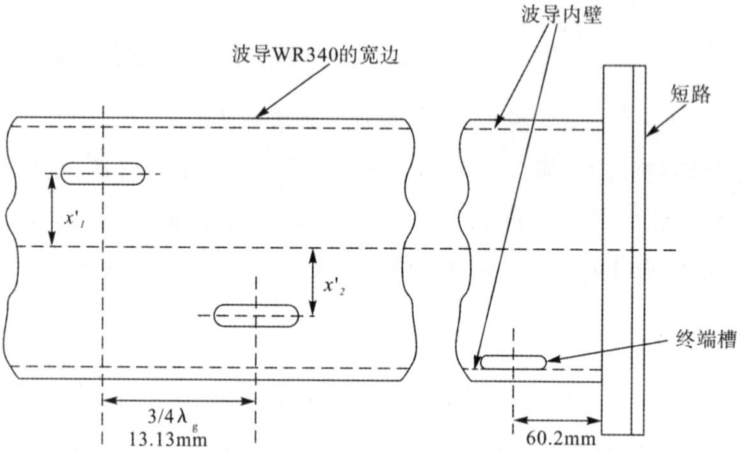

图 6.138　波导辐射器的典型槽对和终端槽

在由单一振荡源馈能的大得多模加热器中，除非精心地设计槽缝及搅拌器的结构，否则，在此系统的箱体内可能会出现不均匀的功率分布。正如 6.5 节中曾讨论过的，采用多磁控管方案能够降低此不均匀性。然而，Rueggeberg 在 1980 年提出了另一种把能量均匀发送到微波炉中的方法，是用开在波导宽边上的一些场辐射槽（裂缝）来实现的。槽对的简图如图 6.138 所示，槽对离中心线的距离为 x'_1 和 x'_2，在2 450MHz 时，槽长约为半波长（自由空间波长），宽约为 6mm。选择这样的尺寸是为了避免在槽中心产生电弧。x'_1 及 x'_2 的距离是通过实验由功率反射测量所确定的，以便使每一槽对的功率跌落相同，这就需要每一相邻槽对都要比前一槽对更远离中心线。而且，为了使槽间的交叉耦合最小以及防止槽的反射，槽中心间的距离应等于 $\frac{3}{4}\lambda_g$ 。初步测量还指出匹配对的槽缝应位于波导中心线的两侧，波导终接在一低反射的槽上，该槽位于距波导末端短路面 60.2mm 处。

图 6.139 示出了两个构造相同的槽缝波导辐射器的辐射功率特性，每个辐射器具有 7 个槽对（即 14 个槽）及 1 个终端槽。这些多槽加热器的输入驻波比大多在的 1.1～1.4 的范围内，即使在最差的情况下，输入到波导中有用功率的 95%都能送入处理箱体中。曾有人用这种辐射加热器的阵列处理宽达 4m 的平板介质，温度变化控制在所要求的平均值 100℃±5%以内。

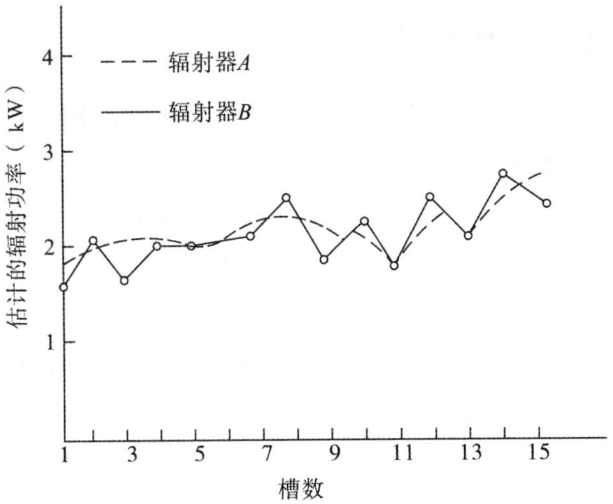

图 6.139 两个相同结构的开槽波导天线系统的辐射功率特性

3. 宽边阵列加热器

图 6.140 所示的是工作于 TE_{10}模式的多段开口矩形波导。它已被用来处理置于传送带上的材料（Puschner，1967）。因为相邻波导段中耦合环旋转了 180°而造成相位返转，使得电场 E 是单一方向的，所以在末端处电场陡峭上升，使得材料边缘的加热更为均匀。微波功率是通过一个公共的短路同轴线送入这些波导段中。

在（2）及（3）所述的系统中，只有当功率在各槽缝间的分配为各槽缝负载阻抗（该阻抗在封闭的腔体或炉灶中负载很轻时容易变化）的函数并当炉灶负载吸收很高时，才是有效的。

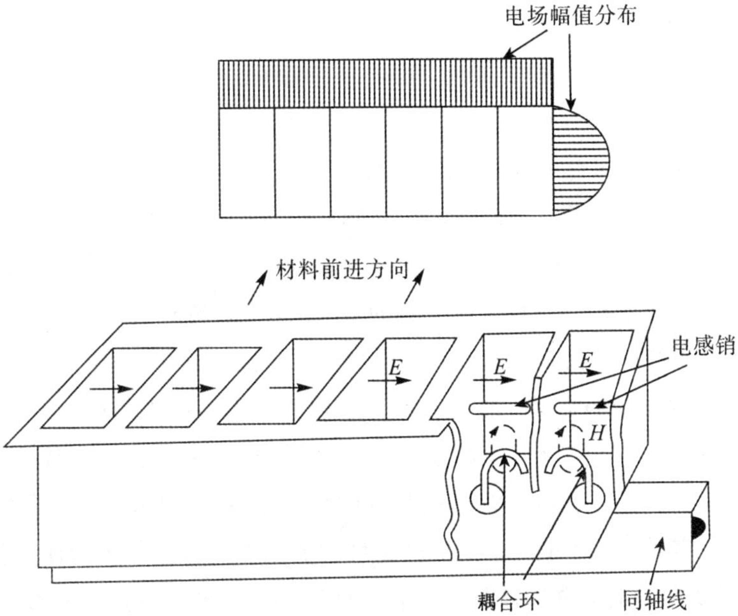

图 6.140 宽边阵列加热器

6.7.12 椭圆和球形加热器

在过去，有人曾考虑过用椭圆和球形谐振腔作为专门的微波加热器，因为它们具有相当确定的电场分布和高的功率密度。

椭圆截面柱形腔体的最大优点是可以得到比圆截面少得多的模式简并。例如，在前者的腔体中，TE_{10n}和TM_{11n}的模式没有简并。在椭圆截面波导内，所有可以利用的模式，对 $TM\binom{e}{0}_{11n}$ 模给予了特别的注意，因为它们具有相当确定的电场分布(Kretzschmer 等，1971)，其中一个例子如图 6.141 所示。由图可见，纵向电场 E_z 有两个最大值。脚注 e 和 0 代表偶次模和奇次模，它们分别具有与长轴和短轴对称的纵向电场 E_z 。

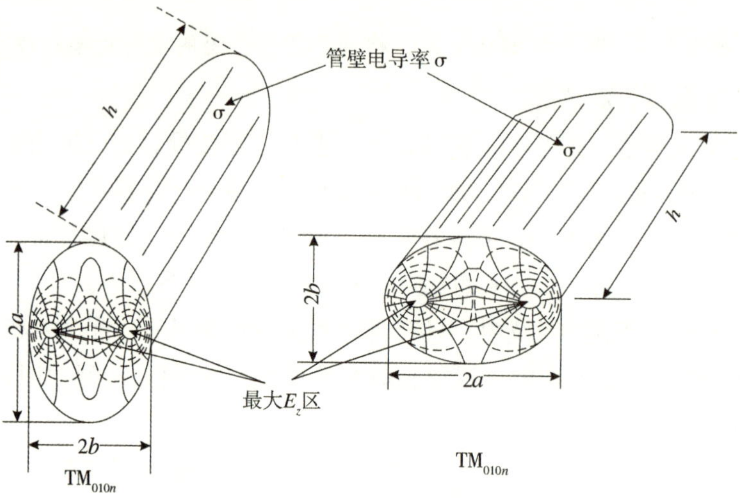

——电力线；———磁力线

图 6.141 具有椭圆截面的柱形腔

介质负载的插入无疑地将会扰动场的分布，并降低其绝对值。但是，由于这种部分加载腔体在理论上处理的复杂性，Kretzschmer（1972）将他的分析限制在椭圆截面的空心柱面波导腔体，并根据其他参数如椭圆长轴尺寸 $2a$ 、椭圆率 e 、壁电导率 σ 以及耦合到腔体中的功率 P 等计算纵向电场的最大值 E_{zm} 。对于 TE_{e115}模式这种数据的典型示例绘于图 6.142 中。由该图可得出几点结论，例如当椭圆率给定时，存在有长轴 $2a$ 的最佳值，这时相应的 E_z/P 最大。因为此最佳值接近截止条件，所以必须小心对待，当腔体是空心时，应选择工作点处于曲线最大值的右面来考虑负载插入后的影响。图 6.142 清楚地表明，对于给定的模式和椭圆率，随着长轴的增加，场的最大值将减小；而当长轴一定时，电场最大值随椭圆率增加而增加。与圆截面的柱形腔体相类似，在 $TM\binom{e}{0}_{01n}$模式中，最大电场存在于轴上；而 $TM\binom{e}{0}_{11n}$模式的电场则有两个最大值与中心对称。对偶次模，电场处于长轴上；对奇次模，电场则处在短轴上。

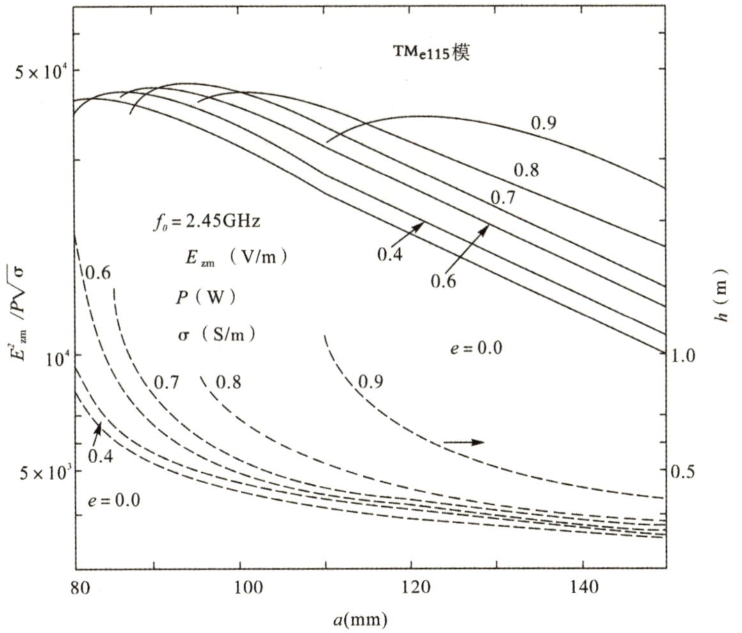

图 6.142 纵向电场最大值的变化以及 TM_{e115} 模式腔体长度（虚线）与半长轴的关系（以椭圆率为参变数）

对于椭圆截面柱形腔体的许多模式 Q 值已经由 Rengarajan 和 Lewis 在 1980 年用微扰理论通过式（6.110）解决了。他们的数据指出，对于 TE_{0111} 模式，Q 值随椭圆率的增加而增加；对于 TE_{e01n} 模式，有较大的 Q 值。

在需要更大的聚集微波能量时，例如在加热小的生物学、地质学或食品样品时可以应用球形腔。Hamid 等人在 1971 年探索利用一工作于 TM_{e11n} 模式的扁长的球形加热器的可能性，正如所期望的那样，这种加热器存在两个焦点，微波能被聚集在这两点上，所以适用于同时加热两个样品。利用 Jackson 在 1962 年发现的近似方法，他们计算了腔体的 Q 值，即

$$Q = (\mu_0/\mu_c)(V_c/A_c\delta_s)F \tag{6.248}$$

式中 μ_c ——腔壁的磁导率；

V_c ——腔体的体积；

A_c ——腔体的表面积；

δ_s ——集肤深度；

F ——几何常数。

对于 TM_{e11n} 模式，这一方程变为 $0.732(a'/\delta_s)$，这里 a' 是球体半长轴的尺寸。所建立起来的原型腔体工作在 915MHz，能量耦合采用在与磁力线垂直的平面内安放一磁耦合环，这种耦合装置比采用电探头耦合好，因为后者可能激励起其他不需要的模式。考虑到负载的失谐效应，用沿长轴（该处磁场最大）插入一金属杆来调谐。扁球腔体的输入阻抗如图 6.143 所示，由图给出空载 Q 值为 860，这比用式（6.248）计算的理论值要小得多，这是因为电导率和其他表面缺陷的存在造成的。

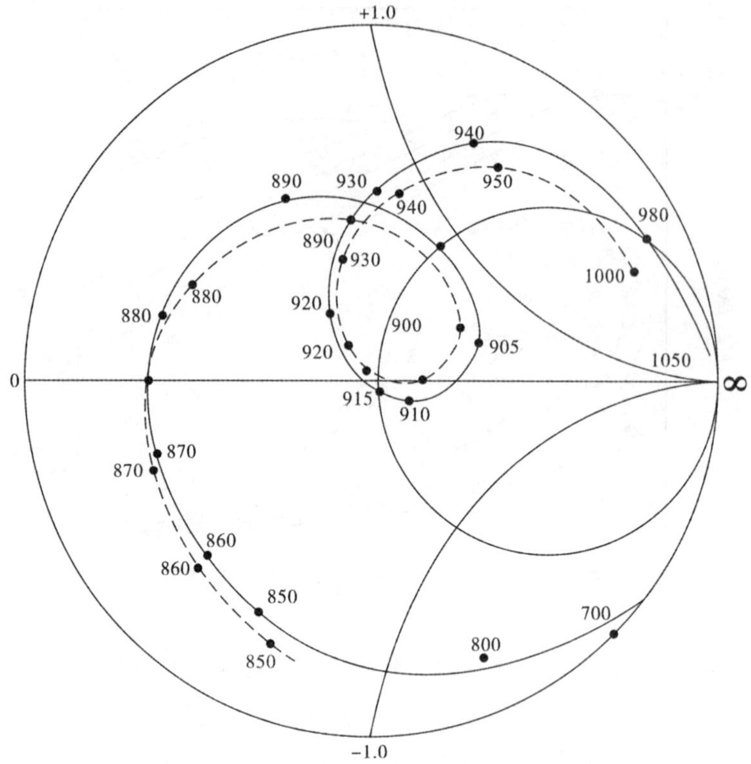

图 6.143　扁球谐振腔的输入阻抗与频率的关系

用直径为 5mm 的金属球沿长轴微扰，可得出电场分布图形，发现有两个电场集中点，介质应放置在这些地方以得到最大的耦合效率。利用直径为 25mm 的塑料球内充以水作为模拟负载时的驻波比如图中的虚线所示。

6.7.13　其他腔体和耦合槽的形状

为了有效地处理大直径陶瓷和玻璃样品，Thiebaut 等人在 1979 年介绍了一种封闭的槽沟型波导谐振腔，如图 6.144 所示。在这种腔体中，电场 E 沿负载轴向极化，而磁场 H 则集中在槽沟附近，这就使磁场储能增加，因为谐振时电场储能必须等于磁场储能，所以槽沟的存在也增加了电场的储能。因为壁电流流过的表面积的增加要比体积的增加少，所以提高了 Q 值，可达 10 000。单孔耦合的耦合系数低，此外还会在槽沟腔中引入寄生模式，为避免这一点，微波能可通过一过渡段再送入腔中，这样就可以将 TE_{10} 模变换成槽沟波导模式，并且采用多孔耦合结构以提高耦合系数。

一个工作在 36GHz 附近的小原型腔的反射功率与频率的关系如图 6.145 所示。由此图可以看出，没有任何希望得到的 TE_{11n} 偏离的其他模式，而 TE_{11n} 模式则是通过选择多孔耦合系统在腔内激励起来的。而且只要精心的选择槽沟尺寸，就可以很方便地调整电场分布图形。一个工作在 2 450MHz 的槽沟腔体，用 500W 微波功率处理直径为 30mm 的陶瓷或玻璃样品，三分钟内即可使其软化。

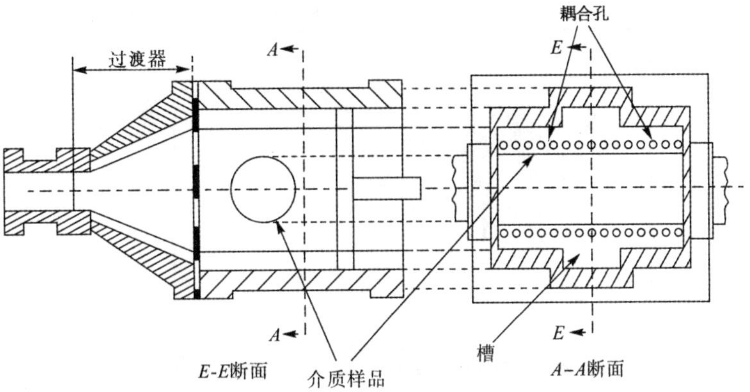

图 6.144 具有多孔耦合的槽沟谐振腔

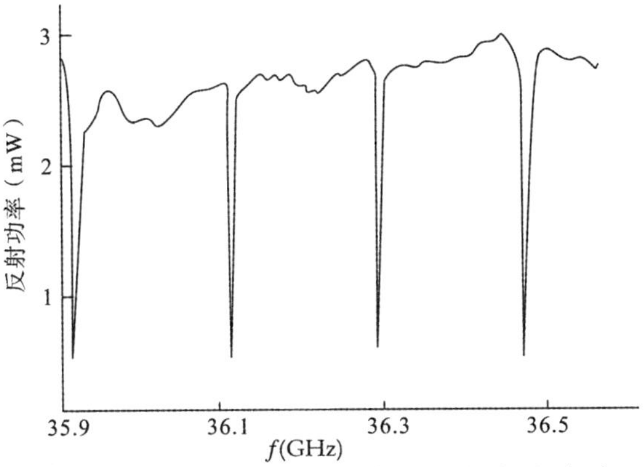

图 6.145 槽沟腔体反射功率与频率的关系

Vaorinen 和 Bruce 在 1976 年也介绍了一种 X 波段新的耦合装置原型，用于加热液体的 TM_{010} 圆柱谐振腔中，耦合是由矩形波导中磁场的纵向分量通过两个对称的曲线形槽缝提供的，如图 6.146 所示。这种耦合系统可以排除在 TM_{010} 腔中建立起不希望的 TE_{11} 模式。附加的耦合也从送入待处理材料的送料口中得到。圆形腔还可以利用另外的耦合器加以对称地激励，这种组合耦合器比单耦合器能提供更均匀的加热效果，腔体尺寸的选择使得在没有负载加入时，TM_{010} 模式截止，将该腔适当的缩尺到 2 450MHz，可用来处理水－硫黄及其他液体混合物。

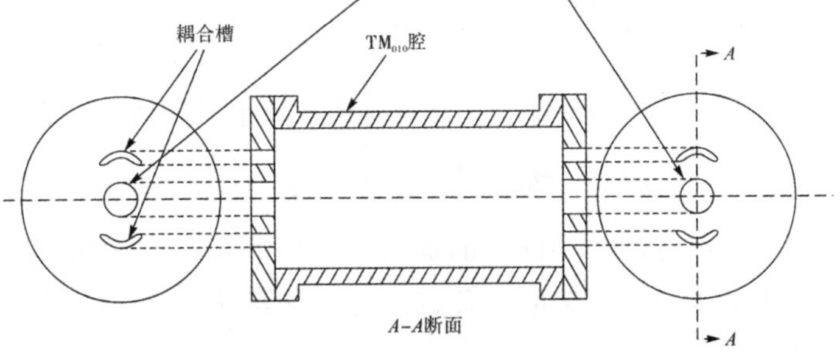

图 6.146 两边双槽耦合的 TM_{010} 谐振腔

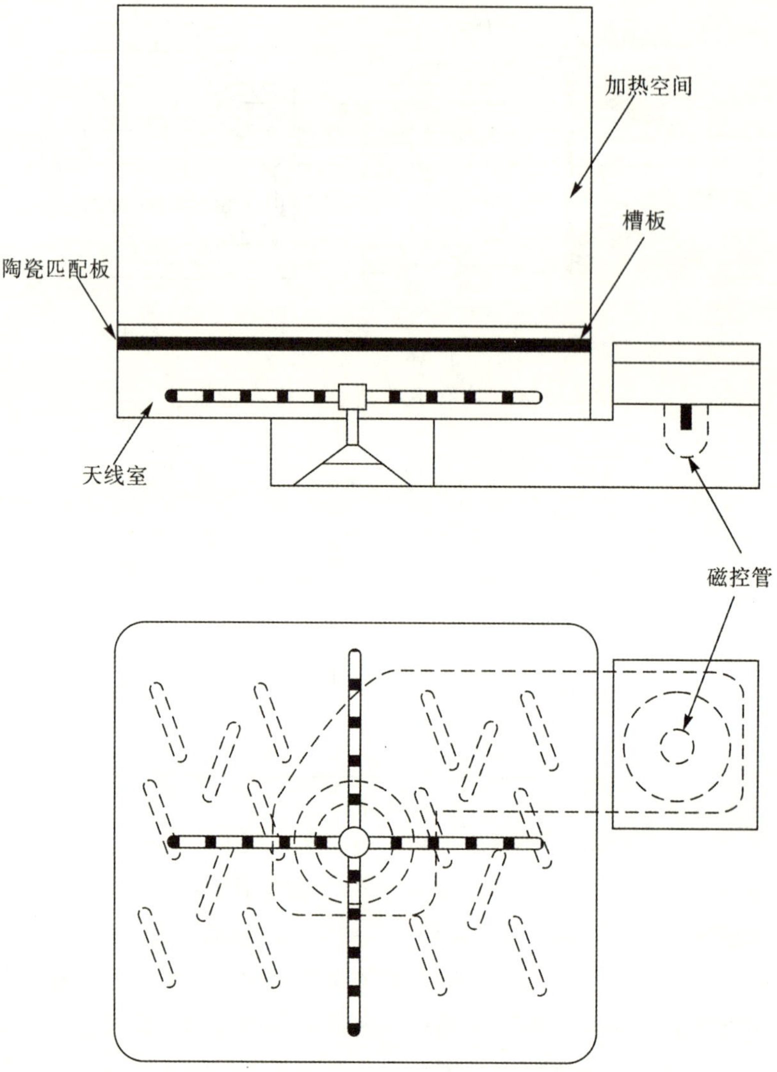

图 6.147　利用一近场加热器的微波腔

Risman 在 1974 年介绍了一种近场型的多槽加热器，它将微波能馈入一个非谐振型的炉箱内来加热用纸或塑料包装的小食品，这种装置如图 6.147 所示。微波能由磁控管振荡源送到一个高度很矮的天线室中，再经由一门钮型过渡器传至 X 形天线，然后能量经由图 6.147 所示排列的一些 $\frac{1}{2}\lambda$ 谐振缝馈入非谐振箱体。该系统的主要特点是无负载时每个槽都与天线室匹配得不好，当箱体空载工作时，箱体中的电场强度很低，而且在炉中的场分布是对称的，不同食品加入时只引起很小的变化。然而，这种系统只是设计用来处理用纸或塑料包装的薄负载。微波能量从一边透入及它的近场结构使其不宜于处理厚的负载。

Risman 在 1978 年也介绍了一种结构紧凑的圆柱形加热器用以干燥小食品，在干燥期间激励的模式要变化，在干燥的开始阶段主要是 TM_{011} 模，而干燥的后期变成 TM_{010} 模。

6.8 击穿现象及真空处理

6.8.1 高频击穿现象

1. 引　言

众所周知，足够强的射频和微波电场能使气体击穿并形成一种导电媒质，根据各种不同的情况，这种导电媒质常取各种名字如电弧、等离子体、电晕等。下面除了讨论特殊类型以外，我们将采用“放电”这个常用的术语来描述这一过程。在高频下对这些机理的基本分析超出了本书的范围之外，可在 Francis（1960）、Brown（1966）、McDonald（1966）及 Von Engel（1965）等的文献中找到。这里只限于探讨与微波加热应用有关的问题。

一般地说，与工业加热应用有关的有两类高频（即射频及微波）促使放电现象。其中一类是有益的，另一类则是有害的。在有益一类中，等离子体形成了反应区，在这个区域内可以产生所需的化学反应，以生产专门的产品。这些过程包括：产生气体原子、未饱和碳氢化合物及碳氟化合物的合成以生产乙炔、将废氯变成氯气、煤的分解、单体的聚合、等离子体表面反应及其他专门的有机及无机合成反应（Hamblyn 等，1975）。

属于有害一类的包括：在加热器中不希望的击穿效应，在真空处理中，反应容器内的气压低于大气压，高频电场击穿场强大大降低，当气压向大气压方向增加时，气体击穿的可能性减弱。但是，在某些条件下会有利于击穿，比如在有尖锐金属物存在的场合，在中等电场强度 100kV/m（1kV/cm）下，也可能在大气压下产生电晕或电弧，尽管此电场看起来远低于短间隙（10^{-2} m）的两平行板电极之间的击穿强度，即 3000kV/m 或 30V/cm（Craggs，1978）。这种效应显然是有害的，因为它表示功率的损耗，并有可能损坏产品和加热器。

2. 放电类型

在压力为 0.1bar 到一个大气压范围内，高频放电可在玻璃容器内得到，只要在容器内（或外部）的两个平板电极上加上振荡电场即可。图 6.148（a）（b）示出了这种情况（Metaxas，1968），或在绕在容器外的线圈中通以高频电流后感应引起放电，如图 6.148（c）所示（Francis，1960）。在后一情况下，放电分为两个步骤：开始时电流较小，在纵向出现暗淡的稀薄放电；而当电流增大到超过某一极限值时，就转变成明亮的环状放电，在有氢气的情况下，会出现原子谱线（Chandrakar，1965）。在大气压下这种感应放电也称为“等离子体火炬”，并发现应用在单晶生长及粉末球化处理中(Beguin，1967；Hamblyn，1977)。

在微波频率时，如图6.148（d）所示的谐振腔或短波耦合器被用来将能量馈入放电容器中，无极放电具有独特的优点，因为它与电极效应无关，所以，它更适合于工业处理。

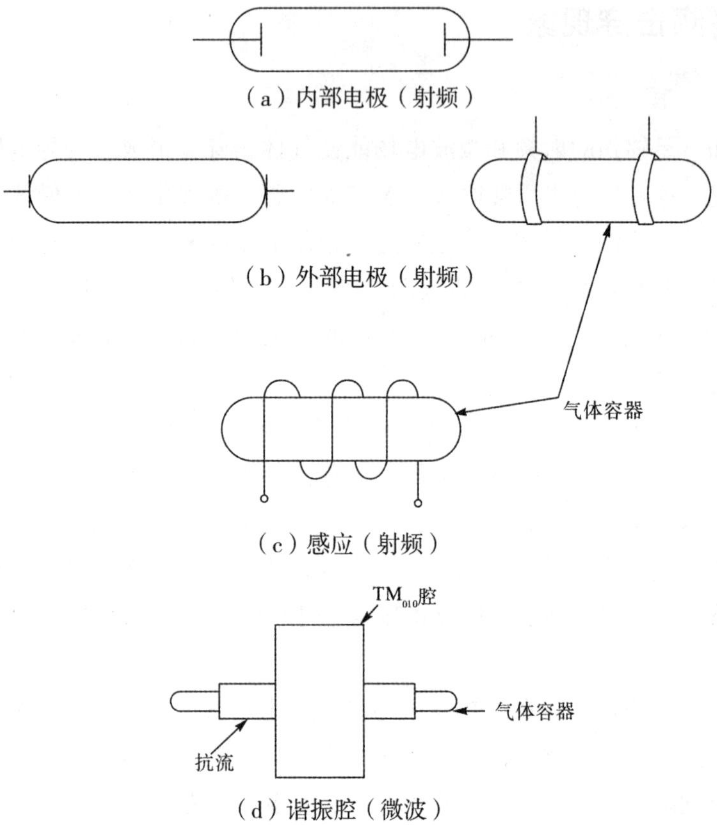

图6.148　高频放电容器

3. 电荷产生率和损失率

高频放电中的击穿机理取决于许多因素，如压力范围、放电类型等。不可能用一种普通理论将所有不同类型的放电都有效地包括进去，但重要的公共因素是在反应容器内由于碰撞过程而建立起来的电子浓度，这个浓度的建立可用电子的连续方程写成最一般的形式

$$\frac{\partial n_e}{\partial t} = \sum_i P_i - \sum_j L_j + Q_i \tag{6.249}$$

式中　$\sum_i P_i$——每秒钟内电子与原子或分子碰撞过程产生电荷的总和；

$\sum_j L_j$——每秒钟内电子与原子或分子碰撞过程中损失电荷的总和；

Q_i ——某些外部作用（即宇宙线）的电子产生率；

n_e ——电子浓度。

电子与气体分子弹性碰撞的结果使电子从电场中获得能量，因为这些碰撞使电子有序的振动变为随机的运动，但是，相位变化而获得的能量开始时大于碰撞时损失的能量，所以在每次碰撞后平均能量还是增加了，直到从电场中获得的平均能量等于碰撞损失的能量为止。

通常，电荷产生过程的主要形式假定是电子与稳态的分子相碰撞，虽然已经证明，在某些气体中，电子与受激的或亚稳态的原子碰撞对总电离率有重要贡献（Vidaud de Plaud，1967；Metaxas，1968）。但是，在气相中，电荷的损失机理主要是向管壁扩散、体积或管壁上的复合、附着等，在不同压力下其中每一种都可以占主导地位，这些机理中每一种在代入式（6.249）中 L_j 后能得出一个连续方程，它给出了一个具体类型过程相联系的 n_e解。

4. 扩散受控放电

下面对压力为 13～4 000Pa 范围内的情况做一些较为详细的研究，这一范围是过去广泛用于等离子体化学研究中各种等离子体反应时的压力。在一般的容器中，电子的平均自由程和振动幅度比容器尺寸小得多，振动频率大于外加频率，主要的损失机理是电荷向容器壁的扩散，复合通常很少，除非电荷浓度很大。在这些条件下，电子的连续方程变为

$$\frac{\partial n_e}{\partial t} = z_i n_e + D_e \nabla^2 n_e + Q_i \tag{6.250}$$

式中 z_i ——每一个电子引起的产生率；

D_e ——自由电子扩散系数。

假设接近击穿的过程很慢，以致在击穿之前发生 $\frac{\partial n_e}{\partial t} = 0$，于是连续方程（6.250）变为

$$z_i n_e + D_e \nabla^2 n_e + Q_i = 0 \tag{6.251}$$

该式在一维的解为（Metaxas 1968）

$$n_e(x) = \frac{Q_i}{z_i} \frac{\cos\left(\frac{z_i}{D_e}\right)^{\frac{1}{2}} \cdot x - \cos\left(\frac{z_i}{D_e}\right)^{\frac{1}{2}} \cdot \frac{d}{2}}{\cos\left(\frac{z_i}{D_e}\right)^{\frac{1}{2}} \cdot \frac{d}{2}} \tag{6.252}$$

式中 x ——从间距为 d 的两平板电极的中心平面算起，式（6.252）是假设在 $x = \pm \frac{d}{2}$ 处的 $n_e = 0$ 时得到的。

击穿通常定义为电子浓度 n_e 上升到极高值时产生，这一条件为

$$\left(\frac{z_b}{D_e}\right)^{\frac{1}{2}} \cdot \frac{d}{2} = \frac{\pi}{2} \tag{6.253}$$

或

$$z_b = \frac{D_e}{\left(\frac{d}{\pi}\right)^2} = \frac{D_e}{\Lambda^2} \tag{6.254}$$

式中　b——表示击穿；

Λ——特征扩散波长。

对于半径为 R 、高度为 h 的圆柱体来说，其特征扩散波长为

$$\frac{1}{\Lambda^2} = \left(\frac{\pi}{h}\right)^2 + \left(\frac{2.405}{R}\right)^2 \tag{6.255}$$

D_e 及 Λ^2 容易确定，所以 $\frac{D_e}{\Lambda^2}$ 实际上就是量度在击穿场强下每一电子的电离率 z_b 。一旦放电被触发，维持放电所需的电场 E_m 就要比击穿电场 E_b 低得多，并且在等离子体的主体（即阳极区）中荷电粒子（电子和离子）的运动现在就由双极扩散所控制。这个机理有大大减慢电子速度而略为增大离子速度的效应，图 6.149 示出了一组对氮在 16MHz 和 Λ =3.1mm 时的 E_b 及 E_m 的典型数据，电场用峰值表示。

5. 扩散受控放电的击穿机理

高频扩散受控放电的击穿通常是按照电子密度趋于无穷而导致由式（6.254）的击穿关系的准则来定义的，这是一种对高频情况下击穿机理真实本质的粗略简化，这样易于接受，就像通常直流放电中发生的正常汤生（Townsend）放电击穿机理一样，而没有指出其基本的差别。这是因为在高频情况下没有像直流情况中的正离子反馈倍增效应，后者冲击阴极时会产生二次电子，它们同一次电子一样，以同样方式使气体分子电离，所产生的离子又返回阴极产生更多的电子。

高频击穿的一种可能的机理如下：假设在击穿前 n_e 的变化很慢，即 $\frac{\partial n_e}{\partial t} = 0$ 按连续方程式（6.251）可对 n_e 求得一三角解，此解满足低于击穿以前即 $E < E_b$ 时的电场，如图 6.150（a）所示，气体的电离率等于扩散损失率。激发也同时产生，但由于 n_e 很小，所以发生可见光的受激粒子数也是很少的，看不到辉光。在这种情况下 Q_i 确定了 n_e 的大小，但从式（6.254）可见，它不影响 E_b 值。开始击穿的电子浓度 n_{e0} 由式（6.252）给出，展开分母中的余弦项，$z = z_b$ ，重新整理后有

$$1 - \frac{Q_i(\text{余弦项})}{n_{e0} z_b} = \frac{z_b d^2}{8D_e} \tag{6.256}$$

式（6.256）是对 n_{e0} 在约 133Pa，$z_b = 10^6$ 秒$^{-1}$时得出的。从式（6.256）可以看出，在 $E = E_b$ 时，比值 $\frac{z_b d^2}{8D_e}$ 常常接近于 1，除非

$$10Q_i(\text{余弦项}) \geqslant n_{e0} z_b \tag{6.257}$$

或 $$Q_i \geqslant 10^5 n_{e0} / \text{余弦项} \tag{6.258}$$

由于 Q_i 通常很小，式（6.258）表明，到达击穿场强时，不管初始电子密度及 Q_i 的大小如何，击穿的临界条件总是满足的。

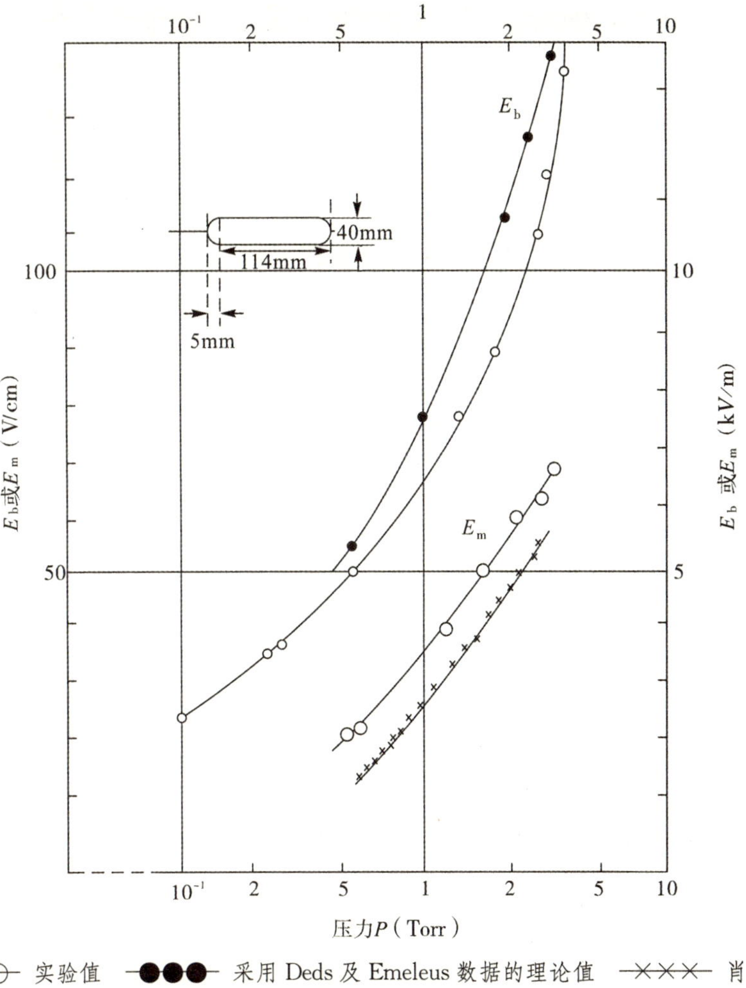

图 6.149 氮气的击穿和维持场强的理论及实验曲线（$f = 16\,\text{MHz}$）

当电场刚超过击穿值时，每一个电子的产生率 z_b 超过了扩散引起的损失率，这时就会引起电子浓度的急剧增大；扩散损失是足够慢的，它不影响 n_e 的增长，在倍增过程中，电子浓度由连续方程控制

$$\frac{\partial n_e}{\partial t} = z_b n_e \tag{6.259}$$

因此可得

$$n_e = n_{e0} e^{z_b t} \tag{6.260}$$

式中 n_{e0}——增长过程前的初始电子浓度。

一旦电场刚超过击穿值，立即产生了快速的增长过程，使得 n_e按指数规律上升到一个很高值，例如，$z_b=10^6\ m^{-1}$，$n_{e0}=10^8\ m^{-3}$。假设击穿发生在 $n_e=10^6\ m^{-3}$，由式（6.260）得出增长过程的时间为 11×10^{-6}s。实际上，电子浓度受外电路能提供最大电流的限制。在发生击穿后，由于 n_e 很高使得激发大大增强，其结果产生了可见的辉光。图 6.150（b）示出了 n_e 随时间的大致变化。实线表示在一实际电路中电子浓度随时间的变化情况。

概括地说，式（6.252）描述了 $E=E_b$ 时电子的分布情况，n_e 因为倍增迅速增大而式（6.260）控制其增长情况，扩散损失是不重要的，击穿后，电荷的运动受双极扩散所控制。

一方面，当压力超过约 1.3kPa 时，主要的损失机理是体积复合及附着，它们要比扩散损失大得多；另一方面，当压力低于 1Pa 时，在一般容器中的平均自由程将大于容器的尺寸，这时主要的损失机理是管壁上的复合，而体积扩散、复合及附着损失这时变为次要的（Francis，1960）。在压力足够低时（即低于 0.1Pa）电荷产生的主要形式为容器壁的二次发射（Gill 等，1948）。

6. 在加工设备中的高频放电效应

前面已经叙述了在气体容积中导致击穿和完全发展成放电的维持过程的一些问题。这些问题与化学处理中的高频等离子体工业加热器有关。现在让我们把注意力回到其中，高功率的工业加热器中由高频电场产生放电的有害影响。某些不希望的放电已在三种不同类型的加热器中看到，问题的起因可从图 6.151 中看出，该图中对在两个频率下给出了空气中的所需的击穿场强与压力的关系。这种曲线形状对多数气体来说是典型的，即击穿场强随着压力下降而降低，至某一最小值后，随着压力的下降，击穿场强再次上升。在最小的击穿场强时，电子碰撞频率近似地等于外加电源的频率。

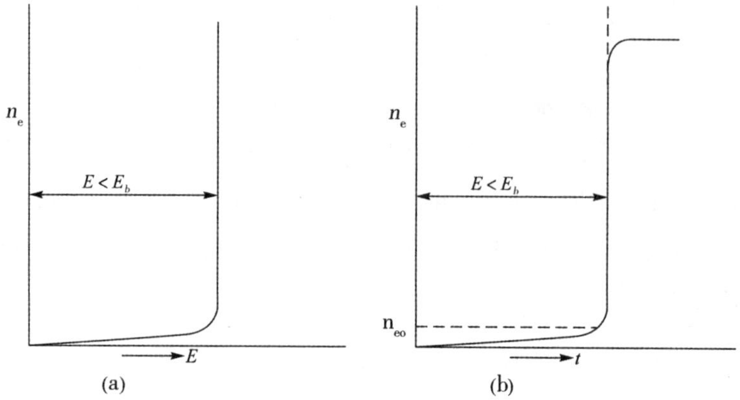

图 6.150　击穿前和击穿时电子浓度的图形表示

通常完整地表征这些击穿特性的其他参数是：气体的种类、容器的尺寸和工作频率等。对于给定的气体，其特征长度 Λ 和击穿时的压力随频率的降低而减小。由图 6.149 及 6.151 所示的数据可以看出，当频率接近于工业上加热频段 13.56MHz 及

27.12MHz 时比 900MHz 或 2 450MHz 时更易击穿。在其他条件相同时，后者不易产生放电。还可以看到，对于给定的气体和特征长度 Λ，在接近大气压强 时，各种频率时的响应曲线都趋向于会聚成同一组数值。回忆式（6.31），功率耗散比例于频率和电场强度的平方，这对高频真空处理是有利的。

在图 6.151 中指出了三个区域，在这些区域内，在设计处理设备时必须防止气体击穿效应。在区Ⅰ中，约 13～133Pa 是微波冰冻干燥应用区；在区Ⅱ中，压力约 1.33～26.66kPa 是微波真空干燥应用区；在区Ⅲ中（大气压），是尖金属物附近高强度电场应用区。

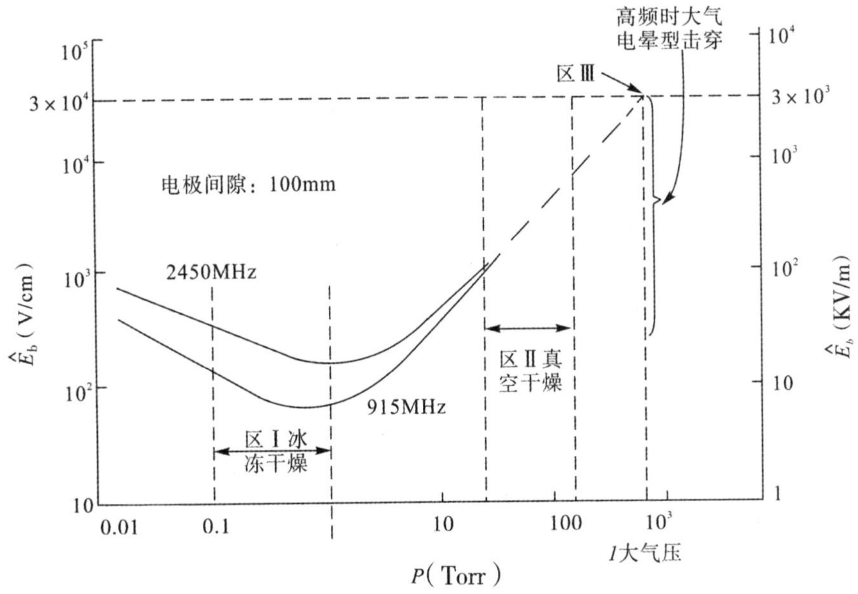

图 6.151 空气中典型击穿场强与压力的关系（1Torr=133.31Pa）

在区Ⅰ及区Ⅱ中的气体击穿效应将在图 6.149 中讨论。

至于区Ⅲ中的效应，由图 6.151 可以看出，当压力超过曲线最小点后，初始击穿所需的高频电场增加了，并趋于 3 000kV/m，这是一个在大气压下小间隙（$\leqslant 10^{-2}$ m）平板电极间直流击穿场强值。但是，Misere 在 1932 年指出采用较大的间隙，指状电极及提高工作频率可以在大气压强下大大减小所需的击穿场强（<3000kV/m）。图 6.152 示出了频率为 1MHz 时指状电极及间隙为 0.1m 情况下气体击穿所需的电场只有约 280kV/m。类似地，在大气压强下，指状一平面放电隙的高频电晕的着火电位 U_b 相对于雪崩着火电位 U_{str} 随频率的升高而下降，如图 6.153 所示（Prokofiev 等，1959）。

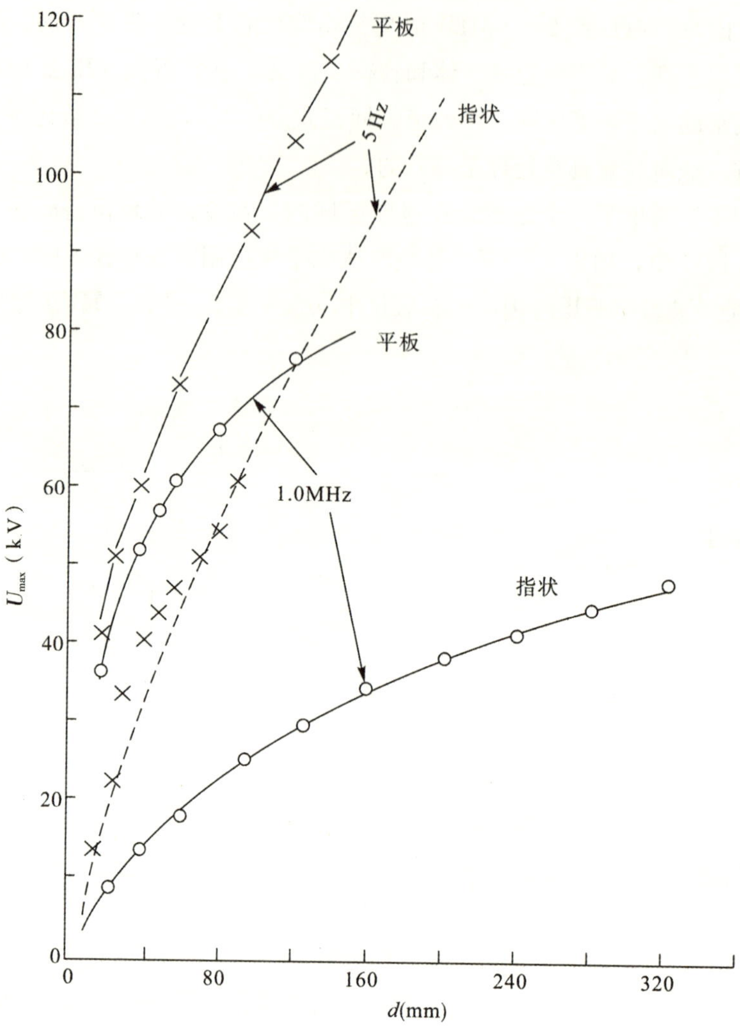

图 6.152　在大气压下各种形状的电极的最大击穿电压与间隙距离的关系

在 27MHz 时，高频电晕的着火电位下降到 5.6kV（这时的雪崩电位是 8kV），这时相应的着火电场为 140kV/m（1.4kV/cm），这个值正落在射频加热器所建立的电场强度范围内。当射频加热器周围的空气含有灰尘或溶解的蒸汽时，就有电击穿的可能性存在，例如瞬时放电、电晕或持久的电弧，所以在设计加热器时应仔细考虑和对待。在发生电弧事故时，可用电弧检测器断开电源，但是，这些检测器主要是用来保护电源而不是保护待处理的材料的。所以如有需要可以考虑在传送带上沉积碳，将与处理材料一起的金属物体移至外部（如在某些纺织品中），用绝缘材料制成的电极等，它们会影响空气周围的击穿，为了使加热器设计最佳化，必须使这些放电减到最低限度（Tomlinson 等，1981）。在 400～3 000MHz 这个工业应用微波频段内，尚无关于电晕着火电位的数据发表。

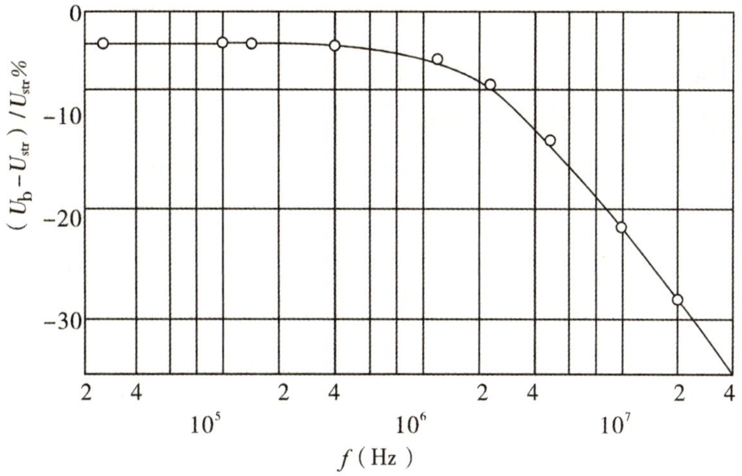

（a）电压减小百分数

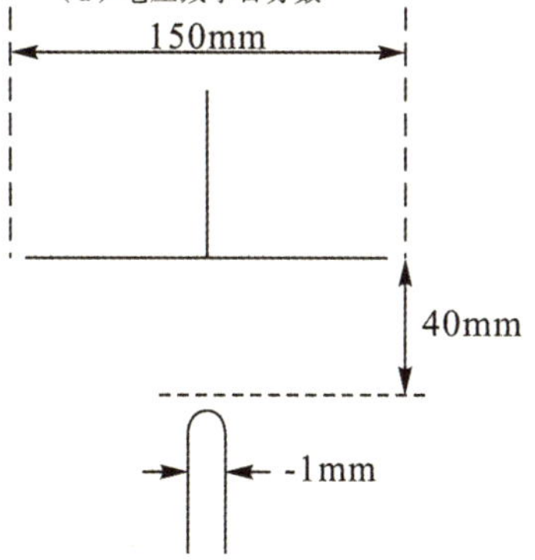

（b）电极及放电隙的尺寸

图 6.153 大气压下高频电晕电压 U_b 相对于雪崩着火电位 U_{str} 减小百分比与频率的关系

6.8.2 真空处理

1. 引言

许多工业上的处理都是在降低压力情况下完成的，其好处是可以降低溶剂的沸点温度或加大各种易挥发物扩散速率的差别。在所有真空处理中都需要热量，在大气压时热传输的主要形式是对流，而在低压强下要想通过对流使热量传送至要作负载中去是不太有效的。所以多数常用的真空炉中依靠热的传导，在少数专门的应用中采取注入低压蒸汽使得凝聚在负载上的热量带走。热传导转移是很慢的，也难以控制，并且需要很大的表面积。在多数情况下，蒸汽凝聚是不可取的。

真空加热方法众所周知已用于冶金工业中作为高纯度合金的处理。在这里同样存在热传导问题，但可用低频感应加热来克服，因为工作负载的电导率较高。显然，与其他方法相比，在真空环境中，微波能大大提高发热的速率，但这不仅受到通常质量转移的限制，而且也受到低气压时击穿的限制。

2. 溶剂的压力和沸点温度

真空干燥系统工作的基本点是用工作压力去限制负载的温度低于预定的极限值。通常，这一温度极限是停留时间的函数。在常规加热的真空系统中，其停留时间是很长的，而对具有快速处理时间的微波设备来说没有必要将此极限定得很低。在这方面，每种应用都必须单独地根据其处理周期估计其最佳状态。还需考虑的另一点是溶剂的沸点随着被溶解物的浓度（如糖一水溶液）增加而上升，这就要求处理过程中的工作压力比纯溶剂的沸点压力特性所指出的压力要低些。图 6.154 示出了在 1～133kPa 范围内水的沸点温度与压力的关系，注意，曲线在 0℃以下仍然连续（冰点随真空压力有少许的变化），曲线指出了从冰到蒸汽（水蒸气）的升华区。冰冻干燥区工作在 13～133Pa 范围如图 6.151 中的区Ⅰ。

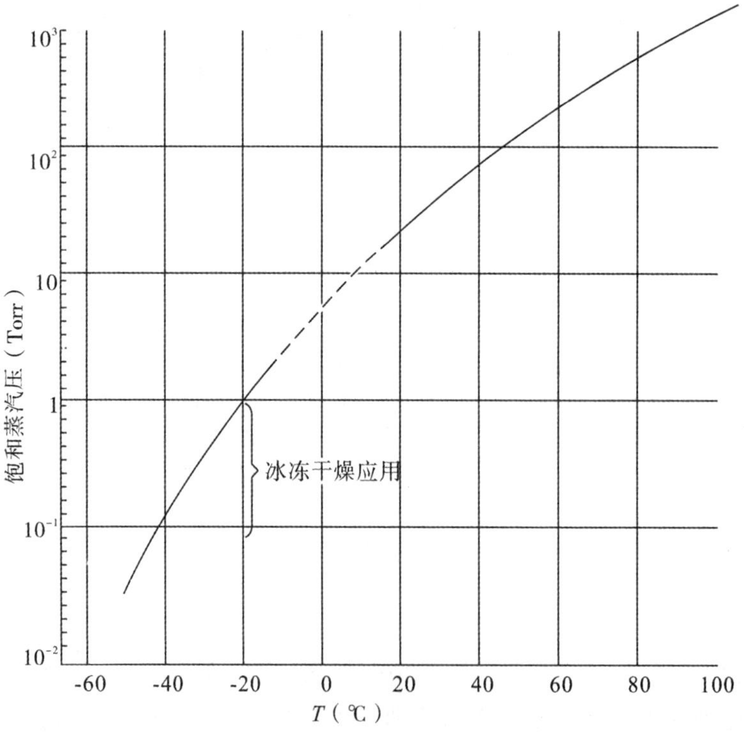

图 6.154 冰和水的饱和蒸汽压与温度的关系（1Torr＝133.31Pa）

3. 微波冰冻干燥

在真空条件下的微波加热，首先应用于食物的冰冻干燥中，这是一个升华过程，水分从冰冻材料中不经过液相直接变换成蒸汽而被除去（Copson，1975；Parker，1968）普通的冰冻干燥是一个很慢的过程，要数小时才能完成，在冰冻干燥的后期采用微波热源可大大加速其干燥过程，因为微波能有效地作为一个体积热源通过干燥层加速其能量吸收而使冰层减薄（Gould 等，1971）。

主要的问题是空气或在冰冻材料附近滞留在大气中的水蒸气的微波击穿。这是因为升华过程的最佳压力是在 13～133Pa 范围内，而这个区域从图 6.155 及图 6.156 可见正好处于干燥空气或水蒸气的最小击穿场强附近。在 2 450MHz 频率上工作，在不低于升华所需的压力时将会减少形成放电的可能性。除了气体击穿之外，所使用的最大功率密度还受材料溶化的限制，只有当微波能量耗散的速率超过由质量转移而导走的热量时才能导致冰界面上的压力增加到三相（态）点以上，水槽的形成有利于微波能量的吸收，并可导致热量的散逸。因此，在估计具体装置所能达到的处理产量时必须考虑这些限制条件。无论是周围空气的击穿还是水蒸气的击穿都难以预料，并且与真空箱中的电场分布有关。

尽管对于冰冻干燥做了大量的研究，并建立了一些基本数据，但直到 1965 年为止，仍未建立起完善的技术以提供经济上满意的装置。在这之后，在较高压力下，在真空中采用微波处理已成功地在某些食品工业中作为干燥及低温解冻肉和鱼之用（Meredith，1980）。

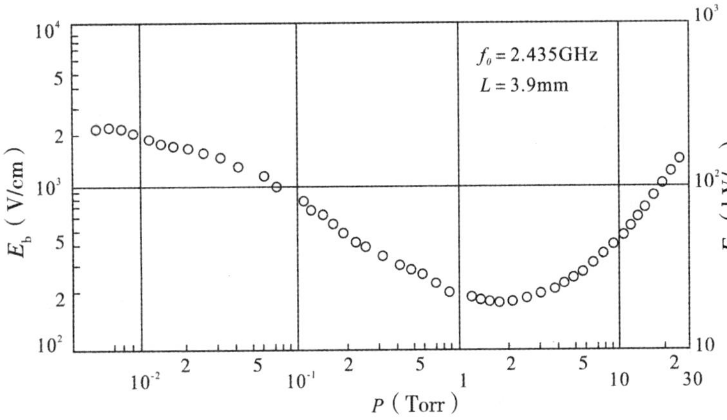

图 6.155　连续波击穿电场（有效值）与水蒸气压力的关系

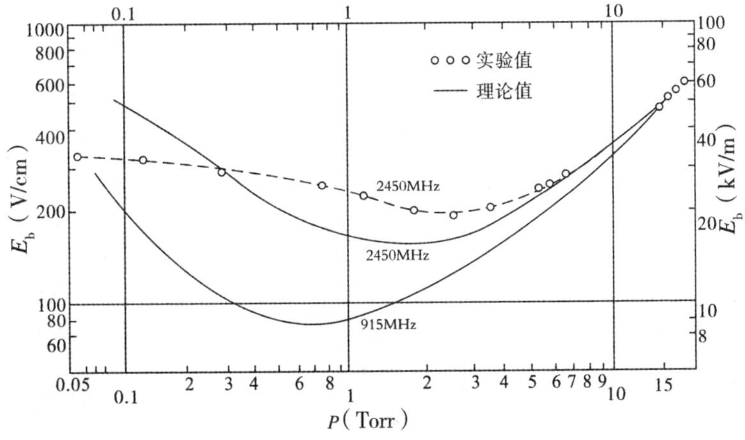

图 6.156　空气中击穿的理论值及实验值

4. 微波真空干燥

在1.33～26.66kPa范围内用微波真空处理来干燥热敏材料例如药品和化学制品等取得了较大的成功。干燥必须在温度低于100℃时进行以防止材料的损坏，为了降低沸点温度，这就要求处理在部分真空条件下进行。在图6.151中Ⅱ区的数据表明在压力范围为1.3～26.66kPa内，空气中的击穿场强大大增加，它比最小击穿场强要高出数倍，加热器中的临界电场限制了一定压力、温度及介质材料性质时的耗散功率密度。电场击穿作为局部辉光放电而出现，它存在于驻波的高电场点及由于管壁和负载的形状造成的电场集中处。防止辉光放电是十分重要的，因为它们浪费功率，会引起局部的过热，并易于转移到微波能量馈入的窗口，以致有损坏的危险。为此，考虑到击穿场强的统计性质及处理系统的制造公差，有必要在工作时对峰值瞬时电场至少取两倍的安全因数。

在一般的直流及低频交流辉光放电中，击穿的电场强度要比维持放电时的场强高得多，因此，一旦发生放电，通常要使功率降低10dB以上才能使其熄灭。

5. 加热器设计

微波真空处理带来电场击穿的附加限制是十分清楚的，这在加热器设计的构思阶段就必须谨慎考虑。在需要连续不间断地运转数星期的工厂中，对负载溅出及灰尘等沉积物存在的影响是十分重要的，尤其是在微波馈入窗口区域。

工作特性的计算是从估计工作负载的最大允许温度及工作的真空压力开始，然后确定最大安全工作电场强度，利用式（6.31）可以计算工作负载的最大功率耗散密度。在完成这一计算时，因为产生微波功率的波形可能有纹波分量，使得产生的瞬时功率会大大超过其平均值，所以必须留有适当的余量。

知道了处理时需要的热量以后，由式（6.59）就能计算出总功率来，因此也就确定了在加热器内所需材料的最小体积。所以，对于具体应用和所选定的频率，加热器的最小尺寸也就被确定了。应当指出，最经济的频率应是2 450MHz而不是915MHz。然而，电场限制并非限制因素，低压强下蒸汽的质量转移会引起潮湿产品不希望有的起泡现象，但是在一定的条件下，起泡的密度可用控制功率密度和压力的方法来达到。

从微波角度考虑，对加热器类型没有什么限制，它们可以用于真空条件下，只要在工作压力下气体的电场击穿在极限之内即可。但是，加热器壳体必须构成真空密封，在结构上必须按压力容器实际标准去设计和制造。大尺寸的加热器已在896MHz（英国）和915MHz（中国，美国）的频率上建成，这种加热器是基于轴向波导和蛇形波导的原理。在2 450MHz，多模炉也被成功地应用。

6. 压力窗

在工业应用中，功率是通过微波传输窗口进入加热器中的，只有在低功率系统中，才有可能从磁控管的输出窗直接供能。多数磁控管如果没有强迫风冷，也需要自然对流来冷却输出窗。

微波真空窗的基本特性如下。

(1) 在传送峰值瞬时功率时，窗子表面（包括边缘场及驻波效应）的电场强度必须小于临界击穿电场一个合适的安全系数，在多数场合。这意味着不应超过临界值的一半，特殊情况下，可以要求更小的系数。这个系数确定了窗子面积。

(2) 窗子材料的损耗因子必须很低，所以不会产生过热。表面过热除了浪费功率之外，还会使击穿电场临界值下降。

(3) 窗子材料应耐高温，并不易产生表面痕迹，如果在炉内产生辉光放电，那就有可能最后在窗子表面稳定地存在并导致过热。

(4) 窗子材料必须具有良好的机械性能；

①完全气密；②高的抗断裂强度；③表面平滑易于清洁；④抗疲劳破裂，经得住压力循环；⑤ 好的导热性；⑥机械性能稳定；⑦化学性能稳定。

(5) 窗子必须有良好的频率特性（典型的在2%频带内驻波不超过1.25)。

根据上述一系列要求，很明显，不宜采用塑料，而常用的材料是氧化铝瓷和石英，两者具有很低的 $\tan\delta_{eff}$ 和良好的机械性能。

6.8.3 混合系统

1. 引　言

大多数工业加热过程都有几个不同的阶段，其中大部分可由高频加热来完成，最佳的方案是只利用微波能量能发挥它独特性能的地方。因为微波能在经济成本上要比常规加热设备昂贵得多，所以在愈来愈多的高频应用设备中要求与常规干燥或加热系统混合使用，如图6.157所示。图6.157（a）所示的是一种前期采用常规干燥（通常为热风干燥），而后期则采用高频干燥或均衡的工业处理系统。图6.157（b）给出了类似的混合系统，这是橡胶在利用热风进行硫化之前用微波预热的一个典型例子，不可能给出最佳系统的一般法则，每种处理都必须单独地考虑，但所涉及的原则可通过下面一些示例来加以说明。

2. 模压橡胶件的处理

这是一个组合系统的例子，其中微波能被用来作为预热。在这种处理中，把未经硫化的橡胶块填入压模中并加热到约150℃，根据橡胶尺寸和厚度，经过数分钟至几小时之后可以达到热均衡。如果不是在环境温度下压制，而是预热到比如85℃，那么其压制时间可缩短30%～50%。微波设备可以提供这种预热。即使考虑到微波设备和压制的成本，由于产量的提高，经济效益是非常明显的。

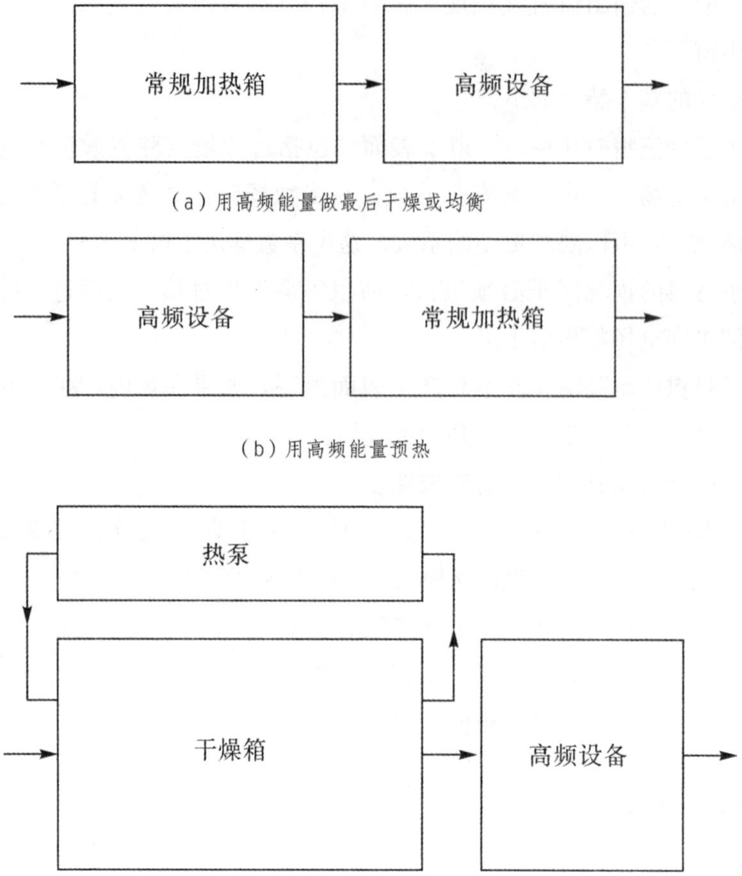

(a) 用高频能量做最后干燥或均衡

(b) 用高频能量预热

(c) 用高频和热泵的组合干燥

图 6.157　混合系统

3. 连续挤压硫化

这是一种技术，在该技术中通过一个模子将橡胶挤压成形，同时将其温度尽快地提高到约 200℃并进行硫化，然后在这个温度上维持足够长的时间保证产生硫化或聚合所需的化学反应。

由于微波能的体积加热特性，有可能在很短时间内（与硫化时间相比）提供橡胶件通过整个断面所需的温升。然后还需要提供一种常规加热的保温通道，其目的是防止橡胶在发生反应之前冷却。在保温通道中没有热量转移至橡胶中去，其效率可由外表面的热损耗来完全控制。因为橡胶内要求很高温度，所以表面热耗散是严重的，除非采用把加热器周围加热到与橡胶相当的温度。

在理想情况下，在这个系统中产品所需的全部热能都可由微波能提供，但实际上由于挤压速度、橡胶种类、横截面积等都变化很大，结果在某些情况下，只有部分能量是由微波提供的，热的平衡仍用常规方法。显然，产品所需热量和温升要求的输入能量实际上超过了微波能提供的能量。

4. 干燥处理

(1) 用高频能量做后期干燥或均衡：因为水的汽化潜热很高，需要相当大的能量才能有效干燥，所以只是在常规干燥不太有效的场合才利用高频能量。

对于潮湿的材料，应尽可能地用机械方法如吸水、挤压或离心等手段除去水分，然后使用常规的热风干燥炉，用热风吹过负载的表面来提供所需的汽化热。这种干燥技术的效率随着干燥的进行而不断下降，主要是因为表面蒸发速率超过了水向表面的迁移速率，所以就会出现负载表面相当干燥，而负载中心湿度不断增大的现象。通常，干燥物体的导热率是很低的，所以湿的内层的传热率受到外层低导热率的影响而相应下降，于是干燥过程变得很慢，使得干燥炉的长度增加，占地面积和空间增大，以及由于干燥炉外表面的热损失引起的能量浪费。

在干燥速率开始下降的场合，使用电磁能量比较有效，干燥表面的热障对射频或微波能量来说是可穿透的，因此残留的水分可很快地被蒸发掉。实际上，蒸发率是由干燥负载的扩散率确定的，本身又确定了内部蒸汽压的建立，这一压力显然必须保持在某一个可能发生损坏的压力值以下。

被干燥物质在其物理和电气性能上的变化是如此广泛，以至于无法提供关于最佳混合系统的一般数据，为了适合每种特殊的应用就不得不去进行专门的设计。但是，在实验室中用已有的干燥炉进行试验，从介质特性的测量等方面很容易得到必要的信息，以确定干燥器中速率开始下降的地方以及负载中的湿度分布情况，然后再通过试验来确定能采用射频或微波能的干燥极限。

在高频干燥器中常常应用热风以便将蒸发的水汽从干燥器中排出，或反馈回前述的常规干燥器。为了使干燥器性能最佳，热风的速度及其温度是很严格的。

(2) 利用热泵及高频干燥器的组合干燥：在前面讨论过的混合干燥系统中，典型的如图 6.157 (a) 所示，如果在高频设备前面的常规干燥箱中使排出蒸汽的一部分循环使用并利用显热去加热进入的空气，就可以使这一干燥箱工作得更加有效。图 6.157 (c) 示出了一种利用一个热泵使这一潜热中的大部分热量可以转移到进入的空气中的方法来大大提高前置干燥箱的总效率（Hodgett，1976；Baxter 等，1977；Lawton，1978）。

热泵是基于下述原理：即当气体膨胀时变冷，而当受压缩时则升温。用于干燥很湿负载的热泵基本上有两种类型，它们由工作温度和工作液体的性质所表征：即闭合循环型及开放型或蒸汽再压缩循环型，如图 6.158 (a) 及图 6.158 (b) 所示。

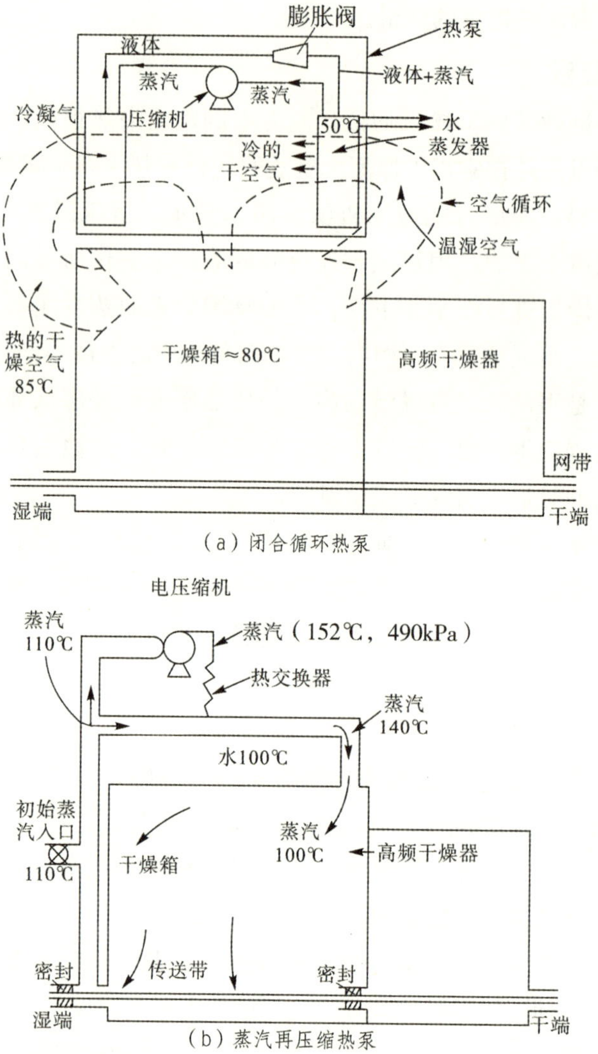

图 6.158　采用热泵和高频干燥器的混合系统

①闭合循环热泵。

在图 6.158 (a) 中，干燥空气与热泵的工作液是分开的，两种媒质间的热交换只是在蒸发器与冷凝器中进行。热泵工作液进入蒸发器在低温及约 350kPa 的压力下汽化，然后，蒸汽通过一个压缩机使其温度升高，压力增大至 1 400kPa。此高温蒸汽通过冷凝器时冷凝并释放热量约在 95℃，它可被用来加热冷的干燥空气。高压冷凝液通过膨胀阀后由于汽化而冷却。冷却后的低压液体与蒸汽的混合物再次通过蒸发器并完成一次循环。就空气循环来说，从干燥箱中抽出的温湿空气在通过蒸发器时被冷却到低于冷凝点以下，其中，水被冷凝下来而热量（主要是潜热）则转移给热泵的工作液。当水分排出后，冷却的干燥空气与从干燥箱来的补充空气一起通过冷凝器，最后，从冷凝器出来的热的干燥空气返回进入干燥箱完成一次循环。

由此可见，热泵实际上与家用电冰箱相似，所不同的只是其作用是先将温湿空气中的水分除去，然后再使其升温变成热的干燥空气，利用这种热的干燥空气重返干燥箱加热可以大大提高加热效率。

这种热泵干燥器的性能最好通过每单位输入能量能除去多少水分来表征。目前能达到的为 3kg/℃，这里度等于千瓦时，是指提供给压缩机的机械能；而最好的蒸汽加热常规干燥器只能除水 0.55kg/℃，这里的度是指原始燃料消耗量。假设原始燃料转变成电能的效率为 30%左右，那么热泵干燥器可以节省 40%左右的燃料（Lawton，1978）。

②蒸汽再压缩热泵。

闭合循环热泵的缺点是在干燥箱中所能达到的工作温度较低，在某些制造业例如造纸或纺织工业中需要高达 140℃或 150℃的温度，这时可以采用一种热泵的变型，如图 6.158（b）所示。这里被蒸发的蒸汽本身就是热泵的工作液。干燥箱内充满略微高于大气压的过热蒸汽。在这种干燥箱中干燥是通过蒸汽将产品的温度提高到水的沸点以上从而实现热量转移的，因此会在离开表面方向上建立起一个压力梯度。从产品上蒸发出来的水分作为高温液体离开，它包含有大量的机械能可供给压缩机。这种热泵装置的排水率为 4～4.5kg/℃。

上述混合系统代表了目前专用干燥生产线的最佳效率，在生产线中合理地选用常规的、热泵的及电磁的干燥技术可以形成非常有效的干燥系统。这种系统的成本可能很高，因此只能在少数特殊场合下采用才是合算的。热泵也可以不需要与射频或微波干燥器一起使用。

5. 其他混合系统

至此我们讨论了包括常规热能，热泵及高频的混合系统。还有一些其他组合加热的方法包括直接电热 I^2R' 产品、红外或紫外技术。其中第一种技术适用于导电材料，而其他两种实质上是表面处理技术。红外和紫外两种技术都缺乏对被处理材料的渗透能力，但是如果对较厚材料同时要求表面处理和体积加热时，就可以采用上述技术与高频技术的混合系统。

6.8.4 过程的自动控制

具有快速加热本领的微波能特别适合于采用反馈技术进行控制，用维持某一特定参数（例如温度或湿度）在预先确定的水平上来使处理在最佳条件下进行。与预定水平的任何偏离可以采用闭环反馈电路或基于系统已知灵敏度的开环校正方法来控制微波功率，以便重新调整到预置点上。联合控制也是可能的，在这一方法中，参数（如输入温度等）的变化能被检测出来，然后通过开环来修正微波功率，而用闭环控制去稳定最后的输出参数。

闭环控制系统的设计已很成熟，但与微波发生器一起工作的这种系统还有许多问题需加考虑：

（1）当磁控管振荡器的功率变化时，其频率也要变化，如果加热器有高 Q 的值，它的阻抗匹配也要改变，因此耗散在负载上的功率并不是没有变化的。

（2）闭环系统中的主要时间延迟是在产品离开加热箱与到达传感器之间的传输延迟。这是一个纯粹的时间延迟而不是指数因子，它可能引起控制参数的严重摆动。

（3）其他的指数时间延迟是由于热量流向负载表面而产生的，还有是在加热区中负载的固定延时。

（4）振荡器的响应时间通常受工作在电源频率上的可控闸流晶体管的着火时间限制。但是，在超快速控制系统中，串联调整三极管已被用来控制磁控管的功率（通过高压变压器），在这种情况下，响应时间约为 10^{-6} 秒量级。

6.8.5 谐振加热器的自动调谐和匹配

1. 自动调谐

许多微波加热系统需要利用谐振腔来提供足够的电场强度，以便在工作负载中得到所需的功率耗散密度。通常由 Q 值反映的系统响应带宽可以与因为温度、负载、振荡器功率、电源电压等的变化而引起的自然频率漂移相比较或者甚至更小。所以有必要提供谐振腔的调谐方法去保持振荡器频率与谐振腔谐振频率之差 δf 为带宽的一小部分，典型地 $\delta f < 0.1 f_0/Q_0$ 。此外，在启动过程中，因为频率的不确定性，使得初始频率偏离可能在自动调谐系统的“捕捉”范围之外，所以在采用高 Q 系统工作时，要求控制系统具有两种主要的功能：一是“搜索”频谱，使腔体和振荡器启动时的频率相一致；二是闭合伺服环路以维持频率跟踪。

频率跟踪系统主要部件的方框图如图 6.159 所示。谐振腔具有由伺服电动机驱动的调谐活塞，伺服电动机由一功率伺服放大器所控制，此放大器的输入端接到一个微波频率鉴频器。

鉴频器电路的输出电压比例于谐振腔和振荡器之间频率差，当频率差的符号变化时其电压极性随着改变，即当谐振腔频率从小于振荡器频率到大于振荡器频率变化时，其输出电压的极性也跟着改变。鉴频器有许多形式，其中一种已由 Wyslouzil 及 Vankonqhnett 在 1973 年介绍，但是所有鉴频器都是基于测量谐振腔的输入阻抗（它是频率的已知函数）。

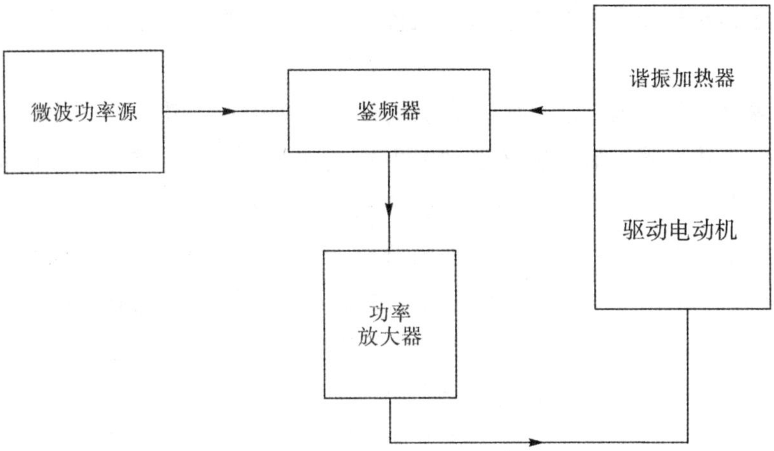

图 6.159 谐振加热器的自动调谐系统的简图

2. 自动匹配

除了腔式加热器的频率控制之外，为了得到最大效率，维持谐振时良好的阻抗匹配是非常重要的，调节耦合孔的有效孔径可以做到这一点。这就要求有一个可变的电纳，该电纳可由滑动的电感或电容膜片、容性调谐螺钉或T形调配器（具有可调短路活塞）等形成。系统的选择要十分小心，因为过大的表面电流可能会在加热器中引起火花或部件的过热。在多数负载变化不太大的情况下，手动调节是合适的。但采用伺服系统也是可以的，必需的控制信号可从鉴频器的第二个输出中获得。

Wyslouzil 及 Vankonqhnett 在 1973 年介绍了一种高功率三短线匹配系统，可使负载驻波比从 20 变至小于 1.5，并具有小于 2s 的快速响应时间。它作为一种匹配装置的工作原理是基于在三个相距 $7/8\lambda_g$ 的固定位置上引入串联电抗就能匹配任意负载。调谐器的移动由来自鉴频置中一对探头的信号电平所控制。这种匹配装置还可进一步优化，方法是将鉴频器的输出送到对数放大器，于是就能得到良好的特性，这一特性与来自鉴频器的绝对信号电平无关。

6.9 微波危害、泄漏和安全

6.9.1 概 述

因为高频能量既看不见又摸不到，所以人们对安全标准的关心是完全可以理解的。并且因为这一问题的技术性很高，存在着对许多实验结果的分歧意见，所以存在许多推荐的安全标准。至少是出于对环境的担心，使得在处理这个问题上方法不定。

在评价射频和微波功率造成的可能危害时，存在着两类可能遇到的危险：第一种是热效应，这时，人体作为一个暴露物而受到上述能量的简单加热；第二种是非热效应，它通常包括对神经系统的影响以及遗传的变异。这些还可细分为暂时性的或永久性的影响。

许多国家（包括中国）已经做了大量的研究，目的在于建立一个实际标准和最终法规，以确定人体暴露于射频和微波功率中所允许的电平中。趋于一致的世界标准已被极其困难地制定出来，根据累积的经验证明，西方采用的实际标准是合适的。中国在制定上述标准时参考了各个国家的不同意见，并且在国内研究工作的基础上做出了相应的国家标准（初步的），标准的修订工作离不开大量的理论和实验研究，可以期望，不久的将来定能修订出合乎实际情况和国情的中国标准。经过多次的讨论与修改，目前中国的有关安全标准已与 IEC 标准完全一致。

关于射频和微波功率对人体健康各方面的影响已由加拿大环境卫生理事会发表了一篇很好的评述（Anon，1978）。

6.9.2 微波暴露标准

人体组织极易接受微波辐射，因此必须保护人体以免过度暴露，并建立起在微波加热环境中工作时的暴露标准。许多年来，$10mW/cm^2$ 的暴露标准已被采用（Anon，1971）。这个功率密度的根据是它与人体处于坐态时的热通量的幅值具有相同的量级，因此人体能很容易地耗散掉这一热量。它粗略地为人体感到温暖时热通量密度的三分之一，我们用一高度为 1.7m，平均周围为 1m 的圆柱体来代表人体，并如图 6.160 所示。当人体重为 80kg 并由类水物质构成，其比热为 4 180J/kg·℃，人体的表面积为 $1.7m^2$。在医学上，人体能经受得住每小时几度的温度变化，假设此变化为 2℃/h，则功率密度约为 $11mW/cm^2$（$110W/m^2$）。因此，按照这个粗略的估计，人们能够长期承受这种剂量而没有任何有害的影响。

应当着重指出，人体是不能用一种均匀的介质来描述的。实际上，在某些特殊部位如眼睛和睾丸对微波辐射特别敏感，这是因为血流的限制使得产生的热量不能迅速转移和耗散到身体的其他部位上的缘故。然而，对于缓慢的温升，人体的热调节系统能够容易稳定，但当功率密度增加到超过 $11mW/cm^2$ 很多倍时，这种温度调节作用就会失效。还有一个特点是微波功率通常是从一个源发出的，所以人体只有一半（即一边）暴露在场中，而在工作环境中，场强也不见得会在整个人体面积上是均匀的，所以最大电平 $10mW/cm^2$ 时其平均值将是非常低的，所有这些观点导致了这样的结论：从热效应角度出发连续暴露在 $10mW/cm^2$ 的极限值下是安全的，多年来，没有来自工业微波设备操作者或其他人员产生事故或伤害的报告。除了上述所说情况以外，还有一些文章论述了低电平辐射（$<1mW/cm^2$）对长期暴露时的伤害作用，但遗憾的是因为缺乏长时间的系统研究而难以证实。许多作者和协会都在试图建立一个普遍能接受的极限，尽管做了这些努力，仍然留下许多矛盾。如图 6.161 所示，给出了一些国家

研究短期及长期暴露标准的现状及（Dodge 及 Glaser，1977）。从图中可以清楚地看出总的趋势是向着更严格的极限方向逐渐减小上限。然而由于高频和微波设备都是流水线上的一部分，并且带有供产品进出的进口及出口，当推荐的标准变得严格时，这就增大了设计进出口时的压力，即要求进出口具有足够的衰减以便使漏功率降低到新的极限以下，这就意味着衰减沟道更长、设备更贵，即使在数十千瓦的中等功率电平下要使泄漏低于 1mW/cm^2（10W/m^2）都是十分困难的。除非采用完善的精制的抗流系统。

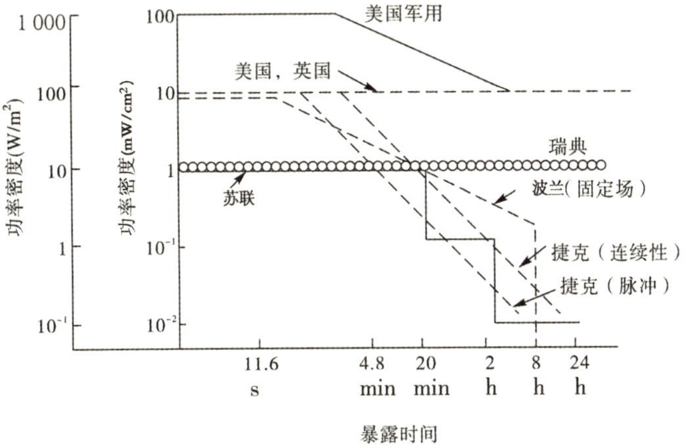

图 6.161 微波人体暴露标准

一篇有关生物效应和剂量数据（用于建立人体暴露高频安全标准）的评论指出，高出 1GHz 时，西方国家认为 10mW/cm^2（100W/m^2）的功率密度不会有什么热伤害。但在较低频率即接近射频时，评论强调指出，在所规定的电平上长达数小时的暴露可能在局部组织上出现过热现象。因此，根据所提供的数据，在频率较低时，全身连续暴露所容许的电平大概要降到 1mW/cm^2（10W/m^2）才合适（Tell 等，1979）。

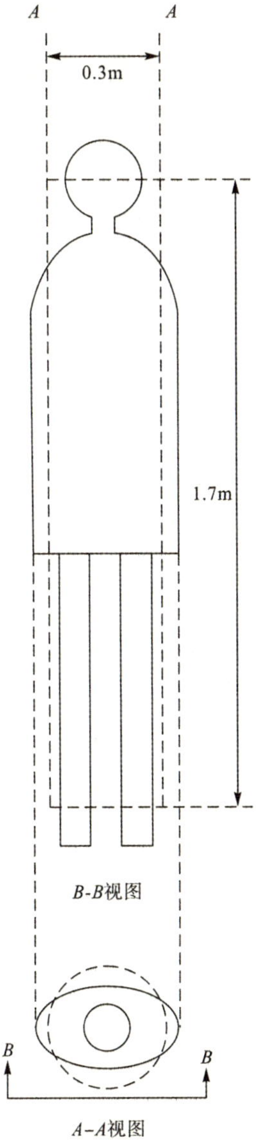

图 6.160 计算功率密度的人体模型

6.9.3 微波辐射标准

在某些国家，对功率源、微波炉等微波设备的制造者由法律强制使其产品的辐射泄漏低于所建立的辐射标准电平。比如美国规定：家用微波炉的辐射在卖给顾客之前不应超过 1mW/cm^2（10W/m^2），此后也不得超过 5mW/cm^2（50W/m^2）。试验时一律规定在炉中放入一个标准的 0.275dm^3（275cm^3）的水负载。然后在炉外规定的距离上（通常规定为 5cm）测量泄漏的功率密度。

6.9.4 通讯和工业频段

表6-12中列出了从6.78MHz到245GHz范围内供工业、科学、医学（ISM）应用的许多频段。中心频率为13.56MHz、27.12MHz、896MHz（英国）、915MHz（美国）及2 450MHz是主要的频段。在这些频段上工业设备易于订购。列出所分配的频段是为了在十分拥挤的通信频段内选择尚未使用的频率。

从表中可以看出，在各ISM分配的频段内最后一栏注有“无条件”及“需经审批”字样。“无条件”使用，意味着在这些频段内没有干扰辐射限制，而只有前面讨论的对人体安全的限制。工作在这些频段内的无线电设施必定会受到由这些工业应用所引起的有害的干扰。然而，应当注意寄生信号及谐波的影响，虽然它们的电平通常很小，但是可以落在通信频段之内，因此通常有较严格的电平，并用离辐射源一定距离处的μV/m来计算。

表6-12　ISM频率分配表

允许带宽	中心频率	应用特点
6 765～6 795kHz	6 780kHz	需经审批
13 553～13 567kHz	13 560kHz	无条件
26 957～27 283kHz	27 120kHz	无条件
40.66～40.70MHz	40.68MHz	无条件
433.06～434.79MHz	433.92MHz	在奥地利、葡萄牙、列支敦士登、斯威士兰等国无条件，除上述国家外需经审批
902～928MHz	915MHz	无条件
2 400～2 500MHz	2 450MHz	无条件
5 725～5 875MHz	5 800MHz	无条件
24～24.5GHz	24.25GHz	无条件
61～61.5GHz	61.25GHz	需经审批
122～123GHz	122.5GHz	需经审批
244～246GHz	245GHz	需经审批

“需经审批”使用意味着ISM设备使用这个特定频段时需经专门的官方机关审批，以及其他无线电通信可能受到影响的单位同意。在应用这条规定时，领导机关应参照国际无线电通信协会（CCIP）最新有关的推荐标准。ISM应用的分配（1980）列于表6—13中。

表 6-13 工业、科学、医学应用的频率分配

频率（MHz）	频率公差（+/−）	应用区域
0.07	10kHz	苏联
13.56	0.05%	全世界
27.12	0.6%	全世界
40.68	0.05%	全世界
42，49，56，61，66	0.2%	英国
84.168	0.005%	英国
433.92	0.2%	奥地利，荷兰，葡萄牙，德国，斯威士兰，英国
896	10MHz	北美，南美
915	13MHz	阿尔巴尼亚，保加利亚，
2 375	50MHz	匈牙利，罗马尼亚，捷克，苏联
2 450	50MHz	除 2 375MHz 使用国家外世界各国
3 390	0.6%	荷兰
5 800	75MHz	全世界
6 780	0.6%	荷兰
24 150	125MHz	全世界
40 680		英国

6.9.5 工业微波设备的泄漏

前面简要地介绍了使用工业微波设备的一些标准，现在我们转向微波辐射的泄漏源，并提出实际的解决措施以满足前面推荐的规定。除了伤害健康之外，鼓励人们在设计系统时减小泄漏的另一个因素是使功率浪费减少，从而提高总功率的利用效率。广义地说，工业设备可以分成为两类，即批量系统和在线系统。

1. 批量系统

由炉式加热器和它的磁控管微波源组成的批量系统的唯一泄漏源就是门封。采用四分之一波长的抗流系统可以很好地把泄漏降低到可接受的极限（Ohkawa 等，1978）。这些抗流器已在 6.5.8 节中做了详细的介绍。安全要求在炉门上互锁，即当炉门没有完全关闭、夹紧或锁住时，电源就断开，这些互锁装置必须绝对可靠。

2. 连续流水（在线）系统

连续流水高频系统比批量系统的泄漏要大得多，这是因为在线系统必须在它的设计中引入一个进口和一个出口，通过这些进出口被处理的材料进入和流出加热器。这些口子必须适当地抗流以吸收从加热器中辐射出来的剩余能量。通常，这些口子应当小到刚好让待处理的材料通过。在 2 450MHz 处理编织品（带状）时所要求的开口尺寸为 1m 宽、5mm 高，工作在 915MHz 时，加热器具有较大的处理槽高（直至 100mm）及中等的抗流系统。

从开口中泄漏的能量可用下述技术中单项地或多项地加以控制，这就形成了通常称为抗流系统的装置：

①限制端口的尺寸小于工作频率时截止波导的尺寸。

②限制端口为矩形，其中一个尺寸大大小于半波长，以便将泄漏控制在一个极化平面上。

③对于宽的边、低的高度的端口，设计炉灶时使内壁电流极化垂直于端口方向上的电流分量为零，像在蛇纹形加热器中一样。

④加入一四分之一波长槽缝的无功抗流系统或在通道端口使能量传播呈现开路的结构。

⑤提供一电阻性吸收系统以衰减漏能并维持剩余泄漏在上述限制之内。

（1）截止波导抗流器：截止波导抗流器是最简单和最有效的限制泄漏的方法，但限于尺寸，它只适用于小截面的工作负载（例如挤压）；或当其具有带格子的管道形式时，也只适于处理颗粒状材料。这种抗流器的工作原理是基于微波能量在截止波导中传播时的衰减作用，只要它的尺寸小于某个临界值时即可。

分析如图 6.162（a）所示的一根矩形 TE_{10} 模行波加热器的馈能端，用尺寸 x 和 b' 的矩形波导作为传送带和材料送入加热器的馈口。下面来分析一下对于固定 b' 而改变 x 时这一馈送波导的特性。当 $x=a$ 时，对 TE_{10} 模的由于管壁损耗引起的每米衰减及馈送波导（$x=a$，$y=b'$）的衰减均定性地示于图 6.163 中（实线），可以看出，它们具有相同的截止频率 f_c。用这种尺寸的馈送波导可以得到沿馈送波导传播主模式时的衰减作用。但是当 x 变得更小时，如当 $x=a'$（见图 6.162（b））时，产生了一个新的情况，这时，馈送波导中的截止频率 f_{cc} 将移到轴向加热器工作频率 f_a 之外，于是中止了主模式在馈送波导中的传播。在截止条件下，馈送波导的特性波阻抗将是纯电抗性质，因而将无能量沿它传播。这是一种电抗性衰减，所以能量不是耗散在管壁上而是反射回加热器中。

当 $f>f_{cc}$ 时，通过馈送波导的 TE_{10} 模由于管壁损耗引起的每米衰减如图 6.163 中的虚线所示。

在设计截止波导时必须注意，一定要考虑到被处理材料的介电常数，对于完全填充的馈送波导，其截止频率 $f_{cc\varepsilon}=f_{cc}/\sqrt{\varepsilon'}$，因此对于实际上的部分填充的抗流装置，其截止频率向右移动不多，但必须保证 $f_{cc\varepsilon}>f_a$；否则，抗流器的有效性将大大降低。

在截止条件下，通过馈送波导（$a'\times b'$）的传播常数 γ 为实数（当 $f<f_{cc\varepsilon}$），其

功率衰减遵从 $P_0e^{-2\alpha}z_c$，z_c 为小波导或抗流器的长度，α 为单位长度的衰减（衰减常数），对于空的抗流器，假定忽略壁耗时，可有（Johnk，1975）

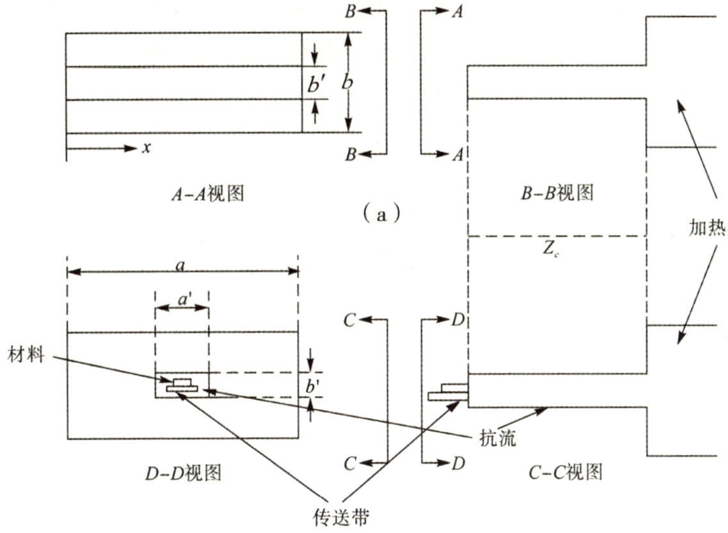

(a) 波导（$a\times b'$）在馈送口未形成有效抗流；(b) 波导（$a'\times b'$）在馈送口形成抗流

图 6.162 截止波导抗流器原理

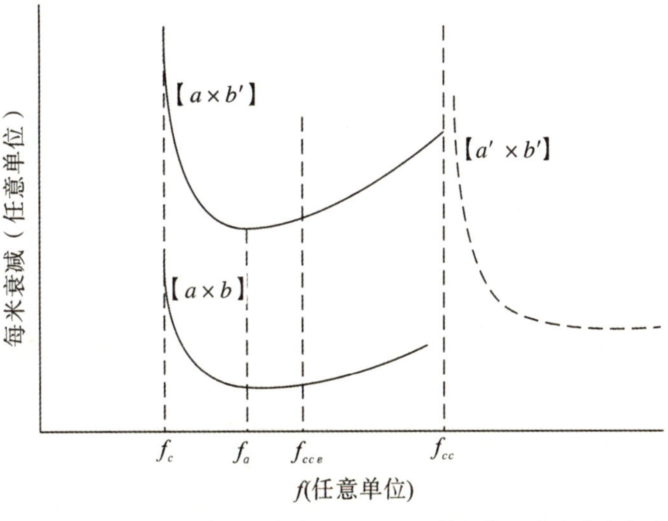

f_a—TE_{10} 加热器中工作频率；f_c—TE_{10} 模加热器中的截止频率；

f_{cc}—抗流器中 TE_{10} 模的截止频率；$f_{cc\varepsilon}$—抗流器中部分填充待处理材料时 TE_{10} 模的截止频率

图 6.163 矩形波导中主模式 TE_{10} 的管壁损耗引起的每米衰减量与频率的关系

$$\alpha=\omega(\varepsilon_0\mu_0)^{\frac{1}{2}}\left[\left(\frac{f_{cc}}{f}\right)^2-1\right]^{\frac{1}{2}}\quad (\text{Np/m}) \tag{6.261}$$

将 $c=1/\sqrt{\varepsilon_0\mu_0}=\lambda'_0f$ 代入上式经整理后有

$$\alpha = 2\pi\left(\frac{1}{\lambda_c^2} - \frac{1}{\lambda'^2_0}\right)^{\frac{1}{2}} \quad (\mathrm{Np/m}) \tag{6.262}$$

Laslo 和 Newman 在 1980 年利用这种截止波导原理设计了一个抗流器用来处理烟草，此抗流器由一排工作在截止状态下的小矩形管组成。典型的 2 450MHz 抗流器组合如图 6.164 所示，可获得理论上功率衰减 10^6 倍。抗流器长约 0.5m 以补偿介质的负载效应，在 915MHz 时，此截止管的尺寸为 83×56mm，可获得同样高的功率衰减。

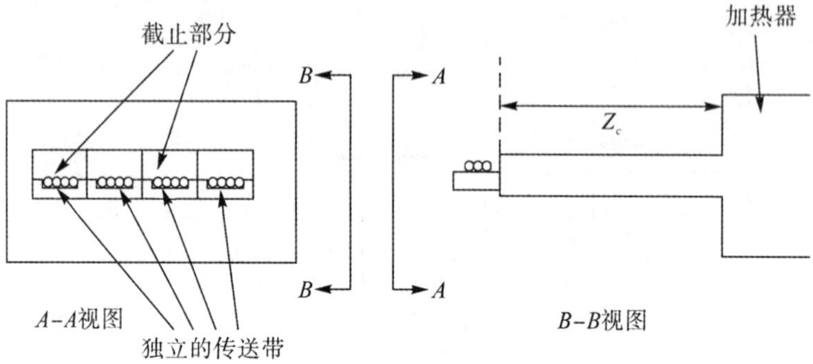

图 6.164　由一排小截止段构成的抗流器组合

圆形管子也可用作为抗流器，例如，直径为 0.15m 的管子可以作为 915MHz ($\lambda'_0=0.328$m) 的抗流器，对主模式 TE_{11} 的截止波长为 $3.41R$，R 为管子半径。由式 (6.262) 得出 133dB/m 的衰减。实际上，截止波长不超过 $0.7\lambda'_0$，因为当 $\lambda_c \to \lambda'_0$ 时，衰减将急速下降，并且制造公差及工作负载的负载效应变得非常敏感。还应指出的是上述截止特性只适用于远离加热器端口的区段内，而在端口（加热器附近）处的衰减是较小的。对于其他具有较小截止波长的模式来说，它们的衰减更大，所以可以略去不计。

(2) 四分之一波长短波导段：一种最常用的电抗抗流技术是在连续处理加热器的进出端口的宽边上加上一组短路波导段的形式，如图 6.165 所示。每根波导段的长度要调整到该段要抑制的特定模式时的 $\frac{1}{4}\lambda_g$。长度为 d 的波导段（终端短路）的输入阻抗为

$$Z = jZ_{0s}\tan(2\pi d/\lambda_g) \tag{6.263}$$

式中　Z_{0s}——波导段的特性阻抗。

当 $d=\frac{1}{4}\lambda_g$ 时，此阻抗变成无限大，因而对指定的模式该段呈现开路特性。这种波导段在阻塞 TE_{mn} 模式时是有效的，但不能阻塞馈送波导中的 TM_{mn} 模式。这种滤波器型的衰减约为 20dB，其带宽较窄（约 1MHz）可能需要调谐螺钉使其工作在微波源的中心频率上。

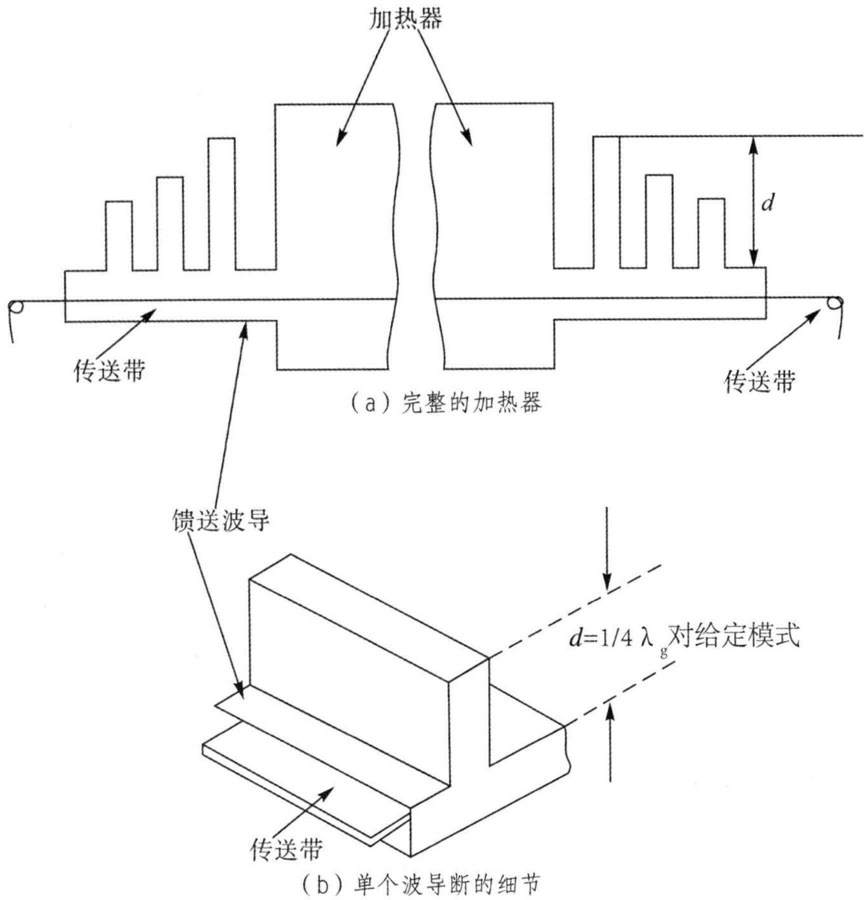

图 6.165 输入/输出口上的四分之一波长波导段抗流器

Puschner 在 1966 年介绍了另一种基于滤波器原理的结构，例如在加热器孔和短路波导段之间采用一个模式变换器以变换模式，并用一个单滤波器进一步阻塞漏能，这种装置的主要缺点是带宽较窄、波导段的尺寸临界，与传送带宽度有关。

(3) 皱折型抗流器：四分之一波长波导段抗流器的某些缺点可用皱折型抗流器来加以克服。这是另一种电抗型滤波器（Vankoughnett 等，1973），如图 6.166 (a) 所示。实质上它是由一系列等长度的波导段周期性地在输出波导中加载构成的，并有类似于周期结构所具有的通带和阻带特性（Harvey，1963），这种结构的频率特性完全取决于图 6.166 (b) 所示的结构尺寸，如波导段长度 d 、宽度（$l-b$）、波导段间隔 b 及高度 h 。

$$\mathrm{ch}(al') = \cos(2\pi l'/\lambda_g) - \frac{b}{2h}[\tan(2\pi d'/\lambda_g)][\sin(2\pi l'/\lambda_g)] \tag{6.264}$$

式中 带“′”——表示等效电长度。

由色散特性可以得出衰减常数 α (Np/m) 为

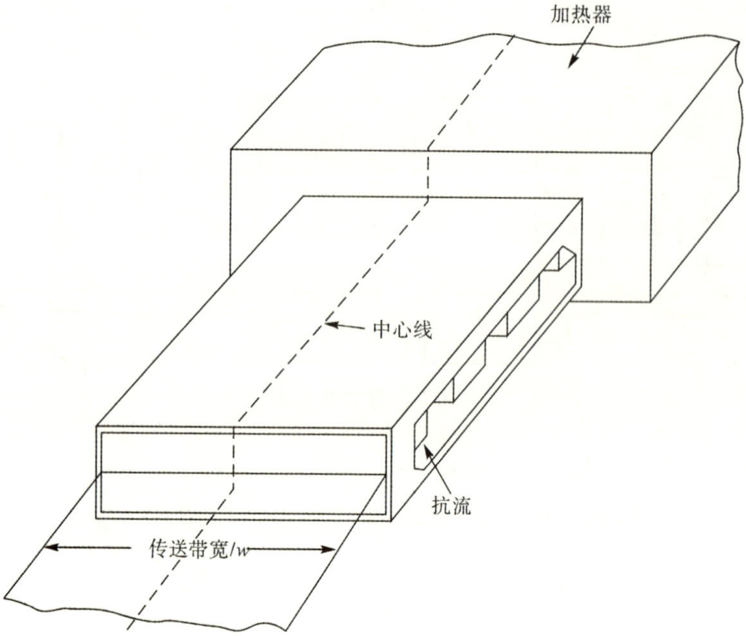

(a)

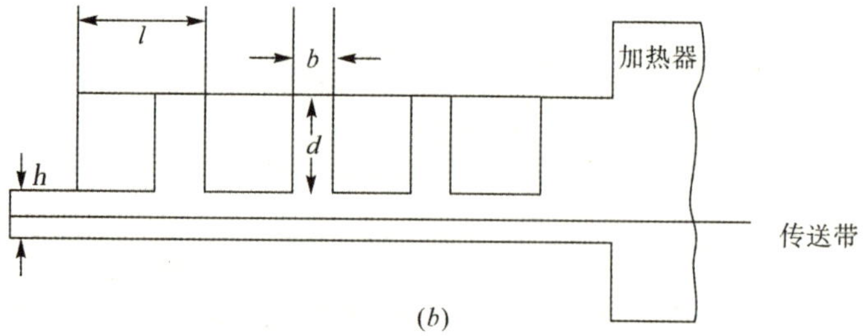

(b)

图 6.166 皱折型抗流器原理

对于 n 根波导段的插入损耗为 $8.686\alpha l' n$dB。只要合理地选择各种常数如 $h < 0.2\lambda_g$，$l' = \lambda_g/4$，$d' = \lambda_g/4$，$b = l' - h$，由式（6.263）即可进行抗流器组合的设计。

这种形式的皱折抗流器的主要缺点是只能对某一特定模式做最佳设计，为了能衰减其他模式，将此设计扩展成双向皱折型抗流器，实质上与图 6.166 类似，但在材料传送方向上开有槽缝，形成许多连接在输出波导宽边上单独的阻塞器。这种原理的一种结构是由许多圆柱形螺钉构成的，如图 6.167 所示，由 10 排尺寸为 6.35×29.2mm（$\frac{1}{4}$×1.15 in）中心间距为 17.3mm（0.68in）的螺钉结构组成的抗流器对 TE_{10} 模及 TE_{20} 模的插入损耗特性如图 6.168 所示。

当有材料在传送带上从抗流器中通过时，插入损耗要下降一些。为了得到大于 $0.2\lambda_g$ 的工作隙缝以便处理较厚的材料，设计了双边皱折型波导段抗流器，如图 6.169 所示。

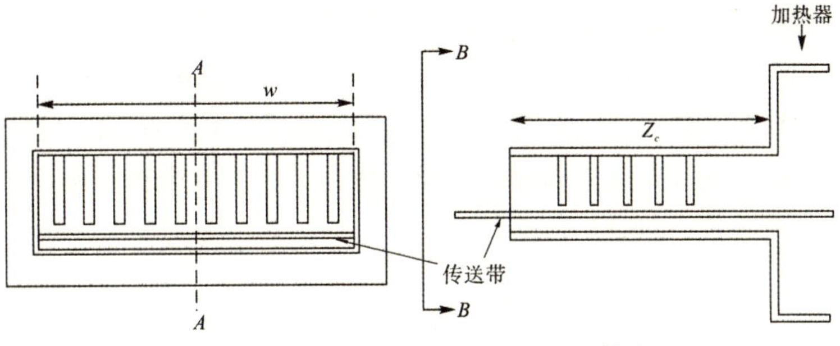

图 6.167 波导中具有由螺钉构成的双向皱折型抗流器

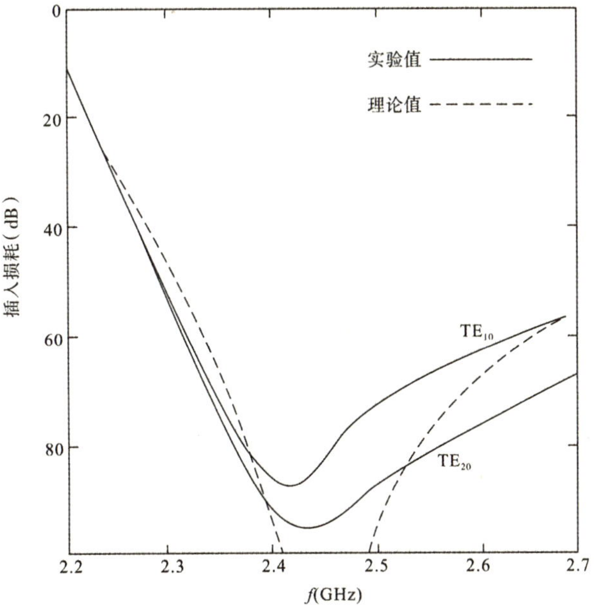

图 6.168 波导中具有由螺钉构成的双皱折型抗流器的插入损耗特性

这种抗流器中在波导宽边的顶部和底部都装上螺钉，在这种情况下要特别注意用一些棒在输出波导的宽度 w 内放置以抑制平行于传送平面的电场 E 。

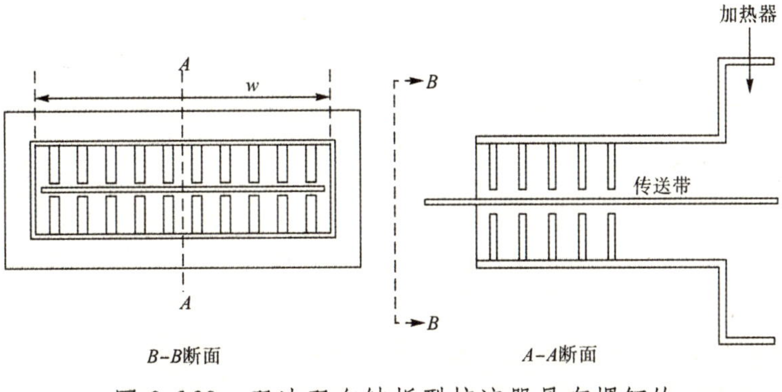

图 6.169 双边双向皱折型抗流器具有螺钉的

(4) 混合抗流器：前面几节中讨论的抗流器都是电抗性的，它保证对漏出的微波功率产生严重的失配，并使其反射回加热器中，其中一部分将被处理的材料再次吸收，而留下的将耗散在加热器和波导的管壁上。然而，未被电抗性抗流器抑制的辐射可以进一步被安置在电抗性抗流器末端的微波吸收材料吸收，于是就形成了包括电抗性及电阻性的混合抗流装置，如图 6.170 所示。

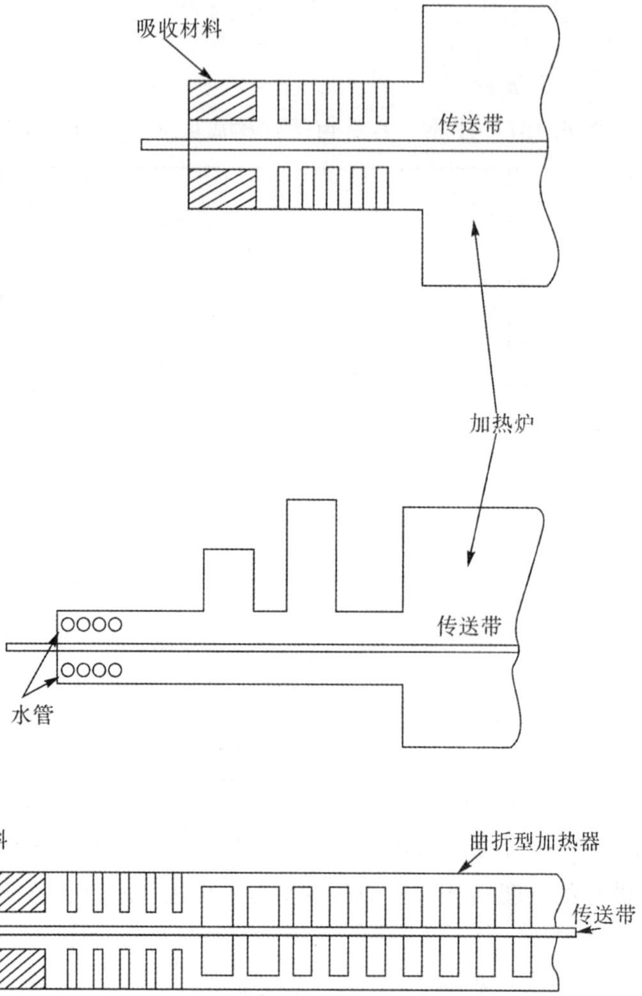

图 6.170　典型的由电阻性和电抗性元件制成的混合抗流装置

用于电阻性抗流器中的材料有碳和水等。后者在作为大体积等离子体反应器中的辐射屏蔽时已证明是非常有效的 (Bosisio 等，1972)。实质上，等离子体反应器是由一种慢波结构提供功率的。为了防止人体遭到杂散的辐射，采用了一个由有机玻璃制成的夹层的矩形箱体，在其中灌满水以吸收微波辐射，取得了良好的防护效果。实际上，在高频设备中冷却水经常是现成的，因此只要分流一部分出来即可作为吸收元件，但在设计及安装时应保证这些水管在使用中的安全性。

尽管组合式抗流器经常在流水线系统中应用，但它们还不足以提供足够的保护。

于是又开发了一种双腔地毯干燥加热器（Holme 和 Metaxas，1979）：一条拉通的隙缝将腔分隔成上、下两部分，把加热器装在一个法拉第屏蔽笼中，因而将门及其他安全设施完全连锁在一起以提供附加的防护，如图 6.171 所示。法拉第屏蔽笼可用简单的金属板或双金属屏蔽制成，在双金属屏蔽笼中间空隙内填入微波吸收材料。在笼子内壁上可以贴上一层微波吸收材料，以减小由笼壁多次反射而到达进出口的杂散辐射。

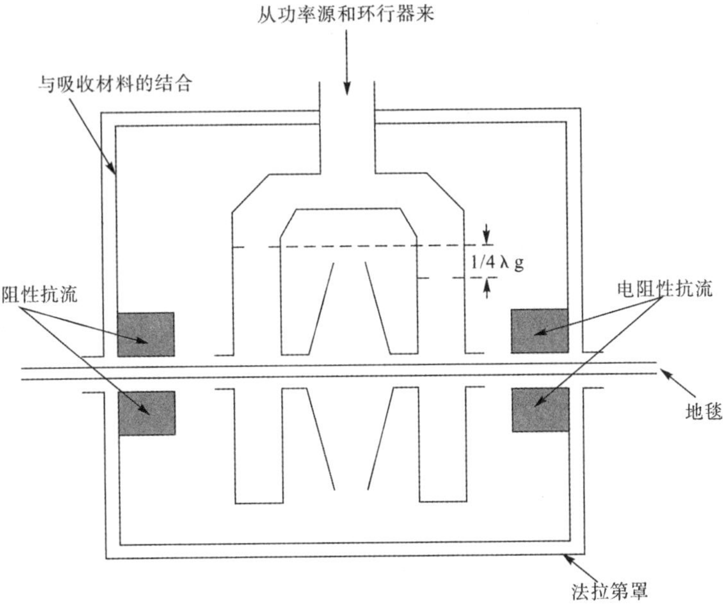

图 6.171 双 TE_{10} 腔地毯干燥机简图

（5）大孔的抗流：在连续在线处理大截面负载时经常要求加热器具有大的孔径，这种情况下的工作负载的截面在两个方向上可能均大于半波长。这时可能存在任意极化和许多模式的泄漏。如此大的孔是不能用纯电抗性方法来抗流的，因为孔壁的表面阻抗接近于无限值。麦克斯韦方程的解是存在的，所以传播也是存在的。这些麦克斯韦方程的解满足 $H_t=0$ 的边界条件，并可看作一组正弦空间谐波（即正常波导模）在边界上 H_t 分量的矢量为零。当能量沿抗流器管道传播时，虽然由于各个模式截止波长不同引起相位上的变化，但相对幅值的变化仍然存在以维持相同的边界条件。在另一个极端情况下，表面阻抗可能为零（如金属壁），这时的孔像正常波导一样。另一种方案是用周期性加载（即交替采用零阻抗和高阻抗段）来衰减所指定的一些模式，但各模式间的能量交换使这种效应相互抵消。

限制大孔泄漏的唯一有效方法是用电阻性抗流，一般采取下列两种形式之一，或其组合形式。

第一种形式如图 6.172（a）所示，高 $\tan\delta_{eff}$ 的工作负载通过一内部间隙很小的密闭波导段，由于负载对能量的吸收提供了高的衰减值，其大小对所有模式都容易计算。根据材料 $\tan\delta_{eff}$ 的大小不同，这种抗流器的典型长度约为最大截面尺寸的三倍就足够了。但是，这种装置的严重缺点是没有负载时就完全失效，所以必须有其他手段防止这种潜在的危险，通常采用一传感器以断开微波源。这种传感器可以是一个微波泄漏检波器，但整个系统必须有失效保险。或许最安全的电路是含有保险丝的微波检测系统，有一小部分控制电流流过保险丝。该保险丝构成微波检测泄漏电路的一部分，当电流超过安全电平时，保险丝即熔断，从而切断了微波功率。此系统是最终的安全保护，为了避免保险丝不必要的熔断，至少还应有另一系统来保证正常的工作。

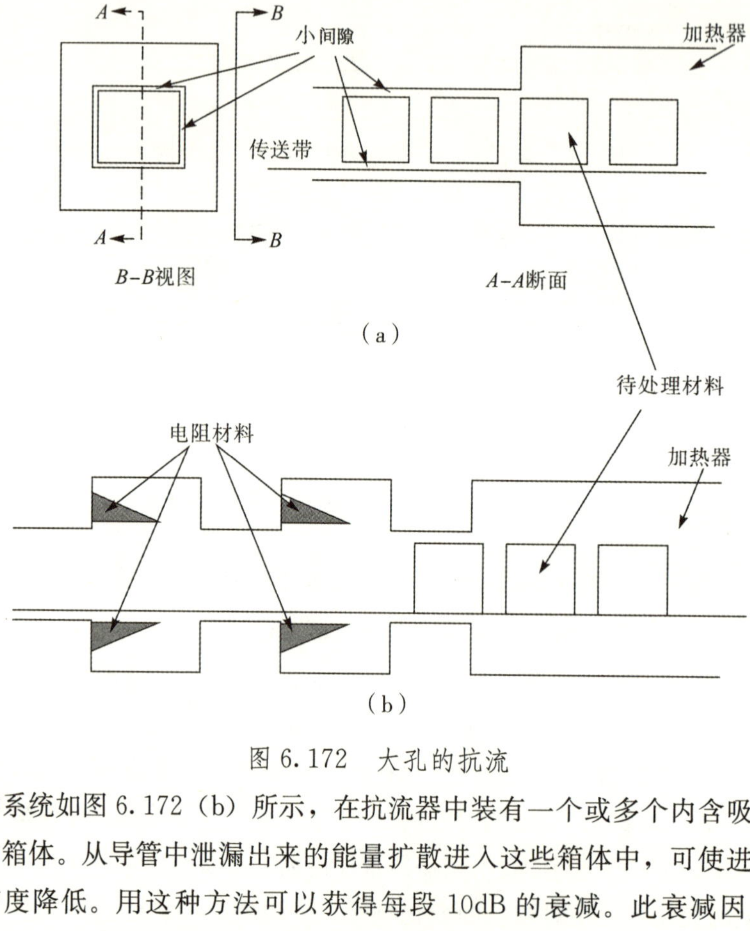

图 6.172 大孔的抗流

第二种系统如图 6.172 (b) 所示，在抗流器中装有一个或多个内含吸收材料或水负载系统的箱体。从导管中泄漏出来的能量扩散进入这些箱体中，可使进入下一段导管的功率密度降低。用这种方法可以获得每段 10dB 的衰减。此衰减因为工作负载 $\tan\delta_{eff}$ 而增大。在没有负载时，此系统同样不能防护，所以仍需要一附加的自动保护系统。它还有一个缺点就是要浪费功率在吸收器中，尽管在高吸收的工作负载情况下（如肉块）这一功率损失是在能接受的限度之内。

6.9.6 安全防护措施

不管在哪一种工业应用中，都必须采取所有可能的预防措施以保证从高功率源及与它相连的加热器结构中泄漏最低。按照美国辐射卫生局关于工业微波系统的综合评述，建议采用下述安全措施以保护使用这种设备的人身安全。

（1）在进出口采用合适的电抗性及电阻性负载，把杂散辐射降低到允许的极限以下。

（2）在特殊环境中应使用附加屏蔽，如单层的或双层的夹有吸收材料的法拉第罩子。

（3）很好地设计清洁门。

（4）应将门和电源以及水流监示器、打火检测器等连锁在一起构成安全装置，并能在处理易燃材料时极快地接近灭火装置。检查这些连锁和安全特性的规章必须严格执行。

（5）在最危险的地方（如进出口）设置标牌，警告人们当系统工作时不要把手或物体伸进端口。

（6）在微波设备区的周围应设置警戒线，以防止其他非操作人员接近危险区。

该评述指出，辐射泄漏过大的最常见原因是损伤了清洁门（由于变形或烧伤或铰链遗失或损坏）以及在传送带进出口处不合适的抗流所引起的。

6.10 微波加热装置微波阻抗的测量

6.10.1 概 述

微波炉（包括家用微波炉和工业微波炉）与磁控管连接时的最重要参数之一就是炉腔（或炉体）的阻抗（复数），这一阻抗大小直接影响以下 3 个重要指标：

（1）炉腔（或炉体）能获得多大的微波功率；

（2）磁控管在输出多大功率的同时，工作效率怎样；

（3）磁控管的工作状态如何，即工作稳定性、可靠性和使用寿命。

由此可见，两者的相互连接绝不是任意的，对磁控管来说，必须选择一个适合它的负载特性曲线（雷基图）特定位置上的阻抗值（即适当的驻波系数大小和适当的相位）。这样才能确保磁控管高效、稳定、可靠地工作。

30 多年来，微波炉，特别是家用微波炉的设计师们一直在探寻这一阻抗的测量和选择，以便与相应型号磁控管正确配接。近二十余年来，家用微波炉已在国内大量生产，目前世界上有 3/4 以上的产品出自中国，加上近年来用于加热、干燥、灭菌、烧结、膨化、催化等领域的工业微波炉的产量也在不断增加，因此对炉腔（或炉体）阻抗特别是动态阻抗的测量呼声愈来愈高，尽管国外（如日本）早在 20 世纪 70 年代中期已在进行研究，其中以日本东芝公司的工程师们发表的文章最具代表性。国内 80 年代中也有人进行过类似工作，但以移植为主，缺乏独创性，遗憾的是这一工作没有继续下去，也未引起工业界足够的重视，一些工作只是开了个头，没有经费支持。

在工业微波炉中，因为采用数量众多（十余只至数百只）廉价的炉用磁控管多馈口向炉内馈送功率，所以，相邻馈口之间必然存在像相控阵天线中各阵元间产生电磁相互耦合一样的互耦现象。这种互耦将直接导致各馈口原静态阻抗的变化，如果不了解这些馈口的动态阻抗，那么必将影响各馈口的输出功率和耦合效率，影响磁控管的工作可靠性和使用寿命，增加设备的维护成本。

这一技术如不彻底解决，会产生一系列意料之中的后果，即磁控管与炉腔（或炉体）的耦合效率不高，输出功率不大，管子工作不稳定，易产生模变或烧毁。如果我们在这方面做些工作，较好地解决了管子与炉腔的阻抗配合，使磁控管工作在最佳阻抗值下，那么不仅会大大提高它的输出功率和工作效率，还能大大延长管子的使用寿命，使产品提高技术档次，做到真正意义上的高效节能，直接使广大用户受益，同时也提高了生产厂商的信誉和影响，为今后开拓产品的国内外市场打下良好的技术基础。

本书提出一种在各相邻馈口同时向炉内馈送功率的动态情况下的阻抗测量技术与方法，可以较好地解决这种多馈口工业微波炉中每一馈口的动态阻抗问题。

6.10.2 静态阻抗的测量

静态阻抗的定义是用等效磁控管的专用测量探头代替磁控管振荡器来测量微波炉炉腔的输入阻抗（在机械连接平面上）。这一阻抗的测量是评估炉腔与管子连接最重要的待测参数之一，尽管这一阻抗测量是十分简单和方便的，但也存在一定的缺点和问题。例如早期的测量通常采用固定频率下对带有转盘或模式搅拌器的微波炉炉腔进行点频测量，显示它的测量结果与真实情况下当磁控管工作时的阻抗是存在差异的，有时甚至存在很大的差异。究其原因就是磁控管工作时随着负载的变动，管子的输出功率和频率都将随之改变（牵引效应）。换句话说，这种单频测试使雷基图上只存在少数几个与静态阻抗的交叉点，而真实情况下，我们却不知道磁控管在牵引情况下多频时有多少个与阻抗轨迹的交叉点。尽管如此，静态阻抗仍有一定的参考价值，但在管子“下沉区”附近，由于负载很小的变化却会造成振荡频率很大改变，会产生了较大的误差。

其实，目前解决多频测量问题非常简单，只要在网络分析仪中设定一定的频率范围（使其等于磁控管雷基图上的最大频牵）来进行阻抗测量即可。因为扫频的速率远大于转盘或搅拌器的旋转速率，所以在转盘转至某一角度时，快速扫频的多阻抗测量早已完成，两者的差别仅在于：转盘在某一角度时呈现的阻抗是单值的，这时对磁控管产生的频偏也是单值的，而扫频测量时则对单值的阻抗进行了多频的测量，当然也必然包括负载效应造成频偏的那个频率在内，仅此而已。

1. 阻抗测量等效探头

静态阻抗测量中需要一个专门为相应型号磁控管设计的专用探头来代替磁控管，这种测量专用探头有如下两种基本结构。

（1）如图 6.173 所示的探头是由磁控管阳极块和输出天线以及从阳极某一小腔中

引入一个小耦合环构成的，调节该环与阳极小腔的耦合度使之符合使用要求。这一结构的特点是显而易见的，因为它等效于一个信号源去激励磁控管，使其谐振，谐振后的信号由磁控管天线输出，与真正的磁控管相比有两个差别：其一是探头输出毫瓦级的功率，而磁控管则输出几百瓦的功率；其二是探头输出频率是固定还是可变的，它由信号源决定，而磁控管的频率则由管子和负载共同决定的。

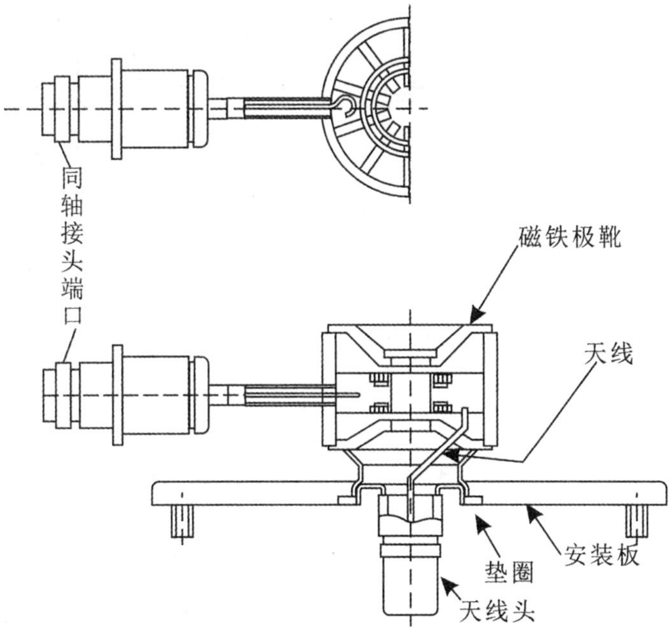

图 6.173　磁控管腔体作专用测量探头

(2) 如图 6.174 所示的专用测量探头，它由一天线外形尺寸完全等同于磁控管的结构尺寸但其内部却没有谐振腔的传输线结构形成的。它的目的是从同轴接头馈入信号。这一信号经同轴线内导体传至天线端部，再经过同轴波导激励器将信号送至波导法兰平面。在信号从同轴接头至天线之间的一段同轴传输线中加入适当的调配装置，可以调节中段的特性阻抗以改变阻抗的变换比（包括大小和相位）。目的在于将所测阻抗的参考面校正至天线的中心平面上来，这样就可代替磁控管的天线参考面（因为雷基图是校正至管子天线中心平面上的）。

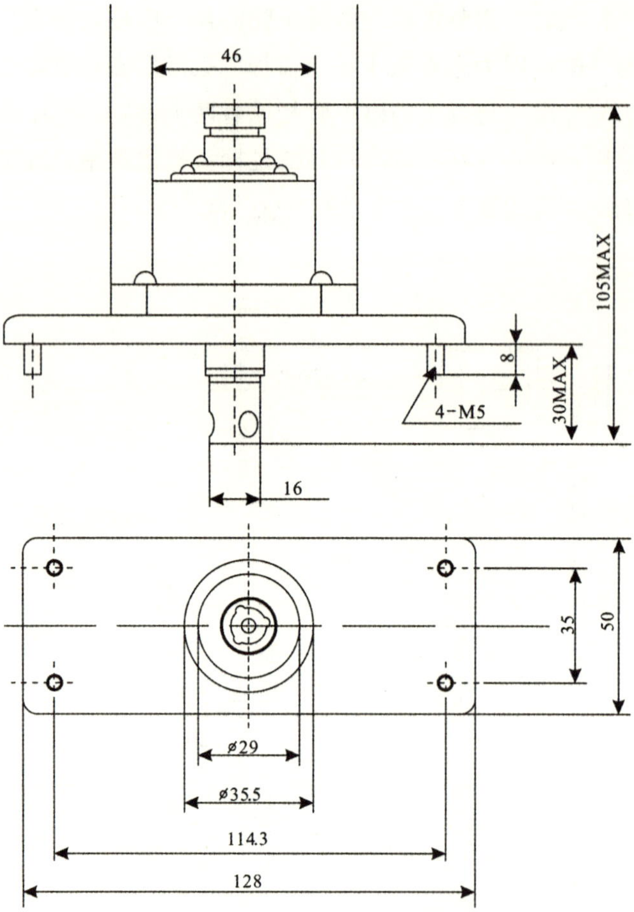

图 6.174　与磁控管配套的阻抗测量探头的外形图

2. 阻抗测量探头的工作原理

阻抗测量探头与磁控管的类比如图 6.175 所示。

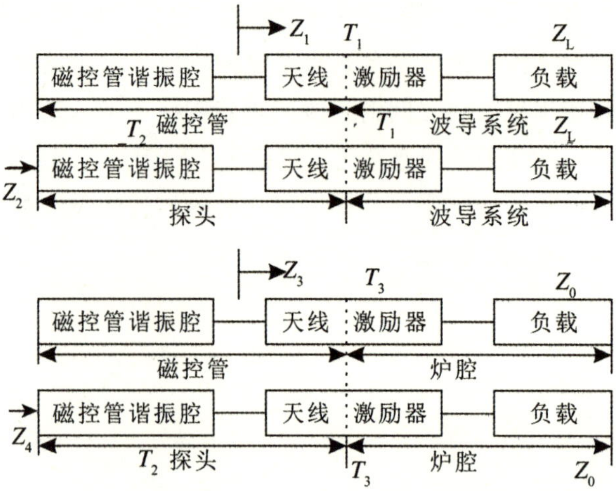

图 6.175　阻抗测量探头与磁控管的类比

其等效电路如图 6.176 所示。

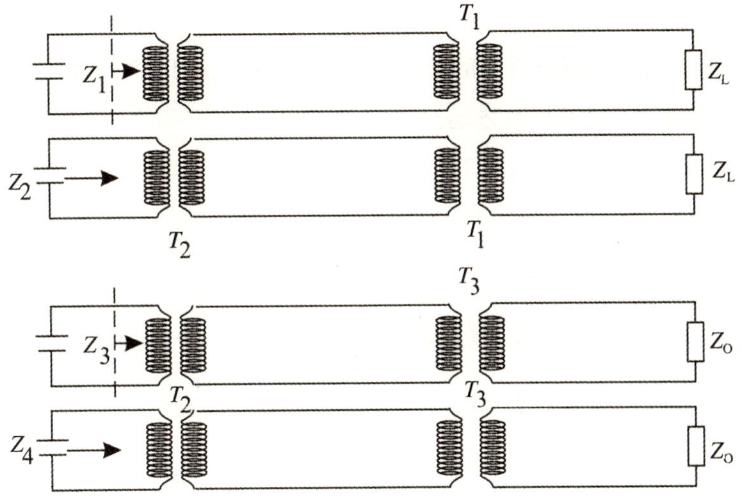

Z_L—在天线中心平面看到的波导系统终端的负载阻抗（失配）；

Z_2—测量探头端接点输入阻抗，在预先调整时使其等于 Z_L，即 $Z_2=Z_L$；

Z_1—波导失配阻抗反映至磁控管内谐振腔至天线的馈点上的输入阻抗；

Z_3—接上微波炉时在磁控管内谐振控至天线馈点上的输入阻抗；

Z_o—炉腔或炉体阻抗

图 6.176　等效电路图

因为

$$Z_1=T_1\cdot Z_L \tag{6.265}$$

$$Z_2=T_2\cdot T_1\cdot Z_L \tag{6.266}$$

$$Z_3=T_3\cdot Z_0 \tag{6.267}$$

$$Z_4=T_2\cdot T_3\cdot Z_0 \tag{6.268}$$

在预调中使

$$Z_2=Z_L \tag{6.269}$$

所以有

$$T_2\cdot T_1=1 \tag{6.270}$$

所以

$$T_2=T_1^{-1} \tag{6.271}$$

如果

$$Z_2=Z_4 \tag{6.272}$$

由式（6.266）和式（6.268）

$$T_1\cdot Z_L=T_3\cdot Z_0 \tag{6.273}$$

由式（6.273）和式（6.265）

$$Z_1=T_3\cdot Z_0 \tag{6.274}$$

于是有

$$Z_1 = Z_3 \tag{6.275}$$

这样就证明了由探头测量得到的炉腔阻抗 Z_4 直接重叠于磁控管的雷基图上。

3. 静态阻抗的测量方法

炉腔静态阻抗的测量方法有以下几种方法：

(1) 网络分析仪法；

(2) 用探头法。

6.10.3 单馈口动态阻抗的测量

单馈口动态阻抗的测量方法有：

(1) 网络分析仪法；

(2) 六端口技术法；

(3) 高功率测量线法；

(4) 多探针法；

(5) 频率计及功率计法；

(6) 双炉对比法。

这里不再对上述单馈口动态阻抗的测量方法进行叙述，有兴趣者可参阅有关文献。

6.10.4 多馈口动态阻抗的测量

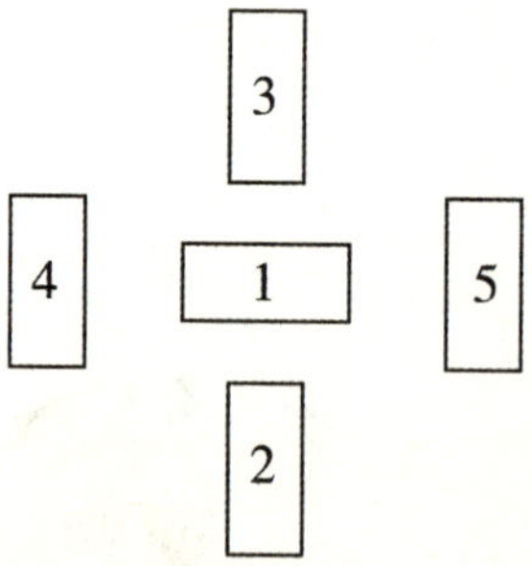

图 6.177 五馈口分布图

假设多馈口的各馈口相对分布如图 6.177 所示（这里假设为 5 馈口），而馈口 1 为待测的馈口，因为 2，3，4，5 各馈口彼此邻近 1 馈口，其互耦现象最为严重，所以忽略除 2，3，4，5 四个馈口外的其他馈口来测量 1 馈口的阻抗的误差是不大的。测量系统原理方框图如图 6.178 所示。

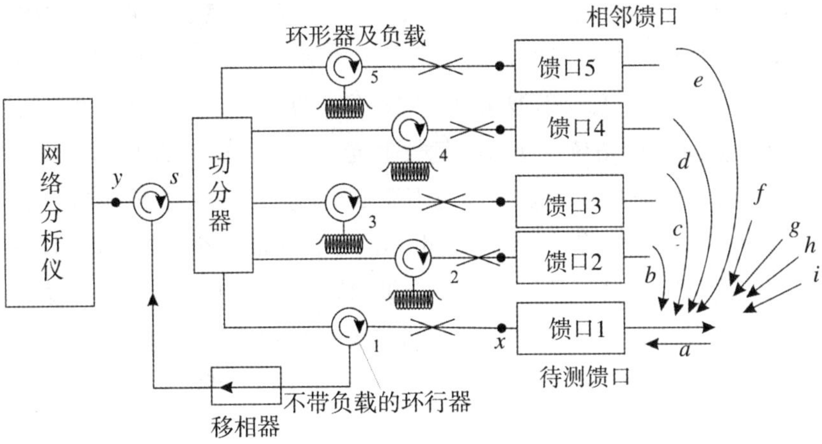

图 6.178　多馈口动态阻抗测量原理图

由图 6.178 可知，测量系统中采用了 6 个环行器，其中 2，3，4，5 四个环行器是带匹配负载的，起到单向隔离器的作用；而环行器 1 及 S 是不带匹配负载的，它们起到信号环行的作用，为馈口 1 提供反射信号至网络仪端口，便于测量馈口 1 的阻抗。对上述环行器一个基本要求是插损尽可能小，各端口之间的相移一致并尽量小。为了保证在网络仪输出端口上 y 处的阻抗等于馈口 1 输入端 x 处的阻抗，在测量前必须使 y 与 x 两点的相位相同，为此在 1 与 S 两个环行器间串接一可调的移相器，事先进行校准与调节，校准方法如下：

在馈口 1 的输入口接一短路器，而其他馈口的输入端均接上匹配负载，这时，网络仪上会在史密斯圆图上出现如图 6.179（a）所示的圆点（即短路点的相位点 A），因为馈口 1 的输入功率仅为网络仪输出功率的 $\frac{1}{5}$，所以即使在馈口 1 支路上产生全反射时，其反射系数为

$$|\Gamma| = \sqrt{\frac{P_{\mathrm{rl}}}{P_i}} = \sqrt{0.2} = 0.447$$

即　　　　VSWR＝2.62

然后调节可变移相器，使短路点相位从圆图上 A 点沿等反射系数圆移至 B 点，如图 6.179（b）所示。这样，馈口 1 上 x 处的相位就是网络仪 y 处测得的相位，这就保证了网络仪测得的负载阻抗 $z = r + \mathrm{j}x$ 即是馈口 1 输入端 x 处的阻抗。

1. 测量原理

从网络仪输出信号经环行器 S 后至一功分器，将信号等分成 5 路，各路功率电平相等，相位相同，然后分别经环行器 1，2，3，4，5 送至微波炉中 5 个馈口，其中馈口 1 为待测端口，而其余 4 个馈口模拟动态输出状态，图中信号 a 为馈口 1 发出的信号在炉内产生的反射波，而 b，c，d，e 这 4 个信号分别来自馈口 2，3，4，5 发出的互耦功

率，而 f,g,h,i 这 4 个信号分别是馈口 2，3，4，5 发射功率经炉腔内壁及炉内加热负载上产生的反射波，后 4 个反射波要比互耦产生的信号要弱。这 9 个信号（a,b,c,d,e,f,g,h,i）将构成馈口 1 的总反射波信号，它经环行器 1、可调移相器及环行器 S，最后回到网络仪端口 y，这时网络仪上测得的复数阻抗 $z=r+\mathrm{j}x$，即是馈口 1 在相邻 4 个馈口同时向炉内辐射微波功率的动态情况下测到的端口阻抗。它既不同于其余 4 个端口不接任何负载（如匹配负载）的情况，也不同于让相邻 4 个馈口空敞时的静态情况。因此，尽管我们这里只考虑了最邻近的 4 个馈口，但原理上，该测量方法可推广到具有 N 个馈口的实际情况中，但系统的复杂性及元件的数量是人们难以接受和实现的。

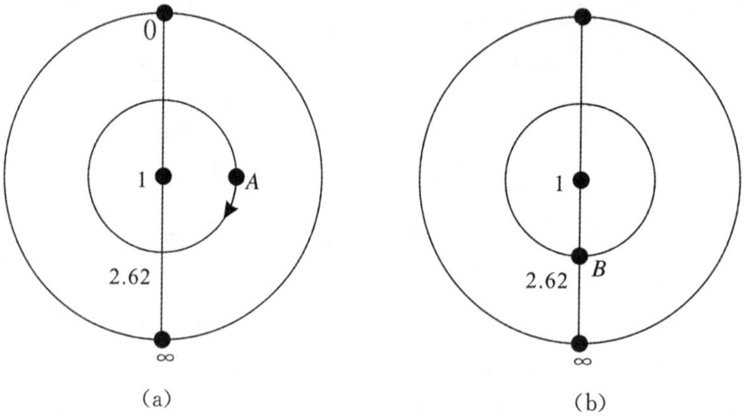

图 6.179　史密斯阻抗圆图

2. 测量时的注意事项

（1）由于本测量方法中待测馈口 1 中的输入功率为网络仪输出功率的五分之一，所以即使其余相邻馈口都不存在互耦功率情况下，馈口 1 全反射时，网络仪测得的反射系数的绝对值也只有 $|\Gamma|=0.447$（VSWR＝2.62），而不是通常情况下的 $|\Gamma|=1.0$，即反射点不在圆图上的∞点，而在 $|\Gamma|=0.447$ 圆上的 B 点（见图 6.179（b））。

（2）当所有馈口均无反射且无互耦时，网络仪测得的反射系数 $|\Gamma|=0$，即全匹配情况，这是多馈口工业微波炉中最为理想的设计。

（3）当网络仪测得的反射系数的绝对值在 $0<|\Gamma|<0.447$（1＜VSWR＜2.62）的范围内，就能根据这一数值的大小来衡量馈口 1 中受到相邻馈口的互耦强弱情况。数字愈接近于 0，馈口 1 的工作条件愈佳，此时装于该馈口的磁控管的输出功率愈大（当相位合适时），若数字愈大，说明互耦功率愈大，磁控管的工作将受到较大的影响，若如降低输出功率和效率，甚至会产生跳模或损坏。

（4）当 $|\Gamma|\geqslant 0.447$（VSWR≥2.62）时，情况将会更糟。这时，因为相邻馈口有较大的互耦功率进入待测馈口 1 中，网络仪由于测得的反射系数虽然仍然不会超过 1.0，但却大于短路时的 0.447，这在实际情况中，反映出由于馈口间的电磁耦合非常严重，以至于从各馈口中串入待测馈口 1 的总功率已超过馈口 1 上磁控管的输出功率。

所以在这种情况下，馈口 1 上的磁控管非但不会输出功率，相反却接受到来自相邻馈口的很大的微波功率，从而使磁控管受到严重的干扰甚至烧毁。

(5) 由此可见，尽管全反射时测得的反射系数不是 1.0，而是 0.447，但其相位经过校准后仍正确无误地代表待测馈口 1 的相位。为了将测量阻抗的结果转换成人们习惯的表示图形，可以将 0.447 的圆放大到 1.0 的大小，使 *B* 点 位于圆图最底部，这样就能将测得的动态阻抗从图 6.180 (a) 上转换成图 6.180 (b) 所示。

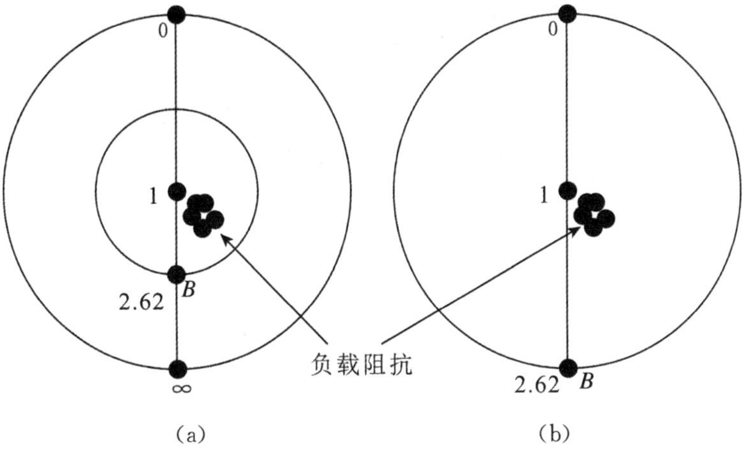

图 6.180 圆图上的坐标转换

6.10.5 结 论

(1) 采用本测量方法时，测得的阻抗是实时的，不仅测量了本馈口的反射情况，同时也测量了各相邻馈口对待测馈口的互耦干扰产生的反射，因此，这一阻抗是动态阻抗，与单馈口测得的静态阻抗是不相同的。

(2) 在测量过程中，当工业微波炉中的负载随时间变化时（例如物料在炉内传送带上移动时），本测量方法测得的馈口阻抗不是单值的，而是多值的，这反映在史密斯圆图上的点是一片，如图 6.180 所示。

(3) 由测量原理可知，当阻抗点靠近圆图中心即匹配点时是理想情况，但不一定是最佳情况。因为根据磁控管雷基图要求，阻抗点落入下沉区上方相位合适处，可获得磁控管的最大输出功率和工作效率。但这时对相位要求较高，不然会得不偿失。

(4) 如果阻抗点靠近 VSWR=2.62 时，馈口的驻波较大，已接近全反射情况。如测得的驻波大于或等于 2.62 时，情况更糟，这种情况下，待测馈口已无法输出微波功率，而且馈口上的磁控管有被烧毁的可能。因此，必须更改馈口设计，减小互耦功率的串扰，直到驻波小于或甚小于 2.62 时为止。

关于微波加热技术基础领域的进一步了解可参阅文献 [94] [95] [99] [101] [102] [103～158] 等。

6.11 工业微波炉中微波输出功率的测量

在工业微波炉中，要进行微波输出功率的测量是一件非常不容易的事情，因为工业微波炉与家用微波炉的差异实在太大了。先就容积而言，工业微波炉中小的几升、十几升，中等的几十、几百升，大的上千或几千升，甚至还有特大的；就结构类型来说，有矩形腔、圆柱形腔、椭球形腔、多边形腔、箱式炉、隧道窑、真空炉、冷冻腔、加压炉、充气炉，还有体积特大的烘房等；从馈口数量上讲，有单馈口、双馈口、多馈口（N个馈口）；总之，形式繁多，不一而足。所以至今尚未有国标出版（到作者写作本书时为止），这里就相应标准 IEC（61307—2011）中提出下述意见供国内使用者参考。

该标准中提出几种测量方法，主要都是以量热法作为测量手段，这一点与家用微波炉的性能测试方法是相同的，但对多微波源多馈口的工业微波炉来说，基本上都不适用。下面就介绍一种可以参照的多馈源工业微波炉中微波输出功率的测量方法。

6.11.1 开口容器法

在容积较大的炉腔内，采用低耗介质材料制成的开口容器N个，例如硼硅玻璃杯，分别排放在不小于整个面积40%的区域内，每个容器壁厚应尽量薄，内装不小于0.5L/kW的水作为吸收负载，还应保证容器内的水平面高度不低于25mm。在测试过程中，力求达到每千瓦功率、每升水、每分钟的温升在14K左右，这样控制温升是为了防止容器中的热量耗散到周围环境中去，特别要防止水的汽化和蒸发，整个测试过程与真正的负载相比，时间是很短的。因为多微波源是同时开启和工作的，所以各微波源之间的相互交叉耦合及其影响将直接体现在最终测试结果里。但具体操作和实施起来还会带来很多实际困难，特别当炉腔尺寸较大、馈口较多的隧道窑中，要放置很多的盛水容器，工作完毕后的测温就是一项既烦琐又困难的工作。况且标准中没有具体规定容器的直径与高度，尤其是排列方式，每个容器间的间隔距离等因素都会对测量结果产生误差。测量与家用微波炉性能测试方法相同，即测量加热起始与终了时各开口容器内的水温变化，乘水的比热c（4.187kJ/kg·℃）和质量m（kg）后再除以加热时间t（s）。需要指出的是，温差应该是N个开口容器中测得的温差平均值，即

$$\Delta T_m = \frac{\sum_{n=1}^{N} \Delta T_n}{N} \tag{6.276}$$

于是

$$P = \frac{4.187 \cdot m \cdot \Delta T_m}{t} \quad (\text{kW}) \tag{6.277}$$

式（6.277）中并未计及N个开口容器本身的微波损耗，当N很大时，这一损耗是不能忽略的，这就需要了解容器的总质量m_c（kg）及容器材料的比热c_c（kJ/kg·℃），以及加热前后的温差ΔT_c（℃）。然后按下式计算

$$P_c = \frac{c_c \cdot m_c \cdot \Delta T_c}{t} \tag{6.278}$$

6.11.2 工作负载法

标准中还推荐了另一种直接测量工作负载的温升的方法，即测量加热前后物料中的温度差，再按下式计算出输出功率：

$$P = \frac{(T_{out} - T_{in}) \cdot c \cdot m}{t} \tag{6.279}$$

式中 P——微波输出至工作负载上的功率（W）；

T_{out}——输出温度（℃）；

T_{in}——输入温度（℃）；

c——物料的比热（J/kg·K），K=273.15；

m——物料质量（kg）；

t——加热所需时间（s）。

需要指出的是，加热所需时间的起止时刻如何确定，在标准中并说明，是物料从炉子一端刚开始进入炉内那一刻作为起始时间，还是待被测物料全部进入炉子的那一时刻算起？我们根据以下几种情况判断。

（1）物料堆放应尽量集中，不要堆放过长。

（2）此外，物料过长会造成出炉后测温时的困难。

（3）测试过程中，不应开启抽风机，避免影响物料的正常升温。

（4）整个测试过程中没有计及下述几种微波损耗，即：

①炉腔壁上及传送带上的微波功率损耗；

②通过物料进出口向外泄漏的微波功率损耗；

③各馈口与炉腔阻抗不匹配引起的功率反射损耗；

④各馈口交叉耦合导致输出功率的下降部分功率。

这些损耗都将体现在按式（6.279）计算出来的最终结果里，例如有10个功率为1kW的微波源，同时向炉内馈送功率，最后测得的功率为7.5kW，那么就有2.5kW的微波功率分别由上述四种不同途径白白地浪费了。但要具体指出哪一个损耗多少，却是非常困难。

6.11.3 塑料袋法

如果工作物料的含水量较低，例如木材、陶瓷、纸张等，这时直接采用物料作为工作负

载就显得不合适了。在这种情况下，可以采用密封的塑料薄膜制成的口袋，内装损耗液体如异丙醇、甘油等作为工作负载来取代前述的开口容器法。每个口袋内装有不小于200ml的液体损耗介质，平放后的平均高度应在15mm～30mm之间，每个口袋中应尽可能少地留有一点空气。异丙醇在频率434MHz～5 800MHz范围内直至50℃时都具有较小的电容率和较大的损耗角，但它的沸点较低只有82℃，其比热为2 560 J/kg·℃，使用时必须小心从事，因为它的起爆点较低。

测试前先将每个口袋中的液体介质冷却至5～10℃，并测量其 T_{in} ，然后推入炉中进行加热，加热的最高温度不超过40℃，从炉中取出后逐个测量其 T_{out} ，最后按式(6.279)计算出相应的微波输出总功率 P 。当然，这一测试方法与上述方法一样，是无法求得四种无为的损耗功率的。

6.11.4 塑料管法

当隧道式工业微波炉的炉膛通道过长时，上述几种方法均不太适宜，可操作性也较差，这里推荐一种便于实施的测试方法：将多根塑料管平行放置于炉内传送带上，塑料管数量应以各微波管馈口测得的驻波系数不大于1.2为原则，塑料管应选择介质损耗较小的材料制成，管径在10～20mm之内，并在进水端与出水端将多根水管汇总成一根总水管，以便测量进出端口的温度及流量，然后按下式计算出多馈源时的微波输出的总功率。

$$P \approx 0.07\, Q \Delta T \tag{6.280}$$

式中 P——微波输出总功率(kW)；

Q——水的流量(L/min)；

ΔT——进出端水的温差(K)，$\Delta T = T_{out} - T_{in}$。

为了保证足够的准确度，T_{in} 应不超过35℃，T_{out} 应不超过60℃，ΔT 不应小于10K，并建议水的流量不小于1L/min。在这一方法中，同样没有计算下述损耗：

(1) 炉腔壁上及传送带上的微波功率损耗；

(2) 通过物料进出口向外泄漏的微波功率损耗；

(3) 各馈口与炉腔阻抗不匹配引起的功率反射损耗；

(4) 各馈口交叉耦合导致输出功率的下降部分功率；

(5) 塑料管吸收的微波功率，但它与上述四点不同，塑料管吸收功率后产生的温升大部分传导给管内的水流了，只有极少量的温升在空气中散逸了，这部分占的比例极小。

6.11.5 阳极耗散法

这是一种通过测定磁控管阳极热耗散后推算出来的间接测量方法，特别适用于多馈口的微波工业加热设备中。测量方法简介如下：将待测磁控管阳极的冷却水套上的两个进出水管分离出来（如果不是单独供水冷却的话），并将此两根水管分别接至大功率计（直读式数字大功率计）原接水负载的两根相应水管上。连接后，同时开启所有馈口（N 个）磁控管的电源开始工作，负载与正常运行时一样移动，同时测量被测磁控管的阳极工作电压 V_a 、阳极工作电流 I_a 和阳极水套作为水负载时的耗散功率 P_s，于是该磁控管的输出功率为 P_0 。

$$P_0 = P_{in} - P_s \tag{6.281}$$

式中 P_0 ——磁控管的输出功率；

P_{in} ——磁控管电源的输入功率。

$$P_{in} = V_a \times I_a \tag{6.282}$$

式中 P_s ——磁控管阳极热耗散功率。

于是，N 个馈口总的输出功率近似地为

$$P_{\infty} \approx NP_0 \tag{6.283}$$

需要指出的是这时被测磁控管的输出功率是受周围上下、左右诸多馈口输出功率的交叉耦合相互渗透的影响，不仅如此，还受到对侧、邻侧等不同空间馈源的相互影响，所以实际上是一种动态时计算交叉耦合后的综合结果。当然，这里并未计算灯丝消耗的功率（对 1kW/ 2 450MHz 管子来说 30W 左右）及管内电子回轰阴极的耗散功率，也同样未计算炉腔内壁及传送带等腔内材料的高频损耗，以及进出口的微波泄漏功率。

当馈口数目较多，若 $N>10$ 时，只要取中间部位任一磁控管即具代表性；但当馈口数目较少时，若 $N\leqslant 10$，最好除取中间部位任一磁控管外，还要取靠近进出口部位另一只磁控管作为测量对象，测量后取其平均值即可。

关于整个加热系统的能效的估算方法如下，即取每一馈源磁控管效率的平均值

$$\eta = \frac{1}{N}\sum_{i=1}^{N}\eta_i = \frac{1}{N}\sum_{i=1}^{N}\frac{P_{0i}}{P_{ini}} = \frac{1}{N}\sum_{i=1}^{N}\frac{P_{0i}}{V_{ai}I_{ai}} \tag{6.284}$$

有关测量方法及标准可参阅文献［285］［286］［287］［303］等 。

6.12 微波加热技术的经济学考虑

当一个企业决定是否采用先进的微波加热技术替代传统的加热技术（包括热风、蒸汽或红外技术）时，除了解微波加热技术的特点和优点外，还需了解设备投资、基建投资、维护费用、运行费用、折旧费用、增产效益、质量提升、环境污染等多种因素的相互影响与作用。

在传统的加热技术中，起始段往往效果不错，但在干燥的最后阶段，常规干燥的

效率确实不高，从图 6.181 中可以看出在干燥机超过一半的长度内，湿度从 M_2 下降到 M_3，这只占干燥机起始半段湿度下降量 M_1 到 M_2 的很少的一部分。就在这个干燥的最后阶段，用微波技术代替常规处理充分证明是经济的和明智的。

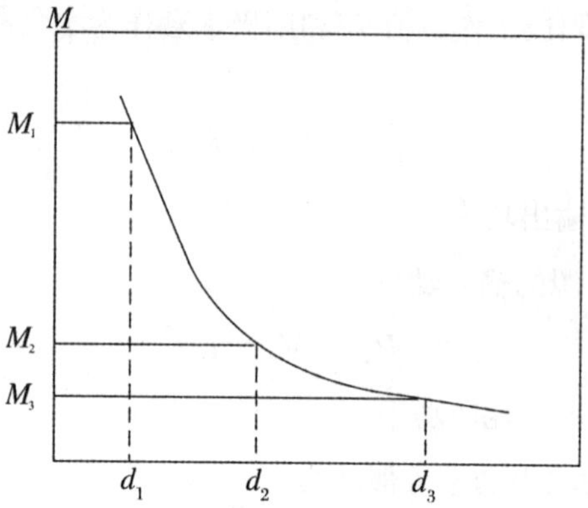

图 6.181　在常规干燥器中的湿气蒸发

采用微波处理设备可以节约能量，已有许多低效的常规加热设备部分或全部地被高效的微波设备所替代，而后者的费用主要靠多年使用的能量节省来补偿。图 6.182 示出了在连续流水线上的典型干燥情况，用微波设备干燥最后 10%的湿气。如果微波干燥机每小时的运行费用及常规加热干燥机每小时的运行费用分别用 g_{mw} 及 g_{con} 表示，可使 y 年中总的节约费用等于所花费的费用，即

$$(g_{con}-g_{mw})\ 6000\,y = g_1 P_g - C \qquad (6.285)$$

式中　g_1——微波设备的购置费用（万元/kW）；

P_g——微波设备总功率（kW）；

C——可补偿的费用（常规设备的变卖费用）。

每年的工作时间大约为 6 000 小时。

干燥最后 10%的湿气所需的理论功率可由下式算出

$$P_g = W_d/t\,[\,c_{pd}\Delta T + M(c_{pw}\Delta T + L_w)\qquad (\mathrm{W}) \qquad (6.286)$$

式中　W_d/t——产量（kg/s）；

M——湿度（干基）%；

c_{pd}——物料比热（J/kg·℃）；

c_{pw}——水的比热（J/kg·℃）；

L_w——汽化潜热；

ΔT——温差。

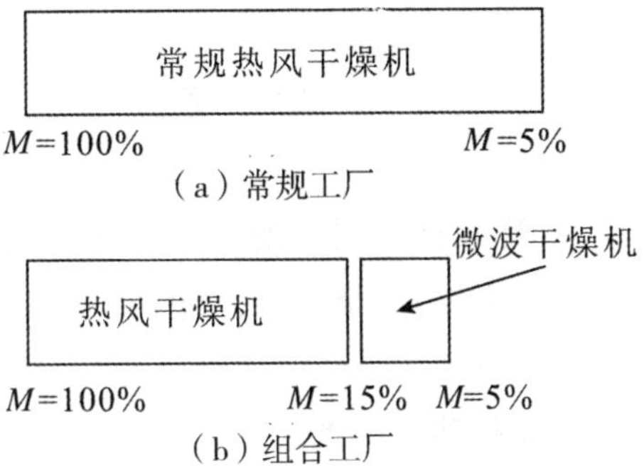

图 6.182 用微波进行最后干燥

电源供给微波设备的功率

$$P_s = P_g/\eta_1 \quad (6.287)$$

式中 η_1——电源转变成微波的效率，通常约为 0.7。

下面我们举例说明经济学上的考虑。

假设 P_s=300kW，于是 P_g=210kW，P_h=147kW；

微波设备购置费为 g_1P_g=1.5×210=315（万元）（g_1=1.5 万/kW）。

设 g_o=1.2（包括管子更换和维护费用），于是总运行费用为 g_oP_s=1.2×300=360kW，设电费为 1.0 元/度，则 g_{mw}=1.0×360=360（元/小时），如 g_{con}=500 元/小时，C=1 500 000 元，则由式（6.285）可得

$$(500-360)\ 6\ 000\ y = 3\ 150\ 000-1\ 500\ 000=1\ 650\ 000=840\ 000\ y \quad (6.288)$$

于是可得 y=1.96 年，这就说明 2 年后可付清投资费用，而每年能源节省费用则为 840 000 元，当然这里并未计算贷款的银行利息。

另一方面，我们从增加产量的观点出发，如果干燥线原以 5m/min 的速度运行，采用微波干燥线后，速度提高到 6m/min 运行时的产量假设为 3 000kg/时，全年运行 6 000小时，那么年产量为 1 800 万 kg。如果每平方米为 2kg，这就表示有 9 000 000m^2 的材料。假设纯利润为 2 元/m^2，超产 20%时即超产 1 800 000m^2，即节约每年利润为 360 万元。微波干燥机需要 150kW 的功率，假设利用率为 50%，这就要求电源付出 300kW，假设电费为 1.0 元/℃，年运行费用为 1.0×300×6 000=1 800 000 元，借款利息按 6%计算，每年付息为 135 000 元，而设备购置费为 1.5×150=225 万元，收支平衡时得出

$$2\ 250\ 000+135\ 000y+1\ 800\ 000y=3\ 600\ 000\ y \quad (6.289)$$

从式（6.289）可以求得 y=1.35，这就说明只需不到 1.5 年即可偿还投资费用及运行费用。从第 2 年开始，每年可赢利 180 万元。

6.13 小 结

本章的篇幅十分巨大，主要取材于国外的有关专著，特别是英国的 Metaxas 和 Meredith 的《工业微波加热》一书，我们曾在近 30 年前将该书编译（作者与钟若青共同编译）出版。岁月流逝，有些内容显得陈旧，而有些又未涉及，但书中的基本内容目前仍然是微波加热技术的物理基础，现将其重新修编后再加上不足之处的弥补编撰于此，作为微波加热技术的入门知识，绝不为过！在此谨向他（她）们再次表示深切的感谢！

尽管其中很多内容都是几十年前的典型案例，但从其设计思想、设计方法、设计时考虑到的方方面面的技术细节，甚至经济学上的评估，以及制成投产后的技术总结、数据分析、系统改进等都给我们很大启发，许多加热器也是国内至今从未出现过的，尤其在高效节能、加热均匀性，防止电晕、打火、起弧，防微波泄漏等方面，均有不少创新思维。对某些特定形状或特性的考虑，也是花样繁多，像对丝状、片状、带状、板状、杆状、颗粒状等物料，都能找到与众不同的加热器或应用器的结构来适应它，使其充分发挥微波加热的特长，从而既保证了加热效果，又收到高效节能的社会与经济效益。

本章的第二个特点是将一些原始设计者、理论分析者、专利申报者的姓名列在相应的文段中，其目的：一是保护他（她）们的知识产权，二是便于读者需要进一步深入了解技术细节时，可以迅速地从书末参考文献中找到他们的相应的论文、著作或者专利。

尽管我国在工业微波加热领域起步并不算晚，目前的生产企业或单位数量在国际上首屈一指，涉及的行业极为众多，有些应用还是具有中国特色的，像烟梗的微波膨化、烟叶的微波松包、茶叶的微波杀青与提香、蚕蛹的微波杀灭、废轮胎的微波裂解……但从总体来说，很多设备并未能真正达到高效节能的目的。一是设计时考虑不周，二是对被处理物料缺乏深入的了解，诸如含水物料的介电常数与湿度、温度及频率的复杂关系，这就很难掌握生产工艺的复杂性与多样性，有时往往事与愿违、事倍功半。更有一点不能不指出，目前国内尚缺乏系统地研究微波加热相关的基础研究机构或单位，生产单位忙于生产，无暇顾及，产学研联系不紧密，缺乏长远规划，这些都是影响我国在微波功率应用的现实问题，希望广大相关科技工作者携起手来，重视基础性研究，与生产实际紧密相结合，创制出更多更好的工业微波加热设备来，为我国的社会主义现代化服务。

第7章 微波加热技术应用

7.1 微波加热技术应用的历史与阶段

我国的微波功率技术应用事业历史较早，仅滞后于国际上五六年左右，尽管当时各方面条件极其困难，但是广大科技工作者还是迎难而上，鼓足干劲，以上海轻工业研究所为代表，首先在上海儿童食品厂的乳儿糕车间，创建了我国自行设计的第一条微波干燥生产线，使传统的热风烘干技术，从原来的6～8小时，被高效节能的微波干燥技术所取代，缩短到9分钟左右，取得了明显的烘干效果，节省了50%的劳动力，还解决了产品易破碎、易酸败的难题，提高了劳动生产率。当时厂方将旧车间完全拆除以安装这条功率为45千瓦的生产线。事后，上海科学教育电影制片厂还将这条生产线的情况制成科教纪录片加以宣传推广。从此，在上海南京等地，各种微波加热装置和技术获得全面推广。微波的加热应用在我国大致经历了以下四个阶段。

1. 20世纪70年代

特征：跟踪国外技术，全面开展应用技术及推广，但技术薄弱，关键元器件无法自行生产，水平不高。

典型代表：上海轻工所，上海灯泡厂，上海儿童食品厂，上海无线电26厂，南京电子管厂，汉光电工厂……

2. 20世纪80年代

特征：①微波炉开始批量生产；

②重视微波生物效应，开始制定微波辐射泄漏标准；

③微波医疗事业蓬勃发展；

④开始引进微波橡胶硫化设备。

典型代表：广东岘华微波炉厂，上海无线电18厂，浙江医科大学，河南林县肿瘤研究所，四川大学无线电系，四川医学院……

3. 20世纪90年代

特征：①微波炉在我国大量生产，并开始普及；

②微波应用向高新技术领域拓展。

典型代表：格兰仕（Galanz）公司的崛起；国产微波炉价格大幅下降；中国科学院上海硅酸盐研究所的微波陶瓷烧结；电子科技大学的微波等离子体研究……

4. 21世纪以来

特征：①我国微波炉生产占全球产量的80%以上，美的（Midea）进入微波炉行业，改变了我国微波炉产业格局；

②微波在高温领域内（冶金，烧结，合成等）应用蓬勃开展；

③烟草行业的突破性进展。

典型代表：长沙隆泰热工微波科技有限公司，四川宏普科技有限公司……

7.2 微波功率应用范围

根据微波加热方式的温度适应范围，可将其大致分为以下几种。

50～100℃：加热，脱水，真空干燥，煮白，灭菌，散包，整形，解冻……

100～200℃：膨化，发泡，焙烧，脱硫……

200～400℃：硫化，微波热风，微波熬油……

>400℃：高温烧结，粉末冶金，废气处理，材料合成……

根据这些温度范围，可以看出在当前的工农业生产和高新技术产业甚至医学生物领域中都能找到微波功率技术的应用可能性。这些技术包括：加热，干燥，烘烤，煮白/烫漂，烹调，融化，化学反应，硫化/硬化，固色，膨化，真空干燥，冷冻干燥，巴氏灭菌，回温、解冻……

涉及的行业有：食品，橡胶，木材及制品，纺织品，印染，皮革，纸品，胶卷，尼龙，茶叶，蚕茧，白酒，铸造型芯，印刷，烟草，矿物，陶瓷，中药，化工，石油，钢铁，建材，轻工，环保，医疗……

7.3 微波功率在材料科学与工程中的应用

7.3.1 材料科学与工程中的应用领域

（1）陶瓷类材料：

①电子陶瓷的干燥及粉体合成与烧结；

②电瓷、日用陶瓷、建筑陶瓷的干燥与烧成；

③结构陶瓷、蜂窝陶瓷的干燥与烧成；

④保温耐火材料的干燥与烧成；

⑤氧化锆陶瓷的烧制；

⑥陶瓷卫生洁具的干燥与烧成；

⑦陶瓷工艺品的烧制；

⑧工程陶瓷制品的预烘与烧结；

⑨微波介质陶瓷的烧结。

（2）冶金类材料：

①粉末冶金和硬质合金材料的烧结；

②粉体或颗粒材料的煅烧或合成；

③氮化铁合金材料（氮化钒，氮化锰，氮化硅，氮化铬……）的制备与生产；

④碳酸锰焙烧；

⑤各种金属碳化物、氮化物、氧化物的焙烧与合成；

⑥金属熔融及热处理；

⑦金属氧化矿的碳热还原；

⑧金属硫化矿的脱硫；

⑨特种合金的制备。

（3）纳米材料的制备：

①纳米硅粉熔融提纯；

②纳米钨粉碳化加工；

③碳纳米管的制备。

（4）磁性类材料：

①磁性材料粉体预烧和器件烧结；

②硬磁、旋磁等铁氧体材料的烧结；

③钕铁硼稀土永磁材料的烧结；

④Ni－Zn 材料的烧结。

（5）锂电池正极材料的干燥与高温合成：

钴酸锂、锰酸锂、三元素、磷酸铁锂的干燥与合成。

（6）人造金刚石生产工艺：

①叶蜡石模具的干燥；

②石墨加触媒颗粒料的焙烧还原；

③人造金刚石的氧化焙烧；

④人造金刚石成品的干燥。

（7）稀土荧光粉的高温合成：

LED、灯用三基色长余辉等稀土材料的制备。

（8）橡胶的硫化与脱硫。

（9）高分子材料的固化。

（10）发泡材料的膨化或热处理。

（11）分子筛催化材料的干燥与焙烧。

（12）玻璃纤维的干燥。

（13）尼龙绳索的定型。

（14）各种化工材料、无机粉体或颗粒材料的干燥。

（15）中西药材的干燥。

（16）模具材料、建筑材料、玻璃制品、铸造型芯的干燥与固化。

（17）活性炭及炭黑的制备。

（18）微波隐身吸波材料的制备。

从以上列举的应用中可以看到材料范围之广泛。从这些加热对象来看，也涉及各个温区，特别是中、高温区的使用，这也是近十余年来世界各国开展的热门加热应用，并已取得明显的效果。

7.3.2 材料的分类

（1）按形态分：固体、液体、气体、等离子体。

（2）按导电率分：导体、绝缘体（电介质）、半导体。

（3）按结晶分：晶体（单晶，多晶）、非晶体。

（4）按极化率分：极性材料、弱极性材料、非极性材料。

（5）按分子量分：低分子物质、高分子物质。

（6）按分子结构分：链状结构、网状结构。

（7）低分子材料分为：晶体与非晶体。

（8）高分子材料分为：结晶结构与无定形结构；也可分为天然与人工合成两类；前者如纤维素、天然橡胶、纸张等，后者如塑料、合成纤维、人造涂料等。

（9）链状高分子物质特点：具有可溶性、易于加工、可反复使用、具有热塑性。

（10）网状结构物质特点：具有不溶或不熔性、有较大强度和硬度、具有耐热性、耐熔性。

7.3.3 微波功率对材料的作用

微波对材料（包括无机材料、有机材料、高分子材料、功能材料、磁性材料、压电材料、生物材料……）的作用存在以下各种效应（单一效应或复合效应）：

（1）热效应；

（2）电场效应；

（3）物化效应；

（4）电磁生物效应。

1. 材料单位体积内吸收的微波功率

微波在非金属材料单位体积内的功率耗散为

$$p=\omega\varepsilon_0\varepsilon'' E_{rms}^2=2\pi f\varepsilon_0\varepsilon'' E_{rms}^2 \quad (W/m^3) \tag{7.1}$$

式中 f——微波工作频率；

ε_0——真空电容率；

ε''——介质损耗；

E_{rms}^2——电场有效值。

在输入微波功率已定时，材料吸收功率与工作频率 f 及微波损耗 ε'' 的乘积成正比。这一公式在第 6 章中已有讨论。

2. 微波加热与常规加热方法的对比

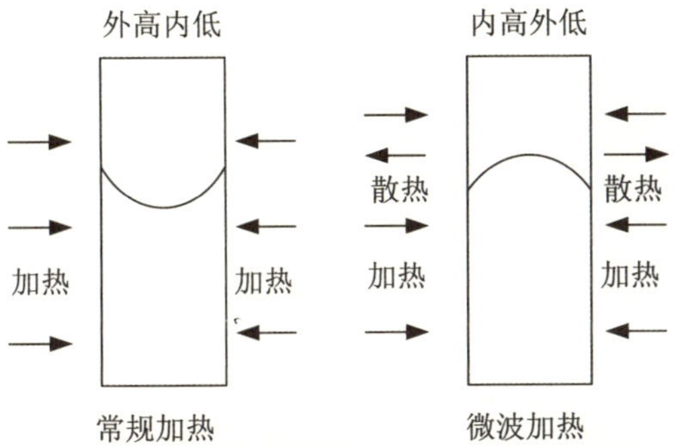

图 7.1 材料体积不大时两种加热情况的对比

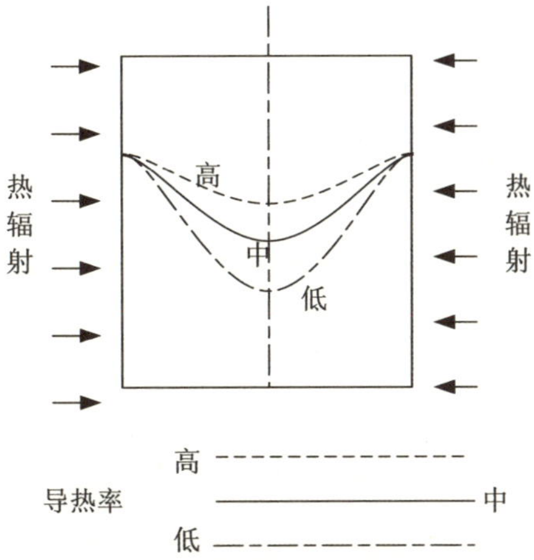

图 7.2 常规加热情况

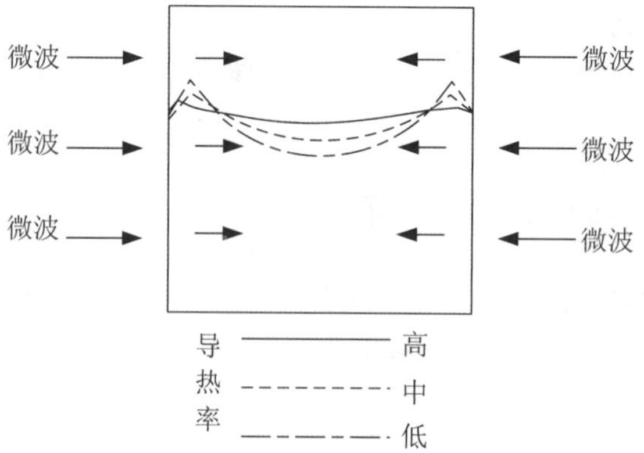

图 7.3　微波加热情况

从图 7.1 中不难看出常规加热从表及里的热传导过程，因此呈现出温度的正梯度分布，即外高内低的分布，而微波加热能穿透材料，而同时由于表面散热后导致的温度的负梯度分布，即内高外低的分布。从图 7.2 中可以看出不同的材料导热率会产生的不同的负梯度斜率变化。从图 7.3 中可以看出不同导热率时微波加热后的特殊的温度分布，从中心到外表的梯度不是一成不变的，而是由正梯度逐渐向负梯度转变，温度最高点位于材料内某个位置上，材料的导热率愈高，内部温度梯度愈小，反之愈高。

3. 水与固态物加热过程中的温升及温度分布变化

从图 7.4 中可以看到微波对水及某种固态物加热时的温升过程及温度分布的差异。由于水到 100℃时温度不再升高，此时温度梯度为零，而固态物在温度不断升高时，先是外高内低的起始状态，然后转变成外低内高的负梯度分布，这是由表面的散热条件决定的。

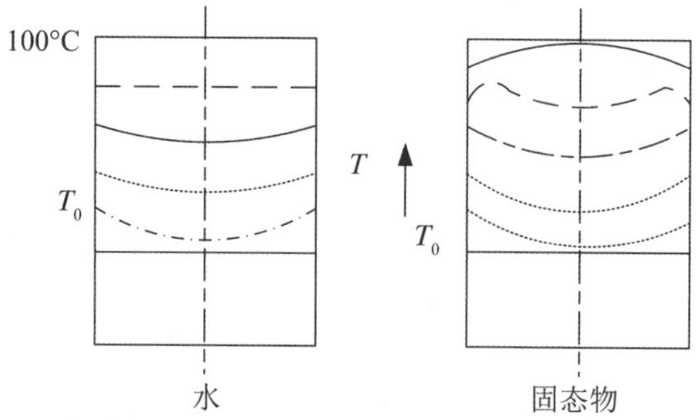

图 7.4　微波加热时的温升过程及分布

7.3.4　微波加热工艺技术的选择

根据被加热材料的介质损耗、导热率及材料的体积、形状等物电特性，适当地选择微波加热功率和加热时间，可使材料在加热过程中均匀地加热，里外的温度梯度接近为零，特别要警惕某些负梯度材料在加热过程中形成内部热斑，这可能会导致材料的最终毁坏。

7.3.5 电场的线极化与圆极化

(1) 对具有纤维或纹理方向的板料或片状料，如纸张、木板、纺织品等，应使电场方向与板片平行，而不是相垂直，否则将无法加热。

(2) 对块状物，应使电场与较厚方向平行。

(3) 对球状物，无特殊要求。

(4) 对杆料或丝状物料，最好采用圆极化场，即极化方向是不断快速旋转的，而线极化场的方向是恒定不变的。不久前我们申报的圆极化加热系统发明专利获得了授权。

7.4 材料的处理与加工方法

7.4.1 微波处理方案的选择依据

(1) 物料的性质：导体、介质或半导体。

(2) 物料的形态：固态、液态或气态。

(3) 物料的介质损耗：低损耗、中损耗或高损耗。

(4) 物料的形状、体积、长度等几何参数。

(5) 物料中的含水量：高、中、低。

(6) 材料的比热；是否热敏材料。

(7) 需要达到的最终温度。

(8) 处理的目的：脱水、干燥、焙烧、膨化、定形、固化、烧结、冶炼、合成、熔融……

其他因素考虑包括：

(1) 单件间隔加热还是连续作业加工；

(2) 常温常压加热，还是高温常压，还是高温高压；

(3) 常压还是真空干燥，还是冷冻干燥；

(4) 加热过程中是否有有害或有毒气体排出；

(5) 加热时会否发生爆炸；

(6) 工件或物料的进出口尺寸限制；

(7) 炉体的保洁与维护。

7.4.2 常温常压时的微波加热、脱水、干燥技术

特点：(1) 微波输出功率为几千瓦至几百千瓦，甚至更大；

(2) 工作频率为 $f = 2\,450$MHz 或 $f = 915$MHz；

(3) 采用箱式炉或隧道炉；

(4) 有强大的抽风设备；

(5) 采用直接耦合或裂缝天线馈能；

(6) 传送带带速连续可调；

(7) 一般无测温装置；

(8) 产量几十至几百千克每小时；

(9) 售价低廉。

这种技术适用于常规的脱水干燥，可用于化学材料，各种粉料或颗粒料、烟叶、烟丝、玻璃纤维、茶叶、中药材及中药丸、消毒杀菌等领域。

1. 915MHz 20kW 微波干燥设备

图 7.5 是一台通用型的微波干燥设备，机内由一个 915MHz 的磁控管馈能，箱式炉两端设置长达 1m 的扼流装置，防止微波从进出料口外泄，保护操作人员人身安全。在出料端装有湿度计，监控物料的含水量。图 7.6 所示是一条由多个微波源馈能的连续式隧道窑生产线，顶部有强力抽风系统，以排出加热过程中释放出来的水汽。

(四川宏图普新微波有限公司)

图 7.5　915MHz 20kW 微波干燥设备

(长沙隆泰微波热工有限公司)

图 7.6　微波带式干燥窑

2. 烘房低温干燥技术

特点：(1) 间歇式作业；

(2) 适用于大体积、大尺寸物料；

(3) 烘房内确保物料干燥均匀；

(4) 低温脱水与干燥，使物料不开裂，不变形；

(5) 无污染；

(5) 泄漏符合国标。

（长沙隆泰微波热工有限公司）

图 7.7　采用直立裂缝天线的低温烘房

适用于：各种化工原料，模具材料，食品，药材，农副产品，水产品，木材，建材……

在烘房中沿房屋四周墙壁间隔一定距离，安装从上到下直立的波导多裂缝等功率辐射的裂缝天线，将被烘干物料（如阿胶片等），分别排放在多层专用木床上，搁置于烘房的中心，然后启动微波源，按照轮流供电的方法，先使 1、3、5、7、9 等天线向中心辐射微波功率数分钟后，关闭馈能的电源；再开启 2、4、6、8、10 等天线工作，继续以不同角度向中心辐射微波功率，如此循环往复，直到达到烘干目的为止。这种不同角度来回扫描的微波，相当于物料的移动，能达到均匀干燥的目的。这种方法在山东东阿阿胶厂中早已使用多年，节省了大量需要手工翻转的劳力，保证了产品的质量，又降低了人工成本。从图 7.7 所示的这种低温烘房可以看到左侧墙体内侧所安置的 12 根直立式裂缝天线。在天线顶上的是磁控管。

7.5　微波真空处理技术

在压力为 1.33～26.66kPa 的情况下，采用微波真空处理技术来干燥热敏材料（如药品、蔬菜和化学制品等）是非常有效的，干燥必须在低于 100℃的情况下进行，防止材料的损坏。由图 7.8 可知，Ⅱ区内的空气击穿场强大大高于最低击穿场强，加热器内的临界电场限制了一定压力、温度、介质材料性质的耗散功率密度。真空处理时的最大障碍是由于管壁和负载的形状造成电场集中处存在的局部放电，它会引起局部过热或打火，造成微波功率的浪费。

7.5.1 不同频率时击穿场强与气压的关系

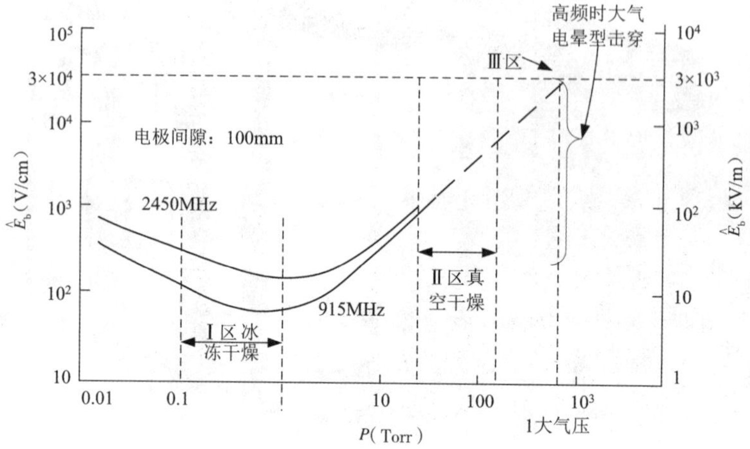

图 7.8 空气中典型击穿场强与压力的关系

不同频率时击穿场强与气压的关系如图 7.8 所示，冰和水的饱和蒸汽压与温度的关系如图 7.9 所示。由图可知冰和水的饱和蒸汽压有很大的差别，在冷冻干燥应用区，冰的饱和蒸汽压要比液态水低十多倍。

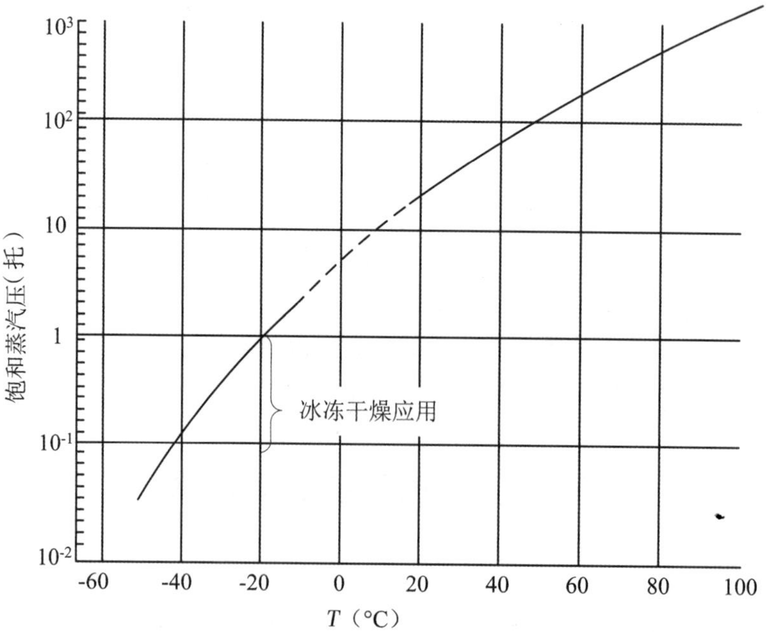

图 7.9 冰和水的饱和蒸汽压与温度的关系

7.5.2 真空低温干燥技术

特点：(1) 在真空环境下加热与干燥；

(2) 真空度 3kPa 左右；

(3) 可对干燥箱内进行测温和控温；

(4) 箱内可测湿；

(5) 低沸点、低温或超低温干燥；

(6) 微波泄漏符合国标。

适用于：各种热敏材料、食品、蔬菜（生姜、大蒜、蘑菇……）、药品、易氧化物料、高水分强黏稠性物料。图 7.10 所示为某型号的微波真空干燥机，这种设备目前国内有很多公司都在生产，结构、类型、功能差异不大。有的采用悬挂吊篮式回转装置，将待加热物料置于吊篮中，在圆形轨道中做回旋运功，一边馈送微波功率（多处分布馈能）一边做回旋运动，保证均匀加热，以便在低真空状态下低沸点时除去水分，确保物料不变质。由于物料在运动，所以很难采用接触式的测温装置（如光纤），而只能采用非接触式的红外测温仪，当然测到的是物料的表面温度，尽管低真空条件下的热传导有所下降，但热辐射照样存在，因此物料内外必然存在一定的温差，这一温差的大小既取决于真空度的高低，也取决于物料自身的热物理特性，只有依靠实际经验获得这一温差，才能根据测得的表面温度来估算物料的内部温度，达到测温和控温的目的。在真空干燥装置中要注意避免物料的介质损耗角较大，尤其是具有正斜率的损耗角温度特性时，一旦当湿度达到 5%左右，就有可能产生热失控，干物料的温度急剧升高甚至烧糊或产生焦化现象，这是绝对不允许的，由此可见测温和控温的必要性和重要性。

微波干燥产品的复水率高，质地松脆且外表接近新鲜产品。微波真空干燥可以改善某些产品的结构，形成与油炸相似的膨松结构。随着水迅速转变成水蒸气，会在食品内部和真空室之间产生压力差，从而使水分迅速从食品内部向外迁移。此时组织内部产生的水蒸气迅速扩散到食品表面，结果产生膨化。在干燥过程中，减少食品在空气中的暴露程度会有助于避免变质，保持食品的色泽、风味和营养物质。在真空微波干燥过程中，由于温度很低，所以能把非酶促褐变降到最低。真空干燥会使苹果脆片、番茄条、薯片、胡萝卜片膨化度更高。(Lin，1998，Sham，2001)

水果和蔬菜的种类对微波真空干燥有重大的影响。对于香草和香料而言，保留其挥发性物质使得真空微波干燥成为一种有吸引力的加热方法。用微波真空干燥的西芹比热风干燥的要绿，甚至在储存 8 周之后仍然比刚用热风的绿，微波真空干燥保留了高于 90%的必需脂肪酸，而用热风干燥则只能保持 30%，因而前者有更浓的西芹绿草香味和较淡的干草味。对大蒜而言，微波真空干燥与单独用热风干燥（70℃）相比，

减少干燥时间（80～90）%，而且蒜的干制品具有更高的感官评分。（Boehm，2002）

（长沙隆泰微波热工有限公司）

图 7.10　微波真空干燥机

7.5.3　微波冷冻干燥技术

冷冻干燥是将需干燥物质中的水冻结成固态冰，并在真空条件下使冰直接升华的一种脱水方法。由于上述过程是在低温、缺氧的条件下进行的，使被干燥物质中的蛋白质、生物活性、营养芳香成分、原始形状等特性得到最大程度的保持，所以在食品、生物制品、药品等领域有着广泛的应用。在欧、美、日等国家，仅冷冻干燥食品消费一项就有着可观的数量，据统计，美国消费量约为 500 万吨/年。但传统冷冻干燥设备，干燥周期长、能耗高、辅助成本高，并且由此导致的设备利用率低、占地浪费大、扩厂成本高等一系列问题，最终导致生产成本昂贵，制约着这项技术在食品工业这个需求量巨大的领域中有更广泛的应用。

冷冻干燥的上述问题，主要是常规冷冻干燥所采用的电、蒸汽、油介质为热源的接触传导热或红外辐射时的加热传热困难，以及批次或生产辅助时间长、工序复杂、质量难于控制造成的。而微波连续冷冻干燥可以带来高速干燥、直接节能、简化工艺、减少设备、减少人工成本、节约场地等无可比拟的优势。

微波连续冷冻干燥的主要设备由微波发生器、隧道式微波冻干仓、真空捕水装置、进出料减压仓、制冷机组、真空泵组、自动测控系统及其他辅助系统构成，如图 7.11 所示。

在冷冻干燥Ⅰ区内（13～133 巴）（如图 7.8 所示），水分从冷冻材料中不经过液相直接变成蒸汽而升华，普通的冷冻干燥是一个很慢的过程，如在后期采用微波干燥，可大大加速其过程，因为微波有效地作为一个体积热源通过干燥层，加速其能量吸收而使冰层变薄。主要问题是空气或冷冻材料附近滞留在大气中的水蒸气的微波击穿。

图7.12所示为某型号的微波冷冻干燥设备的实物照片，在图7.12（a）中可清晰地看到位于底侧的多条波导裂缝天线横卧在传送带之下，微波向上方馈能。

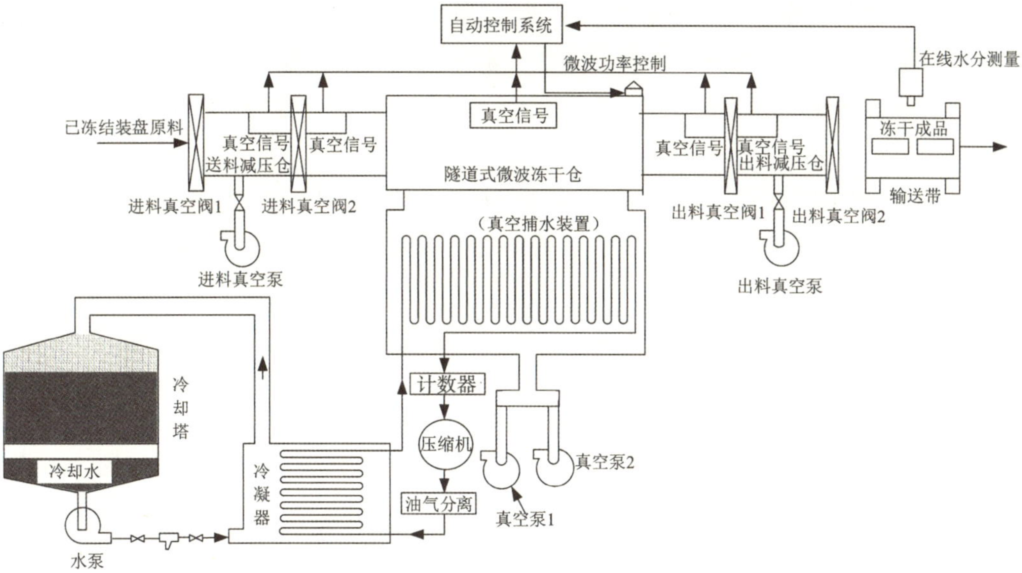

图7.11 微波连续冷冻干燥系统组成

(a) 微波源一侧

(b) 冷冻机一侧

（四川宏图普新微波有限公司）

图7.12 冷冻干燥设备

微波连续冻干设备的工艺流程如下：设备初始运行时，需要提前30分钟启动制冷机组，将真空捕水装置温度降至－50℃～－30℃，并使其整体温度达到平衡，再启动真空泵组，使冻干仓内空气压力降至130巴以下，此后即可将已冻结装盘的原料通过进料减压仓，平衡压力与冻干仓内气压相等后，送入隧道式微波冻干仓，再启动微波发生器，让原料在温度不至于不断降低，而又保持冻结不崩解的状态，使其中的冰块快速升华而被真空捕水装置捕集，从而完成干燥脱水，最后再让物料通过出料减压仓，送出冷冻干燥成品，而上述整个生产流程都是在自动测控系统协调下自动完成的，同时由于高速连续生产，还可以通过在线水分仪的反馈调节微波功率，从而提高冷冻干燥成品的质量。

微波冷冻干燥不仅适用于食品、药品及生物制品等行业，同样适用于烟丝的去水干燥，烟丝的微波冷冻干燥是指将烟丝通过湿涨法处理后，冷冻至共晶点温度以下，在真空环境中，使用微波升华去掉烟丝中的水分，直至剩余含水8%～9%，再通过恒温恒湿法将烟丝处理至温度25℃、含水量12%的整个过程。这种方法至少具有下述三大优点。

(1) 时间上的高效性。冷冻干燥周期可缩短至传统冷冻干燥生产方式的1/10左右。

(2) 能量利用率高。因为微波加热的即时性，所以不需要像传统冷冻干燥方式那样需要提前的预热处理。

(3) 冷冻干燥的均匀性。由于采用微波连续加载，保证了物料的均匀性。

Hauri (1989) 提供了五种不同干燥方法的投资及所需能量的具体数值，见表7-1。在生产量相同的前提下，微波一真空干燥所需的投资额相对较高，但其能量消耗却比气流干燥要低。

表7-1　各种不同干燥方法的比较

干燥方法	所需能量 (kW. h/kg 水)	同产量所需投资
气流干燥	1.9	100%
喷雾干燥	1.6	120%
真空干燥	1.3	150%
微波一真空干燥	1.5	190%
冷冻干燥	2.0	230%

7.6　微波高温干燥与烧结技术

特点：(1) 常温常压下加热；
(2) 实现快速与超快速升温；
(3) 间歇式作业；
(4) 可直接测量样品温度；
(5) 特制专用坩埚，对物料无污染；
(6) 多重防泄漏装置，安全可靠。

适用于：空气环境下各类固体材料的煅烧、焙烧、烧结、高温合成、灰化、熔融及热处理等。

(湖南中晟热能公司)

图7.13　微波马弗炉

1. 微波高温马弗炉/灰化炉

这类标准化、多功能的高温实验炉特别适用于大专院校、科研院所进行各种高温烧结等操作和实验。该炉子的设计主要考虑两点：一是由于加热时炉内处于高温状态，所以在炉腔材料的选择上尤其是耐火材料选择上应着重优先考虑；二是大炉门的防泄漏技术应该到位，不能有一丝的马虎，此外，还必须有良好的炉体散热措施。

2. 微波高温气氛烧结技术

图7.14、图7.15、图7.16、图7.17所示为各种不同温区不同用途的微波高温烧结炉。在这些不同结构的高温炉中，必须选择炉体及炉内耐火材料的类型和结构，并应留有余地，确保烧结过程中安全可靠，并保证足够的安全使用期。

（长沙隆泰微波热工有限公司）

图7.14 微波辊道窑

（长沙隆泰微波热工有限公司）

图7.15 微波高温钟罩（真空/气氛）炉

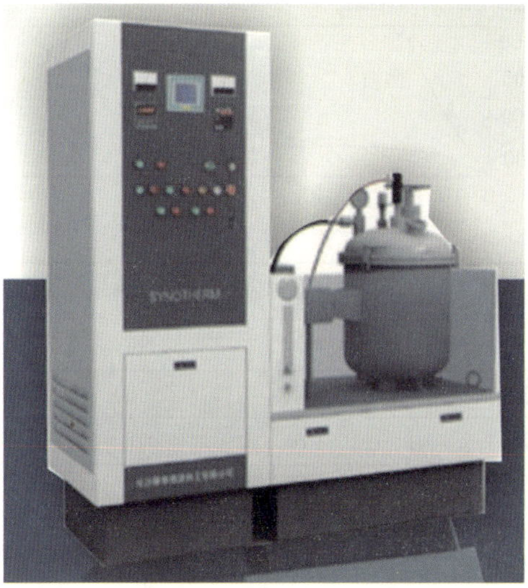

（长沙隆泰微波热工有限公司）

图7.16 微波高温气氛炉

（长沙隆泰微波热工有限公司）

图7.17 30kW1600℃立式烧结炉

7.7 陶瓷微波烧结技术

21世纪以来，微波烧结陶瓷材料的研究更趋于成熟，许多研究者都针对纳米结构陶瓷的微波烧结进行研究以获得更为出色的性能。如美国宾州大学利用微波单模腔烧结了纳米晶的氧化镁、氧化铝、氮化铝和氮氧化铝透明陶瓷，还曾有人对多晶透明氧化铝陶瓷进行1880℃微波高温处理后得到单晶的宝石级氧化铝，其透光性提高了20%。俄罗斯的科学家用毫米波加热烧结了接近理论密度的氧化铝纳米陶瓷，晶粒尺寸大小为85～90nm。

世界上第一条微波陶瓷连续生产隧道窑参数如下（日本Minoyogyo Co.）。

（1）工作频率：2.45GHz。

（2）工作区长6m，总长14m。

（3）横截面：0.27m×0.3m。

（4）微波功率：50kW；输入功率：90kW。

（5）产量：20kg/小时；处理时间：2小时。

图7.18所示为该生产线全貌，图7.19所示为微波烧结法与常规烧结法两种方法在处理时间、能源消耗及成本上对比，可以看到微波法的优越性，在时间上节省了4/5，而能耗则节约了9/10。

图7.18 日本的陶瓷烧结生产线

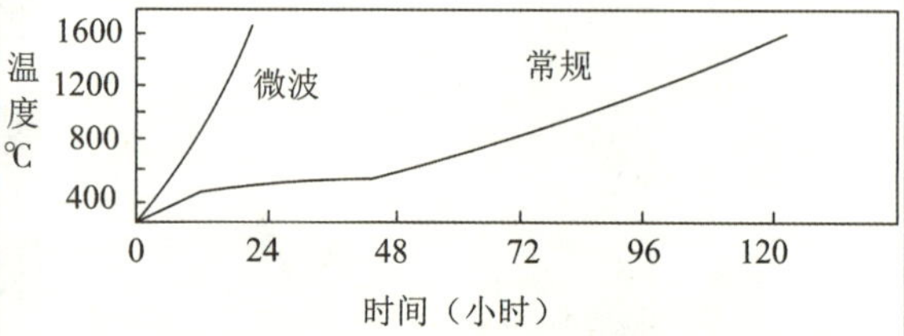

	微波	常规	比值
处理时间（h）	20	96	1/5
能耗（kWh）	484	5000	1/10
能源成本$/批	70	420	1/6

图7.19 微波烧结法与常规烧结法两种方法的对比

另一个重要用途范例是加拿大的一家公司开始生产利用微波烧结制造的氮化硅陶瓷刀具，每天可生产2 0000片1.27cm的氮化硅陶瓷刀片。这些刀片放在一个特制的容器中，然后将此容器放入微波炉中加热至1750℃，保温20分钟后自行冷却，大约5小时后出炉，这种刀片一致性很好，成品率高。

微波不仅可以烧结各种陶瓷，还可用来将陶瓷与陶瓷、陶瓷与玻璃、陶瓷与金属等焊接起来。也许用“焊接”两字不一定合适，因为在普通的焊接技术中，均需要使用一定的焊料，如各种焊条、焊丝、焊片等。而利用微波焊接时，只要使焊接端面升温至熔融温度时即可，然后施以一定的压力，使其对接成为一体。但要严格控制压力的大小，压力过小，焊接面强度不够；压力太大，会使尺寸偏差过大，整体不符合图纸要求。这种焊接特别适用于形状复杂、难于制作烧结模型的一些陶瓷构件中。清华大学焊接教研室曾在微波焊接领域做了许多有益的工作，美国、加拿大等国家也曾因此申请了许多发明专利。

近十年来，微波高温烧结粉末冶金材料和矿物冶炼技术在国内外得到了迅速发展，有的已迈入实用化生产阶段。如美国宾州大学材料研究中心、长沙隆泰公司、中南大学、昆明理工大学冶金工程学院等单位都做出了出色的成绩，有些产品正在热销。

图 7.20 所示为一些利用微波烧结的陶瓷产品，如氧化牙齿、氧化锆制品、陶瓷火花塞及各种电子陶瓷制品等，烧结时间短、效率高、环保节能，还能提供其他方法无法达到的致密度。

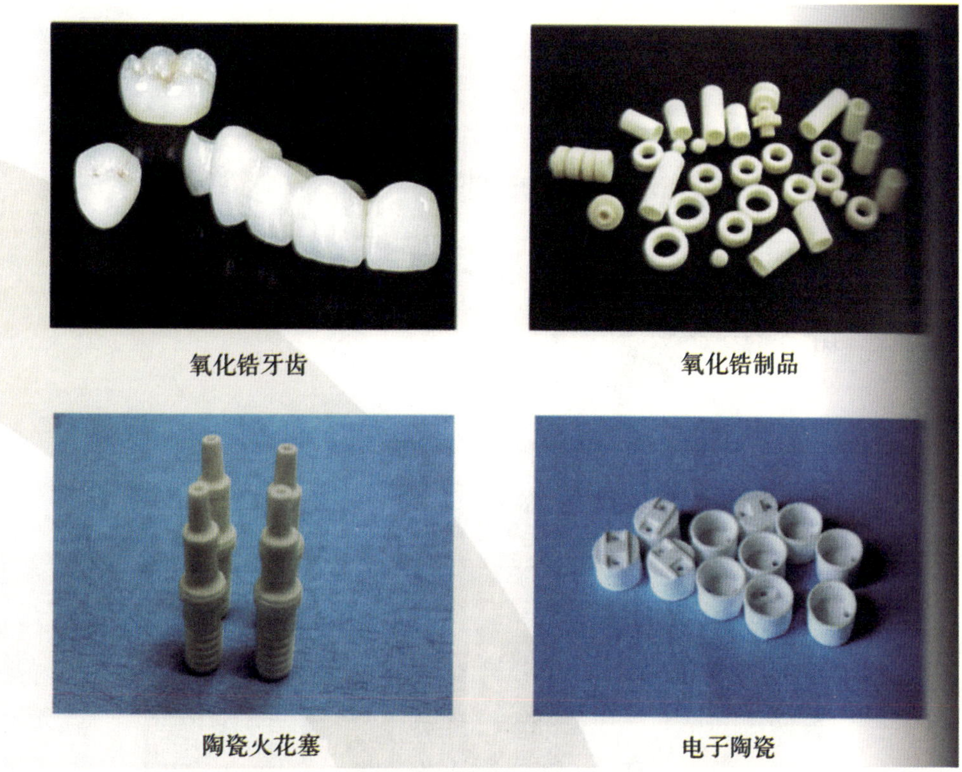

图 7.20 一些微波烧结制造出来的陶瓷制品（湖南中晟热能公司）

7.8 微波橡胶硫化技术

这是一种新技术，先将橡胶通过一个模子挤压成形，同时将其温度尽快提高到 200℃，并进行硫化，然后在这个温度上维持足够长的时间，保证产生硫化或聚合所需的化学反应。由于微波的体积加热特性，有可能在很短时间内提供橡胶件整个断面所需的温升。然后，还需要提供一种常规加热的保温通道，其目的是防止橡胶在发生反应之前冷却。

由于橡胶制品的绝缘绝热性能，采用普通加热方法（蒸汽或红外）需时长、效率低，20 世纪 80 年代我国开始引进微波橡胶硫化生产线，特别是应用在汽车橡胶密封条的生产上，使生产效率迅速提高，于是在橡胶生产企业获得普遍推广。一方面，从国外大力引进整条生产线；另一方面，一些厂商自行研发，或是与国外合作开发生产线，如国光电气总公司、南京三乐公司、河北保定巨龙公司等。目前国产的微波橡胶硫化生产线在数量和质量上均达到国外同类产品的水平，满足了国内市场的需要。图 7.21 和图 7.22 所示为国产的两种微波橡胶硫化生产线。这些设备的主要技术参数如下。

微波工作频率：2 450MHz；微波功率：0～10kW 可调；热风功率：27kW；车速：0～15m 可调；温度：0～250℃可调；PLC 人机界面控制。对于尺寸较大的橡胶零件，也有采用 915MHz 频段的。

图 7.21　微波橡胶硫化生产线（南京三乐公司）

图 7.22　微波橡胶硫化生产线（河北巨龙公司）

7.9 微波养路设备

微波加热技术用在交通运输行业中是我国的首创。多年前，美的集团威特公司研制成功了具有自主知识产权的世界上第一台微波养路机，它是基于微波对沥青混合料的加热技术而研发的，采用了磁控管与喇叭天线组合，再形成天线阵的阵列大面积辐射微波功率作为加热墙，磁控管天线组合少则100个多则200个，可覆盖2～4m^{2}的加热面积，所有高压电源及磁控管冷却水循环水路系统均装在一个卡车的底盘上，磁控管的灯丝变压器都直接安装在磁控管附近，以避免因接线过长引起灯丝电压下降。不使用时，加热墙提起呈垂直状态；施工时，将加热墙放下，与路面平行并相距10cm左右，由坐于车内的技术人员用程序操作，通常修补公路路面或机场跑道损坏部分只需15分钟左右。微波养护车采用2 450MHz的磁控管，总输出功率100～200kW。微波养护与常规方法相比具有以下特点和优点。

(1) 使用标准的沥青修补混合料，结果证明采用微波加热修补要比常规加热方式修补更持久，且不存在接合缝的问题。

(2) 实验发现，用微波处理沥青混合料能改善沥青料与聚集料间的黏附力，并提高其抗水腐蚀性能，保证路面修补的质量。

(3) 采用微波加热方式，即使对被雨水浸泡过的路面也能100%回收而不会损害沥青料的性能。

(4) 不需要事先明火炒料，极大地减少了对空气及人员的污染与伤害。

(5) 微波泄漏符合国家标准，对周围施工人员无害。

据了解，长安大学公路学院专门做了对比试验，用微波加热方法比用其他加热方法（火焰、热风、电热、蒸汽、红外线等）有更好的效果，老化轻微。原因是微波加热时间短（15分钟），速度快、效率高。

该报告称：

(1) 对沥青料用微波加热至160℃两次，前后沥青混合料的马歇尔稳定度、流值无明显变化；

(2) 加热后动稳定度比不加热的高50/mm；

(3) 冻融劈裂抗拉强度比不加热的低0.02MPa；

(4) 劈裂抗拉强度比不加热的低2.8%；

(5) 回收沥青的针入度比加热前降低1（0.1mm)；

(6) 延度在测量范围内无变化；

(7) 软化点降低0.5℃。

微波养护车如图7.23至图7.25所示。这种技术对快速修补小坑、小洞、裂缝，以及部分破损的高速公路路面、机场跑道与停机坪等有很好的推广使用价值。

图 7.23　威特养路车全貌

图 7.24　加热墙已放下准备加热

图 7.25　加热修补时加料过程（天线加热墙已收起）

养护车具体操作过程如下。

(1) 启动电源：将养护车停靠在待修复路面附近，启动发电机。

(2) 路面加热：放下路面加热墙（天线阵），对准病害位置，设定加热时间（如 15 分钟）可使深部温度达到 93～150℃，可深入地面 12～20cm。

(3) 辅料加热：将沥青混合料放入加热器（专用圆筒）内，设置加热时间，用微波在筒内对沥青混合料加热，环保节能，使新旧沥青混合料中的黏结剂熔化，其黏结强度远远超过传统的热搅拌法，还可节省 35%～65%的材料和 40%～50%的能源，不会氧化沥青。

(4) 喷洒乳化沥青：除去加热后病害处的沥青混凝土，喷洒乳化沥青。

(5) 填补路面：将热沥青混合料倒入坑洞中，用工具将沥青混合料摊平。

(6) 压实路面：用压路机进行来回压实，修补工作结束。

7.10 微波玻纤干燥设备

玻纤的微波干燥始于上海，现在集中在山东烟台等几个地区生产，该类干燥设备可用于卷装纱团、玻璃纤维布、短切纤维、丝饼、合股纱团、硅酸铝纤维毡、陶瓷纤维、玻璃纤维后处理干燥、玻璃钢固化等。

微波干燥与常规电加热或蒸汽加热方法相比，具有以下优点：

(1) 玻璃纤维色泽光亮，没有焦黄现象；

(2) 成膜好，浸透速度快；

(3) 原丝合股纱成带性好；

(4) 含水率低达 0.1%以下，适用于干燥卷装纱团、玻璃纤维布、短切纤维、丝饼、合股纱团、硅酸铝纤维毡、陶瓷纤维、玻璃纤维后处理干燥、玻璃钢固化等。

这类干燥设备的典型技术参数如下：

(1) 微波输出功率大于 10kW，也有高达 50kW 的，视产量而定；

(2) 微波工作频率为 2 450MHz。

通常做成柜炉式，也可制成履带式连续传输作业的生产线。

7.11 微波在茶叶行业中的应用

茶叶是我国经济作物中最受国内外人民喜欢的饮品，龙井、毛峰、碧螺春、铁观音、乌龙茶、竹叶青、普洱等茶叶畅销国内外。几千年来，茶农们沿袭了传统的手工操作工艺，手搓脚揉，产量低，不卫生，无法适应大规模生产，于是人们创制了许多自动或半自动的制茶设备，取代了繁重的手工劳作，提高了生产率，是制茶行业的一次巨大的革新与进步。早在20世纪70年代，在华东地区就有利用微波技术对茶叶的干燥工序做了初步尝试，取得了可喜的效果，但由于种种原因，这一开创性的成果未能延续下来，停顿了数十年后，人们才又想起采用微波加工的许多优点，于是乎在全国各地都不约而同地利用微波的快速、高效、环保等诸多特长制造多条连续进出料的全自动生产线，并申报了国家专利。

成都纽曼和瑞微波技术有限公司的微波名优茶叶自动生产线是按照“微波多功能名优茶制作工艺”要求，在茶叶生产最关键的杀青和干燥工步，充分利用微波快速、整体加热特性并辅以远红外、热空气三热源组合的先进技术，使茶叶快速升温达到多酚氧化酶的临界点温度以钝化其活性，加速茶叶结构水的迁移以蒸发部分水分，挥发青草气味，能更多保持绿茶氨基酸、维生素C的含量，使加工后的色泽更加翠绿，外形自然舒展、美观，处理时间短，杀青干燥效率高。三热源二次提香法组合大大提高了茶叶的品质，生产线上采用了多台程控自动揉捻机对名优茶做最佳揉捻，再配以异形滚筒式曲毫作形机和特殊的振动提毫机，使茶叶最终成形。一整套茶叶自控输送系统，保证全线送料平滑连续，并用先进的PLC自控技术，对生产过程中各个工步运行时间、传送速度、温度等关键参数实现自动控制，确保茶叶优选工艺的稳定生产。从鲜叶到成品不落地，提高茶叶处理质量和处理效率，改善了茶叶生产环境，提高了卫生形象水平。

采摘的鲜叶不需要传统的预摊凉，即可直接进入微波等三热源组合杀青机组，节省预摊晾时间4～6小时，生产线每小时可处理鲜叶120kg，日处理鲜叶达2 500kg。从鲜叶到成品，全程处理加工时间控制在3～4小时之内。本机采用2 450MHz频段，由多磁控管分布馈能，功率为12～30kW形成不同产品系列。这是完全具有自主知识产权的中国名牌产品。图7.26所示为该生产线的全貌，全长45m。

另有微波茶叶杀青机，这是一种新型的杀青设备，相比于锅式杀青、滚筒式杀青等传统设备杀青速度快、效率高、效果好。微波在杀青的同时，还可以除去约10%的水分。微波茶叶杀青机现在广泛应用于：茶叶、菊花、金银花、鲜花等农产品的杀青，杀青效果显著，产品色泽、外形和香气上佳，可以除去鲜叶中特有的腥草味。

图7.26　茶叶全自动生产线（成都纽曼和瑞微波技术公司）

7.12 微波回温与解冻

微波回温与解冻技术早在20世纪80年代就在英、美等国流行。平时，从冷库中将深度冷冻的猪、牛、羊、鸡、鱼肉等从－38℃状态下取出后，如没有经过任何解冻手段，直接搁置几天都无法进行切割或其他加工，因此无法分块出售。由于物理学家们知道，冰与水的介质损耗相差巨大，换句话说，冰对微波来说是几乎透明的，如将冻肉置于微波场中，微波就可以直接无损耗地穿过冰层到达冻肉本身，而这些具有一定损耗角的冻肉即在微波作用下，开始生热温升，并将接触层溶化成水，一旦冰变成水，水将立即快速升温，这种温升具有两个作用：一方面升温后的水层向内提高冻肉的温度，促使其回原升温；另一方面直接提升外接触层的温度，促使其溶解升温。但要指出的是，这种回温并不希望回到零度或更高温度，而是（－4～－2)℃，使其仍处于冷冻状态，但与深度冷冻的显著区别是在这个回温后的温度下，能够进行切割等加工操作了。因此，回温是全解冻的最初过程，它不使冻品回复到冰点以上，以免不可控地产生热失控现象。如果一定要将深度冷冻的冻品升温到零上几度或十几度，那么由于冻品组织和结构的不均匀性，将会产生一个不可控的温升过程，导致局部水温过高，使与其接触的冻品局部产生“热斑”现象，而且这种局部热斑现象是随机分布的，特别在其包装的边缘地带。这也是人们使用微波炉解冻应用时经常会遇到的“过渡解冻”现象。也许这是人们对“解冻”一词存在片面理解所造成的，也就是说“解冻”并不是将冻品变成鲜品，而只是将深度冷冻的冻品回温到仍是零下几度的冻品而已！但这两个冷冻状态却有着本质上的不同，因此用“微波回温”取代“微波解冻”这一名词似乎更为妥当。

通常，当材料完全达到0℃且没有浮冰时就认为解冻过程彻底完成，解冻往往被简单地看作冷冻过程的逆加工。在冷冻加工过程中，食品表面温度迅速降低，细菌的繁殖受到严重的抑制，温度在－10℃时，细菌的繁殖得到了完全控制。在解冻过程中，同样表面区域是温度最先升高的区域，此时细菌的繁殖又重新开始。对于体积很大的材料，需要经受长时间不可控的解冻周期，这样在中心区域尚未解冻之前，表面恐怕就已经腐败了。

在解冻加工过程中，整个产品的温度要求在0℃以上，但在解冻完成后，不允许任何局部温度超过7℃，产品适合手工处理和销售，且没有可检测出的病原体增加。由此可见，微波解冻的工艺流程特别是整体的温度检测和控制是十分严格的。

传统解冻和回温系统只能给产品表面提供热量，然后依靠热传导逐渐传递到产品内部；而利用微波，情况则不相同，在选择工业化解冻和回温系统时，必须在解冻温度、产品表面和微生物控制，以及诸如废弃物排放和各系统运行资金和费用等加工问题之间寻找一个平衡点。

微波回温设备在欧美比较流行，国内已有几家生产此类设备，包括河北保定巨龙公司和成都纽曼和瑞微波技术公司。如图 7.27 所示，这是利用 915MHz 30kW 构成的微波食品解冻生产线，它应用箱式隧道窑进行连续生产，而在微波馈能方式上，有的采用喇叭天线，有的则利用置于顶部的 U 形波导裂缝天线向下馈能。

（河北巨龙公司）

图 7.27　微波食品解冻生产线

微波解冻不仅适用于食品行业，也可对室外火车上的冻煤或冻矿进行解冻，特别是在我国东北高寒地区，冷冻的煤或矿物无法卸载，影响物流运行。尽管有人做过研究，但终因体积、质量、能源消耗过大而终止，至今未有报道相关的进展情况。

据报道，20 世纪 80 年代后期，国外已生产了大约 200 套工业微波回温系统，目前仍在欧美一些国家流行，但无法统计具体数量。因此，微波回温是到目前为止微波在食品加工业中最为成功的应用，可用于回温肉、鱼、鸡、黄油和各种浆果等冻品。

20 世纪 80 年代，国外开发了一种微波—真空混合解冻系统，通过在低温下使材料的表面水沸腾来冷却材料表面（James，1984），该系统由一个直径约 1m、高为 1m 的圆柱形真空室组成，真空室采用一系列真空泵组成的水环泵使室内的绝对真空度达到 1 000Pa之低，频率为 915MHz 的微波通过设置在设备上方和后面的两个波导进入真空室，微波功率为 25kW，不过室内功率必须限制到 2.5kW，以避免真空室内产生低气压下的放电或电弧。室内有一个转动的大圆盘，解冻过程中可以获得均匀的微波场，类似于家用微波炉中的玻璃转盘。

Virtanen 等（1997）联合使用微波能和不同环境温度的冷空气来解决微波辅助解冻过程中的缩短解冻时间和避免热失控问题，微波动力采用“开”和“关”的方式循环进行，利用两种温度控制方案维持基于“冷点”和“热点”间的预设温度梯度。当采用适宜的工作条件时，微波解冻时间比在环境温度下的对流解冻时间要减少7倍！

2 000年，日本的Yagi和Shibata申报了与微波—真空解冻食品类似的加工专利，他们称产品表面升华加上较低的微波功率的作用，使产品在加工过程中温度均匀且失重少。专利称在解冻最后的时段里，温度非常均匀，从－1.1℃变化到－2.0℃，而且接近产品的最终解冻点。处理结果如表7-2所示。

表7-2 专利所称的处理结果

产品	起始温度（℃）	微波功率（kW）	最终中心温度（℃）	温度表面温度（℃）	解冻时间（min）	失重（%）
3×10kg猪肉块	－40	1.8	－1.9	－1.9	34.25	0.6
4×2kg金枪鱼块	－55	0.7	－1.5	－1.8	27.8	0.8
3×2kg牛肉块	－40	0.6	－2.0	－1.1	24.5	

美国Ferrite公司生产的小系统的典型代表是MIP4，其底座大小为0.9m×0.3m，由功率为40kW、频率为915MHz的磁控提供动力，制造商称它可在1小时内将680kg的冷冻原材料回温到（－2～－1)℃的水平。一个25kg的冷冻肉块可以在65s内完成回温过程。规格大小的另一个极端是同一公司的另一设备MIP12，据称可以每小时回温7 700kg的冷冻产品，四个75kW的微波电源和2.5m长的隧道相连，构成了大产量的微波回温系统。

APVBaker公司在欧洲安装了可能是世界上最大的微波系统，用于回温黄油（Anon，1992)。该设备有三条微波隧道，每条都配有两个频率为896MHz、功率为60kW的磁控管，能够每小时回温7吨黄油。一批225吨的黄油的平均回温时间由3～4天减少到1天内。

上述两个成功案例充分说明了美、英两国在大宗量冷冻产品的微波回温技术方面达到了较高的水平，以每小时7吨的连续生产量满足了商业需求，这也说明微波回温技术是当前微波在食品工业应用中处于前列的应用领域。遗憾的是我国尚未在商业系统中安装类似的微波回温设备，尽管也已生产出一些类似设备，但提供冷库商业应用的却寥寥无几，而且在回温工艺和技术的研究方面仍落后于国外已有的研究成果，需要迎头赶上。

表7-3列出了过去或目前国外生产商用微波回温设备的公司（2006年以前）。工业化微波回温系统分为批处理式和连续式，规格小到餐饮业中每次仅处理一个25kg食品块的小系统，大到每小时处理8吨的大型连续隧道式微波解冻系统。

表 7-3　生产商用微波回温与解冻系统的国外公司

公司	国家	分批（B）或连续（C）	频率/MHz	功率/kW
AMT（Advanced Manufacturing Technology）	澳大利亚	C	915	10～75
ANSA Technology	马来西亚	C		
APV	英国	B，C	896	60
Hermann Bernstorff GmbH	德国	C		
Cober Electronics，Inc	美国	B，C	915	0～100
Ferrite，Inc	美国	B，C	896 或 915	0～75
LMI（LesMicro—Ondes Industriless）	法国	C	2 450	30～90
Microdry，Inc	美国	C		0～150
Raytheon	美国	B，C		
Thermex—Thermatron，Inc	美国	B，C	915	0～200
Sairem	法国	B，C	915	10～60

7.13　微波在原木及木材行业中的应用

利用微波对原木或木材及其制品的烘干，早在 20 世纪 70 年代中期就在上海解放家具厂中进行，采用长波长的 915MHz 频段的大功率磁控管作为功率源，对各种木条及板材进行烘干。过去需要长期堆放在阴天环境下数月之久的木料，用微波处理所需的时间缩为几天，效率大为提高。

7.13.1　原木烘干

最近十几年来，我国及澳大利亚等国的一些工厂和研究单位，致力于原木的烘干研究和生产。贵州某厂长期从事各种木料的烘干工艺研究，摸索出一些很好的经验。澳大利亚某大学的屈雷（N. Tran）教授也在探索各种微波应用器的烘干效果。由于木材的导热性极差，有些贵重树种、高档木制品的木质非常坚实，密度也高，一般的由表及里的干燥方法效果很差，改用微波方法后，效果显著。但也不能脱水过快，应使水分从木板表面的蒸发速度与内部的扩散速度相等，避免由于水分急剧汽化产生爆裂现象，造成报废，如将微波与热风或真空干燥联合或结合干燥可达到最佳效果。屈雷教授曾用一个六边形的腔体对原木进行烘干试验，图 7.28 所示为两种烘干方法的原木断面图，图 7.29 所示为加热后木材断面内的温度分布图像。

图 7.28 两种烘干方法比较

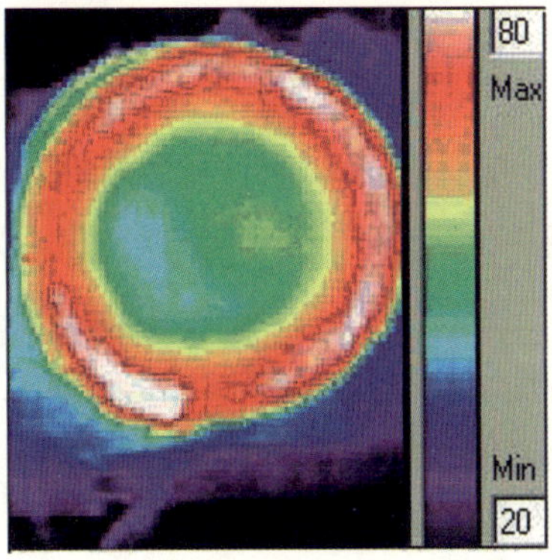

图 7.29 原木断面红外热像图

利用微波对木材干燥防霉杀虫是一项新技术，广泛应用于木材、家具、地板等行业。在常规干燥中，因变形、开裂、霉烂等原因常造成大量浪费；而微波干燥机具有加热均匀、干燥速度快、不走形、不开裂、防蛀防霉、产品质量好、有利于连续化和自动化生产等一系列优点。

木材微波干燥与众不同的特点是热量不是物体外表传入，而是微波通过物料内部被所含的水分和木材本身吸收直接加热。由于物料的表面水分的蒸发，所以物料内部温度高于表面，使物料内部形成向外的压力差，加速了水分的表面迁移。从而使木材干燥。微波在被干燥木材内部直接作用，叫作“透热”。“透热”所需要的时间与木材的厚度无关，而与电场强度、微波频率及木材的介电性质有关。微波作用木材时，当木材内部的温度高于 100℃时，在木材中产生过量的水蒸气压力，加速了水分子的移动。所以微波干燥木材的速度大大高于对流干燥（自然干燥、蒸汽干燥、红外干燥等）的速度。

用微波干燥木材一般选用微波频率为 915MHz，微波穿透深度大于 80mm，而微波频率为 2 450MHz，穿透深度大于 40mm，故完全能满足一般经加工完成的成品材的干燥要求。对于不同的产量大小及干燥要求，可选用不同形式的微波木材干燥设备；对于各种不同性质的木材要选取合适的微波加热速度，达到最佳的工艺条件，可获得最佳的效益。

7.13.2 微波冻木剥皮

加拿大一公司利用微波快速干净地剥离冻木树皮，取得了成功。加拿大由于地处纬度偏北，气候寒冷，常年气温在－30℃～－20℃。如果采用热风、蒸汽等常规方法升温解冻，然后用机械剥离树皮，这样成本高、耗能大、效率低，还容易残留树皮造成纸浆污染。而采用微波方法只需几分钟时间即可使温度从－20℃上升至 0℃，不仅速度快、效率高，而且由微波的选择性加热，使树皮黏附力下降，很容易剥离。

7.13.3 微波弯曲定形

日本在木材和竹材的弯曲成形加工方面取得了较好效果，木材的弯曲加工通常包括软化、成形、定形三道工序，需要用具有高弯曲性能的硬木做原料，但目前这种原料的来源愈来愈少，迫切需要发掘新的曲木技术，以适应用弯曲性能差的软质木材进行加工。采用微波软化和定形具有以下一些优点：首先是热量从木材内部产生，软化速度快，特别是对较厚样品，节省的能量和缩短的时间更为明显，例如用蒸汽预热法将厚 2cm 的木材加热到 80℃，需 8 小时，4cm 厚时则超过 30 小时，但是如用微波方法加热到 100℃，只需短短的 1 分钟的时间；其次，微波方法可使用质地较差的原料，得到较大永久变形的产品，这一方法可用于加工曲木家具、乐器、运动器材和楼梯扶手的弯角件等木材制品，在多层板生产过程中的干燥工序亦可采用微波加热烘干方法，节能环保，提高生产率；最后，这种方法对原木表皮滋生的各种病虫害及虫卵的杀灭工作，也卓有成效。2016 年，中国海关检验检疫局与清华大学签订技术协议，委托清华大学为其研发一台原木树皮中害虫及虫卵微波杀灭装置。

7.14 微波在烟草行业中的应用

7.14.1 微波烟叶复烤

近些年，在烟草工业中利用微波进行烟叶复烤、烟丝及烟梗的膨化、烟草的灭虫卵、整捆烟叶的松包等技术中取得了突破，正在进行装备的生产与推广应用。这几项技术中，很多项都具有自主知识产权，并都申报了国家发明专利。这对烟草工业的技术革新和品质提高都发挥了重要作用。多年前的烟叶复烤在四川西昌烟厂实行，一台 16m 长的烟叶微波复烤机取代了 100m 长的蒸汽烘道，复烤时间从 24 小时缩短至数小时，大大提高了复烤效率，减少了能源消耗和车间占地，一年后收回了数十万元的投资成本，效益显著，但由于传统习惯思维的影响和种种主客观原因而流产了，十分可惜！

7.14.2 微波膨梗

由于目前世界各国卷烟厂普遍采用将过去丢弃的烟梗等没有充分利用的原料重新利用的方法，以减少资源的浪费，所以，近十余年来，烟草行业已经采用许多能使烟梗膨化的技术和手段。但实验证明，采用微波膨梗技术效果最好，膨化后的膨化率很高，没有木质等异味。其实膨梗原理非常简单，由于烟梗中都是纤维组织，每根烟梗都具有一定的孔隙度，在这些细长的孔隙里都储存有一定的水分，表现为烟梗的湿度，即含水量，而且都是自由水，其介质损耗远大于烟梗本身的介质损耗，因此在微波功率作用下，由于烟梗直径较小，远小于工作波长，所以一旦微波进入，会迅速透入烟梗内的毛细孔隙中，使水的温度急剧升高直至沸腾，于是孔隙内的蒸汽就使孔隙迅速膨大，就像爆米花一样，细小的烟梗可使其体积增大几倍，甚至更大。膨化后的烟梗填充率为 7.5～11cm^3/g。膨化的烟梗还要经过回潮、打碎、再烘干、压片、切丝等一系列工序，与其他烟丝一起混合后才能卷成烟支。图 7.30 和图 7.31 所示为膨化前后的烟梗对比。目前膨梗技术与方法很多，即使在微波领域也有几种不同的手段。

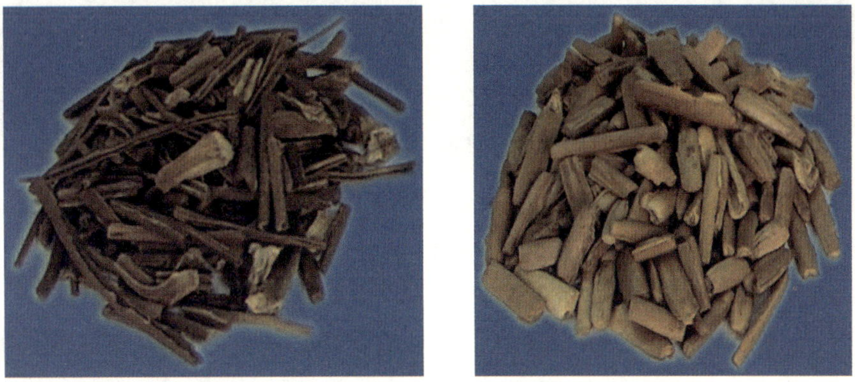

(a) 膨化前　　(b) 膨化后

图 7.30　膨化前和膨化后的烟梗对比

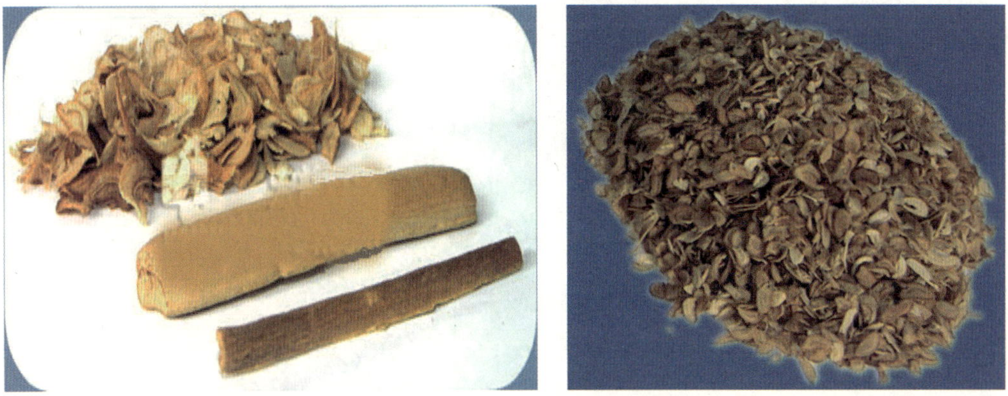

（四川宏图普新微波科技有限公司）

图 7.31　一根烟梗膨化前后及切片后

图 7.32 所示为微波固体介质膨梗的设备照片，产量为 300kg/h。图 7.33 所示为微波蒸汽膨梗的设备照片，产量为 2 000kg/h。目前这两种方法都在不同烟厂中使用，后一种方法的产量更大些。两种膨梗设备均采用多部 915MHz 的微波源，微波固体介质膨梗设备采用两腔底部 U 形弯波导裂缝天线馈能，一台是由下向上馈能，另一台则由上向下馈能，而微波蒸汽膨梗设备则采用腔顶上的裂缝天线向下馈能，2 000kg/h 的设备采用四个腔，而 500kg/h 的设备则只采用两个腔。微波源均位于设备的后侧方，通

过 BJ－9 波导连接至腔底或腔顶。每个炉腔均于前侧设置炉门，便于打开进行观察与维修，炉门经过精心设计，微波泄漏符合国家标准。

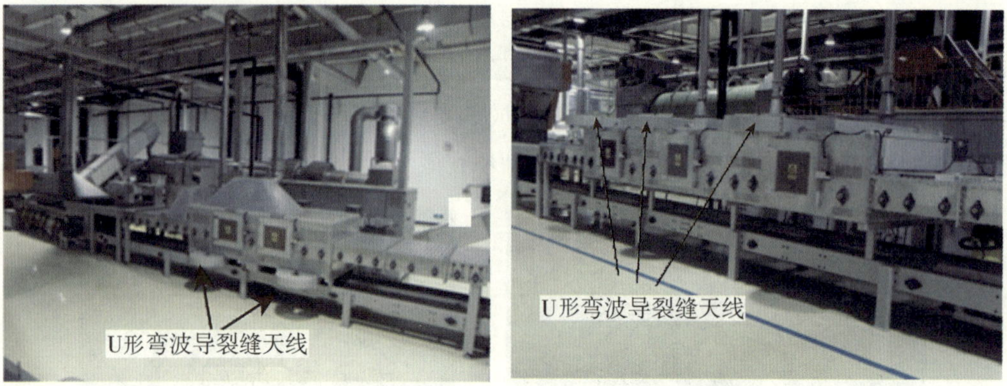

(a) 两腔，裂缝天线在腔底向上馈能（300kg/h）　(b) 三腔，裂缝天线在腔顶向下馈能（300kg/h）

（四川宏图普新微波科技有限公司）

图 7.32　微波固体介质膨梗设备

(a) 四腔，裂缝天线在腔顶向下馈能（2 000kg/h）　(b) 两腔，裂缝天线在腔顶向下馈能（500kg/h）

（四川宏图普新微波科技有限公司）

图 7.33　微波蒸汽膨梗设备

7.14.3　微波烟叶松包

烟叶打包在仓库中储存一段时间后即送往烟厂进行后工序加工，这时遇到的一个难题是如何将加压打捆成近 1m³ 体积的成捆烟叶松散开来，过去的传统方法很多，但效果都不佳，破碎率高。多年前，四川宏普公司发明了利用微波松包的新技术，破碎率低，烟叶完整，效果好，得到烟厂的普遍好评，目前已在很多烟厂使用。该设备利用 915MHz 频段共 10 个 20kW 的磁控管，分段馈能，由于进出料口尺寸过大，无法实现连续不断地进料和出料，所以采取间歇进料的送料程序，即炉门打开时，一头进料，另一头出料，此时高压断开，炉腔内无微波功率，当进出料结束后，进入下一道工序，即送入新料，然后关门，启动电源，送入微波，直到松包结束，如此循环往复，间断运行，产量可达 4 500kg/h。图 7.34 所示为微波松包机全貌，图 7.35 所示为松包机出口处，此处可见到的已松包后的烟叶，图 7.36 为松包后的烟叶散片，可见其完好无损。

（四川宏图普新微波科技有限公司）

图 7.34 微波松包机全貌

（四川宏图普新微波科技有限公司）

图 7.35 松包机出口处

（四川宏图普新微波科技有限公司）

图 7.36 松包后的烟叶散片

7.15 微波在食品工业中的应用

早在二十世纪七八十年代，微波加热技术首先在食品工业中获得了广泛应用，尤其在美、英等国家，人们对食品中的微波热效应了解比较透彻，这些效应有：

(1) 气体的生成与扩散，由于热作用下的酵母成分的溶解（糕点、面团）；

(2) 由于温度升高而导致气体膨胀的组织化（酵母、面团、蛋白糖糕饼、膨化）；

(3) 由于淀粉的糊化形成的组织化（面包、糕点、马铃薯、谷物）；

(4) 由于蛋白质的变性形成的组织化（肉、蛋白）；

(5) 由于蛋白质变性或淀粉糊化形成的组织固定化（烘焙食品）；

(6) 由于水蒸发为水蒸气形成的组织化（爆玉米花）；

(7) 由于蛋白表面脱水、减少糖含量而产生的褐变（美拉德反应、烘焙食品、肉）和由于糖的失水形成的焦糖化；

(8) 由于水分蒸发导致的浓缩（果酱、果冻、糖果）；

(9) 由于表面高温和水蒸气蒸发导致的脆化（比萨、曲奇饼）；

(10) 由于蛋白质变性导致的酶失活（水果、蔬菜的煮白、冷冻）。

上述效应发生在食品加工和烹饪中的几个主要操作单元中，如：①煮白或漂烫；②烹饪；③干燥；④杀菌；⑤消毒；⑥回温（解冻）。

食品的主要成分是水、碳水化合物、脂类、蛋白质、无机盐（矿物质）等，它们与微波作用机理不同。因为微波加热的主要机制是偶极子旋转和离子的加速，微波对食品的影响主要取决于盐和水的含量，水会选择性地吸收能量，在中高含水量的食品中，吸收微波能的是水，而不是固形物，然而由于水的比热大，易产生加热不均匀。在干燥产品中溶解盐浓缩，如果固体超过溶解度就会沉积下来，这样离子的导电性也就受到限制。然而，对于低含水量的产品或食品，固形物本身也吸收能量，并且由于其比热较低，低水分含量食品的加热通常会更均匀些。(Mudgett，1990)

食品溶液中的低级醇或糖对水和溶解离子与微波的相互作用影响很小，在高浓度下（果冻、糖果）糖可以改变微波与水的响应频率。

蛋白表面离子区可束缚水或盐，会产生与表面自由电荷相关的影响。脂类都是疏水的，在有水的情况下与微波作用微弱。微波与低水分含量食品中的脂类反应已被能量吸收现象所证实，因为能量既不是自由水也不是活性离子吸收的。

为了开发有效工艺，必须了解食品的介电特性。利用微波频率下测得的含水量、盐含量、脂含量和温度建立了评估谷物、水果、蔬菜、和肉制品介电特性的多项式方程。然而，这项工作难度很大，主要是食品中各种成分的介电特性随着温度的升高而发生变化，而且这些变化规律差异性也很强，很难得出一个通用的一般公式来。

微波在食品工业中的应用离不开食品的各种包装技术和包装物，这在国外有深入而广泛的研究。选择包装容器材料类型需要考虑的事项包括：

（1）必须和微波兼容——不能过热或阻止微波对食品的有效加热；

（2）必须适合热的食品——不能被食品融化、破坏或受到热食品的影响；

（3）能够耐受传统炉的温度——为“双炉通用”包装容器；

（4）与食品及其效用具有相符的货架属性；

（5）在正常使用中，不能燃烧、放电或冒烟；

（6）不能影响食品的色泽和风味；

（7）不能被食品脱色；

（8）不允许任何材料掺杂到食品中；

（9）应该绝对安全且易于加工或成形；

（10）应该耐油脂；

（11）必要时应该具有阻隔水分和氧气的功能；

（12）易密封；

（13）成本低廉。

与此同时，还应考虑以下问题：

（1）食品要达到的温度及这一温度对包装容器的影响；

（2）包装容器的基本形状和大小；

（3）产品质量及产品成分配比对包装容器的影响；

（4）组成材料；

（5）密封及其他操作问题。

由此可见，对包装容器来说，材料的选择是第一位的。

遗憾的是我国在该领域内基本上还处于空白状态。有关食品包装的详细情况，有兴趣的读者可参阅 Helmar Schubert 等著的《食品微波加工技术》一书中 R. Shiffman 撰写的“微波食品包装”第 11 章的内容。

7.15.1 微波煮白（烫漂或灭活）

在国外，微波另一种长期持久的应用是对蔬菜的煮白（烫漂或灭活）。所谓煮白就是中止蔬菜中酶的活动，或称“酶的失活”。为了保留良好的品质、风味、香味、和营养物质，大部分蔬菜和一些水果在冷冻以前要进行煮白，否则在储存期中会降低蔬菜质量。通常，蔬菜和水果在冷冻前都需要用开水或蒸汽煮白，其目的是使过氧化酶、脂肪氧化酶、半胱氨酸裂解酶、果胶酶、多聚半乳糖醛酸酶、脂肪酶、蛋白酶、抗坏血酸氧化酶、和叶绿素酶灭活，因为它们是蔬菜中最耐热的氧化酶，由于它们的存在，冷冻或解冻后的产品会产生颜色和口感风味上的变化。研究表明，为使蔬菜和水果内部的酶灭活，用常规的开水或蒸汽处理，不仅维生素C和液体的损失都比较大，而且由于表面过热，外形和味道也会受到一定程度的影响。利用微波煮白，上述损失要小得多。与常规技术相比，利用微波的优点是温升快，而常规技术的主要缺点是由于长时间地暴露在水或蒸汽中，将会由于水分及营养物的滤出而失重过多。过去主要认为对于这种季节性的廉物产品，微波设备的成本过高，折中的办法是做成组合系统，即用常规方法将蔬菜加热到60℃，然后在蒸汽的环境中用微波迅速将其加热至90℃。一台具有蒸汽注入的20kW的微波蔬菜煮白设备，每小时的处理速度约为300kg，该系统需要蒸汽提供20%的热量，与常规技术相比，组合设备的总处理时间减少，而且产品煮白均匀。

在冷冻之前用微波处理的花椰菜、菠菜、胡萝卜、青豌豆和绿豆比用水烫漂的有更高的维生素C含量。一般来说，微波蒸煮的蔬菜，由于速度快，能保留更多的热敏性营养素。

抗坏血酸氧化酶是水果和蔬菜中最不稳定的营养素之一，它是水溶性的，对光和热敏感，易氧化，易受到自然存在的抗坏血酸氧化酶的影响。蔬菜中抗坏血酸的保存，特别是富含抗坏血酸的蔬菜（如花椰菜），对于食品的品质是非常重要的。(M. Brewer)

果胶酶是一组催化剂，可以降解胶体物质，存在于高等植物和微生物中。果胶酶有益于果汁与饮料处理，便于过滤与澄清，以提高果汁产量以及产品中低甲氧基果胶和半乳糖醛酸的含量。果胶酶被认为是致腐酶，因为它们会导致许多水果和蔬菜过度变软。

在水果中，酶促褐变是主要的劣变反应，它是由α一醌的聚合衍生物浓度的增加所导致的，这种衍生物来源于在氧气存在条件下以及多酚氧化酶的催化反应生成的酚类酶作用物。褐变反应所产生的色素也会导致失味和营养成分的损失，这些酶相对来说是一种热敏性物质，温度高于50℃，加上合适的处理时间即可使其活性降低，当温度超过80℃时可以使其完全失活。(I. Dorants et al.)

1997年，Dela Cruz等分析了四种不同的煮白方法（蒸汽、有盖锅中的沸水、压力锅和微波炉）对新鲜蔬菜中叶绿素和类胡萝卜素的影响。微波处理的产品最嫩，而其他三种方生处理的样品中，叶绿素a和b、叶黄素、脱镁叶绿素a和b及类胡萝卜素的总量都减少了。微波处理还减少了加工过程中产生的废水量。

微波处理不仅时间最短，可溶性营养成分流失最少，更为突出的优点在于可以迅速完成产品内部的烫漂，而不受产品厚度和产品不均匀度的影响，还避免了热交换器壁表面可能产生的污垢（如在处理果汁或牛奶等液体介质时），而且蔬菜组织的质构良好。在微观结构水平上，微波对细胞有更好的保护作用，并且具有更高的感官质量。当然，微波处理也有缺点，那就是产品中温度分布不均，当加热对象的尺寸大小与微波波长可相比拟时，微波加热的均匀性就很难控制，就像长期以来存在于家用微波炉中一样，微波对蔬菜的快速加热会造成氧化和降解反应也是它的不足之处。此外，较大的设备投资也制约了微波方法的推广。

蔬菜经微波处理后再用热水烫漂不仅弥补了加热不均的缺陷，也防止了脆弱蔬菜的干燥和枯萎。而只用微波烫漂可以保持蔬菜的生鲜风味，微波结合水或蒸汽烫漂预处理具有更好的经济性，这是因为低成本的水或蒸汽用于最初的产品的局部升温，而成本更高的微波能用于更加困难的产品内部烫漂。

美国 Microdry 公司生了一种配有 60kW/915MHz 功率发生器的隧道炉，它安装了一个多模转换器，其大小可依据每小时所烫漂食品的体积进行调整，可在 0～60kW 之间变化。

利用微波可以显著缩短烫漂时间。在马铃薯块的烫漂中，开水烫漂使过氧化酶失活需 13 分钟，而微波烫漂仅用 4.7 分钟；多酚氧化酶开水和微波烫漂分别需 6～7.5 分钟和 3～3.5 分钟使其失活。(Collins，1996)

在我国，到目前为止，对水果或蔬菜进行煮白或烫漂的生产线甚少，可能与人们更喜爱新鲜的农副产品及采购方便等习惯有关。

在茶叶工厂制茶工艺流程的第一道工序就是杀青，实际上就是中止茶叶中酶的活动，不同的是它不在开水或溶剂中进行，而直接用微波大功率短时间照射，即可达到目的，因此称为“微波杀青”。微波茶叶杀青的原理主要是利用迅速升温来钝化鲜叶的活性氧化酶，抑制鲜叶中的茶多酚等酶加速氧化，防止在后续烘干过程中发生色泽严重改变，同时挥发鲜叶的腥草味，使茶香更好地形成。

7.15.2 微波熬油

国外开发的另一个项目是利用微波从肉、骨头和脂肪、残渣中炼油，用来生产油脂和动物饲料。这种高级油脂可用来生产人造奶油和优质肥皂。在微波炼油中，一旦油脂开始熔化和被熔解，它们就会从微波设备中流出，这与常规加压熬煮方法相反，在后一种方法中，油脂要一直处理到最后才能从设备中取出，这样就会使油脂降级。微波熬油实际上没有水分蒸发，只是把脂肪从骨头中分离出来，一台 30kW 功率的微波熬油机可以达到 1 500kg/h 的产量，效率很高，可惜在国内还未听说有哪家公司在做这方面的工作。

7.15.3 微波干燥

日本曾报道了采用了微波和热风组合的加热设备（频率为 915MHz，功率为 125kW）对快煮鸡蛋面作最后的干燥之用，它以每小时 600kg 的速度处理面条，使面条中的含水量从 30%下降到 13%，而热风则维持在 80℃的温度。另一个成功的应用例子就是干燥紫菜，一种具有良好风味的海藻食品。用 12kW 的功率以大约每秒 6 张的速度处理海藻，最后的产品含水量为 5%。最近十多年来，我国在方便面脱水干燥工艺中逐渐采用微波方法取代传统的油炸方法，取得了成效，节省了时间，提高了效率和产品的质量。

英国曾报道了一种利用微波和热风组合的加热设备，在干燥洋葱中取得了显著的成效。它先用常规热风将洋葱的含水量从 80%烘干到 10%，再利用微波使其含水量从 10%降到 5%。要知道在这一段含水量降低过程中，如仍采用常规方法进行，那么其干燥过程将是十分漫长的，从而大大增加了能源成本。而采用微波技术方法后则要迅速得多，从而节省了 30%的能源成本，并使含菌量降低 90%。

美国微波干燥公司研制了一条 915MHz/60kW 的通心面干燥机，该机先用 71～82℃的热风在 35 分钟内将面条的含水量降到 18%左右，然后采用微波加热方法，辅以温度为 82～93℃、相对湿度为 15%～20%的热风对流。利用微波快速升温、由里向外蒸发水分的优点，再利用热风加速表面水分的蒸发，在 12 分钟内将含水量再降到 13%～13.5%，最后进行冷却。该机组比原有设备节能 25%，加工时间从 8 小时缩短 1～1.5小时。日本也有类似的产品，这类加工设备还可干燥薯片等食品。

德国 Linn 公司推出了 20kW/915MHz，每小时处理 300kg 的米饭加工设备。

另一家德国 FM－MicroTech. GmbH 公司则推出了 400kW/915MHz 的微波木材连续粘压成型设备。

澳大利亚 AMT 公司开发出 100kW/915MHz 大栶羊毛微波处理系统，每小时处理 180kg，还开发出 5～15kW/2 450MHz 的微波橡胶硫化系统。

澳大利亚联邦政府曾花费巨资资助 Swinburne 大学工业研究所先后建立了 2×30kW/2 450MHz，1×60kW/922MHz，以及 3×100kW/922MHz 多条干燥原木的微波系统，功率最大设备用来连续处理直径 400mm 的原木。

微波干燥产品的质量介于气流干燥和冷冻干燥之间，干燥时间的缩短对于保持食品的色泽和香味是十分有益的。

7.15.4 微波回热

在上海等地，多年来一直在生产用以回热冷藏盒饭的生产线，用于解决中小学生的午饭问题。在食品厂或公司对中餐配餐好以米饭为主食，另加鱼、肉、禽、蛋及蔬菜等菜肴装入经消毒后的纸盒内备运，运抵学校后在学生最后一节课前，提前将上千份盒饭放入微波回热生产线上的传送带上进行回热，几十分钟内就可提供热气腾腾的快餐盒饭了，不需要排队，又卫生又方便的午餐供应链由此形成。这种方法不仅适用于学校，对于一些大型厂矿、企事业也完全适用。

但在家用微波炉内用来回热一些面食如馒头、包子、饺子等时却遇到了困难，回热结果往往导致了这些食品表面硬化、开裂或脆变等不良口感，甚至无法食用，这是由于微波快速加热升温后造成表层的水分过度蒸发引起的，除非用蒸汽微波炉回热。若仍使用普通微波炉，可将这些面食置于具有盖子的微波餐具内（玻璃、陶瓷、聚丙烯等）回热，甚至可在盛放面食的顶部表面覆盖经过浸水后的多层纱布，以免加热过程中表层水分的过多蒸发，以保持面食表层的弹性与柔软度，使口感不受影响。

7.15.5 微波真空干燥

法国国际微波公司应用微波真空干燥生产速溶橘粉。他们设计了直径为 1.5m、长为 12m、高达 3.3m 的圆柱形真空室，馈入 2 450MHz/48kW 的微波功率，使用玻纤增强聚四氟乙烯输送带的连续隧道式微波真空干燥机。其原理是先将含有 63%固形物的桔浆抽吸并涂在宽为 1.2m 的传送带上，堆高至 3～7mm，在 1 000～16 000 巴的低压强下输入微波功率，加热 40 分钟，可使产品膨化到厚度为 80～100mm，制成含水量为 20%的速溶橘粉。每小时产量为 49kg，年生产能力为 220 吨。该产品不仅保持了橘汁原有的颜色和风味，而且保留的维生素 C 含量是喷雾法不可能达到的。由此可见，微波加热方法是其他任何传统方法无法比拟的。

微波一真空干燥和气流干燥相结合也许是最显而易见的选择，因为气流干燥相对来说比较经济，在干燥链条的第一步最好采用气流干燥，当气流干燥效率降低时，采用微波—真空干燥，不仅可以继续进行干燥，而且大量生成的蒸汽会使产品体积膨胀，并恢复到其原始状态，这一步称为“膨化”，即在干燥的最后阶段，通过使产品多孔化给产品一个较好的外形，并进一步提高干燥效果。然而，要获得理想的膨化效果，预干燥原料的含水量必须限制在很窄的范围内，偏离理想含水量几个百分点，就会导致许多产品粒子不能膨化。(U. Erle)

7.15.6 微波烘焙

微波烘焙具有节省时间、能量和空间及保护营养成分的优点，然而，由于品质问题，微波烘焙产品尚未完全被消费者所接受。质地坚韧、老化快、干燥且缺乏色泽和风味，以及不易形成表壳是微波烘焙产品普遍存在的质量问题。微波加热的机理和速度是影响微波烘焙产品质量的主要问题。

烘焙是一个同时具有传热和传质的复杂过程。在食品烘焙过程中，发生了大量的物理、化学及生化的变化，它们包括淀粉酶凝胶化、蛋白质变性、二氧化碳从发酵物中释放、体积膨胀、水分蒸发、外壳形成以及褐变反应等。

在传统烘焙中，热量主要是通过热媒对流和炉壁辐射传送到产品表面，进而到达中心，热量利用速度和利用率、烤炉内的湿度水平和烘焙时间是影响产品最终品质的重要因素。而在微波烘焙中，食品周围的空气是室温，它并未被微波加热，热量是由于微波对食品中带电粒子以及极性分子的相互作用而产生的，产生的热量通过食品材料传导。由于热量在食品内部迅速产生，所以加热速度就非常快，就可能没有足够的时间保证烘焙反应充分完成。如淀粉的凝胶化、淀粉的酶促变性，面团或面糊足够的膨胀度、外壳形成、褐变以及面团或面糊最终形成坚硬的表壳结构等。动力反应诸如淀粉的凝胶化和褐变反应不仅取决于温度，还取决于烘焙时间。因此，当烘焙时间缩短时，确保凝胶和褐变反应充分是必要的，否则产品的品质就会降低。

在微波烘焙中，水分传输的驱动力是压力梯度和压缩作用。微波烘焙与传统烘焙之间最大的差别在于微波炉无法形成棕褐色的表面与外壳，这是由于微波炉内的空气是环境温度而不同于传统烤箱中的空气是被加热的。也就是说，它达不到美拉德反应的褐变温度（150℃）。

如果褐变没有发生，很多食品的口感就会变差，味道不好。导致褐变的关键因素有两点：温度与时间，这两点正是微波加热中所缺少的。为了弥补以上两点不足，可以在食品配方中加入适当的食品添加剂。褐变的形成实质上就是食品的化学成分（如葡萄糖、碳酸钠、卵磷脂、盐、酵母膏等）在微波加热时表面褐化或是仅仅赋予食品一个外观的颜色。它是食品中的糖与氨基酸、多肽、蛋白质之间的反应形成小分子风味物质，如吡嗪、呋喃、噻唑等。(Liao et al) 烘焙产品的褐变反应是由于产品中含氮或蛋白质的糖类物质形成类似蛋白黑素化合物的结果，褐变反应大约在160℃开始。当果糖麦芽糖和葡萄糖被加热到171℃时，分子结合成一种被称为饴糖的有色物质。在微波烘焙中，食品相当低的表面温度和环境温度无法使褐变反应产生。此外，在微波炉中，从食物中蒸发的水分子直接和产品周围的冷空气作用而冷凝，这就阻止了褐变和脆化反应。(Schiffmann，1994)

发展微波烘焙中最有意义的一个领域被称为“微乳化液系统”的技术。(Mast，2000) 微乳化液系统是专门为优化产品表面而设计的，可在表面形成足够的张力以隔绝水分，还可使表皮产生褐变与脆变。微乳化液系统由一个载体——水/食品级化学添加剂、一种专用淀粉、一种表面活化剂、一些电介质和食品稳定剂组成。这种包皮可以形成一种使产品具有良好的脆性和褐变的基座，而且其独特的介电特性可以使产品加热效果更好、更均匀。这一技术改变了传统产品在微波烘焙中产生的缺点与不足，可以刺激人们的食欲！

在微波烘焙领域，卤光灯辐射和微波结合烘焙是一种有前途的新技术，它同时具有微波加热速度快及卤光灯辐射产生的褐色和松脆的优点。(Keskin et al，2004)

为了获得具有棕褐色表壳的微波烘焙面包，商业上采用基座或烤盘的方法，基座由常规镀铝金属氧化处理的双向聚酯膜碾压成型的薄板制成，产品放置在基座内或基座上。基座具有吸收微波能并将微波能转变为热能的功能，热量通过传导和辐射的形

式传递给产品，基座表面的温度可高达200～260℃。(Zuckerman et al，1997)

焦化用的烤盘类似于上述基座，但采用的材料不同，它也是一种会吸收微波能而升温的载体，但具有自行控温的功能，使烤盘的工作温度保证焦化或褐变反应为止，不会使温度无限制地上升，从而烧焦食品。

微波烘焙在我国的应用极少，这可能是多原因造成的：一方面，微波生产线投资较大；另一方面，我国目前尚缺乏专门研究从原材料（面粉等）到添加剂，以及发酵、加工工艺和生产条件与手段的全面而深入细致的研究。即使在欧美等国家，继续采用微波烘焙工艺在生产面包、蛋糕，饼干、糕点等案例也为数不多。但通过上述讨论使我们更清楚地认识到微波加热手段有其优点，也同样存在不可避免的局限性，千万不可盲目立项与上马！

7.16 微波在杀虫灭菌方面的应用

我国在20世纪70年代中期，利用微波对粳稻、籼稻、小麦、绿豆中的米象虫、锯谷盗等害虫用不同功率、不同处理时间和工艺进行试验，分析了对成虫、幼虫、蛹和虫卵的杀灭效果。实验证明，当粮食温度上升到50℃以上时，杀虫效果良好，同时对粮食上附着的酵母和霉菌也有一定的杀灭作用效果，还能使粮食脱水干燥。

沈阳农业大学曾对微波快速杀灭库储林木种子害虫进行了研究，如紫穗槐种子豆象、刺槐种子小峰寄生率一般为20%～80%，这不但影响林木种子的质量，还影响林量生产。采用常规的氯化物溴甲烷剧毒农药熏蒸，成本高，防治效果差，污染环境。采用微波杀虫不仅可将林木种子中的害虫全部杀死，而且保证种子发芽率接近或高于对照组。

早在1975年，日本东芝公司曾对烟草中的两种主要害虫——烟甲虫和烟蠹做过微波杀虫试验，利用微波将烟草温度加热到55～60℃，处理时间为10～39s，就可以完全杀灭烟叶中的成虫、幼虫、蛹和虫卵，比常规方法好得多。最近，一些烟厂也相继提出了类似要求，有单位正在进行试验样机的开发，如果得到推广应用，将大大降低烟厂仓库中库存烟叶的损坏和变质。研究证明，利用微波均匀加热至70～80℃，时间保持1～2分钟，可以使食品中的大肠杆菌、酵母、霉菌等基本杀灭。我国在牛奶、中药丸、袋装鱼片、鱼丸及各种熟食食品的灭菌工艺中，采用微波方法都取得了可喜成果。在瑞典、丹麦、德国等欧洲国家，早已把微波杀虫灭菌用于包装切片面包的工业化生产中。荷兰更进一步成功地对盒装鱼、肉食品进行保鲜处理，产品被非常均匀地加热到72～75℃后，可在0～4℃的冷藏柜中保存6个星期之久，保证原味不变，每小时可生产1 500kg。

7.17 废旧轮胎的微波裂解技术

利用微波裂解废旧轮胎的资源回收与再利用技术，经过长期的摸索和试验，如今终于在国内外取得了突破性的进展。我国轮胎年产量已超过1亿只，居世界第三位，每年产生的废旧轮胎达5 000多万只，但用老方法低效率的年处理量只占总产量的14.2%，因此产生了严重的环保问题。而用土法炼油，焚烧会产生大量有毒有害气体和废料，又造成严重的二次污染，这就使得发展这项技术成为我国废旧物资回收利用中的迫切需要。

废旧橡胶轮胎的裂解技术可以在较低温度下（265℃）进行，这种技术又称为逆聚过程技术，它是在150～350℃的惰性氮气体环境中完成反应过程，微波反应室内的氮气环境避免了有机物的氧化过程，阻止了一些有毒副产品（如呋喃）的产生。加拿大微波裂解技术大大改善了废轮胎裂解各种回收产品特别是炭黑成分的品质稳定性。图7.37所示为微波裂解设备的原理图。图7.38所示为微波裂解设备的工艺流程图。

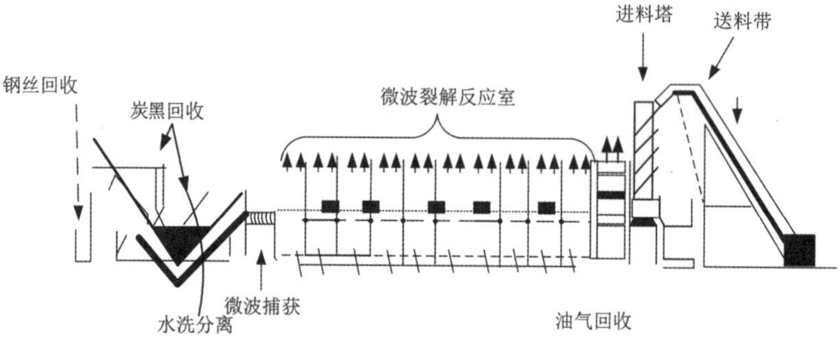

图7.37 微波裂解设备的原理图

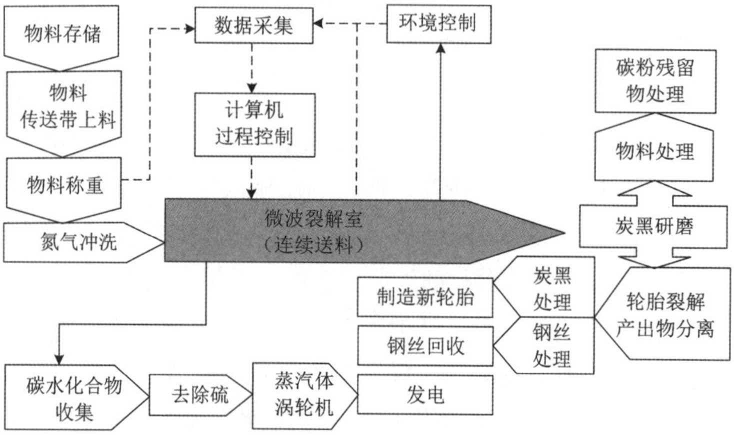

图7.38 微波裂解设备的工艺流程图

由图7.38可见微波裂解的生产流程如下：

（1）废轮胎通过干燥喂料塔经氮冲洗处理后，由传送带进入密闭的微波裂解反应室；

（2）在反应室内利用微波进行裂解，形成的低分子碳氢物混合物从反应室底部排除，经过压缩器分离出液油成分，其余小分子油在回收为燃料油之前，先经过洗涤去除含有的硫化氢成分；

（3）回收的油和汽用于蒸汽锅炉或气体涡轮发电机发电，或者送到其他燃烧设备直接利用；

（4）最后输出的炭黑和钢丝经水洗分离，炭黑经磨碎可用作橡胶的再生原料或其他用途，钢丝也可回收再利用。

在裂解生产过程中学需要投入的是废轮胎、氮气、电、水、天然气等材料，以及为了回收油气中污染成分硫化氢等所需的次氯酸钠和氢氧化钠等物料。整个生产系统唯一的排放是油气回收过程中脱硫环节中所产生的7%的硫酸钠，但总量少且不属于有害物质，可以直接排放或供下游资源化再利用。

实际上，早在2005年的第12届中国微波能应用学术会议上，澳大利亚Swinburne工业大学的屈雷（N. Tran）教授就报导了他们利用微波裂解废轮胎制造炭黑的实验结果。

遗憾的是国内没有跟上这一技术的追踪研究，直到2016年，四川宏普科技有限公司开创了一条独创的利用微波裂解废轮胎的实验装置。

另一条对生活垃圾及有机质裂解装备现已在我国诞生，该设备克服了普通垃圾及有机质裂解不均匀、设备积炭严重、无法实现系统还原气氛、系统运行不稳定、产物控制困难等缺点，实现了垃圾的无害化处理和资源充分利用，并无废气排放，可以获得不同化学组成、不同产量的气体液体和固体产物。含碳固体产物经分离处理可制备活性炭、高硅、高钙等建筑材料，液体产物经分离可生产燃料油，气体产物经分离净化后可生产燃料气。该设备的运行温度为500～700℃，最高可达800℃，根据需要可灵活控制。设备如图7.39所示。

图7.39 微波连续裂解生产装置（湖南中晟热能公司）

7.18 微波在医疗卫生事业中的应用

20世纪40年代末，微波作为一种物理疗法首先在美国医学界得到确认。此后，微波在医疗卫生事业中逐步得到了推广和应用。

7.18.1 微波理疗

在电磁物理疗法中，其实各种电磁频率都有，如超短波理疗、红外线理疗、TDP理疗等，但微波理疗却有其独特的优点，因为微波和红外线相比，具有更深的穿透深度；与超短波相比，它不会造成脂肪层过热，并且加热速度快，具有选择性加热等特点。微波理疗是通过加热引起血管扩张，加速血液循环，加强细胞内外物质的交换，提高酶的活性，加强新陈代谢，降低感觉神经的兴奋性，降低肌肉和纤维结缔组织的张力，从而增强组织弹性，增强免疫力，止痛消炎。因此微波理疗可治疗肌肉劳损、各种炎症、急性扭伤、冻疮、慢性风湿、关节炎、带状疱疹、痔疮等。国内许多医院理疗科室都备有各种大小、形状和功能的辐射器或探头，除了可局部照射病灶区外，还可伸入肛门、鼻腔或耳内治疗鼻炎、痔疮、突发性耳聋等疾病。

微波理疗机在我国已大量生产，微波输出功率为20～200W（可连续调节），工作频率为2 450MHz，个别采用915MHz，生产厂家已超过数十家，以华东沿海城市为主。

由于微波理疗的独特功效，目前有的运动队随队医生带有微波理疗机，为运动员在比赛时产生的扭伤、软组织挫伤、红肿等意外伤病做现场应急处理和治疗，使运动员能在短时间内解除痛苦，还能尽快继续参加比赛。微波理疗机在大中城市的各类医院的理疗科室中都有配置，它将成为其他理疗方法的补充和扩展。应用的关键在于理疗医师对理疗机微波输出功率大小及理疗时间长短的控制和调节，既要达到理疗的效果，又不使病人受到微波的伤害。这就需要理疗师具有对各种疾病理疗效果所积累起来的丰富的临床经验。因为微波理疗比起其他方法来，到底是最近三十年来所创制出来的一种新疗法。在微波理疗机中，通常配有几种或十几种甚至几十种各种各样适合于人体不同部位的辐射器或探针，例如辐射背脊的长条形辐射器、大圆锥喇叭形辐射器、小圆柱形辐射器、可插入肛门的笔形辐射器、像耳塞一样供理疗耳病的专用探头、各种弯曲形状和粗细的微波探针等，由购买者自行选购。微波理疗机如图7.40所示。

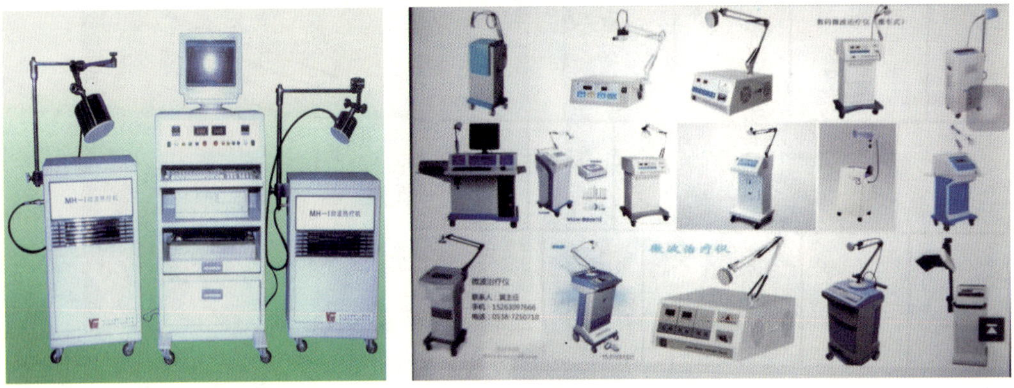

图 7.40 各种品牌的微波理疗机

7.18.2 微波热疗（透热或消融疗法）

早在 50 多年前，美国宾夕法尼亚大学一位科学家首先提出了微波的人体“热效应”学说，这就为微波的透热疗法提供了理论基础。利用微波对人体内各种肿瘤进行局部加热，使癌细胞迅速升温至 43℃左右（癌细胞存活的最高温度为 39.6℃），即可杀灭癌细胞。大量的生物实验和临床实践证明，这是一种新的透热疗法，如与放射线或化学疗法结合起来，治疗效果更好。我国利用微波热疗法治疗恶性肿瘤的医院很多。特别对像妇女宫颈癌、食道癌、脑癌、皮肤癌、口腔颌面部鳞癌、肝癌等都有许多成功的报道，曾有不少医学专家在许多国际医学学术会议上介绍他们的临床治疗病例和经验，引起了国内外同行的赞许和肯定。目前，无论国外还是国内，对微波透热疗法继续进行临床治疗外，还不断总结经验，不断开拓新的治疗癌种的实验研究，为进一步提高疗效而不懈努力。我国在治疗胃癌、食道癌、宫颈癌、皮肤癌、肝癌等领域都有丰富的临床经验。在透热疗法中，对肿瘤部位的测温和控温是一个关键问题，因为很多测温装置或探头置于微波场中会受到微波场的干扰或影响，造成读数不准或控制失灵，从而影响治疗效果，或伤害周围的正常细胞组织。微波热疗机如图 7.41 所示，微波消融针如图 7.42 所示。

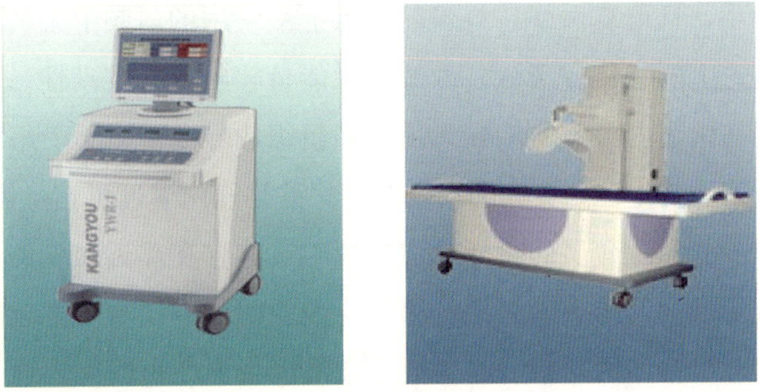

图 7.41 微波热疗消融机

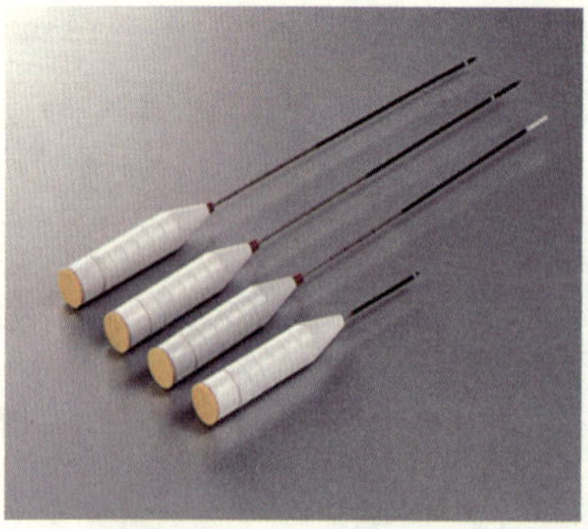
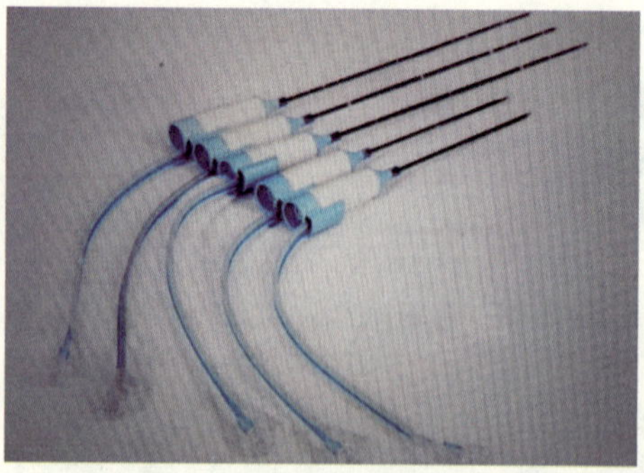

图 7.42　微波消融针

微波介入技术的发展过程介绍如下。

1994 年，日本 Seki 等首次报告在超声引导下，经皮穿刺将微波天线置入瘤体内治疗小肝癌获得成功以来，微波消融技术（MWA）通过对微波仪和天线的不断改进创新得到快速发展。

1996 年，解放军总医院研究小组和航天部 207 所合作，通过改变辐射天线芯线材料和裸露长度，使消融体积显著增大，消融形态接近于球形。

1997 年，美国赛尔森公司开发了相关产品用于乳腺癌微小聚能凝固治疗，已经有上百例临床实践取得成功。

1998 年，江苏省肿瘤医院实施微波肿瘤消融手术，取得成功。

2002 年，上海东方肝胆外科专家报道 61 个小肝癌经一次性微波治疗后，随访一年，有 57 个未见复发。

2011 年，中国卫生部率领 100 多名一线临床专家在福中集团参加“瘤内免疫靶向放疗联合微波消融技术治疗晚期癌症临床研究”课题发布会。

水循环内冷却天线的研制成功，解决了微波天线杆温过高的难题，使大功率、长时间、高能量级的消融得以实施，且消融区的形态更趋于球形。

微波消融同其他热消融技术有共同的优点，如弹性治疗方法、良好的耐受性、可预测消融范围大小，且重复性好。与当前世界上最常用的射频消融技术相比，微波消融技术有以下理论上的优势。第一，微波消融能量辐射具有主动性，而射频消融技术为被动的，因为在活体内微波的传导无须依赖组织的导电性，不受组织炭化及干燥的影响，因而微波消融技术达到更大的消融范围，并且瘤内温度可达足够的高度。第二，微波消融技术较少受灌注介质的热降效应的影响，这样在靠近血管的靶目标区，微波消融技术可实现更加均匀的肿瘤灭活。第三，因为同时应用数个微波能量源不会出现射频消融中的相互干扰作用现象，这样数个微波能量源在短时间内通过协同作用可实现更好的肿瘤消融效果。第四，微波消融不需要负极板，减少了热量流失，也避免了因负极板导致的皮肤烫伤，同时应用不受体内金属物质和心脏起搏器等限制。

所有的微波消融系统均包括3个基本配件：微波发生器、低耗柔软的同轴电缆及微波天线。磁控管生成微波，磁控管包含一个共振腔和一个发射电子的阴极。微波频率的输出也由磁控管来控制。天线通过低耗同轴电缆连接微波仪，并且将微波由磁控管传输至组织中。多数微波天线是针状，如图7.42所示，以方便影响引导下直接穿刺肿瘤。微波天线的设计对于治疗效果有重要的作用。合适的天线应与组织的电介质特性相协调，最大限度地减少能量的反射。在过去的数年内，为了扩大消融凝固的应用范围，业界对微波天线进行了不断的改进。目前获得批准可用于临床肿瘤消融的微波设备有12个品牌，包括中国的康友、维京、亿高、长城和福中（均为水冷设备）；美国的Medwaves（非冷却设备），BSD Medical（水冷设备），Neuwave（气冷设备）；意大利的HSAmica（水冷设备）；英国的Acculis（水冷设备）；爱尔兰的Valleylab/Covidien（水冷设备）和日本的Microtaze（非冷却设备）。Microtaze微波系统是首先用于经皮微波消融的系统，它有一直径1.6mm的微波天线，工作频率为2 450MHz，因为凝固范围不能足够大，所以只适用于治疗≤2cm的肿瘤。UMC - I微波系统是10余年前在中国进行微波消融的主要仪器，天线直径1.4mm，尖端裸露长度27mm，工作频率2 450MHz，虽然这种天线证明可适用于治疗更大的肝癌，然而它一直受因能量反射的影响使针杆温度升高而烫伤皮肤的困扰，因而临床应用也极大受限。近年来水冷式天线在中国发明，杆温可有效降低，高能量的输出、长时间的治疗成为现实，这可允许在组织内输入更多的微波能量而不引起皮肤的烧伤。因为微波消融技术的潜在优势逐步显现，西方国家的研究者也在发展自己的微波消融系统。设计主要集中在薄、同轴间隙天线，这些天线根据其物理特性和辐射特性主要分为3类：偶极天线、裂隙天线、单极天线。

微波消融技术首先在日本应用。1979年Tabuse发明了一台微波凝固仪用于肝切除手术进行术中止血。1991年Saitsu等报导了在手术中利用同一设备用于小肝癌的微波消融。后来天线被设计用于经皮凝固深部肝组织，自此微波消融肝癌逐渐发展成为一项相对成熟的有效技术。开始微波消融主要局限于治疗无法手术的小肝癌，随着微波天线的发展与治疗技术的提高，肿瘤直径大于5cm，邻近肝门、胃肠、胆囊、膈肌等危险部位的复杂肝癌也能有效消融。但是对于肝癌的治愈需达到以下标准：单发肿瘤直径≤5cm或多发肿瘤，肿瘤数目≤3枚，最大直径≤4cm；无门静脉癌栓；无淋巴、肺、腹部器官或骨等肝外转移。

微波消融可在经皮、经腹腔镜、胸腔镜或剖腹手术中进行。经皮微波消融创伤小，价格相对便宜，可在门诊完成手术。如有可能，微波消融应经皮操作。经腹腔镜或胸腔镜可用于经皮消融无法定位的肿瘤，但如果没有结合影像技术，它们只能用于消融表浅的肝癌。剖腹手术中进行微波消融可用于无法进行根治性切除手术的肝癌，通过微波消融使局部肿瘤凝固性坏死而达到姑息手术的目的，但是其与微波消融的微创本意相违背，如能有创伤性更小的手术方式，经剖腹手术中进行微波消融应尽量避免。

当前对于微波治疗的报道主要集中在日本与中国。经皮微波消融最早由 Seki 等报导，他们对 18 例直径小于 2cm 的孤立性小肝癌进行消融，术后复查 CT 显示所有患者的肿瘤均完全坏死。Murakami 等报导了对 9 例直径大于 3cm 的肝细胞癌进行微波消融，他们所用的设备与 Seki 等相同，术后 CT 扫描显示所有肿瘤完全坏死，但 9 例患者中有 4 例在 6 个月内原位复发。Matsukawa 等报导了他们治疗 24 例肝癌患者的经验，直径小于 3cm 的肿瘤有较完全的消融（70%），而对直径大于 3cm 的肿瘤完全消融率只有（53%）。与日本医师所用的 Microtaze 微波消融系统相比，中国医师所用的消融系统能进行更大范围的消融，可有更多的患者适合微波消融，因而在中国的研究常有更大的样本量来对微波消融的效果进行可靠的评价。由单一研究机构进行的非水冷微波消融 288 例患者 477 个肿瘤，5 年累积生存率为 51%，局部肿瘤复发率 8%。随着水冷设备的应用，微波消融在较大肝癌和复杂肝癌的治疗中也取得了突破性进展。最近由中国 7 家微波消融团队进行的一项多中心研究显示，1007 例原发性肝癌患者消融后 1、3、5 年生存率分别为 91.2%、72.5%、59.8%。虽然美国、意大利等欧洲国家也分别组织了微波消融肝癌的多中心研究，但均未报道长期生存疗效，总体认为微波消融技术是一种安全、有效、与射频可比的肝癌治疗微创方法。而根据荟萃分析，微波消融肝转移癌 1、3、5 年生存率分别达到了 40.0%～91.4%、0～57.0%、14.0%～32.0%，并体现出了在合并肝外转移的患者身上微波消融进行姑息治疗的优势。

2016 年 7 月 9 日，报载成都军区总医院肿瘤科主任张涛采用微波消融术已经累计对超过 2 000 例肝癌患者进行了局部热消融治疗，经统计，通过这项技术，早期肝癌 3 年生存率从 40%提高到 58.7%，中晚期肝癌 3 年生存率从 20%提高到 39.4%，并发症发生率从 14%下降到 3.5%。而住院费用却下降了 72%。这项研究成果被国际顶级肿瘤指南 NCCN 2015 版引用并推荐。

微波消融术还可治疗肺癌、乳腺癌、胰腺癌、前列腺癌、骨癌、子宫肌瘤、食道癌等许多癌种，微创伤口小，治疗时间短，费用少，目前正在国内许多医院推广。

下面举几个经微波消融治疗肝癌的病例，图 7.43 及图 7.44 均为消融治疗前后对比的 CT 照片。

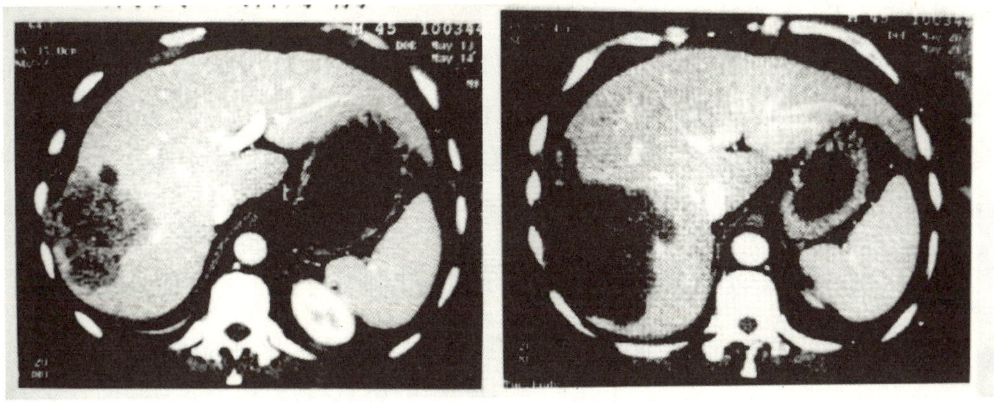

(a) 消融前右叶肝臟中有 8.5cm×7.5cm 的肿瘤　　(b) 为消融后已凝固的癌细胞

图 7.43　微波消融治疗前后对比

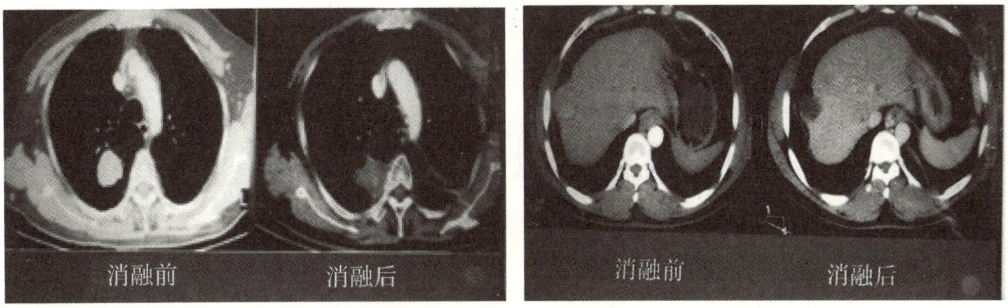

图 7.44　微波消融治疗肝癌的两个病例

图 7.45 所示为医生正在进行微波消融治疗的照片，医生一边注视着 B 超显示器进行准确定位，一边穿刺加热进行消融，以杀灭和凝固癌细胞。

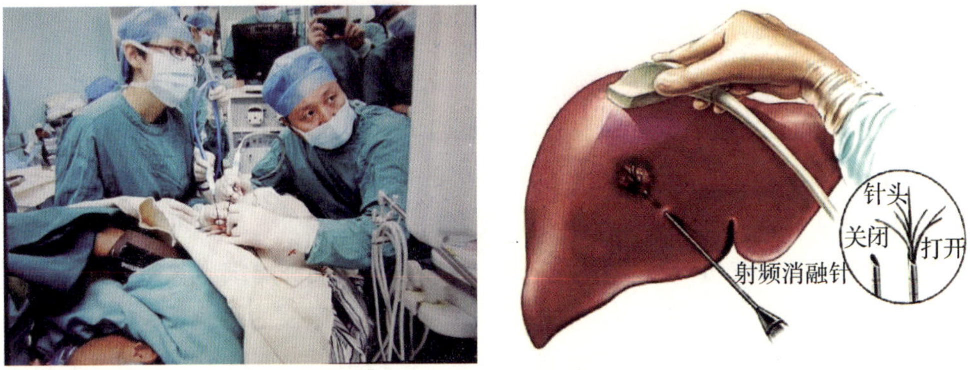

图 7.45　微波消融手术正在治疗中

同时，由于大功率半导体固态器件（例如 LDMOS 器件）的快速发展，目前在 S 波段已达到数百瓦的功率输出，效率已达 60%以上，逐步逼近磁控管，因此在微波理疗、微波针灸、微波热疗及微波手术刀等医用领域，完全可以采用工作电压低、体积小、电源紧凑、安全可靠的固态微波源取代过去的高电压磁控管微波源，何况微波消融治疗只需几十瓦的微波功率就已足够。

最近一些研究表明 915MHz 与 2 450MHz 相比有一定优势，由于前者的频率较低，所以在由天线向四周辐射微波功率时的衰减较慢，这会使离开天线时的温度梯度减小，能在肿瘤内形成一个较为均匀的温度场，更有利于杀灭肿瘤内的癌细胞，因此会获得逐步的应用与推广。

7.18.3 微波组织凝固术和微波手术刀

20 世纪 70 年代末，日本首先将微波组织凝固术用于犬脑肿瘤手术上。1974 年，美国的泰勒发明了微波手术刀。1981 年，日本的田伏将该技术用于肝及脾的临床手术上。1982 年，他又将微波凝固术与内窥镜技术结合起来用于消化道止血和治疗胃癌。

微波凝固术的优点是：

(1) 减少出血或不出血，比激光或高频更安全，不易造成穿孔；

(2) 伤口无须消毒，不需缝合，因而也不存在拆线麻烦；

(3) 对血管丰富的肝脾等易碎组织可进行部分切除；

(4) 可对常规手术不易进行的多病灶肿瘤或大血管附近的肿瘤进行手术。

我国在该领域工作开展得较早的有上海长海医院、上海新华医院、南京鼓楼医院、成都军区总医院等。

1984 年，西安首先研制成功微波手术刀，用于表皮癌、肝癌、胃癌、乳腺癌的切除手术。

微波手术刀可防止伤口感染和癌细胞扩散。随后，上海南京等地相继采用微波天线与高频电刀结合对前列腺增生症、胃出血、子宫功能性出血等进行手术并取得了成功。目前，微波手术刀正与常规手术刀、激光刀和高频电刀一起，由医生根据不同情况选择使用。

20 世纪 80 年代中期，成都陆军总医院与四川大学无线电系一起合作研制成功 16 根植入式的微波探针，用于对晚期肝癌和肺癌的病人进行手术治疗。疗前，将这些微波探针植入病灶周围，视病灶直径大小，决定探针数量多少，最多可植入 16 根探针。启动微波电源后，微波功率就通过这些探针对探针周围的肿瘤细胞开始加热，直到这些病变组织的温度上升到 43℃时，癌细胞被杀死。由于微波的凝血效应，在杀死癌细胞的同时也使周围的血管凝固，从而避免了手术过程中由于肝脏血管丰富导致的大出血现象，并能防止癌细胞的扩散和转移。在杀死癌细胞后继续加温，使由微波探针包围的组织全部凝固，然后再用普通手术刀将这一组织全部切除，就彻底清除了癌细胞。如果癌细胞在晚期没有发生转移，那么通过上述手术后的病人存活期将是很长的。遗憾的是多数晚期肿瘤患者都在不同程度上发生了转移或扩散，因此即使通过上述手术将原发病灶切除，仍不能完全挽救生命，而只能使病人延长一定的存活期。

7.18.4 微波针灸

微波针灸是我国发明的具有自主知识产权的微波理疗专用仪器，并获得了第 40 届普罗夫迪夫国际技术博览会金牌。第二代仪器于 1986 年获得了第 35 届尤里卡世界发明博览会银牌，之后又分别获得中国、美国、英国专利。该仪器曾出口到世界上 30 多个国家。

根据中国古代银针针灸原理，将小功率的微波照射相应穴位，可治疗心绞痛、冠心病、三叉神经痛、肩周炎、腰痛、坐骨神经痛、扭伤、关节炎等 20 多种疾病。它与微波理疗仪不同的是微波工作频率较低，约为 800MHz；而微波理疗仪则工作在 2 450MHz，频率要高 3 倍以上。此外，微波针灸仪的输出功率要小得多，通常为几瓦，而理疗仪则为数十瓦至一两百瓦。这主要是由于针灸针对生理穴位面积很小，而理疗仪则大面积照射并利用微波的热效应原理，因此需要功率较大才能达到理疗效果。

7.18.5 毫米波治疗

毫米波也属于微波的频率范围，只是工作频率更高一些罢了，例如有的工作在 35000Hz 甚至更高，这种治疗仪有点类似于微波针灸仪，但输出功率更小，通常只有千分之几至百分之几瓦，因此其工作原理与微波理疗和微波针灸完全不同，它不属于热疗范围，这么小的功率不会产生热效应。由于毫米波电磁振荡能量与人体细胞新陈代谢所激发的固有振荡产生共振以供给人体能量，促进细胞分裂生长，调节基因的排列组合，形成各种抗体基因而战胜病原体，这就是“微波对人体的生物学效应”，这是“微波非热效应”中的一种。

这一理论由俄罗斯科学家提出，他们在微波低功率生物学效应的理论与实验上都长期开展相关的基础性研究工作，取得了令人瞩目的成果，许多著作和论文都出自他们之手。

治疗仪主治胃及十二指肠溃疡和炎症。我国在南京、成都、西安等地都有生产厂家，有的还配有电脑控制或调节，毫米波治疗仪如图 7.46 所示。

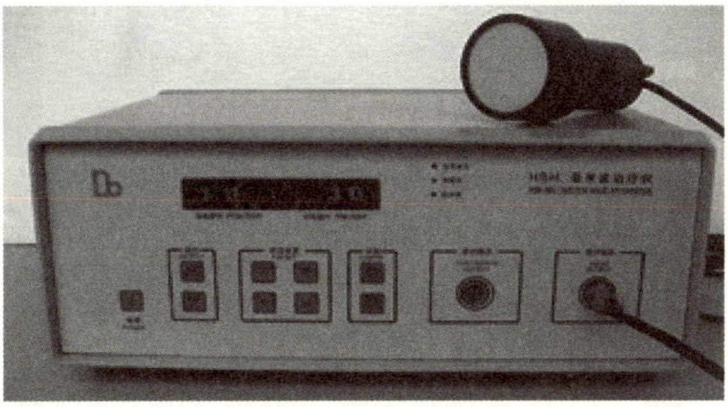

图 7.46 毫米波治疗仪

7.18.6 微波放疗

利用微波功率加速真空中的电子或离子，使其达到极高的速度，接近相对论速度，然后撞击到钨靶上，从而产生电子线或X线，这些高能射线可将恶性肿瘤的细胞（即癌细胞）进行杀灭。被加速的粒子能量可达8～25MeV（兆电子伏特）以上，它的最大特点是安全可靠，可以控制和便于使用，是同位素钴60放疗的替代产品。目前各大城市中的医院都配备有这种大型的微波放疗设备。该设备系统复杂，体积庞大，能源消耗大，价格昂贵，除从国外进口外，国产的厂家也已不少，性价比优于进口设备。

众所周知，目前医院临床上对恶性肿瘤的治疗手段是：①手术；②化疗；③放疗。不管是那种方法，都存在或多或少的问题，尤其是后两种治疗手段，在治疗过程中，难免要对肿瘤周围的正常细胞同样进行杀灭，因而会引起病人的各种生理反应，如掉发、恶心甚至呕吐、失眠等种种痛苦，于是世界各国的医学家们和生物学家们一直在寻找更好的治疗方法，并已取得了可喜的成果。

微波放疗机的主体是一台微波直线加速器，早期加速器均采用行波加速器，加速管中微波以行波方式传播，并且在传播过程中，微波功率不断给粒子加速直到达到预期的速度为止。除加速管外，还需要产生电子或离子的电子（离子）枪，以及一个靶台，因此，光加速器就有5～6米长，体积十分庞大。再加上微波源及微波传输及控制系统、脉冲调制器及辅助电源等设备同样占地不小，投资巨大。目前基本上淘汰了此类行波型微波直线加速器，而代之以驻波加速器，整根加速管从几米缩短至1米左右，甚至更短。这样，整台放疗机就跟目前的CT机和核磁共振机（MRI）体积相当。目前，主要是加速器中的微波源——脉冲兆瓦级的磁控管寿命短（150～200小时）、价格贵（20万至50万元每只），这就使得病人在治疗中要花费大量的费用，不堪重负。图7.47是放疗机的外形照片，图7.48是两种脉冲磁控管，好在这两种管子均已国产化，成本只有进口管子的1/3左右。

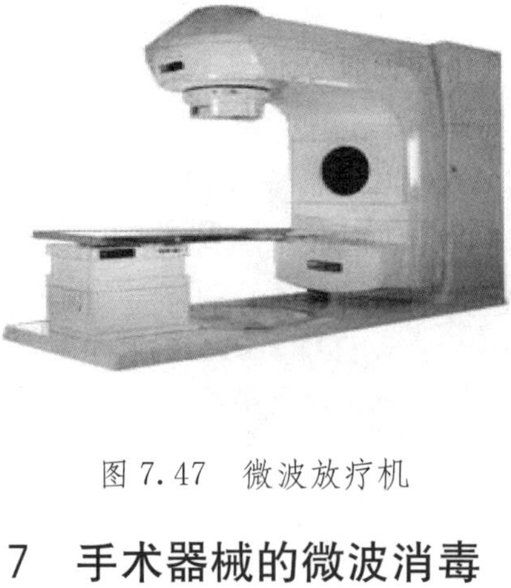

图7.47　微波放疗机

(a) 2.6MW　(b) 5.5MW

图7.48　脉冲磁控管

7.18.7　手术器械的微波消毒

在医院中，外科手术每天有各种手术器械需要进行消毒杀菌，在口腔医院中，每位患者都需要一套检查设备，这些器械或设备的消毒工作量大，劳动强度大，效率低，有的单位尝试采用微波消毒杀菌技术，可大大简化消毒程序，提高消毒效率，缩短消毒时间，特别在口腔牙钻的微波消毒中取得了可喜的成效。微波消毒杀菌器可完全杀灭枯草杆菌、黑色变种（ATCC9372）芽孢，对乙型肝炎病毒表面抗原也可完全灭活。此外，对大肠杆菌、绿脓杆菌、金黄色葡萄球菌、白色念珠菌等都有满意的灭菌效果。

目前各医院中，外科手术器械包都采用压力蒸汽灭菌，每处理一次需 45～60 分钟。在战时，由于条件限制，多采用手提式压力锅灭菌，处理量少，而微波具有对物品处理速度快、灭菌效果可靠、处理温度低、对物品无损坏等特点，这就为战时战地医院应急供应大量灭菌器材提供了可靠条件。

7.18.8 医学上的实验动物的微波杀生

利用微波功率照射动物（猫、兔、鼠等）头部所产生的热效应，在瞬时处死动物的同时，能灭活脑内的酶系统，中止其生物化学反应，保留脑内耐热活性物质的瞬时值，有利于进行神经化学的研究。这就为生物化学、生理学、药理学、病理生理学等现代生物科学研究提供了一种先进的实验动物杀生手段和设备。

7.18.9 微波处理医疗垃圾

在目前各级医院，特别是一些大型三甲医院中，每天需要处理的医疗垃圾，包括一次性手术器械、换拆下来的各种包扎纱布、切割下来的各种病灶脏器及人体组织，废弃实验器材、与病人体液或排泄物接触的废弃物，以及其他携带病原体的感染性废弃物等急待在短时间内尽快处理，以免发生疾病传染和环境污染。目前中国县级以上的医院有 6 万多家，每家平均日产医疗废物约 0.3 吨。于是，对日处理量为 2 吨的设备而言，总需求量近万台，这还不包括各类医学研究机构、生物制品企业及大量小诊所的处理量。目前采用的处理方法不太理想，正在寻找更为有效的处理技术与方法。十多年前，据说加拿大某医院曾从德国引进一台微波处理医疗垃圾设备，售价为 100 万美元，详情不知。

在医院中，每天都有大量的医疗垃圾需要处理，这些垃圾有一次性使用的各种手术器械、一次性注射器、外科病人换用的纱布和外敷药物，等等，如先经过微波处理，然后再分门别类地按规定做最后处理，这样就不至于产生中间污染或感染，可以保证环卫工人的身体健康。在国外，已有一些国家开始使用这种技术，例如德国和加拿大，但该设备价格昂贵，目前推广应用尚有些困难。近年来，美国、德国、奥地利等国家均有用于医院、实验室、血库、透析中心等场所的微波灭菌消毒设备或垃圾处理设备，例如美国的 HG－A250，其处理能力为 400kg/h，但投资巨大，每套装置需 60 万美元，而处理费却很低廉，仅 0.05 元/kg。其特点为：效果好、无环境污染，但投资大、技术等级高。2005年美国受世界银行委托起草向非洲诸国的援助报告，相应微波处理设备制造商共3家。

（1）美国：Sanitec，HG－A100，HG－A250，产量250～400kg/h，运行成本为0.03美元/kg，价格为500000～600000美元。

（2）德国：Meteka。

（3）奥地利：Siniton。

由于设备昂贵、投资大，非洲多数国家都无法引进安装使用。图7.49为德国Meteka公司生产的灭菌微波炉，这种灭菌微波炉容积很小，只适用于小型医疗诊所，作为手术器材、包扎纱布及少量一次性用具的杀菌消毒之后，再转运至其他大型处理场所进行处理。

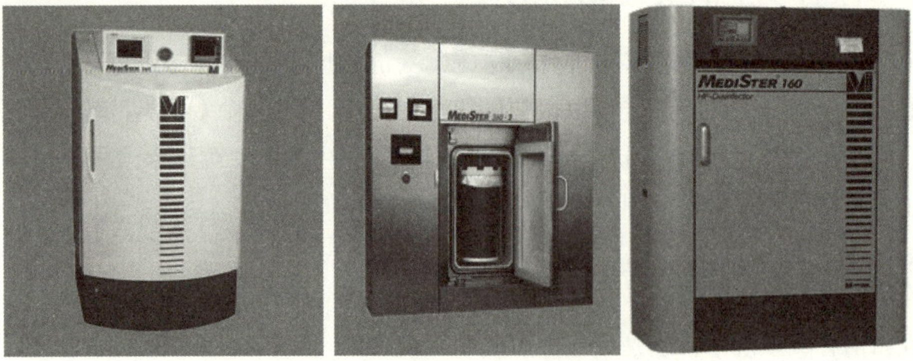

图7.49　德国Meteka公司的灭菌微波炉

7.19　微波化学

近20年来，关于微波在化学的催化、萃取、消解、合成、提取、材料改性等领域的应用，人们做了大量的实验室研究工作，有的已进入批量生产或规模生产阶段，应用前景非常广阔，已形成了一个专门的学科，即微波化学。大家知道，微波是一种电磁波，它属于物理学的电学范畴，而当其与化学结合在一起时，产生了相互交叉、相互渗透的作用，使过去很难达到或无法做到的事情很容易地做到或者轻易地解决了。目前，一些综合大学的化学系如吉林大学、南开大学、四川大学、复旦大学、南京大学、中山大学等都在积极开展微波化学的有关基础性和应用性研究，取得了一系列的研究成果。几年前，我国出版了第一本《微波化学》的专著。

1988年，加拿大化学家葛台（Gedye）通过大量实验和对微波加热机理的深入探讨，发现微波能够大大加速化学反应，在许多情况下，比常规方波快成百上千倍！他的研究和发现开创了微波化学的新纪元。于是许多科学家就用家用微波炉做实验，取两种化合物，加上一些溶剂，放进一根具有过压保护装置的聚四氟乙烯试管，密封后放进微波炉中，只需短短几秒钟的时间就获得了所需要的新化学产品。最典型的例子是用吗啡制作可待因的反应，用常规方法要获得理论极限值65%的产量需要12h，而用微波方法仅需35s，就得到了同样的结果！

早在20世纪60年代末期，美国麻省理工学院的科学家们就对微波在化学领域中的应用作过不少工作，例如：

(1) 从氧（O_2）、氢（H_2）、氯（Cl_2）等气体原子的生产到未饱和碳化氢和碳化氟的合成以产生乙炔（C_2H_2）；

(2) 从甲烷（CH_4）中生产炭黑（C）和氢气（H_2）；

(3) 从环乙烷反应中产生乙烷（C_2H_4）和丙烯；

(4) 将废氯变成氯气；

(5) 使二氧化硫氧化从而产生硫酸等。

在很多情况下，微波功率被用来代替动力学上控制气相反应的昂贵的催化剂，例如在制造硫酸中促使二氧化硫氧化作用的五氧化钒是比较昂贵的，虽然微波设备也不便宜，但能取代五氧化钒，而且效率提高了很多倍，结果还是非常合算的。

后来，澳大利亚研制成功一种能连续进行反应和加工有机合成物的微波反应器，称为“微波化学实验室”，并作为商品出售。他们预言，这种装置将成为化学实验室中的一种基础性科研工具。

后来人们发现利用微波放电可以促进化学反应，例如：

(1) 在微波放电室中进行煤的高温分解，其主要产品有氢气（H_2）、二氧化碳（CO_2）、一氧化碳（CO）、乙炔（C_2H_2）等；

(2) 在氩（Ar_2）等离子体射流中，高温分解丙烷得到乙炔（C_2H_2）、甲烷（CH_4）、炭（C）、氢（H_2）及少量C_3H_6等；

(3) 在微波放电中煤同氮气（N_2）的反应主要形成乙炔（C_2H_2）和HCN；

(4) 氨（NH_3）在微波放电中合成肼；

(5) 低压强微波放电中由苯（C_6H_6）合成联苯；

(6) 氮气（N_2）和氢气（H_2）合成氨（NH_3）。

此外，微波在分析化学中的应用也很广泛，例如生物样品的湿法消解，各类金属如钢铁、合金、煤、飞灰、油页岩、矿渣和地质样品等溶样的制备，不仅大大缩短时间，还大大提高反应速率和酸的分解效率。目前，在上海等地就有5～6家厂商生产和销售各种品牌的微波消解仪器。

在光谱分析方面有微波等离子体光谱分析法、亚稳态能量转移光谱分析法、微波耦合空心阴极发射光谱分析、微波等离子体色谱检测仪等先进、快速、高效、准确的分析手段，使分析工作与高新技术密切地结合起来，推动了分析技术的现代化。

实际上，微波在工农业应用中的橡胶脱硫、硫化、材料合成、改性、沉积、治污等都早已涉及微波化学的交叉学科了，只是没有从化学的角度去深入地理解其中所产生的化学过程而已。即使现在，对微波化学反应中的一些解释仍存在两种不同的观点：一种较普遍的看法是微波的热效应是催化的物理原因；另一种看法则认为微波的非热效应仍然是不可忽视的一种原因，这种观点也得到了一些实验的证实。

这种情况有点类似于电磁生物效应对人体的作用的争论，几十年来，为了科学合理地制定微波对人体伤害的辐射标准，西方多数国家基于微波热效应的机理制定出了 $10mW/cm^2$ 的辐射安全标准；而苏联及一些东欧国家却从微波非热效应的角度出发，制定出了与西方标准相差 1 000 倍之多的 $10\mu W/cm^2$ 的新标准。早期，我国制定出的标准为 $38\mu W/cm^2$，介于两者之间，实际上更靠近后一标准；不过最后，我国还是采用了国际电工委员会（IEC）的工业设备距设备 5cm 处不得超过 $5mW/cm^2$ 的通用标准，但这并不说明我们不承认微波的非热效应，实际上，我国生产销售的毫米波治疗仪就是根据非热效应原理设计生产的。上述例子只能说明到目前为止，我们的基础研究尚未达到十分圆满的境地而已。

美国 CEM 微波仪器公司、意大利 Milestone 公司、澳大利亚 CSIRO 公司等都致力于各种商用微波化学系统的研发，先后推出了各种微波消解仪、微波溶液萃取仪、微波化学反应炉、微波马弗炉等，还推出了连续流动式微波化学反应系统。

澳大利亚 AMT 公司已开发出微波溶液化学加工系统。

7.20 微波化学分析仪器

近年来，在北京、上海等大城市中，出现了许多销售微波化学仪器的企业。这些微波化学仪器包括如下几种。

（1）Milestone 公司的 Ethos 微波化学实验工作站：它包括微波消解/萃取系统，适合在高温 300～360°C、高压（100 巴）条件下工作，微波输出功率最高达 1.5kW；微波单模/多模有机合成系统；微波蛋白质水解系统；微波灰化/磺化系统等。微波消解仪是利用微波对介质进行加热产生高压，使样品快速消解，主要包括磁控管、波导管、微波炉腔、样品架、排风系统等基本部件，用于固体、液体样品的微波消解，消解后的液体可用于原子荧光光度计、原子吸收光谱仪分析其 Hg、Cd、Pb、As、Se 等痕量重金属元素的含量测定。

（2）Biotage 公司的微波化学合成仪：微波化学合成是现代的合成手段，Biotage 公司的微波化学合成仪的主要指标如下。

①真正单模技术；②400W 功率的微波能量，保证快速加热；③温度范围为 40～250℃；④升温速度为 2～5℃/s；⑤压力范围为 0～20bar；⑥反应容积为 0.5～30ml；⑦全自动控制。

（3）上海新仪微波化学科技有限公司的微波消解/萃取合成系统：国内唯一使用宇航复合纤维材料（Xtra Fiber）的高压反应外罐，耐压和防腐性能超过工程塑料材料PEEK外罐；国际领先的、处理量达到70罐以上的高通量微波消解/萃取仪；国内唯一使用压电晶体测压技术，杜绝了交叉污染和导气管缠绕的安全隐患；国内率先开发出透明可视超高温石英反应罐，国内外最先开发集微波、超声波和紫外三位一体的合成萃取反应仪。近年来，产品出口到美国、欧盟、俄罗斯、巴西、土耳其、印度等50多个国家和地区，并连续5年入选国家质检总局专用仪器设备采购项目。新仪公司是微波消解仪国家标准的制定单位，并多次参与和配合国家标准方法的制定。

（4）上海屹尧分析仪器有限公司的微波化学合成仪：2001年，推出了国内首台自主研发的“温压双控”WX－2 000型微波消解仪；2005年推出了“拥有工业级微波谐振腔”的WX－8000及EXCEL两款微波消解仪；2008年推出了国内首台NOVA“单模微波合成仪”；2010年推出了SUPEX“触控型智能微波消解仪”；2012年推出了双屏显示工业级TOPEX“全能型微波化学工作平台”；2013年推出了EXTRA“全自动固相萃取仪”；2014年推出了CLEVER“全自动固相萃取仪”；2015年推出了FLEXI“有机样品前处理平台”……

7.21 微波在石油工业中的应用

30多年来，微波在石油开采与加工领域中取得了重大进展，例如微波测井、微波开采稠油、微波输油、微波熔蜡、微波脱硫、微波脱酸、微波脱氮、微波破乳、微波防止天然气水合物的形成、处理油田含油污泥、微波处理炼油废水、微波激发甲烷气相裂解、石油蒸馏、煤炭等离子气化，等等。

7.21.1 微波测井（EPT测井）

20世纪80年代，美国德州斯伦贝谢公司发明了微波测井技术，采用双发射及双接收天线，对井壁孔隙中的介电特性进行测量，经数据处理后与密度测井、重力测井、中子测井等十余种常规的测井方法一起，综合判断油井岩心孔隙中含油或含气情况，从而估算储油量或储气量的大小。实际上它是一种测井雷达，但不是用于定位，而是测量井壁介电常数沿井深方向的变化规律。其理论根据为下述公式

$$\varepsilon' = \frac{\alpha^2 - \beta^2}{\omega^2 \mu} \tag{7.2}$$

$$\varepsilon'' = \frac{2\alpha\beta}{\omega^2 \mu} \tag{7.3}$$

式中 α——电波传播时的衰减常数；

β——电波传播时的相位常数；

ω——发射信号角频率；

μ——磁导率，可视为常数。

即电磁波在传播过程中，相位与幅度的变化取决于介质的介电常数的实部 ε' 与虚部 ε''。因此，只要测出传播常数的实部（即衰减常数 α）及虚部（即相位常数 β）的变化，即能测出储集层中复介电常数。据此，即能确定储集层中的含水及含油饱和度，从而较准确地划分出油、气、水层的分布。其测量原理如下。

在 EPT 测井技术中，采用 $f=1100$MHz 的发射天线 T_1、T_2 轮流发送电磁波。当 T_1 工作时，测量接收天线 R_1、R_2 中的幅值及时间差，然后计算出两个幅值的比值及两个相位差的差值，再转换成沿井深方向每单位长度上的衰减及相移，最终求出井壁相应位置上的复介电常数。根据三相介质等效介电常数模型，即可确定油、气、水的分层分布情况。其双天线结构如图 7.50 所示。从图中可见，发送天线 T_1 及 T_2 分别配置在接收天线 R_1 及 R_2 的上面及下面，每一天线实际上为一同轴线馈送至一个四分之一波长，并在其一端短路另一端为开口的波导喇叭天线。

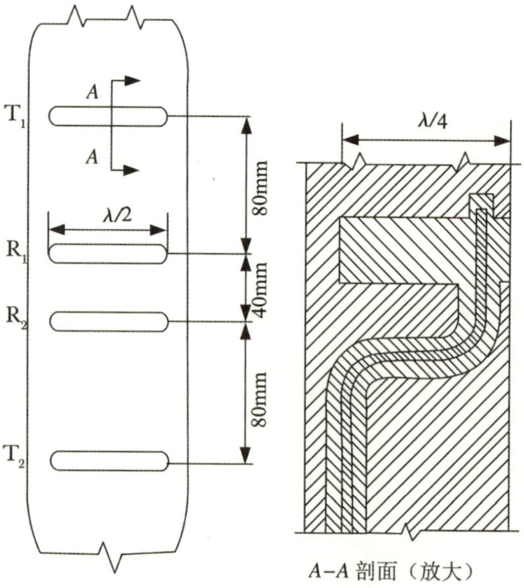

图 7.50　双天线结构简图

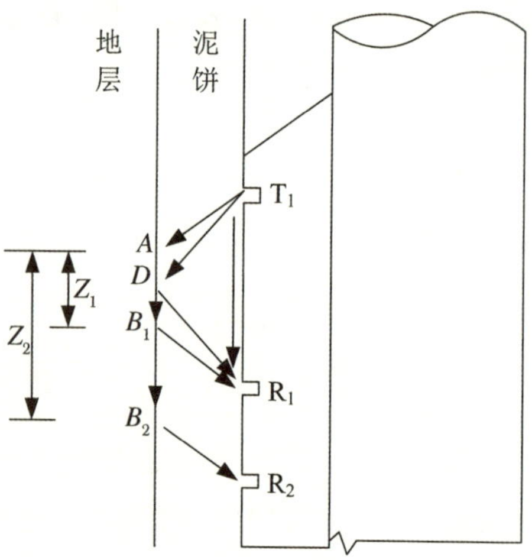

图 7.51　电磁波传播路径图

EPT 测井电磁波传播途径图如图 7.51 所示。由图可见，从发送天线 T_1 发出的电磁波有（1）$T_1 \to A \to B_1 \to R_1$；（2）$T_1 \to A \to D \to R_1$；（3）$T_1 \to R_1$；（4）$T_1 \to D \to B_2 \to R_2$ 四条传播途径。由于喇叭天线的方向性（尽管方向性不是很好），所以在上述四条传播途径中，第三条传播途径是比重最小的一条，第一条是主要的，第四条已传至另一个接收天线 R_2 了。由此可知（1）及（4）两条途径均经过地层中的井壁，从而获得了相应的井壁一定深度内的介电特性数据。因此，这一方法又名电磁波测井。

7.21.2 微波开采稠油

可以利用微波开采稠油及高凝原油，由于这些油黏度大，黏附于砂岩中难以用常规的水驱方法进行开采，而采用其他方法耗资大、效率低。应用微波技术则是解决这些问题的最有效的方法之一。微波作用于稠油后会引起微波化学变化和热效应，它不仅改变了岩石的润湿性，提高了油藏的采收率，而且在开采的过程中，由于微波作用的热效应和非热效应，使沥青质在开采的过程中即被转化为分子量小的轻质油，即可省去在炼油中重质油转化过程，节约大量投资。

微波降黏原理：利用微波的热效应和非热效应对稠油进行改性，改变稠油的化学组分，不可逆地改善了稠油的流变性，达到快速降黏的目的。降黏原理普遍认为是稠油中大分子碎裂为较小分子，杂原子化合物易发生微波化学反应，导致各非烃组分含量明显变化和分子级分布模式的改变，并从非烃生成烃类化合物。但国家地质实验测中心研究员汪双清博士通过实验发现：对不同油田的稠油有方向不同的结果，例如对胜利油田和辽河油田而言，微波降黏效果明显，但对吐哈油田却适得其反，微波反而增黏（石油实验地质，32（6），2010.12）。由此可见不同稠油应采用不同的降黏方法。

目前的降黏技术与方法有如下几种。

（1）化学方法。

①表面活性剂降黏。②油溶性降黏剂降黏。③井下热催化裂化降黏。

（2）物理方法。

①掺稀油降黏。②加热降黏（蒸汽热水或电加热法）。③微波降黏。④磁处理降黏。

（3）微生物方法。

目前最常用的是电加热法与掺稀油降黏法。

微波降黏技术前后比较如图 7.52 所示：图中 τ 为剪切应力，η 为流体的黏度，D 为剪功速率，t 为工作温度。从图中可以看出流变曲线在微波作用后的巨大变化，而在黏温曲线中，当温度较低时（$t<60$℃），作用明显；温度较高时，作用不大。

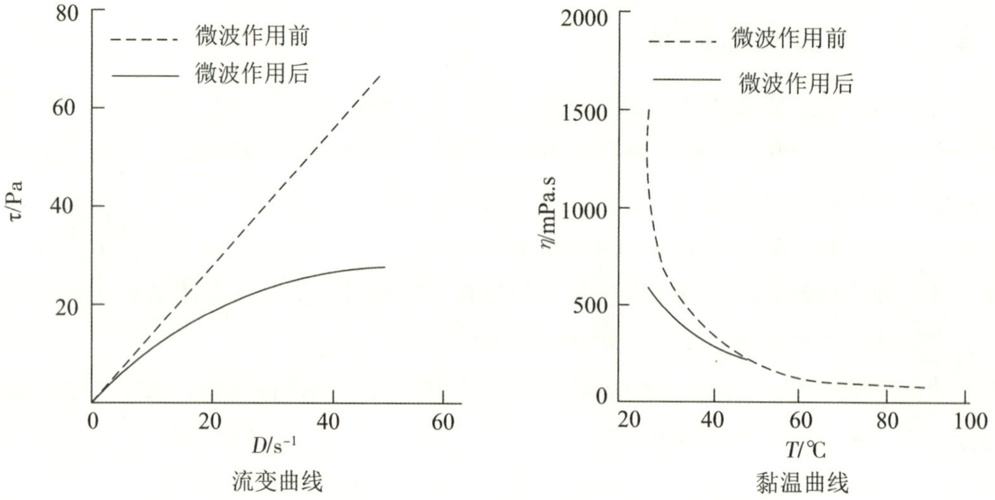

图 7.52　微波作用前后大港稠油的流变曲线和黏温曲线

7.21.3　微波采油技术

早在 1956 年，Ritchey 就提出了微波采油专利（USP27577387Aug. 1. 1956）。1992 年 Kiomanesh 又提出了另一微波采油新专利（USP5082054，Jan. 21. 1992），他提出将微波源置于地面，用传输法井下加热岩石，间接加热稠油，采用 $f=915$MHz 的微波，在井下 550 米处可使原油温度由 100°F 上升至 400°F，用微波法比常规法增产 80%。国外还曾采用 6 100MHz 和 6 700MHz 两种频率的微波进行采油，取得了较好效果。

7.21.4　微波破乳

自地下开采出来的原油往往都含有水，随着油田开发到中后期，原油含水量剧增。原油含水会给原油的储存、运输、炼制带来诸多问题。原油常见的破乳方法主要有沉降分离、加热脱水、化学破乳、电破乳等。这些常规的破乳方法都有各自的不足。目前，研究者已经提出一些新的破乳方法：原油电破乳新技术、超声波破乳、涡旋电场破乳、微波辐射法等。其中对微波破乳研究较多，其机理为在微波辐射作用下形成高频变化的电磁场，使极性分子高速旋转，破坏油水界面的 Zeta 电位，当液珠失去 Zeta 电位的作用后，容易碰撞聚并，导致油水分离。该方法中要重视油水的混合比例问题，否则效率低下。我国在该领域曾做过大量的实验研究及小规模的中试工作，取得了不少的有益经验。

微波破乳原理简述如下。

1. 微波的热效应

由于水分子吸收微波的能力比界面膜的油分子吸收的微波能力强，内相水滴吸收更多的能量而膨胀，使界面膜受内压而变薄，同时界面膜中的油由于受热而溶解度增大，使得界面膜的机械强度减弱而更易破裂。

2. 微波的非热效应

极性水分子和带电液珠随电场变化而迅速转动，或产生电荷位移，扰乱了液一液界面电荷间的有序排列，从而导致双层结构破坏及Zeta电位急剧降低，当水（油）分子失去Zeta电位作用后，自由上下运动，碰撞聚结，使得油水分离。此外，微波形成的高频磁场使非极性的油分子磁化，形成与油分子轴线成一定角度的涡旋电场，该电场能减弱分子间的引力，降低油的黏度，从而增大油水的密度差，使乳状液更易破乳脱水。

1984年3月，Klaika、Wolf等首先在美国的堪萨斯州和路易斯安那州进行了微波破乳的现场试验，结果表明微波破乳技术省时、高效而且不需要化学试剂，又绿色环保。国内于20世纪90年代，刘惠玲等对大港油田内多处场所进行试验，结果表明破乳法比化学法脱水率高16.7%～46.7%。2011年，孔祥军等的试验表明，微波破乳有较理想的破乳效果，升温速率是影响效果的主要因素。

后来人们还发现微波破乳能显著加速稠油体系，含天然表面活性物质、无机盐、固体粒子、三元复合驱剂等的乳状液的破乳，甚至可从含油淤泥、井底沉积物及水中回收原油，在国外已有工业化实例。但近20多年来，国内多数仍停留在实验室或小规模试验中，尚未形成工业化生产的规模。

7.21.5 微波脱硫

微波脱硫技术是减少汽车尾气排放的一种较好方法，尽管许多单位都进行了长期研究，也取得了一些成果，脱硫率明显高于其他脱硫方法，但仍未形成成熟的生产工艺，基础研究不够深入，是目前微波应用技术中的一个薄弱环节。汽车尾气是城市雾霾的重要组成部分，环保部门正在大力研究消除雾霾对人们的有害影响，因此应加强对微波脱硫技术的支持与重视。

7.21.6 微波脱氮

油品中氮化物的存在有许多危害，燃烧过程中产生的NO_x会导致空气污染和酸雨，使油品的氧化安定性变差，影响其储存和使用性能等。为了适应新的环保法规的实施，改善油品质量，必须尽可能地脱除其中的氮化物。微波脱氮技术开展得不多，应重视这一技术的研究。

7.21.7 微波脱酸

油品中广泛存在着酸性含氧化合物，如环烷酸、脂肪酸、芳香酸、酚类、硫醇等，其中环烷酸占90%以上。由于环烷酸的存在会造成许多危害，同时环烷酸又是一种宝贵的化工原料，用途广泛，所以有必要脱除油品中的环烷酸。这一技术也研究得不多，应引起有关部门的重视。

7.21.8 微波脱蜡

中国石油的主要特点之一是蜡含量较高，在原油开采过程中，当原油从地层流入井底再上升到井口这一过程中，由于压力和温度的降低，轻质组分不断逸出，降低了原油对蜡的溶解度，蜡就以晶体的形式不断析出，沉积于井下装置、油管及地面储存设备中，从而导致油井产量不断下降，给输送带来极大困难，甚至造成危害。但蜡的介电损耗不大，因此，利用微波脱蜡仍需做些基础实验，以确定脱蜡的效率。各种蜡的介电常数如表 7-4 所列。

表 7-4 各种蜡的介电常数（f =3 000MHz)

材料名称	ε_1	tan δ	T（℃）
真空蜡	2.62	16	22
石蜡	2.30	3	25
132ASTM 石蜡	2.25	2	25
132ASTM 石蜡	2.00	5.2	81
白地蜡	2.25	4.6	25

7.21.9 石油的微波介电特性

电子科技大学与美的集团联合实验室曾受托在常温条件下对不同石油样品利用介电特性测试仪进行了测试，结果如图 7.53 至图 7.57 所示。

测试频率：900MHz～3 000MHz；环境温度：15℃。

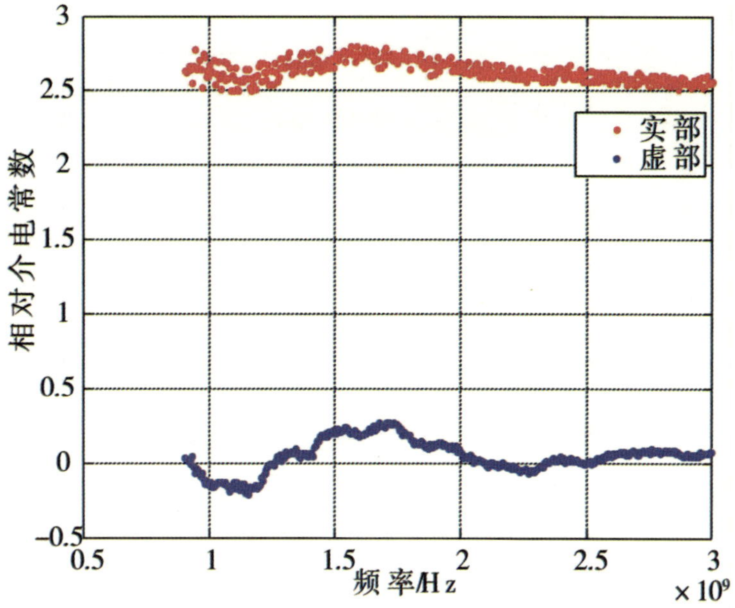

长岭介电常数（915MHz）2.67，$\tan\delta=102\times10^{-4}$

介电常数（2 454MHz）2.58，$\tan\delta=53\times10^{-4}$

图7.53 长岭样品的介电常数

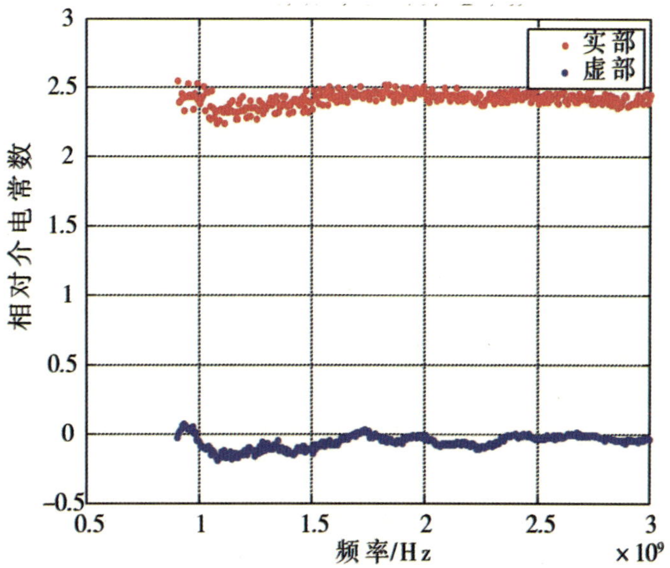

东疆介电常数（915MHz）2.46，$\tan\delta=135\times10^{-4}$

介电常数（2 454MHz）2.45，$\tan\delta=43\times10^{-4}$

图7.54 东疆样品的介电常数

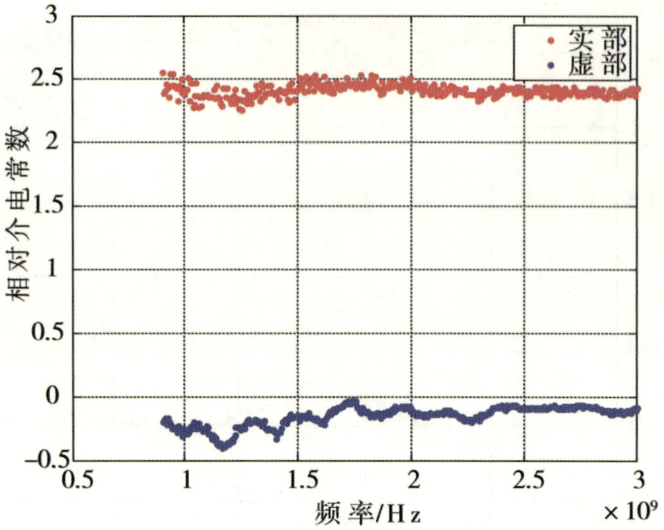

进口油介电常数（915MHz）2.47，tanδ＝882×10⁻

介电常数（2 454MHz）2.39，tanδ＝303×10^{-4}

图 7.55 进口油样品的介电常数

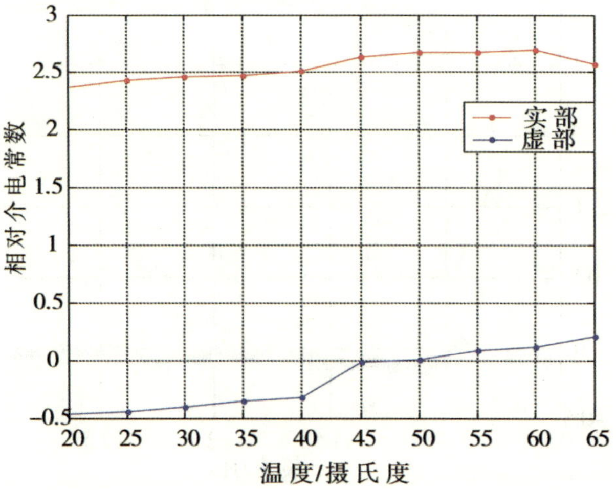

图 7.56 长岭样品的介电常数在 915MHz 左右随温度的变化曲线

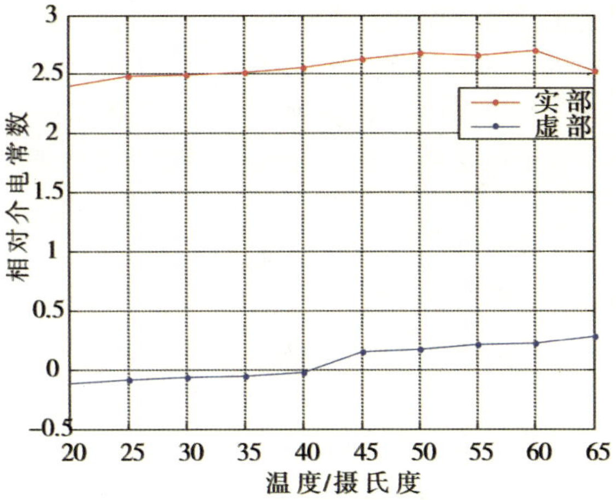

图 7.57 长岭样品的介电常数在 2.45GHz 左右随温度的变化曲线①

各种油品的介电常数（f=3 000MHz）见表 7-5。

表 7-5 各种油品的介电常数（f=3 000MHz）

材料名称	ε'	$\tan\delta\times10^4$	T（℃）
电缆油	2.17	43	25
矿物油	2.10	8	25
硅油	2.2～2.76	14.5～103	25
航空汽油	1.94	27	25
100 辛烷航空汽油	1.92	14	25

7.22 微波钻孔技术

7.22.1 概　述

在工业上或工程上，对物料或工件进行钻孔是一种极为平常的加工方法，通常采用机械钻孔，但钻孔时会产生振动、噪声和粉尘，而其他有激光打孔、等离子炬穿孔、电火花打孔、电子束打孔及超声钻孔等多种方法以适应不同材料、不同厚度、不同环境的需要。

利用某些非导电材料的介质损耗与温度之间的正斜率特性（见第 6 章），可实现微波功率集中于某点上而产生的热失控效应，从而完成钻孔的目的，这种新技术称为“微波钻孔”，如对玻璃、陶瓷、水泥、陶器或硅片钻孔或打洞。热失控在微波工业应用中是力求避免的，因为它会损坏被加热的物料，但在微波钻孔应用中，却是利用了

① 在图 7.53 至图 7.57 中虚部 ε'' 出现负值是由于数值太小因测量误差造成的，因此仅供参考

这种介质损耗与温度的正反馈过程形成的热熔融和软化的特点，使得在无振动和噪声的条件下形成规则的圆孔形状。当然，孔径不宜太大，也不宜过深，如 2mm 孔径、2cm 深度的孔可在 1kW 功率时花费一两分钟完成。以色列 Tel Aviv 大学的E. Jerby等十多年前就提出这种微波钻孔技术。他们的研究表明，只要介质材料的损耗角 $\tan\delta \geqslant 0.003$，导热率 $k_t < 10\text{W/mK}$，材料的软化点小于 2 000℃时均可实现微波钻孔。对蓝宝石材料钻孔失败的原因就在于它的软化温度超过了 2 000℃。

钻孔后的残渣可能有三种形式存在：

(1) 固体材料向孔壁浓缩挤压（在多孔隙材料中）；

(2) 材料的气化与挥发；

(3) 在孔的内侧或外侧形成玻璃固化物。

7.22.2 微波钻孔的特点与比较

微波钻孔的特点以及与其他几种方法的比较如表 7-6 所示，从表中可以看到微波钻孔的优缺点。

表 7-6 微波钻孔与其他方法的比较

	机械钻孔	激光钻孔	微波钻孔
主要效应	机械磨碎	红外辐射的汽化	微波加热的软化
机械接触	是	否	是
机械运动	高速转动	非	插入，慢速旋转
辐射	无	远场（束形）	近场（局部）
波长	—	短（$\sim 10^{-5}$m）	长（$\sim 10^{-1}$m）
污染	灰尘，噪声	蒸汽	微波辐射
孔径	$10^{-3} \sim 10^{0}$m	$10^{-6} \sim 10^{-3}$m	$10^{-3} \sim 10^{-2}$m
成本	低	高	中

7.22.3 微波钻孔的装置与原理

微波钻孔的原理与装置如图 7.58 所示，在图中可以看到从微波功率源输出的微波进入波导管中，然后经波导同轴转换至特性阻抗为 137Ω（同轴线内导体外径 1mm，外导体内径 10mm）的同轴线中，同轴线的内导体可垂直移动，尾端由难熔金属材料钨制成钻头，在其外面有陶瓷或碳化硅制成的保护套（图中未画出），整根同轴线由风冷降温，保证在高驻波比时能传输 1kW 的微波功率。在波导的尾端有一可调活塞，可随时调节距离以保证高效工作。同轴线外导体尾端装一圆形金属板贴近工件以防止微波辐射，确保操作者的安全。钻成圆孔后的形状可与机械钻孔后的形状媲美。

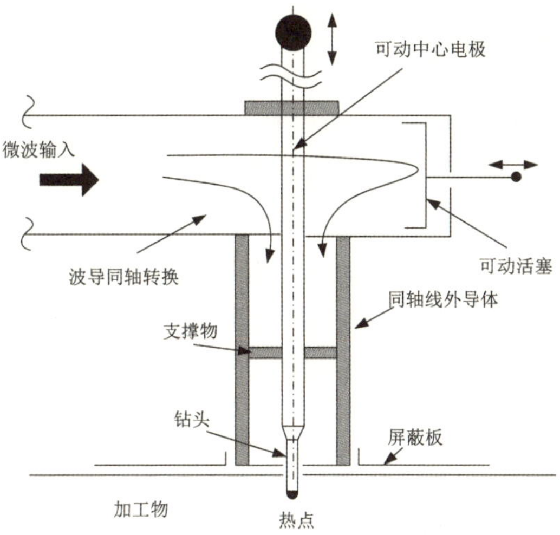

图 7.58 微波钻孔装置图

7.22.4 计算与模拟

研究者对玻璃质陶土在不同微波输入功率时，在钻头顶尖部位的温度上升速率进行了模拟计算（利用有限差分时域法），得到了如图 7.59（a）所示的曲线，可见输入功率增大时的上升速率大大提高，图 7.59（b）所示为当输入为 200W 时的半径周围的温度空间分布。

作者用集总参数等效电路来等效开端同轴线的端口电容和电阻，前者储存电能，后者消耗功率，在谐振附近，谐振阻抗为纯电阻性质。谐振时，微波的辐射功率集中于单极天线附近一个小体积的区域内，从而进一步分析了天线的阻抗、与温度的关系、孔深的限制（小于四分之一波长），以及在一定孔径大小下，钻孔所需的微波功率等参数。计算表明在 200W 微波功率时，同轴线单电极天线顶尖的电场强度约为 150kV/m。

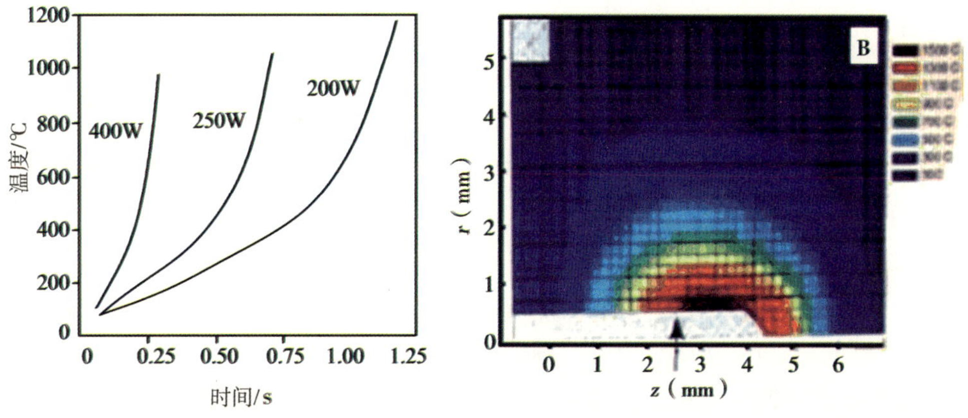

(a) (b)

图 7.59 不同微波输入功率时的温度上升速率（a）及空间分布（b）

7.22.5 实验结果

图 7.60（a）所示为在玻璃板上用微波钻孔的实测照片，图中虚线为同轴线大小及位置，钻头直径为 1mm。图 7.60（b）所示为在低纯度氧化铝板上钻孔后的照片，其钻孔直径为 6mm，孔深为 13mm，用 900W 的微波功率在 2 分钟内钻好了此孔，为了观看方便，图中并未将熔孔后的残渣除去，除去残渣后的圆孔轮廓是非常工整的。在某些情况下，将工件预热一定时间后再进行钻孔可加速进程。特别是对于一些易碎物料如玻璃、硅片等，加工过程中由于受到热应力作用容易炸裂，这时先行预热，是一个很好的方法。

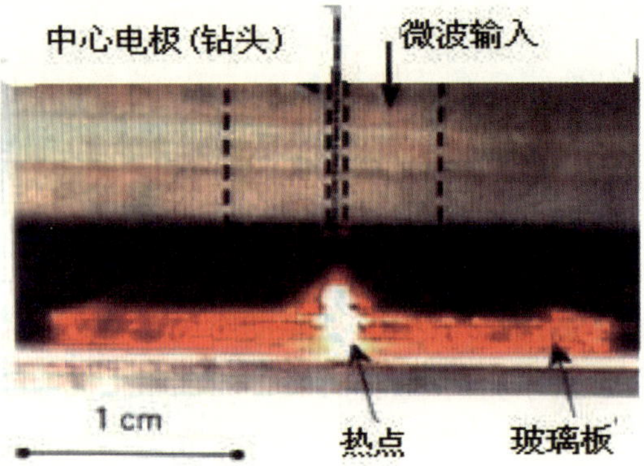

(a)

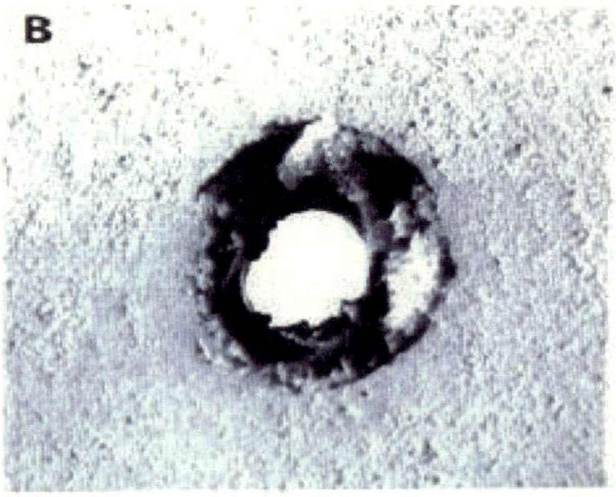

(b)

图 7.60 钻孔照片

7.23 微波污水处理技术

广大国内外学者在污水处理研究中开发了许多有关微波的水处理方法，主要包括微波直接辐照法、微波辅助氧化法、微波诱导催化技术及利用微波对水处理吸附剂进行改性、再生、合成等。

目前利用微波辐照技术处理污水的方法显示出许多优势，但是微波水处理技术还只是停留在对单一污染物的模拟废水的实验研究和探索阶段，在实际应用方面只做过某些局部试验。微波辐照技术要实现产业化应用还有一些问题亟待解决。

（1）微波作用存在争议。微波的热效应已被许多实验证实存在，而对于有些学者提出的微波的非热效应在反应中所起到的作用，由于实验室所使用的微波加热装置大多数为家用微波炉改装而成，微波输出功率无法精确读出，且规格不一，缺乏完善的压力、温度和功率监控条件，所以微波非热效应的存在与否仍将是学者们今后关注和研究的重点，微波的作用机理以及与作用粒子结构之间的关系还需要更加深入地探索。

另有单位及作者采用大功率脉冲微波对污水进行试验，结果表明比连续波微波有更强的处理能力，但仍停留在实验室及小规模水平上，更缺乏机理性的研究与探索，因此并未获得广泛的认可与推广。

（2）处理成本高。微波对难降解有机物虽然具有较高的处理率，但是要达到较高降解率，就必须达到较高的温度，这样必然会消耗大量电能，水处理成本也会增加许多，因此降低经济成本是微波技术能否实现产业化的首要问题。

（3）高效廉价微波敏化剂较少。现在的敏化剂对微波吸收效率不高，需要进行预处理，并且价格昂贵，增加了处理成本。应加强对损耗率低、经济耐用、重复利用性好、吸波效率高的催化剂的研发。

（4）处理设备不成熟。由于实验室所使用的微波加热装置大多数为家用微波炉改装而成，难以进行放大实验；适用于水处理的微波辐照设备还不够成熟，进一步发展及产业化应用的阻力很大。应根据微波设备的设计经验加以创新，制造专门微波反应装置，合理设计微波设备的反应腔体，完善微波反应的影响因素的控制装置，实现能够连续运行的配套的大型微波设备的开发。

我们只能说，各种不同的实验证实了微波辐照技术的热效应、催化作用和协同作用的存在，充分展示了微波的氧化快速及高效省时、去除率大、不带入新的污染物等优点。而且微波辐照技术的可控性强，易于调整运行状态，对废水水质、水量的变化适应性强，具有良好的发展前景，任重而道远。我们期盼着微波能早日运用于各类污水的处理中，为人类造福。

再有近年来我国水资源频频告急，即使沿海城市如天津、北京等地，虽与海洋近在咫尺，但仍受到缺水的威胁。还有远洋船舶及军用舰艇及潜艇等都需花巨资携带淡水备用。由此可见，海水淡化技术在当前同样是备受关注的国计民生重大工程，军事上更不待言。最近获悉北京市正在规划如何使海水淡化后成为北京市民的生活用水。这也是21世纪中，人类必须面对并需花大力气才能逐步解决的难题。

7.24 微波武器

7.24.1 概　述

几十年前，美国与苏联就在发展雷达、通信、导航等常规微波装置外，均致力于发展直接作为武器应用的微波装置，也就是微波武器。实际上，早在二战时期，德国就开始制订利用电磁波束作为杀伤性武器的研发计划，其后并将有关资料送往日本，后因战事迫近而未能开始。战后德、日相关资料落入美、苏两个国家。

1987年，美国防部把微波武器列为五大关键技术之一，并在新墨西哥州建立了高能研究与技术中心（HERTF），开始研发高功率微波（HPM）发生器技术，技术指标为频率 1GHz 以上、功率大于 1GW 以上。

俄罗斯于 2001 年 10 月在马来西亚展览会上推出“Ranets-E”武器系统，这是世界上第一套公开的微波武器系统，该系统可造成敌机与导弹上的电子设备失效，作用距离为 1～10km，峰值功率为 0.1～1GW，工作在厘米波段，产生 10～20ns 的尖脉冲，脉冲频率为 10～100Hz，能在 60°扇形域里使 10km 范围内的高精度制导武器失效。另一武器为“Rosa-E”，它也工作在厘米波段，重 600～1 500kg，可安装在飞机上，用于降低敌方雷达系统性能，射程达到 500km。俄罗斯于 10 多年前就拥有了微波弹。

20 世纪 80 年代以来，英国一直大力发展 HPM 源的冲压缩问题和爆炸驱动方面的研究，1990 年，英国国防部门利用爆炸磁压缩发生器与特种行波管（TWT）制造过 1GW 的微波弹。

微波武器可用于攻击卫星、弹道导弹、巡航导弹、飞机、舰艇、坦克、通信系统及雷达、计算机设备，尤其是指挥通信枢纽、作战联络网络等重要的信息战的节点和部位，使目标遭受物理性破坏，并丧失作战功能。

7.24.2 微波武器的类型与特点

（1）微波波束武器。这种武器主要是利用定向辐射的高功率微波波束杀伤、破坏目标。它能全天候作战，有效距离较远，可同时杀伤几个目标，还完全有可能与雷达形成一体化系统。

（2）微波弹。一般是在炸弹或导弹战斗部上加装电磁脉冲发生器和辐射天线，利用炸药爆炸压缩磁通量的方法产生高功率电磁脉冲，从而在目标的电子线路中产生感应电压与电流，以击穿或烧毁其中的敏感元件。尤其当目标的隙缝大于微波波长时，微波弹爆炸产生的微波脉冲可从目标的隙缝中钻入，令敌方防不胜防。

高功率微波武器（HPMW）具有如下的许多特点。

（1）HPMW 射束以光波速度抵达目标，因此几乎是瞬时抵达远距离目标，从而使跟踪与拦截问题大大简化，同时目标避开损伤的能力也大幅度下降。

（2）HPMW 射束不受质量影响。由于射束没有质量，所以摆脱了动力学与空气动力学的限制，不需要常规弹药确定弹道轨迹所需的复杂计算。

（3）HPMW 与常规弹药相比，拦截目标的成本相当低。在进行导弹防御时，每枚火箭拦截器消耗数百万美元，而用 HPMW 每发只消耗几千美元，就能取得相当的杀伤概率。

（4）HPMW 具有长时间重复交战能力。

（5）HPMW 既可作为攻击型武器，又可作为防御型武器，同时也可以作为传感器（具有雷达跟踪潜能）。

（6）HPMW是一种区域武器，可同时攻击多个目标。

7.24.3 微波武器的效应与功能

1. 微波武器的效应

（1）电效应。

（2）热效应。

（3）电磁生物效应。

2. 微波武器产生的效果

（1）电磁干扰，干扰正常工作。当微波功率密度为（0.01～1）$\mu W/cm^2$ 时就会干扰相应频段的雷达、通信、导航设备的正常工作。

（2）虚假信息，导致判断错误。

（3）暂时失效。

（4）永久损坏。当微波功率密度为（0.01～1）W/cm^2 时可使探测系统和武器系统中的电子元器件失效或烧毁。

（5）致人处于病态，丧失指挥或战斗能力甚至死亡。当微波功率密度为 $0.5W/cm^2$，单个脉冲能量达到 $20J/cm^2$ 时，会造成人体皮肤轻度灼伤。当微波功率密度为 $20W/cm^2$ 时，照射2秒可造成三度烧伤。当微波功率密度为 $80W/cm^2$ 时，仅1秒即可致命。

（6）烧毁设备或武器系统。当微波功率密度为 10^3～$10^4W/cm^2$ 时，会在很短时间内使目标受高温而破坏，甚至烧毁，甚至能够提前引爆导弹中的战斗部或炸药。

（7）攻击隐身武器。由于隐身武器表面涂敷有微波吸波材料，对一般雷达照射波来说是起到吸波隐身的作用，但当功率高于雷达几个量级之后，它产生纳秒级脉冲的主瓣频带达数千兆赫，远超过吸波涂层的带宽。气动外形设计和吸波涂层的隐身效果为30dB，而高功率微波的发射功率足以抵消这种隐身效果，强大的微波功率足以使吸波材料产生高温，犹如置于微波炉中的食品迅速升温直至烧毁，瞬间使武器熔化。

7.24.4 微波武器的进展与发展

多年来，美国一直在进行宽频带高功率微波武器和窄频带定向能微波武器的研究与开发，1987年开始执行的《平衡技术倡议计划》，把高功率微波武器列为五大关键技术之一。

在高功率微波发生器的开发方面，重点是虚阴极振荡器。从20世纪70年代开始，美国先后开发出普通虚阴极振荡器试验样机、旁虚阴极振荡器和轴向激励虚阴极振荡器。20世纪80年代，美研制出比一般雷达发射管功率高100～1 000倍、能产生3GW脉冲功率的实验型虚阴极振荡器，瞬时功率转换效率接近20%，基本上达到武器的应用水平。此外，美国还研制了自由电子激光器、相对论磁控管、返波振荡器等微波发生器和先进的自由电子半导体开关。这些微波辐射源的峰值功率大于1GW，转换效率达30%～50%。这些振荡器采用的新技术使设备的体积减小$\frac{1}{2}\sim\frac{3}{4}$。但作为战场使用存在的问题是如何将机动的微波发生器所需要的能源安装在车辆或飞机上。

《美国空军2025年战略规划》的研究报告在未来武器构想中提出发展空基高功率微波武器，要求这些武器对地面、空中和空间目标具有不同的杀伤力。它用在低轨道500～916km的一组卫星站把超宽带微波投射到地面、空中和空间目标上，在这样的目标区产生一个几十到几百米范围内的高频电磁脉冲，摧毁或干扰所有目标区内的电子设备，而且具有一定的气象修正能力。

苏联研究的重点是相对论磁控管和返波振荡器，它研制的单脉冲返波振荡器的输出功率达到15GW，效率为50%。10Hz重复频率的返波振荡器的输出功率为1GW，效率为30%。20世纪80年代末研制成功的7GHz磁控管脉冲输出功率为60～100MW，效率为25%。现在俄罗斯已研制出一种高功率微波脉冲炸弹，应用的是小型强电子加速器原理，它有一个定向天线，用12V充电电源供电，可将爆炸的化学能转换成强大的脉冲电能，激发出激光、X射线、宽带无线电波和高功率微波（HPM），破坏导弹和炸弹解保装置和点火引信电路或使车辆的发动机熄火。使用时，一次释放出10GW的高功率脉冲和100MJ的能量，相当于10个标准核电机组的功率，其体积比手提箱还小，重量只有8kg，可用于攻击导弹、飞机、核电站和C41系统的电子及计算机设备。

1992年，英国国防部研制出了一种用飞机投效的微波炸弹和导弹携带的微波弹头，它们在空中爆炸后，发射巨量的微波脉冲，能烧毁一定区域内的计算机电路和电话线，并扰乱人们的大脑神经系统，使人暂时失去知觉。

法国从1988年起就将用微波武器烧毁电子设备的研究列为重点课题，10年后达到了能辐射10～100MJ能量的水平。

未来微波武器发展的关键技术是空间和无人飞行器所用高功率微波武器所需的重量轻、功率高的微波器件，具体技术包括：

（1）高强度电磁场中等离子体的建立与影响；

（2）超宽带微波辐射源；

（3）发射高强度、窄带和宽带微波波束所需天线的优化；

（4）超高压脉冲电源以及电磁脉冲形状、调制方法、峰值功率和其他参数效应的影响。

其次，高功率微波武器自身的发展方向可归纳如下：

（1）发展广域、多目标攻击与杀伤、小后勤供给的微波武器；

(2) 破坏力更强，作用距离更远、更宽、更深；

(3) 做到附带损伤小、全天候、隐蔽、低成本化；

(4) 改进传感器，用于目标和地理位置的识别与瞄准；

(5) 保护基础设施免遭高功率微波威胁与破坏；

(6) 可多次重复使用。

微波武器的主要缺点如下。

(1) 微波穿过大气层传播时要受到电击穿、绕射和衰减的影响，受影响的程度与微波束的强度、频率、脉冲宽度及空气条件有关。大气中的水蒸气、氧气和雨水对微波具有吸收作用，当微波频率在 22GHz、185GHz 时被水蒸气吸收，在 60GHz、118GHz 时被氧气吸收。在战术微波武器 1～100km 作用距离内在以上频率附近有衰减。

(2) 对所有核防护措施的武器设备将失去效能。因为这些设施对微波武器同样具有防范作用，因为金属板可保护电子设备不受热效应及电磁效应的影响。

(3) 由于微波武器发射功率很大，在作战使用中，可能会在一定范围内对友邻部队的电子系统造成威胁和影响，必须采用高度定向的天线，或利用地面的屏蔽物加以隔离。

7.24.5 几个实例

1. 微波弹的实例

1999 年 3 月 24 日，北约对南联盟的轰炸中，美国使用了尚在试验中的微波武器，这次微波弹的使用使南联盟部分地区的各种通信设备瘫痪了 3 个多小时。

在伊拉克战争中，2003 年 3 月 26 日，美军使用了一种历时 4 年研制的高功率微波炸弹轰炸巴格达电视台，爆炸时产生的电磁微波能量为数十亿瓦，瞬间切断了炸弹射程内的电源供应，使巴格达地区大面积 12 小时停电，雷达、电脑、电话、广播通信陷入瘫痪，一些交通工具无法使用。

2. 微波定向能武器

几年前，美国军方向媒体公开展示一种微波武器，它能向目标发射出隐形的高能电磁波束，其有效距离超过 500 米，人的皮肤表层瞬间感受到 54°C 的灼烧感与不适，这种电波能深入皮肤 0.394mm，会使人放弃原有思维，从而被迫立刻逃避现场。一旦离开微波射线的作用距离，痛感便会消失，不会造成永久性致命伤害。这种武器可用于驱赶示威人群，或用于战场近距离使敌人后退或溃散。其装于吉普车上的发射天线的方向图是左右宽、上下窄，以适应前方人群的照射需要。图 7.61 (a) 示出了这种驱散人群的微波定向能武器，又称“防暴拒止武器”，其工作频率为 95GHz。此外，美国波音公司和雷声公司已研发的定向能武器除防暴拒止设备外，还可配置在 B－1、

B—52轰炸机及 F15、F16 战斗机等飞机上作为对地面目标的电子设备和数据系统进行定点清除之用，用以提高美军作战飞机的突防能力。图 7.61（b）所示为我国研发的 WB—1 防暴拒止装置，它工作于毫米波段，作用半径为 80 米，加大功率后可达 1km，可用于维稳、反恐和要点防御，还可安装在船舰上用于执行海上维权、反海盗等任务。

（a）美军防暴拒止定向能武器　　（b）我国 WB—1 防暴拒止定向能装置

图 7.61　驱散人群的微波定向能射束武器

3. 微波反导武器

2010 年 10 月我国西北某地进行了打靶试验并取得成功，由西北核技术研究所黄文华团队研究的这种武器系统可能用于舰载反导武器，其主要用途是干扰乃至烧毁来袭敌方电子设备。目前美国研制高能微波武器的主要方向集中在作为导弹战斗部方面，将其用于击落导弹目前还只是构想，未进行真实的打靶试验，因此我国的打靶尚属世界首创。这项研究成果将为我国国防安全增添一道新的屏障，因此，该研究团队获得了 2016 年国家科技进步一等奖。

舰载反导武器可以用超宽带高功率微波（HPM）武器攻击敌导弹的数据链、GPS 接收机等设备，能够对其进行干扰和破坏。也可用窄带微波武器直接攻击敌导弹引导头，可使反舰导弹的引导头彻底损坏丧失功能与作用。由于微波以光速传播，不论来袭目标速度有多快、机动性有多强，都能有效地对抗，大大提高了作战效能。

如今，美国、俄罗斯、英国、德国、法国、日本、印度等国家也都在积极研究高功率微波武器，不过各国的研究方向有所不同，美国目前的重点研究是在飞机、无人机、导弹上安装高功率微波武器，用于攻击敌方防空、指挥系统的电子设备上；而俄罗斯的高功率微波武器运用主要集中在对付低轨道卫星上。美国近年来也开始积极研究高功率微波武器对抗反舰导弹的领域，不过目前尚无进行试验的报道。俄罗斯正在研发作用距离超过 10km 的“微波炮”是一种攻击性武器，能够使敌方飞机、导弹的电子设备失灵，远远超过美国的主动拒止系统（ADS）的 500m 距离，但目前仍停留在理论论证阶段，离实用还有待时日。

图 7.62 示出了两种美军陆军地面使用的微波定向能武器。

(a)　　　　(b)

图 7.62　美陆军地面的微波定向能武器

（以上内容均选编自网络，仅供参考）

有关微波加热技术应用的详情可参阅文献［96］［97］［100］［159］～［208］等。

7.25　微波的两重性

正如任何事物具有两面性一样，微波在各个领域中的应用也应当一分为二。我们在充分利用其优点、发挥其特长来为人类、为社会做贡献的同时，也应充分认识到它存在的不足或问题。这也说明了微波存在着两面性、两重性。

例如在工业应用中，在没有认真考虑待加工或待处理物料的具体情况下，就下决心采用微波方法来添置设备，改建车间，招聘人员，这样做显然是不恰当的，因为也许采用其他手段，效益要比采用微波方法为好。总之，微波也绝不是万能的，我们应当在经济学上先进行方案论证，比较一下几种方法的设备投资、设备折旧和维护费用，能否从节能效果、档次提升、效益提高取得的利润中得到补偿或赢利，否则肯定是亏损的。这只是从财务、效益等经济或经营领域中看到的两面性。

更为重要的两重性则体现在微波辐射对人体健康的影响或伤害上，这是一个长期以来备受各国科学家和政府特别关注的问题。尤其是目前情况下，家用微波炉非常普及，手机几乎是人手一只，许多工厂、企业、公司正在添置微波设备，一些医院也正在开展微波医疗，许多科研院所、大专院校有关实验室正在进行微波化学、微波等离子体各种课题的研究与实验……一句话，微波目前涉及的面实在太大、太宽、太深。那么，微波究竟对人体健康会产生什么样的影响呢？当然，这还得看微波的功率密度有多大，又根据什么来制定微波辐射的安全标准。显然我们是无法详细讨论的。而只能提出问题，大家对它有一个初步的认识就行了。

既然人们利用微波的热效应和非热效应（即生物学效应）为人类治病，那么，这两种效应也可能使人体遭受伤害，即通常所说的："微波既可以治病，也可以致病！"问题就在于微波的辐射功率密度有多大。好在长期以来，全世界有关国际组织和政府都在积极研究这一功率密度的安全标准。我国也不例外，1974 年，浙江医科大学受当时第四机械工业部（即后来的电子部）委托开展微波生物效应的基础研究和职业调查，并提出了我国的微波卫生标准。1979 年颁布了试行标准，后来又做了修订，目前分为工业设备微波泄漏的安全标准及微波作业场所作业人员操作位允许微波辐射的平均功率密度，按 IEC 及国标有以下规定。

对于连续波，一日 8 小时暴露的平均功率密度为 $50\mu W/cm^2$，小于或大于 8 小时以下式计算

$$P_d = 400/t\ (\mu W/cm^2) \tag{7.4}$$

式中　t——受辐射时间（h）。

对于脉冲波来说，应按上述标准的 1/2 来计算。

由此可见，要求是很高的。为了防止人体长时间受到微波辐射的影响，我国也开展了微波防护用具的研究和生产，例如在导电布的基础上制成了微波屏蔽服，同时也制成了防护眼镜。国外还制作了防护面罩，这种面罩能见度高，屏蔽性能好，对保护眼睛有很好的效果。

7.25.1　微波炉的泄漏标准

根据我国标准 GB 4706.21—2008 及 IEC 60335—2—25：2006 中有关条款规定：在距离微波炉外表面 5cm 或更远的任何点测量微波功率密度，其值不应超过 $50W/m^2$，即 $5mW/cm^2$。测试条件是炉内放置重量为 275g±15g、温度为 20℃±2℃的水负载。

对工业微波设备的技术标准是相同的。

但我国微波炉的出厂检测标准是微波功率密度$\leqslant 1mW/cm^2$，因此是绝对安全的。微波泄漏检测仪如图 7.63 所示。

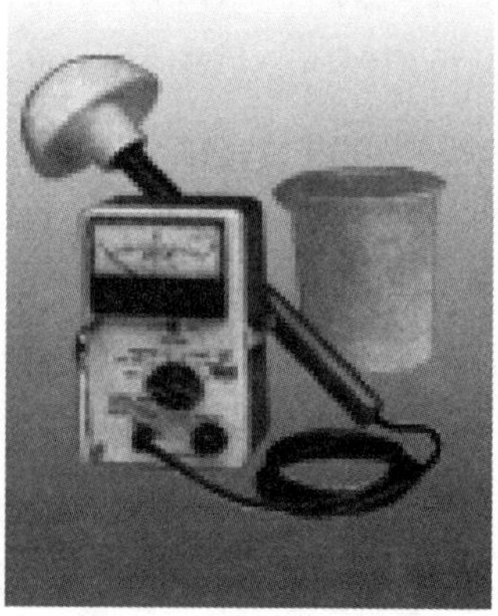

图 7.63　微波泄漏仪

7.25.2 劳保防护用品

（1）微波防护眼镜。

（2）微波帽。

（3）微波工作服。

（4）微波围裙。

7.25.3 微波泄漏仪的标定方法

根据JJG 776—2014微波辐射与泄漏测量仪的国家标准，对微波泄漏仪的校准与定标工作采用图7.64所示的装置在微波暗室中进行。

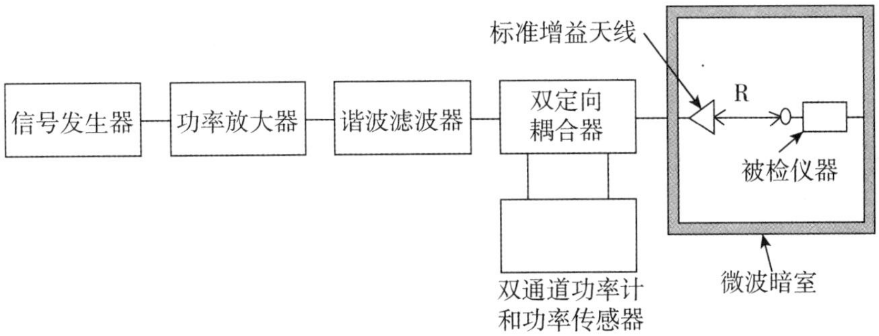

图7.64 功率密度标准装置原理框图

按图7.64所示将功率密度标准装置连接好，将被检仪器的微波探头置于测试场中，并对准发射天线，对于非各向同性的微波探头应使接收平面对准发射天线。

选择检定频率点为915MHz、2 450MHz、5 800MHz、10GHz、12.4GHz、18GHz中的一个频率点，调整微波信号源和功率放大器的输出功率，使按式（7.5）计算的标准场的功率密度为0.1mW/cm^2，将被检仪器的量程置于相应的挡位，读取被检仪器的指示值，在15分钟内，每点检测3次，取3次的算术平均值，此即相应校准值。再次将标准场的功率密度设置为0.3、0.5、0.8、1.0、2.0、3.0mW/cm^{2}等数值，重复上述方法测得相应的校准值。

功率密度标准装置建立的标准场的功率密度S由式（7.5）给出

$$S=\frac{P\cdot G}{4\pi R^2} \tag{7.5}$$

式中 S——标准场的功率密度，W/cm^2；

P——馈入到发射天线的净功率，W；

G——发射天线在测试场点的增益；

R——发射天线口至测试场点的距离，m。

其中，R应满足式（7.6）给出的远场条件

$$R \geqslant 2D^2/\lambda \tag{7.6}$$

式中　D——发射天线口径的最大尺寸，m；

λ——工作波长，m。

被检仪器功率密度的测量误差 δ 按式（7. 7）计算

$$\delta = \frac{S_x - S}{S} \times 100 \tag{7.7}$$

式中　S_x——被检仪器功率密度的指示值，mW/cm^2；

S——功率密度标准装置建立的标准场的功率密度，mW/cm^2。

泄漏测量仪的校准检定周期为一年。

关于辐射及泄漏标准可参阅文献［93］［95］［96］。

7.26　小　结

从本章中介绍的微波功率在各行各业中的成功应用可以看出，微波加热技术在工农业生产过程中发挥了极具特色的高效节能优点，四十多年来成绩斐然。在二十世纪七八十年代，主要在欧美的食品与橡胶两个行业取得突破，也正是在二十世纪八十年代，橡胶硫化技术及设备在我国被不断引进，获得了橡胶行业的接受与肯定，于是在消化吸收的基础上，国产设备开始在国内生产、销售与推广，这是最为成功的一个应用范例。此外，在二十世纪七十年代初从国外引进微波医疗设备（微波理疗机）开始仿制以来，经过了二十多年的摸索，国内的相关企业像雨后春笋般涌现，相应产品不仅满足了国内医疗市场的需要，还有部分品牌出口国外，这也应是另一个的成功应用。至于近年来迅速增长的微波消融治疗设备市场也在稳步扩大，这不得不使人想起二十世纪八十年代已经在国内外取得成功的微波热疗（透热疗法）技术，当时人们的治疗观点是癌细胞的杀灭温度是 43℃，过高的温度将对肿瘤周围的正常健康细胞带来损害，于是国内外微波技术工作者长期致力于测温和控温技术与设备的研发，大大延缓了此项技术的应用与推广。近十年来，医务工作者发现利用微波消融针对肿瘤细胞加热至 60℃甚至 100℃（在消融针中心），由于温度场的指数衰减，所以在离开天线几厘米距离内，温度会很快下降到 50℃以下，这样在直接烧死癌细胞的临床观察中，似乎并未对周围正常健康细胞带来多少损害，于是在肝癌患者中进行了数千例的治疗，获得了医学界的认可与肯定，如果真如此，该项应用也将会在我国遍地开花。在癌症高发的我国，除手术、化疗和放疗三大治疗手段之外，又有了一种可供医务人员选择的新措施，至少它比化疗和放疗的副作用要小得多。

我国在食品行业中的应用基本上集中在回热、灭菌、解冻和真空干燥等领域。

十多年来，我国在微波高温烧结技术和设备的开发上从无到有，创制出包括陶瓷烧结、矿物焙烧、粉末冶金及各种物料的高温处理等相应的高温马弗炉、高温实验炉、高温推板炉、推舟炉、气分烧结炉等满足不同物料、不同温度的加热需要的设备，取得了长足的进步。任何事物都是一分为二的，在这些高功率或超大功率的大型设备中，由于缺乏经验，尤其是对小功率多馈口分布馈能的设计上，各管在交叉相互耦合的有效排除上有时力不从心，导致了能效的降低，大大影响了节能高效的原始指标，再加上未能找到简便有效的输出总功率的检测手段与方法，就难免使有些设备在能效上不甚理想，如能在设计阶段采用先进的电磁仿真工具（如 CST 或 HFSS）进行包括负载在内的电磁仿真，合理地配置馈口的位置及距离，甚至极化方向的调整，以求得尽可能高的能效等级，充分发挥微波的高效节能的最大优点，使设备超越其他加热技术的特点显露无遗。

在一些有着广大市场潜力的应用领域，如污水处理、垃圾特别是医疗垃圾的处理、煤的脱硫、废旧轮胎的裂解处理、汽车汽缸的等离子体点火、汽车尾气的消除、冻煤的解冻、热电厂的煤粉点火……有些已做了大量的实验研究，有些做了理论分析与仿真模拟，有些已经立项正在做方案论证，有的项目已取得明显突破，如废旧轮胎的裂解处理，正在进行中试和技术总结，有些项目搞搞停停已拖了不少时日，如污水处理，但由于问题的复杂性和多样性，很难在短期内能有所突破。这些项目与课题的前景取决于投资、技术等多因素的制约，很难有一个明确的结论。总之，微波应用的前景是光明的，道路是曲折的，但只要我们持之以恒，肯定会取得优异的成果的。

第 8 章　家用微波炉

8.1　微波炉的历史与现状

8.1.1　微波炉的发明

1940 年 9 月，英国科学家带着磁控管样品访问美国雷声（Raytheon Co.）公司时，与才华横溢的斯潘塞（P. Spencer）一见如故，相见恨晚。在他的努力下，英国和雷声公司共同研究制造的磁控管获得成功。在一个偶然的机会下，斯潘塞萌生了发明微波炉的想法。1945 年，他观察到并提出微波能使周围的物体发热：有一次，他走过一个微波发射器时，身体有热感，不久他发现装在口袋内的巧克力被微波融化；还有一次，他把一袋玉米粒放在波导喇叭口前，然后观察玉米粒的变化，他发现玉米粒的变化与放在火堆前一样；第二天，他又将一个鸡蛋放在波导喇叭口前，结果鸡蛋受热突然爆炸，溅了他一身。这些例子更坚定了他关于微波能使物体发热的论点。雷声公司受斯潘塞实验的启发，决定与他一同研制能用微波热量烹饪的炉子。几个星期后，一台简易的炉子制成了。斯潘塞用姜饼做试验：他先把姜饼切成片，然后放在炉内烹饪。在烹饪时他屡次变化磁控管的功率以选择最适宜的温度。经过若干次试验，食品的香味飘满了整个房间。

1947 年，雷声公司推出了第一台家用微波炉。斯潘塞从 1945 年 10 月开始申请“烹调食物的方法”的专利，但直到 1950 年 1 月才获得了授权，专利号为 US2495429，其专利装置如图 8.1 所示。

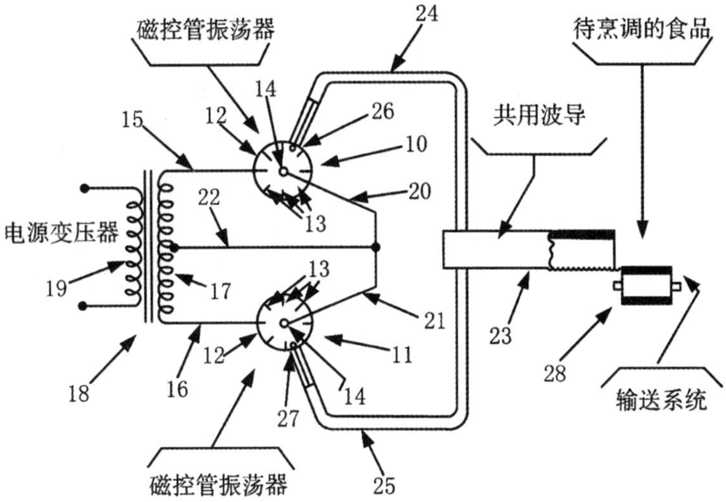

10、11—磁控管；　12—磁控管阳极；　13—阳极叶片；　14—磁控管阴极；
15、16—阳极电源引线；17—变压器次级绕组；18—变压器铁芯；19—变压器初级绕组；
20、21—阴极引线；　22—推挽式电源中线；23—共用波导；　24、25—输出同轴线；
26、27—输出耦合环；　28—输送系统

图 8.1　世界上第一台微波炉结构

该微波炉采用了两只磁控管（10、11），磁控管为水冷 1700W，并采用自整流方式轮流（推挽式）为每个管子提供直流电源。该微波炉高 2 米，重 340kg，价格为 3000 美元。因为这种微波炉成本太高且寿命太短，所以影响了这种微波炉的推广。对于上述专利来说，与其说是一台微波炉，还不如说是一台微波加热装置，因为它离真正的微波炉还有一段距离。1965 年，乔治·福斯特对微波炉进行大胆改造，与斯潘塞一起设计了一种耐用而且价格低廉的微波炉。1967 年，微波炉新闻发布会兼展销会在美国芝加哥举行，获得了巨大成功，价格降至 495 美元，从此，微波炉逐渐走入了千家万户。由于用微波烹饪食物又快又方便，不仅味美，而且有特色，所以有人诙谐地称之为“妇女的解放者”。

1947 年，美国雷声（Raytheon Co.）公司和通用电气（GE Co.）公司同时发明了两种不同工作频率的微波炉。

20 世纪 60 年代，雷声和塔培（Tappan）公司主宰了美国的微波炉市场，生产 600W～1.6kW 微波炉用的 2450MHz 系列磁控管，并提供塔培公司微波炉所用的各种磁控管。1966 年，美国生产了约一万台微波炉，造成低产量的原因是价格昂贵（超过 1000 美元），加上人们对微波的恐惧和害怕的心理所致。1967 年，雷声公司改进日本的磁控管后，使微波炉的价格降到每台 495 美元，从此美国的微波炉产量大幅上升，70 年代的产量已达几十万台，而到了 80 年代，产量已达几百万台，并且主要由利顿（Litton Co.）公司生产。利顿公司改进了密封门，安装了搅拌器或玻璃转盘，使加热

均匀性大大改善和提高。有的还开始安装微电脑。

20世纪70年代，利顿公司首先把微波炉应用到了飞机上。

20世纪80年代中期，美国把两条微波炉生产线转让给韩国。

1970年，日本政府公布了微波泄漏标准为5mW/cm^2，这比美国标准高一倍。

1971年后，日本微波炉销售量大幅度上升；到20世纪70年代中期，产量达到150万台；到20世纪70年代后期，由于一些技术原因，产量开始回落；到20世纪80年代，产量又迅速增加，并大量向美国倾销，使美国的微波炉企业受到严重的冲击与影响。

20世纪70年代，苏联开始生产微波炉（600W），但产量很少。

20世纪70年代中后期，中国已开始研发家用微波炉及相应的磁控管（上海灯泡厂及上海无线电26厂）。

20世纪80年代初，上海微晶玻璃厂引进日本微波炉散件组装后出售（价格3000多元）。不久，虹光电子管厂连云港分厂引进日本及韩国的微波炉散件组装后出售。上海无线电18厂生产小功率（500W）、小体积（15L）的飞跃牌微波炉。

20世纪80年代中后期，上海销售亚美牌微波炉（上海无线电26厂生产）。

同时，在顺德成立了合资的岘华微波炉厂，产量居全国首位，大部分产品供出口。

此后，国内涌现出近80多家微波炉厂，但不久，由于成本和质量问题，特别是价格昂贵，市场无法接受，所以纷纷倒闭。

20世纪90年代中期，广东顺德格兰仕（Galanz）公司异军突起，不久即开始向价格开刀，产量逐年增大，成为我国微波炉生产超级大厂。

90年代以来，欧美微波炉生产厂家多数转让或停产。于是全球微波炉转移至日本、韩国等亚洲国家生产，日本的夏普、东芝、三菱、松下、三洋、日立，韩国的三星、大宇、LG等公司占据了世界多数国家的市场。

与此同时，我国南京三乐电子公司的微波炉分厂投入生产，但没有形成长期生产的格局，最终停产关闭。

松下、LG等公司将微波炉及磁控管的生产线移至上海浦东及天津等地生产，与国内已有的生产厂家形成激烈竞争，与格兰仕形成北、东、南三足鼎立的局面。

21世纪初，美的集团也进军微波炉市场，成为一个强大的生力军。目前其生产规模不断扩大，产量年年刷新，到2016年，已高达3333万台。

8.1.2 微波炉产业的现状

目前，全球微波炉生产量最大的国家是中国，分散在世界各地的厂家已为数不多了。

而在中国，LG、松下和三洋等外资品牌与国内的格兰仕、美的和海尔等品牌一直争夺国内外的微波炉市场。

随着时间的推移，这种竞争的格局也发生了明显的变化。自2007年下半年开始，LG和三星公司的中低端微波炉开始退出中国市场，海尔由于产量及其他一些原因，于2007年6月15日宣布关闭微波炉生产线，市场上的这部分蛋糕已让给格兰仕和美的了。松下在上海的生产，无论从型号规格及外观上都在走下坡路。

国内一些年产量不足100万台的小厂，尽管还在生产，但已经无法与几个大公司竞争。特别是近几年来，由于原材料及劳动力成本的上升，微波炉产业已进入微利时代，没有规模的生产是无法继续生存的。回顾1996年，国内生产微波炉的企业有88家，十余年来，多数厂家已经退出历史舞台，至今仍在生产的只有十余家，因此，目前从国内市场上来看，主要是两大品牌，即格兰仕（Galanz）及美的（Midea）。其他外资品牌就只有松下、三洋等少数产品偶尔在商场中出现，而且正在逐步消失了。

据有关部门统计，2007年，我国微波炉的总产量为6289.09万台，其中出口为5148万台，约占产量的80%，国内销售约1000万台，其中格兰仕和美的两家约占市场份额的89.78%，其他10%份额则由松下、LG、三星、三洋、惠而浦等分享。

微波炉从发明到现在已60多年了，目前的产量与产值都是非常惊人的，由于价廉物美，受到国内外市场的普遍欢迎，近几年内，仍将蓬勃发展。无论在性能还是外观上，由于采用新材料、新技术、新工艺、新面貌，迎合消费者的多元化需求，微波炉肯定会向更好、更美、更完善、更方便、更节能的方向发展，成为众多家庭厨房中不可缺少的家电用品。

8.2 微波炉的发展历程

从技术上看，微波炉经历了无转盘炉→加模式搅拌器炉→转盘（微晶玻璃，普通玻璃）炉→烧烤复合炉→旋波（转波）炉→平板炉等发展历程。

从结构上看，有单纯微波炉、烧烤复合炉、带油烟机微波炉、车船用微波炉、自清洁微波炉、煤气微波复合炉、光波杀菌微波炉（即紫微光微波炉）、蒸汽微波炉等。

从炉腔容积上看，最小为3～5L，最大近50L。

从控制方式上看，有机械式及电子式两类。

从电源配置上看，有半波倍压及变频开关电源两类。

从使用功能上看，有带菜谱的，有可遥控的，有温度及湿度传感器的，有自动称重的，甚至有带微电脑的……

微波炉的产量从最初的数千台到目前的数千万台，在60年的历史发展长河中，经历了低产量、低性能、高价格的初级阶段（20世纪50、60年代），这一阶段工作主要在美国进行；新型磁控管的发明及微波泄漏的突破性解决的中级阶段（20世纪的70年代）这一工作主要由日本完成。与此同时，在日本，各公司还聘用了许多妇女从事微波烹饪技术及工艺的研究，出版了专门的微波烹饪手册与微波炉一起销售，使微波炉很快地进入千家万户。20 世纪 80 年代后期开始，微波炉中采用微电脑芯片控制技术，以及人工编程或远程控制技术，对微波炉进行时间预约自动启闭技术，炉内采用多种传感技术如测温、测湿、测重等，逐渐向全自动傻瓜化操作发展，方便人们操作。

长期以来，微波炉的主体及电源变化不是太大，炉腔主体的主要变化是材质上的，如早期的镀锌铁板、搪瓷，直到目前的不锈钢板。尽管不锈钢板的微波损耗与其他材料相比略大一些，但从卫生学的观点来看，在高温、高水蒸气及各种烹饪辅料（如油脂、盐、糖、酱油、辣椒……）作用下，性能是相当稳定的，而且易于清洁；从电磁学观点来看，采用不锈钢板作为炉腔材料还有利于空炉匹配，这对延长磁控管的寿命是有好处的。但从加热均匀性、加热效率及煮食效果等综合指标来看，目前很多产品仍未达到满意的效果。这有技术设计上的原因，也有炉腔阻抗与磁控管的相互配合问题，这也涉及正确理解磁控管的负载特性（即雷基图）及其应用，特别是炉腔波导喷口的尺寸、位置，以及炉腔阻抗的测量与选择问题。这一问题往往受到轻视，当然在技术上也有一定的难度，需要花大力气才能较为满意地解决。

微波炉的电源从 1967 年发明漏感变压器后一直沿用至今，这是由于这种由漏感变压器、充放电储能电容器和单向导通二极管组成的半波倍压整流电路具有自稳压及稳流的作用，同时还具有元件少、结构简单、成本低廉等一系列的优点。21 世纪初，松下公司在微波炉内首先采用了不需要笨重铁磁变压器的变频电源，尽管价格较高，但作为一种新型直流电源，它有许多优点，随着技术进步，大批量规模生产后，其成本必将不断下降，目前已开始批量生产。

60 多年来，人们解决了许多技术难题，如微波泄漏、加热均匀性、加热效率、辅助电加热、焦化工艺及焦化盘、专用烹饪纸、微波餐具、加喷蒸汽、电脑程控等，使微波炉的性能更臻完美。

微波炉的平均使用寿命，在 1991 年大约为 9 年，而到 1995 年提高到 10 年。由于磁控管质量和寿命的延长、炉门防泄漏技术的改进、其他电子元器件可靠性的提高，目前，微波炉的使用寿命延长到 15～20 年，甚至更长。

8.3 世界各国曾出现过的各种微波炉

在微波炉发展历程中，欧美一些发达国家曾生产过一系列具有各自特点的微波炉。尽管目前已不再生产，但其设计的特殊性和从顾客使用出发的设计理念仍值得当前微波炉设计师们参考。

下面列举一些国家和公司曾经生产过的各种各样的微波炉产品概况，由此可以举一反三。

8.3.1 美 国

1. 热化机型多功能微波炉

它将微波加热、辐射加热和感应加热等方式结合起来，设有一个调节控制盘，用来选择对各种食品最合适的加热方式组合。例如用微波方式烘烤马铃薯，用等份的微波和感应方式加热砂锅烹调菜肴，还能以辐射方式为主，辅以少量微波来烤制蛋糕等。各种电子器件和磁控管等都装在热化机后部炉腔两旁的三角形空间内，两束微波分别从这两个部位进入炉腔内，两者相差 90 度，这样的炉腔内微波分布更有利于对食品的加热，食品容器无须在加热过程中转动。

2. 全自动微波炉

这种微波炉能自动称量食品，确定该食品所需的烹饪温度、功率和时间等参数。内部装有两种传感器，一种用来探测食品水分，根据水分含量确定烹调时间；另一种是红外线传感器，能探测食品表面的温度，结合双变形压力计天平，可精确称量和计算食品所需烹调时间。可利用传感器按食品所要求熟度调整整个烹调过程。根据传感器的检测结果，控制磁控管功率大小，并选择不同的温度/时间组合，实现自动调节，完成烹调过程。

3. 带有视听装置的多功能微波炉

这种微波炉上装有一台 5 英寸彩色电视机和一台微型收音机，用户在烹调食品时可以收看或收听节目，食品烹调完毕后，电源自动切断，并发出悦耳的音乐声。

4. 带有气体传感器的微波炉

美国曾推出一种微波炉，可根据传感器检测气体的多少来决定食品的烤制温度，并据此进行火力控制，传感器的安装位置对准排气孔排出的气流。

5. 带功率测定器的微波炉

美国专利（US5378875）介绍了一种带功率测定器的微波炉，装有电磁辐射功率传感器，包括吸收器和热敏电阻。吸收器用碳化硅制造，是一块直径为 12mm、厚度为 1mm 的圆片；热敏电阻的直径为 1.35mm，厚度为 1.45mm，由锰钴镍和其他成分烧结而成。在 25℃时，其电阻值为 100KΩ。敏感元件和吸收器相互连接，用微处理器计算出微波辐射功率。

8.3.2 日 本

1. 日立 MRO—L85 型微波炉

这种微波炉由日本日立公司开发，采用热风加热器和上加热器的通电时间控制，以及热风扇的转速控制。三者组合实现了食品和蔬菜的二段烤制（上段和下段）。使用了 Φ165mm 的大型热风扇，最大火力为 300℃。在微波炉的里面和前面喷涂聚四氟乙烯，易于洗掉油污。使用存储键能记忆用户的加热方法。

2. 三洋微波炉

EMO—MXI 型微波炉由日本三洋公司研发，其特点是采用多路喷射式加热。具有专用键控制解冻和加热，具有微波炉和电灶的双重功能，配有 3 只烤盘。

实际上，日本三洋公司从 1964 年 12 月就开始生产商用微波炉，1967 年 10 月成功开发新型磁控管微波炉，1976 年 2 月研发出热风烧烤式微波炉，1980 年 8 月首创红外线感应微波炉，1981 年 8 月推出可用声音提示操作的微波炉，1995 年 9 月超级簇射微波炉高调问世。三洋公司也是首家在微波炉中采用不锈钢内胆和红外传感技术的企业。

EM—J2109EB2 微波炉利用了特殊设计的旋波传送系统，微波像喷泉一样从食物底部加热，充分利用了热量对流传导原理，一改过去的微波炉从上部加热时上部过热下部凉、外部过热里面生的现象，其独特的蒸汽系统能使蒸汽柔和地渗入食物的内部，食物里外松软度极好，完整地保留了食物营养，是一种非常健康的烹饪方式。

3. 松下 NE—N15 型微波炉

这种微波炉由日本松下公司开发，在炉腔上部装有用近、远红外线加热器，是一种新型四面加热系统。其技术特点是：微波烤制和电热烤制，采用自动和手动转换控制，液晶显示，烤室内采用了抗菌加工处理和除臭工艺。最大输出功率为 600W。

4. 东芝组合式微波炉

这种微波炉由日本东芝公司生产，磁控管采用逆变器电源，输出功率为 700W，可利用热风循环使微波炉温度达到 300℃，相当于烤箱温度，具有烤面包的功能。同时，也能进行快速烹调、自动解冻和煮饭等。微波炉还设有节能机构，在烘烤适当时间后可提前切断电源，利用箱内余热节能。此外，炉内面涂有聚四氟乙烯，便于清洁。

5. 夏普“菜谱先生”微波炉

这种微波炉由日本夏普公司生产，只用简单的按钮操作就可将菜谱输入到液晶显示屏上。除可以提供 32 种菜谱外，还使得待机时间的电力消耗为零，更加省电。输出功率 700W，容积 30L。

6. 三菱组合式微波炉

这种微波炉由日本三菱公司研制，采用传感器检测食品种类和重量。只要用一个键便能控制加热方式和加热时间。装有抗菌塑料制成的“解冻板”，能改善解冻处理，在解冻后可用作切菜板。该炉可存储烹调过程，具有可备用的时钟功能，不必担心停电影响。此外还装有能自动定时断开电源的开关装置，用户较长时间离家或夜晚使用时，不必关闭其电源。

8.3.3 韩　国

1. 大宇声控微波炉

这种微波炉由大宇公司生产，使用者只要说出打开炉门的指令，炉门就会自动开启，炉内的圆盘自动滑出；若说出关炉门的指令，圆盘又自动撤回炉内，炉门自动关闭。此外，在设有遥控装置的微波炉上，还有两个小型荧光屏，一个可显示食品的烹调方法，以指导使用者制作美味佳肴，另一个用来显示已经加工完毕的食品。

2. LG 多重微波炉

这种微波炉由韩国LG公司开发，采用获得世界专利的多重微波技术，从多个方向发射微波，相比单一微波，会使加热更均匀，不会出现冷热不均或生熟不分现象。此外，该微波炉还具有以下功能：采用儿童保护锁，确保大人不在时儿童的安全；能以非常简单的方式，在极短的时间内对冷冻的肉类等食品迅速解冻，并保持食品原有营养成分和味道；能够在家里制作出地道的烧烤菜肴；可以有效地除去因烹调特殊菜肴而残留在炉内的异味。

8.3.4 德　国

1. 带电脑扫描的RE—SEI多功能微波炉

该微波炉内装有12只传感器，可对食品的重量、高度、形状和温度进行检测。电脑根据这些信息能自动选择四种工作方式：解冻、加热、烧烤和对流。电脑还会对食品的种类扫描认定，自行选定加工方法和烹调时间。

2. 带负载传感器的微波炉

这种微波炉用传感器控制烤制功率的大小，组成装置包括传感器、天线接收装置、信号过滤元件用来限制信号范围、传感信号变换器等。

3. 多用途组合型微波炉

这种微波炉由西门子公司生产，它包括一只微波烤箱和卤素灯，可用微波和循环热风加热食品。采用全电子自动控制和炉内自动清洁，能进行数字显示。装有7种解冻程序和11种烤制程序，能保证最佳烹调效果和节约用电。

4. 装有辅助加热辐射器的微波炉

这种微波炉的特点是可缩短加热时间，使微波辐射和热辐射达到最佳化。炉内采用微波分布器，直接安装在烤室顶部，使微波分布均匀。在微波分布器和石英加热器上设有陶瓷盖板，便于清洁烤室。

8.3.5 英　国

1. 智能微波炉

这种微波炉由英国牛津大学工程科学系和日本夏普公司共同开发。在炉内装有一只温度传感器，与中枢网络相连接，这样就可以按照食品水分的多少、温度的高低来改变加热程度，监视食品在加热食品中的变化，以确定加热的时间，控制温度和电源开关，获得最佳的烹调效果。

2. 组合式模糊控制微波炉

这种微波炉可在极低温度下精确控制加热温度，有 8 种不同的烹调功能，使用 3 个交替的能量挡，特别适用于需要几个不同烹调阶段的食品。

8.3.6 意大利

1. 普通微波炉

这种微波炉由 Delonghi 公司研发，输出功率 700W，装有自动关断的 60 分钟定时器和运行结束信号，由 5 个微波功率等级均匀分配微波用的转盘及自动三重门安全装置。

2. 电子式微波炉

这种微波炉由 Delonghi 公司研发，电子触摸控制，有 10 个功率等级，输出 700W。可对 4 个烹调阶段进行可编程序控制，能简便地存储 3 种烹调方式，每种方式包括 4 个烹调阶段。具有延时烹调功能，还装有解冻/起动/取消钮，以及自动断电和运行结束信号的 99 分钟定时器。

3. 带烧烤的组合微波炉

这种微波炉由 Delonghi 公司生产，功率 1300W，其中 800W 为微波输出，有 3 种烹调方式，并装有 30 分钟自动关断定时器。

4. 组合式多功能微波炉

这种微波炉由 Delonghi 公司生产，微波功率 800W，烘烤功率 900W 烘烤或吹风可在任何微波功率级组合，在 60～210℃的范围内自动调温，当微波炉达到设定温度，指示灯开关断开。带有自动关断的 30 分钟定时器和微波均匀分布转盘。

8.3.7 法　国

法国专利 2704842，这种微波炉的主烤室由二个圆柱状的同心圆筒组成，外壳用隔热材料制造，烤室本身的制造材料能吸收微波。烤室位于圆柱体内部，有一个盖，烤室四周几乎全部（除放盖的地方）用防止电磁辐射的材料包封住，两个磁控管通过波导管与烤室相连。

8.3.8 会说话的微波炉

广东顺德希贵电器制造有限公司研发出一种会说话的微波炉。它具有独特的语音提示功能，用户在语言提示下便可完成各种烹调功能。只要一接通电源，它就会热情地说："您好！欢迎您使用希贵电器，请您选择烹调功能"，如炉门未关好，它会提醒道："请关好炉门！"在用户选择功能时，它会提示或纠错。食品做好后，它及时提醒："做好了，现在开始保温"，并在显示屏上显示"OK"字样，使用颇为方便。

8.3.9 可输出微波功率的微波炉

中国专利2206531Y，微波炉加装一只可调微波功率的耦合器，可将微波功率安全输出到炉腔外使用。该功率耦合器有一根可调探针，通过探针套筒可插入微波炉内磁控管输出波导中，按需要拾取或锁闭微波功率。耦合器内有调谐和耦合度调节螺钉，可对微波进行调谐。当微波闭锁时，微波炉恢复原有功能和指标。

8.4 微波炉的基本要求

微波炉是一个多模谐振腔，整个炉腔呈方形结构，目前已出现圆筒形、半球形及各种异型腔结构，对腔体的要求如下：

(1) 能产生足够多的谐振模式，保证微波场分布的均匀性；

(2) 具有一定的微波功率密度，可以提高加热速度；

(3) 馈口与磁控管的耦合能提供一个合适的负载阻抗，保证磁控管工作在高效率状态；

(4) 炉腔材料必须满足食品卫生学要求，便于清洁；

(5) 炉门密封应符合国家有关标准；

(6) 具有足够长的使用寿命。

评判微波炉性能好坏的主要指标如下：

(1) 能效标准达到几级；

(2) 加热的均匀性如何；

(3) 煮食效果怎样；

(4) 微波泄漏是否达标；

(5) 电磁兼容（EMC）能否完全达标；

(6) 空载抗载能力如何；

(7) 炉子的使用寿命，特别是管子及炉门的寿命如何；

(8) 控制面板的可靠性及寿命如何。

8.5 多模腔的设计

微波炉的炉腔一般可分为三大类：

(1) 矩形谐振腔，简称矩形腔；

(2) 圆柱形谐振腔，简称柱形腔；

(3) 圆球形谐振腔，简称球形腔。

下面分别讨论。

8.5.1 矩形腔的设计

到目前为止，家用微波炉的炉腔仍然是矩形腔体为主，圆柱形及圆球形较少。

对于矩形腔的设计，通常按微波谐振腔的计算方法，即按下式进行：

$$\Lambda_0=\frac{2}{\sqrt{\left(\frac{m}{a}\right)^2+\left(\frac{n}{b}\right)^2+\left(\frac{p}{c}\right)^2}} \tag{8.1}$$

式中 Λ_0——腔体的谐振波长；

a、b、c——矩形腔三边的长度尺寸；

m、n、p——相应三边上的驻波数，即模式号。

下面举例计算 $f_0=2450\pm10$MHz 时三种尺寸的相应模式数。

设 $a=335$，$b=280$，$c=245$，$c=250$，$c=255$（三种尺寸）。计算结果如图 8.2 所示。

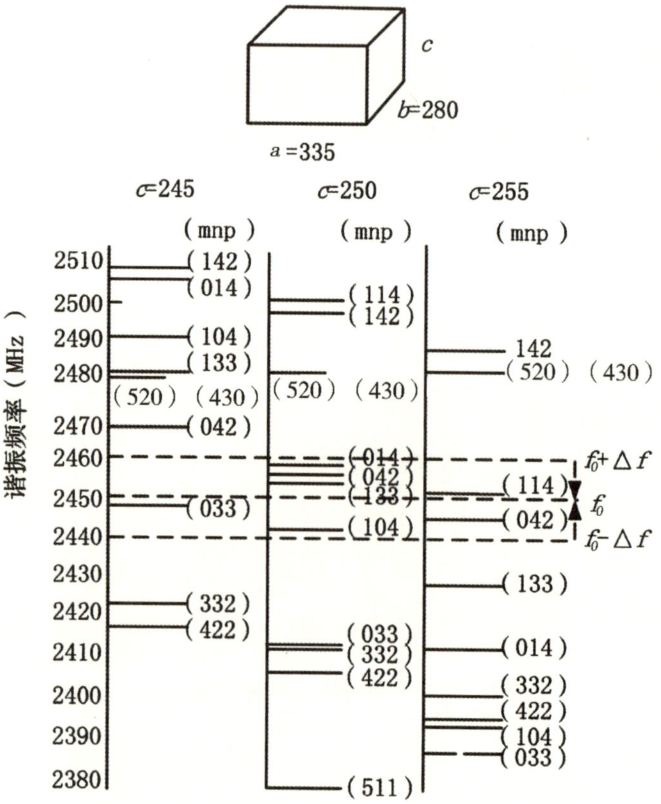

图 8.2 三组尺寸计算结果的模式分布

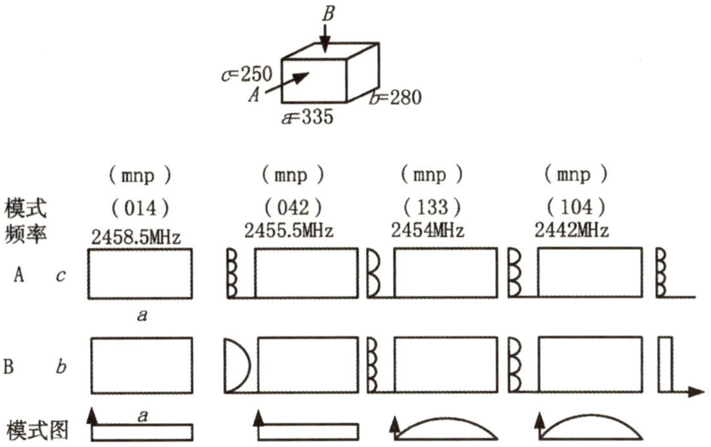

图 8.3 模式图和谐振频率

从上述计算的例子中可以看出，在规定频带内，在相同的 a、b 尺寸下，当 $c=245$ 和 $c=255$ 时的相应模式为一个（033）和两个（042，114），而当 $c=250$ 时却得到了四个模式（104，133，042，014），这就给尺寸 c 的选择提供了理论依据。我们选择尺寸的目的就是希望在规定频带内获得尽可能多的工作模式，以便微波炉工作时得到理想的加热均匀性，确保煮食效果。

从图 8.3 中可清楚地看到在 a 边场的变化；当 $m=0$ 时，从左侧壁到右侧壁场的强度取决于其他方向上的变化，而在该方向上则为一常数，即原有场强的大小保持不变，原为节点的处处仍为节点，原为腹点的处处仍是腹点；当 $m=1$ 时，沿 a 方向只变化一个半波数，在 $a/2$ 处即中心部位是场的最大点。在 b 方向上，一个模式（104）$n=0$，不变的分布，一个在中心位置为节点 $n=4$（042），而另两个（014，133）则是场的腹点 $n=1$，$n=3$，这样，四个模式叠加后有两个腹点和一个节点的场分布是相对均匀的。在 c 方向上，有三个模式（014，042，104）在中心均是场的节点，但模式（133）则为腹点，四个模式叠加后的场分布也是相对均匀的。最怕的是腔中，尤其在中心部位遇到都是场的节点的叠加，这样相加的结果依然是节点，该处成了无场的盲区，该处无法提供加热能量。由此可见，设计者在设计与计算时就应尽量选择 m、n、p 三个模式号是奇偶搭配，不要都选奇数，或都选偶数，否则将会是腹点叠加成更强的腹点、节点叠加仍永远是节点的不理想的不均匀的场的结构与分布。

从物理学上来说，腔中的模式数是与该腔的体积成正比的，但体积过大时将降低腔中微波的功率密度，对于加热食品不利，因此必须权衡地选择体积的大小。

8.5.2 柱形腔的设计

柱形腔的谐振波长按下述公式计算：

$$\Lambda_{0\,\mathrm{TE}nim}=\frac{2}{\sqrt{\left(\frac{m}{l}\right)^2+\left(\frac{q_{ni}}{\pi a}\right)^2}} \tag{8.2}$$

$$\Lambda_{0\,\mathrm{TE}nim}=\frac{2}{\sqrt{\left(\frac{m}{l}\right)^2+\left(\frac{p_{ni}}{\pi a}\right)^2}} \tag{8.3}$$

式中 m——轴向半波数；

p_{ni}——第一类 n 阶贝塞尔函数第 i 个根；

q_{ni}——第一类 n 阶贝塞尔函数导数的第 i 个根；

l——圆柱腔轴向长度；

a——圆柱腔内半径。

式（8.2）对应于 TE 模，而式（8.3）对应于 TM 模。

表 8-1 方程 $J_n(x)=0$ 的根 q_{ni}（TE 模）

i \ n	0	1	2	3	4	5
1	2.405	3.832	5.136	6.380	7.588	8.771
2	5.520	7.103	8.417	9.761	11.065	12.359
3	8.654	10.173	11.620	13.015	14.372	
4	11.792	13.324	14.796			

表 8-2 方程 $J'_n(x)=0$ 的根 p_{ni}（TM 模）

i \ n	0	1	2	3	4	5
1	3.832	1.841	3.054	4.201	5.317	6.416
2	7.016	5.331	6.706	8.015	9.282	10.520
3	10.173	8.536	9.969	11.346	12.682	13.987
4	13.324	11.703	13.170			

柱形腔的特点：圆柱腔与矩形腔相比，由于其内表面面积在空腔体积相同条件下，要比矩形腔为小，所以，其固有品质因数 Q_0 要比矩形腔高；另一方面，由于柱形表面对反射波有径向会聚功能，这样就有利于加热效率的提高，而且方便清洁和卫生，没有死角。

遗憾的是至今六十余年来，微波炉仍保持方腔结构，这就不能充分利用其形状优势来提高其功率密度及对加热均匀性的要求，如将方形腔或矩形腔改成圆柱形腔或半球形腔甚至是球形腔，都将大大改善上述两个重要指标。长期以来，微波炉的能效等级经过一系列的努力（如采用高效磁控管及采用变频电源等许多新技术、新举措），目前已能达到一级甚至超一级的水平，但在均匀性及煮食效果来看，仍有改进和提高的潜力可挖。

8.5.3 球形腔的设计

尽管到目前为止，市场上尚无球形腔的微波炉出售，但作为谐振腔来说，球形腔确实存在许多优点。

（1）球形腔的表面积与空间体积之比要比矩形腔和圆柱腔小得多。如设矩形腔的边长各为 a，圆柱腔的半径和高度均为 a，球形腔的半径为 a，那么三种不同腔型的表面积与空间体积之比 $\frac{S}{V}$ 相应为 $\frac{6}{a}:\frac{2}{a}:\frac{3}{a^2}$。由此可见，球形腔最小，这就说明球形腔具有最高的 Q_0 值，这将有助于腔体的激励和加热效率的提高。

（2）球形腔腔壁对反射波具有向中心会聚的功能，从而进一步提高微波加热的效率。

（3）如球体在赤道处将其分成两个半球，即上半球与下半球，并在此设置微波扼流装置，上半球即可作为炉门，可向上开启，这种圆环形扼流装置设计简单，加工方便。

（4）球形腔内壁易于保洁。

（5）如用小功率固态源（LDMOS 器件）多馈口立体馈能，可达到均匀加热的目的。

（6）球形腔体结构简单，易于加工制造。

但球形腔的设计最为复杂，因为需要采用球坐标系及球函数，即勒让德（Legendre）函数与方程，采用多次变量分离法后可用勒让德多项式展开，在特定的边界条件下求解。对于球形腔工作在多模状态下就尤其复杂，至今尚未见到相应的分析与计算论文发表。

8.6 改善加热均匀性的技术措施

微波炉的加热均匀性是设计者和使用者共同希望的结果，但往往是事与愿违，即使空炉状态下能够基本上做到，但在加热过程中，由于被加热物料如各种食材，在加热温升时会产生物料介电特性的变化，尤其是介质损耗角 $\tan\delta$ 的变化，更在于这种变化的动态分布状态的改变，都加剧了场分布的变化，从而导致了加热不均匀性的后果。几十年来，人们通过不懈的努力来改善这一缺陷，但很多措施效果不佳，这一工作仍在不断进行，下面略举一些具体解决方案说明：

(1) 在腔内炉底安置可旋转介质盘，例如玻璃盘，见图 8.4 (a)；

(2) 在炉顶安装金属翼片模式搅拌器，见图 8.4 (b)；

(3) 在炉底下部安装金属翼片模式搅拌器（埋藏式），见图 8.4 (c)；

(4) 在炉底安装有源辐射天线（类似无源搅拌器），见图 8.4 (d)；

(5) 采用皱折形炉壁，见图 8.4 (e)；

(6) 采用带格子的金属转盘，见图 8.4 (f)。

方法 (1) 是用加介质转盘（玻璃的或微晶玻璃的）来提高均匀性，此方法历史最为悠久，至今在出口产品中仍占主要地位。因为这一方法简单而直观，特别当转盘承载着食品旋转时，角向的加热均匀性确实改进了不少。但仔细观察，可以发现径向的均匀性仍不理想，至于高度方向上更不可苛求。除非将这一转盘做成不对称的偏心转盘，而且在旋转时还存在上下来回往复运动，这样就构成了三维的运动状态，也许能较好地解决这一棘手问题。

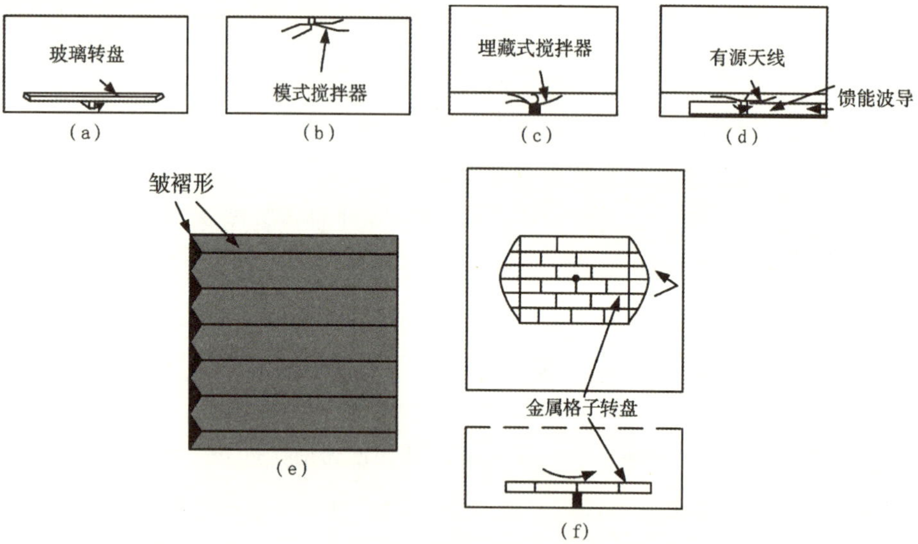

图 8.4　各种改善加热均匀性的措施

方法 (2) 也是历史上较早提出的，它是利用位于微波功率馈口附近设置的一个类似小风扇的所谓模式搅拌器，作为对腔内电磁场的扰动，从而影响腔内电磁场的分布。同时，由于搅拌器的旋转而产生的对振荡源的牵引效应，导致了磁控管在多基频基础上的频率变化，这种变化又促使模式的变化，最终改善了加热的均匀性。过去曾有不少关于搅拌器设计的文章，对片数的多少、转速的快慢等细节的讨论，均取得了一定的成效。但由于放置于顶部，受以下两个因素的影响：其一是这种馈能方式与光波烧烤管的安置发生了矛盾；其二，搅拌器受加热时油气的沉积不易清洁。

方法 (3) 显而易见地将顶部的搅拌器移到了底部，而且埋藏在介质底部之下，同时也将微波馈口从顶端移至底端，这就解决了两个难题：一是炉腔顶端可以方便地安置烧烤管；二是搅拌器不再会受到加热时油气的污染，不存在保洁的问题；三是这种装置位于被加热物料的底部，微波向上辐射，又更靠近食品，特别是采用带有金属盖的塑料蒸霸时，金属盖还具有反射微波的功能，从而提高了加热效率，是一举三得的好办法，目前在国内市场上被称为平板微波炉。

方法（4）初看起来与模式搅拌器类似，但却存在着本质上的不同。前者是一个无源的金属反射器，它只能对辐射出来的微波起到搅拌即扰动作用，一般来说，很难做到与微波源相匹配，从而影响到馈能效率。而作为有源天线，其功能是从此天线上辐射出去的电磁波本身是在旋转的，因此这类微波炉称为旋波炉或转波炉。在设计时可以与微波源匹配得较好，从而解决了能效与均匀性之间存在的矛盾，市场前景很好。

方法（5）中的改善均匀性的出发点是从炉内几个反射壁上做文章产生的，尽管馈能口出来的微波场是线极化的，但一旦投射到形状复杂、凹凸不平的物料时，由于边界边条件的多样性和复杂性，就会从物料上反射形成不同角度的线极化波。所以炉内的线极化不单纯是垂直或水平极化，而是极其复杂的多极化波，更何况还有搅拌器或有源天线上出来的变极化波，这种波投射到如图 8.4（e）所示的皱折式内壁时，会从不同角度的反射面上反射出大小相等相位相反的反射波来，从而进一步加强了线极化波极化角的变化，改善了加热的均匀性。这种凹凸不平的炉壁形状是多样的，主要根据实际经验来设计。

方法（6）不久前才出现的一种具有双重作用的转盘式搅拌器，它是一个带有格子的金属盘，由底部电动机驱动而旋转，由于金属格子的不规则形状与排列，在旋转时对电场的扰动效应不亚于风扇形的搅拌器。同时，它又是食品或物料的承载者，旋转时带动物料一起旋转，旋转时产生的频率牵引也较大，从而更有利于激发起众多模式来，这不是与介质转盘一样的原理吗？而且更好！

图 8.5 所示为有源天线与无源搅拌器的主要区别，前者的转轴是由金属制成的，后者则是由塑料介质制成的，实际上前者是由馈能波导通过一个同轴波导转换接头而将微波转换至旋转的辐射天线上，波导上的辐射孔径较小，它的尺寸与转轴的直径、转轴的高度，以及转轴离终端短路面的距离等均可做理论上的仿真及实验调整后确定。而搅拌器的波导馈口尺寸较大，搅拌器盖住馈口一部分，于是形成较大的反射，不易做到良好的阻抗匹配，因而影响到能效。它们的优缺点比较如下：搅拌器，均匀性较差且不易匹配，成本较低；而有源天线，均匀性较好，且易于匹配，但成本高。如图 8.6 所示为一种有源天线的实例，可以看到，天线的形状是不规则不对称的，而完全由实验确定其具体尺寸。

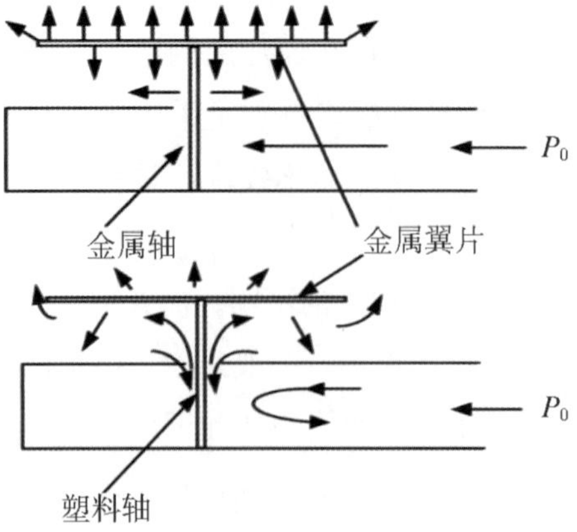

图 8.5　搅拌器与天线的区别

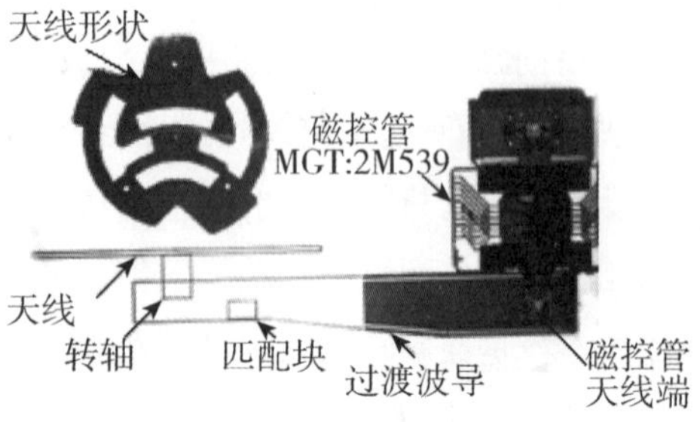

图 8.6　有源天线实例

如图 8.7 所示为作者提出的一种利用圆极化螺旋天线作为辐射器且腔体为圆筒形结构的新概念微波炉（正在申报发明专利）。由于这种天线结构简单，无驱动电动机，且

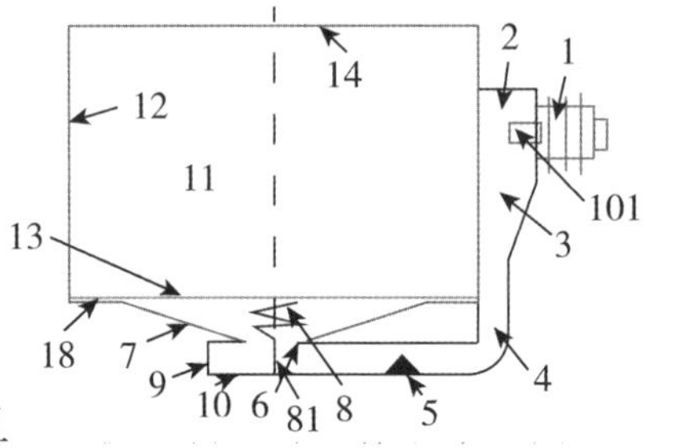

(a)

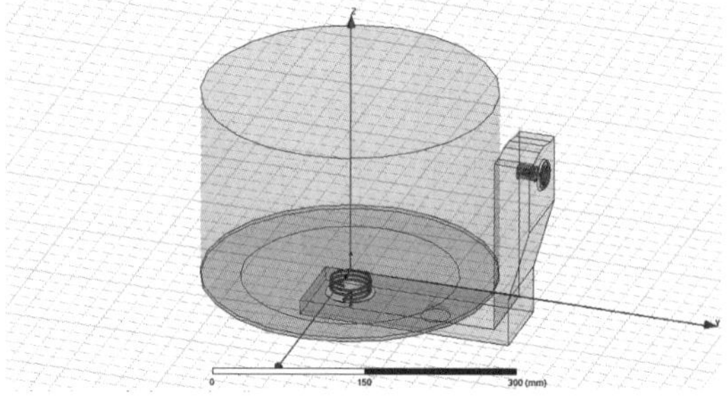

(b)

1—磁控管；2、3、4—为馈能波导；5—为匹配块；6—为波导辐射孔

7—为圆锥形喇叭反射体；8—为圆极化螺旋天线；81—为天线连接及固定杆

9—为波导终端短路板；11—为筒形炉腔；13—为介质板。

图 8.7　具有圆极化螺旋天线的筒形微波炉

图 8.7（b）所示为 3D 图形，这种结构的微波炉与传统结构微波炉相比的优点如下。

（1）本结构打破了延续近 70 年至今未做任何改变的矩形炉腔结构，从而消除了传统结构中的上下、左右、前后 8 个无用的死角，将这些死角中储存的微波能量释放出来，参与到与物品的相互作用空间内，提高了微波能量的利用率和能效；

（2）本结构采用圆柱形筒形炉腔谐振结构，使得从筒形炉腔内圆弧形表面上反射回来的微波能量具有径向会聚功能，从而提高了加热效率；

（3）本结构的微波炉采用圆极化的螺旋天线作为微波能量辐射器，它辐射出来的微波电场的方向是按其工作频率做高速旋转的，这一旋转速率在 2450MHz 波段为 24.5 亿次/秒，即 rpm 为 1470×10^{8}。由此可见，与传统微波炉中的模式搅拌器和玻璃转盘的速率是无法相比的，两者相差高达几十亿倍。这种与生俱来的超高速旋波对提高加热时的均匀性有极大的贡献；

（4）本结构的微波炉中采用的圆极化螺旋天线，配以喇叭反射面后，使得轴向辐射性能大为改善；

（5）本结构的微波炉中的筒形炉腔内壁无死角，也便于日常清洁与保养；

（6）本结构的微波炉中采用固定的天线结构，省去了传统微波炉中旋转的玻璃转盘，以及平板微波炉中搅拌器等慢速旋转电动机和搅拌片等零部件，可大大节省成本。不仅如此，还提高了微波炉的运行可靠性及使用寿命。

本结构的圆极化螺旋天线如图 8.8 所示，电磁仿真结果如图 8.9 所示。

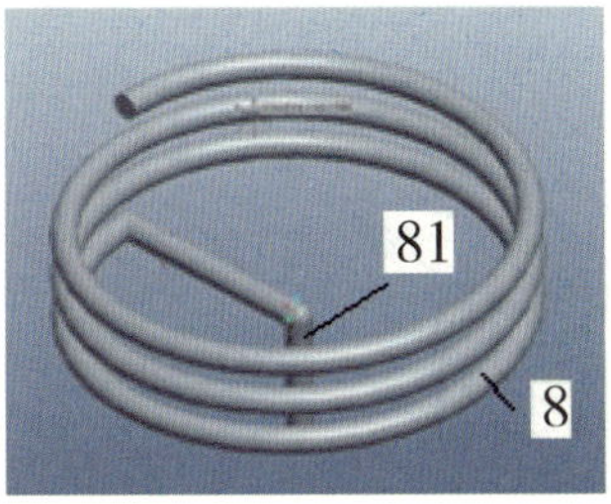

图 8.8 圆极化螺旋天线

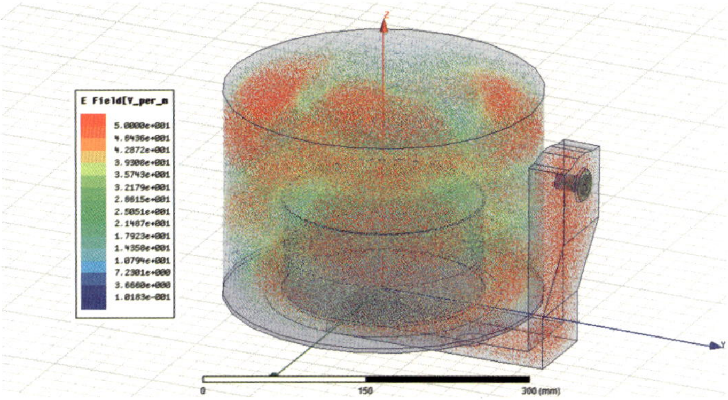

图 8.9 电磁仿真结果

8.7 微波炉的门封技术

微波炉炉门与炉腔的密封技术是保证微波泄漏达标的关键技术。20 世纪 70 年代初，日本花了很大精力解决这一难题，经过多年努力，目前已达到很高的密封水平。按 IEC 及 GB 的要求是达到离门 5cm 处，泄漏微波的功率密度应在 $5mW/cm^2$ 以下，我国则规定在 $1mW/cm^2$ 之下，目前国内最高水平已达 $0.05mW/cm^2$，且仍在不断提高中。由此可见，我国微波炉门封技术已达到超高水平。

一种四分之一波长抗流齿（或称抗流槽）结构如图 8.10 所示。根据传输线阻抗变换原理在图 8.11 中可以看到，齿中 E 面是终端短路面，而齿深即 CE 两面距离为 $\lambda/4$，因此在端口 B 处的阻抗为无穷大，即开路；然后沿齿与上梁之间的间隙向下至 A 点，又经过了 $\lambda/4$ 的再次阻抗变换，于是又变为短路。也就是说，虽然在 A 处存在 1mm 的机械间隙，但从微波角度来看却是密封的，炉内微波不可能从该处向外泄漏，这就是门封的工作原理，实物如图 8.11 所示。

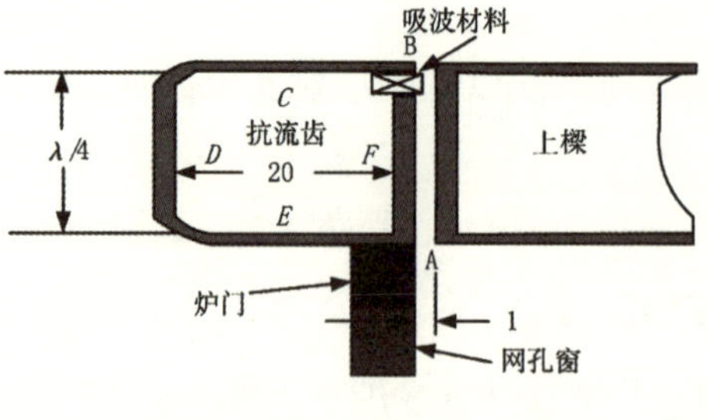

图 8.10 λ/4 抗流齿结构

图 8.11 抗流门实物

实际上的抗流门上的抗流齿并不连成一片，而是两个门齿之间留有一定宽度大小的间隙，实验表明，这种门封结构效果很好。在图 8.12～8.14 所示为外国的几个抗流门专利。

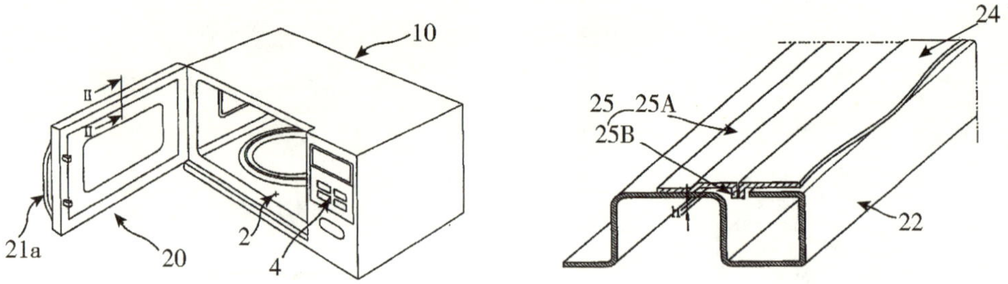

图 8.12 国外专利Ⅰ

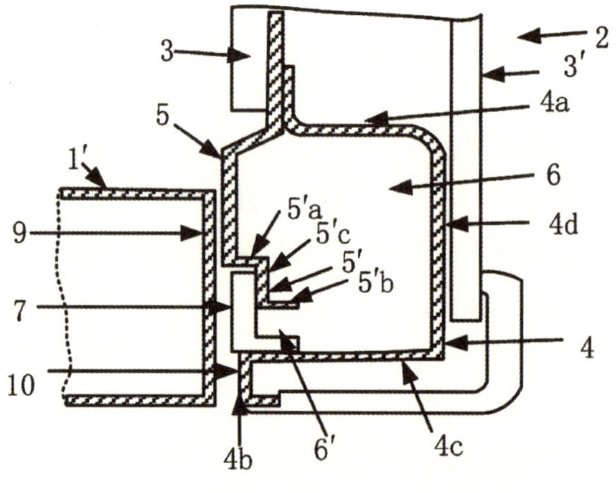

图 8.13 国外专利Ⅱ

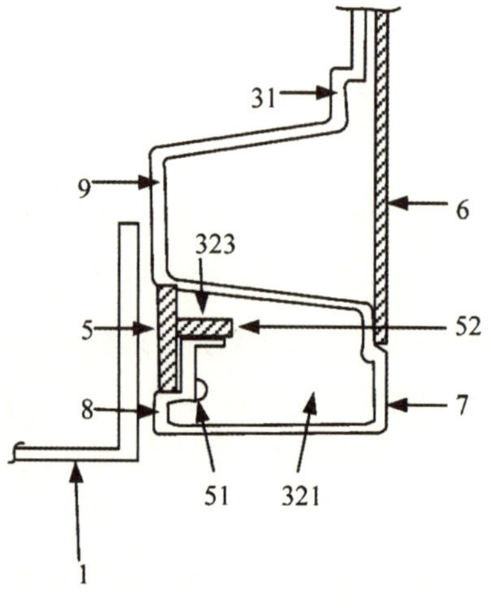

图 8.14 国外专利Ⅲ

这些专利都各具特色，但有些差别，若需详细了解内容，可查阅相关专利。

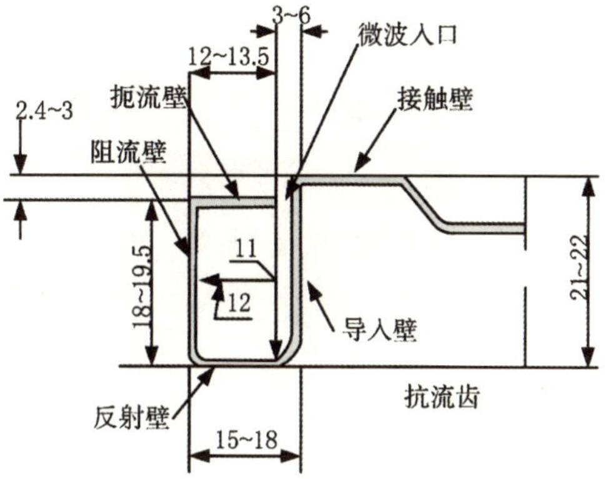

图 8.15　又一专利的具体尺寸

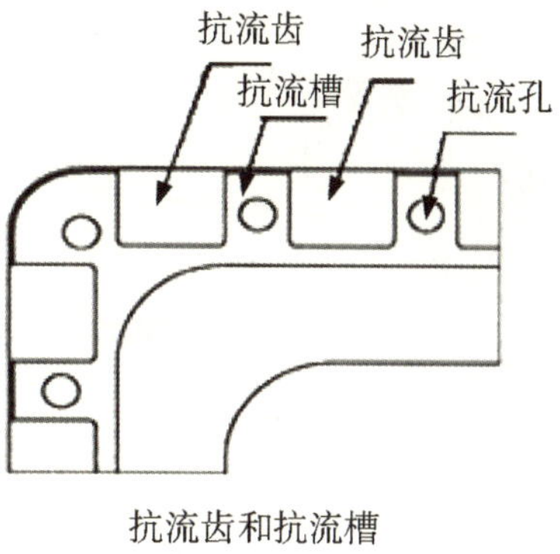

图 8.16　抗流门的一角

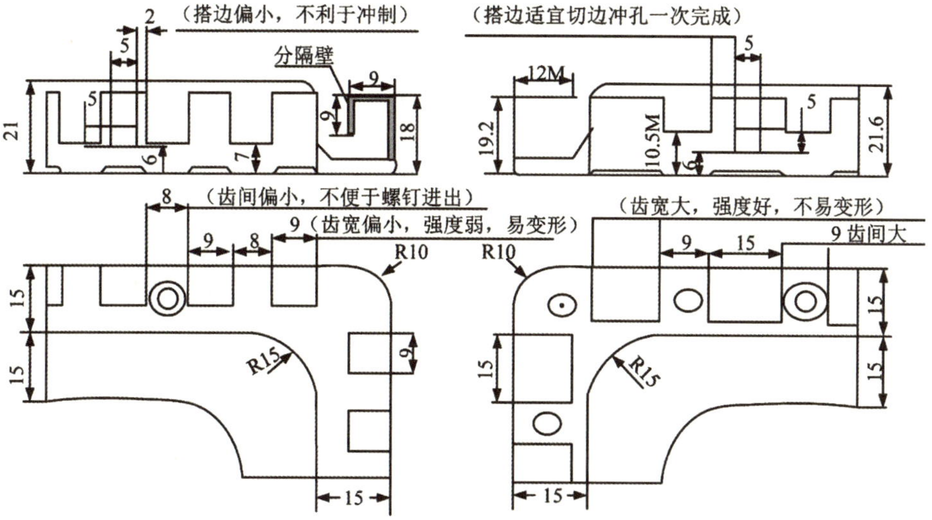

图 8.17　左为常见的抗流齿，右为理想的抗流齿

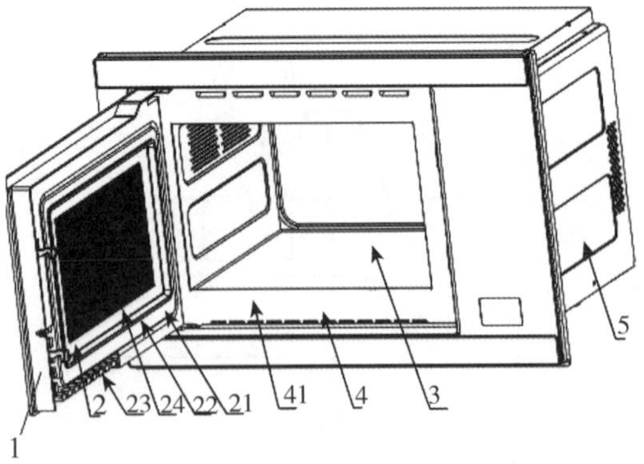

（a）炉子整体结构

（b）整体门结构

1—炉门；2为屏蔽板；3—烹饪室；4—前板；5—炉体；41—密封平面周圈

21—接触部；22—加强肋；23—抗流槽；24—观察窗

图8.18　国产方太牌微波炉门专利

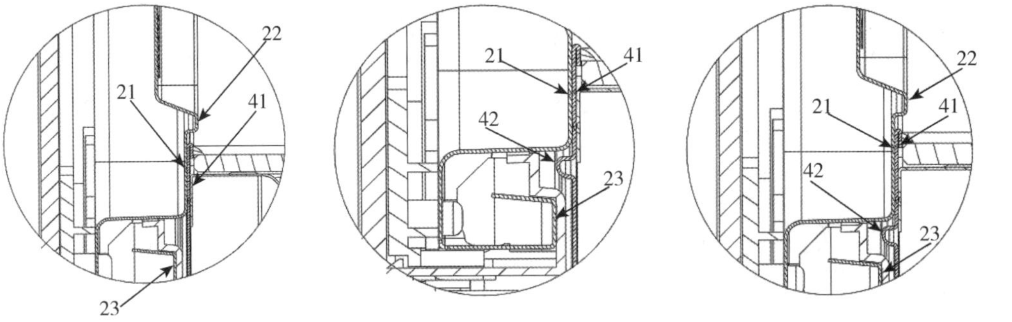

（a）　（b）　（c）

图8.19　方太专利局部放大图

图8.18中3个局部放大图中可以看出差异只在加强肋的条数及在炉门上的位置，图8.18（a）中加强肋在梁内的炉腔中；图8.18（b）中此加强肋42则位于抗流槽内；图8.18（c）是具有两条加强肋，其中一条加强肋22在抗流槽外，另一条加强肋42则在抗流槽内。

上述结构的微波泄漏低达0.05mW/cm^2是目前国内效果较好的一种门封结构。

作者最近提出一种具有三重抗流齿结构的门封技术，如图8.20所示。在炉门与腔体梁之间存在三组抗流齿，一组在门平面内且与观察窗或液晶面板相邻，另两组则在梁上，共有三个低阻抗区，即图8.21中的j点、E点及H点，它们能更好地抑制微波从门缝处外泄。不仅如此，该炉门的厚度只有现有炉门的一半左右，可称超薄炉门。

不过上述设计是纯理论性的，因为只考虑了单频工作，所以还需在实验中对各个尺寸进行多次调整，直到满足技术要求，符合相应国家标准为止。

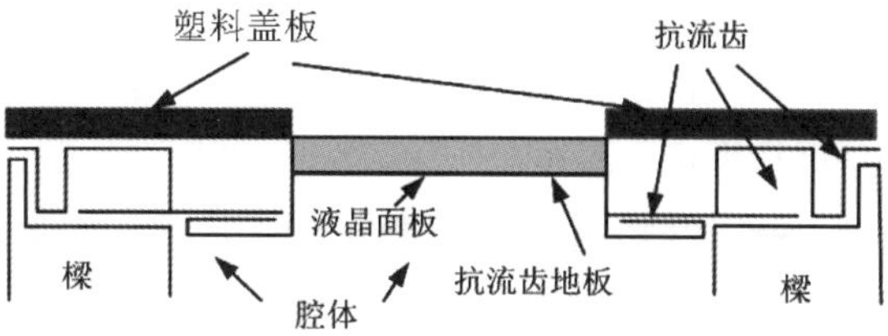

图 8.20 三重抗流门封结构

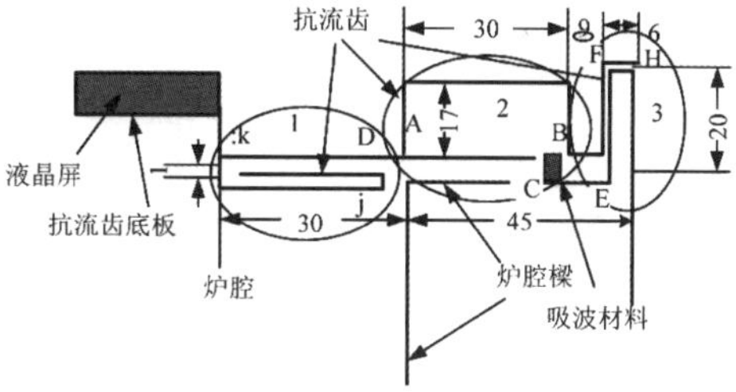

图 8.21 局部放大图

综观上述国内外产品中的各种抗流炉门，包括已经发布的大量专利中，没有几个设计完全符合微波传输线中关于四分之一波长阻抗变换原理的，而且结构上存在许多无法从理论上加以解释的小孔、断槽及弧形弯曲板等，这些被命名为抗流齿、抗流槽、抗流孔等均来自实验的结果，之所以缺乏理论计算，原因是十分清楚的。因为炉腔内的微波来自磁控管，而由于其本身结构上的原因，以及所配置直流电源的关系，磁控管振荡后输出的微波不是单一的工作频率，而是一个分布为 20～40MHz 的多基频频谱的振荡，加上一些非线性效应产生的频率互调，结果产生几百上千兆赫的多频现象，所以无法以一个主频来设计门封结构，只能在基本理论指导下，通过实验与仿真，不断调整尺寸来达到对多频振荡抑制的目的。这些结构是实践经验的总结，是宝贵的制造经验。

8.8 微波炉电源

微波炉的电源从 1967 年发明漏感变压器后一直沿用至今，这是由于这种由漏感变压器、充放电储能电容器和单向导通二极管组成的半波倍压整流电路具有自稳压及稳流的作用，同时还具有元件少、结构简单、成本低廉等一系列优点。21 世纪初，松下公司在微波炉内首先采用了不需要笨重铁磁变压器的变频电源，尽管价格较高，但作为一种新型直流电源有其许多优点，随着技术进步，大批量规模生产后，其成本必将不断下降，逐步取代旧有笨重低效电源。

8.8.1 半波倍压整流电路

利用漏感变压器，储能电容器及高压整流二极管三个元件组成的半波倍压整流电路如图

8.22 所示。由于漏感变压器的非线性电感的功能与作用，当输入电压上下波动时，能保持整流后的高压基本恒定，从而使磁控管中流过的电流保持恒定，这就起到了恒压恒流的作用，使微波源的输出功率保持恒定。图 8.23 所示为漏感变压器的截面，可以明显看到漏磁的铁芯。由于是半波整流，所以整流后的高压呈脉动起伏状态，在这种高压作用下，同时考虑到漏感变压器和储能电容器的影响，磁控管中的阳极电流将如图 8.24 所示。

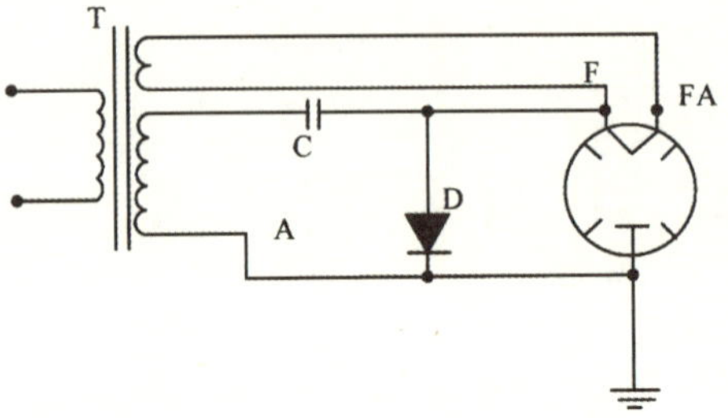

图 8.22　半波倍压整流电路

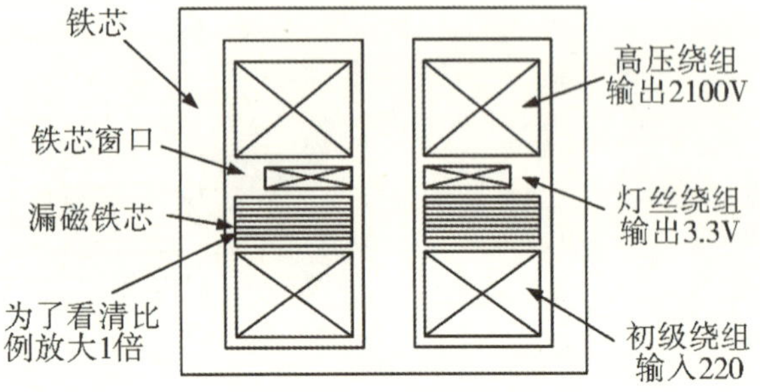

图 8.23　漏感变压器的截面

微波炉中除磁控管外，最核心的部件就是变压器了，而且为了与动态电阻很小的磁控管相配合，以达到稳压与稳流的目的，采用了一种称为“漏感变压器”的特殊变压器，利用磁饱和原理，以达到当输入电压大幅度变化时，次级高压输出变化微小的目的，其结构如图 8.23 所示。

最基本的原理是在初次级绕组间加入高磁阻的辅助磁回路，当初级磁通增大时，有一小部分磁通不与次级绕组耦合而被旁路，这就保持了输出电压恒定。我们在实验中发现，当输入电压为 220V±10V 变化时，如采用普通变压器时，测得的阳极高压变化为±12V，而当采用漏感变压器时，测得的阳极高压变化不超过±3V。由此可见，高压电压稳定度提高了近 4 倍。

在这种电路中，流过磁控管阳极电流呈脉动波形，如图 8.24 所示，这时相应的微波功率输出包络如图 8.25 所示。正是由于采用这种半波倍压整流电路后再加上管内阴极特殊的螺旋状结构，最终导致了如图 8.26 所示的特殊的多基频频谱。

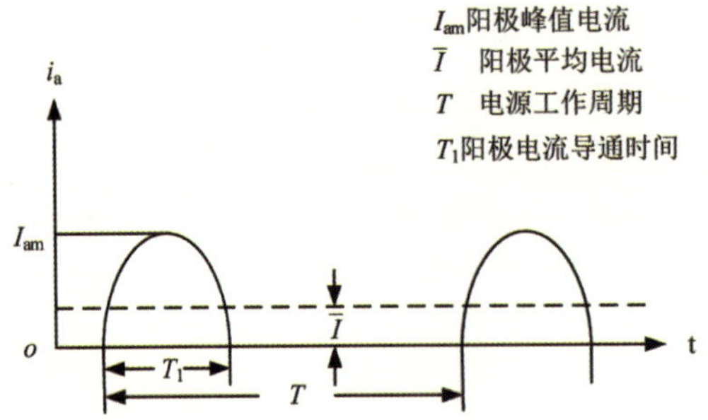

图 8.24　阳极电流波形

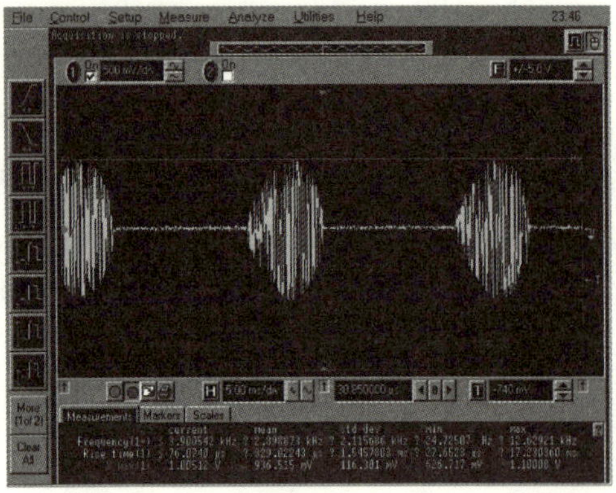

图 8.25　微波输出功率包络

I_a=260mA;
f_0=2.4623GHz VSWR=1.0

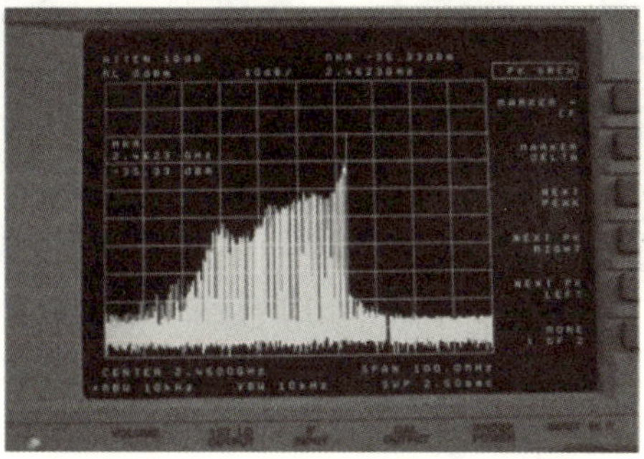

图 8.26 微波输出多基频频谱

8.8.2 输出的多基频特性

由图 8.26 可见，在这种电源下的磁控管输出频谱呈多基频特性，带宽分布约 30MHz，而且与负载匹配状态有关。图 8.26 所示为负载匹配时的谱线。下面举一个不匹配时的频谱特性。

VSWR=2.0;
V~=200v; I_a=255mA

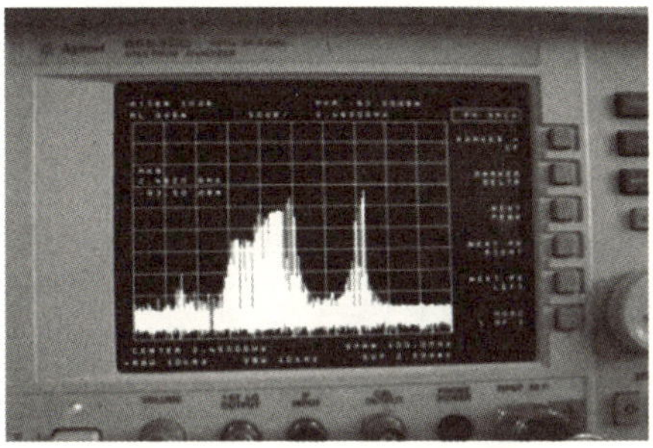

图 8.27 失配时的输出频谱

由图 8.27 可见，当 VSWR＝2.0 时，频谱谱线包络呈驼峰形状，而且谱线存在两个主峰，分布更宽达 40MHz 左右。正是这些靠得很近的多基频谱，在非线性元器件作用下，相互调制后得到了许多差频与和频，其频率在数十兆赫至数百甚至数千兆赫之间。这么宽频带的微波不仅在腔内会通过不理想的门封向外辐射，干扰附近的电子设备，如电视、电脑、蓝牙设备、移动电话、Wi-Fi……同时还会通过灯丝引线和电源线进行串扰，造成严重的电磁兼容（EMC）问题。

2450MHz 波段的变频电源已开发成功，并已批量生产（百万量级），成本相当于一个变压器，重量是变压器的 1/6.5，已广泛使用于微波炉行业中。变频电源外形如图 8.28（a）所示，图 8.28（b）所示为同一功率量级的漏感变压器，前者重量为 680g，后者则为 4.45kg，而且在效率上提高了不少。

(a) (b) (c)

图 8.28 变频电源与漏感变压器

8.9 磁控管与微波炉的配合

到目前为止，微波炉中的功率源还是六十多年来一直使用的磁控管，因为磁控管所具有的独特的基本特性（例如，它不是一个恒定功率源，其输出功率随负载变化而变化，在负载匹配时不一定输出功率最大，在某些负载相位时会产生跳模或下沉现象，磁控管具有较低的动态阻抗等），所以在与微波炉配合时就必须尽量做到选择合适的微波炉阻抗，以便使磁控管：

（1）提高输出功率 p_0；

（2）提高管子效率 η；

（3）延长管子使用寿命 t；

（4）提高设备工作可靠性。

具体措施如下：

（1）微波炉炉腔阻抗的调整与测量；

（2）雷基图的正确使用；

（3）磁控管的选配。

8.9.1 炉腔阻抗的调整

微波炉炉腔阻抗的调整是一件十分复杂而又细致的事情。首先原始设计要正确，要考虑到足够的容积，又要计及功率密度的大小，更重要的是还要知道炉腔的阻抗，它的大小与相位是否与磁控管雷基图上最佳工作点重合，否则会直接影响管子的输出功率和效率，影响能效等级的高低。

阻抗调整方法及步骤如下：

（1）先了解待用磁控管的雷基图的最佳负载的位置；

（2）利用等效探头代替磁控管，插入激励器后接至矢量网络分析仪（见图 8.29 及图 8.30）；

（3）在分析仪屏幕的阻抗圆图上观察炉腔的实际位置；

（4）如与雷基图上的最佳负载的位置不符，就要开始调整。

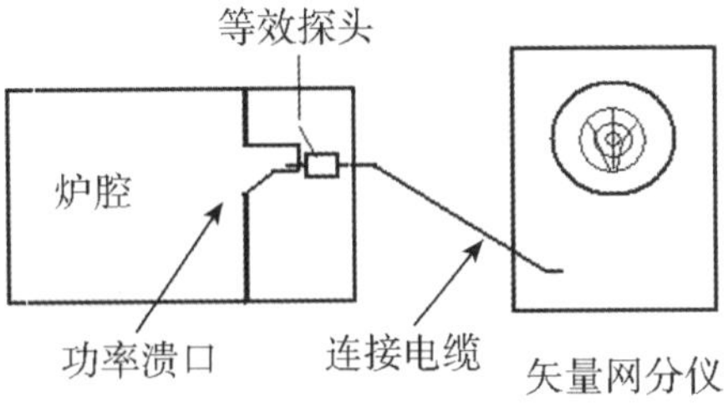

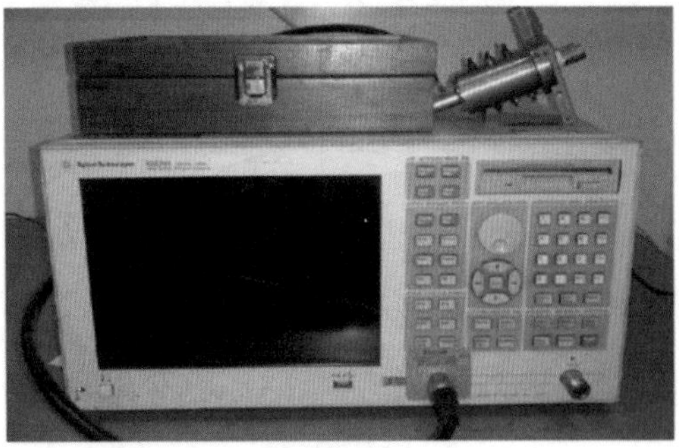

8.29　腔体阻抗测量方法及系统　　　　　8.30　矢网与等效探头（右上）

如图 8.31 所示为一测试实例，图中左侧的圆图中的变化轨迹是在一定频率范围内的阻抗扫描轨迹，右侧为直角坐标中的驻波比与频率的关系曲线，$S = f(F)$，这一表示方法中，丢掉了阻抗中的相位信息，属于标量显示。由图可见，在 $f = 2448\text{MHz}$ 到 $f = 2468\text{MHz}$ 范围内，驻波比 S 从 1.4 变至 1.9 左右。

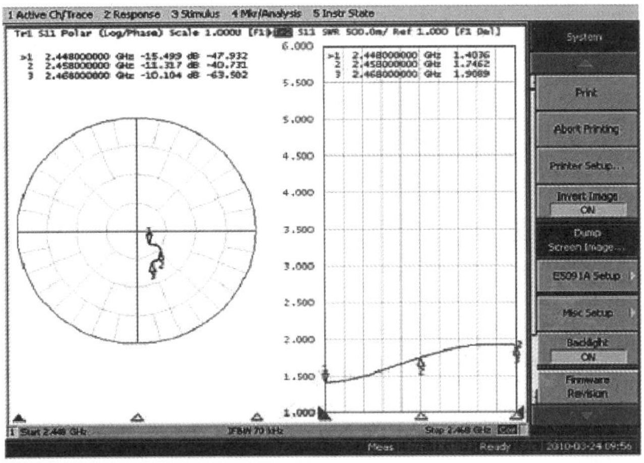

图 8.31　一个测试实例

8.9.2 微波炉炉腔阻抗在雷基图中的位置

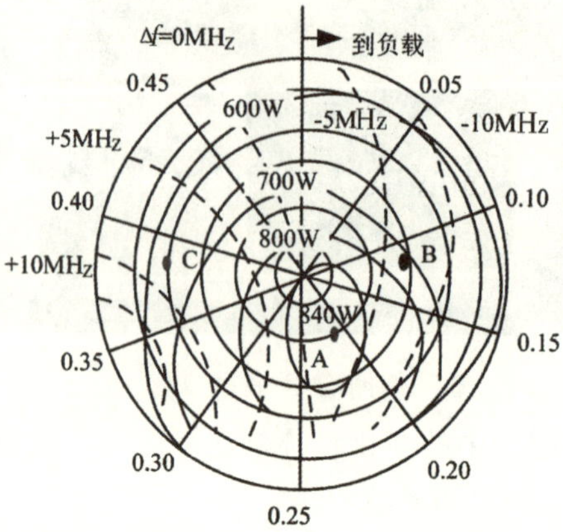

图 8.32 雷基图中的阻抗位置

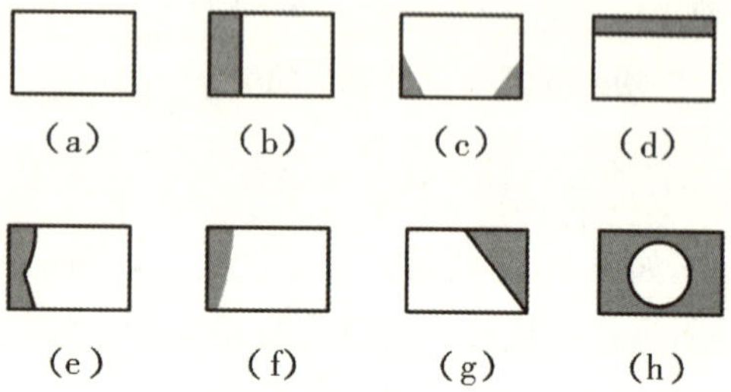

图 8.33 各种馈口形状

在图 8.32 中，A 区为磁控管最佳工作点位置，因为该区的微波阻抗能使磁控管工作在大功率及高效率的状态之下，而 B 区及 C 区若为实测的炉腔阻抗位置，就可以看出无论输出功率还是效率都无法与 A 区工作点时相比。在雷基图上可以看到不同工作区反映了驻波系数大小和相位角的不同，也就是负载阻抗的差异。在图上还可看到，即使驻波系数保持不变，但改变相位角时，同样改变了相应的微波阻抗。而调整的手段又非常有限，只能改变馈口的形状和截面大小等，详见图 8.33 所示。这是一项十分细致，且花时间的工作，要耐心地调试，方能得到完美的结果。当然也可借助 HFSS 仿真软件在不同馈口形状的边界条件下进行模拟与仿真，看能否取得一个适当的微波负载阻抗。如图 8.34 及图 8.35 所示为阻抗合适及阻抗偏大的两个实测的动态阻抗轨迹。由图可见，要获得如图 8.32 中的理想负载阻抗是十分不易的。

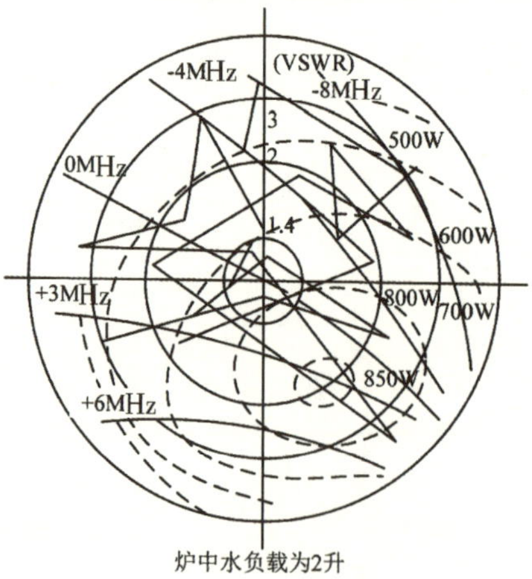

图 8.34 阻抗合适的微波炉

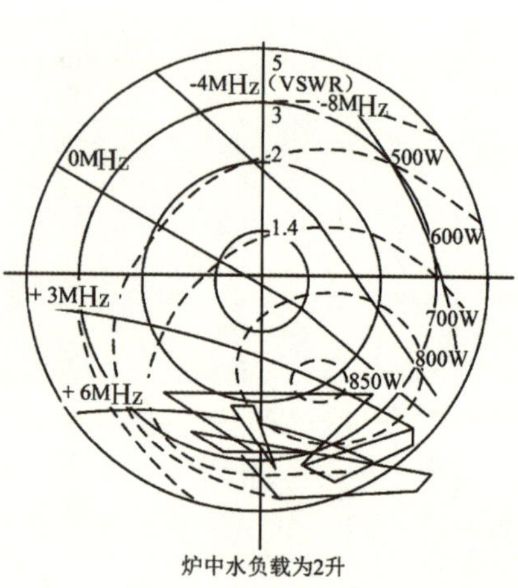

图 8.35 阻抗偏大的微波炉

8.10 磁控管在炉腔严重失配时的后果

当磁控管遇到炉腔严重失配时，如空炉开机，由于这时的负载波驻波比很大，输出功率几乎被大部分或全部反射回来，使磁控管阳极温度迅速上升，超过了允许的温升。如果保护装置失灵，阳极上的薄弱环节隔模带会产生严重变形甚至烧坏，产生跳模或彻底失效；输出天线也会因过大反射而烧毁；与此同时，过大的反射导致阴极回轰功率的增加，从而烧坏直热式灯丝，这些后果都是由严重失配造成的。

微波炉中磁控管的特性如下：

（1）磁控管不是一个恒功率源；

（2）磁控管与炉腔之间不存在共轭匹配概念；

（3）负载匹配不是磁控管最佳工作状态；

（4）磁控管的振荡频率不是单频的，具有多基频特性，带宽在20～50MHz之间；

（5）负载变动时，输出功率与振荡频率做相应的变化，后者对提高加热均匀性有利；

（6）磁控管起振后呈负阻性质，没有电抗或电纳属性。

炉用直热式CW磁控管在使用过程中可能出现的故障有：

（1）灯丝断裂；

（2）陶瓷损坏或漏气；

（3）电极损坏；

（4）真空度不良；

（5）发射不足；

（6）输出功率跌落；

（7）跳模；

（8）失控；

（9）管内打火；

（10）辉光与荧光；

（11）灯丝变形和不对称；

（12）磁体退磁；

（13）产生浪涌电压。

磁控管的损坏机理如下：

除了运输、储存、使用不当等外部因素造成管子损坏外，在正常条件下，损坏的主要原因是负载严重失配，尤其是落入雷基图的下沉区，这时会引起以下问题。

（1）阳极温度的急剧上升（可达500～600℃）；

（2）阴极温度的急剧上升（反射功率与回轰功率上升导致，可达2000℃以上）；

（3）天线温度的急剧上升（可达600℃以上）。

这就说明选择微波炉阻抗的重要性，它不仅直接影响炉子的各种参数，还有可能缩短磁控管的寿命，甚至损坏管子。

8.11 微波炉中场强的检测技术

微波炉中场强的检测可用下述几种方法进行。

（1）采用热敏纸或热敏液晶薄膜感温片在分层骨架上进行，然后用电脑合成3D成像；

（2）采用湿敏纸（$CoCl_2$）在分层骨架上进行，然后用电脑合成3D成像；

（3）分层用介质盘盛放硅胶颗粒，观察加热过程中颜色由蓝色至粉红色的变化，然后用电脑合成3D成像。

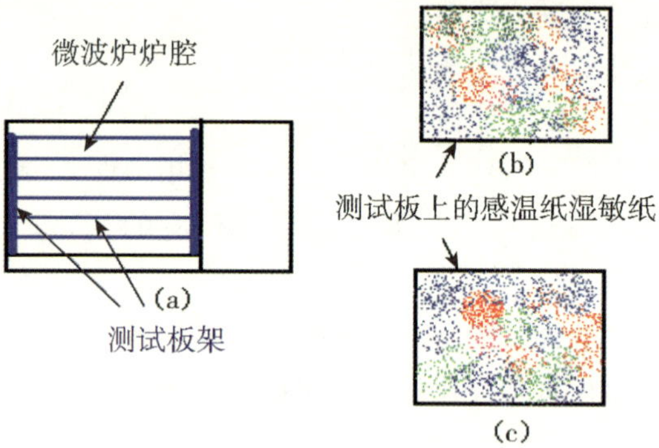

图8.36 测试板架和各层上的温度或湿度分布

在图8.36（a）中可看到炉腔中用介质板及骨架制成的测试板架，在高度上分成若干层，在每层上铺上感温或湿敏材料纸，然后整体置入炉腔内，关上炉门，开启微波炉一定时间（如半分钟）后，打开炉门，取出支架，卸下各层测试板，用相机拍摄变成彩色的感温纸或湿敏纸（如图8.36所示）等，然后用电脑按3D方向进行立体成像，最后形成腔内微波电场的3D图像。例如红色表示最强区，蓝色代表最弱区，其他如橙、绿等代表中间区。当然也可用热像仪来测量。

（4）采用小氖泡或LED做成2D阵列式或3D立体式的测试板或测试架，直接放入微波炉中，开机后观察这些发光元件的发光亮度及其分布情况，就可推测出炉腔内的平面或空间的微波场强的分布概况。

8.12 微波加热对象的温度测量

加热对象的温度测量方法很多，可归纳如下：

（1）热电偶法（Seeback 1821）；

（2）光纤法（Luxtron 1992）；

（3）红外法（点传感器→焦平面阵列→红外相机）；

（4）热敏纸法（Feher 1997）；

（5）液晶箔法（Grunewald 1981）；

(6) 模型物质法（Risman 1993）；

(7) 微波辐射法（Stephan 2004）；

(8) 核磁共振法 MRI（Nott 2000）。

核磁共振成像（MRI）作为一种温度测量方法，可以避免现有方法的所有不易解决的问题，其优点如下：

(1) 非侵入式三维测定方法，可不与产品接触，不破坏产品结构；

(2) 较高的温度空间分辨率；

(3) 可对表面及内部温度分布进行测定。

缺点为：价格昂贵，结构复杂 。

MRI 与光纤测温的对比如图 8.37 所示，从图 8.37（b）所示的测量结果来看，两者基本一致。

在我国，目前尚未见到引进这种先进的测温设备。

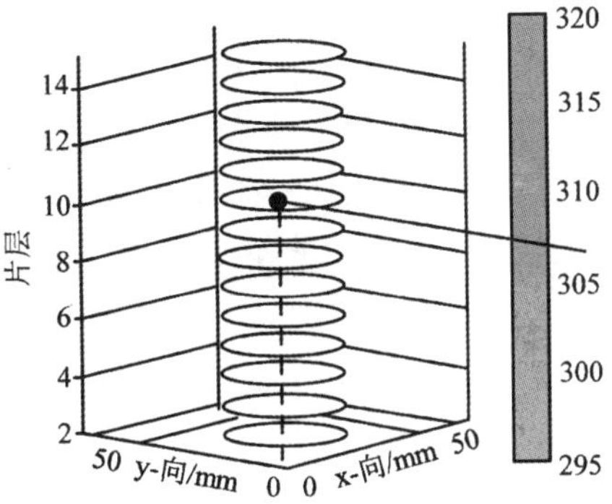

(a)

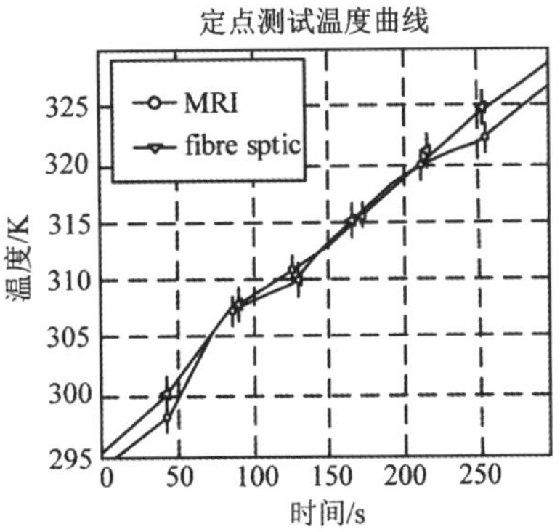

(b)

图 8.37 在某层中 MRI 法与光纤法的测温对比

8.13 微波炉的电磁仿真计算

8.13.1 概 述

在设计微波炉时，有一个过程必不可少，那就是利用 HFSS 仿真软件可对空载微波炉、负载微波炉、馈口选择与调整、门封技术中的抗流齿尺寸的选择与修正等进行电磁仿真与模拟，得出所需部分的电磁场分布或辐射功率的相对大小。仿真结果通常用彩色图形显示，旁边还有彩色条码显示相对强弱可供对比。从图 8.38 可以看得非常清楚，哪些部位场强较强（红色），哪些部位场强较弱（蓝色）。而实测结果还是比较符合的（见图 8.39）。

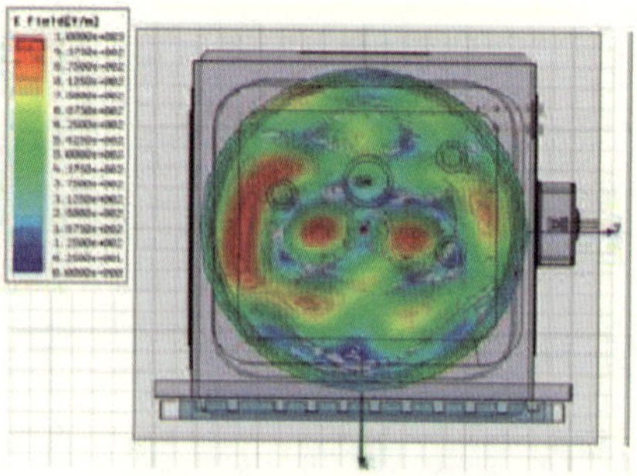

图 8.38　微波炉中的电磁仿真结果

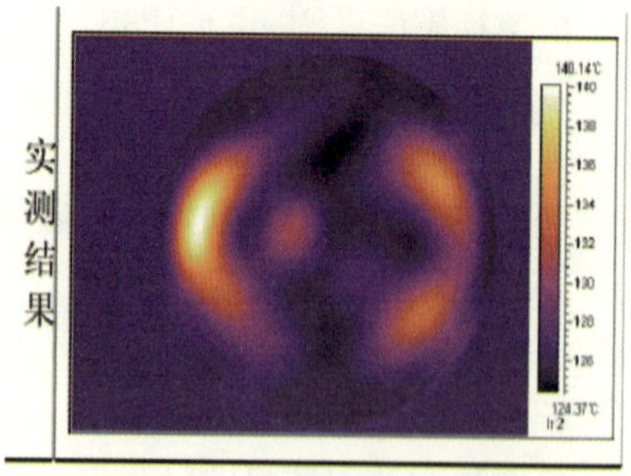

图 8.39　实测结果的温度场

图 8.40 所示者对抗流门的电磁仿真结果。可以看出，在门的右侧存在较大的微波泄漏。在图 8.41 中可看出门缝上的电场分布。

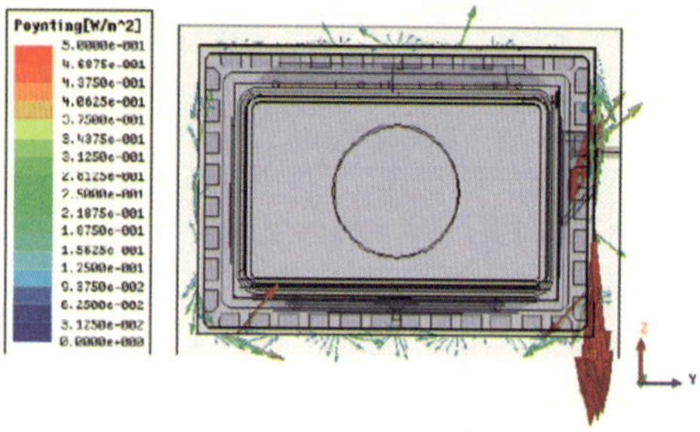

图 8.40　抗流门的仿真结果

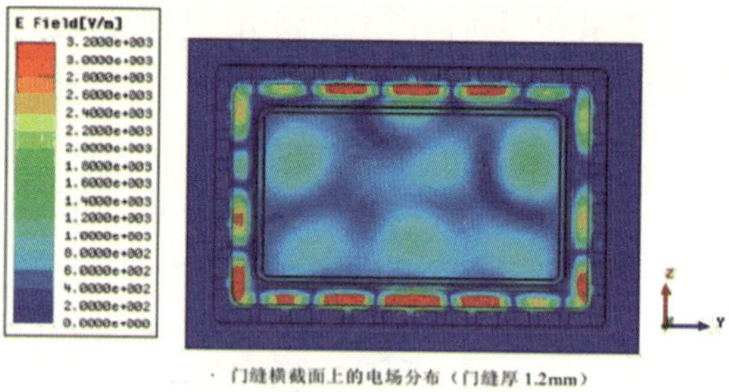

图 8.41　门缝上的电场分布

8.13.2　四种不同结构微波炉的电磁仿真计算

1. 现有平板（搅拌片）微波炉带负载仿真

图 8.42 所示是目前市售平板（搅拌片）微波炉放置 1L 水时的计算模型。

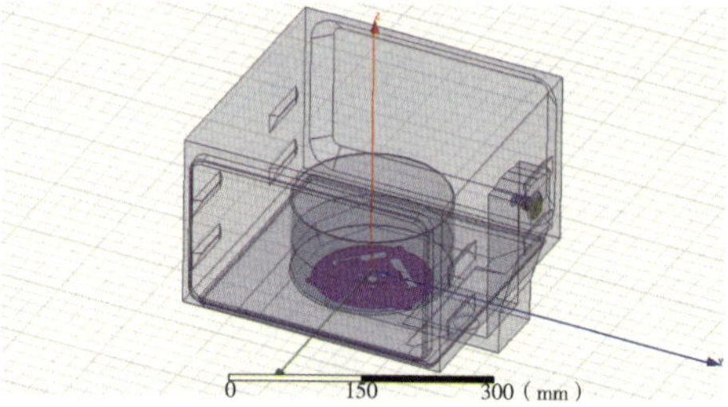

(a) 微波炉

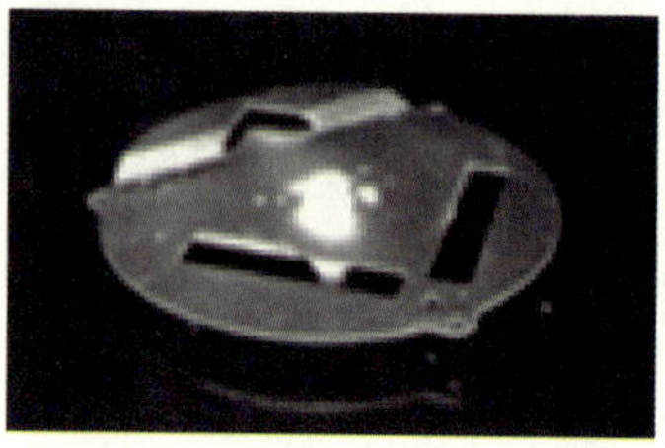

(b) 搅拌器

图 8.42　平板微波炉带负载时结构

2. 圆极化（变直径螺旋线）微波炉带负载仿真

图 8.43 所示是采用变直径螺旋线（盘香立体状）微波炉中放置 1L 水时的计算模型。

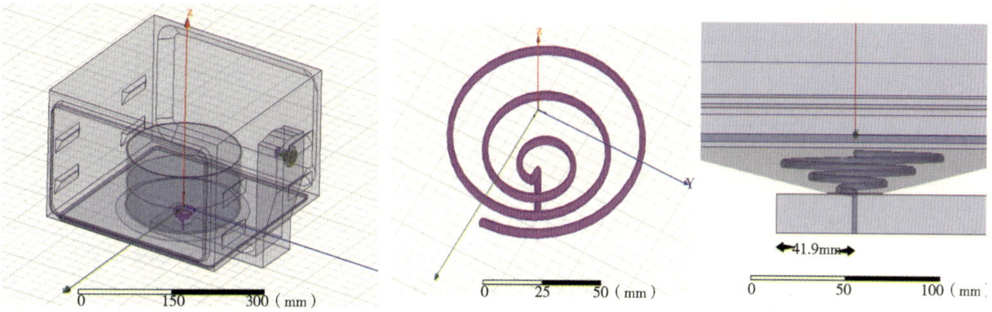

(a) 微波炉　　(b) 变直径螺旋线　　(c) 立体结构

图 8.43　圆极化（变直径螺旋线）微波炉带负载时结构

3. 等螺旋半径螺旋天线（圆孔耦合）微波炉带负载仿真

图 8.44 所示是一种采用等螺旋半径螺旋天线，而在馈能波导中开大圆孔耦合的放置 1L 水时的计算模型。

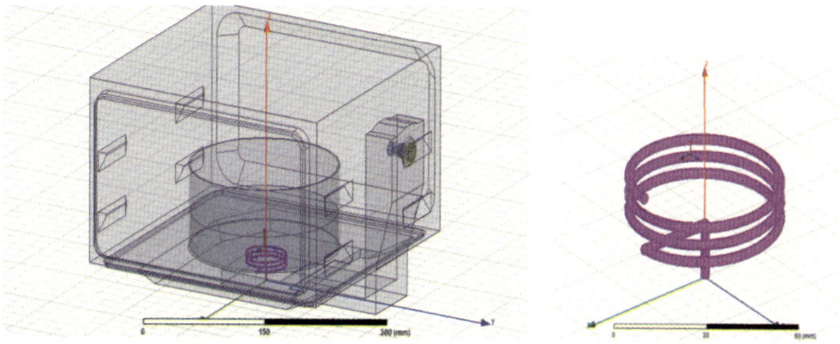

(a) 微波炉　　(b) 等直径螺旋线

图 8.44　等螺旋半径螺旋天线（圆孔）微波炉带负载时结构

4. 等螺旋半径螺旋天线（方孔耦合）粗连接杆微波炉带负载仿真

图 8.45～图 8.47 所示是一种采用等螺旋半径螺旋天线，而在馈能波导中开大方孔耦合的放置 1L 水时的计算模型。

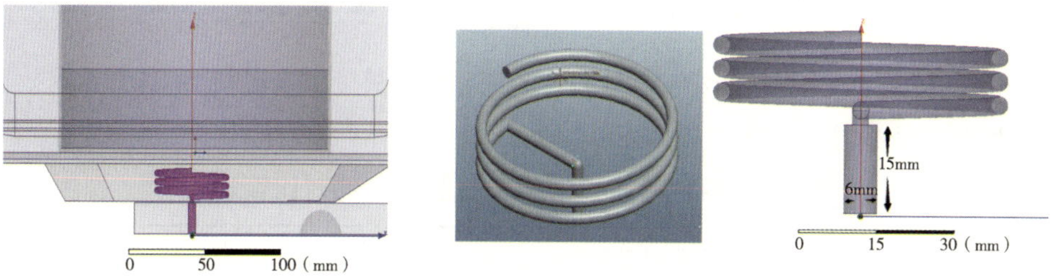

(a) 微波炉　　(b) 等螺旋半径天线　　(c) 粗连接杆

图 8.45　等螺旋半径螺旋天线（方孔）粗连接杆微波炉带负载时结构

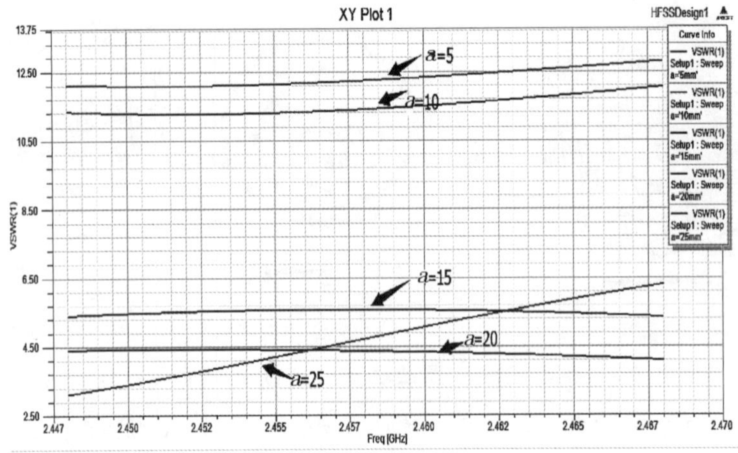

螺距 4mm，半径（参数 a）5～25mm 扫参，步长 5mm，耦合口半径 20mm

图 8.46 等螺旋半径螺旋天线（圆孔）微波炉带负载时的 S_{11} 仿真结果

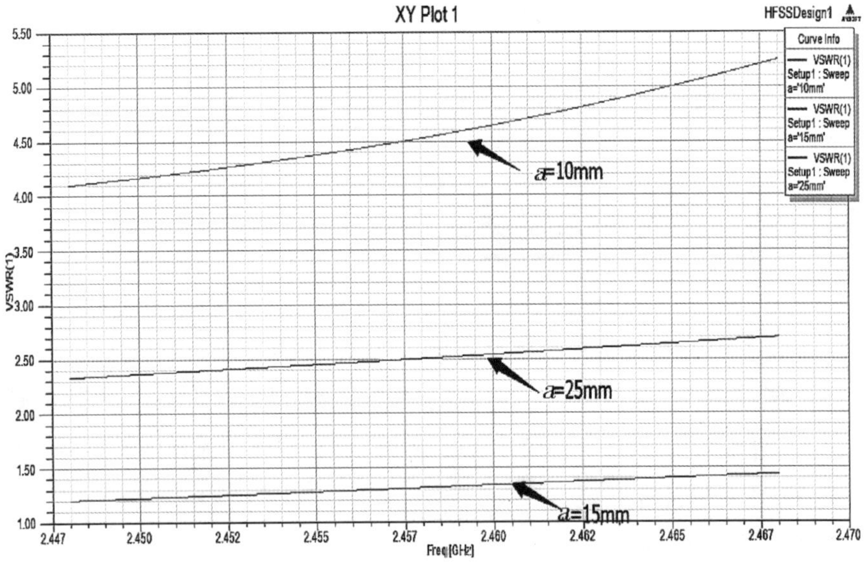

图 8.47 等螺旋半径螺旋天线（方孔）微波炉带负载时的 S_{11} 仿真结果

四种结构负载驻波比的对比如表 8-3 所示。

表 8-3 四种微波炉结构负载驻波比的对比情况

序列	微波炉类型	负载驻波比
1	现有平板炉　（搅拌片）	4～5
2	变直径螺旋线（有喇叭反射面）	8～10
3	等直径螺旋线（圆耦合孔无喇叭反射面）	4.5～5
4	等直径螺旋线（方耦合孔无喇叭反射面）	1.3～2.5

由此可见等直径螺旋线（方耦合孔无喇叭）的驻波比在 2.457GHz ±10MHz 频带内最小。

由分析可得出以下几点结论。

（1）负载驻波比。

①等直径螺旋线在下列尺寸下：t（螺距）=5，a（螺旋天线半径）=25，n（螺旋匝数）=3，h（连接杆高度）=15，d（连接杆直径）=3mm，VSWR≤2.5。

②粗连接杆（6mm）时，VSWR=1.30～2.50。

③搅拌片时，VSWR=4.5～5.0 。

显然，前者优于后者，因此，采用等直径螺旋天线可以提高微波炉的能效。

（2）负载中的场分布，螺旋天线结构优于搅拌片，电场分布均匀性提高了，尤其是方孔直接耦合时最为均匀，场图分布见图 8.48。

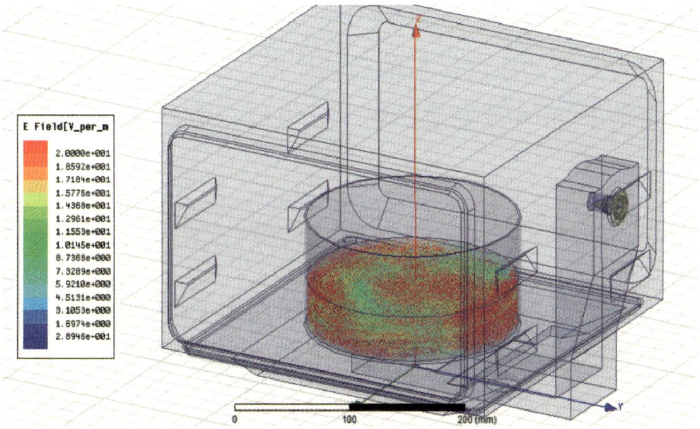

图 8.48 等直径螺旋天线（方孔耦合）场分布图

（3）采用圆极化螺旋天线使结构简化，省去了旋转电动机及搅拌片，提高了运行可靠性及使用寿命。

（4）节省了成本，提高了经济效益。

详细说明及结构参数见第 12 章有关专利。

（以上仿真计算工作由张卫强完成）

8.13.3 微波加热模拟仿真的最新进展

目前常用的方法有：

（1）FDTD 时域有限差分法；

（2）FIM 有限积分法；

（3）FEM 有限元法；

（4）MOM 矩量法；

（5）TLM 传输线矩阵法；

（6）BEM 边界元法。

本书不准备对其展开讨论，熟悉计算电磁学的读者一定对上述计算方法不会感到陌生，并且深知它们的优缺点。目前更受欢迎的作为电磁仿真的工具 CST 和 HFSS 应用得最为普遍，并已取得了很好的仿真结果，有兴趣的读者很容易从有关参考书中找到相应的内容。下面简单介绍一下 Quick Wave－3D—FEMLAB。

Quick Wave－3D—FEMLAB 采用 MATLAB 神经网络工具箱用户界面作为仿真过程的初始化界面，然后定位、建模、定义 FEMLAB 参数，开始仿真。

最终仿真结果如下：

（1）演示某一时刻的三维温度分布；

（2）显示某一时刻轴向温度分布；

（3）创建三维温度分布的动画模拟；

（4）显示某一选定点的温度曲线［$T = f(t)$］；

（5）显示各点的温度散射；

（6）创建以时间为函数的温度散射的动画模拟。

对一实例的仿真结果与 MRI 测定结果十分吻合，见图 8.49。实线为仿真结果，而点线则为测量结果。

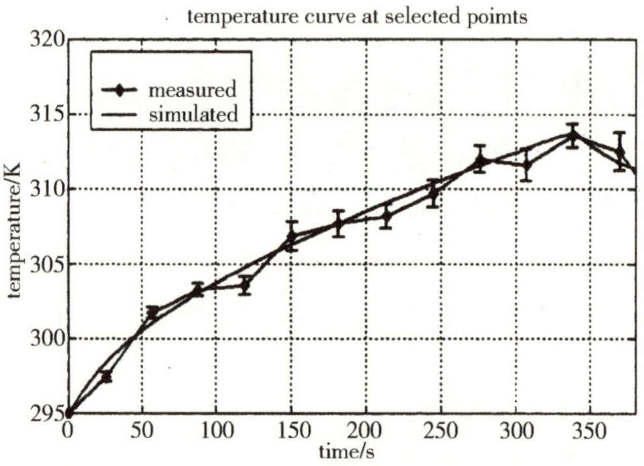

图 8.49　仿真值与测量值的比较

8.14　蒸汽对微波的影响

蒸汽介电特性如图 8.50 所示，实部接近于 1，虚部接近为零，损耗极小，但水滴不同。只要是纯蒸汽状态，它对微波基本上是透明的，蒸汽对微波传输影响极小，损耗可略去不计。但一旦出现雾状水滴，情况就会发生急剧变化，这时它将吸收部分微波功率，使雾状水滴汽化，这部分微波功率对加热食品毫无贡献。水的比重特性如图 8.51 所示。

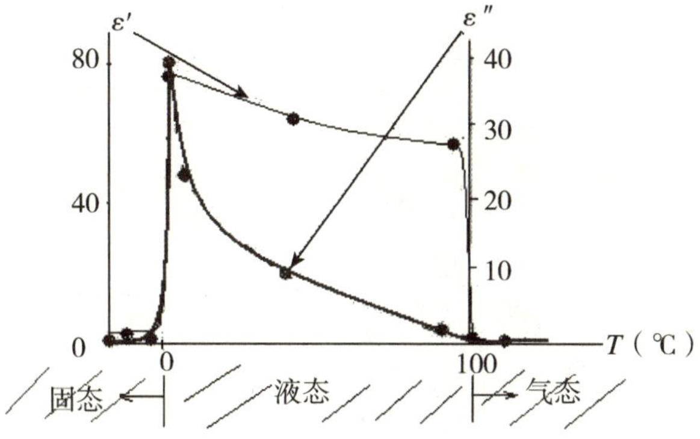

图 8.50　3 种形态下水的介电温度特性

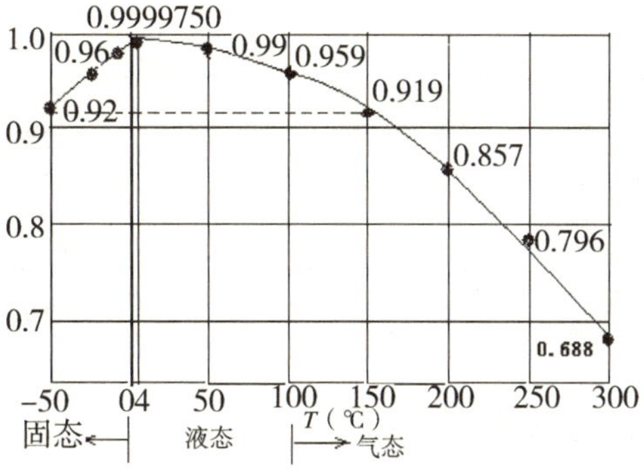

图 8.51　水的比重特性

8.15　微波炉的最新进展

微波炉今后会向智能化（一键控）、物流网及云计算化、个性化、固态化、小型化、多用途化、厨房电器组合化（与橱柜，冰箱，洗碗机等组合）、低噪声（EMC）化等方向发展。固态微波炉已有样机及多个专利发布。目前，市场上较常见的有以下一些产品或专利。如图 8.52 所示为韩国专利的圆胆微波炉，由图可见，实际上只是将炉腔后面的两角由直角形改为圆弧形，以利于微波的聚焦，更便于清洁卫生和日常维护。如图 8.53 所示为采用有源天线的旋波炉；如 8.54 所示为蒸汽微波炉，在炉子的右下侧有一盛水的小抽屉，加热时可喷出蒸汽不使食品表面因脱水而发干；如图 8.55 所示是国产的纯蒸微波炉，内部可产生高温蒸汽防止食品表面干裂或发脆；如图 8.56 所示为装于橱柜下方的抽屉微波炉，使用时拉出后放入食品再次推入，进行加热，完毕后拉出，取出食品后将其推入备用，在整体厨房家电中应该是不错的方案；如图 8.57 所示为一种炉门向上开闭的新型微波炉，也可与整体厨房相结合，不另占空间；如图 8.58 所示为上开门筒形微波炉。

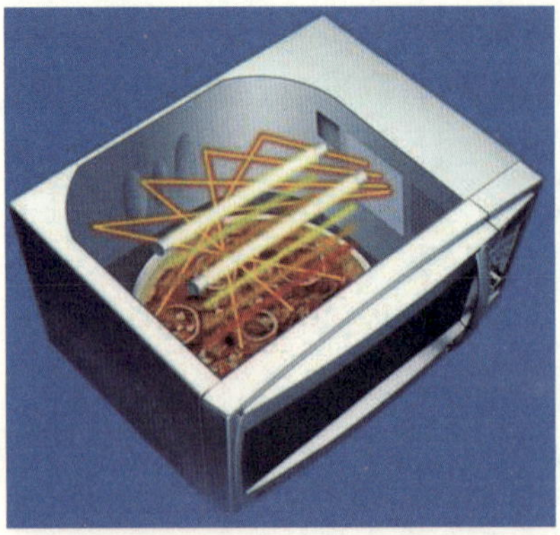

图 8.52 圆胆微波炉（韩国）

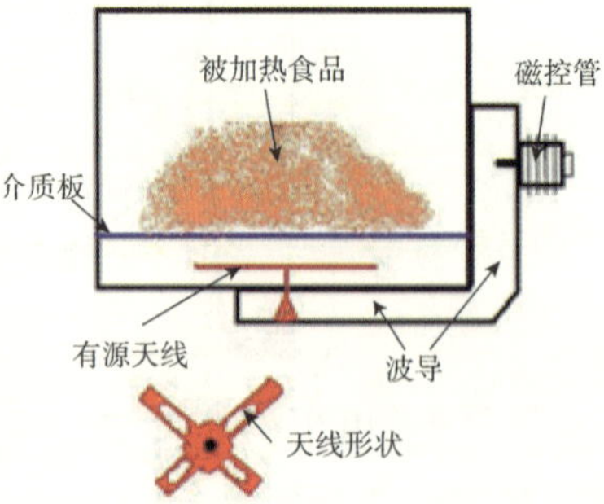

图 8.53 旋波微波炉

图 8.54 蒸汽微波炉（松下）

图 8.55 纯蒸微波炉（美的）

图 8.56 抽屉微波炉

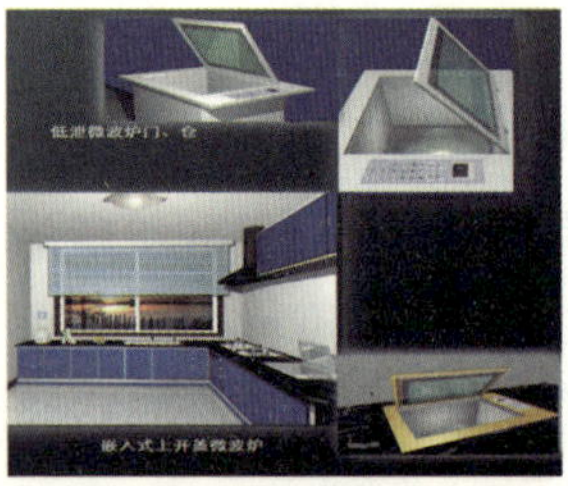

图 8.57 嵌入式上开盖微波炉

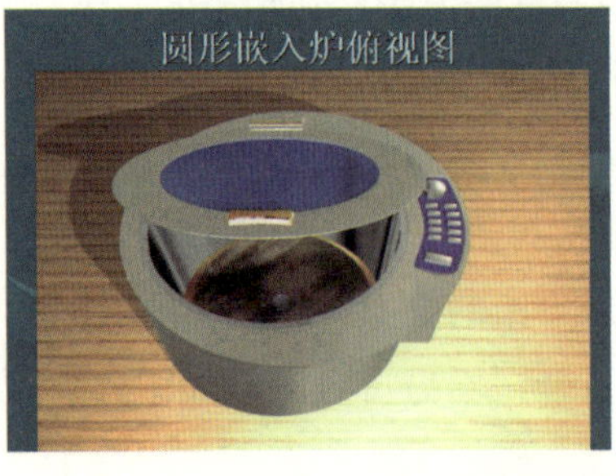

图 8.58 圆形嵌入式微波炉

图 8.59 橱柜嵌入式微波炉

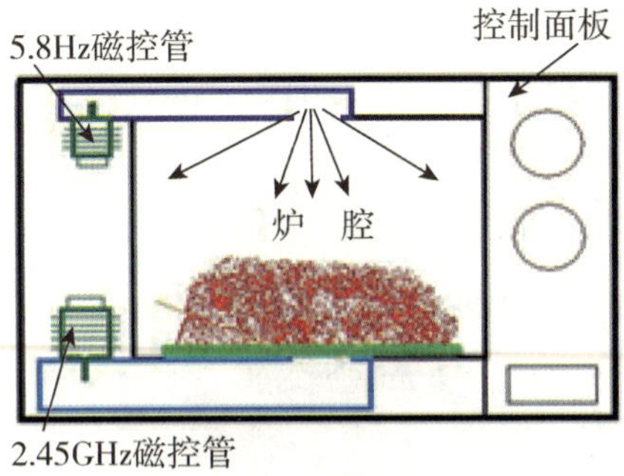

图 8.60 双频微波炉

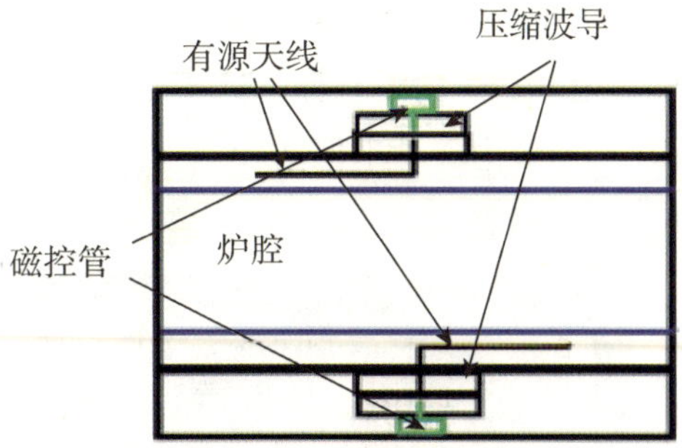

图 8.61 双管商用微波炉

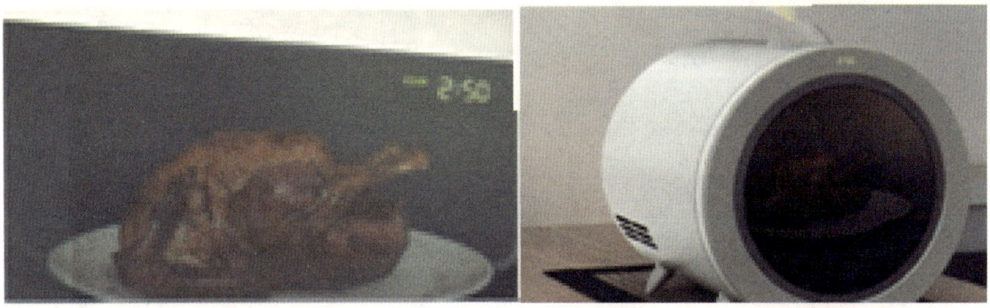

图 8.62 投影微波炉

如图 8.59 所示为立柜式嵌入式微波炉。如图 8.60 所示为双频微波炉，炉中采用两套独立的微波源，一个采用常规的 2450 MHz 频段，另一个则采用 5800 MHz 波段，这样既可以单独使用，也可同时使用，兼顾加热效率和穿透深度的优点。如图 8.61 所示为一双管商用微波炉，微波分别由顶部和底部两个有源天线馈能，而且是双旋波炉，这种商用炉腔体积较大，可同时放入较多的待加热食品（如盒饭、汉堡或比萨等），时间短，加热又快又均匀，特别适合各种快餐店的需求。如图 8.62 所示为投影微波炉，它会将炉内烹调的食物投影显示于室内墙壁上，一目了然，使用起来十分方便。如图 8.63 所示为上开口半球形新型微波炉，它的特点如下：

（1）采用半球形谐振腔，具有较小的表面积与空腔体积比 S/V，因而具有较高的固有品质因数 Q_0，利于起振与高效运行；

（2）腔内无死角，球面天幕具有微波的自会聚功能，见图 8.63（c），加热均匀性优于矩形腔；

（3）球面天幕具有蒸汽水滴的自回收功能，见图 8.63（e），并在底板有排水孔排漏，见图 8.63（d）；

（4）上开门结构，存取食物都非常方便，操作简单，见图 8.63（b）；

（5）顶盖后侧设有蒸汽逸散孔，可排出多余蒸汽，见图 8.63（f）；

（6）半球形可视窗视野宽广，便于观察及烹调操作，见图 8.63（a）；

（7）磁控管与电源一起位于底部，向上馈能，重心低，摆放时安全可靠；

(8) 炉中有介质转盘，增强角向加热的均匀性；

(9) 上开启炉门上有插入式安全联锁装置，确保操作安全性，见图 8.63 (b)；

(10) 球形内壁易于保洁和卫生；

(11) 外形美观。

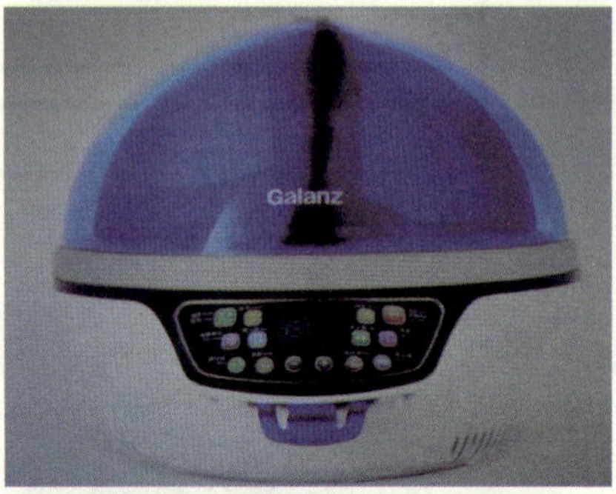

(a) 关闭时

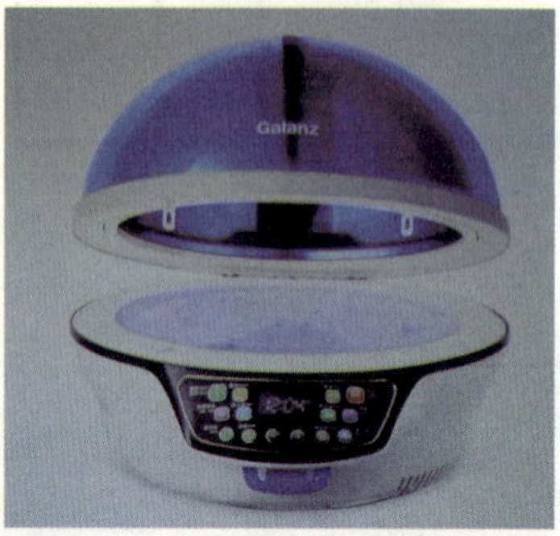

(b) 开启时

(c) 自聚焦示意图

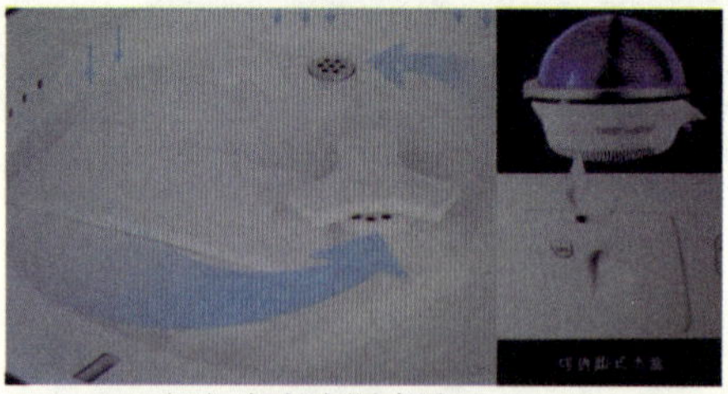

(d) 底盘中漏水孔

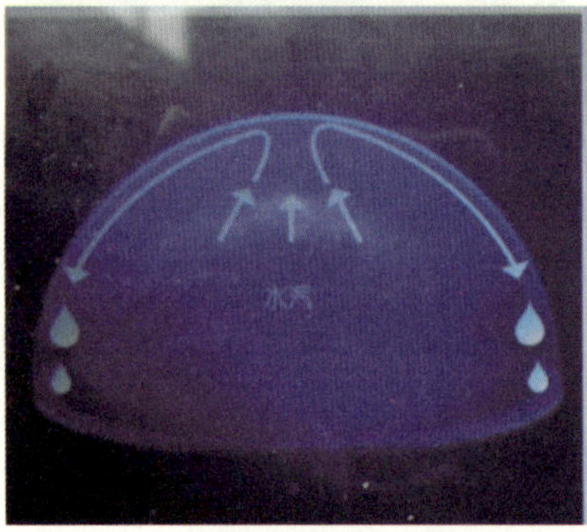

(e) 水滴回流图

(f) 蒸汽逸散孔

图 8.63　格兰仕半球形上开口微波炉 (UOVO)

还有一些新概念微波炉：

(1) 采用频率更高的磁控管，如 f =5.8GHz。

(2) 金属亚波长阵列微波辐射炉，见发明专利 CN 101586819 B。其中心思想是将 2.45GHz 微波变成短波长的微波，使炉中微波波长变相缩短，从而大大提高了相应的 D/λ 值，模式数将大大增加，从而大大地提高腔内场分布的均匀性。

(3) 采用圆极化辐射器，取代目前的线极化辐射源，改善均匀性，见图 8.7。

（4）采用具有会聚表面的柱形腔、半球形腔或球形腔，见图 8.64。

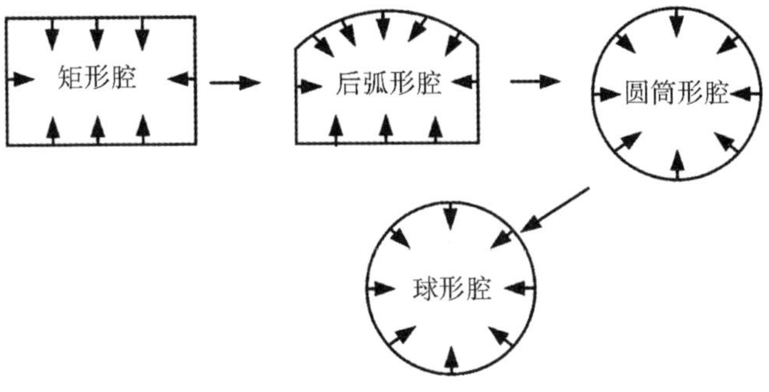

图 8.64 腔形朝具有会聚作用方向演变

此外还有如下一些新型微波炉：

（1）变频微波炉（松下首倡），目前已大量生产。

（2）无菌微波炉（纳米银内胆）。

（3）太空微波炉（已用于“神舟六号”载人飞船上，有专用格子固定食物，避免漂浮）。

（4）遥控微波炉（手机控制）。

（5）变容积微波炉，这是一种炉腔容积可变的微波炉，如图 8.65（a）所示。这是一种前后可拉伸或压缩而产生变容积的微波炉，例如小容积时为 12L（推进状态），大容积时为 24L（拉出状态）。该炉的微波源装于后背，而在下拉式炉门内安装模式搅拌器以改善加热均匀性。该炉的核心技术是伸缩炉体间的抗流装置，确保无微波泄漏。如果将此炉垂直方向旋转 90 度，那么将变成一台上下可变容积的微波炉。例如平时埋入橱柜内，面板基本上与橱柜台面持平，需大容积烹饪时，则可向上拉出，烹饪结束取出食品后，将其推入，恢复到原始状态。

图 8.65（b）所示为另一种圆筒形变容积微波炉，腔体做成圆柱形，微波磁控管及电源置于炉底，炉门向上开启，容积可变，只要将炉体向上拉伸即可，在腔体外侧装上抗流齿及抗流槽即可防止微波向外泄漏。

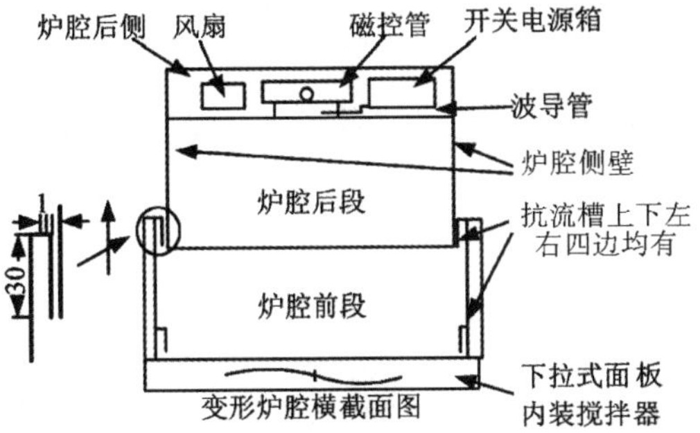

（a）矩形变容积炉

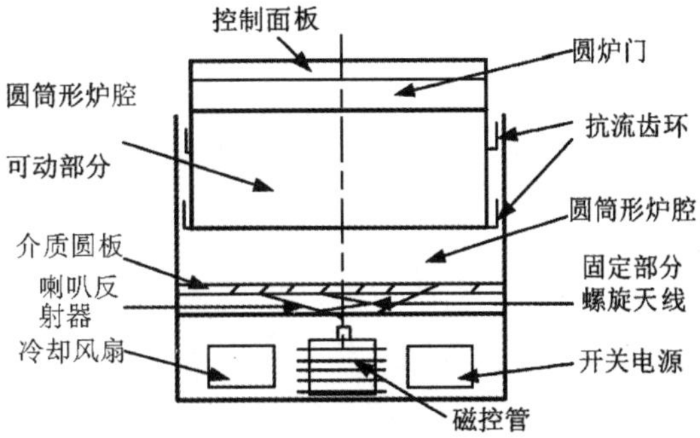

（b）圆筒形变容积炉

图 8.65 变容积微波炉

（6）汽车微波炉，特别适用于电动汽车或混合动力车，因为车上动力充足，短时间使用不成问题，采用固态源微波炉更为适合。

（7）圆筒微波炉，控制面板安装在圆形炉门上，炉腔为圆筒形，在圆筒前侧贴上OLED显示器，显示炉内食品烹饪状况，清晰而直观，外形美观，见图8.66。

图8.66　圆筒形微波炉

8.16　固态源微波炉与常规微波炉的比较

近年来，关于固态源微波炉的市场呼吁逐年增高，国内有关单位亦在开发研究。最近由美的集团厨房电器事业部与电子科技大学联合实验室推出了全球第一台全固态微波炉，并进行了技术鉴定，相应专利也时有发布，但与传统磁控管微波炉仍存在一定差距，两者差异显而易见。

（1）功率差异：固态源要达到磁控管相同等级的功率，靠单管主振是不可能的，这是受载流子交换能量的理论限制，因此，只能是由主振管经多级固态放大器放大后才能输出几百瓦的微波功率，而磁控管单管即可输出几百甚至几千瓦的功率。

（2）效率差异：磁控管的效率通常在70%以上，目前高效率管已达82%甚至更高；而固态放大器通常很难超过60%，即使采用特殊的电路制式，要达到磁控管的效率水平也是极其困难的。

（3）频率差异：磁控管在现有电源配合下具有多基频特性，而固态源却是单频状态，频谱很纯，这对多模腔的设计几乎是不可能的。而磁控管是多频多模工作状态，加上频牵效应，对多模工作是极为有利的，并且固态放大器无频牵效应，因此，很难创建一个有效的多模状态，这就在均匀加热特性上存在先天不足。除非多波源馈能，或对主振管进行扫频运行，这样就能摆脱单频工作的窘态，可以有效地建立起真正的多频多馈口的多模状态，也许能克服固态源的一系列不足。此外，采用多频多波源馈能还解决了高达数百瓦固态放大器的苛刻要求问题，只需数十瓦至一百瓦的固态放大器即可，这样的小体积放大器甚至可以重叠安装，分别置于炉腔的底部，这种设计也同时解决了磁控管微波炉的均匀性难题。

（4）体积差异：固态源如由主振管及多级放大管组成，在百瓦或千瓦量级的输出功率时，其体积与磁控管相比，无任何优势可言，甚至还要大些，这是与固态放大器效率不高相联系的，因为散热器的体积占了绝对比例所导致的。此外，输出功率数百瓦或更大功率的固态放大器的输出结构也是其中的技术瓶颈。

（5）能效差异：由于固态源微波炉无法建立多模腔工作模式，也非单模工作模式，处于非谐振状态 ，所以无 Q 值可言，加热效率不高，能效等级偏低。

（6）成本差异：磁控管成本约每瓦 0.03 元，而固态源则高达数百元，两者相差上千倍。

（7）EMC 差异：这是固态源微波炉的优点，微波泄漏可以远远小于常规微波炉。

由电子科技大学与美的公司共同研发的全固态微波炉，炉内首次抛弃了具有高压特性的传统磁控管，而是采用了横向扩散金属氧化物半导体器件（LDMOS），输出功率为 250W，电压只有 30V，效率可达 61.6%，能效等级达到国家标准为 58%。由于采用了扫频技术（2400MHz～2500MHz），大大改善了炉内电磁场分布的均匀性，而且体积小巧，尤其适合作为车载微波炉，容积为 7L，外形如图 8.67 所示。如图 8.68 所示为一种手持式半导体微波杯，它的直径为 5in，高度为 12in，采用锂电池供电，这是目前为止的最小微波炉，控制面板位于顶盖上，方便操作。

图 8.67　全固态微波炉

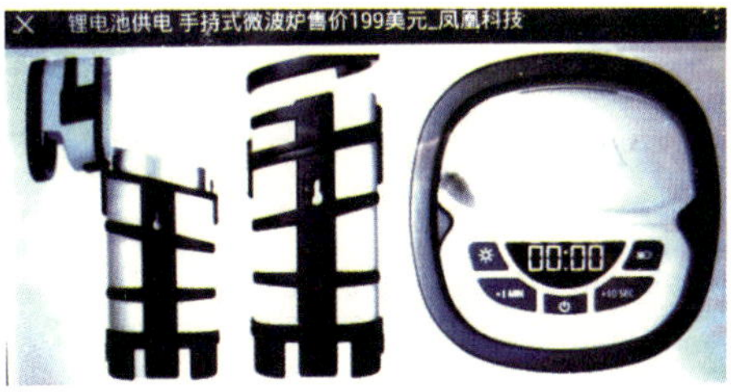

图 8.68　手持式半导体微波炉

有鉴于此，参照相控阵雷达中多元天线的空间波束合成技术，特提出一种全固态分布馈能的新型微波炉，其结构示意如图 8.69 所示。由图可见，位于炉体右侧控制面板内为电源柜，内装 LDMOS 固态源及相应直流电源，分别通过多根射频馈线向位于腔内腔壁后方的天线阵馈送微波功率。腔壁由电介质板制成，对微波是透明的，该天线阵置于除炉门外的其余 5 个腔壁内，同时向腔内物料辐射微波，从而进行加热或烹调。天线阵在每一腔壁内的配置可以单排多元，或双排多元，甚至 N；排多元结构，因此存在着一个固态源向 N 排 M 列分布馈送的线路设计问题，见图 8.69（a）。另一种方案是天线元数量不多，例如 8～12 个时，即将每个固态源分别连接一根天线，而源与天线就近安装，见图 8.69（b），电源柜中就只有直流电源了。由于固态器件是放大器而非振荡器，特别是使每一个固态源的主振管工作在不同的振荡频率上，所以不存在像磁控管那样的负载特性和频率牵引问题，绝不会产生互相干扰，互相耦合，从而影响输出功率。这就将固态源的功率偏小的缺点变成了多波源多频空间分布馈能的优点。这种立体分布馈能的方式彻底解决了半个多世纪以来腔内加热不均匀性的难题，从而实现了 3D 立体馈能、功率均匀分布的理想加热效果。这对大功率磁控管来说是无法实现的，在一个尺寸不太大的微波炉腔内，要将磁控管的输出功率分成相等的 N 个小功率源是不可能的，即使可行也无法实现每个波源的频率是不同的，再加上各波源的馈能波导尺寸的限制，所以根本无法实现上述固态源那种分布馈能的设计了。

由于腔壁并非金属板制成，所以还需在天线外加装一金属箱体（包括炉门）以屏蔽微波。

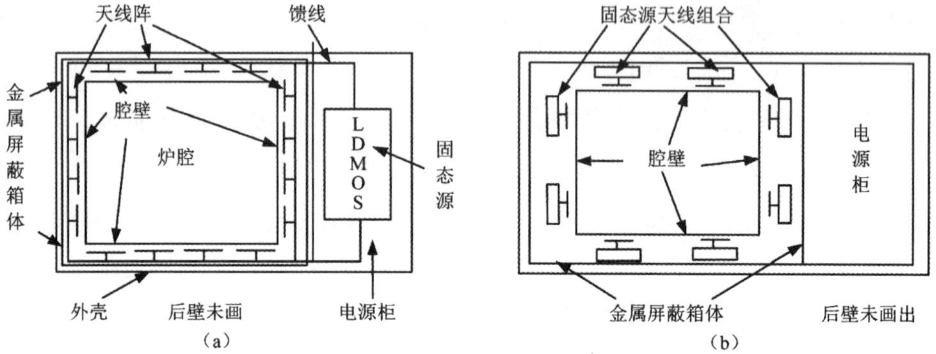

图 8.69　分布馈能固态源微波炉

8.17　家用微波炉性能测试方法

家用微波炉性能测试方法中最重要与最基本的是其中的三项。

8.17.1　微波炉输出功率的测量（GB/T 18800－2002）

测量时在玻璃杯中盛放水负载，初始水温低于环境温度，然后用微波炉加热到环境温度。该步骤应保证对容器的热损耗、热容量影响最小，由此要考虑修正系数。总之，该程序要求准确测量水温。

试验使用圆柱形硼硅玻璃容器，最大壁厚为 3mm，外径约为 190mm，高约为 90mm，容器的质量即定。

测量开始时，炉子与容器壁为室温，水初始温度为 10℃±1℃，在水被加入容器以前迅速测量水温。

把 1000g±5g 的水加入容器中，测得实际质量，把容器马上放到炉子搁架上，搁架处于最低正常位置，接通电源，测量水温加热到 20℃±2℃所需的时间，在 60s 之内测量最终水温。于是微波输出功率为

$$P=\frac{4.187m_{\mathrm{w}}(T_2-T_1)+0.55m_{\mathrm{c}}(T_2-T_0)}{t} \tag{8.4}$$

式中　P——微波输出功率，W；

m_w——水的质量，g；

m_c——容器质量，g；

T_0——环境温度，℃；

T_1——水的初温，℃；

T_2——最终温度，℃；

t——加热时间，除去磁控管灯丝预加热时间，s。

上述测量中为何要规定上下温度差的具体数值？这是因为水的介质损耗与温度呈现出负斜率的特性，若不规定具体温度，同样的温差，在不同的起始点上测到的功率会产生很大的差异。

8.17.2 微波炉效率的测量

微波炉效率用式（8.5）来计算：

$$\eta = \frac{Pt}{W_{in}} \tag{8.5}$$

式中 P——微波炉输出功率，W；

t——加热时间，s；

W_{in}——输入能量，$P_{in} \times t$；

P_{in}——电源输入功率，输入功率包括磁控管灯丝预加热时的损耗。

8.17.3 多杯试验

将如图8.70所示的5个杯子浸入温度均匀的水中，然后取出将其外部擦干，每个杯子中盛放100g±1g水放到绝热垫片上，测量水温。按照图8.71所示将杯子放到搁架上，然后用相当于50kW/s的输出能量工作一段时间。

从炉中取出杯子放回绝热垫片上，搅动水并测量水温，按杯子号顺序在加热周期结束后30s内测量。

重复上述步骤，最终温度测量为按杯子号逆序进行。

计算每个位置上杯子中水的平均温升，算出5个值中的最大值与最小值之差，再除以总的平均温升。结果用百分比数表示，即

$$U = \frac{\Delta T_{max} - \Delta T_{min}}{\Delta T_m} \times 100\% \tag{8.6}$$

式中 U——均匀度，%；

ΔT_{max}——试验前后的最大温升，℃；

ΔT_{min}——试验前后的最小温升，℃；

ΔT_m ——总的平均温升，℃。

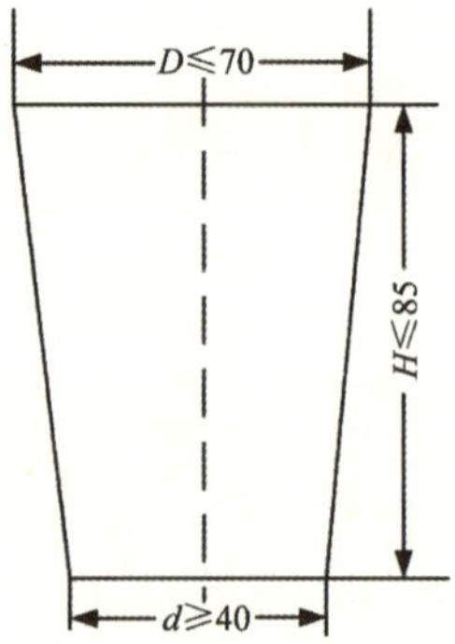

图 8.70　圆口玻璃杯

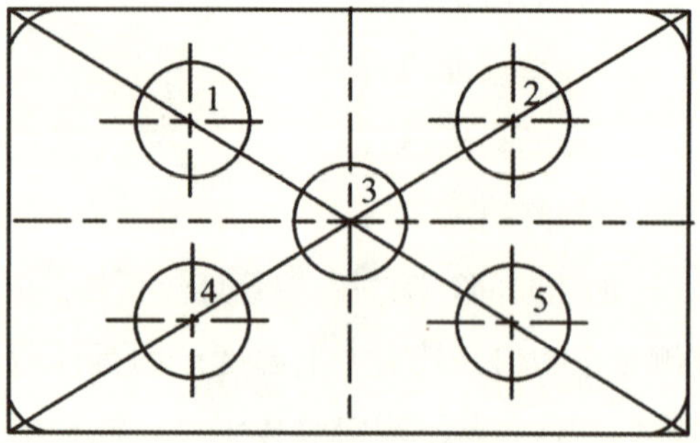

3 号杯子放在中心，其他杯子放在对角线和中心之中点处

图 8.71　长方形搁架杯子分布图

8.18　关于家用微波炉和微波食品致癌的评论

很长一段时间以来，一些媒体特别是网络上经常出现关于微波炉烹饪食品会致癌的耸人听闻的告诫。例如：“微波食品产生致癌化合物。曾有研究表明，微波过的肉类会产生致癌物；牛奶、水果、麦片中的氨基酸也会在微波后转化为致癌物；蔬菜中的植物生物碱同样会在微波后转化成致癌物质，危害我们的健康。”“食物营养严重流失。微波炉烹煮的食物会使蔬菜中的矿物质、维生素及营养成分极大地减少，或转变成致癌物。”“长期摄取微波炉食物，由于其中营养已被破坏，将使身体免疫系统出现问题”……事实果真如此吗？下面我们就来一一评述。

8.18.1　微波的量子能量

先来看一下微波炉是如何加热食品的，这种加热方法会产生致癌物吗？

第 6 章已经详细分析与讨论过了极性介质（包括水与各类食品果蔬等）的微波加热的物理基础，这里想进一步讨论有关食品的加热原理及相关的问题。一些食品的介质特性如表 8-4 所示。

表 8-4 一些食品的介质特性

食品名称	检测频率	ε'	$\tan\delta$	检测温度
生猪肉	2.8G	55	0.18	20℃
熟猪肝	2.8G	38	0.13	20℃
肉汤	2.8G	70	0.357	20℃
生牛肉	2.45G	52	0.38	25℃
熟牛肉	2.45G	30	0.41	25℃
生火鸡	2.45G	54	0.38	25℃
熟火鸡	2.45G	38	0.47	25℃
土豆泥	2.8G	60	0.37	20℃

以上数据表明：许多食品的介质损耗因子（$\tan\delta$）都比常温时（25°C）水的损耗大。这就说明，含水食品在微波炉中烹饪加热时，不只是通过水的温度上升而间接地加热食材；同时，微波亦直接与食品相互作用导致升温致熟，这是与常规烹饪不甚相同的地方，因此体现出微波加热高效、节能的独特优点。

此外，根据量子力学原理，在微波波段，其量子能量（1.99×10^{-27} kJ）远小于各种食品与水的分子键能（1.54×10^{-21} kJ），两者相差百万倍。因此，不管微波功率多大，仍不足以使分子键断裂而改变其分子结构，这也是微波加热技术只能是物理加热产生相应的物理变化，而不会产生化学变化的理论依据，即使是波长极短的光波（1.98×10^{-22} kJ）也是如此。这也正是食品在微波炉中加热时不会产生癌变的物理原因。而像X射线、γ射线等那种电离辐射会对物料产生化学键的断裂及离子形态和自由基的变化，从而会反应生成新的产品，而低量子能量的微波却不属于电离辐射，而是一种非电离辐射，它不具备破坏化学键的能力，已经证明微波不能影响任何类型的化学键。

核心的理论根据如下：

量子能（$E=h\nu$）≪物质分子键能（kJ/mol）。其中，h 为普朗克常数；ν 为电磁波工作频率。

微波量子能（1.99×10^{-27} kJ）≪光量子能（1.98×10^{-22} kJ）<分子键能（1.54×10^{-21} kJ）。

食品中（包括肉、鱼、鸡、蛋、蔬菜、水果等）除大量水之外，主要含蛋白质、脂肪、碳水化合物、纤维素、矿物质、维生素等成分，而这些物质基本上都属于高分子化合物。高分子化合物指分子量大于 10000 的化合物，有的甚至更高，可达 100000 以上，其分子以共价键形式结合在一起，其结合能与水分子中的 O—H 键能相近，详见表 8-5。

表 8-5　食材中各种化学键能

1mol=6.02×10^{23}个分子

化学键名称	键能（kJ/mol）
C－H	380～420
C－C	340～350
C－O	320－380
C－Cl	300～340
C－N	320～330
O－H	463

由此可见，无论是水分子，还是各种高分子食材，在微波频率下进行物理性质的加热与烹调时，是无法破坏任何一个分子的分子键的。即是说，在微波炉中加工菜肴，烹饪食物是绝对安全的，不会也不可能产生任何致癌的新化合物的。

食品中最主要的分子包括：蛋白质分子、酶分子、糖类分子、脂类分子、核酸分子等多种，采用微波这种纯物理加热升温致食品成熟的烹饪方法不会改变上述各种分子的结构，而只能使食物中的大分子和营养物质分解，更有利于人体的消化吸收，微波加热不会使食物分子产生不良变化，不会产生致癌物。

8.18.2　微波对食品营养价值的影响

2012 年，中国家用电器研究院在内部发表了题为“微波炉烹饪对食物安全与营养的影响”的研究报告，在报告中对各种食材用常规明火方法与用微波炉法两种不同的烹饪方法对蛋白质 、脂肪、固形物、维生素、矿物质等方面的影响做了详细对比。此项工作由国家食品质量监督检验中心承担，具有一定的权威性。他们分别对米饭、牛奶、鱼、猪肉、西兰花等食材做了对比，结论是有些相近，有些采用微波法则明显优于明火法，具体见表 8-6、表 8-7 表 8-8。

表 8-6　米饭营养价值的比较

检验项目	初始值	明火	微波
蛋白质（g/100g）		2.2	2.7
脂肪（g/100g）		0.47	0.63
固形物（g/100g）		35.6	44.5
碳水化合物（g/100g）		32.9	41.2
钾		1.94×10^2	3.73×10^2

表 8-7 猪肉营养价值的比较

检验项目	初始值	明火	微波
蛋白质（g/100g）	14.7	18.9	19.1
脂肪（g/100g）	28.2	22.8	28.7
固形物（g/100g）	47.5	44	48.6
铁（mg/kg）	4.40	4.57	5.09
锌（mg/kg）	10.0	7.69	9.87

表 8-8 西兰花营养价值的比较

检验项目	初始值	明火	微波
固形物（g/100g）	10.7	11.2	11.6
维生素 C（mg/100g）	83.5	47.4	69.3
维生素 B1（mg/100g）	0.032	0.029	0.030
维生素 B2（mg/100g）	0.15	0.10	0.10
维生素 B6（mg/100g）	0.064	0.016	0.016
钾（g/kg）	5.64	3.74	3.30

中国农业大学食品学院营养与食品安全系范志红博士的实验指出：

（1）食物中黄酮类物质、硫甙物质、花青素、辣椒素等在用微波方法烹调时，对前两者的保存率非常高，明显高于焯煮法，和蒸食方法接近；但对于花青素的保存率，微波法略低于蒸食法。

（2）对食物中不饱和脂肪酸，微波烹饪后保存率低于蒸食方法。

（3）食物中 Omega3 脂肪酸的降低，微波法优于油炸或油煎法。

美国科学家 Barrington 指出用微波烹饪牛羊肉不会产生诱变物质。另外，国内外多项研究表明，用微波烹饪方式比油炸、烧烤、烟熏等方式要大大减少致癌物杂环胺（HCAs）及多环芳香族碳氢化合物（PAHs）、亚硝胺等的产生与形成，在烧烤肉类如鸡腿、牛肉等时用微波先处理一下，会大大降低杂环胺的含量，用微波烹饪腌肉、海鲜等食物时会降低亚硝胺的含量（Lee S. j.，Shin J. H. et al）。

2003 年，Oriz Moreno 等通过微观结构研究证实了微波破坏了细胞膜，导致鳄梨汁中油的释出，且含有很高的叶绿素和维生素 E。微波加工还可防止反式脂肪酸的产生，以及灭活腐败酶，从而保护了食品的感官特性、营养成分、功能因子以及生物有效性。

四种加工方法（微波、蒸汽、沸水及压力锅）对蔬菜中的叶绿素和类胡萝卜素的影响以微波法为最小。

8.18.3 微波对基因的影响

基因是遗传的物质基础，人体对食物的消化过程和基因转移条件，共同决定了食物基因对人体不会造成任何影响。至今为止，在微波生物学效应研究中，没有任何研究结果和证据表明，微波可以诱发动物和植物的基因突变。与微波不能改变分子结构的同样理由，即微波的量子能量太低，只能造成分子的转动而生热，却不能改变或干扰基因序列。不论是转基因还是非转基因食品，虽然都含有基因，但食品进入人体后，会在唾液、胃酸、胆汁等消化液作用下，降解成极小分子，不能携带任何完整的遗传信息，最终失去生物活性。而失去了生物活性的DNA分子完全不具备基因突变的基本条件，并不会以基因形态进入人体组织，更不会影响人类自身的基因组成。

综上所述，利用微波炉烹调食品和市场上购得的微波食品绝不会引起人体正常细胞的癌变，也不会降低食品原有的营养价值。由于加热时间短，对像维生素C等反而有利，保留得更高。网上的谣言或传言在科学和事实面前不攻自破了。只要观察发明了微波炉的美国，近70年来，流行病学调查中尚未报道过由于长期使用微波炉而致癌的病例。世界卫生组织（WHO）至今从未发布过禁止使用微波炉的公告或通知。

有关微波炉的详情可参阅文献［209～244］等。

8.19 小　结

本章对微波炉作为一种高效、节能、绿色环保型的新型厨电用具做了较为详尽的探讨，涉及微波炉本身的炉腔设计、改善加热均匀性的技术措施、防微波泄漏的门封技术、炉腔阻抗的选择与调整，以及与磁控管的配合问题等，也提出作者在诸多方面的建议与思考，如圆极化高速旋波炉、多重抗流门的设计、变容积微波炉、多馈源分布馈能固态源微波炉的概念等，这些都还有待于实践验证。至于微波食品加工本身涉及的问题，如烹饪、回温、解冻、杀菌、漂烫、烘焙等书内并未提及，一方面是因为这些食品加工技术远非微波技术工作者所熟悉，另一方面是因为它绝不是一个单纯的技术领域所能解决的，涉及的面实在太宽，不仅与食品相关，还涉及化学、物理、生物、医学、卫生、营养、保健等一系列互不相关的领域，有兴趣的读者不妨看一下德国 Helmar Schubert 和 Mare Regier 合著的《食品微波加工技术》一书，这是一本比较全面论述食品微波加工技术的专著，也是一部集德国、英国、美国、土耳其、斯威士兰等各国资深科学家的丰富经验之大成，每章末还附有大量的参考文献，值得细细阅读。遗憾的是在上述领域中几乎没有看到中国学者的文献，这也鞭策着我国科学家在该领域中应迎头赶上。因为作为一个世界大国，又身处“民以食为天”的古语深入人心的中华文化中，应更好地利用这些舶来品为中国美食锦上添花，走向世界。

第9章 微波等离子体技术及应用

9.1 概 述

通俗地说，等离子体（Plasma）就是电离的气体。等离子体的概念最早由美国著名科学家朗缪（Langmuir）在1920年提出的。比较严格的定义是：等离子体是由电子、正离子和中性粒子组成的在整体上呈电中性的物质集合。

等离子体是物质存在的第四种状态，是由电离的导电气体组成的，其中包括六种典型的粒子，即电子、正离子、负离子、激发态的原子或分子、基态的原子或分子及光子。

事实上等离子体就是由上述大量正负带电粒子和中性粒子组成的，并表现出集体行为的一种准中性气体，也就是高度电离的气体。无论是部分电离还是完全电离，其中的负电荷总数等于正电荷总数，所以叫等离子体。物质的四种形态的温度范围及分子运动状况如图9.1所示。

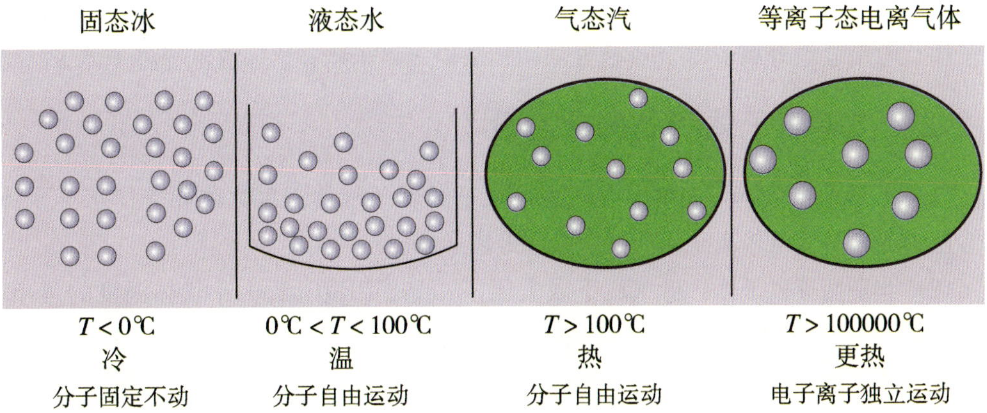

图9.1 物质四态表示

各种自然和人工等离子体的电子温度与电子密度的分布如图 9.2 所示。

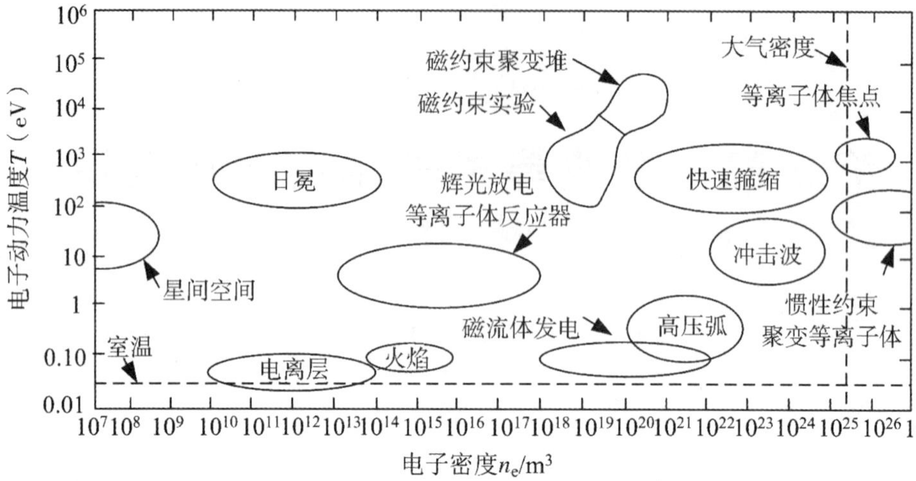

图 9.2　各种等离子体的电子温度与电子密度的分布

9.2　等离子体的分类

9.2.1　按等离子体火焰温度分

（1）高温等离子体：温度相当于 $10^8 \sim 10^9$K 完全电离的等离子体，如太阳、受控热核聚变等离子体。

（2）低温等离子体。

① 热等离子体：稠密高压（1 大气压以上），温度为 $10^3 \sim 10^5$K，如电弧、高频和燃烧等离子体。

② 冷等离子体：电子温度高（$10^3 \sim 10^4$K），气体温度低，如稀薄低压辉光放电等离子体、电晕放电等离子体、DBD 介质阻挡放电等离子体、索梯放电等离子体等。

9.2.2　按等离子体所处的状态分

（1）平衡等离子体：气体压力较高，电子温度与气体温度大致相等的等离子体。如常压下的电弧放电等离子体和高频感应等离子体。

（2）非平衡等离子体：低气压下或常压下，电子温度远远大于气体温度的等离子体。如低气压下 DC 辉光放电和高频感应辉光放电，大气压下 DBD 介质阻挡放电等产生的冷等离子体。

不同压强时的电子温度如图 9.3 所示。

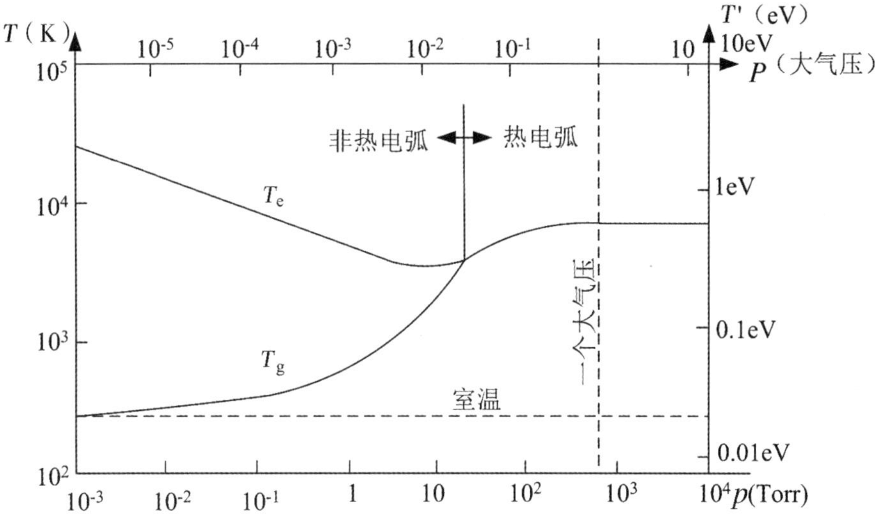

图 9.3 不同压强时的电子温度（1Torr＝133.31Pa）

将气体加热燃烧或使其放电，即可产生等离子体，产生的方法很多，不同方法产生的等离子体，其温度相差很大。

图 9.4 等离子体的产生与形成

从刚才提到的微弱的蜡烛火焰，可以看到等离子体的存在，而夜空中的满天星斗也都是高温的完全电离等离子体。根据印度天体物理学家沙哈（M・Saha，1893－1956）的计算，宇宙中的 99.9％的物质处于等离子体状态。而我们居住的地球倒是例外的温度较低的星球。此外，对于自然界中的等离子体，我们还可以列举太阳、电离层、极光、雷电等。在人工生成等离子体的方法中，气体放电法比加热的办法更加简便高效，诸如荧光灯、霓虹灯、微波硫灯、电弧焊、电晕放电等。在自然和人工生成的各种主要类型的等离子体的密度和温度的数值中，从密度为 10^6（单位：个/m^3）的稀薄星际等离子体到密度为 10^{25} 的电弧放电等离子体，跨越近 20 个数量级。其温度分布范围则从 100K 的低温到超高温核聚变等离子体的 10^8～10^9K（1～10 亿度）。温度轴的单位 eV（electronvolt）是等离子体领域中常用的温度单位，1eV＝11 600K。

通常，等离子体中存在电子、正离子和中性粒子（包括不带电荷的粒子，如原子或分子以及原子团）三种粒子。设它们的密度分别为 n_e、n_i、n_n，由于准电中性，所以电离前气体分子密度为 $n_e \approx n_n$。于是，定义电离度 $\beta = n_e/(n_e + n_n)$，以此来衡量等离子体的电离程度。日冕、核聚变中的高温等离子体的电离度都是100%，像这样$\beta=1$的等离子体称为完全电离等离子体。电离度大于1%（$\beta \geqslant 10^{-2}$）的称为强电离等离子体，而像火焰中的等离子体大部分是中性粒子（$\beta<10^{-3}$），称为弱电离等离子体。

若放电是在接近于大气压的高气压条件下进行，那么电子、离子、中性粒子会通过激烈碰撞而充分交换动能，从而使等离子体达到热平衡状态。若电子、离子、中性粒子的温度分别为T_e、T_i、T_n，就把这三种粒子的温度近似相等（$T_e \approx T_i \approx T_n$）的热平衡等离子体称为热等离子体（Thermal Plasma）。在实际的热等离子体发生装置中，阴极和阳极间的电弧放电作用使得流入的工作气体发生电离，输出的等离子体呈喷射状，可称为等离子体炬（plasma jet）或等离子体喷焰（Plasma Torch）。

数百巴以下的低气压等离子体常常处于非热平衡状态。此时，电子在与离子或中性粒子的碰撞过程中几乎不损失能量，所以有$T_e \gg T_i$，$T_e \gg T_n$。通常把这样的等离子体称为低温等离子体（Cold Plasma）。当然，即使是在高气压下，低温等离子体也可以通过不产生热效应的短脉冲放电模式来生成，如电晕放电（Corona Discharge）、介质阻挡放电（Dielectric Barrier Discharge，DBD）或滑动电弧放电（Glide Arc Discharge or Plasma Arc）。大气压下的辉光放电技术目前也已成为世界各国的研究热点。但产生大气压非平衡态等离子体的机理尚不清楚，在高气压下等离子体的输运特性的研究也刚刚起步，现已形成新的研究热点。

9.3 等离子体的三种研究方法

（1）流体力学方法：把等离子体当作连续的流体来处理，用宏观参量来描述等离子体的特性。

（2）动力学方法：把等离子体当作单个粒子的集合体，用微观参量的多粒子系统来描述，即用波尔兹曼方程作为出发点。

（3）黑匣子法：不恰当地把等离子体当作只具有输入端和输出端的一个“黑匣子”，并不注重了解黑匣子内发生的物理过程，只要通过调节输入端参量，就能达到与等离子体相关过程所预期的输出。这是目前工业等离子体应用中最常用的一种方法。

9.4 低温等离子体的产生方法及应用范围

低温等离子体可由下列许多方法产生，可以看到都是通过各种形式的放电产生的。本章不准备对这些等离子体的产生方法做过多的介绍，而只指出这些等离子体各具特色，也都有各自的应用范围。

①辉光放电；

②电晕放电；

③介质阻挡放电；

④射频放电；

⑤滑动电弧放电；

⑥射流放电；

⑦大气压辉光放电；

⑧次大气压辉光放电。

低温等离子体物理与技术经历了一个由 20 世纪 60 年代初的空间等离子体研究向 20 世纪 80 年代和 90 年代以材料为导向研究领域的大转变，高速发展的微电子科学、环境科学、能源与材料科学等，为低温等离子体科学发展带来了新的机遇和挑战。

现在，低温等离子体物理与应用已经是一个具有全球影响的重要的科学与工程，对高科技经济的发展及传统工业的改造有着巨大的影响。例如，1995 年全球微电子工业的销售额达 1400 亿美元，而三分之一微电子器件设备采用等离子体技术。塑料包装材料 90％都要经过低温等离子体的表面处理和改性。科学家预测：21 世纪低温等离子体科学与技术将会产生突破。据估计，低温等离子体技术在半导体工业、聚合物薄膜、材料防腐蚀、等离子体电子学、等离子体合成、等离子体冶金、等离子体煤化工、等离子体三废处理等领域的潜在市场每年将达数千亿美元。

等离子体辅助加工被用来制造特种优良性能的新材料、研制新的化学物质和化学过程，加工、改造和精制材料及其表面，具有极其广泛的工业应用——从薄膜沉积、等离子体聚合、微电路制造到焊接、工具硬化、超微粉的合成、等离子体喷涂、等离子体冶金、等离子体化工、微波源。

等离子体辅助加工已开辟的和潜在的应用领域包括：

①半导体集成电路及其他微电子设备的制造；

②工具、模具及工程金属的硬化；

③药品的生物相溶性包装材料的制备；

④表面防蚀及其他薄层的沉积；

⑤特殊陶瓷（包括超导材料）；

⑥新的化学物质及材料的制造；

⑦金属的提炼；

⑧聚合物薄膜的印刷和制备；

⑨有害废物的处理；

⑩焊接；

⑪磁记录材料和光学波导材料；

⑫精细加工；

⑬照明及显示；

⑭电子电路及等离子体二极管开关；

等离子体化工（氢等离子体裂解煤制乙炔、等离子体煤气化、等离子体裂解重烃、等离子体制炭黑、等离子体制电石等）。

9.5　微波等离子体

9.5.1　微波等离子体的早期工作

在第二次世界大战后不久，由于无线电探测和雷达技术的发展，以及对通信系统的研究，高功率微波源（脉冲的、连续的）已实用化。微波等离子体的早期研究工作在美国的麻省理工学院（MIT）、纽约理工学院（NYIT）和加州大学伯克利分校进行。研究目的是把雷达的探测范围从海平面范围扩大到高海拔和低气压领域，有些则是为了其他独特的目的。

9.5.2　微波等离子体的优点

微波等离子体具有下述一系列优点。

（1）高的电子温度：T_e =5～15eV。而 DC 及 RF plasma 为 1～2eV（1eV=11 600K）。

（2）高的电子密度：

$n_e=7\times10^{16}/m^3$（2.45GHz）；

$n_e\sim n_{cr}$；n_{cr}为等离子体临界密度。

（3）宽的气压范围：10^{-6}Torr～1atm，磁化 ECR 在 10μTorr～10mTorr（1Torr=133.31Pa）。

（4）较高的电离度和离解度。

（5）无电极，因而无电极材料污染与损耗。

（6）无高电压鞘层及伴随的离子壁溅射。

9.5.3　微波等离子体反应器结构

微波等离子体反应器结构众多，现举例说明。

1. 波导耦合型微波等离子体反应器

如图 9.5 所示是一种波导耦合型反应器，它由一段标准波导经过一段波导窄边渐变压缩后，而与一窄波导终端短路而形成的谐振腔相连接，并在适当位置上，在波导宽边上下同时开孔，用一具有冷却水套的石英管穿过此孔，当波导中馈入微波功率后，即会在管内激发起等离子体。显然，压缩波导是为了提高场强，以便更易激发等离子体，这种等离子体就称为“微波等离子体”。

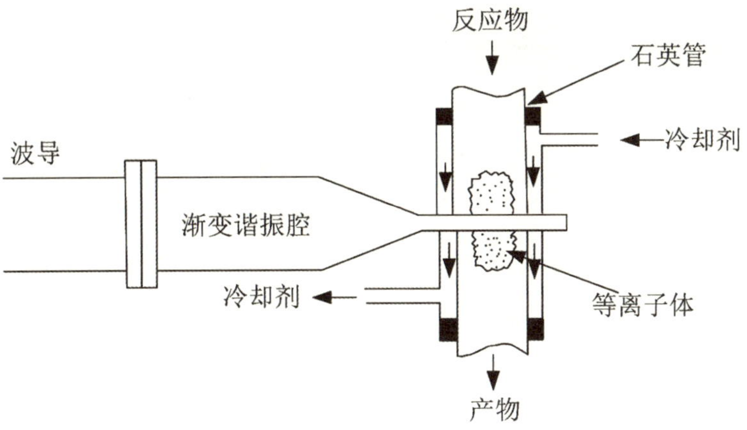

图 9.5 波导耦合型反应器

2. 圆柱谐振腔型反应器

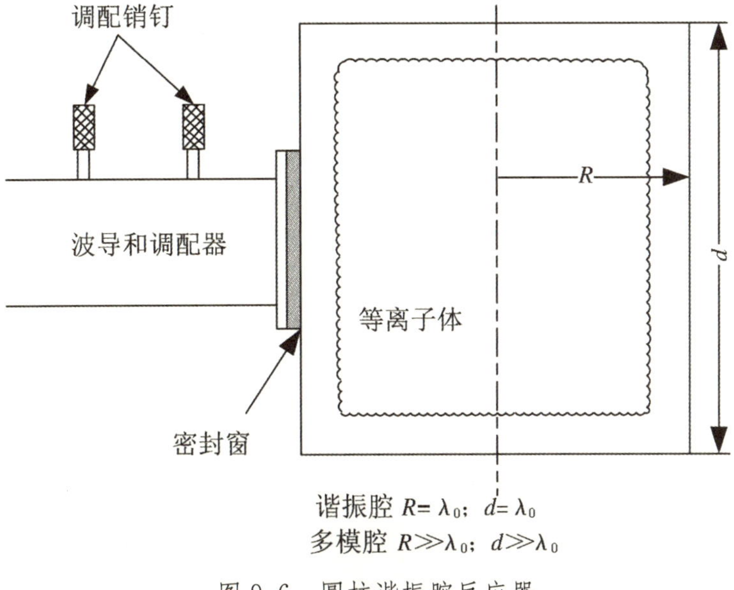

图 9.6 圆柱谐振腔反应器

由圆柱谐振腔构成的等离子体反应器如图 9.6 所示。这种圆柱腔最典型的例子就是 TM_{010} 圆柱腔，该腔的最大特点是电场是垂直极化的，并且在高度方向上是恒定不变的。此外其磁场是在圆柱截面上闭合成环，因此与波导中的 TE_{10} 模式相耦合是非常方便的，只需在耦合处设一谐振窗口即可。图 9.7 中画出了腔内电磁场的分布及耦合窗口。当然，腔体半径大于波长时也可形成一个多模腔，若要在腔内送入所需的工作气体，如氩气等，则需在耦合口处设置密封窗，该窗片材料通常采用陶瓷或蓝宝石等介质板制成。

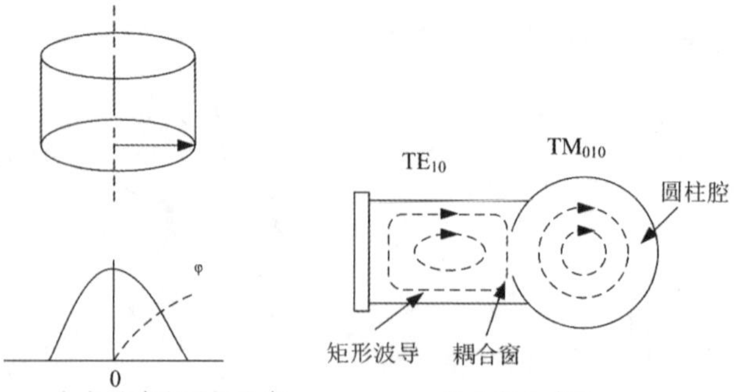

（a）腔内电磁场分布　　（b）耦合窗口

图 9.7　TM_{010}腔场分布与耦合

3. 电子回旋谐振（ECR）反应器

这是一种在圆柱腔外设置一个电磁线包用来产生强大的轴向磁场，以便使反应器内的电子在磁场作用下产生回旋运动以增强等离子体的激发。微波功率通过阻抗匹配的陶瓷窗后，沿收敛磁场传播，一直到达谐振面，这里磁场中的电子回旋频率与输入微波的频率相等，馈进的工作气体被击穿，输入的微波功率被等离子体强烈地吸收，谐振面强吸收产生的等离子体沿磁力线流动，与下游的目标靶相互作用，要进一步理论描述上述相互作用过程是非常复杂与困难的，这里不再赘述。

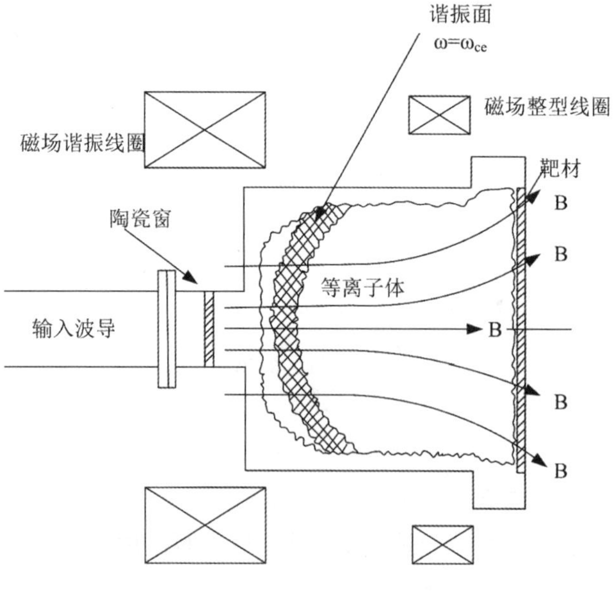

图 9.8　电子回旋谐振（ECR）反应器

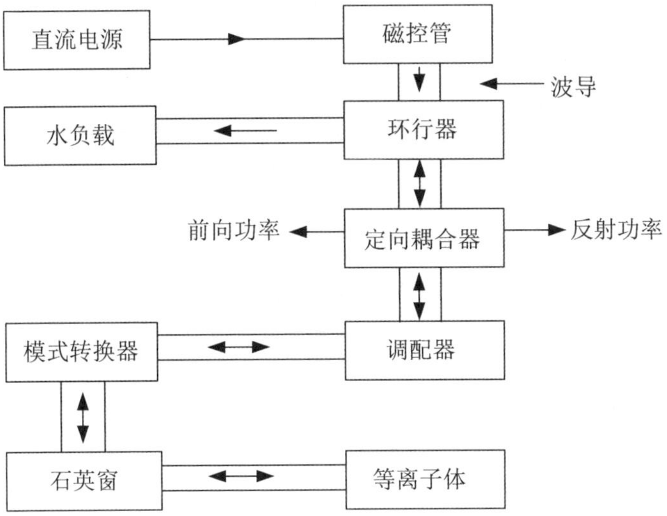

图 9.9 ECR 微波系统主要部件连接图

微波等离子体反应器，特别是 ECR 微波反应器，与直流和射频辉光放电反应器相比有许多潜在的优点，在微波等离子体加工和其他工业领域中获得了广泛的应用。这些潜在的优点包括：能产生大容积均匀等离子体，这在等离子体离子注入、大直径微电子芯片的加工中都是十分需要的；能获得应用所要求的空间均匀性；能在低气压下工作（低于 10mTorr），当等离子体加工中需要垂直刻蚀和溅射时，这是需要的；具有较高的等离子体密度，这对要求高密度活性粒子的快速薄膜沉积刻蚀或连续气流等离子体反应器是十分宝贵的。现在在一个大的表面积上，要获得均匀 ECR 微波等离子体，比射频辉光放电等离子体还要困难和昂贵得多。早在 20 世纪 80 年代，清华大学无线电系就曾研发出我国首台微波 ECR 等离子体设备，工作频率为 2450MHz，微波功率为 5kW。后因种种原因，没有得到应用与推广。

ECR 微波系统主要组成如图 9.9 所示。由磁控管产生的微波功率（400W～10kW）经波导至三端环行器，设置环行器的目的是防止由负载反射回来的微波功率重回磁控管，以保证磁控管工作的稳定性及正常的工作寿命，一旦有功率从负载反射回来，将全部去向环行器左端的水负载，并予以吸收。从环行器出来后经一个双向取样的定向耦合器，在定向耦合器的左端，耦合出与前向功率成比例的小信号供监测之用；在定向耦合器的右端，耦合出与反射功率成比例的小信号供监测之用，然后进入阻抗调配器以调配终端负载（即等离子体）。这种调配器最常用的有三销钉调配器或 ET、HT 双活塞调配器，调配器出来后需经一模式转换器，以便将矩形波导中的 TE_{10} 模式变换成圆波导中的 TE_{01}、TE_{11} 模式，这种随着波导截面形状的改变而必须同时改变其中的工作模式，然后经一介质密封窗至主反应器，图中没有画出供 ECR 的磁场线包及供获得真空及提供工作气体的辅助设备，包括真空泵、真空计、气体注入系统、电磁线包的直流电源等。

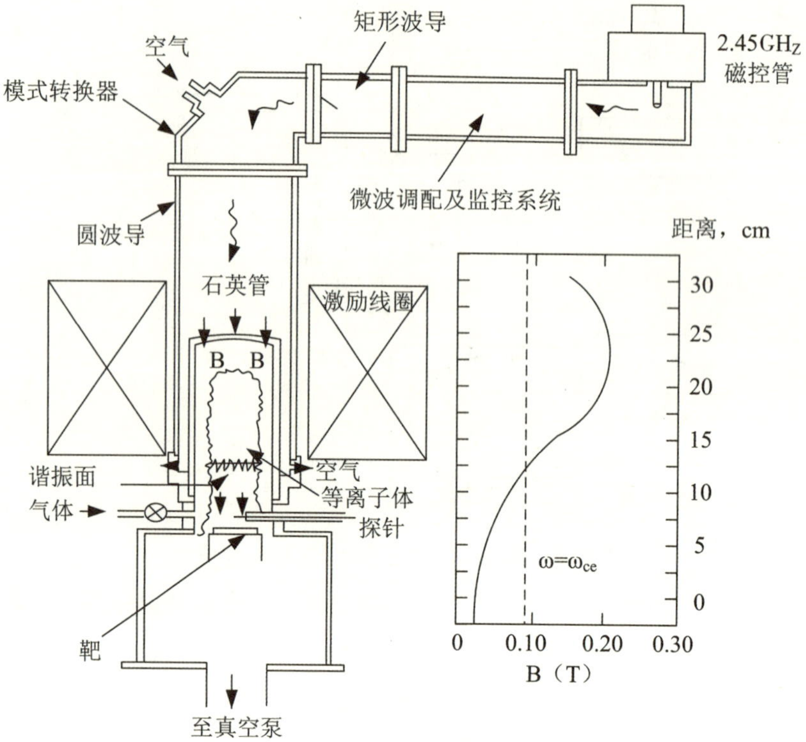

图 9.10　浸没式 ECR 系统

一般来说，ECR 等离子体源产生的等离子体位于临界密度线的左边。然而，当处于或接近谐振区时，ECR 等离子体电子密度可能大于临界密度，这种等离子体称为过密度等离子体，与非谐振高频放电相比，ECR 等离子体密度可能会高 10 倍以上。

微波源很容易调制，磁控管可以在 1 秒内开启与关断若干次，以控制平均输出功率，家用微波炉就是这样调节功率的。某些等离子体加工，包括沉积与刻蚀，采用脉冲微波可能会更好。然而，这种性能改进的详细机理目前尚不太清楚，有人推测脉冲微波可能在脉冲间隙期间除掉表面污染和表面产生的一些化学反应物有关。

4. 浸没式 ECR 系统

浸没式 ECR 系统是一种小容积等离子体处在浸没于磁场的微波腔或波导之中，电子与微波频率满足回旋谐振条件。如图 9.10 所示为一种浸没式 ECR 系统，目前较为流行。微波系统与图 9.9 所示类似，不同之处是模式转换之后的微波进入圆波导后，在该圆波导中装有一个与波导轴同轴的石英管，它将处于大气状态的波导管与高真空等离子体发生区域隔离开来，磁场线圈产生的磁场保证谐振面处在石英管轴线上。

可以调节磁场线圈中的电流使谐振面在管轴上移动，波导中引入空气流，沿石英管外管壁轴向流动，起到冷却作用。谐振面上产生的等离子体，在作用于目标靶面之前沿着磁体入口处的发散磁力线流动，等离子体发生区内的本底中性气体压强可以低于 1mTorr，靠近谐振面的典型电子密度等于或大于临界密度。这种浸没式 ECR 系统可以提供高密度粒子流，适用于金刚石或其他薄膜沉积，等离子体中的离子流也可用于刻蚀。

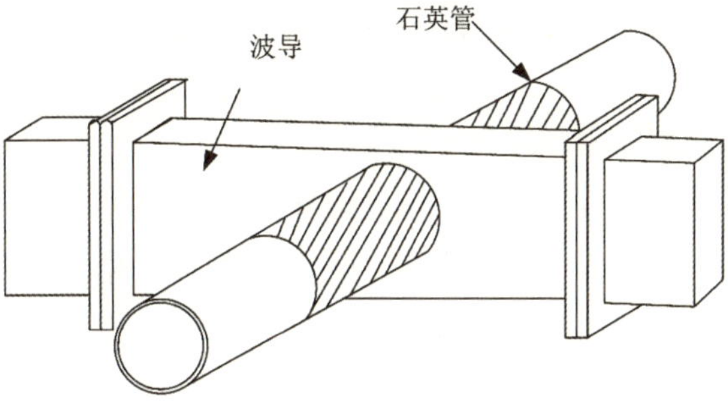

（a）标准等离子体反应器

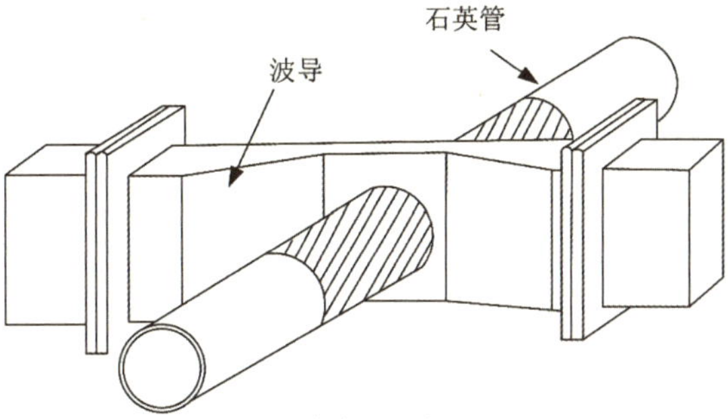

（b）高电场反应器

图 9.11　连续气流反应器

5. 两种低功率连续空气流的等离子体反应器

两种非谐振等离子体反应器如图 9.11 所示，图 9.11（a）所示为标准结构，图 9.11（b）所示为高电场结构，它们是直接将石英管穿过矩形波导宽边而形成的，前者为标准波导，后者为压缩波导以增强反应区的电场。在该类反应器中，石英管轴线应离波导终端短路板的距离为 $\lambda_g/4$ 的奇数倍，以获得最强的微波场强。工作气体与反应物均直接通入石英管即可。石英管外必须有冷却措施以保证管子不会软化或融化。

目前这类反应器的工作参数如表 9-1 所示。

表 9-1　连续气流非谐振等离子体反应器工作参数

参 数	低 值	高 值
气压（Torr）	10	760
频率（GHz）	0.915	2.45
功率（kW）	0.1	100
气体动力学温度（eV）	0.10	1.0
电子动力学温度（eV）	0.50	6.0
电子密度（个/m^3）	10^{15}	10^{19}

9.6 微波等离子体的主要应用

微波等离子体的主要应用领域如下：

(1) 紫外线和可见光波段的连续和线光谱辐射源；

(2) 作为活性粒子（如离子、自由基、激发态原子、离解中性粒子）的激发源；

(3) 提供发射激光的媒质及泵浦激光；

(4) 受控核聚变启动阶段以产生高密度的等离子体；

(5) 化学气相沉积（MPCVD）；

(6) 材料改性，表面沉积；

(7) 微细加工中的刻蚀、清洗；

(8) 化学离解；

(9) 气相色谱分析。

9.6.1 等离子体中的物理、化学过程

1. 等离子体空间的物理过程

不论是何种方法（包括直流、射频、微波等）产生的等离子体，不外乎电子在电场中被加速，因而获得能量。当电子与中性粒子发生碰撞时，有能量和动量的交换。若电子的动能小于被碰粒子的量子化内能变化，只会产生弹性碰撞，这时电子的动能损失极小，于是电子的动能得到积累，直到这个动能大于或等于粒子量子化内能变化时，就发生非弹性碰撞，其结果是电子的动能转变为被碰粒子的内能。粒子的内能变化可以引起原子性粒子的电子态激发和电离，提供激发粒子、离子和电子。离子和电子在质量上存在巨大差异，但在电场中同样也能得到加速和获得能量。获得能量的离子与中性粒子发生的碰撞，与电子碰撞不同。首先，前者的碰撞截面大，碰撞过程动能的转换比较有效；其次，还可能发生离子与中性粒子之间转荷碰撞过程，因此是等离子体中产生快中性粒子的有效过程。若电子与分子性粒子发生非弹性碰撞，除可能产生的电子态激发和电离外，还有振动态和转动态的激发，以及分子分解。等离子体中分子的分解是产生活性自由基和原子的重要过程。在利用等离子体进行化学气相沉积时，我们希望等离子体能提供高密度的反应沉积薄膜需要的活性自由基；在利用等离子体进行刻蚀加工时，我们希望等离子体能提供高密度保证刻蚀各向异性的反应离子；在利用等离子体作离子注入源时，我们希望等离子体能提供高束流的离子束。不同的应用对活性粒子有不同的要求。除了自由基产额上的考虑外，等离子体中不同质粒自由基的扩散运动也不相同，不同质量离子的迁移运动也不同。这些差异产生的影响在薄膜制备和刻蚀技术中也应注意到。

2. 等离子体与固体界面处的物理过程

在固体表面接受的粒子中，有带电的，也有不带电的；有动能大的，有动能小的；有活泼的，有惰性的；而固体表面又有绝缘、半导体和金属之分。因此，等离子体与固体界面处发生的物理过程比等离子体空间要复杂得多。这里不准备进行详细地分析与探讨，而只提出这一物理过程的几个方面：

（1）固体表面的吸附和解吸；

（2）入射粒子的反射；

（3）固体表面的溅射；

（4）固体表面的二次离子发射；

（5）固体表面的二次电子发射；

（6）固体表面的光辐射；

（7）离子的注入过程；

（8）固体表面的辐射损伤；

（9）基片上膜核及膜的形成过程。

由此可见这个物理过程的复杂性和多样性，它在等离子体的气相沉积、表面改性、刻蚀和离子注入等各项应用中会有不同的表现、要求与反应。

3. 等离子体中的化学过程

首先要确定化学反应是否会发生，其次要确定化学反应的速率如何，以期获得控制和调整的方法。前者是热力学平衡研究的对象，后者是化学动力学研究的问题。

在具体等离子体装置中，反应气体不断地注入，微波功率也不断稳定地输入，反应气体受激励产生电子、离子和活性粒子及自由基，在空间或基片表面产生化学反应，反应结束生成固态薄膜或废弃的气相生成物。接着这些废弃的气相生成物，以及没有参与反应的活性粒子和仍保持原反应气体粒子状态的粒子，一起被排气系统抽走，这是一个动态的开放体系，因此采用以封闭体系为条件的化学热力学平衡方法来进行研究，的确存在一定的困难，但这并不妨碍我们在某一假定的封闭体系中处理这个问题。在等离子体化学中，真正的反应粒子并非注入的反应气体，而是输入电能激励反应气体粒子后产生的活性粒子。不同反应气体在相同电能激励下，产生的活性粒子的产额也不相同，因此与一般的化学反应是不同的。我们需要弄清楚下面几个问题：

（1）等离子体中化学反应是否能发生的判别方法；

（2）等离子体中的化学反应比普通化学反应更易实现的原因；

（3）等离子体空间及等离子体与固态基片界面发生的化学反应的产生机理；

（4）化学溅射问题即活性粒子或活性离子与固体表面发生化学反应，生成挥发性化合物的过程。

上述几个问题虽然都在一定程度上得到了部分的解决，但远未得到令人十分满意的结果，任重而道远。

9.6.2 微波等离子体化学气相沉积技术（MPCVD）

微波等离子体化学气相沉积技术，一般是在低气压状态下，充入某种适当气体（如 Ar_2、H_2 或 CH_4……）进行气相沉积，如金刚石薄膜的制备、材料的表面处理等。

金刚石薄膜具有硬度极高、抗耐磨、高绝缘电阻、高导热率、低摩擦系数、良好的透红光特性，因此是一种兼具多种优异性能的，在微电子、真空电子、光电子、航空航天等高科技领域中都是十分理想的材料。

过去制造类金刚石薄膜都采用直流等离子体化学气相沉积法（CVD 法）、离子束法、溅射法、高频等离子体化学气相沉积法（RFCVD 法），但效果都不如微波化学气相沉积法（MPCVD 法）显著。微波等离子体 CVD 法可以在较低温度（365℃），较低气压（800Pa）条件下，使金刚石薄膜沉积在硅片、石英玻璃片等基片上。该薄膜光滑透明，具有极佳的机械和电气性能。俄罗斯、日本、美国等都已沉积出实用的大面积（超过 4 英寸）和厚度达数毫米多的金刚石薄膜，每小时沉积速度达 10～18μm，沉积设备的微波功率达 75kW，每克拉成本降至 10 美元，取得了突破性的进展。

实际上这时已不能再称其为薄膜了。对已沉积出来的薄膜进行多种手段的检测，对其结构进行分析，证明质量较高，与天然金刚石数据非常接近。下一步的工作是增大沉积面积和沉积厚度，为半导体集成电路、光学元器件、微波电子管部件及航空航天材料提供实用原料。如图 9.12 所示为国产的一台微波化学气相沉积设备，工作频率为 2.45GHz，微波功率为 5kW。

图 9.12　MPCVD 设备（成都纽曼和瑞公司）

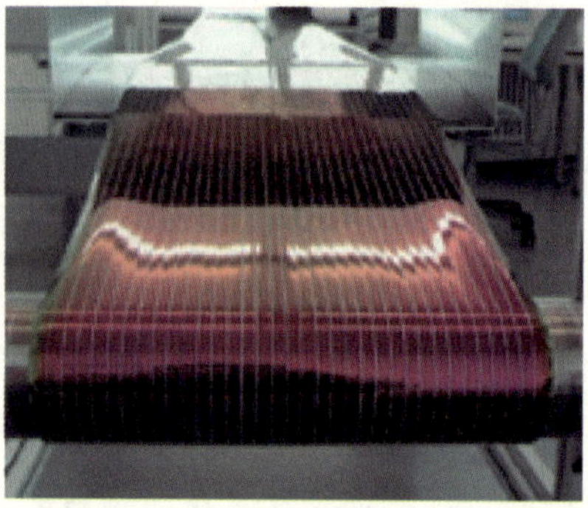

图 9.13　太阳能电池的非晶硅薄膜

如图 9.13 所示为等离子体增强化学气相沉积制备的用于太阳能电池的非晶硅薄膜。

在 915MHz 频段，20kW 的微波化学气相沉积设备在我国已研发成功，正在调试使用中。英国在同一频段更大功率（100kW）的 MPCVD 设备也已经投入使用，并已经制造出用于导弹头部作为窗口的金刚石部件，性能优异。

微波等离子体化学气相沉积薄膜与表面改性不同，前者是利用两种以上的反应气体，通过微波放电，形成高活性的自由基，利用这些自由基之间的反应，在基片表面生成一层薄膜，而并不像表面改性那样，与基片成分发生反应。这种沉积技术可以生成绝缘薄膜，半导体薄膜或导电薄膜，也可以实现化学掺杂薄膜的沉积。

(1) 在绝缘薄膜沉积中，利用化学氮化反应生成氮化物薄膜，利用化学氧化反应生成氧化物薄膜如氧化硅薄膜，它是微电子学和光电子学薄膜中的一种重要薄膜。

(2) 利用化学碳化反应生成碳化物薄膜，例如采用硅烷（SiH_4）和甲烷（CH_4）反应生成 SiC 薄膜等。

(3) 非晶态薄膜的 MPCVD 是利用非晶态的硅和锗的氢化物实现的，这种薄膜因具有光伏特性、光导和电学特性而受到重视。调节这类非晶态薄膜中氢的含量及键结构形式，就能控制并得到所期望的特性。

下面介绍两种半导体薄膜的 MPCVD。

①Ⅱ－Ⅵ族化合物的半导体薄膜的 MPCVD，主要利用气相的Ⅱ族元素化合物与Ⅵ族元素化合物，在放电等离子体激励下产生反应所需的活性自由基，在基片表面形成Ⅱ－Ⅵ族化合物的半导体薄膜。

②Ⅲ－Ⅴ族化合物的半导体薄膜的 MPCVD，与Ⅱ－Ⅵ族化合物的半导体薄膜的 MPCVD 一样，仅仅是反应气体不同而已，反应气体是Ⅲ族元素的金属有机化合物和Ⅴ族元素的化合物。

这些半导体薄膜在微电子学和光电子学等领域内都得到了广泛的应用。

(4) 金属薄膜的 MPCVD 是用氢等离子体还原气态氟化钨（WF_6）或有机钨的化合物在氧化硅（SiO_2）或蓝宝石（Al_2O_3）衬底上生成一层金属钨薄膜。金属钼薄膜也可采用类似的方法得到。

(5) 等离子体聚合薄膜沉积也是一种化学反应沉积过程，主要区别是这个聚合过程中，来自等离子体的自由基，在衬底表面形成聚合物网络结构，或者说由单个自由基成长为一个大的分子网络。在 ECRMP 中聚合效应很显著，由于它的电离度和离解度比较高，能提供大量聚合作用所需的活性粒子和自由基，所以是一种非常适合制造聚合薄膜的工具。等离子体聚合薄膜的主要优点是：网络结构密实无针孔，与基片附着力好，因此用途比较广泛，可以用作抗腐蚀薄膜，电学和光学薄膜，以及表面改性等。

综上所述，可以得出下面几点结论。

①实现 MPCVD 的反应气体必须是气相物质，反应生成物是所需的化合物的固体薄膜和气态的废弃化合物，废弃化合物必须尽快排除干净。

②实现反应要求等离子体有足够的活性，也就是要求等离子体中应含有足够的活性原子或自由基，或等离子体具有高密度能量，适合分解激励某些反应化合物，产生

成膜所需的活性原子和自由基。

③实现不同化合物薄膜的沉积，有不同的沉积工艺和参数要求。例如反应气体不同，因此激励反应气体的微波输入功率也不同，反应气体的注入流量和工作气压也不同，衬底的温度也有不同的要求。

④可在反应气体中掺入含有掺杂原子的气相化合物。例如掺磷，就需添入磷烷（PH_3）；欲掺硼，就需添入硼烷（B_2H_6）。掺入反应气体的比例应考虑膜内需要的掺杂量、等离子体状态以及各种反应气体分解激励生成活性反应自由基的能力来决定。

最近（2017 年 2 月）Yan - KaiTzeng 等一批国内外学者在 Nano Letters 刊登了一篇文章，他们使用 MPCVD 法，采用垂直而非水平的材料作为基底生长纳米金刚石。在这种设计下，温度、等离子体密度、氢原子密度在垂直方向上连续变化，从而实现快速确定生长参数。他们用这种方法制备了最小到 10nm 的金刚石单晶，得到的含有硅—空位色心（Si—V）的金刚石尺寸为 75nm。此外，作者指出，这一工作提供了一种新的思路，或许能实现对纳米金刚石无离子辐射地进行多种元素的掺杂。

含色心的纳米金刚石在量子计算、量子纠缠和加密、生物传感器等方面具有潜在的应用前景。

通常的化学气相沉积（CVD）法，以金刚石纳米团簇为晶种，制备纳米金刚石。然而，若通过这种方法实现高质量色心纳米金刚石的生长，需要精细地调整生长参数，费时费力。而采用了 MPCVD 法后，效果优良。（Nano Letters，DOI：101021/acs. nano lett. 6b04543. Vertical－Substrate MPCVD Epitaxial Nano diamond Growth）

9.6.3 微波等离子体材料表面改性

所谓微波等离子体材料表面改性，是指利用等离子体中产生的活性自由基与固体材料表面作用，在其表层形成一层化合物，其成分与衬底固体材料不同，性质也很不一样。该技术又分为氧化改性和氮化改性，分别生成氧化层和氮化层。

（1）氧化改性是利用 O_2 等离子体，在温度低于 300℃的硅衬底表面生成一层薄氧化硅层的氧化改性方法，已被很多研究人员证明是成功的。实验证明，改性氧化硅薄膜的生长速率、均匀性，以及其机械与电学性质都与等离子体的微观参量密切相关。实现硅表面氧化的等离子体应满足两个条件：①等离子体的电子密度 $n_e > 10^{12}/cm^3$；②硅衬底表面鞘层电压降应大于 10V。这两个条件下使用 ECR 等离子体是容易满足的。典型的参数为：$f = 2.45GHz$，$P < 2kW$，工作气压为 10^{-2} Pa，硅片温度低于 300℃，氧化硅生长速率在 10 ～ 20 nm/min，氧化硅膜的折射率为 1.46 ～ 1.47；介质强度 $E_d = 10^6$ V/cm；其他性能完全可与 1000℃温度下热氧化的 SiO_2 改性层媲美。

（2）氮化改性是利用 N_2 和 H_2 混合气体的微波等离子体，进行金属件表面的氮化改性处理。为了实现这种加工工艺目的，专门发展了大容积的微波等离子体发生器，其直径为30cm，高度为50cm，工作气压在$10^{-1}\sim10^{2}$ Pa之间。这种设备不仅可以用于金属表面的氮化改性处理，如果反应气体使用碳氢化合物如甲烷（CH_4）、乙烷（C_2H_6）或丙烷（C_3H_8），还可以实现金属表面的碳化改性处理。实现这类改性的设备和工艺参数为：$f=2.45$GHz；$P=850$W；$N_2/H_2=1$；反应混合气流量为20sccm；工作气压$P=100$Pa；氮化处理2小时，氮化层厚度$h=100\sim200\mu$m，在钢件表面形成的氮化层，既均匀又坚硬。

9.6.4 薄膜材料的离子注入掺杂

薄膜材料的离子注入掺杂是利用微波等离子体有效地吸收微波输入能量，产生高电离度的等离子体，从而可以获得大的离子束流的离子源，利用这种离子源可以进行注入掺杂。

以注入掺磷为例，应用磷烷（PH_3）等离子体离子源，在$f=2.45$GHz，$P_{in}<300$W条件下，工作气压$P=0.1\sim1.0$Pa，离子引出狭缝截面为2×40mm^2，引出加速电压为40kV时，磷离子流$i_p=10^5$mA。当然，采用其他反应气体如B_2H_6、H_2S、H_2等实现离子注入硼、硫、氢等杂质也是可以的。

9.6.5 微波快速制备光纤棒和光导纤维

众所周知，国内外目前光纤通信的传输载体是一种光导纤维，俗称光纤。过去很长一段时间内都采用改进的化学气相沉积法进行生产，该方法是用高温氢氧焰加热石英玻璃反应管，使管内原料气体在1000℃～1600℃的高温下进行化学反应，最终在管壁上沉积出光纤芯层。该法沉积温度高、效率低、光纤特性差。如果采用微波等离子体化学气相沉积法，那么沉积温度低（约为1000℃），沉积效率接近100%，光纤特性优良，因此，性价比非常突出。荷兰飞利浦公司是世界上利用MPCVD法生产光纤的最大厂商，日本、瑞典等国也采用了此法生产。我国在20世纪80年代就开展了MPCVD法拉制光纤的研究和生产工作，以武汉邮电研究院相关单位为首的研发工作最为突出，目前已完成几代的微波法拉制光纤的设备研发工作。

80年代初开始用200W的磁控管来拉制的光纤只有1.3km，后来将功率提高到1.5kW时，单根光纤棒可拉制出光纤5～6km。如果将微波功率再提高至5kW，那么单根光纤棒可拉制出光纤二十多千米。目前，武汉已成为我国最大的光纤生产基地，被称为“光谷”。

9.6.6 微波等离子体刻蚀

ECR薄膜表面层图形的刻蚀设备一般分为两类：等离子体反应刻蚀设备和离子束反应刻蚀设备。但不论哪一类，都是利用活性离子的反应刻蚀，所不同的是后者是将离子通过电极系统从等离子源中引出，送至被刻蚀工件表面。

刻蚀技术在半导体器件、光电器件、超大规模集成电路、微电子学生物芯片等重要领域中都具有广泛的应用。在近年发展起来的热丝等离子体刻蚀、射频等离子体刻蚀及微波等离子体刻蚀中，尤以回旋共振微波等离子体刻蚀（ECRMPCVD）最具发展前景。因为它不需要衬底加温，能够保证极高的各向异性，所以可实现亚微米级的精细刻蚀，并且精度高，选择性好。

ECRMPCVD 法除了能够刻蚀硅、二氧化硅外，还可刻蚀金属、金属氧化物、陶瓷、玻璃、有机高分子材料等。在图 9.8 和 9.10 中可以看到当微波通过密封窗进入真空室后，微波就与室内的工作气体相互作用后产生一定浓度的等离子体，同时由于电子在磁场作用下产生回旋运动，当回旋频率与微波频率接近相等时，即满足共振条件。这时等离子体中的电子会沿着磁力线打向靶材上，并将与靶材上的物质相互作用，进而完成各种功能，如刻蚀等。现以刻蚀氮化硅（Si_3N_4）薄膜为例进行说明，微波频率 $f=2.45$GHz，微波功率 $P<600$W，反应气体为 CF_4+O_2，流量 1.2sccm，工作压强 $P=0.1$Pa，刻蚀速率为 30nm/min。光胶掩膜图形为宽 1μm、间隔 1μm 的平行线条图形，刻蚀沟槽边壁没有被刻蚀，底部平坦。

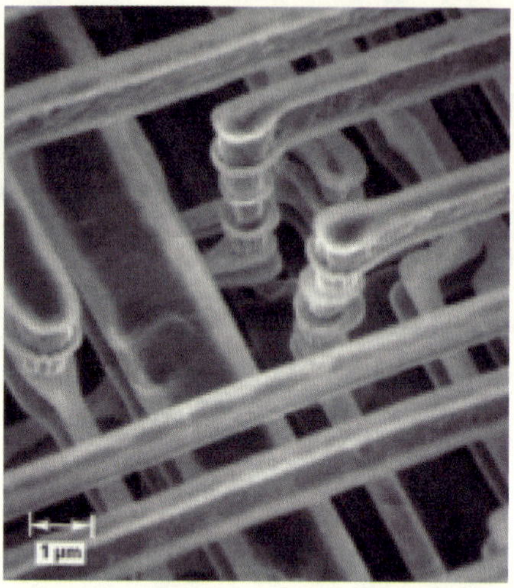

图 9.14 微波 ECR 刻蚀后的照片

由等离子体刻蚀制备的超大规模集成电路局部放大图如 9.14 所示。

等离子刻蚀工艺的选用要满足下述要求：

（1）刻蚀分辨率高，以满足亚微米线条的刻蚀；

（2）刻蚀速率高，工艺效率好；

（3）光胶掩膜材料的刻蚀速率与被刻材料的刻蚀速率之比不小于 2∶1，以保证整个刻蚀过程在光胶掩膜的保护下完成；

（4）被刻材料与基片材料之间的刻蚀速率之比也要求高，因为考虑到被刻材料厚度的不均匀，一般要采取过刻措施，若满足这个要求，就能保证刻蚀沟槽底部的平坦和均匀；

（5）刻蚀沟槽边壁陡直，不发生钻蚀，要求刻蚀具有良好的各向异性特征；

（6）刻蚀过程产生的辐射损伤小；

（7）刻蚀完成后，光胶掩膜层容易去除。

9.6.7 微波紫外灯

利用微波激发产生的一种新光源——微波紫外灯，它所产生的光波波长为200～300nm，它与通常产生紫外光的水银-氙弧灯相比具有输出稳定、寿命长、价格低等优点。这种特殊的紫外光源可用来干燥油墨、涂层和纸、金属、塑料、玻璃上的黏结剂，可以获得十分满意的表面效果。

美国一家公司已成功地将微波紫外灯用于易拉罐的表面处理上，其优点是处理后的表面光亮、美观和耐磨，产量可达2000个/min，并且节能，占地面积不大。

9.6.8 微波硫灯与氩灯

微波硫灯是一种新光源，它是1992年在匈牙利布达佩斯举行的第6届国际电光源科技研讨会上首次引入照明领域中的。微波放电基本原理是众所周知的，它将含有适当填充物的玻壳置于微波腔的高电场区域内。在启动阶段，微波功率与启动气体耦合，当灯玻壳加热时，填充物蒸发并被微波功率激发，发射出其特征光谱。这种灯的主要优点是灯壳内无电极，属无极放电，从而减少许多导致灯损坏的因素，如玻壳黑化或在玻壳金属过渡区附近玻壳炸裂。灯中填充物是硫（S_2）。硫灯的发光效率很高，更为难得的是它的光谱非常接近于太阳光谱，因此它特别适用于生产车间、广场、车站、码头、停机坪、体育场馆等大面积照明场所。

硫灯是一个直径为25～30mm的石英玻璃小球，内部空心，球内填充硫以后，它被置于一个由金属丝编织成的圆筒内，让微波功率耦合至圆筒中去激发球内的硫分子发光，再将小球置于一个金属反光罩的焦点上，使发光后的光线由抛物面会聚起来成为一个平行光束，可射至远方，以增强受光面的亮度。在硫灯点燃期间，石英灯泡快速旋转，以自冷玻壳，同时产生稳定的无向性放电。硫灯的发光效率为172lm/W（流明/瓦）。当用微波炉用磁控管作激发源时，1350W的输入电功率将产生820瓦的微波输出，因此能使硫灯产生141000lm的光通量。它的光谱几乎没有不想要的紫外辐射，只有很少量的红外部分，紫外和红外辐射的总量不到总辐射的15%。如图9.15（a）所示为硫灯原理图，如图9.15（b）所示为微波硫灯的实物，从图中可以看到金属网内的石英玻璃小球，它的大小像乒乓球。如图9.16所示为其光谱与太阳光谱及人眼的响应曲线。图中绿线为太阳光谱曲线，蓝线为人眼视觉灵敏度响应曲线，红线为硫灯的光谱曲线，可以清楚地看到它与太阳光谱特性的相近性，只是两端衰减得较快而已。而从人眼视觉灵敏度曲线上看到偏于红黄波长段，对蓝紫波长段灵敏度急剧下降，而在红外与紫外波段，人眼毫无视觉可言，这正是人与动物的巨大差别，动物能在晚上捕食，全靠它的红外视觉。如图9.18所示为俄罗斯某机场停机坪上的硫灯照明。

硫灯还可用于蔬菜生产大棚中作为人造太阳供晚上照明，也可制成应急强光源，用于地震抢险和晚上作业照明之用，只要配上自带发电机即可。

最近有报道称另有在小球内充入氩气和金属卤化混合物的小型无极石英灯泡，在微波激励下高效发光的新型微波光源（微波氩灯），其颜色可通过等离子组分的构成来调整。该灯的亮度比 LED 灯要高得多，非常适合于街道和舞台的照明。如采用 LD-MOS 晶体管的超高效率还带来出色的流明/瓦特比，进一步降低了功耗，同时由于灯内无电极存在，其寿命超过高强度的放电灯的两倍。由于植物生长的不同阶段对光有不同的需求，氩灯卓越的色彩还原能力使得它非常适合在温室中使用，这是其他电光源无法做到的。采用金属卤素代替硫与氩的固态微波光源如图 9.17 所示，它的使用寿命超过了微波硫灯。

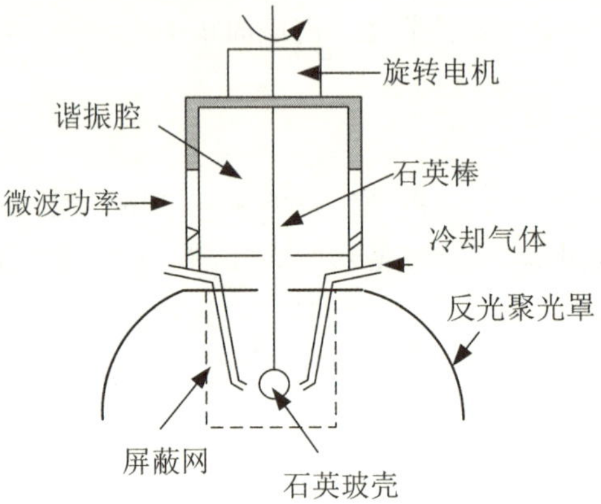

（a）

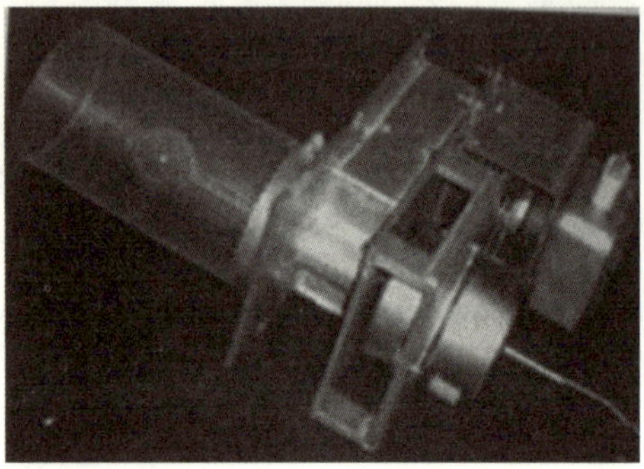

（b）

图 9.15　硫灯原理图和硫灯实物

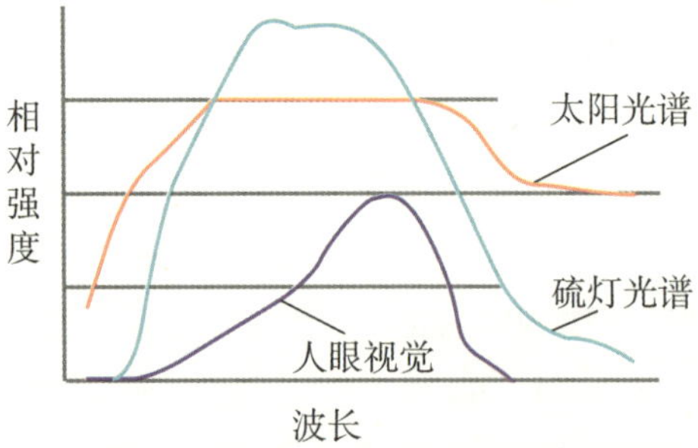

图 9.16　硫灯、太阳光光谱及人眼视觉灵敏度

图 9.17　采用金属卤素代替硫与氩的固态微波光源

图 9.18 俄罗斯某机场停机坪上的硫灯

9.6.9 微波消解有机物

微波等离子体分解有机废物可得到氢气及一氧化碳，并可通过一个附属设备提取。它们可以用作化学原料去生产其他产品，如聚合物或其他化学产品。氢气是十分有价值的商业气体，可应用在多种日用品的制造工艺中，例如氨及塑料、药物、维生素、食油等。许多有毒有害的物质是不能焚烧的，例如 PCBs、农药、杀虫剂等，而使用等离子系统则可以安全地处理并且可以随时起动和停机，并且等离子设备的减容量非常高，是其他处理设备做不到的。其缺点是设备比较昂贵、运行电力较大等。

9.6.10 微波光谱分析

微波光谱分析方法有如下几种：

(1) 微波等离子体光谱分析法；

(2) 亚稳态能量转移光谱分析法；

(3) 微波耦合空心阴极发射光谱分析；

(4) 微波等离子体色谱检测仪。

先进、快速、高效、准确的分析手段，使分析工作与高新技术密切地结合起来，推动了分析技术的现代化。有兴趣的读者可找相关书籍或参考文献来阅读。

9.7 微波等离子体火炬（MPT）

9.7.1 概 述

微波等离子体火炬（MPT）与谐振腔中的微波等离子体在形态上存在很大的差异。首先，前者以火炬形状存在，体积较小而且集中；其次，它不仅可以存在于真空环境中，也可存在于大气环境中，高能量、高亮度、高温度、高电子密度是它的技术特征，因此获得了广泛的用途。1989 年，Y. Mitsuda 等首先研发出第一台用于金刚石薄膜沉积用的微波等离子体火炬，如图 9.19 所示为这一新概念装置。在该装置中，2.45MHz、2kW 的磁控管产生的微波功率通过石英密封窗，送入阻抗匹配的模式变换器，再耦合到一同轴波导，此同轴波导的中心内导体构成等离子体火炬的一个电极，而另外一个电极通过一环行法兰接于同轴波导的外导体上。工作时，气体如氢气被微波放电击穿而形成由微波能量驱动的等离子体火炬，在同轴波导间的工作气体中，一个旋转的电弧突然产生，它与直流电弧类似，就其形状而言，与火炬还有差别。人们利用这种等离子体火炬来沉积金刚石薄膜，其沉积速率比用其他形式的等离子体源要快得多。

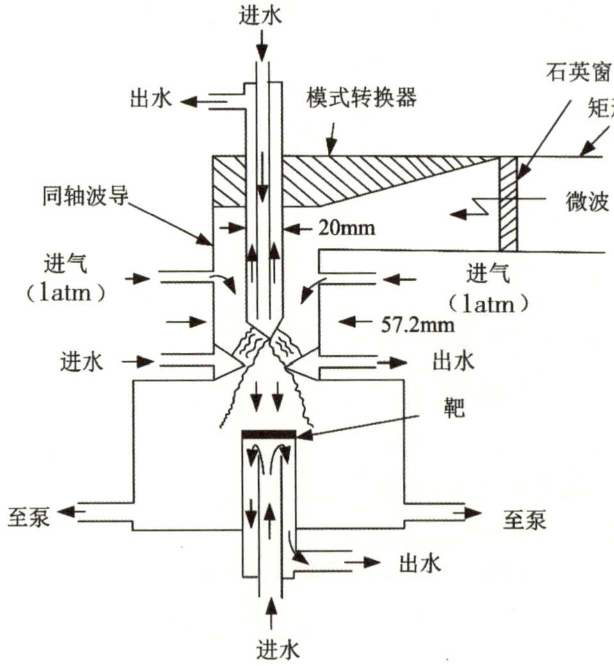

图 9.19 微波等离子体炬

9.7.2 微波等离子体火炬反应器的类型

微波等离子体火炬反应器可以分为下列几种类型与结构：

（1）$\frac{\lambda}{4}$波长同轴线腔；（2）$\frac{\lambda}{4}$波长缩短电容同轴线腔；（3）圆柱波导腔（TM_{010}或TM_{011}）；（4）矩形压缩波导腔（TE_{103}）；（5）矩形阶梯波导腔；（6）矩形波导腔；（7）矩形压缩波导。

现分述如下。

1. λ/4 同轴腔型

这是一种利用一段长为λ/4的同轴线形成的同轴谐振腔，如图9.20所示。由图可见，腔体一端短路，另一端为开路结构。当从馈能天线中送入微波功率后，只要长度合适，就能建立起一个稳定的驻波场，在靠近开路端处是驻波的腹点，微波场强最大，因此从内导体中石英管中喷出的工作气体即会被该处的强电场所激发而放电，最终形成一水平方向的火炬（图中未画出）。图9.21所示为非常类似的结构。

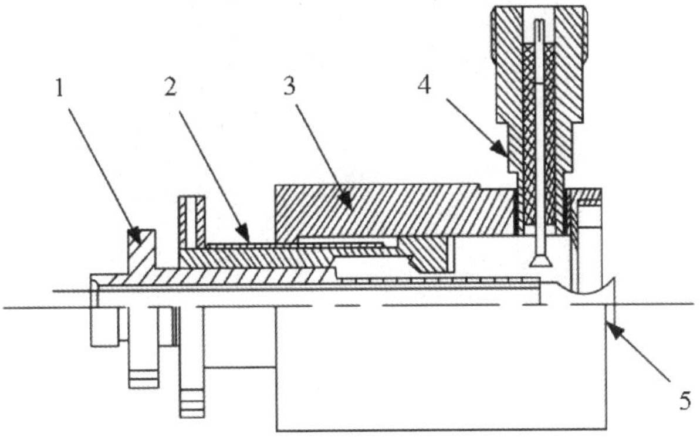

1—同轴线的内导体；3—外导体；2—可动活塞，用于调整长度；

4—馈能天线（电探针）；5—置于空心内导体中的石英管

图9.20 λ/4同轴腔型火炬Ⅰ

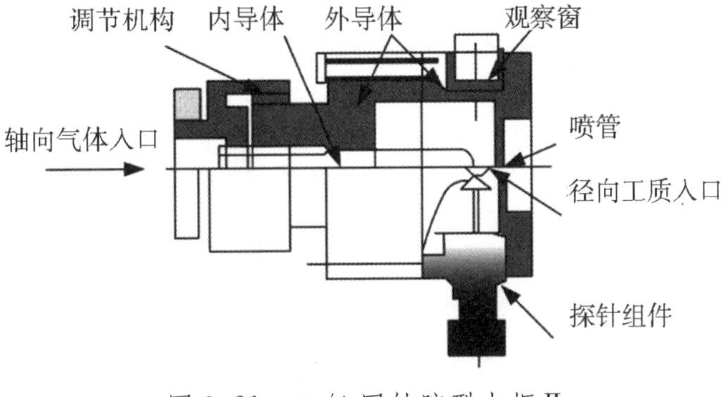

图9.21 λ/4同轴腔型火炬Ⅱ

其主要参数见表9-2，如图9.22所示为由上述同轴腔产生的火炬照片。

表9-2　MPT谐振腔的设计参数

谐振频率	$f=2.45$ GHz
谐振模式	TEM
谐振腔压强	$p_z=450$ kPa
谐振腔长度	$L=31$ mm
谐振腔内导体外径	$d=10$ mm
谐振腔外导体内径	$D=40$ mm
工质供应方式	单孔侧向
喷管喉部直径	$d_1=0.25$ mm

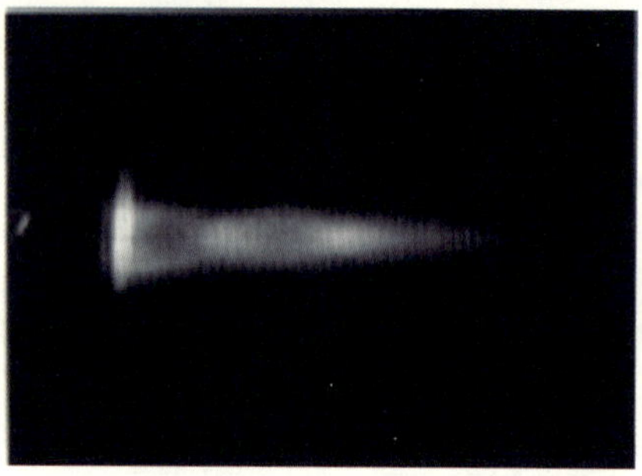

图9.22　MPT火炬照片

图9.23所示为一种同轴火炬的实物照片，图9.24所示为一种同轴波导转换的等离子体火炬实物照片。

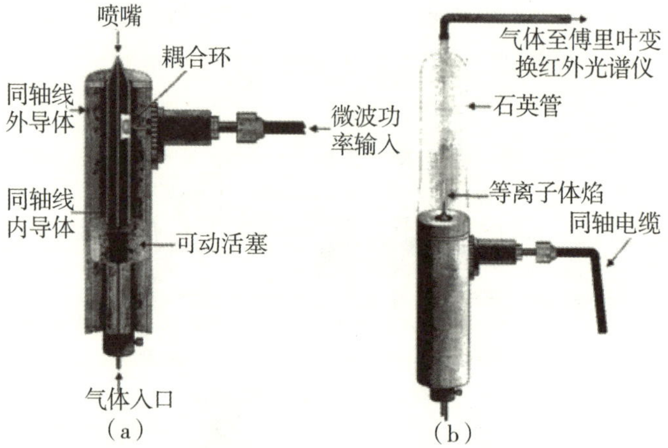

图9.23　一种同轴火炬的实物照片

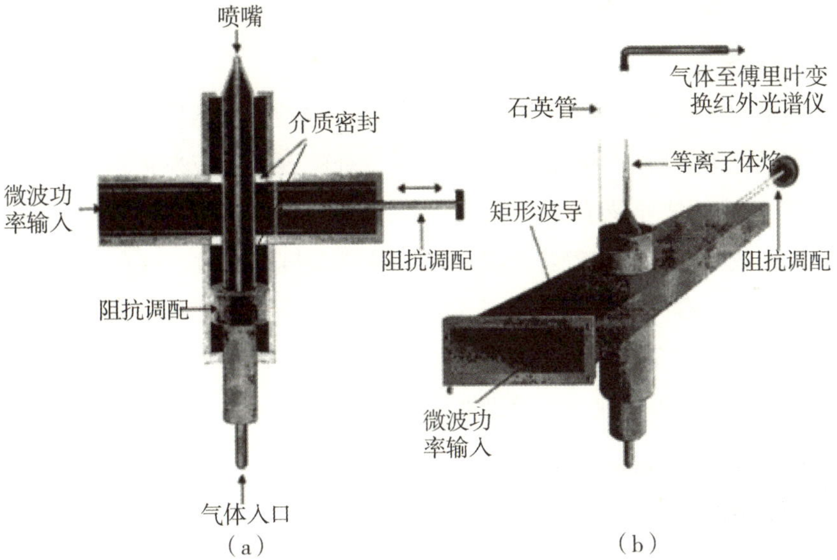

图 9.24 一种同轴波导转换的等离子体火炬实物照片

2. λ/4 缩短电容型同轴腔火炬

这种λ/4缩短电容型同轴腔火炬与第一种火炬的主要差别在于谐振腔的长度略为短些，主要是因为开路端存在较大的边缘电容造成的。由微波技术知识知道，这一电容的大小决定了谐振长度的长短，电容愈大，长度偏离四分之一波长愈短，故名缩短电容型同轴腔。如图 9.25 所示为这种结构的剖面图。

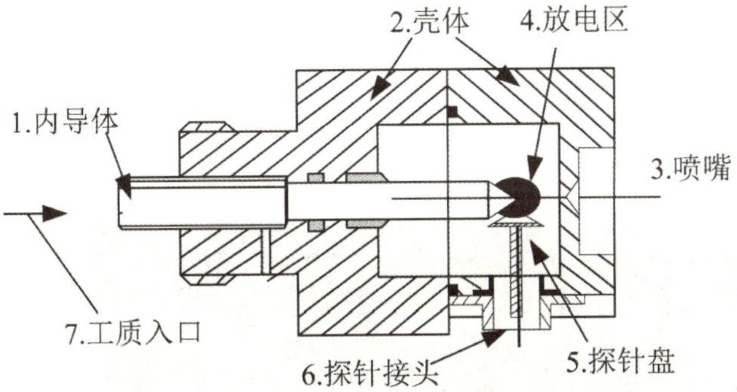

图 9.25 λ/4 缩短电容型同轴腔火炬

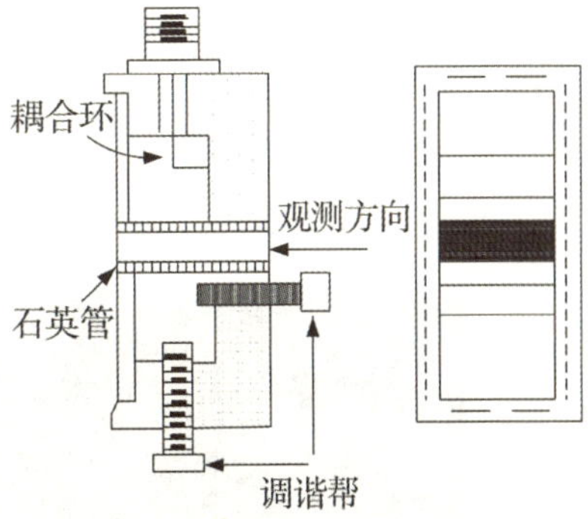

图 9.26 TM_{010}腔型火炬

3. 圆柱形 TM_{010}腔型火炬

如图 9.26 所示为 TM_{010} 腔型火炬的结构图，这是一种横磁模 TM_{010} 构成的圆柱形谐振腔，采用径向耦合环耦合，图中有两个调谐棒可微调其谐振频率。由于这种腔的谐振频率只取决于圆柱腔的直径，所以加工制造完成后就无法改变其频率，而实用时又要进行微调。所以设计了两根调谐棒，一根是径向调节的，而另一根则是偏心的轴向调节的，这样使用起来就灵活得多了。火炬将从同轴的石英管中喷射出来，因为这种模式的电场在轴线上是最强的。

4. 压缩波导 TE_{103} 腔型火炬

这是将矩形波导窄边适当压缩后而形成的 TE_{103} 腔型火炬结构，在终端短路板与波导输入口之间长度为 $3\lambda_g/2$ 的一段波导，在入口处配置一孔径为 ϕ 的耦合膜片，从而构成了一个 TE_{103} 型的波导谐振腔，在离终端短路板 $\lambda_g/4$ 处在波导宽边中心上下两边开一圆孔，以便放入一石英玻管，当微波功率从耦合口馈入时，将在腔中建立起稳定的驻波场，而此时的石英玻管正好位于电场最强处，从而激发微波放电而形火炬。图 9.27 所示为这种火炬的腔体照片，波导窄边压缩是为了提高场强，再加上谐振后建立起很强的驻波场，因此极易放电形成火炬。

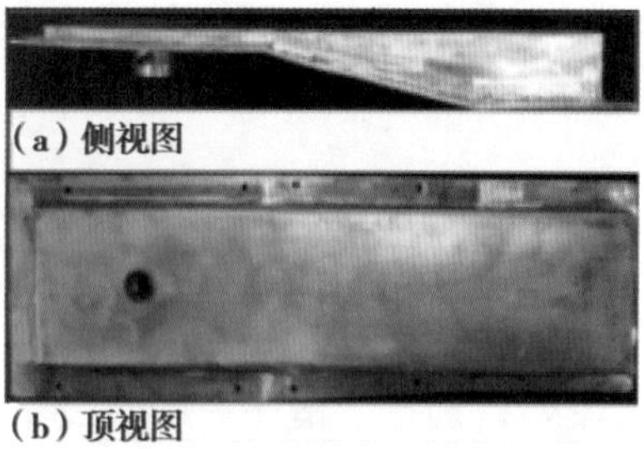

图 9.27 TE_{103} 波导腔型火炬的波导照片

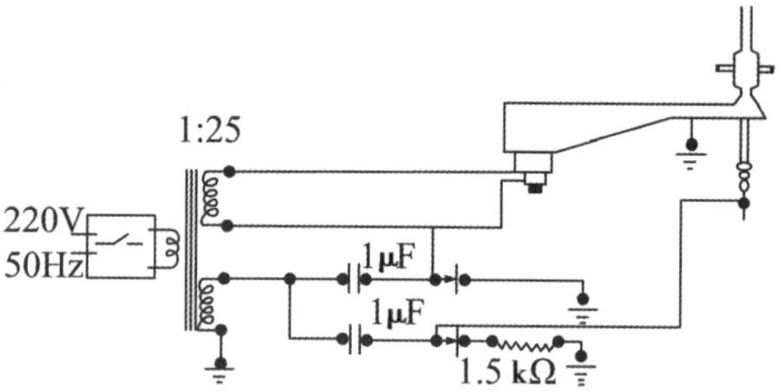

图 9.28 磁控管电源及点火器电源

该腔尺寸如下：

BJ-32 波导标准截面尺寸为 $72\times34mm^2$ 长 $(3/8)\lambda_g=8.74mm$。BJ—32 渐变部分从 $72\times34\rightarrow72\times5mm^2$ 长 $(1/2)\lambda_g=11.65mm$ 倾角 14°。BJ-32 变高部分 $72\times5mm^2$ 长 $(1/2)\lambda_g=11.65mm$。

磁控管直流电源及点火器电源如图 9.28 所示，两种电源均为半波倍压整流电路。

产生火炬后的照片如图 9.29 所示。

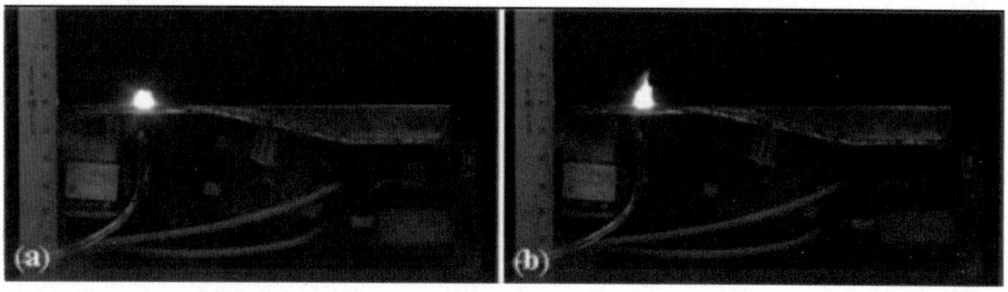

(a) 无气流，火炬体积 $3.5cm^3$　　(b) 有气流 0.315L/m，火炬体积 $6cm^2$

图 9.29 火炬照片

5. 美国麻省理工学院的波导等离体火炬

美国麻省理工学院的波导等离体火炬如图 9.30 所示，为一种直接由矩形波导构成的波导谐振腔，并在端部开有许多小孔，以便测定所发出的光谱。它采用四种不同气体，注入时的火焰呈不同的颜色，如图 9.31 所示。

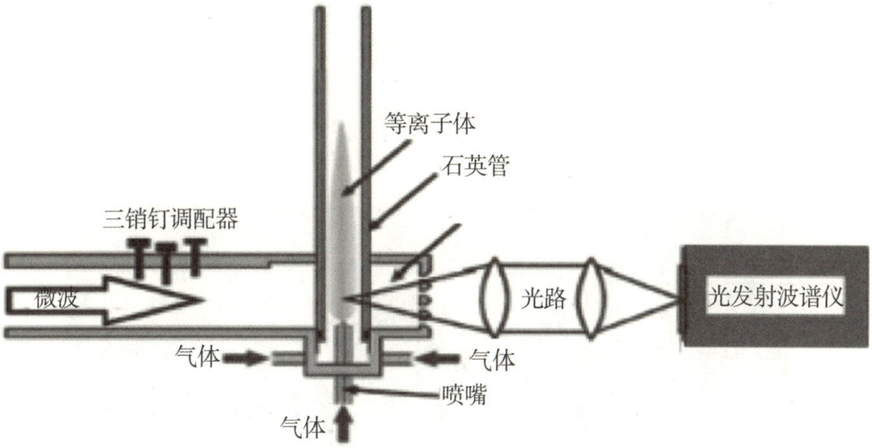

图 9.30 美国麻省理工学院的波导火炬

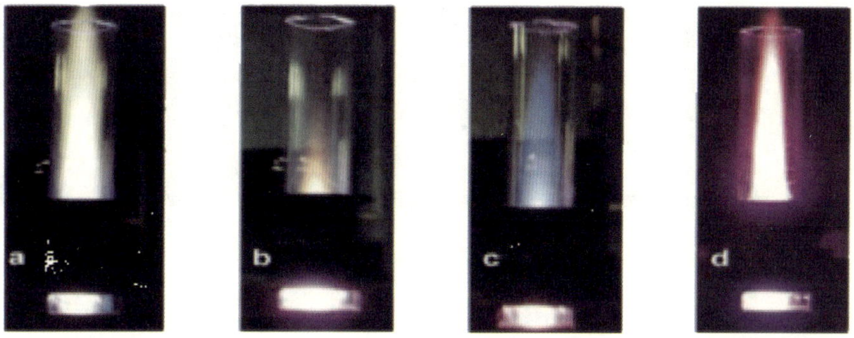

(a) 空气 (b) N_2 (c) N_2＋S (2%) (d) N_2＋500C 煤燃烧时释放出的气体

图 9.31 四种气体注入呈不同颜色火焰

6. 韩国的波导火炬

另一种韩国的波导火炬如图 9.32 所示，它与 MIT 火炬并无本质上的不同，只是采用压缩波导而已。利用这一实验系统分别对不同流量（lpm，L/min）的空气和氩气做了大量的实验，其形成的火炬分别如图 9.33 和图 9.34 所示，而它们的波谱分析结果则如图 9.35 所示。从分析结果的图上可以看这两种气体的一些差别，氩气火炬与空气火炬相比，在几个主要波长处均比后者要高，甚至高出 2 倍以上，例如 $\lambda=777.49$nm，只有在 $\lambda=420\sim580$nm 波段内，空气炬超过了氩气炬。

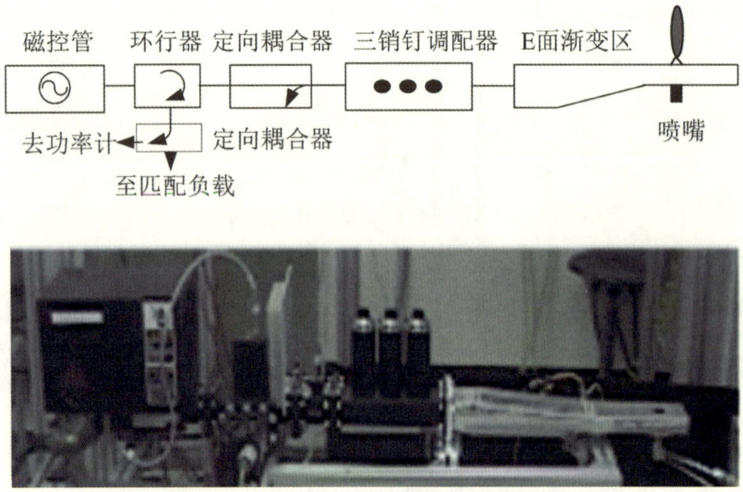

图 9.32　火炬实验装置（2lpm，10lpm，15lpm，20lpm，25lpm）

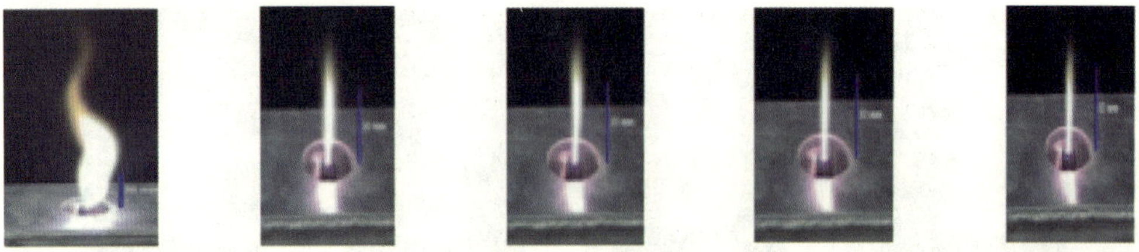

图 9.33　氩气火炬（700W）

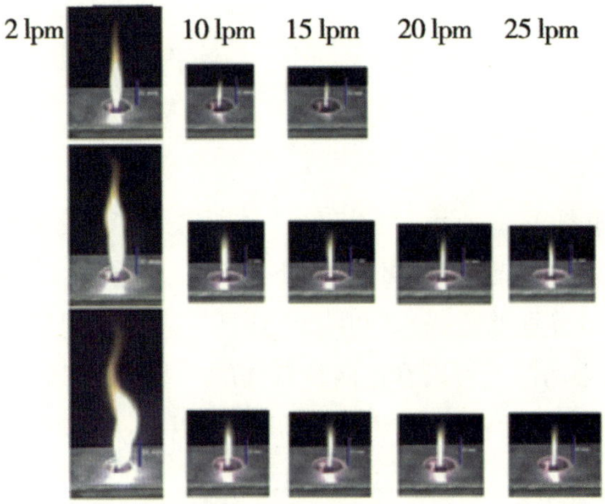

图 9.34　空气火炬（不同微波功率时）

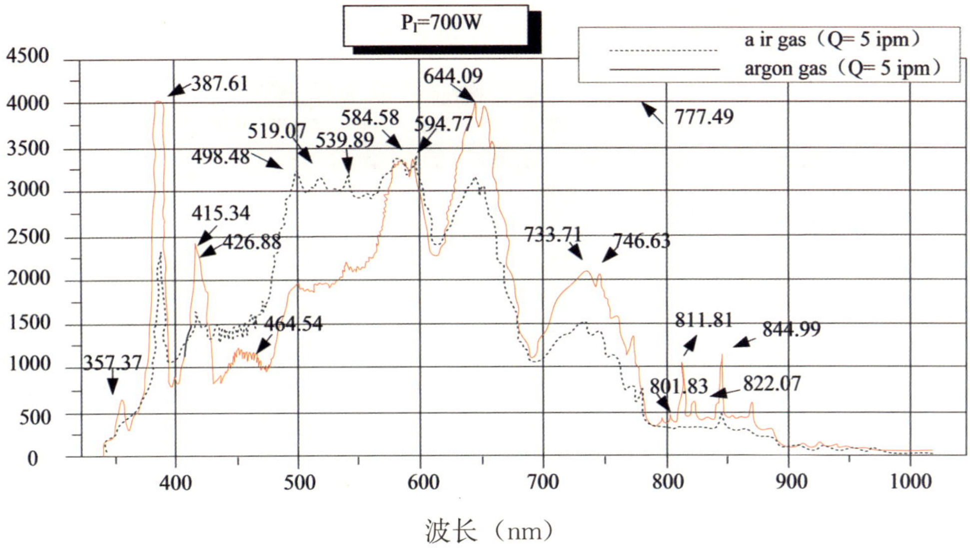

图 9.35　两种气体形成的火炬的波谱

9.8　微波等离子体火炬的应用

微波等离子体火炬的应用范围十分广泛，例如：

(1) 喷涂；

(2) 材料合成，纳米材料制备；

(3) 消毒，废物处理；

(4) 化学平衡；

(5) 切割；

(6) 消解；

(7) 色谱，质谱，光谱分析；

(8) 推力器（MPT）；

(9) 燃烧室燃料点火或辅助点火。

9.8.1　炭粉合成

炭粉合成装置如图 9.36 所示。放电用石英管外径 20mm，管壁厚 1.5mm，长 1200mm，放电管置于另一内径为 50mm、长 500mm 的石英管中，此石英管又置于一长为 500mm 的炉内，炉温为 900°C，放电管有四个切向小孔，使注入气流成涡流状，保护放电管壁。微波功率为 1kW，利用销钉调配器可使反射功率在 10%以下。

MPT 可产生 6000K 的高温。该装置用于制备炭粉，在不同氮气及氩气比例时，由 CH_4 制备的炭粉的 X 光衍射和扫描电镜照片如图 9.37 和图 9.38 所示。

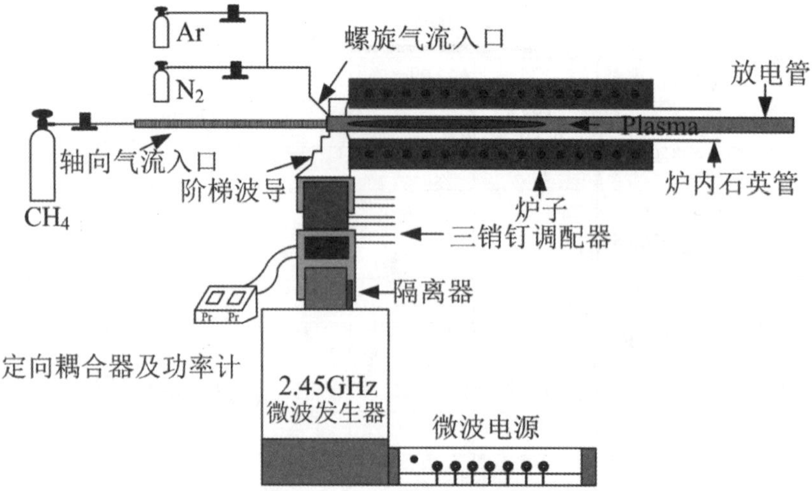

图 9.36　炭粉合成装置

图 9.37　Ar：15L/min；N_2：0L/min；CH_4：0.2L/min，X 光衍射照片

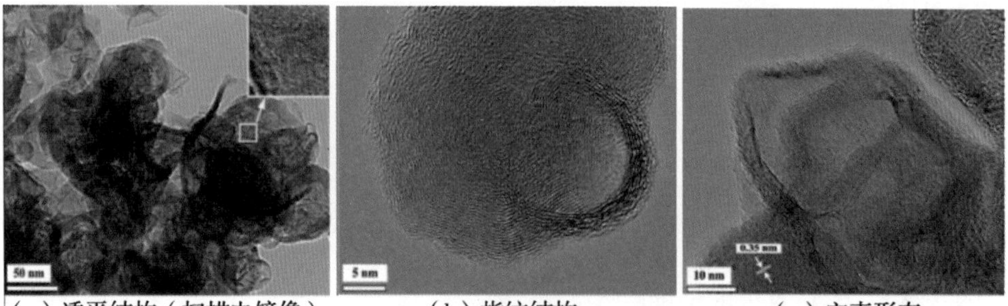

(a) 透平结构（扫描电镜像）　(b) 指纹结构　(c) 空壳形态

图 9.38　炭粉的扫描电镜照片

9.8.2　光气等离子体炬消解

光气等离子体炬消解装置如图 9.39 所示。石英管外径 28mm，管内设有 15kV 的交流点火装置，石英管内壁上有四个切向小孔，用于产生涡流，使火炬在中心部分保持稳定，而使其离开管壁。在 NH_3 和空气协同的作用下，$COCl_2$ 产生消解的化学反应，最后分解成氯气（Cl_2）和 HCl 被除去。该系统工作在 2.45GHz 频段，采用渐变波导压缩段内利用点火器激发初始放电后成炬。

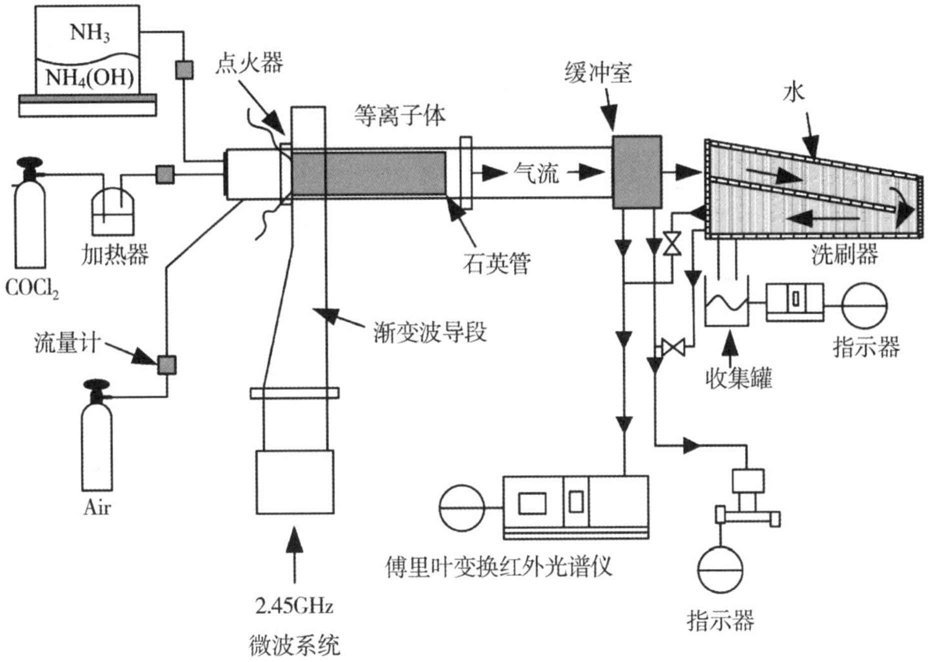

图 9.39　光气消解装置

光气（$COCl_2$）消解的化学反应如下：

$COCl_2 + e \rightarrow COCl + Cl + e$

$COCl + e \rightarrow CO + Cl + e$

$COCl + O \rightarrow Cl + CO_2$

$Cl + Cl \rightarrow Cl_2$

最终 Cl_2 是副产品。

光气变成 HCl 的化学反应如下：

$NH_3 + e \rightarrow NH_2 + H + e$

$NH_2 + e \rightarrow NH + H + e$

$NH + e \rightarrow N + H + e$

$H + Cl \rightarrow HCl$

HCl 是副产品，它可溶于水中，然后可方便地除去。

9.8.3 NO 的消解

类似的波导或同轴线微波等离子体反应器还可将高浓度的 NO 消解成 N_2 和 O_2。在微波功率 100W 时，加入氩气，气体流量为 1L/min 时，消解效率可达 75%。消解前后的光谱对比如图 9.40 所示，可以看出消解后 NO 和 NO_2 大大下降。

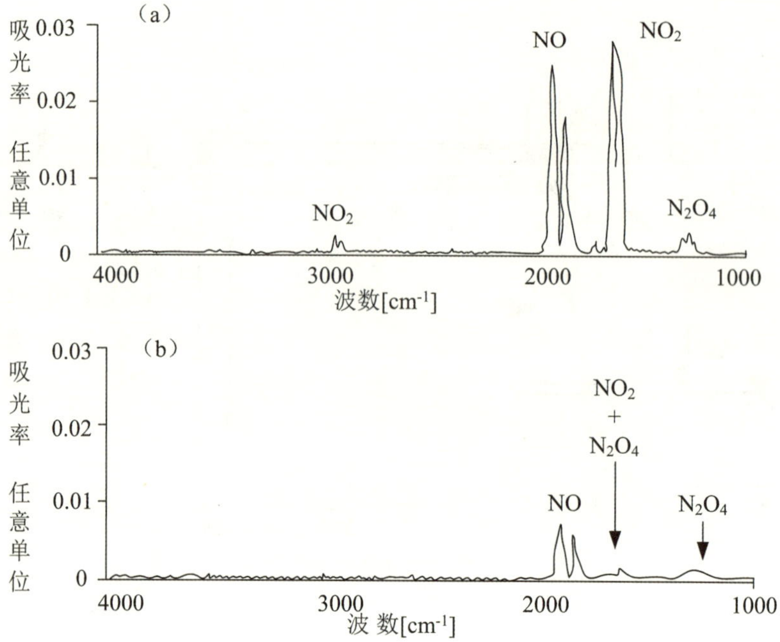

图 9.40 NO 消解前后的光谱对比

9.8.4 微波消解 PFCS

在半导体工业的刻蚀、印染行业，冶金工业，材料改性等含氟工艺过程中，都会产生和排出 PFCS 气体（CF_4、C_2F_6、C_3F_8、C_4F_8、CHF_3、SF_6），这些气体对红外线有较强的吸收能力，在大气中停留时间较长，是与 CO_2 一样的温室效应气体，是使地球变暖的重要因素。目前采用的油气燃烧法、催化剂结合放电法、介质阻挡放电法等除去 PFCS，能耗大，去除率低，而采用微波等离子体法的去除率可达 99%以上，加入 H_2O、O_2 添加剂后，还可使去除率进一步提高，是一种高效节能、无二次污染、低成本的先进技术手段。

9.8.5 等离子体制备纳米粉末技术

其基本原理是：利用等离子体的高温与急骤冷却技术相结合的方法，使原料在高温区域内迅速发生热解和气化反应，形成混合性气相物质，并在急冷环境中凝聚产生晶核，进而长大形成一定粒径的纳米粉末。根据原料的不同，可采用等离子体物理蒸发法、反应性等离子体蒸发法、等离子体气相沉积法三种方法。等离子体可制备纳米粉末氮化铝、多晶硅粉、硼粉等。

9.8.6 微波火炬治污

将发电厂烟中排出的含硫废气，制药厂以及厂矿生产中排出的各种对人体和环境有害或有毒气体（俗称恶臭），通过微波等离子炬中的高温火焰，可以使这些气体消解，变成对环境无害的空气或水。

9.8.7 微波等离子体推力器（MPT）

该推力器由微波电源、传输系统、工质供应系统和谐振腔（推力器）组成。其工作原理为：用磁控管作为微波功率源（通常工作在 2.45GHz 频段），经电缆将功率输入到谐振腔中，微波在一定的条件下，在谐振腔中以一定的工作模式谐振，并产生一定的电磁场分布，同时通过谐振腔的工质在电磁场最强处吸收微波功率产生等离子体，高温并有一定压强的等离子体流经拉瓦尔喷管时加速喷出，从而产生推力，故取名为“推力器”。小功率微波推力器主要用于调整卫星在空间的运行方向和姿态、精确定位、阻力补偿等，而大功率推力器可用于卫星轨道提升、深空探测器的主推进器等功能。例如 1kW 的 MPT 可用于轨道提升，而 4 台 100W 的 MPT 则可用于卫星的南北位置保持。

需要指出的是，这里的微波等离子体推力器 MPT 是 Microwave Plasma Thruster 三词的缩写，与微波等离子体火炬（Microwave Plasma Torch）三词的缩写同名了。

微波推力器的推力范围广，效率高，比冲适中，羽流污染小，结构简单。美国有关单位及我国西北工业大学有关院所是主要的研究单位，他们常有研究成果发表。

作为小型化、轻量化的常用结构，有缩短电容四分之一同轴腔型及 TM_{011} 圆柱腔型推力器，工作频率除选用 ISM 中的 0.915GHz 及 2.45GHz 两个频率外，也有选用 7.5GHz 及 14.5GHz 这两个不太常用的频率。功率范围从 10～2000W，也有更高的 2kW 和 50kW 的。工质常用的有 Ar、He、N_2、NH_3、空气及水等。目前正在地面和空间实验用固态微波源取代传统的磁控管构成的微波源，以减轻微波推力器自身的重量。

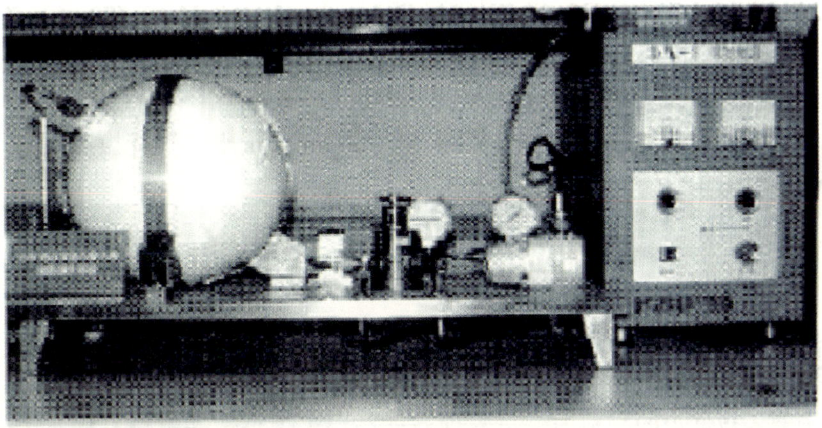

图 9.41　100W 微波火炬推力器的实物照片

如图 9.41 所示为 100W 微波火炬推力器的实物照片。（何洪庆等. 小型微波等离子推力器. 航空学报，2003，5 (24)：191.）

9.8.8 微波火炬热电厂锅炉点火

目前，大多数热电厂中的锅炉点火多采用直流或射频等离子体火炬对煤粉点火，这些点火装置效率低、耗能大、电极销蚀严重、工作寿命短，经常需要更换电极，对工作有较大影响。国内外正在研究采用大功率微波等离子体火炬进行锅炉的煤粉点火技术，由于微波火炬是由无极放电形成的火炬，所以不存在电极的腐蚀问题，寿命长、效率高。国内有关单位正在准备采用此新技术用以代替老式的直流或射频等离子体火炬对煤粉的点火技术。

近闻韩国正在实施一项利用微波等离子体气化焚烧各种垃圾（包括生活垃圾、医疗垃圾、工业垃圾、园林垃圾、污水处理污泥、纸厂污泥、畜禽粪便、低热值煤及高硫值煤等废煤）的先进技术。由于汽化温度可提高至3000℃以上，即使处理像重金属、各种恶性废弃物、污泥等也不会产生二噁英等有害致癌气体及粉尘等破坏环保的产物。同时，由于微波等离子体是无极放电，在运行过程中效率高，没有电极棒销蚀问题，维护费用低。微波等离子体气化工程只消耗20%的自发能源，而现有的气化技术为运行发电要消耗已产生的50%的能源，效益相差一倍多。因此这是一项具有建设成本低、环境保护好、经验效益高、运行费用和维修费用低等一系列优点的技术。

这种气化技术是通过使用以碳为主成分的煤、生活垃圾等废弃物、生物质能等作为投入燃料，产生以 CO 和 H_2 为主成分的合成气。利用此项气化技术可制造化学产品、肥料、液体燃料、氢，也可用来发电。

微波等离子体气化是通过超高温生成单纯的分子结构，把一切有机物转换成为气体燃料，最终生成类似于天然气的氢气和一氧化碳的合成气体。

生活垃圾处理及能源化工通常按下述工序进行：

（1）前处理工序——垃圾入厂后先破碎后磁选，再烘干；

（2）进入气化设备燃烧工序；

（3）合成气体净化工序，经过除粉尘、除硫、除 CO_2、水煤气变换反应等，净化后保存至专用储气罐中；

（4）发电工序。

整个装置中最核心部分是微波等离子体产生装置和气化燃烧炉，微波等离子体产生装置由大功率 CW 磁控管、环行器、阻抗调配器和微波等离子体火炬（MPT）等构成，通常由多个火炬由燃烧室下段进入。气化燃烧炉中的燃烧动力就是这一高温火炬，当燃烧室中充满被燃烧的物料时，可立即被此高温火炬点燃并燃烧，从而产生合成气体。气化燃烧炉中工作温度极高，因此需选用能耐3000℃以上的耐火材料，方能保证燃烧正常进行。而且还需设计出气和出渣通道口，以便气渣分离。当然，炉体外壳必须有良好的冷却水套等冷却措施。

9.8.9 汽车发动机汽缸内的微波火炬点火

到目前为止，汽车发动机汽缸内均采用火花塞的火花点火，从而完成狄赛尔四冲程内燃机的循环过程。由于点火的火花体积微小，使得汽缸内的燃烧不完全，导致燃烧效率降低，同时增加了非彻底燃烧物从尾气中的排放，加大了对环境的污染。长期以来，人们寻求更为先进的节能减排的新点火方法，微波点火成了热门的议题。现在有如下 3 种微波点火方法。

（1）谐振炬微波点火。这是利用微波等离子体炬的火焰去点燃燃烧室（汽缸）内混合油气，以达到点火燃烧的目的。

（2）空间辐射微波点火。这是在整个燃烧室内形成强电场后，辐射进入微波，使其直接击穿混合油气分子，从而实现空间多点点火。

（3）微波等离子体助燃点火。它首先使用传统火花塞点火，形成直流等离子体供源，然后微波辐射直流等离子体源，使之吸收能量迅速扩展至整个燃烧室。

从此可见，第一种方法点火能量高，也容易实现，但无法形成空间多点点火的效果；第二种方法可实现空间多点点火的效果，但实现难度较大；第三种方法的优缺点与第一种方法类似。

目前国内的主要工作尚停留在实现小型化的微波小火炬的电磁仿真及实验探索上，因为在 6～8 个大气压下，要实现在同轴线内导体尖端的微波击穿的电场阈值在 2.25×10^{7} V/m 以上，换句话说，至少要产生每瓦 1×10^{6} V/m 的场强才行，这就要求微波功率不能太小。

微波谐振炬点火要求与前述微波推力器要求各不相同，前者要求点火电场阈值低、火焰体积大，而后者则要求喷射速度及推力要大。两者均采用四分之一波长的同轴腔（QWCCR）作为首选的火炬结构。

微波谐振炬点火可大大提高可燃气体的燃烧效率，加之其中有些碳水化合物对微波有吸收功能，吸收微波后会被裂解，于是引发一系列自由基链的反应。并且与传统火花塞相比，微波炬可以在更稀薄的气体中点燃，实现稀薄燃烧，从而大大减少了有毒气体的排放，有利于环保。

9.8.10 其他应用

微波等离子体炬的其他应用有：对金属板的切割与焊接，犹如氢氧焰和乙炔焰一样。澳大利亚 AMT 公司曾推出 1kW/2450MHz 微波等离子体火炬焊接设备。还可用来处理废料，如医疗垃圾等有毒、有害物质的离解能在高温火炬中进行。还可利用小型化的微波等离子体炬做成微波气相色谱仪，我国早在 20 世纪 90 年代就研发出便携式微波气相色谱仪，分装于两个小箱中，其中微波等离子体炬就是采用类似于微波推力器和微波汽车点火器的四分之一波长的同轴型火炬。这种化学分析仪器的灵敏度和分辨力都是较高的，适用于分析挥发性有机物和各种无机物的样品，特别适合现场或战场中收集有毒有害物质进行检测与分析。美国曾发表不少文章讨论利用此仪器进行生化战争中产生的各种气体分析，但他们的色谱仪中更多的是采用压缩波导的微波等离子体炬作为光源，把待分析气体作为工质，再利用许多光学仪器，如各种透镜（包括远心镜等）、成像分光计等。

9.9 电子科技大学（UESTC）的工作

电子科技大学自动化学院微波等离子火炬课题组从2007年以来一直从事微波等离子火炬的研究工作，先后研发成功了2.45GHz和0.915GHz两个主要频段的同轴、波导、波导腔、圆柱腔等多种结构的微波等离子火炬，现介绍如下。

9.9.1 2.45GHz同轴火炬

这是一种通过波导经门钮转换至同轴线的波导同轴转换器结构，为了在放电区有足够强的微波电场，特意将同轴线的外导体内径逐步变小至端口放电隙处，其结构如图9.42所示。

放电时馈入2.45GHz微波功率800W，通入空气或N_2均可，放电后形成的紫红色火炬照片如图9.43所示。

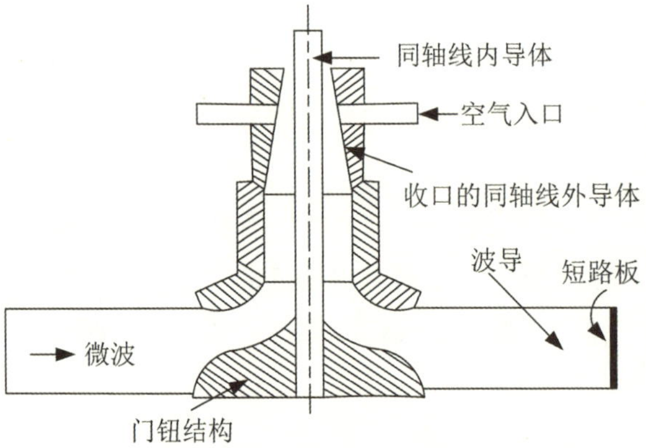

图9.42 波导同轴转换型火炬结构

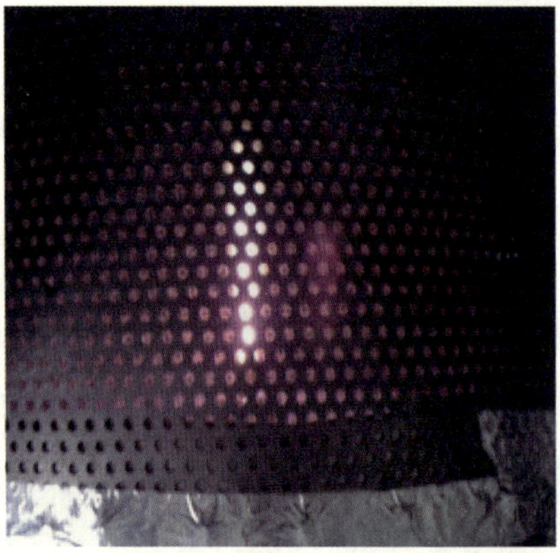

图9.43 同轴火炬照片

9.9.2 窄波导型微波反应器

课题组设计了一种窄波导型反应器用于产生微波等离子体火炬，工作在2.45GHz频段，波导窄边从标准值逐渐变至10mm，以提高波导中的场强。采用直径10mm的石英管作为放电火炬区，石英管底部有一金属喷嘴，从石英管下边缘处开有一切向小孔，并将高气压气流从此孔送入，以便在管内形成一螺旋形气流。此气流具有两个作用，其一是压缩火炬外径使其离开管壁，防止等离子体的电子与正离子在管壁上的复合与中和；其二是对石英管的冷却。整个反应器结构如图 9.44 所示。HFSS 仿真计算结果如图 9.45 及图 9.46 所示。

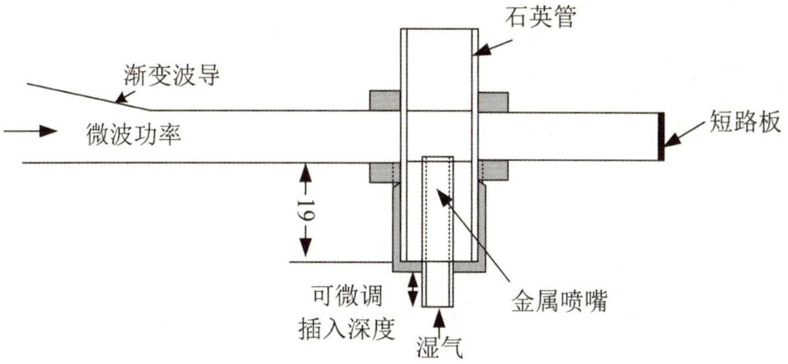

图 9.44 窄波导反应器结构

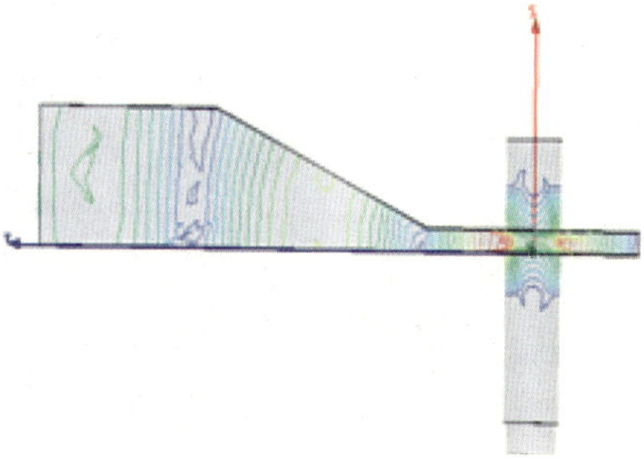

图 9.45 HFSS 仿真结果 Ⅰ

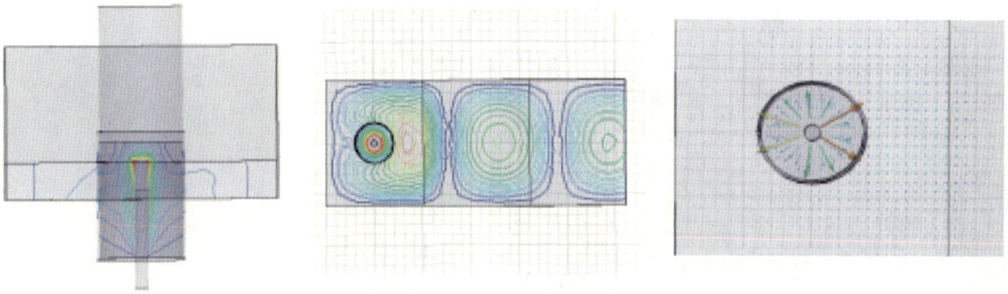

(a) (b) (c)

图 9.46 HFSS 仿真结果 Ⅱ

实验装置如图 9.47 所示，微波功率从 0 至 1.5kW 连续可调，空压机最大可达 5 个大气压。压缩空气火炬（APT）如图 9.48 所示，一旦形成火炬，将功率降至 100W 时，火炬仍将维持，与放电理论完全吻合。通入高压 N_2 时，情况基本相同，只是在色调上有些变化（浅蓝色），如图 9.49 所示。长、短管的火炬如图 9.50 所示。

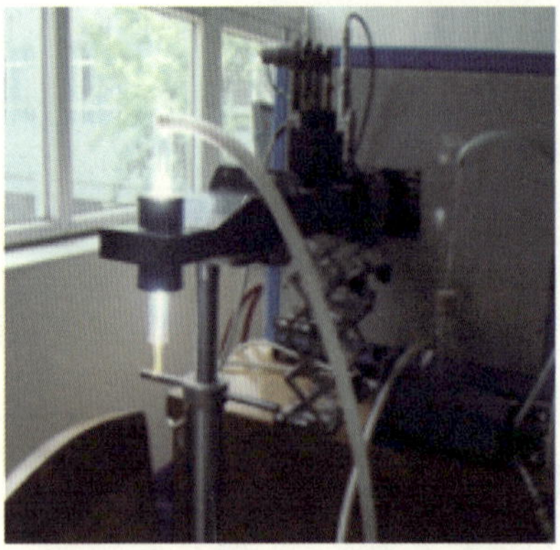

(a) 实验装置

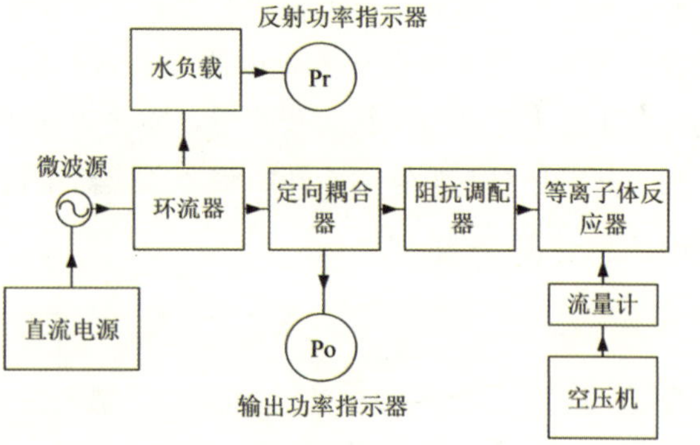

(b) 实验系统构成

图 9.47　实验系统

图 9.48　1.5kW APT

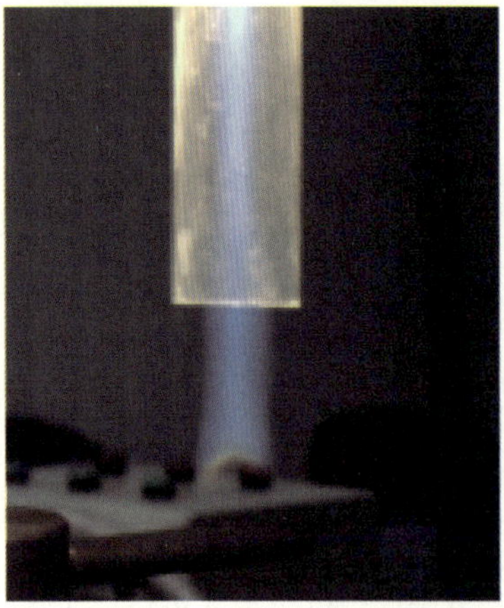

图 9.49　2450M Hz N_2 APT

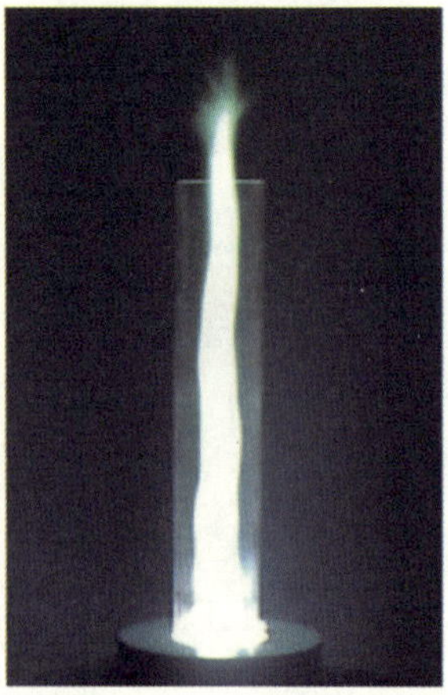

(a) 长管 APT

(b) 短管 APT

图 9.50　2450MHz 的空气火炬

9.9.3 TE_{103}窄波导腔反应器

这种结构与 9.9.2 节所述结构的主要差别在于在波导口增加了一块金属膜片，其耦合孔直径为 35mm，结构如图 9.51 所示，这就形成了一个 TE_{103} 窄波导腔反应器。

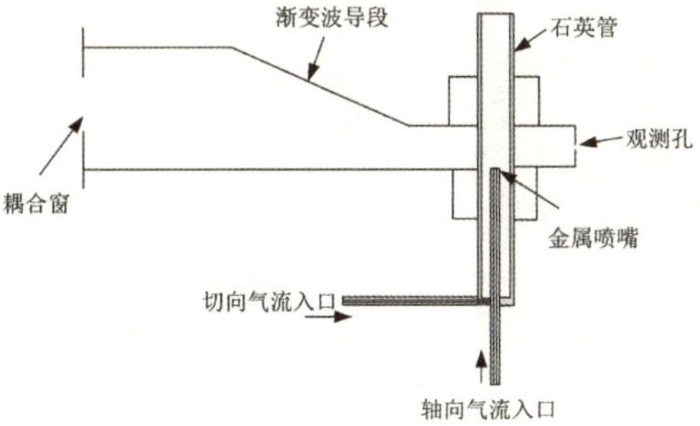

图 9.51　TE_{103} 窄波导腔反应器

9.9.4 TM_{010}圆柱腔反应器

这是课题组专门设计的 TM_{010} 圆柱腔反应器，电场在轴线上最强，场强与轴上位置无关，因而容易放电成火炬。圆柱腔的 APT 火炬如图 9.53 所示。

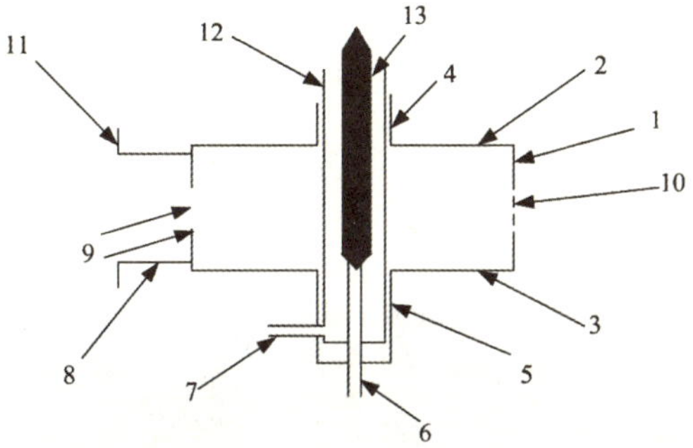

1—腔体；2、3—上下盖；4、5—金属管；6—喷嘴；7—切向气流入口

8—为波导；9—为耦合窗口；10—观察窗；11—法兰盘；12—石英管；13—火炬

图 9.52　TM_{010} 圆柱腔反应器

(a) 1kW

(b) 1.5kW

图 9.53　2450MHzTM_{010}圆柱腔的 APT

9.9.5　915MHz 频段 75kW 超大功率微波等离子体火炬

这是课题组在 2009 年设计制作的 915MHz 频段 75kW 超大功率微波等离子体火炬，是国内首创的成果（当时国外也未见报导），其反应器类似于 9.9.2 节介绍的结构，如图 9.54 所示。不同的是采用了直径为 100mm 的石英管作为放电火炬区，其次在底部采用了相隔 90°的四根切向进气管以增强冷却功效。如图 9.55 所示为 915MHz、30kW 时的微波等离子火炬照片，火炬高 0.5m。如图 9.56 所示为 75kW 时的微波等离子体火炬设备全貌。

(a) APT 反应器

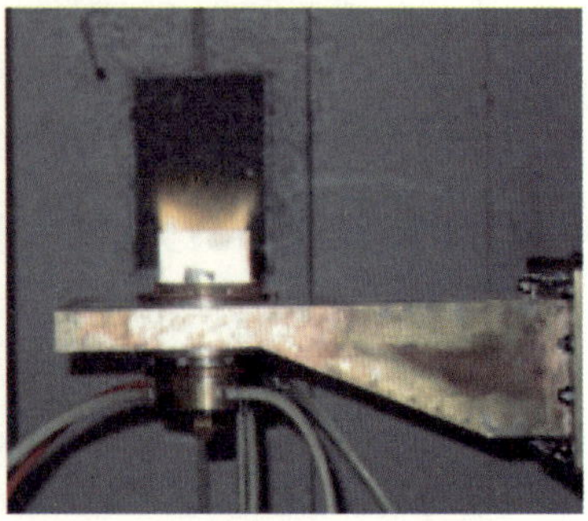

(b) 30kW 短火炬

图 9.54　915MHz、30kW 的 APT

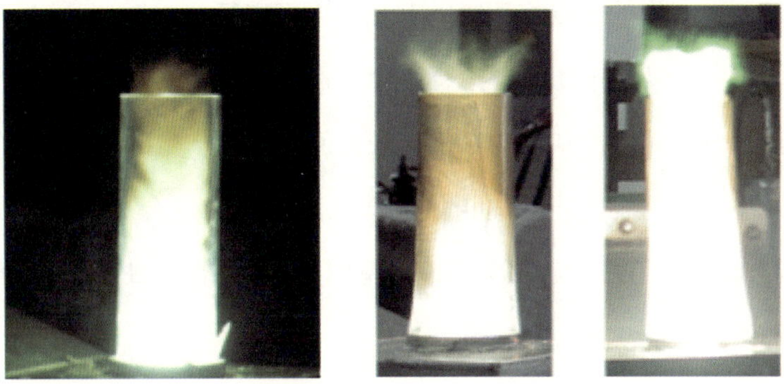

(a) 30kW 长火炬　　(b) 60kW 长火炬　　(c) 75kW 长火炬

图 9.55　915MHz 不同功率时的 APT

图 9.56　75kW 火炬设备全貌，右侧为直流电源

9.9.6　我们研究工作的特点

我们研究工作的特点如下：

(1) 915 波段采用 BJ-9 波导，2450 波段采用 BJ-26 波导；

(2) 空气压力大于 5$a$tm，连续可调；

(3) 空气流量大于 10 000L/h；

(4) 所有几类反应器内均无点火器，结构简单；

(5) 微波功率大，2.45MHz，P =1.5kW；915MHz，P >65kW；

(6) AMPT 体积达 10L（915MHz）；

(7) 火炬温度高，但未测（因无专用光谱仪）。

下一步我们研究工作的重点将环绕以下几个方面进行：

（1）进一步提高大功率电源设备运行的稳定性与可靠性；

（2）重新设计反应器的冷却结构，确保长时间放电时产生的散热问题；

（3）逐步减小由于为了防止等离子体在玻壳内壁上的复合及散热问题而采用的角向进风量，使等离子火炬由于旋涡效应而出现的空心炬结构有所改善甚至消失，这种结构极大地影响了火炬的实际应用；

（4）改进波导走向，使等离子火炬的喷射方向可做到在任意角度上，以适应不同的应用场合，如水平方向、垂直方向、45 度方向或 60 度方向等；

（5）通过调节电源的微波输出功率，可以改变等离子火炬的喷射高度及工作温度；

（6）通过电磁仿真和空气动力学仿真，设计高效激励的反应器结构，以便获得火炬的最佳参数。

关于微波等离子体技术及应用的进一步了解可参阅文献［245］～［263］。

9.10 小　结

微波等离子体技术涉及的范围非常广阔，它既涉及微波气体放电的微观理论，又涉及微波与等离子体的相互作用，这种多粒子系统一般均采用动力学理论波尔兹曼方程来分析。近年来，出现了许多用于模拟的仿真软件，解决了许多之前未能解决的问题。尽管如此，人们对微波等离子体中的许多难题，仍未能彻底解决。每年在国内外有关期刊杂志上，都有大量的学术论文在发表，国内相关著作较少。而在微波等离子体技术应用领域，开展较好的诸如光纤棒的预制、金刚石薄膜的气相沉积、太阳能光伏电池晶片表面的微波镀膜等都已比较成熟。但在人工可控热核反应的研究中，全世界科技工作者经历了半个多世纪的卓绝工作，到目前为止，也只能说取得了巨大进展，离实用还存在相当大的距离。至于利用微波等离子体火炬进行热电厂锅炉中的煤粉点火，以及汽车发动机中燃烧室内的油气点火，这两项应用技术尚处于起步阶段，但其市场的潜在应用价值不可低估，若能取得突破，不仅有着极其巨大的经济效益，对节能、减排与环保更有着巨大的社会效益。

本章只是作为第 6 章微波加热技术基础的一个小小的补充，因此，只能从极其简单的应用层面上做一些粗浅的介绍，涉及的面既不宽，更不深。有兴趣的读者如需进一步了解，可参阅 J. R. Roth 所著的专著《工业等离子体工程》（*Industrial Plasma Engineering*）。第一卷介绍基本原理，已被翻译成中文，由科学出版社出版；第二卷介绍等离子体在具体的工业过程或工业装置中的应用，理论联系实际，但未见中译本，这是一部难得的佳作。

第 10 章　电介质的微波测量技术

10.1　材料的基本特性

10.1.1　材料基本特性的分类（见图 10.1）

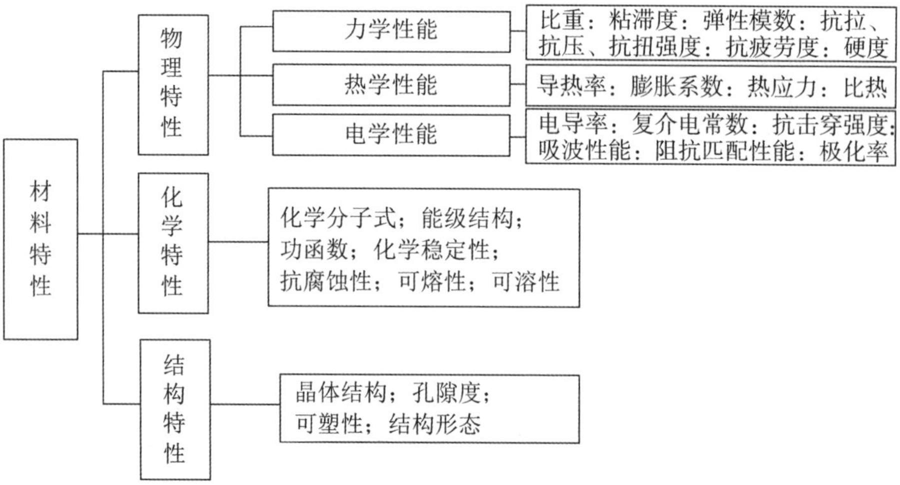

图 10.1　材料的基本特性

10.1.2　材料的微波特性

对固体、液体和等离子体构成的材料来说，在微波波段内的基本特性可分为以下几方面。

（1）导电特性：由电导率 σ 描述，各种常用金属的电导率 σ 列于表 10-1 中，详见附录 F。

（2）介电特性：由复介电常数 ε^*（$\varepsilon' - j\varepsilon''$）描述，详见附录 I、J 和 K。

(3) 绝缘特性：由电阻率 ρ 描述，常见材料如云母、石英、陶瓷、金刚石、聚四氟乙烯等。

(4) 导磁特性：由复导磁常数 $\mu^*(\mu'-j\mu'')$ 描述，还有旋磁效应，如铁氧体法拉第效应等。

(5) 等离子体特性：由电子密度 n、碰撞频率 ν、介电张量特性 $[\varepsilon]$、电波传播特性、光谱特性等描述。

表 10-1　常用金属电导率（更多内容请参阅附录 F）

金属名称	电导率 (S/m)
铝 (100%)	34.3×10^6
黄铜 (90%铜)	24.1×10^6
黄铜 (70%铜)	14.5×10^6
铜 (100%)	53.0×10^6
银 (100%)	61.0×10^6
不锈钢 * 304	1.39×10^6

10.1.3　材料特性的微波检测技术

材料在微波工程中的应用是非常广泛的。

作为导电材料：可用于微波电子管内作为电极，如高导无氧铜 (OFHC)、钨、钼、镍、可伐合金、蒙乃尔合金、不锈钢、纯铁等，还可用于微波传输线的波导管、谐振腔等。

作为绝缘材料：可用于微波管中作为内部支架、波导密封窗、真空密封介质，如玻璃、陶瓷、石英、蓝宝石、氮化硼 (BN)、金刚石等。

作为吸收材料：可用于微波传输系统中的衰减器、终端负载、吸收器、微波暗室、隐身涂层等。

而用微波对材料进行加工或处理的几乎涉及所有的导电材料、绝缘材料、损耗或吸收材料。各种导电材料如各种金属或其氧化物、氮化物、碳化物、铁合金等；各种绝缘材料如橡胶、云母、陶瓷、玻璃、高分子化合物等；各种吸收材料如人造铁氧体吸收材料、石墨吸收体、水泥石墨混合料、有耗介质板、NiCr 合金粉、水、酒精等。

由于材料众多，技术参数更是名目繁多，本章只讨论复介电常数和复磁导系数的微波测量技术。

10.2 材料性能（电介质）的微波测量方法

10.2.1 材料性能的微波测量方法（见图 10.2）

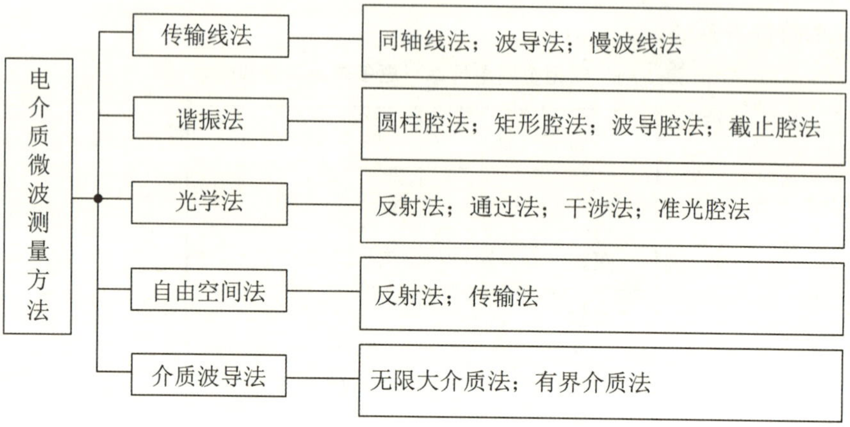

图 10.2 材料性能的微波测量方法

10.2.2 测量方法的选择依据

测量方法的选择依据如下：

(1) 待测的频率范围或波段；

(2) 材料的形态与体积，如固体、液体、气体或等离子体，粉料或颗粒料；

(3) 材料特性、参数的大致范围，如低、中、高 μ',ε' 及低、中、高 μ'',ε''；

(4) 极性介质、非极性介质或磁性介质；

(5) 材料试样的形状，如板料、块料、长方体或圆柱体、球体、颗粒状等。

10.3 微波电介质测量的传输线法

10.3.1 同轴线法与波导法

传输线法中又有同轴线法、波导法及螺旋线法等几种。无论是同轴线法还是波导法，都是将介质试样精确制造成环状物（适用于同轴线）或块状物（适用于波导管），并具有一定的轴向长度 d 。将其置于某种规格的硬同轴线或某一型号的波导管中，并将网络分析仪的输出与输入电缆或同轴波导转换接头接至如图 10.3 所示的传输线的两个端口上，测量其 S 的参数 S_{11} 及 S_{21} 即可间接计算出复介电常数的实部与虚部来。

例如在同轴线法中，如待测介质的损耗很小，在其终端接上匹配负载，在测得 S_{11}

后即可按下述推导进行。

设同轴线的特性阻抗为 Z_0，介质的阻抗为$\frac{Z_0}{\sqrt{\varepsilon'}}$。

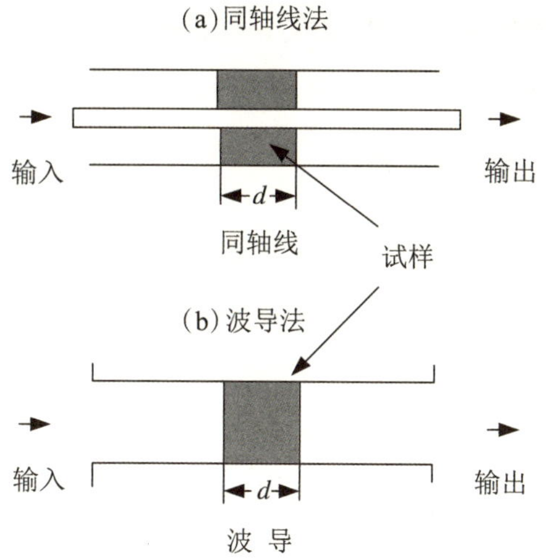

图 10.3 传输线法

于是
$$|\Gamma| = |S_{11}| = \frac{\sqrt{\varepsilon'}-1}{\sqrt{\varepsilon'}+1} \tag{10.1}$$

$$\varepsilon' = \left(\frac{1+|S_{11}|}{1-|S_{11}|}\right)^2 \tag{10.2}$$

式中$|S_{11}|$如用回波损耗分贝数来表示，即

$$A = 20\lg\frac{1}{|S_{11}|} \quad (\mathrm{dB}) \tag{10.3}$$

则
$$|S_{11}| = 10^{-A/20} \tag{10.4}$$

于是
$$\varepsilon' = \left(\frac{1+10^{-\frac{A}{20}}}{1-10^{-\frac{A}{20}}}\right)^2 \tag{10.5}$$

如果介质损耗不能忽略不计，这样 $\varepsilon^* = \varepsilon' - \mathrm{j}\varepsilon''$ (10.6)

于是式（10.1）变成 $\Gamma = S_{11} = \frac{1-\sqrt{\varepsilon'-\mathrm{j}\varepsilon''}}{1+\sqrt{\varepsilon'-\mathrm{j}\varepsilon''}} = |\Gamma| \mathrm{e}^{\mathrm{j}\varphi}$ (10.7)

将式（10.7）展开后并令两边实数及虚数各自相等，即可得到

$$\varepsilon' = f_1(|\Gamma|, \varphi) = f_1(S_{11}) \tag{10.8}$$

$$\varepsilon'' = f_2(|\Gamma|, \varphi) = f_2(S_{11}) \tag{10.9}$$

式中 S_{11}——复数。

波导法与同轴线法类似，只要将波导的输出端接上与波导匹配的无反射终端，这时输入端的 S_{11} 即等于反射系数 Γ，当待测的介质试样损耗很小时，可采用式（10.1）、式（10.2）、式（10.3）、式（10.4）、式（10.5）等公式计算，当介质损耗不能忽略

时，就需要采用式（10.7）、式（10.8）、式（10.9）等公式计算。因此就需要求解复数方程式（10.7），从而得到式（10.8）及式（10.9）。

当图 10.3 中传输线的输出端接任意负载 Z_L 时，情况变得复杂起来。因为这时在传输线的输入端的反射系数不仅与 S_{11} 有关，而且还与 S_{12}、S_{21}、S_{22} 及 Z_L 有比较复杂的关系。与其如此，还不如接上一个匹配终端为好。这样就满足了 $\Gamma=S_{11}$ 的简单关系。

10.3.2 完全填充波导截面法

在这一方法中，被测介质样品的厚度 d 被放在终端短路的波导中，如图 10.4 所示。在波导中，无介质样品时，将会在波导中建立起全驻波的电场分布，两波节之间的距离为 $\frac{1}{2}\lambda_g$，而

$$\lambda_g=\frac{\lambda_0}{\sqrt{1-\left(\frac{\lambda_0}{\lambda_c}\right)^2}} \tag{10.10}$$

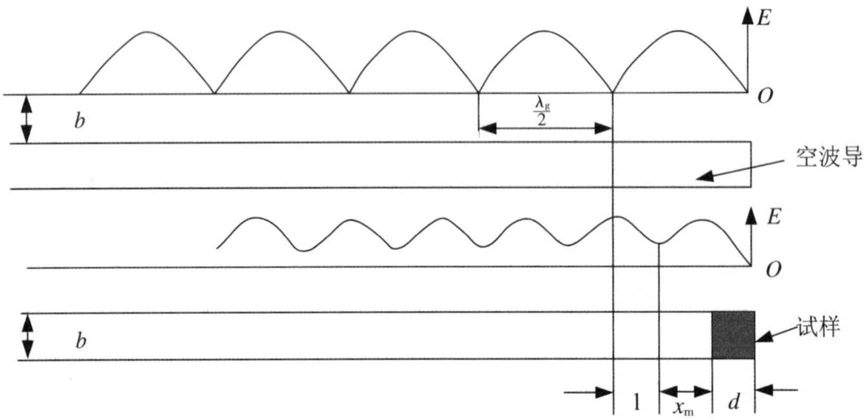

图 10.4 波导中场的分布

终端存在介质样品后，由于介质存在损耗，所以，驻波节点不再为零，并且产生了位移，即向样品方向移动，因为在样品中的波长比空波导时减小了。驻波图形的变化程度取决于被测样品的介电性质。解此情况下的电动力学方程，计及分界面上的边界条件，可得出一复数的超越方程，即

$$\frac{\tanh\gamma_1 d}{\gamma_1 d}=-\mathrm{j}\frac{\lambda_g}{2\pi d}\frac{\left(\frac{1}{S}-\mathrm{j}\tan\theta\right)}{\left(1-\mathrm{j}\frac{1}{S}\tan\theta\right)} \tag{10.11}$$

式中 $\theta=\frac{2\pi}{\lambda_g}x_m$；

γ_1 ——样品中的传播常数。

方程的右边含有 S、λ_g、x_m，这些量可借助于波导测量线来测得，而

$$x_m = \frac{\lambda_g}{2} - d - l \tag{10.12}$$

解得方程右边值后，即可求得 γ_1

$$\gamma_1 = \frac{2\pi}{\lambda_0}\sqrt{\varepsilon' - j\varepsilon'' - \left(\frac{\lambda_0}{\lambda_c}\right)^2} \tag{10.13}$$

然而在计算传播常数 γ_1 时却遇到了原则上的困难。首先，方程不可能有解析解；其次，由于方程具有周期性，所以其解是非单值的。

这种非单值性可以采用已知介电常数的材料试样或几个不同厚度的样品进行测试的方法来加以消除。

下面介绍几种解超越方程的方法。

1. 图解法

如果将式（10.11）右边写成

$$-j\frac{\lambda_g}{2\pi d}\frac{\left(\frac{1}{S} - j\tan\theta\right)}{\left(1 - j\frac{1}{S}\tan\theta\right)} = Ce^{j\xi} \tag{10.14}$$

因此可以得到分离的实部和虚部，即

$$C = \frac{\lambda_g}{2\pi d}\sqrt{\frac{\frac{1}{S^2} + \tan^2\theta}{1 + \frac{1}{S^2}\tan^2\theta}} \tag{10.15}$$

$$\tan\xi = \frac{\frac{1}{S}(1 + \tan^2\theta)}{\left(1 - \frac{1}{S^2}\right)\tan\theta} \tag{10.16}$$

而复数传播常数 γ_1 为

$$\gamma_1 = \frac{T}{d}e^{j\tau} = \frac{T}{d}(\cos\tau + j\sin\tau) = \alpha_1 + j\beta_1 \tag{10.17}$$

于是可得

$$\frac{\tanh Te^{j\tau}}{Te^{j\tau}} = Ce^{j\xi} \tag{10.18}$$

为了确定 T 及 τ 值，可以利用关于 C 及 ξ 的有关图表。而

$$\begin{cases} \alpha_1 = \dfrac{T}{d}\cos\tau \\ \beta_1 = \dfrac{T}{d}\sin\tau \end{cases} \tag{10.19}$$

于是可得

$$\begin{cases} \varepsilon' = \dfrac{1+(\alpha_1^2-\beta_1^2)\left(\dfrac{\lambda_c}{2\pi}\right)^2}{1+\left(\dfrac{\lambda_c}{\lambda_g}\right)^2} \\ \varepsilon'' = \dfrac{2\alpha_1\beta_1\left(\dfrac{\lambda_c}{2\pi}\right)^2}{1+\left(\dfrac{\lambda_c}{\lambda_g}\right)^2} \end{cases} \tag{10.20}$$

图解法的准确度取决于测量值的误差及建立函数图形的精度。

2. 逐次逼近法

令

$$\gamma_1 d = a + \mathrm{j}b \tag{10.21}$$

$$-\mathrm{j}\,\frac{\lambda_g}{2\pi d}\,\frac{\left(\dfrac{1}{S}-\mathrm{j}\tan\theta\right)}{\left(1-\mathrm{j}\,\dfrac{1}{S}\tan\theta\right)} = X + \mathrm{j}Y \tag{10.22}$$

于是有

$$\frac{\tanh\gamma_1 d}{\gamma_1 d} = \frac{\tanh(a+\mathrm{j}b)}{a+\mathrm{j}b} = X + \mathrm{j}Y \tag{10.23}$$

经过适当的变换后可得

$$X = \frac{a\sinh 2a + b\sin 2b}{(a^2+b^2)(\cosh 2a + \cos 2b)} \tag{10.24}$$

$$Y = \frac{a\sin 2b - b\,\mathrm{sh}2a}{(a^2+b^2)(\cosh 2a + \cos 2b)} \tag{10.25}$$

而 X 及 Y 值则完全取决于实验所得数据 S 及 θ 。

若令 $a=0$，代入式（10.24）可得

$$X = \frac{\tan b}{b} \tag{10.26}$$

求此函数表可以求得相应于式（10. 26）的 b 值，然后代入式（10.25），于是根据 Y 及 b 值可以求得 a 值，再将求得的 a 值及 X 值带入式（10.24），于是可得到一个新的 b 值，如此循环，直至得到满意的 a、b 值为止。

逐次逼近法的准确度取决于取得的实验值，然而却需要细心及大量的计算。

3. 在低耗条件下解超越方程

当 $\tan\delta < 0.15$ 时，解上述超越方程时可大大简化了，因为在这种情况下可以忽略 $\dfrac{1}{S^2}$ 及 α_1^2 项，所以

$$\frac{\tan\beta_1 d}{\beta_1 d} = -\frac{\lambda_g}{2\pi d}\tan\theta \tag{10.27}$$

$$\alpha_1 d = \frac{1}{S}\,\frac{\beta_1^2 d_{\lambda g}^2}{2\pi d}\,\frac{(1+\tan_\theta^2)}{(\beta_1 d(1+\tan_{\beta_1}^2 d) - \tan\beta_1 d)} \tag{10.28}$$

由此可得

$$\begin{cases} \varepsilon' = \dfrac{\dfrac{1}{\lambda_c^2} + \left(\dfrac{\beta_1 d}{2\pi d}\right)^2}{\dfrac{1}{\lambda_c^2} + \dfrac{1}{\lambda_g^2}} \\ \varepsilon'' = \dfrac{1}{(2\pi)^2} \dfrac{2\alpha_1\beta_1}{\left(\dfrac{1}{\lambda_c^2} + \dfrac{1}{\lambda_g^2}\right)} \end{cases} \tag{10.29}$$

$$\tan\delta_1 = \frac{1}{S}\frac{\lambda_g}{\pi d}\left(\frac{\dfrac{1}{\lambda_c^2} + \dfrac{1}{\lambda_g^2} - \dfrac{1}{\lambda_c^2\varepsilon'}[\beta_1 d(1+\tan^2\theta)]}{\dfrac{1}{\lambda_c^2} + \dfrac{1}{\lambda_g^2}[\beta_1 d(1+\tan^2\beta_1 d) - \tan\beta_1 d]}\right) \tag{10.30}$$

如果被测介质具有极小的损耗，甚至比波导本身的损耗还小时，那么应当进行适当的修正，即从 $\tan\delta_1$ 中扣除波导本身的 $\tan\delta_g$ 。

$$\tan\delta_g = \frac{1}{S_g}\frac{\lambda_g}{\pi l}\frac{1}{1+\left(\dfrac{\lambda_c}{\lambda_g}\right)^2} \tag{10.31}$$

式中 S_g——空波导时的驻波系数；

l——短路端与被测最小点间的距离。

上述方法可测 $\varepsilon'=1\sim20$，$\tan\delta=10^{-3}\sim0.15$ 。

4. 双厚度法

利用具有倍数厚度的两个样品，可以严格地求解超越方程，这方法在消除求解方程时的非单值性上特别有效。

利用两个不同厚度的 d_1 及 d_2 的样品，于是可得到下述两个方程。

$$\frac{\tan\gamma_1 d_1}{\gamma_1 d_1} = X_1 + jY_1 \tag{10.32}$$

$$\frac{\tan\gamma_1 d_2}{\gamma_1 d_2} = X_2 + jY_2 \tag{10.33}$$

式中，X_1、Y_1、X_2、Y_2 为对应于厚度为 d_1 及 d_2 时由实验测得的相应值。

当 $d_2 = 2d_1$ 时，利用倍角公式可得

$$\gamma_1 d_1 = \sqrt{\frac{(X_2 - X_1) + j(Y_2 - Y_1)}{(X_1 + jY_1)^2(X_2 + jY_2)}} \tag{10.34}$$

由式（10.34）可以确定 ε' 及 ε'' 。

上述关系不仅适用于各种波导，同样适用于测量长波长时的同轴线。由于 $\lambda_c \to \infty$ ，所以确定 ε' 及 ε'' 的公式大为简化了。这时，样品应做成环状，中心孔尺寸应与内导体很好地配合，否则将引起很大的测量误差。

为了得到最大的准确度（ε' 及 $\tan\delta$），样品厚度可选择样品中波长的四分之一的奇

数倍，即

$$d=\left(\frac{2P+1}{4}\right)\lambda_{\varepsilon}\quad P=0,1,2,\cdots \tag{10.35}$$

式中　λ_{ε}——样品中的波长。

样品的制造精度要求很高，必须保证端面相互平行，否则将会导致驻波节点的转移以及在样品中会促使高次波型（模式）的产生。一般情况下，样品厚度的偏差不超过0.01mm。

在测量液体时，测量波导部分应垂直装置，波导轴线应严格地与液平面垂直，液体厚度可由一长金属针组成的专用装置来测定，也可以通过其他方法如连通管定律来测量液面的高度。

5. 短路及开路法

以上短路法是将样品紧贴在波导终端的短路板上，更准确的结果可以使样品离开电路板的四分之一波长处测得，如图10.5所示。这时，样品位于电场波腹处，可以使用得更为有效，特别对于低耗介质情况。

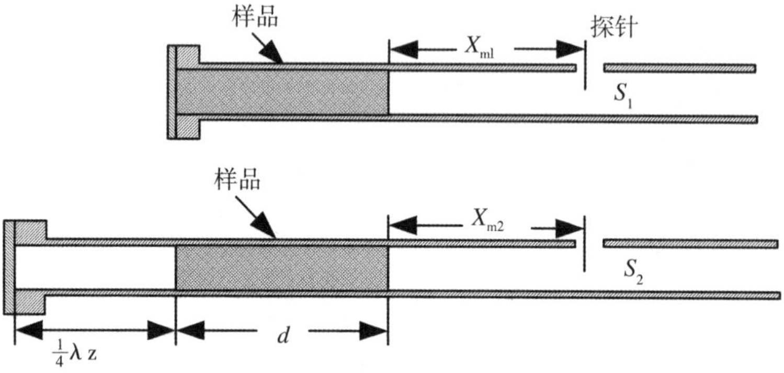

图10.5　短路开路法的样品配置

四分之一波长段具有无限大的阻抗，这时应有如下的关系：

$$\frac{\coth\gamma_1 d}{\gamma_1 d}=\mathrm{j}\frac{\lambda_g}{2\pi d}\frac{\left(\frac{1}{S}-\mathrm{j}\tan\theta\right)}{\left(1-\mathrm{j}\frac{1}{S}\tan\theta\right)} \tag{10.36}$$

方程的求解方法类似于前述。

短路和开路相结合的方法消除了解超越方程时的困难，并能给出比较好的结果。合并开路及短路时的两个方程即可得

$$\frac{\varepsilon'-\mathrm{j}\varepsilon''-\left(\frac{\lambda_0}{\lambda_c}\right)^2}{1-\left(\frac{\lambda_0}{\lambda_c}\right)^2}=\left(\frac{1-\mathrm{j}\frac{1}{S_1}\tan\theta_1}{\frac{1}{S_1}-\mathrm{j}\tan\theta_1}\right)\cdot\left(\frac{1-\mathrm{j}\frac{1}{S_2}\tan\theta_2}{\frac{1}{S_2}-\mathrm{j}\tan\theta_2}\right) \tag{10.37}$$

式中 S_1，θ_1 ——短路法时测得的驻波比及 βx_{m1}；

S_2，θ_2 ——开路法时测得的驻波比及 βx_{m2}。

以上方法曾在研究许多不同物料中使用。对于固体特别是各种聚合物及泡沫材料与密度的关系也做了研究，研究表明，聚苯乙烯的 ε' 与其密度的关系是线性的，当密度 $\rho = 0.1\text{g/cm}^3$ 时，$\varepsilon' = 1.1$；$\rho = 1.0\text{g/cm}^3$ 时，$\varepsilon' = 2.5$。

波导法在研究各种磁性材料（铁氧体）及各种人工介质（由金属粉末与介质合成）时常用到。如金属粉末与石蜡（$\varepsilon' = 2.25$，$\tan\delta < 0.0002$）或聚四氟乙烯混合料。利用铝粉形成鳞片状的结构可以得到介电常数很高（$\varepsilon' \approx 60$），而高频损耗很小的人工介质。

利用波导法还研究了－18℃时冰及雪的介电常数，特别是与雪密度之间的关系。

研究动物组织的介电常数时通常在其前面加一薄片云母（厚 0.05～0.10mm），这时，测量驻波及相位影响极小。

在 $\lambda = 1 \sim 10$ cm 时得到人体各种组织的数据见表 10-2。

表 10-2　人体组织所测数据

材　料	ε'			ε''		
	λ(cm)			λ(cm)		
	10	3.2	1.25	10	3.2	1.25
血　液	53	45	32	15	23	20
皮　肤	43.5	35.5	23	16.5	16	13
筋	6.5	4.5	3.4	1.6	0.95	1.1
骨　头	—	7.6	6.3	—	1.45	1.1

10.3.3 部分填充波导截面法

在这一方法中，被测介质只填充波导截面的一部分，将待测介质制成圆杆状，在垂直于波导宽边方向插入波导中，然后利用测量线测量其阻抗，测量装置如图 10.6 所示。这一方法等效于在波导中并联一复数导纳 $Y = G + \mathrm{j}B$，因此介电常数的实部及虚部为

$$\varepsilon' = 1 + \left[2\left(\frac{\lambda_0}{\pi d}\right)^2 + 0.5\right]\frac{u}{u^2 + \nu^2} \tag{10.38}$$

$$\varepsilon'' = \left[2\left(\frac{\lambda_0}{\pi d}\right)^2 + 0.5\right]\frac{\nu^2}{u^2 + \nu^2} \tag{10.39}$$

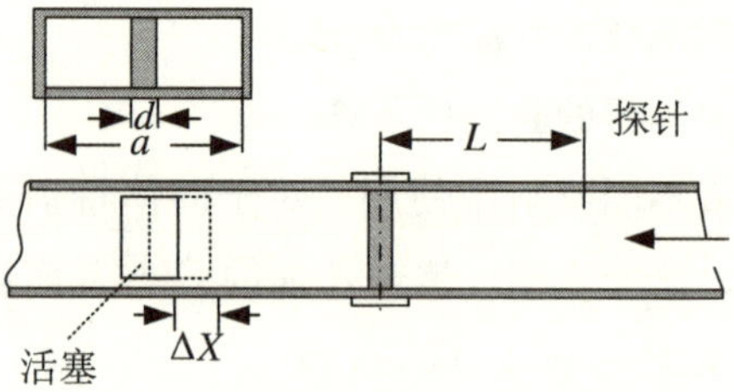

图 10.6　部分填充波导截面法

当 $d/a < 0.1$ 小于时，u 及 ν 可按下述公式计算，这时误差小于 1%。

$$u = 2\sum - 1.75 + \ln\frac{4a}{\pi d} + 2\frac{\lambda_g}{a}\left(\frac{B}{G^2 + B^2}\right) \tag{10.40}$$

$$\nu = 2\frac{\lambda_g}{u}\left(\frac{G}{G^2 + B^2}\right) \tag{10.41}$$

$$\sum = \sum_{357}^{\infty}\left[\frac{1}{\sqrt{n^2 + \left(\frac{2a}{\lambda_0}\right)^2}} - \frac{1}{n}\right] \tag{10.42}$$

式中　λ_0 ——自由空间波长；

λ_g ——波导波长；

a ——波导宽边尺寸；

d ——介质杆直径。

借助于固定探针就可测量波导中的并联导纳 G 及 B ，只要该探针距离样品为 $L = (2p + 1)\frac{\lambda_g}{4}$ 即可。

当检测器为平方律检波特性时，有功电导 G 可由下式求得

$$G = \frac{1}{\sqrt{\frac{I_{max}}{I_{min}}} - 1} \tag{10.43}$$

式中　I_{max}——不存在样品时改变活塞位置得到的指示器最大值；

I_{min}——存在样品时改变活塞位置得到的指示器最小值。

无动电纳 B 由下式求得

$$B = \tan\left(\frac{2\pi}{\lambda_g}\Delta X\right) \tag{10.44}$$

式中　ΔX ——无样品及有样品时指示器中电流最小值相应的活塞位移量。

这一方法可以测量固体、液体及粉末状材料，在测量液体及粉末时可将样品装入一薄壁玻璃管中（壁厚为 0.3 ～ 0.4mm），其导纳预先进行测量，然后从具有样品的导纳中扣除。

上述测量方法准确度如下：$\varepsilon' \approx 1.5\ \%$，$\varepsilon'' \approx 5\ \%$（当 $d/a = 0.07 \sim 0.08$ 时）。在

3cm 波段中，样品直径不应超过 2～2.5mm。

由于样品尺寸很小，所以在测量低耗材料（$\tan\delta \leqslant 0.1$）时会发生困难。然而，在研究具有高损耗材料如半导体时，这一方法是很有价值的。因为当比电阻为 30 欧姆厘米时是能保证测得 ε' 及 ε'' 的。

固体介质制成直径 2～2.5±0.01mm 样品垂直地插入波导宽边，其高度应正好等于波导窄边尺寸 b，两端应加金属屏蔽以防止能量泄漏。

表 10-3 中列出 $\lambda_0=3.2$cm 时用上述方法测得某些材料的 ε' 及 ε'' 值。

表 10-3　各种电介质在 $\lambda_0=3.2$cm 时测得的结果

材　料	ε'	ε''
聚苯乙烯	2.46	
橡胶	2.68	
夹布胶木	3.75	
单晶锗	15.24	6.36
苯	2.29	
异丁烯醇	3.13	0.70
丙酮	20.50	2.84
水	50.9	23.67

类似的方法可应用于同轴线中，即样品只填充于内外导体间的部分空间即可。

10.3.4　慢波线法

很多情况下，经常需要对圆柱形介质材料的复介电常数进行非破坏性测量，采用本节所述的方法，即利用测量绕在待测圆柱介质外面的螺旋线慢波线中慢波波长的方法可以很好地解决这个问题。

由于螺旋线是慢波线中色散最弱的一种，在螺旋线中传播的行波相速与围绕螺旋线的介质特性有关，即介质的介电常数增大后，慢波的相速要相应地下降。所以只要知道慢波相速与其中介质的介电常数关系，就能从实验中测得的相速，很容易地得到待测材料的介电常数。

同样地，电磁功率流通过螺旋线时将因其中介质损耗而产生衰减，因此可以测量功率衰减情况求得介质的损耗角 $\tan\delta$。

螺旋线慢波线已经广泛地应用在微波行波管及返波管中作为换能系统，关于这类慢波线的色散特性及有关性能已有大量文献报导，因此这里就只内部填充圆柱介质杆时的情况加以讨论。

1. 均匀螺旋线的色散特征

圆柱形介质杆外绕有螺旋线时的情况如图 10.7 所示。这一螺旋线是理想的螺旋导面模型，即电流只沿螺旋丝方向流动，在垂直于丝方向上电导率为零，螺旋线的节距极小（$P\to 0$）。

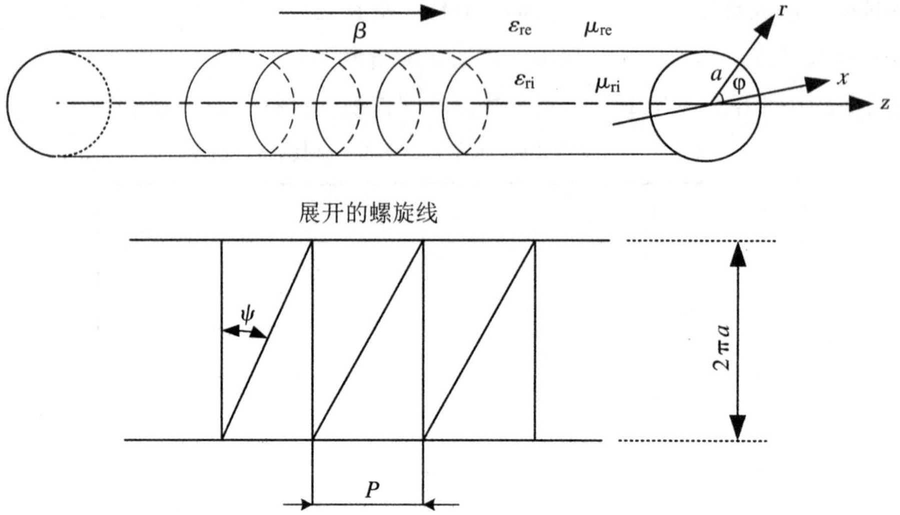

图 10.7 理想均匀螺旋线尺寸及坐标系统

螺旋线内外的材料特性由参量 ε_{ri}，μ_{ri}，ε_{re}，μ_{re} 表示，我们从麦克斯韦方程入手求解圆柱坐标系统中的场方程，可以看到这种情况下，沿螺旋线轴向传播的将是 TE 波和 TM 波的叠加，利用螺旋导面导电方向的边界条件，即

$$E^i_{||}=E^e_{||}=0 \tag{10.45}$$

$$E^i_{\perp}=E^e_{\perp}\ (\text{或 } E^i_z=E^e_z) \tag{10.46}$$

$$H^e_{\perp}-H^i_{\perp}=i \tag{10.47}$$

$$H^e_{||}-H^i_{||}=0 \tag{10.48}$$

以上几个条件中，只有三个是独立的，将解得的所有电磁场分量代入上述边界条件，整理后消去待定常数即可得到下述色散方程：

$$k_0^2\cot^2\psi=\frac{\dfrac{1}{\mu_{ri}\gamma_i^3}\left[\gamma_i^2+\dfrac{2\pi m\beta}{P}\right]^2\dfrac{I_m(\gamma_i a)}{I'_m(\gamma_i a)}-\dfrac{1}{\mu_{re}\gamma_e^3}\left[\gamma_e^2+\dfrac{2\pi m\beta}{P}\right]^2\dfrac{K_m(\gamma_e a)}{K'_m(\gamma_e a)}}{\dfrac{\varepsilon_{ri}}{\gamma_i}\dfrac{I'_m(\gamma_i a)}{I_m(\gamma_i a)}-\dfrac{\varepsilon_{re}}{\gamma_e}\dfrac{K'_m(\gamma_e a)}{K_m(\gamma_e a)}} \tag{10.49}$$

式中 $\gamma_i^2=\beta^2-\mu_{ri}\varepsilon_{ri}k_o^2$；

$\gamma_e^2=\beta^2-\mu_{re}\varepsilon_{re}k_o^2$；

$k_o=2\pi/\lambda_0$；

$\beta=2\pi/\lambda_g$；

I_m —— m 阶第一类变态贝塞尔函数；

K_m —— m 阶第二类变态贝塞尔函数；

I'_m —— m 阶第一类变态贝塞尔函数的微分；

K'_m —— m 阶第二类变态贝塞尔函数的微分；

ψ ——螺旋角。

在轴对称情况下 $m=0$，式（10.49）变成

$$k_0^2\cot^2\psi=\frac{\dfrac{\gamma_i}{\mu_{ri}}\dfrac{I_0(\gamma_i a)}{I'_0(\gamma_i a)}-\dfrac{\gamma_e}{\mu_{re}}\dfrac{K_0(\gamma_e a)}{K'_0(\gamma_e a)}}{\dfrac{\varepsilon_{ri}}{\gamma_i}\dfrac{I'_0(\gamma_i a)}{I_0(\gamma_i a)}-\dfrac{\varepsilon_{re}}{\gamma_e}\dfrac{K'_0(\gamma_e a)}{K_0(\gamma_e a)}} \tag{10.50}$$

由于，$I'_0(\gamma_i a)=I_1(\gamma_i a)$，$K'_0(\gamma_e a)=-K'_1(\gamma_e a)$，于是式（10.50）变为

$$k_0^2\cot^2\psi=\frac{\dfrac{\gamma_i}{\mu_{ri}}\dfrac{I_0(\gamma_i a)}{I_1(\gamma_i a)}+\dfrac{\gamma_e}{\mu_{re}}\dfrac{K_0(\gamma_e a)}{K_1(\gamma_e a)}}{\dfrac{\varepsilon_{ri}}{\gamma_i}\dfrac{I_1(\gamma_i a)}{I_0(\gamma_i a)}+\dfrac{\varepsilon_{re}}{\gamma_e}\dfrac{K_1(\gamma_e a)}{K_0(\gamma_e a)}} \tag{10.51}$$

当螺旋线内外均无介质时，即 $\varepsilon_{ri}=\varepsilon_{re}=1$ 。

$\mu_{ri}=\mu_{re}=1$ 时，$\gamma_1=\gamma_e=\gamma=\sqrt{\beta^2-k_0^2}$ ，于是式（10.51）变成

$$\frac{k_0^2}{\gamma^2}\cot^2\psi=\frac{I_0(\gamma a)K_0(\gamma a)}{I_1(\gamma a)K_1(\gamma a)} \tag{10.52}$$

这就是大家所熟知的螺旋导面理想时的色散方程。

2. 介电常数及损耗角的确定

当均匀螺旋线的 $\cot\psi=2\pi a/P\geqslant 10$ 时，径向传播常数 γ_i 及 γ_e 可以简化成

$$\gamma_i=\gamma_e=\beta=2\pi/\lambda_g \tag{10.53}$$

这时可将式（10.53）代入式（10.51），并设 $\mu_{ri}=\mu_{re}=1$，$\varepsilon_{re}=1$，$m=0$，直接从式（10.51）可以计算得出

$$\varepsilon_{ri}=\frac{\beta^2}{k_0^2}\tan^2\psi\frac{I_0K_0}{I_1K_1}\left(1+\frac{I_0K_1}{I_1K_0}\right)-\frac{I_0K_1}{I_1K_0} \tag{10.54}$$

式中，所有贝塞尔函数的宗量都是 $\gamma a=\beta a=\dfrac{2\pi}{\lambda_g}a$，当 $\beta a\gg 1$ 时，有

$$I_n(x)=\frac{e^x}{\sqrt{2\pi x}}\left[1+O\left(\frac{1}{x}\right)\right]$$

$$K_n(x)=\sqrt{\frac{\pi}{2x}}e^{-x}\left[1+O\left(\frac{1}{x}\right)\right]$$

式中 $O\left(\dfrac{1}{x}\right)$ —— $\dfrac{1}{x}$ 阶的无穷小量。

代入式（10.54）后有

$$\varepsilon_{ri} = 2\frac{\lambda_0^2}{\lambda_g^2}\tan^2\psi - 1 \tag{10.55}$$

式中 λ_0——自由空间波长；

λ_g——轴向慢波波长。

式（10.55）即可用来确定螺旋线内介质的介电常数。

当 $\cot\psi = 2\pi a/P = 10$ 时，$\gamma_i = \beta$，准确度为 1.01%，当 ε_{ri} 更大时，$\gamma_e \simeq \beta$ 条件满足得更好。

螺旋线内介质的损耗角 $\tan\psi = \frac{\varepsilon''_{ri}}{\varepsilon'_{ri}}$ 可由沿螺旋线传播的波的衰减来确定，波的吸收系数可写成下述形式：

$$\alpha = \frac{1}{2}\frac{P_Z}{P} \tag{10.56}$$

式中 P_Z——单位长度内总的功率损耗；

P——z 向传输的总功率。

当螺旋线本身无耗时

$$P_z = \frac{1}{2}\int_0^1\int_{S_i}\omega\varepsilon''_{ri}(\boldsymbol{E}\cdot\boldsymbol{E}^*)\mathrm{d}s\mathrm{d}z \tag{10.57}$$

式中 S_i——螺旋线轴的横截面。

而
$$P = \frac{1}{2}\iint_S(\boldsymbol{E}\times\boldsymbol{H}^*)\,\mathrm{d}\boldsymbol{S} \tag{10.58}$$

式中 S——垂直于螺旋线轴的横截面。

将所得的电磁场分量代入式（10.57）及式（10.58）后可得到螺旋线内圆柱介质内的损耗角

$$\tan\delta = \frac{\alpha a}{\varepsilon'_{ri}I_0I_1}\left[\varepsilon'_{ri} + \frac{\beta^2\tan^2\psi}{k_0^2}\frac{I_0^2}{I_1^2}(I_1^2 - I_0I_2) + \left(\frac{I_0^2}{K_0^2} + \frac{I_0^2}{K_1^2}\frac{\beta^2\tan^2\psi}{k_0^2}\right)(K_0K_2 - K_1^2)\right] \tag{10.59}$$

由于式（10.59）是在假定螺旋线无耗下推出的，所以它实际上只对 $\tan\delta > 0.01$ 时才有效。

由此可见，只要在试验中测得螺旋线中的慢波波长 λ_g 及吸收系数 α，就能根据式（10.55）及式（10.59）求得 ε'_{ri} 及 $\tan\delta$。

10.3.5 开端传输线法

利用开端传输线法可对材料（包括各种生物组织）进行非破坏性测量，近几年来发展非常迅速，除了同轴线外，还有各种波导。下面先介绍一种利用同轴线作为传感器的结构，如图 10.8 所示。

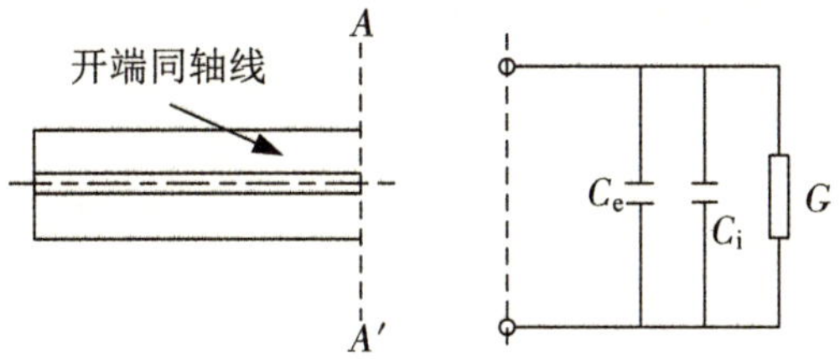

图 10.8 开端同轴线及等效电路

图中，C_i 为同轴线内的间隙电容，它取决于同轴线内外导体的尺寸及填充的介质；C_e 为同轴线外的间隙电容，它是端接介质介电常数和频率的函数，即 $C_e(\varepsilon^*,\omega)$；$G(\varepsilon^*,\omega)$ 是辐射电导，它是介电常数和频率的函数。

由于同轴线开端处的场不可能辐射很远，所以实际上端部加载的介质材料不必太厚，在 AA' 截面上为同轴线与加载介质的分界面，这种情况下的同轴线在 AA' 截面上的归一化导纳为

$$y=\frac{Y}{Y_0}=YZ_0=\mathrm{j}\omega C_iZ_0+\mathrm{j}\omega Z_0C_e(\omega.\varepsilon^*)+Z_0G(\omega.\varepsilon^*) \tag{10.60}$$

由于

$$G(\omega.\varepsilon^*)=G_0(\varepsilon')^{\frac{5}{2}} \tag{10.61}$$

$$G_0=\frac{4\pi}{3\eta}\left[\frac{b^2-a^2}{\lambda^2\ln(b/a)}\right]^2 \tag{10.62}$$

$$\eta=\sqrt{\frac{\mu_0}{\varepsilon_0}} \tag{10.63}$$

$$C_e(\omega\cdot\varepsilon^*)=\varepsilon'C_0 \tag{10.64}$$

式中 C_0——同轴线端部为真空时的间隙电容；

G_0——同轴线端部为真空时的辐射电导；

a、b——同轴线内外导体的半径。

在低耗介质加载端部时，由于 $G_0\approx0$，所以有

$$\varepsilon'=\frac{2|\Gamma|\sin\varphi}{\omega C_0Z_0(1+2|\Gamma|\cos\varphi+|\Gamma|^2)}-\frac{C_i}{C_0}=A \tag{10.65}$$

$$\varepsilon''=\frac{1-|\Gamma|^2}{\omega C_0Z_0(1+2|\Gamma|\cos\varphi+|\Gamma|^2)}=B \tag{10.66}$$

式中 $|\Gamma|$——同轴线中测得的电压反射系数的模；

φ——同轴线中测得的反射系数的相位；

Z_0——同轴线的特性阻抗；

C_0，C_i——可通过对已知的标准介质样品的测量而加以确定。

由此可见只要测得端接被测试材料时的反射系数的大小及相位，即可按上述两式求得 ε' 及 ε''（$\tan\delta=\varepsilon''/\varepsilon'$）。

对于损耗不能忽略的材料，$G_0 \neq 0$，因此有

$$\varepsilon' = A - \frac{G_0}{\omega C_0} b \tag{10.67}$$

$$\varepsilon'' = B - \frac{G_0}{\omega C_0} g \tag{10.68}$$

式中

$$g = (\varepsilon')^{\frac{5}{2}}[\alpha(1+\tan^2\delta) - 2\beta\tan\delta] \tag{10.69}$$

$$b = (\varepsilon')^{\frac{5}{2}}[\beta(1+\tan^2\delta) - 2\alpha\tan\delta] \tag{10.70}$$

$$\alpha = \left[\frac{1}{2}\sqrt{1+\tan^2\delta} + 1\right]^{\frac{1}{2}} \tag{10.71}$$

$$\beta = \left[\frac{1}{2}\sqrt{1+\tan^2\delta} - 1\right]^{\frac{1}{2}} \tag{10.72}$$

这种情况下的计算比较复杂，但可借助电子计算机进行。

利用开端同轴线测量装置如图 10.9 所示，整个系统是由微机按程序控制进行的，反射系数的测量由六端口网络完成。现在有的改用了矢网代替六端口网络，再配上测量探头即可。见图 1.58 及图 1.59。

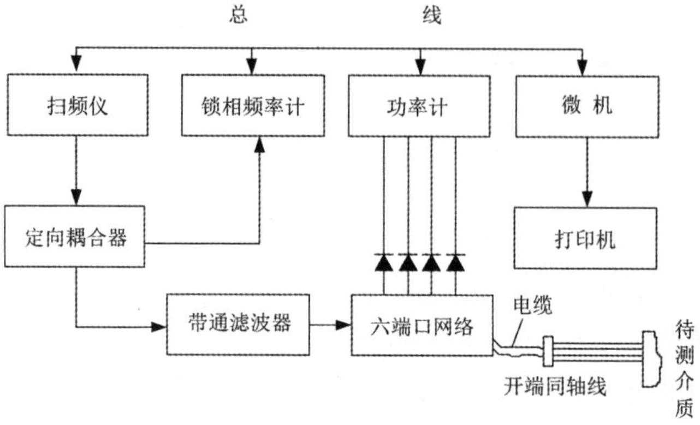

图 10.9　六端口网络测量开端同轴线的反射系数

10.4　谐振微扰法

谐振法可以在 3000～30 000MHz 的厘米波段内用来研究介质的特性，理想的谐振法可观察无样品及有样品时的谐振曲线及相应的品质因数。

10.4.1　谐振法的微扰理论

如果有一谐振腔，其体积为 V，包围的表面为 S，如图 10.10 所示，在上述体积内的电磁场可由麦克斯韦方程写出

$$\nabla \times \boldsymbol{H} = \mathrm{j}\omega_0 \varepsilon^* \boldsymbol{E} \tag{10.73}$$

$$\nabla \times \boldsymbol{E} = \mathrm{j}\omega_0 \mu^* \boldsymbol{H} \tag{10.74}$$

式中 $\boldsymbol{E}$——电场强度矢量；

$\boldsymbol{H}$——磁场强度矢量；

ε^*——体积 V 内介质的介电常数；

μ^*——体积 V 内介质的磁导率。

利用复数的坡印亭矢量可以建立起体积 V 内吸收的功率与单位时间内通过表面 S 输入的能量间的关系，为此写出式（10.73）的共轭值

$$\nabla \times \boldsymbol{H}^* = -\mathrm{j}\omega_0 \varepsilon^* \boldsymbol{E}^* \tag{10.75}$$

将式（10.75）乘 $\boldsymbol{E}$ 而将式（10.74）乘 $\boldsymbol{H}^*$，然后两式相减，得

$$\boldsymbol{H}^* \cdot \nabla \times \boldsymbol{E} - \boldsymbol{E} \cdot \nabla \times \boldsymbol{H}^* = \mathrm{j}\omega_0 (\varepsilon^* \boldsymbol{E} \cdot \boldsymbol{E}^* - \mu^* \boldsymbol{H} \cdot \boldsymbol{H}^*) \tag{10.76}$$

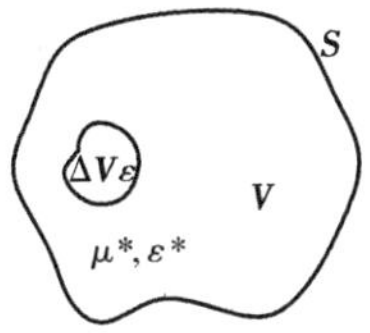

图 10.10 具有介质样品的谐振腔

根据矢量关系式

$$\nabla \cdot (\boldsymbol{A} \times \boldsymbol{B}) = \boldsymbol{B} \cdot \nabla \times \boldsymbol{A} - \boldsymbol{A} \cdot \nabla \times \boldsymbol{B} \tag{10.77}$$

于是式（10.76）变为

$$-\nabla (\boldsymbol{E} \times \boldsymbol{H}^*) = \mathrm{j}\omega_0 (\mu^* \boldsymbol{H} \cdot \boldsymbol{H}^* - \varepsilon^* \boldsymbol{E} \cdot \boldsymbol{E}^*) \tag{10.78}$$

式（10. 78）在 V 内积分并利用高斯定理变换可得坡印亭功率流

$$N_S = \frac{1}{2} \int_S (\boldsymbol{E} \times \boldsymbol{H}^*) \, \mathrm{d}\boldsymbol{S} = \mathrm{j} \frac{\omega_0}{2} \left[\int_V \mu^* \boldsymbol{H} \cdot \boldsymbol{H}^* \mathrm{d}V - \int_V \varepsilon^* \boldsymbol{E} \cdot \boldsymbol{E}^* \mathrm{d}V \right] \tag{10.79}$$

利用微扰法即假设所有改变量都很微小，即

$\delta\boldsymbol{E}$，$\delta\boldsymbol{E}^*$，$\delta\boldsymbol{H}$，$\delta\boldsymbol{H}^*$，$\delta\varepsilon^*$，$\delta\mu^*$，$\delta\omega_0$，δN，δV，δS。于是由式（10.73）、式（10.74）及式（10.79）可得

$$\nabla \times \delta\boldsymbol{H} = \mathrm{j}\,\delta\omega_0 \varepsilon^* \boldsymbol{E} + \mathrm{j}\omega_0 \varepsilon^* \delta\boldsymbol{E} + \mathrm{j}\omega_0 \delta\varepsilon^* \boldsymbol{E} \tag{10.80}$$

$$\nabla \times \delta\boldsymbol{E} = -\mathrm{j}\delta\omega_0 \mu^* \boldsymbol{H} - \mathrm{j}\omega_0 \mu^* \delta\boldsymbol{H}^* - \mathrm{j}\omega_0 \delta\mu^* \boldsymbol{H} \tag{10.81}$$

$$\begin{aligned}
\delta N_{S+\delta S} = {} & \mathrm{j}\delta\omega_0 \left[\int_V \mu^* \boldsymbol{H} \cdot \boldsymbol{H}^* \mathrm{d}V - \int_V \varepsilon^* \boldsymbol{E} \cdot \boldsymbol{E}^* \mathrm{d}V \right] \\
& + \mathrm{j}\omega_0 \left[\int_V \delta\mu^* \boldsymbol{H} \cdot \boldsymbol{H}^* \mathrm{d}V - \int_V \delta\varepsilon^* \boldsymbol{E} \cdot \boldsymbol{E}^* \mathrm{d}V \right] \\
& + \mathrm{j}\omega_0 \{ \mu^* \boldsymbol{H}\delta\boldsymbol{H}^* + \mu^* \delta\boldsymbol{H} \cdot \boldsymbol{H}^* - \varepsilon^* \boldsymbol{E}\delta\boldsymbol{E}^* - \varepsilon^* \delta\boldsymbol{E} \cdot \boldsymbol{E}^* \} \mathrm{d}V \\
& + \mathrm{j}\omega_0 \int_V [\mu^* \boldsymbol{H} \cdot \boldsymbol{H}^* - \varepsilon^* \boldsymbol{E} \cdot \boldsymbol{E}^*] \mathrm{d}V
\end{aligned} \tag{10.82}$$

如果在 V 内无损耗，S 面由理想导体制成，并假设介质为非磁性材料（$\mu = 1$），在腔内引入介质的空间为 δV_ε，而其介电常数变化为 $\delta\varepsilon^*$，于是式（10.82）变为

$$j\delta\omega_0\left[\int_V \mu^* \boldsymbol{H}\cdot\boldsymbol{H}^* \mathrm{d}V - \int_V \varepsilon^* \boldsymbol{E}\cdot\boldsymbol{E}^* \mathrm{d}V\right] - j\omega_0\int_{\delta V_\varepsilon} \delta\varepsilon^* \boldsymbol{E}\cdot\boldsymbol{E}^* \mathrm{d}V + j\omega_0$$

$$\left[\int_V \mu^* \boldsymbol{H}\cdot\delta\boldsymbol{H}^* \mathrm{d}V + \int_V \mu^* \delta\boldsymbol{H}\cdot\boldsymbol{H}^* \mathrm{d}V - \int_V \varepsilon^* \boldsymbol{E}\cdot\delta\boldsymbol{E}^* \mathrm{d}V - \int_V \varepsilon^* \delta\boldsymbol{E}\cdot\boldsymbol{E}^* \mathrm{d}V\right] = 0 \tag{10.83}$$

因此流入体积 V 内的功率为零。

把由式（10.80）得到的 $\delta\boldsymbol{H}$ 和 $\delta\boldsymbol{H}^*$，以及由式（10.73）、式（10.74）得到的 E 和 E^* 代入式（10.83），并利用下列关系式

$$\delta\boldsymbol{E}\nabla\times\boldsymbol{H}^* - \boldsymbol{H}^*\nabla\times\delta\boldsymbol{E} = \nabla\cdot(\delta\boldsymbol{E}\times\boldsymbol{H}^*) \tag{10.84}$$

$$\int_V \nabla\cdot(\delta\boldsymbol{E}\times\boldsymbol{H}^*)\mathrm{d}V = \int_S (\delta\boldsymbol{E}\times\boldsymbol{H}^*)\mathrm{d}S = 0 \tag{10.85}$$

经过简单变换后可得

$$\frac{\delta\omega_0}{\omega_0} = \frac{-\int_{\delta V_\varepsilon} \delta\varepsilon^* \boldsymbol{E}\cdot\boldsymbol{E}^* \mathrm{d}V}{\int_V \mu^* \boldsymbol{H}\cdot\boldsymbol{H}^* \mathrm{d}V + \int_V \varepsilon^* \boldsymbol{E}\cdot\boldsymbol{E}^* \mathrm{d}V} \tag{10.86}$$

对所研究的情况 $N_S = 0$，由式（10.79），得

$$\int_V \mu^* \boldsymbol{H}\cdot\boldsymbol{H}^* \mathrm{d}V = \int_V \varepsilon^* \boldsymbol{E}\cdot\boldsymbol{E}^* \mathrm{d}V \tag{10.87}$$

最后可得

$$\frac{\delta\omega_0}{\omega_0} = \frac{\delta f_0}{f_0} = \frac{-\int_{\delta V_\varepsilon} \delta\varepsilon^* \boldsymbol{E}\cdot\boldsymbol{E}^* \mathrm{d}V}{2\int_V \varepsilon^* \boldsymbol{E}\cdot\boldsymbol{E}^* \mathrm{d}V} \tag{10.88}$$

式中　f_0 ——未扰腔的谐振频率；

$\delta f_0 = f_0 - f_1$，引入介质后的频率变化，而储存在腔中的能量为

$$W = 2\int_V \varepsilon^* \boldsymbol{E}\cdot\boldsymbol{E}^* \mathrm{d}V \tag{10.89}$$

空腔的品质因数为

$$Q_0 = \frac{\omega_0 W}{P} \tag{10.90}$$

式中　P ——在谐振腔中的耗散功率。

在引入介质样品后，当 ω_0、W、P 变化不大时有

$$Q_1 = \frac{(\omega_0 + \Delta\omega)(W + \Delta W)}{P + \Delta P} \tag{10.91}$$

由式（10.90）及式（10.91）可得

$$\left(\frac{1}{Q_1} - \frac{1}{Q_0}\right)\omega_0 W = \frac{P + \Delta P}{\left(1 + \frac{\Delta\omega}{\omega_0}\right)\left(1 + \frac{\Delta W}{W}\right)} - P \tag{10.92}$$

当引入的介质体积远远小于腔体体积时，即 $\delta V_\varepsilon \ll V$ 时，则 $\frac{\Delta\omega}{\omega_0} \ll 1$，$\frac{\Delta W}{W} \ll 1$，于是

$$\left(\frac{1}{Q_1}-\frac{1}{Q_0}\right)\omega_0 W=\Delta P \tag{10.93}$$

式中　ΔP——引入介质后损耗功率的变化。

式（10.88）及式（10.93）对于任何腔体形状在 $\delta V_\varepsilon \ll V$ 时都是正确的，不会引起场的严重失真。

10.4.2　工作于 E_{010} 圆柱形谐振腔

为了使上述微扰公式具体化，必须知道相应谐振腔中场及振荡模式。例如对于圆柱腔，利用最低模式 E_{010}，这时电场只有轴向分量 E_z。

$$E_z=E_0 J_0(k_c r) \tag{10.94}$$

式中　$k_c=2\pi/\lambda_c$；

$J_0(k_c r)$——第一类零阶贝塞尔函数。

由此可见，在 $r=0$ 的轴线上电场最大且等于 E_0，它取决于激励信号源的功率，在 $r=a$ 处根据边界条件，$J_0(k_c a)=0$。

如果在这种腔中引入一细圆柱样状的介质样品（半径为 b，高度为 h），如图 10.11 所示。

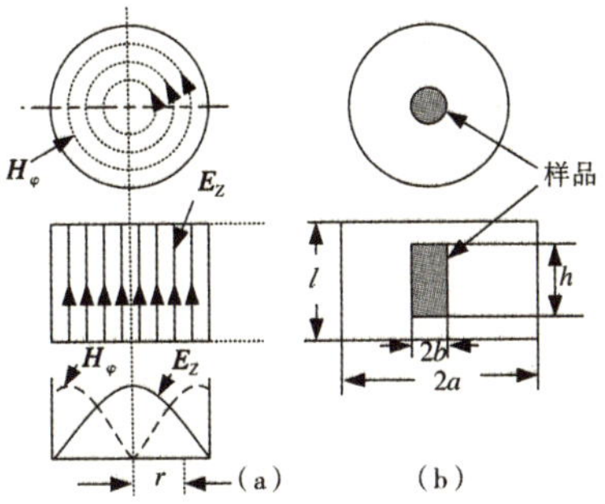

图 10.11　圆柱形 E_{010} 谐振腔

当 $b \ll a$ 时，场在样品中将是均匀的，于是

$$\int_{\delta V_\varepsilon}\delta\varepsilon^* \boldsymbol{E}\cdot\boldsymbol{E}^* \mathrm{d}V=\delta\varepsilon^* E_0^2 V_\varepsilon=(\varepsilon'-1)E_0^2 V_\varepsilon \tag{10.95}$$

$$\int_V \varepsilon^* \boldsymbol{E}\cdot\boldsymbol{E}^* \mathrm{d}V=2\pi l E_0^2\int_0^a rJ_0^2(k_c r)\mathrm{d}r=E_0^2 V J_1^2(k_c a) \tag{10.96}$$

式中　ε'——待测介质样品的介电常数；

ε^*——腔中的介电常数，对空气来说，$\varepsilon^*=1$；

$\delta\varepsilon^*=\varepsilon'-1$；

$V_\varepsilon=\pi b^2 h$；$V=\pi a^2 l$。

由条件 $J_0(k_c a)=0$，求得 $k_c a$ 代入 $J_1(k_c a)=0.519$。

将上述一系列数值代入式（10.88），则可得

$$\varepsilon' = 1 + 0.539\left(\frac{V}{V_\varepsilon}\right)\left(\frac{f_0 - f_1}{f_0}\right) \tag{10.97}$$

或

$$\varepsilon' = 1 + 0.539\left(\frac{a}{b}\right)^2 \frac{l}{h}\left(\frac{f_0 - f_1}{f_0}\right) \tag{10.98}$$

若 $l = h$，则

$$\varepsilon' = 1 + 0.539\left(\frac{a}{b}\right)^2\left(\frac{f_0 - f_1}{f_0}\right) \tag{10.99}$$

式（10.99）可用来确定待测样品的 ε'，只要测量空腔时的谐振腔频率 f_0 以及引入样品后的谐振频率 f_1 即可。

如果引入样品后频率改变过大，可用使样品离开轴线的方法来解决，这时公式变成

$$\varepsilon' = 1 + M(r)\frac{V}{V_\varepsilon}\left(\frac{f_0 - f_1}{f_0}\right) \tag{10.100}$$

式中

$$M(r) = \frac{0.539}{J_0^2(k_c r)} \tag{10.101}$$

然而，这时由于确定 $M(r)$ 的误差，特别是当 r 增大时，将使 ε' 的误差增大。

降低样品高度 h 可以减小引入样品后的频偏，但样品放置时应对上、下底面对称，应注意到在样品端面存在表面负电荷（在介质极化时产生），这就使得场的失真增大，并且随着 ε' 的增大而增大。这样的失真对微扰公式是不适合的，因此显示了这一方法的应用可能性（$h < l$ 时），所以最好利用 $h = l$ 的方法可得到良好的结果。

减小频偏还可用降低样品直径的方法来达到，但会增大加工的难度，以及沿长度方向尺寸的准确度。这时可采用式（10.97），式中用的是两者的体积比，而样品的体积可以准确地测定（当已知材料的比重时）。

为了得到被测样品 $\tan\delta$ 与谐振腔参量间的关系，可应用损耗公式。当样品放在轴线上时

$$\Delta P = \sigma E_0^2 V_\varepsilon \tag{10.102}$$

式中

$$V_\varepsilon = \pi b^2 h \tag{10.103}$$

利用式（10.89）及式（10.96）可得

$$W = 2\int_V \varepsilon^* \boldsymbol{E} \cdot \boldsymbol{E}^* \mathrm{d}V = 2E_0^2 V J_1^2(k_c a) = 0.539 V E_0^2 \tag{10.104}$$

而

$$\tan\delta = \frac{\sigma}{\omega_0 \varepsilon} \tag{10.105}$$

根据式（10.102）、式（10.104）及式（10.105）可得

$$\tan\delta=\frac{0.539}{\varepsilon'}\frac{V}{V_\varepsilon}\left(\frac{1}{Q_1}-\frac{1}{Q_0}\right) \tag{10.106}$$

或

$$\tan\delta=\frac{0.539}{\varepsilon'}\frac{l}{h}\left(\frac{a}{b}\right)^2\left(\frac{1}{Q_1}-\frac{1}{Q_0}\right) \tag{10.107}$$

当样品高度 h 等于腔体高度 l 时

$$\tan\delta=\frac{0.539}{\varepsilon'}\left(\frac{a}{b}\right)^2\left(\frac{1}{Q_1}-\frac{1}{Q_0}\right) \tag{10.108}$$

当 $\tan\delta\leqslant 0.2$ 时，可用测定 Q_0 及 Q_1 的方法来确定 $\tan\delta$；当 $\tan\delta$ 过大时，谐振曲线过于增宽，微扰公式就不正确了。

有人曾在 $\lambda=10$ cm，$Q_0=3000$ 的 E_{010} 腔中（$a=38.3$ mm，$l=38.1$ mm）测量了胶木、玻璃等样品，样品直径为（1～3）±（0.01～0.02mm），为了准确对中，可在腔体两底面上铣上直径为样品直径大小的槽孔，上述方法的测量准确度为 $\varepsilon'\approx$（2％～3％）；$\tan\delta\approx 10\%$。

上述方法不仅适用于测量固体电介质，也可用来测量液体电介质，这时可将液体放在一个很薄很低耗材料（如石英）制成的管子内，但应计及管子的影响。图 10.12 所示为具有三种介质填充的圆柱腔的结构，对于其中的 E_{010} 模式，电磁场分量可写成

$$E_z=-\mathrm{j}\frac{1}{\sqrt{\varepsilon^*}}\left[AJ_0(k_c r)+BN_0(k_c r)\right] \tag{10.109}$$

$$H_\varphi=AJ_1(k_c r)+BN_1(k_c r) \tag{10.110}$$

式中 A，B——常数；

J_0，J_1——第一类零阶及一阶贝塞尔函数；

N_0，N_1——第二类零阶及一阶贝塞尔函数。

由图 10.12 可见，腔内被三种不同的介质所填充，对每一种介质填充的空间内可分别写出相应的场分量。

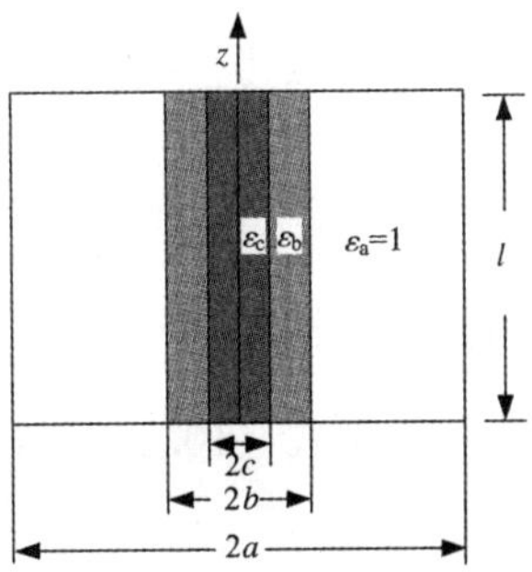

图 10.12 由三种介质填充的圆柱谐振腔

$$
\begin{cases}
E_{z1} = -\mathrm{j}\dfrac{1}{\sqrt{\varepsilon_c}}A_1 J_0(k_{c1}r) \\
H_{\varphi1} = A_1 J_1(k_{c1}r) \\
E_{z2} = -\mathrm{j}\dfrac{1}{\sqrt{\varepsilon_b}}[A_2 J_0(k_{c2}r) + B_2 N_0(k_{c2}r)] \\
H_{\varphi2} = A_2 J_1(k_{c2}r) + B_2 N_1(k_{c2}r) \\
E_{z3} = -\mathrm{j}\dfrac{1}{\sqrt{\varepsilon_a}}[A_3 J_0(k_{c3}r) + B_3 N_0(k_{c3}r)] \\
H_{\varphi3} = A_3 J_1(k_{c3}r) + B_3 N_1(k_{c3}r)
\end{cases}
\tag{10.111}
$$

式中　k_{c1}，k_{c2}，k_{c3}——三种介质 ε_c、ε_b、ε_a 中的传播常数。

根据各区边界上场的连续条件，可写出下述关系式

$$
\begin{cases}
\dfrac{A_1}{\sqrt{\varepsilon_c}}J_0(k_{c1}c) = \dfrac{A_2}{\sqrt{\varepsilon_b}}J_0(k_{c2}c) + \dfrac{B_2}{\sqrt{\varepsilon_b}}N_0(k_{c2}c) \\
A_1 J_1(k_{c1}c) = A_2 J_1(k_{c2}c) + B_2 N_1(k_{c2}c)
\end{cases}
\tag{10.112}
$$

$$
\begin{cases}
\dfrac{A_2}{\sqrt{\varepsilon_b}}J_0(k_{c2}b) + \dfrac{B_2}{\sqrt{\varepsilon_b}}N_0(k_{c2}b) = \dfrac{A_3}{\sqrt{\varepsilon_a}}J_0(k_{c3}b) + \dfrac{B_3}{\sqrt{\varepsilon_a}}N_0(k_{c3}b) \\
A_2 J_1(k_{c2}b) + B_2 N_1(k_{c2}b) = A_3 J_1(k_{c3}b) + B_3 N_1(k_{c3}b)
\end{cases}
\tag{10.113}
$$

式中　a，b，c——几个分界面离轴线的距离。

在谐振腔壁上即 $r = a$ 处，$E_z = 0$，于是又得到一个方程，即

$$
A_3 J_0(k_{c3}a) + B_3 N_0(k_{c3}a) = 0 \tag{10.114}
$$

在式（10.112）、式（10.113）及式（10.114）的五个方程中存在五个待定常数 A_1、A_2、A_3、B_2、B_3，已知 a、b、c 及 ε_a、ε_b 且 $\varepsilon_a = 1$（空气），联立求解上述方程可得

$$
\varepsilon_c = \frac{\dfrac{b^2}{c^2}\left\{\left[1 + \dfrac{1}{8}(k_{c3}b)^2\right]M - 2\varepsilon_b\left(\dfrac{b-c}{b}\right)\right\}}{1 + (k_{c3}b)^2\left(\dfrac{b-c}{2c}\right)\left[1 + \dfrac{1}{8}(k_{c3}b)^2\right]M} \tag{10.115}
$$

若 $b - c \ll b$ 及 $b - c \ll c$ 时，则式（10.115）中

$$
M = 1 + \frac{1}{F}\,\frac{a}{b}\,\frac{J_0(k_{c3}b)}{J_1(k_{c3}b)} \tag{10.116}
$$

$$
F = \frac{\pi a}{2}k_{c3}[N_0(k_{c3}a)J_0(k_{c3}b) - N_0(k_{c3}b)J_0(k_{c3}a)] \tag{10.117}
$$

函数 F 对不同波长可由已有公式或图表求得。

若 $\varepsilon_b \leqslant 4$，$\dfrac{a}{b-c} > 40$，$\dfrac{a}{b} > 50$，则式（10.115）计算介质的介电常数 ε_c 的准确度约为 1%。

在待测的固体样品中，不仅可以是实心的，还可以是其他形状或结构，如图 10.13

所示，只要 $V_{\varepsilon} \ll V$ 即可，但对于像图中 4、5、6 几种样品，所得结果与介电常数不相一致，因为后者样品内还存在许多空隙，这时可用复合介质的介电常数来计算。

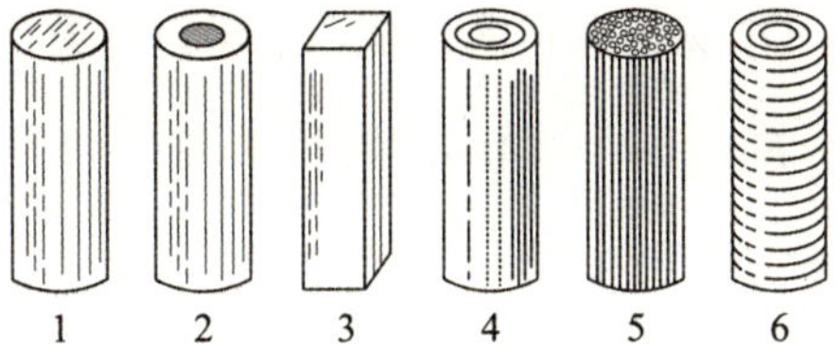

1—圆杆状 2—圆筒状 3—方杆状 4—卷带状 5—线束状 6—纱管状

图 10.13 介质样品的类型

如前所述，介质样品的横截面应大大小于腔体的界面，才能满足微扰条件。然而，这一准则不能保证在任意介电常数时场的微扰条件都能得到满足，因此必须附加一个有效的样品半径即 $b\sqrt{\varepsilon'}$ 。这样，微扰准则就可写成

$$b\sqrt{\varepsilon'} \leqslant 4\times 10^{-2}\lambda \tag{10.118}$$

由于 E_{010} 圆柱体的极限波长 $\lambda_c = 2.61a$ ，所以最大的样品半径为

$$b_{\max} \leqslant \frac{a}{10\sqrt{\varepsilon'}} \tag{10.119}$$

式（10.119）允许对大体上已知样品的 ε' 值来确定 $b_{\max}$ ，因为这是满足微扰准则的最大值，然后按微扰公式计算。

对于每一种样品，可以先计算出所期望的频偏 $f_0 - f_1$ 。显然，为了得到高的测量频偏的准确度，必须大大提高此频偏的数值。换句话说，此频偏值应超过谐振腔的温度频漂，此温漂约为100kHz/℃。为了保持（$f_0 - f_1$）/ f_0 远小于1，在厘米波段，可选择 $\Delta f =$（100～500）MHz。

10.4.3 工作于 H_{01} 模的圆柱腔

工作在 E_{010} 模式的圆柱腔不允许研究高的介电常数 ε' 及 $\tan\delta$ 的材料，因为样品是放在腔中电场最大的地方（轴线上），这样会对谐振腔的参量有较大的影响，在图 10.14 中画出了样品最大直径与波长的关系，由此可见 $\lambda = 1$cm，$\varepsilon' = 16$ 时，$b \leqslant 0.1$ mm，这样细小的样品半径在加工时要达到必要的精度是不容易的。

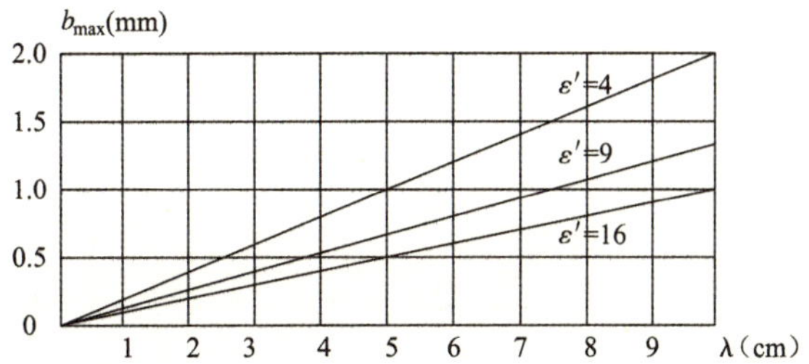

图 10.14 样品最大半径与波长 ε′ 的关系

利用工作在 H_{01} 模的谐振腔（如图 10.15 所示）允许样品具有很大的直径，以及具有较大的 ε' 及 $\tan\delta \leqslant 1$，而不致破坏微扰准则。

这种模式属圆电模，其电场只有角向分量，E_φ 可以写成

$$E_\varphi(z,r) = A\sin\frac{\pi z}{l}J_1\left(3.832\frac{r}{a}\right) \tag{10.120}$$

式中 l——谐振腔的高度；

a——谐振腔的半径。

利用式（10.88），则微扰公式为

$$\frac{f_0-f_1}{f_0} = \frac{(\varepsilon'-1)}{2}\frac{\int_{\delta V}E^2\mathrm{d}V}{\int_V E^2\mathrm{d}V} \tag{10.121}$$

而 $\mathrm{d}V = 2\pi r\mathrm{d}r\mathrm{d}z$ 。

将式（10.120）代入式（10. 121）并对分子、分母进行积分

$$\frac{f_0-f_1}{f_0} = \frac{\varepsilon'-1}{2}\frac{\int_0^l \sin^2\frac{\pi z}{l}\mathrm{d}z\int_0^b J_1^2\left(3.832\frac{r}{a}\right)r\mathrm{d}r}{\int_0^l \sin^2\frac{\pi z}{l}\mathrm{d}z\int_0^b J_1^2\left(3.832\frac{r}{a}\right)r\mathrm{d}r} = \frac{\varepsilon'-1}{2}\frac{\int_0^b J_1^2\left(3.832\frac{r}{a}\right)r\mathrm{d}r}{\int_0^a J_1^2\left(3.832\frac{r}{a}\right)r\mathrm{d}r} \tag{10.122}$$

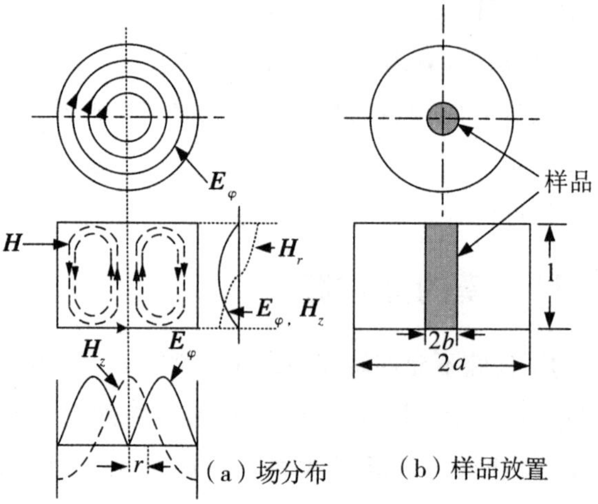

图 10.15 H_{01} 圆柱腔

由于 $\int J_1^2(kx)x\mathrm{d}x = \frac{1}{2}x^2[J_1^2(kx) - J_0(kx)J_2(kx)]$，

所以式（10.122）变为

$$\frac{f_0-f_1}{f_0} = \frac{\varepsilon'-1}{2}\left(\frac{b}{a}\right)^2\frac{\left[J_1^2\left(3.832\frac{b}{a}\right)-J_0\left(3.832\frac{a}{b}\right)J_2\left(3.832\frac{b}{a}\right)\right]}{[J_1^2(3.832)-J_0(3.832)J_2(3.832)]} \tag{10.123}$$

根据贝赛尔函数表：

$J_1(3.832) = 0$；$J_0(3.832) = -0.4028$；$J_2(3.832) = 0.4028$，并引入符号

$$B = J_1^2(3.832) - J_0(3.832)J_2(3.832) \tag{10.124}$$

它取决于 b/a 的一个数字系数。

于是可得

$$\frac{f_0 - f_1}{f_0} = \frac{\varepsilon' - 1}{0.325}\left(\frac{b}{a}\right)^2 B \tag{10.125}$$

由此

$$\varepsilon' = 1 + \frac{0.325}{B}\left(\frac{a}{b}\right)^2 \frac{(f_0 - f_1)}{f_0} \tag{10.126}$$

这就是 H_{01} 模圆柱腔中介质微扰得到计算介电常数的公式。

为了测量 $\tan\delta$，必须计算引入介质后的功率变化，在 H_{01} 腔中

$$\Delta P = 2\pi\sigma A^2\int_0^l \sin^2\frac{\pi z}{l}\mathrm{d}z\int_0^b J_1^2\left(3.832\frac{r}{a}\right)r\,\mathrm{d}r \tag{10.127}$$

而储存在腔内的能量为

$$W = 2\int E^2 V = 4\pi A^2\int_0^l \sin^2\frac{\pi z}{l}\mathrm{d}z\int_0^b J_1^2\left(3.832\frac{r}{a}\right)r\,\mathrm{d}r \tag{10.128}$$

将上述二式代入式（10.93）后可得

$$\begin{aligned}\tan\delta &= \frac{2}{\varepsilon'}\left(\frac{1}{Q_1} - \frac{1}{Q_0}\right)\frac{\int_0^l \sin^2\frac{\pi z}{l}\mathrm{d}z\int_0^a J_1^2\left(3.832\frac{r}{a}\right)r\,\mathrm{d}r}{\int_0^l \sin^2\frac{\pi z}{l}\mathrm{d}z\int_0^b J_0^2\left(3.832\frac{r}{a}\right)r\,\mathrm{d}r} \\ &= \frac{2}{\varepsilon'}\left(\frac{1}{Q_1} - \frac{1}{Q_0}\right)\frac{\int_0^a J_1^2\left(3.832\frac{r}{a}\right)r\,\mathrm{d}r}{\int_0^b J_1^2\left(3.832\frac{r}{a}\right)r\,\mathrm{d}r}\end{aligned} \tag{10.129}$$

利用上面曾经引用的贝塞尔函数值及数字系数 B，则式（10.129）可写成

$$\tan\delta = \frac{0.325}{\varepsilon'}\left(\frac{a}{b}\right)^2\left(\frac{1}{Q_1} - \frac{1}{Q_0}\right)\frac{1}{B} \tag{10.130}$$

由于 H_{01} 模场结构的特点，可以采用不接触型活塞来进行腔体的调谐，这样即可采用高稳定度的固体频率振荡器，能到较高的测量精度。

圆柱形样品或圆筒内装有液体的样品可放在活塞的中部（见图 10.16），并可借助于测微器调节，部分样品穿过波导并用薄金属管屏蔽起来阻碍电磁波通过样品进入腔中。为了在腔中激发起 H_{01} 模，可在腔底开两个小孔，小孔相距半波长，小孔直径取决于耦合度及工作波长，例如在 $\lambda = 1$ cm 时，孔径约为 3mm。在圆柱腔侧壁某处开一小孔以便与检波器耦合。

H_{01} 腔的有载 Q 值为 3000～5000，而其理论值则为 40 000。

除了圆柱形样品外，还广泛地使用圆盘形样品，如图 10.17 所示，这种情况下必须应用这种模式的谐振腔，即电场强度只在与样品表面平行的平面内；相反地，就会在样品表面产生表面电荷，这就使得理论复杂化了。

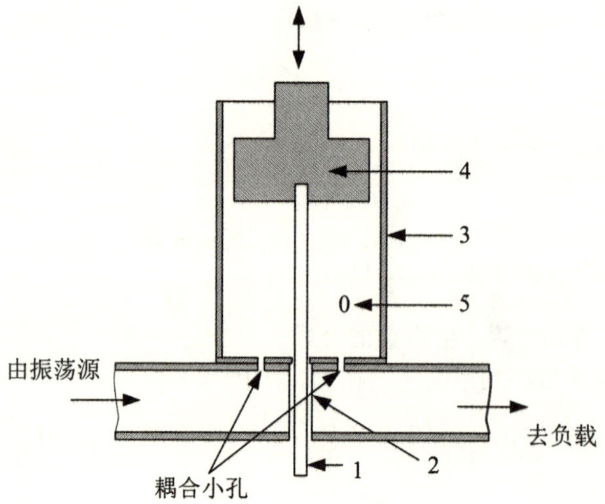

1—样品；2—屏蔽；3—腔体

4—调谐活塞；5—耦合孔（至检波器）

图 10.16 具有可调活塞的 H_{01} 圆柱腔

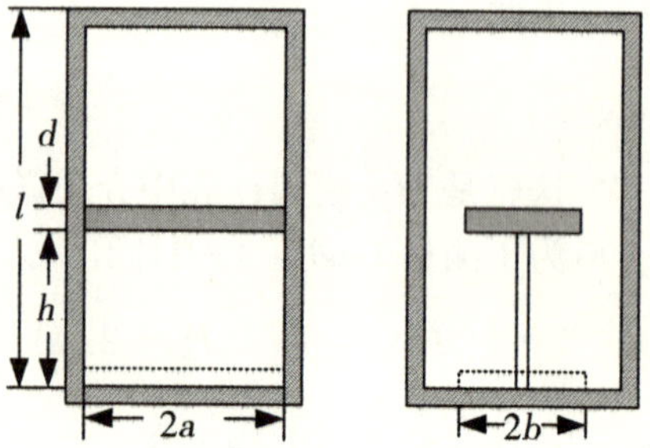

图 10.17 具有薄盘形样品的圆柱腔

这种情况下通常利用 TE 模，特别是 H_{01} 及 H_{11} 模，对于 H_{01} 模，利用式(10.122)，要改变的只是积分的极限，于是

$$\frac{f_0-f_1}{f_0}=\frac{(\varepsilon'-1)}{2}\frac{\int_h^{h+d}\sin^2\frac{\pi z}{l}\mathrm{d}z\int_0^a J_1^2\left(3.832\frac{r}{a}\right)r\,\mathrm{d}r}{\int_0^l\sin^2\frac{\pi z}{l}\mathrm{d}z\int_0^a J_1^2\left(3.832\frac{r}{a}\right)r\,\mathrm{d}r}=\frac{(\varepsilon'-1)}{2}\frac{\int_h^{h+d}\sin^2\frac{\pi z}{l}\mathrm{d}z}{\int_0^l\sin^2\frac{\pi z}{l}\mathrm{d}z} \tag{10.131}$$

式中 l ——腔体高度；

d ——样品厚度；

h ——样品离底面的距离。

积分后得

$$\frac{f_0-f_1}{f_0}=\frac{(\varepsilon'-1)}{2}\left\{\frac{d}{l}-\frac{1}{\pi}\left[\cos\frac{\pi}{l}(2h+d)\sin\frac{\pi}{l}d\right]\right\} \tag{10.132}$$

特别有兴趣的是两个特殊情况，第一种是样品直接位于腔体底部，该处 E_φ 具有最小值，这时 $h=0$，因此式（10.132）变为

$$\frac{f_0-f_1}{f_0}=\frac{(\varepsilon'-1)}{2}\left(\frac{d}{l}-\frac{1}{2\pi}\sin2\pi\frac{d}{l}\right) \tag{10.133}$$

当 $d/l\ll1$ 时，$\sin2\pi\frac{d}{l}$ 可展开成为 $\frac{d}{l}$ 的级数

$$\sin2\pi\frac{d}{l}=2\pi\frac{d}{l}-\frac{8}{6}\frac{\pi^3d^3}{l^3}$$

于是有

$$\frac{f_0-f_1}{f_0}=(\varepsilon'-1)\frac{\pi^2}{3}\left(\frac{d}{l}\right)^3 \tag{10.134}$$

由式（10. 134）可容易求得介电常数 ε' 的表示式。

第二种情况是样品位于电场最大处，即 $h = l/2$ 处，在忽略 $\frac{\pi^2}{3}\left(\frac{d}{l}\right)^3$ 之后可得

$$\frac{(f_0 - f_1)}{f_0} = (\varepsilon' - 1)\frac{d}{l} \tag{10.135}$$

式（10.134）与（10.135）是有差别的，在 $h = 0$ 情况下频偏很小，因此它与 $\left(\frac{d}{l}\right)^3$ 成比例，而 $h = \frac{l}{2}$ 时，则与 $\left(\frac{d}{l}\right)$ 成比例。

当样品位于腔体中部时即位于场的最大处时，可引起较大的频偏，但同样厚度的样品放在底部时就是不希望的。因此当样品置于底部时可采用较厚的样品，或可测较高的介电常数的样品。

为了得到样品厚度（或介电常数）在两种情况下的关系，可以给定相同的频偏（例如 100～500MHz）使式（10.134）与式（10.135）右边部分相等，即

$$(\varepsilon'_2 - 1)\frac{d_2}{l} = (\varepsilon'_1 - 1)\frac{\pi^2}{3}\left(\frac{d_1}{l}\right)^3 \tag{10.136}$$

式中 ε'_2, d_2 ——于中部时样品参量；

ε'_1, d_1 ——位于底部时样品参量。

若 $\varepsilon'_1 = \varepsilon'_2$，则等效厚度 d_1 为

$$d_1 = \left(\frac{3}{\pi^2}d_2 l^2\right)^{1/3} \tag{10.137}$$

当 $d_1 = d_2 = d$ 时，$(\varepsilon'_1 - 1)$ 可比 $(\varepsilon'_2 - 1)$ 大 $\left(\frac{l}{d}\right)^2\frac{3}{\pi^2}$ 倍。样品厚度可以做如下估计，如 $f_0 = 3000\ \mathrm{MHz}$，$f_0 - f_1 = 300\ \mathrm{MHz}$，$\frac{(f_0 - f_1)}{f_0} = 0.1$，$\varepsilon' = 4$，则

$$h = 0\ ,\ \frac{d}{l} = 0.1 - 0.2\ ;\ h = \frac{l}{2}\ ,\ \frac{d}{l} = 0.02 - 0.03$$

样品直径应等于腔体直径，然而，这并不要求非常准确，由于腔壁电场为零，此样品直径稍小于腔体直径不会对测量结果有很大影响。

样品半径 r 不等于腔体半径 a 时可根据有关公式估计它的误差，而必须修改积极限，误差值取决于系数

$$\beta = \frac{\int_0^{a-\Delta a} J_1^2\left(3.832\frac{r}{a}\right) r\,\mathrm{d}r}{\int_0^a J_1^2\left(3.832\frac{r}{a}\right) r\,\mathrm{d}r} \tag{10.138}$$

当 $\Delta a = 0$ 时，$\beta = 1$ 。这里 $\Delta a = a - r$ 。

利用贝塞尔函数的积分关系式可得

$$\beta = 6.135\left(1 - 2\frac{\Delta a}{a}\right)\left\{J_1^2\left[3.832\left(1 - \frac{\Delta a}{a}\right) - J_0\left[3.832\left(1 - \frac{\Delta a}{a}\right)\right]\cdot J_2\left(3.832(1 - \frac{\Delta a}{a}\right)\right\}$$

(10.139)

用式（10. 139）可根据 $\frac{\Delta a}{a}$ 值来估计误差大小。

应当指出，一般来说，当样品半径小于腔体半径时，即 $b<a$ 时，当样品位于中部位置，可得

$$\frac{(f_0-f_1)}{f_0}=\frac{(\varepsilon'-1)}{2}\frac{\int_h^{h+d}\sin^2\frac{\pi z}{l}\mathrm{d}z\int_0^b J_1^2\left(3.832\frac{r}{a}\right)r\mathrm{d}r}{\int_0^l\sin^2\frac{\pi z}{l}\mathrm{d}z\int_0^a J_1^2\left(3.832\frac{r}{a}\right)r\mathrm{d}r} \tag{10.140}$$

式中　b——样品半径。

对于图 10.12（a）所示情况，其介质损耗角为

$$\tan\delta=\frac{2}{\varepsilon'}\left(\frac{1}{Q_1}-\frac{1}{Q_0}\right)\frac{\int_0^l\sin^2\frac{\pi z}{l}\mathrm{d}z}{\int_h^{h+d}\sin^2\frac{\pi z}{l}\mathrm{d}z} \tag{10.141}$$

或

$$\tan\delta=\frac{2}{\varepsilon'}\left(\frac{1}{Q_1}-\frac{1}{Q_0}\right)\left\{\frac{d}{l}-\frac{1}{\pi}\left[\cos\frac{\pi}{l}(2h+d)\sin\frac{\pi}{l}d\right]\right\}^{-1} \tag{10.142}$$

当 $h=0$ 或 $h=l/2$ 时，$\tan\delta$ 就可写成类似于前述的公式。

微扰法也适用于球形的微扰体。

测量液体电介质时，可采用低耗材料（如石英、玻璃等）制成的薄容器，放在腔底部，如果壁足够薄，可以略去壁的影响，因为壁所处的地方电场为零；也可用空容器在腔中做谐振频率的测量来消除此影响。

在某些情况下，为了得到更高的准确度，适当计及液面上的弯曲失真的影响是必要的。这时，不同半径处的高度是不同的，即 $h(r)$，由于 H_{01} 模的电场具有下述形式

$$E_\varphi\sim J_1\left(3.832\frac{r}{a}\right)$$

若认为电场沿轴向不变，则对弯曲样品有

$$\frac{(f_0-f_1)}{f_0}[弯]=\frac{(\varepsilon'-1)}{2}\frac{2\pi\int_0^a J_1^2\left(3.832\frac{r}{a}\right)h(r)r\mathrm{d}r}{W} \tag{10.143}$$

式中　W——腔内储能。

对于厚度为 d 的薄盘样品，可得类似的表达式

$$\frac{(f_0-f_1)}{f_0}[盘]=\frac{(\varepsilon'-1)}{2}\frac{2\pi d\int_0^a J_1^2\left(3.832\frac{r}{a}\right)r\mathrm{d}r}{W} \tag{10.144}$$

为了得到上述两种情况下相同的频偏，等效厚度为

$$d_{\mathrm{eff}}=\frac{\int_0^a J_1^2\left(3.832\,\frac{r}{a}\right)h(r)r\mathrm{d}r}{\int_0^a J_1^2\left(3.832\,\frac{r}{a}\right)r\mathrm{d}r} \tag{10.145}$$

得到的等效厚度 d_{eff} 可用来计算 ε'。然而，一般说来，这种修正是不大的，因为表面张力存在的地方电场是不大的。

综上所述，可以看出在厘米波段微扰法可测固体及液体介质，其测量范围及准确度如下：

$\varepsilon'=15\sim20$，误差 1%～2%；

$\tan\delta=10^{-4}\sim0.5$，误差 5%～10%。

10.4.4 厚样品法

如果为了测量厚样品，那么前面得到的微扰公式就不再适用了，这时必须解具有厚样品时的电磁场方程，并利用交界面上的边界条件以及腔壁上切向电场为零的条件就可得到下述确定待测样品介电常数的超越方程

$$\beta_1\cot\beta_1 d+\beta_0\cot\beta_0(l-d)=0 \tag{10.146}$$

或

$$\frac{\tan\beta_1 d}{\beta_1}+\frac{\tan\beta_0(l-d)}{\beta_0}=0 \tag{10.147}$$

式中

$$\beta_0^2=k^2-k_c^2 \tag{10.148}$$

$$\beta_1^2=k^2\varepsilon'-k_c^2 \tag{10.149}$$

$k_c=3.832/a$（H_{01} 波）；

$k=\omega/c$。

上式大多数情况下可以通过图解法求解，但作图时却要求十分细心，否则会造成很大误差，采用双厚度法即制造两块厚度彼此相差 2 倍的样品即可得到两个分析表达式，这样可以回避求解超越方程时的困难。

于是可得

$$\frac{\tan\beta_1 d_1}{\beta_1}=-\frac{\tan\beta_0(l_1-d_1)}{\beta_0}=\frac{1}{m_1} \tag{10.150}$$

$$\frac{\tan\beta_1 d_2}{\beta_1}=-\frac{\tan\beta_0(l_2-d_2)}{\beta_0}=\frac{1}{m_2} \tag{10.151}$$

两式相除，并利用关系式 $d_1=2d_2$，得

$$\frac{\tan 2\beta_1 d_2}{\tan\beta_1 d_2}=\frac{m_2}{m_1} \tag{10.152}$$

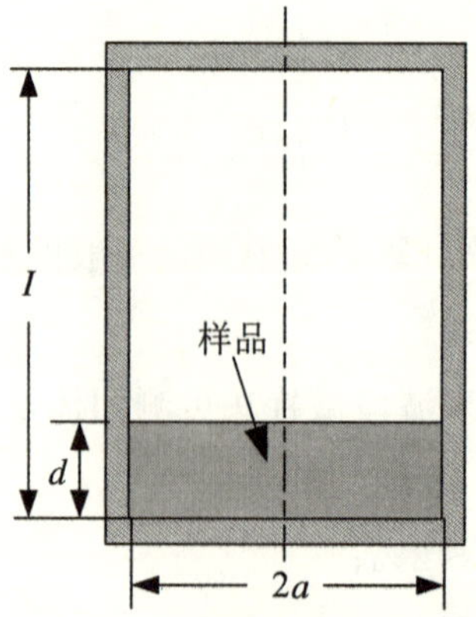

图 10.18　具有厚样品的圆柱腔

利用 $\tan\beta_1 d_2 = \frac{\beta_1}{m_2}$ 及 $\tan 2\alpha = \frac{2\tan\alpha}{1-\tan^2\alpha}$ 解式（10.152），得

$$\beta_1^2 = m_2^2 - 2m_1 m_2 \tag{10.153}$$

而由式（10.150）及式（10.151）可得

$$m_1 = \frac{-\beta_0}{\tan\beta_0(l_1-d_1)} \tag{10.154}$$

$$m_2 = \frac{-\beta_0}{\tan\beta_0(l_2-d_2)} \tag{10.155}$$

代入式（10.153），得

$$\beta_1^2 = \beta_0^2\left[\frac{1}{\tan^2\beta_0(l_2-d_2)} - \frac{2}{\tan\beta_0(l_1-d_1)\tan\beta_0(l_2-d_2)}\right] \tag{10.156}$$

根据两个高度 $l_1 l_2$ 及 $d_1 d_2$ 测量值可以确定 ε'，而 $d_2 = \frac{1}{2}d_1$，上述两次测量应在振荡频率不变的条件下进行。

而介质损耗角则为

$$\tan\delta = \left(\frac{1}{Q_1} - \frac{1}{Q_0}\right)(1+\eta) \tag{10.157}$$

式中　η——与谐振腔及样品尺寸有关的常数。

例如曾用一直径为 4cm、高为 6cm 的 H_{011} 圆柱腔（用不接触型活塞调谐），测微计的精度可达 0.005mm，测量准确度为 $\varepsilon' \approx 3\%$，$\tan\delta \approx 10\% \sim 15\%$。

在测量时利用工作在 H_{01n} 模的圆柱腔，将样品放在可动活塞的表面，如图 10.19 所示。为了得到待测样品的介电常数，可采用下述的简单步骤：先将样品置于活塞上，调至谐振时，活塞位于某一位置如图 10.20（a）所示，然后取掉样品重新调节活塞至图 10.20（b）所示位置，又产生谐振。在两种状态下，由活塞表面至 AA' 处的这一段波导的无功阻抗应是相等的。

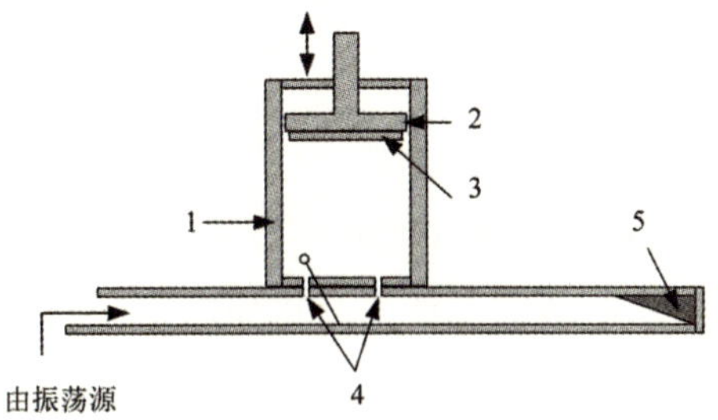

1—谐振腔；2—活塞；3—样品

4—耦合孔；5—匹配负载

图 10.19 具有可动活塞的圆柱腔

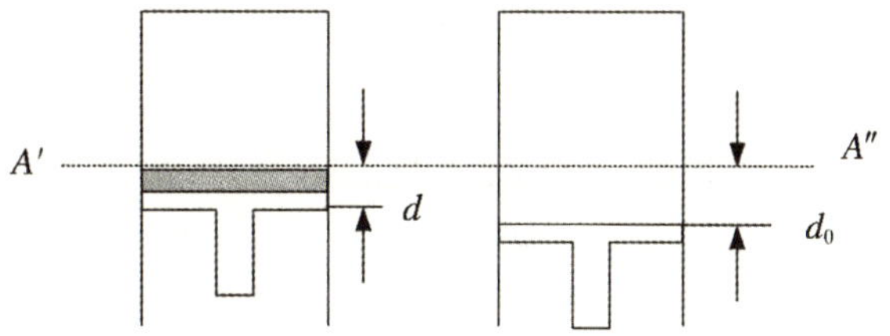

(a) 具有样品 (b) 无样品

图 10.20 谐振时的活塞位置

$$Z\tan\beta d = Z_0\tan\beta_0 d_0 \tag{10.158}$$

式中 d——样品厚度；

β_0，β——相位常数；

Z_0，Z——空波导及填充介质时的波阻抗。

对于 H 波，在损耗很小时可以认为 $Z=\dfrac{\omega\mu}{\beta}$。

由此

$$\frac{Z}{Z_0}=\frac{\beta_0}{\beta} \tag{10.159}$$

代入式（10.157）后可得

$$\frac{\tan\beta d}{\beta d}=\frac{\tan\beta_0 d_0}{\beta_0 d_0} \tag{10.160}$$

这一方程也用上述双厚度法来求解，也可用图解法。为此，必须利用函数 $\tan\theta/\theta$ 表，而 θ 值取决于 λ 及尺寸 d_0。这里 $d_0=d+(d_0-d)$，d_0-d 是恢复谐振时活塞的位移，这一大小取决于两次测微计读数。

上述公式中的相位常数为

$$\beta_0=\frac{2\pi}{\lambda_0}\sqrt{1-\left(\frac{\lambda_0}{\lambda_c}\right)^2} \tag{10.161}$$

式中 λ_0——自由空间波长；

λ_c——截止波长（谐振腔中）。

这样，就确定了式（10.160）右边的大小，然而由函数表 $\tan\theta/\theta$ 可以确定 θ，而 $\theta=\beta d$，于是

$$\beta=\frac{\theta}{d} \tag{10.162}$$

式（10.162）中 β 是同一截面波导中传播的相位常数（填有待测介质样品时），即 $\beta=2\pi/\lambda_\varepsilon$，而 λ_ε 为介质中的波长，主要取决于下式

$$\lambda_\varepsilon=\frac{\lambda_0}{\sqrt{\varepsilon'-\left(\dfrac{\lambda_0}{\lambda_c}\right)^2}} \tag{10.163}$$

由此可得

$$\varepsilon' = \left(\frac{\lambda_0}{\lambda_c}\right)^2 + \left(\frac{\lambda_0}{\lambda_\varepsilon}\right)^2 \tag{10.164}$$

将测得的 $\lambda_\varepsilon = 2\pi/\beta$ 及 $\lambda_c = 2a/1.2197$（H_{01}模）代入式（10.164）即可得到 ε'。

在采用谐振法测量盘状介质时，其限制条件为在样品中不产生高次模的谐振，对 H_{01}模来说，这一条件可以近似地写成

$$x(r)\mid_{r=a} = \frac{2\pi}{\lambda_0}\sqrt{\varepsilon'}a \leqslant 7.016 \tag{10.165}$$

式中 $x(r) = \frac{2\pi}{\lambda_0}\sqrt{\varepsilon'}r$ 是贝塞尔函数 $J_1(x)$ 中的宗量，而 7.016 则是该函数的第二个根，因此

$$\varepsilon' \leqslant 1.25\left(\frac{\lambda_0}{a}\right)^2 \tag{10.166}$$

综上所述，谐振法应用限制与微扰法是近似一致的，因为在采用厚的盘装样品或粗的杆状样品时都会有导致高次模谐振的危险性；此外，腔中引入样品损耗会使测量发生困难，因为谐振曲线大大拓宽了。

在腔中引入小的介质样品不会对谐振腔中的场产生大的畸变，在 H_{01} 腔中采用圆柱杆状样品允许测量较高的介电常数（$\varepsilon' \approx 20$）及损耗（$\tan\delta \approx 0.5$），这就大大扩展了谐振法的应用范围。当介电常数和损耗很大时，必须过渡到其他测量方法（如波导法）。

10.4.5 矩形腔法

由一段矩形波导形成的矩形腔像圆柱形谐振腔一样也得到了广泛的应用，它们的理论是完全一致的，测量的准确度也非常接近，即 ε' 为 1%～3%；$\tan\delta$ 为 5%～10%，对样品的加工精度应不低于 0.01mm，而活塞位置的读数精度为 0.001mm。

谐振法比较容易对样品的介质温度特性进行研究，为此目的，整个谐振腔放在一相应结构的恒温器中，使其温度保持恒定。在某些情况下，具有样品的谐振腔的加热用绕在腔壁外的螺旋形热丝来实现。

样品的温度测量是通过热偶安放在活塞的小孔中，该孔应位于电场最弱处。

为了进行温度特性的研究，最合适的谐振腔是 H_{01} 及 H_{11} 模的谐振腔，因为这些模式的场结构在沿轴线方向管壁上不存在电流，所以可用不接触的连接方法将谐振腔的一部分与另一部分放有被测样品的谐振腔分开，采用厚为 0.1～0.3mm 的云母片或聚四氟乙烯板将其分成为 A、B 两部分，防止热从一部分传至另一部分，如图 10.21 所示。这个隔板的主要应用是允许从具有样品的腔内抽出空气，这是必要的。（在低温时），为了排除凝结在腔壁及样品上的蒸汽，这样做是非常必要的，否则将会引起测量 Δf 及 Q 值时的误差。这一结构可以测量温度从－100℃至＋100℃的变化。

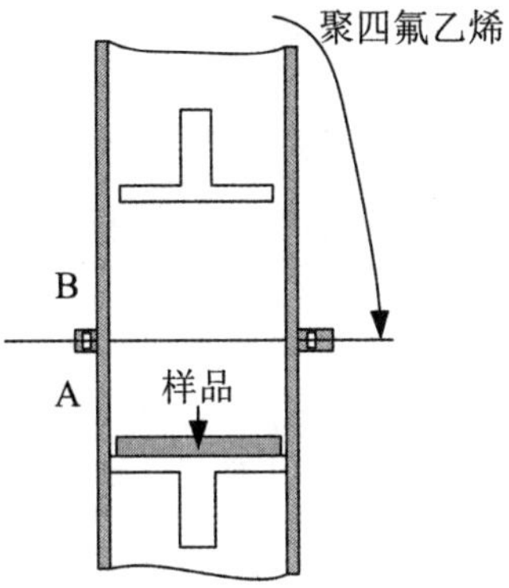

图 10.21　谐振腔中 A、B 两部分的热隔离

在测量液体时，特别是超过室温时，应当计算下述两个误差：

(1) 腔中液体的蒸汽造成的误差；

(2) 在测量过程中因液体蒸发造成厚度测不准而引起的重大误差。

10.4.6　同轴腔法

利用两端短路的同轴腔可以测量介质的介电常数 ε' 及损耗角 $\tan\delta$，如图 10.22 所示。在这种腔中，电场只有径向分量，而磁场只有角向分量，即

$$E_r = \frac{A}{r}\sin\frac{\pi z}{l} \tag{10.167}$$

$$H_\varphi = \frac{A}{r}\cos\frac{\pi z}{l} \tag{10.168}$$

式中　A——取决于输入到腔中功率的常数；

l——腔高。

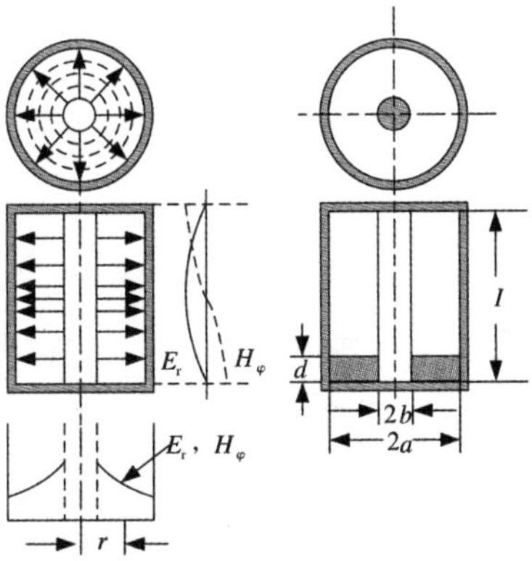

(a) 场分布图　　(b) 样品放置位置

图 10.22　同轴谐振腔

利用微扰法对薄垫圈形的介质样品可得到频移与介电常数 ε' 间的关系。

样品体积为 $dV = 2\pi r dr dz$，当位于底部时

$$\frac{(f_0-f_1)}{f_0}=\frac{(\varepsilon'-1)}{2}\frac{\int_b^a \frac{1}{r}dr\int_0^d \sin^2\frac{\pi z}{l}dz}{\int_b^a \frac{1}{r}dr\int_0^l \sin^2\frac{\pi z}{l}dz}=\frac{\varepsilon'-1}{2}\frac{\int_0^d \sin^2\frac{\pi z}{l}dz}{\int_0^l \sin^2\frac{\pi z}{l}dz} \tag{10.169}$$

当 $d/l \ll 1$ 时可得

$$\varepsilon' = 1+\frac{3}{\pi^2}\left(\frac{d}{l}\right)^3\frac{f_0-f_1}{f_0} \tag{10.170}$$

在样品足够厚时

$$\varepsilon' = \tan^2\frac{2\pi}{\lambda_1}d\cdot\cot^2\frac{2\pi}{\lambda_0}(l-d) \tag{10.171}$$

式中 λ_0 ——无样品时的谐振波长；

λ_1 ——有样品时的谐振波长。

而

$$\tan\delta = \frac{d+\alpha(l-d)}{d+\frac{\alpha\lambda_0}{2\pi}\sin\frac{2\pi}{\lambda_0}(l-d)}\cdot\left(\frac{1}{Q_1}-\frac{1}{Q_0}\right) \tag{10.172}$$

式中

$$\alpha = \frac{\sin^2\frac{2\pi d}{\lambda_1}}{\cos^2\frac{2\pi}{\lambda_0}(l-d)} \tag{10.173}$$

测量时对同轴腔的要求是很苛刻的，样品尺寸必须准确地配合好，特别是中心导体与样品之间应无间隙，因为该处的电场具有最大值。比较好的解决办法是在样品内压入同轴腔的内外导体间，如图 10.23 所示。

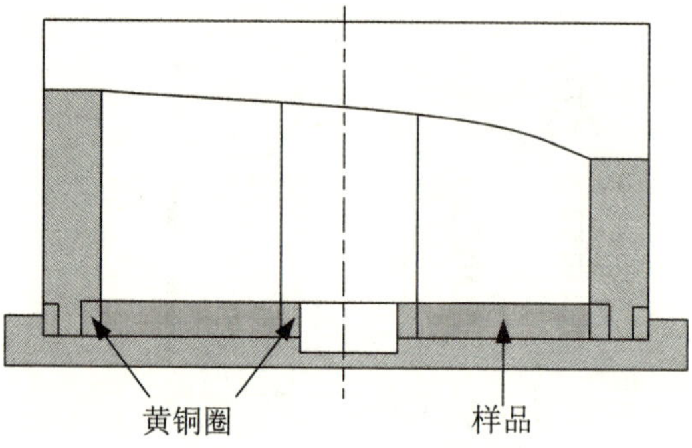

图 10.23 同轴腔中的样品装配

同轴腔的缺点是 Q 值较低，当 $a/b = 3.6$ 时，约为 6×10^3，因此不允许测量低耗介质。

同轴腔的激励和耦合到检波器可利用耦合环，只要环的平面与磁力线垂直即可。

10.4.7 全部填充介质的谐振腔

在厘米波段，最准确的谐振法是在腔内完全填充被测的介电材料，但它只适用于不大的 ε' 及 $\tan\delta$，否则将会在腔中产生高次模的振荡，使电流及场重新分布，这时方法的理论极为复杂。

为了得到准确的结果，被测材料应填充整个腔体，包括耦合环在内，因此测量的最合适材料是气体、液体、各种可塑性材料（在熔融状态下充满腔中）及粉末。

在测量粉末材料时，通常利用由低耗的低介电常数材料制成溶剂形式与被测材料（如具有高的介电常数）组成混合物，这时被测材料是三种物质的混合物（即被测材料一溶液一空气），因此应按混合物的公式计算（根据已知的体积比及测得的介电常数）。

由微扰法可得有关公式。由于被测介质充满整个腔体，所以在微扰公式的分子及分母中的积分极限是完全相同的，不管腔体是什么形状，也不管是什么振荡模式，于是可得

$$\varepsilon' = 1 + 2\frac{f_0 - f_1}{f_0} \tag{10.174}$$

在腔中对场微扰条件下，即 $\varepsilon' \leqslant 1,2$ 时，式（10.174）可化为

$$\varepsilon' = 1 + 2\frac{(f_0 - f_1)(f_0 + f_1)}{f_1} = 1 + \frac{f_0^2 - f_1^2}{f_1^2} = \left(\frac{f_0}{f_1}\right)^2 \tag{10.175}$$

这时

$$\tan\delta = \left(\frac{1}{Q_1} - \frac{1}{Q_0}\right) \tag{10.176}$$

上述式中，f_0、Q_0 为空腔时的谐振频率和品质因数；f_1、Q_1 为充满被测介质时的谐振频率和品质因数。严格地讲，Q_0 应是腔中填满被测材料，但其损耗为零时的 Q 值，但当频率改变（$f_0 - f_1$）不大，腔中的场及电流分布保持不变时，这一差别是极小的。

为了提高测量准确度，应采用高 Q 谐振腔，例如 H_{01} 模谐振腔，它的理论 Q 值可达 5×10^4。此外，这种腔允许采用可动活塞进行调谐而保持振荡频率不变。

当样品完全填满谐振腔时，可利用式（10.164），当填充介质为空气时，$\varepsilon'=1$，于是有

$$1 = \left(\frac{\lambda_0}{\lambda_c}\right)^2 + \left(\frac{\lambda_0}{\lambda_g}\right)^2 \tag{10.177}$$

式中 λ_g——波导波长（填充空气时）。

填满被测介质 ε' 时

$$\varepsilon' = \left(\frac{\lambda_0}{\lambda_c}\right)^2 + \left(\frac{\lambda_0}{\lambda_\varepsilon}\right)^2 \tag{10.178}$$

于是可得

$$\varepsilon' = \frac{1+\left(\frac{\lambda_c}{\lambda_\varepsilon}\right)^2}{1+\left(\frac{\lambda_c}{\lambda_g}\right)^2} \tag{10.179}$$

由于腔体高度为半波长的整数倍，所以 λ_ε 及 λ_g 很容易由腔体调谐方法得到。

上述方法的测量准确度：ε' 为 0.01%，$\tan\delta$ 为 3%～5%。这样高的测量准确度允许测量极低的损耗 $\tan\delta \approx 10^{-5}$。

对于液氦在 $T = 1.6 \sim 4.2\text{K}$，$f = 9100\text{ MHz}$ 时进行了测量，腔体由锡制成，工作在 H_{111} 模，其品质因数为 4×10^4。介电常数由频率偏移来确定，其频偏为 220MHz，这相当于介电常数 $\varepsilon' = 1.049$（$T = 4.2\text{K}$）。当 $T = 1.9\text{K}$ 时的 $Q = 1.5\times10^6$，这是由锡在超导状态下决定的。由于液氦的损耗很小，所以无法测量，但是可以估计它不会超过 5×10^{-6}。

如图 10.24 所示为由波导通过小孔激励的工作在 H_{112} 模的圆柱腔，小孔用云母片密封。为了确定腔体的品质因数，可采用下述方法：即在谐振腔中充以损耗极小的液体（如四氯化碳，$\tan\delta = 3\times10^{-4}$），其介电常数与待测的液体的介电常数接近相等。同时，谐振腔调谐到接近于填充待测介质时的谐振频率。

当谐振腔没有调谐机构时采用上述方法是必要的，因为空腔的谐振频率要比填满介质时的谐振频率相差很远，忽略这一点将会使 Q 值的确定带来很大的误差，因为 Q 值取决于工作频率。此外，采用具有低耗及 $\varepsilon' \approx 2 \sim 2.5$ 的介质（如四氯化碳，四氢化苯等）将允许此法扩展其应用范围，而仍能满足微扰条件。

另一种类似的全填充腔是同轴腔，其中内导体可以上下移动，螺旋测微计的精度为 0.01mm，待测液体液平面可由排水孔控制，在调节中心导体时此平面应保持不变，稳频的信号从一耦合环输入（该环比液平面稍高），而检波器则从另一耦合环输出的接头相接。内导体的下端在最低位置时不应过分接近短路线；否则，测量时将会引入很大误差（由于端部电容效应）。

介电常数的测量是由准确测量两个状态下中心导体位置差异的间隔而得出的，即无液体时调节中心导体在不同位置上可得两个相邻的谐振点，充入液体后仍然会有两个谐振点。

待测液体的介质介电常数可按下式计算

$$\varepsilon' = \frac{\Delta X_0}{\Delta X_1} \tag{10.180}$$

式中　ΔX_0——无液体时两个相邻谐振点的内导体长度差；

ΔX_1——有液体时两个相邻谐振点的内导体长度差。

上述方法也可测量介质损耗 $\tan\delta$，也是测量具有样品和无样品时的品质因数的原理，工作波段可在 30～70cm 范围之内，长波段取决于中心导体的行程限制，短波段取决于似稳条件是否仍然满足。

测量的准确度与上述全填充介质法相近。

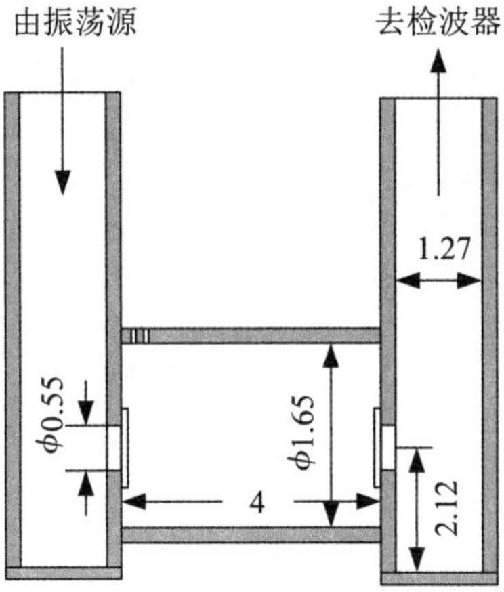

图 10.24　测量液体损耗的圆柱谐振腔

10.4.8　介质薄片（膜）的微扰法

介质薄片（膜）可采用如图 10.25 所示的矩形腔微扰法来精确地测量，该腔由一标准矩形波导构成，一端良好短路，另一端则由耦合膜片与传输系统相接，从而形成具有一个耦合元件的反应式谐振腔，该腔工作于 TE_{10n} 模式，谐振腔总长度为

$$L = L_1 + L_2$$

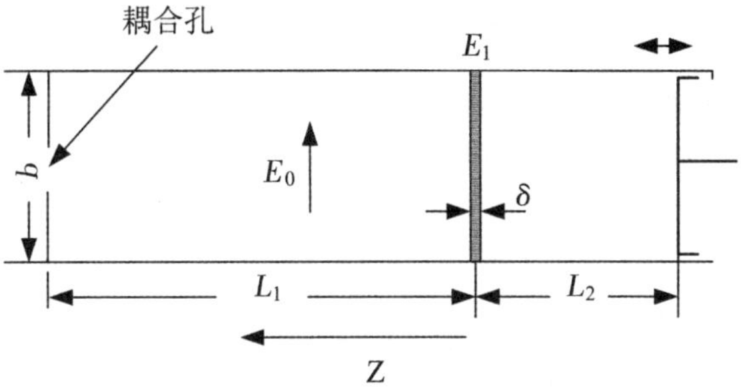

图 10.25　具有单耦合元件的反应式谐振腔

介质薄片置于离短路活塞 $\lambda_g/4$ 的奇数倍处，以便使其处于高电场处，这样方能产生足够的扰动（因为介质极薄）。

如果薄片或者薄膜由于结构和装置上的原因无法直接置于 $a \times b$ 的波导横截面上，这时可设计一个谐振窗，并将薄膜贴在窗口上，再把这一窗子放在 $z = L_2$ 处，然后进行测试。

当被测试样充满波导横截面积 $a \times b$ 时，由于薄片样品与 TE_{10} 波中的电场方向相同，所以样品中电场 E_2 与未扰时该处的电场 E_0 近似相等，即 $E_2 \simeq E_0$ 。谐振腔中场分布为

$$E_0 = E_m \sin \frac{\pi x}{a} \sin \frac{n\pi z}{L} \tag{10.181}$$

$$E_0 \approx E_0 \mid_{z=L_2} = E_{\mathrm{m}} \sin \frac{\pi x}{L} \tag{10.182}$$

将式（10.181）和式（10.182）代入下述微扰公式中

$$\frac{\Delta f}{f_0} = \left(\frac{\varepsilon' - 1}{2}\right) \frac{\int_{v\varepsilon} E_2 \cdot E_0 \mathrm{d}V}{\int_V E_0^2 \mathrm{d}V} \tag{10.183}$$

于是可得

$$\frac{\Delta f}{f_0} = \left(\frac{\varepsilon' - 1}{2}\right) \frac{2\delta}{L} \tag{10.184}$$

式中　δ——薄片样品的厚度（$\delta \ll \lambda$）。

因此可得

$$\varepsilon' = \frac{L \Delta f}{\delta f_0} + 1 \tag{10.185}$$

由此可见，当尺寸 L、δ 为已知时，只要测得样品放入测试腔前后的谐振腔谐振频率变化

$$\Delta f = f_0 - f_1$$

就可按式（10.185）计算出被测薄片样品的介电常数。

然而，由于耦合元件的存在，此耦合元件电纳参量的影响（在耦合元件平面位置处电场不再为零值）。当耦合元件呈容纳（$B > 0$）时，靠近耦合孔处的电场将如图 10.26（a）所示；当耦合元件呈感纳（$B < 0$）时，电场如图 10.26（b）所示。这样，样品所在位置不再是电场的最大值处，因此按式（10.185）进行计算将会产生误差。

设耦合元件电纳为 B，在耦合孔平面看入腔中的输入电纳为

$$B_{\mathrm{c}} = -Y_{\mathrm{c}} \cot \frac{2\pi}{\lambda_{\mathrm{g}}} L \tag{10.186}$$

式中　Y_{c}——波导的特性导纳。

由于电纳 B 的存在，谐振频率将发生变化，这时谐振条件为

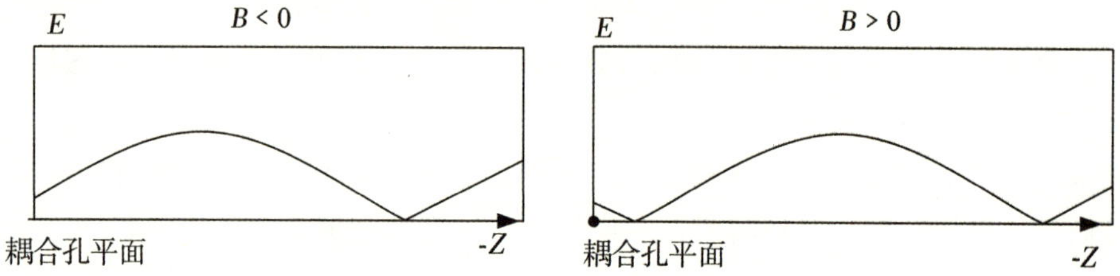

图 10.26　耦合元件参量对电场分布的影响

$$\sum B = B_{\mathrm{c}} + |B| = -Y_{\mathrm{c}} \cot \frac{2\pi}{\lambda_{\mathrm{g}}} L + |B| = 0 \tag{10.187}$$

所以

$$\cot \frac{2\pi}{\lambda_{\mathrm{g}}} L = \frac{|B|}{Y_{\mathrm{c}}} \tag{10.188}$$

当 $B \to \infty$ 时

$$\lambda_{g0} = \frac{2\pi L}{n\pi} = \frac{2L}{n}(n = 1,2,3,\cdots) \tag{10.189}$$

当 $B \neq \infty$ 时

$$\lambda'_{g0} = \frac{2\pi L}{n\pi \pm \operatorname{arccot}\frac{|B|}{Y_c}} \tag{10.190}$$

当 $B > 0$ 时，式（10.190）中分母取"+"号；

当 $B < 0$ 时，式（10.190）中分母取"−"号。

因此

$$\Delta = \lambda'_{g0} - \lambda_{g0} = \frac{2\pi L}{n\pi}\left(\frac{\mp \operatorname{arccot}\frac{|B|}{Y_c}}{n\pi \pm \operatorname{arccot}\frac{|B|}{Y_c}}\right) \tag{10.191}$$

由此可见，当 $|B|$ 增大时，这一差异 Δ 就减小。

当 n 较大时，式（10.191）为

$$\frac{n^2\pi\Delta}{2\pi} = \mp \operatorname{arccot}\frac{|B|}{Y_c} = f\left(\frac{|B|}{Y_c}\right) \tag{10.192}$$

这一关系如图 10.27 所示。

考虑到这一影响后，腔内场分布发生了改变，介质样品不再在电场波腹处，而是偏了一个距离。这一个距离为 $\Delta z = \frac{\Delta}{4}$，而 $\Delta = \lambda'_{go} - \lambda_{go}$，因此该处电场变为

$$E_2 = E_m \cos\frac{\pi}{2}\left(\frac{\frac{\Delta}{4}}{\frac{L}{2n}}\right) = E_m \cos\left(\frac{n\pi\Delta}{4L}\right) \tag{10.193}$$

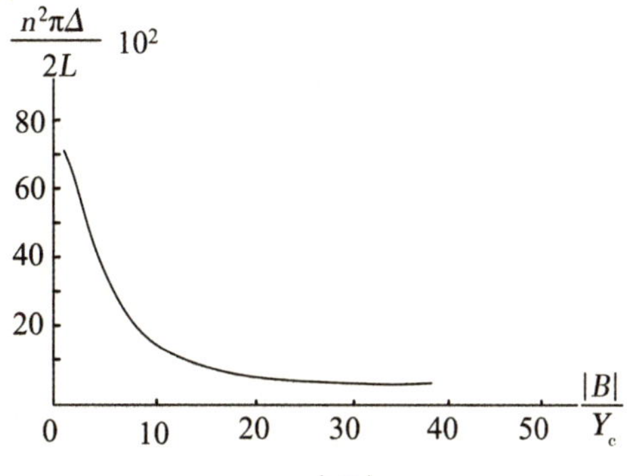

图 10.27 Δ 与 $\frac{|B|}{Y_c}$ 的关系曲线

而沿整个长度 L 的积分为

$$\int_V E_0^2 \mathrm{d}V = \int_S \mathrm{d}x\mathrm{d}y \int_0^{\left(\frac{n-1}{n}\right)L \pm \left(\frac{n-1}{2}\right)\Delta} E_m^2 \sin^2\left(\frac{n\pi z}{L + \frac{n}{2}\Delta}\right)\mathrm{d}z + \int_{\left(\frac{n-1}{n}\right)L \pm \left(\frac{n-1}{2}\right)\Delta}^{L} E_m^2 \operatorname{sim}^2\left(\frac{n\pi z}{L + \frac{n}{2}\Delta}\right)\mathrm{d}z$$

$$= E_m^2 ad\left\{\frac{1}{2}\left[1-\frac{1}{L}\sin\left(\frac{2n\pi}{1+\frac{n\Delta}{2L}}\right)\right]\right\} \tag{10.194}$$

于是有

$$\frac{\Delta f}{f_0} = \left(\frac{\varepsilon'-1}{2}\right)\frac{\int_{V_\epsilon} E_2 \cdot E_0 \mathrm{d}V}{\int_V E_0^2 \mathrm{d}V} = \left(\frac{\varepsilon'-1}{2}\right)\frac{\left(2\delta\cos^2\left(\frac{n\pi\Delta}{4L}\right)\right)}{L\left[1-\frac{1}{L}\sin\left(\frac{2n\pi}{1+\frac{n\Delta}{2L}}\right)\right]} \tag{10.195}$$

由此可得

$$\varepsilon' = 1 + \frac{L\cdot\Delta f}{\delta\cdot f_0}K \tag{10.196}$$

式中

$$K = \frac{1-\frac{1}{L}\sin\left(\frac{2n\pi}{1+\frac{n\Delta}{2L}}\right)}{\cos^2\left(\frac{n\pi\Delta}{4L}\right)} \tag{10.197}$$

为修正因子，当 $\Delta=0$ 时，$K=1$；当 $\Delta\neq 0$ 时，$K>1$。$K=f(\Delta)$ 的关系如图 10.29 所示。

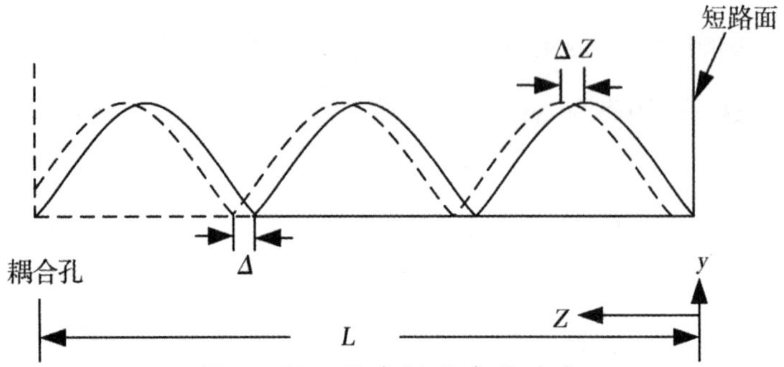

图 10.28　腔中场分布的改变

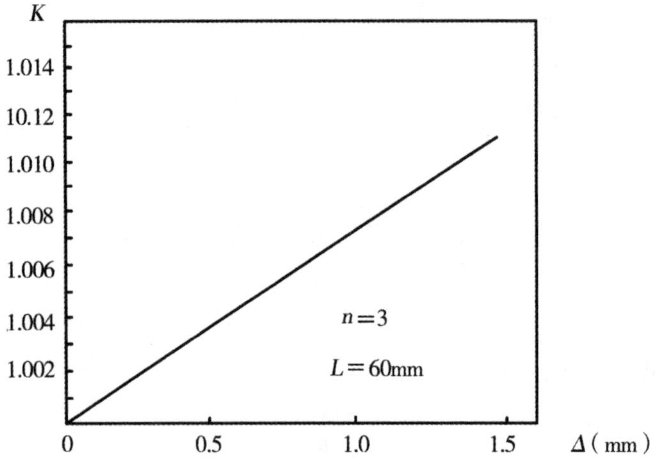

图 10.29　修正因子 K 与 Δ 的关系

下面的例子说明了这一方法的具体应用。测试腔的尺寸为 $a=23$ mm，$b=10$ mm，$L_1=50$ mm，$L_2=10$ mm，$n=3$，$\lambda_{g0}=40$mm，测得 $\lambda'_{g0}=41.1$mm，因此 $\Delta=\lambda'_{g0}-\lambda_{g0}=1.1$mm，将不同厚度的同一牌号的云母片分别置于 L_2 处，其测量结果如表 10-4 所示。

表 10-4　薄片测试数据表

L	mm	60	60	60	60	60
δ	mm	0.04	0.05	0.065	0.11	0.165
f_0	MHz	9803	9803	9803	9803	9803
f_1	MHz	9780	9775	9767	9743	9710
Δf	MHz	23	28	36	60	93
ε'		4.53	4.44	4.41	4.36	4.48

将实验结果画在 $\Delta f=F(\delta)$ 坐标上，如图 10.30 所示。

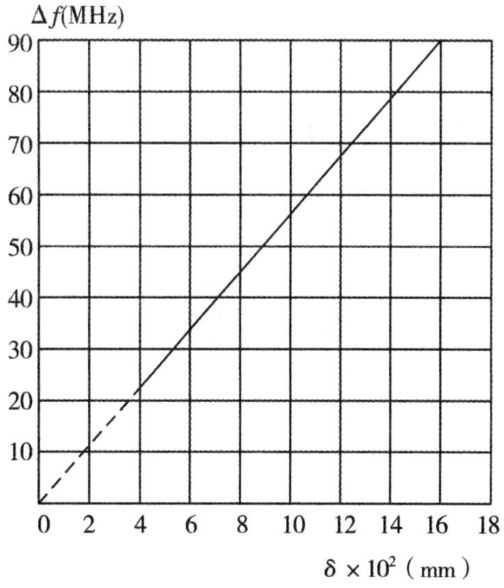

图 10.30　Δf 与厚度 δ 关系曲线

将图中直线延长后交于坐标原点，说明这一实验结果与式（10.185）相符，这时可将式（10.185）变换成

$$\Delta f=\frac{f_0}{L}(\varepsilon'-1)\delta \tag{10.198}$$

从图 10.30 中取试验曲线（直线）的斜率可得 $\varepsilon'=4.40$，如果计及修正因子 $K=1.008$，则 $\varepsilon'=4.43$。

利用微扰法测量介质薄片的介电常数 ε' 是比较灵敏和准确的，其测量误差为

$$\mathrm{d}\varepsilon'=\frac{\Delta f}{f_0}\frac{1}{\delta}\mathrm{d}L+\frac{L}{\delta}\left[\frac{\Delta f}{f_0}\left(\frac{\mathrm{d}\delta}{\delta}+\frac{\mathrm{d}f_0}{f_0}\right)+\frac{\mathrm{d}\Delta f}{f_0}\right] \tag{10.199}$$

由此可见，后面一项远大于前面一项，换句话说，误差主要来自两个方面，即厚度 δ 的测量误差及频差 Δf 的测量误差，因此对材料样品的厚度 δ 有较精密的测量和计量方法；同时，对信号源、频率计等都要求有较高的稳定度和准确度，在一般情况下，误差应小于百分之几。

从耦合元件的影响中可以看到，电纳 B 愈大，则修真因子 K 愈小，所以所得结果的误差就愈小。所以只要测量灵敏度等实际因素许可时，就应选择尽可能小的耦合孔(即电纳 B 大些)，这不仅直接影响计算公式的误差，而且由于耦合减弱，从而提高了测试腔的品质因数 Q 值，使得频差 Δf 的测量准确度也相应地提高了。

10.4.9 截止腔法

利用在一截止圆波导谐振腔中放一待测介质圆盘后产生谐振的原理可以准确地测定微波材料的介电常数。其装置如图 10.31 所示。它与多数介质测量技术中所采用的微扰法不同。这一方法是谐振频率的绝对测量，由于采用了截止腔，消除了寄生谐振，所以有较高的测量准确度。该方法适用于一切可制成圆盘状的样品，测量方便。

将一介质圆盘置于两端短路圆波导腔的中心平面。当未填充部分截止时。谐振腔的主谐振模式为 TE_{11}，介电常数由谐振频率确定。

实际上，谐振腔并不是真正短路的，而是通过耦合孔与波导弱耦合起来。

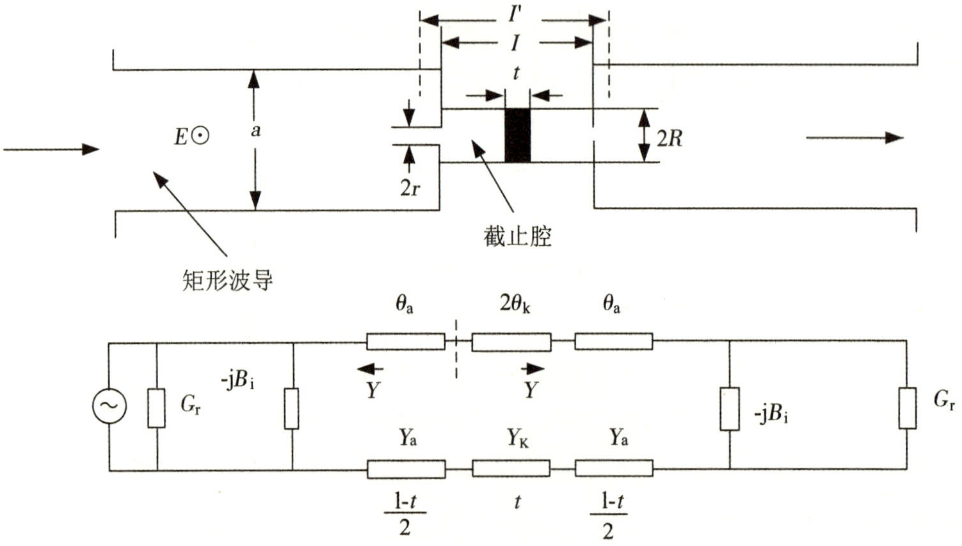

图 10.31 圆波导截止腔结构及等效电路

由于信号源及负载与介质盘耦合很松，所以只需考虑腔的无功部分。谐振条件为

$$\overleftarrow{Y}+\overrightarrow{Y}=0 \tag{10.200}$$

当腔中心开路时

$$\overrightarrow{Y}=\mathrm{j}Y_K\tan\theta_k \tag{10.201}$$

而

$$\overleftarrow{Y}=-\mathrm{j}Y_a\mathrm{ctg}\,\theta'_a \tag{10.202}$$

式中 θ'_a——因为有效短路面确定的电长度，所以它包括了耦合孔的影响；

Y_K——介质填充部分的特性导纳；

Y_a——空气部分的特性导纳。

尽管腔中空气部分低于截止频率，但由于介质加载，所以整个负载腔仍可产生谐振。这种情况下，被激励起来的高次圆波导模比 TE_{11} 模衰减得更快，因此只有主模式是有意义的。

将式（10.201）、式（10.202）代入式（10.200），得

$$\mathrm{j}Y_K\tan\theta_K=\mathrm{j}Y_a\tan\theta'_a \tag{10.203}$$

式（10.203）中介质部分特性导纳为

$$Y_K=\frac{\lambda}{\lambda_{gk}}Y_0 \tag{10.204}$$

电长度为

$$\theta_K=\frac{\pi}{\lambda_{gk}}t \tag{10.205}$$

而空气部分的特性导纳为

$$Y_a=-\mathrm{j}\frac{\lambda}{|\lambda_{ga}|}Y_0 \tag{10.206}$$

电长度为

$$\theta'_a=-\mathrm{j}\frac{\pi}{|\lambda_{gk}|}(l'-t) \tag{10.207}$$

所以

$$\frac{\cot\theta_K}{\theta_K}=\frac{|\lambda_{ga}|}{\pi t}\tanh\theta'_a \tag{10.208}$$

当介质圆盘厚度 t 在 $0\sim\frac{\lambda_{gk}}{4}$ 内时，式（10.208）有解，利用测得的谐振频率，式（10.208）可用数字求解，因此 θ_K 即可确定，而介电常数可由下式求得

$$\varepsilon'=\lambda^2\left[\left(\frac{1}{\lambda_c}\right)^2+\left(\frac{\theta_K}{\pi t}\right)^2\right] \tag{10.209}$$

式中 λ_c——圆波导的截止波长，对 TE_{11} 模来说 $\lambda_c=3.41R$（圆波导半径为 R 时）；

t——介质样品的厚度。

利用上述方法在 5cm 波段对下述尺寸的截止腔中的氧化铍陶瓷进行了测量，具体尺寸如下：

$D=2R=0.9$ 英寸，$l=1.895$ 英寸，$d=0.395$ 英寸，$l'=1.924\,5$ 英寸时，腔体做成两半，由于在接缝上无电流经过，有载品质因数约为 3000，在 20%带宽之内无高次模存在，总误差约为 0.1%，绝对误差为 0.006 3，测量结果可由图 10.32 求得。

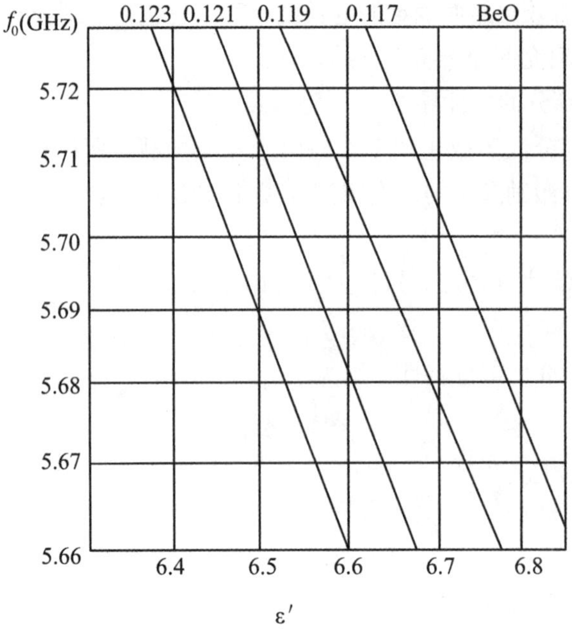

图 10.32　介电常数 ε′ 与谐振频率及厚度的关系

10.4.10　端接无限试样法

在这一方法中，取一无限长的介质样品并按如图 10.33 所示置于传输线（同轴线或波导）中，在传输线的另一端则接有集中电纳元件（如膜片）。这样做可构成一个谐振系统，从而可由测量该系统的谐振频率和品质因数来代替测量传输线中的反射系数，这在 $\varepsilon' > 10$ ，$\tan\delta > 0.1$ 时是特别有效的，因为在这种情况下，介电常数及损耗角变化很大时只能使反射系数的模和相位产生不大的变化。

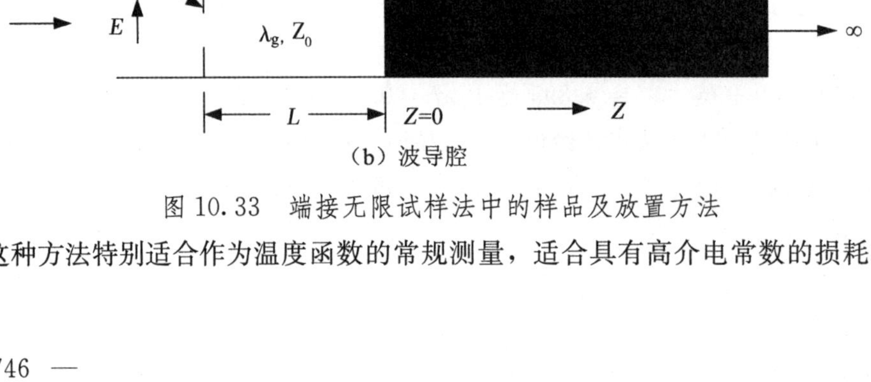

图 10.33　端接无限试样法中的样品及放置方法

这种方法特别适合作为温度函数的常规测量，适合具有高介电常数的损耗材料的测量。

对于图 10.33（a）所示的情况，在 $z=0$ 处的归一化阻抗（相对于空载时的特性阻抗进行归一化）为

$$Z=|Z|\mathrm{e}^{\mathrm{j}\xi}=\varepsilon^{*-\frac{1}{2}} \tag{10.210}$$

式（10.210）对于 $z=0$ 处的反射系数为 $\Gamma=|\Gamma|\mathrm{e}^{\mathrm{j}\theta}$ 时，其介电常数为

$$\varepsilon^{*}=\left(\frac{\lambda_0}{\lambda_c}\right)^2+\left[1-\left(\frac{\lambda_0}{\lambda_c}\right)^2\right]\left[\frac{(1-\Gamma)}{(1+\Gamma)}\right]^{-2} \tag{10.211}$$

式中 λ_0——自由空间波长；

λ_c——波导中空波导时传播模式的截止波长。

对于图 10.33（a）中的 TEM 模来说，$\lambda_0/\lambda_c=0$，因此有

$$\varepsilon^{*}=\left[\frac{1-\Gamma}{1+\Gamma}\right]^{-2} \tag{10.212}$$

无试样时（在 $z=0$ 处用短路器短路）的谐振频率为

$$\text{TEM：}f_0=\left(\frac{nc}{2l}\right) \tag{10.213}$$

式中 c——光速；

l——腔体长度；

n——整数。

$$\text{TE：}f_0=\left[\left(\frac{nc}{2l}\right)^2+f_c^2\right]^{\frac{1}{2}} \tag{10.214}$$

式中 f_c——波导的截止频率。

在 $z=0$ 处端接无限试样时的谐振频率为

$$\text{TEM：}f_1=\frac{c}{2\pi l}\left[n\pi-\left(\frac{\pi+\theta}{2}\right)\right] \tag{10.215}$$

$$\text{TE：}f_1=\frac{c}{2\pi l}\left\{\left[n\pi-\left(\frac{\pi+\theta}{2}\right)^2\right]+f_c^2\right\}^{\frac{1}{2}} \tag{10.216}$$

所以反射系数的相角可以由解式（10.213）、式（10.215）或式（10.214）与式（10.216）得到。

$$\text{TEM：}\theta=2n\pi(1-f_1/f_c)-\pi \tag{10.217}$$

$$\text{TE：}\theta=2n\pi\left(\sqrt{\frac{\left(\frac{f_1}{f_c}\right)^2-1}{\left(\frac{f_0}{f_c}\right)^2-1}}\right)-\pi \tag{10.218}$$

反射系数的大小在 $|\Gamma|\geqslant 0.2$ 时可根据 Q 值来计算。

$$\text{TEM：}|\Gamma|=\mathrm{e}^{\left[-n\pi\left(\frac{1}{Q_1}-\frac{1}{Q_0}\right)\right]} \tag{10.219}$$

$$\text{TE：}|\Gamma|=\mathrm{e}^{\left[-n\pi\left(\frac{1}{A_1Q_1}-\frac{1}{A_2Q_0}\right)\right]} \tag{10.220}$$

式中 $A_1=1-(f_c/f_1)^2$

$A_2=1-(f_c/f_0)^2$

Q_1——具有样品时有载 Q 值；

Q_0——没有样品时无载 Q 值。

如图 10.34 所示为同轴及波导腔（不同的 f_c/f_0）时的有载 Q 值与反射系数的关系。由于 Q 值与 n 成正比，所以，对于较长的腔体可以获得较高的 Q 值。

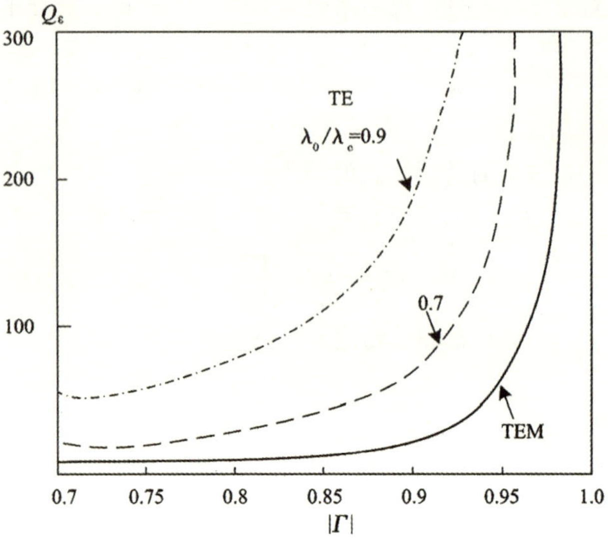

图 10.34　谐振腔 Q 值与 $|\Gamma|$ 的关系（$n=1$）

如图 10.35 及图 10.36 所示为谐振频率变化及有载 Q 值与待测材料介电常数间的关系，两种情况均在 $n=1$ 模。值得指出的是，当 $n>1$ 时可以获得较高的 Q 值，但是谐振频率的变化却相应地减小了。

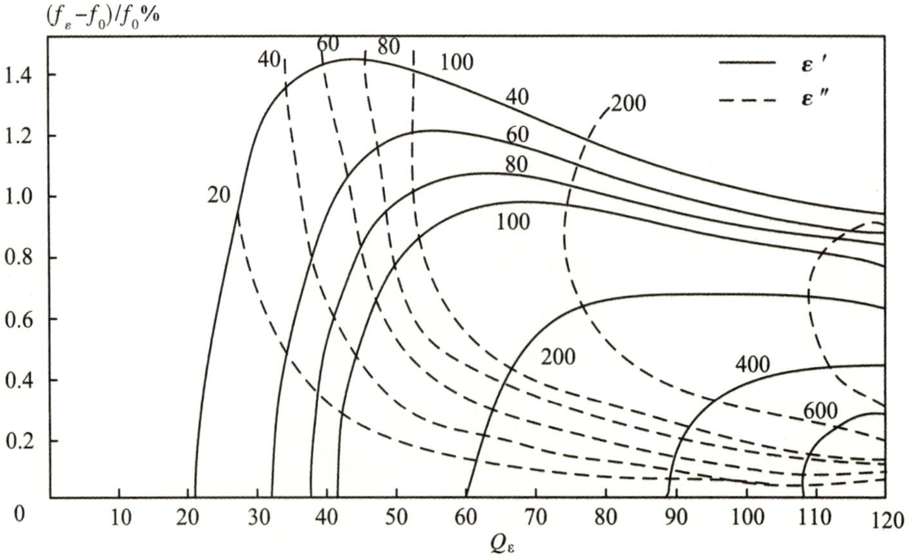

图 10.35　谐振频率相对变化与 Q 值与被测样品介电常数的关系（$n=1$，TEM）

谐振频率和品质因数的测量在低 Q 谐振腔时是十分困难的，但是如果采用近代锁频系统是能够进行准确测量的。

由以上分析可知，介电常数的测量误差主要是反射系数的误差引起的，而反射系数相角的误差取决于谐振频率的误差，在 TEM 及 TE 两种情况下

$$\Delta\theta \simeq 2\sqrt{2}n\pi(\Delta f/f_0) \tag{10.221}$$

式中 $\Delta f/f$——谐振频率的相对误差。

$$\frac{\Delta|\Gamma|}{|\Gamma|} = \frac{2\pi n}{Q_0}\left(\frac{\Delta Q_0}{Q_0}\right) \tag{10.222}$$

对于具有锁频和没有锁频的系统，可能得到的相应值为 $\Delta f/f_0 = 10^{-6}$ 及 10^{-4}，因此对 $n=1$ 来说，$\Delta\theta \leqslant 0.0005^\circ$ 及 0.05°，而在一般测量线中 $\Delta\theta \simeq 0.1^\circ$ 及 2°；如果 $\theta \simeq 50, n=1$，那么 $\frac{\Delta|\Gamma|}{|\Gamma|} \simeq 0.006$。从这些数据可以看出，采用测量谐振频率及 Q_0 值的方法比直接测量 $|\Gamma|$ 及 θ 的方法误差要小得多。

在 X 及 S 波段曾用频率计及网络分析仪对蒸馏水做了测量，其结果见表 10-5。

表 10-5 两个波段的实测数据

	实验数据						NBS 数据①	
	f_0 (MHz)	f_1 (MHz)	Q_0	Q_ε	ε'	ε''	ε'	ε''
S 波段	2449.89	2448.90	1070	87	79	12	76	11
X 波段	8512.52	8497.02	850	48	63	28	59	31

在上述试验方法中，$\Delta f/f_0 = 10^{-4}$，$\frac{\Delta Q}{Q} = 0.10$，因此 $\Delta\varepsilon'/\varepsilon' \leqslant 0.05$，$\Delta\varepsilon''/\varepsilon'' \leqslant 0.1$。

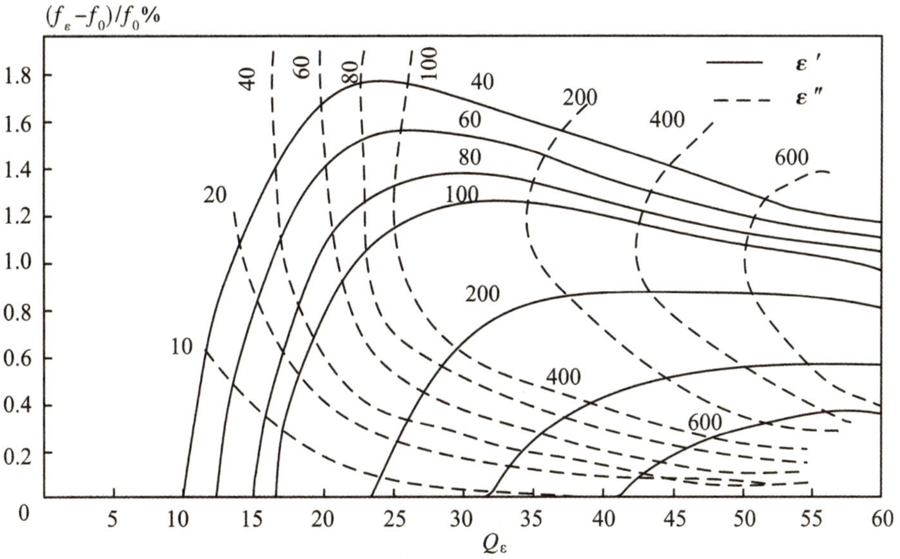

图 10.36 谐振频率相对变化与 Q 值与被测样品介电常数的关系$\left(n=1,\ \text{TE},\ \frac{\lambda}{\lambda_c}=0.7\right)$

① NBS 系美国国家标准局。

10.5 光学法

10.5.1 概 述

了解复介电常数的频率特性是学习物质与电磁场相互作用及解决许多电介质实际应用问题所不可缺少的。在这一点上，毫米波段（1～10mm）最接近光波波段，因此是最有兴趣的，因为在这一波段中很多物质具有色散特性。

前面几节所讨论的在厘米波段中各种方法（传输线法及谐振法）都可应用到毫米波段中来，只要将相应的测量元件尺寸缩小即可，由于样品加工精度的关系，在这一波段上的测量准确度降低了。

在毫米波段采用光学或准光学方法来进行电介质特性的测量是简单方便的，这时可借助定向装置将电磁波聚束起来投射于待测样品上，并观察从样品上透过及反射的情况。

但这一方法在技术上具体体现时却遇到了一系列的困难，所利用的电磁振荡的波长可与物体及样品尺寸相比拟时产生了各种散射现象（在膜片或屏的边缘处）。这就使该方法复杂化了，并降低了所测结果的精度。光学法的难度还与能否得到聚束良好的类似平面波加到物体上有关。

在光学法中，样品通常具有平行平面板的形状，并放在电磁辐射的通道中，板子尺寸取决于波束的截面。对平面平行度的要求是非常苛刻的，尤其是在毫米波的短波段。

例如：介质板由于机械加工上的缺陷，使厚度有一差异 Δd，如图 10.37 所示。

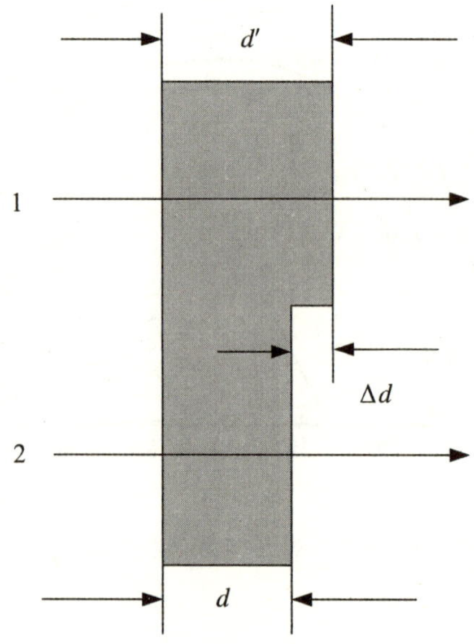

图 10.37 由于介质板厚度不同引起相位差的计算

光路长度 L 取决于介电常数 ε' 及样品厚度 d ，并由下式计算

$$L=d\sqrt{\varepsilon'} \tag{10.223}$$

利用式（10.223），可以计算出光束 1 及 2 的相位差

$$\Delta\psi=2\pi\sqrt{\varepsilon'}\left(\frac{d'-d}{\lambda_0}\right)=2\pi\sqrt{\varepsilon'}\frac{\Delta d}{\lambda_0} \tag{10.224}$$

设 $\varepsilon'=4$ ，$\lambda_0=2$ mm，$\Delta d=0.1$ mm，则 $\Delta\psi=36°$。如果上述加厚部分占整个样品辐射的一半，那么通过样品的功率测量误差可达 10%。类似的现象还发生在样品表面的反射上，当两个波束在不平的表面上产生反射时，相位差为

$$\Delta\psi=2\pi 2\frac{\Delta d}{\lambda_0}\sqrt{\varepsilon'} \tag{10.225}$$

或

$$\Delta\psi=2\pi 2\frac{\Delta d}{\lambda_0} \tag{10.226}$$

它取决于辐射从哪一边进入并在哪一个样品表面上反射，附加系数 2 是考虑到途径 Δd 在反射情况下将加倍。

样品表面的加工质量要求取决于波长，也取决于所得结果的精度要求。如果厚度偏差（即不平度）$\Delta d\leqslant\lambda_0/16$ ，可以认为是镜面光的光学表面，在以入射角 φ 入射时，不平度影响下降了，这时极限偏差可写成

$$\Delta d\leqslant\frac{\lambda_0}{16\cos\varphi} \tag{10.227}$$

在毫米波的短波段（1～3mm），对式（10.227）给出了样品表面加工精度为 0.05～0.15mm，这对某些不易加工的材料来说是有一定困难的。

在制造较大尺寸样品并需要高精度加工时，光学法不太适用。

在研究液体时，将其盛于一大的容器或专门的由低耗介质板围成的平面容器中。在某些情况下，为了消除液体底面的反射，利用一个三角形底面的容器，如图 10.38 所示。

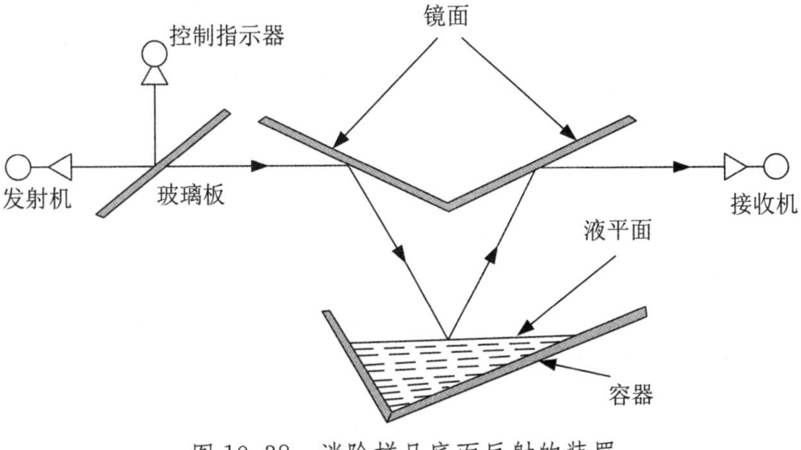

图 10.38 消除样品底面反射的装置

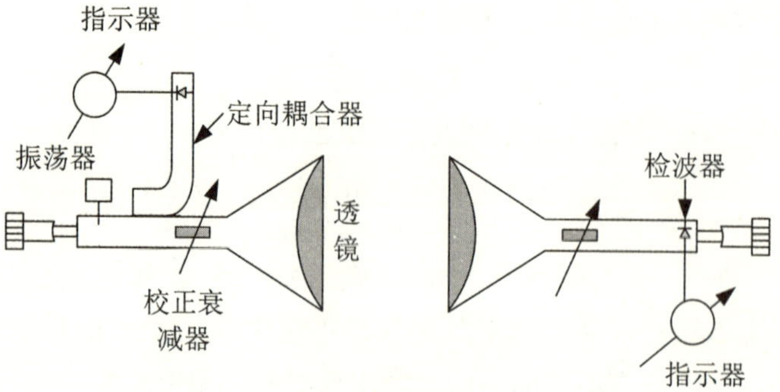

图 10.39　光学法中的无线电装置部分

光学法的无线电技术部分基本上由两部分组成，即发射机和接收机，如图 10.39 所示。发射机由固态源或磁控管振荡器 1、校正衰减器 5 及辐射天线 6 组成。透镜 7 使发射的电磁波近乎平面波，辐射功率在测量过程中应保持不变，功率的检测借助于定向耦合器 2 及指示器 3 来完成。在某些情况下需要分出一部分功率，可采用半透明的镜子，如介质板（玻璃）或较复杂的装置。在某些情况下，利用由大量彼此相隔距离小于波长的细导体构成平面栅，当栅丝与电场平行时，它将阻止波的辐射，并使波由它全反射回来，犹如一面镜子。如果栅丝方向与电场垂直，那么波将完全通过。若将光栅绕光轴转动，则可按需要改变它的透明度。

整个发射机装在一个可动的转台上，该转台可由测微计调节，它可以改变系统光轴的方向，这样就可以只是在一个波长范围内在发射机与样品间出现驻波。接收装置由类似的天线系统、校正衰减器、检波器及指示器组成。当功率大时，指示器可用直流电流表，它正比于接收到的功率，在小功率时，发射机可采用幅度调制（方波），接收机则采用线性放大。

为了指示发生在样品与接收机间的驻波图形，接收机也安装在一个可动的转台上。

天线系统由振荡器匹配的喇叭透镜系统组成，通常采用的金属透镜是加速透镜，形成平面波或准平面波，也可用介质透镜或金属介质组合透镜系统来建立起平面波。

取决于天线系统波性质的辐射电磁波束的横截面可借助于场强计来确定，波束的限制及圆周部分失真的消除可用金属膜片或在波束途径中的屏来完成，如图 10.40 所示。

为了消除绕射效应，在这些膜片的边缘涂复一些吸收材料，如导电橡胶等。

膜片直径的选择应等于菲涅尔第一区的直径，以获得指示器最大的偏转，这样，平面波辐射所有能量的一半可通过此膜片。如果直径等于第二区的直径，那么到达指示器的功率接近于零。

菲涅尔区的半径可由已知的关系求得

$$\rho_n = \sqrt{Fn\lambda + \left(\frac{n\lambda_0}{2}\right)^2} \tag{10.228}$$

式中 λ_0——波长；

n——整数；

F——焦距。

利用式（10.228）及选择焦距 F 等于膜片至接收机间的距离，就可以计算第一区的半径，设 $n=1$，$\lambda_0=5$ mm，$F=30$ cm，可得 $\rho_1=3.9$ cm，由此可以计算出膜片的孔径 $2\rho_1=7.8$ cm。

如果膜片直径增大到 11cm，也就是等于第二区的内径，这时到达接收机的概率几乎为零。

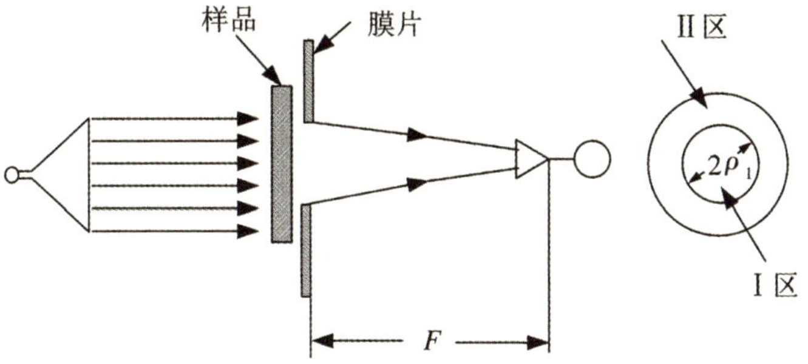

图 10.40 借助膜片限制波束

为了得到平行的电磁波束，可采用由 5—6 区组成的分区板即分区天线。其中一个分区天线作为发送天线，而另一个作为接收天线，如图 10.41 所示。这种天线在毫米波短波段是特别合适的，因为它的尺寸可以非常紧凑。

发送的分区天线被放在其焦点上的半波振子（或隙缝天线）所辐照。与此同时，接收机的灵敏元件（如开口波导）安置在接收天线的焦点上。

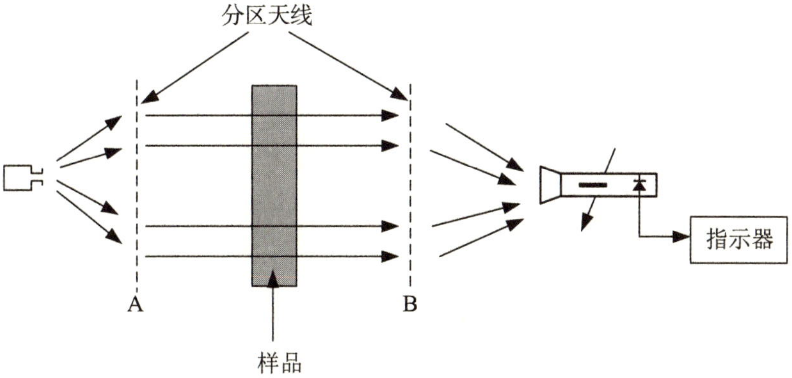

图 10.41 利用分区天线得到平面波

利用低耗介质制成的分区天线可得到较好的结果。这种天线的分区半径可按式（10.228）计算，而板的厚度则由下式计算

$$d=\frac{1}{2}\frac{\lambda_0}{\sqrt{\varepsilon'}-1} \tag{10.229}$$

之所以如此选择，是为了使通过分区板的波改变自己的相位。在这种分区板中实际上是所有的天线表面起作用，因此它可给出比有金属分区板形成的天线高出 2 倍的波的强度（在接收端）。

在分区天线 AB 之间的平面波场的均匀性可用移动的场强仪来检查。如果波束的边缘区域的场失真不大，即当波束具有明显的轮廓时，一般来说，不需要限制用膜片，无膜片就减小了寄生反射，因此也减小了误差。如果采用了膜片，那么在测量时，所有装置的零件都应保持不动。在屏蔽片边缘的绕射效应使装置的零件及其他物体上的能量散射形成了反射，它与入射波相互作用后形成了驻波，从而影响了测量结果。

一般来说，接近于 1 的驻波系数在良好调整的装置中可以通过沿光轴方向移动接收喇叭的方法来测量，而同时记录指示器的最大值和最小值。

在引入介质样品后，驻波系数的大小及相位会发生改变。

在某些装置中，发射机和接收机装在专门的支架上，允许改变它们的角度并能测量，这一角度可以是入射到样品上的角度或反射到接收机上的角度，类似的测角器被用来研究反射系数与入射角的关系。在其他装置中，发射机与接收机保持不动，而样品则在转台上可以改变自己的位置。

在光学法中，测量的量通常是反射及透明度，这两个系数单值地与复数折射率相联系，因此与介电常数相联系，有时只需要知道其中的一个。

被用来研究介电常数的光学模拟法不限于简单的测量透过率及反射系数，也可采用复杂的仪器，如迈克尔逊干涉仪、法布里—皮罗干涉仪等，在一定条件下可得出较好的结果。

光学法是比较简单的测量方法，可以工作在很宽的频带内，直至毫米波和亚毫米波段。利用光学法可以测量建筑材料的介电性质以及各种天然的、人工的透明的片状材料的反射系数。由于方法及装置的简单化，所以允许在野外条件下进行各种测量。光学法还允许对 $\sigma = 10^{-3}(OM - CM)^{-1}$ 的半导体材料特性进行研究。

10.5.2 光学法中某些理论问题

物质的光学特性是它的复数折射率。

$$n^* = n - \mathrm{j}k \tag{10.230}$$

式中 n——折射率；

k——吸收系数。

由麦克斯韦关系

$$n^* = \sqrt{\varepsilon^*} = \sqrt{\varepsilon' - \mathrm{j}\varepsilon''} \tag{10.231}$$

由此可得介电常数的实部及虚部

$$\varepsilon' = n^2 - k^2$$

$$\varepsilon'' = 2nk \tag{10.232}$$

$$|\varepsilon^*| = \sqrt{\varepsilon'^2 + \varepsilon''^2} = n^2 + k^2$$

因此
$$\tan\delta = \varepsilon''/\varepsilon' = \frac{2nk}{n^2 - k^2} \tag{10.233}$$

由此可以看出，只要测得光学特性，即 n 及 k ，就可计算出它的相应介电特性 ε' 及$\tan\delta$ 。

在光学法测量中，记录的是由样品表面上的反射系数或透过介质时的透过率，因此我们要研究平面波穿过介质空气交界面边界上的反射及透过情况。

当平面电磁波以入射角 φ 入射到两种介质边界时，将产生折射及反射（在入射平面内），如图 10.42 所示。由于经常采用极化波，所以我们对两种极化的入射波感兴趣。一种是极化方向与入射平面相平行；另一种则是极化方向与入射平面相垂直。

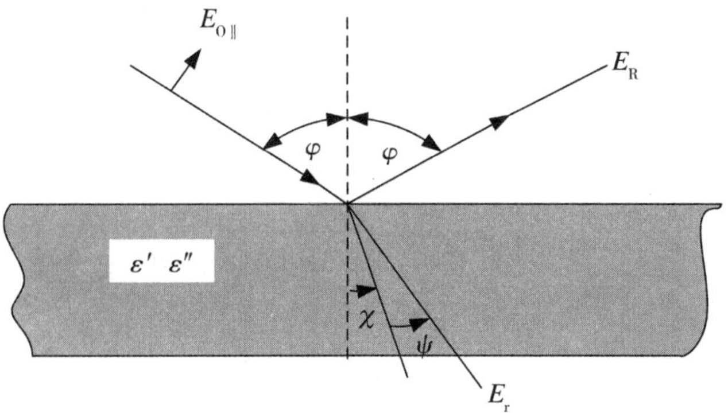

图 10.42 在两种介质的交界面上的反射与折射

反射及折射的电场强度 E_R 及 E_r 取决于已知的菲涅尔公式，即

$$E_{R\parallel} = E_{0\parallel}\frac{\varepsilon^*\cos\varphi - \sqrt{\varepsilon^* - \sin^2\varphi}}{\varepsilon^*\cos\varphi + \sqrt{\varepsilon^* - \sin^2\varphi}} \tag{10.234}$$

$$E_{r\parallel} = E_{0\parallel}\frac{2\sqrt{\varepsilon^*}\cos\varphi}{\varepsilon^*\cos\varphi + \sqrt{\varepsilon^* - \sin^2\varphi}} \tag{10.235}$$

$$E_{R\perp} = E_{0\perp}\frac{\cos\varphi - \sqrt{\varepsilon^* - \sin^2\varphi}}{\cos\varphi + \sqrt{\varepsilon^* - \sin^2\varphi}} \tag{10.236}$$

$$E_{r\perp} = E_{0\perp}\frac{2\cos\varphi}{\cos\varphi + \sqrt{\varepsilon^* - \sin^2\varphi}} \tag{10.237}$$

式中 φ——入射角；

$\varepsilon^* = \varepsilon'$——$\mathrm{j}\varepsilon''$ 。

入射角 φ 与折射角 ψ 间的关系由折射定律决定，即

$$\frac{\sin\varphi}{\sin\psi} = \sqrt{\varepsilon^*} = n^* \tag{10.238}$$

或

$$\psi = \arcsin\left[\frac{\sin\varphi}{\sqrt{\varepsilon^*}}\right] \tag{10.239}$$

由此可见，折射角在有耗介质时为一复数。因此介质中电磁能量的运动方向不与 ψ 一致，而由下述关系确定：

$$\cos\chi = \frac{q}{\sqrt{q^2 + \sin^2\varphi}} \tag{10.240}$$

式中

$$2q^2 = (a^2 - \sin^2\varphi) + \sqrt{(a^2 - \sin^2\varphi)^2 + a^2\tan^2\delta} \tag{10.241}$$

$$a^2 = \varepsilon'(1 - \tan\delta) \tag{10.242}$$

χ——法线与能量运动方向间的夹角。

如果介质是无耗的，那么从上述一系列关系式中不难看出

$$\psi = \chi \tag{10.243}$$

这时，菲涅尔公式可以写成

$$E_{R||} = E_{0||}\frac{\tan(\varphi - \psi)}{\tan(\varphi + \psi)} \tag{10.244}$$

$$E_{r||} = E_{0||}\frac{2\sin\varphi\sin\psi}{\sin(\varphi + \psi)\cos(\varphi - \psi)} \tag{10.245}$$

$$E_{R\perp} = E_{0\perp}\frac{\sin(\varphi - \psi)}{\sin(\varphi + \psi)} \tag{10.246}$$

$$E_{r\perp} = E_{0\perp}\frac{2\cos\varphi\sin\psi}{\sin(\varphi + \psi)} \tag{10.247}$$

由式（10.244）可以看出，在平行极化的情况下，满足下述条件时，反射波完全消失：

$$\tan(\varphi + \psi) = \infty \tag{10.248}$$

即

$$\varphi + \psi = \frac{\pi}{2} \tag{10.249}$$

应用折射定律，可以得到这一角度（布儒斯特角 φ_b）：

$$\frac{\sin\varphi}{\sin\psi} = \frac{\sin\varphi_b}{\cos\varphi_b} = \tan\varphi_b = \sqrt{\varepsilon'} \tag{10.250}$$

因此

$$\varepsilon' = \tan^2\varphi_b \tag{10.251}$$

利用这一关系式，可以确定无耗介质的介电常数 ε'。换句话说，当调节入射角时，直到从被测介质表面上的反射波消失时，量下这个相应的入射角即为临界角 φ_b。

当样品具有损耗时，则反射波不能全部消失，但在接近这一角度 φ_b 时，可得到最小的反射系数，当 $\tan\delta \leqslant 0.2$ 时，测量误差约为 2%。

当入射波在法线上入射时（$\varphi=0$），上述公式大大简化成下述形式：

$$|\Gamma_{||}|_{\varphi=0}=\frac{\left|\sqrt{\varepsilon^*}-1\right|}{\left|\sqrt{\varepsilon^*}+1\right|} \tag{10.252}$$

$$|T_{||}|_{\varphi=0}=\frac{2}{\left|\sqrt{\varepsilon^*}+1\right|} \tag{10.253}$$

$$|\Gamma_{\perp}|_{\varphi=0}=|\Gamma_{11}|_{\varphi=0} \tag{10.254}$$

$$|T_{\perp}|_{\varphi=0}=|T_{11}|_{\varphi=0} \tag{10.255}$$

式中 $|\Gamma|$ ——电压反射系数的模；

$|T|$ ——透射系数的模。

功率反射系数等于反射功率之比，即

$$|R|_{\varphi=0}=|\Gamma|^2_{\varphi=0}=\frac{\left|1-\sqrt{\varepsilon'-\mathrm{j}\varepsilon''}\right|^2}{\left|1+\sqrt{\varepsilon'-\mathrm{j}\varepsilon''}\right|^2} \tag{10.256}$$

或

$$|R|_{\varphi=0}=\frac{(1-\varepsilon')^2+4\varepsilon\sin^2\dfrac{\delta}{2}}{\left[1+2\sqrt{\varepsilon\cos\dfrac{\delta}{2}+\varepsilon}\right]^2} \tag{10.257}$$

式中 $\varepsilon^2=\varepsilon'^2+\varepsilon''^2$；

$\delta=\arctan\varepsilon''/\varepsilon'$。

以上公式都是在没有样品的二次反射时才是正确的。在液体情况下，可利用三角形底的容器来加以消除。也可以用在介质下表面贴加匹配的四分之一厚度的匹配层来消除反射。该匹配层的介电常数应等于样品 ε' 及空气的 ε' 的几何平均值，即 $\varepsilon_c=\sqrt{\varepsilon'\times 1}=\sqrt{\varepsilon'}$。先测出待测样品的 ε'。

一般情况下，测量反射系数应计及样品两个界面上的多次反射现象。

待测样品的损耗可由测量在以 φ_b 入射时的透过率来确定，不计样品多次反射的透过样品的波可以写成：

$$E_t=E_0T_1T_2\mathrm{e}^{\mathrm{j}\frac{2\pi}{\lambda_0}l\sqrt{\varepsilon'(1-\mathrm{j}\tan\delta)}} \tag{10.258}$$

式中 $l=\dfrac{d}{\cos\chi}$；

d ——样品厚度；

χ ——取决于式（10.242）的角度；

T_1,T_2 ——前后两个表面的透过系数。

对 E_t/E_0 取对数并忽略 $\tan^2\delta$ 项（$\tan\delta\leqslant 0.1$ 时，误差约为 1%）及 $2\tan\dfrac{\delta}{2}=\tan\delta$；由于 $\varphi=\varphi_b$ 时，平行极化时 $T_1=T_2=1$，这种情况下

$$\tan\frac{\delta}{2}\cong\frac{\lambda_0}{2\pi d}\cos\varphi_b\ln\left|\frac{E_t}{E_0}\right|_{\varphi=\varphi_b} \tag{10.259}$$

若板厚为 d，计算多次反射时（如图 10.43 所示）的反射系数为

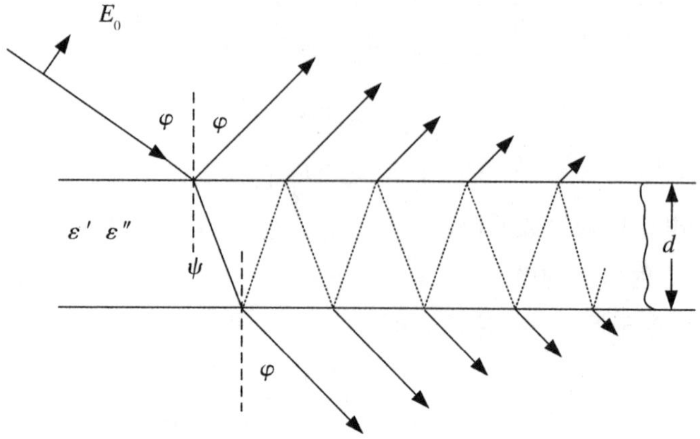

图 10.43 样品上的多次反射

$$|\Gamma_n|=|\Gamma_1|\frac{1-e^{-j\frac{4\pi}{\lambda_0}d\cos\chi\sqrt{\varepsilon'(1-j\tan\delta)}}}{1-|\Gamma_1|^2e^{-j\frac{4\pi}{\lambda_0}d\cos\chi\sqrt{\varepsilon'(1-j\tan\delta)}}} \tag{10.260}$$

式中 $|\Gamma_1|$——上表面反射系数的模。

当 $\varphi=\varphi_b$时，功率反射系数具有下述形式：

$$|\Gamma_n|^2=|\Gamma_1|^2\frac{1-2B\cos\beta+B^2}{1-2B|\Gamma_1|^2\cos\beta+B^2|\Gamma_1|^4} \tag{10.261}$$

式中

$$\beta=\frac{4\pi d}{\lambda_0}\varepsilon'\cos\varphi_b \tag{10.262}$$

$$B=e^{-\beta\tan\frac{\delta}{2}} \tag{10.263}$$

当投射到样品上的波垂直极化时，并在 $\varphi=\varphi_b$ 条件入射，则

$$\left|\frac{E_{r\perp}}{E_0}\right|_{\varphi=\varphi_b}=\frac{\varepsilon'-1}{\varepsilon'+1} \tag{10.264}$$

考虑到式（10.259），则

$$B=e^{-2\varepsilon'\cos^2\varphi_b\ln\left|\frac{E_r}{E_0}\right|_{\varphi=\varphi_b}} \tag{10.265}$$

解式（10.261）可得

$$\cos\beta=|\Gamma_n|^2\frac{\frac{1+B^2}{|\Gamma_n|^2}-\frac{1+B^2+|\Gamma_1|^4}{|\Gamma_1|^2}}{2B(1-|\Gamma_n|^2)} \tag{10.266}$$

测量 $|\Gamma_n|^2$ 及 $\left|\frac{E_t}{E_0}\right|_{\varphi=\varphi_b}$ 可以计算出 ε'。先按式（10.251）计算无耗时的 ε'，然后由式（10.266）计算 β，再由式（10.262）计算真正的 ε' 值。

由式（10.234）、式（10.235）、式（10.236）及式（10.237）可以看出，在材料具有损耗的情况下，反射系数和透过系数具有复数性质。这些系数的复数性质表明了

在入射波与反射波（或透射波）之间具有相位移，因此，可被用来测量材料的特性。

例如，对于平行平板情况，复数透过系数可写成

$$T = |T| e^{j\alpha} \tag{10.267}$$

式中 $|T|$ ——透过系数的模；

α ——相位移。

利用样品表面上的边界条件，可得下述关系

$$\frac{e^{-j\alpha}}{|T|} = \frac{1}{4n^*} e^{j\frac{2\pi d}{\lambda_0}} \left[(n^* + 1)^2 e^{-j\frac{2\pi n^* d}{\lambda_0}} - (n^* - 1)^2 e^{j\frac{2\pi n^* d}{\lambda_0}} \right] \tag{10.268}$$

根据式（10，268）可以确定 $n^* = n - jk$ 。

通过信号的相位移可用接收天线与指示器之间的测量线来测定。

10.5.3 反射法和通过法

确定 ε' 最简单的光学法是基于测量布儒斯特角的方法，在这一方法中，发射机和接收机装在一个可以旋转的杠杆上，如图 10.44 所示。

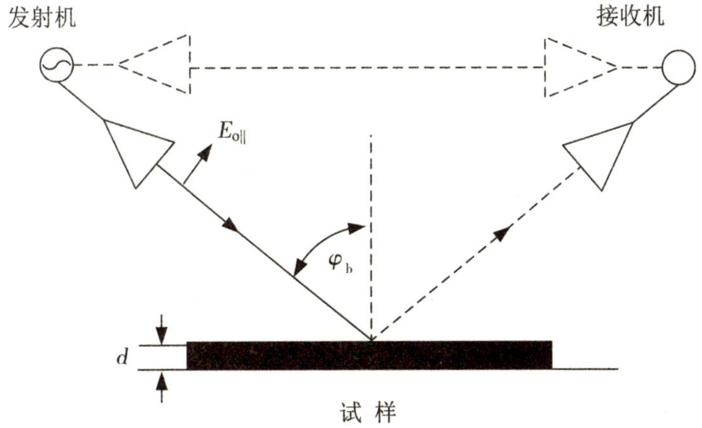

图 10.44 按布儒斯特角测量介电常数

由相应的发射机及接收机方位可以建立起所需要的极化方向。如果用简单的转杆同时转到一个相同的角度，那么 φ_b 是非常容易测得的。在测量中，接收机不需要校正，因为只利用它作为一个简单的指示器而已。

当被测材料的损耗不太大（$\tan\delta \leqslant 0.2$），$\varphi = \varphi_b$ 时，反射系数为最小，其准确度约为 2%，然后利用 $\varepsilon' = \tan^2\varphi_b$ 公式来确定 ε' 。

介质损耗可由测量通过样品时的吸收系数来确定，由金属板上反射回来的信号在 $\varphi = \varphi_b$ 时通过置于金属板与接收机间的样品，这时

$$\tan\delta = \frac{L\lambda_0}{8.68\pi \sqrt{1 + \varepsilon'}} \tag{10.269}$$

式中 L ——以分贝表示的每单位厚度的损耗。

式（10.269）适用于 $\tan\delta \leqslant 0.5$ 时。

在大损耗及大 ε' 情况下，例如在测量液体在反常色散区时可利用与研究反射系数与入射角关系的简单方法，对每一个入射角时相应的反射系数进行测量，通常用二次接收法。即首先测量入射功率，然后再测量反射功率。入射功率可用对准发射机及接收机的光轴的方法，如图 10.44 中的虚线所示。其次，比较方便和准确的方法是利用金属反射面代替样品，使反射面仍在原来位置。在这一方法中，无论测量反射功率或接收功率，都应保持发射机与接收机的距离不变（按射线计算）。尽管波束有些发散，但这一点仍然是很重要的。此外，在改变入射角时应保持射束表面大小不变，这样会使误差减小。

反射表面与发射机（或接收机）间的距离不应太小，否则会在这一空间产生波的干涉，这一距离通常选择在 1～1.5m。

测量时需要控制辐射功率不变，为了实现这一要求，可用一定向耦合器加指示器或半透明板来监示。

关于样品厚度的选择应使底面反射不会到达接收机，对液体介质来说，可利用厚的液体层，或采用三角形的专门容器。

由样品反射到接收机的功率与由理想表面代替样品时反射到接收机的功率之比即为反射系数的模 $R=|\Gamma|^2$（按功率计算），在不同入射角 φ 时测得的反射系数使得有可能计算介电常数的实部和虚部。在平行极化平面波情况下，可得

$$\Gamma_{||}=\frac{E_{R||}}{E_{0||}}=\frac{\varepsilon^*\cos\varphi-\sqrt{\varepsilon^*-\sin^2\varphi}}{\varepsilon^*\cos\varphi+\sqrt{\varepsilon^*-\sin^2\varphi}} \tag{10.270}$$

利用折射定律

$$\sin\varphi=\sqrt{|\varepsilon^*|}\sin\psi$$

上式可以写成

$$\Gamma_{||}=\frac{\sqrt{\varepsilon^*}\cos\varphi-\cos\psi}{\sqrt{\varepsilon^*}\cos\varphi+\cos\psi} \tag{10.271}$$

根据折射定律

$$\cos\psi=\sqrt{1-\frac{\sin^2\varphi}{\varepsilon^*}} \tag{10.272}$$

当 $|\varepsilon^*|=n^2+k^2\gg 1$ 时

$$\cos\psi=1-\frac{1}{2}\frac{\sin^2\varphi}{\varepsilon^*} \tag{10.273}$$

由于 $\sin\varphi\leqslant 1$，$|\varepsilon^*|\gg 1$，所以误差约为 2%，这样可以认为 $\cos\psi\simeq 1$，于是

$$|\Gamma_{||}|^2=\frac{|\varepsilon^*|\cos^2\varphi+1-2n\cos\varphi}{|\varepsilon^*|\cos^2\varphi+1+2n\cos\varphi} \tag{10.274}$$

为了方便起见，进一步计算函数 y。

$$y=\frac{1+|\Gamma_{||}|^2}{1-|\Gamma_{||}|^2}=\frac{|\varepsilon^*|\cos^2\varphi+1}{2n\cos\varphi} \tag{10.275}$$

已知 $x=\cos\varphi$，$a=\frac{|\varepsilon^*|}{2n}$，$b=\frac{1}{2n}$。

于是得

$$y=ax+\frac{b}{x} \tag{10.276}$$

这一方程允许利用根据实验测得的 $|\Gamma_{||}|^2=f(\varphi)$ 曲线（如图 10.45 所示），按最小二乘方法确定系数 a 及 b 。

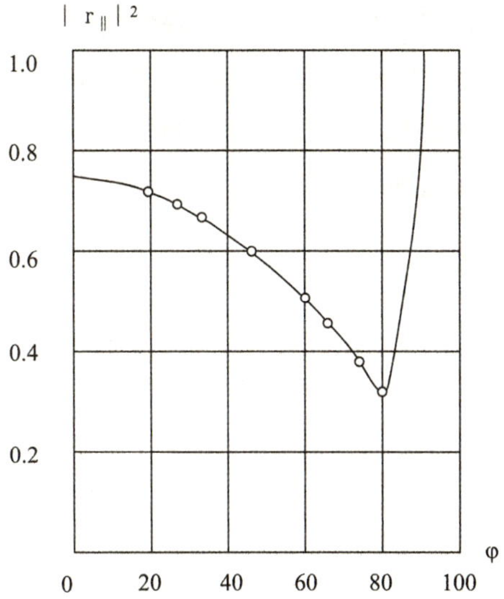

图 10.45 反射系数与入射角的关系（水）

$\lambda=8\text{mm}$，$T=11.1℃$，$\varphi_b=79$，$\varepsilon'=10.86$，$\varepsilon''=25.6$。

于是可得

$$n=\frac{1}{2b} \tag{10.277}$$

$$k=\sqrt{\frac{a}{b}-\frac{1}{4b^2}} \tag{10.278}$$

由此可求得

$$\varepsilon'=n^2-k^2=\frac{1}{2b^2}-\frac{a}{b} \tag{10.279}$$

$$\varepsilon''=2nk=\frac{1}{b}\sqrt{\frac{a}{b}-\frac{1}{4b^2}} \tag{10.280}$$

用上述方法测量时误差为 5%左右。

在测量高损耗液体材料时（$\varepsilon'\simeq\varepsilon''$），可利用垂直入射被测样品法。这时，复介电常数取决于两个被测量，即吸收系数及反射系数。

$$k=\frac{2\pi}{\lambda_0}\sqrt{\frac{1}{2}[\varepsilon'\sqrt{1+\tan^2\delta}-1]} \tag{10.281}$$

$$|R|_{\varphi=0}=\frac{(1-\varepsilon')^2+4\varepsilon\sin^2\dfrac{\delta}{2}}{\left[1+2\sqrt{\varepsilon\cos\dfrac{\delta}{2}+\varepsilon}\right]^2} \tag{10.282}$$

式中 $\varepsilon^2=\varepsilon'^2+\varepsilon''^2$；

$\delta=\arctan\varepsilon''/\varepsilon'$。

在以上两个公式中，每一个都给出了一系列 ε' 及 ε''，它们都满足上述式子。选择两个 ε' 及 ε'' 值，使同时满足式（10.281）、式（10.282），可由图 10.46 列出。

测量波长时吸收系数可通过一厚度可变的容器的功率来完成。这一容器由两片厚度仅为 0.1mm 的云母片构成，如图 10.47 所示。云母片的影响是很小的，因为它比波长小得多。如图 10.48 所示为酒精在不同厚度时测得的关系。由图可见，当厚度较小时出现不规则特性，当进一步增加厚度时（$d>4$ mm）过渡到线性关系。

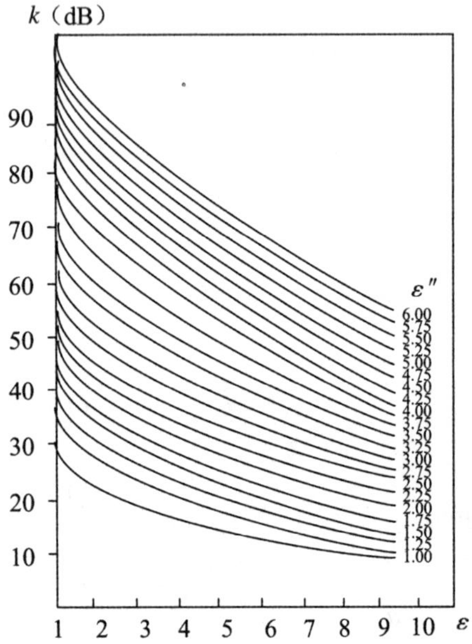

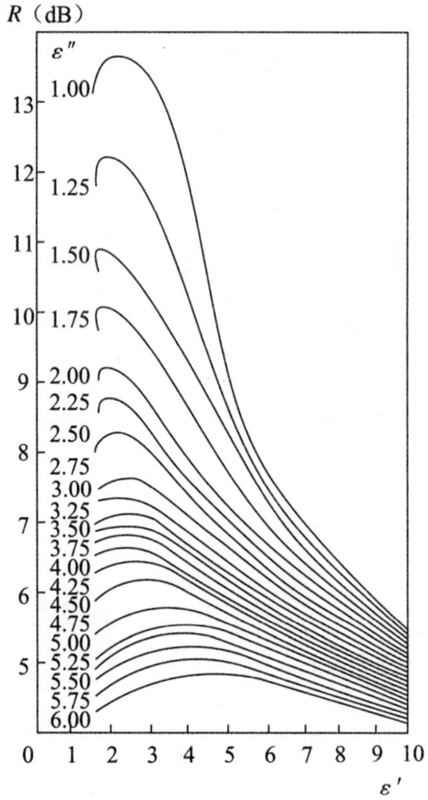

图 10.46 吸收系数及反射系数与 ε' 的关系（在各个不同的 ε'' 值时）

这时由于衰减效应超过了内部反射，已趋于直接给出每波长的吸收分贝数。

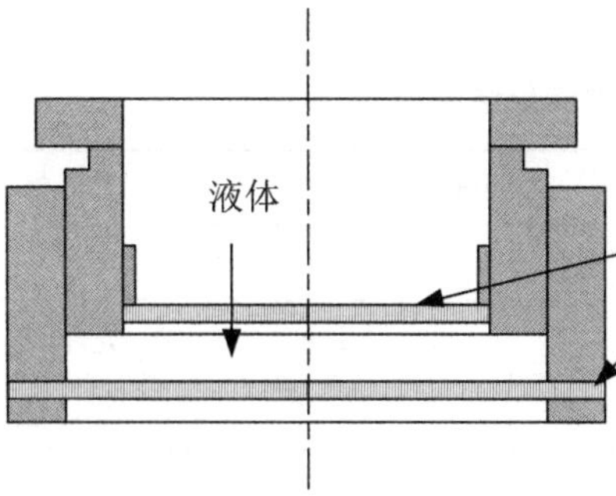

图 10.47 测量液体容器

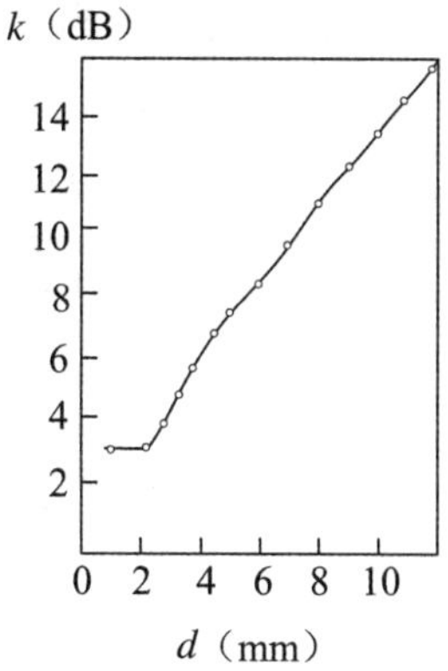

图 10.48 酒精在不同厚度时的吸收系数

在测量中，容器装在一具有小孔的屏幕上，用具有相位透镜的喇叭天线辐射平面电磁波来照射它，这样可以得到波长在 λ 时的 $k=k_1$ 及 $R=R_1$ 。利用图 10.46 的信息，并在此两图上作 $k=k_1$ 及 $R=R_1$ 的等值水平值，于是可得到如图 10.49 所示的曲线，由图可见，这两条等值线有一焦点，与此焦点相应的 $\varepsilon'\varepsilon''$ 即为同时满足上述测量结果的解。

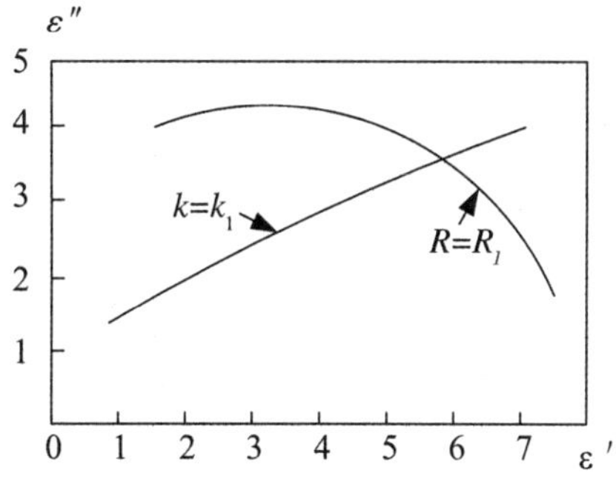

图 10.49 $\lambda=9$mm 时，$\varepsilon'\varepsilon''$ 与 k 及 R 的关系

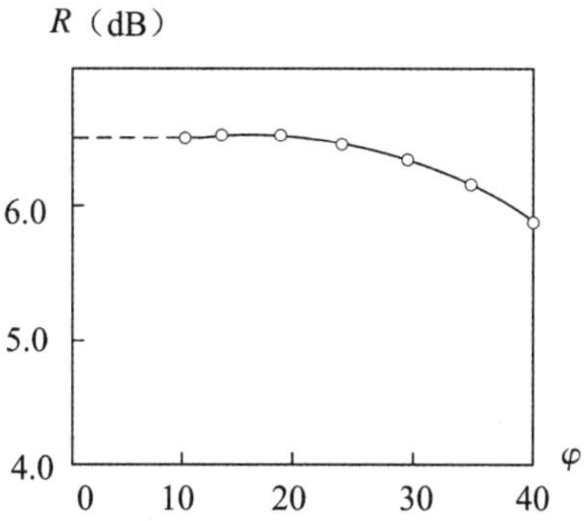

图 10.50 反射系数 R 与角度 φ 的关系

测量反射系数时可用装在同一边的发射机来进行，这时只要改变两者之间的角度 φ ，所得结果如图 10.50 所示。

反射系数的相对值可用相对法测量，即在被测液体平面用理想反射面（即金属板）

来代替而测量之，反射表面积应不少于 15～20cm^2。

表 10-6 中列出了甲醇与乙醇所得结果，并与波导法做了比较。

表 10-6　甲醇及乙醇的测量结果

λ (mm)	CH_3OH		C_2H_5OH		方　法
	ε′	ε″	ε′	ε″	
13.0	7.1	4.3	4.4	1.4	光学法
12.5	5.98	4.48	4.13	1.42	波导法
12.4	6.88	4.76	4.23	1.56	波导法
9.0	5.7	3.9	3.8	1.25	光学法
8.0	5.68	3.23	3.89	1.30	波导法
6.2	6.04	3.15	3.47	1.00	波导法

上述测量 ε′ 及 $\tan\delta$ 方法中，需要同时确定 R 及 k，在低耗介质情况下，测量 R 是比较困难的。下面介绍仅测通过率的确定 n 及 k 的方法。

在垂直入射时，功率通过系数或通过率 T 为

$$T = e^{-2\beta}\frac{(1-R_0)^2 + 4R_0\sin^2\varphi}{(1-R_0e^{-2\beta})^2 + 4R_0e^{-2\beta}\sin^2(\alpha+\psi)} \tag{10.283}$$

式中

$$\alpha = 2\pi n\frac{d}{\lambda_0}, \beta = 2\pi k\frac{d}{\lambda_0} \tag{10.284}$$

$$R_0 = \frac{(n-1)^2+k^2}{(n+1)^2+k^2}, \tan\psi = \frac{2k}{n^2+k^2-1} \tag{10.285}$$

n、k 值可由振动函数 $T\left(\frac{a}{\lambda_0}\right)$ 或倒函数 $F\left(\frac{d}{\lambda_0}\right) = \frac{1}{T(d/\lambda_0)}$ 与 d 的关系图上求得。

$$F\left(\frac{d}{\lambda_0}\right) = \frac{(e^{\beta} - R_0e^{-\beta})^2 + 4R_0\sin^2(\alpha+\psi)}{(1-R_0)^2 + 4R_0\sin^2\psi} \tag{10.286}$$

取其极值，即令 $\frac{dF}{d\left(\frac{d}{\lambda_0}\right)} = 0$，可得

$$R_0\sin2(\alpha+\psi) + \frac{k}{2n}(e^{2\beta} - R_0e^{-2\beta}) = 0 \tag{10.287}$$

在低耗条件下，$k \ll n$，因此可以抛开与 k 有关的所有项，这样，极值条件变为

$$\sin2\alpha = 0 \tag{10.288}$$

由此可得

$$\alpha = \frac{\pi}{2}m \quad m = 1,2,3\cdots \tag{10.289}$$

利用式（10.284）可得

$$n=\frac{m}{4\left(\frac{d}{\lambda}\right)_m} \tag{10.290}$$

这样，确定折射率 n 就归结为求样品厚度的公约数，在这一厚度值时接收机输出为最大或最小。

当 $k \ll n$，$\sin\psi \ll \alpha$，这时可忽略所有含 ψ 的项，于是

$$F\left(\frac{d}{\lambda_0}\right)=\frac{1}{(1-R_0)^2}\left[(e^{\beta}-R_0 e^{-\beta})^2+4R_0\sin^2\alpha\right] \tag{10.291}$$

$$F\left(\frac{d}{\lambda_0}\right)_{\max}=\frac{1}{(1-R_0)^2}(e^{\beta}+R_0 e^{-\beta})^2 \tag{10.292}$$

$$F\left(\frac{d}{\lambda_0}\right)_{\min}=\frac{1}{(1-R_0)^2}(e^{\beta}-R_0 e^{-\beta})^2 \tag{10.293}$$

其几何平均值为

$$f\left(\frac{a}{\lambda_0}\right)=\frac{1}{(1-R_0)^2}(e^{2\beta}-R_0^2 e^{-2\beta}) \tag{10.294}$$

当 $\frac{d}{\lambda_0}>k$，略去 $R_0 e^{-2\beta}$，于是

$$f\left(\frac{d}{\lambda_0}\right)=\frac{1}{(1-R_0)^2}e^{2\beta}=\frac{1}{(1-R_0)^2}e^{4\pi k\frac{d}{\lambda_0}} \tag{10.295}$$

因此可得

$$k=\frac{\ln f_2-\ln f_1}{4\pi\left(\frac{d_2}{\lambda_0}-\frac{d_1}{\lambda_0}\right)} \tag{10.296}$$

式中　f_1, f_2——样品厚度为 d_1、d_2 时的函数 f 值。

由上述表达式可见，k 值可由振动函数 $\ln F\left(\frac{d}{\lambda_0}\right)$ 平均值的直线斜率求得。

为了测量 n 及 k，采用由发射机、接收机、膜片及固体或液体样品，其厚度应是可变的，测量时对每一样品厚度的材料放入前及放入后各读一次接收机的指示，这样可得结果，如图 10.51 所示。

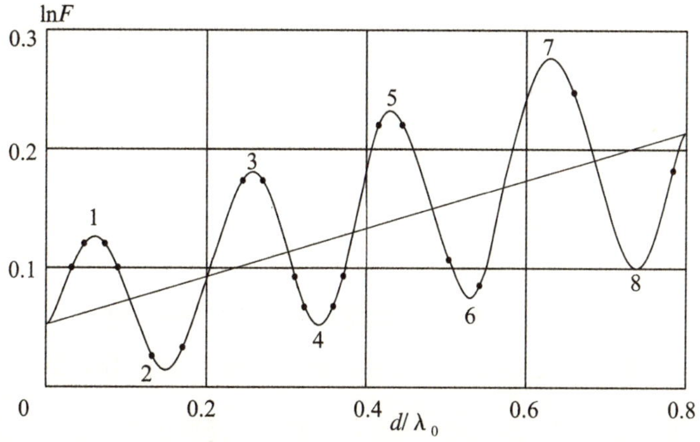

图 10.51　$\ln F$ 与 $\frac{d}{\lambda_0}$ 的关系

根据所得曲线上最大值及最小值的编号，由式（10.290）就可以确定 n ，然后将所得的全部 n 值取算术平均值。k 值是由上述曲线平均线的斜率确定的。

玻璃及橡胶在 $\lambda_0 = 5.5$ cm 时得到的结果如表 10-7 所示。

表 10-7　玻璃与橡胶的测量结果

材　料	n	k	ε'	ε''
玻　璃	2.68	0.019	7.18	0.0141
橡　胶	1.66	0.007	2.76	0.0087

除此以外，一些作者还测量了 φ_b ，也测量了比值 $R_{\parallel}/R_{\perp}|_{\omega_b}$，这些可用来计算平板样品的 ε' 及 $\tan\delta$ 。

利用测量样品最佳厚度或相移的方法可以得到较好的结果，如图 10.52 所示为测量相移的方框画。高频信号由信号源出来后分成两路，一路到达发射喇叭，而另一路则加到检波器上作为参考信号，接收喇叭收到的信号，同时加到此检波器上与参考信号的幅值和相位相比较，相位用调节喇叭位置来调整，而幅值则由衰减器来调节。

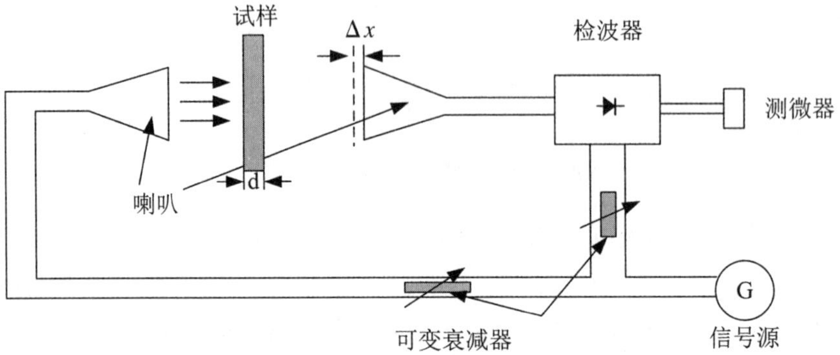

图 10.52　测量相移的高频系统图

在未放入样品时，先调节喇叭位置及衰减器使指示器为零（这时相位相反而幅值相同），在引入样品后重新调节以恢复平衡，在介质无耗的情况下

$$n = 1 + \frac{\Delta x}{d} \tag{10.297}$$

式中　Δx ——喇叭的位移量；

d ——样品厚度。

当介质具有损耗时，可用图解法求衰减及相移与厚度的关系。

上述公式只是普遍情况下的一个特例，普遍情况下可利用图 10.53 所示的波束②通过介质板，波束①通过空气，因此②比①在相位上延迟了 $\frac{2\pi}{\lambda_0}(n-1)d$。一般情况下，这一相移可以是波数的整数倍加上 $\varphi < 2\pi$，即

$$\frac{2\pi}{\lambda_0}(n-1)d = \varphi + 2\pi m \qquad m = 1,2,3\cdots \tag{10.298}$$

由此可得

$$n = 1 + \frac{\lambda_0}{d}\left(\frac{\varphi}{2\pi} + m\right) \tag{10.299}$$

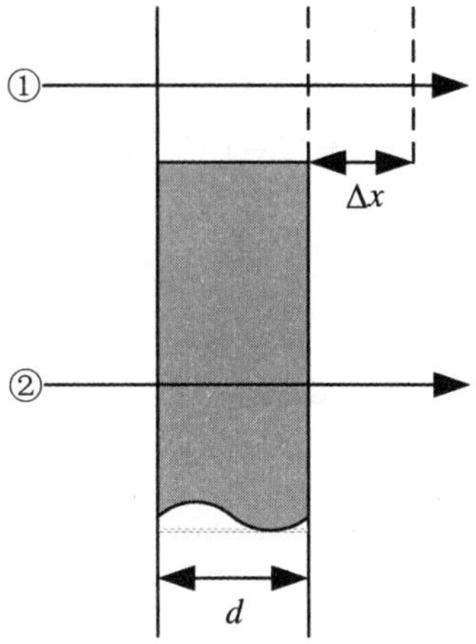

图 10.53 波束穿过样品时情况

当样品很薄及 n 很小时（$d < \lambda_\varepsilon$），$m = 0$，$\varphi = \frac{2\pi}{\lambda_0}\Delta x$ 。代入式（10.299），得

$$n = 1 + \frac{\Delta x}{d}$$

一般情况下，对于任意的 n 及 d ，为了计算折射率，必须确定在样品厚度中的波数 m 。确定波数 m 用稍微改变样品厚度的办法，如对两个不同厚度 d_1 及 d_2 ，则有

$$n = 1 + \frac{\lambda_0}{d_1}\left(\frac{\varphi_1}{2\pi} + m\right) \tag{10.300}$$

$$n = 1 + \frac{\lambda_0}{d_2}\left(\frac{\varphi_2}{2\pi} + m\right) \tag{10.301}$$

由此可得

$$m = \frac{1}{2\pi}\,\frac{\varphi_1 d_2 - \varphi_2 d_1}{d_1 - d_2} \tag{10.302}$$

或

$$m = \frac{1}{\lambda_0}\left(\frac{\Delta x_1 d_2 - \Delta x_2 d_1}{d_1 - d_2}\right) \tag{10.303}$$

这样就能确定任意厚度的折射率 n 。在有损耗时，上述测量应附加通过系数 T 的测量。在高损耗时，吸收系数由下式确定

$$k = \frac{\lambda_0}{4\pi}\,\frac{1}{(d_2 - d_1)}\ln\frac{P_1}{P_2} \tag{10.304}$$

式中 P_1，P_2 ——平面波垂直入射与厚度 d_1 及 d_2 时接收机记录的功率。

采用单喇叭测量的方法，如图 10.54 所示。这时，被测样品做成平板状，放在金

属反射面上面接收垂直的照射，在样品与喇叭的空间放置检波器，它可在垂直方向移动，记录样品上的驻波图形，这一图形的特性由被测系统样品与镜子系统的反射系数确定，即由 n 、k 及 d 所决定。

由得到的指示与 d/λ_0 关系并与理论计算值相比较可以确定 n 及 k 。对于各种酒精及水在 $\lambda = 3.24$ cm 及 $\lambda_0 = 1.38$ cm 时利用该法测得结果如表 10-8 和表 10-9 所示，其测量误差为 $n \approx 0.3\%$～0.4%；$k \approx 1\%$～2%。

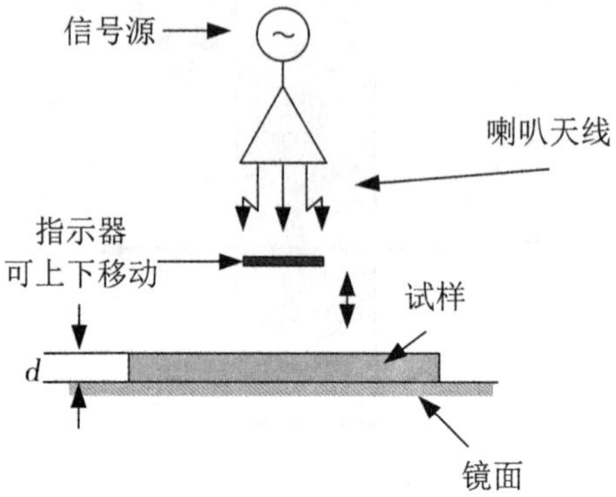

图 10.54　单喇叭测量系统图

表 10-8　　酒精与水的测量结果

$\lambda = 3.24$ cm	C_2H_5OH			H_2O		
T(℃)	10	18	24	6	11	19
n	2.00	2.05	2.11	7.5	7.51	7.60
k	0.46	0.54	0.61	2.22	2.11	1.96
ε'	3.77	3.91	4.08	51.3	51.9	53.9
ε''	1.92	2.22	2.58	33.3	31.3	29.8

表 10-9　　几种溶液的测量结果

$\lambda_0 = 1.38$ cm	T(℃)	n	k	ε'	ε''
CH_3OH	9	2.72	0.78	6.79	4.24
C_2H_5OH	8	2.09	0.34	4.25	1.24
丁醇	18	1.72	0.165	2.93	0.57
异丁醇	23	1.70	0.160	2.86	0.54

10.5.4　干涉法

类似于光学中的迈克尔逊干涉仪也广泛应用在电介质的微波测量中，它由辐射平面波的发射机、接收机、半透明板及两面镜子 M_1 及 M_2 组成，如图 10.55 所示。镜子 M_1 是固定不动的，而 M_2 则是可动的。发射机发射的波束到达半透明板后被分成为两路，一路继续前进到达不动镜子 M_1；另一路则由半透明板反射，然后到达可动镜子 M_2，经 M_2 反射后再次通过半透明板，于是两个波束都被接收喇叭所接收。

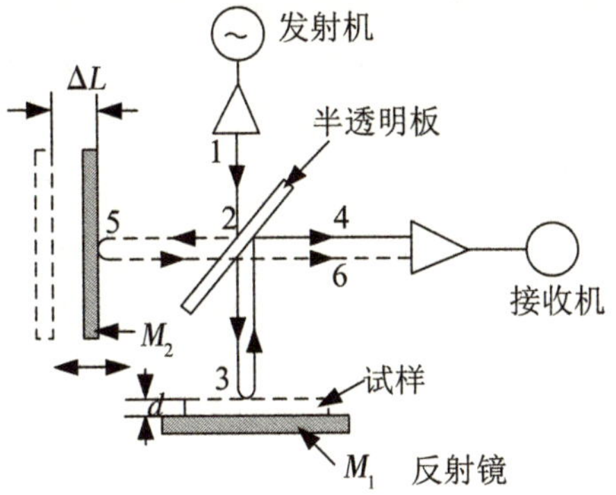

图 10.55 迈克尔逊干涉仪

这样，到达接收机的两个平面波具有相同的幅值。但相移 φ 取决于干涉仪每一光路中的路程差，波 4 及波 6 的场强可以写成

$$E_4 = E_0 \cos 2\pi\left(\frac{t}{T} - \frac{l_1}{\lambda_0}\right) \tag{10.305}$$

$$E_6 = E_0 \cos 2\pi\left(\frac{t}{T} - \frac{l_2}{\lambda_0}\right) \tag{10.306}$$

式中 l_1, l_2 ——光路长度；

l_1 为 1—2—3—2—4；

l_2 为 1—2—5—2—6。

两者之和为

$$E = E_4 + E_6 = 2E_0 \sin\frac{\pi}{\lambda_0}(l_2 - l_1)\cos 2\pi\left(\frac{t}{T} - \frac{l_1 + l_2}{2\lambda_0}\right) \tag{10.307}$$

式中 $2E_0 \sin\frac{\pi}{\lambda_0}(l_2 - l_1)$ ——合成场强的幅值（到达接收喇叭的）。

由于接收机检波器具有平方律特性，所以，指示器指示正比于振荡的能量或场强的平方。

即
$$I = I_0 \sin^2\frac{\pi}{\lambda_0}(l_2 - l_1) \tag{10.308}$$

式中 I ——指示器中的指示；

I_0 ——取决于发射功率及接收机灵敏度的指示最大值。

如果起始时移动 M_2 使干涉仪两路路程差等于零或半波长整数倍，那么当进一步移动 M_2 时（相对于起始位置）

$$I = I_0 \sin^2 \frac{2\pi}{\lambda_0}(\Delta l) \tag{10.309}$$

式中　Δl——动镜 M_2 的位移（相对于初始位置）。

式（10.309）画成如图 10.56 所示的形式，由图可见，指示器随 $\Delta l/\lambda_0$ 出现一系列最大值（一个波长存在两个最大值）。这一结果可被用来测量位移。例如，将被测介质样品置于固定的镜子 M_1 上，如图 10.55 中的虚线所示，然后利用 M_2 测量相应的位移，从而确定折射率 n 。

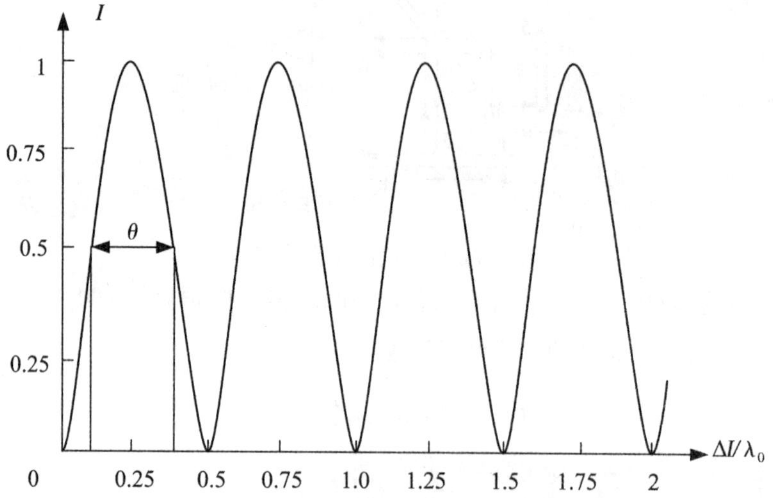

图 10.56　指示器指示与动镜移动的关系

如果样品具有损耗，那么波束通过它时，不仅改变了相位，同时改变了幅值，从而使指示器指示的最大值也相应地改变了。对测量结果进行简单的计算就可以确定被测样品材料的吸收系数。

由置于金属板上平板介质（厚度为 d ）的反射系数可写出下述形式

$$|\Gamma| = \frac{R + 2\sqrt{R}\,\mathrm{e}^{-4\pi\frac{d}{\lambda_0}k}\cos\left(4\pi\frac{d}{\lambda_0}n + \psi\right) + \mathrm{e}^{-8\pi\frac{d}{\lambda_0}k}}{1 + 2\sqrt{R}\,\mathrm{e}^{-4\pi\frac{d}{\lambda_0}k}\cos\left(4\pi\frac{d}{\lambda_0}n - \psi\right) + R\mathrm{e}^{-8\pi\frac{d}{\lambda_0}k}} \tag{10.310}$$

式中

$$R = \frac{(n-1)^2 + k^2}{(n+1)^2 + k^2} \tag{10.311}$$

$$\tan\psi = \frac{2k}{n^2 + k^2 - 1} \tag{10.312}$$

相对于入射波的反射波相移 φ（计及镜面上反射时的相位突变 π，也计及本身的干扰现象），因此可以写成

$$\tan(\varphi - \pi) = \frac{\sqrt{R}(1 + \mathrm{e}^{-8\pi\frac{d}{\lambda_0}k})\sin\psi + (1 - R)\mathrm{e}^{-4\pi\frac{d}{\lambda_0}k}\sin 4\pi\frac{d}{\lambda_0}n}{\sqrt{R}(1 + \mathrm{e}^{-8\pi\frac{d}{\lambda_0}k})\cos\psi + (1 + R)\mathrm{e}^{-4\pi\frac{d}{\lambda_0}k}\cos 4\pi\frac{d}{\lambda_0}n} \tag{10.313}$$

利用上述两式，根据测得的Γ及φ，就能确定材料的n及k。若$k=0$，则以上两式变为

$$R=\frac{(n-1)^2}{(n+1)^2},\ \tan\psi=0 \tag{10.314}$$

$$|\Gamma|=\frac{R+2\sqrt{R}\cos 4\pi\frac{d}{\lambda_0}n+1}{1+2\sqrt{R}\cos 4\pi\frac{d}{\lambda_0}n+R}=1 \tag{10.315}$$

$$\tan(\varphi-\pi)=\frac{1-R}{1+R}\tan 4\pi\frac{d}{\lambda_0}n=\frac{2n}{n^2+1}\tan 4\pi\frac{d}{\lambda_0}n \tag{10.316}$$

如图 10.57 所示为$d/\lambda_0=0.0313$时反射波相位与折射率n的关系。

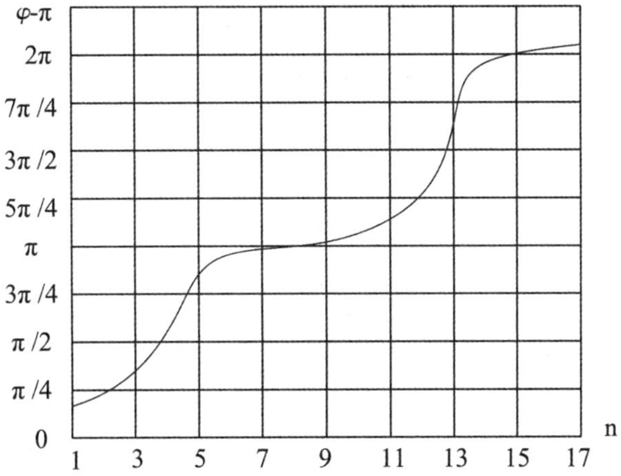

图 10.57 反射波相位与折射率的关系

测量折射率可按如下方法进行：先画出无样品时指示器指示与可动镜子位移的关系，如图 10.58 中的实线所示。然后在固定镜子M_1上装上样品，进行同样的测量，所得结果如图 10.59 中虚线所示。这时曲线最大值与无样品时偏离了Δl_1的距离，它取决于d及n，这一偏离可以写成

$$\Delta l_1=\frac{\lambda_0}{2\pi}\left(\varphi-\pi-4\pi\frac{d}{\lambda_0}n\right) \tag{10.317}$$

或
$$\Delta l_1=\frac{\lambda_0}{2\pi}\arctan\left(\frac{2n}{n^2+1}\tan 4\pi\frac{d}{\lambda_0}n\right)-2d \tag{10.318}$$

由已知的d及测出的Δl_1可以求得n。

在样品具有小损耗时（$k\ll 1$）

$$R=\frac{(n-1)^2}{(n+1)^2},\ \tan\psi=\frac{2k}{n^2-1} \tag{10.319}$$

因此
$$|\Gamma|=1-8\pi\frac{d}{\lambda_0}kn=1-\Delta|\Gamma| \tag{10.320}$$

$$\tan(\varphi-\pi)=2\frac{k+n\sin 4\pi\frac{d}{\lambda_0}n}{4\pi\frac{d}{\lambda_0}k(n^2-1)+(n^2+1)\cos 4\pi\frac{d}{\lambda_0}n} \tag{10.321}$$

这时的指示如图 10.59 中的曲线所示，曲线的偏离为 Δl_2 。而最大值则下降了 ΔI ，这时 n 及 k 可按下述公式计算

$$\Delta|\Gamma|=8\pi\frac{d}{\lambda_0}nk=\frac{\Delta I}{I} \tag{10.322}$$

$$\Delta l_2=\frac{\lambda_0}{2\pi}\arctan\left\{2\frac{k+n\sin 4\pi\frac{d}{\lambda_0}n}{4\pi\frac{d}{\lambda_0}(n^2-1)+(n^2+1)\cos 4\pi\frac{d}{\lambda_0}n}\right\} \tag{10.323}$$

干涉仪反射镜的尺寸应大大超过工作波长。例如在 $\lambda_0=3.2$ cm 时，镜子的面积为 $30\times30\text{cm}^2$。作为半透明板常用平行导体制成的光栅，沿光轴旋转时可改变干涉仪两个光束的强度。

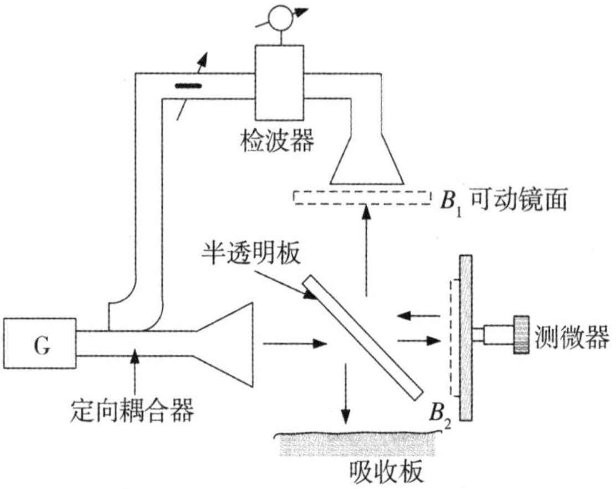

图 10.58 单镜面干涉仪

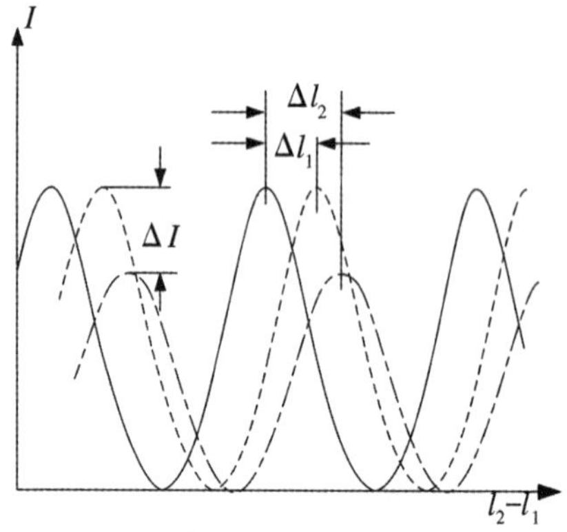

图 10.59 指示器指示与位移关系

为了提高接收灵敏度，常采用方波调制信号源，并采用选频放大器放大接收到的方波调制信号。

在某些干涉仪结构中，固定镜子 M_1 用一参考信号的固定通道来代替，如图 10.58 所示。

信号源发射的信号一部分由定向耦合器经衰减器 A 至检波器 D，另一部分照射到半透明板上。其中一部分透过至可动镜子 M 上，再返回至接收喇叭；另一部分由半透明板反射至下部的吸收板上，因此实际上这是一种单镜面干涉仪。被测样品可以放在接收喇叭前（位置 B_1 ），当 ε' 较大时，可放在镜子前（位置 B_2 ）。

当 $n\leqslant1.5$ 时，可按 $n=1+\frac{\Delta x}{d}$ 计算，这时 Δx 应选择半波数，当 ε' 较大时，可利

用式（10.311）及式（10.314）复杂公式计算；但当 $n \leqslant 1.5$ 时，内部反射可以略去，在计算损耗时，记录的应是干涉图形的位移和驻波系数。

测量的准确度取决于多种因素，除了仪器的可靠性、位置读数的准确性外，边缘的绕射效应及波前的非平面波等也影响测量结果，后者决定了干涉图形的清晰度，因此我们应特别把注意力集中到设计形成平面波的辐射系统。

上述迈氏干涉仪的干涉图形是两个波束以不同相位进入接收机相互作用产生的，当改变路程差 $\lambda/2$ 时，指示器的指示通过最大值重新回到零，因此可以引入品质因数 Q 值的概念，即

$$Q = \frac{\pi}{\theta} = \frac{\lambda_0}{\Delta\lambda_0} \tag{10.324}$$

式中 θ——相应于半功率点间的相角。

由于两相邻点间的距离为 $\frac{\lambda_0}{2}$，而最大的半功率点宽度为 $\frac{\lambda_0}{4}$，所以相应的 $Q = 2$。

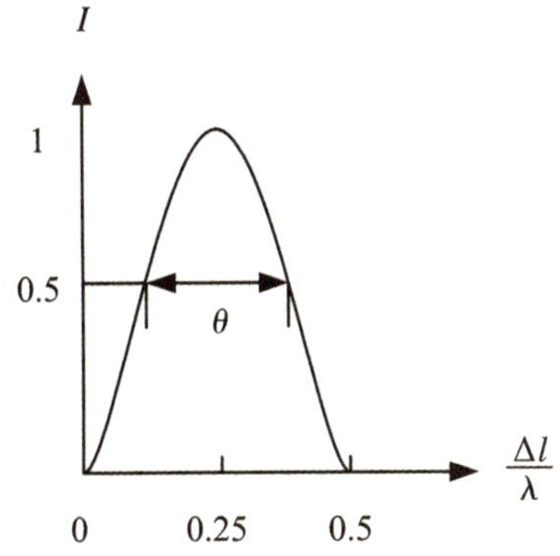

图 10.60 指示与路程差的关系

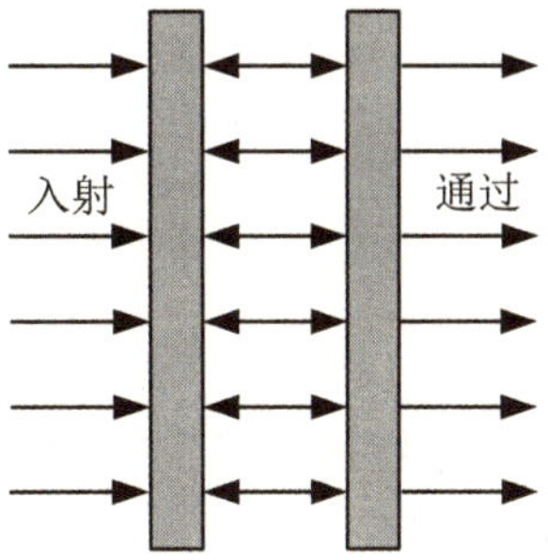

图 10.61 法布里 - 皮罗干涉仪原理图

指示器中指示与路程差的关系如图 10.60 所示。干涉仪的 Q 值表示了读数的可能精度，并且是一常数，提高 Q 值可以提高读取最大值位置的精度。

另一种常用的是法布里-皮罗干涉仪。它是由两个平行的良好反射板彼此相隔一定距离放置的，如图 10.61 所示。入射波束在两块板之间多次反射形成相干的输出波束进入接收机中，当反射板的反射系数接近于 1 时，输出波束的强度接近一致，波束数取决于入射角的大小，它通常选择为零度。

干涉图形即指示器与两反射板间距离的关系如图 10.62 所示。由图可见，所得最大值尖锐程度比迈氏干涉仪大多了（如图中实线所示）。工作在厘米及毫米波段的简单法-皮干涉仪如图 10.63 所示。

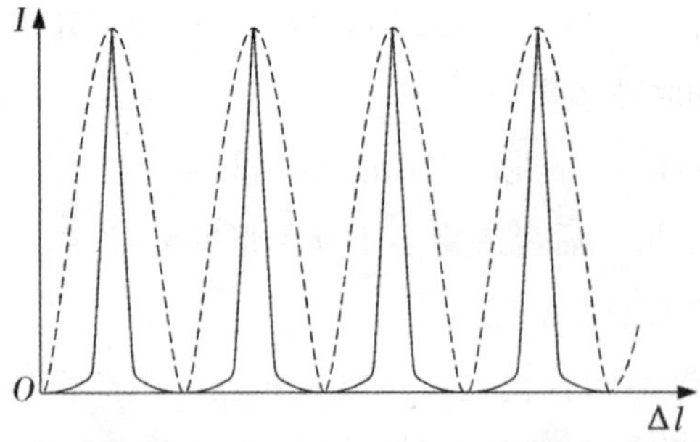

图 10.62 干涉图形

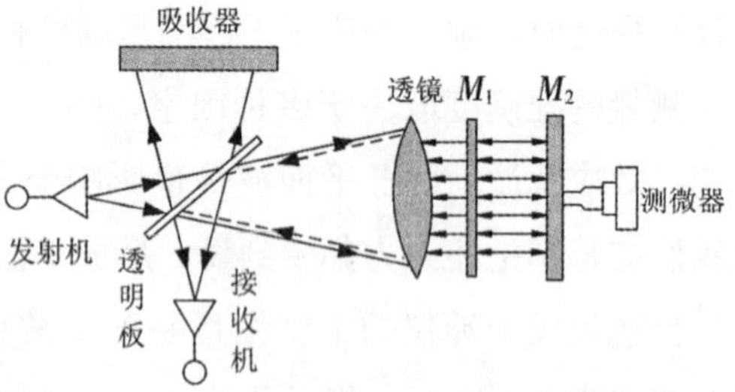

图 10.63 法布里 - 皮罗干涉仪

由发射喇叭发射出来的波束经半透明板后，部分到达吸收体，部分穿过后由透镜会聚，部分透过镜子 M_1 到达 M_2 产生全反射，结果在 M_1 、M_2 间多次反射产生相干波束，再由半透明板反射至接收喇叭，移动 M_2 时可记录下最大、最小交替出现的干涉图形。

上述原理通常由一双 T 波导接头来实现，如图 10.64 所示。

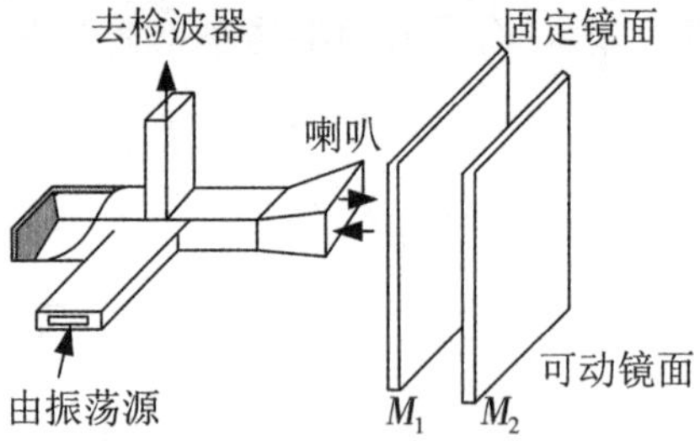

图 10.64 干涉仪的构成

这种干涉仪的 $Q=40$ ，它取决于 M_1 的反射系数。M_1 由含有小金属球的泡沫聚苯乙烯制成；M_2 由铝制成，借助于测微器可以自由移动。

测量折射率 n 时将被测介质放在 M_1、M_2 之间，干涉图形的移动是与引入介质板后改变光路长度相联系的。

比较完善的法 - 皮干涉仪由发射机、接收机及两个反射系数接近于 1 的反射器组成，反射器由 8 个厚为 $\lambda_\varepsilon/4$（λ_ε 为聚苯乙烯中的波长）、相隔 $\lambda_0/4$（λ_0 为自由空间波长）的圆盘组成，其反射系数为 0.9954，这时相应的 $Q=675$ ，如图 10.65 所示。

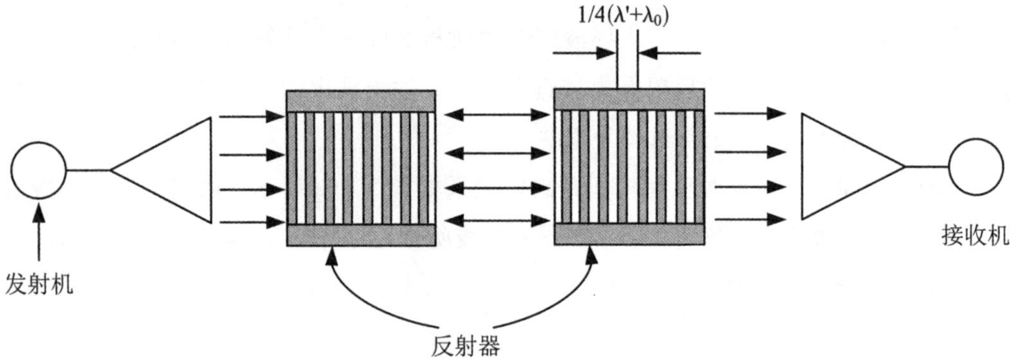

图 10.65 完善的法布里 - 皮罗干涉仪

干涉图形是非常尖锐的，当改变一个反射器的位置时，其程度可达 1μ 。

在两个反射器之间引入被测介质时，根据反射器的移动来测量 Δx 值，如前所述。

干涉仪也可用来测量有耗样品，这一测量是根据干涉仪最大值的宽度来进行的。由于在两反射器之间引入了具有损耗的样品，所以指示最大值的宽度增大了。

如果采用更好的多层反射器，可使 Q 值很高。例如由凿孔的金属板或金属丝栅制成的反射器，其中每一栅丝彼此相距一固定距离，并在同一平面内，由五个这种栅相隔 $\lambda/2$ 组成的反射器，当与入射波电磁场矢量平行时可得到反射系数为 0.999 976。这样高的反射系数保证了高的 Q 值（ $Q \simeq 10^4$ ，在毫米波段）。

干涉仪法的精度在很大程度上取决于入射波束的结构及反射器和喇叭边缘上的绕射现象，导致了干涉图形的模糊，特别是当两个反射器间相距较远时。

这一方法的极限精度为 0.5%～1%。

10.5.5 准光腔法

准光技术经过了几十年的发展，目前已趋于成熟。法布里 - 皮罗型的开放腔可用来测量材料的复介电常数。本来这种腔体通常是与光频相联系的，唯一的差别只是微波腔的尺寸可与电磁辐射的波长相比拟。这种微波元件和系统，由于其功能和作用是建立在光频概念的基础上，所以通常称为准光技术。在许多计量应用中，这一方法的优点是具有较高的灵敏度。应当指出，正是这种谐振性质，降低了对时间的分辨率，这可能是随时间快速变化的介质特性测量中的一个主要障碍。

在毫米波及亚毫米波段，通常的封闭型谐振腔的尺寸会变得愈来愈小，并且质量也愈来愈差。因此，在进一步缩短波长时，谐振腔的尺寸不能进一步地缩小，这样就必须工作在高次振荡模式上。

随着频率的升高，谐振腔谐振频率的频谱愈来愈加密集，如果定义 ΔM 为频率间隔 Δf 内存在的谐振模式数，那么有

$$\frac{\Delta M}{\Delta f} = \frac{4\pi V}{c^3} f^2 \tag{10.325}$$

由此可见，在谐振腔体积 V 固定情况下，谐振模式的密度比例于频率的平方（ f^2 ）。当 $f > 50$ GHz 时，采用封闭型腔体会遇到很大的困难。

法布里 - 皮罗型谐振腔是由两块部分反射镜构成的光学系统，当两面镜子的间隔等于光波半波长的整数倍时就能产生谐振。这种腔体的谐振模式谱是均匀的，与式（10.325）相反，与所采用的频率无关，谱密度只是腔体长度 L 的函数，即

$$\frac{\Delta M}{\Delta f} = \frac{2L}{c} \tag{10.326}$$

比较式（10.325）和式（10.326）可见，当 $V =$ 常数 $\times L^3$ ，对于谱密度，后者低于前者一个因子：常数 $2\pi (L/\lambda)^2$ 。例如，$L = 3$ cm，$f = 50$ GHz，这一因子为 157。随

着腔体尺寸的增加，这一因子将随 $V/\lambda^2 L$ 很快增大。

从物理学的观点来看，式（10.326）可认为是准光的，因为这时电磁场被集中在沿垂直于反射器主轴的一个区域内，谐振腔的侧壁不起什么作用，所以可以移去。

从数学的观点来看，准光模式的存在要求确定只由两端反射器形成的腔体中电磁场的空间分布，以及由插入介质后求解麦克斯韦方程，这一条件在移去侧壁后很容易得到满足。由于其他模式不满足严格沿主轴传播的条件，所以其绕射损耗大大上升，从而使得这些模式受到抑制。

1. 法布里－皮罗的传输系数

设 R 为镜子的功率反射系数，并忽略吸收及绕射损耗，则传输系数为

$$T(\xi)=\frac{1}{1+\dfrac{4R}{(1-R)^2}\sin^2\xi} \tag{10.327}$$

式中

$$\xi=2\pi L\frac{f}{c'}+\varphi \tag{10.328}$$

L——两反射镜间距离；

$c'=c/\sqrt{\varepsilon'}$；

φ——与反射镜有关的相位变化。

如图 10.66 所示为传输系数 T 与参数 ξ 的关系。

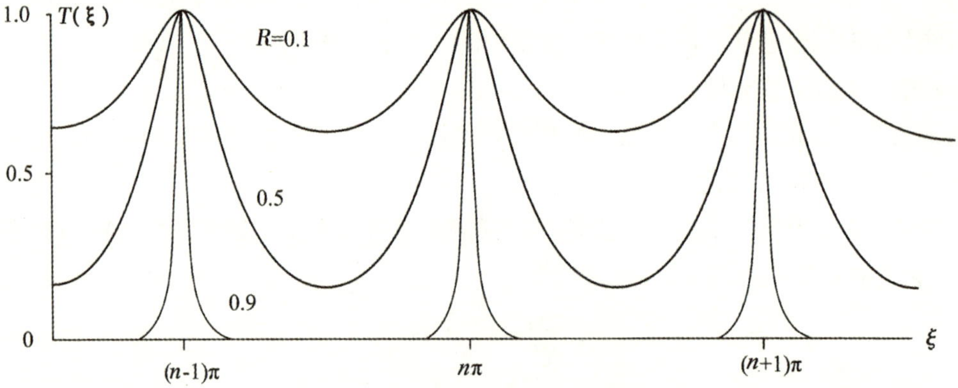

图 10.66　法一皮谐振腔的传输系数

由图 10.66 可见，系统存在周期性的最大值，这些最大值的位置取决于频率 f、反射镜的间隔 L 及介质中的光速 c'，当

$$\xi_r=2\pi\left(\frac{Lf}{c'}\right)_r+\varphi=n\pi,\quad n\text{ 为整数} \tag{10.329}$$

时即产生谐振。

将式（10.328）对 f 及 L 微分，可得

$$\mathrm{d}\xi=\frac{2\pi}{c'}(L\mathrm{d}f+f\mathrm{d}L) \tag{10.330}$$

若取 $d\xi$ 等于两相邻谐振时的间隔值，即 $d\xi=\Delta\xi=\pi$，则由式（10.330）可知，必须同时改变信号源的频率 f 及谐振腔的长度 L 。若：①只改变频率 f（L＝常数）；②只改变腔长 L（f＝常数），则谐振将均匀地出现，且具有下述的周期性：

$$\Delta f=\frac{c}{2L}=\text{常数} \tag{10.331}$$

$$\Delta L=\frac{\lambda}{2}=\text{常数} \tag{10.332}$$

谐振曲线的绝对宽度将可由式（10.327）计算出来

$$d\xi=2(\xi-\xi_r)=2\arcsin\frac{1-R}{2\sqrt{R}}=\frac{1-R}{\sqrt{R}}=\text{常数}\qquad(R\geqslant 0.6) \tag{10.333}$$

式中　ξ_r——最大传输时的相应 ε 值；

ξ——最大传输一半时的 ε 值。

若只是：①改变 f（L＝常数）；②改变 L（f＝常数），则利用式（10.330）有

$$\delta f=\frac{c'}{2\pi L}\delta\xi=\frac{c'}{2\pi L}\frac{1-R}{\sqrt{R}} \tag{10.334}$$

$$\delta L=\frac{c'}{2\pi f}\delta\xi=\frac{c'}{2\pi f}\frac{1-R}{\sqrt{R}} \tag{10.335}$$

从以上两式可以清楚地看出，谐振曲线的绝对宽度不随谐振数的增加而变化；在无耗情况下，它只是反射系数 R 和腔体长度 L（情况 1）或频率 f（情况 2）的函数。

从实验的观点来看，式（10.331）、式（10.332）、式（10.334）及式（10.335）导致一个重要的事实，即谐振曲线绝对宽度与两相邻谐振点距离之比为一常数，而它只取决于反射镜的反射系数 R，这一比值的倒数定义为条纹清晰度 G，即

$$G=\frac{\Delta f}{\delta f}=\frac{\Delta L}{\delta L}=\frac{\pi\sqrt{R}}{1-R} \tag{10.336}$$

这一 G 是量度干涉条纹清晰度的参量，这里 G 是衡量谐振曲线尖锐度的参量。

从式（10.336）可以看出，在理想无耗的情况下，G 可高达数百（$R=0.99$ 时）。在实际情况中，除了镜子非理想反射条件外，还存在许多其他原因导致谐振曲线的展宽，于是降低了外部观察到的有效 G 值，其中一个主要原因是插入腔中介质的吸收损耗所引起的。由于在测量中不可能把这些因素都一一分开，所以，通常引入有效反射系数 R_{eff}，

$$R_{eff}=1-\frac{\Delta P}{P} \tag{10.337}$$

式中　P——腔中存在的功率；

ΔP——来回往返一次所损耗的功率。

在一般情况下，谐振曲线的相对宽度可以写成

$$\frac{1}{G}=\frac{\delta f}{\Delta f}=\frac{1-R_{eff}}{\pi} \tag{10.338}$$

式（10.337）与式（10.338）表达了所观察到的谐振曲线宽度和腔内损耗间的重要关系。

式（10.330）与式（10.338）是开放腔的计量学应用中的基本关系。如果我们在调谐在传输最大值时空腔（$\varepsilon' = \varepsilon_0$）中插入一介质片（$\varepsilon' \neq \varepsilon_0$），那么谐振腔将失谐的大小由样品的介电常数确定，而且当介质有耗时，谐振曲线将同时展宽，这附加的宽度直接给出介质的损耗。由于

$$Q = \frac{f}{\delta f} \tag{10.339}$$

所以由式（10.331）及式（10.337）可得

$$Q = \frac{\Delta f}{\delta f}\frac{f}{\Delta f} = G\frac{2L}{c}f = \frac{L}{\frac{\lambda}{2}}G \tag{10.340}$$

可见 Q 值：

（1）当 f =常数时，随腔体长度 L 线性增加；

（2）当 L =常数时，随频率 f 线性增加。

所以在毫米及亚毫米波段，这种开放腔通常可做到很高的 Q 值（$\sim 10^5$）

2. 开放腔的结构

开放腔的结构如图 10.67 所示，其中图 10.67（a）所示为一种平行平面开放腔，它的传输系数在前面已讨论过，它有两个严重的缺点，即：

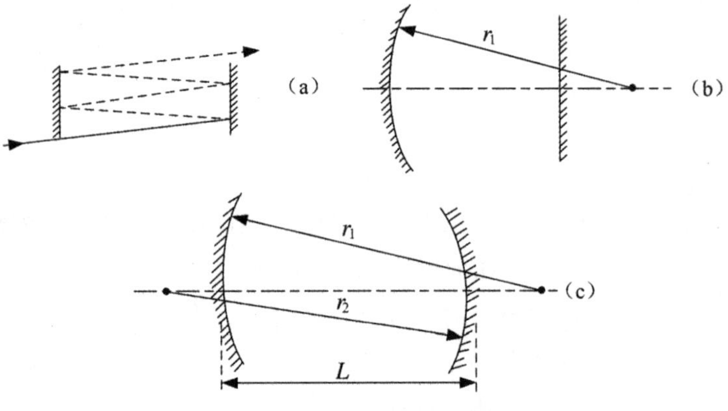

图 10.67　开放腔结构

（1）在反射器边缘存在着较大的绕射损耗；

（2）对精密较直（使互相平行）有很高的要求。

如果使平面反射器之一或二采用凹面镜来代替，那么对绕射损耗及精密校直的要求就可以降低，如图 10.67（b）、（c）所示。在这种情况下，场被聚焦在一个较小的体积内，而较小的不准确性也不起多大的作用。

如果反射镜之一或二者有球形表面，那么腔内的场就具有大家所熟知的高斯分布。

目前这种凹球面反射器获得了广泛的应用，有以下两种情况：

$$r_1 = r_2 = r_0 = L \quad (共焦腔)$$
$$r_1 = r_2 = r_0 = L/2 \quad (同心腔) \tag{10.341}$$

为了使系统谐振，距离 L 及其半径 r_1、r_2 必须满足下述稳定条件：

$$0 \leqslant \left(1-\frac{L}{r_1}\right)\left(1-\frac{L}{r_2}\right) \leqslant 1 \tag{10.342}$$

由此可见，上述两种腔都满足稳定条件，因此在许多应用中 L 可以稍大或稍小于由式（10.341）确定的值。

图 10.68 中比较了近共焦腔及近同心腔中波束形状，$h(z)$ 表示波束宽度，它是确定待测样品最小尺寸的参量。

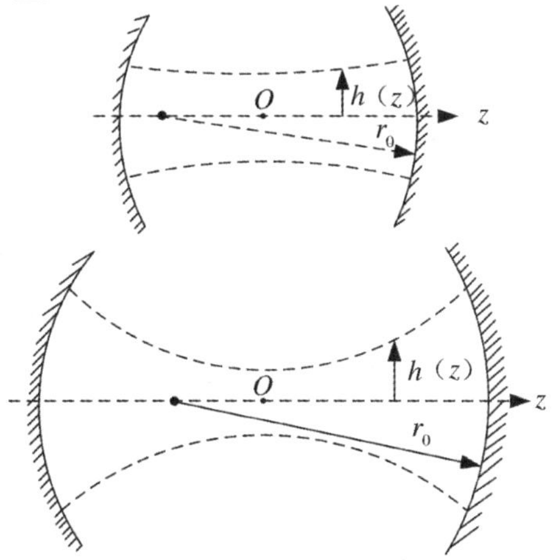

图 10.68 近共焦腔和近同心腔中波束形状的比较

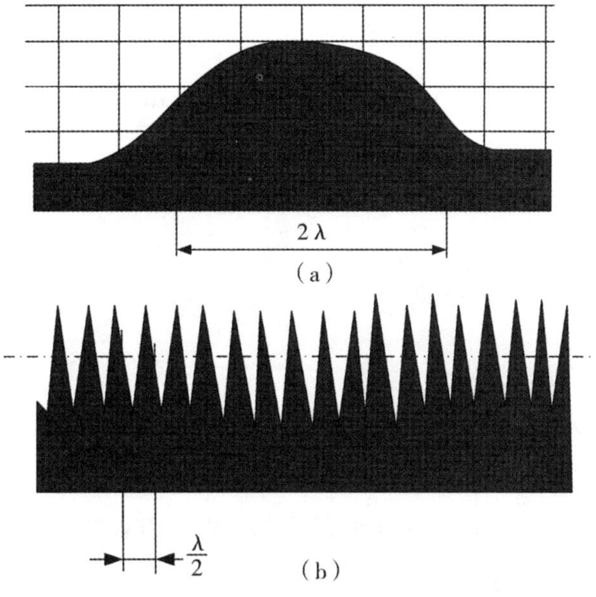

图 10.69 (a) $z=0$ 处 $TEM_{24,0,0}$ 模沿腔断面场分布图

(b) 沿 z 轴 $TEM_{24,0,0}$ 模的驻波图形

3. 开放腔测量 ε' 及 $\tan\delta$

在开放腔中比较容易测量的参量是谐振频率 f 、谐振腔长度 L 及腔体 Q 值，这些参量都与待测样品的介电常数相联系。目前，开放腔法是毫米波段（$f>30\,\text{GHz}$）低耗介质测量中最灵敏的方法。

作为一个典型例子，我们采用共焦腔来测量等离子体的电子密度 n 及碰撞频率 ν（部分填充冷碰撞各向同性等离子体）。当频率足够高，离子运动可以忽略时，则等离子体的介电常数可以写成

$$\varepsilon = 1 - \frac{\omega_{\mathrm{p}}^2}{\omega^2\left(1+\mathrm{j}\,\dfrac{\nu}{\omega}\right)} \tag{10.343}$$

式中　ω_{p}——等离子体振荡频率；

ω——探测微波频率；

ν——电子碰撞频率。

由于在谐振腔反射器之间插入了一损耗等离子体的体积为 ΔV，结果将引起谐振腔损耗和光学长度的改变，所以复谐振频率 Ω_r^0 将偏谐至另一个新值 Ω_r 上，在场强度 E_0 垂直于腔轴及 $\omega_{\mathrm{p}}^2, \nu^2 \ll \omega^2$ 的假设下，由微扰法可写出下述方程：

$$\frac{\Omega_r - \Omega_r^0}{\omega_r^0} = \frac{\displaystyle\int_{\Delta V}\left[\frac{\omega_{\mathrm{p}}^2}{(\omega_r^0)^2} + \mathrm{j}\,\frac{\omega_{\mathrm{p}}^2\nu}{(\omega_r^0)^3}\right]|E_0|^2\mathrm{d}V}{\displaystyle\int_V |E_0|^2\mathrm{d}V} \tag{10.344}$$

分离上式成实部及虚部两部分，有

$$\frac{\omega_r - \omega_r^0}{\omega_r^0} = \frac{\displaystyle\int_{\Delta V}\frac{\omega_{\mathrm{p}}^2}{(\omega_r^0)^2}|E_0|^2\mathrm{d}V}{2\displaystyle\int_V |E_0|^2\mathrm{d}V} \tag{10.345}$$

$$\frac{Q_0 - Q_{\mathrm{p}}}{Q_0 Q_{\mathrm{p}}} = \frac{\displaystyle\int_{\Delta V}\frac{\omega_{\mathrm{p}}^2\nu}{(\omega_r^0)^2}|E_0|^2\mathrm{d}V}{\displaystyle\int_V |E_0|^2\mathrm{d}V} \tag{10.346}$$

式中　Q_0——空腔的品质因数；

Q_{p}——部分填充等离子体时（ΔV）的 Q 值。

上述两式是确定电子密度 n 及碰撞频率 ν 的两个基本关系式。

假设等离子体是一均匀层并位于腔的中部，则可引入有效填充因子 F，重写式（10.345）、式（10.346）为

$$2\,\frac{\omega_r - \omega_r^0}{\omega_r^0} = F\left(\frac{\omega_{\mathrm{p}}}{\omega_r^0}\right)^2 \tag{10.347}$$

$$\frac{Q_0 - Q_p}{Q_0 Q_p} = F\frac{\omega_p^2 \nu}{(\omega_r^0)^3} \tag{10.348}$$

由此可见，谐振腔的失谐大小直接比例于等离子体的电子密度，而品质因数的变化比例于电子碰撞频率及电子密度的乘积。

能检测的最小电子密度取决于谐振腔的失谐的测量灵敏度。例如，$f = 35$ GHz，$Q = 8\times10^4$，$\Delta f = 20$ kHz，厚 10cm 均匀的等离子体，能检测的最小电流密度为 $n_{\min} = 2.8\times10^{13}\,\mathrm{m}^{-3}$。

10.6 介质波导法

在自由空间法中，正确测量复介电常数的基本假设需要将微波能量聚集在其直径小于样品横向尺寸的空间内，通常可以将微波聚束在直径 $2r_0 = 1.5\lambda_0$ 的圆柱内（−10dB），这就意味着有很少一部分微波能量将由圆柱旁边漏出，这部分能量的大小取决于波束中的径向能量分布，一般少于 10%，它决定了复介电常数测量误差。分析表明，要使测量误差低于 3%就要求没有落在被测样品上的能量只占总能量 0.1%以下。实验指出满足这个要求时最佳聚焦的波束宽度约为 $3\lambda_0$，由此可知，借助于聚焦的微波束能够测量的样品最小横向尺寸 $D_{\min} = 3\lambda_0$。

在许多实际情况下，需要测量的样品的横向尺寸要比波长 λ_0 小或者相当，即 $D_{\min} \approx \lambda_0$，在这种情况下，必须采用介质波导法来测量复介电常数。

10.6.1 无限长介质圆柱体中的模式激励

本节分析置于空气中的一根无限长圆柱介质中电磁波传播的基本性质，空气中 $\varepsilon^* = \varepsilon_0$，$\mu^* = \mu_0$，如图 10.70 所示。关于这一问题的详细分析已在许多文献中给出，这里只给出一些最重要的结果，电磁波传播的性质由解麦克斯韦方程得出。

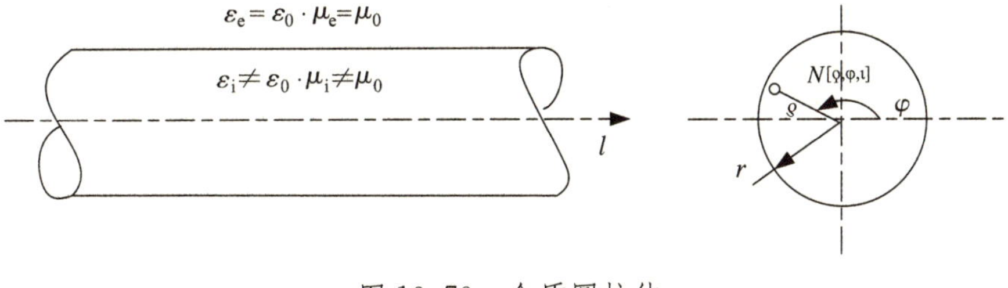

图 10.70 介质圆柱体

这里将采用圆柱坐标 (r, φ, z)，详细计算指出在介质圆柱体中可以存在三种类型的波（模式）：

(1) 横对称圆电模 $\mathrm{TE}_{0m}(n = 0)$，它只有 $E_\varphi H_r H_z$ 分量；

(2) 横对称圆磁模 $TM_{0m}(n=0)$，它只有 $H_\varphi E_r E_z$ 分量；

(3) 混合模 $HE_{mn}(n\neq 0)$，它具有所有的电磁场分量。

这些电磁场分量可以写成下述形式，注脚 i 及 e 代 表介质圆柱体内外区域。

(1) 横对称圆电模 TE_{0m}，在圆柱体内部，$\rho\leqslant r$。

$$\begin{cases} E_{\varphi i}=A_i J_1\left(\chi_i \dfrac{\rho}{r}\right) \\ H_{\rho i}=-\dfrac{A_i}{j\omega\mu_0}\gamma_{0m}^E J_1\left(\chi_i \dfrac{\rho}{r}\right) \\ H_{zi}=\dfrac{A_i}{j\omega\mu_0}\dfrac{\chi_i}{r}J_0\left(\chi_i \dfrac{\rho}{r}\right) \end{cases} \tag{10.349}$$

在圆柱体外部，$\rho\geqslant r$ 。

$$\begin{cases} E_{\varphi e}=A_e H_1^{(1)}\left(\chi_e \dfrac{\rho}{r}\right) \\ H_{\rho e}=-\dfrac{A_e}{j\omega\mu_0}\gamma_{0m}^E H_1^{(1)}\left(\chi_e \dfrac{\rho}{r}\right) \\ H_{ze}=\dfrac{A_e\chi_e}{j\omega\mu_0 r}H_0^{(1)}\left(\chi_e \dfrac{\rho}{r}\right) \end{cases} \tag{10.350}$$

在以上各式中均忽略了右边的 $e^{-j(\omega t-\gamma_{0m}^E z)}$ 因子。

(2) 横对称圆磁模式 TM_{0m}，在圆柱体内部，$\rho\leqslant r$ 。

$$\begin{cases} H_{\varphi i}=B_i J_1\left(\chi_i \dfrac{\rho}{r}\right) \\ E_{\rho i}=\dfrac{B_i}{j\omega\varepsilon_i}\gamma_{0m}^H J_1\left(\chi_i \dfrac{\rho}{r}\right) \\ E_{zi}=-\dfrac{B_i}{j\omega\varepsilon_i}\dfrac{\chi_i}{r}J_0\left(\chi_i \dfrac{\rho}{r}\right) \end{cases} \tag{10.351}$$

在圆柱体外部，$\rho>r$。

$$\begin{cases} H_{\varphi e}=B_e H_1^{(1)}\left(\chi_e \dfrac{\rho}{r}\right) \\ E_{\rho e}=\dfrac{B_e}{j\omega\varepsilon_o}\gamma_{0m}^H H_1^{(1)}\left(\chi_e \dfrac{\rho}{r}\right) \\ E_{ze}=-\dfrac{B_e\chi_e}{j\omega\varepsilon_0 r}H_0^{(1)}\left(\chi_e \dfrac{\rho}{r}\right) \end{cases} \tag{10.352}$$

在以上各式中也略去右边 $e^{-j(\omega t-\gamma_{0m}^H z)}$ 因子。

(3) 混合模 HE_{mn}，在圆柱内部 $\rho\leqslant r$ 。

$$\begin{cases} H_{zi}=A_iJ_n\left(\chi_i\frac{\rho}{r}\right)(X\sin n\varphi+Y\cos n\varphi) \\ H_{\rho i}=\frac{A_i}{\chi_i}r\left[\mathrm{j}\gamma_{nm}J'_n\left(\chi_i\frac{\rho}{r}\right)-\frac{B_i}{A_i}\mathrm{j}\omega\varepsilon_i\frac{n}{\frac{\chi_i\rho}{r}}J_n\left(\chi_i\frac{\rho}{r}\right)\right](X\sin n\varphi+Y\cos n\varphi) \\ H_{\varphi i}=\frac{A_s}{\chi_s}r\left[\mathrm{j}\gamma_{nm}\frac{n}{\frac{\chi_s\rho}{r}}J_n\left(\chi_i\frac{\rho}{r}\right)-\frac{B_i}{A_i}\mathrm{j}\omega\varepsilon_iJ'_n\left(\chi_i\frac{\rho}{r}\right)\right](X\cos n\varphi-Y\sin n\varphi)] \\ E_{zi}=B_iJ_n\left(\chi_i\frac{\rho}{r}\right)(-X\cos n\varphi+Y\sin n\varphi) \\ E_{pi}=\frac{A_i}{\chi_i}r\left[\mathrm{j}\omega\mu_0\frac{n}{\frac{\chi_i\rho}{r}}J_n\left(\chi_i\frac{\rho}{r}\right)-\frac{B_i}{A_i}\mathrm{j}\gamma_{nm}J'_n\left(\chi_i\frac{\rho}{r}\right)\right](X\cos n\varphi-Y\sin n\varphi) \\ E_{\varphi i}=\frac{A_i}{\chi_i}r\left[-\mathrm{j}\omega\mu_0J'_n\left(\chi_i\frac{\rho}{r}\right)+\frac{B_i}{A_i}\mathrm{j}\gamma_{nm}\frac{n}{\frac{\chi_i\rho}{r}}J_n\left(\varphi_i\frac{\rho}{r}\right)\right](X\sin n\varphi+Y\cos n\varphi) \end{cases} \tag{10.353}$$

在圆柱体外部 $\rho\geqslant r$。

$$\begin{cases} H_{ze}=A_sH_n^{(1)}\left(\chi_e\frac{\rho}{r}\right)(X\sin n\varphi+Y\cos n\varphi) \\ H_{\rho e}=\frac{A_s}{\chi_s}r\left[\mathrm{j}\gamma_{nm}\frac{n}{\frac{\chi_e\rho}{r}}H_n^{(1)\prime}\left(\frac{\chi_e\rho}{r}\right)-\frac{B_e}{A_e}\mathrm{j}\omega\varepsilon_0H_n^{(1)}\left(\chi_e\frac{\rho}{r}\right)\right](X\sin n\varphi+Y\cos n\varphi) \\ H_{\varphi e}=\frac{A_e}{\chi_e}r\left[\mathrm{j}\gamma_{nm}\frac{n}{\frac{\chi_e\rho}{r}}H_n^{(1)}\left(\chi_e\frac{\rho}{r}\right)-\frac{B_e}{A_e}\mathrm{j}\omega\varepsilon_0H_n^{(1)\prime}\left(\chi_e\frac{\rho}{r}\right)\right](X\cos n\varphi-Y\sin n\varphi) \\ E_{ze}=B_eH_n^{(1)}\left(\chi_e\frac{\rho}{r}\right)(-X\cos n\varphi+Y\sin n\varphi) \\ E_{\rho e}=\frac{A_e}{\chi_e}r\left[\mathrm{j}\omega\mu_0\frac{n}{\frac{\chi_e\rho}{r}}H_n^{(1)\prime}\left(\chi_e\frac{\rho}{r}\right)-\frac{B_e}{A_e}\mathrm{j}\gamma_{nm}H_n^{(1)\prime}\left(\chi_e\frac{\rho}{r}\right)\right](X\cos n\varphi-Y\sin n\varphi) \\ E_{\varphi e}=\frac{A_e}{\chi_e}r\left[-\mathrm{j}\omega\mu_0H_n^{(1)\prime}\left(\chi_e\frac{\rho}{r}\right)+\frac{B_e}{A_e}\mathrm{j}\gamma_{nm}\frac{\frac{\chi_e\rho}{r}}{n}H_n^{(1)}\left(\chi_e\frac{\rho}{r}\right)\right](\sin n\varphi+Y\cos n\varphi) \end{cases} \tag{10.354}$$

以上各式中右边均略去 $\mathrm{e}^{-\mathrm{j}(\omega t-\gamma_{\alpha m}z)}$ 因子。并且 XY 常数是可以选择的，XY 常数选择的可能性使得它们可以表示介质圆柱体中不同类型的波，如驻波、右旋波或左旋波。

在式（10.349）～式（10.354）中，r 为圆柱体半径，ε_i 为圆柱体的介电常数，$J_n(\chi\rho/r)$ 及 $J'_n(\chi\rho/r)$ 为第一类第 n 阶贝塞尔函数及其导数；$H_n^{(1)}(\chi\rho/r)$ 及 $H_n^{(1)\prime}(\chi\rho/r)$ 为第一类第 n 阶汉克尔函数及其导数。

n 及 m 是整数，它表征可以在圆腔体内可以传播的每一个模式。按照通常的定义，n 表示每一个场分量在 φ 方向变化的周期数，m 表示在 ρ 方向变化的周期数。$A_{i,e}$ 及 $B_{i,e}$

是圆柱体内外 TE_{nm} 及 TM_{nm} 波的幅值，

$$\chi_i = \sqrt{(k_i^2 - \gamma_{nm}^2)r}, \quad \chi_e = \sqrt{(k_e^2 - \gamma_{nm}^2)r} \tag{10.355}$$

$$k_i = \frac{2\pi}{\lambda_0}\sqrt{\frac{\varepsilon_i}{\varepsilon_0}}, k_e = \frac{2\pi}{\lambda_0}\sqrt{\frac{\varepsilon_e}{\varepsilon_0}} \tag{10.356}$$

γ_{nm} 是纵向波数，在推导式（10.349）～式（10.354）时，假设 $\mu_i = \mu_e = \mu_0$ $\varepsilon_e = \varepsilon_0$ 。

电磁波在介质圆柱体内的激励需要在介质圆柱体始端产生的场具有相等或接近于所需模式的场结构。由于每一模式的场分布非常类似于金属波导中的各个模式，所以介质圆柱体的激励问题可以简单地用波导的处理方法来解决。介质圆柱体部分地插入一金属波导中，为了得到良好的阻抗匹配，介质棒插入波导的一段做成锥形，如图 10.71 所示。这样，波导中波的传播逐步变成介质圆柱体中的波传播，后者与波导中传播情况不同。由于没有金属壁的阻挡，波在介质与空气的分界面上只有部分反射，而部分将从介质表面泄漏至外部空间。

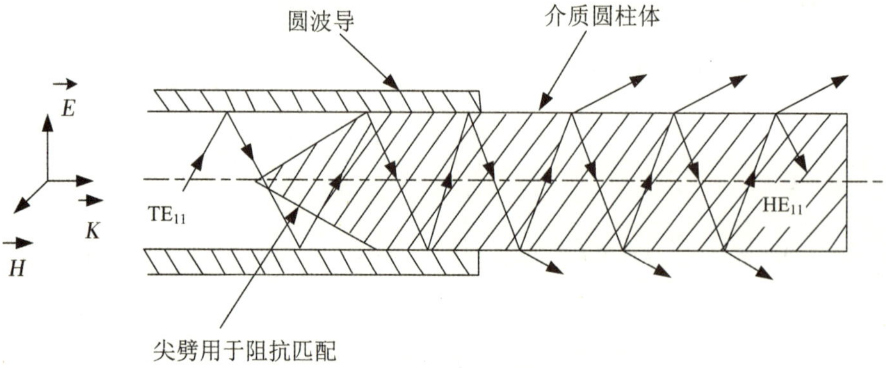

图 10.71　介质圆柱体由一圆波导激励及波的传播简图

波在介质圆柱体内部及外部传播能量的大小取决于介电常数 ε_i ，圆柱界面 $d = 2r$ ，以及工作波长 λ_0 。

纯横波模式 TE_{nm} 及 TM_{nm} 可以在介质杆内由圆波导相同模式激励起来，而且只有在那些轴对称的模式 TM_{0m} 及 TE_{0m} 模式。圆波导中的主模 TE_{11} 可在介质杆中激励起混合模 HE_{11} 模式，这一模式实际上经常使用，因此下面将分析它的基本性质。

10.6.2　混合模的基本性质

混合模是具有所有电磁场分量的非圆对称模（ $n \neq 0$ ），它们可以表达成 TE 模和 TM 模的叠加，这些模用 HE_{nm} 及 EH_{nm} 表示，混合模 HE_{nm} 代表 TE 模的幅值超过了 TM 模的幅值；相反，EH_{nm} 模代表 TM 模的幅值超过了 TE 模的幅值，混合模的每个场分量由式（10.353）及式（10.354）确定，所有位置常数 A 、E 、r 均可由边界条件确定，这些条件可以写成下列形式。

在 $\rho = r$ 处：

$$E_{\varphi i}(\rho = r) = E_{\varphi e}(\rho = r)\text{，}E_{zi}(\rho = r) = E_{ze}(\rho = r) \tag{10.357}$$

$$H_{\varphi i}(\rho = r) = H_{\varphi e}(\rho = r)\text{，}H_{zi}(\rho = r) = H_{ze}(\rho = r) \tag{10.358}$$

从这些条件可得出下述重要结论。

（1）在介质圆柱体内部及外部传播的波的幅值之比可以写成：

$$\frac{A_i}{A_e} = \frac{B_i}{B_e} = \frac{H_n^{(1)}(\chi_e)}{J_n(\chi_i)} \Rightarrow \frac{B_i}{A_i} = \frac{B_e}{A_e} \tag{10.359}$$

（2）在圆柱体内部及外部传播的波在 TE 波幅值 A 与 TM 波幅值 B 之比可以写成：

$$\frac{B_i}{A_i} = \frac{B_e}{A_e} = \frac{\mathrm{j}\gamma_{mn} n\left[\dfrac{1}{\chi_i^2} - \dfrac{1}{\chi_e^2}\right]}{\mathrm{j}\omega\left[\dfrac{\varepsilon_i J'_n(\chi_i)}{\chi_i J_n(\chi_i)} - \dfrac{\varepsilon_0 H^{(1)\prime}_n(\chi_e)}{\chi_e H_n^{(1)}(\chi_e)}\right]} = \frac{\mathrm{j}\omega\mu_0\left[\dfrac{1}{\chi_i}\dfrac{J'_n(\chi_i)}{J_n(\chi_i)} - \dfrac{1}{\chi_e}\dfrac{H^{(1)\prime}_n(\chi_e)}{H_n^{(1)}(\chi_e)}\right]}{\mathrm{j}\gamma_{mn} n\left(\dfrac{1}{\chi_i^2} - \dfrac{1}{\chi_e^2}\right)} \tag{10.360}$$

式（10.360）也确定了纵向传播常数 γ 与 ε_i 的重要关系，它的直径 $d = 2r$，波长为 λ_0，经过某些整理后可得

$$\frac{\gamma_{mn}^2}{k_e^2} n^2\left[\frac{1}{\chi_i^2} - \frac{1}{\chi_e^2}\right]^2 = \left[\frac{J'_n(\chi_i)}{\chi_i J_n(\chi_i)} - \frac{H^{(1)\prime}_n(\chi_e)}{\chi_e H_n^{(1)}(\chi_e)}\right]\cdot\left[\frac{\varepsilon_{ir} J'_n(\chi_i)}{\chi_i J_n(\chi_i)} - \frac{H^{(1)\prime}_n(\chi_e)}{\chi_e H_n^{(1)}(\chi_e)}\right] \tag{10.361}$$

式中 $\varepsilon_{ir} = \varepsilon_i/\varepsilon_0$；

χ_i，χ_e——内外的横向传播常数，它们满足下述恒等式：

$$\chi_i^2 + \left(\frac{\chi_e}{\mathrm{j}}\right)^2 = \left(\frac{\pi d}{\lambda_0}\right)^2\left(\frac{\varepsilon_i}{\varepsilon_0} - 1\right) = R \tag{10.362}$$

式（10.362）是一个以原点为圆心、以 R 为半径的在 $\left(\chi_i, \dfrac{\chi_e}{\mathrm{j}}\right)$ 平面上的圆方程。

χ_i 及 χ_e 值满足式（10.361）及式（10.362），它确定了沿介质杆传播的波长 λ，由式（10.355）、式（10.356）及式（10.362），得

$$\left(\frac{\lambda}{\lambda_0}\right)^2 = \frac{1}{\dfrac{\varepsilon_i}{\varepsilon_0} - \left(\dfrac{\lambda_0}{\pi d}\right)^2\chi_i^2} = \frac{1}{1 - \left(\dfrac{\lambda_0}{\pi d}\right)^2\chi_e^2} = \frac{1}{1 - \dfrac{\chi_e^2}{\chi_i^2 - \chi_e^2}\left(\dfrac{\varepsilon_i}{\varepsilon_0} - 1\right)} \tag{10.363}$$

特征方程式（10.362）的解通常用图解法，在不同的 $\varepsilon_i/\varepsilon_0$ 值时确定 $\chi_i = f(\chi_e/\lambda)$ 的关系，将式（10.363）中第三个形式对于 $(\gamma/k_e)^2 = \gamma^2 c^2/\omega^2 = (\lambda_0/\lambda)^2$ 代入式（10.361）中可得

$$n^2\frac{(\chi_i^2 - \chi_e^2)(\chi_i^2 - \chi_e^2\varepsilon_{ir})}{\chi_i^4\chi_e^2}$$
$$= \left[\frac{1}{\chi_i}\frac{J'_n(\chi_i)}{J_n(\chi_i)} - \frac{1}{\chi_e}\frac{H^{(1)\prime}_n(\chi_e)}{eH_n^{(1)}(\chi_e)}\right]\cdot\left[\frac{\varepsilon_{ir} J'_n(\chi_i)}{\chi_i J_n(\chi_i)} - \frac{1}{\chi_e}\frac{H^{(1)\prime}_n(\chi_e)}{H_n^{(1)}(\chi_e)}\right] \tag{10.364}$$

对于 HE_{11} 模的 $\lambda/\lambda_0 = v_\mathrm{p}/c$ 与 d/λ_0 的关系如图 10.72 所示。

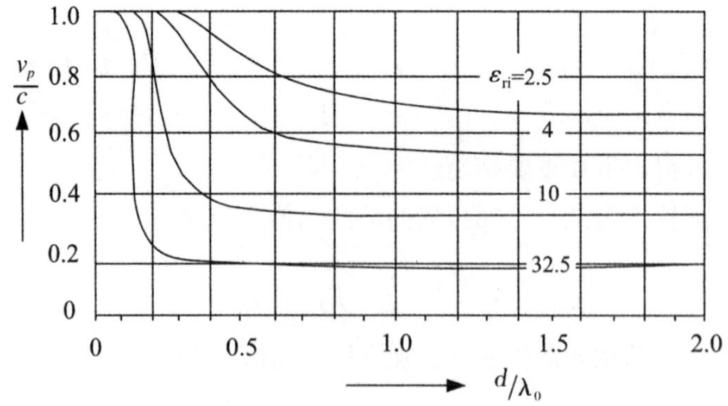

图 10.72　HE_{11} 模归一化相速 $\frac{v_p}{c}$ 与 $\frac{d}{\lambda_0}$ 关系

由图 10.72 可见，波的相速与介质杆直径 d/λ_0 及介电常数 ε_{ir} 紧密相关，而且：

（1）当 $d/\lambda_0 \ll 1$ 时，$v_p \simeq c$；

（2）当 $d/\lambda_0 \geqslant 1$ 时，$v_p = \frac{c}{\sqrt{\varepsilon_{ir}}}$，即相速接近于一个无界介质中的相速，这个无界介质具有与介质杆相同的介电常数；

（3）当介质杆直径不满足（1）（2）不等式时，其相速在 c 与 $\frac{c}{\sqrt{\varepsilon_{ir}}}$ 之间；

（4）相速在 c 与 $\frac{c}{\sqrt{\varepsilon_{ir}}}$ 变化的过渡区随着 ε_{ir} 的增大而迅速变窄。

为了证实传播的性质，了解能量在介质圆柱体内部及外部的转移也是极为重要的。在介质圆柱体内外的功率转移可由积分坡印亭矢量 $\frac{1}{2}[E\times H]$ 在 z = 常数的界面上从 0 到 r 及 r 至无穷大的积分限内求得，其内外功率比为

$$\frac{P_i}{P_e} = \frac{\frac{1}{2}\int_0^{2\pi}\int_0^r E_i \cdot H_i^* r\,\mathrm{d}r\mathrm{d}\varphi}{\frac{1}{2}\int_0^{2\pi}\int_r^{\infty} E_e \cdot H_e^* r\,\mathrm{d}r\mathrm{d}\varphi} \tag{10.365}$$

式中　H^* ——磁场矢量复共轭值，

功率比 P_i/P_e 像相速 v_p 一样，强烈地依赖于直径 d/λ_0 及介电常数 ε_{ir}，由图 10.73 可见 $\varepsilon_{ir} = 2.5$ 及 $\varepsilon_{ir} = 10$ 的两根曲线。

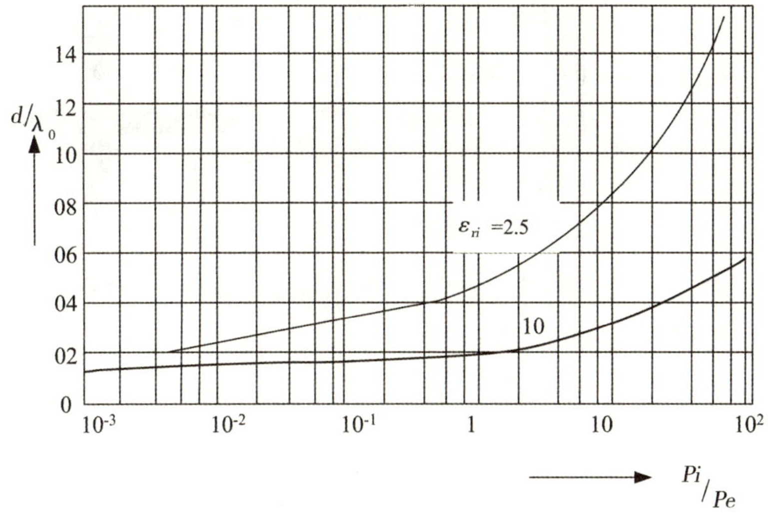

图 10.73 介质内外功率比 $\dfrac{P_i}{P_e}$ 与 $\dfrac{d}{\lambda_0}$ 的关系

当 $d/\lambda_0 \ll 1$ 时，$v_p \simeq c$，全部功率实际上都在介质杆外部传输。此外，当 $v_p = c/\sqrt{\varepsilon_{ir}}$ 时，全部功率实际上在介质杆内部传输，这就形成了介质波导，它的性质可成功地用来测量复介电常数。

10.6.3 均匀介质材料的测量

目前在电子和电气工业各种应用中出现了使用的具有很小横截面的高介电常数新陶瓷材料（$\varepsilon_r = 10 \sim 10^3$）样品测试的要求，在许多情况下，板状样品的直径不到1cm，因此利用聚焦波束的常用方法已不再适用。在另一些场合，需要测量较大横向尺寸试样整个界面上的均匀度而且具有足够的分辨率，这些情况下都可用介质波导法来完成上述测量。

采用介质波导法；来测量时利用它的两个基本特性，即：

（1）在介质波导中，能量实际上完全集中在其内部传输；

（2）在介质波导中的波的相速等于无界介质中平面波的相速，即 $v_p = \dfrac{c}{\sqrt{\varepsilon_{ir}}}$。

因此允许测量其横截面实际上等于介质波导横截面的那些样品。

待测材料插在两根介质波导之间，并与它们直接接触，如图 10.74 所示，其横向尺寸必须大于或至少等于介质波导的横截面。由于介质波导的横向尺寸可以减小到小于波长 λ_0（取决于所用的材料），所以又可能测量横向尺寸小于 λ_0 并满足 $\varepsilon_s \geqslant \varepsilon_g$ 条件的这些材料（ε_s为样品的介电常数，ε_g 为波导的介电常数）。如果材料的横向尺寸大于 λ_0，那么有可能测量横截面上介电常数的均匀性。

由图可见，对介质样品的表面处理没有特殊的要求，除了必须互相平行之外，对板的形状可以是任意的。

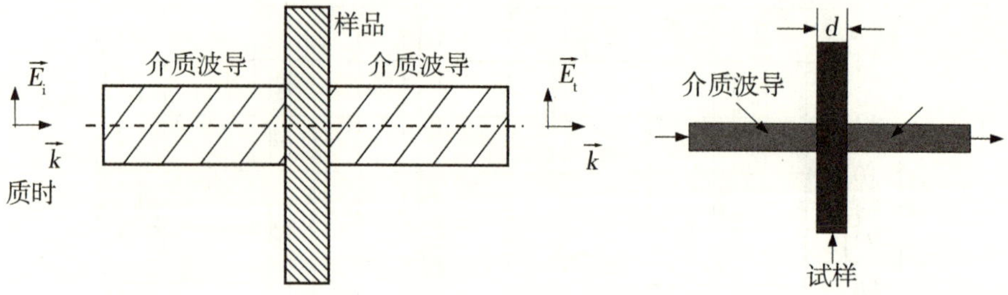

图 10.74　利用介质波导非破坏性测量复介电常数的原理

1. 无限大的均匀介质

探测电磁波在 z 向通过无限大均匀介质时的相位 φ 和衰减 A 可以写成：

$$\varphi=\frac{\omega}{c}nz=\frac{\omega}{c}\left[\frac{1}{2}\varepsilon_r(\sqrt{1+\tan^2\delta}-1)\right]^{\frac{1}{2}}z \tag{10.366}$$

$$A(\mathrm{dB})=-8.68\,\frac{2\pi}{\lambda_0}\alpha z=-8.68\,\frac{\omega}{c}\left[\frac{1}{2}\varepsilon_r(\sqrt{1+\tan^2\delta}-1)\right]^{\frac{1}{2}}z \tag{10.367}$$

然后，只有在用与待测样品相同材料制成的介质波导作为发送和接收天线时所做的无限大均匀介质模型的相位和衰减测量才对。

可以没有样品边界上的反射存在，这时的样品就像无限大的样品，只要样品的 ε_r 与介质波导的 ε_g 不同，那么在边界上就会产生反射，这些反射会导致强烈的谐振，使得复介电常数的确定大大复杂化。

尽管要使介质波导采用与被测样品同样材料存在着技术上的复杂性，但采用无限介质模型有时仍然是有优点的，这一模型能成功地用来测量 $\tan\delta<10^{-4}\sim10^{-3}$ 的那些低耗材料，而其他自由空间的微波方法则不够灵敏。由于目前在许多实验室中低耗材料变成广泛的研究对象，并已在工业上实际应用，所以，我们将给出这一方法灵敏度估计的一些表达式。

对于低耗介质（$\tan\delta\ll1$），有

$$n=\left[\frac{1}{2}\varepsilon_r(\sqrt{1+\tan^2\delta}+1)\right]^{\frac{1}{2}}\simeq\sqrt{\varepsilon_r} \tag{10.368}$$

$$\alpha=\left[\frac{1}{2}\varepsilon_r(\sqrt{1+\tan^2\delta}-1)\right]^{\frac{1}{2}}\simeq\frac{1}{2}\sqrt{\varepsilon_r\tan\delta} \tag{10.369}$$

将这些式子代入相应公式后，并设样品与介质波导的介电常数相同，于是可得传输系数 T_0 幅值为

$$T_0=\mathrm{e}^{-\pi\sqrt{\varepsilon_r}\tan\delta\frac{d}{\lambda_0}}\cdot\mathrm{e}^{\mathrm{j}2\pi\sqrt{\varepsilon_r}\frac{d}{\lambda_0}} \tag{10.370}$$

式（10.370）在 $\tan\delta\ll1$ 情况下是明显的，波的相位只是决定了介电常数 ε_r，而衰减则由折射率 $n=\sqrt{\varepsilon_r}$ 与损耗正切 $\tan\delta$ 的乘积给出。此外，这两个量都是样品的归一化厚度 d/λ_0 的线性函数。

2. 低耗材料 ε_r 的确定

当样品厚度 $d < \lambda_\varepsilon = \frac{\lambda_0}{\sqrt{\varepsilon_r}}$，即相位小于 2π 时，由式（10.370）定义的波的传输系数 T_0 来确定 ε_r 是简单的，当 $d > \lambda_\varepsilon$ 时，通过样品的波的实际相位 φ 为

$$\varphi = S2\pi + \varphi_1 = \frac{2\pi}{\lambda_0}\sqrt{\varepsilon_r}d \tag{10.371}$$

式中 $\varphi_1 \in (0,2\pi)$——测得的相位；

S——未知数。

我们测量由相同材料不同厚度 d_1 及 d_2 制成的两个样品就能唯一地确定 ε_r 值，因此对未知的 ε_r 存在两个方程：

$$\varepsilon_r = \left(\frac{\lambda_0}{2\pi d_1}\right)^2 (S_1 2\pi + \varphi_1)^2 \tag{10.372}$$

$$\varepsilon_r = \left(\frac{\lambda_0}{2\pi d_2}\right)^2 (S_2 2\pi + \varphi_2)^2 \tag{10.373}$$

式中 φ_1, φ_2——在厚度 d_1 及 d_2 时测得的相位。

相应于选择 S_1 及 S_2 给出相同的唯一的 ε_r 值，如果知道待测材料介电常数的近似值，那么只需要对一个样品进行测量即可。

关于电介质的微波测量技术可参阅文献［264～284］等。

10.7 高介电常数的测量方法

10.7.1 概 述

当被测材料的介电常数 $\varepsilon' \geqslant 80$ 时，前面各节介绍过的各种方法都会遇到很大的困难，因为这时似稳条件已不再满足，只有很少的电磁能量渗透到被测介质中去（这是由于介质空气分界面上的阻抗突变引起的）。在 ε'，ε'' 很大情况下，反射系数接近于 1，即几乎不产生渗透现象，这种情况在研究铁电体（$\varepsilon' \geqslant 1000$）时更为突出。

由于所有的测量方法都是基于电磁波与被测材料的相互作用，所以，测量铁电体的介电常数必须保证场与物质的有效相互作用。这样可以采用样品尺寸远远小于介质中的波长，或为半波长的整数倍，或四分之一波长的奇数倍。在半波长情况下，发生通过功率的谐振现象，而在四分之一波长时，发生最大的能量吸收，或利用阻抗变换器加在介质之前使能量易于透入介质内部。

10.7.2 铁电体介电常数的测量方法

在选择铁电体介电常数的测量方法时必须计及这些测量的特殊要求，例如需加直流偏压，或便于对样品恒温等。

1. 利用同轴线或谐振腔

利用前述的同轴线或谐振腔将样品置于中心导体的端隙上可以成功地测量高介电常数的材料，这时只要将被测样品做成圆柱形状，并使其轴线与同轴线平行即可。

对样品尺寸的限制是似稳条件，在满足这一条件时，样品静态电容（即在低频时的测量电容）应等于高频时的测量电容。这就允许采用替代法，即用平板电容器的计算方法。

严格地说，应采用部分填充介质的径向线来研究电容器，这一电容器的阻抗应等于 $r=a$ 处的输入阻抗，在满足条件

$$d \leqslant \frac{\lambda_0}{2\sqrt{\varepsilon'}}, r_0 \leqslant \frac{0.45\lambda_0}{2\pi\sqrt{\varepsilon'}} = 7\times10^{-2}\frac{\lambda_0}{\sqrt{\varepsilon'}} \tag{10.374}$$

时，所研究的电容器的电容为

$$C = \frac{C_0 + \beta C_1}{1-\alpha} \tag{10.375}$$

式中 $C_1 = \dfrac{\varepsilon' r_0^2}{3.6a}$——样品静电容；

r_0——样品半径；

$C_0 = \dfrac{a^2}{3.6d}$——无介质时的电容器电容；

$$\alpha = \varepsilon' \frac{\pi}{4}\gamma^2 r^2 [N_0(\gamma a) - N_1(\gamma r_0)] \tag{10.376}$$

$$\beta = \frac{\pi}{2}\gamma a\left[\frac{1}{2}\gamma a N_0(\gamma r_0) - N_1(\gamma a)\right] \tag{10.377}$$

$\gamma = \dfrac{2\pi}{r_0}$；

N_0——零阶第二类贝塞尔函数；

N_1——一阶第二类贝塞尔函数。

由上述表达式可以看出，随着 ε'或 r_0 的增加，高频电容 C 与静电电容 C_1 差别愈来愈大，并在某值时会出现无穷大值。在图 10. 75 中画出了实验曲线：当 $\lambda_0=10\text{cm}$，$C=f(r_0)$；当 $r_0=0.4\text{mm}$ 时 $C\to\infty$；当 $r_0>0.4\text{mm}$ 时，$C<0$。即这时的输入阻抗变为电感性的。在同一图上还画出了静电电容曲线。在上述似稳条件满足时，沿径向及轴向的电场可认为是均匀的，这对铁电体来说是特别重要的，因为它的介电常数是与场强有关的。当这些条件遭到破坏时，那么场沿径向及高度方向都不能保持常数，所以电容也不能用简单的静电电容近似方法来计算，忽略这一点将会引起很大的误差。

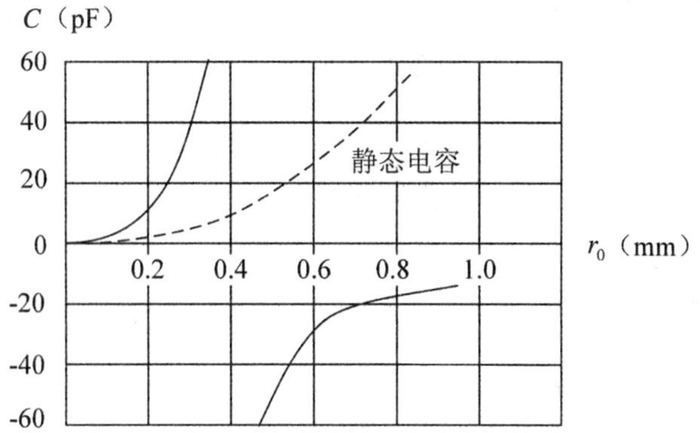

图 10.75　测量电容器电容与样品半径的关系

应当指出来，式（10，374）都未计算样品中的损耗，如计算损耗时，样品直径与式（10. 374）得到的比较将有微小的增加。

例如对直径 $2r_0<0.3$mm（高度 $d<0.5$mm）的细介质杆放在具有毛细孔的专门玻管中，这时由测得的复数电容 C'及 C''计算介电常数的实部与虚部，即

$$\varepsilon'=1+3.6\pi d\frac{C'-C_0}{S} \tag{10. 378}$$

$$\varepsilon''=3.6\pi d\frac{C''}{S} \tag{10. 379}$$

式中　S—— 样品面积；

d—— 样品高度；

C_0—— 无介质时的电容；

C'—— 测得电容的实部；

C''——测得电容的虚部。

利用同轴线或谐振腔研究铁电体的方法得出了满意的结果，它可在很宽的波段内工作（即由几米到十厘米）。

为了研究铁电体的可逆特性，利用置于辅助直流（或低频）场中，像前述的测量可能性是存在的。

上述方法的主要缺点是需要制造很小直径的介质杆。

在满足似稳条件时，样品电容接近于静态值，因此测量结果与样品截面形状无关。这时，样品截面可由于低频电容（在已知低频的介电常数时）来确定。

2. 无限层厚法

前面曾经讨论过的适用小介电常数时的无限层厚法在测量高介电常数时由于其输入阻抗很低而不再适用了。这时样品表面产生的反射系数接近于金属板时的情况，在波导的空气部分的驻波图形表明是大驻波系数很小的节点位移。显然，由于测量节点位移及确定大驻波系数的误差将引起测量介电常数的误差。

为了减小高介电常数的测量误差，可在样品前加上匹配变换器，以便使电磁波通过并进入到样品中，匹配的长度 d_T 及介电常数 ε_T 应满足下述关系：

$$d_T = \frac{1}{4}\lambda_T = \frac{\lambda_0}{4\sqrt{\varepsilon_T - \left(\frac{\lambda_0}{\lambda_c}\right)^2}} \tag{10.380}$$

式中 $\varepsilon_T = \sqrt{\varepsilon'}$，$\tan\delta_T \simeq 0$； (10.381)

λ_T ——匹配段中的波长；

ε_T ——匹配的介电常数。

如果匹配段是严格平行的平面，并紧贴样品，这样样品就是完全匹配的，因此是波导中的“黑体”，这时空气波导中传播的将是接近于 1 的驻波系数的行波。然而，由于这时的驻波系数接近于 1，所以很难测准，为了测量方便起见，通常选择驻波系数为 3～15 左右，所以在选择匹配段时与理想条件相比即最佳值应做某些减小。出现 $\varepsilon_T > \sqrt{\varepsilon'}$ 是可能的，但不希望出现这种情况，因为这时在匹配段与样品的分界面上将出现驻波波腹，会在样品中出现高次模式，这就会对匹配段及样品平行度及它们间的配合提出过高的要求。

在采用 $\frac{\lambda_T}{4}$ 匹配板时，测量结果（特别是 ε''）对匹配板的长度非常临界，因此经常采用 $d_T \neq \frac{1}{4}\lambda_T$，这时可用一块板子在几个接近的频率上进行测量，此外还可通过改变匹配板的长度来选择希望的驻波系数值来进行不同介电常数的测量。

在理想 $\frac{\lambda_T}{4}$ 匹配板情况下，被测样品的 ε' 及 $\tan\delta$ 可按下式计算：

$$\varepsilon' = \frac{\left[\varepsilon_T - \left(\frac{\lambda_0}{\lambda_c}\right)^2\right]}{1 - \left(\frac{\lambda_0}{\lambda_c}\right)^2} A^2 \cos 2\varphi + \left(\frac{\lambda_0}{\lambda_c}\right)^2 \tag{10.382}$$

$$\tan\delta = -\tan 2\varphi \tag{10.383}$$

在测量 $\varepsilon' > 1000$ 时，对匹配板的参量是非常临界的，这时经常利用级联变换器（由二级 $\varepsilon_{T1} = \sqrt{\varepsilon_{T2}}$ 及 $\varepsilon_{T2} = \sqrt{\varepsilon'}$ 组成）。

样品及匹配段的表面应相互平行，并与波导轴垂直，在匹配板与样品间的间隙用介电常数为的石蜡与瓷粉调成的填料来填充，匹配板的材料可用陶瓷、钛酸镁或钛酸锌（$\tan\delta = 10^{-3}$）或其他低耗材料。测量结果取决于样品与波导壁之间的间隙大小。

本方法的缺点是必须制造具有准确公差大尺寸的样品，为了减小样品尺寸，可利用渐变过渡使标准波导逐渐过渡至小截面的波导，然后在其终端接上样品。

当被测样品具有损耗时，可用减小被测介质的厚度的办法进行，这在研究高损耗材料时是比较方便的。

3. 功率传输系数谐振法

利用如图10.76所示的测量系统测量功率传输系数的方法称为功率传输系数谐振法，当样品长度 d 等于半波长的整数倍时，通过样品的功率最大，即

$$d=\frac{1}{2}N\lambda_{\varepsilon}\quad N=1,\ 2,\ 3,\ \cdots \tag{10.384}$$

式中 λ_{ε} ——样品中的波长。

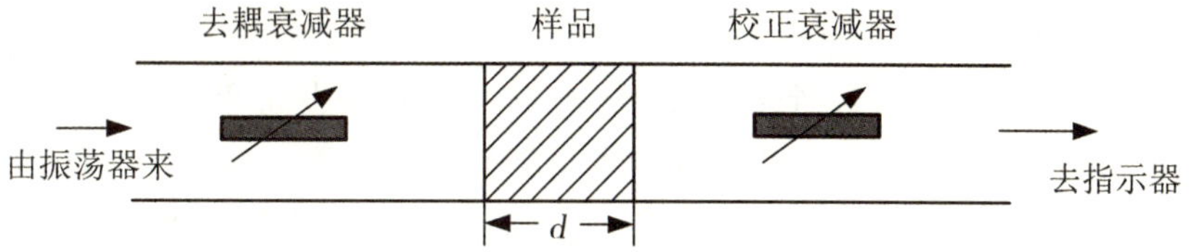

图10.76 传输系数谐振法测量系统

当样品无耗且具有很高介电常数时，指示器的变化取决于样品长度 d（或波长），由图10.77可见，这一形状完全类似于法布里-皮罗干涉仪所得曲线，因此，波导中传输系数谐振法完全类似于自由空间的干涉法。

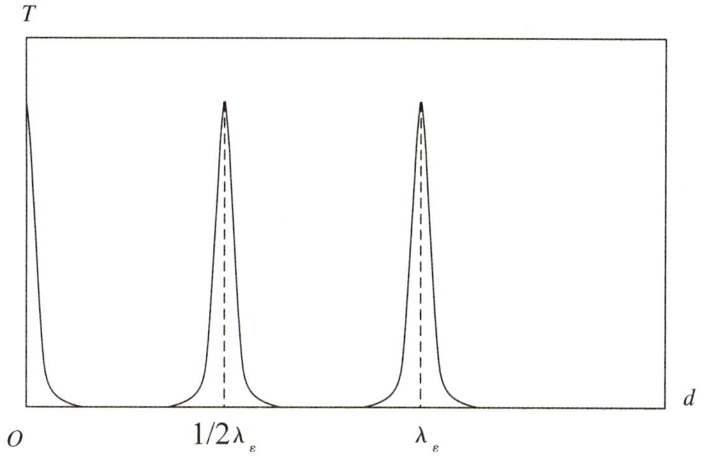

图10.77 功率传输系数与样品长度的关系

传输系数 T 显然由校正衰减器的衰减得出。在 $\tan\delta<0.3$ 时，T 由条件 $d=\frac{1}{2}N\lambda_{\varepsilon}$ 得出，这时

$$\varepsilon'=\left(N\frac{\lambda_0}{2d}\right)^2+\left(\frac{\lambda_0}{\lambda_c}\right)^2 \tag{10.385}$$

为了单值地确定 ε'，必须改变样品的长度 d，根据通过功率最大值的二个相邻长度差的改变量可以消去式（10.385）中待定的 N 值，即

$$\varepsilon'=\left(\frac{\lambda_0}{2\Delta d}\right)^2+\left(\frac{\lambda_0}{\lambda_c}\right)^2 \tag{10.386}$$

式中 Δd ——对应于二个相邻最大值时长度的改变量。

介电常数的虚部 ε'' 可根据传输系数最大值及 T_{max} 与 $d\varepsilon''$ 的关系来确定，也可按光

学法中法布里-皮罗干涉图形中的宽度来确定。

这一方法的缺点是对信号源的频率稳定度提出了很高的要求，以及对样品表面加工的精度，特别是它的均匀性提出了要求。此外，还要求损耗不能太高，因为损耗太高时谐振现象不再存在。

利用波导桥法可以测量铁电体（$\lambda = 3$ cm）、单晶 $BaTiO_3$、$SrTiO_3$（$\lambda = 10$ cm）。

为了保证桥路中衰减与相移与样品长度线性相关，应当选择足够大的长度，此外，不应存在谐振现象。

如果样品损耗较低，那么当样品长度不够时会在样品表面产生多次反射，这时可在样品两端加匹配变换器，这种匹配变换器可降低反射系数，保证波与样品进行有效进行相互作用，可降低信号源的输出功率，这在测量高介电常数时是重要的。

电桥法对样品表面的加工精度要求是不高的，其缺点是加工较大尺寸的样品，且测量过程比较麻烦。

4. 圆柱腔谐振法

将被测介质置于工作在 H_{01} 模的圆柱形谐振腔的底部，并在谐振腔中采用不接触型活塞。由于这种模式的腔壁电流为零，所以不需要样品直径与腔体直径很准确地配合。测量时信号源的频率通常保持不变，而用调节调谐活塞来改变谐振条件，根据调谐时活塞的位置，可按下式计算介电常数：

$$\beta_1 \mathrm{ctg}\beta_1 d + \beta_0 \mathrm{ctg}(l - d) = 0 \qquad (10.387)$$

式中

$$\beta_0^2 = \omega^2 - k^2 \qquad (10.388)$$

$$\beta_1^2 = \omega^2 \varepsilon' - k^2 \qquad (10.389)$$

$$k = \frac{3.832}{a} \qquad (10.390)$$

d ——介质片厚度；

l ——谐振腔长度。

解上述方程可用图解法，也可用函数表法$\left(\frac{\tan x}{x}\right)$，得出的 ε' 值是非单值的。如果不知道 ε' 的大约值或半波数，那么为了得到单值的结果，常用另一厚度的样品进行第二次测量。

$\tan\delta$ 可按谐振曲线宽度利用下式计算：

$$\tan\delta = \frac{\sin^2(\beta_1 d)\left[1 - \left(\frac{\lambda_0}{\lambda_c}\right)^2\right]}{\varepsilon'\left(d - \frac{\sin 2\beta_1 d}{2\beta_1 d}\right)\sin^2\beta_0 l}\Delta l \qquad (10.391)$$

式中 Δl ——谐振曲线半功率点宽度。

用上述方法曾研究了钛酸盐的 ε'（$\lambda_0 = 3$ cm），$MgTiO_3$ 及 TiO_2（$\lambda_0 = 8$mm）及其他材料的 ε' 与温度的关系。

在研究铁电体时，也可用杆状样品，并置于 E_{01} 或 H_{01} 谐振腔中轴线上，利用微扰

法的公式可求得 ε' 及 $\tan\delta$，但样品直径应满足下述条件：

$$2b \leqslant \frac{\lambda_0}{\pi\sqrt{\varepsilon'}} \tag{10.392}$$

式中 b——样品半径。

这一条件对样品直径提出极苛刻的要求，例如当 $\lambda_0 = 10\text{cm}$，$\varepsilon' = 1000$ 时就要求 $2b \approx 0.1\text{mm}$。

若不满足上述似稳条件，则就要准确求解具有有限尺寸样品的积分方程，这一方法被用于研究 $BaTiO_3$ 的介电常数的色散特性及单晶 $BaTiO_3$ 的 ε'（$\lambda_0 = 10\text{cm}$）。

如 ε' 很高时，即使只填充腔体中的很小部分，采用微扰法还是不合适的，这时可用细杆样品置于波导中的传输线法。

5. 契林科夫效应法

该方法的原理如下：

当电荷具有超过此介质中传播的电磁波的速度运动时，会产生相应的辐射现象，电磁能量的辐射方向与运动方向成 θ 角，它们之间存在下述关系：

$$\cos\theta = \frac{1}{\beta n} \tag{10.393}$$

式中 $\beta = \dfrac{v}{c}$；

v——电荷的运动速度；

c——真空中的光速；

n——介质中的折射率。

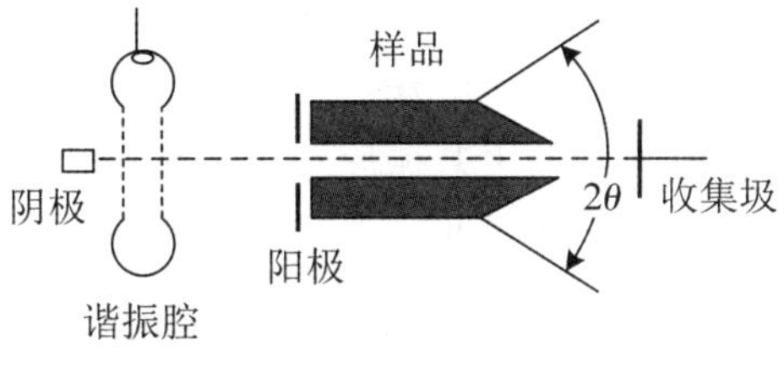

图 10.78 利用契林科夫效应测量铁电体介电常数的测量装置

利用天线测量此辐射角 θ，则介电常数为

$$\varepsilon' = \frac{1}{\beta^2 \cos^2\theta} \tag{10.394}$$

这一测量方法可以一直到毫米波段。在这一方法中，没有发现样品形状及尺寸对辐射角 θ 的影响。该测量装置的原理图如图 10.78 所示。

关于电介质的微波测量技术还可参阅文献［264～284］等。

10.8 小结

尽管本章中讨论的传输线法、谐振微扰法、光学法及介质波导法等并不是近年来提出的新方法，但是人们最常用的还是这些传统的、经典的、久经考验的老技术与老方法，有些还被选定为国家技术标准和IEC标准。追溯一下介电特性的测量技术历史就会知道，最早见诸书籍的是出版于1947年的美国麻省理工学院的雷达丛书第11卷，即微波测量技术，该书的第10章中用了100多页的篇幅详细介绍了介电常数的微波测量技术，至今仍有参考价值。1950年，在该校任教的Von Hippel教授及他的同事们，对许多有机和无机的材料在频率$100\sim10^{10}$ Hz内的开创性工作为射频及微波技术在工业上的应用奠定了基础。

此外还有苏联的A. A. БРАНДТ编写的《超高频电介质的研究》，捷克科学院的J. MUSIL和F. ZACEK编著的《自由空间法复介电常数的微波测量及其应用》，两书均是本章参照的重要文献，作者在此向他们表示敬意。

近年来，在电介质的微波测量领域内，仍有大量的新原理、新技术、新方法不断涌现，就像水这样一种大家习以为常的物质，仍然吸引着大批科学家为之继续研究与探讨，难怪每年在世界各地巡回召开“电磁能与水的相互作用”学术讨论会。因为不管在微波工业加热应用，还是微波生物效应和微波医疗应用领域，均需要详细了解水的微波特性。尽管已研究了近百年，但仍至今无法彻底了解其中的某些奥秘。

本章中对适用于毫米与亚毫米波段的光学法及介质波导法也做了适当的论述，虽然微波工业应用中不会利用到这些波段，但在微波灭菌、微波医疗，特别是透热疗法中均需了解这些细菌、病毒，尤其是当前生物学研究中已进入分子和细胞层面以后，研究这些细菌与细胞的介电特性就显得十分必要。这不得不让人们想起数十年前，苏联科学家们不遗余力地进行太赫兹振荡源的研发，他们对于波长仅为0.38mm的返波管的研究至今仍未被后人超越！不仅如此，他们还研发出许多分立的太赫兹源，后来人们才知道这些不连续分布的源的应用所在。因为人体内一些器官与组织的分子振动频率就落在太赫兹广阔的波段内，利用共振原理可以治疗一些疾病。太赫兹是亚毫米波段的另一称呼。这也让人了解了俄罗斯科学家热衷于毫米波与亚毫米波治疗仪的开发与应用的原因所在。

关于微波的非热效应，长期以来，争论不休，关键还是尚未找到这些效应的理论和实验依据。从这一观点来看，工作正在进行。因此讨论这些测量方法，不仅有着理论上的意义，更可以为探索这些未知的生命现象提供必要的技术手段。

自由空间法测量材料的介电常数在某些场合下是一种非常不错的测量方法，但由于该方法涉及烦琐复杂的天线理论，所以不得不忍痛割爱，有兴趣的读者可以从书末的参考文献中找到自己所需的资料。

本书还为读者提供大量的工业原料和人体各种器官及一些动物组织的介电常数和损耗角的数据，这些数据绝大部分来自前文提到的捷克科学院的专著，再次感谢他们！

第 11 章 微波功率应用文集

本章将作者在各种学术会议上所做的报告，以及应国内有关单位邀请为其撰写的技术咨询报告汇集一起，以应用文集的形式独编一章。为方便读者阅读起见，在每篇文末都列出参考文献或资料。

11.1 为“微波功率”正名

从 20 世纪 40 年代（1947 年）美国的 Raytheon 公司和通用公司同时各自发明了不同频率（2 450MHz 和 915MHz）的第一台微波炉至今已有近 70 年的历史了。如今微波炉已经进入到千家万户，普及率还在不断提高，而工业微波应用在我国也有 40 多年的历史了。近几年来，微波在非通信领域中的应用呈现出欣欣向荣的大好局面，在陶瓷烧结、材料改性、粉末冶金、等离子体气相沉积、烟丝烟梗的膨化、橡胶硫化与脱硫、微波硫灯等方面都取得了实质性的进展，许多行业对微波技术的应用潜力有了一定的认识和了解，这是一件大好事。但大家对“微波功率”（Microwave Power）的称呼长期以来将错就错，不仅微波行业以外的人都称为“微波能”，就连从事微波专业的人们也都叫“微波能”，“微波能应用专业委员会”这一学术团体的名称就是一个典型的例子。现在无从考证微波应用进入我国后第一个将其称为“微波能”的人是谁，但几十年来人们已经习惯了这种称呼。但从科学的角度来看，我认为还是应当恢复其本来属性为好，理由如下。

（1）1966 年于加拿大成立的国际微波功率协会（IMPI）中的 MP 两字即“微波功率”（Microwave Power）而非“微波能”。

（2）IMPI 同时出版的定期刊物原名为 *Journal of Microwave Power*，即“微波功率杂志”而非“微波能杂志”，后来改名为 *The Journal of Electromagnetic Energy and Microwave Power* 即“电磁能与微波功率杂志”，由此可见功率与能量两词的区别。

(3) 微波管也好，微波应用设备也好，其主要电性能指标是输出功率或功率密度，都以瓦或千瓦或瓦/升来计算或衡量，而绝不采用焦耳或尔格的能量单位来计量。

(4) 微波泄漏仪现在都在叫“漏能仪”，但其计量单位则是$\frac{\mu W}{cm^2}$或$\frac{mW}{cm^2}$，这是功率面密度而非能量面密度的称谓，漏能仪的称呼显然是名不符实的。

(5) 从产生微波的机理上来说也不应当称其为“微波能”。微波是从电磁能转换而来的，只有太阳能、水能、风能、原子能…… 这些才是真正的能源。相反地，如果人们称太阳能是“太阳功率”，原子能为“原子功率”，水能为“水功率”等，岂不让人哭笑不得！

尽管我在不同场合曾多次提出过这一问题，大家都表示赞同和理解，但并未将这一称谓改正过来，使之延续至今 40 多年，因此我在此呼吁微波学会、真空电子学会和各相关的协会组织及民间各专业人士尽快为“微波功率”正名，恢复其原有的科学称呼。这样做的目的，一是恢复其科学性，因为功率与能量是有原则区别的，功率是确定的，而能量却是与时间成比例的，不说明具体时间间隔，能量是无法计量的；二是应将“微波能应用专业委员会”改为“微波功率应用专业委员会”，将“漏能仪”改为“微波泄漏仪”，这样才能与“国际微波功率协会”及其他名词术语相对应，才能做到真正与国际接轨。

(第十二届全国微波应用学术会议论文集. 2005.**)**

11.2 微波加热过程中的热平衡与热失控

1. 问题的提出

我们经常会在一些报纸杂志或科普读物甚至一些学术论文中看到这样一种说法：微波加热与其他常规加热方法相比，其最大的区别是前者是一种“整体均匀加热”，或者说这是一种“表里一起加热”的过程，因此加热均匀性好、热效率高、环境温度低、无污染等。初看起来，这种提法似乎没有什么不妥，但稍为深入研究一下就会发现，这些提法存在着某种片面性，或给人一种误解，至少是一种模棱两可、似是而非的概念。因为这些提法没有说清楚物体在微波电磁场中是怎么被加热的，加热过程中的温度热平衡又是怎么建立起来和逐步稳定的，稳定后的温度分布又是怎样的。本文想就这些问题谈些看法，并试图用简单的方法描述一下微波加热过程中物料表里温度升高过程与平衡和稳定的情况及图像。

2. 问题在哪里

说“整体均匀加热”的提法不确切或存在某些片面性的根据和理由何在？下面先

从几种不同形状的电介质在均匀的静电场中观察介质内的电场分布谈起。

众所周知，在静电学中，介质表面的电磁场的边界连续条件（对电介质而言）是

$$E_{t1}=E_{t2}$$
$$D_{n1}=D_{n2} \tag{1}$$

式中 E_{t1},E_{t2} ——介质面内外电场的切向分量；

D_{n1},D_{n2} ——介质面内外电通的法向分量。

在这一边界连续条件下，来看看下面几个典型的例子，这些例子都是经典电磁学中的经典问题。几乎在任何一本电磁场理论的著作中都能找到。

例 1：静电场中的介质椭球体。

设介质椭球体的三个半轴在 x、y、z 坐标方向分别为 a、b、c，而三个方向上的去极化系数为 n_x,n_y,n_z，且有

$$n_x+n_y+n_z=1 \tag{2}$$

求解拉普拉斯方程后代入边界条件可得椭球体内的电场为

$$E_{ir}=\frac{E_{0k}}{1+(\varepsilon_r-1)n_k} \quad (k=x,y,z) \tag{3}$$

设外电场为均匀的垂直线极化场

$$\boldsymbol{E}_0=\mathrm{j}E_0 \tag{4}$$

这种情况下，$n_y=1,n_x=n_z=0$。

于是有

$$E_i=E_{iy}=\frac{E_0}{\varepsilon_r} \tag{5}$$

这种情况下，椭球体内体的电场分布如图 1 所示。

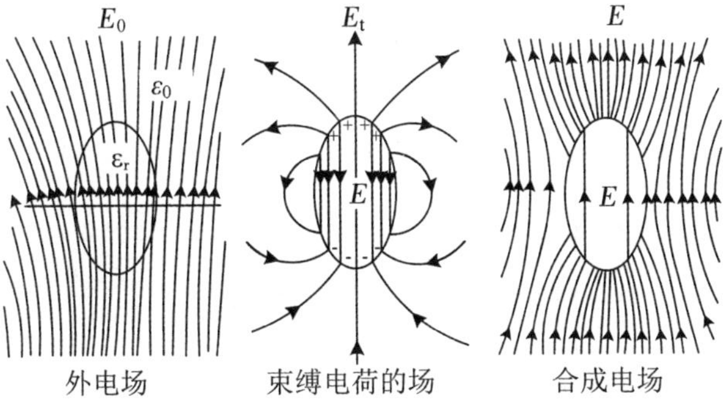

图 1　椭球体内的电场分布

一般来说，不论椭球体的 3 个半轴 a、b、c 的比值如何，只要是放在均匀的外电场中，它都具有在其内部产生均匀电场的性质。

例 2：静电场中的介质球体。

球体是椭球体的一个特例，这时由于对称性，$a=b=c$，所以有

$$n_x = n_y = n_z = \frac{1}{3} \tag{6}$$

如仍采用式（4）的外电场分布，将式（6）代入式（3）后有

$$E_{\mathrm{i}} = E_{\mathrm{i}y} = \left[\frac{3}{\varepsilon_r + 2}\right]E_0 \tag{7}$$

这种情况下，球体内的电场分布如图 2 所示。

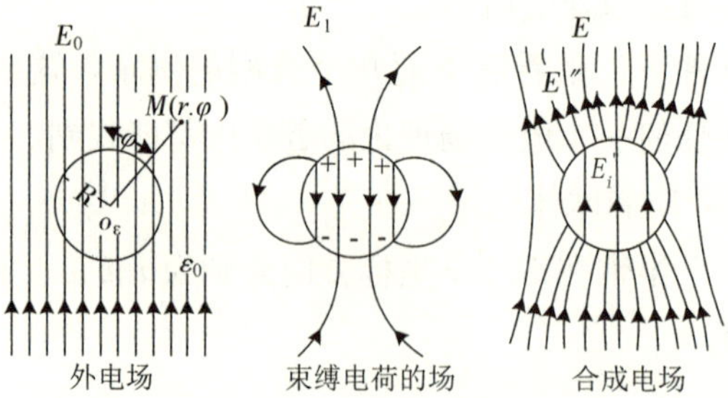

图 2　球体内的电场分布

例 3：无限长介质圆柱体（其轴与外电场垂直）。

这种情况下，如长轴在 z 方向，则有 $c \to \infty$，$a = b$，于是有

$$n_z = 0, n_y = n_x = \frac{1}{2} \tag{8}$$

代入式（3）后有

$$E_{\mathrm{i}} = \left[\frac{2}{\varepsilon_{\mathrm{r}} + 1}\right]E_0 \tag{9}$$

这时介质圆柱体内外的电场分布与图 2 类似，只不过它是在 x, y 平面内的分布，而球体则是环绕 y 轴旋转对称分布的。

例 4：有限长介质圆柱体（其轴与外电场平行时）。

这种情况下，如果假设圆柱体是均匀极化的，那么束缚电荷将仅在其两端出现（见图 3），很明显，这时束缚电荷的电场在圆柱体内部分布就不可能是均匀的，因而合成电场也将是不均匀的，然而这是与均匀极化的假设相矛盾的。

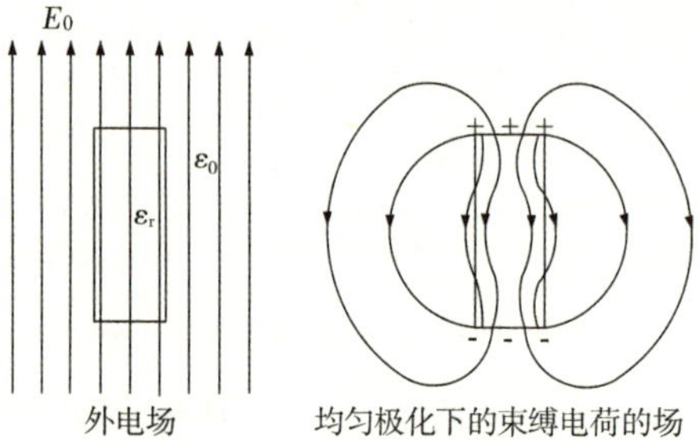

图 3　圆柱体内外的电场分布

由此可以推广到任意形状的电介质物体内的电场不可能得到均匀的极化，从而造成内部电场的不均匀性。

从以上几个例子不难看出，不同形状的电介质即使在均匀的外电场 中，其内部的电场 E_i 有些是均匀的，而有些则是不均匀的。即使是均匀分布的内电场中，E_i 的大小也反比于介质的相对介电常数 ε_r。换句话说，ε_r 愈大，E_i 就愈小。像水这种特殊的介质，其 $\varepsilon_r \approx$ （60～80），由此可见，水中的内电场要比外电场减小 60～80 倍之多。

显然，上述例子都是在静电场情况下的讨论，在微波加热时，情况又是怎样的呢?

大家都知道，微波是一种高频电磁波，微波加热中常用单模腔、多模腔和行波等不同的应用器，情况各不相同。我们暂且不去考虑各种应用器中微波电磁场的不同分布，并且假定这种分布是一个具有一定极化方向的完全均匀的线极化型交变电磁场（如垂直线极化），这时在一个立方体的电介质内电场又是如何分布的呢? 显然这不是一个静电问题，而是一个电磁波在有耗介质中的传播问题（驻波场可以看成两个相反方向传播的电磁波的合成）。

从电磁理论知道，电磁波沿有耗介质传播时，在介质内渗透深度为

$$D_p = \frac{\lambda_0}{2\pi\ (2\varepsilon')^{1/2}} \{[1 + (\varepsilon''_{eff}/\varepsilon')^2]^{\frac{1}{2}} - 1\}^{\frac{-1}{2}} \tag{10}$$

对于低耗介质有

$$D_p \cong \frac{\lambda_0 \sqrt{\varepsilon'}}{2\pi\varepsilon''_{eff}} \tag{11}$$

对于高耗介质有

$$D_p \cong \frac{\lambda_0}{2\pi\ \sqrt{2\varepsilon''_{eff}}} \tag{12}$$

式中 ε'——介质介电常数的实部；

ε''_{eff}——介质介电常数的虚部（它包括电导损耗和偶极损耗，在微波波段主要是后者）；

λ_0——工作波长。

由此可见，在低耗介质中 D_p 与 ε' 及 ε''_{eff} 有关，而在高耗介质中则只与 ε''_{eff} 有关。

图 4 示出了一立方体的沿横向（x）和沿纵向（y）的内电场分布。由图可见，沿 x 方向的边缘场要比中心部位的场要大；同样地，沿 y 方向的边缘场也比中心部位的场要大，而且同是边缘场，x 向的则又要比 y 向的要大。这些都是边界条件决定的。如果物体的体积过大，或 ε'、ε''_{eff} 过大，或波长 λ_0 过小，都会导致物体中心部位的电场很弱，甚至为零。显然，这是与静电问题完全不同的，它是由介质的边界条件和渗透深度共同决定的，这也是为什么对于大物体或厚物料要选用 915MHz 的微波频率，而对于小体积或薄物料则要选用 2 450MHz 的微波频率的理由。

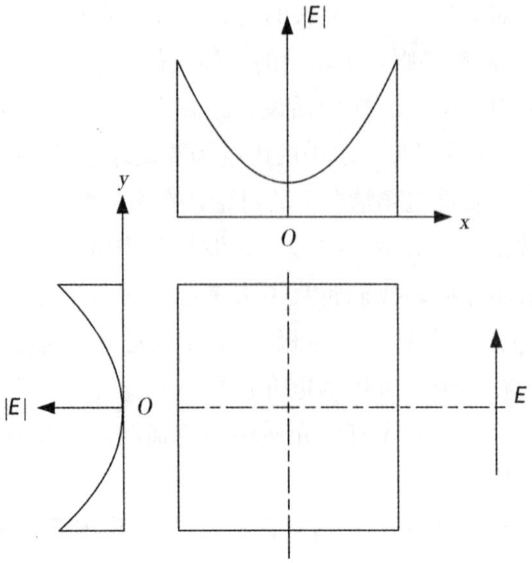

图 4　立方体内的电场分布

由此可见，除非加热对象是非常薄或非常细小的材料，否则就不可能是一个“整体均匀加热”或“表里一起加热”的物理过程。所以笼统地说微波加热是一种“整体均匀加热”过程至少是一种片面的和不确切的说法。

3. 微波加热过程中的热平衡

由于微波频率下的介质损耗主要是偶极损耗，特别是高含水物料，由于水的介电常数和偶极损耗都较大，因此，含水物料的加热过程主要是水的加热过程。

在微波场作用下，单位体积内物料上的功率耗散（即功率耗散密度）为

$$P = \omega\varepsilon_0\varepsilon''_{\text{eff}}E^2 = 2\pi\varepsilon_0\varepsilon''_{\text{eff}}fE^2 \tag{13}$$

而当物料吸收微波微波功率后，它的温度上升率取决于一系列参量。要使质量为 m_a 公斤的物料在时间 Δt 秒内，温度从 T_0℃升高到 T℃时所需的功率由下式决定

$$P = m_a c_p \frac{(T - T_0)}{\Delta t} \tag{14}$$

从而可以求得温度上升率（物体中）为

$$\frac{\Delta T}{\Delta t} = \frac{0.556 \times 10^{-10}\varepsilon''_{\text{eff}} fE^2}{-\rho c_p} \quad (\text{度/秒}) \tag{15}$$

式中　ρ——物料的密度（kg/m^3）；

c_p——物料的比热（J/kg·℃）。

在物体单位体积内的热逸散率为

$$h = \alpha_t \nabla^2 T = \alpha_t\left(\frac{\partial^2 T}{\partial x^2} + \frac{\partial^2 T}{\partial y^2} + \frac{\partial^2 T}{\partial z^2}\right) \tag{16}$$

式中　α_t——材料的热扩散系数。

$$\alpha_t = \frac{热传导率}{密度 \times 比热}$$

当在同一单位体积内的微波输入功率密度产生的温度上升率与热逸散率相等时，即满足下述方程时

$$\frac{\partial T}{\partial t} = \alpha_t \nabla^2 T + \frac{p}{\rho c_p} = 0 \tag{17}$$

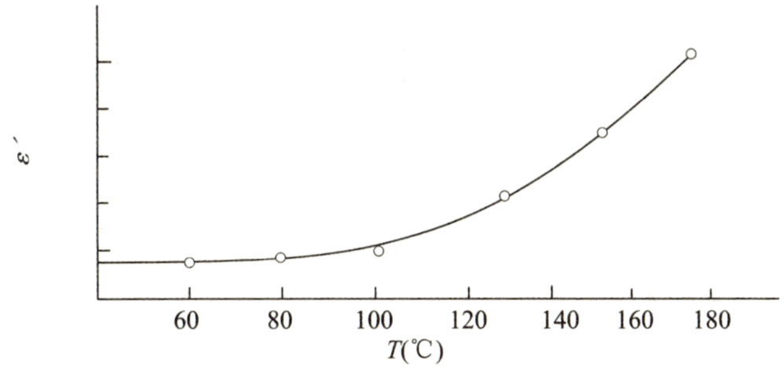

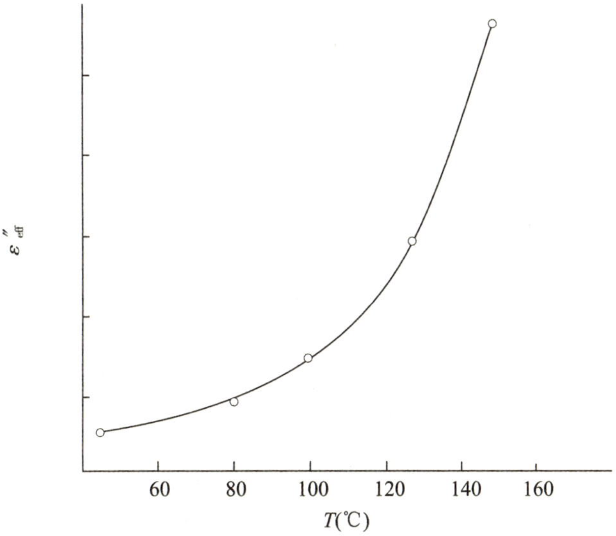

图 5　尼龙的温度特性（$f = 3$GHz）

即达到了一个平衡的温度，这时，$\frac{\partial T}{\partial t} = 0$，$T = T_b$。

由式（15）可见，在其他条件不变的情况下，$\frac{\Delta T}{\Delta t}$ 比例于物料的损耗因子 ε''_{eff}，而 ε''_{eff} 的温度特性却视物料的种类而定。它的温度特性通常可分为 $\frac{d\varepsilon''_{eff}}{dr} > 0$ 的正斜率和 $\frac{d\varepsilon''_{eff}}{dr} < 0$ 的负斜率两种。前者如尼龙、陶瓷、云母等。尼龙在 3 000MHz 时的温度特性如图 5 所示，它具有正的斜率特性。而许多食品和水等则具有如图 6 所示的负斜率特性。而对某些物料来说，它的温度特性还与含水量多少有关。如枫木，在低含水量（$M < 10\%$）时具有正的斜率特性，而在高含水量时却具有负的斜率特性。个别物料

在 $f=2\ 450\text{MHz}$ 时会出现 $\frac{d\varepsilon''_{eff}}{dr}=0$ 的特性。在许多食物中如胡萝卜、牛肉等具有负斜率特性，而火鸡和熟火腿等则具有正的斜率特性。工业原料橡胶也具有正的斜率特性。

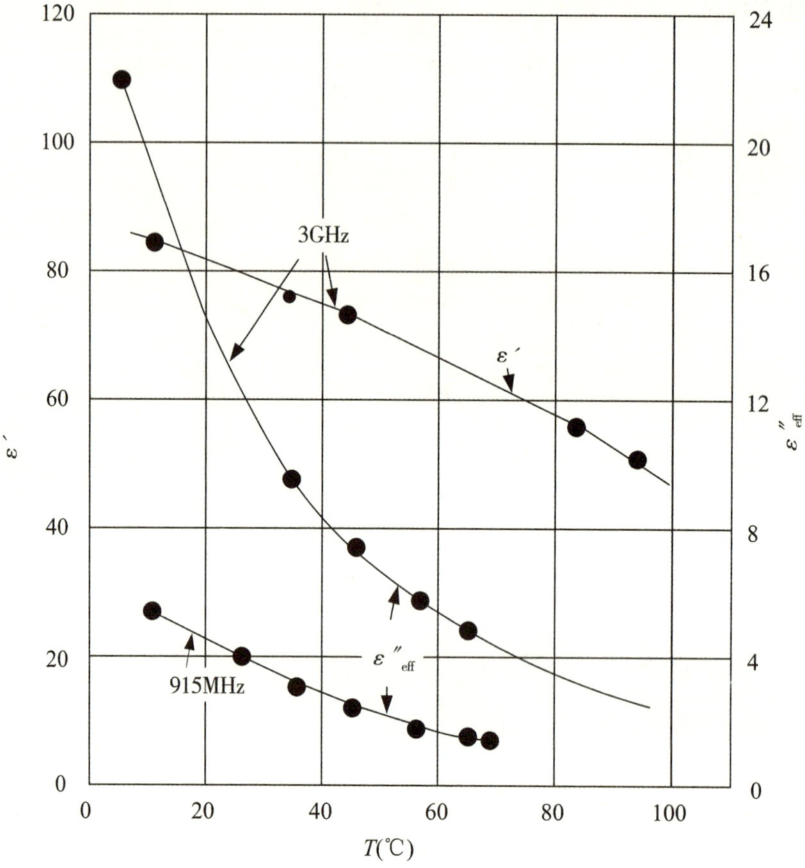

图 6　水的介质温度特性

对于具有正斜率特性的物料来说，由于温度升高后使 ε''_{eff} 增大，它的增大又反过来使温度上升，如此连续不断往复循环导致物料损坏，这就是微波加热过程中的“热失控效应”。

人们利用微波炉进行冷冻食物解冻时往往掌握不好解冻的时间，就是因为不十分了解在水的冰点附近，ε''_{eff} 与 T 的关系具有正的斜率特性，所以只要其中出现几滴水，微波能就首先耗散在液态水中，这就导致具有危险性后果的不均匀解冻，从而产生局部的失控和热斑。因此，通常解冻时建议将冷冻食物的温度从－20℃或－18℃状态提高到－2℃水平即可，这时可以很方便地进行切割加工，而又不致出现局部煮熟现象。

对于像氧化铝瓷、热压氮化硼、云母块、尼龙、滑石、未硫化的合成橡胶等材料，它们都具有正的斜率特性。这些材料中由于临界温度不同，像陶瓷等其临界温度为650～800℃，滑石为 400～450℃，尼龙为 140～150℃ ，橡胶为 40℃，特别像陶瓷等高绝缘低耗材料，在微波短时间加热中不会发现它有明显的温升现象，但是如果时间一长，就会发现其温度急剧上升，最终导致“热失控”，于是人们就把这一急剧温升对应的温度定义为临界温度 T_c。也就是利用了这一正的斜率特性，人们才掌握了陶瓷烧结、陶瓷焊接等先进的微波加工新工艺。工业上的橡胶硫化工艺也是如此。

相反地，由于水具有负的斜率特性（见图 6），所以当温度上升时，它的 ε''_{eff} 却不断下降，这就导致 $\frac{\Delta T}{\Delta t}$ 的下降，这对平衡过程是有好处的。与此同时，由于 ε''_{eff} 的下降，微波在水中的渗透深度却反而增大，如图 7 所示。

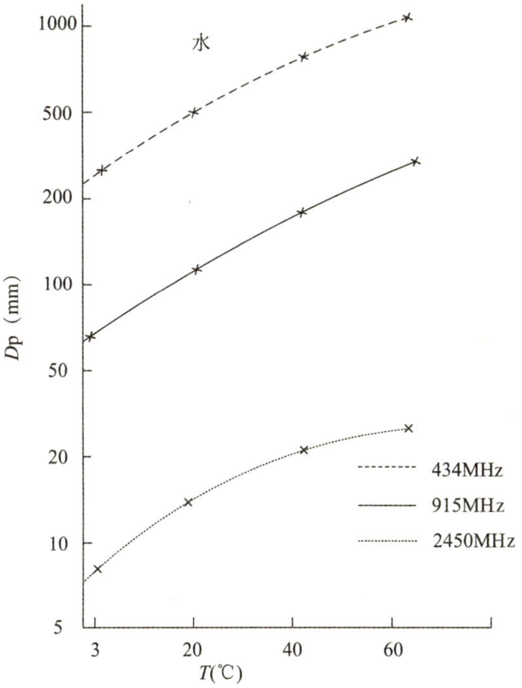

图 7　不同频率时水的渗透深度

对纯水如此，对含水物料特别是高含水物料也是如此。这是问题的一个方面，即微波加热过程中由于材料特性变化引起 $\frac{\Delta T}{\Delta t}$ 及 D_p 变化产生的影响；另一方面，从传热学方面考虑，必须求解热传导方程，在加热过程中不同方向上的热传导（包括热的传导、辐射和对流现象）会使得物料表面上的温度下降（因为不存在外部热源，表面的散热条件较好，这一点确实与常规加热方法不同），上述两个方面综合作用的结果就会使得中心到边缘的温升在加热过程中呈现出如图 8（a）所示的结果，在加热未开始时，$\frac{dT}{dr}=0$，随着加热开始，$\frac{dT}{dr}>0$。随着时间的推移，这一正的斜率逐渐下降，即达水的沸点时，$\frac{dT}{dr}=0$ ，这时 $T=T_b$（T_b 为水的沸点温度）。说得通俗些就是对水来说，刚加热时是外热内冷的，然后这一温差逐渐减小，直到沸腾时平衡为止。而对某些物料（包括含水物料），在达到里外温度均匀时，中心部位微波加热仍在进行；同时，由于其散热条件有限（大大低于外表层的散热条件），所以其温度仍在提高，从而导致从里到外的负斜率的温度分布如图 8（b）所示，这时，$\frac{dT}{dr}<0$。当中心部位的温度 T_c过高时，会使物料损坏或烧毁。

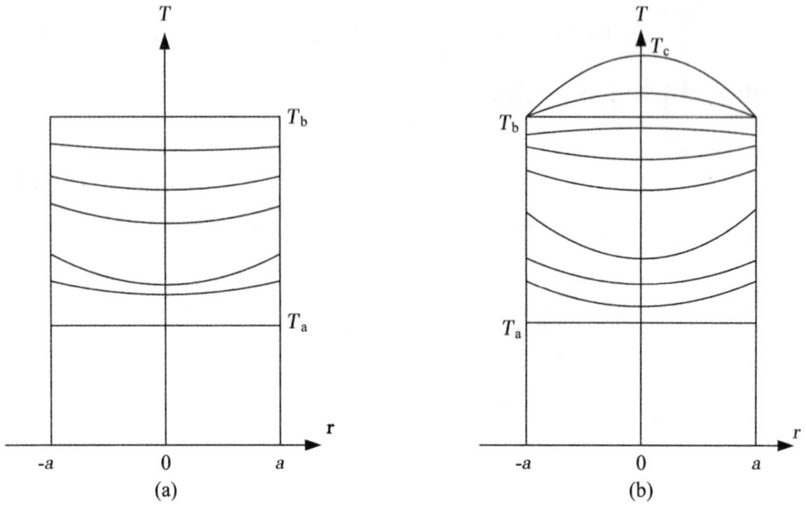

图 8　(a) 水及其他含水物料　　　　(b) 加热时的内部温度分布

现在的问题是如何寻找一种方法能够使加热过程中达到 $\frac{dT}{dr}=0$ 时即停止加热，这样的里外均匀的加热效果是最佳的。但在工程上要做到这一点却是相当困难的，因为人们只能借助于调节微波输出功率、调节加热时间、调节外部散热条件等措施，或相互配合在实践中不断摸索，这就需要付出代价，有时甚至是高昂的代价，这个问题目前仍未得到彻底解决。最典型的例子就是在加热烟叶或烟梗过程中，由于和物料的大小、形状、长短、厚薄、含水量等的不均匀，加热时会产生局部过热、烧焦并引燃起火，直到诱发波导打火或击穿，严重时会损坏波导系统中的环行器或磁控管。

4. 结语

从上述简单的讨论中不难看出，我们在进行微波加热系统或设备的研制中，一定要深入全面地了解被加热对象的基本特性，如它的频率特性、介质特性、温度特性等，还需进一步了解其 ρ、c_p、D_p、$\frac{d\varepsilon''_{eff}}{dT}=f(T)$ 等。在技术上应针对某些物料具有正的 $\frac{d\varepsilon''_{eff}}{dT}$ 特性所引起热失控现象而采取对策。

多模腔应用器由于其固有的驻波特性，所以会产生热失控现象，这种在物料中局部产生的热斑尽管其体积很小，却会使其有效 Q 值大大降低，导致更多模式的出现，并提供了与热斑良好的功率耦合，从而加速了热失控效应。

相反地，行波场应用器由于其电场能较好地受到控制，所以导致热失控的趋势要小得多，橡胶硫化设备采用行波加热应用器就是一个典型例子。

参考文献

[1] 卡兰达罗夫，等. 电工学理论基础 [M]. 上海：龙门联合书局，1953.

[2] 张兆镗，钟若青. 微波加热技术基础 [M]. 北京：电子工业出版社，1988.

(第十一届全国微波能应用学术会议论文集. 2004.)

11.3 微波炉中半波倍压电路的自稳压原理

微波炉中的电源从体积重量和成本等多因素出发，目前，几乎毫无例外地均采用半波倍压电路，如图1所示。

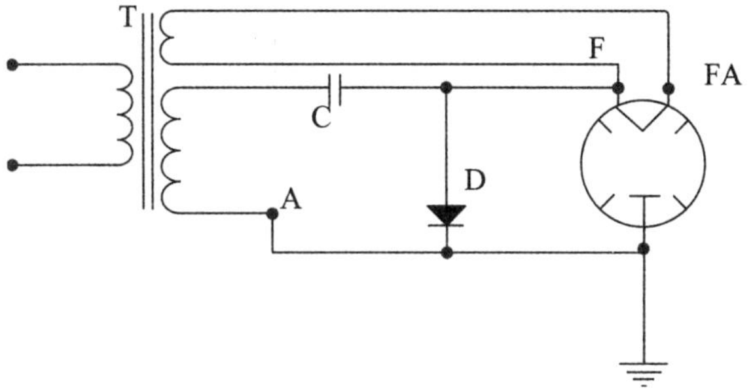

图1 微波炉半波倍压整流电路

在该电路中，采用磁饱和的漏感变压器T作为电源变压器，它与电路中的倍压电容器C及整流二极管D构成半波倍压整流电路。

在交流电源正半周时，变压器T次级绕组上的电压U_S通过电容器C和二极管D（正向偏置）构成充电回路，电容C上的电压从0开始按指数律上升，直到U_S全部充到C上，这时$U_C=U_S$，实际上，这个充电过程只在1/4周期内即告结束。充电电路如图2所示。

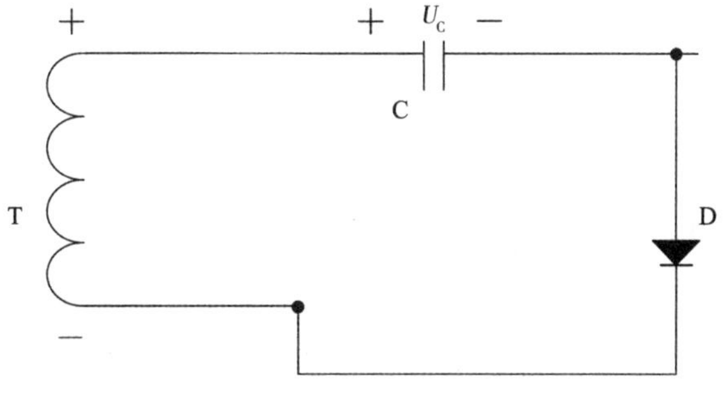

图2 正半周充电电路图

从负半周开始，电容 C 上的电压 U_C 与 T 中次级绕组的反相电压——U_S 相串联，并向磁控管放电，这时，二极管 D 由于反向偏置而不导通，只要 U_C+U_S 的瞬时值达到并超过磁控管的起振门槛电压，管子产生振荡，管内形成阳极电流 I_a，这时的放电电路如图 3 所示。

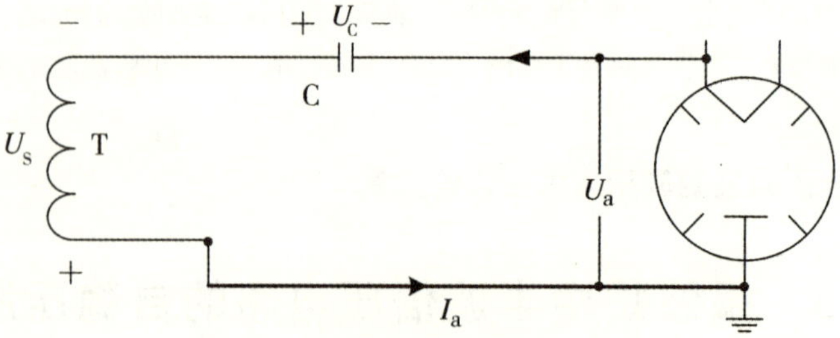

图 3　负半周放电电路图

这是一个典型的串联谐振电路，其等效电路如图 4 所示。

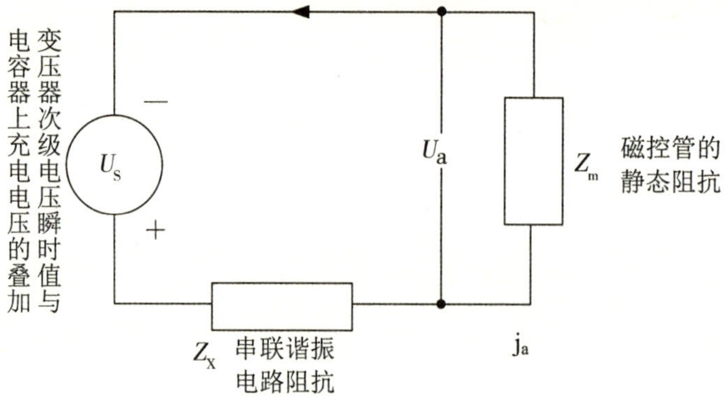

图 4　放电回路的等效电路

图中 Z_m 为磁控管的静态阻抗，Z_X 为串联谐振时的等效阻抗，如果略去次级绕组中的欧姆损耗和电容中的电导损耗，则这一阻抗呈现纯电抗性质，即 $Z_x=jX$ 。

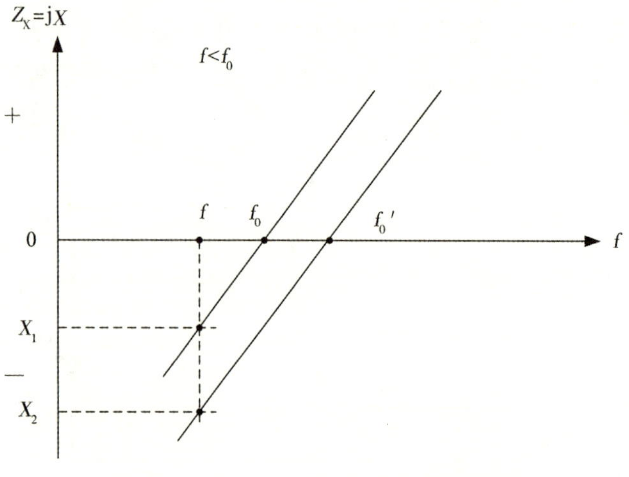

图 5　串联谐振电路的电抗频率特性

图 5 中画出了 LC 串联谐振回路的电抗频率特性，f_0 是串联谐振电路的谐振频率，它取决于下式

$$f_0 = \frac{1}{2\pi\sqrt{LC}} \tag{1}$$

如果选择这一谐振频率 f_0 高于工作频率 f 约 15%，即当 $f = 50\text{Hz}$ 时选择 $f_0 = 57.5\text{Hz}$，由于 $f_0 > f$，故在 f 时 Z_X 为 $-\text{j}X$，即为容抗，这时加到磁控管上的阳极电压为

$$U_a = U_S - i_a \times Z_X \tag{2}$$

当电源电压增高时，管内电流 i_a 就会相应增大，磁饱和漏感变压器中的电感由于其中流过的电流增大而做非线性地下降。这一变化规律如图 6 所示。

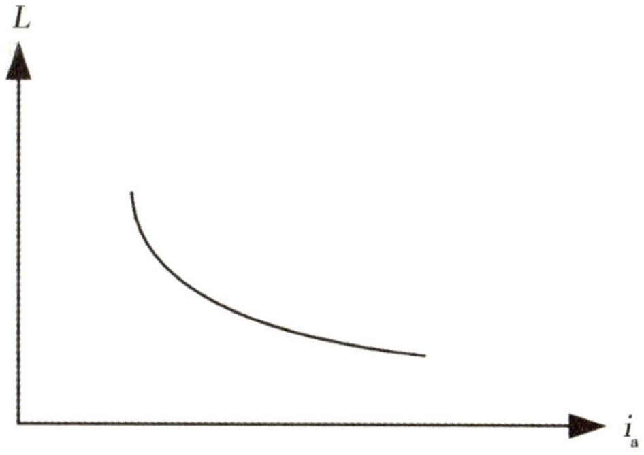

图 6　非线性电感与其中流过电流的关系

因此按式（1）计算出来的新谐振频率 $f'_0 > f_0$，即在图 5 中的电抗曲线向右平移了一段距离，而工作频率仍为 f，可见这时的电抗绝对值增大了，但性质未变，仍为容抗，因此作用在管子上的电压 V_a 能基本上保持不变。这就是串联谐振电路自稳压和稳流的原理。关键在于漏感变压器的性能好坏！即图 6 中的电感与电流的非线性变化规律应符合管内电流的变化（这在磁控管中是典型的），以及磁控管具有很小的动态阻抗（约为数百欧姆量级）这一特殊要求。由此可见，在炉用磁控管中，不同功率电平不同参数的管子，在选用漏感变压器和倍压电容器时绝不能马虎，应该良好配合，才能起到自稳压的作用。

参考文献

[1] 张兆镗，钟若青．微波加热技术基础 [M]．北京：电子工业出版社，1988.

(在美的集团微波电器事业部微波炉公司的技术报告．2006.)

11.4 微波与紫外线对人体的伤害及泄漏标准

(1) 过高功率密度的微波对人体是有明显伤害的，特别是对眼睛和睾丸，由于其血液循环速度与其他躯体部分存在明显差异，会导致微波“热效应”引起的温升过高而受到伤害。目前世界上看待微波的伤害原因存在着两种不同的观点。

一种是英、美、日等西方国家认为主要是微波的热效应所致。1971 加拿大的 Anon 根据下述观点提出了 $10mW/cm^2$ 的暴露标准。这一标准的根据是它与人体处于坐态时的热通量的幅值具有相同的量级，因此人体能很容易地耗能掉这一热量。它粗略地为人体感到温热时热通量密度的三分之一。我们用一高度为 1.7 m、平均周围为 1 m 的圆柱体来代表人体。当人体体重为 80 kg 并由类水物质构成时，其比热为 4180J/kg℃，人体的表面积为 $1.7\ m^2$，在医学上，人体能经受得住每小时几度的温度变化，假设为 2℃/h，则功率密度约为 $11\ mW/cm^2$ ($110\ W/m^2$)，因此，按照这个粗略估计，人们能够长时间地承受这一剂量而没有任何有害的影响。

实际上人体不能用一种均匀的介质来描述，在某些特殊部位如眼睛和睾丸是很不均匀的，它们对微波辐射特别敏感，这是因为血流的限制使产生的热量不能迅速地传走和耗散在其他部位上。然而，对于缓慢的温升，人体的热调节系统容易稳定，但当功率密度增加到超过 $11mW/cm^2$ 很多倍时，这种调节作用就会失效。此外，微波能通常是从一个源发出的，因此人体只有一半暴露在场中，而场强也不见得在人体表面是绝对均匀的。因此最大电平 $10mW/cm^2$ 时其平均值将是很低的。所以从热效应观点出发，连续暴露在 $10mW/cm^2$ 的极限下是安全的。

(2) 1982 年 7 月美国颁布一个新标准。

30～300MHz	$\leqslant 1mW/cm^2$
300～1500MHz	$<1\sim5\ mW/cm^2$
1.5～100GHz	$\leqslant 5mW/cm^2$

在某些国家，对微波功率源、微波炉等设备的制造商，由法律强制使其产品的辐射泄漏应低于所建立的辐射标准电平。

美国规定：家用微波炉的辐射在卖给顾客之前不应超过 $1mW/cm^2$，此后也不得超过 $5mW/cm^2$。试验时一律在炉中放入一个标准的 $275cm^3$ 的水负载，然后在炉外规定的距离上测量其泄漏功率。

(3) 苏联为首的一些国家则提出不仅要考虑微波的热效应，更要考虑微波的非热效应即生物学效应，他们认为长时间的低功率微波辐照会引起人体神经系统的及遗传变异等一系列不容忽视的问题。几十年来，苏联及后来的俄罗斯的科学家一直在不余力地进行全面广泛的微波非热效应的研究工作，并有大量的临床实验数据。

他们的标准如下。

$f>$300MH，连续 6 小时	$\leqslant$10 μW/cm^2
连续 2 小时	$\leqslant$100 μW/cm^2
连续 20 分钟	$\leqslant$1mW/cm^2

(4) 我国在 1979 年 5 月 1 日由卫生部与第四机械工业部联合发布了试行的微波辐射暂行卫生标准。

时间	泄漏标准
连续 8 小时/每天	$\leqslant$38μW/cm^2
日剂量	$\leqslant$300μW/cm^2
使用个人防护用品	$>$1mW/cm^2
出厂时距外壳 5 cm处	$<$1mW/cm^2
不允许工作	$\geqslant$5 mW/cm^2

到 1989 年 2 月又颁布了关于“作业场所微波辐射卫生标准”的新国家标准（GB 10436—89），取代了 1979 年发布的试行标准。标准规定如下。

连续波：一日 8 小时暴露的平均功率密度为 50μW/cm^2，小于或大于 8 小时暴露的平均功率密度以下式（1）计算，即

$$P_{\mathrm{d}}=\frac{400}{t} \tag{1}$$

式中 P_{d}—— 容许辐射平均功率密度，μW/cm^2；

t——受辐射的时间，小时。

由此可见新标准与老标准相比，上升了 12 μW/cm^2。

1996 年 9 月，国家技术监督局又颁布了“家用和类似用途电器的安全——微波炉的特殊要求”的国家标准（GB 4706.21—1996），在该标准中规定在距离微波炉外表面 5 cm 处或更远的任何点测量微波功率密度，其值不应超过 50 W/m^2（即 5 mW/cm^2 ），这一标准与 IEC 335—2—25—1993 的标准是一致的。2008 年颁发的新标准，家用微波炉性能测试方法 GB/T 18800—2008 仍维持此数值不变。

遗憾的是，我国在进行相应泄漏标准制定时仍然缺乏广泛、深入、全面地对长期在微波作业现场工作人员的流行病学的跟踪调查，也未有计划地开展微波生物学效应在分子和细胞水平的基础性研究工作。这使得制定泄漏标准存在一定的盲目性。给人一种只是在东西方两个反差如此剧烈的选择中采取折中的印象，似乎缺乏严密的科学依据。

(5) 紫外线对人体的伤害及其防护。

①在电磁辐射的范畴中，UVC 属于低能量辐射，穿透力弱，其光量子不能透过普通玻璃，对纸、有机玻璃和一般透明塑料薄膜的透过率很低，但对石英类玻璃的透过率可达 70%甚至 80%以上，聚氟亚乙烯树脂薄膜、乙烯共聚脂膜可分别透过 UVC60%和 40%左右。

UV可以空气中直线传播，但呈指数衰减，在水中的传播距离有限，约可穿透水质2cm，有点接近2 450 MHz的微波在水中的渗透深度。

②UVC的杀菌机理。

在UVC的照射下，生物细胞中的原子、分子发生振动，电子受激，电子能级状态改变，同时细胞分子和周围的水分子也被激发，从而产生一系列光谱吸收产物和氧化自由基。这些分子水平的变化一方面导致生物细胞内核酸突变，如核酸断链、交联，嘧啶二聚体与嘧啶水化产物等形成使核酸复制，转录封锁及蛋白质的合成产生障碍；另一方面，不同氧化自由基如 OH^-、O^- 等也可引起细胞核酸和氨基酸的氧化，导致相关结构和功能损伤和障碍，甚至导致细胞的死亡。

实验证明，细菌和某些病毒的DNA在UVC波段有明显超过蛋白质水膜的吸收峰。因此认为UVC对细菌的致死作用是UVC对核酸的损伤所致。

由于UVC的特殊性质，所以采取一些简单措施即能进行防护，例如用普通玻璃或有机玻璃等低透过率材料加以隔离即可。

（6）微波炉微波与紫外线辐射防护技术的比较。

对微波炉这一特定的家用设备，使用时最大的微波和紫外线辐射是从正面的炉门漏出的。在使用微波炉时，为了观察炉内食品的加热情况，通常在炉门中部采用具有屏蔽电磁波的带有金属网孔的可视窗，网孔直径 $\varphi \leqslant 2$ mm，但是微波有时还会从接触的隙缝中外泄。因此，为了防止微波外泄，通常采取微波技术中的“抗流装置”，即一种机械上不是绝对接触无缝，但电学上相当于短路的完善接触的一种装置，这一装置可使微波泄漏降低到一个对人体无害的水平。

而UVC置于炉内顶部直接对着被加工的食品或材料，由于物品形状和表面的多样性，所以可能会产生不同程度的反射、折射造成面向观察窗导致外泄的辐射。但由于炉门由多层玻璃或有机薄膜构成，只要这些材料对UVC的透光性很差，炉门外侧就检测不到UVC的很大辐射。所以从这一角度来看，对于像微波炉这样一种特定产品，防紫外线的外泄在技术上远比防微波的外泄简单，效果也要好得多。因此，如何建立起一个合理的科学的泄漏标准就是目前亟须解决的问题。

同时，国内目前正在大量生产利用UVC杀菌的消毒柜，如果这类产品已建立了防紫外线泄漏的标准，紫微光微波炉就完全可以参照该标准执行。

参考文献

[1] 张兆镗，钟若青．微波加热技术基础［M］．北京：电子工业出版社，1988.

[2] GB 10436－89，作业场所微波辐射卫生标准．北京：中国标准出版社，1989.

[3] GB 4706.21－1996，家用和类似用途电器的安全，微波炉的特殊要求．北京：中国标准出版社，1997.

[4] GB 18528－2001，作业场所紫外辐射职业接触限值．北京：国家质检总局，2002.

[5] GB 18800—2002，家用微波炉性能测试方法. 中国国家质量监督检验检疫总局，中国国家标准化管理委员会，2008.

(为美的集团微波电器事业部微波炉公司提供的技术咨询报告. 2007.)

11.5 关于工业微波炉设计中的几个问题

众所周知，工业微波加热用的微波炉（行波加热器除外）与家用微波炉最大区别在于两者的微波功率和炉腔体积相差很大。通常家用微波炉的容积一般在 15～30L，欧美地区一般在 25～40L，而工业微波炉的容积则在 500L 以上，有时甚至可达数万 L。因此在设计这类大容积的工业微波炉时就有许多不同的考虑原则，主要考虑以下几个因素：

（1）具有足够高的微波功率密度；

（2）具有足够多的模式数，以保证炉内微波场强分布的均匀性；

（3）与微波源具有良好的耦合方式，保证足够高的耦合效率；

（4）避免炉内尤其是耦合口附近因大量水汽产生高频击穿；

（5）具有良好的防泄漏装置，保证操作位上的人员的安全性。

本文重点讨论（2）、（3）、（4）几个问题。

1. 多模腔的设计

通常由于微波波长与物体几何尺寸的共度性，所以在 S 波段的微波单模腔的几何尺寸很小，容积也不大，这种小容积的炉腔不仅在工业加热上没有使用价值，即使在家用微波炉中也无使用价值。这就决定了无论是家用微波炉还是工业微波炉都不得不采用过模的多模电磁谐振腔，由物理学和电磁学的理论知道，任何一个谐振腔内，在过模状态下，其中可能存在的谐振模式数目是与该腔体的体积成正比的。换句话说，体积越大，其中可能存在的模式数目就越多，而腔内的微波电场的分布均匀性又与模式数目成比例，这就是为什么人们总是希望去设计一个腔体体积较大的炉腔去改善炉腔内电场的均匀性。但片面追求增大体积却会使微波功率一定的情况下的功率密度下降，当然从能量守恒定律出发，只要在增大体积的同时，腔体四周的金属边界不增加损耗（如采用理想的或接近理想的金属材料制造），那么即使功率密度的下降也不会对加热效果产生显著的影响。然而在实际情况下，任何金属材料的导电率都是有限的，尤其是不锈钢，它的损耗是铝的 25 倍，是铜的 41 倍，是银的 44 倍，因此如采用不锈钢作为炉腔的材料，在增大体积的同时却大大增加了整个墙壁的面积和损耗，这种情况下采用增大体积的办法只有在同时增大微波输入功率的条件下才是正确的。这就是目前市场上一部分出口的大容积家用微波炉中采用 1～1.6kW 磁控管的理由，在工业微波炉中，出于对被加热物料体积因素的考虑，炉腔容积通常在 500～20000L，有时甚至更大。在这样大的腔体内如采用 915MHz 或 2 450MHz 波段的微波磁控管作为微波源，这显然是工作在大大的“过模”状态，因此在其中可能存在的模式数非常之多。这种情况下，只要功率密度足够，炉腔内的场分布均匀性是比较理想的。这种炉腔的空载品质因数非常高，但一旦加入待加热的物料（特别是高含水量的物料）后，炉腔的有载品质因素急剧下降，这种下降程度可达 3～5 个数量级，有时甚至无法谐振了，一个典型的高 Q 谐振系统变成了一个低 Q 的微波辐照系统。

第 2 个因素则是被加热物料的形状和体积大小，炉腔尺寸特别是横截面尺寸的选择主要考虑物料的体积大小及形状要求，长度方向的选择则应考虑到微波功率及加工的产量要求。

第 3 个因素是应根据被加热物料含水量的高低去选择炉腔的容积，特别是长度方向上的尺寸，含水量低的长度可短些，否则应长些。

第 4 个因素则是根据微波源的馈能口的数目多少，是单馈口还是多馈口，是单微波源还是多个微波源（特别是互相独立的多个微波源）。

第 5 个因素则是腔内功率密度的大小，过高的微波功率密度将导致以下两个效果：

（1）炉内空气或气-汽混合物的介质击穿；

（2）过大的内应力造成被加热物料的损坏。

综上所述，我们在设计一个多模腔时应根据诸多相互制约因素的限制，从理论上特别是实验上选择合理的尺寸，以期达到具有良好均匀分布，高效率、安全运行的高产量的工业微波炉。

最后应当指出，工业微波炉由于功率较大，因此通常采用三相全波整流非滤波的供电系统，这一直流电源使得磁控管的电流脉动大大降低，因此不会出现像家用微波炉中因采用半波倍压直流电源导致的微波源的多频输出现象。同时，工业微波炉中通常在微波源输出与炉腔之间接有环流器，这样负载变化不会对微波源产生频率和功率牵引现象。这两个因素使得工业微波炉中使用的磁控管性能较为稳定。

2. 微波源与炉腔的耦合

微波源与炉腔的耦合是工业微波炉设计中的另一个重要问题。通常对这种耦合的基本要求是：

（1）炉腔与微波源具有良好的（荷载情况下的）匹配，使微波源的功率无反射地馈入腔内；

（2）耦合装置应能最大限度地激励起众多电磁振荡模式，以保证腔内场分布的均匀性。

这种耦合装置一般可分为直接耦合和间接耦合两种类型。

1）直接耦合型。

在直接耦合方式中又可分为单管及多管直接耦合方式。由于连续波磁控管目前多为轴向同轴天线输出结构，所以直接耦合方式就是将磁控管的同轴天线直接插入炉腔中某一合适位置以产生面极化，或在天线端加接一螺旋天线以产生圆极化的电磁波。对单模腔来说，耦合口位置及耦合方式决定了该模式能否被激励起来，但激励后的谐振频率则完全由腔体的边界所确定。而多模腔的情况要复杂得多，因为多模腔中被激励的众多模式（包括 TE_{mnp}模及 TM_{mnp}模），是由耦合口多少及位置和边界条件共同决定的；同样的边界条件可以激励起多少模式就由耦合装置来确定了，因此可以通过电场仿真或凭经验来确定耦合口的多少，特别是具体的分布方式及相互位置，但有一个共同的前提，那就是应最大限度地激励起尽可能多的模式，以保证炉腔内的场分布的均匀性。原则上来说，多模腔中的模式数目与耦合口数量没有直接的关系，但在当前实际情况下，由于家用微波炉用磁控管的价格低廉，在工业微波炉中已大量采用几只、数十只甚至上百只炉用磁控管同时馈能以产生大功率的装置，这种情况下，多管直接耦合就是一种必然的耦合方式。因此耦合口的分布、相对位置及极化方式都将影响到多管耦合时的耦合效率。这时要考虑的问题已不再单纯的模式数目的多少，同时还要考虑多管的相互耦合即耦合效率问题，若设计不好，多模腔将低效率地工作，甚至无法运行，还会毁坏管子。

这种情况下，需要考虑各振荡源之间的交叉耦合及其对振荡器寿命及加热均匀性的影响。

每一个振荡器都会受到由于匹配不理想而产生的反射以及其他振荡器的部分能量的影响。这些能量的总和必须不超过振荡器技术规范允许的反射能量。计算由功率密度和品质因素所确定的炉内壁电流的大小，并与仅由振荡器单独输出功率时在其馈口处的壁电流相比较可以估计交叉耦合的影响，由此可以得出该振荡源看到的有效的反射系数值。30 多年前，英国在 896/915MHz 上使用了 36 个 1.5kW 的磁控管，建立起近 54kW 的功率，其耦合效率几近 100%，而目前我国也已有数目达 80 甚至 100 个以上的多管输出结构，但具体耦合效率不详。

2）间接耦合型

这种耦合方式是指微波磁控管先去激励一根波导管，再将该波导与炉腔以单孔或多孔相耦合以激励腔内产生多模的电磁场。这种耦合方式适用于单管大功率磁控管情况。因为这时不存在多管相互交叉耦合问题，所以相对来说比较简单。

目前国内许多厂商把多裂缝波导天线辐射器引入工业微波炉中，有两点应引起注意和重视。第一，炉内负载较轻（即 Q_L较高情况下）时，这种多裂缝天线辐射系统实际上是一种炉腔内的激励装置，不能认为这是一种微波辐照系统，若设计不好，将产生较大反射，耦合效率不高；第二，当负载较重且离天线离物料较近时，这才是一个比较理想的微波辐照系统，周围金属墙壁只起到一个防电磁辐射的屏蔽系统，而已不再是一个多模腔了，这时的容积和几何尺寸不是临界的，设计的出发点应该是多裂缝天线的辐射效率。遗憾的是很多设计者直接采用多裂缝微波同相天线的设计和计算方法作为理论根据，我们认为，工业微波炉的多裂缝微波辐照系统与雷达中的同相天线要求是不同的，前者要求在近区中功率均匀辐照至物料上，同时微波源应与天线良好匹配，而同相天线则要求在远区产生一定方向图的波束，因此在这些裂缝在轴向的相对距离上要求是不同的，对同相天线来说，相隔距离应为半波长，以保证相互辐射的同相要求，而微波加热中的裂缝相隔距离是使隙缝间的交叉耦合最小以及防止裂缝反射造成的相互叠加，因此该距离应等于$\frac{3}{4}\lambda_g$，而不是同相天线中的$\frac{1}{2}\lambda_g$，各裂缝离波导中心线的距离应考虑各裂缝的等功率辐射。波导终端应具有可调节的活塞以保证良好的匹配，设计良好时驻波比可在1.1～1.4之间，耦合效率可高达95%以上。

3. 高功率密度时炉腔内的高频击穿或放电

在实际运行中，我们经常发现在加热过程中会产生高频击穿现象。这种击穿有几种可能的原因：一是炉腔内有些结构上存在的缺陷，如金属毛刺，搭接隙缝等导致微波放电产生火花；二是炉内的空气或水汽混合物的气体击穿；三是一些具有高介电常数的颗粒形材料由于颗粒间接触点上的场强集中导致介质击穿，从而引起局部过热，最后导致过热空气的高频击穿。不管是什么原因导致的击穿和放电，尤其是发生在波导耦合口附近的放电又会诱发波导馈线中的雪崩击穿，这时就会造成微波源和环形器的损坏或伤害，这一点是至关重要的，因为目前大功率微波源和环形器的价格高昂，无论是管子还是环形器的损坏都将造成停产待修，增加生产成本，影响产量和效益。

为此，在设计和加工过程中应保证炉腔内表面平整光滑，特别是焊缝或接缝处应没有明显的间隙，保证接触良好，为了防止在水汽排出过程中由于功率密度过高引起的气体击穿，可将带在馈口的波导或多裂缝天线从顶部移至底部，馈口向上，从而避免水汽进入波导口引发波导内灯火，保护了环形器和磁控管的安全运行。

4. 其他类型工业微波炉

除了上述多模腔结构的工业微波炉外，目前尚存在许多行波型工业微波炉，如曲折波导、V形波导、脊形波导、表面波波导、螺旋波导、圆或椭圆波导、同轴波导、盘荷波导……在这些加热器中，微波以行波（快波或慢波形式）形式沿波导传播、利用波导中具有一定极化方向的电场与物料的相互作用达到加热的目的，这些行波加热器特别适用于丝或杆状、带状、片状等物料的加热，例如各种塑料或尼龙丝、橡皮条、纸片、纸张或纸板，布匹、胶片、木板、地毯等。

参考文献

[1] 张兆镗，钟若青．微波加热技术基础［M］. 北京：电子工业出版社，1988.

（第十二届全国微波能应用学术会议论文集. 2005.）

11.6 工业微波炉中波导裂缝天线的工程设计

1. 引言

在工业微波炉中，由于炉腔尺寸过大，尤其当负载较重时（当被加工的物料体积较大，或物料中的含水量较大时），炉腔的品质因数将会很低，例如只有几十甚至更小，这种情况下，作为一个多模腔，实际上很少呈现出其谐振特性。因此如仍采用单口馈能，将会造成腔内场强分布极不均匀，为此最好将它看作一个微波辐照系统，炉体只是防止微波辐射的一个屏蔽箱体而已。微波辐射源最好采用波导裂缝天线多馈口馈能，使得物料在整个炉体内受到均匀的微波辐照。

目前，波导裂缝天线通常有如图 1 所示的几种形式，即纵向裂缝、横向裂缝、斜置裂缝。这些裂缝都位于波导的宽边上，窄边上裂缝在微波加热设备中没有得到应用。实际上由于横向裂缝很难做到各裂缝的等功率辐射（结构上的限制），所以此最常用的就是纵向裂缝和斜置裂缝了，尤其是前者得到了广泛的应用，本文介绍这几种裂缝的设计方法。

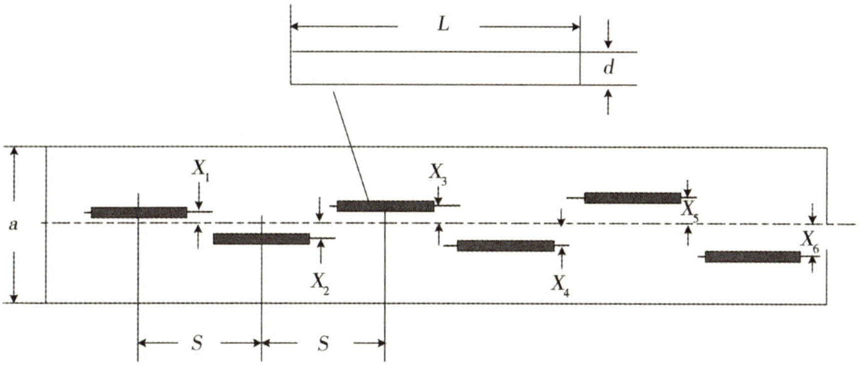

（a）纵向裂缝

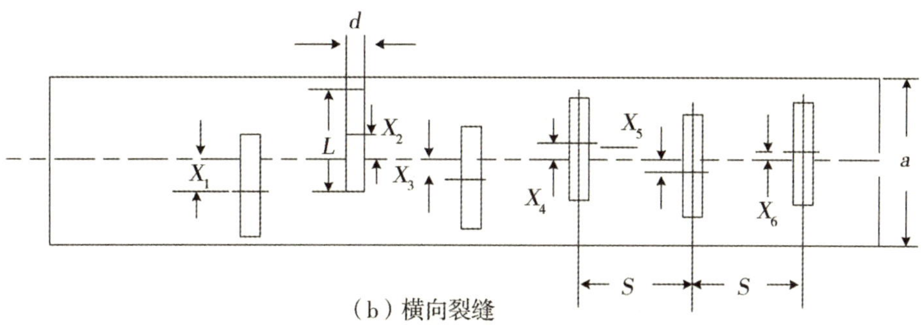

（b）横向裂缝

图 1　半波长波导裂缝天线的几种形式

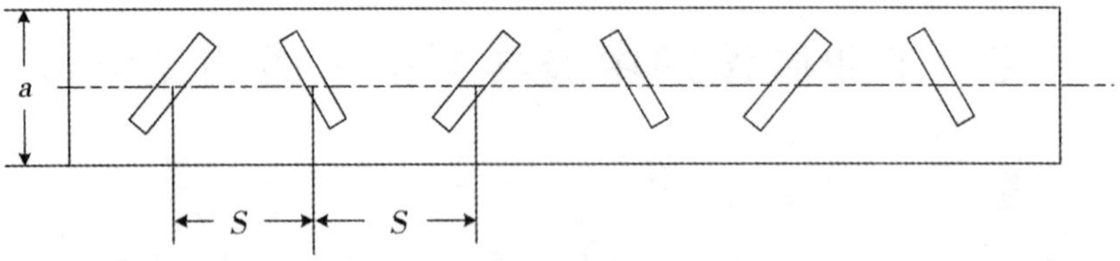

（c）斜置裂缝

图 1　半波长波导裂缝天线的几种形式（续）

2. 纵向裂缝天线的工程设计

波导纵向裂缝天线如图 1（a）所示，其等效电路如图 2 所示，其中 g 为归一化电导，它表征从天线向空间辐射功率的大小，而 jb 则为归一化电纳，它表征裂缝产生的无功分量，通常希望电导总和为 1，而电纳总和为 0。即

$$\sum g_n = 1,\ \sum b_n = 0 \tag{1}$$

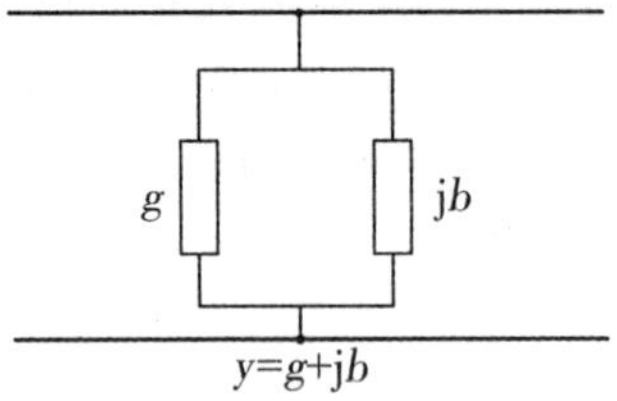

图 2　纵向裂缝的等效电路

先参照同相天线设计方法，设沿波导轴向共有 N 个纵向裂缝。

(1) 每一裂缝的长度为 1/2 波长，即 $L = 0.5\lambda$，实际选用 $L = 0.47\lambda$，因为如此选择会使裂缝的无功电纳为零，只呈现一个有功的电导（即辐射电导）分量，以减小反射。当波导管壁厚为有限值（例如 2mm）时，这一缝长应稍增大，$L = 0.48\lambda$，但实验中得出当 $L = 0.485\lambda$ 时，无功电纳为零（即 jb = 0）。此外，当将裂缝两端由矩形改为圆形，如图 3 所示，在相同谐振波长时，圆形端的缝长应比矩形端的缝长应增大 2% 左右。综合上述壁厚和端部倒圆时的修正，两者互相抵消。因此可分以下两种情况来确定缝长：

①壁厚 2mm，端部为矩形的裂缝，$L = 0.485\lambda$；

②壁厚 2mm，端部为圆形的裂缝，$L = 0.5\lambda$。

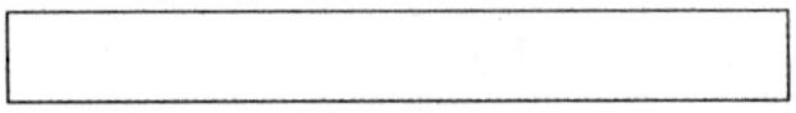

（a）圆形端部

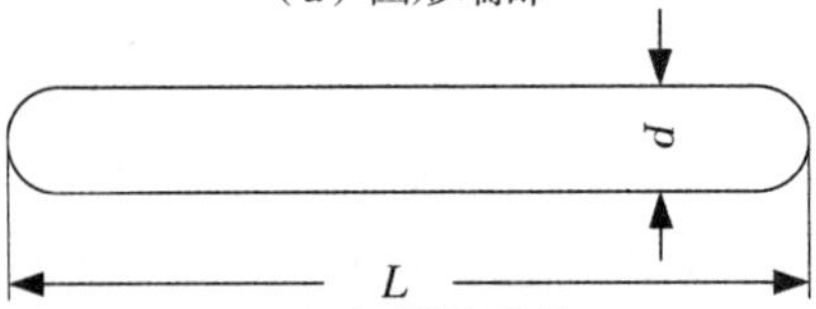

（b）裂缝天线

图 3　矩形端部

(2) 裂缝的宽度 d 由下式确定，即

$$d = (3\sim4)\frac{U_0}{U_a}$$

式中 $U_a=30\text{kV/cm}$；

$U_0=\sqrt{\frac{2P_r}{g_r}}$；

$g_r=10^{-3}$ S（辐射电导）；

P_r——裂缝辐射功率。

根据以上公式及经验，通常在 2 450MHz 波段选择缝宽 $d=6\text{mm}$；在 915MHz 波段，选择 $d=20\text{mm}$ 左右。

实际上 L 与 d 存在着一定关系，即当 d 增大时，应适当减小 L；否则，裂缝就会出现电纳分量，增加反射。

(3) 纵向裂缝的电导。

对在传播 TE_{10} 波的矩形波导的宽壁上所开离中心线距离为 x 的纵向半波长裂缝天线，其归一化等效电导为

$$g=2.09\frac{\lambda_g a}{\lambda b}\cos^2\left\{\frac{\pi\lambda}{2\lambda_g}\right\}\sin^2\left(\pi\frac{x}{a}\right)=g_0\sin^2\left(\pi\frac{x}{a}\right) \tag{2}$$

$$g_0=2.09\frac{\lambda_g a}{\lambda b}\cos^2\left\{\frac{\pi\lambda}{2\lambda_g}\right\} \tag{3}$$

式中 a——波导管宽边长度；

b——波导管窄边高度；

λ_g——波导波长；

λ——自由空间波长；

x——裂缝中心线离波导中心线间的距离，见图 1（a）。

(4) 多裂缝等功率辐射时的归一化电导的计算。

设共有 N 个纵向裂缝，且每一裂缝都辐射相同的功率，于是在第一裂缝处辐射 P/N；在第二裂缝处则辐射 $P\left(\frac{1-\frac{1}{N}}{N-1}\right)=\frac{P}{N}$，说明仍为 P/N；第三裂缝处辐射 $P\left(\frac{1-\frac{2}{N}}{N-2}\right)=\frac{P}{N}$，仍辐射 P/N……以此类推。

如设每一裂缝的归一化的电导值为 kg_n，则所有 N 裂缝的归一化总电导应为

$$g_{in}=\sum g_n=\sum kq_n \tag{4}$$

如欲使 N 个裂缝引入波导后在其始端的总归一化电导为 1 时即可获得良好的匹配，于是令

$$\sum kq_n=1$$

由于 k 为一常数，于是有

$$k\sum q_n = 1 \tag{5}$$

这样即可得

$$k = 1/\sum q_n = \{1+\frac{1}{2}+\frac{1}{3}+\frac{1}{4}+\cdots+\frac{1}{N-1}+\frac{1}{N}\}^{-1} \tag{6}$$

最后可得

$$g_1 = kq_1 \tag{7}$$

$$g_2 = kq_2 \tag{8}$$

$$g_3 = kq_3 \tag{9}$$

$$\cdots$$

$$g_n = kq_n \tag{10}$$

这里

$$q_1 = \frac{1}{N} \tag{11}$$

$$q_2 = \frac{1}{N-1} \tag{12}$$

$$q_3 = \frac{1}{N-2}$$

$$\cdots$$

$$q_{n-1} = \frac{1}{2} \tag{13}$$

$$q_n = 1 \tag{14}$$

于是有

$$g_1 = kq_1 = \frac{k}{N} \tag{15}$$

$$g_2 = kq_2 = \frac{k}{N-1} \tag{16}$$

$$g_3 = kq_3 = \frac{k}{N-2} \tag{17}$$

$$\cdots$$

$$g_{n-1} = kq_{n-1} = \frac{k}{2} \tag{18}$$

$$g_n = kq_n = k \tag{19}$$

（5）k 值的计算。

k 值与 N 有关，表 1 中列出了计算结果。

表 1　k 值与 N 的计算结果

N	3	4	5	6	7	8	9	10	11
k	0.545	0.480	0.438	0.408	0.386	0.368	0.354	0.341	0.331
N	12	13	14	15	16	17	18	19	20
k	0.322	0.315	0.308	0.302	0.297	0.290	0.287	0.282	0.279

(6)纵向裂缝 g_0 的计算。

$$g_0 = 2.09\frac{\lambda_g a}{\lambda b}\cos^2\left(\frac{\pi\lambda}{2\lambda_g}\right) \tag{20}$$

在表 2 中列出 BJ—26、BJ—22、BJ—9 几种规格的 g_0 值。

表 2　不同规格波导的 g_0 值

波导	BJ—26	BJ—22	BJ—9
g_0	1.164	0.356	0.821

(7)每个裂缝离波导中心线的距离 x_n。

从表 2 中的 g_0 值可以看出,在 BJ—22 中由于 $g_0=0.356$,所以,当 $N\leqslant 8$,在计算 g_n 时,方程将无解。换句话说,当采用 BJ—22 波导时,不能选用 N 小于 8 的裂缝天线。而对于 BJ—9 或 BJ—26 波导,则没有这个限制。原因在于 BJ—22 波导中的波导波长偏短,导致 g_0 值偏小。

计算时按下式即可求出每一裂缝的 x_n 值。

$$x_n = \left(\frac{a}{\pi}\right)\arcsin\left(\frac{g_n}{g_0}\right)^{1/2} \quad n=1,2,3,\cdots,N \tag{21}$$

(8)裂缝的相对排列及相互间距离。

根据同相天线的设计原理,要求每对相邻裂缝必须相隔半个波导波长,即 $S=\frac{\lambda_g}{2}$,同时要求它们分别置于波导宽边中心线的两侧,这样才能保证同相辐射。但是在实际情况下,不能保证每根裂缝不出现无功电纳(或电抗),这样,N 根电纳叠加起来是相当可观的,尽管在波导的末端采用活塞调节可以改善这些电纳造成的反射影响,但有时效果并不理想。因此在 1980 年 Rueggeberg 就提出将 S 增大到 $\frac{3}{4}$ 波导波长,以消除各裂缝造成的反射,实验表明当 $N=15$ 时,输入驻波比在 1.1~1.4 之间,这一多裂缝天线能将 95%的微波功率送入炉腔中,耦合效率极为理想!并且在加热物料中的温度差在 5%之内,均匀性也是非常令人满意的。

3. 横向裂缝天线的工程设计

横向裂缝天线的等效电路如图 4 所示,它由 r 和 jx 串联而成。其缝长 $L=\frac{\lambda}{2}$ 时,$jx\approx 0$,这时的归一化电阻 r 可写成

$$r = 0.522\left(\frac{\lambda_g^3}{\lambda ab}\right)\cos\left(\pi\frac{\lambda}{4a}\right)\cos^2\left(\pi\frac{x}{a}\right) \tag{22}$$

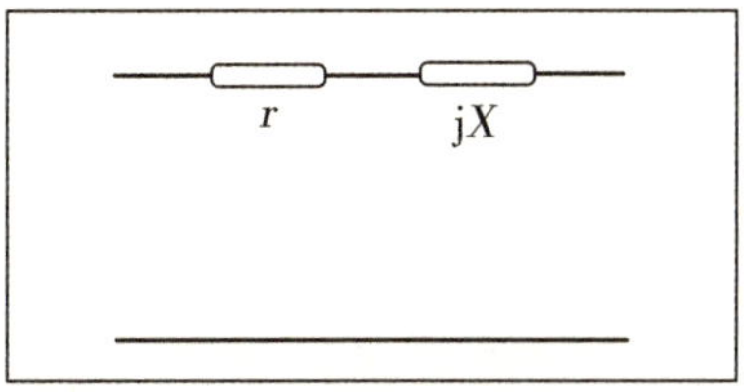

图 4　横向裂缝的等效电路

当存在 N 根横向裂缝时，其排列如图 1（b）所示。为了使每一裂缝辐射 $1/N$ 的微波功率，就必须像上述 N 根纵向裂缝设计时一样，要求出每一裂缝的归一化电阻 r_i，其求法与前述方法类似，即

$$r_{in} = \sum r_i = \sum kq_n = 1 \tag{23}$$

即 $\sum kq_n = 1$ ，由于 k 是一个常数，所以

$$\sum kq_n = k \sum q_n = 1 \tag{24}$$

$$k = \frac{1}{\sum q_n} \tag{25}$$

q_n 的计算与前述方法完全相同，结果见表 1。

最后可得

$$r_1 = kq_1 = \frac{k}{N} \tag{26}$$

$$r_2 = kq_2 = \frac{k}{N} - 1 \tag{27}$$

$$\cdots$$

$$r_n = k q_n = k$$

求得上述 n 个 r 后，利用上述公式最后计算每一横槽的中心偏移量 x_i 值。每一相邻裂缝中心在轴向距离 $S = \frac{\lambda_g}{2}$ 裂缝的宽度和长度的选取与计算和上述纵向裂缝选取方法相同。

4. 斜向裂缝天线的工程设计

斜向裂缝的排列如图 1（c）所示，其中每一斜裂缝的等效电路与横向裂缝相同如图 4 所示，其中串联的归一化电阻为 $r(r = R/Z_0)$，电抗为 $jx(jX/Z_0)$。为了在输入端与微波源的匹配，要求输入端的总归一化电阻为 1，即

$$r_{in} = \sum r_i = 1 \tag{28}$$

而总归一化电抗为 0，即

$$j x_{in} = \sum j x_i = 0 \tag{29}$$

当 $L = \frac{\lambda}{2}$ 时，$jx \approx 0$，这时

$$r = 0.131 \frac{\lambda^3}{\lambda_g ab} \left[A(\theta) \sin(\theta) + \left(\frac{\lambda_g}{2a}\right) B(\theta) \cos(\theta) \right]^2 \tag{30}$$

式中

$$A(\theta) = \frac{\cos\left(\xi \frac{\pi}{2}\right)}{1 - \xi^2} + \frac{\cos\left(\eta \frac{\pi}{2}\right)}{1 - \eta^2} \tag{31}$$

$$B(\theta) = \frac{\cos\left(\xi \frac{\pi}{2}\right)}{1 - \xi^2} - \frac{\cos\left(\eta \frac{\pi}{2}\right)}{1 - \eta^2} \tag{32}$$

$$\xi = \left(\frac{\lambda}{2a}\right)\sin\theta - \left(\frac{\lambda}{\lambda_g}\right)\cos\theta \tag{33}$$

$$\eta = \left(\frac{\lambda}{2a}\right)\sin\theta + \left(\frac{\lambda}{\lambda_g}\right)\cos\theta \tag{34}$$

上述公式中的角度 θ 是半波裂缝中心线与波导中心线之间的夹角，如图 5 所示。

当有 N 个斜向裂缝排列如图 1（c）所示时，为了满足等功率辐射的要求，每一斜向裂缝的归一化电阻 r_i 的选取及计算完全与横向裂缝相同；不同的是，每个不同的 r_i 由改变夹角 θ 而得到，而不是改变横向位移 x 。具体计算 r_i 值则由上述超越方程进行。

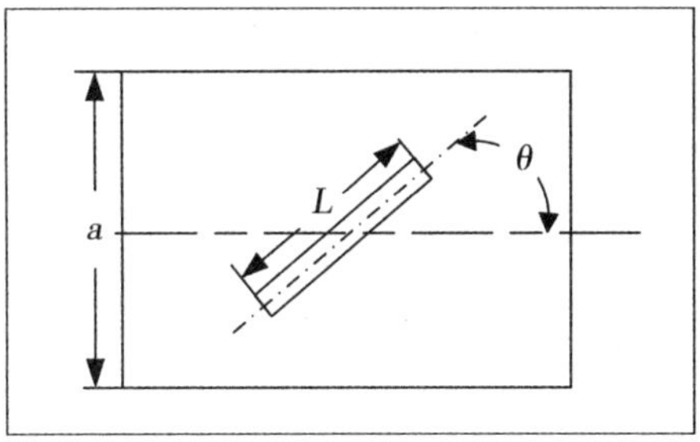

图 5　斜向裂缝的夹角

理论和实验证明，当 $\theta > 50°$ 时，θ 的改变对 r 的影响甚微，也就是说当 $\theta < 50°$ 时，改变 θ 可使 r 产生较大的变化，斜向裂缝宽度和长度的选取与计算和上述纵向和横向裂缝选取方法相同。

几种波导的归一化电阻 r 与倾角 θ 的相应数据见附录。

5. 存在问题

上述设计是根据同相天线辐射原理考虑的，然而，在工业微波炉中，面对天线的不是无限大的自由空间，而是只有几个波长距离的负载及箱体，这个箱体在负载左右侧的距离也不太大，这就给天线的辐射造成了极大的影响，尽管这里我们对方向性及天线增益不感兴趣，但对微波功率的馈入效率及场的分布是否均匀却是评价设计好坏的唯一标准，实际情况是复杂的，关键还是应从实践中总结经验，不断修正设计，以求完善。

参考文献

[1] 薄瓦讲. 超高频天线 [M]. 北京：高等教育出版社，1959.

[2] Henry Jasik. ANTENNA ENGINEERING HANDBOOK. 1961.

[3] 张兆镗，钟若青. 微波加热技术基础 [M]. 北京：电子工业出版社，1988.

[4] A. A. Oliner. The Impedance Properties of Narrow RadiatingSlots in the Broad Face of Rectangular Wave-Guide. IRE Trans. A&P. 1957.

附录　BJ-9、BJ-22、BJ-26 等波导归一化电阻 r 与倾角 θ 的计算结果

θ°	2	4	6	8	10	12	14	16	18	20	22
BJ-9	0.002	0.008	0.017	0.030	0.046	0.066	0.089	0.115	0.144	0.176	0.210
BJ-22	0.001	0.005	0.011	0.020	0.031	0.045	0.061	0.079	0.099	0.121	0.145
BJ-26	0.002	0.009	0.020	0.035	0.054	0.077	0.104	0.134	0.167	0.203	0.241
θ°	24	26	28	30	32	34	36	38	40	42	44
BJ-9	0.245	0.283	0.322	0.362	0.403	0.444	0.486	0.528	0.570	0.610	0.651
BJ-22	0.171	0.198	0.227	0.257	0.288	0.320	0.351	0.385	0.419	0.452	0.486
BJ-26	0.282	0.323	0.367	0.412	0.457	0.503	0.548	0.593	0.637	0.681	0.723
θ°	46	48	50	52	54	56	58	60	62	64	66
BJ-9	0.690	0.728	0.765	0.80	0.833	0.866	0.895	0.923	0.949	0.973	0.996
BJ-22	0.519	0.522	0.584	0.615	0.646	0.675	0.704	0.731	0.757	0.782	0.806
BJ-26	0.763	0.802	0.840	0.875	0.908	0.939	0.968	0.995	1.020	1.042	1.063
θ°	68	70	72	74	76	78	80	82	84	86	88
BJ-9	1.016	1.034	1.050	1.065	1.078	1.089	1.098	1.106	1.111	1.115	1.118
BJ-22	0.826	0.845	0.863	0.879	0.894	0.906	0.917	0.925	0.932	0.937	0.940
BJ-26	1.081	1.098	1.112	1.125	1.136	1.145	1.153	1.159	1.164	1.167	1.169

θ°	90
BJ-9	1.119
BJ-22	0.941
BJ-26	1.170

（为长沙隆泰微波热工有限公司撰写的技术咨询报告. 2007.）

11.7　微波谐振法测量烟支内烟丝密度

1. 目的要求

在线测量烟支的密度，直接读数或控制。

2. 测量原理

由于烟支中除含有一定水分的烟丝外，尚有较大空间被空气填充，因此这种情况相当于一种 3 相混合物，即固相（干烟丝），液相（烟丝中的水分），气相（烟丝间的

空隙)。三相介质混合物的等效介电常数 ε_e^* 可以写成

$$\sqrt{\varepsilon_e^*} = v_1\sqrt{\varepsilon_d^*} + v_2\sqrt{\varepsilon_w^*} + (1 - v_1 - v_2)\sqrt{\varepsilon_a^*} \tag{1}$$

式中 ε_d^*——干烟丝的复介电常数;

ε_w^*——水的复介电常数;

ε_a^*——空气的复介电常数;

v_1——烟丝所占的体积比,$v_1 = \dfrac{V_a}{V} \times 100\%$;

v_2——水所占的体积比,$v_2 = \dfrac{V_w}{V} \times 100\%$,$V$ 为烟支总体积。

当 $f = 1 \sim 2$ GHz 时

$$\varepsilon_d^* \approx 2.5 \sim 2.7$$

$$\varepsilon_w^* \approx 77 - j10$$

$$\varepsilon_a^* \approx 1$$

由于水的比重一般为 $g_w = 1$,所以 $v_2 = \dfrac{V_w}{V} = \dfrac{W_w}{V} \times 100\ \%$。此外,由于烟支的体积是不变的,所以烟支中烟丝密度的变化就反映在 v_1 及 v_2 的变化上。

同时,由于 $|\varepsilon_w^*| \gg |\varepsilon_d^*| \gg |\varepsilon_a^*|$,故其密度的变化最终导致等效介电常数的变化,而它又主要取决于水的重量 W_w 变化,于是有

$$\varepsilon_e^* = f(v_1, v_2, \text{MC}) \approx f(\text{MC}) = f(W_w) \tag{2}$$

式中

$$\text{MC} = \frac{W_w}{W_w + W_a} = \frac{V_w g_w}{V_w g_w + V_a g_a} = \frac{V_w}{V_w + \dfrac{g_a}{g_w} V_a} = \frac{V_w}{V_w + g_a V_a} \tag{3}$$

(因为水的 $g_w = 1$)

如将含有一定水分的烟支放入一单模的微波谐振腔中,ε_e^* 中实部的改变将引起单模腔谐振频率的变化,当 $\varepsilon_e^* = \varepsilon'_e - j\varepsilon''_e$ 增加时,谐振频率 f_0 将下降,反之升高。同时,ε''_e 的改变将会使单模腔的谐振曲线半功率点带宽改变,如 ε''_e 增加导致 Δf 展宽,即 Q 值下降;反之 Δf 变窄,Q 值增大。

根据上述两点都可测定烟支中密度的变化。由于烟丝中的水分含量在卷烟过程中严格控制(例如:MC~12%~13%),所以,烟支中密度的变化就反映在 W_w 的变化上,也就是反映在 ε_e^* 的变化上。

据此提出如下两种测量方法。

(1) 频移法:测量 f_0 的偏移。$f_0 = F_1(T_d)$,其中 T_d 为烟支密度。

(2) 半功率点带宽法:测量谐振曲线的半功率点的带宽 Δf_0,$\Delta f = F_2(T_d)$。

直接测量上述两个参数 f_0 或 Δf 都需要网络分析仪或扫频仪,而且时间长、速度慢,在线测量并不适合。

3. 一种间接测量频移的技术方案

测量系统如图 1 所示。

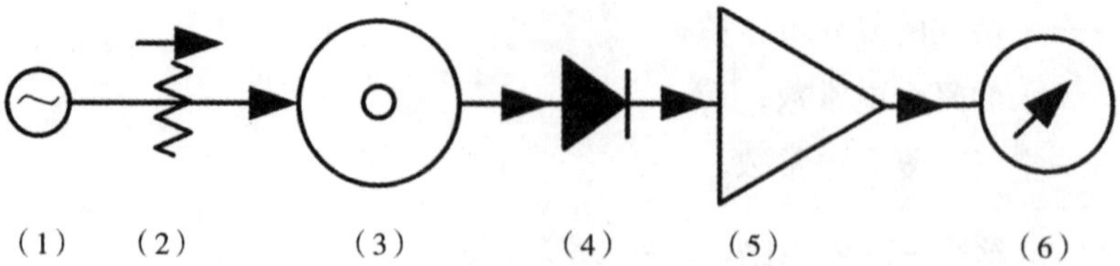

图 1 测量系统图

(1) 测试信号源，频率可微调±5%，$f_0 \approx 1 \sim 2$GHz，$P_0 \approx 10 \sim 20$mW，稳幅输出 $\Delta P_0 / P_0 < 1\%$。

(2) 隔离器供隔离负载用。

(3) 测试腔（可调谐）。

(4) 晶体检波器（高灵敏度、低温度系数）。

(5) 直流放大器。

(6) 指示器，模拟或数字。

工作原理：当信号源工作频率 f_0 与测试腔谐振频率 f_0 一致时，产生谐振在网络仪或其他装置上可观察出一条如图 2 所示的谐振曲线。该曲线对应于 MC =常数时最高密度 T_d 时相应曲线。

$$A = A_0,\ f = f_0$$

当 T_d 减小时 ε'_e、$f_0 \uparrow$、$\varepsilon''_e \downarrow$、$Q \uparrow$。

曲线向 f 高端偏移，$f_{01} > f_0$，$\Delta f < \Delta f$。

图中 T_d 表示烟支的密度。

$$T_{d0} > T_{d1} > T_{d2} > T_{d3} > T_{d4} > \cdots > T_{dn}$$

因此可得

$$A_0 > A_1 > A_2 > A_3 > A_4 > \cdots > A_n$$

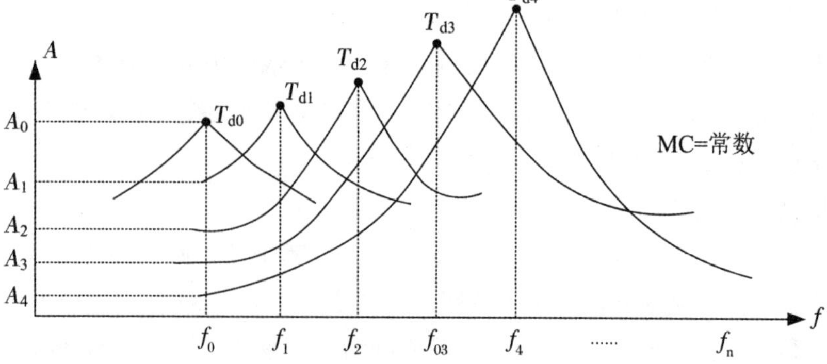

图 2 谐振曲线

由图 2 可见，在 MC 不变时，晶体检波器输出随着密度 T_d的减小而减小。该输出指示经放大后变成直接显示，可驱动 XY 记录仪或数字显示。

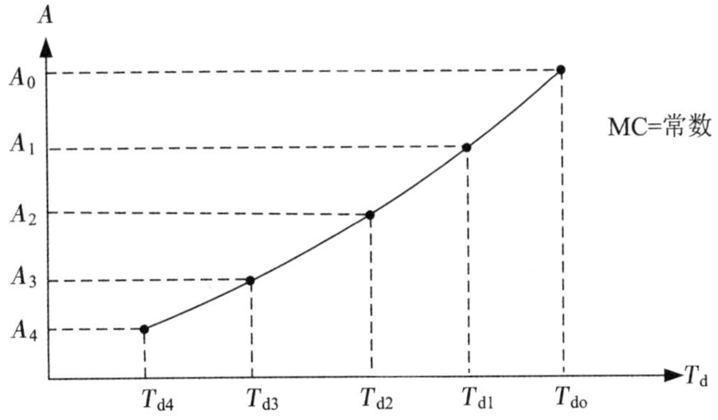

图 3　晶体检波器输出随着密度 T_d的关系

因此在在线测量中的反应迅速。如将该信号经过处理后可控制卷烟机的工作。

4. 存在的问题

（1）上面所述针对的是烟丝中的含水量，即湿度 MC 是保持不变条件下的情况。当烟支中密度 T_d不变而烟丝中含水量 MC 改变时，也同样反映了 ε_e^* 的变化。因而同样会出现不同 MC 时 f_0及 Δf 的改变。这样就会出现如图 4 所示的变化。

由此可以得出图 5 所示的响应曲线。这一关系曲线与图 3 中 MC ＝ 常数时的关系曲线类似，但不相同。

由此可见，利用此原理既可用来测定 T_d＝常数时的含水量变化，即测量烟支中的湿度 MC 的大小，也可用来测量 MC＝常数时的烟支内密度的 T_d变化，不同的是在定标校准时需做不同的定标模型。

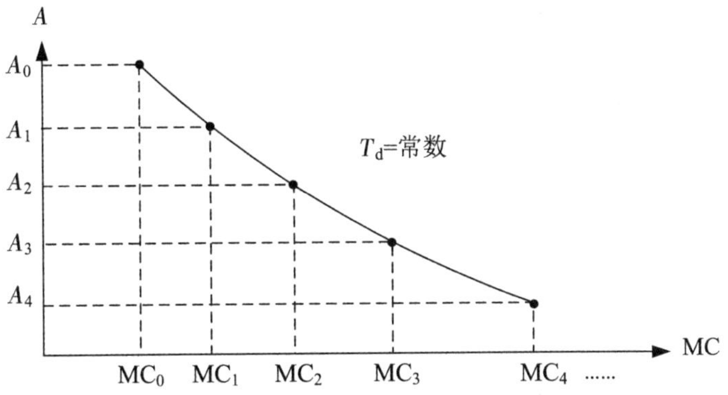

图 4　输出指示与含水量关系

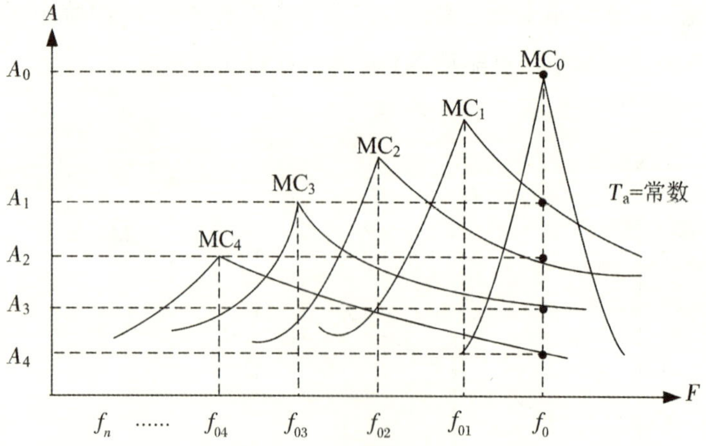

图 5　响应曲线

因此，一旦当烟支中密度及含水量同时变化，本方法就无法区分了！

特别是当两者同时向相反方向变化时，例如 T_d 在减小而同时 MC 却在增大，这种情况下两者会相互抵消致使输出变化不大，甚至没有变化。因此本方案不适用于 T_d 及 MC 两者同时变化的场合。

（2）温度效应。上述方法中采用了微波晶体检波器，该器件对温度是非常敏感的。尤其当温差超过 10℃后，灵敏度会产生很大变化。因此必须使其工作在恒温或温度变化不大的场所。如用小恒温装置将其置于其内也可以。另一方法就是在不同温度下作出定标校准曲线在电脑中进行补偿计算。

(第十五届全国微波能应用学术会议论文集．2011.)

11.8　波导三销钉调配器的局限性及其对策

1. 引言

目前，波导三销钉调配器，正广泛地应用在各种工业微波加热设备及各种微波等离子体设备中。除手动控制型外，还有带电脑控制的智能型自动调配装置，使用起来十分方便，深受用户的欢迎。但该装置存在着一个先天的不足，却未引起人们的注意和重视，那就是这种调配器中的每根销钉的插入深度有限，它在波导中的等效电纳无法出现任意的感性分量，即使是容性分量也因插入深度的限制，不能出现很大的容性电纳，这样就不能匹配任意的失配负载。它不同于三短截线同轴线或三活塞波导调配器，因为在这些调配器中，调节活塞可以移动半个波长以上，从而可呈现等效电容和等效电感的功能，并且其量值也可由零变至无穷大，故可调配除全反射外的任意负载。

在国外报导的典型产品中如德国 IBF 的技术性能就明确指出，该智能型三销钉调配器只能调配驻波比小于 10 的负载，当负载驻波比大于 10 时，只能调至 3～5，这就充分说明了三销钉调配器具有很大局限性。

2. 单销钉调配器的电纳变化范围

在波导中沿宽边中心位置插入一具有一定直径的金属销钉，如图 1 所示，图中还画出了销钉的等效串联谐振回路。当销钉插入深度很浅时，销钉所引起的 TE 模截止场和 TM 模截止场都比较小，相当于电感和电容的值都比较小，这时，谐振回路的谐振频率远高于工作频率，因此在工作频率时，销钉呈现电容性，所以用电容表示。随着销钉插入深度的增大，TE 模和 TM 模的高次截止场均增大，相当于等效电感 L 和电容 C 都增大，于是串联谐振频率就要降低，只要工作频率低于串联谐振回路的谐振频率，串联回路的作用仍相当于一个电容。当插入深度增加到一定值时，串联谐振频率就会落在工作频带中。所以销钉的谐振与工作波长、插入深度和波导高度有关。

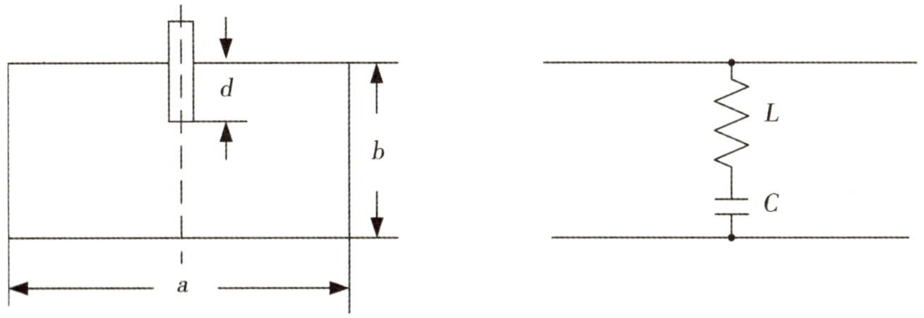

图 1　波导中插入销钉及其等效电路

具体说来，当插入深度 $d<\frac{\lambda}{4}$ 时，呈容性电抗（或电纳）；当 $d>\frac{\lambda}{4}$ 时，呈感性电抗（或电纳）；而当 $d=\frac{\lambda}{4}$ 时，正值串联谐振回路谐振，这时的总电抗为零（电纳为无穷大）。

销钉接在一匹配负载前，如图 2 所示，当插入深度 d 变化时的输入导纳变化如图 3（a）所示，在图 3（b）中可看到其输入驻波比 S 与插入深度 $\frac{d}{b}$ 间的关系。当 $d=\frac{\lambda}{4}$ 时，理论上的驻波比 S 应为∞，而实际上由于销钉存在损耗，所以实测的驻波比为 20～50（视材料和加工光洁度而定）。而当 $d=b$ 时即插至波导底面时，也只能出现电感的一部分，这一点在 Smith 圆图上非常清楚。由图中还可看到，随着 d 的不断增大，驻波比先是增加，至一最大值，然后逐渐下降至某一有限值。

理论上各种波导中串联谐振回路谐振时相应的销钉插入深度如表 1 所示，换句话说，只有当插入深度超过此值时，其等效电纳才会出现感性。可见这一深度都早已超过 0.5，而在实际的三销钉调配器中，为了防止高功率时的击穿，一般其插入深度均在 $(\frac{1}{3}\sim\frac{1}{2})b$ 之间，故无法提供感性电纳。这就是这种调配器在理论上和实际上的局限性。

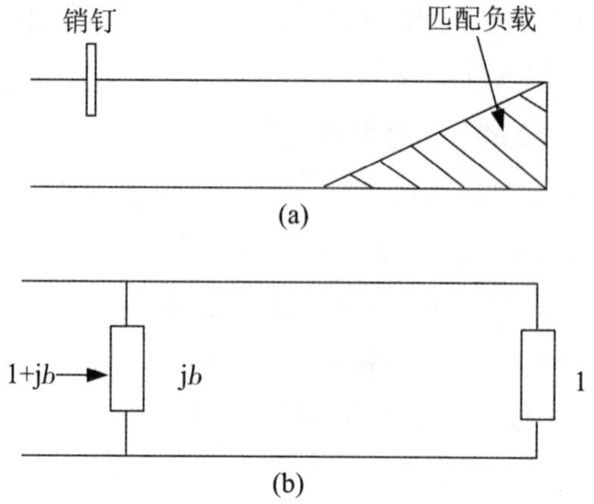

图 2　销钉后接一匹配负载时的等效电路

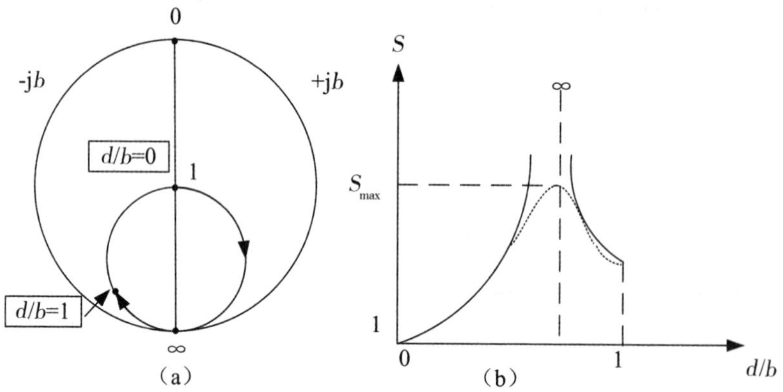

图 3　圆图上的阻抗变化及驻波比 S 与销钉插入深度的关系

表 1　不同波段销钉产生串联谐振时的插入深度

波导型号	d/b
BJ-9	～0.66
BJ-22	～0.57
BJ-26	～0.71
BJ-32	～0.74
BJ-100	～0.80

3. 三销钉调配器的局限性

单销钉的电纳性质和大小变化范围取决于金属销钉的直径大小，以及它在波导宽边中心插入深度的深浅。由上述可知，当 $\frac{d}{b}<0.5$ 时是无法出现感性电纳的，即使是容性电纳，其绝对值 b 也是有限的。因此，我们利用导纳圆图就能求出由于三销钉中每一销钉电纳的先天不足而存在的匹配盲区，这个盲区是一个环状区，环区面积大小与销钉能产生的容性电纳 jb 大小成反比，即 jb 愈大，盲区愈小，能调配的失配负载驻波比（S_L）愈大。例如当 jb =2.8 时，能调配的 $S_L>10$；而当 jb =4.5 时，能调配的 $S_L>20$…匹配盲区见图 4。

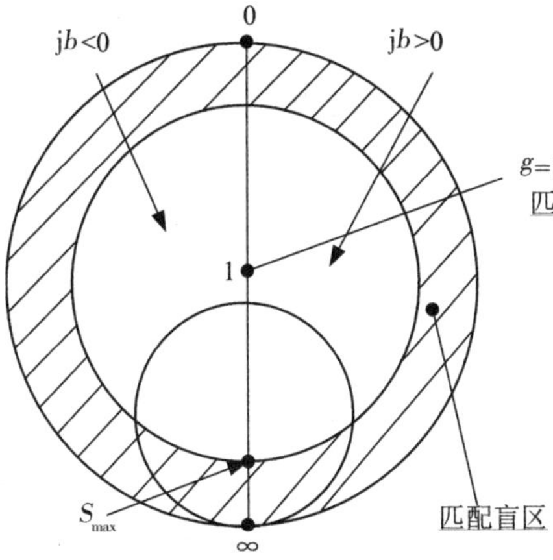

图 4　圆图中的环形匹配盲区

由此可见，对于像微波等离子体设备中，当等离子体一旦被激发，就会在 $\omega\leqslant\omega_p$ 的条件下，产生强烈的反射，这时的三销钉调配器就很可能落入匹配盲区之内而无法实现调配，如果没有在微波源与三销钉调配器之间接有隔离器或环形器，微波源中的磁控管将会遭到损坏。目前多数微波等离子体设备都选用 f =2 450MHz，根据上述不等式可求得与此相应的等离子体自振角频率 ω_p，以及对应的电子密度 n_e，即 $n_e\leqslant 7.455\times10^{10}/cm^3$。换句话说，一旦被激发的等离子体中的电子密度 n_e 超过上述数值时，微波将在等离子体表面产生强烈的反射，犹如遇到金属板一样，而无法穿透或深入进去，这时完全依靠环行器来保护磁控管，调配器只能起到辅助的作用。

4. 对策

了解了三销钉调配器的局限性后，我们可以采用以下几种方法来拓宽调配器的调配范围。

(1) 三 E-T 调配器。

这种调配器的结构示意图如图 5 所示，这是一种非常有用的宽范围调配器，由于采用短路活塞取代了可调销钉，所以大大提高了其功率容量，在兆瓦级脉冲大功率系统中都成功地应用着。关键在于每一个 E-T 臂内都有一个可移动二分之一波导波长的短路活塞，因而可产生任意大小的容纳或感纳，从而使除全反射外的任何负载都可以得到调配，没有匹配盲区。

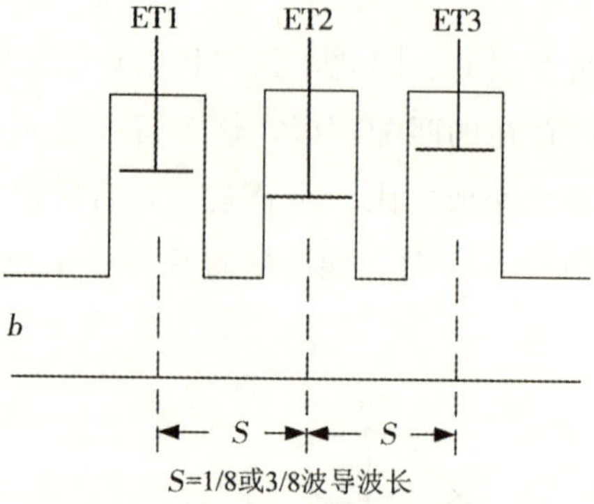

图 5 三 E-T 调配器

(2) 魔 T 调配器。

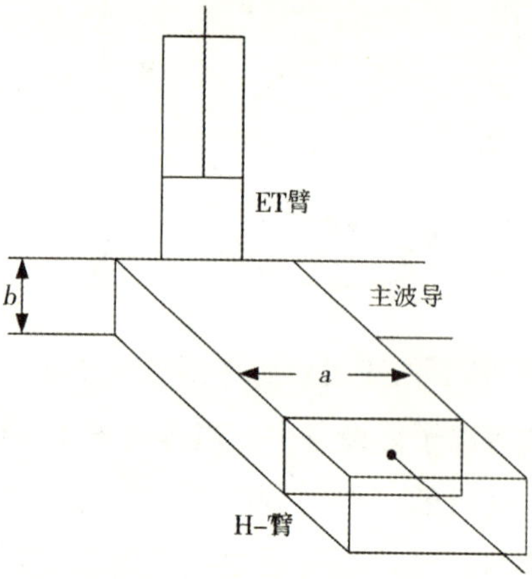

图 6 魔 T 调配器

这种调配器的结构如图 6 所示，它是由一个 E-T 和一个 H-T 组成的双短路活塞构成的，每一个活塞的行程都可达到二分之一个波导波长以上，因此像三 E-T 调配器一样，每个支路都可提供电容性或电感性电纳，其等效双 T 电路如图 7 所示。

在双 T 的 4 个支路中，T_1、T_2、T_3、T_4 分别为各支路的参考平面，三支路为 E-T 波导，4 支路为 H-T 波导，两个分支波导中都接有短路活塞，2 端口接负载 Z_L，1 端口为入口。设 a_1、a_2、a_3、a_4 为相应支路的入波幅值，b_1、b_2、b_3、b_4 为相应支路的出波幅值，根据 4 口网络的性质，其散射矩阵为

$$(S)=1/\sqrt{2}\begin{vmatrix} 0 & 0 & 1 & 1 \\ 0 & 0 & 1 & -1 \\ 1 & 1 & 0 & 0 \\ 1 & -1 & 0 & 0 \end{vmatrix} \tag{1}$$

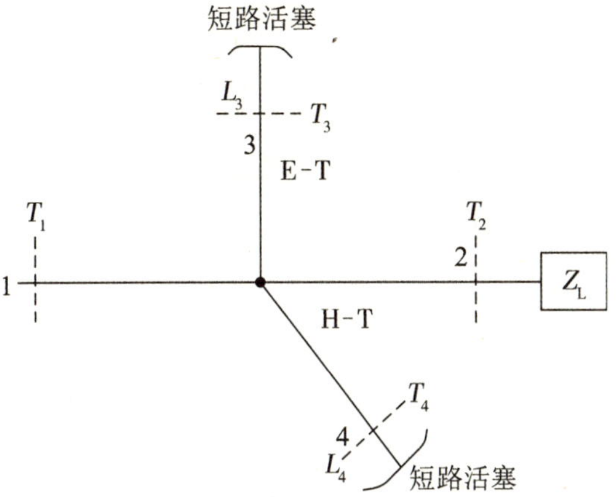

图 7 魔 T（双 T）调配器

H-T 臂上短路活塞离参考面 T_3 的距离为 L_3。

E-T 臂上短路活塞离参考面 T_4 的距离为 L_4。

这时，魔 T 各口的入波与出波之间的关系为

$$\begin{vmatrix} b_1 \\ b_2 \\ b_3 \\ b_4 \end{vmatrix} = \frac{\sqrt{2}}{2}\ (S)\ \begin{vmatrix} a_1 \\ \Gamma_L b_2 \\ -e^{-j\theta_3 b_3} \\ -e^{-j\theta_4 b_4} \end{vmatrix} \tag{2}$$

式中 $\theta_3 = \beta_3 L_3$；

$\theta_4 = \beta_4 L_4$。

由此可得

$$b_1 = -\frac{\sqrt{2}}{2}\left(b_3 e^{-j2\theta_3} + b_4 e^{-j2\theta_4}\right)$$

$$b_2 = -\frac{\sqrt{2}}{2}\left(b_3 e^{-j2\theta_3} - b_4 e^{-j2\theta_4}\right)$$

$$b_3 = \frac{\sqrt{2}}{2}\left(a_1 + \Gamma_L b_2\right)$$

$$b_4 = \frac{\sqrt{2}}{2}\left(a_1 - \Gamma_L b_2\right)$$

从中消去 b_1、b_2、b_4 可得 b_1 和 a_1 的关系式

$$b_1 = -a_1 \frac{e^{-j2\theta_3} + e^{-j2\theta_4} + 2\Gamma_L e^{-j2(\theta_3+\theta_4)}}{2 + \Gamma_L\left(e^{-j2\theta_3} + e^{-j2\theta_4}\right)} \tag{3}$$

要使 1 口获得匹配，即 $b_1 = 0$，亦即式（3）中分子项应为

$$e^{-j2\theta_3} + e^{-j2\theta_4} + 2\Gamma_L e^{-j2(\theta_3+\theta_4)} = 0 \tag{4}$$

由此

$$\Gamma_L = |\Gamma|_L,\ e^{j\Phi L} = -\frac{1}{2}\left(e^{j2\theta_3} + e^{j2\theta_4}\right) \tag{5}$$

因此

$$\theta_3=\frac{1}{2}\ (\Phi_L-\pi-\arccos|\Gamma_L|) \tag{6}$$

$$\theta_4=\frac{1}{2}\ (\Phi_L-\pi+\arccos|\Gamma_L|) \tag{7}$$

调节活塞长度 L_3 和 L_4 使 $L_3=\theta_3/\beta, L_4=\theta_4/\beta$，即可使 $\Gamma_L<1$ 的任何不匹配负载都可获得匹配，这类调配器也不存在匹配盲区。

魔 T 调配器与双 T 调配器相比，只是前者还需在四支路结合处添加一些如膜片或锥体等匹配装置，这样将使结构变得复杂，但调配性能将有很大的提高。

5. 几种调配器的比较

下面将从几个方面对几种调配器的性能做一简单的比较，从中就可以看出它们的优缺点来。具体见表 2。

表 2　几种调配器性能的比较

性能 \ 类型	三销钉	三 E-T	魔 T	双 T
匹配范围	存在匹配盲区	$\Gamma_L<1$ 的 Z_L	$\Gamma_L<1$ 的 Z_L	$\Gamma_L<1$ 的 Z_L
结构	中等	简单	复杂	较简单
体积	轻小	中等	较大	较大
功率容量	小	大	较大	大

参考文献

[1] 列别捷夫．超高频技术［M］．刘盛纲，译．北京：高等教育出版社，1958.

[2] 张兆镗．可移插销阻抗变换器端接不匹配负载时的分析（内部报告）．1959.

[3] 应嘉年，等．微波与光导波技术［M］．北京：国防工业出版社，1994.

[4] IBF Electronic GmbH & Co. KG. 阻抗自动调配系统，2005.

（第十四届全国微波能应用学术会议论文集，材料导报，23 卷．2009.）

11.9　莫将管子当灯泡

近几年来，在各地看到国内生产的工业微波加热设备中大量使用着价格低廉的微波炉用磁控管作为微波功率源，这些设备用于加热、干燥、脱水、消毒、灭菌、膨化、萃取等行业中，几乎相同的是：在体积较大的各种多模腔中，从顶部、两侧、四周或圆周分别馈入微波功率，这些炉腔的截面形状有长方形、正方形、圆柱形、多边形……不一而足。许多设计者不管其主观意愿如何，但在客观上都忽略了这一问题的复杂性，导致设计生产出来的产品存在一些问题，有时这一问题还是相当严重的。但设计师们只要求投产运行后能“正常”运转即可，至于运行的效率如何、总输出功率多少，似乎考虑得不多。一旦发现烧毁管子或电源，才引起重视，再回过头来分析问题，寻找解决的途径或措施，可惜这时已为时过晚，只能是头痛医头、脚痛医脚，不能治本。问题在于目前对多馈口馈能的过模多模腔在理论上还没有人进行过详细的分析和研究，导致理论大大落后于实践，至今尚未见到这方面的文献或资料可供设计时参考。这样一来，大家就各显神通，完全凭自己的感觉和经验从事，也许你设计的产品性能不错，但这只能是就事论事，没有普遍的适用性，因为没有理论依据，换种炉腔就可能适得其反。因此我们还得从理论出发，找到理论依据来设计产品，才能使生产出品质优良的设备。

问题的关键在哪里?

我想很多人也许并不完全知道磁控管的基本特性，即使长期从事微波应用的经验丰富的设计师们有时也会对此顾此失彼，没有料想到自己的设计会出现问题。归根结底，关键的问题都是把磁控管当作一只普通的“灯泡”来对待引起的，下面我们就来把磁控管与灯泡做些对比，看两者究竟差异在哪里?

我们绝不会混淆的是一个产生微波，而另一个则是发光。但许多人在使用磁控管时，特别是多馈口馈能时，却往往又将磁控管当作灯泡对待，例如一只磁控管产生1kW 的功率输出，当使用 10 只磁控管时，就认为其输出功率为 10kW，如此计算，不是当灯泡又是什么?

大家都知道，灯泡是一种电光源，其发光的亮度和照度完全由输入的电功率决定，只要输入的电功率一定，其亮度照度等光学指标不会因灯泡所处的环境改变而变化，不管是白天还是晚上，即使是被绝对黑体包裹，或被全反射的镜子包围，其发光性能丝毫不受影响。这就是灯泡将电能变换成光能的本质，这也是人们所了解的常识。

然而微波磁控管却是一种极其不同的微波自激振荡管，它是将工频电能转换成另一种频率（微波）电能的电子管。由磁控管基本工作原理知道，磁控管的起振条件以及起振后的平衡稳定条件都与反映到管内的微波负载紧密相关，不同的负载直接影响到磁控管能否起振，或起振后的振荡功率和振荡频率。况且磁控管谐振回路与外部负载的耦合度是所有电子管中最高的。对于 CW 磁控管来说，通常可达 $\beta=10\sim20$，而军用脉冲磁控管中的耦合度却只有 $2\sim5$。大家知道，谐振腔的电路效率与此耦合度紧密相关，它们之间的关系为

$$\eta_c=\frac{\beta}{\beta+1}$$

就是说当 $\beta=10$ 时，$\eta_c=91\%$，β 愈大，η_c 愈高，这样在电子效率不变时的管子总效率就愈高。CW 磁控管的总效率高达 65%～92%的原因就在于此，这也是为什么磁控管的负载对其影响如此之大的原因所在!

这种负载对管子振荡的影响，首先在20世纪40年代由美国科学家Rieke（雷基）提出，这种将磁控管振荡后的输出功率和振荡频率以等值线的形式直接画在Smith圆图上构成的负载特性曲线就叫作“雷基图”，如图1所示。从图上可以清楚地看出，在什么样的负载导纳下，可以获得较大的输出功率和较高的效率；在什么样的负载导纳下，只能输出较小的功率和较低的效率；又是在什么样的负载下，管子会产生模变或失控。只是目前对雷基图真正十分了解的人还不是很多，虽然有人也知道雷基图是怎么回事，但苦于没有方法来检测微波炉的阻抗或导纳，因此也无从了解磁控管的负载是什么性质，更不用说具体数值了。这样一来，也只能把磁控管像灯泡一样一个个地往炉腔壁上安放。多个馈口之间的微波就这样产生交叉相互耦合在一起地往腔内馈送功率，后果是可以想象的。

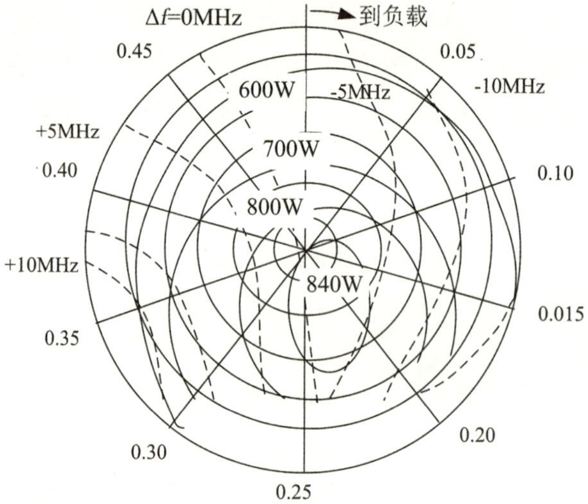

图1　某一磁控管的雷基图

当多模腔中负载较重时，例如腔内存在高含水物料或高损耗角的介质时，腔体的品质因数Q值很低，几乎无谐振特性，这时与其说它是一个谐振腔，还不如说它是一个具有屏蔽壳体的微波辐照系统，只要各馈口之间距离足够大，如果极化面又互相正交，相互交叉耦合的可能性会小些。这种情况下，也许不太会觉察到有什么问题存在，但每一磁控管的输出功率是否出现在雷基图上最佳负载处，仍是个无法回答的问题！

当多模腔中负载较轻，例如加热对象含水量不多或遇到低损耗角的介质时，像灭菌消毒之类的加热器中就是这种情况，这时腔体的Q值较高，甚至很高，多模腔具有强烈的谐振特性，炉腔内具有明显的峰谷电场分布，当某一馈口位于合成驻波场峰值附近时，该馈口内的磁控管就将受到强烈的影响，严重时将被烧毁；当位于驻波谷值附近时，该馈口内的磁控管就不会受到影响；如果在馈口处的合成驻波场既非峰值，又非谷值处，情况处于上述两种极端之间。这种普遍情况下的馈口内的磁控管，其输出功率究竟多大，就取决于这时的馈口的输入阻抗，取决于该阻抗在圆图上的具体位置了。一般来说，处于最佳位置的概率较小，这就说明，任意配置各馈口的相对位置和距离，只能降低整个系统的总功率和总效率，这是有违设计者初衷的。

总之，磁控管绝不是一个“恒功率源”，它能输出多大功率，不仅取决于其输入的电功率，同时还取决于磁控管的负载，这也是它与一切电光源的本质区别所在。

要彻底解决多馈口交叉耦合问题，只有从理论上分析或数值仿真后，才能较好地完成各馈口之间怎样合理地选择距离或方位的问题，同时还要解决每一馈口的负载阻抗的测量问题，这样才行。

一个切实可行的折中办法是，在严格或近似理论没有出来之前，可以抛弃传统的目前流行的设计方法，采用尽量相互隔离的阵列式或加速器式结构来减小交叉耦合，提高输出功率和总效率，这样才是明智之举。

参考文献

[1] 张兆镗．微波电子管原理［M］．下册．北京：国防工业出版社，1981.

[2] 张兆镗，等．微波器件雷基图的自动测绘装置．ZL 94 1 11920.3　2000.

[3] 张兆镗．炉用磁控管使用中的若干问题．第十一届微波能应用学术会议（南京）论文集．2004.

[4] 张兆镗．微波炉动态阻抗的测量．2005.

（为美的集团威特真空电子科技有限公司技术人员作的报告．2005.）

11.10　微波在中药提取中的作用和存在的问题

1. 微波与物质相互作用时的特殊性

微波是一种介于普通无线电波和光波之间的非电离的电磁辐射，在微波与物质相互作用时，与其他方法相比，具有以下的特点和优点。

（1）快速性：特别是利用微波来加热物料时，其他方法如电加热、红外或远红外加热、蒸汽加热、热风加热等都无法与它相比。

（2）均匀性：由于微波是体积加热（严格来讲只限于小体积或小尺寸的物料，对于大、厚、粗的物料来说，内外还是有别的，故不能笼统地说都是体积加热），故内外温差不大，呈现出整体的均匀性。

（3）选择性：对不同损耗的物料，其作用是不同的，因此高损耗的先被加热，低损耗的后被加热。

（4）优质性：体现在被处理的产品或半成品或材料的质量和档次上，性价比高于其他方法。

(5) 即时性：加热或相互作用时是即时开始或即时停止的，没有任何时间上的延迟或惯性。

(6) 高效性：由于不存在微波源与对象之间的热量传递现象，不存在中间介质的热传导损耗，所以省电节能，具有高效性。

(7) 环保性：微波被屏蔽在金属腔体内，符合国家微波辐射安全标准，对人体、对环境无害。

(8) 经济性：无论设备、车间、厂房等，均是投资少、见效快，具有很好的经济效益和社会效益；也大大节省了维护费用，降低了成本，节省了开支。

(9) 适应性：采用微波技术适合于自动化的大规模连续性生产，大大降低了工人的劳动强度，减少了操作人员，降低了人工成本。

(10) 灵活性：在采用微波方法的同时，可根据实际工艺需要，与电加热、热风加热、远红外加热、蒸汽或油加热等各种不同的加热手段结合使用，以提高效率。

2. 中药微波提取的优越性

微波辅助提取是利用微波功率与固态物（中药材）接触的溶剂及固态物本身相互作用，使所需要药用成分从固态物中转移，或分配，或溶解到液体溶剂中的过程。

与常规提取方法（例如液-液法、索氏法、超临界法、超声波法、回流法……）相比，微波辅助提取（MAE）具有以下一系列优点：

(1) 提取速度快，通常可比常规方法快 5～10 倍或更快。

(2) 提取物纯度高，可采用水提、醇提或酯提。

(3) 可采用单一溶剂，也可采用高介质损因子与另一种高损耗因子的混合溶剂，或者采用高损耗与低损耗的混合溶剂。

(4) 活性物质得率高，因为微波法的提取温度低，有效成分不易逸散。

(5) 可一次提净，而常规法则需 2～3 次才能提净，简化了工艺流程。

(6) 溶剂用量少，可节省 50%～90%，因此节约了投资。

(7) 可无热惯性地即时控制，易实行连续性自动化大生产。

(8) 环保节能，大大降低操作工人的劳动强度。

3. 微波频率的选择

从电磁场理论知道，任何一种物质（本文只谈电介质）在微波电场作用下，物料中每单位体积内的功率耗散（即损耗于物料中的功率密度）为

$$p = \omega\varepsilon_0\varepsilon'' E_0^2$$

式中 ω——微波的角频率，$\omega = 2\pi f$；

f——微波工作频率；

ε_0——真空中的电容率；

ε''——物料的介电常数的虚部，它代表物料的损耗；

E_0^2——微波场强的平方，它与作用在该点上的微波功率成正比。

由上式可知，在输入微波功率一定时，材料中的功率耗散密度与频率 f 及损耗因子 ε'' 的乘积成正比。也就是说，对同一物料来说，采用工作频率高的要比频率低的有效得多。例如，采用 f =2 450MHz 要比采用 f =915MHz 的功率耗散密度要高 2.68 倍！这是问题的一个方面。另一方面，像对水来说，频率高的损耗因子要比频率低的损耗因子要大，为 3 至 10 倍，可见这两个频率的选择是非常重要的，遗憾的是国内不少人仍未认识到这一点。

此外，对于自由水来说，介质损耗因子最大值处于 18～25GHz 之间，而束缚水则处于 1GHz 附近。对于液态水或含水量高的物料来说，应选择高的频率，如 2 450MHz、5 800MHz 等；而对含水量较低的物料来说，例如小于 2%～5 %时，选择 915MHz 较为有效。当然，这是对频率低于 18GHz 以下的情况来说的，因为高于这一损耗峰值频率后，随着频率的升高，损耗反而降低。实际上，频率远未到 18GHz 时就已缓慢增加，并已开始下降。

4. 水及醇的介电特性

水的存在形态有以下三种。

(1) 自由水：普通的液态水以以物理机械能结合于物料间隙或毛细管中的水，其结合能较小，一般为 100J/mol，较易除去。

(2) 束缚水：它是物理化学能结合于材料的表面或间隙中，结合能大约为 3 000J/mol 以上，较难除去。

(3) 结晶水：它是以化学能结合于化合物结晶体大分子链之间，通常其结合能大于 5000J/mol 以上，极难用物理方法除去。

水及醇是较常用的溶剂，它们都是强极性介质（$\varepsilon' \geqslant 25$），此外。像甲酸甲酯、丙酮、丙醇等中极性介质（$\varepsilon'$ =8～13），以及乙酸乙酯、乙酸丁酯、丁酸丁酯等弱极性介质（ε' =4～8）也都是较常用的溶剂。

很遗憾的是未能找到微波频率下这些溶剂的介质损耗因子 ε'' 的数据，特别是它们在不同频率以及不同温度下的介电特性，而这些特性是提取技术重要的参数之一。

水及醇的介电特性相对来说容易找到，尤其是水，它是一种非常安全和稳定的介质，人们对它的介电特性已进行了几十年的研究，而且这一研究仍在继续进行之中。

水及醇的介电特性都与温度和频率有关，表 1 中列出了水和醇的介电常数的实部 ε' 和虚部 ε''（介质损耗因子）的部分数据。

表1　水、甲醇、乙醇的介电特性

f	*T*	水		乙醇		甲醇	
GHz	℃	ε′	ε″	ε′	ε″	ε′	ε″
0.3	25	77.5	1.24				
3.0	25	76.7	12.04	6.50	1.625	23.9	15.3
10.0	25	55.0	29.7	1.70	1.15	8.90	7.21
24.0	25	34.5	9.14	4.13	1.42	5.98	4.48
33.3	25	24.2	30.1	3.80	1.25	5.70	3.90
37.5	25	19.2	29.6	3.98	1.30	5.18	3.23
48.4	25	17.1	26.5	3.47	1.00	6.04	3.16
36.3	50	34.3	37.6				

由表1可知，在相同温度下，水的介电常数实部ε′随频率升高而下降，虚部即损耗ε″则急剧上升，但存在一个峰值；而乙醇和甲醇的实部也下降，而虚部也同时下降。

5. 中药提取的微波方法及作用机理

中药的微波提取技术及方法在国内外的发展历史不长，但近几年来，我国及日本、韩国、加拿大、德国等国家的一些研究机构和企业都在进行许多基础性的理论和实验研究，也有在做小规模试生产的准备工作。在这方面，国内一些高等院校和企业也在不懈地努力，毕竟中药是中国的传统医药宝库和重要资源，涉及几百种中草药的生产、储存、运输、加工直到进入医药市场和医院，造福于广大的人民群众。我国是中草药资源最为丰富的国度，因此利用高新技术改造传统中药的生产是十分必要的。

通常的中药提取采用浸泡法、蒸汽蒸馏法、液-液萃取等传统方法，时间长、浪费量大、活性物质损耗大、降解失效多、劳动强度高，不能形成大规模的连续性自动化生产，因而耗能大、成本高、质量差、经济效益不好。长期以来人们盼望能充分利用高新技术进行技术改造，促进技术进步，创制出具有我国自主知识产权的中药萃取新技术、新设备、新工艺。

微波在提取技术中有其独特的优点，那就是除了对提取溶剂加热外，溶剂的温升以热能的形式传递给中药材，促使其温升；微波还对中药材本身具有直接加热作用，因为中药材中以植物的根、茎、叶以及一些动物的骨、皮、壳或一些矿物为主，这些材料中，绝大多数都具有多孔性或纤维结构，因此在孔隙或纤维毛细管中都不同程度地含有水或溶媒，而这些溶媒都对微波呈现出高损耗的吸收性能，在微波作用下会快速升温；中药材本身的介质损耗引起内部纤维束和细胞系统的热膨胀，在内外压力差下导致细胞膜破裂的；再就是微波强电场对细胞核的击穿效应，从而使有效成分分离，这一效应如同微波灭菌技术中的非热效应一样，有人认为是微波电场击穿细胞膜的电击效应所致，尽管还没有得到完全认可，但随着灭菌机理的深入研究，不久将会得到满意的解释。

6. 微波提取的实施方法

根据产量的要求，采用微波方法实现提取通常可采用以下两种方法。

（1）间断运作方式：通常采用圆柱形或方形的大体积提取罐，将中药材切碎后与提取溶剂混合，再将此混合料装入提取罐中，该罐作为微波的互作用腔（低 Q 的多模腔），在适当的地方馈入微波功率，可以是大功率的单管馈能，也可以是多管的分布式馈能。馈口的设计和安置是非常重要的，否则会降低输出功率和合成效率，严重时会损坏微波源。

（2）连续运作方式：这种连续自动生产线可满足大生产的需求，自动进料，自动分离溶剂与残渣，效率高、产量大、所需人工少、产品质量稳定可靠、操作简单。

在这一设备中必须有一物料的运送传输通道，这一通道内同时有一定功率密度的微波电场存在，物料一边前进，一边与微波产生相互作用，到出口处，提取过程即已完成。与间断运作方式相似，在管状设备中，既可以是单管馈能，也可以用多管分布式馈能，馈口及通道设计是至关重要的，设计不周会降低合成效率，甚至会损坏管子或电源。

通常，实现连续生产的微波设备可分为以下几种。

1）行波型结构

它类似于大功率行波管或行波型微波直线加速器中的慢波结构，只是其中的电子或离子通道被充满中药材和溶剂的互作用介质管道代替罢了，由于溶剂的损耗较大，所以整根管道不能由一个微波源提供功率，也就是说，必须分段馈入功率，具体长短由溶剂的损耗确定，其结构示意图如图 1 所示。

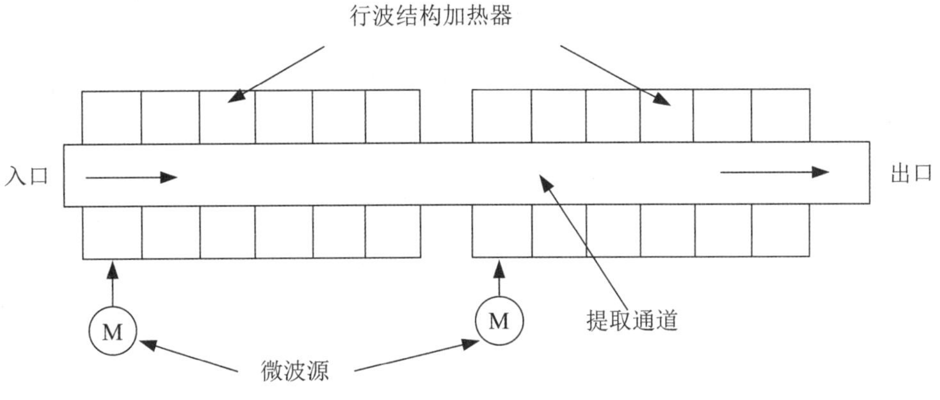

图 1　行波型提取结构示意图

2）驻波型结构

它类似于大功率多腔速调管或驻波型微波直线加速器中的谐振腔，同样，其中的电子或离子通道被介质提取通道所取代。与行波型结构不同的是每一个腔都需要一个微波源，因此特别适合于采用小功率廉价的炉用磁控管。其结构示意图如图2所示。

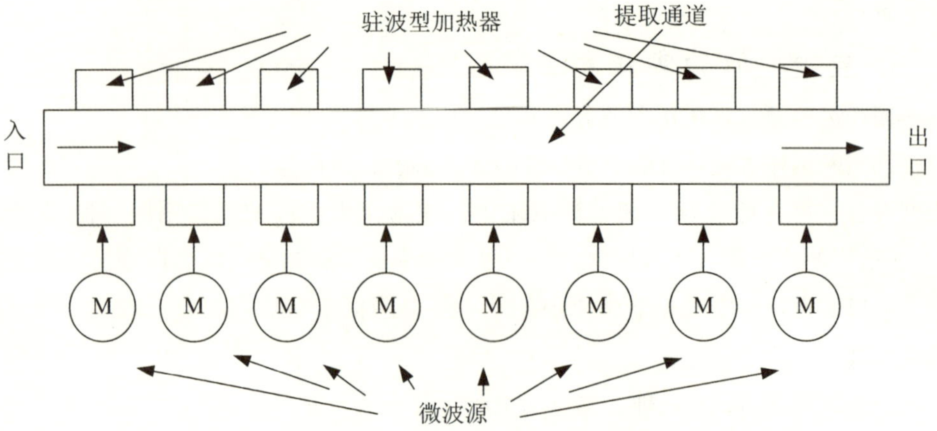

图2　驻波型提取结构示意图

7. 存在的问题

中药的微波提取，目前存在的主要问题有以下几方面。

(1) 对现有的数百种中药材原料或半成品的介电特性，特别是其频率特性和温度特性缺乏全面、细致、深入的研究，国内至今没有一个单位能够开展上述基础性研究工作。因为这需要大量的投资，以便采购像电介质介电常数测试仪、微波网络分析仪、微波信号源、各种加热装置及相应的测温设备等贵重仪器。

(2) 缺乏对微波提取的动态研究，包括提取的最佳温度、物料的破碎度、连续生产时的输送速度、最佳的微波功率密度等工艺参数的确定。

(3) 缺乏对各种微波互作用腔的技术设计，特别是馈口的位置、极化方向、开口大小、激励器的长短等关键尺寸的选择。目前国内有些设计显然是不合理的，因为设计者没有考虑到多管馈能时存在的各馈口之间的交叉耦合问题，通常就认为 N 个管子就能输出 N 倍的单管功率，这也显然是错误的。即使不存在交叉互耦现象，对于每个管子来说，也未必能输出最大的额定功率，因为磁控管不是一个恒功率源，它的输出功率大小在输入功率恒定时是完全由其负载决定的，也就是说由管子连接的激励器出口向腔内看入的负载阻抗大小和相位决定的，或者说要看在磁控管的负载特性曲线（即雷基图）上的负载位置确定。据我所知，国内使用的磁控管，生产厂商从未提供过相应的雷基图，使用者也从未自己测试过雷基图，因为都不具备相应的条件，更没有人测量过炉腔上各馈口的输入阻抗。这样就把磁控管当灯管一样一个个地装于炉腔上，少则几个，多则几十上百个，国内有的装有近五百个管子。这种使用方法，哪有不出问题的呢？要彻底解决这一问题，必须从两个方面入手。

①理论上分两步进行电磁场数值计算和仿真。

第一步，对空载腔体进行三维的仿真，了解空载时腔内电磁场的分布，着重了解各馈口附近的分布。

第二步，对加载后再进行仿真计算，对比两种情况下的差别，特别是各馈口附近的差别；并分析和判断每一馈口位置的合理性，如不合适，适当调整位置，再重新计算，直到满意时为止。

这一工作具有相当的难度，该难度将随馈口数量（N）的增加而增大，目前在建模时尚有一些困难。

②实验上测量每一馈口的输入阻抗，以便与每一馈口的管子匹配，但又不能单独分别测量，因为每一馈口都同时处于发射状态，否则其结果没有任何实用意义，因此必须寻找一种新的测量原理和方法才行，遗憾的是至今尚无这种测量原理和方法，但我已初步完成这一新原理的构思和方案，不久将会发表或申报专利，这是最实际最有用的解决方案。

8. 结论

综上所述，中药的微波提取技术正快速发展，但又处于规模化和产业化的前夜，无论基础理论的研究方面，还是在技术设备的设计、制造、生产、使用等各个环节，仍然存在着一系列急待解决的问题。各方应加强领导，分工协作，突出重点，各个击破，使我国的中药生产摆脱分散落后的面貌，以高新技术为手段，充分挖掘和利用我国丰富的中药材资源，加强技术交流与合作，为我国中医药的现代化生产做出应有的贡献。

参考文献

［1］张兆镗，钟若青．微波加热技术基础［M］．北京：电子工业出版社，1988.

［2］张兆镗．电介质的微波测量［M］．电子科技大学研究生教材，1988.

［3］张兆镗．微波频率下水的介电温度特性的探讨．第十二届全国微波能应用学术会议（成都）论文集，2005.

［4］张兆镗．微波炉动态阻抗的测量．2005.

［5］张兆镗．一种新型的连续式微波提取装置．2005.

［6］张兆镗．一种新型的多馈口分布馈能的加热装置．2005.

［7］张兆镗．莫将管子当灯泡．2006.

（第三届中药提取技术（国际）研讨会论文集．2006.）

11.11　高功率驻波测量线的设计

1. 引言

在低功率状态下，早期为了测量终端负载的驻波比或负载的阻抗，通常使用测量线（又称槽线）来进行，这种测量线可制成同轴型或波导型结构，主要看负载的结构形式。20 世纪 80 年代后，由于矢量或标量网络分析仪的推广与普及，一时间测量线几乎退出了微波测量实验室及人们的视野。近年来，由于微波功率应用大量推广及微波炉的大量生产，大功率微波传输系统及大功率微波源的建立，许多情况下都需要在高功率电平下动态测量负载或其他传输系统中的驻波及其相位，这就要求建立起一种能在高功率电平状态下测量传输线（包括同轴线和波导）驻波比及相位的高功率驻波测量线。

通常的小功率测量线显然是不符合这种高功率电平下使用的，有以下两方面原因。

（1）普通测量线中是采用探针直接插入传输线中耦合部分功率出来，检波后作为输出指示的，高功率电平下检波晶体极易损坏。

（2）由于电探针从微波传输线的横向插入，插入过浅，耦合太小，过深则在高功率时容易产生电场击穿。所以，通常的槽线是不能用在高功率电平状态下测量的。

本文讨论一种适合工作在高功率电平状态下的驻波测量线。实际上，早在 1958 年，我国南京一雷达厂就曾试制过一台 S 波段兆瓦级电平的高功率驻波测量线，专门测量该波段的天馈系统中的动态驻波，但年代久远，资料丢失，因此重起炉灶，以适应当前需要。

2. 高功率测量线的工作原理

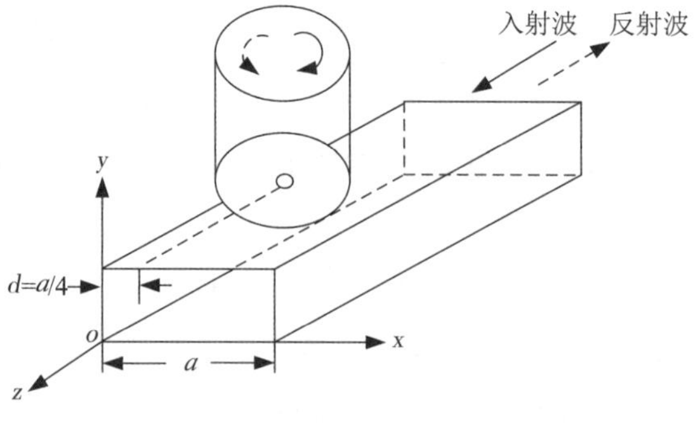

图 1　高功率测量线原理图

图 1 所示的矩形波导中，在距离窄壁 $d=\frac{a}{4}$ 的地方，H_x 与 H_z 大小相等，而且在时间相位上和空间方向上都相差 90°，即具有圆极化的磁场；如在此宽壁上开一小圆孔，耦合到轴线与宽壁垂直的一段圆波导中，在此圆波导内其尺寸只允许建立起最低

次模即 H_{11} 模。于是在主波导中实线箭头方向所示的入射波激励下，圆波导中 H_{11} 波的极化方向（即 E 矢量方向）将依图中实线所示方向沿圆筒的角向旋转。当主波导终端所接被测负载不匹配而有如虚线箭头所示的反射波时，该反射波在圆波导中也将激励起另一个幅值较小的圆极化波，其旋转方向与上述方向正好相反。这两组转动方向相反的圆极化波相互叠加，使在圆周某个位置上因两者同相而出现电场最大值，而在相隔 90°处，因两者反相而出现电场最小值，结果在圆周方向上形成了一个椭圆极化波，其长轴对短轴之比（即径向电场最大值与最小值之比）便代表被测负载的驻波比值，而短轴出现的角向位置决定负载反射系数的幅角即相位。

这时如在圆波导中设立一根径向探针，并使其沿圆周方向旋转，这便等效于开槽线中的轴向移动探针一样，能检测到驻波电场的分布图形，从而确定被测负载的驻波比值及相位的大小。

3. 工程设计实例

下面举一个设计作为高功率驻波测量线的实例。

工作频段：2450±50MHz 。

波导规格：BJ—26 。

以中心频率 f_0＝2455MHz 为准，这时相应波长 λ_0＝122.2mm 。

H_{11} 模式圆波导中的波导波长为

$$\lambda_g=\frac{\lambda_0}{\sqrt{1-\left(\frac{\lambda_0}{3.41R}\right)^2}}$$

若选 R＝40mm，代入后可得 λ_g＝276≈280mm。

因此 H_{11} 腔长 $L=\lambda_g/2$＝140mm 。

在圆柱腔长的一半处（即离波导宽壁 70mm 处）开一个 t＝2mm 的细缝，该缝在角向跨越 200°左右；以便径向探针能在角向转动过程中测到椭圆极化分布的电场图形的最大值与最小值。设计草图见图 2。

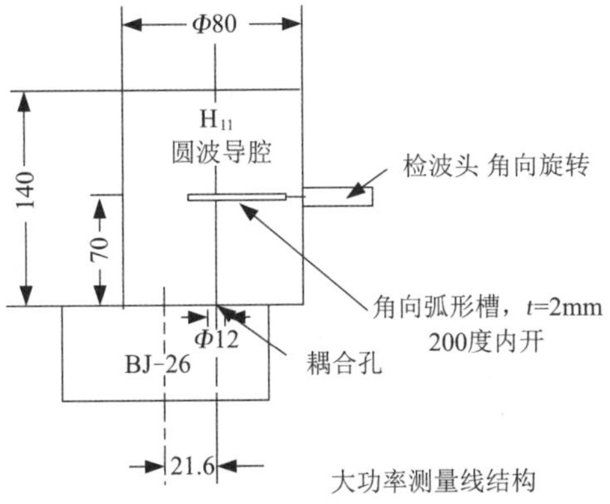

图 2 设计实例的主要尺寸

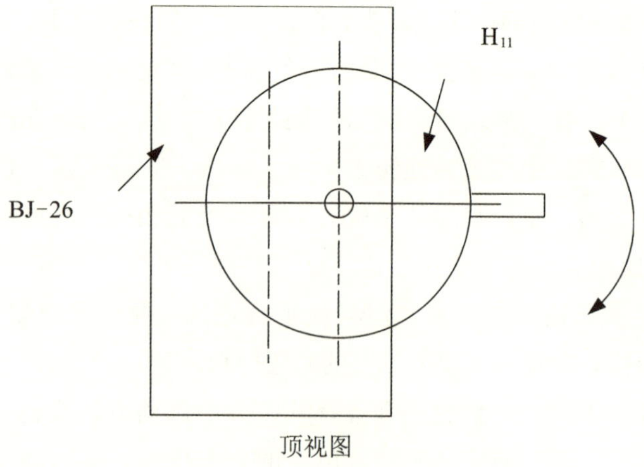

图 3　实例顶视图

以上述尺寸代入 H_{11} 谐振腔谐振波长公式计算可得

$$\lambda_0=\frac{3.41R}{\sqrt{1+2.91\left(\frac{R}{L}\right)^2}}=122.2\ (\mathrm{mm})$$

这与设计频率相符。

4. 校准定标及使用

高功率测量线制成后需要调整和校准。

调整有两个含义：

(1) 调节与主波导耦合大小是通过改变位于 $\frac{a}{4}$ 处的小孔直径 d 来实现的，图中给出了 $d=12\sim15\mathrm{mm}$ 的参考值，根据实际情况予以适当的调节。

(2) 改变径向耦合探针的插入深度可以调节检波头的灵敏度，当然，插入深度愈浅，对腔内驻波图形分布的影响也就愈小。

关于参考相位的确定方法如下：

在利用测量线测量负载阻抗时，都需要知道驻波的最小点相应的相位，即离参考相位的相位差值，这个参考相位通常是以测量线输出端法兰盘为短路面时的相位，因此校准时应在测量线输出法兰盘处接一标准短路板，然后在圆周方向旋转径向探针，找到驻波最小值时的相应角度即为参考相位值 θ_0，接着除去短路板，换接被测负载，重新测量这时的驻波最小值及相应的角向位置 θ_1，它与参考相位之间的角度差 $\Delta\theta=\theta_1-\theta_0$ 即为被测负载的相位，根据测得的驻波比值 S 及相位 $\Delta\theta$，即可在 Smith 圆图上找到负载的位置。

5. 结语

这种旋转式高功率驻波测量线结构简单，尺寸小而紧凑，如利用伺服电动机联动旋转机构，即可同时记录角向扫描角度信息，这对确定参考相位和负载相位具有重要意义。

上述高功率测量线适用于所有波段，据报道，在X波段能达到20%的带宽。特别是在毫米波段可达10%的带宽（4mm波段），其等效剩余驻波低达1.01。

对于频率低于1000MHz的同轴系统，由于通常的驻波测量线太长，制作和使用均感不便，如采用这种旋转式驻波指示器可使尺寸大为缩小，通常做成电桥式，这里不做介绍了。

参考文献

[1] 汤世贤．微波测量［M］．北京：国防工业出版社，1981.

(电子科技大学内部技术报告．2006.)

11.12 高效微波炉

1. 概述

高效微波炉在当前能源短缺的背景下显得尤为必要，人们期望能得到一台较过去更为省电的家用炊具是理所当然的。为响应这一呼声，有关企业应尽快开发出一种节能的高效率微波炉，以满足市场和人们的迫切需要。

2. 高效率微波炉

高效微波炉的核心技术包括：

（1）高效率磁控管的开发；

（2）炉腔与磁控管的匹配技术；

（3）变频电源的采用。

3. 微波炉中的电功率分配

在一台家用微波炉中，总输入电功率与炉中各部件器件消耗的电功率间存在着下述关系

$$P_{\Sigma}=P_{in}+P_{h}+P_{cu}+P_{fe}+P_{b}+P_{m} \tag{1}$$

式中 P_{Σ}——总输入电功率；

P_{in}——磁控管的输入电功率；

P_{h}——磁控管的灯丝功率 $P_{h}=V_{f}\times I_{f}$；

P_{cu}——变压器中的铜耗；

P_{fe}——变压器中的铁耗；

P_{b}——照明灯泡功率；

P_m——转盘电动机及散热风扇的功率。

4. 节能途径

(1) 如将照明灯泡(15W)改为节电的LED(1W)是完全可行的。

(2) 采用优质铁芯可减小变压器铁耗。这样可使总输入电功率中的后四项控制在数十瓦以内。如采用变频电源将大大提高炉子的总能效。

(3) 但灯丝加热功率无法节省,除非发明冷阴极磁控管。

5. 磁控管的效率

磁控管的效率定义为

$$\eta=\eta_e\times\eta_c \tag{2}$$

式中

$$\eta_e=P_e/P_{in} \tag{3}$$

$$\eta_c=P_o/P_e \tag{4}$$

而

$$P_e=P_o+P_{rf} \tag{5}$$

$$P_{in}=P_e+P_a+P_h \tag{6}$$

式中 P_{in}——磁控管的电源输入功率;

P_e——转换成的电子功率(微波);

P_o——磁控管至负载上的输出功率;

P_a——磁控管阳极上耗散功率;

P_{rf}——磁控管阳极上高频损耗功率;

P_k——磁控管阴极上的电子回轰功率。

5.1 磁控管的回路效率

$$\eta_c=\frac{P_o}{P_e}=\frac{P_o}{P_o+P_{rf}}=\frac{\beta}{\beta+1} \tag{7}$$

$$\beta=\frac{Q_o}{Q_E}=\frac{G_L}{G_R} \tag{8}$$

(1) 提高耦合度 β,可提高回路效率 η_c,通常在2450MHz波段,β 为10~12,$\eta_c\approx91\%\sim92\%$。

(2) 在负载不变的前提下,降低高频损耗 P_{rf} 也可使 G_R 下降,从而使效率提高。

5.2 磁控管的电子效率

由公式可见要提高电子效率 η_e 意味着降低阳极及阴极上的功率耗散(P_a+P_k),这是高效率磁控管的关键所在。P_k 是M型器件中的固有特性,其大小取决于很多因素和条件,通常为输入功率的2%~10%,很难使其减小。由此可见,提高电子效率的唯一途径是降低电子打上阳极时所产生的热能耗散功率 P_a。

电子效率公式

$$\eta_e = \frac{1-m\ (2eU_a)\ (\omega r_a/n)^2}{1+\ (I_a m/B^2 e)\ (M/d_L)\ 2Q_L/N\omega C_R} \tag{9}$$

式中 m，e，d_L，Q_L，N，C_R，r_a，ω 等——物理常数、几何尺寸、电参数等，管子制成后均为恒定值。

因此，改变管子工作点电参数 U_a、I_a 及 B 值时，存在下述关系。

（1）由于电子轮辐旋转的平均线速度比例于

$$v_e = \frac{E}{B} \propto \frac{U_a}{B} \tag{10}$$

所以阳极电压 U_a 与工作磁场 B 不能单独调节，而必须保持上述比例关系，才能保证与 π 模式的旋转行波同步，相互作用，交换能量。

（2）电子的回旋半径为

$$R_k = \frac{mU_a}{eB^2} \propto \frac{U_a}{B^2} \tag{11}$$

因此当提高 U_a 的同时，相应地按比例提高 B，可产生两个对提高电子效率 η_e 有利的结果。

（1）阳极电压 U_a 的提高，使磁控管的输入位能 $W_e = eU_a$ 增大。

（2）相应地必须提高工作磁场 B，由回旋半径公式（11）可见 R_k 将会减小，并与 B 成反比。这就大大减小了电子打上阳极时的旋转动能。

上述两个作用导致了电子将交出更多的功率（微波振荡功率 P_e），从而提高了电子效率 η_e。

实际上，从电子效率公式（9）中也可看到：分子中第二项分母中 U_a 的增大，以及分母中第二项分母 B^2 的增大都将使电子效率提高，尤其如果让分母中第二项的 I_a 减小，更会引起电子效率的提高。

6. 电子效率与工作参数的关系

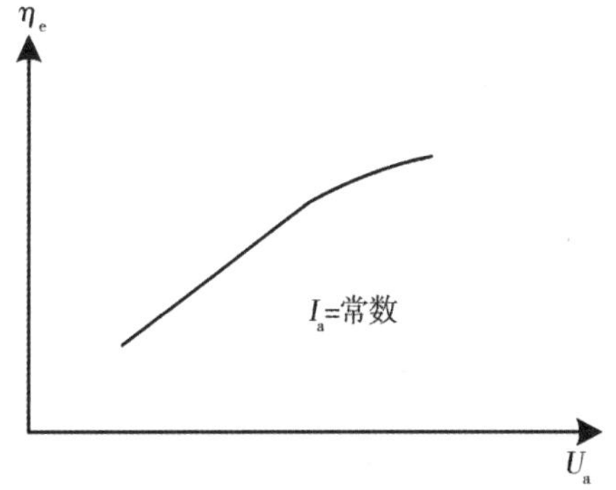

图 6 电子效率与阳极电压的关系 1

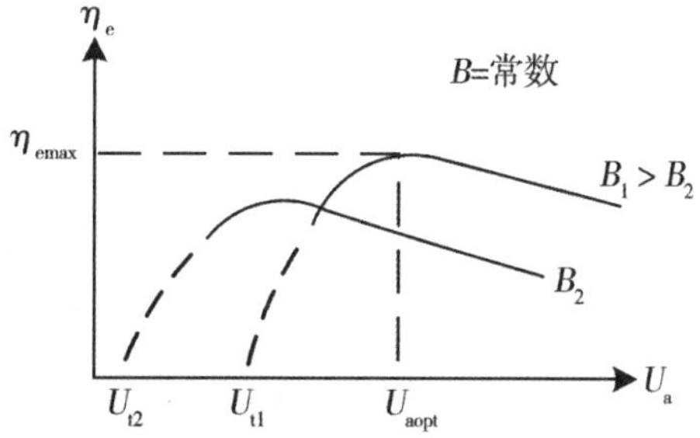

图 7 电子效率与阳极电压的关系 2

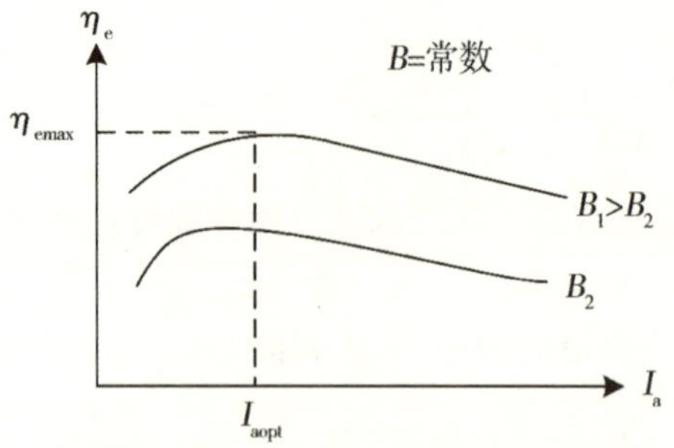

图 8　电子效率与阳极电流的关系

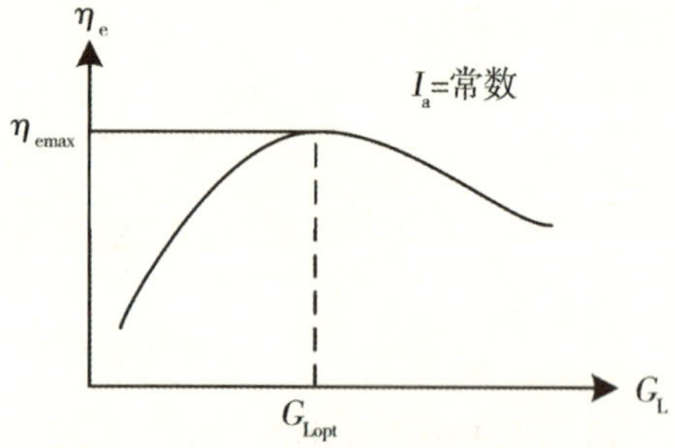

图 9　电子效率与负载的关系

由图 6～图 9 所示关系曲线可知：

（1）提高电压时同步地提高磁场可以提高电子效率；

（2）在磁场固定不变时，存在一个最佳电压值，该电压值相应的电子效率最高（见图 7）；

（3）在磁场固定时，存在一个最佳电流值，该电流值相应的电子效率最高（见图 8）；

（4）在电流固定时，存在一个最佳负载电导值，这时相应的电子效率最高（见图 9）。

7. 设计实例

将现有 2450MHz 磁控管改为高效率管其电参数变动如表 1 所示。

表 1　磁控管改为高效率管的电参数变化

电参数	现有管	高效率管设计值
U_a(kV)	4.0	6.0
B(T)	0.170 0	0.240 0
I_a(mA)	300	200
P_o(W)	800	950
η(%)	72	75～78

上述提高电子效方法会产生一个重大缺点，即在增大工作磁场 B 时，必须同步提高阳极工作电压 U_a，这就带来下述两个问题：

（1）直流电源成本提高；

（2）零部件的绝缘等级必须相应提高，这也会使成本提高。

但其优点是：磁控管不需要做任何改变。

能否在保持阳极电压 U_a 和阳极电流 I_a 都保持不变的前提下，单独增大工作磁场 B 来提高电子效率呢？回答是肯定的。但这时为了保持与 π 模式的场同步，在增大 B 时，必须提高互作用空间内的电场 E 值，使 $\frac{E}{B}$ 保持不变。而在 U_a 不变情况下，唯一办法

是缩小阳极直径 d_a，这样，又不得不相应地调整阴极直径 d_k，因为 $\frac{d_k}{d_a}$ 应符合最佳比值。由此会引起叶片隙缝尺寸 μ 及 $\frac{\mu}{\mu+\tau}$ 参量的改变，换句话说，这一方案必须同时改变阳极阴极许多尺寸才能办到，如果还要提高回路效率 η_c，必须改变天线的耦合点。总之，应重新研发新的磁控管。

8. 实验结果

这里，我们对松下 2M291－M32 磁控管进行了冷测与热测，并将测试结果与 Witol 2M319K 进行对比，从中可以找出一些规律。从这一结果来看，前者主要是通过提高耦合度 β 即提高回路效率的途径来提高总效率，虽然电子效率也有一定的提高。详见表 2。

表 2　2M291－M32 与 2M319K 比较

	2M291－M32	2M319K
ΔU_{am}（kV）	4.49	4.32
ΔU_{am}（kV）	0.17	
I_a(mA)	300	303
ΔI_a（mA）	－3	
β	14.2	8.2
η_c（%）	93.4	89.1
η_e（%）	84.6	81.9
η(%)	79	72
$\Delta\eta_c$(%)	4.27	
$\Delta\eta_e$(%)	2.67	

9. 高效率微波炉

上面讨论了高效率磁控管的有关技术措施，看来提高 4%～6%的效率是完全有可能的。但就微波炉来说，提高 3%～5%的效率也应该是可实现的，主要应从以下几方面入手，即：

（1）提高炉腔与磁控管的匹配，使炉腔阻抗位于磁控管雷基图的下沉区附近，使管子工作在高效率状态，增大输出功率。

（2）提高漏感变压器的工作效率，减小铜耗与铁耗，提高功率因素。

（3）采用变频电源取代现有变压器。

（为美的集团微波炉公司提供的技术咨询报告．2010.）

11.13 磁控管效率偏低及阳极电流失控的机理分析

1. 概述

在某型号 CW 磁控管研发过程中，发现暗电流明显偏大，工作效率偏低，热测时还会出现电流突然失控的现象，经过一段时间的摸索，并从磁控管工作机理上进行分析，终于找到了产生上述现象的主要原因，在针对性措施下，彻底解决了上述问题，使效率得到了有效提高。后来发现另一波段的 CW 磁控管也存在类似现象，因此本文的分析具有普遍性。

2. 暗电流对管子效率的影响

1）暗电流过大

暗电流通常指管子在截止状态下，磁控管内出现的非正常电流，从图 1 所示对比测试中可以看出，威特管与松下管之间存在着较大差别。

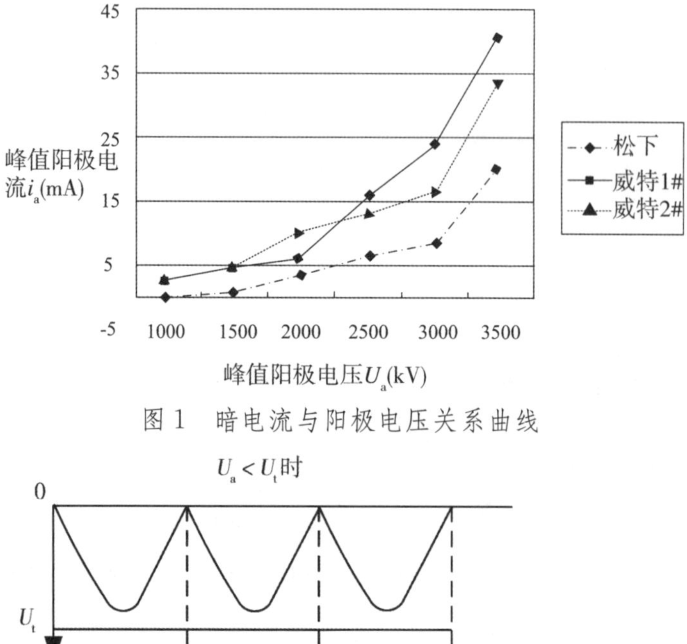

图 1 暗电流与阳极电压关系曲线

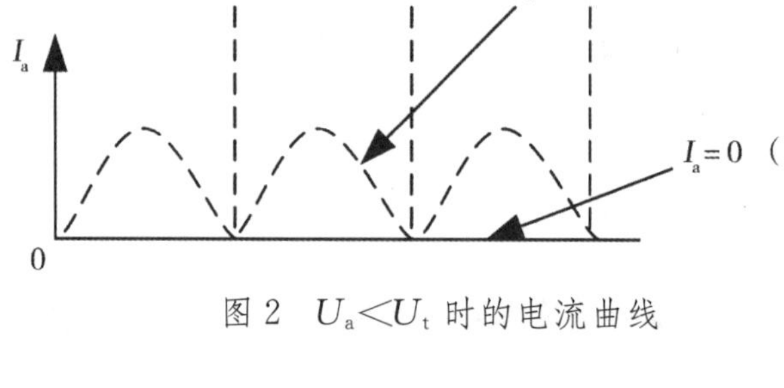

图 2 $U_a < U_t$ 时的电流曲线

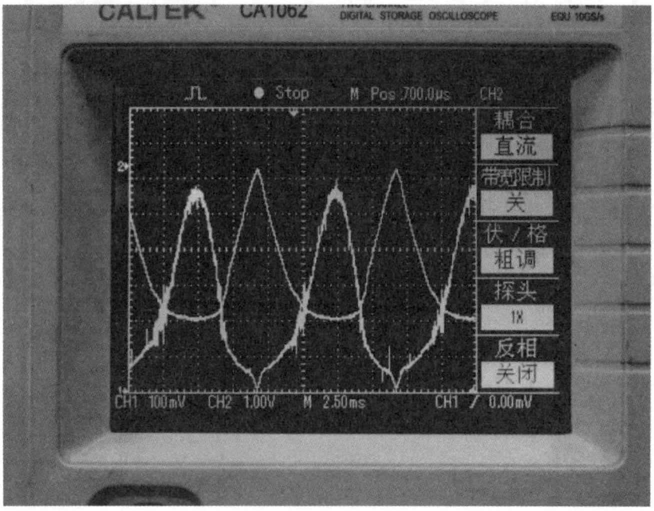

图 3　实测的电流波形

当$U_a<U_t$时，阳极电流$I_a=0$，这是由截止磁场决定的，如图 2 中底线所示。但实验中发现：这时管内并非处于截止状态，而出现了随阳极电压U_a增加而增大的阳极电流I_a，如图 2 中下部的电流波形所示。实验测得波形如图 3 所示。

2）经纠偏后的暗电流

通过纠偏可以达到与松下管相近的暗电流水平。

3. 非工作电流占总电流的比重

从测试中得到，当阳极平均电流为 100mA 时，峰值阳极电流为 560mA，其中漏电流约为 120mA，占总峰值阳极电流约为 21%，这一比例是相当高的。由于管子已经起振，已不再是截止状态，所以这一未形成电子轮辐，但已构成打上阳极的电流，称其为非工作电流，以便与截止状态下的暗电流相区别。

4. 非工作电流对管子效率的影响

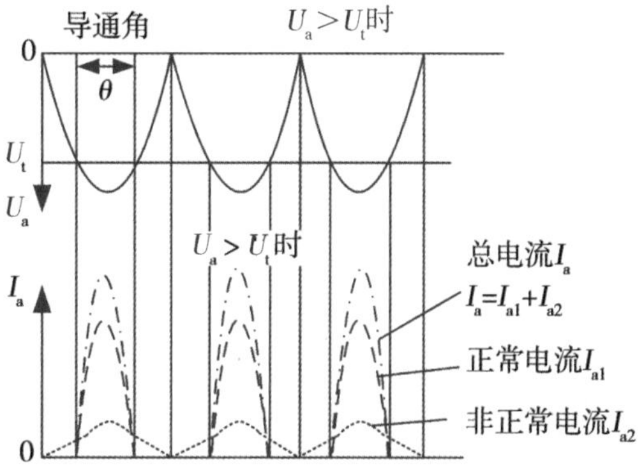

图 4　起振后的电流波形

当$U_a>U_t$时，会在$\theta<\pi$时出现导通角φ，在导通角内，将出现正常的阳极电流I_{a1}（即

由互作用空间内有利电子构成的电子轮辐打上阳极时形成的工作电流)，如图 5 中的蓝线所示。但未起振时已存在暗电流，如图 4 中的非正常电流 I_{a2} 所示，它是 U_a 的函数，除非 $U_a=0$，否则，都将有电流存在，即使在非导通期间。

如果管子起振后，阳极电流中存在部分非工作电流，这就会使计算出来的效率降低，原因是显而易见的，因为计算效率时，是以阳极电流与阳极电压的乘积作为输入功率的，即

$$P_{in}=U_a\times I_a \tag{1}$$

而阳极电流 I_a 由两部分构成，即构成电子轮辐的工作电流 I_{a1} 和非工作电流 I_{a2}，于是

$$I_a=I_{a1}+I_{a2} \tag{2}$$

由此可见，计算效率时应以下式（3）代替式（1）

$$P_{in}=U_a\times I_{a1} \tag{3}$$

而计算效率公式为

$$\eta_1=\frac{P_o}{P_{in}}=\frac{P_o}{U_aI_a} \tag{4}$$

实际效率则为

$$\eta_2=\frac{P_o}{U_{a1}I_{a1}} \tag{5}$$

设非工作电流 I_{a2} 与总阳极电流 I_a 的比值为

$$\xi=\frac{I_{a2}}{I_a} \tag{6}$$

则效率

$$\eta_1=\eta_2\left(1-\frac{I_{a2}}{I_a}\right)=\eta_2\ (1-\xi) \tag{7}$$

例如当 $\xi=\frac{I_{a2}}{I_a}=0.21$ 时，效率比 $\eta_1/\eta_2=\frac{I_{a2}}{I_a}=(1-\xi)=0.79$。

换句话说，真实的管子实际效率应为

$$\eta_2=\frac{\eta_1}{1-\xi} \tag{8}$$

如果测得的效率为 $\eta_1=47.4\%$，那么，真正的实际效率 η_2 将为

$$\eta_2=\frac{\eta_1}{1-\xi}=\frac{0.47}{0.79}=0.60 \tag{9}$$

即测得的效率将是实际效率的 79%。这就是非工作电流对管子效率的影响的第一个原因。

松下管与威特管电流波形存在巨大差别，主要表现在截止区内，松下管很小，而威特管则明显偏大，见图 5 与图 6。

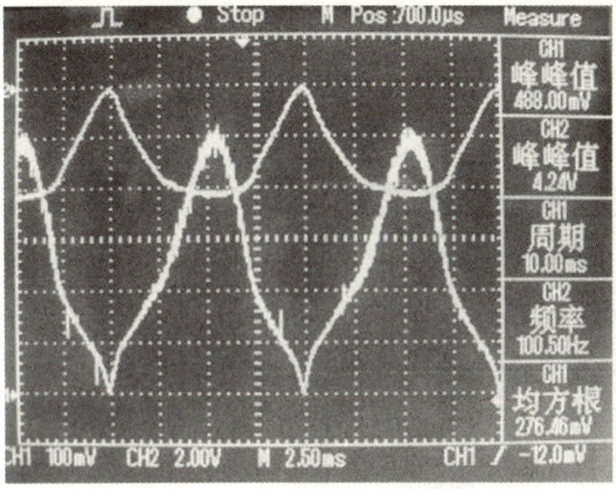

图 5　松下管起振后的电压电流波形

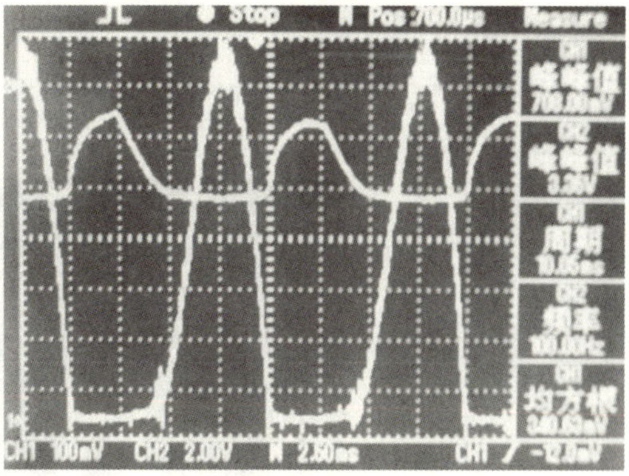

图 6　威特管起振后的电压电流波形

5. 非工作电流的形成机制及原因

非工作电流肯定存在于端部空间，包括极靴内外形成的空间，原因是复杂多样的；当然，也不排除存在于互作用空间内，但非径向回旋运动打上阳极的电子，而是由径向磁场导致电子轴向运动，或轴向运动顺着磁场打上阳极，或漏出极靴孔打上极靴或端盖的电子。还需进一步观察与分析，这一问题是当前的症结所在。

6. 高模的激励及对效率的影响

1）高模的出现

在热测中发现，除了主模（π 模）外，尚同时存在$\left(\frac{N}{2}-1\right)$的高次模，这一模式的谐振频率高于主模 1GHz 以上，如图 7 所示。

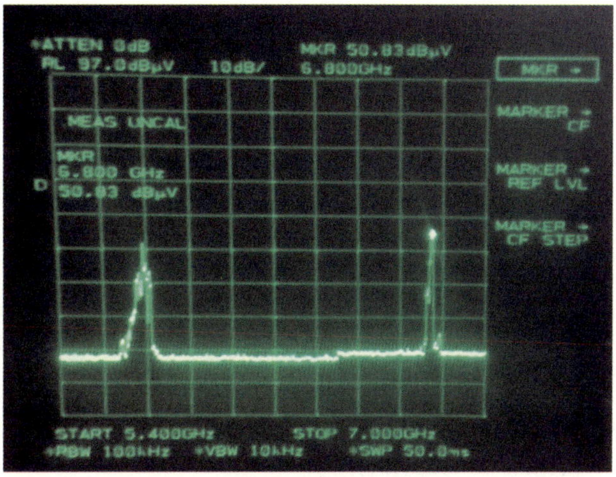

图 7　主模与高次模的频谱曲线

一般情况下，不可能同时被激励，即使跳模，也是来回地产生模变，不会在谱仪上观察到稳定的谱线，由此可见这一高模的出现是不正常的现象，而且其强度甚至还超过了主模。

2）产生高模的可能原因

与此同时，我们从工作状态下的阳极电压和电流波形中（见图 8）看到以下两点重要情况。

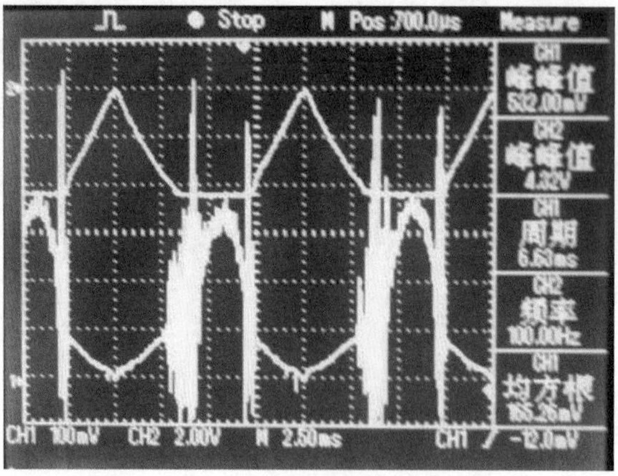

图 8　出现高模时的电压电流波形

（1）在门槛电压 U_t 以下，即 $U_a < U_t$ 时，阳极电流并未截止，如上所述，这就是起振前的暗电流。

（2）当 U_a 超过门槛电压 U_t 时，管子起振，但从电流波形上可看到明显的浪涌电流的存在，而且其幅度相当可观；不仅如此，在停振区开始处，也存在类似的浪涌电流，这一电流也许正是激励高模的原因所在。

3）高模对管子效率的影响

（1）一般情况下，除主模外，高模都处于欠耦合状态，即 $\beta<1$，所以一旦被激励，起振后的功率只有很少一部分能输出至外负载上，而大部分或绝大部分功率只能耗散在管内阳极及阴极上。

（2）同时由于其振荡频率大大高于主模的工作频率，所以在阳极上的高频耗散要大得多。

（3）由于两个模式几乎同时存在，只是时间上略有先后，所以电子轮辐的快速轮流转换，大大降低了电子效率，从而降低了总效率。

7. 管内的几种电流

磁控管内，目前在试制过程中已出现了下述的各种阳极电流，它们是：

（1）起振前存在的暗电流（截止状态下未被截止的电流）I_{ad}；

（2）起振后管内主模存在的工作电流 I_{a1}；

（3）起振后管内存在的非工作电流 I_{a2}，它与 I_{ad} 有密切的关系；

（4）高模激励后存在的工作电流 I_{a3}；

（5）主模振荡时产生的高频电流 i_1；

（6）高模激励后产生的高频电流 i_2；

(7) 真空度不高产生的离子电流 I_i。

而且 $$I_a = I_{a1} + I_{a2} + I_{a3} + I_{ad} + I_i \tag{10}$$

i_1 及 i_2 不构成阳极电流，只在高频损耗上起作用。

8. 磁控管效率低与工作电流不稳定的初步分析与结论

综上所述，管子目前存在的两个主要问题，似乎可从上述有关实验及结果中得到初步解释。

(1) 从式 (10) 可见，其中只有 I_{a1} 才是真正构成主模振荡，并产生输出功率的有效工作电流，而且 $I_{a1} < I_a$，因此，这是计算效率 η_1 比实际效率 η_2 低的主要原因，见式 (9) 及式 (4)。

(2) 从式 (10) 可见，除了 I_{a1} 在输出功率中起贡献外，其余几项电流中，只有 I_{a3} 还能在输出功率中起到一些贡献，它还取决于高模耦合度的大小，其余几项均无法在输出功率中做出任何贡献。

(3) 由于主模与高模同时存在，大大降低了电子效率。

(4) 这些无贡献项的阳极电流，一方面会使效率降低；另一方面，这些打到阳极上的无用电流却构成了阳极的温升，温升高低取决于电流的大小。

(5) 主模及高模振荡时产生的高频电流 i_1、i_2 同时使阳极产生功率耗散，最终导致阳极的温升，这些温升与阳极电流产生的温升相互叠加，导致了阳块温度的急剧上升。

(6) 效率降低与温升提高是同时产生的，尤其是当管内材料真空性能不好或管内真空度不理想时，这种温升会促使材料放气，从而产生电流不断增大的不稳定现象。

(7) 在上述电流中，工作电流 I_{a1} 是由阳极电压 U_a 和工作磁场 B 共同决定的，尽管工作特性中工作点的动态电阻很小，但仍受电压与磁场所控制，属可控电流，而其他非工作电流则为不可控电流，影响它们的因素是很多的，而且也是比较复杂的，但归根到底可归结为如下几种：

①阳极的过度温升；

②材料的放气；

③真空度的不理想。

参考文献

[1] 张兆镗. 微波电子管原理 [M]. 北京：国防工业出版社，1981.

[2] 杨祥林，张兆镗，张祖舜. 微波器件原理 [M]. 北京：电子工业出版社，1994.

(张兆镗，王彩育. 磁控管效率偏低及阳极电流失控现象的机理分析. 真空电子技术，2014 (2)：57—59.)

11.14 微波技术在公路养护技术领域中的应用

1. 微波技术概述

20世纪30年代末，微波首先在军用雷达中获得了应用，取得了辉煌的战果。1947年，美国的雷声（Raytheon）公司和通用电气公司（G.E.）同时发明了世界上两个不同频率（915MHz、2450MHz）的微波炉。从此微波走向了民用领域，目前在工农业生产、科学技术、医疗卫生、家用电器等领域正在获得愈来愈广泛的应用，涉及食品、橡胶、轻工、冶金、交通运输、建材、皮革、纺织、木材及制品、烟草、茶叶、陶瓷等行业。利用微波功率可以使物质产生物理上或状态上的变化，如加热、脱水、干燥、发泡、膨化、煮白、固色、烧结、焊接、焙烧、熔融、改性、沉积、杀菌、消毒、冶炼、脱蜡、脱硫、硫化、萃取、消解……微波沥青路面修复机如图1所示。

图1 微波沥青路面修复机

80年代后期，美国矿产局曾根据微波快速加热矿物急剧膨胀产生热应力的机理，对矿石破碎试验取得明显效果，该方法具有快速、节能、选择性加热、便于控制范围和加热速度等优点。

一般火药破碎率为1%～5%，机械破碎率为15%～20%，微波破碎率为60%～70%。

混凝土路面的破碎，能否采用微波技术？微波破碎能否代替机械破碎？

2. 微波与物质相互作用的特殊性

①快速性；②均匀性；③选择性；④优质性；⑤即时性；⑥高效性；⑦环保性；⑧经济性；⑨适应性；⑩灵活性。

3. 物料的介质特性

大部分物料在微波作用下，都会吸收微波能，但产生热量的能力有强有弱，一般用复介电常数来判断，尤其要看介质损耗因子 $\tan\delta$ 的大小。损耗因子越高，物料吸收微波能产生热量的能力就越强，反之，就越弱。

物料复介电常数的介质特性按极化性质可分为两种。

（1）极性材料：如水、酒精、甲醇、尿素、人体器官（肌肉、肝、脑、脂肪、肺、肾等）。

（2）非极性材料：如陶瓷、玻璃、聚苯乙烯、聚四氟乙烯、聚丙烯、四氯化碳、石英、纯沥青、生橡胶……沥青及混合料的复介电常数如表1所示。

表1 沥青及混合料的复介电常数

材料	T/℃	f/MHz	ε'（介电常数）	$\tan\delta$（损耗因子）
纯沥青	26	3000	2.5～2.8	0.001
闪长岩	20	2450	5.6～7.0	0.018～0.036
沥青混凝土				
含闪长岩	20	2450	5.8	0.034
含石灰石	20	2450	6.7	0.015
含石英	20	2450	4.0	0.006

由表1可知：纯沥青的损耗因子为0.001，而沥青混凝土则为0.015～0.036，所以，微波加热沥青混合料的产生热量的能力远远大于纯沥青。纯沥青几乎不吸收微波能，故其是非极性材料。

沥青为非极性分子，单独利用微波是无法加热的，因此必须加有辅料才行。通常辅料又分为粗集料和细集料，它们主要是玄武岩和花岗岩等。

沥青混凝土通常由4％～6％的沥青、50％～70％的粗集料、20％～40％的细集料和10％以下的矿粉组成。

沥青混凝土中大量的极性分子在微波作用下，产生快速的分子热运动，分子与分子之间的摩擦产生热量。那么，微波是否会破坏纯沥青或沥青混合料中物质的分子机构呢？

首先，纯沥青几乎不吸收微波，所以不存在微波破坏其分子结构的可能性。

其次，在微波波段，由于工作频率不高（与X射线、γ射线等相比），所以其量子能量（$E = h\nu$）较低（式中：h为普朗克常数；ν为微波频率）。这就说明微波不足以破坏任何物质的分子原子结构，只能提供热能形式影响其物理特性，而对其化学性能影响不大。

4. 微波在沥青路面修补中的应用

20世纪70年代初，国外开始对微波能在沥青路面现场热维修中的应用进行实验研究。微波加热应用在沥青路面热修补实验最早是由加拿大Bosisio等人在1973年秋季用频率2450MHz微波修复一个长20英尺、宽0.5英寸、深6英尺（1英尺＝0.305米）的沥青高速公路裂缝，经过一个冬季繁重的交通运输，修复的路面仍保持了较好的性能。

1992年，Thuéry研制出总功率达100kW的2450MHz微波修补工程车，该车由一台 180kW 的柴油发电机提供产生微波所需的电源功率，对沥青高速公路裂缝和坑槽进行现场热再生修补的实验。

（1）使用标准的沥青修补混合料，结果证明采用微波加热修补要比常规加热方式修补更持久，且不存在接合缝的问题。

（2）实验发现，用微波处理沥青混合料能改善沥青料与聚集料间的黏附力，并提高其抗水腐性能，这样可以保证路面修补的质量。

（3）用微波加热方式即使对被雨水浸泡过的路面也能 100%的回收而不损害沥青料的性能。

几年前，广东美的集团威特公司研发了具有自主知识产权的“微波王沥青路面养护车”，采用 2450MHz 频率、输出功率为 1kW 的连续波磁控管 100～200 只，组成天线阵即加热墙，在这一技术领域中填补了国内空白。

微波公路养护车如图 2 所示。养护作业现场如图 3～图 5 所示。

图 2　微波公路养护车

图 3　养护车作业现场 1

图 4　养护车作业现场 2

图 5　养护车作业现场 3

1）微波工作频率的选择

由电磁场理论知道，任何一种物质（本文只谈电介质）在微波电场作用下，物料中每单位体积内的功率耗散（即损耗于物料中的功率密度）为

$$p = \omega\varepsilon_0\varepsilon'' E^2 \tag{1}$$

式中　ω——微波的角频率，$\omega = 2\pi f$；

f——微波工作频率；

ε_0——真空中的电容率；

ε''——物料的介电常数的虚部，它代表物料的损耗

$\tan\delta=\dfrac{\varepsilon''}{\varepsilon'}$；

E_0^2——微波场强的平方，它与作用在该点上的微波功率成正比。

由式（1）可知，在输入微波功率一定时，材料中的功率耗散密度与频率 f 及损耗 ε'' 的乘积成正比。也就是说，对同一物料来说，采用工作频率高的要比频率低的有效得多。

2）微波对桥涵和钢筋无影响

首先需要了解微波对物料的穿透和衰减特性，微波对物质的穿透由下式决定

$$P=P_0\mathrm{e}^{-2\alpha z} \tag{2}$$

式中 P_0——初始 $z=0$ 处的功率；

α——衰减常数。

对于低耗介质，$\dfrac{\varepsilon''}{\varepsilon'}\ll 1$，有 $\alpha=\dfrac{\pi\varepsilon''}{\lambda_0\sqrt{\varepsilon'}}$ （3）

这时相应的穿透深度为

$$D_{\mathrm{p}}=\frac{\lambda_0\sqrt{\varepsilon'}}{2\pi\varepsilon''} \tag{4}$$

由于纯沥青及各种辅料的介质损耗因子 $\tan\delta$ 均较小，所以按式（4）计算得到的穿透深度 D_{p} 都在数十厘米甚至数米。这仅是理论值，实际上由于下述原因使穿透深度小得多。

（1）实际上由于加热天线阵列（即加热墙）中每只喇叭天线的口径都非常小，所以辐射出来的微波波束不可能达到平面波的要求，即平行的电磁波束的要求，见图 6（a）；而是具有一定辐射角（立体角）的非会聚的扩散波束，见图 6（b）。由于功率的扩散，最终导致实际渗透深度 D_{p} 远远小于理论值。

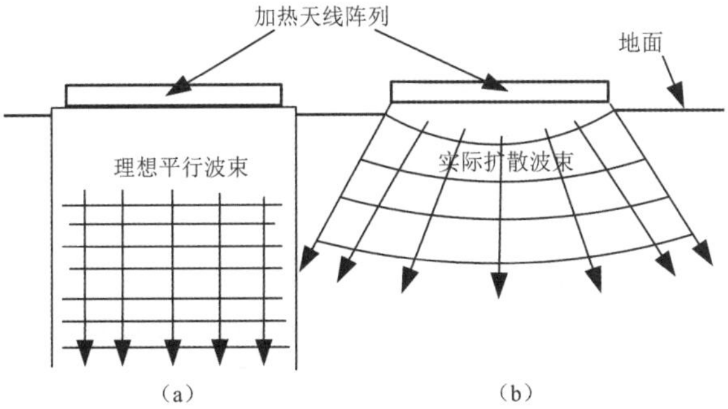

图 6 天线阵产生的波束

（2）沥青路面下往往是带有钢筋的混凝土（在桥梁或涵洞中），或含有水分的沙土及鹅卵石，这些材料对微波的吸收或反射远较沥青料为大，这也导致微波穿透深度的减小。

（3）在沥青路面表面及沥青与基础层的交接面等处都会由于阻抗不匹配引起微波功率的反射，这同样导致穿透深度的减小。

微波在表层及各交接面上的反射与透射如图 7 所示。

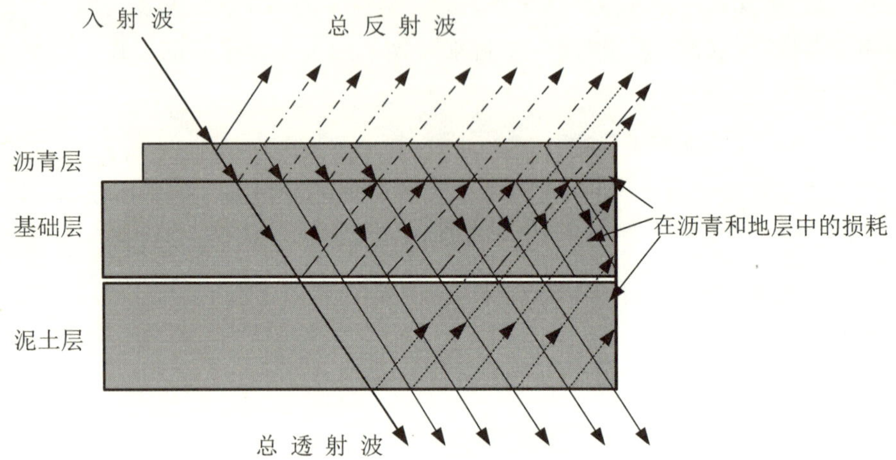

图 7　微波的反射与透射

3）混合物料的等效介电常数

由两种或两种以上物料均匀混合后的等效介电常数 ε_{eff}^*可由下式确定：

$$\sqrt{\varepsilon_{eff}^*} = v_1\sqrt{\varepsilon_1^*} + (1 - v_1)\sqrt{\varepsilon_2^*} \tag{5}$$

式中　ε_{eff}^*——混合物料的等效复介电常数；

v_1——物料 1 的体积与总体积的百分比；

ε_1^*——物料 1 的复介电常数；

ε_2^*——物料 2 的复介电常数。

三种混合物的等效复介电常数由下式确定

$$\sqrt{\varepsilon_{eff}^*} = v_1\sqrt{\varepsilon_1^*} + v_2\sqrt{\varepsilon_2^*} + (1 - v_1 - v_2)\sqrt{\varepsilon_3^*} \tag{6}$$

式中　ε_1^*，ε_2^*，ε_3^*——物料 1、物料 2 及物料 3 的复介电常数；

v_1——物料 1 体积与总体积的百分比；

v_2——物料 2 体积与总体积的百分比。

由此可见，可以根据以上公式选择沥青与其他混合集料的适当配比，达到所要求的等效复介电常数 ε_{eff}^*，以利于整体均匀加热的目的，这对防止沥青老化无疑是有好处的。

4）复介电常数的温度特性

自然界中有两种性质完全不同的温度特性，即正斜率特性及负斜率特性。前者如尼龙、陶瓷、沥青、滑石、云母、合成橡胶（未硫化），等等；后者如水、牛肉、土豆泥、熟胡萝卜，等等。其典型特性如图 8 所示。正斜率温度特性存在一个临界温度 T_c。

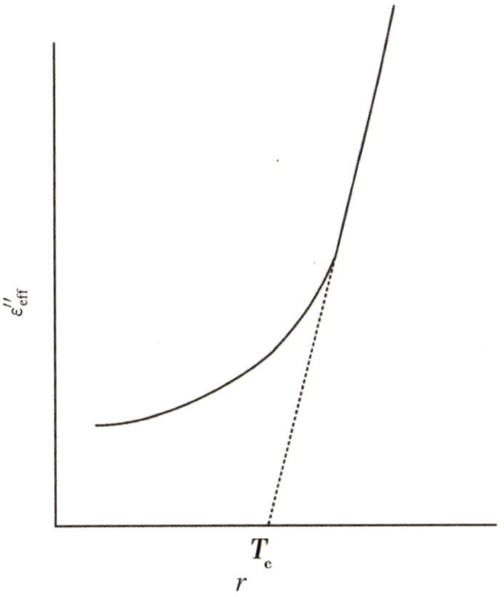

图 8　正斜率温度特性的介电常数

尼龙的介电温度特性如图 9 所示。

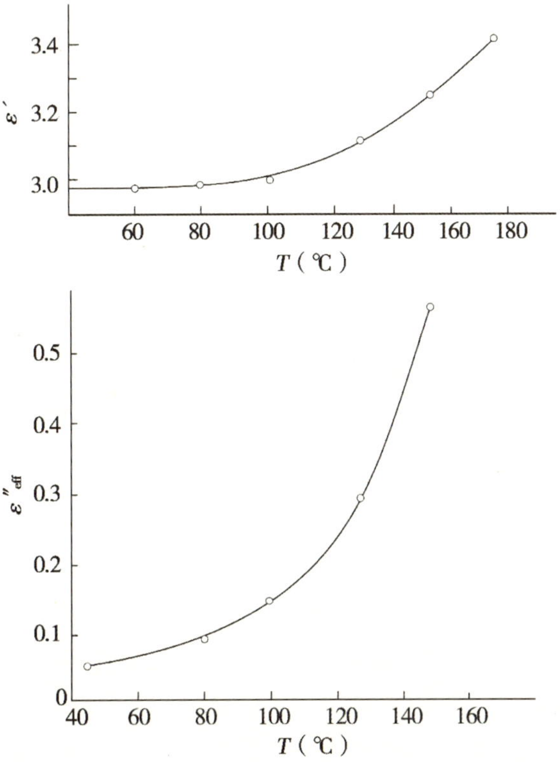

图 9　尼龙的介电特性

水的负斜率温度特性如图 10 所示。

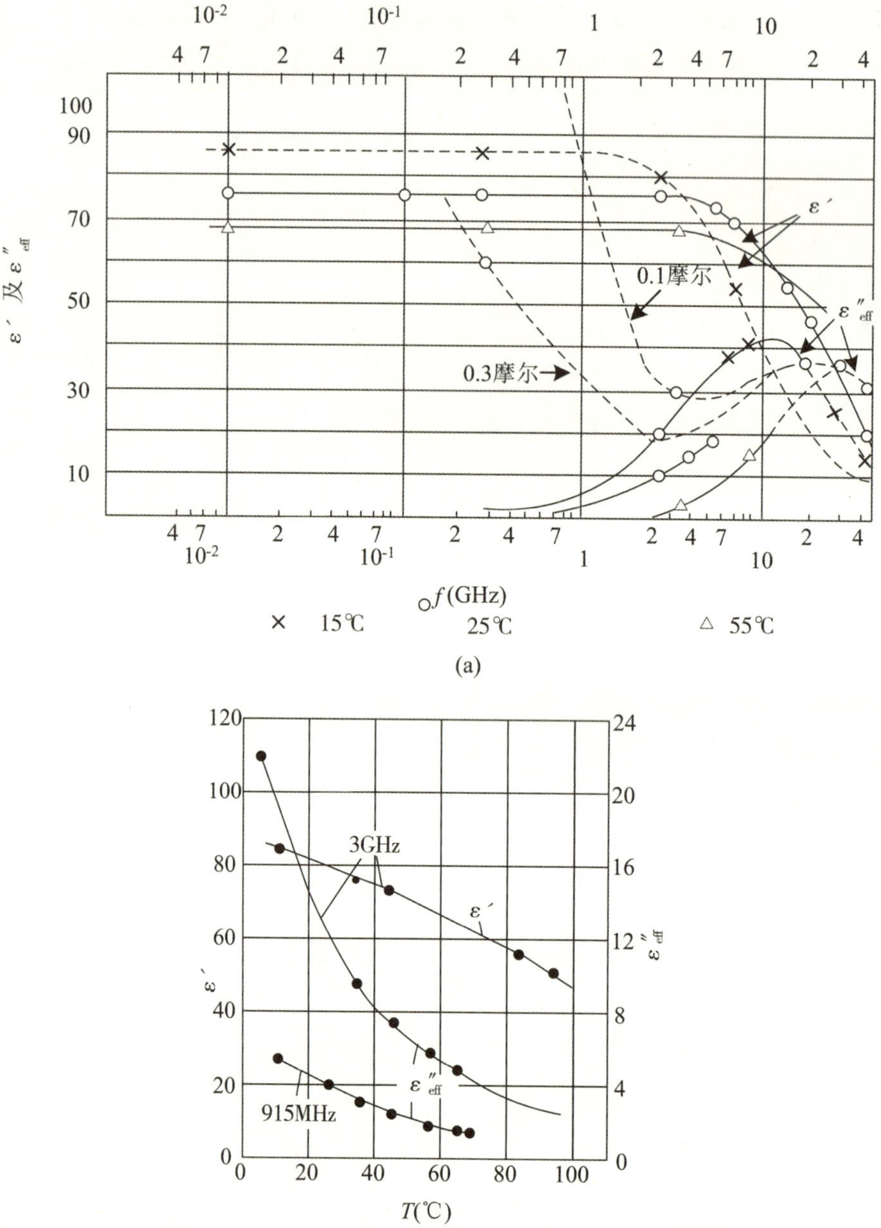

图 10　水的负斜率温度特性

从上述几个图中可以看出正斜率特性材料容易在加热过程中产生热斑或热失控，但对于沥青这类弱极性低损耗介质来说反而有利，只要控制得当，即可达到快速、高效、均匀整体加热的目的。

而像水这类负斜率特性材料，对加热过程中的热平衡是十分有利的。

5. 微波加热混合料与其他加热方式相比

通常沥青的老化的原因可归结为如下几种：

（1）由于挥发和集料吸收使沥青油分减小；

（2）沥青分子结构产生触变位导致硬化；

（3）与空气中的氧反应，使沥青组成发生变化。

而评价沥青混合料老化的方法可分两大类，即：

（1）老化后沥青混合料的力学性能试验；

（2）老化后沥青混合料回收沥青的性能试验。

据了解，长安大学公路学院专门做了对比试验，用微波方法比其他加热方法（火焰、热风、电热、蒸汽、红外线等）有较好的结果，老化轻微。原因是微波加热时间短（15分钟），速度快、效率高。

该试验报告称：

（1）对沥青料用微波加热至160℃两次，前后沥青混凝土的马歇尔稳定度、流值无明显变化；

（2）加热后动稳定度比不加热的高50/mm；

（3）冻融劈裂抗拉强度比不加热的低0.02MPa；

（4）劈裂抗拉强度比低2.8%；

（5）回收沥青的针入度比加热前降低1（0.1mm）；

（6）延度在测量范围无变化；

（7）软化点降低0.5℃。

6. 微波泄漏的标准和检测方法

1）微波泄漏的途径和标准

微波泄漏的主要途径有以下几种：

（1）微波源及电源线；

（2）加热天线阵列四周，即作业场所；

（3）沥青路面及基础路基中微波的反射、散射、透射（桥梁或涵洞），见图11。

目前已有的微波泄漏国家标准有：

（1）GB 4706.21—2002《……微波炉特殊要求》，针对家用微波炉。

（2）GB 5959.6—87《……对工业微波加热设备的特殊要求》，等同于IEC 519—6。微波泄漏功率密度应小于5mW/cm^2，这也是与国际电工委员会IEC 335—2—25—1993及IEC 335—2—90的标准相一致的，是产品标准。

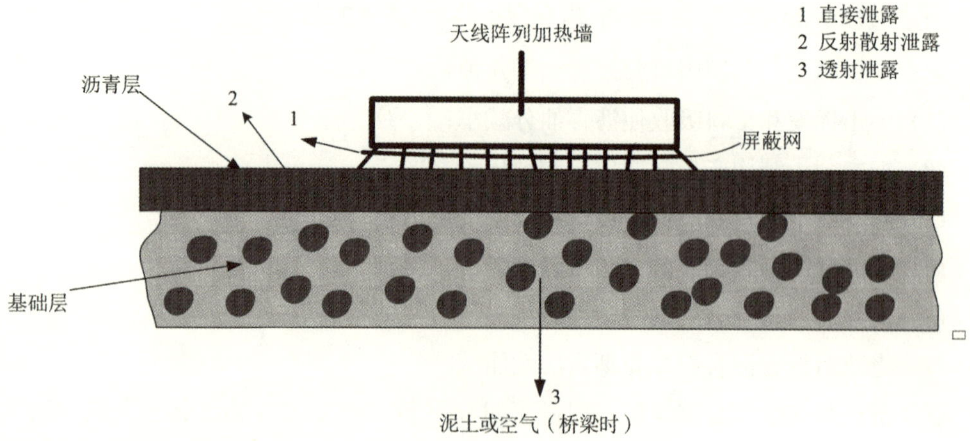

图 11　微波泄漏可能途径

虽然上述几个国家标准是针对固定的微波设备而言的，但在目前尚无移动微波设备国家标准的情况下，参照执行应该是可行的。而且移动设备要达标的难度更大。

(3) GB 10436－89《作业场所微波辐射卫生标准》等同于 UDK 614.876：628.518，这是针对操作位的标准。

2）操作位的人身安全

关于操作位工人的人身安全问题应完全按照 GB 10436－89 国家标准执行。但要指出的是，许多人（包括职能部门）对这一标准中关于时间长短没有加以考虑，都以一天 8 小时平均不超过 50μW/cm^2 这一数据为依据的。实际上在上述标准内却明确写着，小于或大于 8h 暴露的平均功率密度应按下式计算

$$P_d = \frac{400}{t} \quad (\mu W/cm^2)\ (t\ 以小时计) \tag{7}$$

所以，判定操作位是否超标，必须考虑两个因素：

(1) 接受微波照射的时间 t (h)；

(2) 操作位的平均功率密度 P_d(μW/cm^2)。

3）广东省环境辐射研究监测中心报告

《环境电磁波卫生标准》对微波沥青路面养护车进行了全面检测，测量点分布如图 12 所示。

这些检测点在水平方向分别离加热墙为：0.2m、0.5m、1.0m、3.0m、5.0m，离地面高度分别为 0.5m、1.5m。测得最大值为 26.12μW/cm^2，最小值为 0.06μW/cm^2。最后一组数据是在桥下离桥底 0.5m 处 5 个不同位置上测得的，最大值为 6.15μW/cm^2。

测试结果完全符合 GB 10436－89《作业场所微波辐射卫生标准》，因此是安全的，不会对操作工人或附近行人产生伤害。

图 12　桥下测试现场

7. 微波在公路养护领域中的其他应用

1）微波热拌再生

旧沥青路面经过破碎筛分后，在烘干机里进行预热以去除水分，然后将旧沥青混合料送入一个巨大的微波炉内进行加热，通过传热器，从骨料得到热量，使沥青料逐渐加热到必要的再生温度 150℃左右。接着在沥青料中加入再生剂使其恢复到原来的状态，在拌和机里再将再生剂、沥青和骨料重新加热拌和，结果得到在化学和物理性质上与新沥青混合料都非常类似的热拌混合料，最后将拌和好的热混合料运送到筒式储存仓备用。

2）公路路面无损检测

微波对路面进行无损检测，它使用探地雷达原理进行路面下各层路基损坏情况的信号探测，并根据各层间的电磁波反射性能的差异，利用计算机进行数据处理并可成像显示。它可在不破坏路面的情况下，进行大范围的快速巡检，效率高、时间短、可靠性好、分辨率高。

探地雷达工作原理图如图 13 所示。

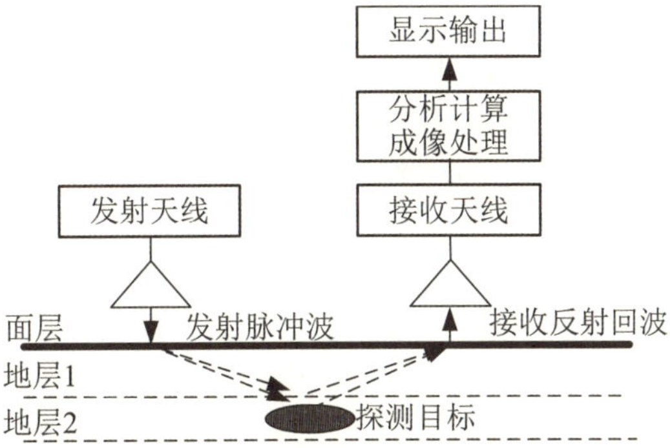

图 13　探地雷达原理图

此外，对路面结构层厚度的检测、路面含水量的检测及空隙率和压实度的测定，也可实现病害隐患探测，如对孔洞和脱空、裂缝和裂缝扩展，以及沥青剥落层进行识别等。

由于含水率较高的沥青路面与无水损害路面间在介电常数和损耗正切间存在着较大的差异，所以它可以用来检测沥青混凝土的含水量。

3）微波除冰雪

冰的介质损耗：$\varepsilon'=3.2$，$\varepsilon''=0.003$。

水（0℃）的介质损耗：$\varepsilon'=79.04$，$\varepsilon''=24.7$。

冰与水的介质损耗相差上万倍，而与沥青混合料也相差数百倍，利用这一差异用微波选择性加热方法效果良好，国外已制造出微波除冰车样机，国内亦在研发之中，该设备具有良好的市场前景。微波除冰车如图 14 所示。

图 14　微波除冰车

微波除冰车原理图如图 15 所示。

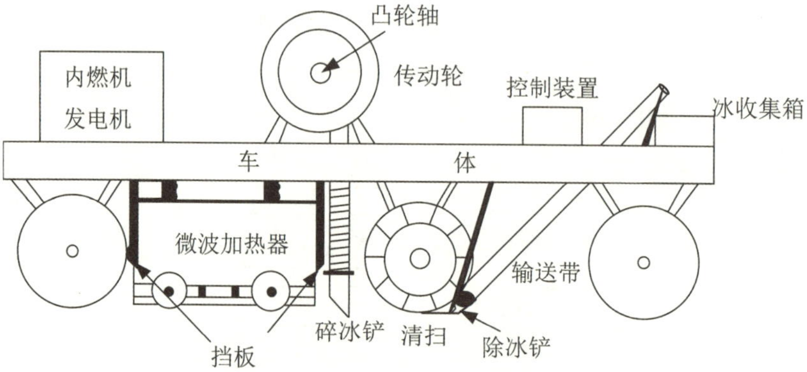

图 15　微波除冰车原理图

8. 结束语

（1）微波综合养护技术是一项新技术，该技术为我国快速发展的高速公路、机场等沥青路面养护提供了一种高效节能、环保的新工艺、新设备。

（2）由于微波在公路养护中的应用属交叉学科，所以需要微波技术学科与公路养护以及材料学科之间密切配合，不断解决新生事物中出现的许多新问题，使这一新技术尽快在全国推广开来。

（3）建议：

①进行沥青及各种集料的介电特性特别是温度特性的基础性研究，扩大微波在沥青路面中的应用范围。

②进行微波加热过程及加热后沥青老化机理的研究，不断改进微波方法。

③争取尽快采用新工作频率的微波源，进一步提高加热效率，缩短加热时间，减小穿透深度等，使该技术更为合理，性价比更高。

④适当宣传，以利于推广、普及及应用。

参考文献

[1] 张兆镗，等．微波加热技术基础［M］．北京：电子工业出版社，1988.

[2] 张兆镗．微波加热过程中的热平衡与热失控：第十一届全国微波能学术会议论文集［C］．南京：2004.

[3] 张兆镗．微波与紫外线对人体的伤害及泄漏标准：微波功率应用文集（内部资料）．2006.

[4] GB 10436—89．作业场所微波辐射卫生标准．国家卫生部．

[5] GB 4706.21—2002．微波炉的特殊要求．国家技监局．

[6] GB 5959—87．对工业微波加热设备的特殊要求．国家技监局．

[7] GB 9175—88．环境电磁波卫生标准．国家环保总局．

[8] GB 8702—88．电磁辐射防护规定．国家环保总局．

[9] 朱松青，等．微波在沥青路面养护中的应用研究．

（第 4 届中国公路建设与养护技术大会上报告．2007.）

11.15 微波频率下水的介电频率及温度特性的实验研究

1. 概述

水在人们日常生活中是一种极其普通而又非常重要的资源，大家一刻也离不开它。

工业生产中也是如此，尤其是在工业微波加热应用中，由于被加热物料中都不同程度地含有一定的水分，所以人们希望了解水在微波频率下的一些特性，即通常所说的介电特性。尽管近百年来各国科学家对水的介电特性进行了大量的研究工作，获得了许多研究成果，但到目前为止，尚有许多特性需要探索。为了交流与共享这一领域的研究成果，每年都要召开一次“水与电磁能相互作用”的国际会议。

众所周知，水是一种强极性分子，本身具有偶电距，水分子的直径为（1.9～2.3）$\times 10^{-10}$ m，其分子间距与直径相当，因此液态水分子是一个紧挨着一个地排列着，有点像固态，但它却无晶格结构，分子本身除了在其平衡位置振动外，还可缓慢移动，因此是一种形状不定的流体。在1摩尔体积内约有6.025×10^{23}个分子。水的分子式为H_2O，但2个氢原子与1个氧原子却不在一条直线上，而相互间形成104°的夹角。这种结构使其分子的正负极性分离，于是形成了微观上的偶电距，因此是一种强极性物质。由于它的极化弛豫时间正好与微波周期相近，所以对微波具有良好的吸收效应，这种偶极子转向极化正是微波损耗的物理基础。

2. 水的形态及存在形式

水是一种最为常见的电介质，在零度（摄氏）以上时为液态的流体，在零度及零下负温度时变为固态的冰。它与许多物质可以结合，结合后可以以三种形式出现。

1）自由水

这是一种以物理机械能结合的水，它的结合能为100 J/mol，存在于介质内部的间隙、晶态与非晶态的交界面、微晶间的毛细管结构中。

2）束缚水

这是一种以物理化学结合的水，它的结合能大于3000 J/mol，与自由水相比，其结合能要大30倍以上，它以分子态存在于大分子链间、表面层，与介质分子结合在一起，比较牢固，受分子间作用力的约束。

3）结晶水

这是一种化学结合水，存在于化合物结晶体的大分子链间，它的结合能更大，可大于5000 J/mol。

由于这三类水结合能存在巨大差别，所以对微波加热来说去除自由水最为容易，只要在微波电场作用下，水分子达到蒸发或汽化的温度，即可从介质间隙或毛细管中渗出或导出；但对束缚水来说却要困难得多，束缚水与自由水的弛豫时间也不相同，前者的损耗峰存在于1GHz附近，而后者却存在于18～25GHz之间，并且与温度有关。要用微波去除结晶水更显得困难。

由于目前微波加热应用中许多材料都含有不同程度的水分（包括自由水和束缚水），如烟草、棉花、木材、木板、皮草、纺织品、纸张、茶叶、各种食品、蔬菜、粮食等，微波热疗中人体各种组织如皮肤、肌肉、血管、血液、淋巴、肝、肺、肾等有机体内部也都不同程度地含有水的成分，有的比例还很高，所以利用微波可对这些材料进行诸如干燥、脱水、发酵、煮白、烘干、解冰、回原、杀虫、灭菌、软化、膨化、消解、萃取、固化、固色、烹调、活血化瘀、消炎止痛、杀死癌细胞等。

3. 水的介电频率特性[1]

水的介电频率特性由德拜（Debye）方程描述，即

$$\varepsilon^* = \varepsilon' - j\varepsilon'' = \varepsilon_\infty + (\varepsilon_s - \varepsilon_\infty)/(1 + j\omega\tau) \quad (1)$$

式中　ε_s——直流的介电常数；

ε_∞——频率很高时的介电常数；

τ——弛豫时间。

将式（1）实部、虚部分开后可得

$$\varepsilon' = \varepsilon_\infty + (\varepsilon_s - \varepsilon_\infty) / (1+\omega^2\tau^2) \tag{2}$$

$$\varepsilon'' = (\varepsilon_s - \varepsilon_\infty)\,\omega\tau / (1+\omega^2\tau^2) \tag{3}$$

将上述关系画成柯尔-柯尔（Cole-Cole）图，如图1所示。

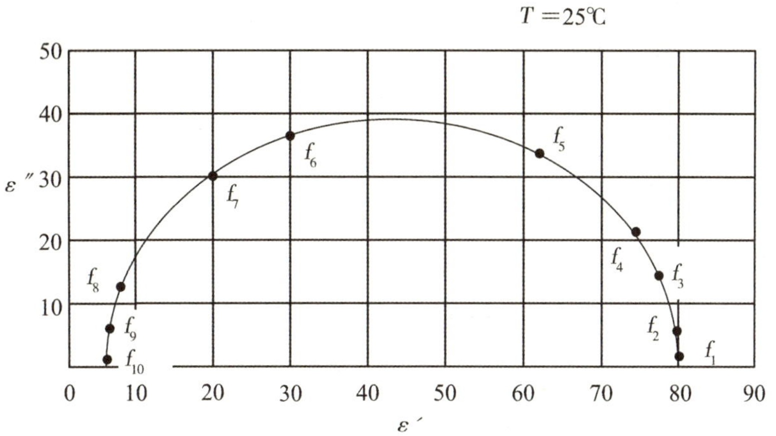

f_1— 0.576GHz； f_2—1.744GHz； f_3—3.00GHz； f_4—4.63GHz；
f_5— 9.36GHz； f_6—23.62GHz； f_7— 34.88GHz； f_8— 96.9GHz；
f_9— 300GHz； f_{10}— 890GHz

图1 Debye的Cole-Cole图

由图1可见，随着频率的提高，介电常数的实部ε'逐渐单调下降，而虚部ε''则先增大，到一最大值后又逐渐下降，换句话说，在某频率时达到最大值，这一条件为

$$\omega\tau=1 \tag{4}$$

在低频接近直流时，偶极子有充分的时间跟随外加交变场的变化，因此，介电常数取最大值，即束缚电荷达到最大值，这时所有的外加能量储存在材料中。当频率提高后，在场变化时，偶极子不能完全恢复到它们的初始位置，因此，偶极子极化落后于外加电场。当频率进一步提高时，取向极化无法跟随外场的变化，导致总极化大为减弱，这种有效极化的下降表征了本身介电常数的减小和损耗因子的增大，这时，能量将以热的形式耗散在材料中。

4. 水的介电特性的实验测量

利用Agilen生产的E8363B矢量网络分析及介电常数测试仪，对纯水在10MHz至40GHz频带内，并在14℃至90℃温度范围内进行了多次重复的测量，测量结果如图2至图7所示。

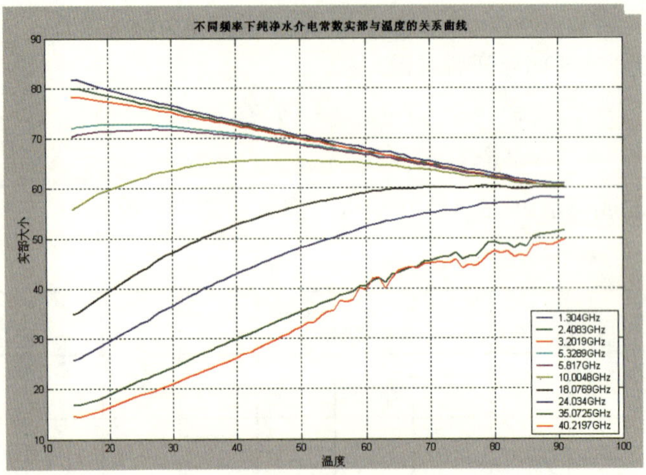

图 2　介电常数实部在不同频率时与温度的关系

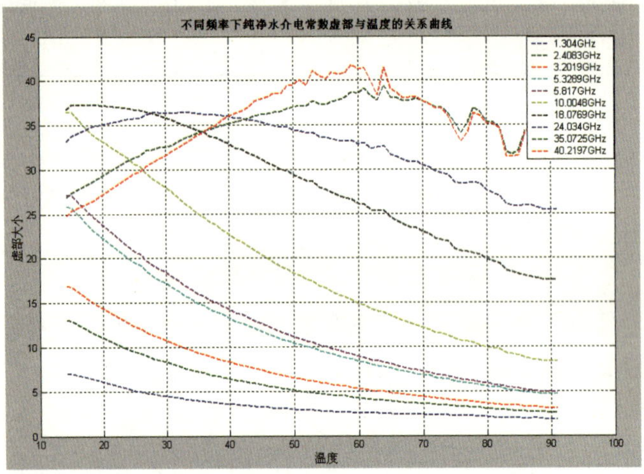

图 3　介电常数虚部在不同频率时与温度的关系

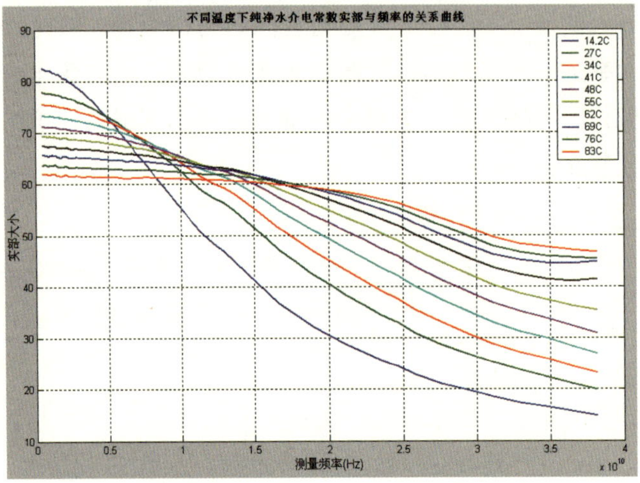

图 4　介电常数实部在不同温度时与频率的关系

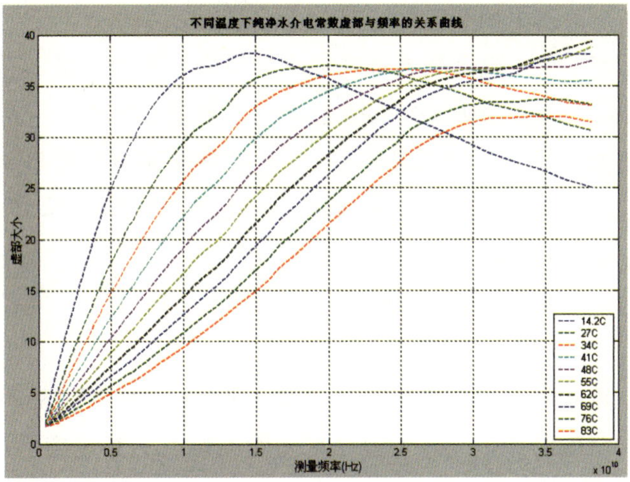

图 5　介电常数虚部在不同温度时与频率的关系

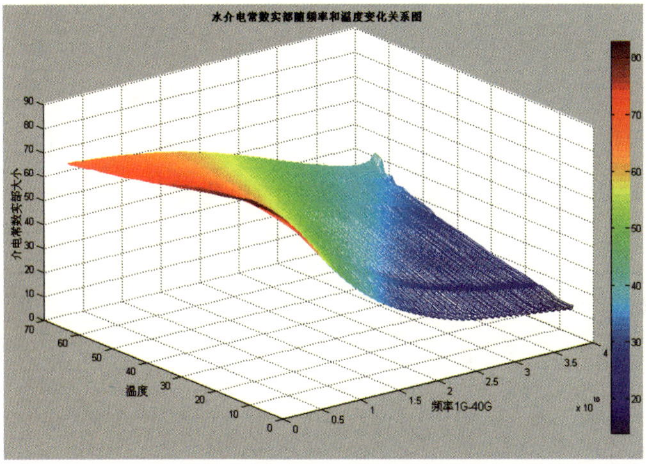

图 6　水介电常数实部与频率及温度的关系

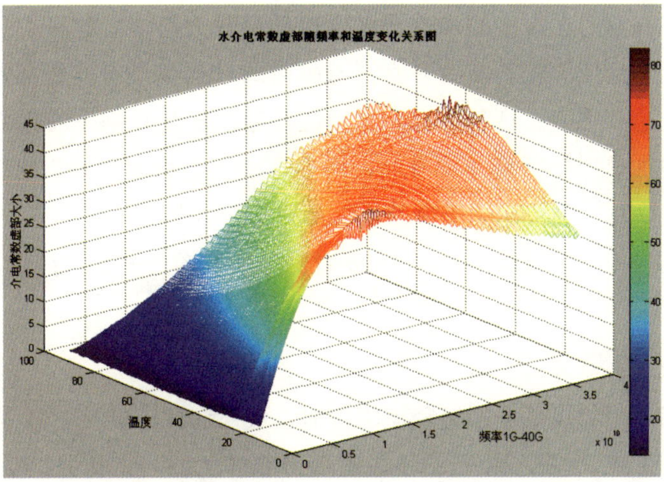

图 7　水介电常数虚部与频率及温度的关系

由以上实验结果可得出如下重要结论：

（1）在任一温度下，介电常数实部随频率的增大单调地下降，而且随着温度的提高，实部起始值减小，终止值则提高，即 $\Delta\varepsilon$ 减小，见图 2 及图 4。

（2）从图 3 可见，在 $f<22\text{GHz}$ 时，介电常数虚部与温度呈负斜率特性；$f>22\text{GHz}$ 时，这一关系逐步转变成正斜率特性，而且是非单调特性，先随温度上升而缓慢增加，到达一最大值后逐渐下降。

（3）从图 1 的 Cole-Cole 图中可以看到，当 $f<22\text{GHz}$ 时，$\tan\delta<1$；当 $f>22\text{GHz}$ 时，$\tan\delta>1$。

目前，微波加热应用（包括家用微波炉及工业微波炉）的 ISM 频率为 915MHz、2450MHz 及 5800MHz 等几个主要波段，其介质损耗因子与温度都呈现负斜率特性，这对热平衡是有利的[2]。

（4）从图 5 可知，对应于某个温度，介电常数虚部与频率的关系都呈现非单调曲线，并随温度升高，这一峰值向频率高端移动。例如 $T=14℃$ 时，峰值位于 $f=15\text{GHz}$ 处，而 $T=27℃$ 时，峰值移至 $f=20\text{GHz}$ 处，等等。

水在不同的温度下其介电特性会发生很大的变化，从表 1 中可以看出，水在 95℃ 时的 ε'' 是 5℃的 1/10 左右。这就是说，低温时的损耗要大于高温时的损耗。

表 1　水的介质温度特性 $f=3\ \text{GHz}$

形态	冰	水	水	水	水	水	水	水	水	水	水	水含 0.1 摩 NaCl
T(℃)	−12	5	15	25	35	45	55	65	75	85	95	25
ε'	3.2	80.2	78.8	76.0	74.0	70.7	67.5	64.0	60.5	56.5	52.0	75.5
ε''	0.003	22.1	16.2	12.0	9.4	7.5	6.0	4.9	4.0	3.2	2.4	18

因此微波在高温时在水中的渗透深度要比低温时大得多，这一物理特性使水从低温时吸收微波功率后使温度不断上升直到沸腾时的过程更具有体积加热的特征，并使整个体积内温度达到平衡。这种具有介质损耗与温度变化负斜率特性的介质（在一定频带内）对微波加热的热平衡非常有利，许多含水的食物如牛肉、胡萝卜、土豆泥等都具有负斜率的特性，熟火腿是个例外，它具有正的斜率特性[1]。

在 $T=(25\sim75)℃$范围内（$f=3\text{GHz}$时），有一经验公式提供了计算 ε'' 的方法，即

$$\varepsilon''\approx320/T\quad(℃)\tag{5}$$

5. 研究的指导意义

（1）水的另一个特点是当水温降至零度时，液态向固态转变，成了冰。这时 ε' 和 ε'' 都会产生急剧下降，在 $T=-12℃$时，ε'' 变得非常之小，变成了非极性物质，ε'' 约为常温下的千分之一。正是由于这个特性，才导致人们在使用家用微波炉解冻冰冻食品

时由于受习惯思维的约束，常常以失败而告终，因为大家不知道，利用微波解冻绝对不能回热到零度以上达到与鲜货时类似，而只能回热到（－4～－2)℃即可，否则就避免不了部分地方会产生热斑，这一热斑正是由于局部温度过快升高到零度以上，使得损耗局部急剧上升导致了恶性循环的结果[1]。

(2) 另一方面，人们也不难理解为什么在微波炉输出功率测试的国家标准[3]中要规定温度上升的上下限，即水的初始温度规定为 10℃±1℃，加热后达到温度为 20℃±2℃。因为在一定时间内通过测量置于炉中的定量水的水温的变化，即测量温差（$\Delta T = T_2 - T_1$）即可计算出微波功率的大小的公式并没有规定温度的上限或下限。长期以来，人们在利用该公式作为热量计法测量微波功率时却未考虑到由于水的 ε'' 是温度 T 的函数这样一个客观事实。例如测得同样的温差 ΔT，但当 T_2＝25℃与 T_2＝35℃时测得的微波功率相差 1.28 倍，T_2＝75℃时，两者相差可达 3 倍之多。

(3) 在当前所有微波测量的专著[4]~[6]或文献中，关于热量计法测量微波平均功率时，均采用下述公式

$$P = 4.187 v\rho c_p \Delta T \tag{6}$$

式中 v——水的流量（cm^3/s）；

ρ——水的比重（g/cm^3）；

c_p——水的比热（cal/ g）；

ΔT——水的温差，$\Delta T = T_2 - T_1$（℃），T_1 为进水温度，T_2 为 出水温度。

该公式中并未说明进水及出水温度的具体范围，而只与温差 ΔT 成正比，因此在不同 T_1、T_2 时，即使具有相同的温差 ΔT，其功率 P 也是不相同的，这就提醒人们在使用上述公式时，应注意进出水的温度，而不要在较高的进水温度时进行测量，以免误差过大。而且应使 ΔT 愈小愈好，例如 ΔT ＝1℃，只要流量 v 足够大时是可以做到的。

(4) 在工业微波应用中，经常会碰到制作带有调谐螺钉的大功率水负载元件，在冷测调配时，不要注入过低水温的水（例如低于 20℃），因为这样调配好后的匹配负载，在工作时由于水温升高，水的损耗减小，会导致匹配性能变坏。

6. 含水物质的介质损耗[1]

含水物质的介质损耗主要取决于水的介质损耗，在这些物料中，吸附水可以两种形态存在，即存在于毛细管或微隙中的自由水，以及与其他分子化学结合在一起或物理吸附在干材料表面上的束缚水。在图 8 中画出了几种不同的 ε'' 与湿度（含水量的一种定义）的关系。从图中可以看出，高吸湿材料曲线存在一个曲线的明显转折点，此时相应的湿度称为 MC，在 M＜MC 时，曲线比较平坦，这时材料内主要是束缚水；而当 M＞MC 时，曲线变化较陡，这时材料中主要是自由水。在Ⅰ区内，被束缚在材料表面单分子层里的水分子比起存在于毛细管或微隙中的自由水更不易旋转，因此弛豫损耗要比自由水小得多，且与湿度 M 的关系平坦。对低吸湿材料（图中的虚线），这一临界湿度 MC 并不存

在，这种材料在微波加热过程中要达到湿度平衡远比高吸湿材料困难。

通常高吸湿材料的 MC 在 10%～40%，如木材、羊毛、皮革等，而低吸湿材料的 MC 约为 1%，如砂。

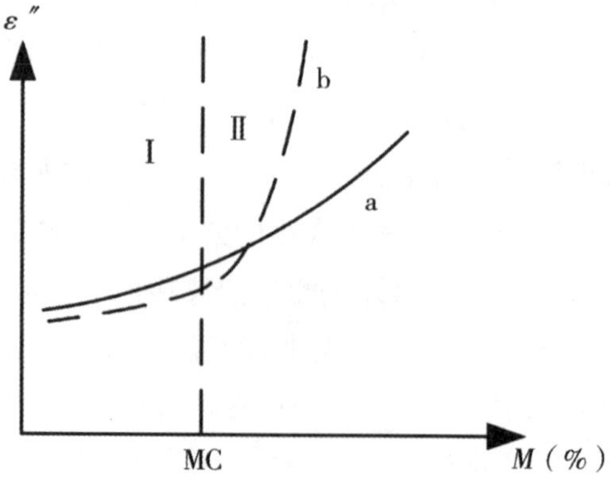

图 8　介质损耗与湿度的关系

7. 结论

本实验研究结果与文献[7]~[12]中的测量结果大多数是吻合或接近的，但也有些数据存在一些差别，究其原因，一是测量方法的不同，二是测量仪器的差别。四五十年前，不可能有目前如此先进与宽带的矢量网络分析仪，更不可能有直读式介电常数测试仪。因此，我们的实验仍然是有价值的。利用这些先进仪器，能在极短时间内，较准确地对水或其他介质进行介电的频率及温度特性的测量。尽管我们的频率上限只有 40GHz，但对家用及工业微波加热及微波医疗（包括理疗及热疗）等应用来说，这些测量数据已经足够了。

参考文献

[1] 张兆镗，等．微波加热技术基础 [M]. 北京：电子工业出版社，1988.

[2] 张兆镗. 微波加热过程中的热平衡与热失控：第 11 届全国微波能应用学术会议论文集. [C]. 2004.

[3] 家用微波炉性能测试方法. GB/T 18800－2002 [S]. 北京：国家标准出版社，2003.

[4] Ginzton E. L. Microwave Measurements . McGRAW－HILL BOOK COMPANY , INC. 1957.

[5] Montanomery C. G. Technique of Microwave Measurements , Radiation Lab. Of MIT series 11. 1947.

[6] 汤世贤. 微波测量 [M]. 北京：国防工业出版社，1981.

[7] Grant. E. H. et al , Brit. J. App. Phys，18. 1807. 1967.

[8] Grant. E. H. et al，J. Chem. phys. 73. 4386. 1969.

[9] Grant. E. H. et al , J. Chem. Phys. 26. 156. 1957.

[10] Collie，C. H. et al，Proc. Phys. Soc. Lond. , 60. 145. 1948.

[11] Zafar，M. et al. Nature physical Science. 243. 6. 116. 1973.

[12] Hasted J B. Liquid water dielectric Propertie. New York：Plenum Press，255－305.

（陈彦，童玲，张兆镗．微波频率下水的介电频率及温度特性的实验研究．实验技术与管理，2008.25（12）：34－37.）

11.16 有关国标和IEC标准中发现的若干问题

（1）在GB/T 18800－2008（IEC 60705.2006）中。

3.3 微波穿透性的注：微波穿透性材料相应的介电常数小于7，相应的损耗因子小于0.015。

词条中relative应译为“相对”而非“相应的”。即“相对介电常数……相对损耗因子”这是一个电磁学中的专用词汇，以便与绝对介电常数相对应，两者相差一个真空介电常数ε。即

$$\varepsilon_r=\varepsilon/\varepsilon_0$$

式中 ε_r——相对介电常数；

ε——绝对介电常数，或简称介电常数；

ε_0——真空介电常数；$\varepsilon_0=8.85\times10^{-12}$法/米。

（2）在国标及IEC标准中。

6.2 环境温度均定义设置为：20±5℃。

这本来是无可非议的，在一般测量空间对环境的温度限制范围也是正确的。但在上述国标及IEC标准中8节关于微波输出功率测量公式（1）中出现了 T_0，即环境温度值，由于公式中涉及玻璃容器对功率的吸收计算中有 $0.55m_c(T_2-T_0)$，而 T_2 又规定为20±2℃，所以当 $T_0=20\pm5$℃时，就会出现（T_2-T_0）可能为负值的不合理结果。这不单纯是一个误差问题，因为这种情况说明了一个违反物理学定律的荒唐逻辑，即玻璃容器非但不吸收微波功率，相反地，它还贡献出功率。哪怕这一功率很小，也违反能量守恒与不灭定律。就如同效率超过100%，哪怕是超过0.01%，同样是荒唐的、违反客观事实的。

因此在测量微波输出功率这一特定的测试情况下，建议环境温度最好设置在 $T_0<T_2$ 的条件下，这样就不会出现测量中的非正常情况，而且 T_0 愈接近水的初始温度 T_1 愈好。

（3）在GB/T 18800－2008（IEC60705.2006）中。

6.3 水

试验使用饮用水

该条未说明水的物理化学特性，因为当前饮用水除普通自来水外，尚有纯净水等多种，各种水中所含矿物质及离子等相差甚大，不同的饮用水，其相对介电常数及相

对损耗因子都不相同，前者影响微波反射特性，后者影响微波吸收特性。因此不同的饮用水会给测量带来误差。

(4) 在 GB/T 18800—2008.8 的注解中

2. 搅动和测试装置均为低热容量材质（…to have a low heat capacity）。

这一提法是否有误？如果这些装置为低热容量材质，那么，被搅动或测试的水温就会很快传导至这些物体上，水温会有一定程度的降低，这就会导致测量水温时的误差。

(5) 在 GB/T 18800—2008. 9 公式 (2) 的效率计算公式中分母为 W_{in}，即输入能量，单位为 W/s，问题是没有提出具体的测量方法，即输入功率测量中是测量输入伏安数，还是输入功率？因为两者相差一个功率因数 cosφ。

(6) 在 GB/T 18800—2008. 8 中测量功率公式后及 9，效率计算公式后均出现“圆整到最接近的……”，这不符合汉语习惯，似应修改为四舍五入到最近的整数。（原文为 rounded off，四舍五入，取整，倒圆（机械用语）之意。）

（在美的集团、电子科技大学联合实验室 2012 年年会上报告. 2012.）

11.17 搪瓷微波炉中搪瓷材料微波损耗的研究

1. 概述

长期以来，家用微波炉中的腔体一般采用镀锌铁皮喷漆、不锈钢等抗腐蚀、抗蒸汽、抗氧化材料制造。近几年来，国内外不少厂家开始尝试采用具有抗酸碱、抗蒸汽、抗腐蚀、耐高温等性能的搪瓷材料。用于烹饪食品的家用微波炉，腔内环境特别是炉腔材料必须满足食品卫生要求，使各种食品在高温、高湿、酸碱以及内含特殊化合物在烹饪过程中释放出来的各种气体作用下保持化学稳定性，不会对其中食品产生有害或有毒的副作用。当然还要考虑它的微波介电特性、电导率、机械强度、可加工性、热特性等其他机电性能。

在已制成的搪瓷微波炉的测试中，发现总效率要比普通微波炉低 3.5%左右，这在高能效微波炉中是不能允许的，这就是说，在能效等级中有相当于 1.5 个等级的差异。因此，有理由疑问这究竟是如何造成的，搪瓷材料难道比不锈钢损耗还要大吗？如果真的如此，人们就要对搪瓷材料另眼相看了。

2. 搪瓷的基本特性[1]

搪瓷是涂烧在金属底坯表面上的无机玻璃瓷釉。在金属表面进行瓷釉涂搪可以防止金属生锈，使金属在受热时不至于在表面形成氧化层并且能抵抗各种液体的侵蚀。搪瓷制品不仅安全无毒、易于洗涤洁净，可以广泛地用作日常生活中使用的饮食器具和洗涤用具，而且在特定的条件下，瓷釉涂搪在金属坯体上表现出的硬度高、耐高温、耐磨以及绝缘作用等优良性能，使搪瓷制品有了更加广泛的用途。

搪瓷主要有两个组成部分：搪瓷用的金属材料和瓷釉（无机玻璃质材料），已涂搪瓷釉的坯件置于箱式炉、转盘炉或隧道炉中烧成。含密着剂的硼硅酸盐底釉，烧成温度为 880～930℃，为使其能在坯体表面形成氧化铁层，有利于瓷层同坯体（钢材）良好密着，故须采取氧化气氛。

基底材料有很多种，用得较多的是低碳钢板（含碳量低于 0.08%）。

搪瓷传统应用于日常器皿、厨卫洁具、建筑装饰、化工设备、医用、电工电子（如厚膜电路基板及电热膜），在这些应用领域研究比较深入，工艺也较成熟，在电阻率、击穿场强等参数能够满足使用条件的前提下，搪瓷介电体的介电常数和介质损耗系数是一个很少有人涉及的难题，尤其是在微波波段，至今在国内外尚未见到有关的报导。

根据搪瓷的组成，低碳钢的导电率高于不锈钢，而釉料通常为矿物原料，是瓷釉的主要成分，占有较大比重的含量（因国内外不同的生产厂家而不同）。它主要包括：石英（主要成分是二氧化硅-SiO_2）、长石（碱金属或碱土金属的硅酸盐，常用钾长石-$K_2O \cdot Al_2O_3 \cdot 6SiO_2$）、黏土（含水的铝硅盐矿物，主要为 $Al_2O_3 \cdot 6SiO_2$和结晶水）。

由此可以看出，基底材料及釉料的电损耗都不会太大（与不锈钢及玻璃相比），可能问题就出在烧结过程中形成的氧化铁层及基板的铁磁性质。

3. 损耗测试腔的设计

为了进行搪瓷材料微波损耗的测试，需要设计一个专用的腔体，并且应是单模腔，我们选定为矩形波导 H_{103}腔，选用 BJ－26 波导，因 λ_g＝173.4mm，故腔长 L＝173.4/2×3＝260（mm）。

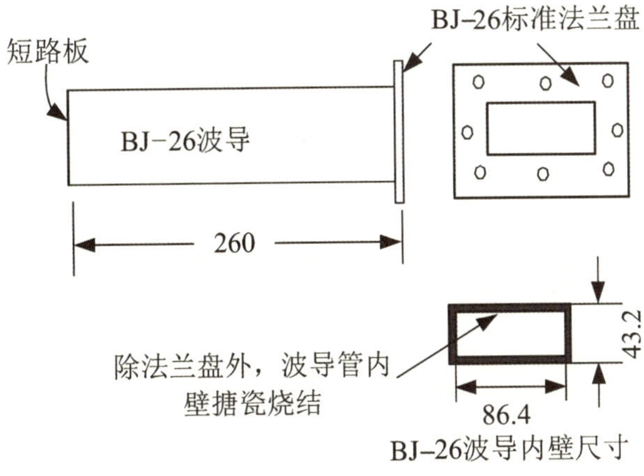

图 1　H_{103}腔尺寸

终端短路，在开口波导法兰盘上加上孔径为 30～38mm 的金属膜片，这样就构成了 H_{103}腔的测试模型。

4. 搪瓷微波损耗的测试原理[2,3]

直接测试搪瓷材料的微波损耗是非常困难的，因为底金属的存在，很难将其制成测试试样，然后像测试介质样品那样采用波导法、谐振法或微扰法等进行测试，而只能将其制成一谐振腔，通过测量其品质因数 Q 值的方法，与其他材料进行对比，例如与不锈钢、铝、铜等不同材料制成的相同尺寸的腔体进行定量的比较，从而得出它们的相对损耗。

由微波理论知道，谐振腔的 Q 值定义如下

$$Q_0 = 2\pi \frac{W_0}{W_d} \tag{1}$$

式中　W_0——腔内储能；

　　　W_d——腔壁耗能。

而

$$Q_0 = (1+\beta)Q_L \tag{2}$$

式中　β——腔体与传输线之间的耦合度，它取决于耦合的强弱。

而测量中只能测到负载品质因数 Q_L 及 β，但可通过式（2）进行计算得出 Q_0 值。

如设搪瓷腔的 Q_0 值为 Q_{01}，不锈钢腔为 Q_{02}：铝腔为 Q_{03}，铜腔为 Q_{o4}。

于是，$Q_{01} : Q_{02} : Q_{03} : Q_{04} = W_{d4} : W_{d3} : W_{d2} : W_{d1}$

由此可见，在相同储能条件下，谐振腔的腔壁损耗与其 Q_0 值成反比。

测量中谐振曲线最低点处的 VSWR 为 S_0，见图 2，当为过耦时

$$\beta = S_0 \tag{3}$$

为欠耦时

$$\beta = \frac{1}{S_0} \tag{4}$$

过耦与欠耦可借助于矢网上的相位特性来判断，见图 3。

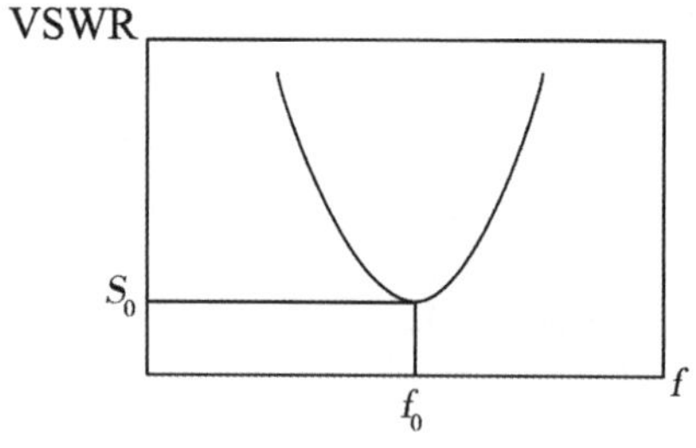

图 2　驻波特性

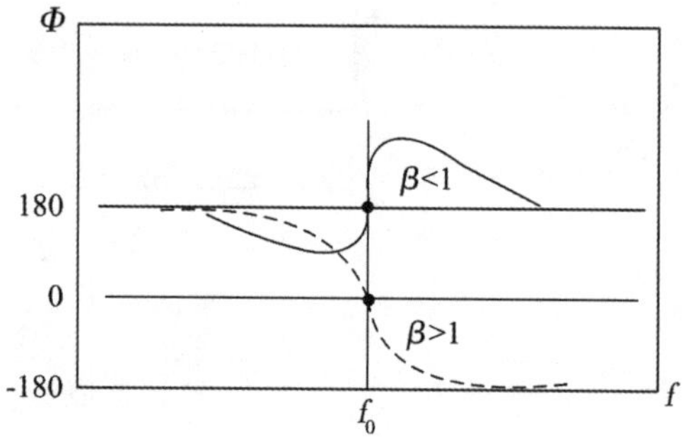

图 3　相位持性

从相位特性可清楚地看到两种耦合状态下的相位变化规律是极不相同的，过耦时相位变化是单调变化的，而且斜率为负；而欠耦时则是非单调变化的，而且斜率为正。这一判断是非常重要的，否则计算 Q_0 值时将产生重大错误。

5. 测试方法与步骤

将待测腔体通过电缆接至矢网，选定中心频率为 $f_0=2450\text{MHz}$，设定一合适带宽，可测得如图 4 所示的谐振曲线，可读出谐振频率 f_0，找到 3dB 的两个边频点 f_a和 f_b，于是可得

$$Q_L=\frac{f_0}{f_b-f_a} \tag{5}$$

判定过耦或欠耦后，即可按下述公式求得相应的 Q_0值

$$Q_0=(1+\beta)Q_L \tag{6}$$

过耦时 $\beta=S_0$，欠耦时 $\beta=\dfrac{1}{S_0}$。

亦可按测得的如图 5 所示的驻波曲线及相应公式求得 Q_0值。

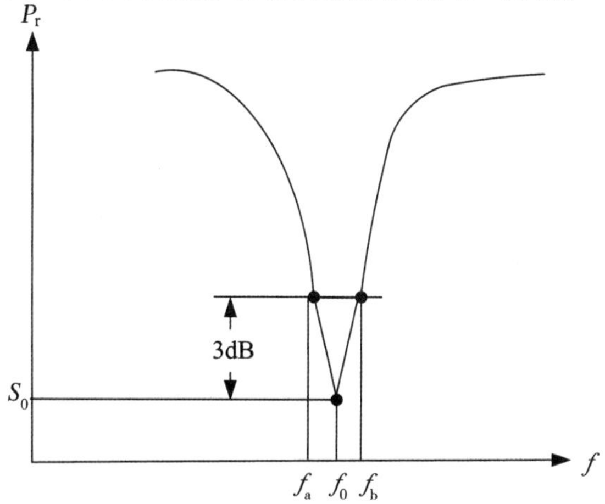

图 4　测得的 $P_r\sim f$ 曲线

当测得为驻波曲线时，应按下述方法确定半功率点。

当谐振点驻波为 S_0，半功率点驻波为

$$S_{1/2}=\frac{1+S_0+\sqrt{1+S_0^2}}{1+S_0-\sqrt{1+S_0^2}} \tag{7}$$

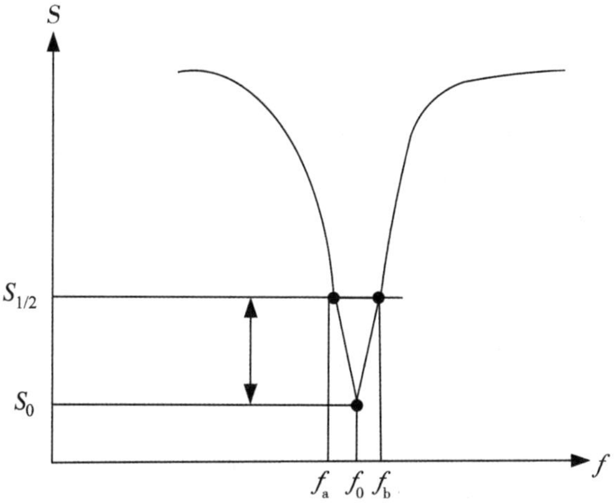

图 5　$S\sim f$ 曲线

6．测试结果

我们对专门制作的搪瓷单模波导腔进行了测量，并与铜腔及不锈钢腔等进行了对比，其结果如表1所示。

表1　各种不同材料制成单模腔的各种参数值（f_0,Q_0为仿真值，f_0'、Q_0'为测量值）

序号	材料	σ (S/m)	μ	f_0（MHz）	Q_0	f_0'（MHz）	Q_0'
1	纯铜	5.8×10^7	0.99999	2448.6	19396.9	2447.9	9792
2	铝	3.8×10^7	0.99999	2448.5	15701.4		
3	镀锌铁板	1.9×10^7	0.99999	2448.5	11102.8	2433	3041
4	黄铜	2.41×10^7	0.99999	2448.5	12508	2447.8	6528
5	不锈钢	0.14×10^7	1.00000	2448.15	2676.6	2433.4	2281
6	冷轧钢	1.03×10^7	2000			2435.8	629
7	低碳钢	1.03×10^7	2000			2429.1	694
8	铁	1.03×10^7	4000	2439.5	129.4		
9	搪瓷板	1.03×10^7	2000			2413.5	600

由于$Q_0\propto\frac{1}{R_s}$，在相同频率下，腔壁材料的微波损耗反比于材料的电导率，正比于材料的磁导率。即

$$R_S=\sqrt{\frac{\omega\mu}{2\sigma}}$$

式中　σ——谐振腔腔壁材料电导率；

μ——谐振腔腔壁材料磁导率。

表2　各种材料的集肤深度（$f=2.45$GHz）

材　料	Ag	Cu	Al	Zn	黄　铜	Fe	不锈钢
Δ（μm）	1.2	1.5	2.0	2.5	3.0	3.8	9.0

下述四图为搪瓷及不锈钢的谐振曲线及阻抗圆图，后者作为判断欠耦及过耦的轨迹。

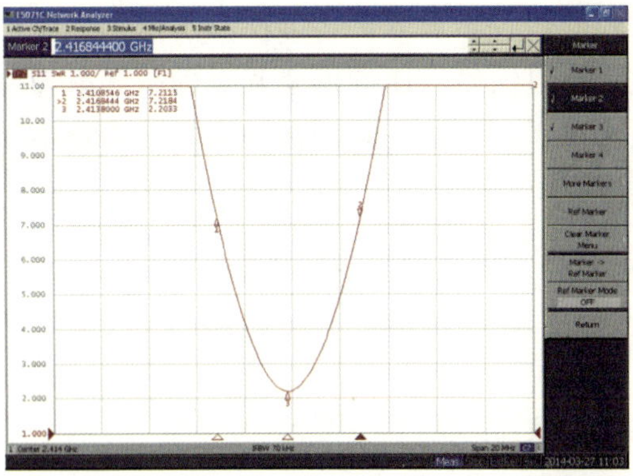

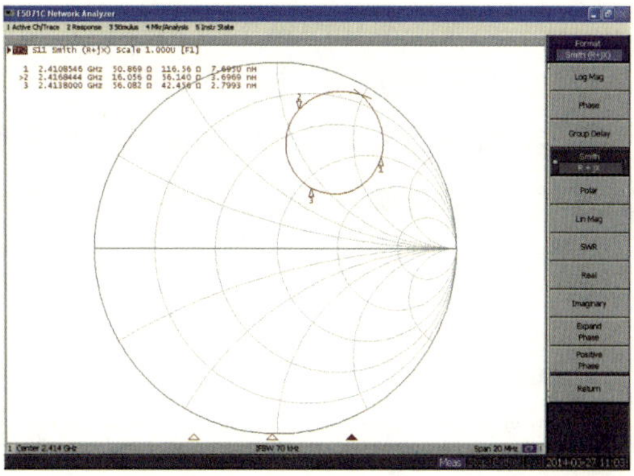

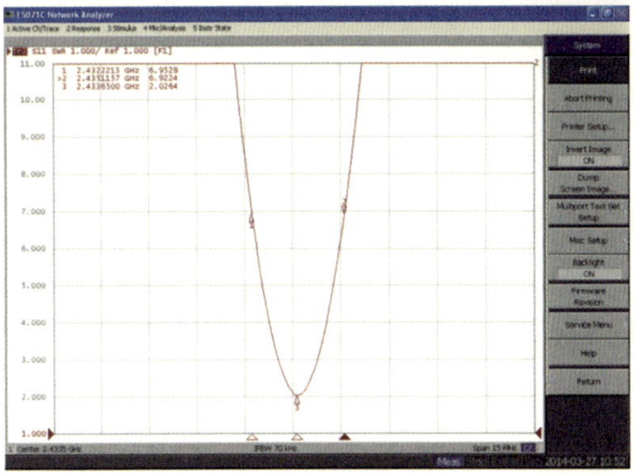

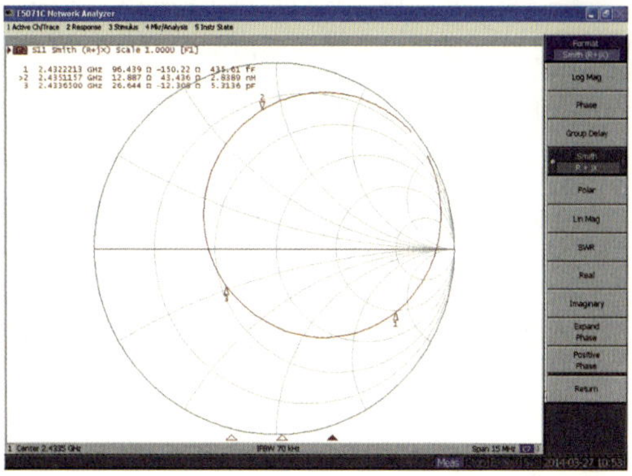

7. 结论

（1）由此可见，在实验中，不锈钢腔损耗为铜腔的 4.3 倍，搪瓷腔的损耗为铜腔的 16.3 倍，搪瓷腔的损耗为不锈钢腔的 3.8 倍。

从表上可以看到不同材料的仿真值与测量值存在不同的差异，例如纯铜两者相差近一倍，镀锌铁板测量值为计算值的 27%，黄铜为 52%，不锈钢则为 85%，究其原因可能是材料的电导率 σ 及磁导率 μ 的数据出入较大造成的。

（2）如不锈钢的电导率 σ 很难确定。不锈钢有三种类型结构，其中奥氏体为无磁性的，但具体电导率不确切。此外，无磁性是否意味着即为顺磁物质？即 $\mu=1$？

（3）镀锌铁板的电导率以锌为准是否合理，主要取决于镀层厚度，因为锌为顺磁物质，而其基板则为铁磁物质，磁导率很高。可以查得铜、铝、锌等的集肤深度均小于 3 微米，远小于镀层厚度，以锌电导率计算应该没有问题，但为何实测值相差如此巨大？可能是镀层的均匀度、光洁度及存在杂质等因素造成的。

（4）铜的计算值应该没有什么问题，但测量值仅为计算值的一半，这就可能是材料中杂质及氧化层及光洁度的影响导致的。

（5）搪瓷损耗大的原因可能有两个：一是基板为铁磁物质的纯铁或低碳钢，其磁导率很大；二是搪瓷过程中高温烧结时生成的氧化铁层的性质，即杂质、平整度、光洁度，在微波进入几微米的层内，这些因素的影响是关键的。

(6) 从整个对比测试中可以看出，搪瓷腔的损耗是最大的，即使与不锈钢相比也是如此。尽管不锈钢的电导率为铁的几分之一，但铁磁性质的搪瓷基板的磁导率却要大得多，最终导致搪瓷材料的高微波损耗的结果，这与两台相同体积相同微波功率的能效对比测试中所得结论是一致的。

由此可见，采用搪瓷材料作为微波炉炉腔材料是值得商榷与讨论的。

参考文献

[1] 吴小浦. 搪瓷微波炉电磁仿真与性能研究 [D]. 成都：电子科技大学，2008.
[2] 张兆镗. 微波管高频系统的测量 [M]. 北京：国防工业出版社，1981.
[3] 张兆镗. 电介质的微波测量 [D]. 成都：电子科技大学，1988.
[4] 磁控管设计手册 [M]. 北京：国防工业出版社，1979.

(张兆镗，王彩育. 第十七届全国微波能学术年会论文集. 2015.)

11.18 一种实时动态显示实际微波功率的微波炉

1. 概述

目前，在实验室中采用家用微波炉作为样品加热或化学反应时，经常需要知道实验过程中每一时刻的微波输出功率，以便观察不同功率时被加热物体的各种变化与反应，例如对各种冶金材料、矿物、人工合成材料、烟草、化学纤维、食品、灭菌试验等在微波炉内加热时就有此要求。遗憾的是目前市售的各种家用微波炉均无法满足上述要求，因为微波炉通常只有非常粗略的功率分档，例如分为高火、中火、解冻、小火、微火等，而且没有具体的量级，使用起来十分不便。何况至今为止，尚无任何方法能够测得炉腔内物体所接受的实际功率，这对实验的定量研究人为地设置了很大障碍，如何能在实验过程中，实时动态地观察到炉内的实际微波功率及其在过程中的变化是刻不容缓的一种客观需求。本报告提出一种实时动态显示实际微波功率的微波炉，以求满足上述需求。

2. 磁控管的输出功率

众所周知，微波炉中的微波功率是由磁控管提供的，而磁控管的输出功率是由管子的工作条件即电参数和负载共同决定的。具体来说，它由下列诸多因素决定的。

(1) 磁控管的灯丝电压 V_f 与电流 I_f，磁控管的阳极工作电压 V_a 及阳极电流 I_a；

(2) 磁控管与炉腔的连接与耦合方式，即与炉腔的匹配状况；

(3) 炉腔内物品的大小、体积、形状、密度、含水量、介电特性；

(4) 物体或物料的放置位置与方式；

（5）物料的移动或转动方式及速度；

（6）物料介电常数随温度的变化特性，尤其是介质损耗的温度特性；

（7）频率牵引导致的功率变化。

由此可见，物料在炉内加热处理时，即使磁控管电源参数保持恒定，但由于负载的机械变化（位置及形状等）以及介电特性特别是温度特性的变化，负载对管子的输出功率及振荡频率的变化取决于磁控管雷基图的特性。这是一个极其复杂的时变过程。换句话说，磁控管的输出功率及振荡频率是加热时间的函数，是动态的、即时的、千变万化的。

3. 实时动态显示实际微波功率的微波炉技术方案

为了实时动态显示磁控管的实际微波输出功率，特提出下述的技术方案，其方框图如图1所示。

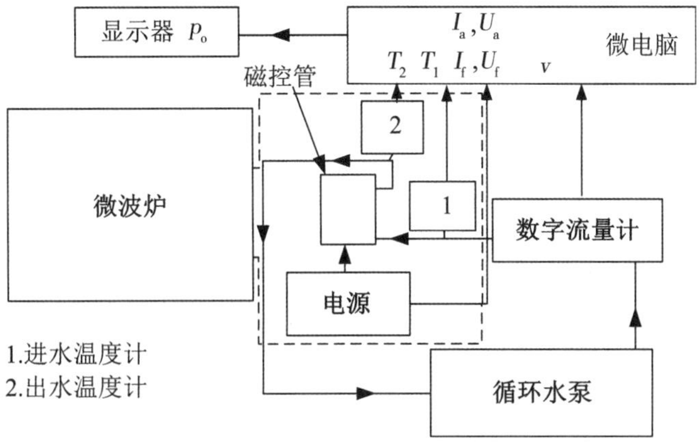

图1 技术方案方框图

该方案的说明如下：

图1中虚线框内部件包括磁控管、波导激励器、磁控管电源、进水及出水数字温度计等均置于原微波炉内，其他部件如循环水泵、数字流量计、微电脑及液晶显示器、水泵电源、电脑及显示器电源等均置于一专门的小机箱内，并放在微波炉顶上或旁侧。

4. 工作原理

磁控管工作时的输出功率由下式决定

$$P_o = P_{in} \times \eta \tag{1}$$

式中 P_o——磁控管输出功率（W）；

P_{in}——磁控管输入功率（W）；

$$P_{in} = U_a I_a \tag{2}$$

η——磁控管的工作效率，通常在70%～76%。

磁控管阳极上的耗散功率为

$$P_a = P_{in}(1-\eta) \tag{3}$$

这一由电子打上阳极形成的耗散功率，加上管内阳极谐振腔上高频感应电流在有限电导率的无氧铜表面形成的高频损耗，导致了阳极的温度上升，由 T_1 升至 T_2，我们将通过在冷却水流量一定的条件下测量阳极进出水的温差 $\Delta T=T_2-T_1$，从而求出阳极上的功耗 P_a。

这样，即可求得输出功率

$$P_o \approx P_{in}-P_a \tag{4}$$

这里采用近似号是因为输入功率中还有一部分耗散在电子回轰阴极的附加加热上，但该部分功率比例较小，通常为输入功率的 0.5%～2.0% 。

5. 阳极耗散功率的计算

把磁控管阳极的水套看作一个热功转换器，就像微波大功率水负载一样，不同的是后者水的温升是由水吸收了微波功率引起的，而磁控管阳极的温升是由于有电子打在阳极上的剩余动能及高频电流在腔内流动产生的，但两者的温升效果是相同的，都是一种热功转换器。根据热功转换原理，当温差为 ΔT 时的功率为

$$P_h = 4.187 v\, cd \Delta T = 4.187 v \Delta T \tag{5}$$

式中　v——水的流量（c. c/s)；

c——水的比热（cal/g ℃)；

d——水的密度（g/cm^3)；

$\Delta T=(T_2-T_1)$，水的温差。

通常情况下，$c=d=1$。

于是式（5）变为

$$P_h = 4.187 v(T_2-T_1) \tag{6}$$

当 v 采用 L/min 为单位时，式（6）变为

$$P_h = 70\, v(T_2-T_1) \tag{7}$$

式中　流量 v 单位为 L/min，即升/分。

于是

$$P_a \approx P_h = 70\, v(T_2-T_1) \tag{8}$$

这里采用近似号是因为阳极水套外表面的热辐射并未计算在内。

6. 输出功率的确定

由以上分析可知，磁控管动态时向微波炉的实际输出功率为

$$P_o \approx P_{in}-P_a \approx P_{in}-P_h \tag{9}$$

即

$$P_o = U_a I_a - 70 v(T_2-T_1) \tag{10}$$

7. 误差

在以上分析时已经提到存在至少有三处误差，即电子回轰阴极时所消耗的回轰功率 P_b，阳极水套外表面热辐射产生的热功率 P_s，阴极加热后的向阳极辐射的功率 P_c。因此，真实的输出功率应是

$$P_o' = U_a I_a - 70v(T_2 - T_1) + P_b + P_c - P_s \text{。} \tag{11}$$

通常情况下，$P_s \ll P_b \ll P_c \ll 70v(T_2 - T_1)$。

因此

$$P_o' \approx P_o \tag{12}$$

8. 初步实结果

初次实验时水的流量 $v=2.54\text{L/min}$，发现温差太小，热容量大，后改为 $v=0.7\text{L/min}$，实验结果显示温差增大，响应时间在 12～20s 之间，但增大功率与减小功率时后者偏大 5～15W，这是电流不稳定引起的。阳极电流 I_a 从小到大及从大到小两个过程中测得的功率 P_a 如图 2 所示。

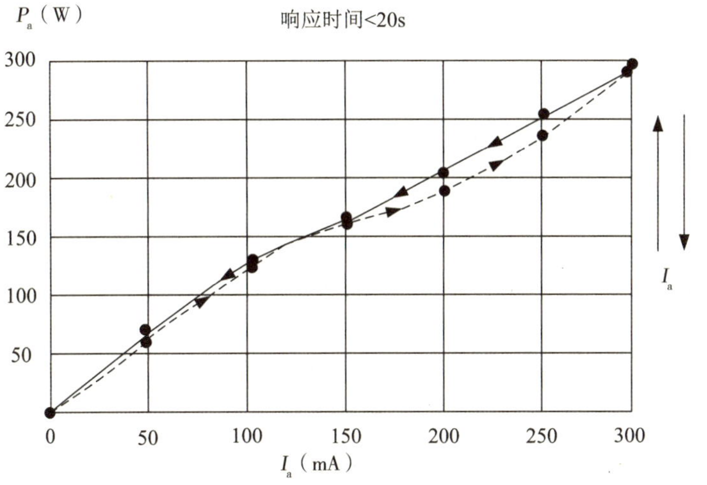

图 2 阳极耗散功率 P_a 与阳极电流 I_a 的关系

9. 具体实施方法与步骤

（1）将磁控管由风冷改为水冷结构，即拆下散热片组合，装上冷却水套；

（2）将磁控管插入原激励器；

（3）在水套进水及出水端口安装数字式温度计，愈靠近愈好；

（4）将电源保留在微波炉的控制箱内，但要装入 U_a、I_a 的数字采样器；

（5）另制作一机箱，将带有自散热器的循环水泵及驱动电源、数字流量计、微电脑等均安装在小机箱的内部；

（6）将液晶显示器面板安装在小机箱的面板上；

（7）按图 1 连接进水及出水管至阳极水套上，再连接水泵、数字流量计构成闭合水循环系统；

(8) 将所有电参数U_a、I_a，温度参数T_2、T_1，流量v等均连接至微电脑的相应输入接点上；

(9) 编制相应的采样及计算程序；

(10) 将计算结果送至面板显示器上；

(11) 采样速率设为1～2次/s，可以实时显示计算结果，也可显示一分钟内的平均值（视需要而定）。

10. 微波炉的适用范围

上述微波炉适用于实验室中对各种物料进行加热时需要了解即时功率的场合，例如需要了解不同功率对物料升温时的影响，加热各种食品时不同功率对食品特性的影响，各种化学反应过程中功率大小的影响。它不仅能提供即时功率，而且还能观察到当负载变化时输出功率的变化情况，因此是实时且动态的。由于微波炉内除了被加热物料外别无他物，而空气是不消耗微波功率的，所以这时的磁控管实际输出功率就是被加热物料所吸收并消耗的微波功率。

11. 建议

先研发1～2台样机，并进行实际实验，看功率误差大小，适当进行软件修正，再定型生产并推广使用，它特别适用于高校及研究单位的实验室中进行各种微波加热时显示实时功率之用。

(为美的微波炉公司撰写的建议报告. 2013.)

11.19 关于磁控管滤波线圈打火原因的分析

1. 磁控管滤波线圈的等效电路

磁控管滤波线圈的等效电路如图1所示，实际线圈结构如图2所示。

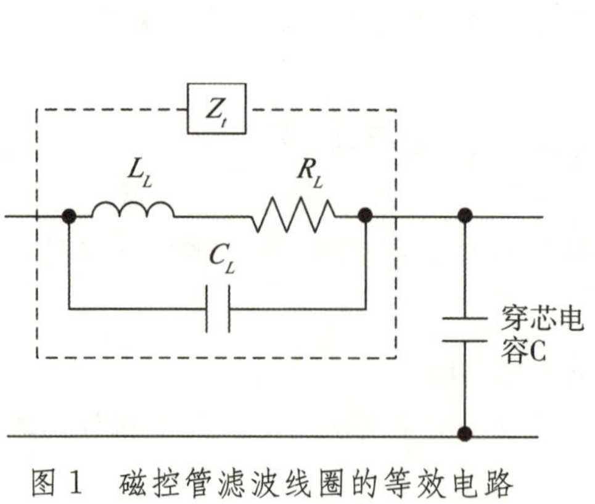

图1 磁控管滤波线圈的等效电路

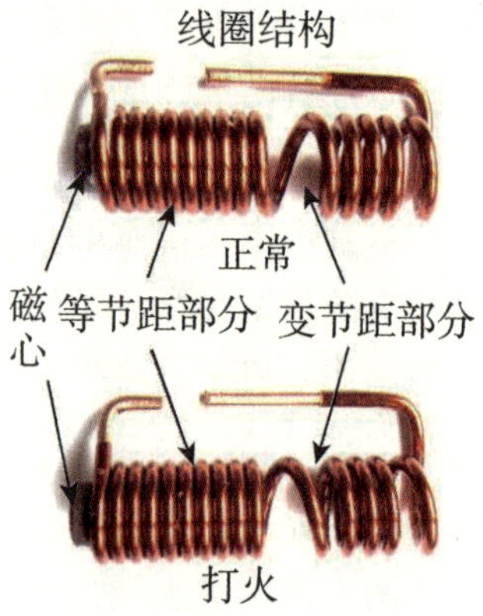

图2 实际线圈结构

2. 线圈的多回路概念

由于广谱的噪声频率，在不同频率时，可由分布电感与分布电容形成众多具有不同谐振频率的谐振回路，不像低频时集总参数形成的单一谐振回路那样，参数是单值的。多谐振回路不仅有多个谐振频率 ω_{0n}，而且都具有不同的 Q_n 值和谐振阻抗 Z_{0n}。

线圈的分布参数等效电路如图 3 所示。

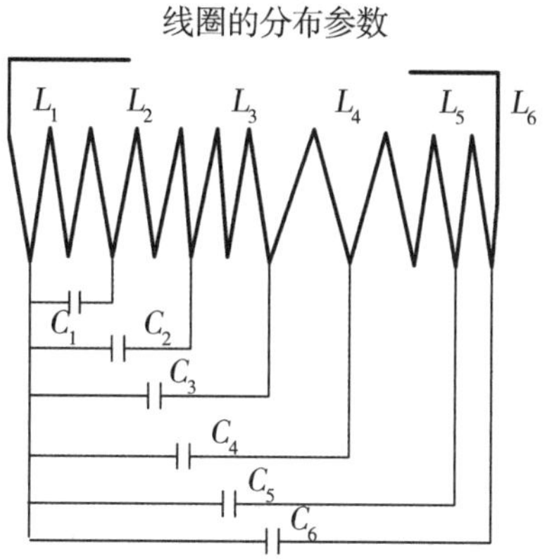

图 3 线圈的分布参数等效电路

线圈参数

由于线圈的特殊绕制方法与结构，所以，在上述带宽内，电感 L_L，电阻 R_L，电容 C_L 等都是频率的函数，即

$$L_L=f_1(\omega) \quad (1)$$

$$R_L=f_2(\omega) \quad (2)$$

$$C_L=f_3(\omega) \quad (3)$$

在射频的高端与微波的低端频段的电感,电容等分布参数不是单值的。

3. 线圈的并联谐振特性

某个频率谐振时的谐振频率为

$$f_0=\frac{1}{2\pi\sqrt{L_L C_L}} \tag{4}$$

谐振时的谐振阻抗为

$$Z_0=\frac{L_L}{C_L R}=R_0 \tag{5}$$

回路总电流为

$$I_0=\frac{E}{R_0} \tag{6}$$

而线圈支路中的谐振电流

$$I_L=QI_0=Q\frac{E}{R_0} \tag{7}$$

线圈阻抗与频率的关系如图 4 所示，阻抗绝对值与频率的关系如图 5 所示。

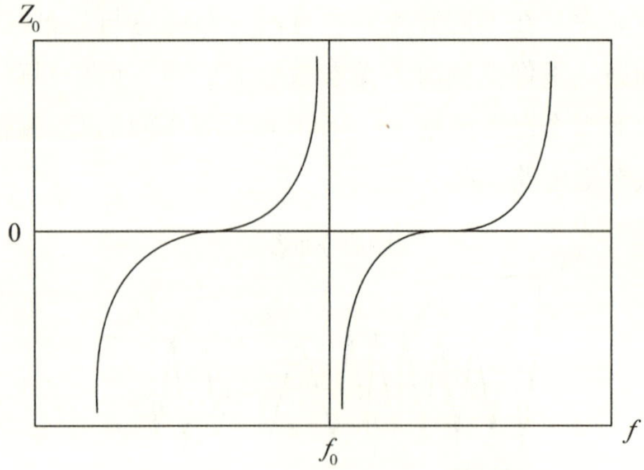

图 4　线圈阻抗 Z 与频率的关系

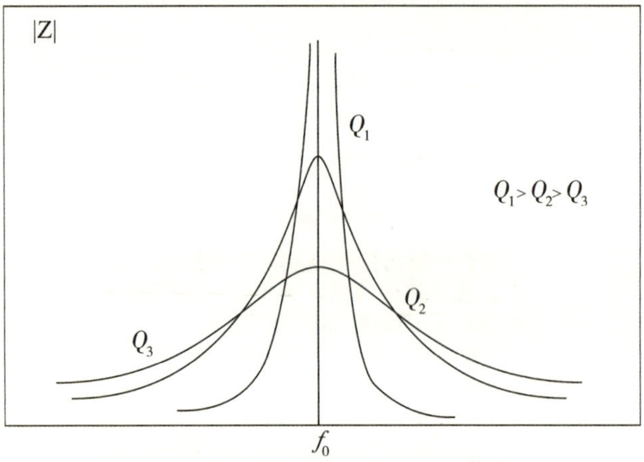

图 5　阻抗绝对值的频率特性

由图可见，谐振时的阻抗呈纯电阻特性，其绝对值随频率偏移迅速下降，其陡度随线圈的 Q 值而定，当线圈无耗时，$Q \to \infty$，这时相应的阻抗 $Z_0 \to \infty$。当 $f < f_0$ 时，阻抗呈感性；$f > f_0$时，阻抗呈容性。

4. 线圈中的电流 I_L

线圈中的电流由两部分组成，即：

$$I_L = I_{L1} + I_{L2} \tag{8}$$

式中　I_{L1}——工频的灯丝加热电流；

I_{L2}——射频谐振时的谐振电流。

后者取决于线圈在相应谐振频率时的线圈等效电感、电阻、电容及相应的 Q 值，见式（7）。

5. 磁控管的多基频特性

微波炉中磁控管若采用半波倍压整流电源时，其阳极电压及电流波形呈脉动形状，而微波信号则如图 6（见彩插）所示，这时微波输出具有频带约为 30MHz 的多基频特性，如图 7 所示，这一特性还与负载匹配程度有关。

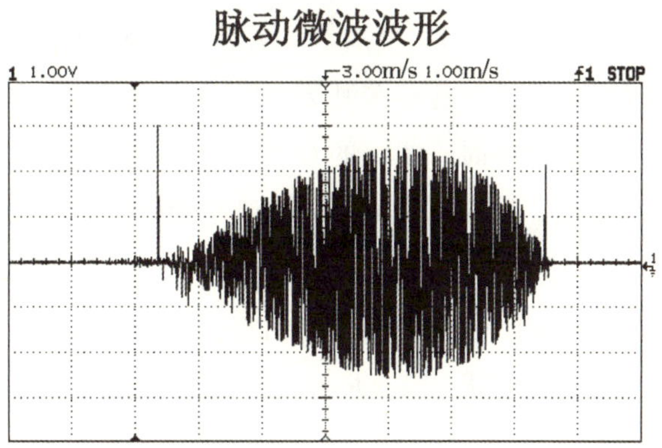

图 6 微波输出功率波形

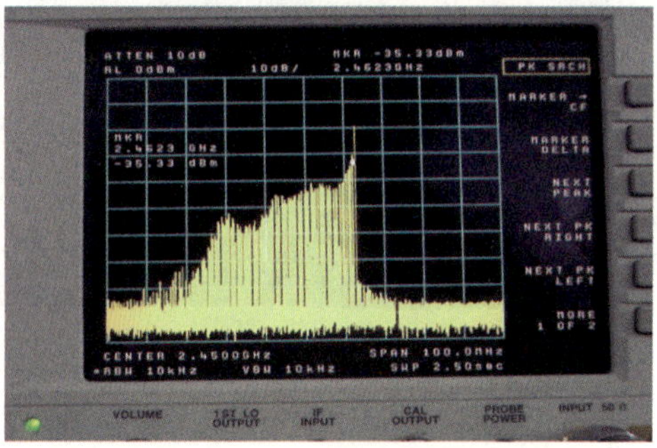

图 7 磁控管输出频谱的多基频特性

6. 互调特性

由于这些基频间的互调特性，互调后即可产生：

$$f_x = mf_a \pm nf_b \tag{9}$$

式中 f_x——互调产生的新频率，包括谐波倍频；

f_a——某一基频；

f_b——另一基频；

m =0，1，2，3…

n =0，1，2，3…

由此可形成 10MHz～1GHz 甚至更高的射频信号，正是由于这些 EMI，才造成微波炉的 EMC 问题。

也正是因为这些 EMI 信号需要借助低通滤波器加以抑制，从而出现电感线圈有时打火甚至烧熔的问题，当然这取决于线圈的参数与质量。

7. 线圈打火或烧熔原因的初步分析

由于互调后产生的频率都在射频波段，这些频率都有可能使线圈等效并联谐振回路产生并联谐振，由式（1）（2）（3）可知，线圈等效电感、电阻及电容都具有多值特性，因而形成多谐振频率的特性，这与多基频互调后产生的多射频噪声对应地会产生相应的谐振。如在某个谐振频率时，线圈的 Q 值过大，即使回路总电流不大，但线圈支路中的电流可以倍增 Q 倍，这一过大的射频电流是导致打火或烧熔的主要原因。

如果两个线圈的几何尺寸及材质都基本一致，那么产生不同使用效果的最可能原因只能是其中磁芯的磁导率差异造成的。例如当 μ'' 过小时将引起 Q 值增大，这时会使线圈支路中的射频电流急剧上升，导致匝间打火，甚至烧熔，烧熔的线圈部位对比如图 8 所示。

滤波线圈正常工作时温升≤150℃

滤波线圈打火烧毁后温升≥340℃

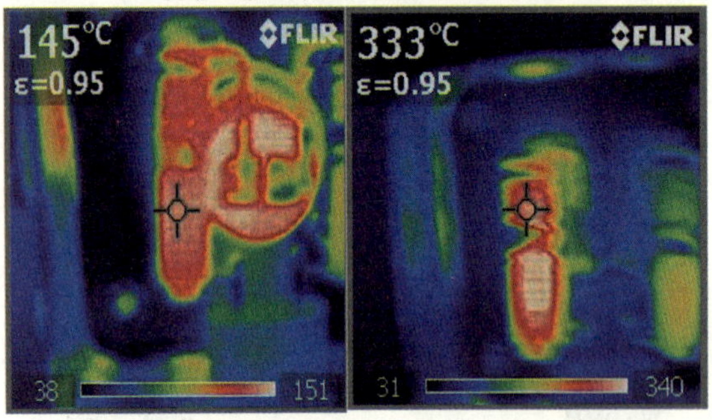

图 8　线圈温升对比图

从上述两个热像对比图可以清楚地看出，打火烧熔线圈温度最高的部位正好位于内置磁芯的等节距部分，该处温度已超过 340℃（即发白部分）。这正说明，流经该线圈的不是回路总电流 I_0，而是支路谐振电流 I_L，后者是前者的 Q 倍。

8. 需要立即进行的几项工作

（1）将两个厂家的线圈内的磁芯进行交换后装于滤波盒内进行热测试验，看结果如何。

（2）将两个厂家的磁芯在宽频带内进行复数磁导率的测试，寻找它们的差异。

9. 确定打火或烧熔线圈的谐振频率是困难的

要具体确定打火时的相应频率是非常困难的，因为同时流过线圈的电流中具有广谱的宽带特性，只有正好与线圈等效谐振回路谐振频率相应，并且具有较高 Q 值的那个频率，才会产生超过常态的支路电流，使线圈产生高频打火甚至烧熔的现象。

10. 结论

（1）从上述分析中可以看出，部分线圈组件在使用时产生打火甚至烧熔现象是电感支路中射频电流过大引起的。

(2) 支路电流大小取决于电感支路的电磁参数，如 L_L、C_L、R_L、Q 等。

(3) 由于上述参数均是频率的函数，所以只有与某个谐振频率相对应的噪声频率，并且在满足一定条件的情况下，才能发生线圈打火甚至烧熔的现象。

(4) 线圈中磁芯的复数导磁率是非常重要的参数，过去人们可能重视不够，要选用 μ'高，μ''也高的磁芯，前者会提高线圈的等效电感 L_L，对滤除噪声及 EMC 非常有用，后者会降低线圈的 Q 值，对减小支路电流会起到重大作用。

(5) 在漆包线电阻率及漆膜材料相近的线圈中，唯一差别的就是其内置的磁芯，因为其磁参数直接影响线圈作为低通滤波器时的滤波性能，也同时影响线圈工作时的安全性。为此，建议将磁芯磁参数作为线圈组件的检测项目，以保证滤波组件的可靠性。

(为美的威特真空电子科技有限公司提供的分析报告. 2009.)

11.20 紫外线的基本特性、产生方法及灭菌机理及其在微波炉中的应用

1. 紫外线的基本性质[1]

1) 紫外线 (Ultraviolet Rays，UV) 的发现

紫外线是德国科学家里特 (Ritter) 在 1801 年发现的，距今已有 200 多年的历史了。随着人们对 UV 研究的不断深入，UV 光化反应效应的应用范围得到了不断的扩展，其中 UV 的消毒灭菌作用已在医疗卫生、日用家电、生物制药和食品工业等领域得到广泛应用。实践证明，UV 照射是一种方便、经济而又有效的消毒灭菌方法。

2) 紫外线的性质

紫外线在电磁波谱中位于可见光紫光与 X 射线之间的一个特定波段，详见图 1。

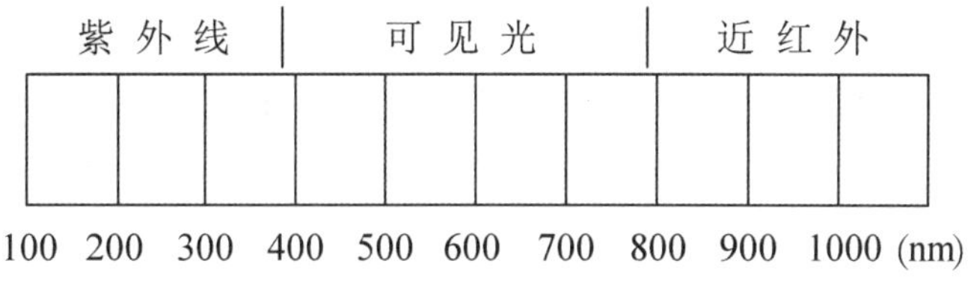

图 1 波谱图

其波长在 100～380nm 之间，频率为 7.9×10^{14} Hz 至 3×10^{16} Hz；能量在 3.26～12.4ev 之间，在表 1 中可以清楚地看到其波谱的具体位置。

表 1　电磁波的波段划分

电磁波名称	波长
无线电波	10^{-2}～10^{3}m
微波	1mm～1m
红外线	800～10^{6}nm
可见光	380～800nm
紫外线：A段，UVA	320～400nm
紫外线：B段，UVB	290～320nm
紫外线C段，UVC	190～290nm
X射线	0.01～100nm
γ射线	＜0.01nm

紫外线主要来源于太阳辐射、热物体、受激发气体等。通常分为四个分波段，即：

(1) 长波段（UVA）；

(2) 中波段（UVB）；

(3) 短波段（UVC）；

(4) 真空段（VUV）。

真空紫外线极易被水和空气吸收，因此只能在真空中传播，实际应用机会不多。

在UV波段内，UVA和UVB的光量子能量相对较低，单独照射时对单细胞生物的灭活作用明显弱于UVC，UVC和微波一样均属非电离辐射，不能引起物质分子的电离，只能使原子分子振动或电子能级的状态改变。

在电磁辐射的范畴中，UVC属低能量辐射，其光量子不能透过普通玻璃，对纸张、有机玻璃和一般透明塑料薄膜的透过率很低，但对石英玻璃的透过率可达70%，甚至80%以上，对聚氟亚乙烯树脂薄膜、乙烯共聚脂膜的透过率分别约为60%和40%左右。UV在空气中呈直线传播，与普通光线一样，在水中的传播距离有限，在纯净的水溶液中一般可穿透水质2cm，这一点与2.45GHz微波在水中的渗透深度相近。

UV遵守光的反射、折射和聚焦定律，在氧化镁表面上的反射率为80%～93%；在抛光铝表面上的反射率为60%～90%；在白漆上的反射率约为46%；在白瓷砖上的反射率仅为4.7%。

2. 紫外线的产生[1][2]

1) 天然紫外线

天然紫外线来源于太阳和炽热物体的辐射。太阳辐射的紫外线由于大气层的吸收，达到地面的射线中主要是UVA、UVB波段，所以太阳紫外线对人体的直接照射可引起人眼结膜炎和皮肤红斑，照射时形成的臭氧对眼睛也有刺激作用，所以在强烈阳光下，应避免阳光的直接照射，可用防紫外线的太阳伞、防护衣和防护眼镜等予以保护。太阳紫外线不能达到高效的灭菌效果。

2）人工产生紫外线

人工紫外线是利用气体放电原理产生的，通常是采用石英玻壳内填充某种气体如汞蒸汽等，在电极或无极情况下产生气体电离从而产生紫外线，现分别介绍如下。

（1）热阴极 UV 管。采用氧化物热阴极产生热电子发射，就像日光灯中的阴极一样，电子轰击石英管内的汞蒸汽原子，使其激发从而产生 UV，这种灯管产生 UV 的主要波长集中在 253.7nm（占 95%以上），同时也含有 184.9～579nm 的不等波长。管内汞蒸汽的压力一般维持在 8～13Pa。目前市售的有 30W、20W、15W、8W、4W 等多种，使用寿命一般在 3000 h 左右。

（2）冷阴极 UV 管。该 UV 灯管采用镍作为冷阴极，在石英灯管中充入汞和氩气，然后经强电场作用，使冷阴极产生场致冷发射，这些冷电子轰击管内的汞原子，使其受激后产生紫外线，这种灯管发射的紫外线中，60%以上波长为 253.7nm，即有效的灭菌波段。

（3）高压汞 UV 管[3]。在这种灯管内，汞蒸汽的气压可达数个大气压，输出功率可达 50～1000W 或更高，其辐射波长范围较宽，而 UVC 段含量的比例则较少，能量部分被消耗在非灭菌波段上，但其输出的 UVC 总强度大，一般用于水的消毒装置中。

（4）无极 UV 管[4]。无极放电管中无任何金属电极，完全依靠微波功率激发管内汞原子产生无极气体放电，从而产生所需波长的紫外线，这种 UV 管的特点如下：

①微波紫外线灯管系微波无极放电，管中无放电电极，故无金属溅射的污染，灯管寿命很长，灯管无连接线，使用、更换非常方便。

②传统低气压汞蒸汽紫外线灯管，放电功率只有 0.3W/cm^2；而微波紫外线灯管，如果用 0.8kW 家用微波炉磁控管，那么放电功率可在 1～10W/cm^2 之间调节。放电功率提高 3～30 倍，从而提高了紫外线强度，消毒效果大大增强。

③调节微波功率使灯管处于不同的工作温度，可调节 185nm 紫外光所占比例，即可调节臭氧的浓度。当灯管工作温度为 30℃时，254nm 紫外线占 90%，185nm 紫外线占 10%；当灯管温度为 60℃时，254nm 紫外线占 40%，185nm 紫外线占 60%。

④微波紫外线灯管可在微波脉冲调制状态下工作，配以强脉冲磁控管，即可产生强脉冲紫外线辐射，可名副其实地做到低温保鲜灭菌。

3. 紫外线的灭菌机理[1]

1）概述

在 UV 的不同分波段中，其对物体灭菌的作用效果是不相同的，图 2 所示为不同波段 UV 对细菌的不同作用效果。

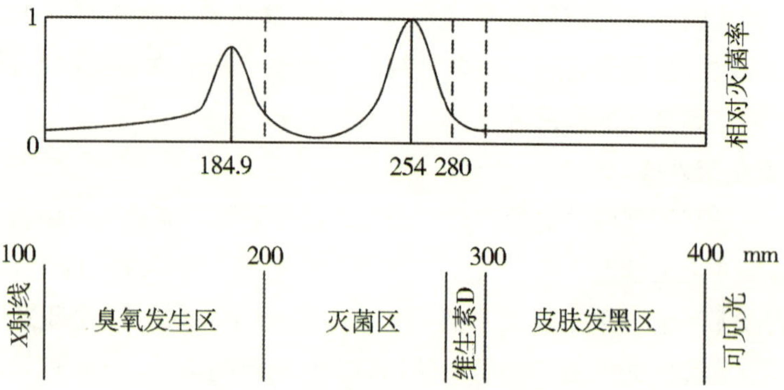

图 2　UV 不同波段的作用区

由图可见，在 UVA 及 UVB 两个波段内，对细菌的灭菌效果是很差的。在这一区域中，主要是太阳的紫外辐射，它会使人体皮肤颜色变黑，长期照射，会诱发皮肤疾病如皮肤癌症的发生。在 UVA 一个较窄的波段内，这种射线会促使维生素 D 产生，它对促进人体对钙质的吸收是大有裨益的。

而在 UVC 段，则是一个良好的灭菌区，并且可以看到，当波长为 253.7nm 时，灭菌效率最高。所以，应当设计的 UV 灯管，其辐射的紫外光波长应位于 254nm 附近，以期获得最佳的灭菌效果。同时从图中还可看到，在靠近 UVC 波段的边缘，臭氧发生区内，波长为 184.9nm 处存在一个灭菌效果的次峰值，这是由于 UV 能电离空气中的氧分子，从而产生臭氧（O_3），这种臭氧能与 UV 光量子联合作用于微生物，以增强灭菌消毒效果。

波长 254nm 紫外线处于微生物 DNA、RNA 的最大吸收波段，破坏酶蛋白，使蛋白质变性，改变核酸的生物活性，杀菌效果最佳；波长 185nm 紫外线在空气中使氧分子电离，产生臭氧。臭氧是一种强氧化剂，作为广谱杀菌剂广泛使用，可杀灭细菌芽孢、病毒、真菌、虫卵等，特别适合流动空气消毒。

2）UV 的灭菌机理[1]

在 UVC 照射下，生物细胞中的原子分子发生振动、电子激发、电子能级状态改变，同时，细胞分子和周围的水分子也被激发，产生一系列光谱吸收产物和氧化自由基。这些分子水平的变化一方面导致生物细胞内核酸突变，如核酸断链、交联、嘧啶二聚体与嘧啶水化产物等形成，使核酸复制，转录封锁及蛋白质的合成受到障碍；另一方面，不同氧化自由基如 OH^-、O^- 等也可引起细胞核酸和氨基酸的氧化，导致相关结构和功能损伤和障碍，甚至导致细胞的死亡。

早在 1928 年，Gates 就发现了杀菌的 UV 波段与核酸对 UV 的吸收波段一致，不同波长的辐射对细菌的致死率平行于核酸碱基的吸收光谱，因此学者们都认为 UVC 对细菌的致死作用主要是 UVC 对核酸的损伤所致，其损伤机理大概有以下一些：

（1）DNA 损伤；

(2) RNA 的光化学反应；

(3) 蛋白质和氨基酸的光化反应；

(4) 细胞膜的改变；

(5) DNA 损伤修复。

3) UVC 对微生物的杀灭效果

UVC 可杀灭多种微生物，包括细菌、真菌、病毒、立克次体、螺旋体、原虫、藻类等，但是，不同种类的微生物对 UV 照射的敏感性不同，灭活剂量相差可达数倍至 100 倍左右。根据微生物对 UVC 的抗力大小，从弱到强，可大致排序为：真菌孢子、细菌芽孢、非脂质色膜病毒、脂质色膜病毒、细菌繁殖体……

据相关报道分析，"非典"病毒系基因变异的冠状病毒，这种病毒可被紫外线和臭氧有效地抑制和杀灭。

4) 影响 UV 灭菌的因素

UV 灭菌效果受许多因素的影响，归纳起来有以下几种。

(1) 距离：照射强度与照射距离呈负指数关系，因此，距离愈近，强度愈大。

(2) 温度：环境温度在 40℃时，光源输出的 UV 强度最高，温度愈低，输出愈低；但温度超过 40℃时，实际输出亦将降低，温度过低时会增强微生物对 UV 的敏感性。因此，实际应用中一般推荐选用 20℃左右为好。

(3) 相对湿度：40%～60%以下的相对湿度有利于 UV 对空气的消毒，湿度增加空气中的水滴对 UV 的阻挡，将削弱 UV 的灭菌效果。

(4) 照射时间：在一定照射强度下，灭菌效果与照射时间成正比。

(5) 有机物保护：有机物明显影响 UV 的灭菌效果，一方面其包裹物影响 UV 的穿透；另一方面，它对 UV 的吸收降低了 UV 的强度，使灭菌效果降低。

(6) 微生物的敏感度：不同微生物对 UV 的抵抗力水平不同，一般分成三类，即高抗力、中抗力及低抗力等。大肠杆菌、金黄色葡萄球菌、普通变形杆菌、牛痘病毒、啤酒酵母菌等抗力最弱，真菌、枯草杆菌芽孢、耐辐射微球菌等抗力最强，不易灭杀。

(7) 微生物数量：数量愈少，愈易灭杀。

4. 紫外线的应用[1]

紫外线在灭菌消毒领域中的应用主要在以下几个方面。

(1) 空气消毒：UV 对空气的消毒作用是非常明显的，由空气传播的病原体如麻疹病毒、流感病毒、脊髓质炎病毒、结核杆菌等均能被 UV 灭活。

(2) 物品表面消毒：UV 对污染的物体表面进行照射可达到有效的灭菌消毒效果，但前提是必须直接进行照射，因为 UV 的波长极短，穿透能力有限，不像微波那样能透入物品内部一定深度。

(3) 水消毒[5]：水消毒的应用范围极广，包括饮用水、食品工业用水、鱼塘、草地用水、地表水、循环水、污水、再利用水等。其优点是消毒过程是物理反应，无毒性，无蓄积毒性和腐蚀作用，对人体和水生物无害。

（4）血液制品中病毒的灭活。

5. 紫外线灭菌消毒应用中的注意事项[1]

（1）UV 的灭菌效果主要由其照射注量和强度决定，因为 UV 灯的照射强度是逐渐衰减的，所以须定期测定其照射强度，这样有利于控制灭菌质量。

（2）应定期去除灯管上的灰尘和油垢，否则将影响 UV 的穿透率。

（3）不能直接对人体照射 UV，否则将会引起人眼结膜炎和产生皮肤红斑。

6. 微波灭菌简介[6]

1）微波灭菌机理

微波是波长远大于紫外线的一种电磁波，目前国内生产的微波灭菌消毒设备基本上都采用 2.45GHz 频率的微波源，如 WXD－1 微波快速灭菌器、WBM－4A 野外用微波消毒设备（军用）、WBY－1 牙钻消毒器等，其灭菌机理不像紫外线灭菌研究得那么深入，目前还正在不断探索之中。一般认为主要是热效应，但还有一些辅助效应，概述如下：

（1）微波的热效应；

（2）微波的非热效应；

（3）微波的电场效应；

（4）微波的量子效应。

2）微波灭菌的特点

由于微波能穿透或穿入电导率不大的固体或液体材料中，并与材料中的物质分子相互作用，当然包括这些材料或物质中含有的各种细菌、病毒、孢子，如对于乙肝病毒、艾滋病病毒、结核杆菌等均有较强的灭活作用。它与 UVC 灭菌相比具有下列特点：

（1）能穿入或穿透物料进行体积灭菌，而 UVC 只能停留在物体的表面上，无法渗入；

（2）作用快速，可在纳秒（10^{-9}）之内产生作用；

（3）对生物体无选择性，因此具有广谱性，对各种微生物、原虫、真菌、孢子、大肠杆菌、葡萄球菌、绿脓杆菌等均可灭杀；

（4）低温特点，通常在 70～105℃，这与其他灭菌方法相比要低得多；

（5）无残留物，无污染，清洁卫生，安全可靠；

（6）选择性加热，对包装外套无加热作用，直接穿透后作用于带菌的物体上；

（7）环保节能。

3）微波与紫外线协同杀菌作用

不同输出功率微波与紫外线（2 支灯）协同作用对 500mL 物料杀菌效果见表 2。由

表2可知，在紫外灯数为2、微波输出功率为500W、辐射加热7 min时，杀菌率可达到99%以上。随着微波输出功率增大，灭菌效果更显著。

表2　微波紫外线协同对试验样本的杀灭率（%）

样本名称	微波输出辐射7min，紫外线灯2支		
	100 W	300 W	500 W
枯草杆菌	68.27	75.42	99.48
大肠杆菌	57.81	78.13	99.09
金黄色葡萄球菌	67.32	89.16	100
酵母	67.64	88.96	99.04
假单芽孢杆菌	58.54	79.71	99.54
巨大芽孢杆菌	55.12	78.24	99.56

（1）微波与紫外线有着较好的协同杀菌作用，杀菌效果明显优于单独微波杀菌或单独紫外线杀菌；与单独微波杀菌相比，达到相同效果所需的辐射时间明显缩短，所需功率降低。

（2）微波与紫外线协同杀菌过程中，微波是主体，紫外线起到协同作用。

（3）协同杀菌作用对不同菌种的杀灭率存在较大的差异。实际杀菌时，应根据食品染菌具体情况确定协同杀菌时间、微波输出功率、紫外线辐射强度等因素。

7. 结论

理论与实验证明，微波与紫外线协同灭菌效果是非常显著的，它比各自单独的灭菌效果要强得多。由于微波与紫外线的工作波长相差几个数量级，所以，辐照到物体时，微波能渗透到物体内部一定深度处；而紫外线由于波长极短，但又不及X光的穿透能力，所以，只能适用于表面的灭菌消毒。但由于微波与紫外线的灭菌机理存在差异，对某些细菌或病毒，各有所长，协同作用时，对表面及内部的微生物充分发挥各自的特长进行灭活，能对食品、水果、餐具等进行卓有成效的消毒作用，使家用微波炉兼具消毒柜的功能。

参考文献

[1] 张文福. 医学消毒学 [M]. 北京：军事医学科学出版社，2006.

[2] GB 19258—2003. 紫外线杀菌灯.

[3] QB/T 3581—1999. 紫外线高压汞灯管.

[4] 黎晓云，阎卫中. 微波无极放电紫外线消毒微波炉. ZL 200410040137.6.

[5] QB/T 1172—99. 紫外线消毒器.

[6] 杨华明. 现代医学消毒学 [M]. 北京：人民军医出版社，2009.

[7] 刘钟栋，陈肇锬，欧军辉，等. 微波紫外线协同生物学作用及紫外线微波炉杀菌研究 [J]. 食品科技，2007 (12).
[8] 张兆镗. 微波与紫外线对人体的伤害及泄漏标准. 微波功率应用文集. 电子科技大学，2006.

(为美的厨电事业部提供的技术咨询报告. 2015. **)**

11.21 磁控管及微波炉综合测试台相位校准方法

1. 综合测试台微波测试系统

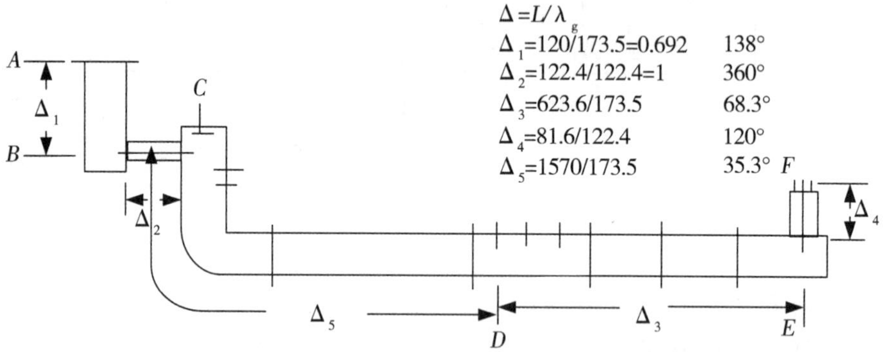

A—波导短路面；
B— 磁控管天线中心线；
C— 弯波导同轴波导中心；
D— 三探针测试相位参考面；
E— 磁控管源天线中心线；
F— 等效探头参考面；

2. 测试校准方法

采用一只 BJ－26 同轴波导转换接头，将其终端短路时作为校准参考面 *A*（见上图），按上述测试系统连接，在等效探头 *F* 面上测量其相应相位，然后分段计算并确定各参考面的相位。

3. 各波导（或同轴线）段的几何长度

$A\to B,\Delta_1$	$B\to C,\Delta_2$	$C\to D,\Delta_5$	$D\to E,\Delta_3$	$E\to F,\Delta_4$
120mm	122.4mm	1570mm	623.7mm	81.6mm
138°	360°	35.3°	68.3°	120°

4. 各参考面在 Smith 圆图上的相应相位

A	*B*	*C*	*D*	*E*	*F*
183.8°	45.8°	45.8°	10.5°	−57.8°	−177.8°

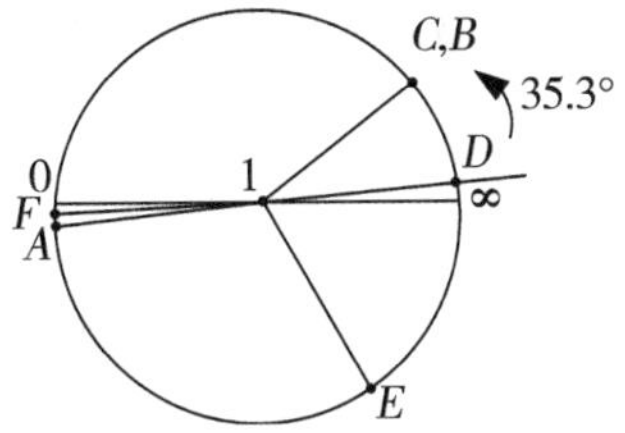

5. 阻抗相位的转换

利用三探针阻抗测量仪测得的负载阻抗的相位是由离负载最近的第一根探针决定的，即由 D 面上的相位确定的，因此必须将 D 面上的阻抗相位转换至今后磁控管插入微波炉中天线的中心线，即图中 B 面上。由 Smith 圆图上各面的相应相位可知，从 D 转换至 B，必须将圆图环绕中心点 1 逆钟向旋转 35.3°，或顺钟向旋转 324.7°。这样，在 D 面上测得的负载终端阻抗（即微波炉阻抗）就代表在磁控管天线中心线上（即 B 面上）测得的炉腔阻抗。

这种微波炉阻抗是在磁控管工作时（即高功率电平状态下），并且微波炉在运转过程中（如炉内转盘在旋转，或在加热食品的过程中）动态下测得的，它完全反映了微波炉的动态阻抗。

2008 年 1 月 28 日测量结果如下表所列。

频率		始端相位（F 点）
f_1	2450MHz	−104.8°
f_2	2458MHz	−177.8°
f_3	2468MHz	+ 115.7°

6. 相位测试误差

由于负载变化时对磁控管振荡器产生的频率牵引，炉用磁控管的频牵一般为 $f_0\pm$ 10MHz，例如 $f_0=2455\text{MHz}$ 时，$f_1=2445\text{MHz}$，$f_2=2465\text{MHz}$。

当 DB 距离为 Δ_5 时，DB 间电长度的最大变化为

$$\Delta\varphi=\Delta_5\times(1/\lambda_{g1}-1/\lambda_{g2})=\Delta_5\times(\lambda_{g2}-\lambda_{g1})/\lambda_{g1}\lambda_{g2}$$

$$=\Delta_5\times(175.3-172.2)/30186.66=\Delta_5\times3.1/30186.66$$

$$=\Delta_5\times1.03\times10^{-4}$$

下表中列出不同 Δ_5 时产生的误差（即最高或最低频率时与中心频率时的相对误差）。

Δ_5	1570	1000	500	300	200	100
$\Delta\theta°$	58.2	37.08	18.5	11.13	7.42	3.71

由此可见，为了减小测试误差，应选择尽可能小的 Δ_5。换句话说，应使三探针测量仪尽量靠近被测负载，愈近愈好。

7. 误差修正

为了消除相位测量误差，最好办法是利用计算机软件来自动修正误差。方法如下：

(1) 采集瞬时工作频率 f_i；

(2) 计算 BJ－26 波导内相应波导波长 λ_{gi}；

(3) 计算电长度 $\Delta\varphi_i=\Delta_5$ $(1/\lambda_{gi}-1/\lambda_{go})$ 及相应角度 $\Delta\theta_i$；

(4) 将测得的阻抗相位按修正值 $\Delta\theta_i$ 进行自动修正；

(5) 将修正后的相位值显示于圆图上。

8. 关于磁控管输出天线等效平面的修正

始端磁控管输出天线等效平面转换至微波炉插孔等效探头中心平面的电长度应等于波导波长的整数倍，而从 E 至 B 的几何长度为 1570＋623.7＝2193.4mm，换算成电长度为 12.642，即 102°，不符合同相条件。为此，必须调整 Δ_3 的长途，使 $\Delta_3+\Delta_5=$ 2193.4＋61.6＝2255，这时电长度为 2255/173.5＝13，这样，B 点与 E 点同相。或使电长度为 12.5，即 $\Delta_3+\Delta_5=2168.75$，因此 $\Delta_3=598.75$，比原长缩短 24.95mm。

9. 相位误差

当工作频率改变时，由于波导波长的变化将产生 E 与 B 点相位产生误差，结果如下表所示。

f (GHz)	λ_0	λ_g	$\Delta\varphi\ (E\rightarrow B)$
2.450	12.245	174.38	＋29.665
2.455	12.220	173.50	0
2.460	12.195	172.93	－46.42

(电子科技大学内部技术分析报告. 2008.)

11.22 “家用和类似用途微波炉能效限定值及能效等级”国家标准中存在的若干问题及可能产生的测量误差

1. 概述

“家用和类似用途微波炉能效限定值及能效等级”的国家标准（GB 24849－2010）[1]，已由中华人民共和国国家质量监督检验检疫总局和中国国家标准化管理委员会于 2010 年 6 月 30 日发布，并于 2010 年 12 月 1 日开始实行。现在国内市场上的微波炉能达到一级能效标准（62%）的产品不足 5%，问题是严重的。

细读之后，发现了一些问题，主要是由于能效等级分成五级，其级差较小，只有2%，所以在测量中如果误差较大，可能跨越级差，造成误判。

不久前，Galanz 新产品 UOVO 圆形高能效微波炉开始在广东上市，声称已达国家一级能效（62%）标准，并在全球范围内征求对该 UOVO 微波炉的冠名权。

2. 微波输出功率测量时产生的误差

标准中[1]，微波炉输出功率测量是根据“家用微波炉——性能测试方法”（GB/T 18800—2008）[2]中的下述公式进行的

$$P=\frac{4.187m_w(T_2-T_1)+0.55m_c(T_2-T_0)}{t} \tag{1}$$

式中 P——微波输出功率（W）；

m_w——水的质量（g）；

m_c——水容器的质量（g）；

T_0——环境温度（℃）；

T_1——水的初始温度（℃）；

T_2——水的最终温度（℃）；

t——加热时间（s）。

这里涉及下列几个问题：

(1) 公式中第一项是测量容器中水（1000±5）g 的温升（T_2-T_1）值；第二项是测量盛水容器（硼硅玻璃杯）的温升（T_2-T_0）值，而并未计及玻璃转盘或平板玻璃的温升值，这些转盘或平板材料也是炉腔内微波功率的吸收者。在某些微波炉内，后者吸收的微波功率甚至可能会大于盛水容器的功率吸收，但具体测量则相对困难。

(2) 关于水的选择，标准中只说是饮用水，没有具体要求。但实际情况下，各地自来水中矿物质及水处理过程中加入的消毒剂均存在一定差别；并且去离子水、蒸馏水等其介电物理特性均有差异，这就影响到水的介电常数 $\varepsilon^*=\varepsilon'-j\varepsilon''$。

(3) 水在加热前后的温度限定容差值（T_1=10℃±1℃）及（T_2=20℃±2℃）可能产生误差。

(4) 关于加热时间 t 中如何扣除磁控管灯丝预热时间的具体规定或测量方法并未明确。

(5) 输入功率测量中只提及包括磁控管灯丝加热功率，而并未提及变压器、照明指示灯、风扇电动机、转盘电动机、控制面板电源等项的功耗测定。

(6) 炉腔腔壁材料（镀锌铁皮、不锈钢、搪瓷等）对微波功率的吸收应否考虑和测量。

现分别讨论如下。

1) 初始水温 T_1 和最终水温 T_2 的容差问题

标准中设定初始水温为

$T_1=(10\pm1)$℃

而最终水温设定为

$T_2=(20\pm2)$℃

由此排列组合可能产生

$\Delta T=T_2-T_1=$ 7、8、9、10、11、12、13 共七种温升值（这里以温度计准确度为 1°C 计算），在不同温升值时相应的测量时间为 t_7、t_8、t_9、t_{10}、t_{11}、t_{12}、t_{13}，其中 t_{10} 为标准值。

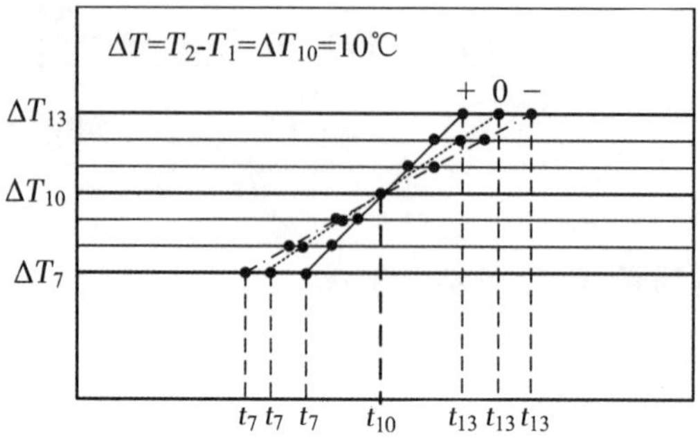

图 1　温升与加热时间关系 1

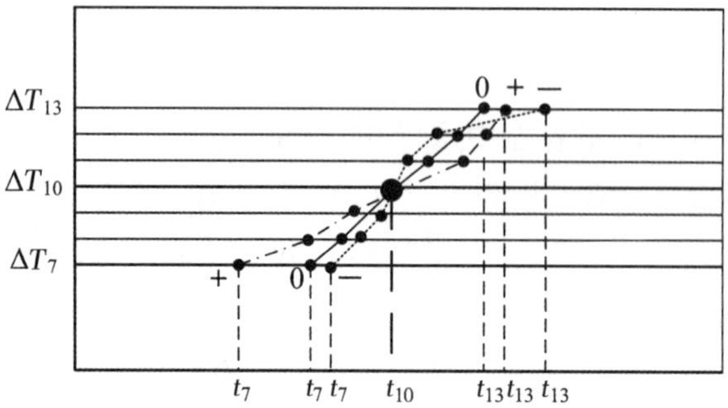

图 2　温升与加热时间关系 2

测量时，由于起始水温 T_1 和最终水温 T_2 存在容差的随机性，所以在实际测定过程中可能会出现 7 种情况，如图 1 所示。

如满足下述等式

$$\frac{\Delta T_{10}}{t_{10}}=\frac{\Delta T_7}{t_7}=\frac{\Delta T_8}{t_8}=\frac{\Delta T_9}{t_9}=\frac{\Delta T_{11}}{t_{11}}=\frac{\Delta T_{12}}{t_{12}}=\frac{\Delta T_{13}}{t_{13}} \tag{2}$$

如图 1 中的红线所示，其线性斜率为 S_0。但实际测量中，可能会测得斜率为 S_1 的黑线，这时，在 t_{10} 左边的 t_7、t_8、t_9 均小于红线的相应值，因此 $\Delta P=P_1-P_0>0$，误差为正值。

在 t_{10} 右边的 t_{11}、t_{12}、t_{13} 均大于红线的相应值，因此 $\Delta P=P_1-P_0<0$，误差为负值。

实测值为图 1 所示的斜率为 S_2 相应蓝线时，情况正好相反。

在 t_{10} 左边时，$\Delta P<0$；而在 t_{10} 右边时，$\Delta P>0$。

如果在测量时得到的两者关系曲线如图 2 中所示的非线性关系，那么情况较为复杂，无规律可言，误差只能逐一计算 。

我们将上述由于起始和最终温度的容差造成的误差称为 σ_1。

2）盛水容器初始温度设定值引起的误差

在功率计算公式的第二项即盛水容器的温升公式中，初始温度设定值为 T_0，即环境室温（20℃±5℃），但实际上当将水倒入该容器中后，由于容器的厚度较薄，热容量较小，不需要多少时间，容器温度即会下降至水的初始温度 T_1 附近。由于 $T_0>T_1$，所以，仍按温差为（T_2-T_0）计算时，将会带来较大误差。按标准规定：T_0 为（20℃±5℃），而 T_2 为（20℃±2℃），由此可见（T_2-T_0）≈0，甚至会出现负值。玻璃容器非但不吸收微波功率，反而贡献出微波功率。这显然是不正确的，此项误差称为 σ_2。

3）测量时间 t 造成的误差

在式（1）中，分母 t 是测量时间，但必须除去磁控管灯丝预加热所需时间，可是标准中没有提及磁控管灯丝预加热时间为多少，以及如何测定。由于各公司生产的磁控管的灯丝预加热时间各不相同，有的可能相差 1.5～2.5 倍，如果不严格扣除此预加热时间，将会产生误差，该误差称为 σ_3。

4）水的介电常数差异造成的误差

不同水质的饮用水，由于其中所含杂质成分不同，使测量用水的介电常数产生差异，其实部将影响阻抗匹配，而虚部则影响吸收。具体来讲，不同水质置于同一位置时，在磁控管雷基图上将出现驻波及相位不同，即阻抗在雷基图上位置的变化，从而影响磁控管的输出功率和振荡频率。在下述磁控管的雷基图上可看到问题所在 。这种误差称为 σ_4。

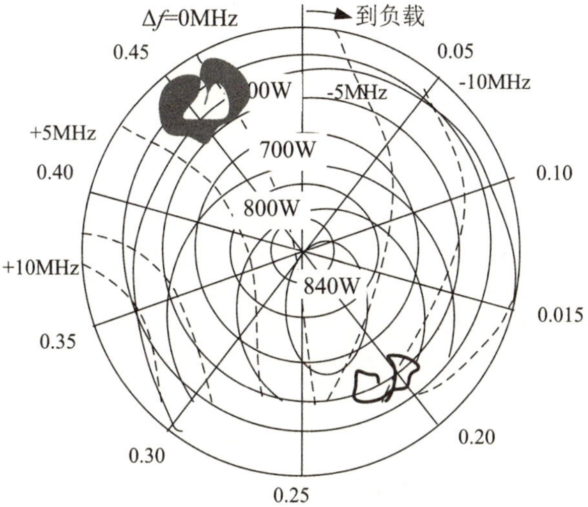

图 3　磁控管的雷基图

5）水的介电温度特性造成的误差[3]

水的介电常数具有温度特性，无论是实部还是虚部，例如：

在 $T=10$℃时，$\varepsilon'=78.07$，$\varepsilon''=17.46$；

$T=20℃$时，$\varepsilon'=77.42$，$\varepsilon''=13.05$。

特别是虚部，随着温度的升高，急剧下降，其速率约为 0.4/℃。

由此可见，在微波功率测量时，不宜使温差太大，通常在 1～3℃内，否则将使高温时水对微波的吸收性能下降，从而产生误差，此误差称为 σ_5。

6）输入功率中未计及的其他功耗产生的误差

标准中 A2 式只提及输入功率中应包括磁控管的灯丝加热功率，而并未提及微波炉中其他元器件产生的功耗，如变压器的铁耗与铜耗、照明指示灯的功耗、风扇及转盘电动机产生的功耗、定时器及控制面板的功耗等，这些元器件的功耗可以与灯丝功率相比拟，如忽略这些功耗，将使总效率偏高。

这一误差用 σ_6 表示。

7）炉腔腔壁材料功耗产生的误差

由于微波炉炉腔腔壁材料电导的不理想性，例如不锈钢、镀锌铁皮、搪瓷等常被用作腔壁材料，这些材料与银铜等高电导材料无法相比，所以，在长时间加热过程中，将会产生微温，此温升不易测量，但仍属误差，称为 σ_7。

8）总误差

总误差为所有误差的均方根值，即

$$\sigma=\sqrt{\frac{\sum\sigma_n^2}{n}}\qquad n=1,2,3,4,5,6,7 \tag{3}$$

3. 结束语

通过以上各方面的讨论与分析，可以看到该国家标准在制定过程中，存在着明显的不合理及不全面的因素，许多客观存在的应该计及的东西被忽略了，某些技术条件规定得不合理或不恰当，这些因素都将使按公式（1）计算出来的微波输出功率偏大或偏小，有时甚至达到 2%，这就有可能产生误判能效等级，造成跨级误差。

参考文献

[1] GB24849－2010．家用和类似用途微波炉能效等级限定值及能效等级．中华人民共和国国家质量监督检验检疫总局发布，中国国家标准化管理委员会．

[2] GB/T18800－2008．家用微波炉——性能测试方法．中华人民共和国国家质量监督检验检疫总局，中国国家标准化管理委员会．

[3] 张兆镗．微波频率下水的介电温度特性的探讨：第十二届全国微波能应用学术会议论文集[C]．2005．

（第十五届全国微波能应用学术会议论文集．2011．）

11.23 地表复介电常数的微波测量原理与方法

（1）测量对象：沥青路面或其他路面。

（2）测量方法：单喇叭天线法。

（3）测试频率：9.4GHz，采用BJ－100波导元件及系统。

（4）测试系统：如下图所示。

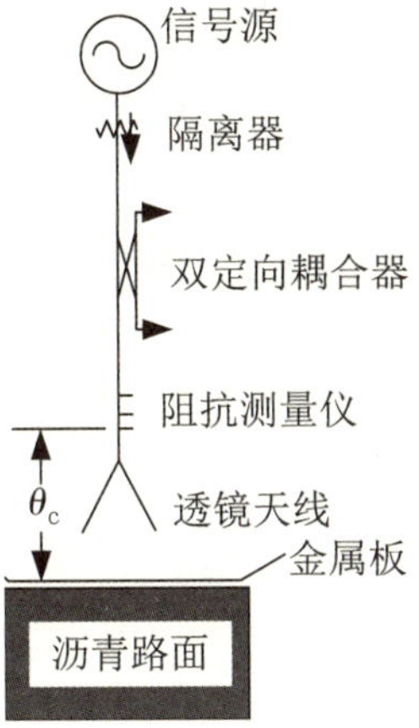

（5）测试方法及步骤：

①在沥青路面上铺上面积足够大的平整金属板；

②利用三探针阻抗测量仪及双定向耦合器测量入射功率 P_i、反射功率 P_r 及相应的反射波相位 θ_1；

③去掉金属板后，再次测量这时相应的 P_i、P_r 及 θ_2；

④按有关公式分别求得ε′和ε″。

（6）测量原理。

第一次测量时测得

$$r_1 e^{j\theta_1} = -1 e^{j\theta_c} = e^{j\theta_c} e^{j\pi} \tag{1}$$

第二次测量时测得

$$r_2 e^{j\theta_2} = r e^{j\theta} e^{j\theta_c} \tag{2}$$

（2）/（1）得

$$r_2 / r_1 e^{j(\theta_2-\theta_1)} = - r e^{j(\theta_2-\theta_1)} = - r e^{j\theta} \tag{3}$$

而

$$r e^{j\theta} = \frac{1-\sqrt{\varepsilon^*}}{1+\sqrt{\varepsilon^*}} = \frac{1-\sqrt{\varepsilon'-j\varepsilon''}}{1+\sqrt{\varepsilon'-j\varepsilon''}}$$

$$= \frac{1-\sqrt{\varepsilon e^{-j\varphi}}}{1+\sqrt{\varepsilon e^{-j\varphi}}} = \frac{1-\sqrt{\varepsilon}\, e^{-j\frac{\varphi}{2}}}{1+\sqrt{\varepsilon}\, e^{-j\frac{\varphi}{2}}}$$

$$= \frac{1-\left(\sqrt{\varepsilon}\cos\frac{\varphi}{2} - j\sqrt{\varepsilon}\sin\frac{\varphi}{2}\right)}{1+\left(\sqrt{\varepsilon}\cos\frac{\varphi}{2} - j\sqrt{\varepsilon}\sin\frac{\varphi}{2}\right)}$$

$$= \frac{\left(1-\sqrt{\varepsilon}\cos\frac{\varphi}{2}\right) + j\sqrt{\varepsilon}\sin\frac{\varphi}{2}}{\left(1+\sqrt{\varepsilon}\cos\frac{\varphi}{2}\right) - j\sqrt{\varepsilon}\sin\frac{\varphi}{2}} \tag{4}$$

令 $A=\sqrt{\varepsilon}\cos\frac{\varphi}{2}$，$B=\sqrt{\varepsilon}\sin\frac{\varphi}{2}$。

$$re^{j\theta}=\frac{(-A+1)+jB}{(A+1)-jB}=\sqrt{\frac{(A-1)^2+B^2}{(A+1)^2+B^2}}\ \frac{e^{j\left[\pi-\arctan\left(\frac{B}{A-1}\right)\right]}}{e^{-j\arctan\left(\frac{B}{A+1}\right)}}$$

$$=\left[\frac{(A-1)^2+B^2}{(A+1)^2+B^2}\right]^{\frac{1}{2}}\cdot e^{j\left[\pi+\arctan\left(\frac{B}{A+1}\right)-\arctan\left(\frac{B}{A-1}\right)\right]} \tag{5}$$

因此
$$r=\left[\frac{(A-1)^2+B^2}{(A+1)^2+B^2}\right]^{\frac{1}{2}}$$

$$r^2=\left[\frac{(A-1)^2+B^2}{(A+1)^2+B^2}\right]=x \tag{6}$$

$$\theta=\theta_2-\theta_1=\left[\pi+\arctan\left(\frac{B}{A+1}\right)-\arctan\left(\frac{B}{A-1}\right)\right] \tag{7}$$

$$\tan\theta=\tan(\theta_2-\theta_1)=\tan\left[\pi+\arctan\left(\frac{B}{A+1}\right)-\arctan\left(\frac{B}{A-1}\right)\right]$$

$$=\frac{\tan\left[\arctan\left(\frac{B}{A+1}\right)\right]-\tan\left[\arctan\left(\frac{B}{A-1}\right)\right]}{1+\tan\left[\arctan\left(\frac{B}{A+1}\right)\right]\cdot\tan\left[\arctan\left(\frac{B}{A-1}\right)\right]}$$

$$=\frac{\left(\frac{B}{A+1}\right)-\left(\frac{B}{A-1}\right)}{1+\left(\frac{B}{A+1}\right)\cdot\left(\frac{B}{A-1}\right)}$$

$$=\frac{-2B}{A^2+B^2-1} \tag{8}$$

令 $\tan\theta=y$

则
$$y=\frac{-2B}{A^2+B^2-1} \tag{9}$$

$$y(A^2+B^2-1)=-2B$$

$$yB^2+2B+y(A^2-1)=0$$

$$\therefore B=\frac{-2\pm\sqrt{4-4y^2(A^2-1)}}{2y}$$

$$=\frac{-1\pm\sqrt{1-y^2(A^2-1)}}{y} \tag{10}$$

由式（6）
$$x[(A+1)^2+B^2]=(A-1)^2+B^2$$

$$B^2(1-x)=-(A-1)^2+x(A+1)^2$$

$$B=\left[\frac{x(A+1)^2-(A-1)^2}{1-x}\right]^{\frac{1}{2}} \tag{11}$$

令式（10）＝（11）

$$\frac{-1\pm\sqrt{1-y^2(A^2-1)}}{y}=\left[\frac{x(A+1)^2-(A-1)^2}{1-x}\right]^{\frac{1}{2}} \tag{12}$$

解式（12）可得

$$A=f_1(x,y) \tag{13}$$

将式（13）代入式（10）后，得

$$B=f_2(x,y) \tag{14}$$

而
$$A=\sqrt{\varepsilon}\cos\frac{\varphi}{2}\,,B=\sqrt{\varepsilon}\sin\frac{\varphi}{2}$$

$$\therefore A\cdot B=\varepsilon\cos\frac{\varphi}{2}\sin\frac{\varphi}{2}=\frac{\varepsilon}{2}\sin\varphi=\frac{\varepsilon''}{2}$$

$$\varepsilon''=2A\cdot B \tag{15}$$

$$\because \frac{B}{A}=\tan\frac{\varphi}{2} \tag{16}$$

$$A^2+B^2=\varepsilon \tag{17}$$

$$\varphi=2\arctan\left(\frac{B}{A}\right) \tag{18}$$

于 是
$$\varepsilon'=(A^2+B^2)\cos\left[2\arctan\left(\frac{B}{A}\right)\right] \tag{19}$$

分析：由实际已知的很多结果 $\varepsilon'>1$，$0<\varepsilon''\ll1$。

而 $\varepsilon'=\varepsilon\cos\varphi$，$\varepsilon''=\varepsilon\sin\varphi$。

所以 $0<\varphi<\frac{\pi}{2}$ 且其值比较小，而 $A=\sqrt{\varepsilon}\cos\frac{\varphi}{2}$，$B=\sqrt{\varepsilon}\sin\frac{\varphi}{2}$，$\therefore 0<B\ll1, A>1$。

而 $y=\frac{-2B}{A^2+B^2-1}$，$\therefore -1<y<0$。由 B 的范围可知，（10）式的 $\pm$ 中只能取 $+$。

当 $\frac{\varepsilon''}{\varepsilon'}\ll1$ 时

$$r=\frac{\sqrt{\varepsilon'}-1}{\sqrt{\varepsilon'}+1} \tag{20}$$

解式（20）可得

$$\varepsilon'=\left[\frac{1+r}{1-r}\right]^2 \tag{21}$$

$$\mathrm{r}=\sqrt{\frac{P_\mathrm{r}}{P_\mathrm{i}}} \tag{22}$$

（张兆镗，曾葆青. 第十六届全国微波能应用学术会议论文集（上册），真空电子技术专刊，2013（5）：19—21.）

11.24 新绿豆发芽实验的启示——关注微波食品安全

近段时期以来，网上流传着微波食品危害健康的许多传言，有一些不知名的作者企图用绿豆发芽实验来说明微波对人体的伤害。他用微波加热后的凉水（简称微波水）、自来水以及经贵夫人滤水器过滤后的凉白开，分别对 10 颗绿豆进行发芽实验，15 天后发现自来水及过滤凉白开水中的绿豆发芽正常，而微波凉水发芽极短，无法与前两者相比，见图 1。由此得出惊人的结论：微波水对种子况且如此，如果人们吃了微波食品后，就会致癌。但这种推论似乎过于武断！

暂且不去讨论微波食品会否致癌的问题，我们就事论事，反复进行了类似的绿豆发芽实验，以求重复与对比。必须说明：我们与他的实验有一些差异，我们采用的是玻璃烧杯与瓷碗，而不是纸杯，这样不会在微波加热时造成纸杯溢出物的水污染。我们先后进行了两次实验。

第一次实验采用了三种水，即微波水、凉开水和自来水，每种样品两份。微波水是用了 200 毫升的水在微波炉中分别加热 10 秒、1 分钟、2 分钟、5 分钟，一周后微波水绿豆发芽与自来水、凉白开的绿豆发芽情况如图 2 所示。我们对每杯样品的发芽数与生根数做了统计，其结果如表 1 所示。结果发现，不同时间微波水与凉白开、自来水发绿豆芽的发芽率和生根率并没有明显差异，豆芽都可以长到 20 厘米左右，微波水发豆芽的平均长度略高于自来水和凉开水发豆芽。

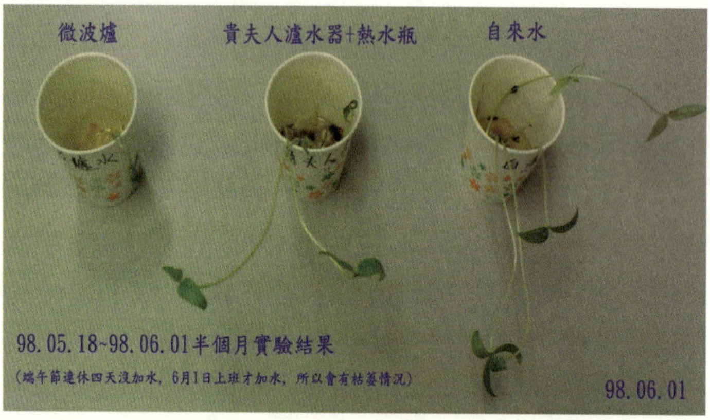

图 1　网上流传的绿豆发芽实验照片

（a）四种不同加热时间的微波水发绿豆芽　　（b）凉白开与自来水发绿豆芽

图 2　我们的实验结果

表 1　不同水发绿豆的发芽数与生根数

加热水量	200ml											
加热方式	微波炉加热后冷却								电加热至沸点后冷却		自来水（未处理）	
加热时间	5min（300s）		2min（120s）		1min（60s）		10s					
样品分组	①	②	①	②	①	②	①	②	①	②	①	②
发芽数	20	19	20	18	20	20	20	20	20	19	20	19
生根数	20	18	19	16	20	20	20	20	20	19	20	19

第二次实验只对比了微波水与自来水的绿豆发芽情况，用的是小瓷碗，其结果如图 3 所示。由于气温低，发芽慢，相隔十一天后的微波水与自来水的绿发芽情况对比照片中可以看出，微波水发芽好于自来水发芽。

（左边为微波水发芽，右边为自来水发芽）

图 3　两种水绿豆发芽对比照片

由此可见，用微波水与用凉白开、自来水发豆芽基本上无重大差异，这就使我们怀疑网上流传实验的真实性，更不能通过这一存疑的“实验”来说明微波食品必然致癌的推论。换句话说，绿豆发芽实验与微波食品致癌不存在必然的联系。

众所周知，微波加热与电加热或火焰加热同属物理加热，不过前者为介质吸收电磁能量转变成热能后而使水温上升，直至沸腾，而后者则利用热源对水的热传导与对流效应而产生的温升，仅此而已。不管哪种加热方式，都不会改变水分子的化学结构，因此也不会影响种子发芽。实验结果告诉我们，各种水对种子发芽不会产生很大影响。

唯一值得怀疑的是网上流传的实验中采用了纸杯，当将水倒入纸杯中，并置于微波炉中加热时，不仅杯中的水被加热，同时，纸杯也将同时被加热，可能将释放出某种对种子发芽有影响的化学元素来，否则很难解释微波水发芽受影响的原因，如果对几种水质进行分析，也许就能找到差异的原因所在。这与网上曾流传建议大家不要吃盒装方便面的道理可能有些类似，有人提出纸盒表面有蜡化处理过程并使用荧光剂，这些盒装或一次性水杯在微波加热时可能会释放出某些对人体有害的元素，从而有害健康。当然这也只是一家之言而已。

（周晓军，张兆镗．电子科技大学内部技术报告．2013.）

11.25 磁控管的历史、现状

1. 磁控管的历史

有关磁控管的历史可参阅本书第2章2.1节。

2. 磁控管的现状

从20世纪80年代中后期开始，普通磁控管由于频带较窄，无法适应“电子战”的需要，逐渐被捷变频磁控管和同轴磁控管所取代，仅在远程及超远程警戒雷达中保留部分位置，但数量急剧下降；同时由于新体制雷达的出现，采用行波管和速调管成为雷达设计师的首选，磁控管在常规雷达中被边缘化了。

1）磁控管的绝地逢生

从1966年IMPI成立时起，磁控管在工业、科学、医疗（ISM）以及家用厨电设备中看到了曙光，尽管当时磁控管还在军事领域中占据首要地位，但人们已看到了高效、紧凑、廉价的磁控管的巨大应用潜力，在80年代后，微波业界倾力发展民用微波炉的同时，大力推广微波功率在食品和橡胶工业中的应用，橡胶硫化设备逐步取代了常规的传统作业手段，在橡胶行业中树立了典范。从此磁控管逐步向各轻工、食品、木材、烟草、茶叶、矿业、陶瓷、石化、皮革、环保等行业推广。

2）目前磁控管在军用雷达中的产值比重

图1所示为目前磁控管在军用雷达中的产值比重。

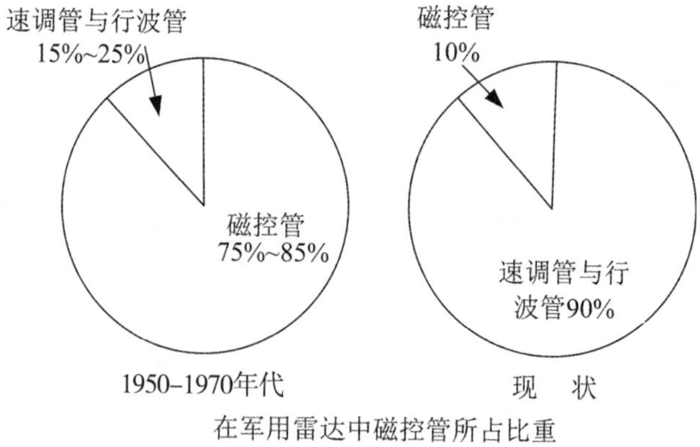

图1　在军用雷达中所占比重

3）磁控管产值所占比重

图 2 所示为磁控管产值所占比重。

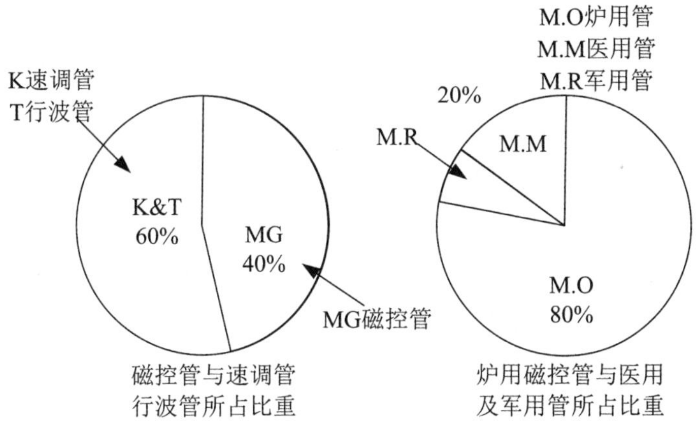

图 2　磁控管产值在微波管中所占比重

4）2014 年全球炉用磁控管产量

图 3 所示为 2014 年全球炉用磁控管的产量。

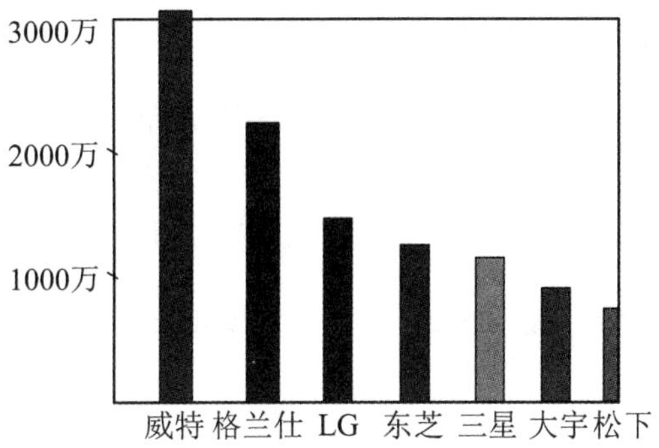

图 3　2014 年全球炉用磁控管产量

5）中国 、韩国、日本三国炉用磁控管所占比重

图 4 所示为中、韩、日三国炉用磁控管所占比重（2014 年）。

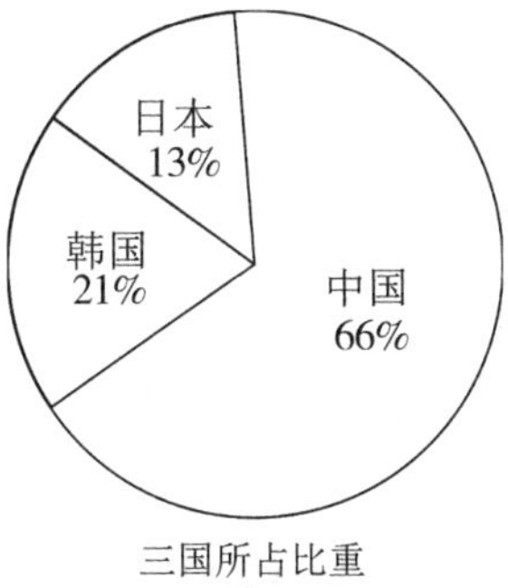

图 4　中日韩三国炉用磁控管所占比重

（中国电子学会微波分会第 17 届全国微波能应用学术会议论文集. 2015.）

11.26 高功率电平下微波动态阻抗的测量

1. 引言

现在经常会遇到在高功率电平状态下，需要测量终端的微波动态阻抗问题，例如家用微波炉或工业微波炉在运行时，其阻抗是随负载（加热对象）的变化而改变的。过去只能用微波网络分析仪在低电平时进行静态测量，显然，这一测量结果不能反映物料在加热过程中的阻抗及其变化。因此，至今尚未见到在高功率电平状态下，特别是其功率也在不断变化情况下的动态阻抗测量技术与方法。目前，测量微波阻抗的经典方法有：微波网络分析仪法、测量线法、附加相位电桥法、附加探针法、六端口技术法、可移动短路活塞法、四探针法等。

目前，讨论的特殊情况与条件如下：(1) 高功率电平激励（几百甚至几千瓦）；(2) 激励电平不恒定（脉动式或脉冲式或其他规律）；(3) 负载随时间变化（有规律或随机变化）；(4) 振荡源受负载牵引。

本文提出一种简单易行的方法来测量负载的动态阻抗，其适用领域有：家用及工业微波炉（多模腔），各种微波反应器，如陶瓷烧结腔（单模腔）、等离子体反应腔、微波硫灯激励腔、微波紫外及其他微波火炬（MPT）、其他终端变化负载等。

2. 工作原理简介

采用四探针法测量负载复数阻抗 $Z=(r+\mathrm{j}x)$ 的波导系统如图 1 所示。

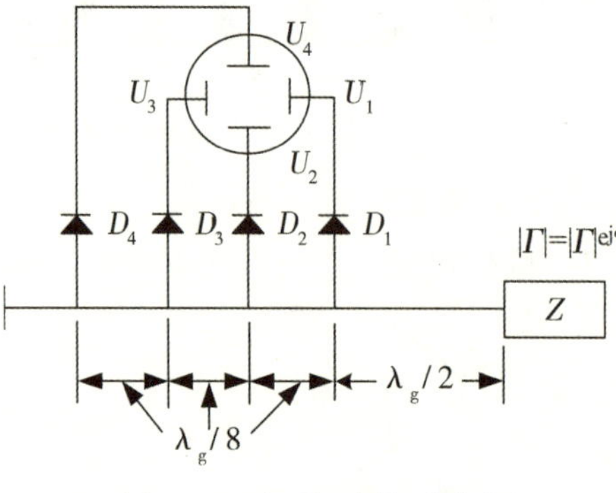

图 1　四探针测量系统图

四探针间沿传输线相距 $\frac{\lambda_g}{8}$，第一探针离负载参考面应为 $\frac{\lambda_g}{2}$，因此第一探针的相位即为负载 Z 的相位。

假设 $D_1 \sim D_4$ 均为平方律检波器，且特性接近相同，这时

$$U_1=U_i(1+\Gamma_1)=U_i(1+|\Gamma|e^{j\varphi}) \tag{1}$$

$$|U_1|=|U_i|\sqrt{1+|\Gamma|^2+2|\Gamma|\cos\varphi} \tag{2}$$

$$U_{d1}=k\ |U_1|^2=k\ |U_i|^2\ (1+|\Gamma|^2+2|\Gamma|\cos\varphi) \tag{3}$$

$$\Gamma_2=\Gamma_1 e^{-j\pi/2}=|\Gamma|e^{j(\varphi-\frac{\pi}{2})} \tag{4}$$

$$U_{d2}=k\ |U_i|^2\ (1+|\Gamma|^2+2|\Gamma|\sin\varphi) \tag{5}$$

同理

$$U_{d3}=k\ |U_i|^2\ (1+|\Gamma|^2-2|\Gamma|\cos\varphi) \tag{6}$$

$$U_{d4}=k\ |U_i|^2\ (1+|\Gamma|^2-2|\Gamma|\sin\varphi) \tag{7}$$

$$U_{d1}-U_{d3}=4k\ |U_i|^2|\Gamma|\cos\varphi=4kP_i|\Gamma|\cos\varphi=x \tag{8}$$

$$U_{d2}-U_{d4}=4k\ |U_i|^2|\Gamma|\sin\varphi=4kP_i|\Gamma|\sin\varphi=y \tag{9}$$

因此

$$r=\sqrt{x^2+y^2}=4kP_i|\Gamma| \tag{10}$$

$$\arctan\left(\frac{y}{x}\right)=\varphi=\frac{U_{d2}-U_{d4}}{U_{d1}-U_{d3}} \tag{11}$$

由上述理论分析可以看出：

(1) 从式 (11) 可知，负载阻抗 Z 的反射系数的相位角 φ 与输入功率 P_i 无关，而只与四个检波器差分值的比值 y/x 有关。因此在圆图（如图 2 所示）上的方位角不会因为 P_i 的大小变化而改变，这是一个非常有利的条件。

(2) r 与反射系数的模 $|\Gamma|$ 及输入功率 P_i 的乘积成比例（式 10），因此在 $|\Gamma|$ 固定时也会由于输入功率 P_i 的变化而变化。

(3) 例如当 $Z=0$（即短路时），P_i 不变化时，在圆图上应位于图 2 (a) 中的 A 点，即 $|\Gamma|=1$。但当 P_i 波动时，特别像微波炉中采用半波倍压电源时，功率只在接近 1/3 周期内才存在，而在 2/3 周期内，$P_i=0$，这样，r 即会在 0 至 A 点之间变化，如图 2 (b) 中的 B 线，即圆图上在 1 至∞两点连线（图中的粗黑线）上变化，即圆的半径会变化。

(4) 当 $Z=0$，但 P_i 波动（例如调幅度小于 100%）时的阻抗图如图 3 所示。从图上可以看出，这时相应的轨迹为从 A 点变至 C 点的连线，也就是说，圆的半径从 A 点缩小至 C 点，当 P_i 连续变化时，圆的半径也连续相应地变化。

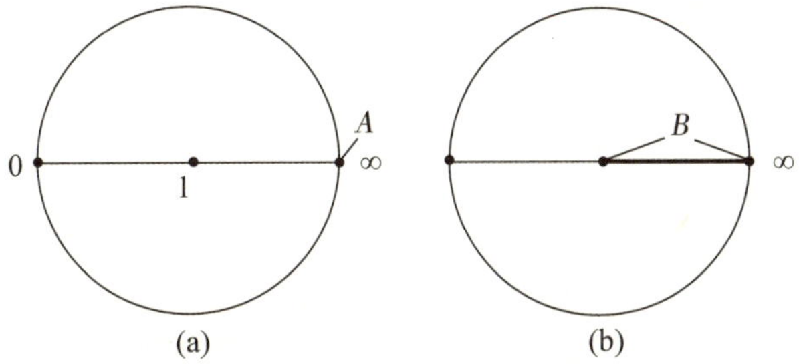

图 2 $|\Gamma|=1$，P_i 不变时

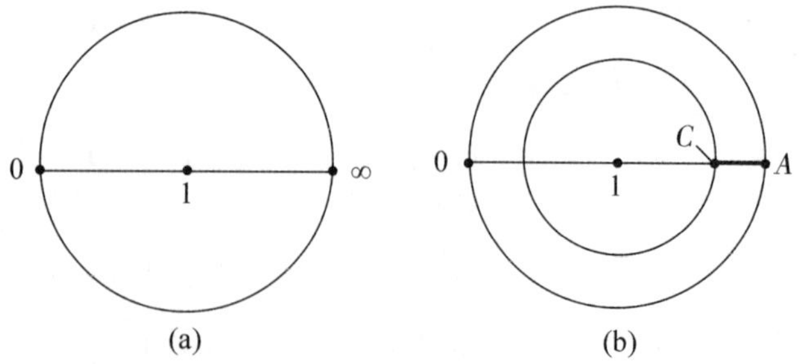

图 3　$|\Gamma|=1$，P_i变动时

(5) 当 $Z\neq 0$，且 P_i固定时，$|\Gamma|<1$，这时负载阻抗将位于图 4（a）中的 A 点；而当 P_i 变动时，阻抗将如图 4（b）中的 B 线从圆心至 A 点之间来回变化。

(6) 当负载随时间变化（如微波炉中转盘转动时），同时 P_i也随时间变化时，情况变得非常复杂。这时，不仅 r 在变，同时相角 φ 也在变化。尤其当存在频牵时，这种变化达到了极点。

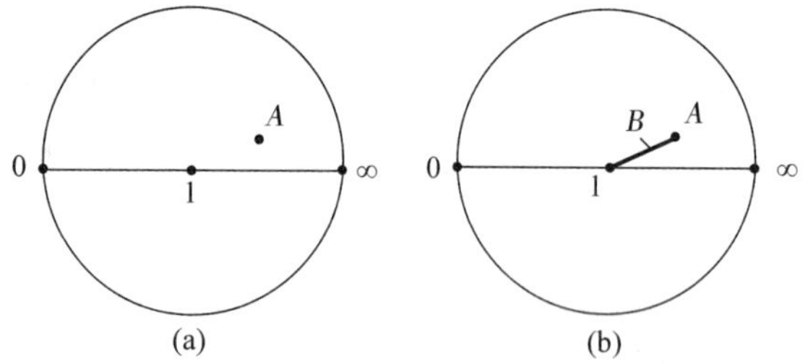

图 4　$|\Gamma|<1$

3. 当 P_i 波动时待测阻抗的定标问题

当 P_i 随时间变化而无法保持恒定时，例如半波倍压整流电源，或全波整流不滤波电源等加于磁控管上即会出现如图 5 所示的电流或输出功率的脉动波形，这时设 P_p 为峰值功率，P_o 为平均功率，两者关系如下：

$$P_o=\frac{1}{2\pi}\int_0^{\frac{2\pi}{3}}P_p\sin\omega t\,d\omega t\cong 0.24P_p \tag{12}$$

即平均功率为峰值功率的四分之一左右。

如 $P_o=1\text{kW}$ 时，$P_p=4\text{kW}$，见图 5。

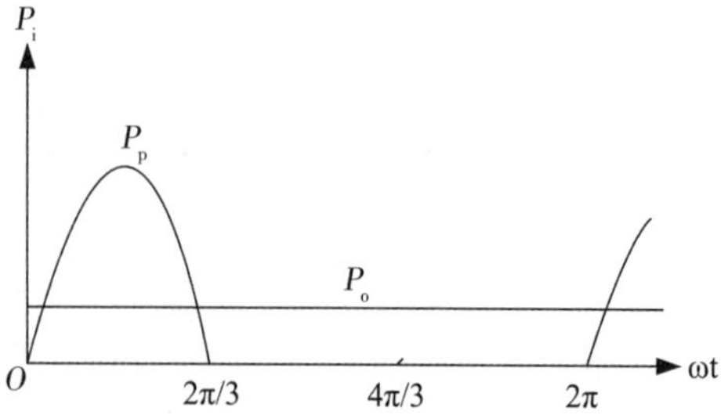

图 5　脉动功率输出波形

这时，先将阻抗 Z 的入口短接，使 $Z=0$，在阻抗图上即会出现如图 6（a）所示的 B 线，这时的∞点对应于 $P=P_p$ 时的阻抗，再将 B 线从圆心 1 点沿 B 线至∞点等距离地划分成 0.2、0.4、0.6、0.8，直至 1.0 ，这就是反射系数 Γ 模的大小。

以后测量阻抗 Z 时即以径向 r 最大值 r_{max}（即图 6（b）中的 A 点）作为半径，与 B 线相交点即为 Z 的模。

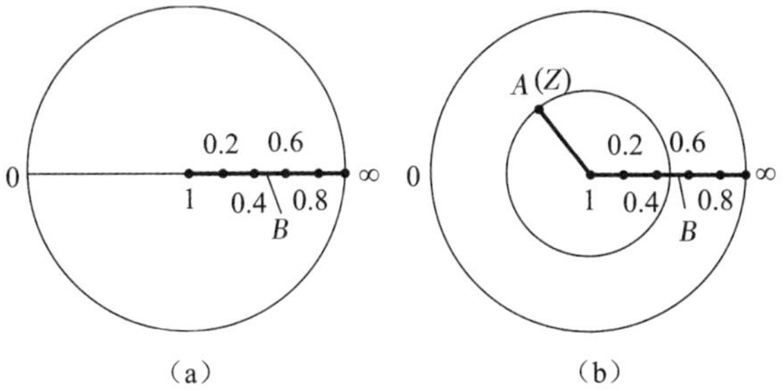

图 6 反射系数 Γ 模的标定

4. 四探针测量系统及方法

高电平状态下，微波动态阻抗的四探针测量系统如图 7 所示。测量方法及步骤这里从略。

这时，待测微波炉的阻抗就会呈现在 Smith 圆图上，由于功率的脉动变化，以及炉内负载对振荡源的牵引，所以在圆图上的动态阻抗将如图 8 所示的形状。即其半径及相位角会在一定区域内连续变化。

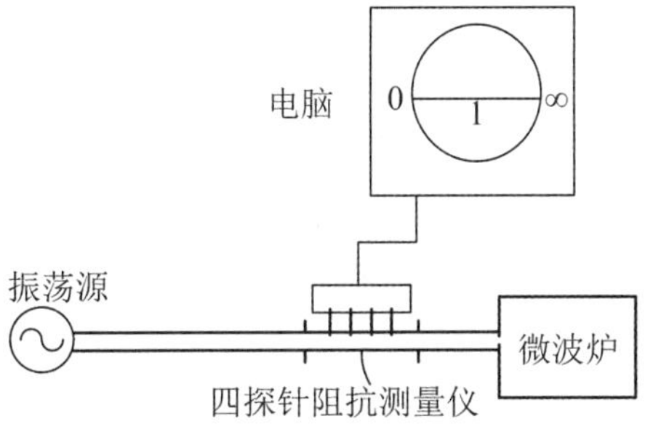

图 7 高电平下微波动态阻抗测量系统

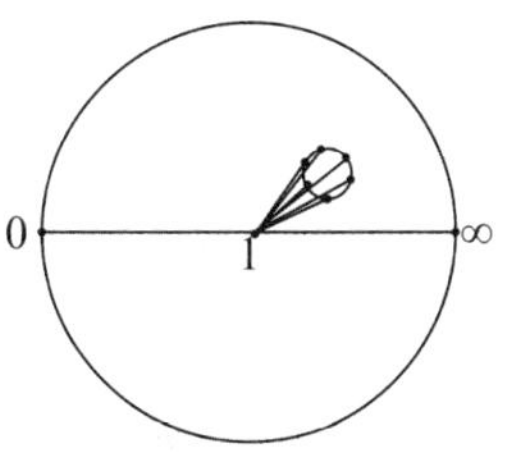

图 8 微波炉动态阻抗变化

5. 结论

本文提出的四探针法亦可改为三探针法（该文将另行发表），四探针法早在六十年前（1947 年）即已提出，但并未在高功率电平下特别是变电平状态下做过测量，也从未对终端的变化阻抗进行过测量。换句话说，在变化的高功率电平状态下，对终端变化的阻抗进行动态测量，这还是第一次。

参考文献

[1] 刘岐山，庄义元，胡义正，等．利用四探针原理的微波极化干涉仪［J］．电子科学学刊，1987，9（4）：375－379.

[2] 汤世贤．微波测量［M］．北京：国防工业出版社，1981.

（第13届全国微波能应用学术会议论文集．材料导报，2007（52）：167－168，174.）

11.27 等离子体的微波诊断技术

1．概述

目前，微波等离子体获得了愈来愈广泛的应用。微波等离子体具有独特的激励方法，比起直流、高频、射频等其他激励方法有许多优点，如无电极污染，放电密度高、放电稳定、等离子体密度范围宽、设备简单等。它主要应用在金刚石和类金刚石薄膜的化学气相沉积（MPCVD）、材料改性、光纤棒的预制、集成电路的刻蚀、等高新技术领域。另一类高温等离子体技术更是未来新能源的终极目标。半个多世纪来，各国科学家一直在探索的“托克马克”（即我国的环流器X号，人工热核反应技术）就是一种微波激发的高温等离子体。

利用单模腔、多模腔或专用的放电室来产生等离子体是问题的一个方面，产生等离子体后，如何测量它的电子密度、碰撞频率、电子温度以及相对分布等参数也是研究和应用等离子体的科技工作者所迫切需要的。本文讨论如何应用微波毫米波技术来测量这些参数特别是电子密度问题，包括稳态的和瞬变的等离子体。

2．等离子体的基本特性

等离子体是一种多粒子系统，其内部的物理过程异常复杂，但从宏观电磁场的观点来看，它可等效成一种特殊的电介质，其介电常数一般情况下为一张量，当无磁场，且电子碰撞频率 $\nu\neq 0$ 时，其介电常数为一复数，即：

$$\varepsilon^* = \varepsilon' - j\varepsilon'' \quad (1)$$

$$\varepsilon' = 1 - (\omega_p/\omega)^2 (\omega^2/\omega^2+\nu^2) \quad (2)$$

$$\varepsilon'' = (\omega_p/\omega)^2 (\omega\nu/\omega^2+\nu^2) \quad (3)$$

当微波信号进入这一等离子体内部并在其中传播时，其传播常数与等离子体介电常数有关，令传播常数为

$$\gamma = \alpha + j\beta \quad (4)$$

其中相位常数 $\beta = k\sqrt{\varepsilon'} = (\omega/c)\ [1-(\omega_p/\omega)^2\omega^2/\omega^2+\nu^2]^{1/2}$ (5)

衰减常数

$$\alpha = \frac{k\varepsilon''}{2\sqrt{\varepsilon'}}$$

$$= (\omega/2c)(\omega_p/\omega)^2(\omega\nu/\omega^2+\nu^2)[1-(\omega_p/\omega)^2(\omega^2/\omega^2+\nu^2)]^{-1/2} \quad (6)$$

当 $\omega \gg \nu$ 时

$$\beta = \omega/c[1-(\omega_p/\omega)^2]^{1/2} \quad (7)$$

$$\alpha = (\omega/2c)(\omega_p/\omega)^2\nu/\omega\ [1-(\omega_p/\omega)^2]^{-1/2} \quad (8)$$

式中　等离子体振荡角频率 $\omega_p = (ne^2/\varepsilon_0 m)^{1/2}$

而 n 为等离子体中电子密度（cm^{-3}），它们的关系如图 1 所示。

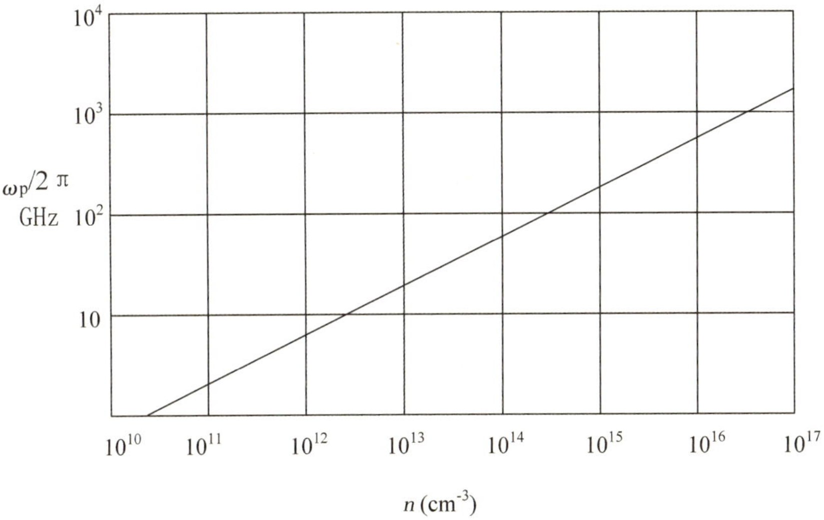

图 1　等离子体频率 ω_p 与电子密度 n 的关系

在高电离 、高温等离子体中，$\nu \ll \omega_p$ 通常可分为如下 3 种情况。

(1) $\omega < \nu$，这时等离子体的电导率 σ、折射率 μ 和衰减指数 χ 分别为

$$\sigma = ne^2/m\nu \quad (9)$$

$$\mu = (\omega_p^2/2\omega\nu)^{1/2}(1-\omega/2\nu) \quad (10)$$

$$\chi = (\omega_p^2/2\omega\nu)^{1/2}(1+\omega/2\nu) \quad (11)$$

由上面公式可以看到 μ 和 χ 几乎相等，而电导率接近于室温时铜的电导率，其集肤深度与良导体相近。换句话说，这种情况下，等离子体相当于金属导体，微波无法透入。

(2) $\nu < \omega < \omega_p$，这时微波不能在等离子体中传播，相当于波导中波的截止。在 $\nu^2 \ll \omega^2 \ll \omega_p^2$ 极限情况下可得

$$\mu \approx \nu\omega_p/2\omega^2 \tag{12}$$

$$\chi = \omega_p/\omega \tag{13}$$

这时微波在等离子体中的穿透深度一般只有几毫米量级。

(3) $\omega \gg \omega_p$，这时等离子体成为低损耗的电介质，可得

$$\mu = (1-\omega_p^2/\omega^2)^{1/2} \tag{14}$$

$$\chi = \nu\omega_p^2/2\omega^2\ (1-\omega_p^2/\omega^2)^{-1/2} \tag{15}$$

以上各式中的 μ 和 χ 与相位常数 β 和衰减常数 α 以下式联系着，即

$$\beta = \mu\omega/c$$

$$\alpha = \chi\omega/c$$

式中　c——真空中的光速。

由此可见，当等离子体密度一定时，微波频率由低至高变化过程中，等离子体的性质先像一块纯金属导体，再像一根过极限的截止波导，再演变成一种低耗的电介质，微波只有在最后一种情况下才能传播，利用微波诊断它也就是根据以上基本特性。

3. 稳态等离子体电子密度的测量

根据以上基本特性可知 $\omega=\omega_p$ 是微波能否在等离子体中传播的分水岭。这样，如果有一个频率连续可变的微波信号源，使其对准等离子体辐射，不断改变微波频率，当发现产生剧烈反射时，即可知这时 $\omega_p=\omega$ 或 $n=\omega^2 m\varepsilon_0/e^2$。

如果等离子体产生后其电子密度不随时间改变，这种等离子体就是一种稳态的等离子体。只要满足下述条件

$$\omega \gg \omega_p \gg \nu$$

这时的电子密度就只与微波通过等离子体时产生的相位移有关，即

$$\Delta\Phi = -\int_0^L (\beta_p-\beta_0)\,dx = \int_0^L (2\pi/\lambda)\{1-[1-n(x)/n_c]^{1/2}\}\,dx \tag{16}$$

式中　$\beta_0=k=2\pi/\lambda$，真空中的波数；

$\beta_p=[1-(\omega_p/\omega)^2]^{1/2}2\pi/\lambda$，等离子体中的相位常数；

$n_c=\omega^2 m\varepsilon_0/e^2$，临界电子密度；

λ——自由空间波长。

对于稀薄的等离子体，$n<n_c$于是

$$\Delta\phi = (\pi/n_c\lambda)\int_0^L n(x)dx = (e^2/2mc\omega\varepsilon_0)\int_0^L n(x)dx \tag{17}$$

由此可见，这种情况下，相位移 $\Delta\phi$ 正比于电子密度沿传播途径上的平均值，即

$$n = (1/L)\int_0^L n(x)dx = (2mc\varepsilon_0\omega\Delta\phi)/Le^2 \tag{18}$$

因此，只要测得这一相位移 $\Delta\phi$，即可根据下式计算出 n：

$$n = 118.4 f(\text{Hz})\ \Delta\phi / L(\text{cm}) \tag{19}$$

微波经过等离子体时的衰减除了与密度有关外，还与碰撞频率 ν 有关。

$$A = -8.686\int_0^L \alpha\, \mathrm{d}x = (-4.3e^2/mc\varepsilon_0\omega^2)\int_0^L \mathrm{V}(x)n(x)\,\mathrm{d}x \tag{20}$$

采用如图 2 所示的微波电桥即可实现衰减及相位移的测量。

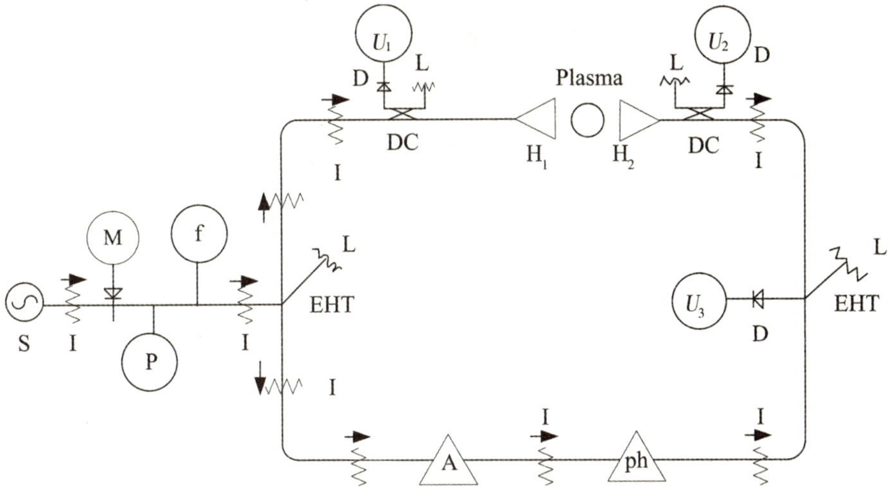

图 2　测量等离子体参数的微波电桥干涉系统

S—微波信号源；I—单向隔离器；M—PIN 调制器；f—频率计；P—功率计；EHT—魔 T；DC—定向耦合器；D—晶体检波器；A—可变衰减器；ph—可变移相器；H—喇叭天线；Plasma—等离子体；U_1—输出信号电压；L—匹配负载。

由微波信号源 S 产生的 CW 信号，经隔离器 I 至 PIN 调制器，它将连续波变成一定频率的低频调幅波（例如 $f = 1$kHz 的方波调制），然后由功率计 P 及频率计 f 检测系统中的功率和频率，信号通过魔 T 接头将其平分成两个支路，测试支路经一定向耦合器（反射取样用）进入喇叭天线 H_1，该天线将球面波变成平面波后射入待测的等离子体，在等离子体表面产生的反射信号由天线前的 DC 检出，进入等离子体后的信号抵达第二个喇叭天线 H_2。这时，由于等离子体的吸收和相移，在天线 H_2 后面的另一定向耦合器 DC 将检出衰减后的信号 U_2，然后进入第二个魔 T 接头，另一支路作为参考支路中的可变衰减器和可变移相器用来调节与测试支路的幅值和相位平衡，这就是微波电桥的简单工作原理。

具体测量步骤如下：

（1）在没有产生等离子体时，调节电桥参考支路中的可变衰减器和可变移相器，使 U_3 输出信号为零，这就是初始平衡状态，这时的读数为 A_1 及 ϕ_1。

（2）产生等离子体后，重新调节 A 及 ph，使电桥重新获得平衡，这样，A 将变为 A_2，ϕ 将变成 ϕ_2。

（3）于是可得：

$$\Delta A = A_2 - A_1，\Delta \phi = \phi_2 - \phi_1 \tag{21}$$

（4）由下式即可求得 n：

$$n = (2mc\varepsilon_0/e^2)(\omega \Delta \phi / L) \tag{22}$$

4. 瞬变等离子体电子密度的测量

有些等离子体不是固定不变的稳态，而是随时间变化的，即等离子体中的电子密度是时间的函数，例如托克马克、激波管等。这种情况下可采用图 3 所示的微波极化干涉仪来测定其电子密度的变化情况。

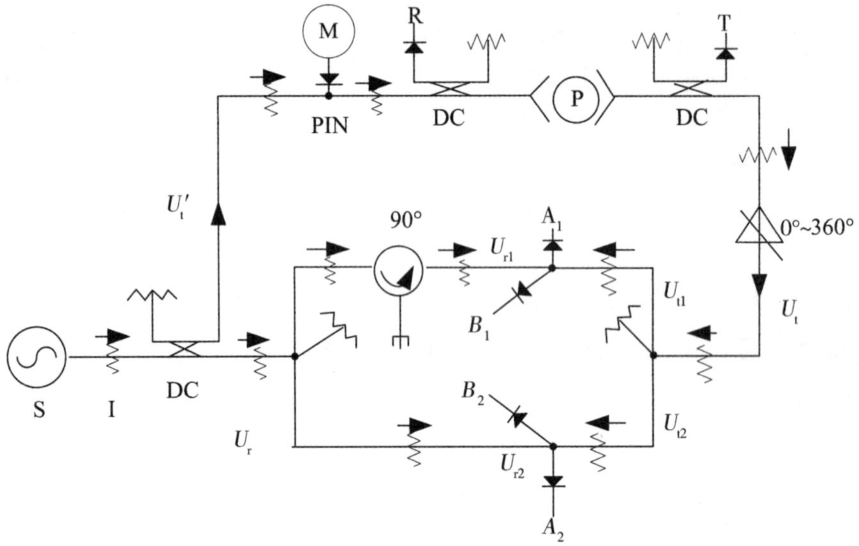

图 3　微波极化干涉系统

图上各符号与图 2 中相同，此外 U_t 为测试通道信号幅值，U_r 为参考通道信号幅值，M 为方波调制器。

微波信号经隔离器 I 后再经定向耦合器 DC 分成两路，主通道为参考通道 U_r，辅通道为测试通道 U_t'，测试信号经 PIN 调制器后通过喇叭天线向等离子体 P 辐射，通过后经一可变移相器（0°～360°）进入魔 T_2，U_r 进入魔 T_1 分成两路(上支路及下支路)，它们分别与 U_t 在魔 T_2 中分成两路的信号再分别进入上支路及下支路中的魔 T_3 及魔 T_4。这样，两路信号 U_{t1} 与 U_{r1} 及 U_{t2} 与 U_{r2} 在魔 T_3 及魔 T_4 中进行混合和干涉，然后在 H 臂和 E 臂实现同时检波，以提高检测灵敏度。检波后的 4 个信号 A_1、B_1、A_2、B_2 分别加至具有 4 个输入端的双线示波器的 X 及 Y 轴(如 $SBR-1$ 型)上，即可获得极坐标显示的干涉图形。为了消除各微波元件失配造成的影响，在各元件两侧都接入了单向隔离器。

设测试通道与参考通道间的相位差（由于等离子体 P 的存在）为 Φ，在魔 T_3 中微波信号干涉后在 H 臂及 E 臂上的合成矢量如图 4 所示。

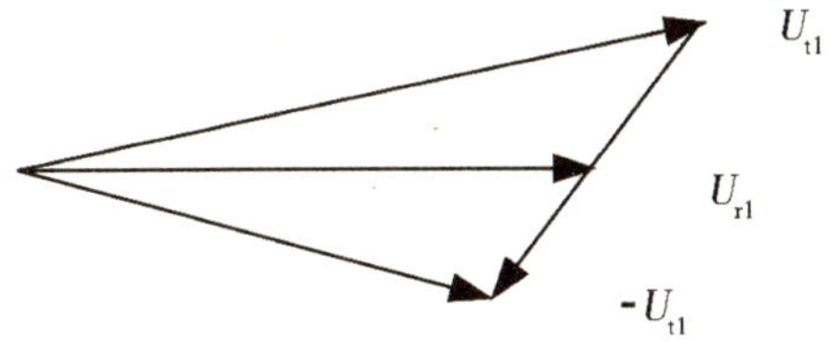

图 4　魔 T_3 中 H 及 E 臂上输出的矢量图

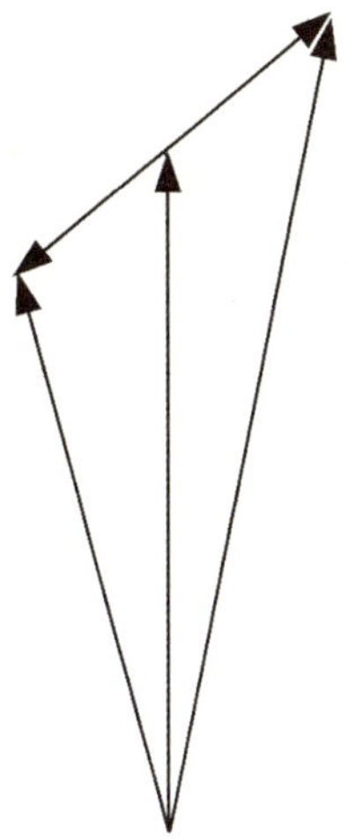

图 5　魔 T_4 中 H 及 E 臂上输出的矢量图

这时

$$A_1^2=U_{r1}^2+U_{t1}^2+2U_{r1}U_{t1}\cos\Phi=U_{r1}^2\left[1+(U_{t1}^2/U_{r1}^2)+2(U_{t1}/U_{r1})\cos\Phi\right] \quad (23)$$

$$B_1^2=U_{r1}^2+U_{t1}^2-2U_{r1}U_{t1}\cos\Phi=U_{r1}^2\left[1+(U_{t1}^2/U_{r1}^2)-2(U_{t1}/U_{r1})\cos\Phi\right] \quad (24)$$

当 $U_{t1}\ll U_{r1}$ 时，上两式变为

$$A_1\approx U_{r1}+U_{t1}\cos\Phi \quad (25)$$

$$B_1\approx U_{r1}-U_{t1}\cos\Phi U \quad (26)$$

在魔 T_4 中的微波干涉信号在 H 及 E 臂上的输出为

$$A_2\approx U_{r2}+U_{t2}\cos\Phi \quad (27)$$

$$B_2\approx U_{r2}-U_{t2}\cos\Phi \quad (28)$$

如果在参考通道上支路中接入一个 90°的移相器，使上下两支路中的微波信号相差 90°，即互相正交，如图 5 所示。这样，即可得到魔 T_4 中 H 及 E 臂上的输出信号为

$$A_2\approx U_{r2}+U_{t2}\sin\Phi \quad (29)$$

$$B_2\approx U_{r2}-U_{t2}\sin\Phi \quad (30)$$

如果将 A_1 和 B_1 在 SBR—1 示波器 Y 通道的两个输入端作差分输入（即 A_1-B_1 输入），将 A_2 和 B_2 输入到 X 通道的两个输入端作差分输入（即 A_2-B_2 输入），这样就有

$$U_y=A_1-B_1=2U_{t1}\cos\Phi \quad (31)$$

$$U_x=A_2-B_2=2U_{t2}\sin\Phi \quad (32)$$

如果 $$U_{t1}=U_{t2}=U_t/2$$

那么 $$U_y=U_t\cos\Phi \quad (33)$$

$$U_x = U_t \sin\Phi \tag{34}$$

这就是极化显示的输入电压方程，如果被测对象具有瞬变特性，即

$$U_t = U_t(t) \tag{35}$$

$$\Phi = \Phi(t) \tag{36}$$

那么在示波器上将观察到如图 6 所示的轨迹，若瞬变特性表现为幅值是指数衰减而相位是线性变化时，则其轨迹如图 7 所示。

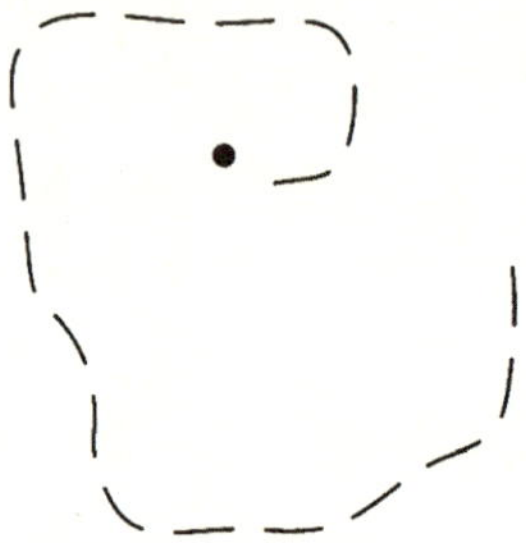

图 6　瞬变特性显示的轨迹

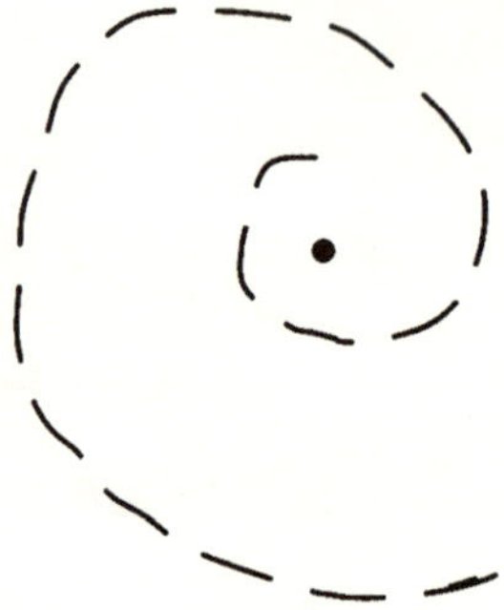

图 7　幅值衰减相位线性变化时显示的轨迹

在图中可以明显看到干涉图形中的坐标原点，这就为我们计算差分相移时提供了准确的起始定位。轨迹上的间断点之间的距离即为时标，由此可以计算出整个瞬变的时间长短。例如从图 7 中可以求出 $\Delta\Phi=540°$，而 $t=25$ms（假设调制器的调制频率 $f=1000$Hz，即时标 $\tau=1$ms）。

为了静态调圆时的方便，在测试通道中加入了一个 0°～360°的电调或机调移相器，从而可借助参考通道中的 90°移相器，在示波器上调出一个圆的轨迹，调整结束后，电调移相器工作在任意的固定相位上。

参考文献

[1] 张兆镗，等．一种新型的极化显示的微波干涉系统 [J]. 成都：成都电讯工程学院学报，1984 (2).

[2] M. (A) Heald (C) · (B) Wharton. Plasma Diagnostics with MicrowaVes. John Wiley & Sons Inc., New York. pp. 192－241.

(为西南某国防军事单位写的技术分析报告. 1984 .)

第 12 章 微波专利集锦

12.1 一种激励大气微波等离子体火炬的圆柱腔（发明专利）

摘要

本发明涉及一种激励大气微波等离子体火炬的圆柱腔，属于微波等离子体激发技术与应用领域，包括圆柱形工作于 TM_{010} 模式的激励腔，内置四分之一波长同轴线段形成的金属喷嘴，一根空心石英玻璃管，圆柱腔侧壁上的矩形耦合窗孔，侧壁上安装有调谐螺栓，一段标准矩形波导及法兰盘。本发明可在大气压强或高于大气压强状态下，不需要任何点火器或引燃极，激励起微波等离子体火炬。圆柱腔具有较高的品质因数，损耗低，因此，所需激励的微波功率较小，转换效率高。

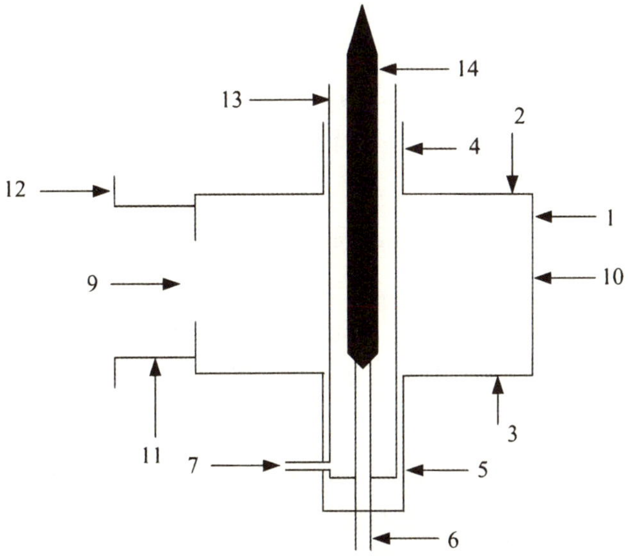

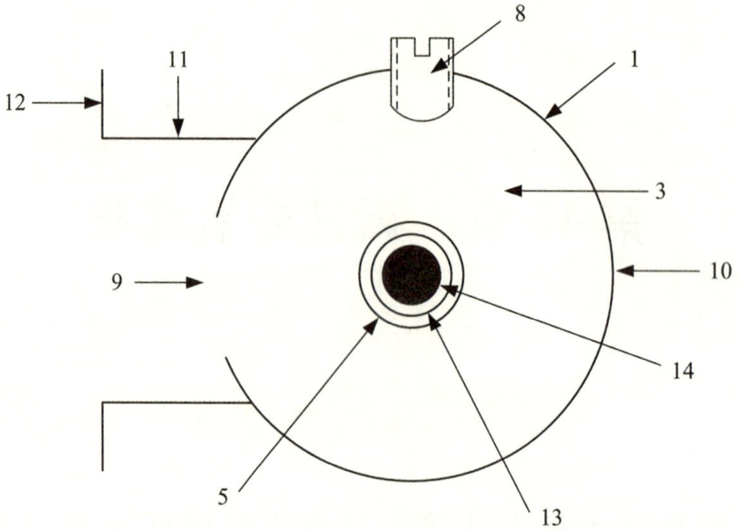

权利要求书

1. 一种激励大气微波等离子体火炬的圆柱腔，其特征在于：该圆柱腔包括工作于 TM_{010} 模式的主腔体，耦合窗孔，连接波导及法兰盘，腔体顶部的圆筒，筒内插入一根空心石英玻璃管，腔体底部的一段四分之一波长长度的同轴线。

2. 如权利要求 1 所述的圆柱腔，其特性在于：腔体底部同轴线的内导体为一中空的金属管，该管下端供气流引入之用，位于腔内的上端作为金属喷嘴之用。

3. 如权利要求 1 所述的圆柱腔，其特征在于：腔体顶部的金属圆筒供石英玻璃管插入及支持之用，同时作为截止圆波导防止微波功率从此处泄漏。

4. 如权利要求 1 所述的圆柱腔，其特征在于：腔体侧壁面对波导一边开有 $c \times d$ 的矩形窗孔，作为与微波传输系统耦合之用。

5. 如权利要求 1 所述的圆柱腔，其特征在于：腔体壁上安装有供频率调谐用的金属螺栓。

6. 如权利要求 1 所述的圆柱腔，其特征在于：腔体壁上面对耦合窗孔的一侧开有 5 个观察及测量用小孔。

7. 如权利要求 1 所述的圆柱腔，无论是何频段，不论具体尺寸大小，结构与本发明权利要求 1 相同的，均属于本发明所要求保护范围之内。

技术领域

本发明属于微波等离子体激发技术领域，特别涉及大气压强或高于大气压强下，无点火器或引燃极时的激励腔的设计与使用。

背景技术

微波等离子体是一种无极放电的高电子密度和高电子温度的准平衡的低温等离子

体，它与直流、射频等离子体相比，具有很多优点和特殊性，因此近十余年来，获得了极其广泛的应用，尤其在微电子技术、新材料制备与合成、航天技术、化学化工、废物处理、金属提炼、包装材料及制药业、薄膜沉积、等离子体聚合、微电路制造、工具硬化、超微粉的合成、等离子体喷涂、等离子体冶金、等离子体化工等方面。而微波等离子体火炬的应用也在不断扩展，如环境保护、生化战争中的物质分析、表面处理与喷涂、焊接与切割、各种锅炉内燃烧体的点火等领域。

在微波工业应用领域中，目前国内外多采用915MHz和2450MHz两个频段，尤其是后者使用得更为普遍，因为它功率等级齐全，价格低廉，尺寸较小。对于微波放电来说，在低气压下例如几百 Pa 至 1 千多 Pa 是最易激发的，其激发的微波场强在2450MHz时约为200V/cm，而在高气压，如1个大气压时，要产生放电的微波场强就超过了 3×10^4 V/cm，两者相差两个数量级之多。因此，为了在大气压强（$\geqslant10^5$Pa）下能产生微波等离子体火炬，就需要较大的微波功率。故通常采用一端短路，而另一端开路的四分之一同轴谐振腔，或一段压缩波导形成的驻波场，借以提高放电位置上的微波电场，这些激发装置往往需要在适当位置安装点火器或引燃极，才能在一定的微波功率下，产生初始放电，再过渡到整个火炬的形成，这就使整个装置结构复杂化，并增加了成本。设计一高品质因数（高 Q_0 值）的放电室作为等离子体的激励腔，就能在大气压强下，只需要不太大的微波功率，并由于谐振腔内谐振时电场的倍增效应，就能在不需要任何点火器或引燃极的情况下，激发大气等离子火炬的产生与形成。高 Q_0 腔内微波损耗低，谐振时的微波场强要比行波或驻波状态下的电场强得多，这样就大大节省了所需的微波功率，从而提高了转换效率。

发明内容

本发明的目的是为了在高压强（$\geqslant10^5$Pa）下，在无点火器或引燃极时，设计出一种微波转换效率高的激励腔，利用其具有高品质因数（Q_0 值）的特性，在较小的微波功率电平下，激发出大气微波等离子体火炬。

本发明的技术方案如下：包括工作于 TM_{010} 模式的圆柱腔，耦合窗孔及连接的输入波导与法兰盘，腔体顶部的金属圆筒，筒内的石英玻璃管，腔体底部的一段长为四分之一波长的同轴线，同轴线内导体中心的小孔供气流引入及喷嘴之用，腔体侧壁上的调谐螺栓作为频率微调之用，腔体侧壁上的小孔供观察及测温之用。

本发明的特点及效果

本发明的圆柱腔工作于 TM_{010} 模式，该模式的最大特点是：腔内微波电场沿轴向是不变的恒定值，沿径向是按第一类贝塞尔零阶函数 $J_0(kr)$ 分布的，在圆柱中心（$r=0$）具有最大的场强，沿半径变化缓慢，而且具有较高的固有品质因数（Q_0 值），这有利于石英管内气体的击穿与放电，并形成等离子体火炬。因此，微波损耗低，转换效率高，在较小微波功率下就能在腔内激励起大气等离子体火炬，它有着较为广阔的应

用前景

附图说明

图 1 及图 2 所示为本发明的圆柱腔的结构侧向及横向剖面简图。

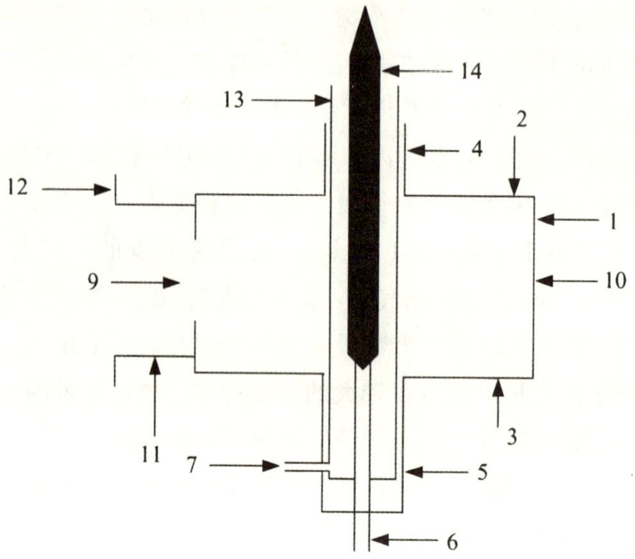

图 1

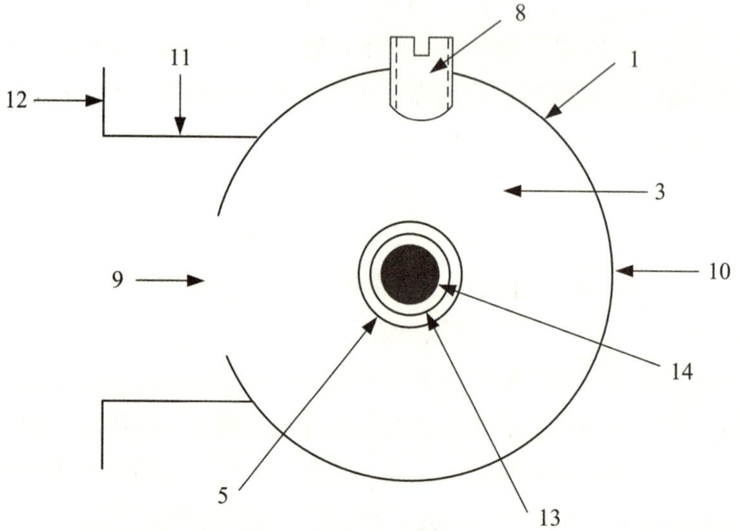

图 2

具体实施方式

下面结合附图 1 及 2 和实施案例对本发明做进一步的说明。

本发明的实施案例结构简图如图 1 及图 2 所示，包括：工作于 TM_{010} 模式的圆柱腔圆筒 1，腔体顶盖 2，腔体底盖 3，腔体顶部金属圆筒 4，腔体底部同轴线外导体 5，同轴线兼作金属喷嘴的中空内导体 6，同轴线底部切向进气管 7，调谐螺栓 8，圆柱腔与外波导耦合窗孔 9，腔体侧壁上观测孔 10，连接波导 11，波导法兰盘 12，石英玻璃管 13，等离子体火炬 14。

本实施案例的各部分结构的具体参数与尺寸说明如下。

本实施案例是根据工作频率 f_0=2455MHz 而设计的尺寸，为了尽可能地提高圆柱腔的固有品质因数，应采用导电率高的纯铜作为制造材料，加工完成后，应在其整个腔体包括圆柱体及顶盖和底盖的内表面镀银，腔体圆筒 1 内径为 94mm，壁厚为 8mm，高度为 60mm；当振荡源的频率略有偏移时（$f_0 \neq$2455MHz），可通过调整调谐螺栓 8 的深度大小来获得正确的谐振；顶盖 2 与底盖 3 均与主腔体圆筒 1 焊死，并应保证焊接质量；顶部圆筒 4 的内径为 24～28mm，该圆筒为一截止圆波导，防止微波功率从此处漏出；底部同轴线外导体内径为 24～28mm，外径为 30～34mm，同轴线内导体的直径为 8～10mm，内有 3mm 的通孔；耦合窗孔 9 的形状为弧面矩形，其尺寸为 $c \times d$ = 44mm×23mm；观察孔孔径为 3mm，数量 5 个，沿轴向 1 字形排列；石英玻璃管的内径为 20～24mm，外径为 23～27mm，波导 11 为 BJ—26，其截面尺寸 a =86.4mm，b =43.2mm；法兰盘为标准的 FD26；切向进气管管径 8mm，由同轴线底部切于外导体内径圆周上插入并焊死，气管数量为 2～4 个，分别互成 180°或 90°，使进入同轴线内的气流沿石英管运动时呈涡旋状，保证等离子体火炬的稳定。

与圆柱腔法兰盘 12 连接的是 BJ—26 标准的波导元件，如三销钉调配器、三端环行器、定向耦合器等，这些元件与系统不属于本发明的组成部分。

本实施案例的工作原理如下：当微波源（工作在 2455MHz）功率经必要的控制及检测元件后进入本发明圆柱腔的输入法兰盘 12 和波导 11，再经耦合窗孔 9，进入主腔体 1 内，产生 TM_{010}模式的谐振，谐振时的微波电场沿径向按第一类贝塞尔零阶函数 $J_0(kr)$ 分布，在腔体中心轴上（r = 0）电场最大，然后按贝塞尔零阶函数缓慢下降，直到腔内壁处为零，而沿轴向的电场为一恒定值，这两个方向的理想分布，创造了该腔激励大气等离子体的极为有利的条件。与此同时，腔体底部的一段同轴线与腔体连接处，也处在同轴线内外导体产生驻波的波腹处，内导体同时作为气体的金属喷嘴，则喷出的气体，即在喷口附近的强电场处被微波电场击穿而电离，从而由雪崩效应产生持续放电形成微波等离子体火炬 14；腔壁上的观测小孔 10 供观察腔内火焰及仪表检测之用。

由于该圆柱腔的固有品质因数较高，Q_0 理论值可达 3 万以上；同时，由于合理设计耦合窗孔的尺寸 $c \times d$，使得本发明圆柱腔的输入电压驻波比不大于 1.5，所以，在较低的微波输入功率时，进入腔内功率较大，加上谐振时的电场倍增效应，即能在无任何点火器或引燃极的情况下，很容易地激励起稳定的大气微波等离子体火炬。实验表明，在微波功率 1.5kW 时，能在圆柱腔内激励起直径为 18～20mm、长度超过 20cm 的大气等离子体火炬，中心温度超过 3000K。

12.2 一种微波等离子体火炬渐变波导激励腔（发明专利）

摘要

本发明涉及一种新型的微波等离子体火炬渐变波导激励腔，它属于微波等离子体火炬激励技术与装置领域。该激励腔由三段波导及一带孔金属膜片和一短路板组成，第一段波导为标准波导，始端与波导法兰盘紧密接触的是一张厚度极薄的带孔金属膜片；第二段为窄边压缩的渐变波导；第三段为高度变窄的波导，在该段波导的二分之一处，于波导宽边中心上下两面均开有圆孔，在波导下面圆孔上安装有一段同轴线，其内导体为一中空的金属喷嘴，波导上面圆孔则安装有一金属圆孔，孔内插入一石英玻璃管，提供等离子体火炬产生与维持空间。

本发明可在大气压或高于大气压强状态下，在不需要点火装置时获得空气等离子体火炬，在 2450MHz 微波频率时，1.5kW 的微波输出功率能产生直径为 18mm、长 20cm 以上的大气等离子体火炬。

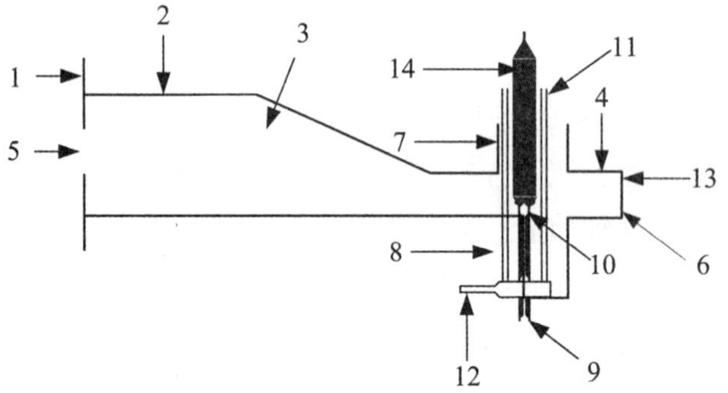

权利要求书

1. 一种新型大气压强微波等离子体火炬激励腔，其特征在于：该激励腔包括三段波导形成的一端短路，另一端存在带孔金属膜片的耦合元件，通过该元件与前端的标准波导传输系统相连接。

2. 如权利要求 1 所述的激励腔，其特征在于：三段波导的宽边尺寸均相同，并都是标准波导的尺寸，而第一段波导（紧挨带孔膜片）的窄边高度也为标准波导的高度；第二段波导的高度由标准高度按线性规律逐渐减小变成窄波导（非标准高度）；第三段波导的高度由第二段渐变波导的终端变窄的高度决定，并维持等高度不变，直至终端。

3. 如权利 1 要求所述的激励腔，其特征在于：在第三段的窄波导中，在离终端短路面的四分之一波长处，在该段波导宽边的上下两面中心线上开有两个圆孔，上面圆筒供石英玻璃管插入，该石英管提供等离子体火炬产生并维持的空间。

4. 如权利要求 1 所述的激励腔 ，其特征在于：第三段窄波导宽边下面所开的圆孔内，安装有具有金属内外导体的一段同轴线，其底部为金属短路面，同轴线上端与窄波导宽边底边相连接。

5. 如权利要求 1 所述的激励腔，其特征在于：该同轴线段的内导体中开有一定孔径的通孔，它提供空气从尾端送入，前端作为气流的金属喷嘴之用。

6. 如权利要求 1 所述的激励腔，其特征在于：在同轴线底部紧挨短路面处，在同轴线外导体内径边缘处，沿圆周切线方向开有 2～4 个小孔，这些小孔互成 180°或 90°，以便从这些切向孔中送入切向涡旋气流，使等离子体火炬保持稳定并远离管壁。

7. 如权利 1 要求所述的激励腔，其特征在于：在第三段波导的尾端开有 3～5 个小孔，作为观察孔及温度测量之用。

说明书

一种微波等离子体火炬渐变波导激励腔

技术领域

本发明属于微波等离子火炬激励技术与装置领域，特别涉及高压强下，无内置点火器的大气微波等离子火炬激励腔的设计与使用。

背景技术

微波等离子体是一种无极放电的高电子密度和温度的准平衡的低温等离子体，它与直流、射频等离子体相比，具有很多优点和特殊性，因此近十余年来，获得了极其广泛的应用，尤其在微电子技术、新材料制备与合成、航天技术、化学化工、废物处理、金属提炼、包装材料及制药业、薄膜沉积、等离子体聚合、微电路制造到焊接、工具硬化、超微粉的合成、等离子体喷涂、等离子体冶金、等离子体化工等方面。而微波等离子体火炬的应用也在不断扩展，如环境保护，生化战争中的物质分析、表面处理与喷涂、消毒、焊接与切割、各种锅炉内燃烧体的点火等技术领域。

在微波工业应用领域中，目前国内外多采用 915MHz 和 2450MHz 两个频段，尤其是后者使用得更为普遍，因为功率等级齐全，价格低廉，尺寸较小。对于微波放电来说，在低气压下例如几百帕至 1 千多帕是最易激发的，其微波场强在 2450MHz 时约为 200V/cm，而在高气压如 1 个大气压时，要产生放电的微波场强就超过了 3×10^4 V/cm，两者相差两个数量级之多。因此，为了在大气压强（$\geqslant10^4$ Pa）下能产生微波等离子体火炬，就需要较大的微波功率。故通常采用一端短路，而另一端开路的四分之一同轴谐振腔，或一段压缩波导形成的驻波场，借以提高放电位置上的微波电场，这些激发装置往往需要在适当位置安装点火器或引燃极，才能在一定的微波功率下，产生初始放电，再过渡到整个火炬的形成，这就使整个装置结构复杂化，并增加了成本。设计一高品质因数（高 Q_0 值）的放电室作为等离子体的激励腔，就能在大气压强下，只需要不太大的微波功率。由于谐振腔内谐振时电场的倍增效应，就能在不需要任何点火器或引燃极的情况下，激发大气（≥10^4Pa）等离子火炬的产生与形成。高 Q_0 腔内微波损耗低，谐振时的微波场强要比行波或驻波状态下的电场强得多，这样就大大节省了所需的微波功率，从而提高了转换效率。

发明内容

本发明的目的是为了在没有任何点火器或引燃极的情况下，采用较小的微波功率，就能借助此激励腔能激发起大气压强（≥10^4Pa）下的微波等离子火炬，装置结构简单，转换效率高，火炬电子温度及电子密度高，工作稳定。

本发明的技术方案如下：激励腔包括三段矩形波导，每段长度均为二分之一波导波长，但每段波导的截面尺寸（宽边长 a 与窄边长 b）不同，第一段的截面尺寸为 $a \times b$，第二段为渐变波导，始端截面尺寸为 $a \times b$，末端截面尺寸为 $a \times b_1$，且 $b_1 < b$，第三段波导为高度压缩的窄波导，其截面尺寸为 $a \times b_1$。在第一段波导始端有一带孔金属膜片，作为耦合元件，而第三段的终端为金属短路板。在三段波导中均传输 TE_{10} 波，由于始端膜片及终端短路板的作用，于是形成了封闭的 TE_{103} 模式的谐振腔，加上第三段波导的高度变窄，所以，在此双重作用下，位于第三段波导终端四分之一波长处，放置石英玻璃管，该处的微波场强要比非谐振状态下的场强大大地提高了。电磁仿真计算表明，该处的微波场强是整个谐振腔内最高的地方，这有利于大气进入后的微波击穿引发的持续放电，从而形成稳定的等离子体火炬。第三段波导下面的同轴线段在与波导底边连接处，处于同轴线段电压驻波的波腹处，其内外导体间的微波场强最强，因此，不需要任何点火器或引燃极即能在该处产生初始电离并放电，从而过渡到石英管内等离子体火炬的产生与形成。

本技术方案的最大特点是：压缩波导窄边高度，与构成 TE_{103} 型谐振腔的双重提高放电区的微波场强措施，从而不仅省去了点火器或引燃极，而且也大大提高了微波功率的利用率即微波放电的转换效率。

附图说明

图 1 所示为本发明的微波等离子体火炬激励腔的结构侧视剖面简图。

具体实施方式及说明

下面结合附图 1 和实施案例对本发明做进一步的说明。

本发明的实施案例结构简图如图 1 所示，其中包括波导法兰盘 1，第一段标准波导 2，第二段高度渐变波导 3，第三段高度变窄波导 4，带孔金属膜片 5，金属短路板 6，窄波导顶部圆筒 7，窄波导底部同轴线外导体 8，同轴线内导体 9，金属喷嘴 10，石英玻璃管 11，底部切向气流入口 12，在短路板中心位置上的观察孔 13，产生的等离子体火炬 14。

本实施案例的各部分具体参数尺寸说明如下。

本施案例是根据微波源的工作频率为 2450MHz 设计的，采用 S 波段 BJ—26 标准矩形波导，其波导内壁尺寸为：a =86 .4mm，b =43.2mm；波导采用高电导率纯铜制成，内表面要求粗糙度极低，加工完成后，内表面镀银，以提高谐振腔的固有品质因数（Q_0 值）。三段波导的长度均为半个波导波长即 86.2mm；第一段波导 1 由于存在带孔膜片 5，具有感性电纳分量，所以，根据圆孔 5 直径大小（20～25mm）需要对第一段波导 1 的长度做相应的调整，并应缩短 3～8mm；窄波导 4 的高度 b_1＝8～20mm；石英管 11 中心离终端短路板的距离为 43mm；石英管 11 的内径可选择 φ＝10～30mm；底部同轴线 8 的轴向长度约为 30mm；观察孔 13 直径为 3mm，数量为 3～5 个，顶部圆筒 7 起着截止圆波导作用，防止微波功率从此处漏出。

在本激励腔法兰盘 1 前方应连接 BJ—26 的其他波导元件，如三销钉调配器、环行器、定向耦合器等，这些都是标准的常规元件，不属于本发明的组成部分。

本实施案例的工作原理为：由微波振荡源（工作频率 f_0＝2450MHz）输出的微波功率（1.5kW），经检测及控制元件后进入本发明的激励腔法兰盘 1，微波经耦合孔 5 进入第一段波导 2，向第二段波导 3 传输，再继续向第三段窄波导 4 传输，当微波抵达终端金属短路板 6 后产生全反射，然后逆向从第三段波导向第二、第一段波导方向传输，直至到达带孔膜片 5，部分功率从孔中漏出，但大量微波功率却从膜片 5 产生反射，于是又向第一、第二、第三段波导方向传输，当三段波导总长度满足半波长整数倍时，即能满足谐振条件，从而产生谐振，本案例的半波长数为 n＝3，因此谐振模式为 TE_{103}。谐振时，石英玻璃管中心线上的场强最大，处于谐振后的驻波波腹位置，如图 2 所示。当空气或氮气从金属喷嘴 10 中喷出时，就会在喷嘴附近产生初始电离，从而由于雪崩效应在石英管内产生并形成等离子体火炬 14。火炬形成后，从激励腔反射的功率很小，同时维持火炬的微波功率也可大大降低，这与理论分析相符。在上述功率下可产生长 20cm 以上的火炬，温度在 3000K 以上。

上述案例仅为举例说明应用的个案，凡依据本发明所述结构的其他频段，如 L 波段、S 波段、C 波段、X 波段，或同一频段的不同波导尺寸如 BJ—22 等各种具体尺寸的激励腔均属于本发明所要求保护的范围。

说明书附图

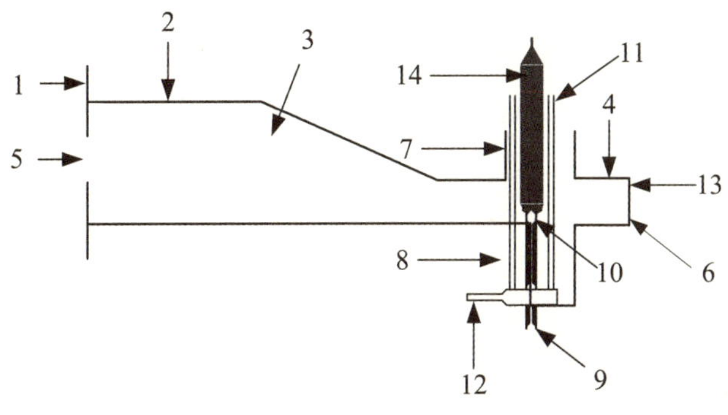

图 1

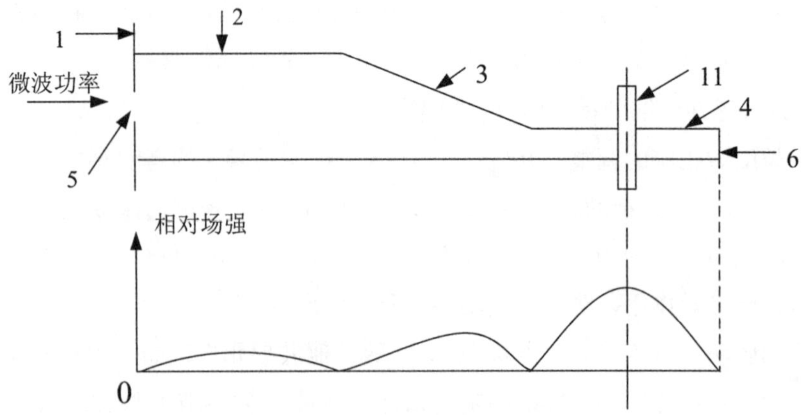

图 2

12.3 一种螺旋喇叭天线向上馈能的隧道型多模腔式微波应用器（发明专利）

摘要

本发明涉及一种螺旋喇叭天线向上馈能的隧道型多模腔式加热用微波应用器，属于微波能应用中工业微波加热应用技术领域。包括：磁控管，直接耦合至圆锥喇叭天线中的螺旋线，喇叭口上的介质盖板，多模隧道加热腔，传送带，微波抑制器，腔顶多孔隔板，抽风柜及通风管道，多模腔侧壁上的观察窗，传送带传动电动机及附件，控制柜，机架等。本发明与传统的隧道型多模腔式加热用微波应用器的最大区别在于以下几点：(1) 本发明采用圆极化的螺旋喇叭天线；(2) 相邻喇叭内的螺旋线采用左旋与右旋两种不同绕制方向，避免电磁波的相互耦合现象，提高天线阵列的输出功率；(3) 传送带及被加工物料位于微波源上部，利于湿气的向上排除；(4) 抽风柜及排气管位于多模腔的顶部，排湿抽风效果良好。这些特点对加工高湿度物料尤为适合。圆极化的微波电场对随机堆放的杆状或丝状物料加热均匀，不易造成线极化微波场加热时会产生的干湿不均甚至烧焦起火等现象，并且由于顶部抽风排湿方便，不会因腔内排湿不畅而引发打火击穿等现象。同时，由于采用喇叭天线的品字形错位排列，物料在传送带上行进时，将交替通过这种特殊排列的喇叭口，加热均匀性将得到大大的改善与提高。

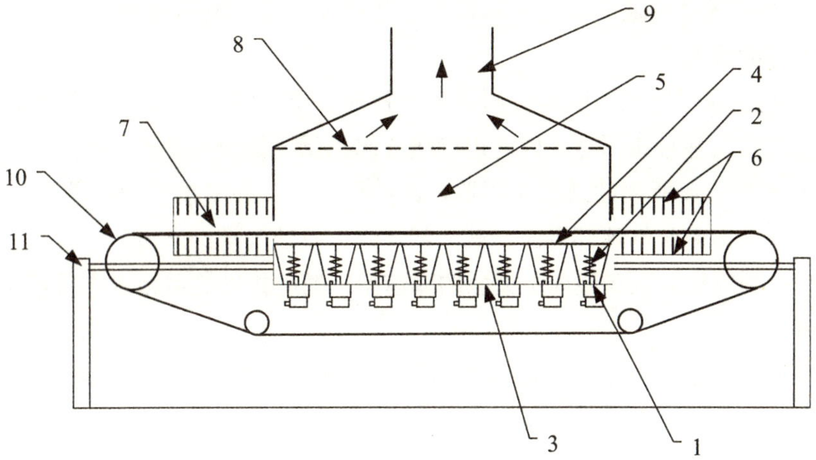

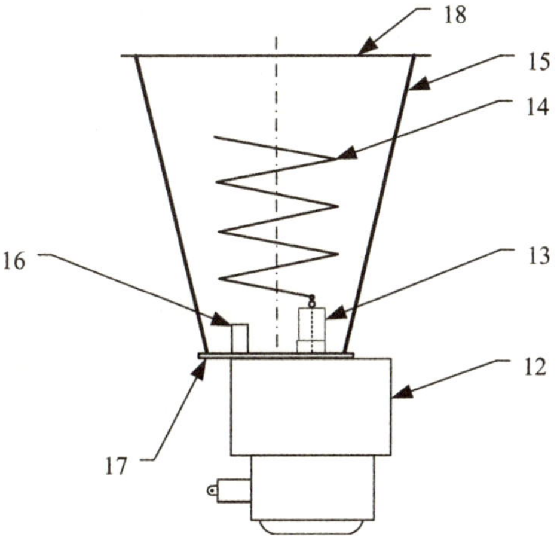

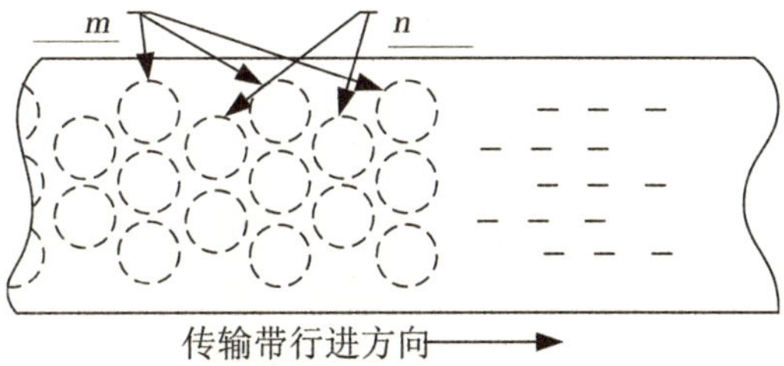

权利要求书

1. 一种螺旋喇叭天线向上馈能的隧道型多模腔式加热用微波应用器，其特征在于：该应用器位于传送带底部，由数量众多的螺旋喇叭天线组成的阵列，向应用器多模腔内传送带上的物料辐射微波功率，进行加热。

2. 如权利要求1所述的微波应用器，其特征在于：其中每个螺旋喇叭天线中，微波磁控管的输出端直接与螺旋喇叭天线中的螺旋线相连接，且连接点离天线轴一定距离（即偏心耦合）和一定高度，并在其径向对称位置上装有金属匹配销钉。

3. 如权利要求2所述的螺旋喇叭天线，其特征在于：喇叭内的螺旋线采用左旋与右旋两种不同的绕制方向。

4. 如权利要求1所述的微波应用器，其特征在于：喇叭天线沿传送带行进方向按品字形错位排列，并且相邻喇叭内的螺旋线绕向相反，如权利要求3所述。

5. 如权利要求1所述的微波应用器，其特征在于：在多模腔内顶部安装有多孔的金属隔板，作为多模腔的顶部界面，其上部空间形成抽气排湿通道。

一种螺旋喇叭天线向上馈能的隧道型多模腔式加热用微波应用器

技术领域

本发明属于微波能应用中工业微波加热技术领域，特别涉及高湿物料及随机堆放的杆状丝状物料如烟梗等加热应用场合。

背景技术

在微波能应用技术领域中，广泛使用着国际微波能协会（IMPI）推荐的两个主要频段，即915MHz及2450MHz频段，数十年来，人们已创造和生产出许多供物料加热、升温、脱水、干燥、灭菌、煮白、膨化、合成、萃取、硫化、脱硫等应用的各种箱型或隧道型微波加热应用器，以适应逐炉断续生产和连续性生产的不同需求。连续性生产的各种隧道型多模腔式应用器，又分为大功率单管馈能式及数量众多的小功率磁控管分布馈能式两种结构，前者需要数十千瓦甚至一百千瓦的工业专用的大功率连续波磁控管，其价格昂贵（单管价每只为1万～2万元人民币），而分布馈能的小功率磁控管，可采用廉价的微波炉用磁控管（每瓦输出功率不足0.1元人民币）。因此，长期以来，设备制造商们更乐于采用后一种分布馈能方案，从而生产出各种结构和功能的隧道型多模腔式应用器，但其设计思想及总体结构几乎千篇一律，都采用微波源从传送带上方顶部向下面传送带上物料辐射微波功率，达到加热等各种目的。由于管子众多（少的几只，多的数十、数百甚至上千只），模式单一，各辐射口附近极易产生电磁互耦现象，导致各相邻磁控管输出功率的下降，耦合效率降低，严重时会使磁控管损坏。此外，加热过程中物料中排出的湿气及其他挥发物，只能从侧面开孔抽风排湿，效率不高，效果不好，过量湿气等污染物一旦向上进入顶部磁控管的馈能端口，极易导致管外或管内打火、跳模等问题，缩短管子工作寿命，甚至损坏电源。因此，寻找一种既可改善加热时的均匀性，又可提高管子的输出功率和耦合效率，亦能大力提高排湿效能的新型微波应用器就具有重要的学术和实用价值及意义。

发明内容

本发明的目的是为了摆脱传统设计和产品中存在的弊端，寻找一举多得的全新构思和工程设计，既提高输出功率和耦合效率，改善了加热均匀性，又使排湿通畅，使湿气等污染物无法进入馈口或天线内，提高了磁控管的工作可靠性，延长了使用寿命，节省了设备的生产和维护成本。

本发明技术方案如下。它包括：腔内传送带底部沿传送带行进方向错位排列的，喇叭天线辐射端口朝上的、由磁控管直接耦合的螺旋喇叭天线阵列，这些喇叭天线内的螺旋线，按相邻位置反向绕制原则，分为左旋和右旋两种。在传送带上方顶部安装有多孔的金属隔板（通常由不锈钢板制成），以及置于多孔隔板上面的抽风及通风管道用于排湿。在多模腔的进出口处安装有防止微波泄漏的微波抑制器，为了观察腔内加热情况以及打扫维护等开设的观察窗。

本发明的特点及效果

本发明的微波应用器与众不同之处如下：

1. 采用了与磁控管直接耦合的圆极化螺旋喇叭天线，辐射出来的电磁波中电场方向不是固定不变而是高速旋转的。

2. 采用相邻喇叭天线内螺旋反向绕制原则，以减少端口电磁波相互耦合现象。

3. 采用品字形错位排列形成的天线阵列以改善加热时的均匀性。

4. 采用底部向上馈能方式，避免湿气等挥发及污染物进入天线端口内，又有助于抽风排湿。

从以上几个特点可以看出，这种圆极化电磁波（左旋波及右旋波）相邻时不会产生相互干扰，且对于随机杂乱堆放的杆状物料如烟梗等，可以达到均匀加热的目的，不像线极化的电磁波只对与电场平行的杆状物才能加热，而不会对与电场垂直的杆状物加热，因此，无法达到均匀一致的加热效果，而过度加热将会造成部分物料烧焦甚至起火燃烧的危险。同时由于分布式微波源均置于物料的底部，加热过程中物料内释放出来的湿气及挥发物等会自然向上漂移，在顶部抽风设备运作时，排湿通风效果极好，保证这些废气不会进入到传送带底部的喇叭天线内，从而保护了管子，延长其工作寿命，降低了维护成本。由于螺旋喇叭天线按品字形错位排列，这就使得物料在传送带上向前行进时，不断经过错位排列的天线端口，使得沿传送带横向分布的物料都能受到均匀加热，这些都是目前已有设备无法做到的。

附图说明

图 1、图 2 及图 3 为本发明的实施案例的结构示意图。

具体实施方式

下面结合附图和实施案例对本发明做进一步说明。

本发明的实施案例结构如图 1 所示，包括：微波磁控管 1，螺旋喇叭天线 2，天线阵安装板 3，它兼作隧道型多模腔的底板，喇叭天线端口上的介质盖板 4，多模腔应用器炉体 5，微波抑制器 6，运送物料的传送带 7，腔内顶部多孔金属隔板 8，排湿抽风管道 9，传送带滚轮 10，设备机架 11。图 2 所示为单个螺旋喇叭天线的结构示意图，包括：磁控管管体 12，磁控管输出天线头 13，螺旋天线（左旋或右旋绕制）14，锥形喇叭筒体 15，金属匹配销钉 16，喇叭天线底板 17，喇叭天线辐射口 18。图 3 说明了喇叭沿传送带前进方向按品字形错位排列配置情况，图中 m 为奇数列，n 为偶数列。

本实施案例各部分具体参数和尺寸如下。

本实施案例是根据微波源的工作频率为2450MHz设计的，螺旋喇叭天线（见图2）中的外壳采用铝或不锈钢材料制造，锥形喇叭的底板半径为42mm，顶端喇叭口半径为80mm，锥形喇叭筒体高度为170mm，螺旋线半径为32mm，螺旋丝半径为2mm，螺距为40mm，圈数为3.5圈，磁控管天线头直径为17mm，离底板高度为6mm，中心离喇叭轴线距离为21mm，匹配销钉半径为8.5mm，离底板高度为20mm，其中心离喇叭轴线距离为21mm。

各喇叭天线按品字形错位排列（见图3）时的行距与列距均为180mm，喇叭口离传送带距离为200～250m。根据传送带宽度在横向可排列3～10个，甚至更多的喇叭天线。在纵向（沿传送带行进方向）则根据多模腔的纵向长度确定其列数。

隧道型多模腔炉腔的尺寸（长×宽×高）（见图1）应根据物料大小、形状、含水量、单位时间产量、微波功率密度等综合指标设计确定，该炉腔的技术设计工作与传统馈能结构的设计类似，本案例不再进行说明。

本案例的螺旋喇叭天线设计中，选择螺旋直径与波长之比为$D/\lambda=0.524$，即大于0.46。这种情况下，微波辐射波束呈圆锥形，传送带离喇叭口较近，属近区工作范围，因此得到环状的场分布图形，这种场形保证了加热的均匀性。该喇叭天线经电磁仿真计算，得到天线输入端的输入驻波比为$S_{11}=-30$dB，即SWR=1.065，这与网络仪实际测到的非常符合，这使得磁控管与天线的耦合效率的理想值在99%以上 。

由上述参数喇叭天线组成的错位排列阵列，同时由于圆极化波的高速旋转，保证了物料在移动过程中被加热时的均匀性，并且由于互耦现象的减弱或排除，使得每个天线的耦合效率大为提高，既增大了单管的输出功率，也增大了天线阵列的总输出功率，同时由于排湿通畅方便，炉腔内打火概率大为降低，保证了设备运行的可靠安全。

本发明最终达到了高效、均匀、灵活、可靠、经济运行的目的。

说明书附图

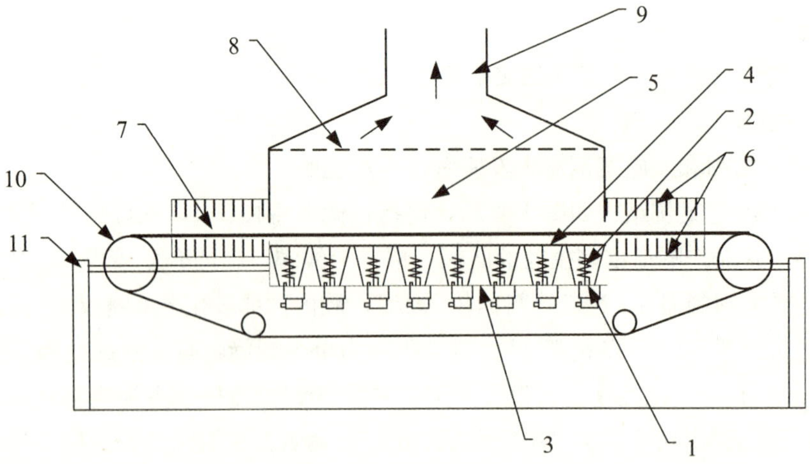

图1

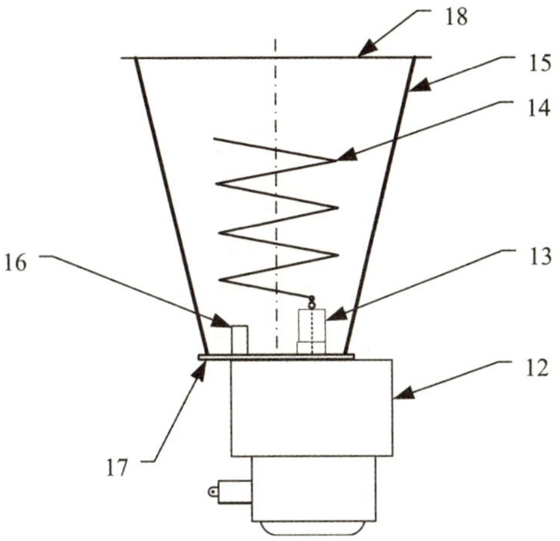

图 2

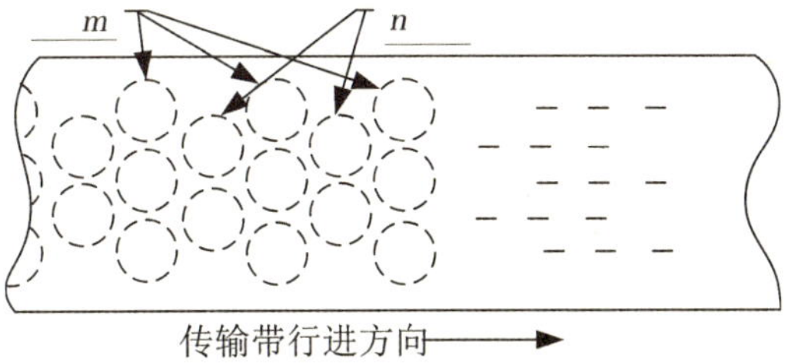

图 3

12.4 一种直耦杯状天线组成的天线阵列微波应用器（发明专利）

摘要

本发明涉及一种利用直耦杯状天线组成的天线阵列微波应用器，属于微波能应用技术领域。它包括：磁控管输出天线头从杯状圆筒顶部偏心地直接耦合至杯状天线，再由此杯状天线按品字形错位紧凑排列成大面积的天线阵列，从而形成适合不同面积负载的微波加热应用器。直耦杯状天线的输入驻波比低，耦合效率高，杯状天线开口端微波场分布均匀，品字排列的天线阵列产生的微波辐射图形有利于大面积均匀高效的加热应用，适用于公路养护技术中的沥青路面加热及修复，或路面除冰设备中作为一种新型的微波应用器。

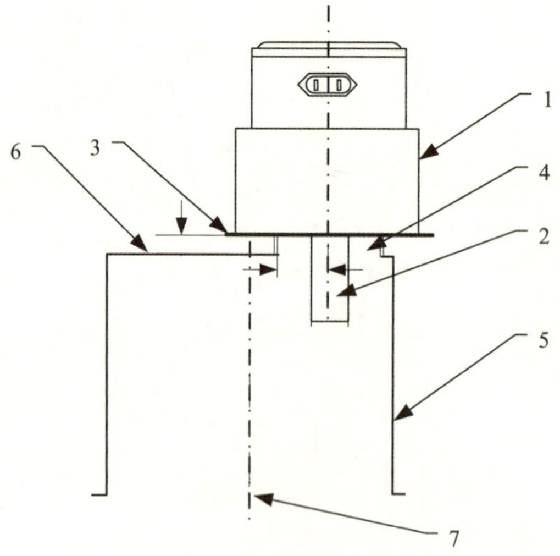

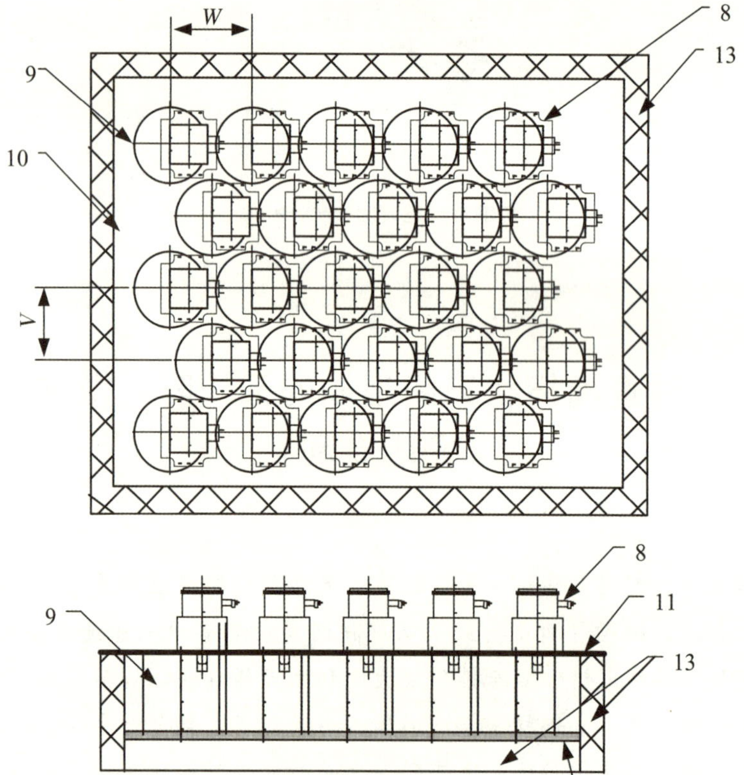

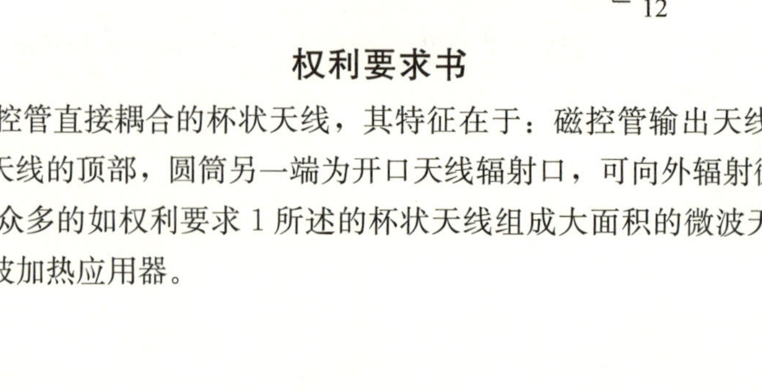

权利要求书

1. 一种磁控管直接耦合的杯状天线，其特征在于：磁控管输出天线头直接偏心地插入倒置杯状天线的顶部，圆筒另一端为开口天线辐射口，可向外辐射微波功率。

2. 将数量众多的如权利要求 1 所述的杯状天线组成大面积的微波天线阵列，形成一种新型的微波加热应用器。

3. 如权利要求2所述的微波天线阵列，其特征在于：将 $m \times n$ 个杯状天线按品字形错位排列成 m 行 n 列的天线阵列，形成一种排列紧凑的 $m \times n$ 微波阵列天线，天线阵列中的每一天线单元为权利要求1所述的直耦杯状天线。

4. 如权利要求3所述的品字形错位排列的微波阵列天线，其特征在于：$m \times n$ 阵列天线可排列成正方形阵列（$m = n$），或矩形阵列（$m \neq n$），以适应不同面积和形状的被加热对象要求。

技术领域

本发明属于微波能应用技术领域，特别适用于大面积均匀加热应用场合，如公路养路技术中的沥青路面加热及修复，或路面除冰设备中作为高效均匀的微波加热应用器。

背景技术

在工业微波加热技术应用中，微波应用器是微波加热设备中面对加热对象的重要器具，是微波加热设备中的重要组成部分。目前，微波应用器分为谐振型（单模腔或多模腔）、传输型（基模或高模）、辐射型（封闭式或开放式）、慢波型（表面波）等许多结构，以适应不同形状、体积及特殊要求的加热对象的需求。通常，被加热的物料都安置在微波应用器中，可以在腔型加热应用器中断续加热生产，也可在多模隧道型微波应用器中连续加热生产，这些被加热物料一般是块状、颗粒状、条状、片状或丝状等结构，而且是可搬动的。像公路、机场跑道、结冰路面等被加热对象则具有特殊性：一是面积大，二是无法移动或搬动。在这种情况下，采用微波加热方法时，就必须使用特殊的微波应用器。对这种特殊的微波应用器，有几点基本要求：

1. 被加热对象的质量保证；

2. 加热的均匀性；

3. 加热效率即微波功率的利用率；

4. 加热温度的可控性；

5. 加热时的安全性。

由于路面或跑道的面积较大，且无法移动或搬动，所以，只能采用由多个微波天线组成的天线阵列，置于路面上一定距离处，阵列中每个天线同时向路面辐射微波功率，路面在微波功率辐照下，由于材料本身的介质损耗，所以吸收微波功率使得物料温度升高，达到加热升温或除冰的目的。

发明内容

本发明的目的是提供一种新型结构的微波天线阵列应用器，克服目前已有的角锥喇叭天线阵列应用器的效率低、加热不均匀等缺点。

本发明的技术方案如下：本发明的阵列天线中，每个单元天线均采用相同结构的杯状圆筒天线，每个杯状天线有一磁控管直接与其耦合，因此，在 $m \times n$ 个天线阵列中，就需要 $m \times n$ 个磁控管，这是一种不需要功率分配器的廉价微波源分布馈能式天线阵。与此同时，采用品字形错位紧凑排列，可以做到加热均匀的效果。

本发明的特点及效果

本发明的微波应用器由 $m \times n$ 个单元天线组成，每个单元天线均由独立的微波源馈能，而廉价高效的微波炉用磁控管就是每个天线上的微波源，炉用磁控管的输出功率大、效率高、结构紧凑、安装方便，成本低廉（每瓦输出不足 0.1 元人民币），与采用工业用大功率连续波磁控管，再用功率分配网络给每个单元天线馈能的技术方案相比，前者具有明显的优点，特别当磁控管出现意外损坏时，单个微波源即将引起停机状态，而多管馈能时，即使出现个别磁控管意外损坏情况，也不必停机，仍可继续使用，而且更换成本也不高。此外，由于品字形错位排列这种阵列形状，对大面积辐照加热的均匀性有极大的改善。由磁控管直接耦合在杯状天线内激发起横磁波（TM 模）的传输模式，其基模的磁场在与轴线相垂直的截面上，而电场则与轴线平行，在天线端口及离端口不太远的距离内，微波场强沿角向分布是均匀对称的。由于每个单元天线的输入驻波比很低，所以，大大提高了磁控管的输出功率和耦合效率，从而使整个阵列天线微波应用器的效率和均匀性大为提高。

附图说明

图 1、图 2 及图 3 为本发明的直耦杯状天线组成的天线阵列微波应用器中的单元天线和天线阵列。

具体实施方式

下面结合图 1、图 2 及图 3 的实施案例对本发明做进一步的说明。

本发明的实施案例中的单元天线如图 1 所示，该单元天线包括：微波磁控管（微波炉用连续波磁控管）1，磁控管输出天线头 2，磁控管安装法兰 3，输出同轴线段 4，杯状天线筒体 5，杯状天线顶盖 6，杯状天线开口端（辐射口）7。

品字形错位排列的 $m \times n$ 阵列天线微波应用器如图 2 及图 3 所示，它包括：磁控管 8，杯状直耦天线单元 9，由 $m \times n$ 个单元杯状天线组成的天线阵列 10，安装板 11，防污染物介质盖极 12，微波应用器四周的防泄漏防护墙 13。

本实施案例的各部分的具体参数和尺寸详细说明如下：

本实施案例是根据微波源的工作频率是 2.45GHz 设计的，杯状天线选用不锈钢材料制造，虽然不锈钢的微波损耗大于铜和铝，但其在大气、水汽、尘埃、烟雾及挥发物等恶劣环境中的化学稳定性好，机械强度高，易于加工与安装，而且杯状圆筒整个表面积不大，对微波的吸收可以忽略不计。杯状天线圆筒的半径 a 为 60～62mm ，天线高度 h 为 120～123mm，同轴线段外导体内半径 c 为 17.5mm，同轴线内导体即磁控管输出天线头直径 d 为 17mm，天线头偏心度 e 为 30mm，天线插入深度 f 为 20～27mm，同轴线段 4 长度为 8mm。

品字形错位排列阵列天线中，每单元天线行中心距为 130～135 mm，列中心距为 115～125 mm。

为了便于安装，阵列天线中每个单元天线均装在整块面积略大于天线阵列面积的金属板 11 上（例如钢板或铝板）。

为了防止加热过程中负载升温时产生的水汽或其他废气等污染物对天线内壁及磁

控管可能造成的危害，可用云母或聚四氟乙烯等耐高温介质板 12 将杯状天线端口密封，或在阵列天线下端辐照面上整体将所有天线口盖住。

本发明未涉及在加热过程中，微波功率在微波应用器四周泄漏会造成对环境及人员干扰与伤害的防护墙 13 的具体设计，这项防泄漏技术及装置将在另一专利中申报与说明。

本案例中的杯状直耦天线在上述尺寸时，经电磁仿真模拟计算得到输入端的 $S_{11}=-37$dB（中心频率 f_0时），即输入驻波比 SWR≤1.04，实测为 SWR=1.09 ，与理论计算相符。理想耦合效率可达 99%以上。在天线口 7 及离端口 50mm 处的仿真电场分布如图 4 及图 5 所示。

本实施案例的工作原理如下。

当本案例的微波应用器中所有天线单元上的磁控管加上高压开始工作时，尽管每只磁控管的工作频率 f_0 会存在差别，但这种差别在输入驻波比小于 1.5 时，差别不会大于 5MHz，因此，每只磁控管的输出功率和耦合效率不会产生大的变化与影响。由于杯状圆筒的隔离作用，天线阵列中相邻天线间的相互耦合并不存在，至多是微波辐射至负载平面上。由于负载与空气界面阻抗不匹配，造成部分反射波可能会产生互耦现象，导致耦合效率的降低。这一现象对于任何陈列天线式微波应用器都是存在的，工程上很难彻底解决。

由于天线阵端面离被加热的负载之间的距离通常在 50～200mm 范围之内，所以，对每个杯状天线单元来说，属于天线近区工作范围，尚未形成波束，不具有很强的方向性，所以按品字形错位排列后，可以最大限度地缩小各相邻天线单元间的距离，形成非常紧凑的一种大面积阵列，这就保证了被加热负载面上微波场强分布的均匀性，以达到加热过程中，负载内温升的均匀性和一致性。

本发明的直耦杯状单元天线及品字形错位排列的阵列天线微波应用器可适用于其他任何频段，因此，凡依据本发明所述的结构相同、频段不同的各种尺寸的阵列天线微波应用器均属于本发明所要求的保护范围。

说明书附图

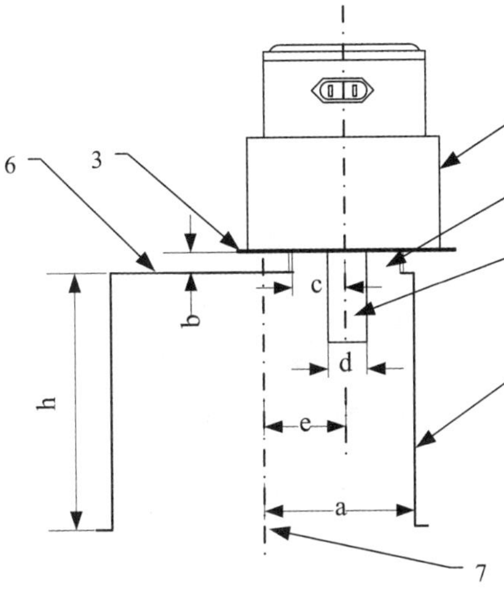

图 1

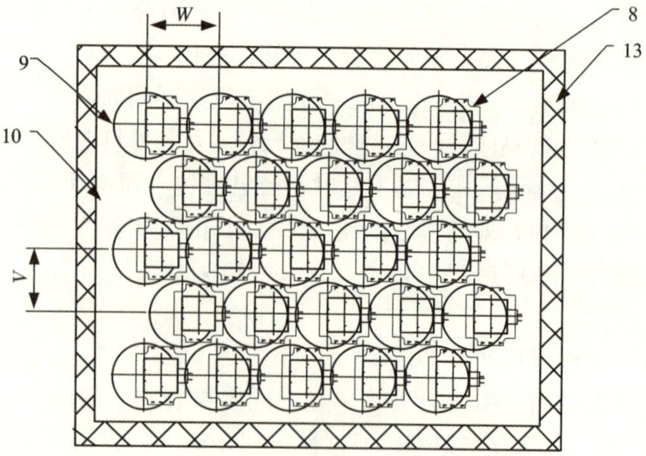

图 2

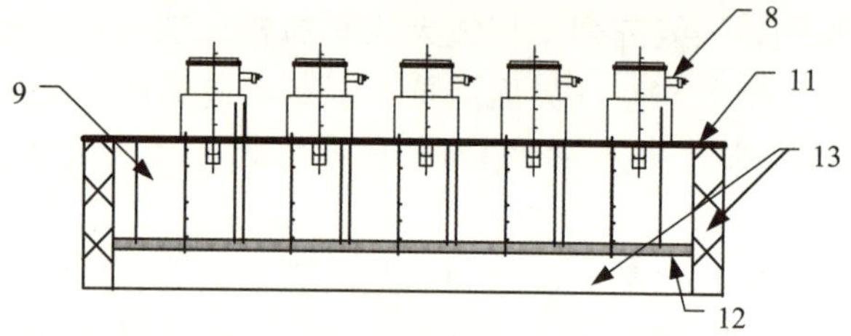

图 3

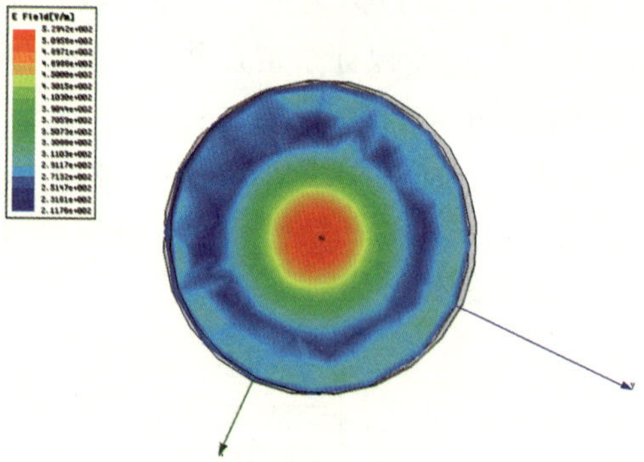

图 4

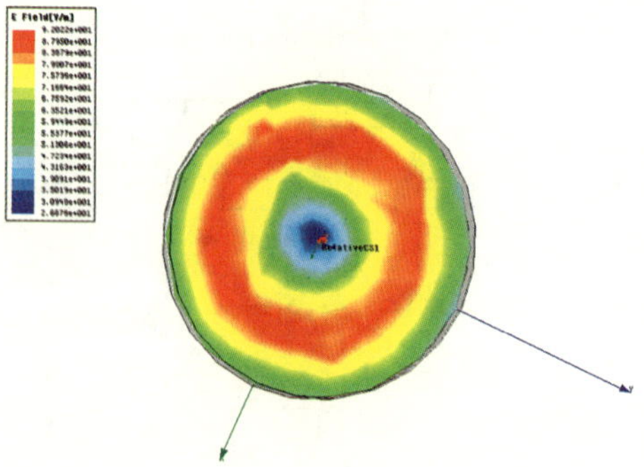

图 5

12.5 大容量同轴环形腔微波加热装置（发明专利）

摘要

本发明是一种在内支撑圆筒上安置有M根微波矩形波导裂缝天线构成的微波功率辐射器（沿波导轴向的等功率辐射器），与其同轴的外金属圆筒可连续旋转，从而带动在同轴环形腔内被加热或烘干的物料沿轴向均匀走料的大型装置。物料在被旋转和轴向走料的过程中，与从裂缝天线辐射出来的微波功率相互作用后，会被快速地加热与升温，从而完成物料的脱水与干燥作用。与其他烘干方法与手段相比，本装置呈现出高能效、环保、占地面积小、产量大、产品质量档次高、容易控制等特点。

本发明采用与众不同的微波功率辐射方法与技术，在本装置的内支撑圆筒上沿圆周方向配置M(6～12）根微波裂缝天线，保证了环形腔（即环形加热空间）内微波功率在角向和轴向分布的均匀性，使被加热或烘干的物料温升更为均匀，加上微波里外同时加热的显著特点，在本装置中将使环形加热空间充分发挥加热升温均匀的技术特色。此外，在本发明中还采用了多项独特的防微波泄漏技术，例如：解决了外金属旋转圆筒与环形加热腔两端密封端板间在旋转时由于存在间隙而产生的微波泄漏，以及在物料进料口及物料出料口处由于金属管口过大导致严重的微波泄漏等难题，这就保证了本装置在生产使用过程中的安全性和电磁兼容（EMC）符合相应的国家标准。

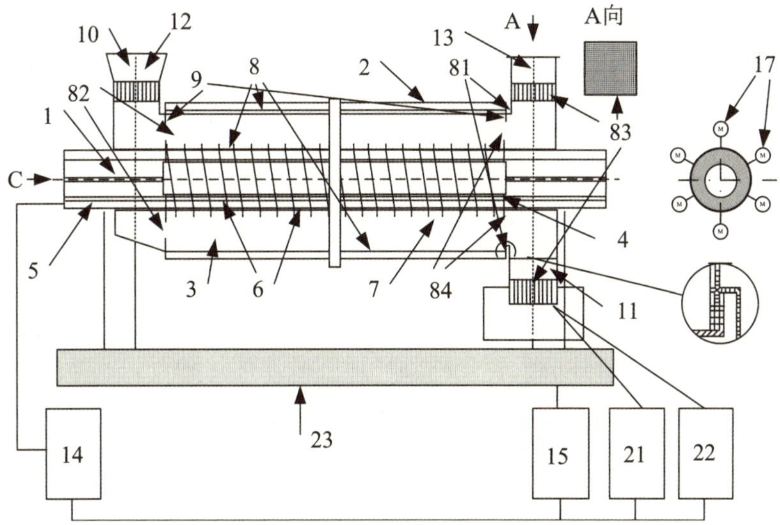

权利要求书

1. 一种内筒安置微波功率辐射源（1），外筒（2）旋转的大容量同轴环形腔（3）微波加热烘干装置，包括内支撑管（4）上的微波裂缝天线（5）及介质防尘套筒（6），与套筒（6）相连的介质螺旋翼片（7），外旋转筒体内壁上的介质括板（8），加热腔两端的金属端板（9），物料进料口（10）及进风管（12），进料孔（82），物料出料口（11），出料孔（84），水汽拔风管（13），微波电源（14）及整个装置的自动控制调整系统（15），如图1所示。

其特征在于：整个同轴环形腔的加热源是由多根微波矩形波导裂缝天线（5）组成的天线组提供的，而每一根裂缝天线则由相应功率的微波磁控管（17）插入相应波导激励器（18）内提供辐射功率的，磁控管与波导激励器和微波裂缝天线配置如图2所示。在同轴环形腔（3）内，微波功率沿径向从内筒向外筒辐射，保证了角向微波功率分布的均匀性，同时由于沿轴向在整个环形腔内的等功率辐射裂缝天线长度与加热腔长度相等，所以，沿轴向也形成了均匀的功率辐射，从而保证了微波功率在环形腔（3）整个空间内分布的均匀性。

2. 根据权利要求1所述的大容量同轴环形腔微波加热装置，其特征在于：内支撑管（4）上安置了$M=6\sim12$根微波裂缝天线（5），这些天线沿内支撑管（4）外侧均匀地排列在圆周上，例如当$M=6$时，两根相邻天线波导横断面宽边中心线相隔60°，并如图3所示。如$M=12$时，两根相邻天线波导横断面宽边中心线则相隔30°。

3. 根据权利要求1所述的大容量同轴环形腔微波加热装置，其特征在于：其外旋转筒体（2）采用金属例如不锈钢制造，在内壁上镶有一定数量（6～8根）的介质括板（8），在旋转时可将加热腔（3）内底部物料括至顶部由其自重落下，跌落到内防尘圆筒（6）外的介质螺旋翼片（7）上，当外筒旋转一圈时，物料将在内筒螺旋翼片间向前推进一个螺距的距离，从此，只要外筒旋转，腔内的物料将沿轴向均匀地前进走料，直至出料孔（84），并由出料口（11）落到传送带（23）上。

4. 根据权利要求1所述的大容量同轴环形腔微波加热装置，其特征在于：为了防止被加热物料在旋转及推进过程中掉入内支撑筒安置的微波裂缝天线内，在这些角向均匀安置的天线外有一由低耗介质制成的空心防尘套筒（6），在套筒外装有一定螺距的介质螺旋翼片（7）。

5. 根据权利要求1所述的大容量同轴环形腔微波加热装置，其特征在于：外筒上的括板（8）及内筒上的介质防尘套筒（6）和螺旋翼片（7）均由低损耗的微波介质材料制成，例如聚四氟乙烯或聚丙烯等，保证了微波在其中的良好穿透性，吸波损耗极小。

6. 根据权利要求1所述的大容量同轴环形腔微波加热装置，其特征在于：外旋转筒体（2）与加热腔两端端板（9）间旋转时存在间隙时的微波防泄漏装置（81），采用了端板内外两侧同时配置的两段1/4波长抗流装置（811，812，813，814）如图4所示，形成了虽有较大的机械间隙，而对微波来说具有电性能上短路功效的微波抑制器，防止微波功率由此间隙向外泄漏。

7. 根据权利要求 1 所述的大容量同轴环形腔微波加热装置，其特征在于：由于两端端板上需要开启直径较大的多个圆孔（82，84），利于物料快速地进出加热腔的环形空间内，所以微波会从这些进出料口向外泄漏，在本发明中采用了在进料口（10）及出料口（11）紧挨开孔端板（9）处配置上一段由众多截止波导小方格形成的微波抑制器（83），如图 5 所示，防止腔内微波从进料口（10）及出料口（11）逸出，保证了整个装置的微波的安全性，保证了在操作位上工作人员的微波卫生学要求，整个装置符合国家标准 GB 5959.6—87（电热设备的安全第六部分：对工业微波加热设备的特殊要求）。

8. 根据权利要求 2 所述的微波矩形波导裂缝天线，其特征在于：每根天线采用纵向半波长裂缝在相应波段的标准波导管单侧宽边上沿轴向配置，并分布于轴线两侧，每条裂缝（51，52，53，…）中心线离波导中心线距离（X_1, X_2, X_3，…）不等，每条裂缝长为半波长（$\frac{1}{2}\lambda$），缝宽与传输功率有关，两相邻裂缝的中心距为半波导波长$\left(\frac{1}{2}\lambda_g\right)$，如图 6 所示。这种裂缝天线最大特点是每条裂缝辐射出来的微波功率都是相等的。例如：当波导输入的总功率为 P，存在 N 条裂缝时，则每一裂缝辐射出来的功率为 P/N。这种天线保证了微波功率沿加热腔轴向分布的均匀性。

9. 根据权利要求 1 所述的大容量同轴环形腔微波加热装置，其特征在于：当加热腔轴向长度较长时，可将两组裂缝天线（每组 M 根）分别从加热腔的两端，即物料进口端与物料出口端的两端端板（9）中部伸入，其中每两根端接裂缝天线端部由短路板（501，502）相接，使其相互隔离，各自分别从每根裂缝天线的始端馈电，互不干扰，如图 7 所示。

10. 根据权利要求 1 所述的大容量同轴环形腔微波加热装置，其特征在于：为了实时检测物料在出料口的温度与湿度（即含水量），本装置在出料口（11）附近安置了温度（21）与湿度（22）检测仪表，并与自动控制调整系统（15）相连接，以便自动调节物料的走料速度。物料从出料口落在传送带（23）上。如果需要缓苏过程，一次走料达不到脱水烘干要求时，可由传送带反向输料至始端再次送入进料口（10），重复上述加热烘干过程，直至达到要求时为止。

11. 根据权利要求 1 所述的大容量同轴环形腔微波加热装置，其特征在于：不仅适用于当前常用的 $f = 2450$MHz 波段，同样适用于 $f = 915$MHz 波段。两者没有原理上的差别，只存在几何尺寸上的差异，特别是微波抗流装置（81）及截止波导抑制器（83）。本发明对其他民用微波工业加热波段例如 $f = 5800$MHz 波段也同样适合。

技术领域

本发明属微波能应用技术领域，涉及工业微波加热与干燥技术，特别适用于高产量的物料干燥处理与生产，例如对稻谷、小麦、玉米等粮食作物及茶叶、烟草等经济作物的脱水、干燥、杀虫、加工等环节。

技术背景

在工业微波加热技术应用中，通常采用箱型多模腔微波加热方法，例如类似于家用微波炉那种非连续生产方式，需要逐炉间歇地加热和处理，还有另一种就是隧道型连续的生产作业方式，物料在传送带上均匀地进入隧道加热炉或加热窑中，在微波功率作用下，物料边行走边吸收微波功率，从而产生温升，而使物料中的水分不断散发并被排除出去，从而达到干燥烘干目的。几十年来，上述两种类型的微波加热烘干技术已得到广泛应用，被烘干的物料涉及各种矿物、化工原料、建筑材料、茶叶、烟草、中西药材、粮食作物、橡胶材料及制品、纸张、纺织品、包装材料等。对于后者这种连续作业的隧道炉，由于其微波馈能方法的设计不当，当采用多个磁控管单独联合向炉内馈能时，各磁控管之间不可避免地存在着相互耦合现象，这种结构不仅使单个磁控管效率低下，影响功率输出，还会造成磁控管的寿命缩短甚至损坏。此外，这种设计的结构会使作用于物料上的微波电场分布很不均匀，同时由于被烘干物料静态地堆积在传送带上，从而影响整体加热与烘干效果，使产量受到限制，不能达到高产的目的。

本发明提出一种独创的微波功率传输与馈能方式，即采用多根微波裂缝天线，它们组成一个无论在径向还是轴向都相当均匀的功率分布的功率馈送系统，这样既免除了多个磁控管产生的相互耦合现象，从而提高了输出效率，也提高了磁控管的工作寿命和可靠性，还会使产量提高，使维护成本降低，并大大节约了能源。

本发明还提出了大直径旋转圆筒在旋转时由于存在间隙时的防微波泄漏抗流装置；以及在高产量大型设备中，由于进出料口口径过大导致的微波泄漏的解决措施。这些技术措施是目前微波加热设备中所没有的。

发明内容

本发明在分析现有不合理结构设计与电气设计的情况下，提出一种独特的创新设计，其内容包括：

1. 一种微波功率的新型传输与馈送方法。先将微波磁控管（17）插入到波导激励器（18）中，使其相互耦合并如图 2 所示，然后将带有磁控管的波导激励器（18）与一条微波裂缝天线（5）通过波导法兰盘（19）相连接，该天线组合体从本装置一端伸入，并被配置在具有一定直径的内支撑筒（4）上，如图 3 所示，按一定角度（例如 60°）旋转后再配置另一根天线组合体，直至内支撑圆筒（4）上在角向均匀配置完成，如图 3 所示。另外多组天线组合体将从本装置的另一端伸入后与一端已伸入的天组合体对接，并使金属短路板（501，502）相接触，从而构成一种由多根带有磁控管（17）与波导激励器（18）及裂缝天线（5）的在角向均匀配置的天线组，从而保证了当微波功率从每根裂缝天线（5）中辐射出来时在角向分布的均匀性，并且微波是由每根天线的裂缝上向外旋转金属筒体（2）沿径向辐射的。与此同时，由于每根裂缝天线中的每条裂缝辐射出来的微波功率都是相等的，所以在整根天线沿轴向配置时，保证了微波功率沿轴向分布的均匀性，在角向与轴向均匀分布的微波功率作用下，保证了与被加热烘干物料相互作用时温升的均匀性。

2. 物料在同轴环形加热腔（3）中走料时的独特方法。本发明采用在内介质防尘筒（6）外安装介质螺旋翼片（7）的方法，并在外金属旋转筒体内壁上安装介质括板（8）的方法使物料进入同轴环形加热腔（3）后，在外金属圆筒旋转时，由介质括板（8）带动物料上扬至圆筒圆周的顶部，由于物料的自重关系从顶部落下，这些物料落到内防尘套筒外的螺旋翼片（7）上，再由翼片落到外旋转筒体（2）的底部。这一过程不断重复，将使物料翻滚、上提、下降直至向前推进，每当外圆筒旋转一周时，物料将沿轴向走料并前进螺旋翼片一个螺距，不断旋转，不断轴向前进走料，在翻滚及走料过程中，加热腔（3）内的物料将与腔内均匀分布的微波功率产生相互作用。由于物料的介质损耗，吸收微波功率后将使其内部微波损耗转变成热能，从而提升了物料的温度。这种里外同时微波加热的物理机理，将使被加热物料均匀快速地升温，由于温升超过环境温度，物料中的水分将不断由内向外排出，在拔风管（13）的作用下，达到去湿、烘干的目的。

3. 本发明中采用了多种独特的防微波泄漏技术。在外金属旋转筒体（2）与同轴环形加热腔两端端板（9）之间设置的双侧（内侧与外侧）两段四分之一波长微波抗流槽（811，812，813，814），这种抗流技术允许在圆筒旋转时，虽然圆筒（2）与端板（9）之间存在机械间隙δ_2(见图4)，但这一间隙δ_2对旋转没有任何阻力。正是由于这两段四分之一波长抗流槽（811，812，813，814）的存在，根据微波传输线的阻抗变换原理，虽然两者间存在间隙，但对微波来说，却实现了电气短路的屏蔽作用，有效地防止了加热腔内微波功率通过两端抗流装置（81）外泄的可能。

在物料进料口（10）及出料口（11）内都设置了又一种防微波泄漏的抑制装置（83），这种装置（83）如图5所示，它与上述抗流装置（81）原理不同，前者利用了将大口径金属管道（83）由许多小隔板形成的小通道，通道间隔a、b可以相等，即$a=b$，也可以不等，即$a \neq b$，但要满足一个必要条件，即a或b均应远小于工作时相应波段的半波长，即$a \ll \lambda/2$，这样，此小通道就构成了一段截止波导，它对微波呈现很高的衰减，于是微波无法在这些小通道中通过，起到了防泄漏功能。进料口（10）与出料口（11）可以为矩形管道，如图5（a）所示，也可以是圆形管道，如图5（c）所示。无论是矩形还是圆形管，这段截止波导抑制器的轴向高度应不小于相应波段波导的波导波长，即 $h > \lambda_g$。

4. 本发明的装置在加热过程中对物料最终的温度与湿度（即含水量）控制，是通过安装在加热腔靠近出料口（11）处的温度（21）与湿度（22）检测仪表，并将此检测信号连接到自动控制调整系统相应的设备（15）来实现的。

本发明的特点

1. 本发明首次提出采用多根微波裂缝天线（5）组成为一个角向均匀配置的天线组，其中每一根天线环绕内支撑圆筒（4）等角度排列，从而组成了微波功率辐射系统（即天线组合体），并且采用等功率辐射的同相裂缝天线作为单元天线的基础。当腔体较长时，还采用从环形腔两端同时伸入两组天线组合体，并将两根天线尾端短路板对接形成隔离板（501，502），使对接天线互不干扰。

2. 本发明提出了外旋转筒体（2）与加热腔两端端板（9）在旋转时的内外侧并存的微波抗流装置（81）。两段长为四分之一波长的微波抗流槽（811，812，813，814），在外筒旋转时起到了防止微波向外泄漏的作用。

3. 本发明还首次提出根据过极限截止波导理论制成的大口径物料进料口（10）及出料口（11）的截止波导微波抑制器段（83），防止微波从进料口（10）、出料口（11）及拔风管（13）向外泄漏，造成电磁污染，造成 EMC 及人身安全隐患。

4. 本发明采用的物料送料及走料方法与常规的传送带法不同，它是由内套筒上装有的螺旋状的介质翼片（7）与安装于外旋转金属圆筒内壁上的一组括板（8）共同组成，物料由进料口（10）通过端板（9）的进料孔（82）进入同轴的环形加热腔（3）中，外筒（2）旋转时，腔内底部的物料由内壁上的括板（8）括起，随着外筒的旋转，物料被提升至顶部空间，这时由于物料的自重作用，边提边离开括板而下落，当物料跌落到内套筒外的螺旋翼片（7）上时，不断从翼片及内套筒上再次跌落至外旋转筒（2）的底部，如此循环旋转，物料不断提升、下跌，旋转一圈后，物料将在轴向前进一个螺距的距离，因此，调节旋转速度时，即能调节物料的走料速度，易于控制物料与微波在环形腔内相互作用时间的长短，最终达到控制物料温度与湿度的目的，完成脱水烘干的要求。烘干后的物料将通过出料孔（84）进入出料口（11）中，并通过截止波导微波抑制器（83）落在送带（23）上，由此出料完成加工过程。如果需要缓苏过程，一次走料达不到脱水烘干要求时，可由传送带反向输料至始端再次送入进料口（10），重复上述加热与烘干过程，直至达到要求时为止。

本发明实施案例

本发明实施案例如下。

本发明的同轴环形腔微波加热烘干装置：

1. 采用频率为 2450MHz 的工业用 5kW 连续波磁控管作为微波功率源，采用 BJ—22 波导管作为微波裂缝天线的馈能波导。

2. 环形腔的外旋转筒体（2）内径为 1.5m，加热腔筒体（2）长 5m，内防尘套筒（6）内径为 0.5m。

3. 裂缝天线（5）分为两组，每组 6 根，环圆周方向相隔 60°配置，形成组合体，两组天线组合体分别由环形腔（3）两端伸入，在环形腔中部相接，螺旋翼片（7）螺距为 30cm，括板（8）高度为 40cm，厚度为 10mm，沿圆周方向等间距配置 6 至 8 块括板。

4 裂缝天线中，共有 26 条纵向裂缝，缝长 60mm，缝宽 6mm，每一裂缝离波导中心线距离逐步增大，列表如下：

X_1	X_2	X_3	X_4	X_5	X_6	X_7	X_8	X_9	X_{10}
5.86	5.98	6.10	6.24	6.38	6.51	6.69	6.86	7.01	7.26
X_{11}	X_{12}	X_{13}	X_{14}	X_{15}	X_{16}	X_{17}	X_{18}	X_{19}	X_{20}
7.51	7.72	8.02	8.33	8.62	9.06	9.52	10.06	10.68	11.45
X_{21}	X_{22}	X_{23}	X_{24}	X_{25}	X_{26}				
12.41	13.65	15.10	17.96	22.58	35.67				

两条相邻裂缝中心距 S 为 73.5mm，短路板离最后一条裂缝的距离为 257 mm。

5. 两端内外侧的抗流装置（81）尺寸如下：

槽长（811，812，813，814）为$\frac{1}{4}\lambda$，即 31mm，$\delta_1 = 5$mm，$\delta_2 = 5$mm。

6. 进出料管中的截止波导段（83）尺寸如下：

$A = 80 \sim 100$cm，$B = 80 \sim 100$cm；$a = b < 25$mm，$h > 250$mm。

附图说明

图 1 为大容量同轴环形腔微波加热烘干装置的纵向剖面视图。

图 2 为磁控管与波导及裂缝天线的连接图。

图 3 为裂缝天线角向配置图。

图 4 为外筒与端板间的抗流装置图。

图 5 为截止波导抑制器图。

图 6 为波导纵向裂缝天线图。

图 7 为两端伸入环形腔的对接天线图。

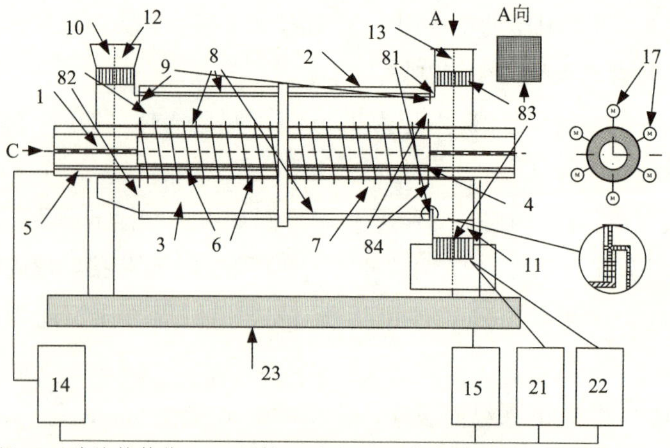

1—微波功率辐射源；2—外旋转筒体；3—同轴环形腔；4—内支撑管；5—微波裂缝天线；6—防尘套筒；7—介质螺旋翼片；8—介质括板；9—金属端板；10—进料口；11—出料口；12—进风口；13—拔风管；14—微波电源；15—自动控制调整系统；17—磁控管；21—温度检测仪表；22—湿度检测仪表；23—传送带；81—微波抗流装置；82—进料孔；84—出料孔；83—截止波导微波抑制器

图 1

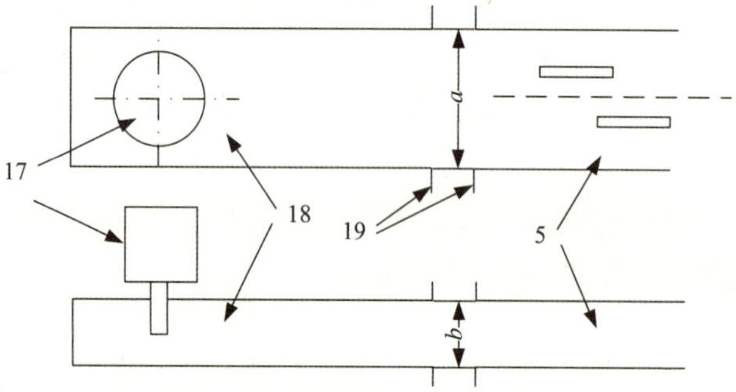

5—裂缝天线；17—微波磁控管；18—波导激励器 ；19—波导法兰盘；

a—波导宽边内尺寸；b—波导窄边内尺寸

图 2

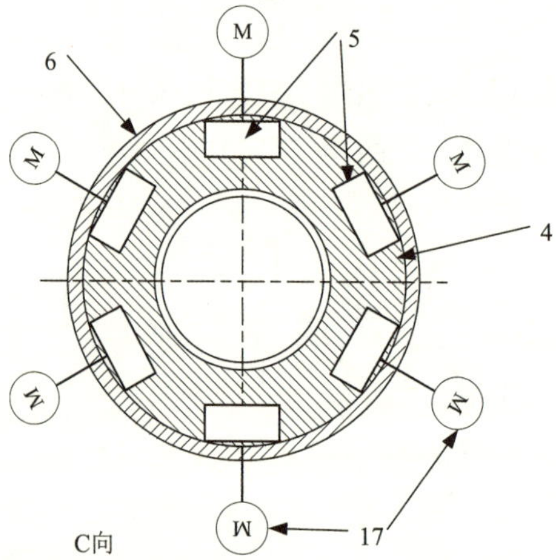

4—内支撑管；5—微波裂缝天线；6—防尘套筒；17—微波磁控管

图 3

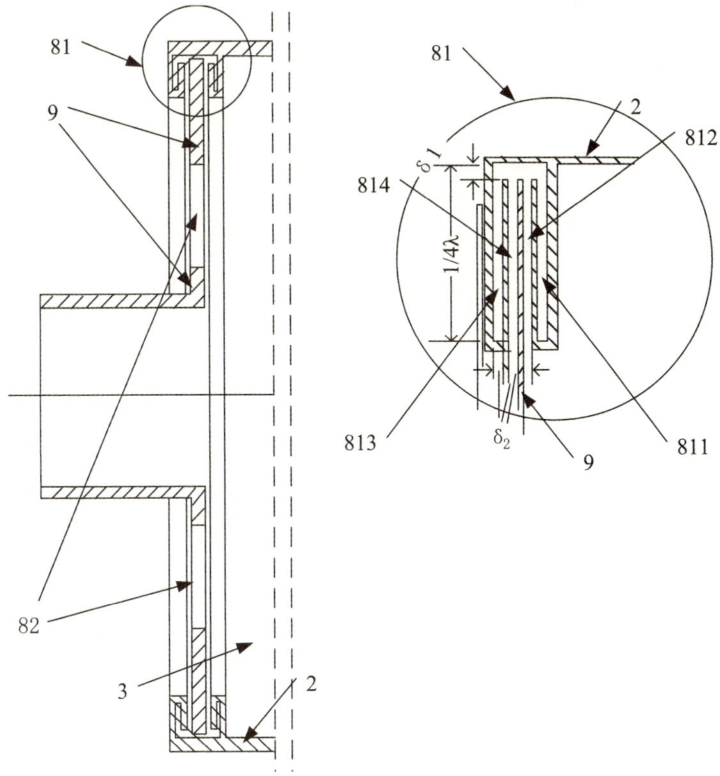

2—外旋转筒体；3—同轴环形腔；9—金属端板；81—微波抗流装置；811，812，813，814—长1/4 波长的抗流槽；82—进料孔

图 4

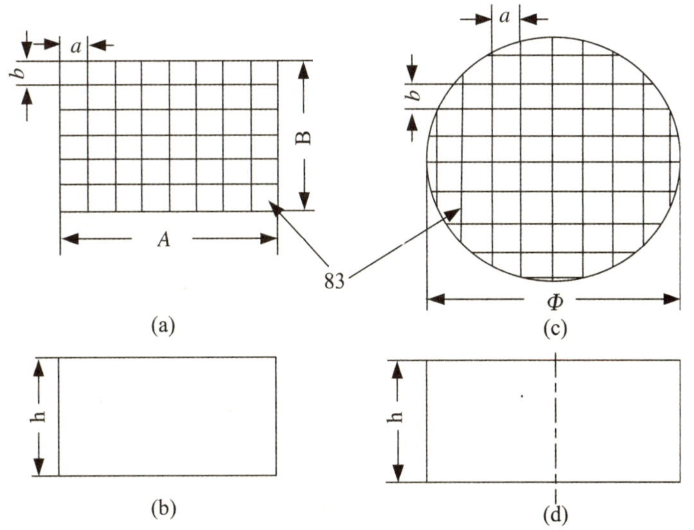

83—截止波导微波抑制器；A—进出料口宽边尺寸；B—进出料口窄边尺寸；φ—进出料口圆管直径；h—抑制器高度；a—小方格宽度；b—小方格宽度

图 5

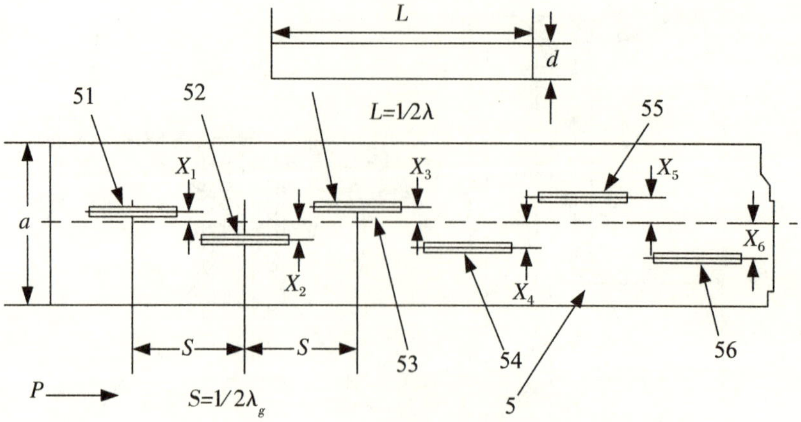

5—微波裂缝天线；a—波导宽边内尺寸；

L—裂缝长度；d—裂缝宽度；

S—相邻裂缝距离；X_1，X_2，X_3…—每条裂缝（51，52，53，…）离波导中心线距离

图 6

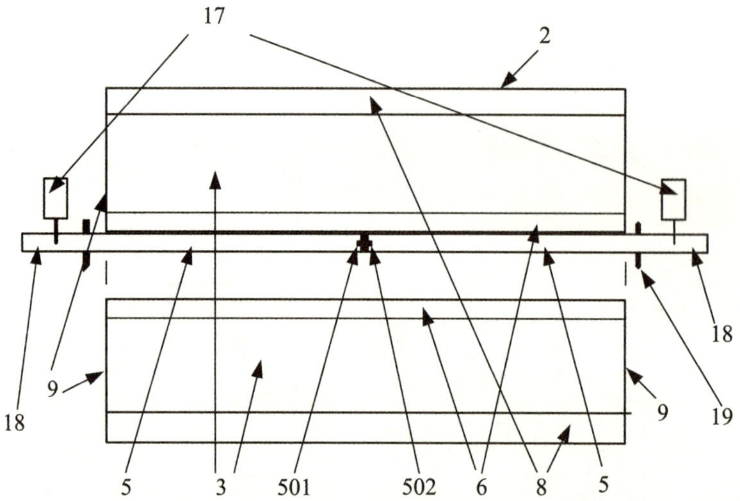

2—外旋转筒体；　3—同轴环形腔；　5—微波裂缝天线；

6—防尘套筒；8—介质括板；9—金属端板；17—微波磁控管；

18—波导激励器；19—波导法兰盘；501，502—裂缝天线短路板

图 7

12.6 一种斜屋顶式馈能的微波加热与烘干装置(实用新型专利)

摘要

一种斜屋顶式馈能的微波加热烘干装置，该装置与众不同之处在于：微波功率的馈口不是位于炉体的顶部、底部或左右两侧，而是位于炉体顶部两个具有一定倾角的斜面上，类似于斜屋顶状（见图1)。在中心对称面上的平顶则是由金属网或多孔的金属板构成的通风通汽口，其上装有强力抽风机，以排除加热烘干过程中由被加热物料释放出来的水汽，同时也保护了斜顶面上众多的微波功率馈口不受水汽的影响。该装置采用波导口作为馈能窗口，而不采用角锥喇叭天线作为馈口，同时合理地相互配置，尽量减小各馈口间的相互耦合与干扰，改善了微波对被加热物料照射时的均匀性，提高了烘干效率，增加了单位产量。

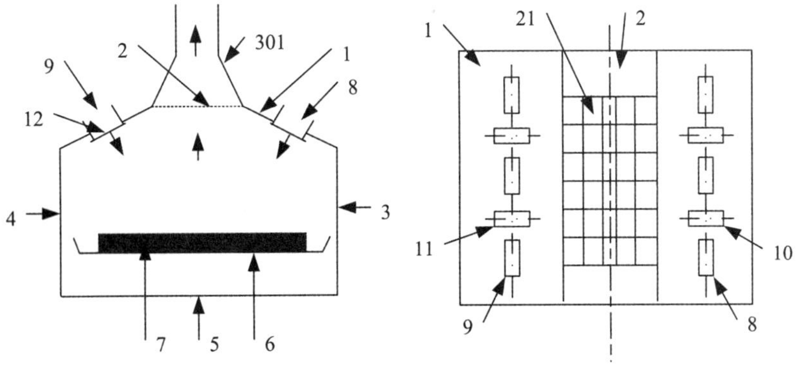

(a) (b)

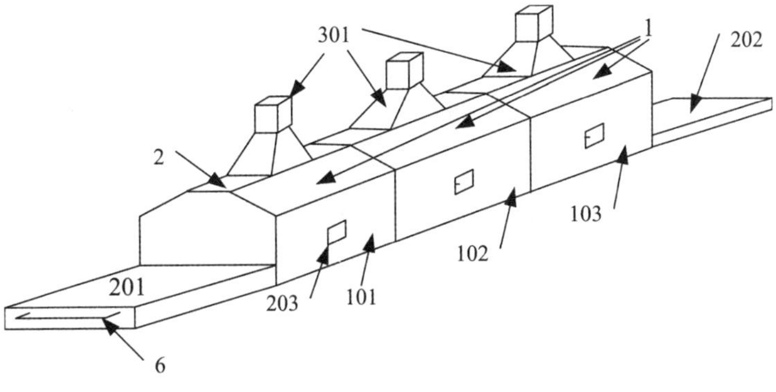

权利要求书

1. 一种斜屋顶式馈能的微波加热烘干装置，其特征在于：微波功率的馈口不在炉体顶部平面（2）上，而在偏离中心左右两侧具有一定倾角的两个斜顶面上（1）。

2. 如权利1所述的斜屋顶式馈能的微波加热烘干装置，其特征在于：每一侧斜顶面上配置了数目众多的微波功率馈口（8、9、10、11等），具体数目由整机总功率容量及产量决定。

3. 如权利2所述的斜顶面上为数众多的微波馈口，其特征在于：其电场极化面在相邻两口之间互成直角，即波导口长短边互相垂直（如8与10，9与11等），且相距一定距离，以防止各口进入的微波功率在炉体内发生相互耦合与干扰，因此提高了总的微波馈入功率。

4. 如权利2所述的微波功率馈口，其特征在于：采用该波段标准馈能波导口尺寸（$a=109.2$mm，$b=54.6$mm），而不采用角锥喇叭状的扩口天线（$a>109.2$mm；$b>54.6$mm），改善了照射到被加热或烘干物料上微波场强的均匀性，增强了加热效果。

5. 如权利1所述的斜屋顶式馈能的微波加热烘干装置，其特征在于：位于两侧斜屋顶馈能板之间的平顶面（2）上，由金属网（21）或多孔金属板构成的排气孔，它提供了水汽的逸出通道，在顶部外侧安装倒漏斗式风道（301），由强力抽风机即可完成对加热过程中从物料中蒸散出来的大量水汽的排出，保证这些高温水汽不会渗透到斜顶面上各波导馈口中。

6. 如权利2所述的数目众多的微波功率馈口，其特征在于：在每一波导馈口内侧面上都安装一个面积略大于馈口尺寸的云母薄板（12），防止意外的水汽渗入，保护波导另一端的微波磁控管免受损坏。

7. 如权利1所述的斜屋顶式馈能的微波加热烘干装置，其特征在于：整个加热装置分成为若干个组合式单元（101、102、103等），每个单元由8～12个微波馈口构成，自成一体，前后各有金属隔板。根据被加热或烘干物料的产量，以及脱水率等要求，计算出所需的微波加热功率，最后确定所需的单元数目，再灵活组合。

8. 如权利1所述的斜屋顶式馈能的微波加热烘干装置，其特征在于：整个装置中盛放物料的输送带（6），通过传动装置带动物料定速移动，其速度可调。物料入口（201）及出口（202）必备的微波抗流装置，采用阵列式金属销钉的带阻型滤波器结构，以防止炉体内微波通过物料入口与出口泄漏出炉体，影响操作者人身安全，以及对其他电气设备可能造成的电磁干扰。

9. 如权利1所述的斜屋顶式馈能的微波加热烘干装置，其特征在于：每一炉体单元的一侧装有微波炉门（203），该炉门装有防泄漏装置，关闭后可防止炉内微波功率外泄，开启时可进行炉内打扫或清理。

10. 如权利1所述的斜屋顶式馈能的微波加热烘干装置，其特征在于：它适用于制造如 915MHz、2450MHz、5800MHz 等由国际微波能协会规定的 ISM（工业、科学、医疗）几个常用标准波段的加热设备。

技术领域

本实用新型属微波加热干燥技术装置与设备的设计与应用领域，是微波能在工农业方面应用的典型案例，它有广泛的使用场合与应用前景。

背景技术

近二十年来，微波能应用在我国取得了长足与可喜的进步，由于微波加热的高效、节能、环保、即时等许多特点，使得该技术在冶金、陶瓷、粮食、食品、木材及其制品、橡胶、矿物、化工、轻工、石油、烟草、茶叶等行业中获得了广泛的应用。在应用领域的广度方面，我们走在世界的前列，其中一些应用产品具有自主知识产权，产品除满足国内需求外，还出口到欧美、东南亚、印度等国家和地区，得到了国际上的认可。

在各种微波加热设备中，各种功率水平（从几千瓦到几千千瓦）、各种炉体结构的箱式或隧道式工业微波炉正在推广应用。在连续生产的隧道式工业微波炉中，寻求一种设计更为合理、加热效率更高、设备运行更为可靠、维护简单、成本低廉的炉体（炉腔）结构成为当务之急。

发明内容

本实用新型提出一种与众不同的炉体结构，克服了目前流行的传统结构中存在的许多缺点与困难。

1. 本实用新型采用斜屋顶结构，如图 1（a）所示，将传统结构中置于平顶面上的数量众多的微波功率馈口移至中心左右两侧与水平面具有一定倾角的两个斜顶面（1）上，并在左右两侧斜顶面上安置一定数量的微波功率馈口（如 8、9、10、11 等），而中心顶部平面由金属网（21）形成水汽逸出孔，通过与顶部平面金属网（21）相连的倒漏斗状的排风管（图 2 中 301），在强力抽风机作用下，迅速将加热过程中从物料中蒸散出来的水汽排出炉体外。由于通风孔（21）在抽风机作用下的气压低于左右两侧斜顶面内的气压，所以，水汽不会往两侧斜顶面上的波导馈口内渗透，而全部通过排风管抽出管外。

2. 本实用新型结构中，分布在两侧斜顶面上的众多微波功率馈口，采用与微波源工作频率相应波段的标准波导，波导口尺寸宽边为 a，窄边为 b，而不采用扩口的角锥喇叭天线，就保证了较宽的微波波束，对提高物料加热时微波电场分布均匀性有利。

3. 本实用新型结构中，分布在两侧斜顶面上的众多微波功率馈口，采取相邻馈口的波导极化面正交配置方法，即一个馈口波导宽边 a 与其相邻的另一馈口的宽边 a 相互垂直，如图 1（b）中的 8 与 10，9 与 11 等，这种配置可以防止相邻馈口之间在馈能时的相互耦合与干扰，影响功率输出。

4. 本实用新型结构中，为了防止水汽从馈口中渗入，在每一波导馈口面向炉体一侧，均安装有一面积略大于波导口尺寸 $a \times b$ 的介质片（如云母片）(12)。

5. 本实用新型结构中，将 8～12 个馈口做成一个炉体单元，在炉体前后分别用金属板隔开，在金属板下端，只留传送带及物料输送面积大小的窗口，便于物料在隧道窑的炉体中传送。根据产量及总功率大小，确定炉体的单元数，然后将各单元相互串接成一个整体装置。

6. 本实用新型结构中，与其他任何隧道型微波炉一样，在炉体（101、102、103 等）的物料入口及出口处均安装有防止微波功率从炉内逸出的抑制装置，本实用新型结构中采用的是电抗型阵列式销钉带阻滤波器（201，202），而非吸收型要消耗能量的吸波装置，从而提高了总效率。

本实用新型的优点

本实用新型提出一种与众不同的炉体结构，克服了目前流行的传统结构中存在的许多缺点与困难。在当前流行的炉体（炉腔）传统结构通常是一个截面为矩形的金属壳体，微波功率源可采用大功率单管馈能，也可采用众多小功率微波管多管馈能。由于多管馈能的成本低廉（这取决于单只微波管的价格），目前多数产品均乐于采用多管馈能。于是就产生了多管馈能口如何配置的问题。到目前为止，常见的馈口配置有以下几种。

1. 顶部馈能：馈口分布在炉体顶部平面内，微波功率向底部照射到位于传送带上的物料。

2. 两侧壁馈能：馈口分布在炉体两个侧壁平面上，而物料则在低于馈口轴线的一个平面的传送带上。

3. 底部馈能：馈口位于盛放物料的介质传送带下方，微波功率向传送带辐射，穿过传送带后被带上的物料吸收。

以上几种馈口配置方式均存在不少缺点，例如顶部馈能方式微波辐照途径与水汽排除途径冲突，在不得已的情况下，只能采用侧向排风方式以排除水汽，效果欠佳。两侧馈能时，排风口可开在顶部，但微波源的馈口却在物料的左右侧，这样会造成物料上的微波功率分布不均匀现象，影响加热烘干效果。底部馈能方式主要是传送带及相应传动结构会使从底部辐射过来的微波产生一些不必要的反射，从而造成功率损失。还有一个缺点，那就是物料在传送过程中一旦掉下，即容易掉在底部馈口上，即使馈口上有介质（如云母片）保护层，层上堆积的物料极易吸收微波功率而烧毁，从而导致微波源的损坏。

本实用新型在结构上避免了上述几种馈能口的配置方法，而采用炉体上方左右两侧斜屋顶面上倾斜向下辐射微波功率的独特设计。保证了馈能口功率输入与水汽排出口工作时各司其职，互不干扰，改善了辐照的均匀性，也改善了排汽的顺畅性，从而提高了设备运行的可靠性。

实施案例

具体实施案例如下。

微波源工作频率为2450MHz，单管微波输出功率为1kW，采用如图2所示的多单元（101，102，103，…）组合成的隧道式连续加热烘干装置，其中传送带（6）、材料入口抗流防微波泄漏装置（201）、材料出口抗流防微波泄漏装置（202）、炉门（203）抽风通道（301）等组件这里不再详述。

本案例重点介绍如图1所示的斜屋顶式馈能的微波加热烘干装置中的单元结构的具体尺寸，如图3所示。在左右两斜屋顶侧各配置有五个标准波导口（BJ—22），其宽边尺寸 $a=109.2$，$b=54.6$。平顶上的通风气孔金属网（21）及喇叭形的排风通道（301）具体尺寸图中未画出，进出口尺寸也未画出，侧面炉门（203）亦未画出。

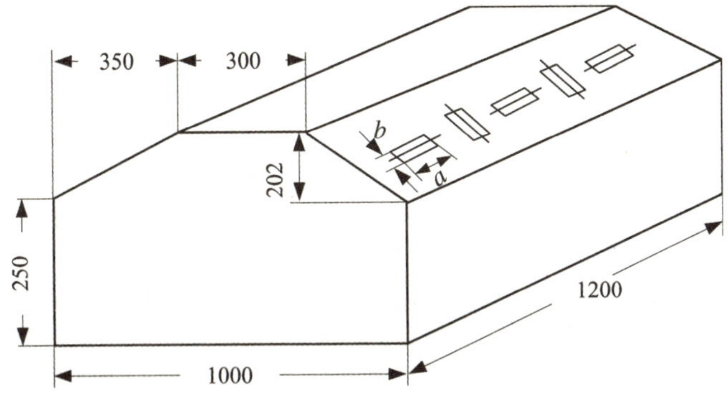

图3

计算机电磁仿真计算的物理模型如图4所示。

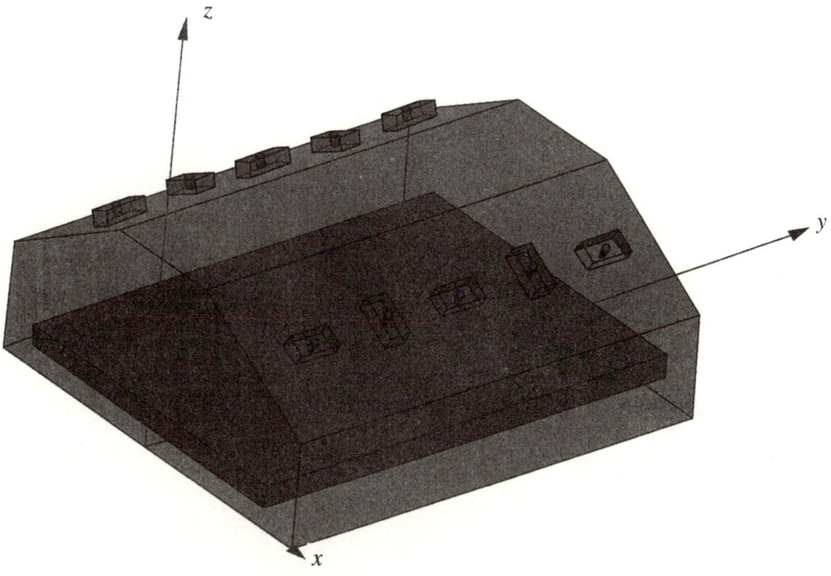

图4

图中是一个加热单元中的基本结构，中间有一个有一定厚度的，例如 5cm 的含水物料，斜屋顶两侧各配置五只连续波磁控管，在每一个波导馈口处存在一个不对称的金属电感膜片，膜片宽度为 49mm，高度与波导窄边尺寸相同，用来调整阻抗匹配，以利于提高加热效率。

波导馈能口的金属电感匹配膜片结构及尺寸如图 5 所示。

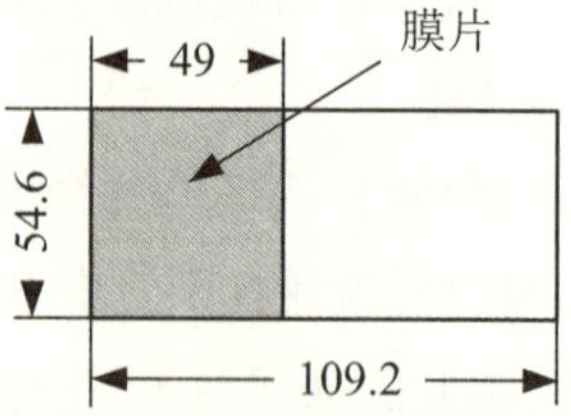

图 5

计算机电磁仿真得到本装置物料中的微波电场分布如图 6 所示。

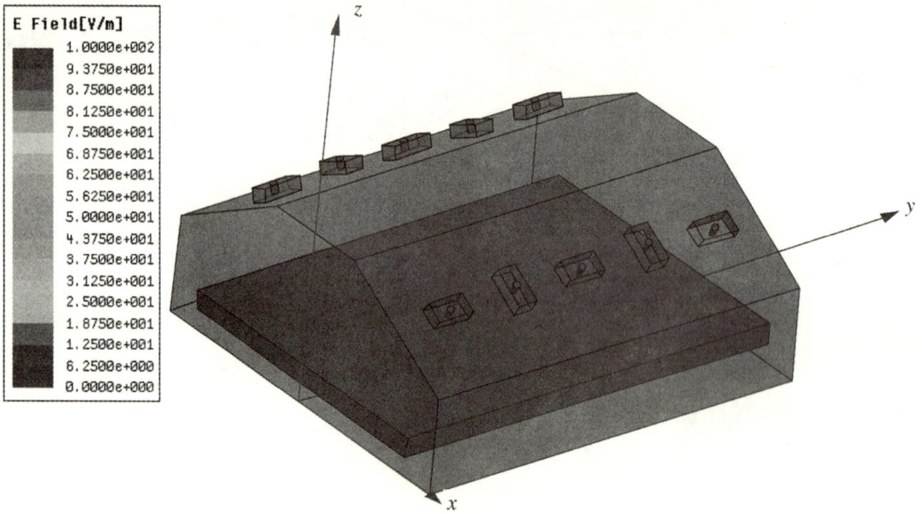

图 6

附图说明

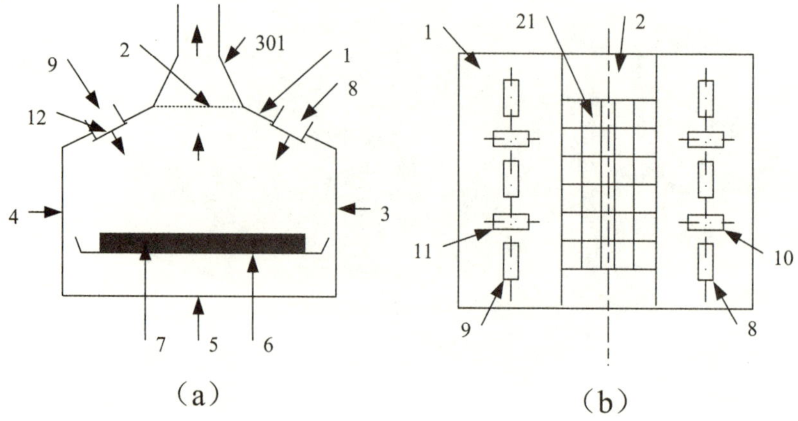

图 1

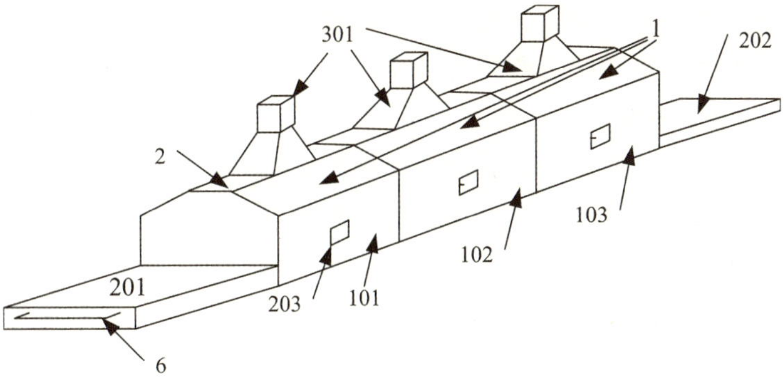

图 2

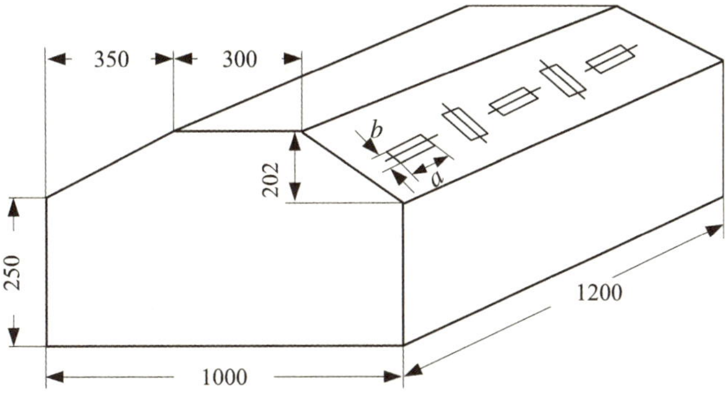

图 3

图 1（a）中（1）为炉体顶部左右两侧斜屋顶金属面板，与水平面形成一个倾角，图 1（b）中（2）为左右两侧斜屋顶面中间的一个平面金属面板，在顶部平板（2）中有金属网或带孔金属板（21）形成通汽通道，（3）（4）为炉体右左两侧金属隔板，并在一侧开有可启闭的防泄漏炉门（203），（5）为炉体底部金属面板，（6）为介质传送带，（7）为被加热烘干物料（如粮食），图 1（b）中（8）（9）（10）（11）为某波段标准波导尺寸的微波功率的辐射馈口，（12）为波导口防水汽的介质薄片（如云母片），图 2 中（101）（102）（103）等为组合的单元炉体，（203）为炉体一侧的可启闭的防微波泄漏的炉门，（201）（202）为传送带（6）进出口为防止微波漏出的电抗型阵列式销钉带阻滤波器，（301）为排风通道。

12.7 一种防止微波外泄的外同轴、内波导多重抗流装置（实用新型专利）

摘要

本实用新型涉及一种在各种工业微波炉中防止微波外泄的特殊装置，它由一段同轴线和在同一线段内部充有介质管的圆波导所组成。由于外金属管直径偏大，同时在其内部又填充有高介电常数的介质管，这种圆波导无法使微波截止。使用时，炉内微波就会通过这一途径向外泄漏，产生严重的电磁干扰，并会对操作人员造成伤害。本实用新型提出一种在外金属管内的介质管外，加一直径略大于介质管的金属套筒（内金属套筒），使内金属套筒内形成截止的圆波导，同时在内套筒或外金属管或内外金属套筒上设置四分之一波长的同轴抗流筒，来抑制外金属管与内金属套筒的间隙所形成的同轴线中的微波泄漏；当介质管直径过大，只在介质管外加同轴抗流筒还无法使介质管内的微波截止时，可在介质管内再加另一外同轴、内波导的第二个抗流筒（内抗流筒），于是形成多重微波防泄抗流系统。

这种抗流装置有多种结构，例如抗流筒可焊于同轴线的外导体（即外金属管）的内侧，或将抗流筒焊在同轴线的内导体（即内金属套筒）的外侧，也可将抗流筒同时焊在内外导体上，而且抗流筒的数量可以是一个、二个、三个或任意个。本实用新型介绍使用三个抗流筒的外同轴、内波导的多重微波防泄装置。

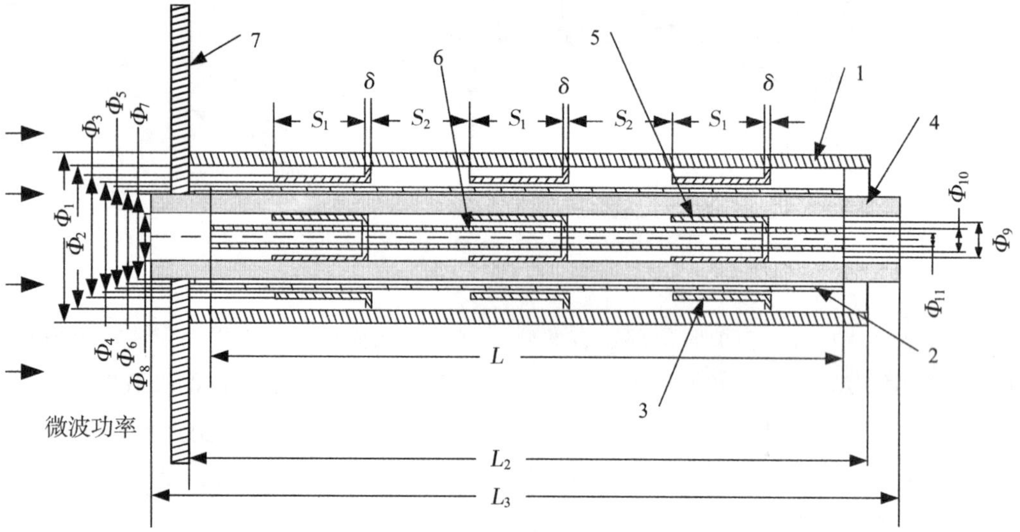

权利要求书

1. 一种防止微波外泄的外同轴、内波导多重抗流装置，其特征在于：该防泄抗流装置由两部分组成，即由外金属管与内金属套筒之间形成的同轴线段内设置抗流筒（外抗流筒），以及由内金属套筒内形成的截止圆波导抗流系统。

2. 如权利 1 所述的多重防泄抗流装置，其特征在于：抗流筒可以焊在外金属管的内侧，或焊在内金属套筒的外侧，也可将抗流筒同时焊在内金属套筒外壁和外金属管内壁上，而且抗流筒的焊接位置应在轴向彼此对齐。

3. 如权利 1 所述的多重防泄抗流装置，其特征在于：抗流筒的轴向长度应为四分之一波长（波长取决于选用的工作频率）。

4. 如权利 1 所述的多重防泄抗流装置，其特征在于：抗流筒与相邻抗流筒间的轴向间隔亦为四分之一波长。

5. 如权利 2 所述的防泄抗流装置，其特征在于：抗流筒的数量可以为 n 个，$n=1$，

2，3，4，…，N。本实用新型介绍 $n=3$ 的微波防泄抗流装置。

6. 如权利1所述的多重防泄抗流装置，其特征在于：当内金属套筒直径偏大，仍无法使内金属套筒（内有介质管）内的圆波导截止时，则应在介质管内再添加一个带有四分之一波长抗流筒的直径更小的金属管，以便与介质管外的内金属套筒形成第二个同轴抗流结构（内抗流筒），而最里面的小金属管则形成了截止的圆波导，于是构成了多重（三重）微波防泄抗流装置。

7. 如权利1所述的一种防止微波外泄的外同轴、内波导多重抗流装置，无论属于工业应用规定的哪一个频段（如915MHz、2450MHz、5800MHz等）；无论采用一个、多个、双重、三重或多重的类似结构，都要求在本实用新型的保护范围之内。

技术领域

本实用新型属于微波技术与微波能应用技术领域，特别是大功率工业微波加热的各种形状和形式的高温炉窑及相应装置。

背景技术

微波加热技术在当前能源短缺的背景下，近几十年来得到了迅猛的发展，尤其是在高温领域取得了突破，陶瓷烧结、粉末冶金、高温冶炼、金属加工、材料合成、矿物焙烧等行业都已采用微波功率这一既节能又环保的高效加热手段，同时也大大提高了产品的质量与档次。例如用微波烧结陶瓷，可使陶瓷的密度接近95%以上，这是用常规的传统烧结方法所无法比拟的，而且由于烧结的时间可节省几倍至十几倍甚至更多，节能效果极为显著。近年来，我国在高温微波加热领域的产品已在钢铁、冶金、石化、矿业、材料、陶瓷、建材、化工等行业与部门获得了广泛应用与推广，成绩卓著。

在高温工业微波炉中，有时需要在炉腔或炉窑的金属壳体上开一直径较大的圆孔，以便在圆孔内放入一个耐高温的介质管（如各种陶瓷管），用作炉内物件的转动或搅拌之用。因此，必须在介质管外装有直径略大的金属套筒，并将其端部与炉壳焊住，以防微波通过此金属管向外泄漏。由波导传输原理可知，在圆波导中，微波传输的截止条件为

$$\lambda_0 \gg \lambda_c \tag{1}$$

式中 λ_0——微波在空气或同轴线中传播时的工作波长；

λ_c——圆波导中最低模式 TE_{11} 模的截止波长，且

$$\lambda_c = 3.41R \tag{2}$$

R——圆波导管的内半径。

当圆波导管内填充有电介质时，式（2）变成

$$\lambda_c = 3.41R\sqrt{\varepsilon_{ef}} \tag{3}$$

ε_{ef} 为介质管的等效介电常数，它比介质管材料的介电常数 ε_r 要小，主要根据介质管的内外管径用面积比法近似计算，即

$$\varepsilon_{ef} = (\varepsilon_r - 1)\left[1 - (d/D)^2\right] + 1 \tag{4}$$

式中 D——介质管的外径；

d——介质管的内径。

所以

$$\varepsilon_{ef} < \varepsilon_r \tag{5}$$

由此可见，金属管内填有介质时，等效截止波长增大 $\sqrt{\varepsilon_{ef}}$ 倍，因此，原来截止的波导由于截止条件 1 的破坏，使微波得以传播，从而产生外泄，造成严重的电磁干扰和对操作人员的伤害。

为此，必须在大金属管内填充有介质管时专门设置微波抗流装置，使微波沿上述管道无法传播，处于反射或截止状态，消除电磁干扰和对操作人员的伤害。

实用新型内容

本实用新型的目的是防止和消除微波从大金属管（内含高介电常数的介质管）内由炉体向外部空间泄漏。根据微波传输理论，利用四分之一波长阻抗变换原理，可以用同轴线抗流结构来抑制微波的外泄。同时，用减小直径的方法来使沿小金属管传播的微波处于截止（即不传播）状态。抗流与截止原理不同，但都达到使微波反射回去而不外泄的目的，消除电磁干扰和对人员的伤害。

本实用新型的技术方案如下。

本实用新型的多重微波防泄装置采用外同轴、内波导，或双重同轴加内波导三重微波防泄装置。在外同轴部分，采用四分之一波长同轴抗流结构，并采用多个（$n=3$）相隔四分之一波长同轴抗流结构，在同轴线内导体内，则形成截止的圆波导；当同轴线内导体直径较大，无法使圆波导内微波截止时，可在内导体介质管内再置入一个直径更小的金属管，并在此管外焊上四分之一波长同轴抗流筒（多个，例如 $n=3$），形成第二个同轴抗流筒（内抗流筒）。外抗流筒与内抗流筒的区别在于前者抗流槽均为空气，而后者的一个抗流槽则为介质填充，而小金属管内则形成了截止的圆波导，最后构成了二重同轴抗流结构，加上中心部位的截止圆波导的三重微波防泄装置。

本实用新型的特点及效果

本实用新型的多重微波防泄装置采用两个一重或二重同轴抗流结构及一个直径较小的截止圆波导，形成的多重微波防泄装置，结构简单，防泄效果良好。由于同轴抗流结构在外金属管内的介质管（如陶瓷管）外或同时在介质管内外都加上一段多个的同轴抗流结构，当介质管旋转时，介质管外的抗流筒外径与外金属管间存在间隙，所以在转动时，不会与外金属管产生相互摩擦，转动灵活自如；而置于介质管内的同轴抗流筒（内抗流筒）外径可与介质管接触，并在介质管旋转时一起转动，而不应在轴向移动。外金属管和介质管的长度不受限制，而同轴抗流结构及圆波导形成的多重微波防泄装置的长度 L_1 应小于介质管的长度 L_3，通常视同轴抗流结构数目多少而定。在本案例中，当 $n=3$ 时，抗流结构总长度为两个波长左右，即 $L_1 \approx 2\lambda_0$。

附图说明

图 1、图 2 及图 3 为本实用新型的多重微波防泄装置的纵向剖面简图。

具体实施方式及说明

下面结合附图 1 和实施案例对本实用新型做进一步的说明。

在图 1 中，1 为该装置的外金属管，它作为第一个同轴线抗流结构（外抗流筒）的外导体，在这一外导体套筒内侧焊有长为四分之一波长，相隔亦为四分之一波长的三个抗流筒 3，2 为介质管外的内金属套筒，它作为第一个同轴线的内导体，其内径与介质管紧密配合，抗流筒 3 的内径大于内导体金属套筒 2 的外径，留有一定的间隙作为抗流间隙（抗流槽），避免打火，以保证良好的抗流效果和介质管的自由转动。4 为介质管，通常由耐高温的陶瓷材料制造，其介电常数为 6～9。5 为介质管内第二个同轴抗流筒（内抗流筒），它焊于小金属管 6 上，该抗流筒的外径与介质管内径密切配合，防止松动或滑动，成为一个整体。7 为炉腔的外壳体，外金属管端部直接焊在该壳体上，而介质管 4 则可伸入炉中使用。外金属管 1 的长度 L_2 取决于介质管 4 的长度 L_3。

图 2 与图 1 的主要差别在于：图 2 中的外抗流筒 3 焊在内金属套筒 2 的外侧，而图 1 中则焊于外金属管 1 的内侧，其他完全相同。

图 3 中的外抗流筒有两组，其中一组 3 焊在外金属管 1 内侧，而另一组 4 则焊在介质管 5 外的内金属套筒 2 的外侧，两者间隙均朝向相同，并对齐配置，其他结构与图 1 和图 2 完全相同。

这种外抗流筒具有双抗流结构，主要适用于当外金属管 1 与介质管 5 之间的间隔较大的情况下，因为如采用单抗流结构，就会使抗流槽间隙过大，从而影响抗流效果。

多重微波防泄装置中，L_1 为外同轴、内波导抗流结构的总长度，为 $L_1 \approx 2\lambda_0$，而外金属管的长度 L_2 通常大于 L_1，即 $L_2 > L_1$，但小于介质管长度 L_3，即 $L_2 < L_3$。

当该工业微波炉采用 $f = 2450$MHz 频率的微波功率源时，相应的工作波长为 $\lambda_0 = 122.4$mm。因此，同轴抗流筒的长度 $S_1 = 30.5$mm，$S_2 = 28$mm，$\delta = 2$mm。

本案例（图 1）的具体尺寸如下。

外金属管 1 外径为 $\Phi_1 = 60$mm，内径为 $\Phi_2 = 51$mm；第一个抗流筒（外抗流筒）3 的外径为 $\Phi_3 = 47$mm，内径为 $\Phi_4 = 43$mm；介质管外的内金属套筒 2 的外径为 $\Phi_5 = 39$mm，内径为 $\varphi_6 = 35$mm；介质管 4 的外径为 $\Phi_7 = 35$mm，内径为 $\Phi_8 = 25$mm；第二个抗流筒（内抗流筒）5 的外径为 25mm，内径为 $\Phi_9 = 21$mm；小金属管 6（圆波导管）的外径为 $\Phi_{10} = 17$mm，内径为 $\Phi_{11} = 13$mm；多重微波防泄抗流装置总长 $L_1 = 250$mm。L_2 及 L_3 则由其他附设或传动机构决定。

附图

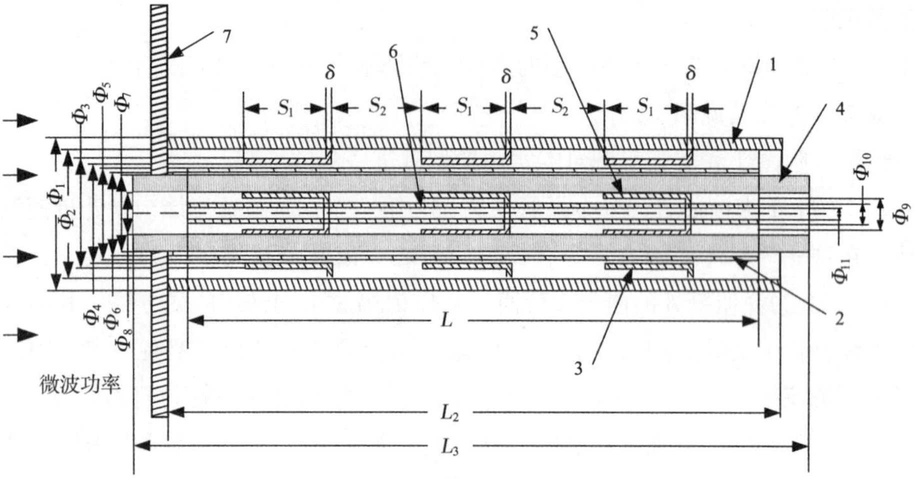
7
5
6
1
4
δ
S1
S2
Φ3
Φ5
Φ7
Φ1
Φ2
Φ10
Φ9
Φ11
Φ4
Φ6
Φ8
L
2
3
微波功率
L2
L3

图 1

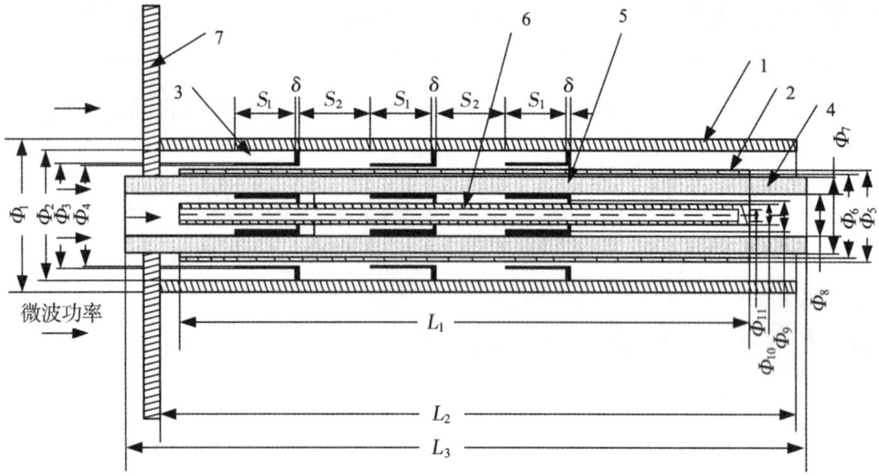
7
6
5
1
2
4
3
δ
S1
S2
Φ7
Φ1
Φ2
Φ3
Φ4
Φ6
Φ5
Φ8
微波功率
L1
Φ11
Φ9
Φ10
L2
L3

图 2

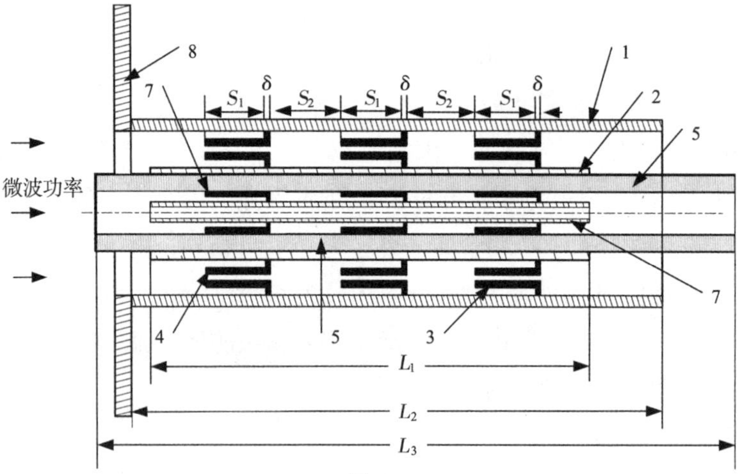
8
1
7
δ
S1
S2
2
5
微波功率
7
4
5
3
L1
L2
L3

图 3

12.8 一种宽口径出入口的微波防泄漏装置（实用新型专利）

摘要

本实用新型专利涉及一种宽口径出入口的微波防泄漏装置，它由一段数目众多（N个）、截面为方形或圆形的小金属管拼合而成的宽口径矩形或圆形的大金属通道，作为微波设备物料进出口的防泄漏抑制器。当尺寸较大的矩形或圆形金属管作为微波加热设备中的物料进出口时，微波就会通过这种宽口径的金属管道向外泄漏，会对环境产生严重的电磁干扰，并会对操作人员造成伤害。在加工物料为粉末状、颗粒状或小块状等情况下，采用本实用新型的防泄漏装置，能抑制微波功率的外泄，使相关微波设备的泄漏达到国家标准规定要求的指标之内。该装置结构简单，加工方便，形式众多，防泄漏效果良好。

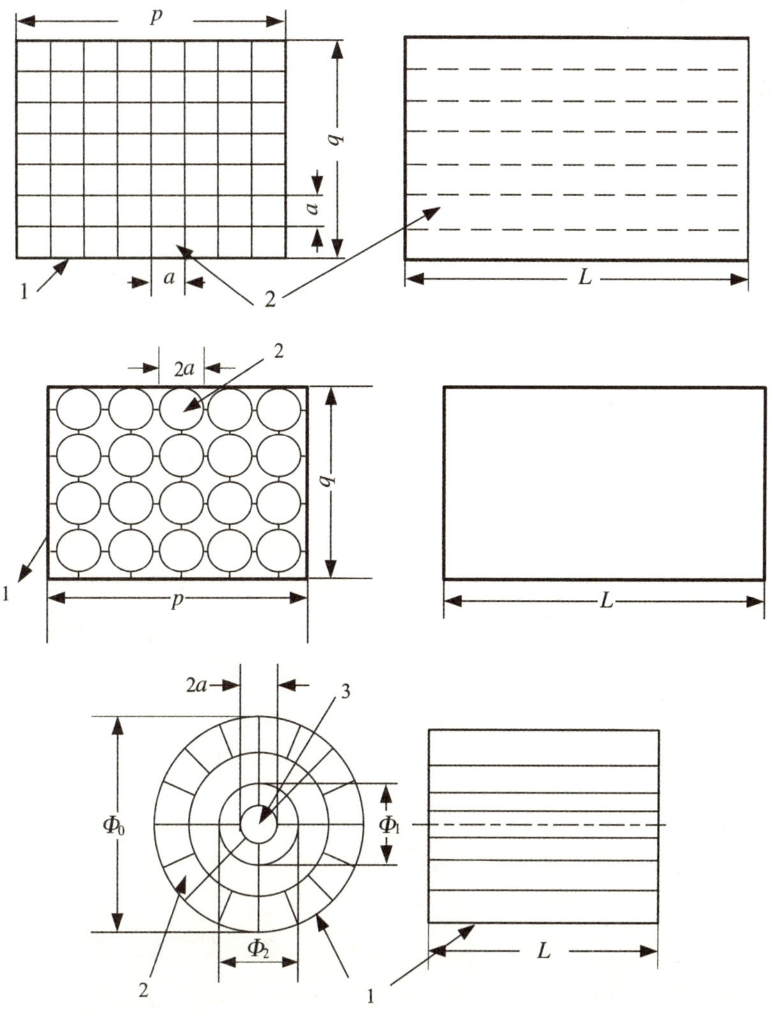

权利要求书

1. 一种宽口径出入口的微波防泄漏装置，其特征在于：它由一段具有一定长度，宽口径的截面为矩形、方形或圆形的外金属管内的许多金属小管所组成。

2. 由权利要求1所述的微波防泄漏装置，其特征在于：矩形截面外金属管内的金属小管，截面形状可以是正方形、矩形，也可以是圆形。

3. 由权利要求1所述的微波防泄漏装置，其特征在于：圆形截面的外金属管内，可以按角向及径向分布的金属条形成扇面形及圆形小格，其中扇面形金属格的面积，大小不一，外大内小。

4. 由权利要求1所述的微波防泄漏装置，其特征在于：宽口径外金属管内的小金属管数目由外金属管口径大小决定，口径愈大，小金属管数量愈多，反之愈少。

5. 由权利要求4所述的微波防泄漏装置，其特征在于：宽口径外金属管内的小金属管数目还与其微波工作频率相关。相同口径的外金属管内，频率为2450MHz的防泄漏结构中，小金属管数量要多于频率为915MHz的防泄漏结构，即2450MHz频段的小金属管截面积小于915MHz频段的小金属管截面积。

6. 由权利要求2及3所述的防泄漏装置，其特征在于：无论何种截面形状的小金属管，它在轴向的长度应足够长，以保证微波防泄要求所需要的衰减量。

技术领域

本实用新型属微波能应用技术领域，尤其是工业微波加热应用中的加热、干燥、焙烧、脱水、脱硫、膨化等连续生产线上的竖式或卧式微波炉中的应用。

背景技术

近几十年来，高效、节能、环保的微波加热技术已在轻工、化工、矿冶、建材、烟草、茶叶、橡胶、食品等行业不断扩展其应用范围，各种功率水平（从几千瓦到几千千瓦）、各种炉体结构的箱式或隧道式工业微波炉正在推广应用。微波炉的物料进出口是生产设备中的重要组成部分，特别是当生产量较大时，通过微波炉出入口的物料流量是相当可观的，而物料在传送带上的移动速率受物料与炉中微波相互作用时间的影响，它不可能很快，因此唯一可行的方法，就是增大出入口的口径，使在单位时间内，进入出入口的物料数量增加，这就增大了炉腔内的微波通过宽口径出入口向外泄漏的危险。为此，在各种工业微波炉中，在出入口处都会设计一段微波功率抑制器，以防止微波向外泄漏，产生电磁干扰和对操作人员的伤害。对于宽口径的出入口，一般来说是很难达到完全抑制微波泄漏的目的；但对于像粉末状、颗粒状或小块状的物料，如粉料、化工原料、蛭石、橡胶颗粒、茶叶、煤粒或煤粉、各种矿石颗粒等，就可设计一种不妨碍、不影响这些物料流动和通过宽口径出入口的特殊的防泄漏装置。

发明内容

本实用新型发明提出一种宽口径出入口的微波防泄漏装置，它有一段具有一定长度的外金属管，其截面形状可为矩形、方形或圆形，在该段外金属管内，安装有各种截面如矩形、方形、圆形或扇面形的小金属管，小金属管的数量由外金属管的口径大小及工作频率决定。

技术方案及计算方法

本实用新型涉及的微波防泄漏结构是根据微波波导传输理论中的过极限截止原理，众所周知，在波导传输理论中，电磁波在波导（包括矩形和圆波导）中传输的条件为

$$\lambda_0 < \lambda_c \tag{1}$$

式中 λ_0——工作波长；

λ_c——相应模式的截止波长，它由下式确定

$$\lambda_c = 2/[(m/a)^2 + (n/b)^2]^{1/2} \tag{2}$$

式中 a，b——矩形波导管宽边及窄边的内尺寸；

m，n——模式号，$m=0$，1，2，3，…，$n=0$，1，2，3，…

但当$\lambda_0 \gg \lambda_c$时，波导中将无法传输微波，即处于传输的截止状态，这时的波导称为“截止波导”。 (3)

对于TE_{mn}模式的矩形波导来说，当边长$a=b$，$m=1$，$n=1$时，即TE_{11}模时，由式（2）可得

$$\lambda_c = \sqrt{2}a \tag{4}$$

当波导内填充有物料（电介质，其介电常数为ε_r）时，式（4）变成

$$\lambda_c = (\sqrt{2}\sqrt{\varepsilon_r})\,a \tag{5}$$

在该截止波导内长为L的TE_{11}模的微波衰减量为

$$A = 8.686 \times 2\pi L/\lambda_c = 38.6\,L/a\sqrt{\varepsilon_r}\ (\mathrm{dB}) \tag{6}$$

实际上，物料不可能全部填满波导内空间，因此其等效介电常数

$\varepsilon_{eff} < \varepsilon_r$，所以式（6）应改写成

$$A = 38.6\,L/a\sqrt{\varepsilon_{eff}} \quad (\mathrm{dB}) \tag{7}$$

在圆波导中，长为L的TE_{11}模的截止波导的微波衰减量为

$$A = 16\,L/a\sqrt{\varepsilon_{ef}} \quad (\mathrm{dB}) \tag{8}$$

式中 a——圆波导的内半径。

扇面形金属波导管在截止时的微波衰减量，可用扇面形与方形等效面积法近似计算，即以等效$a \times a$的面积代替最大扇面形的面积，然后按式（7）计算A。

本实用新型的技术特点是结构简单，加工方便，形式多样，防泄效果理想，能解决大口径出入口在粉料或颗粒料情况下的微波泄漏的抑制问题。

附图说明

图1、图2及图3为本实用新型提出的三种具体结构。图1中（1）为宽口径矩形外金属管，其中p为其宽边长度，q为窄边长度，L为外金属管轴向管长，（2）为管内小金属管，a为边长，该金属管为正方形管，而小金属管的管壁极薄，具有足够的机械

强度即可，这样形成的 N 个小格对物料的输送影响较小。图 2 中（1）为外金属管，尺寸 p、q、L 同图 1，（2）为圆形小金属管，a 为内半径，管壁极薄；图 3 中（1）为外金属管，（2）为扇面形小金属管，管壁极薄，（3）为中心圆管，Φ_0 为外金属管内径，Φ_1 为第一层圆板的内径，Φ_2 为第二层圆板的内径，以此类推。再与由径向金属板一起构成扇面形的小金属管，靠近圆心处则为一个半径为 a 的中心圆管。

本案例的具体实施方案如下。

当工作频率 $f=2450\text{MHz}$，工作波长 $\lambda_0=122.45\text{mm}$，宽口径的外金属管 $p=518\text{mm}$，$q=258\text{mm}$，在外金属管内可构成 $a=50\text{mm}$、壁厚为 $t=2\text{mm}$ 的小金属管 $10\times5=50$ 根，这时 TE_{11} 模的 $\lambda_c=\sqrt{2}\,a=70.71\text{mm}$，满足 $\lambda_0>\lambda_c$ 的条件，每根小金属管内如充填有 $\varepsilon_{eff}=2.5$ 的介质物料时，微波通过方形小金属管时的衰减量，当长度为 L 时的相应 A 值如表 1 所示。

表 1

L	(mm)	200	250	300	350
A	(dB)	97	122	146	171

由此可见，当微波炉内功率为 $P=100\text{kW}$ 时，通过防泄漏结构向外泄漏在最坏条件下，即使选择 $L=200\text{mm}$ 时，也不会超过国家规定的泄漏标准（5mW/cm^2）。

附图

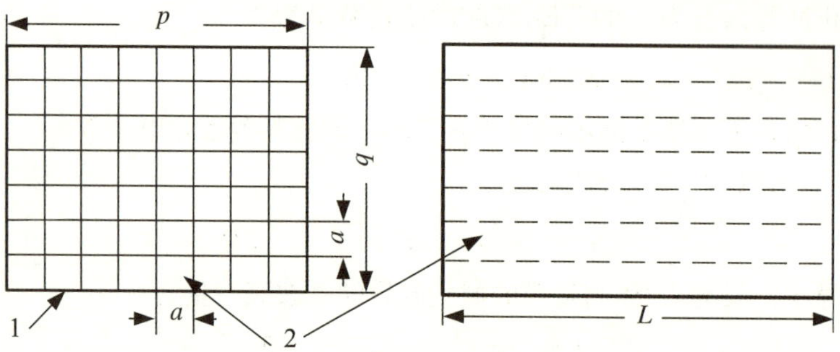

图 1

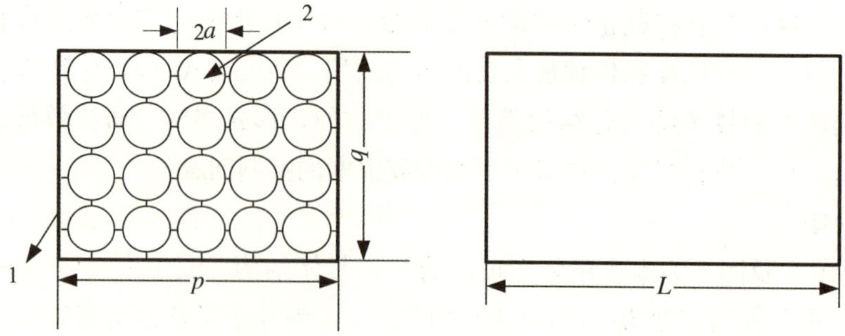

图 2

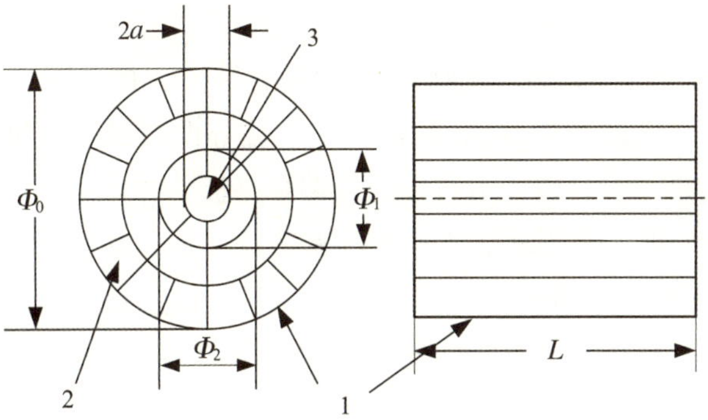

图 3

12.9 一种特殊炉腔结构的高效微波炒锅（发明专利）

摘要

一种特殊炉腔结构的高效微波炒锅，它包括微波炉特殊形状的与众不同的炉腔腔体、微波功率源、馈能波导、天线喷口、控制面板、介质炒锅、抛物面锅盖及防泄漏抗流装置等部件。其特征是：介质炒锅位于圆锥喇叭形的天线喷口之上，而多孔状的抛物面锅盖覆盖在炒锅下炉体之上，整个微波炉腔体形状特殊，大大减少了炉腔内的无效空间，以利于提高烹饪食物时食物位置上的微波功率密度，从而缩短烹饪时间。微波防泄漏装置与圆锥喇叭形腔体连成整体，炉门可以向左开启，便于操作。微波炒锅可以整体嵌入厨房内的橱柜面板之下，并与洗碗池和燃气灶等处于等高的位置上，便于炒菜操作和清洗。

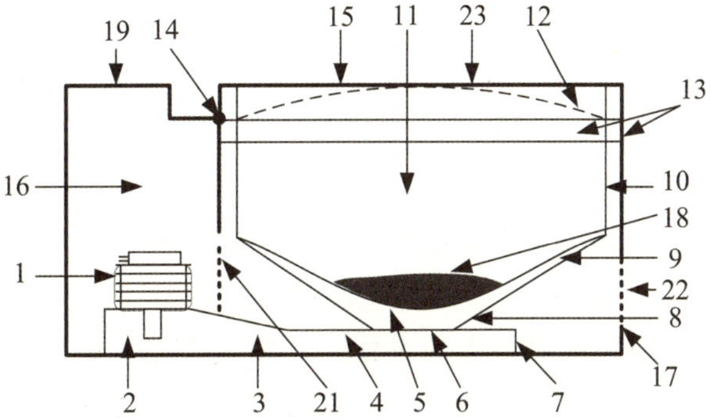

权利要求书

1. 一种特殊炉腔结构的高效微波炒锅，其特征在于：这种微波炒锅是嵌入式结构，整体埋入厨房内橱柜的面板下面，与洗碗池及燃气灶等高，便于操作与清洗。

2. 如权利要求 1 所述的高效微波炒锅，其特征在于：它由微波源及控制部件，馈能波导（4）、天线喷口（5）、异形炉腔（11）、介质炒锅（9）、炉门（15）、通风孔

(21，22）等组成。

3. 如权利要求1所述的高效微波炒锅，其特征在于：微波源中的磁控管（1）直接插入馈能波导（4）左端的波导激励器（2）中，波导向右经一高度渐变的过渡波导段(3)，最后为天线喷口（5)，(7）为波导的终端短路板。

4. 如权利要求1所述的高效微波炒锅，其特征在于：炒锅的特殊结构的异形炉腔(11)，该炉腔由上下两个部分组成，下面部分由与天线馈口（5）和波导（4）焊成整体的圆锥喇叭状腔体（8）及与喇叭体连成一体的圆筒（10）组成，上面部分则由抛物面金属网（12）与炉门（15）形成一个整体结构，在门的外侧装有透明的可视窗(23)，和开关炉门用的把手（图中未绘出）。

5. 如权利要求4所述的微波异形炉腔结构，在下炉体圆筒（10）上端有一圆环形平台（13)，在此平台上安装有防微波泄漏的抗流装置（131)，它与炉门（15）上的圆环形平面平台（121）相吻合，组成了防泄漏门缝。

6. 如权利要求1所述的高效微波炒锅，其特征在于：天线喷口（5）有多种形式，如波导顶面直接开大圆孔（51)；或由门钮式转换成杆状天线（52)；或由门钮式转换成螺旋天线（53）等作为微波辐射源，喷口（5）直接与圆锥喇叭形微波下炉体（8）结合在一起形成微波辐射器，向异形炉腔（11）辐射微波。

7. 如权利要求1所述的高效微波炒锅，其特征在于：介质炒锅（9）位于圆锥喇叭形下炉体（8）之上，距离极近，与喇叭体接触。

8. 如权利要求1所述的高效微波炒锅，其特征在于：介质炒锅（9）由微晶玻璃或玻璃钢等低损耗微波材料制造，对微波完全透明，形状与一般家用金属炒锅相似，在炒锅边缘两侧开有四个小圆孔（91，92）（每侧两个)，便于手指伸入作为提取与放置之用。

9. 如权利要求1所述的高效微波炒锅，其特征在于：锅盖（12）由多孔的轻薄金属冲制而成，呈抛物面形状，以利于对微波能的聚焦，同时可作烹饪食物时的观察孔(照明指示灯在图中未画出)。

10. 如权利要求1所述的高效微波炒锅，其特征在于：抛物面多孔锅盖（12）与炉门（15）做成一体，打开炉门时，锅盖同时被打开。炉门（15）上有观察窗（23)。

11. 如权利要求1所述的高效微波炒锅，其特征在于：炉门（15）可以向左边打开，成垂直位置，炉门（15）与炉体（17）用铰链（14）连接，该铰链为可拆卸的活动铰链，为拆卸炉门与锅盖提供方便。

12. 如权利要求1所述的高效微波炒锅，其特征在于：电源箱（16）上面的控制面板（19)，可以是机械式或电子式的。

13. 如权利要求1所述的高效微波炒锅，其特征在于：电源箱（16）侧壁上和炉体右侧开有通风孔（21）和（22)，以便将电源箱（16）中的热风向炉外排出，热风不进入炒锅内。

技术领域

本发明属于微波能应用技术领域，特别是家用电器和厨房用具领域。

背景技术

从家用微波炉发明至今已有60多年的历史了，但在我国的大量应用与推广还只有十多年的历史。近几年来的快速发展，使我国已成为全球微波炉产量与产能的大国，国内外市场逐渐成熟，型号规格种类繁多，琳琅满目。由于这是一个舶来品，在文化和饮食习惯大相径庭的背景下，已普遍进入城市居民家中的微波炉，在日常家庭厨房中，人们只用来回热、解冻等少数功能，使用频度不高，其主要原因是很难用微波炉像普通的炒锅那样，作各种炒菜之用。微波炉本身是一种既高效节能，而又绿色环保的家用厨房电器，如能开发出像燃气灶或电磁炉那样，完全符合中国的烹调习惯，能进行煎炒功能的微波炒锅，并且采用整体嵌入式结构，埋入厨房橱柜面板之下，操作与清洗十分方便，人们肯定会十分欢迎。嵌入式微波炒锅占用空间小，可以使厨房得以美化。

发明内容

本发明的高效微波炒锅是一种整体嵌入式结构，埋入厨房橱柜面板之下，与水池及煤气灶等等高，节省空间，炉门可向上打开，操作方便实用，可作一般食品的煎炒之用。

本发明的技术方案如下。

由微波磁控管产生的微波功率，经波导激励器并通过高度渐变的馈能波导，直到天线喷口，微波功率由此辐射至一个形状特殊（下炉体为口向上的圆锥喇叭形，上炉体为抛物面状的反射体），与普通微波炉截然不同的多模腔体内，主要目的是减小四周不必要的炉腔体积（无效空间），以便提高炉腔体内的微波功率密度，加速烹调进程，缩短炒菜时间，以保证菜肴的营养和色香味质量。锅盖的抛物面设计是使微波经抛物面锅盖反射后会聚于食物上，提高功率密度，从而缩短加热时间，提高效率。通风孔的作用与功能与普通微波炉也有不同之处，在普通微波炉内，由电源箱内排出的热风通常都排入加热腔体中，起到辅助加热之用，但这也带来会使被加热食品外表水分散失，造或干裂或硬化的缺陷。本炒锅中，热风不被引入炒锅中而另行排出，因此不会对被加热食物产生影响。本炒锅内的介质炒锅由低损耗的微晶玻璃或陶瓷或玻璃钢等材料制成，对微波近乎透明，为了提取方便，在顶部左右两侧开有四个可容手指伸入的圆孔。锅盖与炉门成一整体，打开炉门时同时开启锅盖，炉门及锅盖上均有网孔，可借助背景灯看到锅内食物。炉门可向左打开成垂直状态，炉门与炉体间的铰链安装在炉门的左侧位置，在锥圆形下炉体的顶端，安装有排列成圆环形的抗流装置，与炉门下侧的圆环形台面紧密接触，形成了防微波泄漏的良好效果，确保操作者的使用安全，又方便炉门的拆洗。

本发明的特点

1. 结构上的整体嵌入式，节省厨房使用空间。

2. 加热时的微波直接作用于食物或菜肴上，产生高效的整体加热，效率高，时间快，食品营养流失少，节能环保；腔体的特殊形状和结构使加热区功率密度大大提高，充分集聚微波能量于待炒的菜肴中，提高了微波能量的利用率，从而提高了总效率（即能效等级）。

3. 本发明中提出的三种天线喷口结构，圆孔型和门钮杆状天线型产生的电场呈喷泉状，而门钮螺旋天线型则产生一个高速旋转的圆极化电场，这对食物加热均匀性极为有利。

4. 微波防泄漏抗流装置安装在下炉体的上圆环台面上，而炉门下圆环台面则为平面形，由于抗流装置没有像家用微波炉一样装在门框内，这样就可以防止拆洗炉门时水的浸入。

本发明的具体设计方法如下：

（1）根据加热食物的数量多少，确定炒锅的炉腔体积，如 25L、30L、35L 等。

（2）设计微波介质炒锅的直径和高度，并选择介质材料如微晶玻璃、玻璃钢、陶瓷或其他耐高温介质材料。

（3）在此基础上设计喇叭下炉体的角度和直径，以及圆筒体的高度。

（4）然后采用电磁场 HFSS 仿真软件设计整个波导传输及天线辐射系统，包括抛物面形锅盖的焦距设计，以利于对锅内食物的快速加热。

（5）电源及炉体与防泄炉门等的设计与一般微波炉的设计相同（包括安全联锁保护系统），但防泄漏装置不安装在炉门上，而是安装在下炉体的圆环形台面上。

设计时的总体要求是：从磁控管至天线辐射器的微波传输效率高，微波在下喇叭、上抛物面的特殊结构的异形炉腔（11）内，电场分布向下侧（即锅底）逐渐加强，主要功率集中于锅底一定半径的范围之内，便于快速加热与烹调锅内菜肴。

本案例的具体实施方式如下。

烹调食物时，根据食物性质种类，先在控制面板（19）上设置微波火力大小和烹饪时间长短，然后打开炒锅炉门（15），锅盖（12）也随之打开，在炒锅（9）内倒入适量熟油，加入菜肴和少许调料，搅拌均匀后，关上炉门（15），开始烹调，如需再次搅拌，或再次添加调料时，再次打开炉门（15），进行必要的操作，直至完成。整个炒菜过程与燃气灶上铁锅内的炒菜过程类似。加工完成后，打开炉门（15），取出烹饪好的菜肴（18），必要时可借助炒锅（9）上的两侧圆孔（91）和（92）将炒锅（9）从炉腔（11）内取出，清洗后将炒锅（9）重新放入炉腔（11）内备用。

附图说明

在图 1 所示为本发明的高效微波炒锅纵向剖面图，其中，（1）为微波磁控管，（2）

为波导激励器，(3) 为高度渐变过渡波导，用来改善阻抗匹配，(4) 为馈能窄波导段，(5) 为天线辐射口，(6) 为天线喷口上的防护介质板（如云母或聚四氟乙烯板），(7) 为波导终端短路板，(8) 为圆锥喇叭形的下炉体，其下端与天线喷口 (5) 相焊接，形成喇叭状天线辐射器，(9) 为微波介质炒锅，(10) 为下炉体的圆筒部分，其下端与圆锥喇叭体 (8) 焊在一起，(11) 为结构特殊的异形炉腔，(12) 为由多孔或网状金属板制成的抛物面状的锅盖，(13) 为微波防泄漏炉门的下台面，它与锥圆形下炉体 (8，10) 组成一个整体，(14) 为炉门左侧可装卸铰链，(15) 为炉门，(16) 为电源箱，内有磁控管、变压器、整流电源及散热风扇与照明灯等，(17) 为炉体，(18) 为锅内食品 (19) 为控制面板（在图 6 上），它可以是机械式或电子式的，(21) 为炒锅内隔板上的通风孔，(22) 为炒锅炉体右外侧下面的通风孔，(23) 为炉门上的观察窗。

图 2 所示为三种天线喷口结构示意图，图 2 (a) 为圆孔形 (50) 喇叭辐射器，图 2 (b)为门钮杆状天线型 (51) 辐射器，图 2 (c) 为门钮螺旋天线型 (52) 辐射器。

图 3 所示为介质炒锅的纵截面及顶视图。图 3 (a) 为微波介质炒锅 (9) 的纵截面图，图 3 (b) 为顶视图，(9) 上的左侧圆孔 (91) 及右侧圆孔 (92) 作为炒锅的提取及放置之用。

图 4 所示为打开炉门后的顶视图，(131) 为下炉体圆环顶部防微波泄漏抗流装置的上端平台，它与炉门 (15) 上内侧的圆环下端平台 (121) 吻合，组成炒锅防微波泄漏装置，确保操作者使用安全。

图 5 所示为炉门向左打开后的炒锅侧视图，借助于炉门 (15) 上的把手（图中未绘出）可以向左上方打开，直到与炉体成直角位置为止，便于炒菜时操作，铰链 (14) 为可拆式的，便于炉门与锅盖拆下清洗。

图 6 所示为高效微波炒锅的正视及顶视图，(19) 为炒锅的控制面板，位于炒锅左侧平台上，它可以是机械式的，也可以是电子式的，微波炒锅整体为左方右圆结构。

附图

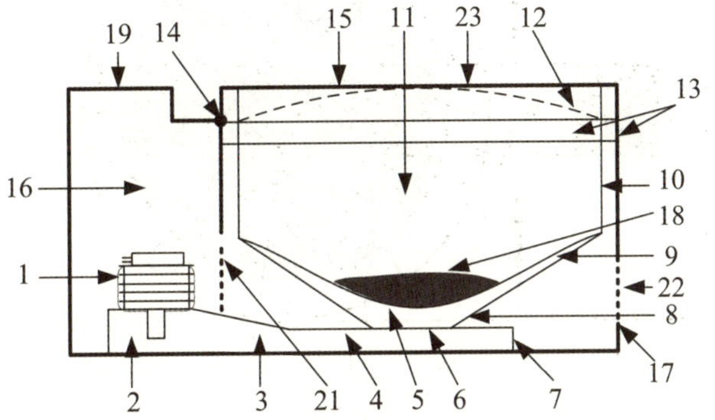

图 1

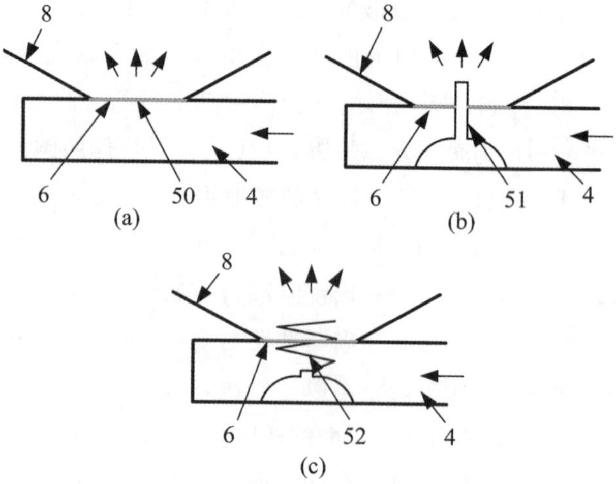

图 2

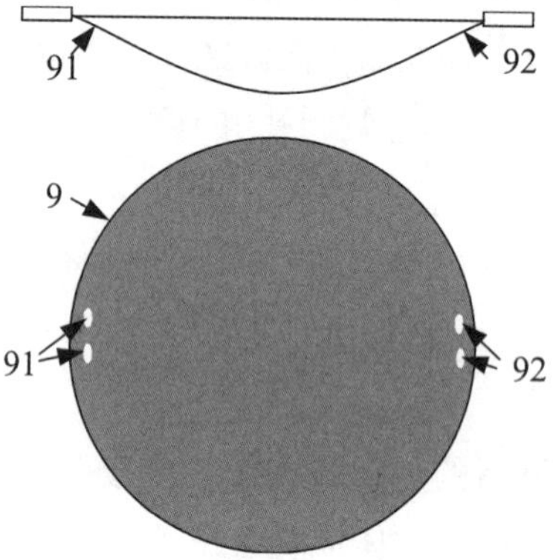

图 3

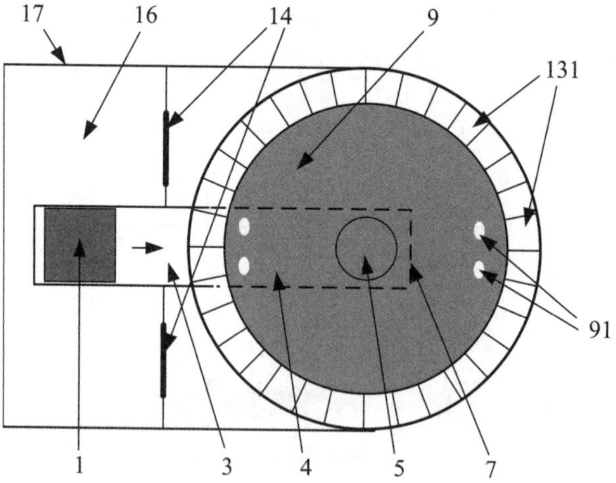

图 4

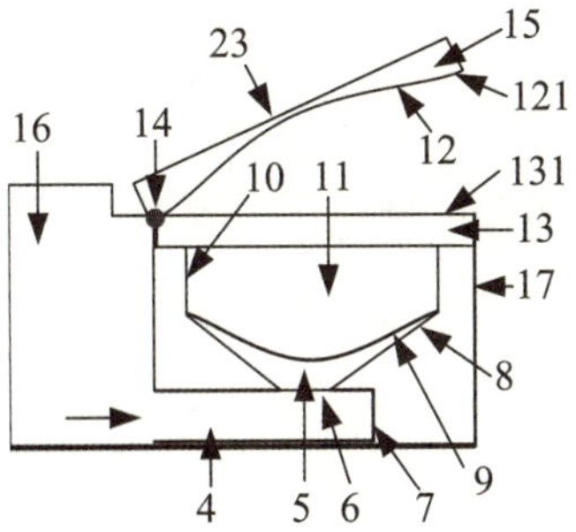

图 5

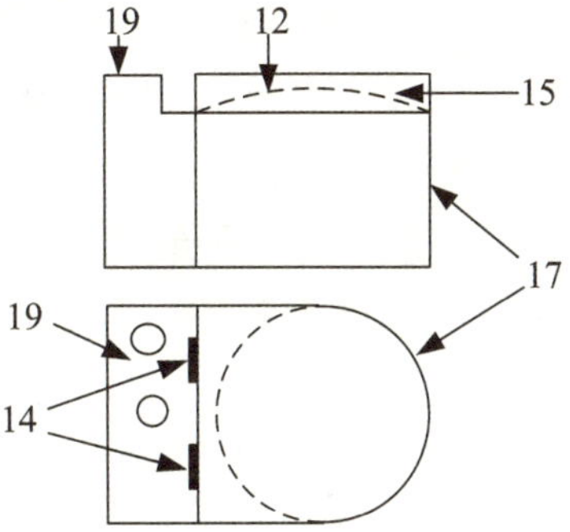

图 6

12.10 一种采用圆极化螺旋天线的微波炉（发明专利）

摘要

本发明涉及一种采用圆极化螺旋天线的微波炉，在该微波炉内抛弃了传统的采用线极化的波导喷口馈能方式，也取代了平板微波炉中在波导馈口上（或下）添加模式搅拌器的结构，也与采用有源旋转天线的结构不同。在本发明的微波炉中，采用圆极化螺旋天线作为微波功率的辐射器，由于微波电场是高速旋转的圆极化场，所以，大大提高了被加热物体（如食品等）在加热时的均匀性，同时由于省去了旋转电机及相应的搅拌器，或省去了玻璃转盘，使微波炉结构大为简化，既节省了成本，又提高了微波炉的运行的可靠性和使用寿命。

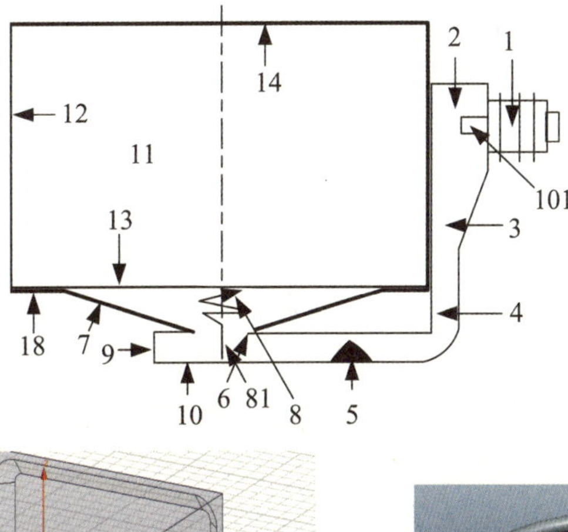

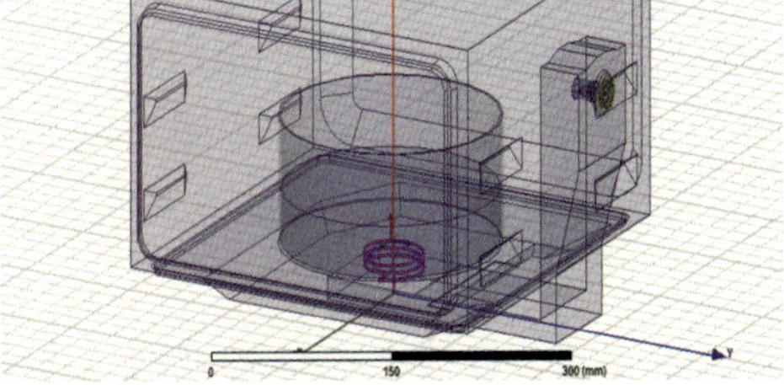

权利要求书

1. 本发明涉及一种采用圆极化螺旋天线的微波炉（以下简称圆极化微波炉），其特征在于：采用了圆极化的螺旋天线（8）作为微波功率辐射器，向矩形炉腔（11）内辐射功率，取代了在微波炉发明至今近70年来的传统结构中所采用的线极化波导喷口装置，包括在喷口上部或下部安装模式搅拌器等结构，也与已有的旋转有源天线不同，属于新型的辐射器。

2. 如权利1所述的圆极化微波炉，其特征在于：在螺旋天线（8）的外侧有一锥形金属喇叭反射器（7），它与波导管（10）顶面上的圆孔（6）相连接，另一开口则与炉腔内的介质底板（13）相接触，并与一内径等于喇叭宽口孔径而外部尺寸等于炉腔内壁尺寸的正方形的金属底板（18）相连接，这一喇叭反射器（7）与螺旋天线（8）一起构成了向上定向辐射的超高速旋转的圆极化微波电磁场。

3. 如权利1所述的圆极化微波炉，其特征在于：螺旋天线是等直径的，在底部的一圈，将其向中心弯转，并沿其轴线方向拉直成一段直金属杆（81），将其插入波导管（10）后，在波导管底边对称位置上焊接固定，保证螺旋天线（8）的轴线与波导管（10）宽边相垂直，且与矩形炉腔（11）的几何中心线相重合。

4. 如权利3所述的等直径螺旋天线，其绕制方向可以是左旋的，也可以是右旋的。

5. 如权利1所述的圆极化微波炉，其特征在于：微波功率由磁控管（1）产生，磁控管的天线头（101）插入波导激励器（2）中，经过波导窄边高度渐变降低的过渡段（3），由90度直角转弯的H面弯波导（4），转变成水平方向的一段直波导（10），在其终端适当距离处焊上金属短路板（9），使螺旋天线（8）处于最佳激励状态，辐射效率最高。

6. 如权利5所述的波导传输装置，其特征在于：为了使螺旋天线（8）能与磁控管（1）获得良好的传输匹配，在波导管（10）水平段中适当位置上安装一个半球状的金属调配器（5），使从磁控管天线头（101）处看入波导管时为接近匹配状态，提高微波炉的馈能效率。

说明书

技术领域

本发明属微波加热技术的微波能应用与厨房电器技术领域。

技术背景

微波炉发明至今已近70年了，在微波功率馈送方式上通常有以下几种方式：

1. 从微波炉腔内一个侧壁（通常为右侧）上适当位置上开一个矩形窗口，该窗口与微波源的馈能波导相连接，产生一个垂直的线极化场，并向炉腔内辐射电场方向固定不变的微波功率，并在炉腔底部安放一个可旋转的介质盘（如玻璃盘或微晶玻璃盘），以提高加热均匀性。

2. 在平板微波炉中，馈能波导位于炉腔的底部，直接在波导管宽边顶面开设窗口，并在馈孔（方形孔）中心安装一根介质轴，轴的顶端安置一个形状不对称的金属叶片，在轴的底部（波导管外）安装一个慢速旋转电机，通过转轴带动顶部叶片旋转，构成所谓的“模式搅拌器”，微波功率从窗口经搅拌片向炉腔内辐射。

3. 在平板微波炉中，将上述模式搅拌器中的转轴换成金属轴，与搅拌片一起形成了一种有源天线，微波功率直接从天线叶片上向炉腔内辐射。

4. 在早期的微波炉中，波导喷口位于炉腔顶部，并在喷口附近安置一个类似小电风扇的搅拌器，在目前生产的微波中已经找不到这种功率馈送方式了。

在上述不同的馈送方式中，尽管结构各有不同，但目的是相同的，这就是扰动腔内微波电磁场，以利于提高加热时的均匀性，避免冷热不均现象，获得良好的煮食效果。

迄今为止，尚未见到采用圆极化螺旋天线的功率馈送装置的微波炉。

发明内容

1. 本发明的圆极化微波炉采用圆极化性质的螺旋线（8）作为天线辐射器，向顶部空间（即矩形炉腔）辐射微波功率，取代了平板微波炉中的搅拌器结构，或侧面的波导喷口装置与炉内的介质转盘结构。

2. 本发明的圆极化微波炉采用圆极化性质的螺旋天线（8）是等直径（D）结构，同时满足 $D/\lambda=0.25\sim0.46$ 的条件，形成轴向辐射模式（这里 λ 为工作波长）。

3. 本发明中采用圆极化性质的螺旋天线（8）辐射的是高速旋转的电磁波，其旋波速率就是微波源磁控管（1）的工作频率 f。

4. 本发明中采用圆极化性质的螺旋天线，其下端为一根拉直了的金属杆（81），其高度等于直波导段（10）窄边的内壁高度，底端与波导管（10）底边焊接固定，金属杆（81）与螺旋线轴线一致，并与顶部矩形炉腔的几何中心线相重合。

5. 本发明中采用圆极化性质的螺旋天线外侧安装有一锥状喇叭作为反射器，这一喇叭（7）的底部孔径（6）与波导管宽边顶部孔径相同，并使两者连接，而喇叭顶部孔径则与方形圆孔金属底板（18）相连接，然后与介质板（13）紧挨接触。

6. 本发明中采用圆极化性质的螺旋天线，其绕制方向可以是左旋的，也可以是右旋的。

7. 本发明中磁控管（1）的天线头（101）插入波导激励器（2）中，然后使波导窄边高度逐渐减小至一定高度的过渡波导（3），再经 90 度直角转弯的 H 面弯波导，转变成水平向的一段直波导（10），并在波导尾端焊上金属短路板（9），构成了本发明微波炉中的微波功率传输系统。

8. 在本发明中的微波传输系统中直波导段（10）内适合位置处安置一半圆头形状的金属块（5）作为磁控管与螺旋天线之间的匹配调整装置，使磁控管工作于匹配状态。

本发明的优点与特点

1. 本发明的圆极化微波炉抛弃了发明近 70 年来传统微波炉中采用的线极化波导喷口结构及玻璃转盘装置，简化了结构，减轻了重量。

2. 本发明的圆极化微波炉抛弃了近十年来的平板微波炉中的模式搅拌器结构，省去了慢速旋转电机及搅拌片等零部件，简化了结构，节省了成本，提高了微波炉运行的可靠性，延长了使用寿命。

3. 本发明的圆极化微波炉抛弃了近十年来的平板微波炉中的有源天线装置，除去了炉内的可动部件，节约了成本，提高了微波炉工作可靠性，延长了使用年限。

4. 本发明的圆极化微波炉中采用等直径的螺旋线作为微波功率辐射器，尺寸小，重量轻，结构紧凑，无转动部分，安装后固定可靠。

5. 本发明的圆极化微波炉中采用等直径的螺旋线作为微波功率辐射器，由于辐射的是圆极化波，它与线极化波显著不同之处是微波电场不仅大小随时间快速变化，而其方向也随时间做快速的左旋或右旋变化（这取决于绕制螺旋线时的方向），变化端部空间轨迹是一个圆。

6. 本发明的圆极化微波炉中采用等直径的螺旋线作为微波功率辐射器，由圆极化波性质可知，这一快速旋转的旋波速率即为微波源的工作频率，当 $f=2450\text{MHz}$ 时，旋波速率为 $2.45\times10^{9}\text{r/s}$，这相当于 $1470\times10^{8}\text{rpm}$ 的一种超高速旋波。

7. 这种圆极化的超高速旋波的转向取决于螺旋线的绕制方向，即左旋还是右旋。

8. 由这种圆极化的超高速旋波作用在炉腔内食品时，对提高加热均匀性有提大的贡献。

附图说明

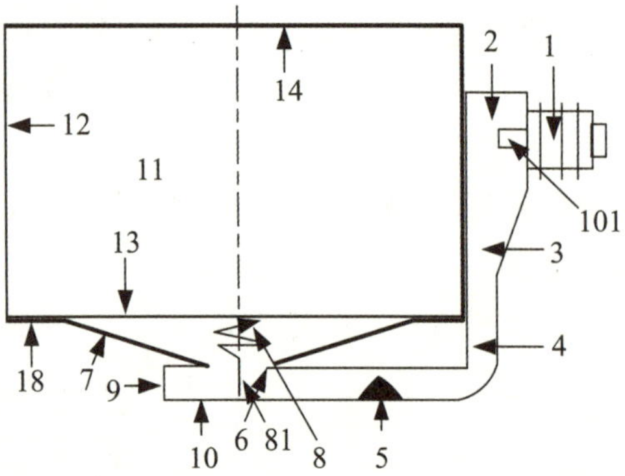

图 1

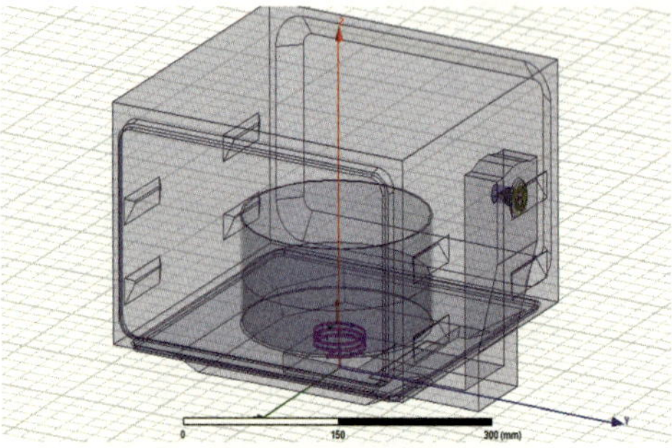

图 2

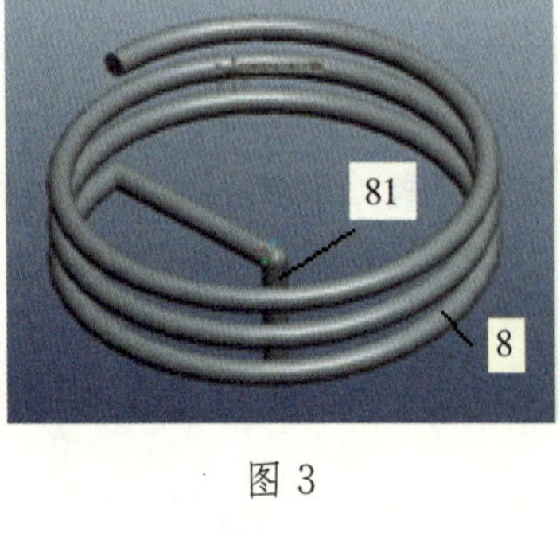

图 3

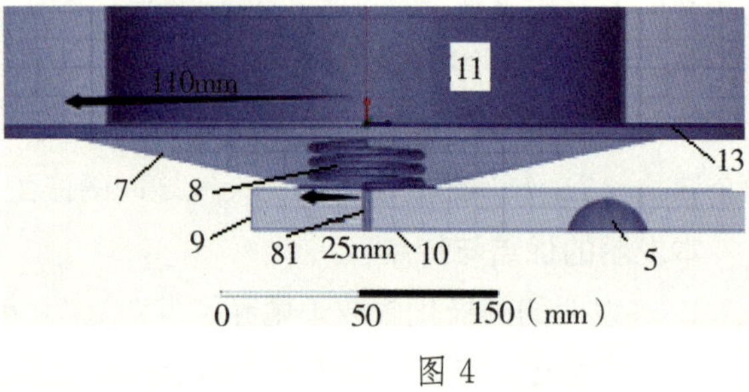

图 4

1. 图 1 所示为圆极化微波炉的纵向剖面图，1 为微波磁控管，2 为波导激励器，3 为渐变高度的过渡波导，4 为直角 H 面弯波导，5 为半圆头金属调配器，6 为波导宽边上的圆孔，7 为喇叭反射器，8 为圆极化螺旋天线，9 为波导终端短路板，10 为水平段波导管，11 为矩形炉腔谐振结构，12 为矩形炉腔内壁，13 为介质平板（玻璃板或微晶玻璃板），14 为矩形炉腔的顶壁，18 为外方内圆金属底板，81 为螺旋天线连接杆，101 为磁控管输出天线头。

2. 图 2 为圆极化微波炉的 3D 视图，从图中可看到微波传输系统，包括波导激励器、过渡波导、直角 H 面弯波导、金属块调配器、喇叭反射器、螺旋天线、介质板，以及置于矩形炉腔内的盛有水的玻璃杯，该杯子作为微波炉的负载。

3. 图 3 为右旋的等直径螺旋天线 8，包括金属直连接杆 81，实为拉直了的一段螺旋线的实物照片。

4. 图 4 为直波导段、螺旋天线、喇叭反射器、介质板、矩形炉腔一部分的剖面图。

典型实施案例

磁控管振荡时工作频率 $f=2450$MHz。

矩形炉腔内部尺寸 $a \times b \times c =$ 320mm×320mm×200 mm。

波导管 $a \times b =$ 80mm×15mm（内壁尺寸）。

螺旋线尺寸：平均半径 $r=20$mm；线径 3.0mm；螺距 $t=5$mm；圈数 $n=4$。

喇叭反射器底的孔径 $\Phi_1=50$mm；喇叭顶的孔径 $\Phi_2=220$mm。

电磁仿真结果如图 5 所示，玻璃杯水中的电场分布是比较均匀的。

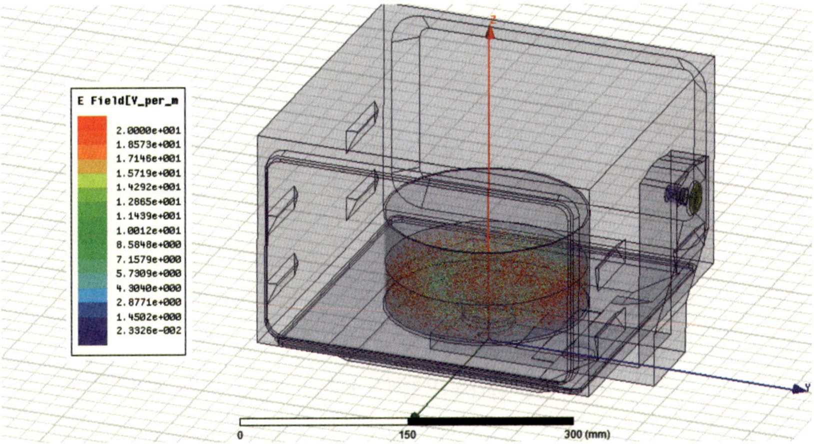

图 5

12.11 一种采用圆极化天线的双管旋波炉（发明专利）

摘要

本发明涉及一种采用圆极化天线的双管旋波炉，它与普通微波炉及单管圆极化旋波炉不同之处在于，采用了两组微波馈能系统，每组均由微波磁控管、波导激励器、过渡波导、直角转弯波导、直波导、波导耦合口、短路板及螺旋天线等组成，这两组完全相同的馈能系统分别置于炉腔内的底部及顶部，方向相反，馈能方向彼此相对，即底部向上馈能，而顶部则向下馈能，被加热食物置于两介质平板之间。本发明的特点是由于功率增大了一倍，所以炉腔体积可相应增大，可将食物（如快餐盒）塞满整个炉腔，加热均匀且速度快，特别适用于快餐店及餐馆酒店等需要快速加热的场所。

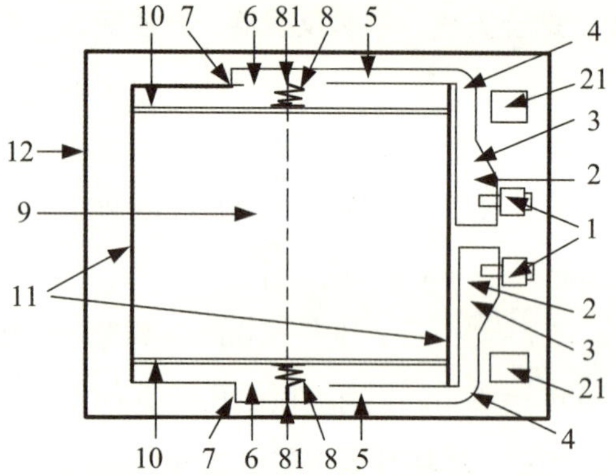

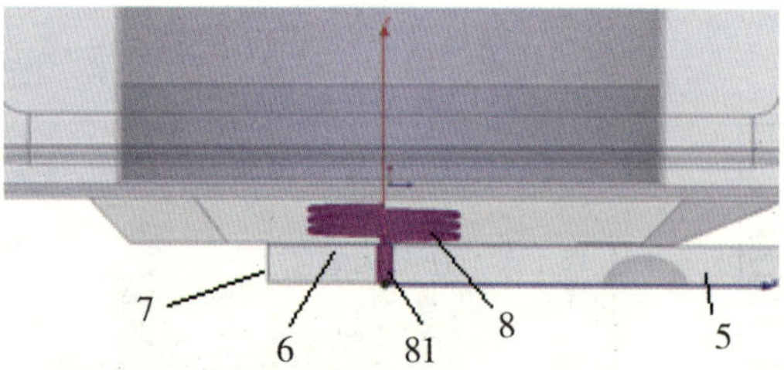

权利要求书

1. 本发明涉及一种采用双管的圆极化螺旋天线的旋波炉（以下简称双管旋波炉），其特征在于：双管旋波炉中同时应用两组微波馈能系统，同时向微波炉腔 9 中输送微波功率，以增大炉腔内的功率密度，提高加热速度。

2. 如权利 1 所述的双管旋波炉，其特征在于：两组馈能系统中的每一组都是由微波磁控管 1、激励波导 2、过渡波导 3、直角 H 面弯波导 4、直波导 5、波导宽边耦合孔 6、终端短路板 7、螺旋天线 8 及变频电源（21）等组成。

3. 如权利1所述的双管旋波炉，其特征在于：两组微波馈能系统，其中一组置于炉腔9内的底部，另一组则置于炉腔9内的顶部。

4. 如权利2所述的微波馈能系统中的螺旋天线8是圆极化的，并设计成轴向辐射模式，保证上下同时向炉腔9空间内辐射。

5. 如权利4所述的螺旋天线的绕制方向，既可以是左旋绕制，也可以是右旋绕制。

6. 如权利2所述的微波馈能系统中的螺旋天线8的连接支持杆81位于螺旋线的中心线上，然后从直波导5靠近尾端的波导宽边耦合孔6的中心位置上插入，并固定在波导管宽边的底面上，其轴线与炉腔9的中轴线重合。

7. 如权利2所述的微波馈能系统中的螺旋天线8的连接支持杆81可以与螺旋线线径相同，也可以略大于线径数毫米。

8. 如权利2所述的微波馈能系统中的波导宽边耦合口6，其形状可以是矩形的、方形的或圆形的。

9. 如权利1所述的双管旋波炉，其特征在于：炉腔9内上下馈能系统的上下部紧挨螺旋天线8的是一块介质薄板10，该薄板是由对微波透明且损耗较小的材料制成(例如微晶玻璃板，塑料板等)。

10. 如权利1所述的双管旋波炉，其特征在于：两组微波馈能系统及炉腔9均置于一个金属密闭的矩形壳体12内，再加上炉门、电源组件及控制面板等部件形成了一个完整的双管旋波炉。

说明书

技术领域

本发明属微波加热技术的微波能应用领域，以及家用或商用厨房电器领域。

技术背景

微波炉发明至今已近70年了，经过了技术上的不断改进与提高，无论在节能、提高加热均匀性及降低微波泄漏等性能上均有了长足的进步，特别是近十年来，在控制面板及控制方式上，从机械控制到电脑控制，炉内多传感器探测温度、湿度、重量等多参数综合分析判断其应加热模式，以及近年来发明的蒸立方、光波炉、高温蒸汽炉、圆胆微波炉、半球形微波炉、旋波炉、自清洁炉、紫微光炉等各种新型家用微波炉，为用户提供了充足的选择余地，而且价廉物美。目前，我国已是全球微波炉市场的主要供应国，产量约占世界总产量80%。尽管如此，由于微波炉是一种通用加热产品，加热对象即使是食品，也是品种繁多、规格不一、重量不等、形状各异，所以要在同一个炉内均匀快速地加热，实非易事。长期以来，科技工作者不遗余力地进行不懈的努力，但总未能达到满意的结果，特别在加热均匀性方面，曾出现了顶部加模式搅拌器的微波炉，将搅拌器置于底部的平板炉，带玻璃转盘的通用炉，带旋转有源天线的旋波炉、转波炉等，它们在一定程度上提高了均匀性；与此同时，又采用高效磁控管及变频电源的变频微波炉，大大提高了微波炉的能效等级，使微波炉在节能环保的绿色家电中占有重要的地位。

本发明的双管旋波炉，不仅采用了具有圆极化性能的螺旋线作为馈能的有源天线，同时由于该天线的旋波速率高达 1470rpm（在微波源工作频率为 2450MHz 时），这是已有旋波炉及搅拌器的旋转速率无法与之相比的，这对加热均匀性有极大的提高与贡献。

此外，本发明的双管旋波炉，由于功率增大了一倍，使炉腔体积可以大大增加，这就更适合于商用目的，应用于快餐店或酒店中，成为一种时尚的商用微波炉。

几年前，日本松下公司曾在市场上推出一款商用双源微波炉，但其馈能装置是采用一根有源天线，用电机慢速旋转，两根天线分别置于炉腔内的底部和顶部，彼此相对反向旋转，向置于两天线间的食品辐射微波功率，以达到快速均匀加热的目的。

发明内容

1. 本发明提出一种在同一微波炉炉腔中设置两组微波馈能系统，系统组成与结构完全相同，但两者的配置位置不同，一组位于炉腔的底部，另一组则位于炉腔的顶部，并且两者相对馈能，即底部一组向上馈能，而顶部一组则向下馈能。

2. 每组馈能系统中的核心部件是具有圆极化性质的螺旋天线，并且设计成轴向辐射模式，其辐射的电磁场是超高速旋转的。

3. 采用的螺旋天线的绕制方向可以是左旋的，也可以是右旋的，无论哪种绕向都不影响其圆极化及高速旋转的性能。

4. 螺旋天线与波导的耦合方式是通过直波导宽边顶面的耦合口实现的，这一耦合口的形状可以是矩形、方形、圆形。

5. 在耦合口中的连接支持杆直接与螺旋线相连接，但要保证该支持杆位于螺旋线的轴线上，也位于波导耦合口的几何中心上，并与波导底边相垂直。

6. 炉腔中的两块介质薄板均与螺旋天线紧挨，上下两块介质薄板之间的空间即是放置被加热食品或物品的炉腔容积。

本发明的特点及优点

1. 本发明采用具有圆极化性质的螺旋天线作为微波功率辐射器，并设计成轴向辐射模式，该有源天线辐射的微波电磁场是高速旋转的，这与普通微波炉中的线性极化电磁场不同，后者的电场方向是固定不变的，它也与已有的旋波炉或转波炉不同，后者的旋波速度是很低的，两者相差几十亿倍。

2. 由于本发明的螺旋天线是圆极化性质的电磁场，且是以 1470rpm 的超高速旋转的，这就大大提高了对加热食品或物品的均匀度，这是圆极化及高速旋转的双重效应所特有的，是线性极化和低速旋转微波炉无法相比的。

3. 由于圆极化及超高速旋转双重效应的加热结果，使加热时间缩短，所以提高了加热效率，提高了微波炉的能效等级。

4. 由于应用了两组微波馈能系统，使输入炉腔中的功率加倍，这样即可扩大加热空间，保证相同的功率密度，达到相同的加热效果。

5. 由于上下两个螺旋天线的绕向是相同的，但一个向上辐射，另一个向下辐射，其旋波方向正好是相反的，所以两者互不影响，更何况两天线之间充满了负载（即食品或物品）。

6. 由于本发明的双管旋波炉中没有转动件及旋转电动机，结构牢固可靠，既节省了成本，又延长了炉子的使用寿命，可谓一举三得。

7. 由于炉腔容量的扩充，本发明的双管旋波炉作为商用是适合的，特别适用于各种快餐店中作为快速加热速食如汉堡、盒饭等食物。

附图说明

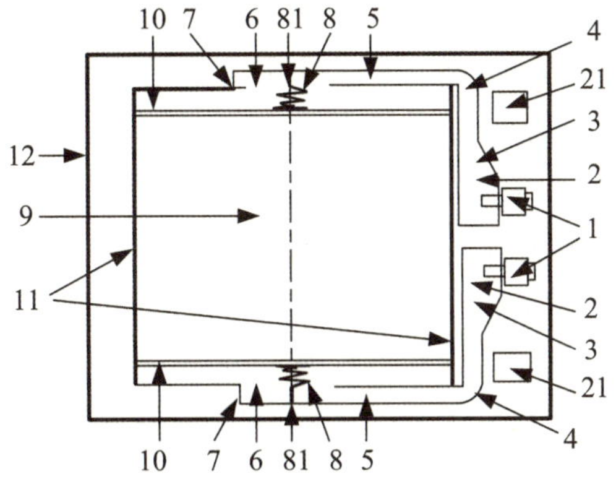

图 1

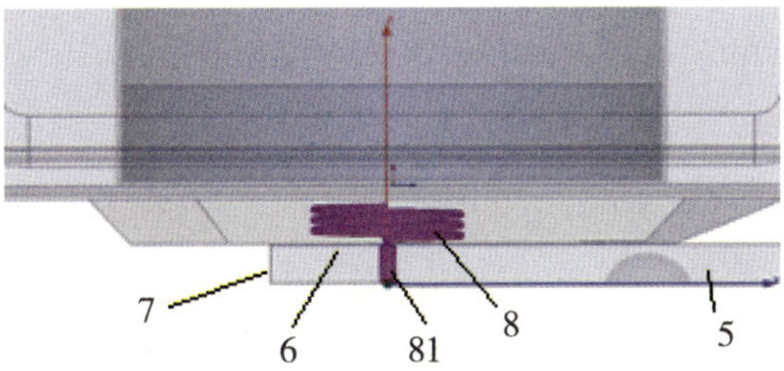

图 2

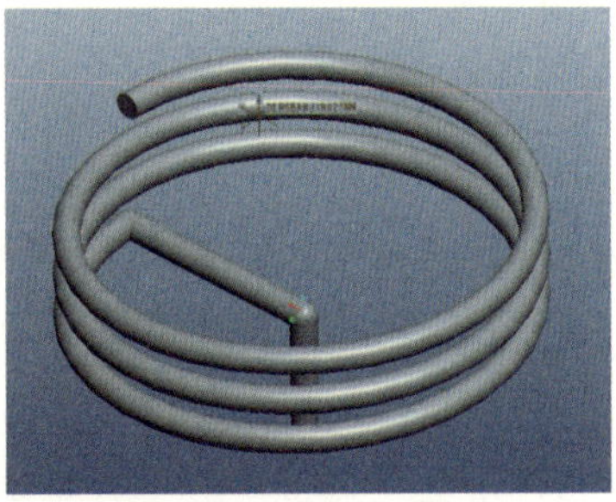

图 3

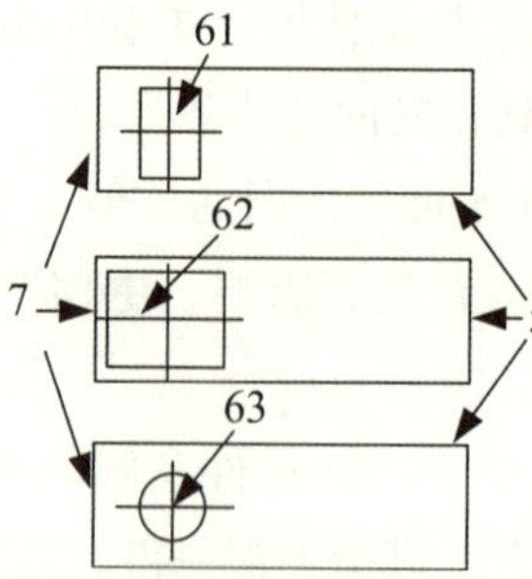

图 4

1. 图 1 中，1 为微波磁控管，2 为波导激励器，3 为过渡波导，4 为 H 面弯波导，5 为直波导，6 为波导耦合口，7 为终端短路板，8 为螺旋天线，9 为微波炉炉腔，10 为介质薄板，11 为炉腔腔壁，12 为微波炉外壳，81 为支持杆，21 为变频电源。

2. 图 2 为图 1 局部放大图，所有标注同图 1。

3. 图 3 为螺旋天线实物照片。

4. 图 4 中三图为直波导顶视图，其中 61 为矩形耦合孔，62 为方形耦合孔，63 为圆形耦合孔，三种形状耦合孔均开在直波导 5 宽边顶面上，其中心距终端短路板 7 有一最佳距离，保证了波导中微波功率对螺旋天线的最佳转换与激励。

实施案例

微波源工作频率：$f=2450$MHz。

炉腔容积：400mm×400mm×300mm=48L。

波导宽边内部尺寸 81mm。波导窄边高度 15mm。

螺旋线平均直径 50mm；螺距 5mm；线径 3mm；圈数 $n=4$。

支持杆直径 $D=6$m。

波导顶面方耦合口尺寸：80×80mm。

12.12　一种采用螺旋天线径向辐射功率的微波加热装置（发明专利）

摘要

本发明涉及一种采用螺旋天线径向辐射功率的微波加热装置，它属于微波能应用技术领域。该装置与众多微波加热装置不同之处在于，它采用了圆极化的螺旋天线作为功率辐射器，而且设计成径向辐射模式，其方向图呈苹果形，这有利于对被加热物料的加热均匀性，并能提高效率。该装置包括：圆筒形加热腔，金属顶盖包括防微波泄漏的抗流槽，螺旋天线及介质保护筒，杯状介质筒搅拌器，天线端帽，磁控管，进料口，出料口等。该加热装置特别适用于加热各种液体、悬浮溶液等物料。当物料较多时，可采用多根螺旋天线同时馈送功率，并采用左旋与右旋相邻而排列的原则以防止相互干扰与影响，因此，可作为一种小型的工业微波炉。

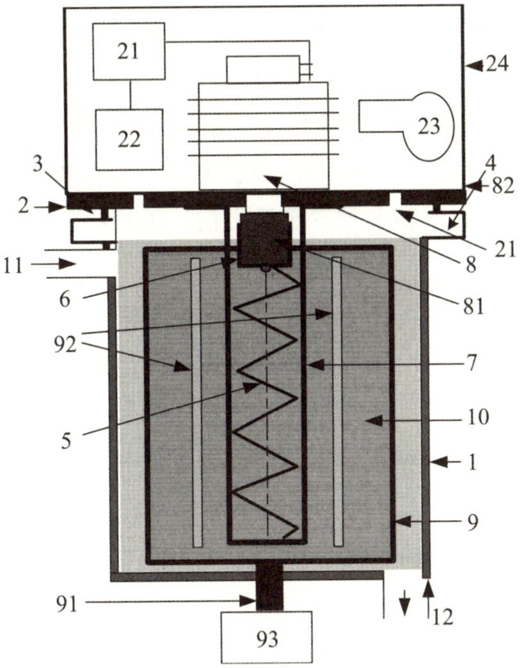

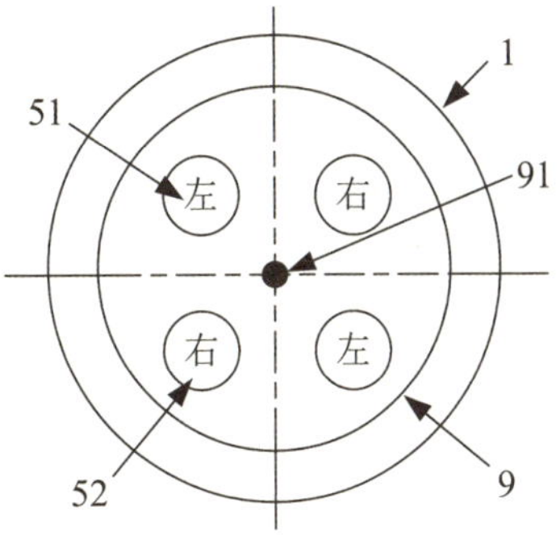

权利要求书

1. 本发明专利涉及一种采用圆极化螺旋天线辐射功率的新型微波加热装置，其特征在于：微波功率辐射天线采用了圆极化螺旋天线（5），将此辐射装置置于金属圆筒腔（1）的中心位置，被加热物料（10）置于螺旋天线的四周，加上金属顶盖（2）后，构成了一种径向辐射微波功率的微波加热装置。

2. 如权利要求1所述的新型微波加热装置，其特征在于：螺旋天线（5）采用一天线帽套筒（6）与磁控管的天线帽（81）直接接触的连接方式，将磁控管（8）产生的微波功率传输至螺旋天线（5）上。

3. 如权利要求1所述的新型微波加热装置，其特征在于：将螺旋天线（5）设计成径向辐射功率的辐射模式，其方向图如苹果形，使腔内物料受热更为均匀。

4. 如权利要求2所述的螺旋天线装置，其特征在于：该螺旋天线（5）可按左旋方式绕制，也可按右旋方式绕制。

5. 如权利要求2所述的螺旋天线（5）装置，其特征在于：在螺旋天线（5）外有一介质圆套筒（7），套筒（7）顶端与金属顶盖（2）相连接并密封之，防止腔内被加热物料与螺旋天线的直接接触，特别是具有腐蚀性的液体等物料，延长螺旋天线（5）的使用寿命。

6. 如权利要求1所述的新型微波加热装置，其特征在于：在金属腔（1）内一定位置上安装一个杯状的具有轴向长槽（92）的介质筒搅拌器（9），上端开口，下端轴（91）由电动机（93）带动，旋转时可使物料均匀滚翻，尤其是对于悬浮液那种易于沉淀的材料。

7. 如权利要求1所述的新型微波加热装置，其特征在于：在金属筒形腔（1）的顶部，采用具有抗流槽（4）的金属顶盖（2）及一个环形介质垫圈（3）形成微小间隙的防微波泄漏的抗流装置，保证微波功率密封于整个加热装置之内，不致向外泄漏，影响操作者安全。

8. 如权利要求1所述的新型微波加热装置，其特征在于：金属顶盖（2）由金属板制成，中心开有圆孔，其直径按磁控管天线输出端的标准尺寸设计，使磁控管的天线帽（82）由此孔穿出。

9. 如权利要求7所述的金属顶盖（2），其特征在于：在金属盖上开有一定数量的小孔（21），例如10～20个，孔径在3mm之内，以排除加热过程中产生的热气或水汽。

10. 如权利要求1所述的新型微波加热装置，其特征在于：在腔体（1）上端及下端适当位置处开有进料口（11）及出料口（12）。

11. 如权利要求1所述的新型微波加热装置，其特征在于：当物料较多时，可将金属筒腔（1）直经增大，并在腔内增加螺旋天线（5）数量，具体数目（2～N个）由物料多少及产量高低确定。

12. 如权利要求11所述的新型微波加热装置，其特征在于：螺旋天线（5）配置时应遵左旋（51）与右旋（52）相邻的原则，防止相互影响与干扰，提高馈能效率。

13. 如权利要求1所述的新型微波加热装置，其特征在于：在顶盖（2）上安装一金属屏蔽罩（24），罩内安装有磁控管（8）、直流电源（21）、控制器（22）、电风扇（23）。

说明书

技术领域

本发明属于微波技术特别是微波能应用技术领域，可广泛使用于工业微波加热的各种工业微波炉中。

技术背景

从20世纪中叶以来，国外特别是美国的科学家发现微波功率能使物料受热升温现象，导致了家用微波炉的发明。十余年后，人们开始将微波功率应用推广到工业、农业、科学技术及医疗卫生事业等领域 。1966 年在加拿大成立了国际微波能协会（IMPI）。此后不久，我国沿海地区一些单位紧跟国外技术发展，逐步开展相应领域内的微波能应用工作，在纺织、轻工、食品、木材、陶瓷、橡胶、皮革、烟草、茶叶、纸张、育种、灭菌、医疗等行业中利用微波能的高效节能及整体均匀加热的特点，取得了可喜的成绩。到目前为止，我国的家用微波炉产量已跃居世界第一，其中 80%以上供出口。相对于家用微波炉而言，工业微波炉技术与国外存在一定差距，加热装置品种类型缺乏独创性，具有自主知识产权的技术寥寥无几。本发明提出的采用螺旋天线径向辐射功率的微波加热装置就是一种国内外尚未见过的工业微波加热设置，关键是采用了具有圆极化性能的螺旋天线作为微波功率的辐射器，同时设计成径向 360 度全域辐射模式，方向图宛如苹果状，取代了现有长期使用的波导口或角锥喇叭口的线极化辐射器，由于圆极化辐射场的方向是高速旋转变化的，所以，它具有加热均匀的显著优点，而且加热效率高。

发明内容

1. 本发明提出一种采用螺旋天线（5）作为微波加热装置中的微波功率辐射器，取代了国内外目前广泛使用的采用波导口或角锥喇叭口的线极化辐射器，后者的微波电场方向是固定不变的，而螺旋天线（5）辐射的微波电场方向是高速旋转的，且其旋转速率即为微波源的工作频率，当工作频率 f =2450MHz 时，相应的微波电场的旋转速率为 2.45×10^9 次/秒，这种旋波场作用于被加热的物料时，其加热均匀性优于线极化的方向固定不变的场，特别对于非均匀物料像烟草、茶叶、纤维等非颗粒型等的加热有效性更明显。

2. 本发明采用的螺旋天线（5）直接由一个天线帽套筒（6）机械接触于磁控管的输出天线金属帽（81）上，与前者成为一个整体，微波功率由磁控管（8）天线直接馈送至螺旋天线（5）上，结构简单，安装方便。

3. 本发明的螺旋天线直径设计在 $D/\lambda<0.18$ 的条件下（D 为螺旋线直径，λ 为工作波长），这时螺旋天线的辐射方向图为径向辐射模式而非轴向辐射模式，当将此螺旋天线插入一个金属圆柱筒形多模腔（1）时，微波功率将从圆柱腔的中心位置 360 度全方位地向径向四周辐射，而且电场方向是高速旋转的，当腔内置有物料时，这些物料将被均匀地加热。

4. 为了防止螺旋天线（5）与物料的直接接触，本发明中采用一个内径略大于螺旋天线外径的介质圆套筒（7）套住，并安装在金属顶盖（2）上成为一个整体并密封之使其不会漏液，延长螺旋天线（5）的使用寿命。

5. 为了防止微波从顶盖四周通过隙缝向外泄漏，本发明在金属筒体（1）顶端设计有四分之一波长的抗流槽（4），并与顶盖（2）通过环形介质垫圈（3）存在一个微小间隙，从而构成了抗流装置。

6. 本发明中还专门设计了一个杯状介质圆筒搅拌器（9），底部轴（91）由电机驱动做慢速旋转，进一步提高加热均匀性，在搅拌器（9）筒壁上开有轴向或斜向的长槽（92），或在筒壁上开有斜槽（93），同时在底部沿径向配置三角形翼片（94），沿圆周安装 4～6 片以提高搅拌效果。

7. 本发明中还在金属顶盖上开有一定数量直径小于 3mm 的圆孔（21），以逸出加热过程中产生的水汽或废气。

8. 本发明还考虑到腔体直径增大时的需要，这种情况下，可以根据物料多少及微波功大小设置多根螺旋天线（5）的设计预案，例如螺旋天线数目 $N=2, 3, 4, 5, 6$ …并且以相邻相反绕制的原则，即一根为左旋绕制时，相邻一根就应右旋绕制，相互交替排列以减小相互干扰与影响。

本发明的特点与优点

1. 本发明以圆极化的螺旋线天线作为微波功率辐射器，取代了到目前为止的线极化的波导口辐射器，或角锥或圆锥形喇叭口辐射器，由于螺旋天线具有圆极化性能，所以其辐射场的方向是按圆周方向高速旋转的，而波导口或喇叭口辐射器是线极化辐射器，其辐射场的方向是固定不变的，例如垂直极化场的场方向是垂直的，而水平极化场的方向则是水平的。

2. 本发明的螺旋天线是直接与磁控管天线帽相连，不像通常线极化加热装置中磁控管需要一波导激励器才能完成微波功率输出的目的，因此，本发明结构简单，安装方便，成本低廉。

3. 本发明的螺旋天线辐射场是高速旋转的电磁场，其转速由微波源的工作频率 f 决定的，当 $f=2450$MHz 时，其旋波速率高达 $v=2.45\times10^9$ r/s，或 $v=147\times10^9$ rpm，这种旋波速率是任何机械旋转装置无法实现的。

4. 本发明的螺旋天线可以单独装置，也可批量装置，视炉腔体积和形状而定。为了消除两根螺旋天线之间的相互影响与干扰，提高工作效率，可按相邻相反绕制的原则，即一根螺旋天线为左旋方向时，相邻螺旋天线则应为右旋方向。

5. 本发明的微波场是高速旋转的，而筒形腔内还配制了一个低速旋转的介质筒形搅拌器，两者相辅相成，极大地提高了加热的均匀性，使物料受热更加均匀，间接地提高了加热效率。

附图说明

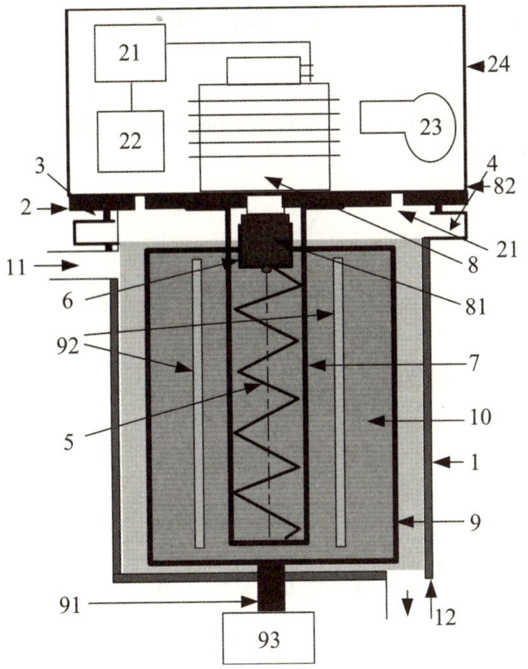

图 1

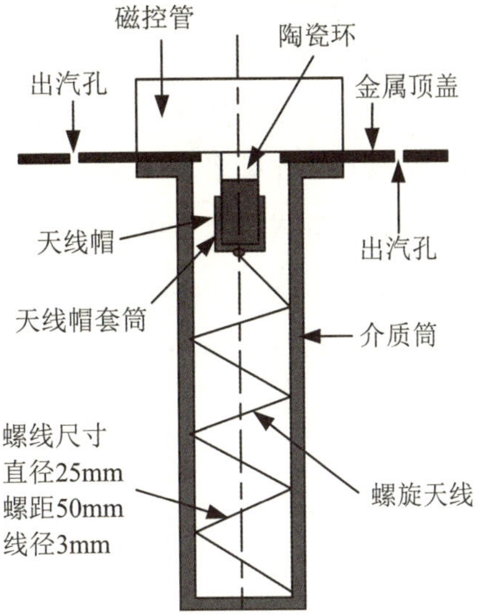

图 2

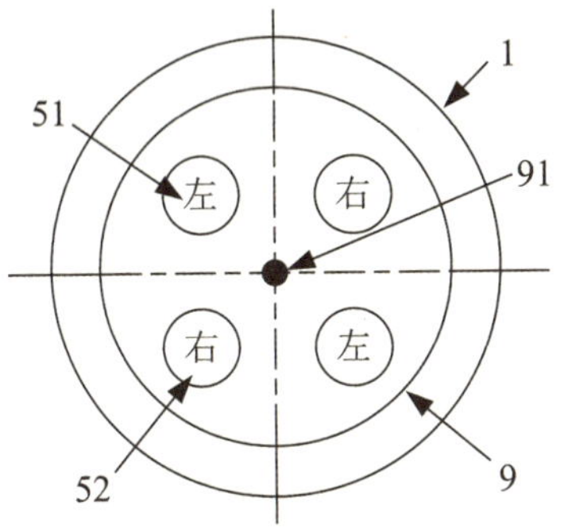

图 3

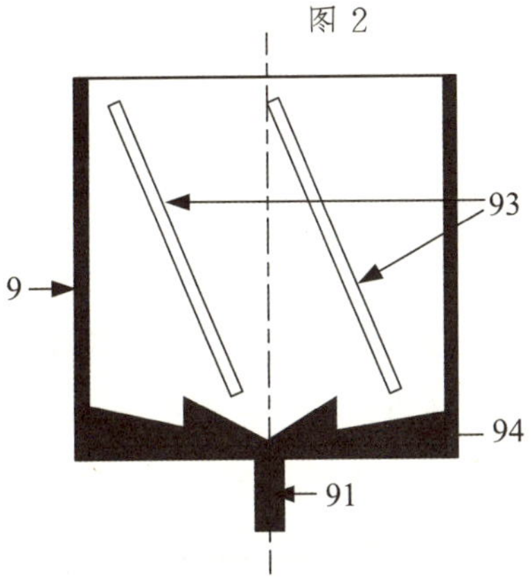

图 4

图 1 所示为本发明加热装置的纵向剖面图，1 为加热炉腔带底盖的圆筒形金属外壳，2 为带若干排气小孔的金属顶盖，3 为介质垫圈，以保证顶盖 2 与筒体存在一个微小间隙，4 为筒体上专门配置的四分之一波长的抗流槽，5 为螺旋天线辐射器，6 为天线帽套筒，7 为天线外隔离介质保护筒，8 为磁控管，9 为杯状介质筒形搅拌器，10 为物料，11 为进料口，12 为出料口，81 为磁控管天线头陶瓷环绝缘子，82 为磁控管天线头天线帽，21 为直流电源，22 为控制器，23 为电风扇，24 为金属屏蔽罩，91 为搅拌器旋转轴，92 为搅拌器上的长槽或斜槽，93 为旋转电机。

图 2 中给出螺旋线辐射器的典型尺寸。

图 3 为四个辐射器安装时的配置横剖面图，51 为左旋绕制的螺旋天线辐射器，52 为右旋绕制的螺旋天线辐射器。

图 4 为搅拌器的另一种结构，93 为筒中的斜槽，94 为底部径向放置的斜翼片。

实施典型案例

典型案例的参数如下：

微波源的工作频率 f =2450MHz。

金属圆筒腔内径为 350mm，高 300mm。

螺旋天线：线径 3mm，平均直径 25mm，螺距 50mm。

介质圆筒内径 30mm，长度 25mm。

12.13 一种筒形结构的超高速旋波微波炉（发明专利）

摘要

本发明涉及一种筒形结构的超高速旋波微波炉（以下简称筒形旋波炉），它属于微波加热技术的微波能应用和厨房电器领域。本发明的核心技术有两个：一是采用了圆柱形的筒形炉腔结构代替了发明近 70 年来一直沿用至今的矩形炉腔结构；二是采用了圆极化的螺旋天线代替了线极化的波导喷口结构，或取代了平板微波炉中的搅拌器结构。采用了上述技术措施后，可大大提高微波能的利用率，提高能效，大大提高了炉腔内加热食品时的均匀性，并易于清洁炉腔中圆弧形的炉壁。迄今为止，国内外尚未见到类似结构的微波炉。

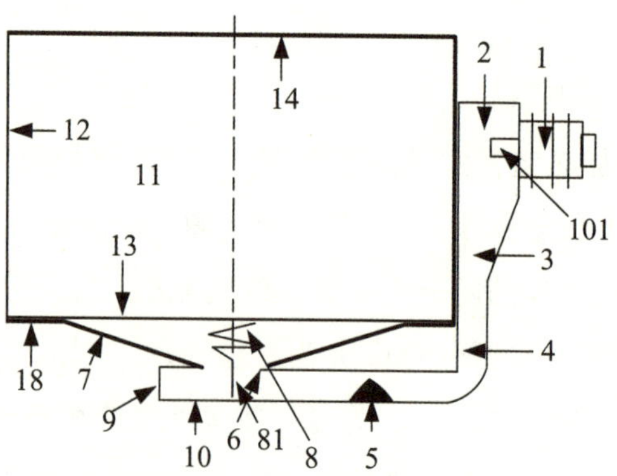

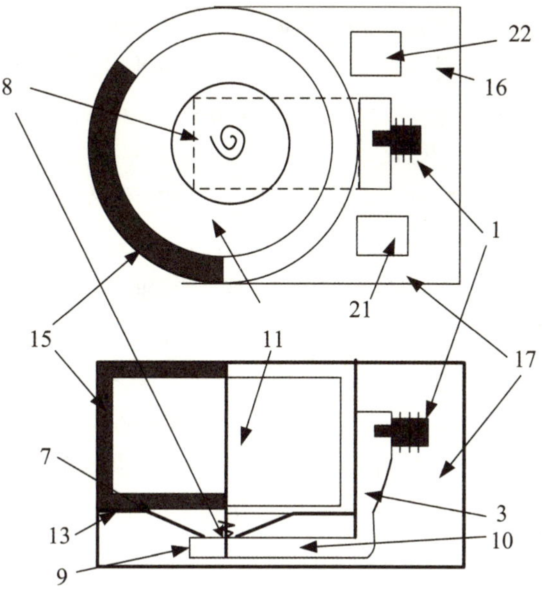

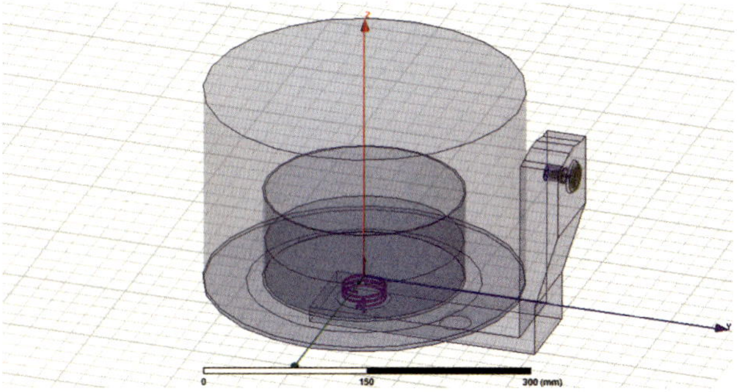

权利要求书

1. 本发明涉及一种筒形结构的超高速旋波微波炉（以下简称筒形旋波炉），其特征在于：抛弃了传统的矩形腔的微波谐振结构，采用了轴对称的圆柱形的筒形腔微波谐振结构（11），从而消除了矩形腔结构中的8个无用的死角，提高了加热区中的微波功率密度，同时由于筒形腔中圆弧形表面（12）对微波具有径向会聚功能，从而提高了微波炉的加热效率。

2. 本发明涉及一种筒形旋波炉，其特征在于：在筒形炉腔（11）底部，设置了一种圆极化的螺旋天线（8）作为向筒形炉腔（11）辐射微波功率的辐射器，并设计成轴向辐射模式，由于螺旋天线（8）具有圆极化性能，所以向炉腔中辐射的微波是以工作频率为速率的超高速率旋转的，这与波导口线极化固定不变或平板微波炉中低速旋转的搅拌片存在极大的差别，超高速旋转的微波场对被加热物料在加热过程中起到均匀加热的作用与效果。

3. 如权利2所述的筒形旋波炉，其特征在于：在螺旋天线（8）的外侧有一锥形金属喇叭反射器（7），它与波导管（10）顶面上的圆孔（6）相连接，另一个开口则与炉腔内的介质底板（13）相接触，并与一个内径等于喇叭上孔径而外径略小于圆筒形内径的环形金属底板（18）相连接，这个喇叭反射器（7）与螺旋天线（8）一起构成了向上定向辐射的超高速旋转的微波场。

4. 如权利 2 所述的筒形旋波炉，其特征在于：螺旋天线是等直径的，且其底部是位于螺旋线中心的一段直金属杆（81），插入波导管（10）后，在波导管底边对称位置上焊接固定，保证螺旋天线（8）的轴线与波导管（10）相垂直，且与筒形旋波炉腔（11）的中心线相重合。该螺旋天线（8）可以是左旋方向绕制的，也可以是右旋方向绕制的。

5. 如权利 1 所述的筒形旋波炉，其特征在于：微波功率由磁控管（1）产生，磁控管的变频电源（21）与控制面板（17）相连的控制元器件（22），两者与磁控管紧密相连，构成了微波发生器，磁控管的天线头（101）插入波导激励器（2）中，经过波导窄边高度渐变降低的过渡段（3），由 90 度直角转弯的 H 面弯波导（4），转变成水平方向的一段直波导（10），在其终端适当距离处焊上金属短路板（9），使螺旋天线（8）处于最佳激励状态。

6. 如权利 5 所述的波导传输装置，其特征在于：为了使螺旋天线（8）能与磁控管（1）获得良好的传输匹配，在波导管（10）水平段中适当位置上安装一个半球状的金属调配器（5），使从磁控管天线头（101）处看入波导管时为接近匹配状态，以提高馈能效率。

7. 如权利 1 所述的筒形旋波炉，其特征在于：在炉子左侧有一个防微波泄漏的弧形炉门（15）（防泄漏的弧形炉门将在另一专利中介绍），在炉子右侧内部为微波电源箱（16），其中包含了微波磁控管、变频电源（21）、控制元器件及风扇等，在右侧表面则为微波炉控制面板（17）。

8. 如权利 1 所述的筒形旋波炉，其特征在于：弧形炉门（15）亦可开在与权利 7 中所述的镜像对称位置，即位于炉子的右侧，而电源箱（16）和控制面板（17）则相应地位于炉子的左侧。

说明书

技术领域

本发明所述的筒形旋波炉属于微波加热技术的微波能应用领域和厨房电器领域。

技术背景

微波炉发明至今已近 70 年了，不管在控制方式、面板结构、炉腔材料、馈能方式及位置、炉门结构、电源电路等方面，众多专家曾做出不懈的努力，在性能上有长足的进步。例如炉腔内底部采用玻璃转盘，在顶部或底部采用模式搅拌器，甚至采用旋转的有源天线等手段来提高加热的均匀性，在电源方面采用变频电源取代漏感变压器的半波倍压电路来提高能效等。但在能量利用率、加热均匀性及煮食效果等方面仍然存在许多长期未能解决的问题。本发明所述的筒形旋波炉是在传统的微波炉暴露出问题的基础上提出的一个创新设计，试图通过两项核心技术来克服上述一系列缺点，在提高能效、加热均匀性、可靠性及使用寿命，以及易于清洁炉壁和方便保养等方面会取得明显改进甚至突破，为厨电创造一个崭新品种，更好地服务于用户。

发明内容

1. 本发明的微波炉针对传统炉腔结构中的不合理性，提出了一种圆柱形的筒形炉腔结构（11）来取代现有的矩形炉腔结构，这不仅消除了 8 个无用的储能死角，使得能量利用率得以提高，同时由于筒形炉壁的径向会聚作用，使在谐振时，从圆筒弧形内壁（12）上反射后的微波功率都集中到置于筒形炉腔中部的被加热物体（如食品等）上，从而提高了加热效果，缩短了加热时间，因此提高了能效。

2. 本发明的微波炉采用了一种圆极化的螺旋天线（8）作为微波功率辐射器，并设计成轴向辐射模式向炉腔（11）馈送加热能量，由于没有像搅拌器一样的旋转叶片，也不需要慢速旋转的电机，使得结构大大简化。

3. 本发明的微波炉采用了一个喇叭反射器（7）与螺旋天线（8）一起组成了一个定向的超高速旋波辐射系统，此高速旋转的微波电场作用在被加热物体上时，起到了线极化（即电场方向固定不变）电场完全不同的加热效果，大大提高了加热的均匀性。

4. 本发明的微波炉中采用等直径螺旋天线（8），并在一端从螺旋中心部位拉直后（81）从波导宽边圆孔（6）中插入波导（10）中，在波导底面与波导管焊接，直杆部分（81）的长度与波导窄边高度相等。

5. 本发明的微波炉中采用的等直径螺旋天线（8），它与外喇叭反射器（7）组成的圆极化辐射系统的顶端与筒形炉腔中的圆形介质板（如玻璃板或微晶玻璃板）（13）相接触，并与一个内径等于喇叭口直径，外径略小于筒形腔内径的环形金属底板（18）相连接，最后形成一个底部为圆锥形喇叭，上部为圆柱形的异形谐振腔结构。

6. 本发明的微波炉中采用的圆弧形防微波泄漏的抗流炉门（17）也是首创的（该炉门将在另一专利中介绍），它不仅美观，而且实用与方便，防泄漏效果好。

7. 本发明的微波炉中的波导传输系统采用先过渡成窄波导（3），然后直角转弯成水平方向至炉腔底部，配上螺旋天线（8）与喇叭反射器（7），从而组成一个圆极化微波辐射系统，在水平段波导（10）适当位置上安装一个半圆头的金属调配器（5），作为调配之用。

8. 本发明的微波炉中的筒形炉腔（11）的顶部（14）如做成抛物面形状，就可使从顶部反射回来的微波也具有会聚作用。

本发明的特点与优点

1. 本发明打破了延续近 70 年来至今未作任何改变的矩形炉腔结构，从而消除了传统结构中的上下、左右、前后 8 个无用的死角，将这些死角中储存的微波能量释放出来，参与到与物品的相互作用空间内，提高了微波能量的利用率和能效。

2. 本发明采用的圆柱形筒形炉腔谐振结构，使得从筒形炉腔内圆弧形表面上反射回来的微波能量具有径向会聚功能，从而提高了加热效率。

3. 本发明的微波炉采用圆极化的螺旋天线作为微波能量辐射器，它辐射出来的微波电场的方向是按其工作频率作高速旋转的，这一旋转速率在 2450MHz 波段为 24.5 亿次/秒，即为 1470×10^{8} rpm，由此可见，在与传统微波炉中的模式搅拌器和玻璃转盘的速率是无法相比的，两者相差高达几十亿倍。这种与生俱来的超高速旋波对提高加热时的均匀性有极大的贡献。

4. 本发明的微波炉中采用的圆极化螺旋天线，配以喇叭反射面后，使得轴向辐射性能大为改善。

5. 本发明的微波炉中的筒形炉腔内壁无死角，也便于日常清洁与保养。

6. 本发明的微波炉中采用固定的天线结构，它省去了传统微波炉中旋转的玻璃转盘，和平板微波炉中搅拌器等慢速旋转电机和搅拌片等零部件，可大大节省成本。不仅如此，还提高了微波炉的运行可靠性及使用寿命。

附图说明

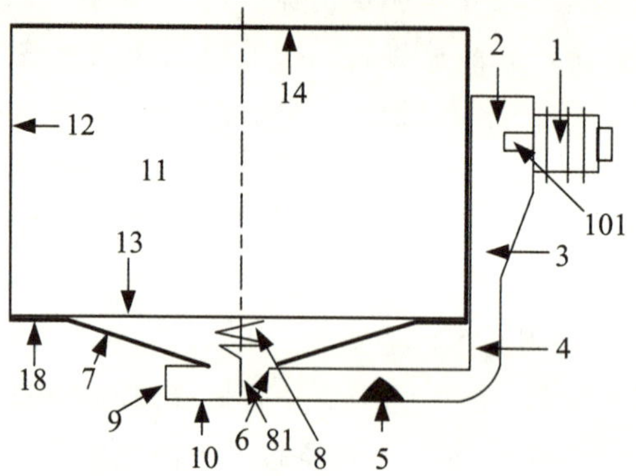

图 1

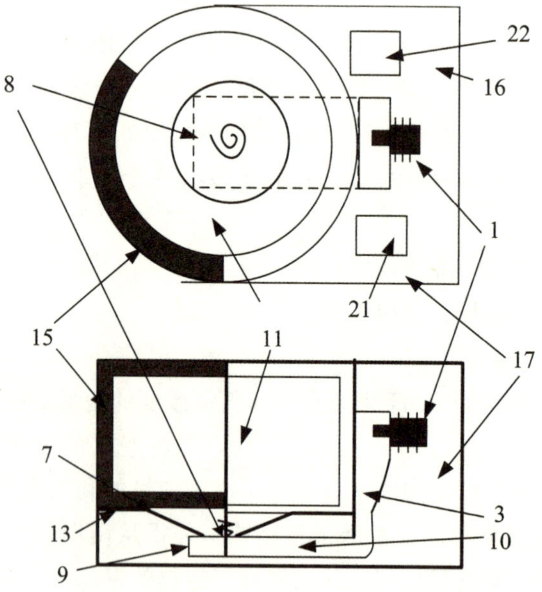

图 2

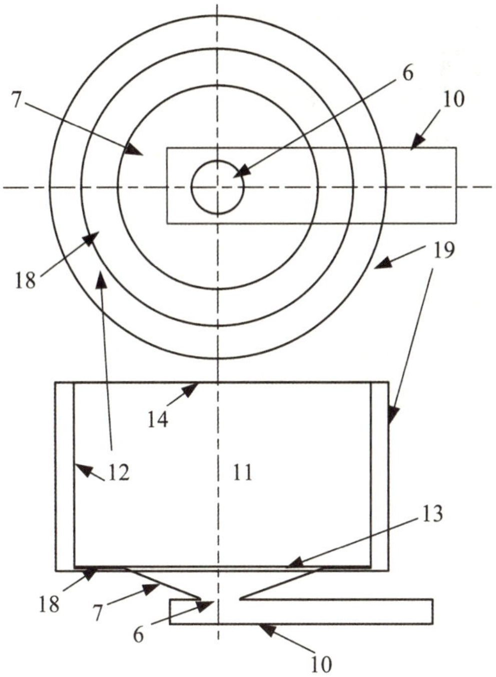

图 3

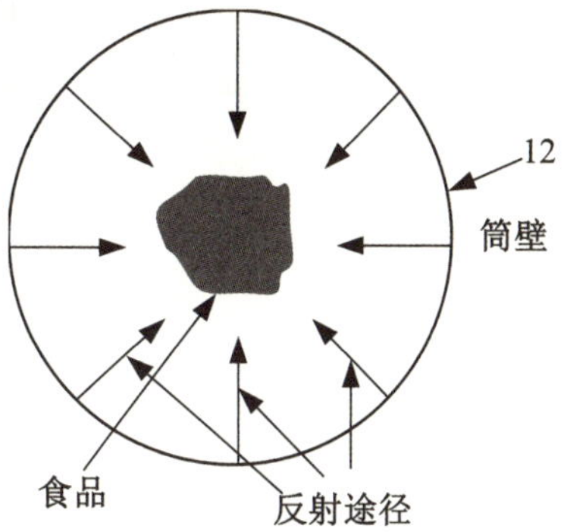

图 4

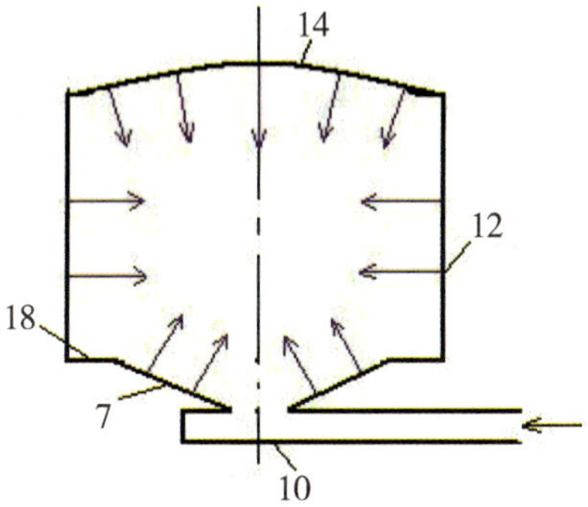

图 5

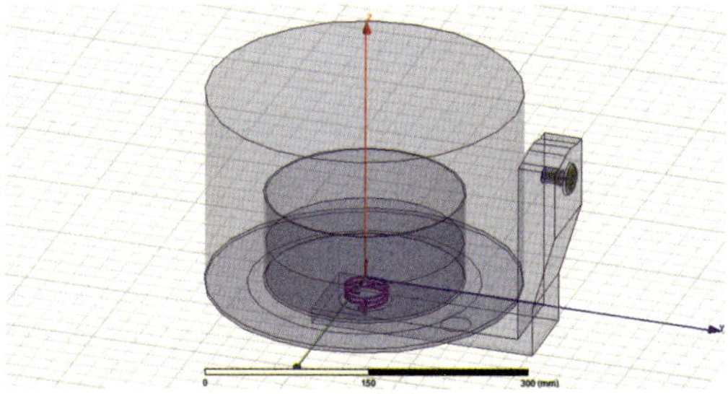

图 6

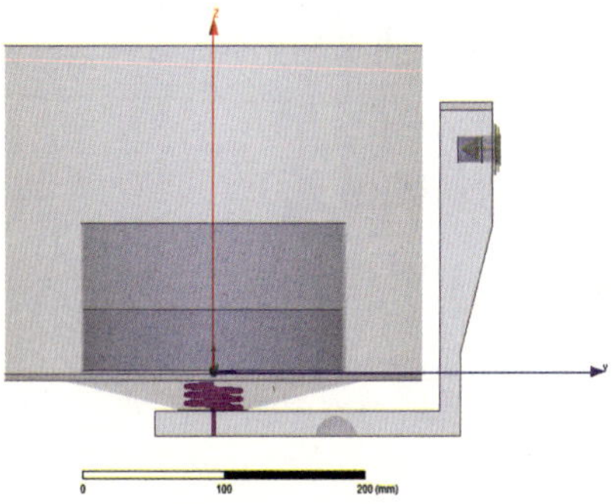

图 7

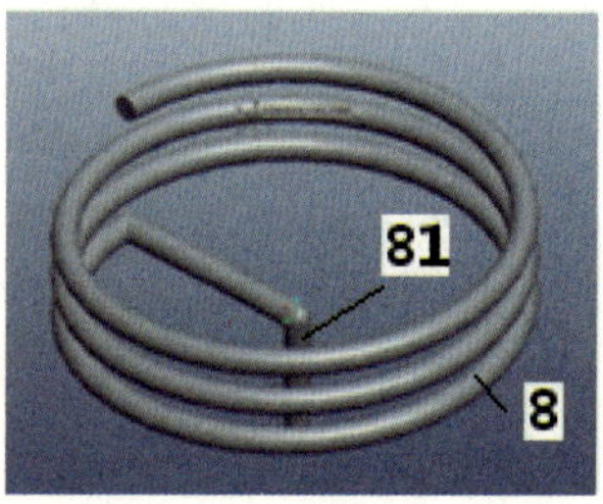

图 8

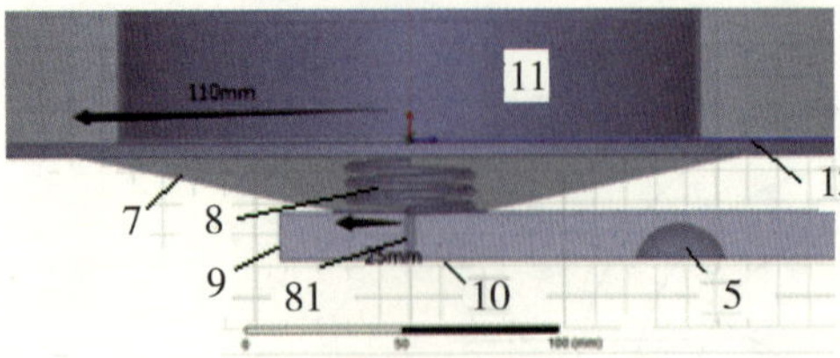

图 9

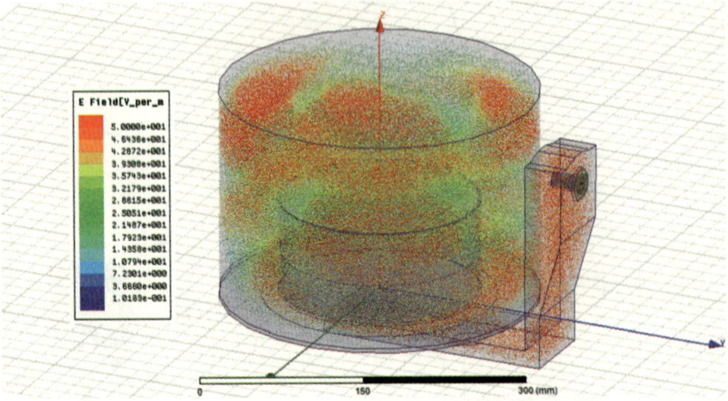

图 10

图 1 中，1 为微波磁控管，2 为波导激励器，3 为渐变高度的过渡波导，4 为直角 H 面弯波导，5 为半圆头调配器，6 为波导宽边上的圆孔，7 为喇叭反射器，8 为圆极化螺旋天线，9 为波导终端短路板，10 为水平段波导管，11 为筒形炉腔谐振结构，12 为筒形炉腔内壁，13 为介质平板（玻璃板或微晶玻璃板），14 为筒形炉腔的顶壁，18 为金属环形底板，21 为变频电源，22 为控制元器件及风扇，81 为螺旋天线连接杆，101 为磁控管输出天线头。

图 2 中，15 为弧形防泄漏抗流炉门，16 为微波电源箱，17 为微波炉控制面板内侧。

图 3 中，19 为筒形炉腔外壁，上图为顶视图，下图为侧视图。

图 4 中画出了微波从内壁反射的途径和食品位置。

图 5 所示为从顶部抛物球面及圆柱内表面及喇叭面上的微波反射途径。

图 6 所示为本发明核心部分包括负载（1000mL 水置于玻璃杯内）的 3D 视图。

图 7 所示为本发明的包括负载（1000mL 水置于玻璃杯内）的纵剖面图。

图 8 所示为本发明的等直径螺旋天线及连接杆的实物照片。

图 9 所示为本发明的核心部位结构详图。

图 10 所示为本发明炉中带负载时的电磁仿真结果。

实施典型案例

磁控管振荡时的工作频率 $f=2450$MHz。

筒形炉腔直径 $D=300$mm，炉腔高度 $h=220$mm，波导管水平段窄边高度 $b=15$mm。

螺旋线尺寸：平均半径 $r=20$mm，线径 3.0mm，螺距 $t=5$mm，圈数 $n=4$。

喇叭底孔径 $\Phi_1=50\text{mm}$；喇叭顶孔径 $\Phi_2=220\text{mm}$。

12.14 联合申请的发明专利与实用新型专利列表

序号	专利名称	专利类别	专利号	申报或公开时间
1	微波器件雷基图自动测绘技术	发明	CN94111920.3	1995.07.19
2	多波源多馈口微波膨胀烟梗装置	实用新型	CN03233590.3	2004.03.24
3	一种小型大功率微波取样式测量头	实用新型	CN00222182.9	2000.10.25
4	一种小型便携式微波大功率叶	发明	CN00112613.X	2001.07.18
5	一种多路微波波导开关	实用新型	CN98228164.1	1999.10.27
6	一种高功率微波波导开关	发明	CN98112091.1	1999.12.29
7	一种具有金属亚波长结构的微波炉	发明	CN101586819	2009.06.18
8	一种辐射式水负载	实用新型	CN01206390	2001.06.01

附录A 本书使用符号一览表

a	矩形波导宽边尺寸，常数，半径
A	面积，振动幅度，电流单位（安，A），常数
b	矩形波导窄边尺寸，归一化磁场，归一化电纳，常数
B	电纳，磁通密度，常数
c	真空中的光速，$c=2.998\times10^{8}$ m/s，尺寸
C	电容，比热，温度单位（摄氏度），电荷单位（库，C）
d	直径，距离，尺寸，厚度
D	电位移，渗透深度，直径
e	电子电荷，$e=1.6\times10^{-19}$ C，指数函数
E	电场强度，单位（伏/米，V/m）
f	频率，单位（赫，Hz），函数
F	重复频率，电容单位（法，F），函数，焦距
g	加速度，方向性系数，密度，归一化电导
G	损耗电导，天线增益
h	高度，普朗克常数，$h=6.625\times10^{-34}$ J·s
H	磁场强度，发射效率，电感单位（亨，H），汉克尔函数
i	电流，单位（安，A）
I	电流，单位（安，A），第一类变态贝塞尔函数
j	电流密度，单位（安/厘米^2，A/cm^2），虚数
J	电流密度，单位（安/厘米^2，A/cm^2），第一类贝塞尔函数
k	波数，衰减系数，吸收系数
K	温度单位（绝对温度，开氏温度，度），第二类变态贝塞尔函数
l	长度，波导模式标号

续表

L	电感，长度
m	质量，回轰电流比，波导模式标号
M	互感，常数
n	波导模式标号，谐振系统模式号，折射率，函数下标，任意数
N	谐振腔数，第二类贝塞尔函数
O	圆心，坐标原点
p	压力，功率密度，极化强度
P	功率，工作点
q	电荷量
Q	品质因数 Q_0，Q_L, Q_E，Q_ε
r	半径，归一化电阻，圆柱坐标中径向坐标
R	电阻，引入电阻，半径，功率反射系数
s	长度，距离
S	驻波系数，驻波比，稳定因子，表面积，参数
t	时间，厚度
T	温度，周期，传输系数，透过率
u	复变函数
U	电压
v	速度，流量，复变函数
V	电压单位（伏，V），体积（m^3，m^3）
w	叶片间隙缝宽，尺寸，宽度
W	储能，功率，功率单位（瓦，W），缩尺因子
x	笛卡尔坐标横坐标，归一化电抗，任意变量
X	电抗，常数
y	笛卡尔坐标纵坐标，归一化导纳，任意函数
Y	导纳，特性导纳
z	纵向坐标，轴向坐标，归一化阻抗
Z	阻抗，Z_0 特性阻抗
	$1eV=1.602\times10^{-19}$ J （能量）
	$1eV=1.1604\times10^{4}$ K （温度）

续表

α	衰减常数，线膨胀系数，电流回轰系数
β	相位常数，耦合度，耦合系数
γ	传播常数，回轰系数，纵向波数
Γ	电压反射系数
δ	损耗角，相移量，集肤深度
Δ	差值，尺寸
ε	介电常数，发射增长率，真空电容率 $\varepsilon_o=8.854\times10^{-12}$ F/m
ζ	系数
η	效率，真空中的波阻抗 $\eta=\sqrt{\frac{\mu_o}{\varepsilon_o}}$
θ	角度，相位
λ	波长，λ_o，λ_c，λ_ε，λ_g
μ	磁导率，叶片隙缝比，真空磁导率 $\mu_o=4\pi\times10^{-7}$ H/m
ν	系数，电子碰撞频率
ξ	热子功率降低系数，系数，相角
ρ	电阻率，特性阻抗，空间电荷密度，径向坐标
σ	电导率，二次电子发射系数，阴阳极半径比
$\sum$	总和
τ	脉冲宽度，导通时间，叶片厚度
Φ	角度，相位移，逸出功（eV），相角，入射角
ψ	函数，折射角，角向坐标
ω	角频率，角速度 ω_o，ω_p，ω_r
Ω	电阻单位（欧），角速度
χ	角度，系数，横向波数

附录 B　电压驻波比列线图（1～3）

电压驻波比列线图1

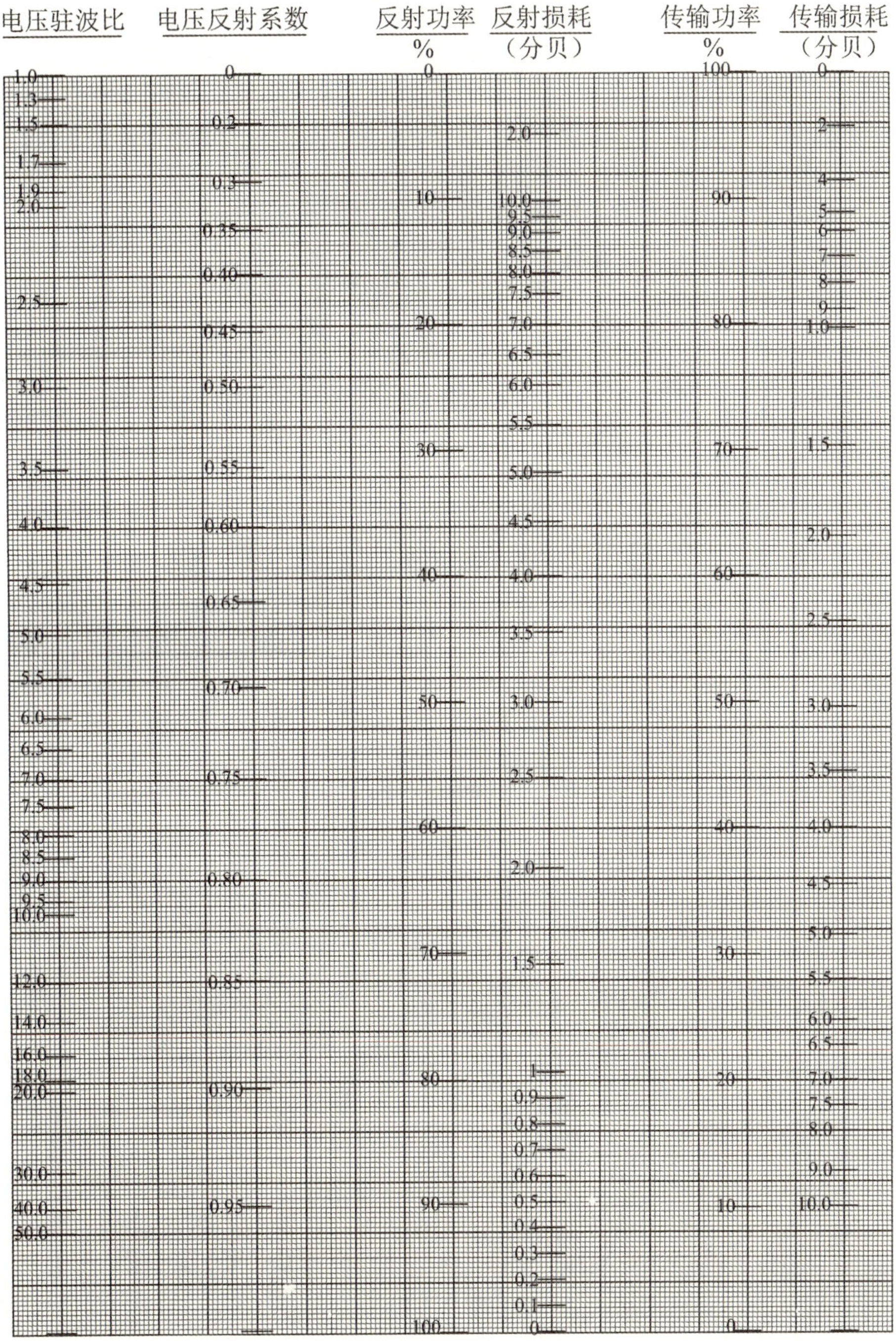

电压驻波比列线图2

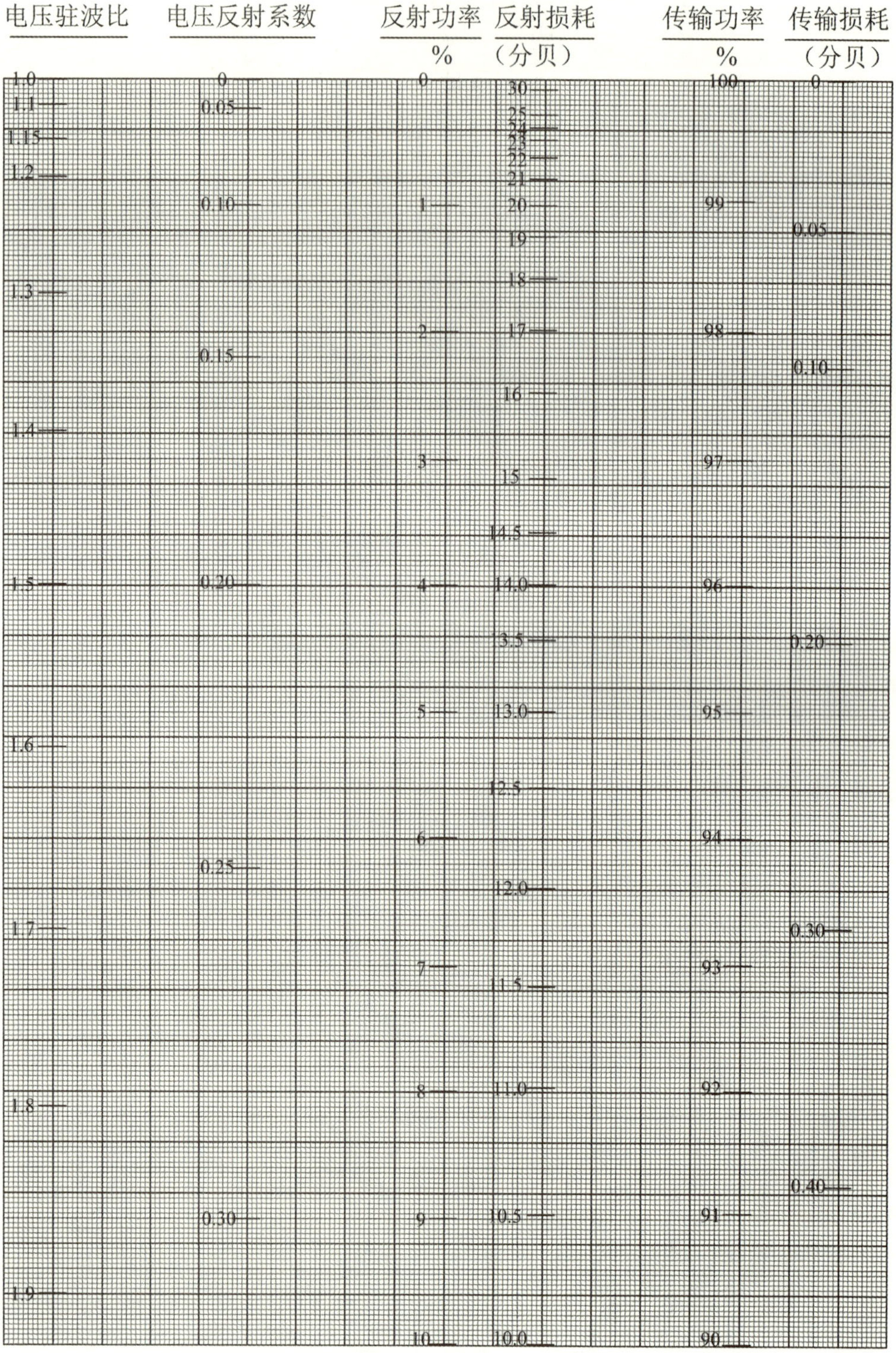
电压驻波比
电压反射系数
反射功率 %
反射损耗（分贝）
传输功率 %
传输损耗（分贝）
1.0 1.1 1.15 1.2 1.3 1.4 1.5 1.6 1.7 1.8 1.9
0 0.05 0.10 0.15 0.20 0.25 0.30
0 1 2 3 4 5 6 7 8 9 10
30 25 24 23 22 21 20 19 18 17 16 15 14.5 14.0 13.5 13.0 12.5 12.0 11.5 11.0 10.5 10.0
100 99 98 97 96 95 94 93 92 91 90
0 0.05 0.10 0.20 0.30 0.40

电压驻波比列线图3

电压驻波比　电压反射系数　反射功率 %　反射损耗（分贝）　传输功率 %　传输损耗（分贝）

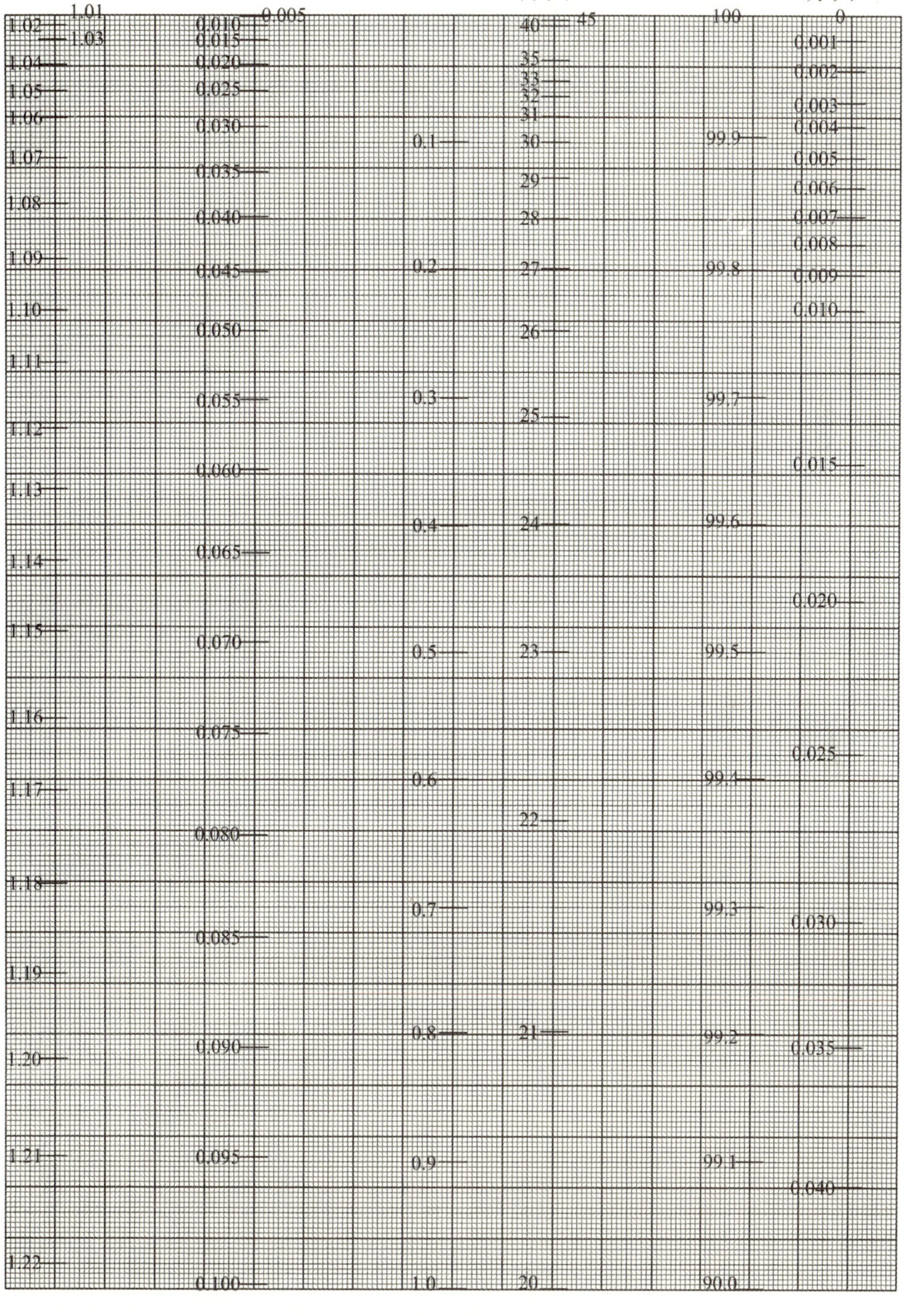

附录C　电压反射系数和电压驻波系数对应的分贝值

计算公式：电压反射系数｜Γ｜=10exp（分贝值/20）；

电压驻波系数$S=$（1+｜Γ｜）/（1−｜Γ｜）。

一分贝	电压反射系数	电压驻波系数	一分贝	电压反射系数	电压驻波系数
0.05	1.000 010	∞	1.9	0.803 5	9.178 1
0.1	0.9 886	174.438 6	2.0	0.794 3	8.722 9
0.2	0.9 772	86.719 3	2.1	0.785 2	8.311 0
0.3	0.9 661	57.997 1	2.2	0.776 2	7.936 6
0.4	0.9 550	43.444 4	2.3	0.767 4	7.598 5
0.5	0.9 441	34.778 2	2.4	0.758 6	7.285 0
0.6	0.9 333	28.985 0	2.5	0.749 9	6.996 8
0.7	0.9 226	24.839 8	2.6	0.741 3	6.731 0
0.8	0.9 120	21.727 3	2.7	0.732 8	6.485 0
0.9	0.9 016	19.325 2	2.8	0.724 4	6.256 9
1.0	0.8 913	17.399 3	2.9	0.716 1	6.044 7
1.1	0.8 810	15.806 7	3.0	0.707 9	5.847 0
1.2	0.8 710	14.503 9	3.1	0.699 8	5.662 2
1.3	0.8 610	13.388 5	3.2	0.691 8	5.489 3
1.4	0.8 511	12.431 8	3.3	0.683 9	5.327 1
1.5	0.8 414	11.610 3	3.4	0.676 1	5.174 7
1.6	0.8 318	10.890 6	3.5	0.668 3	5.029 5
1.7	0.8 222	10.248 6	3.65	0.660 7	4.894 5
1.8	0.8 128	9.683 8	3.7	0.653 1	4.765 4

续表

一分贝	电压反射系数	电压驻波系数	一分贝	电压反射系数	电压驻波系数
3.8	0.6457	4.6449	6.9	0.451 9	2.649 0
3.9	0.638 3	4.529 4	7.0	0.446 7	2.614 7
4.0	0.631 0	4.421 0	7.1	0.441 6	2.581 7
4.1	0.623 7	4.314 9	7.2	0.436 5	2.549 2
4.2	0.616 6	4.216 5	7.3	0.431 5	2.518 0
4.3	0.609 5	4.121 6	7.4	0.426 6	2.488 0
4.4	0.602 6	4.032 7	7.5	0.421 7	2.458 4
4.5	0.595 7	3.946 8	7.6	0.416 9	2.429 9
4.6	0.588 8	3.863 8	7.7	0.412 1	2.401 9
4.7	0.582 1	3.785 8	7.8	0.407 4	2.375 0
4.8	0.575 4	3.710 3	7.9	0.402 7	2.348 4
4.9	0.568 9	3.639 3	8.0	0.398 1	2.322 8
5.0	0.562 3	3.569 3	8.1	0.393 6	2.298 2
5.1	0.555 9	3.503 5	8.2	0.389 0	2.273 3
5.2	0.549 5	3.439 5	8.3	0.384 6	2.249 9
5.3	0.543 3	3.379 2	8.4	0.380 2	2.226 8
5.4	0.537 0	3.319 7	8.5	0.375 8	2.204 1
5.5	0.530 9	3.263 5	8.6	0.371 5	2.182 2
5.6	0.524 8	3.208 8	8.7	0.367 3	2.161 1
5.7	0.518 8	3.156 3	8.8	0.363 1	2.140 2
5.8	0.512 9	3.105 9	8.9	0.358 9	2.119 6
5.9	0.507 0	3.056 8	9.0	0.354 8	2.099 8
6.0	0.501 2	3.009 6	9.1	0.350 8	2.080 7
6.1	0.495 5	2.964 3	9.2	0.346 7	2.061 4
6.2	0.489 8	2.920 0	9.3	0.342 8	2.043 2
6.3	0.484 2	2.877 5	9.4	0.338 8	2.024 8
6.4	0.478 6	2.835 8	9.5	0.335 0	2.007 5
6.5	0.473 2	2.796 5	9.6	0.331 1	1.990 0
6.6	0.467 7	2.757 3	9.7	0.327 3	1.973 1
6.7	0.462 4	2.720 2	9.8	0.323 6	1.956 8
6.8	0.457 1	2.683 9	9.9	0.319 9	1.940 7

续表

一分贝	电压反射系数	电压驻波系数	一分贝	电压反射系数	电压驻波系数
10.0	0.316 2	1.924 8	13.1	0.2213	1.568 4
10.1	0.312 6	1.909 5	13.2	0.218 8	1.560 2
10.2	0.309 0	1.894 4	13.3	0.216 3	1.552 0
10.3	0.305 5	1.879 8	13.4	0.213 8	1.543 9
10.4	0.302 0	1.865 3	13.5	0.211 3	1.535 8
10.5	0.298 5	1.851 0	13.6	0.208 9	1.528 1
10.6	0.295 1	1.837 3	13.7	0.206 5	1.520 5
10.7	0.291 7	1.823 7	13.8	0.204 2	1.513 2
10.8	0.288 4	1.810 6	13.9	0.201 8	1.505 6
10.9	0.285 1	1.797 6	14.0	0.199 5	1.498 4
11.0	0.281 8	1.784 7	14.1	0.197 2	1.491 3
11.1	0.278 6	1.772 4	14.2	0.195 0	1.484 5
11.2	0.275 4	1.760 1	14.3	0.192 8	1.477 7
11.3	0.272 3	1.748 4	14.4	0.190 5	1.470 7
11.4	0.269 2	1.736 7	14.5	0.188 4	1.464 3
11.5	0.266 1	1.725 2	14.6	0.186 2	1.457 6
11.6	0.263 0	1.713 7	14.7	0.184 1	1.451 3
11.7	0.260 0	1.702 7	14.8	0.182 0	1.445 0
11.8	0.257 0	1.691 8	14.9	0.179 9	1.438 7
11.9	0.254 1	1.681 3	15.0	0.177 8	1.432 5
12.0	0.251 2	1.670 9	15.1	0.175 8	1.426 6
12.1	0.248 3	1.660 6	15.2	0.173 8	1.420 7
12.2	0.245 5	1.650 8	15.3	0.171 8	1.414 9
12.3	0.242 7	1.641 0	15.4	0.169 8	1.409 1
12.4	0.239 9	1.631 2	15.5	0.167 9	1.403 6
12.5	0.237 1	1.621 6	15.6	0.166 0	1.398 1
12.6	0.234 4	1.612 3	15.7	0.164 1	1.392 6
12.7	0.231 7	1.603 1	15.8	0.162 2	1.387 2
12.8	0.229 1	1.594 4	15.9	0.160 3	1.381 8
12.9	0.226 5	1.585 6	16.0	0.158 5	1.376 7
13.0	0.223 9	1.577 0	16.1	0.156 7	1.371 6

续表

一分贝	电压反射系数	电压驻波系数	一分贝	电压反射系数	电压驻波系数
16.2	0.154 9	1.366 6	19.3	0.108 4	1.243 2
16.3	0.153 1	1.361 6	19.4	0.107 2	1.240 1
16.4	0.151 4	1.356 8	19.5	0.105 9	1.236 9
16.5	0.149 6	1.351 8	19.6	0.104 7	1.233 9
16.6	0.147 9	1.347 1	19.7	0.103 5	1.230 9
16.7	0.146 2	1.342 5	19.8	0.102 3	1.227 9
16.8	0.144 5	1.337 8	19.9	0.101 2	1.225 2
16.9	0.142 9	1.333 5	20.0	0.100 0	1.222 2
17.0	0.141 3	1.329 1	21.0	0.089 1	1.195 6
17.1	0.139 6	1.324 5	22.0	0.079 4	1.172 5
17.2	0.138 0	1.320 2	23.0	0.070 8	1.152 4
17.3	0.136 5	1.316 2	24.0	0.063 1	1.134 7
17.4	0.134 9	1.311 9	25.0	0.056 2	1.119 1
17.5	0.133 4	1.307 9	26.0	0.050 1	1.105 5
17.6	0.131 8	1.303 6	27.0	0.044 7	1.093 6
17.7	0.130 3	1.299 6	28.0	0.039 8	1.082 9
17.8	0.128 8	1.295 7	29.0	0.035 5	1.073 6
17.9	0.127 4	1.292 0	30.0	0.031 6	1.065 3
18.0	0.125 9	1.288 1	31.0	0.028 2	1.058 0
18.1	0.124 5	1.284 4	32.0	0.025 1	1.051 5
18.2	0.123 0	1.280 5	33.0	0.022 4	1.045 8
18.3	0.121 6	1.276 9	34.0	0.020 0	1.040 8
18.4	0.120 2	1.273 2	35.0	0.017 8	1.036 2
18.5	0.118 9	1.269 9	36.0	0.015 8	1.032 1
18.6	0.117 5	1.266 3	37.0	0.014 1	1.028 6
18.7	0.116 1	1.262 7	38.0	0.012 6	1.025 5
18.8	0.114 8	1.259 4	39.0	0.011 2	1.022 7
18.9	0.113 5	1.256 1	40.0	0.010 0	1.020 2
19.0	0.112 2	1.252 8	50.0	0.003 2	1.006 4
19.1	0.110 9	1.249 5			
19.2	0.109 6	1.246 2			

附录D　传输线中的击穿功率

传输线中的击穿功率指的是传输功率时传输线中的行波电场强度达到“击穿值”时相应的功率容量。一般允许的传输功率约为

$$P_{max}=(1/3\sim1/5)\ P_{lim}$$

式中　P_{max}——容许传输的最大功率；

P_{lim}——极限功率。

显然，P_{lim}是与E_{lim}相联系的，在一般的大气压和温度下，对于分米及厘米波段，相应的击穿场强为

$$E_{lim}=29\ \mathrm{kV/cm}$$

对于SF_6气体则为

$$E_{lim}=90\ \mathrm{kV/cm}$$

在同轴线中，这一安全系数还应考虑到支撑内导体的介质元件的电气强度。

当波导中充以气体时，计及气体压力、温度及线中的行波系数（驻波系数的倒数）时，波导中的极限功率为

$$P_{lim}=9.87\times10^{-2}E_{lim}^2ab\left(\frac{h_t}{T+t}\right)^2\left(\frac{1+k}{2}\right)^2\sqrt{1-\left(\frac{\lambda_o}{2a}\right)^2}\qquad\text{（矩形波导}H_{10}\text{波）}$$

$$P_{lim}=0.296R^2E_{lim}^2\left(\frac{h_h}{T+t}\right)^2\left(\frac{1+k}{2}\right)^2\left[\frac{(1+k_n)^2}{1+k_n^2}\right]\sqrt{1-\left(\frac{\lambda_o}{3.41R}\right)^2}\qquad\text{（圆波导}H_{11}\text{波）}$$

式中　a，b，R——波导管横截面尺寸（cm）；

k——行波系数$k=1/S$，S为驻波系数；

k_n——极化系数，线极化时，$k_n=0$. 圆极化时，$k_n=1$；

h_t——气体压力mmHg，应用上述公式时，$h_t>500$ mmHg时才正确；

对于空气，$h_t=500\sim5\ 000$ mmHg；

对于SF_6，$h_t=700\sim2\ 500$ mmHg；

t——气体温度℃；

T——273℃；

λ_o——自由空间波长（cm）；

λ_c——截止波长（cm）。

某些类型传输线中单位截面的极限功率如下。

波导形状	波 型	P_{lim}(kW/cm²)	波导形状	波 型	P_{lim}(kW/cm²)
矩形	H_{10}	416	圆形	E_{01}	505
矩形	H_{11}	416	圆形	H_{11}	397
矩形	E_{11}	467	圆形	H_{01}	401

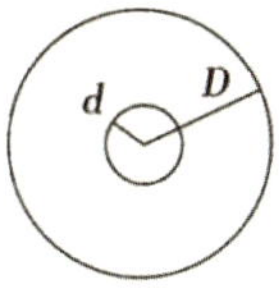

同轴线中的极限功率为

$$P_{\text{lim}}=\frac{d^2E_{\text{lim}}^2}{0.12}\ln\frac{D}{d}\qquad(\text{kW})$$

式中 D——外导体内径；

d——内导体外径。

矩形波导中的极限功率为

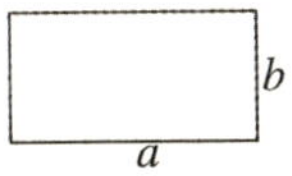

(1) H_{10}波 $P_{\text{lim}}=\frac{abE_{\text{lim}}^2}{1.51}\sqrt{1-\left(\frac{\lambda_0}{\lambda_c}\right)^2}$ (kW) $\lambda_c=2a$

(2) H_{11}波 $P_{\text{lim}}=\frac{abE_{\text{lim}}^2}{3.02}\frac{\left[1+\left(\frac{a}{b}\right)^2\right]}{\left(\frac{a}{b}\right)^2}\sqrt{1-\left(\frac{\lambda_0}{\lambda_c}\right)^2}$ (kW) $\lambda_c=\frac{2ab}{\sqrt{a^2+b^2}}$

(3) E_{11}波 $P_{\text{lim}}=\frac{abE_{\text{lim}}^2\lambda_c}{3.02\lambda_0}\sqrt{\left(\frac{\lambda_c}{\lambda_0}\right)^2-1}$ (kW) $\lambda_c=\frac{2ab}{\sqrt{a^2+b^2}}$

圆波导中的极限功率为

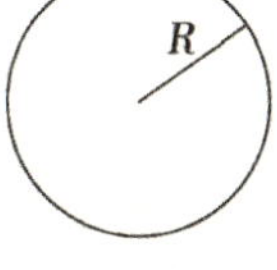

(1) H_{11}波 $P_{\text{lim}}=\frac{\pi R^2E_{\text{lim}}^2}{1.58}\sqrt{1-\left(\frac{\lambda_0}{\lambda_c}\right)^2}$ (kW) $\lambda_c=3.41R$

(2) E_{01}波 $P_{\text{lim}}=\frac{\pi R^2E_{\text{lim}}^2\lambda_c}{2.19\lambda_0}\sqrt{\left(\frac{\lambda_c}{\lambda_0}\right)^2-1}$ (kW) $\lambda_c=2.62R$

(3) H_{01}波 $P_{\text{lim}}=\frac{\pi R^2E_{\text{lim}}^2}{1.57}\sqrt{1-\left(\frac{\lambda_0}{\lambda_c}\right)^2}$ (kW) $\lambda_c=1.64R$

式中 a,b,d,D,R 单位为 cm。

E_{lim} 单位为 kV/cm。

附录E 水在不同压力下的汽化潜热

压力 MPa	温度 ℃	汽化潜热 kJ/kg	压力 MPa	温度 ℃	汽化潜热 kJ/kg	压力 MPa	温度 ℃	汽化潜热 kJ/kg
0.001	6.949 1	2 484.1	0.16	113.326	2 220.9	2.2	217.289	1 869.4
0.002	17.540 3	2 459.1	0.18	116.941	2 210.9	2.4	221.829	1 849.8
0.003	24.114 2	2 443.6	0.2	120.24	2 201.7	2.6	226.085	1 830.8
0.004	28.953 3	2 432.2	0.25	127.444	2 181.4	2.8	230.096	1 812.6
0.005	32.879 3	2 422.8	0.3	133.556	2 163.7	3	233.893	1 794.9
0.006	36.166 3	2 415	0.35	138.891	2 147.9	3.5	242.597	1 752.9
0.007	38.996 7	2 408.3	0.4	143.642	2 133.6	4	250.394	1 713.4
0.008	41.507 5	2 402.3	0.5	151.867	2 108.2	5	263.98	1 639.5
0.009	43.790 1	2 396.8	0.6	158.863	2 086	6	275.625	1 570.5
0.01	45.798 8	2 392	0.7	164.983	2 066	7	285.869	1 504.8
0.015	53.970 5	2 372.3	0.8	170.444	2 047.7	8	295.048	1 441.2
0.02	60.065	2 357.5	0.9	175.389	2 030.7	9	303.385	1 378.9
0.025	64.972 6	2 345.5	1	179.916	2 014.8	10	311.037	1 317.2
0.03	69.104 1	2 335.3	1.1	184.1	1 999.9	11	318.118	1 255.7
0.04	75.872	2 318.5	1.2	187.995	1 985.7	12	324.715	1 193.8
0.05	81.338 8	2 304.8	1.3	191.644	1 972.1	13	330.894	1 131
0.06	85.949 6	2 293.1	1.4	195.078	1 959.1	14	336.707	1 066.7
0.07	89.955 6	2 282.8	1.5	198.327	1 946.6	15	342.196	1 000.2
0.08	93.510 7	2 273.6	1.6	201.41	1 934.6	16	347.396	930.8
0.09	96.712 1	2 265.3	1.7	204.346	1 923	17	352.334	857.1
0.1	99.634	2 257.6	1.8	207.151	1 911.7	18	357.034	777.4
0.12	104.81	2 243.9	1.9	209.838	1 900.7	19	361.514	688.9
0.14	109.318	2 231.8	2	212.417	1 890	20	365.789	585.9

附录 F　常用导体材料的电磁特性

材　料	电导率 σ/S·m^{-1}	磁导率 μ/H·m^{-1}	集肤深度 δ/m	表面电阻 R/Ω/□
银	6.17×10^{7}	$4\pi\times10^{-7}$	$0.0642/\sqrt{f}$	$2.525\times10^{-7}\sqrt{f}$
铜	5.80×10^{7}	$4\pi\times10^{-7}$	$0.0660/\sqrt{f}$	$2.610\times10^{-7}\sqrt{f}$
金	4.10×10^{7}	$4\pi\times10^{-7}$	$0.0786/\sqrt{f}$	$3.180\times10^{-7}\sqrt{f}$
铝	3.72×10^{7}	$4\pi\times10^{-7}$	$0.0882/\sqrt{f}$	$3.270\times10^{-7}\sqrt{f}$
黄铜（90%）	2.41×10^{7}	$4\pi\times10^{-7}$	$0.1025/\sqrt{f}$	$4.048\times10^{-7}\sqrt{f}$
黄铜（70%）	1.45×10^{7}	$4\pi\times10^{-7}$	$0.1322/\sqrt{f}$	$5.258\times10^{-7}\sqrt{f}$
康铜	0.2×10^{7}	$4\pi\times10^{-7}$	$0.3559/\sqrt{f}$	$14.05\times10^{-7}\sqrt{f}$
钨	1.78×10^{7}	$4\pi\times10^{-7}$	$0.1193/\sqrt{f}$	$4.708\times10^{-7}\sqrt{f}$
搪瓷	1.03×10^{7}	$2000\times4\pi\times10^{-7}$	$0.0035/\sqrt{f}$	$277.8\times10^{-7}\sqrt{f}$
锌	1.70×10^{7}	$4\pi\times10^{-7}$	$0.1221/\sqrt{f}$	$4.817\times10^{-7}\sqrt{f}$
镍	1.28×10^{7}	$100\times4\pi\times10^{-7}$	$0.0197/\sqrt{f}$	$39.68\times10^{-7}\sqrt{f}$
铁	0.999×10^{7}	$200\times4\pi\times10^{-7}$	$0.0112/\sqrt{f}$	$89.28\times10^{-7}\sqrt{f}$
钢	$0.5\times10^{7}\sim1.0\times10^{7}$	$2\,000\sim20\,000$ $\times4\pi\times10^{-7}$	$0.0032/\sqrt{f}$ $\sim0.001/\sqrt{f}$	$312.5\times10^{-7}\sqrt{f}$ $\sim1\,000\times10^{-7}\sqrt{f}$
铂	0.94×10^{7}	$4\pi\times10^{-7}$	$0.1642/\sqrt{f}$	$6.481\times10^{-7}\sqrt{f}$
锡	0.87×10^{7}	$4\pi\times10^{-7}$	$0.1706/\sqrt{f}$	$6.738\times10^{-7}\sqrt{f}$
铬	0.77×10^{7}	$4\pi\times10^{-7}$	$0.1814/\sqrt{f}$	$7.158\times10^{-7}\sqrt{f}$
石墨	0.01×10^{7}	$4\pi\times10^{-7}$	$1.5915/\sqrt{f}$	$62.833\times10^{-7}\sqrt{f}$
不锈钢 * 304 奥氏体	0.139×10^{7}	$4\pi\times10^{-7}$	$0.426/\sqrt{f}$	$16.891\times10^{-7}\sqrt{f}$

表中 f 为频率，单位是 Hz。

附录G　世界各国生产的CW磁控管参数表

品牌（型号）	频率 f_0（MHz）	输出功率 P_o（kW）	阳极电压 U_a（kV）	阳极电流 I_a（A）	灯丝电压 U_f（V）	灯丝电流 I_f（A）	输能方式	冷却方式	用途	产地
Panasonic（松下）日本										
2M210－M1	2 455	0.9	4.1	0.3	3.3	10	同轴	风冷	微波炉	上海
2M210－Apply	2 455	0.9	4.1	0.3	3.3	10	同轴	风冷	微波炉	上海
2M211A－M1	2 455	0.565	3.9	0.2	3.5	10.5	同轴	风冷	微波炉	上海
2M236－M1	2 455	0.9	4.1	0.3	3.3	10	同轴	风冷	微波炉	上海
2M236－M32	2 455	0.9	4.1	0.3	3.3	10	同轴	风冷	微波炉	上海
2M236－M42	2 455	0.9	4.1	0.3	3.3	10	同轴	风冷	微波炉	上海
2M244	2 455	1.1	4.4	0.32	3.15	10	同轴	风冷	微波炉	日本
2M244－M1	2 460	1	4.4	0.3	4.15	10	同轴	风冷	微波炉	上海
2M259	2 455	2	4	0.725	4.6	20	同轴	风冷	工业	日本
2M259－WJ	2 460	2	4	0.725	4.6	20	同轴	水冷	工业	日本
2M259－M10	2 450	2	4	0.725	4.6	20	同轴	风冷	工业	日本
2M259－M12	2 455	2	4	0.725	4.6	20	同轴	风冷	工业	日本
2M261－M22	2 460	1	4.5	0.3	3.3	10	同轴	风冷	微波炉	上海
2M261－M32	2 455	1	4.5	0.3	3.3	10	同轴	风冷	微波炉	上海
2M262	2 455	1.5	4.5	0.48	4.4	14	同轴	风冷	工业	日本
2M262－WJ	2 455	1.5	4.5	0.48	4.4	14	同轴	水冷	工业	日本
2M265	2 455	3	5.1	0.84	4	22	同轴	风冷	工业	日本
2M265－WJ	2 455	3	5.1	0.84	4	22	同轴	水冷	工业	日本

续表

品牌（型号）	频率 f_0（MHz）	输出功率 P_o（kW）	阳极电压 U_a（kV）	阳极电流 I_a（A）	灯丝电压 U_f（V）	灯丝电流 I_f（A）	输能方式	冷却方式	用途	产地
2M266	2 455	3	5.1	0.84	4	22	同轴	风冷	工业	日本
2M266－WJ	2 455	3	5.1	0.84	4	22	同轴	水冷	工业	日本
2M137	2 460	1.25	4.5	0.4	4.4	14	同轴	风冷	工业	日本
2M167B－M10	2 455	0.9	4.1	0.3	3.3	10	同轴	风冷	微波炉	上海
2M167B－M11	2 455	0.9	4.1	0.3	3.3	10	同轴	风冷	微波炉	上海
2M167B－M35	2 455	0.9	4.1	0.3	3.3	10	同轴	风冷	微波炉	上海
2M291	2 465	1.02	4.4	0.3	3.3	10	高效	风冷	微波炉	上海
P60	2 460	6	7.3	1.1	5	27	同轴	水冷	工业	日本
T075	2 460	0.2	3.1	0.1	3.6	11.5	同轴	风冷	医疗	日本
Toshiba（东芝）日本										
2M235K（JT）	2 450						同轴			日本
2M235K（XB）	2 450						同轴			泰国
2M229	2 460	0.85	4.0	0.3	3.3	10.5	同轴	风冷	微波炉	泰国
2M231	2 460	0.52	3.7	0.2	3.5	11	同轴	风冷	微波炉	泰国
2M240	2 460	0.85	4.0	0.3	3.3	10.5	同轴	风冷	微波炉	泰国
2M248	2 460	1.03	4.4	0.33	3.15	10	同轴	风冷	微波炉	泰国
2M253	2 460	0.86	4.0	0.3	3.3	10.5	同轴	风冷	微波炉	泰国
2M300	2 465	0.55	3.9	0.2	3.5	12	同轴	风冷	微波炉	泰国
2M301	2 465	0.9	4.1	0.3	3.3	11.5	高效	风冷	微波炉	泰国
2M302	2 465	0.92	4.2	0.3	3.3	11.5	高效	风冷	微波炉	泰国
2M303	2 465	1.08	4.4	0.3	3.15	11	高效	风冷	微波炉	泰国
2M68	2 455	5.3	7.0	1.1	5	46	同轴	水冷	工业	日本
2M164	2 460	1.6	3.5	0.55	4		同轴	风冷	工业	日本
E3327	2 465	6	8.8	1.3	5	33	同轴	水冷	工业	日本
E3328	2 465	3					同轴	水冷	工业	日本
Hitachi（日立）（数据由理查森网站提供）日本										
2M252－05＊	2 455	3	5.2	0.9	4	23	同轴	水冷	工业	日本
2M130－06/NIL＊	2 455	1.9	4.1	0.725	8.5	19	同轴	风冷	工业	日本
2M131－04A＊	2 455	1.6	2.6	0.7	4.6	19	同轴	风冷	工业	日本

续表

品牌（型号）	频率 f_0 (MHz)	输出功率 P_o (kW)	阳极电压 U_a (kV)	阳极电流 I_a (A)	灯丝电压 U_f (V)	灯丝电流 I_f (A)	输能方式	冷却方式	用途	产地
2M120－21	2 455	1.45	4.5	0.45	4.6	14	同轴	风冷	工业	日本
2M121A－53＊	2 455	1.45	4.5	0.45	4.6	14	同轴	风冷	工业	日本
2M121A－57＊	2 455	1.45	4.5	0.45	4.6	14	同轴	风冷	工业	日本
H3891＊	2 455	5	7.3	0.92	5	23.5	同轴	水冷	工业	日本
Sanyo（三洋）日本										
2M232J（M）							同轴			泰国
Mitsubishi（三菱）日本										
H3715							同轴			日本
Samsung（三星）韩国										
OM52S	2 465	0.57	3.5	0.2	3.5	11	同轴	风冷	微波炉	韩国
OM75S	2 465	0.91	4.1	0.3	3.3	10.5	同轴	风冷	微波炉	韩国
OM75P	2 465	1.05	4.5	0.33	3.15	10.5	同轴	风冷	微波炉	马来西亚
Daewoo（大宇）韩国										
2M228	2 450	0.85					同轴	风冷	微波炉	韩国
2M218J	2 450	1.5					同轴	风冷	工业	韩国
LG 韩国										
2M286	2 460	1.05	4.4	0.33	3.5	10	同轴	风冷	微波炉	天津
2M214	2 460	0.9	4.2	0.3	3.3	10.5	同轴	风冷	微波炉	天津
2M246	2 460	1.05	4.4	0.33	3.15	10.5	同轴	风冷	微波炉	天津
2M226	2 460	0.9	4.2	0.3	3.3	10.5	同轴	风冷	微波炉	韩国
2M213	2 460	0.58	4.0	0.2	3.5	10.5	同轴	风冷	微波炉	韩国
2M257	2 460	1.45	4.5	0.45	3.8	13	同轴	风冷	工业	韩国
2M278	2 455	1.95	4.0	0.725	4.6	19.5	同轴	水冷	工业	韩国
2M285	2 460	3	5.1	0.84	4.6	19.5	同轴	风冷	工业	韩国
2M290	2 455	3	5.1	0.84	4.6	19.5	同轴	水冷	工业	韩国
Witol（威特）中国										
2M219J	2 458	0.945	4.2	0.3	3.3	10	同轴	风冷	微波炉	广东
2M219k	2 458	0.945	4.2	0.3	3.3	10	同轴	风冷	微波炉	广东

续表

品牌（型号）	频率 f_0 (MHz)	输出功率 P_o (kW)	阳极电压 U_a (kV)	阳极电流 I_a (A)	灯丝电压 U_f (V)	灯丝电流 I_f (A)	输能方式	冷却方式	用途	产地
2M301	2 453	0.19±0.03	1.8	0.2	3.3	11	同轴	风冷	医疗	广东
2M312	2 455	0.31～0.36	3.7～4	0.12	3.3	11	同轴	风冷	医疗	广东
2M313	2 456	0.29±0.02	2.45	0.2	3.3	10	同轴	风冷	医疗	广东
2M217	2 456	0.58±0.03	3.9	0.2	2.3	10	同轴	风冷	微波炉	广东
2M218	2 458	0.9±0.04	4	0.3	2.3	10	同轴	风冷	微波炉	广东
2M219	2 458	0.945±0.04	4.2	0.3	2.3	10	同轴	风冷	微波炉	广东
2M319	2 458	1.05±0.04	4.4	0.32	2.3	10	同轴	风冷	微波炉	广东
2M392	2 458	1.1	4.4	0.32	2.3	10	同轴	风冷	微波炉	广东
2M339	2 458	1.05	4.2	0.3	2.3	10	同轴	风冷	微波炉	广东
2M518	2 458	0.93	4.1	0.3	3.3	10	高效	风冷	微波炉	广东
2M519	2 458	1.03	4.4	0.3	3.3	10	高效	风冷	微波炉	广东
2M539	2 458	1.03	4.4	0.3	3.3	10	高效	风冷	微波炉	广东
2M343	2 458	1.5	4.65	0.43	3.0	10	同轴	风冷	工业	广东
2M469	2 458	1.05	4.4	0.32	3.3	10	同轴	水冷	工业	广东
2M463	2 458	1.5	4.15	0.43	3.3	10	同轴	水冷	工业	广东
5M167	5 800	0.745	4.5	0.25	3.3	8.5	同轴	水风	工业	广东
Galanz（格兰仕）中国										
M24FB－210A	2 455	0.85					同轴	风冷	微波炉	广东
M24FB－610A	2 455	1.01	4.4	0.3	3.3	11.5	同轴	风冷	微波炉	广东
Sanle（三乐）中国										
CK－140B	2 450	≥0.2	≤1.8	0.22	5	5	同轴	风冷	医疗	南京
CK－2121	2 450±15	2	4.0	0.725	4.6	20	同轴	水冷	工业	南京
CK－2131	2 450±15	3	5.1	0.850	3.9	22	同轴	水冷	工业	南京
CK－619	2 450±50	≥10	10	1.6	≤12	47	波导	水冷	工业	南京
CK－2091	2 450±30	15	12.6	1.8	8.5	47	波导	水冷	工业	南京
CK－2091T	2 450±30	15	12.6	1.8	8.5	47	波导	水冷	工业	南京
CK－2091CF	2 450±30	15	12.6	1.8	8.5	47	波导	水冷	工业	南京
CK－2121	2 450±20	30	13	3.3	6.4	66	波导	水冷	工业	南京
CK－147	915±25	5	6.5	1.3	10	35	波导	水冷	工业	南京

续表

品牌（型号）	频率 f_0（MHz）	输出功率 P_o（kW）	阳极电压 U_a（kV）	阳极电流 I_a（A）	灯丝电压 U_f（V）	灯丝电流 I_f（A）	输能方式	冷却方式	用途	产地
CK－611	915±25	≥28.50	12.5	2.4	11.4～13.8	115	波导	水冷	工业	南京
CK－2031	915±15	75	18	5	12.6	115	波导	水冷	工业	南京
CK－2152	915±15	100	19.5	6	12.6	115	波导	水冷	工业	南京
国光（776厂）中国										
CK－625	2 460	5/6	7.2	1.3	5	33	同轴	水冷	工业	成都
CK－627	2 450	1.7	4.1	0.65	4.6	19	同轴	风冷	工业	成都
CK－627A	2 450	1.7	4.1	0.65	4.6	19	同轴	水冷	工业	成都
CK－624	2 455	0.84	4	0.3	3.15	14	同轴	风冷	微波炉	成都
CK－141	2 450	0.2	1.7	0.25	3.5	2.8	同轴	风冷	医疗	成都
CK－621	915	5	6.5	1.3	10	30	同轴	水冷	工业	成都
CK－622A	915	20	12.5	2.8	12.6	100	同轴	水冷	工业	成都
CK－622B	915	25	12.5	2.8	12.6	115	同轴	水冷	工业	成都
CK－603	2 450	5	7.0	1.4	9	48	同轴	水冷	工业	成都
CK－829	3 000	0.008	0.4	0.08	6.3	0.75	同轴	风冷		成都
Istok（伊斯托克）俄罗斯										
连续波特高频功率放大管系列	5 000～6 000	0.05～0.22	≤3						用于航空航天高可靠通信系统	俄罗斯
微型同步磁控管系列	2 000～6 000	0.06～0.04	0.6～1.4						世界上独一无二的微型测控管，用于便携式和机载卫星通信系统	俄罗斯
M116	915	50	13				同轴	水冷	工业	俄罗斯
M116－75	915	75	17.5				同轴	水冷	工业	俄罗斯
M116－100	915	100	19.5				同轴	水冷	工业	俄罗斯

续表

品牌 (型号)	频率 f_0 (MHz)	输出功率 P_o (kW)	阳极电压 U_a (kV)	阳极电流 I_a (A)	灯丝电压 U_f (V)	灯丝电流 I_f (A)	输能 方式	冷却 方式	用途	产地
M137	460	50	14				同轴	水冷	工业	俄罗斯
M167	915	0.2	2.1				同轴	风冷	医疗	俄罗斯
M168	2 450	5	5.3				同轴	水冷	工业	俄罗斯
M171	915	0.6	3.4				同轴	风冷	医疗	俄罗斯
Richardson（理查森）（数据由成都办事处及官方网站提供）美国										
2M13	2 450	5	7	1.1	6	56	同轴	水冷	工业	USA
2M68	2 450	5.3	7	1.1	5	46	同轴	水冷	工业	USA
2M247H *	2 450	1.08	4.35	0.35	4.3	13.5	同轴	风冷	微波炉	USA
2M247J *	2 450	1.08	4.35	0.35	4.3	13.5	同轴	风冷	微波炉	USA
2M251－05 *	2 450	3	5	0.9	4	23	同轴	风冷	工业	USA
2M130－11/IL *	2 450	1.9	4	0.725	4.6	19	同轴	风冷	工业	USA
2M130－12/IL *	2 450	1.9	4	0.725	4.6	19	同轴	风冷	工业	USA
2M214－59	2 450	0.9	4.2	0.3	3.3	11	同轴	风冷	微波炉	USA
2M120－27	2 450	1.45	4.5	0.45	4.6	14	同轴	风冷	工业	USA
2M137－IL *	2 450	1.26	4.5	0.4	4.4	14	同轴	风冷	工业	USA
2M107A－605 *	2 450	0.88	4.1	0.3	3.3	10.5	同轴	风冷	微波炉	USA
2M107A－795 *	2 450	0.88	4.1	0.3	3.3	10.5	同轴	风冷	微波炉	USA
Richardson（理查森）（数据由成都办事处及官方网站提供）										
2M107A－795WCA	2 450	0.88	4.5		3.3	10.5	同轴	风冷	微波炉	USA
2M107A－825 *	2 450	0.88	4.1	0.3	3.3	10.5	同轴	风冷	微波炉	USA
2M107A－825WCA	2 450	0.88	4.1	0.3	3.3	10.5	同轴	风冷	微波炉	USA
NL5801	5 800	0.7					同轴	风冷	微波炉	USA
NL10230 － 1A *	2 450	3	5.4	0.9	4.6	16	同轴	水冷	工业	USA
NL10230－5 *	2 450	3	5.4	0.9	4	23.5	同轴	风冷	工业	USA
NL10245	2 450 ±30	1.0～10	11.4	1.6	10	36	同轴	水冷	工业	USA
NL10254－IL *	2 450	1.45	4.5	0.45	4.6	14	同轴	风冷	工业	USA
NL10254－1 *	2 450	1.45	4.5	0.45	4.6	14	同轴	风冷	工业	USA
NL10259－1	2 450	1.45	4.5	0.45	4.6	14	同轴	风冷	工业	USA
NL10259－2	2 450	1.45	4.5	0.45	4.6	14	同轴	风冷	工业	USA

续表

品牌 (型号)	频率 f_0 (MHz)	输出功率 P_o (kW)	阳极电压 U_a (kV)	阳极电流 I_a (A)	灯丝电压 U_f (V)	灯丝电流 I_f (A)	输能 方式	冷却 方式	用途	产地
NL10259—3	2 450	1.45	4.5	0.45	4.6	14	同轴	水冷	工业	USA
NL10259—4	2 450	1.45	4.5	0.45	4.6	14	同轴	水冷	工业	USA
NL10259—6	2 450	1.45	4.5	0.45	4.6	14	同轴	水冷	工业	USA
NL10305—1 *	2 450	1.08	4.35	0.35	4.3	13.5	同轴	风冷	工业	USA
NL10305—3 *	2 450	1.08	4.35	0.35	4.3	13.5	同轴	风冷	工业	USA
NL10305—2	2 450	1.08	4.35	0.35	4.3	13.5	同轴	风冷	工业	USA
NL15245	2 450 ±30	1.5～15	12	1.8	6.5	36	同轴	水冷	工业	USA
NL20245	2 450 ±30	1.5～20	14.5	2.1	10	50	同轴	水冷	工业	USA
NL30245	2 450 ±20	1.5～30	17	2.7	11.5	57.6	同轴	水冷	工业	USA
YJ1442—C	2 450	3	6	0.8	5	20	同轴	水冷	工业	USA
YJ1442E	2 450	3	6	0.8	5	20	同轴	水冷	工业	USA
YJ1540 *	2 450	1.26	4.5	0.4	4.4	14	同轴	风冷	工业	USA
YJ1540—1 *	2 450	1.26	4.5	0.4	4.4	14	同轴	水冷	工业	USA
YJ1511SP	2 450	310	3	0.15	3.4	11.5	同轴	风冷	医疗	USA
YJ1530SP *	2 450	0.1～0.31	3	0.15	3.4	11.5	同轴	风冷	医疗	USA
YJ1600 *	2 450	0.6～6	7.2	1.15	5	33	同轴	水冷	工业	USA
YJ1191A	2 450	6	7.3	1.25	5.5	44	同轴	水冷	工业	USA
YJ1193	2 450	6	7.3	1.25	5.5	44	同轴	水冷	工业	USA
YJ1193E	2 450	1～6	7.3	1.25	5.5	44	同轴	水冷	工业	USA
H3881 *	2 450	6	7.3	1.1	5	29	同轴	水冷	工业	USA
NL10250—1 *	2 450	1.9	4	0.725	4.6	19	同轴	风冷	工业	USA
NL10250—2 *	2 450	1.9	4	0.65	4.6	20	同轴	风冷	工业	USA
NL10250—3A *	2 450	1.9	4	0.725	4.6	19	同轴	水冷	工业	USA
NL10250—7	2 450	1.9	4	0.65	4.6	20	同轴	水冷	工业	USA
NL10250—10	2 450	1.5	3.6	0.75	4.6	20	同轴	风冷	工业	USA
NL10250—18	2 450	2	4.3	0.725	4.6	20	同轴	风冷	工业	USA
NL10250—19	2 450	2	4.3	0.725	4.6	20	同轴	水冷	工业	USA
NL10250—20	2 450	2	3.6	0.725	4.6	20	同轴	水冷	工业	USA
NL10250—54	2 450	1.95	4.3	0.725	4.7	20	同轴	风冷	工业	USA

续表

品牌（型号）	频率 f_0（MHz）	输出功率 P_o（kW）	阳极电压 U_a（kV）	阳极电流 I_a（A）	灯丝电压 U_f（V）	灯丝电流 I_f（A）	输能方式	冷却方式	用途	产地
NL10250－64	2 450	1.95	4.3	0.725	4.7	20	同轴	风冷	工业	USA
NL10251－2＊	2 450	1.6	3.6	0.7	4.6	19	同轴	风冷	工业	USA
NL10251－9	2 450	1.5	3.6	0.725	4.6	20	同轴	风冷	工业	USA
NL10251－10	2 450	1.5	3.6	0.725	4.6	20	同轴	风冷	工业	USA
NL10251－3LOW	2 450	1.8	3.6	0.725	4.6	20	同轴	水冷	工业	USA
NL10251－3HIGH	2 450	1.8	3.6	0.725	4.6	20	同轴	水冷	工业	USA
NL10251－4LOW	2 450	1.8	3.6	0.725	4.6	20	同轴	水冷	工业	USA
NLM896－75	896	5～75	17	5	12.6	112	同轴	水冷	工业	USA
NLM896－75－R	896	5～75	17	5	12.6	112	同轴	水冷	工业	USA
NLM915－75	915	5～75	17	5.5	12.6	112	同轴	水冷	工业	USA
NLM915－75－R	915	5～75	17	5.5	12.6	112	同轴	水冷	工业	USA
NLM922－75	922	5～75	17	5	12.6	112	同轴	水冷	工业	USA
NLM922－75－R	922	5～75	17	5	12.6	112	同轴	水冷	工业	USA
NLM922－100	922	100	17	5	12.6	112	同轴	水冷	工业	USA
NLM896－60	896	5～60	17	4.5	12.6	112	同轴	水冷	工业	USA
NLM896－60－R	896	5～60	17	4.5	12.6	112	同轴	水冷	工业	USA
NLM915－60	915	5～60	17	4.5	12.6	112	同轴	水冷	工业	USA
NLM915－60－R	915	5～60	17	4.5	12.6	112	同轴	水冷	工业	USA
NLM915－100	915	100	17.5	6	14	110	同轴	水冷	工业	USA
NLM915－100－R	915	100	17.5	6	14	110	同轴	水冷	工业	USA
NLM922－60	922	5～60	17	4.5	12.6	112	同轴	水冷	工业	USA
NLM922－60－R	922	60	17	4.5	12.6	112	同轴	水冷	工业	USA
NLM896－50	896	5～50	17	4	12.6	112	同轴	水冷	工业	USA
NLM915－50	915	5～50	17	4	12.6	112	同轴	水冷	工业	USA
NLM922－50	922	5～50	17	4	12.6	112	同轴	水冷	工业	USA
NLM896－30	896	5～30	15	3	12.6	112	同轴	水冷	工业	USA
NLM915－30	915	5～30	15	3	12.6	112	同轴	水冷	工业	USA
NLM915－30－R	915	5～30	15	3	12.6	112	同轴	水冷	工业	USA
NLM922－30	922	5～30	15	3	12.6	112	同轴	水冷	工业	USA

续表

品牌（型号）	频率 f_0 (MHz)	输出功率 P_o (kW)	阳极电压 U_a (kV)	阳极电流 I_a (A)	灯丝电压 U_f (V)	灯丝电流 I_f (A)	输能方式	冷却方式	用途	产地
NL10257	915	1～5	6.5	1.3	10	35	同轴/	水冷	工业	USA
S94604F	915	75	16.2	5.45	11.6	116	同轴	水冷	工业	USA
S94606E	896	75	16.2	5.45	11.6	116	同轴	水冷	工业	USA
S94607E	896	90	17.5	6	14	110	同轴	水冷	工业	USA
S94608E	915	90	17.5	6	14	110	同轴	水冷	工业	USA
S94610E	2 450	30	13	3	6.6		同轴	水冷	工业	USA
DX582	2 450	2.7	4.7	0.9	4.6	19	同轴	水冷	工业	USA
Burle（数据来源于 Burle 官方网站）美国										
8684	915	30	12.6	2.8	10		同轴	水冷	工业	USA
8684V1	896	30	12.6	2.8	10		同轴	水冷	工业	USA
S94600F	915	50	15	4	15		同轴	水冷	工业	USA
S94602F	896	50	15	4	15		同轴	水冷	工业	USA
S94604F	915	75	16.2	5	15		同轴	水冷	工业	USA
S94605E	896	75	16.2	5	15		同轴	水冷	工业	USA
S94607E	896	90	22	6.5	20		同轴	水冷	工业	USA
S94608E	915	90	20	6.5	20		同轴	水冷	工业	USA
S94610E	2 450	30	13	3.3	13.5		同轴	水冷	工业	USA
E2V（EEV）英国										
BM25LA/BM25LB	896/915	25	14.5	3	11.5	115	同轴	水冷	工业	英国
BM30LA/BM30LB	896/915	0.03	15	3.5	11.5	115	同轴	水冷	工业	英国
BM50LA/BM50LB	896/915	0.05	17	4.6	11.5	115	同轴	水冷	工业	英国
BM60LA/BM60LB	896/915	0.06	18	5	11.5	115	同轴	水冷	工业	英国
BM75LA/BM75LB	896/915	0.75	19	5.6	11.5	115	同轴	水冷	工业	英国
BM100LA/BM100LB	896/915	0.1	21	6.5	11.5	115	同轴	水冷	工业	英国
Thomson 法国										
TH3094	2 450	6	5.6	1.6	15	18	同轴	水冷	工业	法国
MCF1165	2 450	1.6	3.65	0.8	12	3	同轴	风冷	工业	法国
MCF1166	2 450	1.6	3.65	0.8	12	3	同轴	水冷	工业	法国
F1123	2 450	5	5.2	1.6	15	18	同轴	水冷	工业	法国
MCF1327	2 450	5	5.2	1.6	15	18	同轴	水冷	工业	法国

续表

品牌（型号）	频率 f_0 (MHz)	输出功率 P_o (kW)	阳极电压 U_a (kV)	阳极电流 I_a (A)	灯丝电压 U_f (V)	灯丝电流 I_f (A)	输能方式	冷却方式	用途	产地
德国 Muegge 提供										
2M265－M12	2 465	3	5.1	0.84	4.0	22	同轴	水冷	工业	德国
MB2568A 系列	915/2 450/5 800	2～100				同轴	水冷	工业用等离子	加热	德国
MB2568－120CH	2 450						同轴	水冷	太阳能电池专用管	德国
MB2568A－120CK	2 450						同轴	水冷		德国
MB2422A－150CF	2 450	1.26					同轴	水冷	工业加热镀膜，等离子体加热	德国
MB2568A－110CK	2 450	2.03					同轴	水冷		德国
2M265－M12WJ	2 450	3	5.1	0.84	4.6	22	同轴	水冷		德国
2M266－M12WJ	2 450	3					同轴	水冷		德国
CWM－15S	2 450	15					同轴	水冷		德国
CWM－20S	2 450	20					同轴	水冷		德国
CWM－30S	2 450	30					同轴	水冷		德国
CWM－30L	915	30					同轴	水冷		德国
CWM－60L	915	60					同轴	水冷		德国
CWM－75L	915	75					同轴	水冷		德国
CWM－100L	915	100					同轴	水冷		德国

★以上数据仅供参考，应以生产厂商或公司提供的产品说明书为准。

附录 H　南京三乐微波技术发展有限公司磁控管产品参数及尺寸

一、2 450MHz 系列

此系列产品的工作频率均在 2 450 MHz，以下按功率从小到大的顺序对各产品的参数和外形进行介绍。

(1) 2kW。

产品名称：CK—2121

灯丝预热电压：4.6V

灯丝预热电流：20±2A

阳极电压：4.0±0.2kV

阳极电流：725 mA

输出功率：≥1 830W

频率范围：2 455±15 MHz

外形尺寸如下。

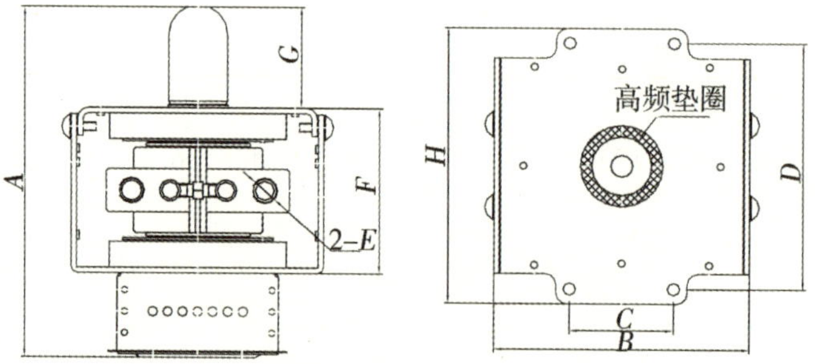

代码	最小值	标称值	最大值
A	162	164	166
B	115	117	119
C	47	47.5	48
D	113.8	114.3	114.8
E	—	1/2′—20	—
F	74.5	76.5	78.5
G	46.5	47.5	48.5
H	127	128	129

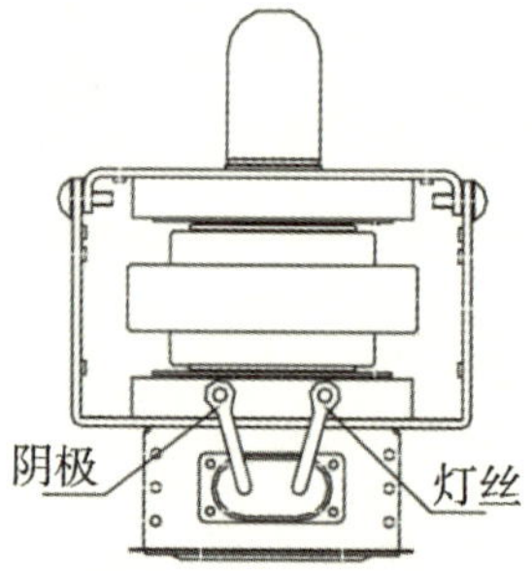

(2) 3kW。

产品名称：CK—2131

灯丝预热电压：3.9 V

灯丝预热电流：22±2A

阳极电压：5.1±0.2 kV

阳极电流：850 mA

输出功率：≥2 800 W

频率范围：2 455±15 MHz

外形尺寸如下。

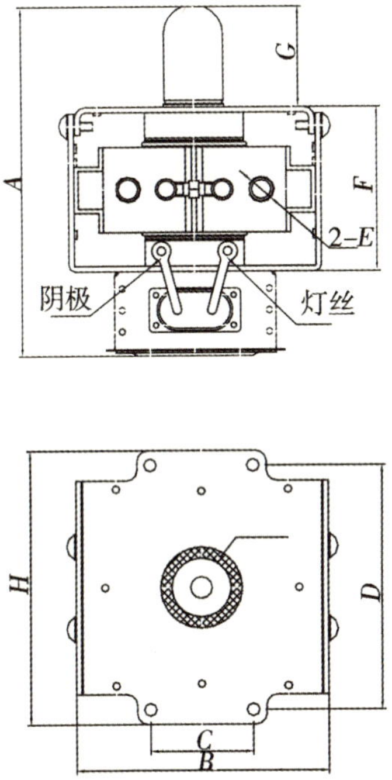

代码	最小值	标称值	最大值
A	162	164	166
B	115	117	119
C	47	47.5	48
D	113.8	114.3	114.8
E	—	1/2—20	—
F	74.5	76.5	78.5
G	46.5	47.5	48.5
H	127	128	129

(3) 10 kW。

产品名称：CK—619

灯丝预热电流：47 A

灯丝预热电压：8.5±0.7 V

阳极电压：10 kV

阳极电流：1.6A

输出功率：≥10 kW

频率范围：2 450±50 MHz

外形尺寸如下。

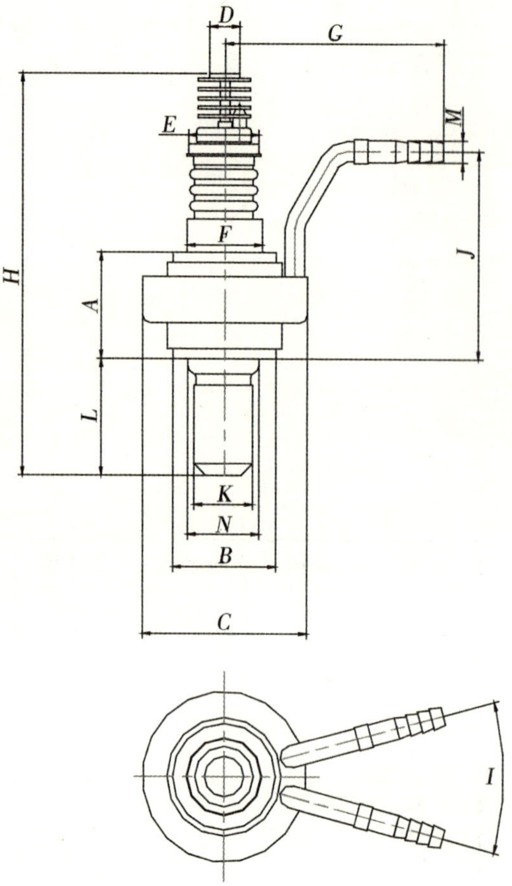

代 码	最小值	标称值	最大值
A	52.8	53	53.2
B	ϕ52.8	ϕ53	—
C	—	—	ϕ85
D	—	ϕ18	—
E	—	ϕ36	—
F	—	ϕ38.6	—
G	—	—	117
G	—	200	—
H	—	30°	—
I	—	103.5	—
J	—	ϕ30	—
K	—	58	—
M	—	11	—
N	—	ϕ36.6	—

(4) 15 kW。

产品名称：CK－2091

灯丝预热电流：47 A

灯丝预热电压：8.5±0.7 V

阳极电压：12.6 kV

阳极电流：1.8 A

输出功率：≥15 kW

频率范围：2 450±30 MHz

外形尺寸如下。

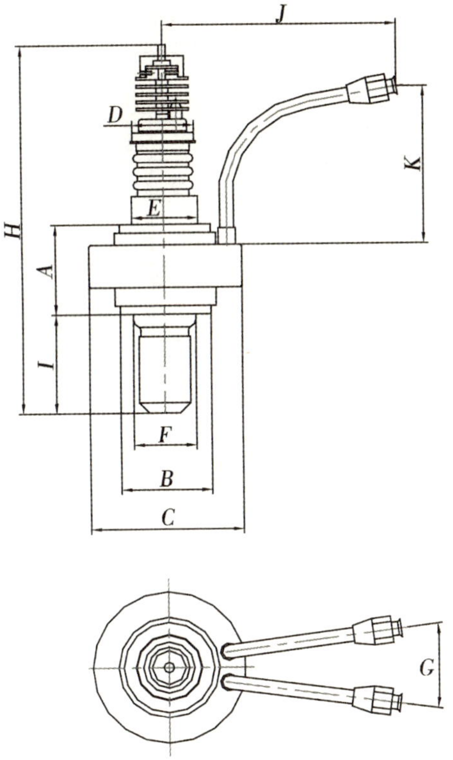

代 码	最小值	标称值	最大值
A	52.8	53.0	53.2
B	ϕ52.8	ϕ53.0	ϕ53.2
C	—	—	ϕ89
D	ϕ35.8	ϕ36.0	ϕ36.2
E	ϕ38.4	ϕ38.6	ϕ38.8
F	—	ϕ36.6	—
G	—	30°	—
H	—	212	—
I	—	58	—
J	—	135	—
K	—	93	—

(5) 15kW

产品名称：CK－2091T

灯丝预热电流：47 A

灯丝预热电压：8.5±0.7 V

阳极电压：12.6 kV

阳极电流：1.8 A

输出功率：≥15 kW

频率范围：2 450±30 MHz

外形尺寸如下。

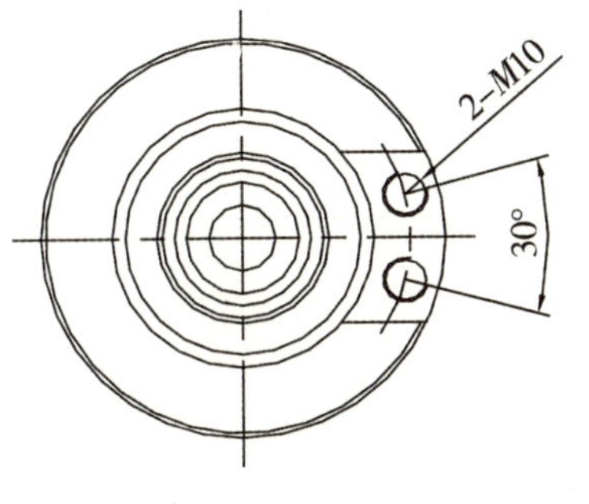

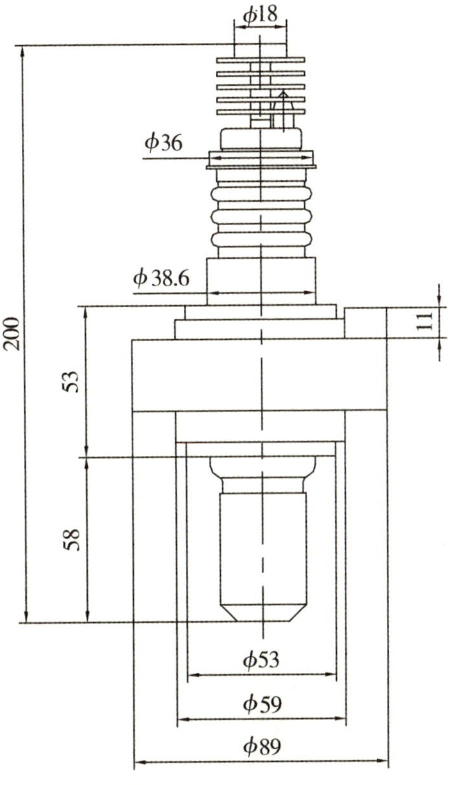

(6) 15 kW

产品名称：CK－2091CF

灯丝预热电流：47 A

灯丝预热电压：8.5±0.7 V

阳极电压：12.6 kV

阳极电流：1.8 A

输出功率：≥15 kW

频率范围：2 450±3 0MHz

外形尺寸如下。

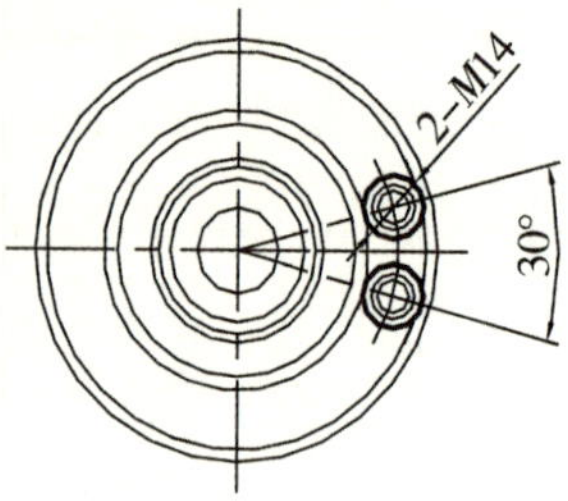

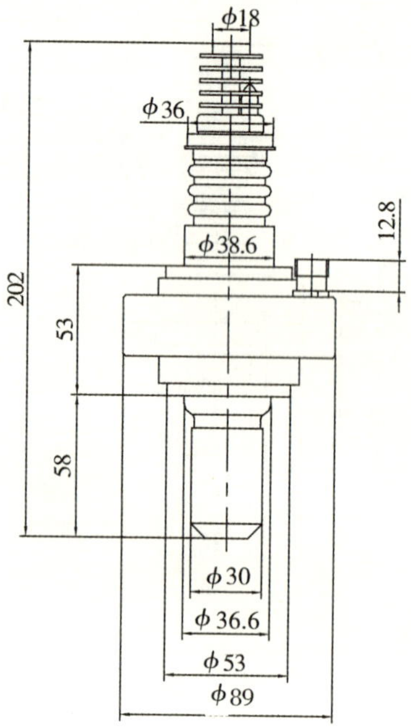

(7) 30 kW

产品名称：CK－2111

灯丝预热电流：66 A

灯丝预热电压：6.4±0.3 V

阳极电压：13 kV

阳极电流：3.3 A

输出功率：≥30 kW

频率范围：2 450±20 MHz

外形尺寸：

代　码	最小值	标称值	最大值
A	70	72	74
B	φ36. 6	φ36. 8	φ37
C	—	—	φ99
D	—	M16. 5	—
E	—	—	φ36
F	—	—	φ52. 5
G	—	97	—
H	—	45	—
I	—	128	—
J	—	φ74.5	—
K	—	φ30.5	—
L	—	φ53	—
M	—	290	—
N	—	9.5	—
O	—	1/2～20	—
P	—	20°	—
Q	—	φ8	—

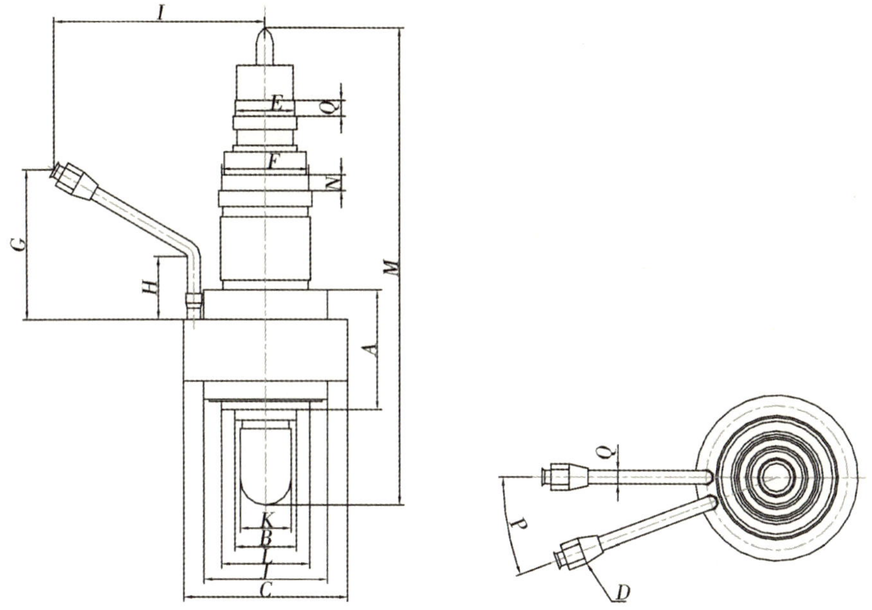

二、915 MHz 系列

此系列产品的工作频率均在 915 MHz，以下按功率从小到大的顺序对各产品的参数和外形进行介绍。

(1) 5 kW。

产品名称：CK－147

灯丝预热电压：10±1 V　　灯丝预热电流：35 A

阳极电压：6.5 kV　　阳极电流：1.3 A

输出功率：≥5 kW　　频率范围：915±25 MHz

外形尺寸如下。

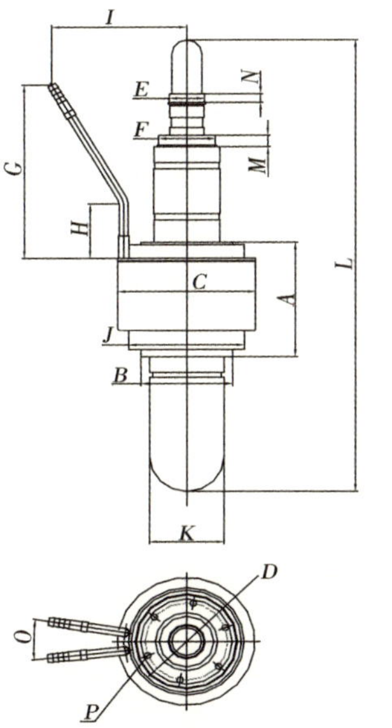

代　码	最小值	标称值	最大值
A	110	112	114
B	ϕ83.8	ϕ84	ϕ84.2
C	—	—	ϕ128
D	—	ϕ76	—
E	—	—	ϕ35
F	—	—	ϕ56
G	—	176	—
H	—	56	—
I	—	135	—
J	—	ϕ106	—
K	—	ϕ70	—
L	—	450	—
M	—	10	—
N	—	10	—
O	—	15°	—
P	—	6×M6	—

(2) 30 kW。

产品名称：CK－611

灯丝预热电压：12.6±1.2 V

灯丝预热电流：115 A

阳极电压：12.5 kV

阳极电流：2.8 A

输出功率：≥28.5 kW

频率范围：915±25 MHz

外形尺寸如下。

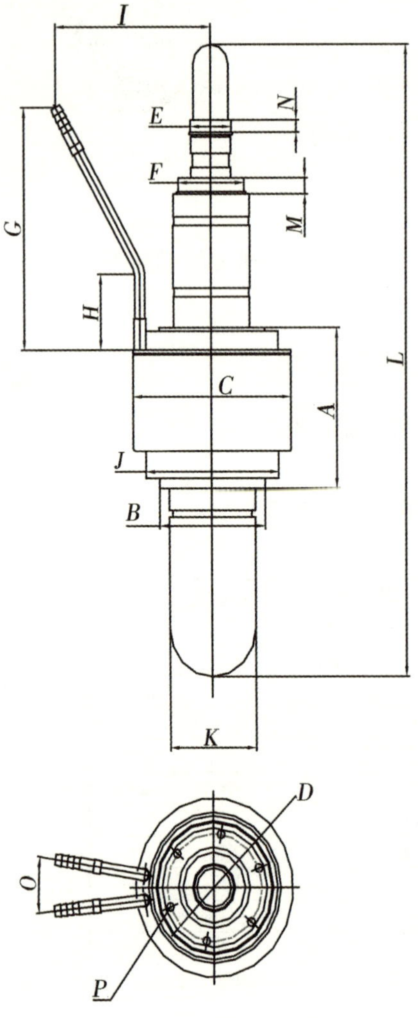

代　码	最小值	标称值	最大值
A	110	112	114
B	ϕ83.8	ϕ84	ϕ84.2
C	—	—	ϕ128
D	—	ϕ76	—
E	—	—	ϕ35
F	—	—	ϕ56
G	—	176	—
H	—	56	—
I	—	135	—
J	—	ϕ106	—
K	—	ϕ70	—
L	—	450	—
M	—	10	—
N	—	10	—
O	—	15°	—
P	—	6×M6	—

（3）75 kW。

产品名称：CK—2031

灯丝预热电压：12.6±0.6 V

灯丝预热电流：115 A

阳极电压：17～18 kV

阳极电流：5 A

输出功率：75 kW

频率范围：915±10 MHz

外形尺寸如下。

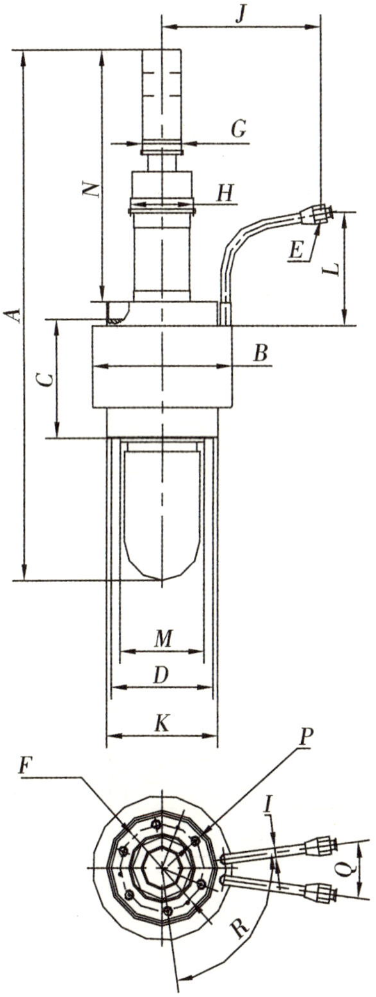

代　码	最小值	标称值	最大值
A	—	—	470
B	ϕ123.5	—	ϕ125.5
C	108	108	110
D	ϕ91	ϕ92	ϕ93
E	—	1/2～20	ϕ35
F	ϕ76.0	ϕ76.2	ϕ76.4
G	ϕ35.2	ϕ35.4	ϕ35.6
H	ϕ56.8	ϕ57.0	ϕ57.2
I	—	ϕ8	—
J	—	—	150
K	—	—	ϕ101.3
L	105	110	115
M	—	ϕ76	
N	—	—	230
P	—	6×M6	—
Q	—	15°	—
R	—	90°	—

(4) 100 kW。

产品名称：CK－2152

灯丝预热电压：12.6±0.6 V

灯丝预热电流：115 A

阳极电压：18.5～19.5 kV

阳极电流：6 A

输出功率：100 kW

频率范围：915±10 MHz

外形尺寸如下。

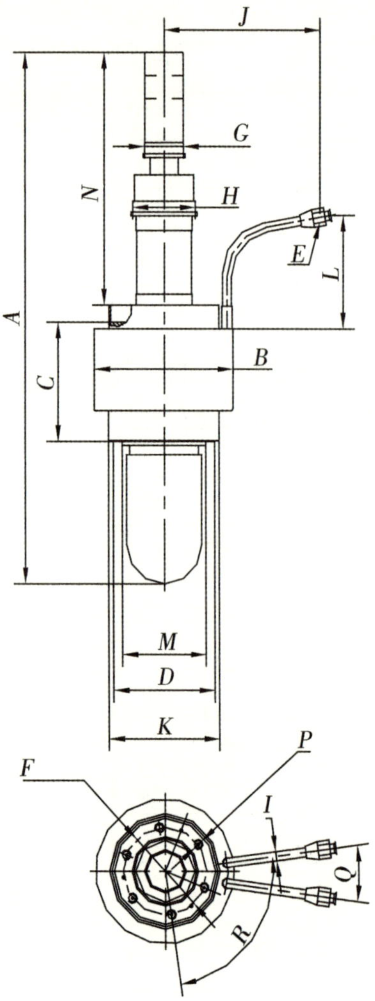

代　码	最小值	标称值	最大值
A	—	—	470
B	ϕ123.5	—	ϕ125.5
C	108	108	110
D	ϕ91	ϕ92	ϕ93
E	—	1/2～20	ϕ35
F	ϕ76.0	ϕ76.2	ϕ76.4
G	ϕ35.2	ϕ35.4	ϕ35.6
H	ϕ56.8	ϕ57.0	ϕ57.2
I	—	ϕ8	—
J	—	—	150
K	—	—	ϕ101.3
L	105	110	115
M	—	ϕ76	
N	—	—	230
P	—	6×M6	—
Q	—	15°	—
R	—	90°	—

附录Ⅰ 一些材料的介电常数和损耗角

材料名称	频率（GHz）	ε'	$\tan\delta\times10^4$	T（℃）
氧化铝瓷	1～30	9.0	6	25
琥珀	3	2.6	90	25
琥珀	3	2.6	115	80
真空蜡“W”	3	2.62	16	22
真空蜡“W”	10	2.62	20	
B型充填树脂	3	3.09	270	
B型充填树脂	10	3.01	220	
胶木	3	3.64～4.57	90～519	25
胶木	10	3.52～4.57	82～500	25
西印度轻木	3	1.22	100	26
西印度轻木	10	1.20	83	26
钛酸钡	40	36	4	
氧化铍瓷	1～30	4.0	5	
氮化硼 BN	1～30	5.0	2	
丁苯橡胶	3	2.45～2.78	44～57	25
丁苯橡胶	3	2.69	83	80
丁苯橡胶	10	2.44～2.77	48～50	25
电缆油 5314	3	2.22	18	25
电缆油 5314	10	2.22	22	25
白地蜡	3	2.25	4.6	25
白地蜡	10	2.24	6.5	25
黄地蜡	3	2.25	4.2	20

续表

材料名称	频率（GHz）	ε'	$\tan\delta\times10^4$	T（℃）
黄地蜡	10	2.25	4.0	20
浓缩炭	0.6～3	80	5～10	
浓缩氮	0.6～3	40	5～10	
康宁 790 玻璃	1	3.87	6	
康宁 704 玻璃	1～10	4.82～4.92	88	
刚玉	10	8.2～8.7	5～11	
AK4 刚玉	10	9.73	0.27	
杜隆 5880	40～60	2.22	10	
泡沫塑料	1～30	1.02～7	1～500	
硅橡胶制品	1～30	1.4～4	100	
酒精	3	6.5	2 500	25
酒精	10	1.7	680	25
玻璃纤维	3	3.90	260	25
玻璃纤维	10	3.88	290	25
玻璃纤维	25	3.85	300	25
玻璃纤维	71	4.38		
玻璃纤维	250～450	4.34		
枞木	3	1.82～3.5	270～700	25
枞木	10	1.80～3.3	290～550	25
枞木	25	1.78～3.2	220～460	25
镁橄榄石	10	5.7～6.1	5～7	
熔融石英 SiO2	3	3.78	0.6	25
熔融石英 SiO2	10	3.78	1.0	25
熔融石英 SiO2	25	3.78	2.5	25
熔融石英 SiO2	40～60	3.78	1.0	
锗	35	16	300～30 000	
光学玻璃	1～30	4.0	10	
天然橡胶	1～30	2.2	20	
马来橡胶	0.3	2.45	110	25
马来橡胶	3	2.40	60	25
马来橡胶	10	2.38	50	25

续表

材料名称	频率（GHz）	ε'	$\tan\delta\times10^4$	T(℃)
冰	1～30	3.0	6	0
705可伐玻璃	10	4.5	64.5	
二甲基丙烯酸	5	2.57	50～80	
氧化镁	1～30	10	3	
胶合板	10	2	200	干
甲醇	3	23.9	6 400	25
甲醇	10	8.9	8 100	25
云母	0.6～3	7	2	
红宝石	1～10	5.4	2.5～3.0	
矿物油	1～30	2.1	8	
云母玻璃	10	7.12	33	25
云母玻璃	10	7.32	57	80
K10云母玻璃	3	11.3	40	24
K10云母玻璃	10	11.3	40	24
聚酯薄膜	1～30	3.0	50	
氯丁橡胶	3	2.84	480	26
浸硅酮玻璃纤维	25	3.28	90	
尼龙	3	2.84～3.03	117～128	25
尼龙	10	3.02	107	25
尼龙	25	2.73	105	25
132ATM石蜡	3	2.25	2	25
132ATM石蜡	10	2.24	2.1	25
132ATM石蜡	25	2.20	3	25
石蜡	1～30	2.3	3	
松木	1～30	1.7	100	干
层板	30	1.62	200	干
层板	30	1.72	700	相对湿度52%
91辛烷航空汽油	0.3	1.95	0.4	25
91辛烷航空汽油	3	1.94	11.5	25
100辛烷航空汽油	0.3	1.94	0.8	25
辛烷航空汽油	3	1.92	14	25

续表

材料名称	频率（GHz）	ε′	$\tan\delta\times10^4$	T(℃)
有机玻璃	3	2.6	57	27
有机玻璃	10	2.59	67	27
有机玻璃	70	2.62		
有机玻璃	139～343	2.61		
有机玻璃	250～450	2.62		
有机玻璃	3	2.56	79	80
二氯苯乙烯（95%）	3	2.72	20	25
二氯苯乙烯（95%）	10	2.70	20	25
二氯苯乙烯（38%）	3	5.91	8.9	23
聚乙烯（100%）	3	2.25	3	24
聚乙烯（100%）	10	2.25	4	24
聚乙烯（100%）	25	2.24	6.7	24
聚乙烯（100%）	71	2.28		
聚乙烯（100%）	250～450	2.27		
聚乙烯（100%）	3	2.25	7.2	80
聚乙烯（100%）	10	2.20	8.5	80
聚氯苯乙烯	3	2.6～2.66	3.1～10.8	24
聚氯苯乙烯	25	2.59	29	24
聚氯苯乙烯	3	2.6～2.7	7.3～17.1	80～100
聚异戊丁烯	3	2.23～2.3	4.7～11	25
聚丙烯	1～30	2.2	5	
聚苯乙烯	3	2.55	3.3	25
聚苯乙烯	10	2.54	4.3	25
聚苯乙烯	25	2.54	1.2	25
聚苯乙烯	71	2.57	9	
聚苯乙烯	139	2.53	24	25
聚苯乙烯	343	2.57		25
聚苯乙烯	250～450	2.48	30	25
聚苯乙烯	600		50	25
聚苯乙烯	1 000		70	25
聚苯乙烯	3	2.54	4.5	80

续表

材料名称	频率（GHz）	ε'	$\tan\delta \times 10^4$	T（℃）
聚苯乙烯	10	2.53	5.3	80
聚苯乙烯泡沫	3	1.03	1	25
聚苯乙烯泡沫	10	1.03	1.5	25
具有填料的聚苯乙烯 P91%，C9%	3	20.8	5 600	25
同上	10	19.4	2 800	25
天然橡胶	1～30	2.2	30	25
聚氯乙烯（100%）	3	2.84	55	20
聚氯乙烯（100%）	3	2.81	77	47
聚氯乙烯（100%）	10	2.6	180	96
瓷	3	6.23～8.9	10～45	25
瓷	10	6.18～8.8	14～156	25
硼硅酸玻璃	10	4.8	98	
硼硅酸玻璃	25	4.65	90	
硼硅酸玻璃	400		280	
硼硅酸玻璃	250～450	4.46		
硼硅酸玻璃	600		400	
石英砂	4	2.5～2.7	100	干
石英砂	4	2.5～2.7	500	含水 0.5%
硫化后的天然橡胶	3	2.36	47	27
硅橡胶	3	2.97～7.8	75～600	
硅橡胶	10	2.85～7.6	110～1 400	
金红石 LTT9100	36～40	99	5	
金红石	10	88.8	8.2	
金红石 R	10	83.6	7.4	
金红石＋钛酸镁	36～40	67	4	
蓝宝石	10	10.65	0.65	
非晶硒	3	6.0	1.8	25
非晶硒	10	6.0	6.7	25
非晶硒	25	6.0	1.3	25

续表

材料名称	频率（GHz）	ε'	$\tan\delta\times10^4$	T (℃)
多晶硒	25	7.5	11 000	25
虫胶	3	2.75～2.94	135～290	28
虫胶	3	3.45	732	70
熔融硅	1～30	3.8	2	
硅	35	11.6	40～400 000	ρ=10～1kΩ·m
硅油	3	2.2～2.76	14.5～103	23
硅油	10	2.19～2.74	30～330	25
硅树脂	3	3.79～3.90	51～55	
硅树脂	10	3.74～3.9	45～61	
硅橡胶	1～30	3.0	100	
新鲜雪	0.3	1.20	2.9	−20
新鲜雪	3	1.26	4.2	−6
干黏土	3	2.44	11	25
干黏土	10	2.44	14	25
干砂土	1～30	2.5	50	
皂石	3	5.50～8.15	9～39	25
皂石	10	5.50～8.15	10.9～53	25
皂石	10	6.01	21.75	
锆酸锶＋钛酸锶				
6717 型	40	32	3	
6718	40	33	4	
6719	40	33	5	
6721	40	35	8	
升华硫黄	3	3.62	0.4	
升华硫黄	10	3.38	1.5	
聚四氟乙烯	3	2.1	1.5	22
聚四氟乙烯	10	2.08	3.7	22
聚四氟乙烯	25	2.08	6	
聚四氟乙烯	70	2.10	<20	
聚四氟乙烯	139	2.07	<20	
聚四氟乙烯	343	2.07		

续表

材料名称	频率（GHz）	ε'	$\tan\delta \times 10^4$	T（°C）
聚四氟乙烯	400		10	
聚四氟乙烯	250～450	1.99		
聚四氟乙烯	600		20	
聚四氟乙烯	890	1.94		
聚四氟乙烯	1 000		20	
聚四氟乙烯	10	2.04	5.1	100
苯乙烯塑胶	0.6～3	2.3	4～7	
钨玻璃	10	4.67	42	
凡士林	3	2.16	6.6	25
凡士林	10	2.16	10	25
凡士林	3	2.1	9.2	80
凡士林	10	2.1	22	80
水	0.3	81	210	15
水	3	78.8	2 050	15
水	10	49	7 000	15
水	25	25	3 300	15
水	0.3	77.5	160	25
水	3	76.7	1 570	25
水	10	55	5 400	25
水	0.3	61	77	75
水	3	60.5	660	75
水	10	57	2 800	75
水	25	51.5	1 050	75
黄桦	3	2.13	330	25
黄桦	10	1.95	280	25
黄桦	25	1.87	260	25
钡长石	0.6～3	6～7	4	
黑素	25	4	960	干
酚醛塑料	0.6～3	4～6	800～900	
纸（深灰的）	1	3.9	720	82
纸（深灰的）	3	2.94	799	82

续表

材料名称	频率（GHz）	ε′	tan δ ×10^4	T（℃）
白纸	3	3.2	1 562	22
三聚氰胺	1	4.37	450	25
三聚氰胺	3	4.2	521	25
聚酰胺	1	3.05	148	25
聚酰胺	3	3.02	450	25
羊毛纤维	3	3.9	745	
耐冻油茶叶	1	40	5 000	23
耐冻油茶叶	3	40	2 750	23
聚异丁烯橡胶	0.6～3	2.2	1～5	—

附录J　一些食品的介电常数及损耗角

食品名称	检测频率（GHz）	ε'	$\tan\delta\times10^4$	检测温度（℃）
肥牛排	1	50	7 800	25
肥牛排	3	40	3 000	25
瘦牛排	1	4.4	1 636	0
瘦牛排	3	3.95	8 654	0
生牛肉	2.45	52	3 800	25
熟牛肉	2.45	30	4 100	25
生火鸡	2.45	54	3 800	25
熟火鸡	2.45	38	4 700	25
熟火鸡	3	40	3 500	25
生猪肉	2.8	55	1 800	20
肥腊肉	1	2.6	615	25
肥腊肉	3	2.5	520	25
熟猪肝	2.8	38	1 300	20
肉　汤	2.8	70	3 570	20
土豆泥	2.8	60	3 700	20
生土豆	1	65	3 010	25
生土豆	3	53.7	2 923	25
奶　油	3	4.05	691	0
奶　油	3	4.15	1 060	35
奶粉 800kg/m^3	3	2.29	210	30

附录 K 人体组织及某些生物材料的介电常数及损耗角

组织类型	频率（GHz）	ε′	tan δ	T（℃）
白蛋白	1	77.5		10
白蛋白粉 ↓				
水溶液（80g/L）	1	72.5		25
水溶液（含水 12%）	10	1.57	0.013～0.046	23
血液	0.4	64	0.77	27
血液	1	63～67	0.34～0.46	27
血液	3	59.9	0.332	15
血液	9.4	42.4	0.63	15
骨头	0.1	8.4	0.642	
骨头	0.2	8.4	0.321	
骨头	0.4	8.4	0.176	
骨头	1	8.4	0.107	
骨头	3			电阻率 ρ=560Ωm
骨头	10	7.6	0.197	
骨头	23.6	6.3	0.173	
骨头	3	8.35	0.158	37
脑	0.1	43	2.985	
脑	0.2	43	1.492	
脑	0.4	40	0.802	
脑	1	35	0.428	

续表

组织类型	频率（GHz）	ε′	tan δ	T (°C)
脑	3	30.2	0.661	25
脑	10	25	0.719	
脑	23.6	38	0.501	
脑	3	33	0.545	37
脑	4	33	0.48	37
脑	2.45	32	0.48	37
眼球晶体	1	32	0.3	
眼球晶体	3	30	0.3	
眼球晶体	10	28	0.64	
眼球玻璃状液体	1	70	0.51	
眼球玻璃状液体	3	70	0.26	
眼球玻璃状液体	10	62	0.52	27
脂肪（干）	0.15	3.8	1.04	37
脂肪（干）	0.4	3.4	0.52	37
脂肪（湿）	0.15	7.6	1.04	37
脂肪（湿）	0.4	6.8	0.52	37
脂肪（湿）	0.9	6.1	0.30	37
脂肪（湿）	3	4.4	0.16	37
脂肪（湿）	10	3.3	0.14	37
象鼻虫（米虫）	0.1	6.2	0.32	24
象鼻虫（米虫）	1	4.2	0.1	24
象鼻虫（米虫）	3	4.1	0.1	24
象鼻虫（米虫）	10	4.0	0.1	24
肾	0.2	62	1.61	37
肾	0.5	51～54		37
犬肾	0.2	66.5	1.128	
犬肾	0.5	55	0.455	
犬肾	1	49.5	0.29	
犬肾	3	47	0.26	
犬肾	5	43	0.326	
犬肾	10	34	0.53	15

续表

组织类型	频率（GHz）	ε'	$\tan\delta$	T（℃）
肝	0.4	46～53	0.57～0.81	27
肝	1	50～51	0.32～0.34	27
肝	1	46～47	0.36～0.40	37
肝	3	42～43	0.28～0.29	37
肝	8.5	34～38	0.28～0.35	37
肺	0.4	36	0.76	37
肺	1	35		37
肌肉	0.4	54～56	0.76～0.83	27
肌肉	1	54～57	0.38～0.42	27
肌肉	0.2	56	1.54～1.70	37
肌肉	0.5	52～54	0.76～0.79	37
肌肉	1	49～52	0.44～0.49	37
肌肉	2.45	47.5	0.284	37
肌肉	3	45～48	0.27～0.31	37
肌肉	5	44	0.318	37
肌肉	8.5	40～42	0.36～0.375	37
皮肤	0.15	63	1.52	37
皮肤	0.4	47	0.86	37
皮肤	0.9	44	0.45	37
皮肤	3	41	0.31	37
皮肤	5	40.7	0.344	37
皮肤	8.5	36	0.417	37
皮肤	10	34	0.43	37
皮肤	23.6	23.9	0.053	
脾（0.9%NaCl）	0.4	74	1.05	27
脾（0.9%NaCl）	1	77	0.43	27
脾	0.1	100～101	1.4	37

附录L　湿度的定义

湿物中的含水比例（即湿度）有以下一些定义。

1. 干基湿度M：它定义为物料中的水重W_w与物料干重W_d之比。即

$$M=\frac{W_w}{W_d}\times 100\% \tag{1}$$

在本书中多数采用此定义，干基湿度在工业上又被称为“回潮率”。

2. 湿基湿度M'：它定义为物料中的水重W_w与物料干重W_d与水重W_w之和之比。即

$$M'=\frac{W_w}{W_w+W_d}\times 100\% \tag{2}$$

3. 固基百分比M''：它定义为物料干重W_d与物料干重W_d与水重W_w之和之比。即

$$M''=\frac{W_d}{W_d+W_w}\times 100\% \tag{3}$$

4. 由上述各式可得

$$M''=(1+M)^{-1}=1-M' \tag{4}$$

5. $M=\dfrac{M'}{1-M'}$　(5)

6. $M'=\dfrac{M}{1+M}$　(6)

附录 M　磁控管开关电源系列（A）

Megmeet Microwave Inverter Products Selection Guide

1. Industrial microwave products

(1) WepeX 1000A。

- 220V input
- Fixed 850W Microwave power output
- Air cooling
- Low cost

(2) WepeX 1000B。

• 220V input

• 3 working modes Fixed 850W / digital control / analog control for 250～1500W output

• Air cooling

• High reliability

(3) WepeX 1800W。

• 220V input

• Fixed 850W Microwave power output

• Oil cooling

• High reliability

(4) WepeX 2800W。

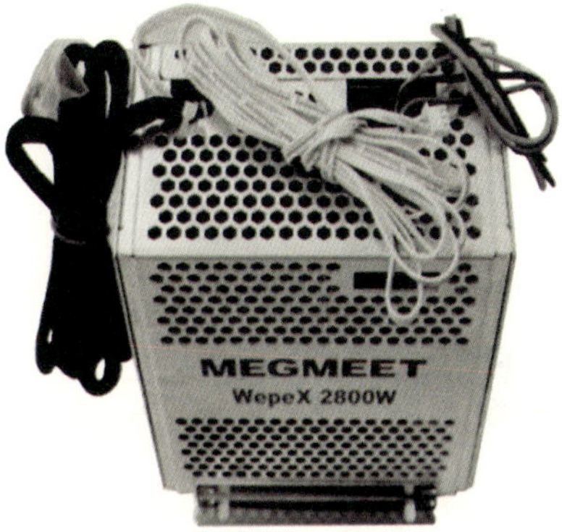

• 220V input

• 2 working modes：Fixed 850W / digital control for 250—1500W output

• Oil cooling

• High reliability

(5) WepeX 1280A。

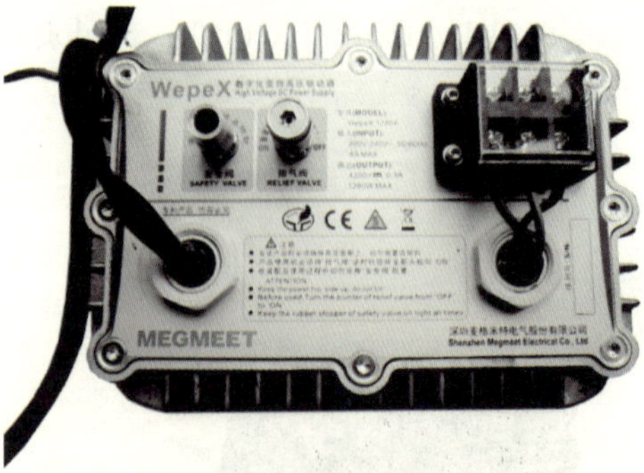

• 220V input

• Fixed 850W Microwave power output

• Air cooling

• High reliability

(6) WepeX 1600A。

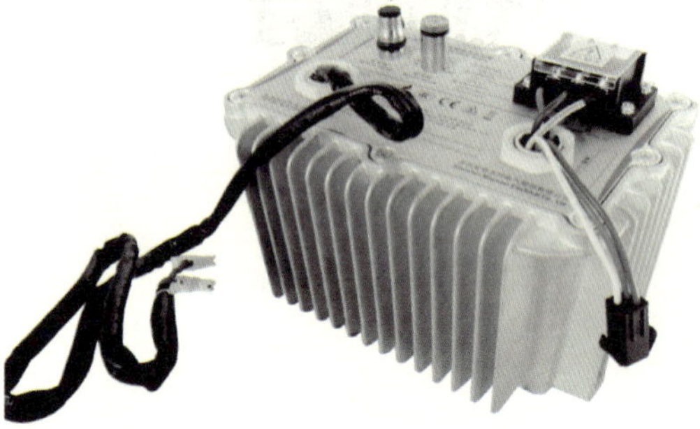

• 220V input

• 2 working modes：Fixed 850W / digital control for 250—1500W output

• Air cooling

• High reliability

(7) WepeX 4000A。

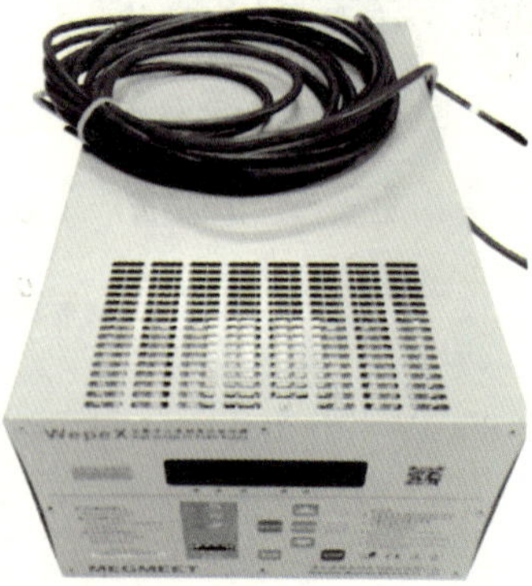

• 220V/380V input / 3kW output

• 2 working modes：Manual control/ digital control

• Air cooling

• High reliability

(8) Others。

Please consult our sales

* *

Customized products：

Change the output power for fixed output products（1500W max)

Change the filament cable length（6m max)

2．Controller

(1）WepeX Link。

• Communication interface

• RS—485 port for PLC input

• Digital output to driver up to 18 inverters

(2）WepeX Modbus。

• Modbus communication interface

• RS—485 port for PLC input

• Digital output to driver up to 18 inverters

(3) WepeX—A1。

• Easy adjusting output power by potentiometer

• Digital output to drive up to 8 inverters

(4) WepeX—C1。

• LED digitron display

• Drive 1 inverter

(5) WepeX—C18。

• LED digitron display

• To driver WepeX link instead of a PLC

附录 N 磁控管开关电源系列（B）

1. MP 100 系列微波开关电源

MP100 series Microwave Switching Power Supply

（1）产品用途 Application。

MP 100 系列微波开关电源是英杰电气针对微波等离子体设备、微波硫化设备、微波污水处理设备、微波干燥（烘干）设备等工业微波能应用设备而开发一款的标准型产品，分为 3kW 和 5kW 等型号。

MP 100 series microwave switching power supply is a standard product developed by Injet for microwave plasma equipment, microwave vulcanization equipment, microwave sewage treatment equipment, microwave drying equipment, etc. , with the models of 3kW and 5kW.

（2）产品特点 Features。

- IGBT 高频高压开关电源
- 标准化、模块式电源，集灯丝电源、磁场电源以及阳极高压电源于一体
- 单片机作控制核心，具有参数设定、检测和保护功能
- 本地控制/远程控制
- LED 人机界面
- 微波输出功率连续可调
- 低射频干扰和电磁干扰
- 保护功能完善
- 打火检测及保护

- 高效节能
- 机架式模块化设计，便于配柜安装
- IGBI HF high voltage switching power supply
- Standardized, modular power supply, is a set of filament power supply, magnetic field power supply and anode high—voltage power supply in one
- SCM as the control core, with parameter setting, detection and protection functions
- Local control/remote control
- LED HMI
- Microwave output power continuously adjustable
- Low RFI and EMI
- Perfect protection function
- Arcing detection and protection
- Energy—efficient
- Rack modular design, easy to install

（3）规格参数 Specification Parameter

输入电压 Input voltage	3AC380～440V 50Hz/60Hz（三相五线制） 3AC380～440V 50Hz/60Hz（Three—phase five—wire system）	
微波输出功率 Microwave output power	3kW	5kW
操作界面 Operation interface	LED 界面 LED interface	
通信接口 Communication interface	RS485	
控制方式	阳极：恒定输出电流、限制输出电压 灯丝：开环控制 SCR 导通角，监控灯丝电流 Anode: constant output current, limited output voltage Filament: open loop control SCR conduction angle, monitor filament current	
电源输出参数	阳极： 电压 DC5.2kV 电流 DC850 mA 灯丝： 电压 AC5V 电流 AC25A Anode: Voltage DC5.2 kV Current DC850mA Filament: Voltage AC5V Current AC25A	阳极： 电压 DC7.2k V 电流 DC1200mA 灯丝： 电压 AC9.2V 电流 AC35A 磁场： 电压 DC20V 电流 DC5A Anode: Voltage DC7.2 kV Current DC1200mA Filament: Voltage AC9.2V Current AC35A Magnetic field: Voltage DC20V Current DC5A

续表

保护功能 Protection	电源故障、阳极过流、阳极过压、灯丝过流、功率器件过热、风机故障、打火保护等 Power fault, anode overcurrent, anode overvoltage, filament overcurrent, power device overheating, fan fault, arcing protection, etc
工作环境 Environment	温度：－10～45℃；湿度：20%～90%RH，无水珠凝结；振动：<0.5G 无剧烈振动和冲击 Temperature: －10 to 45℃; Humidity: 20% ～ 90%RH, no condensation; vibration: < 0.5G, no severe vibration and impact
海拔高度 Altitude	低于1000米，超过1000米按GB/T3859.2—13标准降额使用 Less than 1000 meters, more than 1000 meters by the GB/T3859. 2－13 standard derating
防护等级 IP grade	IP00
安装方式 Installation	机架式，机架安装，以利通风 Rack, rack mounting, to facilitate ventilation
冷却方式 Cooling mode	强制风冷 Forced air cooling

(4) 接口图 Interface Drawing。

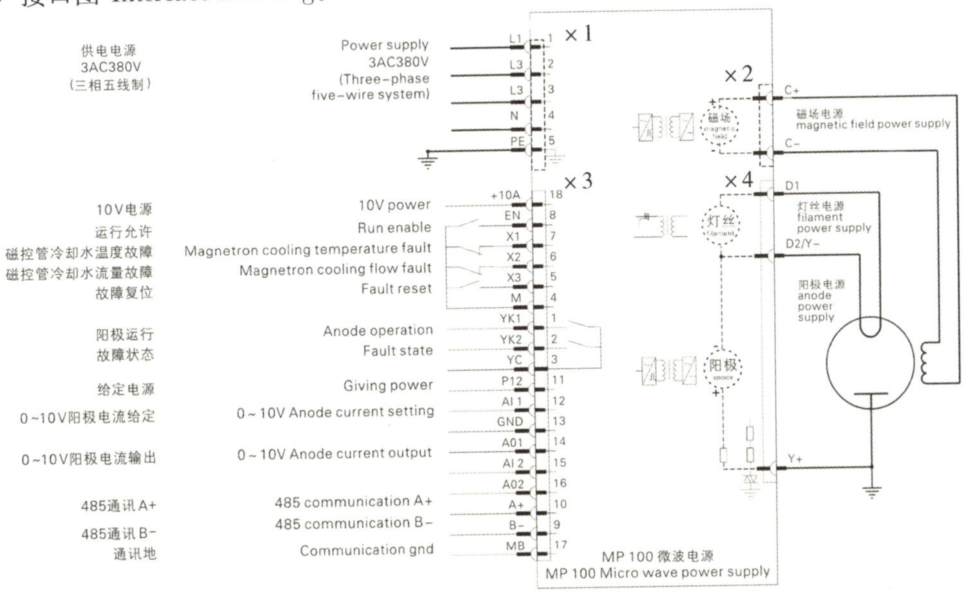

(5) 外形尺寸 Dimension。

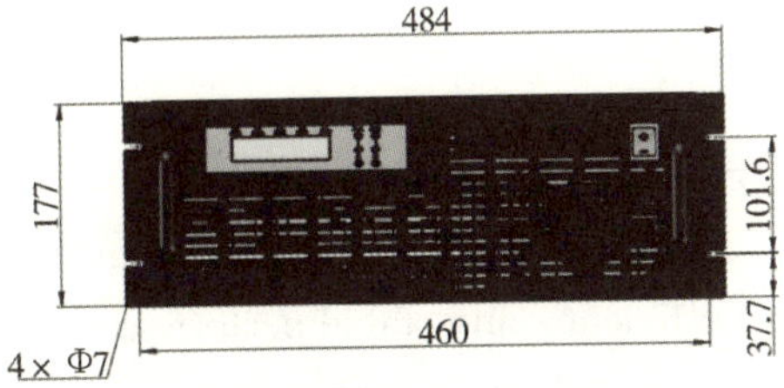

2. VDW10 系列 15kW 微波开关电源

VDW10 series 15kW microwave switching power supply

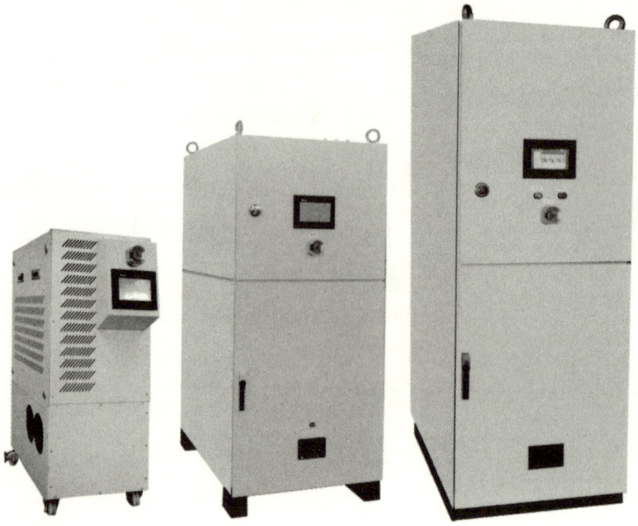

(1) 产品用途 Application 。

VDW10 系列微波开关电源是英杰电气针对微波等离子体设备、微波硫化设备、微波污水处理设备、微波干燥（烘干）设备等工业微波能应用设备而开发一款的标准型产品，分为 15kW、25kW 和 75kW 等型号。

VDW10 series microwave switching power supply is a standard product developed by Injet for microwave plasma equipment, microwave vulcanization equipment, microwave sewage treatment equipment, microwave drying equipment, etc. with the models of 15kW, 25kW, and 75kW.

(2) 产品特点 Features。

· IGBT 高频高压开关电源
· 阳极电源主回路采用 IGBT 全桥逆变软开关技术，效率高，性能稳定
· 阳极电源采用全数字化控制，具有完善的保护和控制功能
· 阳极电源纹波低，磁控管打火时输出能量小，响应快，对磁控管冲击小
· 本地控制/远程控制
· 触摸屏人机界面
· 微波输出功率连续可调
· 系统内部采用光纤通信，抗干扰能力强，稳定性好
· 保护功能完善
· 打火检测及保护
· 高效节能
· IGBI HF high voltage switching power supply
· The main loop of anode power supply adopts IGBT full bridge inverter soft switching technology, which has high efficiency and stable performance
· Full digital control, with perfect protection and control functions

• Low ripple, the output power is small when the magnetron arcing, fast response and the impact to the magnetron is small

• Local control/remote control

• LED HMI

• Microwave output power continuously adjustable

• The system adopts optical fiber communication, with strong anti—interference ability and good stability

• Perfect protection function

• Arcing detection and protection

• Energy—efficient

（3）规格参数 Specification Parameter。

输入电压 Input voltage	3AC380V±10% 50Hz/60Hz（三相五线制） 3AC380V±10% 50Hz/60Hz（Three—phase five—wire system）		
微波输出功率 Microwave output power	15kW	25kW	75kW
操作界面 Operation interface	触摸屏 HMI		
通讯接口 Communication interface	PROFIBUS—DP		
控制方式 Control mode	阳极：恒压限流 灯丝：恒流限压 磁场：恒流限压 Anode：constant voltage and current limiting Filament：constant current and pressure limiting Magnetic field：constant current and pressure limiting		
电源输出参数 Power output parameters	阳极： 电压 DC12. 6kV 电流 DC1. 8A 灯丝： 电压 AC10V 电流 AC50A 磁场： 电压 DC100V 电流 DC10A Anode： Voltage DC12. 6 kV Current DC1. 8 A Filament： Voltage AC10V Current AC50A Magnetic field： Voltage DC100V Current DC10A	阳极： 电压 DC14kV 电流 DC2. 5A 灯丝： 电压 AC10V 电流 AC110A 磁场： 电压 DC100V 电流 DC10A Anode： Voltage DC14 kV Current DC2. 5 A Filament： Voltage AC10V Current AC110A Magnetic field： Voltage DC100V Current DC10A	阳极： 电压 DC18kV 电流 DC4. 5A 灯丝： 电压 AC13V 电流 AC120A 磁场： 电压 DC100V 电流 DC10A Anode： Voltage DC18 kV Current DC4. 5 A Filament： Voltage AC13V Current AC120A Magnetic field： Voltage DC100V Current DC10A

续表

保护功能 Protection	门开关故障、通讯故障、阳极过流、磁场过流、灯丝过流、功率器件过热、风机故障、打火保护等 Power fault, anode overcurrent, anode overvoltage, filament overcurrent, power device overheating, fan fault, arcing protection, etc
工作环境 Environment	温度：－10～45℃；湿度：20%～90%RH，无水珠凝结 振动：<0.5G 无剧烈振动和冲击 Temperature: －10 to 45℃; Humidity: 20% ～ 90%RH, no condensation; vibration: < 0.5G, no severe vibration and impact
海拔高度 Altitude	低于 1000 米，超过 1000 米按 GB/T3859.2—13 标准降额使用 Less than 1000 meters, more than 1000 meters by the GB/T3859. 2－13 standard derating
防护等级 IP grade	IP00
柜体 Cabinet	金属机柜（可选配脚轮） Rack, rack mounting, to facilitate ventilation
冷却方式 Cooling mode	强制风冷 Forced air cooling

(4) 接口图 Interface Drawing

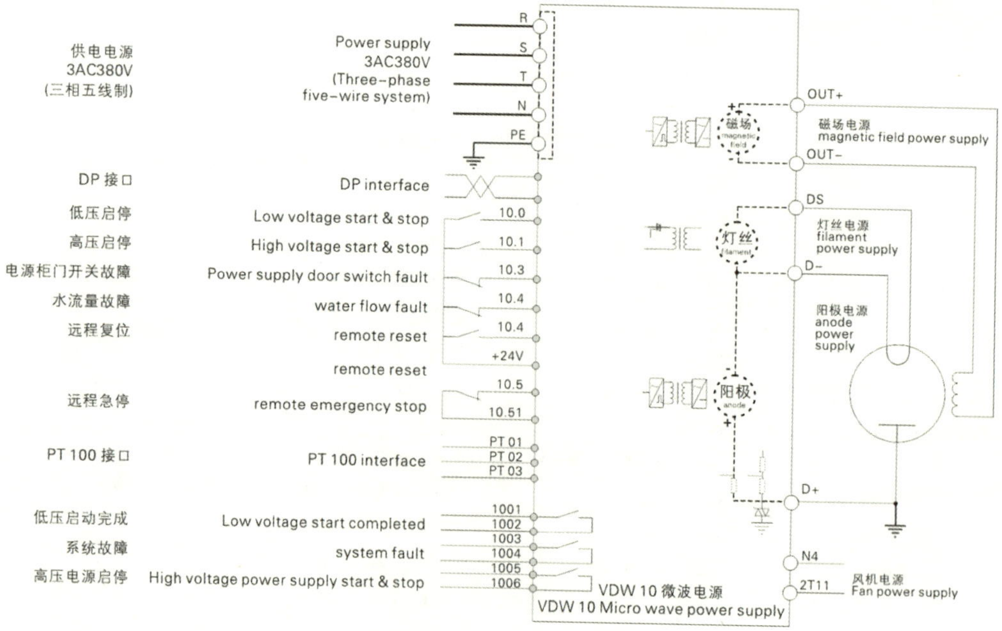

（5）外形尺寸 Dimension

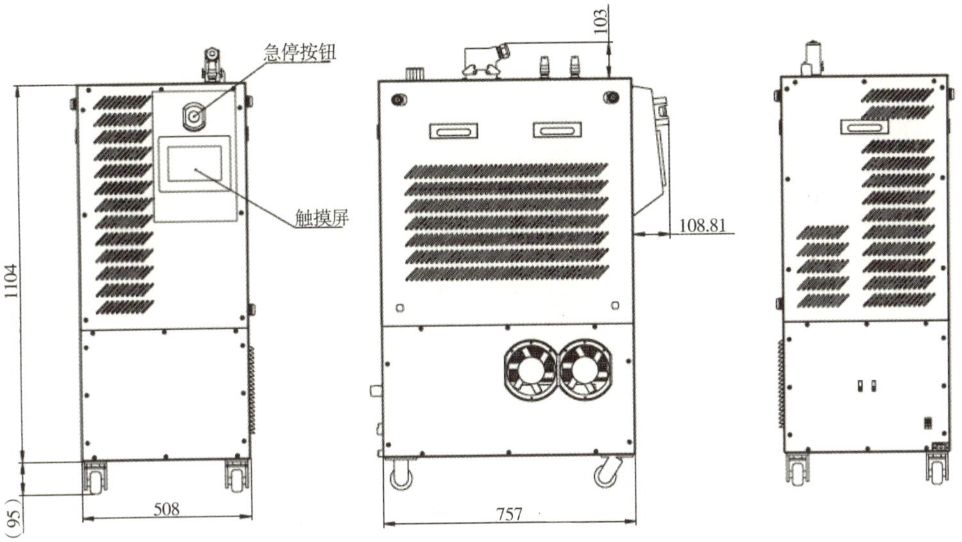

（6）国产 75kW 开关电源

四川德阳英杰公司生产

参考文献

[1] 列别捷夫. 超高频技术［M］. 成都电讯工程学院电子器件系超高频教研组，译. 北京：高等教育出版社，1958.

[2] 沈致远. 微波技术［M］. 北京：国防工业出版社，1980.

[3] 应嘉年，顾茂章，张克潜. 微波与光导波技术［M］. 北京：国防工业出版社，1996.

[4] 列别捷夫. 超高频技术和器件［M］. 刘盛刚，译. 上海：上海科学技术出版社，1965.

[5] 张兆镗，曾昭信. 微波激光的神奇应用［M］. 成都：电子科技大学出版社，2007.

[6] 王保志. 微波技术与工程天线［M］. 北京：人民邮电出版社，1991.

[7] 殷际杰. 微波技术与天线［M］. 北京：电子工业出版社，2012.

[8] 林昌禄. 天线工程手册［M］. 北京：电子工业出版社，2002.

[9] 薄瓦讲. 超高频天线［M］. 南京大学物理系无线电教研组，译. 北京：高等教育出版社，1959.

[10] OLINER A. The Impedance Properties of Narrow Radiating Slots in the Broad Face of Rectangular Waveguide：Part Ⅰ Theory，Part Ⅱ Comparison with Measurement［J］. Ire Transactions on Antennas & Propagation，1956.

[11] 李嗣范. 微波元件原理与设计［M］. 北京：人民邮电出版社，1982.

[12] 张兆镗. 波导三销钉调配器的局限性及其对策［J］. 材料导报，2009，23（11A）：146.

[13] 伍捍东，崔峰. 微波工程技术参考手册：微波与毫米波［M］. 6版. 西安：西安恒达集团，2010.

[14] 佚名. 微波工程手册［M］，微波工程手册编译组，译. 北京：［出版者不详］，1972.

[15] 柯伦，巴娄. 微波测量［M］. 伍仁，译. 北京：科学出版社，1961.

[16] 汤世贤. 微波测量［M］. 北京：国防工业出版社，1981.

[17] 董树义. 近代微波测量技术［M］. 北京：电子工业出版社，1995.

[18] 周清一. 微波测量技术［M］. 北京：国防工业出版社，1964.

[19] GINZTON E L. Microwave Measurements [M]. NewYork: McGraw－Hill Book Company, Inc. 1957.

[20] 王文祥. 微波工程技术 [M]. 2版. 北京：国防工业出版社，2014.

[21] MONTGOMERY C G. Technique of Microwave Measurements [M]. Massachusetts Institute of Technology Radiation Laboratory series , 1947, 11.

[22] 列别捷夫. 超高频电真空器件的测试 [M]. 成都电讯工程学院，译. 北京：人民教育出版社，1961.

[23] 中国电子科技集团第41研究所. 电子测量仪器 [M]. 青岛，2015.

[24] HULL A W. Physical Review [J]. 1921, 18 (31).

[25] ZAREK A. Cos. Pro. Pest. Mayh. a Frys [J]. Prague, 1924 (53): 578.

[26] YAGI H. Proceedings of the IRE [J], 1928, 16: 715.

[27] CLEETON C E. Physical Review [J]. 1936, 18: 1091.

[28] KILGORE G R. Proceedings of the IRE [J], 1936, 24: 1140.

[29] POSTHUMUS K. Wireless Eng [J]. 1935, 12: 126.

[30] ALEKSERELF N T, MALEAROFF D E. Jour. Tech. Phys. USSR [J]. 1940, 10: 1207.

[31] SAMUEL A L. US2063341 [P]. 1936.

[32] GB509104 [P]. 1938－10－7.

[33] DE663250 [P]. 1938－8－3.

[34] COLLINS G B. Microwave Magnetrons [M]. Massachusetts Institute of Technology Radiation Laboratory series , 1948, 6.

[35] COMCAHOB Д E. Основы Расчёт и Конструираваная Многорезонаторных Магнетронов [M]. MOCKBA, 1966 .

[36] ФИСК Д. Магнетроны [M]. Советское Радио, MOCKBA, 1948.

[37] HINKEL K. Magnetrons [M]. Philips Technical Library, 1961.

[38] 列别捷夫. 超高频电真空器件：下 [M]. 成都电讯工程学院，译. 北京：人民教育出版社，1961.

[39] 张兆镗. 微波电子管原理：下 [M]. 北京：国防工业出版社，1981.

[40] 杨祥林，张兆镗，张祖舜. 微波器件原理 [M]. 修订版. 北京：电子工业出版社，1994.

[41] 柯娃连科. 超高频电子学引论 [M]. 吴鸿适，译. 北京：科学出版社，1957.

[42] ИЦХОКИ Я С. Нелинейная Радиотехника [M]. Советское Радио, 1955.

[43] 日本松下电子公司. 微波炉与磁控管的应用 [M]. 孙嘉鸿，译. 张兆镗，校. 成都：成都电讯工程学院出版社，1988.

[44] 贝奇科夫. 磁控管发射机 [M]. 李国吉，译. 北京，国防工业出版社，1958.

[45] OKRESS E. Crossed－field microwave devices：vol 1 [M]. New York and London，1961.

[46] OKRESS E. Crossed－field microwave devices：vol 2 [M]. New York and London，1961.

[47] 张兆镗. 磁控管的历史、现状与未来发展——兼论微波功率应用的发展前景 [C] //中国电子学会. 中国电子学会微波分会第 17 届全国微波能应用学术会议论文集. 南京：全国微波能应用学术会议，2015：1.

[48] 张兆镗. 长阳极磁控管的工作机理与设计特点 [J]. 真空电子技术，2015 (5)：40.

[49] 张兆镗. 微波管高频系统的测量 [M]. 北京：国防工业出版社，1982.

[50] 电子管设计手册编委会. 磁控管设计手册 [M]. 北京：国防工业出版社，1979.

[51] BAKER. An experimental investigation of the energy distribution of return electrons in the magnetrons [J]. MOGA：8th，1970：87.

[52] HIRSCH E H. Cut－off Characteristics of a Cylindrical Magnetron [J]. International Journal of Electronics，1966，21 (6)：521－533.

[53] 张兆镗. 磁控管的设计原理与计算方法 [M]. 成都：成都电讯工程学院内部印刷，1975.

[54] 张兆镗. 高功率微波波导窗的设计与进展 [J]. 成都电讯工程学院学报，1982 (4)：39.

[55] 王彩育，钟立松，陈庆华. 家用微波炉高效率磁控管的研究 [J]. 材料导报，2009，23 (11A)：61.

[56] 吴添洪，刘志勇. 基于 CAE 技术的大功率磁控管散热系统设计 [J]. 真空电子技术，2013 (5)：99.

[57] 张兆镗. 第 13 届全国微波能应用学术会议暨国际工业微波节能高峰论坛上的报告：CW 磁控管的现状与发展 [R]. 中国长沙，2007－11.

[58] 张兆镗. CW 磁控管与脉冲磁控管效率差异初探 [J]. 真空电子技术，2014 (6)：20.

[59] 张兆镗，王彩育. 磁控管效率偏低及阳极电流失控的机理分析 [J]. 真空电子技术，2014 (2)：57.

[60] 张兆镗，黎晓云. 炉用磁控管的阳极电压及电流波形与输出频谱特性 [J]. 真空电子技术，2013 (5)：78.

[61] 张兆镗，黎晓云. 双模磁控管及其多基频特性 [C]. //中国电子学会. 中国电子学会真空电子学分会第 17 次年会论文集. 宜昌：全国真空电子学年会，2009.

[62] 吴添洪. 磁控管热设计方法 [J]. 材料导报，2009，23 (11A)：64.

[63] 杨宋寒，刘友春. 大功率长寿命连续波磁控管注入锁频技术 [J]. 真空电子技术，2013 (5)：96.

[64] 银振宇，黄何平，刘玲，等. 两路注入锁定 1kW 磁控管功率合成初步实验研究 [C] //全国微波能应用学术会. 第 17 届全国微波能应用学术会议论文集. 南京：全国微波能应用学术会议，2015－09：11.

[65] 黄何平，银振宇，包正强，等. S 波段 15kW 连续波磁控管注入锁定频谱相位特性研究 [C] //全国微波能应用学术会. 第 17 届全国微波能应用学术会议论文集. 南京：全国微波能应用学术会议，2015—09：7.

[66] 张国兴. 磁控管的锁频技术 [J]. 电子器件，1995，18 (4)：211.

[67] 邹培，邹阳，殷勇. 微波炉用磁控管离轴磁场的自动测试与仿真优化 [J]. 真空电子技术，2013 (5)：92.

[68] MITANI T，SHINOHARA N，MATSUMOTO H，et al. Noise—Reduction Effects of Oven Magnetron With Cathode Shield on High—Voltage Input Side [J]. IEEE Transactions on Electron Devices，2006，53 (8)：1929—1936.

[69] BOSMAN H L，FUKS M I，PRASAD S，et al. Improvement of the output characteristics of magnetrons using the transparent cathode [J]. IEEE Transactions on Plasma Science，2006，34 (3)：606—619.

[70] NECULAES V B，JONES M C，GILGENBACH R M，et al. Magnetic perturbation effects on noise and startup in DC—operating oven magnetrons [J]. IEEE Transactions on Electron Devices，2005，52 (5)：864—871.

[71] NECULAES V B，GILGENBACH R M，LAU Y Y. Low—noise microwave magnetrons by azimuthally varying axial magnetic field [J]. Applied Physics Letters，2003，83 (10)：1938—1940.

[72] NECULAES V B，GILGENBACH R M，YUE Y L，et al. Low—noise microwave oven magnetrons with fast start—oscillation by azimuthally varying axial magnetic fields [J]. IEEE Transactions on Plasma Science，2004，32 (3)：1152—1159.

[73] MITANI T，SHINOHARA N，MATSUMOTO H，et al. Time domain analysis of noises generated from microwave oven magnetron [J]. Electronics & Communications in Japan，2005，88 (10)：28 - 36.

[74] YAMAMOTO K，KURONUMA H，KOINUMA T，et al. A study of magnetron noise [J]. IEEE Transactions on Electron Devices，1987，34 (5)：1223—1226.

[75] 松下电器产业株式会社. 400V 驱动磁控管的开发 [P]. 1989—3—3.

[76] 南波一郎. Development and Application of Low Voltage Magnetron 2M125，UDC 621. 385. 64 [P]. 1980.

[77] KOHSAKA A. Low profile and clean spectrum magnetron [J]. Journal of Microwave Power and Electromagnetic Energy，1989，24 (1).

[78] 谢敏，雷文强，陈彦，等. 鼠笼式阴极微波炉磁控管的计算机模拟 [J]. 材料导报，2007，21 (11A)：258.

[79] 罗丰华，周美玲，左铁镛. 家用微波炉磁控管用碳化 La2O3－Mo 阴极 [J]. 中国有色金属学报，2002，12 (1).

[80] 王金淑，郑经祥，王亦曼，等. 稀土一钼次级发射体发射性能的研究 [J]. 真空电子技术，2002 (5)：22.

[81] 聂祚仁，周美玲. 稀土钼阴极材料的进展 [J]. 材料导报，1999，13 (5)：20.

[82] 日本电子工业协会. 连续波磁控管检验 [J]. 1977－03.

[83] 张兆镗，王刚. 微波管雷基图的自动测试技术 [J]. 电子科学学刊，1990，12 (3)：323.

[84] 张兆镗. 连续波磁控管负载特性的测试 [J]. 电子管技术，1978 (1)：23.

[85] 张兆镗. 雷基图测绘技术探讨 [J]. 电子管技术，1985 (2)：46.

[86] 张兆镗，胡义正. 微波器件雷基图自动测绘装置：94111920. 3 [P]. 1994－09－29.

[87] 黎瑛，张兆镗. 微波管雷基图等值线绘制技术 [J]. 电子科技大学学报，1990，19 (6)：622.

[88] OKAMURA S，OKABE Y，OKOSHI T，et al. Measurement of Rieke－Diagram with Locking Oscillator [C] // Microwave Conference，1969. European：IEEE，2007：423－426.

[89] TAKAHASHIT H. Journal of Microwave Power and Electromagnetic Energy [J]. 1979，14 (3)：261－267.

[90] 小杉幸夫. リーク线图自动测定装置 [P]. 特许公报，昭 51－12435，1976－4－19.

[91] 稻毛信衛，安达甫. マイクロ波管リーク线图直画装置 [P]. 特许公报，昭 48－37871，1973－11－14.

[92] 兼子峻，高桥弘和. マイクロ波管リーク线图表示装置 [P]. 实用新案公报，昭 51－22702，1976－6－11.

[93] KOHSAKA A，SAITOH H，KAWAGUCHI T. Low profile and clean spectrum magnetron [J]. Journal of Microwave Power and Electromagnetic Energy，1989，24 (1)：3.

[94] 张兆镗，钟若青. 微波加热技术基础 [M]. 北京：电子工业出版社，1988.

[95] METAXAS A C，MEREDITH R J. Industrial microwave heating [M]. London：Peter Peregrinus Ltd，1983.

[96] SPENCER P L. Means for treating foodstuffs：US2605383 [P]. 1952.

[97] 蔡季琰. 微波在轻工业中的应用 [M]. 北京：学术期刊出版社，1989.

[98] 张兆镗. 为“微波功率”正名 [C] // 中国电子学会. 第 12 届微波能应用学术年会论文集. 成都：全国微波能应用学术会议，2005－10－17：37.

[99] 张兆镗. 微波加热过程中的热平衡与热失控 [C] //中国电子学会. 中国电子学会微波分会第 11 届全国微波能应用学术年会论文集. 南京：全国微波能应用学术会议，2004－04－15：22.

[100] 张兆镗. 关于工业微波炉设计中的几个问题 [C] //中国电子学会. 中国电子学会微波分

会第12届全国微波能应用学术年会论文集．成都：全国微波能应用学术会议，2005—10—17：38.

[101] VON HIPPEL A R. Dielectric materials and applications [M]. The Technology Press of MIT, 1954.

[102] STUCHLY M A. Journal of Microwave Power [J]. 1980, 15 (19).

[103] BENGTSSON? N, RISMAN P. Dielectric properties of foods at 3000MHz as determined by cavity perturbation technique, Ⅱ. Measurements in food materials [J]. Journal of Microwave Power, 1971, 6 (2): 107.

[104] BORIES S. Heat and mass transfer in porous materials, modeling, simulation, experimentation, Proc. [J]. IMPI Conf. Monaco, 1979: 105.

[105] GILES P G. Investigation of heat penetration of food sample at various frequencies [J]. Journal of Microwave Power, 1970, 5 (1): 40.

[106] DUNN D A. Slow wave couplers for microwave dielectric heating systems [J]. Journal of Microwave Power, 1967, 2 (1): 7.

[107] HEENAN N I. Travelling wave dryers [J]. In Microwave Power Engineering, New York: Academic Press, 1968: 126—144.

[108] OHLSSON T, BENGTSSON N E, RISMAN P O. The frequency and temperature dependence of dielectric food data as determined by a cavity perturbation technique [J]. Journal of Microwave Power, 1974, 9 (2): 129—145.

[109] STUCHLY S S, HAMID M A K. Physical Parameters in Microwave Heating Processes [J]. Journal of Microwave Power, 1972, 7 (2): 117—137.

[110] METAXAS A C. Effect of real and imaginary parts of the dielectric constant and material size on the performance of a microwave oven [J]. Electricity Council Research Centre memorandum , 1973—04, 609.

[111] HEENAN N I. Travelling wave dryers, in Microwave Power Engineering [M]. New York: Academic Press, 1968: 126—144.

[112] BUCKSBAUM A M. A durable Microwave oven door [J]. Journal of Microwave Power, 1977, 12 (4): 293.

[113] ISHII T K, YEN Y H, KIPP R J. Improvement of Microwave Power Distribution by the use of the First Order Principle of Geometrical Optics for Scientific Microwave Oven Cavity: [J]. Journal of Microwave Power, 1979, 14 (3): 201—208.

[114] KASHYAP S C, WYSLOUZIL W. Methods for improving Heating Uniformity of Microwave Owens [J]. Journal of Microwave Power , 1977, 12 (3): 223.

[115] MIHRAN T G. Microwave Oven Mode Tuning by Slab Dielectric Loads [J]. IEEE Transactions on Microwave Theory & Techniques, 1978, 26 (6): 381—387.

[116] MIHRAN T G. Measured TE and TM mode characteristic in slab loaded microwave oven cavities [J]. Microwave Power Symposium , 1980: 97.

[117] OHKAWA S. High performance door seal for microwave oven [J]. Proceedings of IMPI Conference, Ottawa, 1978: 2; 1978: 24.

[118] PUSCHNER H A. Heating with microwaves [J]. Philips Technical Library, 1966.

[119] SHEN Z. An Analysis of the Loading Effects of the Box—Type Microwave Applicator [J]. Journal of Zhejiang University, 1979, 15 (3): 155—167.

[120] BHARTIA P, KASHYAP S C, STUCHLY S S, et al. Tuning Coupling and Matching of Microwave Heating Applicators Operating at Higher Order Modes * [J]. Journal of Microwave Power, 1971, 6 (3): 221—228.

[121] HODGKINS W R. Modes in cylindrical waveguides containing a circular cylindrical dielectric insert: Electricity Council Research Centre report: MM26 [R]. [S. l.: s. n.], 1976—03.

[122] METAXAS A C. Design of equipment for microwave sterilization of food particulates: Electricity Council Research Centre internal report: M921 [R]. UK: Capenhurst, Chester, 1976—07.

[123] METAXAS A C. Rapid heating of liquid food stuffs at 896MHz [J]. Journal of Microwave Power, 1976, 11 (2): 105.

[124] RISMAN P O. Theory for and experiments with a TM02n applicator [J]. Journal of Microwave Power, 1975, 10 (3): 271.

[125] SLATER J C. Microwave Transmission [M]. New York: McGraw Hill, 1942: 185—187.

[126] SLATER J. Microwave Electronics [M]. New Jersey: Van Nostrand, 1950.

[127] ALTMAN J L. Microwave Circuits [M]. New Jersey: Van Princeton, 1964.

[128] GUPTA K C. Cylindrical waveguide applicators with uniform power distribution [J]. Journal of Microwave Power, 1976, 11 (4): 321.

[129] VONKOUGHNETT A L. A microwave dryer for ink lines [J]. Journal of Microwave Power, 1972, 7 (4): 347.

[130] VONKOUGHNETT A L. Parallel plate microwave applicator [J]. Journal of Microwave Power, 1975, 10 (4): 431.

[131] VONKOUGHNETT A L. A microwave applicator for heating filamentary materials [J]. Journal of Microwave Power, 1974, 9 (3): 195.

[132] SUZUKI T, OSHIMA K, NAGAO T, et al. A Travelling Wave Resonator for Industrial Microwave Heating * [J]. Journal of Microwave Power, 1975, 10 (2): 199—207.

[133] SHUTE R A. Industrial Microwave systems for the rubber industry [J]. Journal of Microwave Power, 1971, 6 (3): 193.

[134] HAMID M A K. Tuning and excitation of prelate spheroidal cavity resonator for microwave heating [J]. Journal of Microwave Power, 1971, 6 (3): 213.

[135] HOLME I, METAXAS A C. Microwave Drying of Nylon Tufted Carpets III Field Trials [J]. Journal of Microwave Power, 1979, 14 (4): 367.

[136] KRETZSCHMAR J G. Maximum longitudinal electric field strength in hollow cylindrical cavities with elliptical cross section [J]. Journal of Microwave Power, 1972, 7 (1): 35.

[137] PUSCHNER H A. Microwave heating in Europe [J]. Journal of Microwave Power, 1967, 2 (2): 31.

[138] RENGARAJAN S R. Quality factor of elliptical cylindrical resonant cavities [J]. Journal of Microwave Power, 1980, 15 (1): 33.

[139] RISMAN P O. A commercial microwave oven using a near field applicator [J]. Journal of Microwave Power, 1974, 9 (2): 163.

[140] RISMAN P O. A microwave applicator for drying food samples [J]. Journal of Microwave Power, 1978, 13 (4): 97.

[141] RUEGGEBERG W. A multislotted waveguide antenna for high powered microwave heating systems [J]. IEEE Transactions on Industry Applications, 1980, 1A—16 (6): 809—813.

[142] THIEBAUT J M, BERTEAUD A J, ROUSSY G. A New Microwave Resonant Applicator [J]. Journal of Microwave Power, 1979, 14 (3): 217—222.

[143] VUORINEN P A. X band model of a microwave applicator for liquid heating applications [J]. Journal of Microwave Power, 1976, 11 (2): 99.

[144] COPSON D A. Microwave Heating [M]. 2nd ed. [S. l.]: AVI Publishing Company Limited, 1975.

[145] MEEK J M, CRAGGS J D. Electrical breakdown of gases [M]. New York: John Wiley & Sons, 1978.

[146] ENGEL A V, FRANCIS G. Ionization Phenomena in Gases [J]. Physics Today, 1960, 172 (4383): 798—799.

[147] GILL J W. Gas discharge and electric fields strength in microwave freeze drying [J]. Journal of Microwave Power, 1971, 6 (2): 131.

[148] HODGETT D L. Efficient drying using heat pumps [J] Chem. Engnr. 1976 (7/8): 510—512.

[149] MEREDITH R J. Magnetronics, Ltd. Unit A, St Mary' s Mills, Evelyn Drive, Leicester [M]. England, 1980.

[150] METAXAS A C. Reignition in electrode less discharge [D]. University of London.

[151] WYSLOUZIL W. Automated matching of resonant microwave heating systems [J]. Journal of Microwave Power, 1973, 8 (1): 89.

[152] LASLO T. S. The application of the cutoff principle to the end seal of microwave conveyor systems [J]. Journal of Microwave Power , 1980, 15 (30): 173.

[153] HARVEY A F. Microwave Engineering [M]. New York: Academic Press, 1963: 439.

[154] OHKAWA S. High performance door seal for microwave oven , Proc. [J]. IMPI Conference, Ottawa, 1978: 2.

[155] TETENBAUM S J. Microwave breakdown in water vapors [J]. Microwave Power Symposium, Ottwa, 1978: 56.

[156] STUCHLY M. A. Microwave bio—effects and radiation safety [J]. Transactions on IMPI, 1978, 8.

[157] TELL R A, HARLEN F. A review of selected biological effects and dosimetric data useful for development of radiofrequency safety standards for human exposure. [J]. Journal of Microwave Power, 1979, 14 (4): 405—424.

[158] VANKOUGHNETT A L. Doubly corrugated chokes for microwave heating systems [J]. Journal of Microwave Power, 1973, 8 (1): 101.

[159] 张兆镗. 微波能的应用 [J]. 四川电子技术, 1978 (1).

[160] 张兆镗. 非电量的微波测量 [J]. 中国电子报, 1985—6: 23.

[161] 张兆镗, 胡义正, 贾宝富. 微波能及非电量微波检测技术赴波考察报告（摘要）[J]. 电子科技大学学报, 1987 (3): 59—61.

[162] 张兆镗. 微波在中药提取中的作用以及存在的问题 [C] //国际中药学术会. 第3届中药提取技术国际研讨会论文集. 昆明: 国际中药学术会议, 2006—03: 138.

[163] 张兆镗. 电子科大美的联合实验室年会上报告: 微波应用的现状与动态 [R]. 长沙, 2007—06.

[164] 张兆镗. 微波功率应用态势与进展 [C] //全国微波能应用学术会议暨微波创造美的生活高峰论坛. 2009: 1.

[165] 张兆镗. 中国公路学会技术与管理年会上报告: 微波技术在公路养护技术领域中的应用 [R]. 成都, 2007—04—13.

[166] 张兆镗. 微波谐振法在线测量烟卷内的烟丝密度 [C] //全国微波能应用学术会. 第15届全国微波能应用学术会议论文集. 昆明: 昆明理工大学学报, 2011, 36 (8): 58.

[167] 张兆镗. 多馈口工业微波炉动态阻抗的测量 [J]. 材料导报, 2009, 23 (11A): 149.

[168] 张天琦, 崔献奎, 张兆镗. 微波加热原理、特性和技术优势 [J]. 筑路机械与施工机械化,

2008，25（7）：9—14.

[169] 刘岐山，微波能应用［M］. 北京：电子工业出版社，1990.

[170] 金钦汉，戴树珊，黄卡玛. 微波化学［M］. 北京：科学出版社，1999.

[171] 刘广州，周昆，刘毅，等. 微波连续冻干烟丝研究［C］//全国微波能应用学术会. 第15届全国微波能应用学术会议论文集. 昆明：全国微波能应用学术会议，2011：258；2011：262.

[172] 刘广州，周昆，刘毅，等. 微波连续冻干优势分析［C］//第15届全国微波能应用学术会议论文集. 昆明：全国微波能应用学术会议，2011：262.

[173] 于兴智，石灵，张学军，等. 微波能在废轮胎裂解回收中的工程化应用［J］. 真空电子技术，2015（6）：83.

[174] 斯丹燕，徐耀鑫，朱守正. 不同开口情况下微波腔体加热分析［C］//全国微波能应用学术会. 第15届全国微波能应用学术会议论文集. 昆明：全国微波能应用学术会议，2011：1.

[175] 斯丹燕，徐耀鑫，朱守正. 负载效应对微波加热影响的分析［C］//全国微波能应用学术会. 第15届全国微波能应用学术会议论文集. 昆明：全国微波能应用学术会议，2011：5.

[176] 杨晓庆，黄卡玛. 关于微波加热中“热点”的探讨［C］//全国微波能应用学术会. 第15届全国微波能应用学术会议论文集. 昆明：全国微波能应用学术会议，2011：23.

[177] 周亮平. 脉冲微波针灸仪的原理与制作［J］. 电子报，2006

[178] 梁萍，于杰，于晓玲，等. 微波消融治疗肝脏恶性肿瘤［J］. 中华医学杂志，2015，95（27）.

[179] 辛建会. 微波消融术的临床应用［J］. 临床医学，2014—11—06.

[180] 黄伟，马幸生，刘勇恩. 微波消融术在肺癌中的应用［J］. 中国胸心血管外科临床杂志，2015（3）：265—268.

[181] 十年磨一“针”，他给了肝癌患者生的希望，介绍成都军区总医院肿瘤科主任张涛的事迹［J］. 成都华西都市报头版，2016.

[182] 杨鸿生，孙德坤. 用于以天然气制乙烯的槽波导微波化学反应设备及制备方法：200610037890.9［P］. 2006—01—20.

[183] 中国电子学会微波分会微波能应用学术年会. 1983年第1届至2015年第17届历届会议论文集［M］. 2015.

[184] 四川宏图普新科技有限公司产品样本［Z］. 乐山，2015.

[185] 长沙隆泰微波热工有限公司产品样本［Z］. 长沙，2015.

[186] 佛山市威特公路养护设备有限公司产品样本［Z］. 佛山，2007.

[187] 成都欧拉微波元器件有限公司产品样本［Z］. 成都，2016.

[188] 纽曼和瑞微波技术有限公司产品样本［Z］. 成都，2015.

[189] 巨龙微波能设备有限公司产品样本［Z］. 保定，2013.

[190] 湖南中晟热能科技有限公司产品样本［Z］. 岳阳，2015.

[191] 环球分析测试仪器有限公司产品样本 [Z]. 上海，2014.

[192] 上海新仪微波化学科技有限公司产品样本 [Z]. 上海，2015.

[193] 上海屹尧分析仪器有限公司产品样本 [Z]. 上海，2015.

[194] 北京莱伯泰科仪器有限公司产品样本 [Z]. 北京，2015.

[195] 彭虎，李俊. 微波高温加热技术进展 [C] //全国微波能应用学术会. 第 12 届全国微波能应用学术会议论文集. 成都：全国微波能应用学术会议，2005—10：22.

[196] 季天仁. 从产业化角度看微波能应用技术的发展前景 [C] //全国微波能应用学术会. 第 12 届全国微波能应用学术会议论文集. 成都：全国微波能应用学术会议，2005—10：31.

[197] TRAN N. Microwave Research Activities in Australia and Possibilities for Collaboration [C] //全国微波能应用学术会. 第 12 届全国微波能应用会议论文集. 成都：全国微波能应用学术会议，2005—10：18.

[198] 颜晓鸿，张兆镗. 慢波型微波传感器的理论与实验研究 [J]. 应用科学学报，1989，7 (1)：25.

[199] 微波无损检测 [M]. 李英，译. [出版地不详]：凯山计量出版社，1986.

[200] 斯伦贝谢公司. 测井解释原理与应用 [M]. 李舟波，潘葆芝，译. 北京：石油工业出版社，1991.

[201] 刘四新，佟文琪. 电磁波测井的现状和发展趋势 [J]. 地球物理学进展，2004，19 (2)：235.

[202] 汪双清，沈斌，林壬子. 微波作用下稠油粘度变化及其化学因素探讨 [J]. 石油实验地质，2010，32 (6)：615—620.

[203] 王艳霞. 微波对原油的脱水和降粘研究 [D]. 武汉：武汉工程大学，2008.

[204] KLAILA W J. Method and apparatus for controlling fluency of high viscosity hydrocarbon fluids：US4067683A [P]. 1978.

[205] WOLF：US45829IPJ [P]，1986.

[206] 孔祥军，马玲，李磊，等. 原油微波破乳技术研究进展 [J]. 炼油与化工，2011，22 (5).

[207] 刘惠玲. 微波脱水技术 [J]. 油气田地面工程，1992 (4)：22—25.

[208] JERBY E，DIKHTYAR V，AKTUSHEV O，et al. The Microwave Drill [J]. Science，2002，298 (5593)：587—589.

[209] 斯潘塞 P. 烹调食物的方法：US2495429 [P]. 1950—01.

[210] 魏铭炎. 形形色色的微波炉产品 [J]. 家电科技，1998 (6).

[211] 张翼. 微波炉战争：美的对撼格兰仕 [M]. 北京：中信出版社，2009.

[212] 吴喆，曾葆青，张兆镗，等. 金属亚波長结构改善微波炉均匀性的研究 [C] //全国微波能应用学术年会. 第 14 届全国微波能应用学术年会论文集. 2009—11，23 (11A)：46—48.

[213] 吴喆，曾葆青，张兆镗，等. 一种具有金属亚波长结构的微波炉：200910059646. 6 [P].

2009－06－18.

[214] 吴喆，曾葆青，黎晓云，等. 电子科技大学物理电子学院内部技术报告：微晶玻璃板上的亚波长金属结构的微波测试实验 [R]. 2009.

[215] 熊兆贤，肖芬，郑建森，等. 微波陶瓷应用于微波炉加热均匀性改善研究 [J]. 材料导报，2009，23 (11A)：55；2009，23 (11A)：58.

[216] 肖芬. 微波炉快速解冻板的研制 [J]. 材料导报，2009，23 (11A)：55.

[217] 张兆镗，季天仁. 微波炉的中西餐制作大全 [M]. 成都：四川科学技术出版社，1999.

[218] 刘同赞，黄蓉，肖芬. 新型变频微波炉的设计与仿真 [C] //全国微波能应用学术年会. 第15届全国微波能应用学术会议论文集. 昆明：全国微波能应用学术会议，2011：83.

[219] 巨汉基，赵青，孙旭，等. 利用 HFSS 软件仿真设计微波炉 [J]. 材料导报，2007，21 (11A)：237.

[220] 吴小浦. 搪瓷微波炉电磁仿真与性能研究 [D]. 成都：电子科技大学，2011.

[221] 张兆镗，王彩育. 搪瓷微波炉中搪瓷材料微波损耗的研究 [C] //全国微波能应用学术年会. 第17届全国微波能应用学术年会论文集. 南京：全国微波能应用学术会议，2015－09：121.

[222] 马金燕，吴远兴. 无转盘微波炉：200610123795. 0 [P]，2006－11－21.

[223] 合肥荣事达三洋电器股份有限公司. 20L，24L，30L 无转盘系列微波炉：TM925. 54 [P]. 2007－06－09.

[224] 雷文强，曾葆青，等. 一种微波炉炉腔内场分布的测试方法：200410022251. 6 [P]. 2004－04－08.

[225] 缑江. 圆炉腔转波式微波炉：200510015625. 6 [P]. 2005－10－25.

[226] 王亦方，吴祥应，胡斌杰，等. 家用微波炉炉腔内电磁场分布的解析计算 [J]. 华南理工大学学报（自然科学版），2000，28 (2)：75.

[227] 吴喆. 微波解冻板的使用测试分析报告 [R]. 成都：电子科大物电学院，2009.

[228] 张兆镗. 关于微波炉用磁控管使用中的若干问题的探讨 [C] //中国电子学会. 中国电子学会微波分会第11届微波能应用学术会议论文集. 南京：全国微波能应用学术会议，2004：1.

[229] 张兆镗. 微波炉用磁控管失效机理的探讨 [C] //中国电子学会. 中国电子学会微波分会第12届全国微波能应用学术年会论文集. 成都：全国微波能应用学术会议，2005：64.

[230] 黎晓云，付文杰，张兆镗. 微波炉及磁控管动态阻抗及特性参数综合测试台的研发 [J]. 材料导报，2009，23 (11A)：140.

[231] 杨香兵，黎晓云，张兆镗. 两种微波炉四种不同加载时的动态特性测试报告 [R]. 成都：电子科技大学美的联合实验室，2010.

[232] 杨香兵，黎晓云. 微波炉用磁控管电源稳定性研究 [J]. 材料导报，2009，23 (11A)：49.
[233] 舒伯特，雷吉尔. 食品微波加工技术 [M]. 徐树来，郑先哲，译. 北京：中国轻工业出版社，2008.
[234] FU W，METAXAS A. Numerical Prediction of Three－Dimensional Power Density Distributions in a Multi－Mode Cavity [J]. Journal of Microwave Power and Electromagnetic Energy，1994，29 (2)：67－75.
[235] 张兆镗. 微波炉加热食品会致癌吗 [N]. 人民日报，2012－5－16 (4).
[236] 张兆镗. 微波炉加热食品会致癌吗 [Z]. 四川卫视电视台，2013－09－23.
[237] 张兆镗. 在电子科技大学老年科技协会上的报告：微波炉及微波炉食品是否危害健康 [R]. 2014－05.
[238] 付远华，祁亚辉，余科帆，等. 微波炉的防止微波泄漏的装置：201320113967. 1 [P]. 2013－03－13.
[239] 余科帆，付远华，曹骥，等. 一种微波炉的防微波泄漏结构：201410577223. 4 [P]. 2014－10－24.
[240] 陈国璋. 家用微波炉防泄漏问题探讨 [J]. 家电科技，1998 (4)：19－20.
[241] 徐铜完. 微波炉的防止电磁波泄漏的门：96103960. 4 [P]. 1996－04－03.
[242] 金秉浚，全又金，洪元杓，等. 具有微波屏蔽结构的微波炉门：95118872. 0 [P]. 1995－12－20.
[243] 金应洙，金亮卿，李英敏. 微波炉门：CN1492190A [P]. 2004－04－28.
[244] 曹圭完. 微波炉中用以屏蔽高频波泄漏的装置：93114512. 0 [P]. 1993－11－10.
[245] 罗思J R. 工业等离子体工程：第1卷 基本原理 [M]，吴坚强，季天仁，李光志，译. 北京：科学出版社，1998.
[246] HONG Y C，UHM H S，KIM H S，et al. Decomposition of phosgene by microwave plasma－torch generated at atmospheric pressure [J]. IEEE Transactions on Plasma Science，2005，33 (2)：958.
[247] KUO S P，RUBINRAUT M，POPOVIC S，et al. Characteristic Study of a Portable Arc Microwave Plasma Torch [J]. IEEE Transactions on Plasma Science，2006，34 (6)：2537－2544.
[248] KIM J H，YONG C H，DONG H S，et al. Characterization of Carbon Powder Produced by a Microwave－Plasma Torch at Atmospheric Pressure [J]. IEEE Transactions on Plasma Science，2006，34 (6)：2600－2605.
[249] VAVRIV D M，KAZANTSEV V I，KANILO P M，et al. Microwave Plasma Technology of Pulverized Coal Combustion [J]. Telecommunications & Radio Engineering，2004，61 (61)：

650—662.
[250] 甄汉生. 等离子体装置原理及加工应用 [M]. 清华大学无线电电子学系内部讲义，1987.
[251] 王茂碧，黄桃. 微波硫灯的研究与进展 [J]. 真空电子技术，2013 (6)：76.
[252] 黄桃，卢辉，王茂碧，等. 微波等离子体光源研究 [J]. 真空电子技术，2013 (6)：73.
[253] 赵冰，陈彦，张兆镗，等. 常压微波等离子体反应器的设计与实现 [J]. 真空电子技术，2013 (6)：4.
[254] 何洪庆，毛根旺，杨涓，等. 小型微波等离子推力器研究 [J]. 航空学报，2003，24 (5)：391—394.
[255] 杨涓，王与权，李鹏飞，等. 无工质微波推力器推力测量实验 [J]. 物理学报，2012 (11)：88—94.
[256] 刘繁，汪建华，熊礼威，等. 常压微波等离子体射流的仿真与实验 [C] //全国微波能应用学术会. 第 15 届全国微波能应用学术会议论文集. 昆明：全国微波能应用学术会议，2011：9.
[257] 彭志伟. 汽车发动机微波点火技术研究 [D]. 成都：电子科技大学，2014.
[258] 温卓宾，吴喆，曾葆青. 一种小型微波等离子炬装置 [J]. 真空电子技术，2015 (5)：63.
[259] 霍娜，张贵新，张锋，等. 微波等离子体用于汽车点火的仿真及研究 [J]. 汽车安全与节能学报，2011，02 (3)：217—222.
[260] 张贵新，霍娜，刘永喜. 一种基于微波等离子体的发动机点火装置：201010580902. 9 [P]. 2010—12—03，
[261] 金钦汉，杨广德. 便携式微波等离子体检测器气相色谱仪的研制 [J]. 分析仪器，1990 (4)：11—13.
[262] MAURIZI S，SIMMONS A. Plasma processing of materials：Scientific opportunities and technological challenges [J]. Unknown，1991.
[263] 邵本逑. 煤的微波等离子燃烧 [J]. 工业加热，2003，82 (2)：182—193.
[264] 张兆镗. 电介质的微波测量 [M]. 成都：成都电讯工程学院内部印刷，1988.
[265] 张兆镗，曾葆青. 地表复介电常数的微波测量原理与方法 [J]. 真空电子技术，2013 (5)：19.
[266] 张兆镗. 微扰用介质薄片介电常数的精确测量 [J]. 电子管技术，1978 (4)：33.
[267] 胡鹏，曾葆青，张兆镗. 样品对矩形谐振腔微扰法介电常数测试精度的影响 [J]. 材料导报，2009，23 (11A)：152.
[268] 杨山，吴喆，张兆镗，等. 近场微波显微镜测量介电常数的研究 [J]. 真空电子技术，2016 (2)：62.
[269] 张海. 基于新型耦合器复介电常数测试系统研究 [D]. 成都：电子科技大学，2013.

[270] 董筱博，张海，曾葆青．基于 LabVIEW 的介质复介电常数的无损自动测试系统［C］//全国微波能应用学术会．第 15 届全国微波能应用学术会议论文集．昆明：全国微波能应用学术会议，2011（8）：34.

[271] 焦兴敏，金薇，杨晓庆．高灵敏度的介电常数测量探头设计［J］．真空电子技术，2016（2）：47.

[272] 刘战伟，胡晓玲，杨晓庆．一种新的测量复介电常数随温度变化的方法［J］．真空电子技术，2016（2）：11.

[273] ZHANG H，ZENG B Q，AO L，et al．A Novel Dual—Loop Coupler for One—Port Cylindrical Cavity Permittivity Measurement［J］．Progress in Electromagnetic Research 2012，127（3）：537—552.

[274] ZHANG H，ZENG B，AO L，et al．Printed four arcs coupler in cylindrical cavity for permittivity measurement［J］．Electronics Letters，2012，48（23）：1460—1462.

[275] MUSIL J，ZACEK F．Microwave Measurement of Complex Permittivity by Free Space Methods and Their Applications［M］．Czechoslovak Academy of Sciences：Academia Prague，1986.

[276] БРАНДТ А А．Исследование диэлектриков на сверхвысоких чаототах，Государственное издательство физико математической литературы［M］．МОСКВА，1963.

[277] ВАЙШТЕЙН Л А．Открытые резонаторы и Открытые волноводы ，Советский Радио［M］．МОСКВА，1966.

[278] STUCHLY S S，STUCHLY M A，CARRARO B．Permittivity Measurements in a Resonator Terminated by an Infinite Sample［J］．IEEE Trans．1979，IM—27（4）：436—439.

[279] SAITO S，KUROKAWA K．A Precision Resonance Method for Measuring Dielectric Properties of Low—Loss Solid Materials in the Microwave Region［J］．PIRE，1956，44（1）：35—42.

[280] KRASZEWSKI A．Prediction of the dielectric properties of two—phase mixtures［J］．J．M．P，1977，12（3）：215—222.

[281] KUMAR A，SMITH D G．The measurement of the permittivity of sheet materials at microwave frequencies using an evanescent waveguide technique［J］．IEEE Transactions on Instrumentation & Measurement，2012，IM—25（3）：190—193.

[282] HANFLING J，BOTTE L．Measurement of Dielectric Materials Using a Cutoff Circuiar—Waveguide Cavity［J］．Microwave Theory & Techniques IEEE Transactions on，1972，20（3）：233—235.

[283] 国家质量技术监督局．固体电介质微波复介电常数的测试方法：GB/T 5597—1999［S］．北京：中国标准出版社，2004.

[284] 国家标准局．固体电介质微波复介电常数的测试方法 微扰法：GB 7265．1—1987［S］.

北京：中国标准出版社，1987.
[285] 中华人民共和国质量监督检验检疫总局，中国国家标准化管理委员会. 工业、科学和医疗(ISM)射频设备 骚扰特性 限值和测量方法：GB 4824—2013 [S]. 北京：中国标准出版社，2015.
[286] 中华人民共和国质量监督检验检疫总局，中国国家标准化管理委员会. 电热设备的试验方法 第6部分 工业微波加热装置输出功率的测定方法：GB/T10066. 6—2008 [S]. 北京：中国标准出版社，2009.
[287] 国家标准局. 电热设备的安全 第六部分 对工业微波加热设备的特殊要求：GB 5959. 6—2011 [S]. 北京：中国标准出版社，2009.
[288] 国家技术监督局. 家用和类似用途电器的安全 微波炉的特殊要求：GB 4706. 21—1996 [S]. 1996.
[289] 中国国家质量监督检验检疫总局，中国国家标准化管理委员会. 家用和类似用途电器的安全 商用微波炉的特殊要求：GB 4706. 90—2014 [S]. 北京：中国标准出版社，2016.
[290] 中国国家质量监督检验检疫总局，中国国家标准化管理委员会. 家用和类似用途电器的安全 微波炉，包括组合型微波炉的特殊要求：GB 4706. 21—2008 [S]. 北京：中国标准出版社，2010.
[291] 中华人民共和国商务部. 微波炉蒸功能要求：SB/T 10515—2008 [S]. 北京：中国标准出版社，2009.
[292] 中国国家质量监督检验检疫总局，中国国家标准化管理委员会. 家用微波炉 性能测试方法：GB/T 18800—2008 [S]. 北京：中国标准出版社，2009.
[293] 中华人民共和国卫生部. 作业场所微波辐射卫生标准：GB10436—89 [S]. 1989.
[294] 中国国家质量监督检验检疫总局，中国国家标准化管理委员会. 家用和类似家用微波炉能效限定值及能效等级：GB 24849—2010 [S]. 北京：中国标准出版社，2010.
[295] 中华人民共和国卫生部. 工作场所物理因素测量 第5部分 微波辐射：GBZ/T 189. 5—2007 [S]. 北京：中国标准出版社，2007.
[296] 中华人民共和国国家质量监督检验检疫总局. 微波辐射与泄漏测量仪：JJG 776—2014 [S]. 北京：中国计量出版社，2014.
[297] 国家食品药品监督管理局. 医用电气设备 第二部分 微波治疗设备安全专用要求：GB 9706. 6—2007 [S]. 北京：中国标准出版社，2008.
[298] 中华人民共和国工业和信息化部. 隧道式微波干燥机：JB/T 20085—2014 [S]. 北京：中国计划出版社，2014.
[299] 中华人民共和国工业和信息化部. 沥青道路微波养护车：QC/T 811—2009 [S]. 北京：中国计量出版社，2010.

[300] 中国国家质量监督检验检疫总局，中国国家标准化管理委员会. 道路施工与养护机械设备 沥青路面微波加热装置：GB/T 28394—2012 [S]. 北京：中国标准出版社，2012.

[301] 中国国家质量监督检验检疫总局，中国国家标准化管理委员会. 日用陶瓷耐微波加热测试方法：GB/T 27587—2011 [S]. 北京：中国标准出版社，2012.

[302] 国家发展改革委员会. 茶叶微波杀青干燥设备：JB/T 10809—2007 [S]. 北京：机械工业出版社，2008.

[303] Industrial microwave heating installations - Test methods for the determination of Power output：IEC 61307 —2011 [S]. Germanversion：[s. n.]，2011.

后 记

经过一段时间的努力，这本《磁控管与微波加热技术》书稿终于画上了最后一个句号，作者内心感到一丝欣慰与满足。在这本不薄也不厚的书稿里，收录了作者过去出版的教材、专著，发表的论文，取得的专利及讲稿中的大部分内容，汇集了60年来在教学、科研工作中获得的一些经验与教训，这些内容中不乏存在一些片面性、局限性的观点，甚至些许疏漏，因此，恳切希望广大读者及业内专家提出批评、指正。

需要指出的是，本书中大量引用了国内外作者有关专著、论文和专利中的内容，有些在文中已经指明，但大部分均未能在相应章节中指出，在此仅向他们表示深深的歉意！特别要提及的是，本书中的插图、曲线、照片和表格由于数量太多，没有在相应的图表中标明出处，这绝不是不尊重这些原图作者的知识产权，而实在是一种无奈之举，作者同样在此向他们致以诚挚的感谢！

在这本共12章的拙著里，前6章是为微波加热技术服务的，因为没有磁控管、没有微波源、没有相应的微波传输系统、微波谐振系统和微波测量系统是很难制造出优良的微波加热设备。同样，若没有电介质的微波测量的相应内容，将使加热设备制造厂商无的放矢，无法完成对加热对象的工艺性研究，也就不可能制造出一台性能优良的设备，担当起高效节能的重任。

希望大家积极投身到大众创业，万众创新的滚滚洪流中，在国民经济的各个行业里，充分利用微波加热的特点和优势，为我国的制造业增添一支新的生力军！

作者于成都

2016年12月28日